EDITION TESLA

# NIKOLA TESLA

# COLLECTED GERMAN AND AMERICAN PATENTS

EDITION TESLA

# NIKOLA TESLA

# COLLECTED GERMAN AND AMERICAN PATENTS

ISBN 3-89539-246-4
Nikola Tesla
Collected German and American Patents
First Printing 2000

Edition Tesla



Edition Tesla
MVV Peiting
Ammergaustr. 80,
D-86971 Peiting, Germany
Tel. 08861-59018 - Fax 08861-67091
e-mail: mvv@michaelsverlag.de
www.michaelsverlag.de

Illustrations FFWASP,
Neuenhinzenhausen

Editor: Ulrich Heerd
Production: Franz Ferzak
IPOLY Druck, Komarno – Slowakei

**“I have hundreds of inventions which I could not take the patents of, on acount of my misfortune.”**

**“Ich habe Hunderte von Erfindungen, die ich aufgrund meines Unglücks nicht patentieren lassen konnte.”**

**(Nikola Tesla in Leland Anderson, “Nikola Tesla on his Work with Alternate Currents”.)**

# CONTENTS
# INHALTSVERZEICHNIS

## GERMAN PATENTS (DEUTSCHE PATENTE)

# AMERICAN PATENTS

# AMERIKANISCHE PATENTE

# VORWORT

Zwischen den Jahren 1885 und 1927 wurden Tesla in den Vereinigten Staaten von Amerika insgesamt 111 Patente erteilt. In Deutschland meldete er zwischen 1888 und 1901 19 Patente an. Die meisten Anmeldungen in Amerika erfolgten bis 1901, da Tesla ab diesem Zeitpunkt durch sein Projekt in Wardenclyffe in arge finanzielle Schwierigkeiten geriet. Bis dahin besaß er allerdings ausreichend Geldmittel, um Patente in Ländern wie Rußland, Belgien, Italien, England, Frankreich, Südafrika und selbstverständlich in Deutschland anzumelden.

In diesem Band sind zum erstenmal sämliche amerikanischen und die bisher noch nie veröffentlichen deutschen Patente zusammengefaßt worden, und zwar nicht nur als Kopien, sondern in komplett überarbeiteter Form.

Teslas Patente lassen sich in folgende Kategorien einteilen: Verbesserungen für Dynamomaschinen, Wechselstrommaschinen, Hochfrequenz- und Hochspannungsmaschinen, Beleuchtungssysteme, Radio- und Energieübertragung, Turbinen, Tachometer, Luftfahrzeuge und verschiedene andere Patente. In diesem Band werden seine Erfindungen in der Reihenfolge der Anmeldung präsentiert.

Franz Ferzak

# INTRODUCTION

Between 1885 and 1927 Tesla received 111 patents in the United States of America. In Germany he filed betwen 1888 and 1901 for 19 patents. Most of his application were filed before the year 1901, as Tesla from this date on got into heavy financial troubles on acount of his project in Wardenclyffe. He had to invest much more money in his "World System" as had been planned. Up to this date, however, he was in possesion of enough money to file for patents in the most important countries througout the world, as for example in Great Britain, Russia, Belgium, France, Italy, South Africa and of course Germany.

In this volume are for the first time all of Tesla´s American and German patents (which have not been published up to this time) collected. Besides the American patents have only been published as copies and never in re-typed form.

Tesla´s patents can be divided in the following categories: Improvements for Dynamo-Electric Maschines, Alternating-Current Maschines, High-Frequency and High-Potential Apparatus, Radio Transmission, Turbines, Speedometers, Aircrafts, and other different inventions. In this volume his patents are presented in chronological order by date of application.

Franz Ferzak

NIKOLA TESLA in NEW-YORK (V. St. A.).

**Schaltung eines Transformators und des zugehörigen Elektricitätserzeugers.**

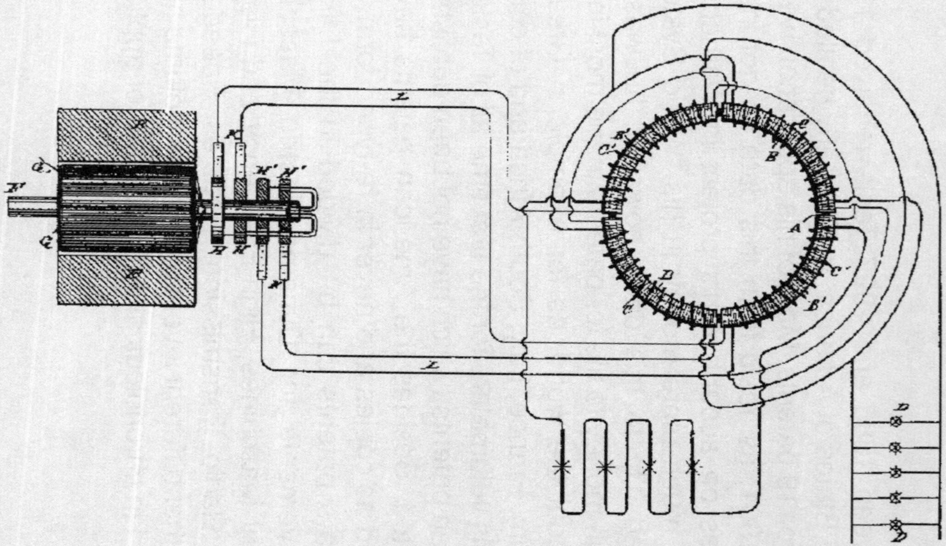


Zu der Patentschrift

№ 47012.

KAISERLICHES PATENTAMT

# PATENTSCHRIFT

## Nr. 47 012

KLASSE 21: ELEKTRISCHE APPARATE.

NIKOLA TESLA IN NEW YORK (V. ST. A.).

## SCHALTUNG EINES TRANSFORMATORS UND DES ZUGEHÖRIGEN ELEKTRIZITÄTSERZEUGERS.

Patentiert im Deutschen Reich vom 1. Mai 1888 ab.
Ausgegeben den 10. Mai 1889.

Vorliegende Erfindung bezieht sich auf diejenigen Systeme von elektrischer Umverteilung, bei denen ein Strom von einer einzigen Quelle in einem Haupt- oder Uebertragungsstromkreise mittelst zweckentsprechender Induktionsrollen veranlaßt wird, einen oder mehrere Ströme in einem oder mehreren besonderen Arbeitsstromkreisen zu induzieren.

Die Hauptzwecke der Erfindung sind dieselben, wie sie früher durch die Anwendung der vorerwähnten Systeme erzielt worden sind, d.h. den Strom von einer einzigen Quelle zu teilen, um dadurch eine Anzahl von Lampen, Motoren und anderen Verbrauchsstellen unabhängig zu kontrollieren und in Betrieb zu setzen, und zwar von derselben Stromquelle aus, und in einigen Fällen einen Strom von hohem Potential im Hauptstromkreis in einen solchen von größerer Menge und niedrigerem Potential in dem oder den Verbrauchsstromkreisen zu reduzieren.

Das Wesen dieser Einrichtungen ist bekannt. Eine magnetoelektrische Maschine für Wechselstrom dient als Stromquelle; der so erzeugte Strom wird durch einen Uebertragungsstromkreis nach einem oder nach mehreren Punkten geleitet, an denen die Transformatoren aufgestellt sind. Diese bestehen ihrerseits aus Induktionsmaschinen verschiedener Art; in manchen Fällen hat man gewöhnliche Ausführungsformen von Induktionsrollen benutzt, von denen die eine Rolle im Uebertragungsstromkreis, die andere in einem Verbrauchsstromkreis angeordnet war, und wobei die Rollen entsprechend der im Verbrauchsstromkreis zu leistenden Arbeit verschieden geschaltet waren, d.h. wenn die zu leistende Arbeit einen Strom von höherem Potential als den in dem Uebertragungsstromkreis erforderte, so war die sekundäre oder induzierte Rolle von größerer Länge und größerem Widerstand als die primäre, während umgekehrt bei Bedarf eines Stromes von größerer Menge und niedrigerem Potential die längere Rolle die Stelle der primären einnahm.

An Stelle dieser Vorrichtungen sind verschiedene Ausführungsformen dynamoelektrischer Induktionsmaschinen einschließlich kombinierter Motoren und Stromerzeuger in Vorschlag gebracht worden.

Ohne die gegen diese Systeme zu erhebenden Einwände einzeln aufzuführen, dürfte die Angabe genügen, daß die Theorie oder das Wirkungsprinzip dieser Vorrichtungen offenbar so wenig erkannt worden ist, daß deren gehörige Konstruktion und Anwendung bis in neueste Zeit mit Schwierigkeiten und großen Kosten verknüpft gewesen ist.

Die Gefahr des Beschädigtwerdens und Ausbrennens liegt für Transformatoren sehr nahe und die bisher zur Beseitigung dieser Gefahr und anderer Nachteile angewendeten Mittel verkleinerten regelmäßig den Wirkungsgrad.

Das bei vorliegender Einrichtung angewendete Verfahren besteht darin, daß man die Linie oder die Punkte der höchsten Wirkung in einem Induktionsfeld fortschreitend und ununterbrochen über die Windungen einer Spule oder eines Leiters verschiebt, der sich innerhalb der Influenz dieses Feldes befindet und einen Teil eines sekundären oder Arbeitsstromkreises bildet oder in letzteren eingeschlossen wird.

Behufs Ausübung dieser Erfindung bedarf man einer Anzahl Induktionsrollen und induzierter Rollen, N S, welche auf einen Kern aufgewickelt werden, wie er beispielsweise in der Gramme´schen Dynamomaschine verwendet wird. Die beiden Sätze Spulen werden auf diesen Kern Seite an Seite oder übereinander oder in anderer gebräuchlicher Anordnung aufgewickelt, um sie in die wirkungsreichsten Beziehungen zueinander und zum Kern zu bringen.

Die auf den Kern gewickelten induzierenden oder primären Rollen sind in Paare oder Sätze eingeteilt und elektrisch so verbunden, daß, während die Rollen des einen Paares oder Satzes zusammenwirken, um die Magnetpole des Kernes an zwei bestimmten einander diametral gegenüberliegenden Punkten zu erregen, die Spulen des anderen Paares oder Satzes (es sind hier als Beispiel nur zwei Sitze im Ganzen angenommen) das Bestreben haben die Pole in einer Entfernung von 90° von jenen Punkten zu erregen.

In Verbindung mit dieser Induktionsvorrichtung wird ein Stromerzeuger für Wechselstrom mit Spulen oder Sätzen von Spulen benutzt, die denen des Transformators oder der Induktionsvorrichtung entsprechen, und mittelst geeigneter Leitungen werden die entsprechenden Spulen des Stromerzeugers und des Transformators zu unabhängigen Stromkreisen verbunden. Es folgt hieraus, daß die verschiedenen elektrischen Wandlungen im Stromerzeuger begleitet sind von entsprechenden magnetischen Änderungen im Transformator, d.h. in anderen Worten: daß bei der Umdrehung der Stromerzeugerspulen die Punkte der größten magnetischen Intensität im Transformator fortschreitend weitergeschoben werden. Dieses Wirkungsprinzip kann verschiedentlich abgeändert und dem Betrieb von elektromagnetischen Motoren angepaßt werden, und die verschiedenen Bedingungen, unter denen eine solche Anpassung erfolgt, werden leicht zu den erforderlichen Änderungen des vorliegenden Systems führen.

A ist der geschlossene Kern, der Ringform oder eine gleichartige andere Gestaltung haben kann und behufs Erhöhung der Wirkung aus dünnen Streifen, Platten oder Drähten weichen Eisens, die so viel wie möglich voneinander isoliert sind, hergestellt ist. Dieser Kern wird in beliebiger bekannter Weise umwickelt, beispielsweise mit vier Spulen B B B1 B1, welche die primären Rollen und aus langen, dünnen Drähten bestehen, über welche kürzere Spulen C C C1 C1 aus gröberem Drahte, welche die induzierten oder sekundären Rollen bilden, gewickelt werden. Die Konstruktion dieser oder einer anderen gleichwertigen Ausführungsform eines Transformators kann weiter ausgeführt werden, indem man diese Spulen in Eisen einschließt und beispielsweise eine oder mehrere Lagen isolierten Eisendrahtes darum wickelt.

Die Vorrichtung ist mit entsprechenden Polklemmen versehen, mit denen die Enden der Spulen verbunden werden. Die diametral einander gegenüberliegenden Spulen B B und B1 B1 sind bezw. hintereinander geschaltet und die vier Polenden werden durch die Polklemmen festgehalten. Die induzierten Spulen werden in irgend einer Weise zusammen verbunden, es können beispielsweise die Spulen C C parallel geschaltet werden, wenn, wie z.B. beim Betrieb einer Gruppe von Glühlichtlampen, auf Strommenge Rücksicht zu nehmen ist, während C1 C1 besonders in einen Stromkreis hintereinander geschaltet werden können, der Bogenlampen oder dergleichen einschließt.

Der Stromerzeuger wird in diesem System dem Transformator in der dargestellten Weise angepaßt. Im vorliegenden Fall besteht derselbe z.B. aus einem Paar permanenter oder Elektromagnete E E, zwischen denen ein zylindrischer mit den Spulen G G1 umwickelter Ankerkern auf einer Welle F sitzt. Die Polenden dieser Spulen sind bezw. mit vier isolierten oder Sammelringen H H H1 H1 verbunden, und die vier Drähte L des Leitungsstromkreises verbinden die gegen diese Ringe sich anlegenden Schleiffedern K mit dem Transformator.

Betrachtet man die Ergebnisse dieser Verbindung so findet man, daß zu einem gewissen Zeitpunkt die Spule G sich in ihrer neutralen Lage befindet und wenig oder gar keinen Strom erzeugt, während die andere Spule G1 sich in einer Stellung befindet, in der sie ihre höchste Wirkung äußert. Angenommen nun, die Spule G sei mit den Spulen B B des Transformators und die Spule G1 mit den Spulen B1 B1 stromleitend verbunden, so werden die Pole des Ringes A bei der dargestellten Stellung nur durch den Strom in den Spulen B1 B1 erregt werden. Da aber der Anker des Stromerzeugers sich weiterdreht, so erzeugt alsbald die Spule G mehr und die Spule G1 weniger Strom, bis G schließlich seine Maximalleistung und G1 seine neutrale Stellung erreicht hat.

Die augenscheinliche Folge ist eine Verschiebung der Pole des Ringes A um eine dem Viertelumfang entsprechende Entfernung. Die Bewegung der Stromerzeugerspulen während der nächsten Viertelumdrehung bringt die Spule G1 in ein Feld von entgegengesetzter Polarität und erzeugt einen Strom von entgegengesetzter Richtung und wachsender Stärke, während die Spule G aus der Stellung ihrer Maximalleistung in ihre neutrale Stellung übergeht und einen Strom von schwindender Stärke In derselben Richtung wie vorher erzeugt und eine weitere Verschiebung der Pole über das zweite Viertel des Ringes weg hervorruft. Die zweite Hälfte der Umdrehung wird, wie ersichtlich, eine Wiederholung derselben Wirkungsweise veranlassen.

Durch die Verschiebung der Pole des Ringes A wird eine starke dynamische und induzierende Wirkung auf die Spulen C C1 ausgeübt.

Außer den durch dynamomagnetische Induktion in der sekundären Rolle erzeugten Strömen werden in denselben Spulen noch andere Ströme hervorgerufen infolge jeder Änderung in der Intensität der Pole im Ring A. Dies sollte aber vermieden werden, indem man die Intensität der Pole konstant erhält, zu welchem Zweck man beim Entwerfen und Dimensionieren des Stromerzeugers, beim Verteilen der Drahtspulen auf dem Ring A und beim Abwägen ihrer Leistungsfähigkeit Sorgfalt üben muß. Tut man dies, so werden die Ströme einzig und allein durch dynamomagnetische Induktion erzeugt und derselbe Erfolg erzielt, als wenn die Pole durch einen Kommutator mit einer großen Anzahl von Segmenten verschoben werden würden.

## PATENTANSPRUCH:

Bei Transformatoren die Teilung der primären Spulen in voneinander unabhängige Gruppen, welche mit den entsprechenden, in gleichfalls von einander unabhängige Gruppen geteilten Ankerspulen eines Elektrizitätserzeugers verbunden sind und abwechselnd in den Stromkreis eingeschaltet, durch die Verschiebung der Pole einen Induktionsstrom erzeugen.

NIKOLA TESLA IN NEW-YORK (V. ST. A.).

**Verbindung der Drahtspulen bei Elektricitätserzeugern mit denen von Motoren.**

Zu der Patentschrift

**№ 47885.**

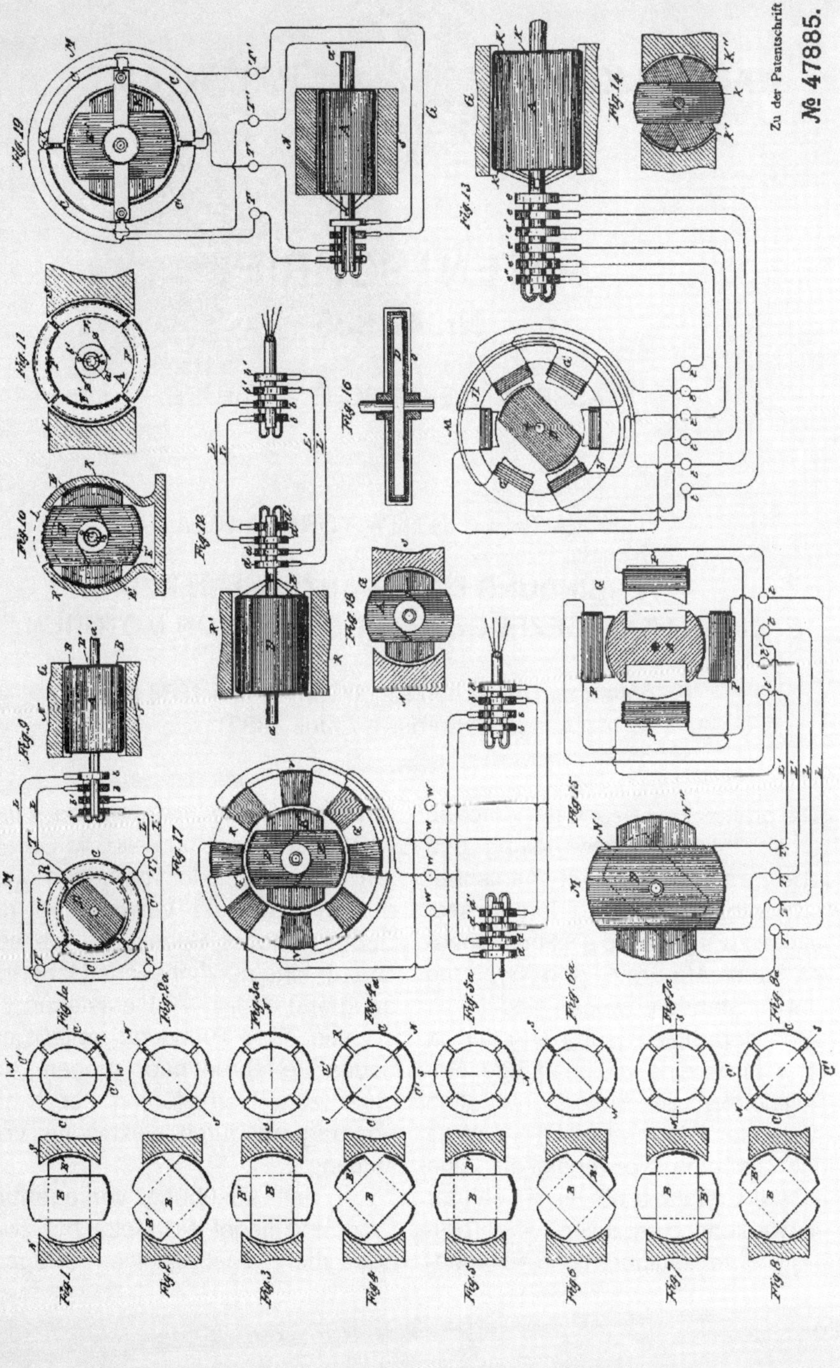

KAISERLICHES PATENTAMT

# PATENTSCHRIFT

## Nr. 47 885

KLASSE 21: ELEKTRISCHE APPARATE.

NIKOLA TESLA IN NEW YORK (V. ST. A.).

## VERBINDUNG DER DRAHTSPULEN BEI ELEKTRIZITÄTSERZEUGERN MIT DENEN VON MOTOREN.

Patentiert im Deutschen Reich vom 1. Mai 1888 ab.
Ausgegeben den 17. Juli 1889.

Die praktische Lösung der Aufgabe der elektrischen Umwandlung und Uebertragung von mechanischer Kraft enthält gewisse Erfordernisse, welche zu erfüllen die bisher angewendeten Apparate und Systeme nicht im Stande gewesen sind.

Eine derartige Lösung erfordert in erster Linie eine gleichmäßige Geschwindigkeit des Motors unter allen Umständen, dann aber erscheint es auch als eine Notwendigkeit, eine größere Ersparnis als bisher bei der Umwandlung zu erzielen, einen billigeren, zuverlässigeren und einfacheren Apparat herzustellen, so zwar, daß durch denselben alle die Gefahren und Nachteile vermieden werden, die aus der Verwendung von Strömen hoher Spannung, wie solche für eine nutzbringende Uebertragung erforderlich sind, entstehen.

Vorliegende Erfindung umfaßt ein neues Verfahren nebst neuem Apparat zum Herbeiführen der Kraftübertragung durch elektrische Vermittlung.

Bei der Ausübung vorliegender Erfindung findet ein Motor mit zwei oder mehr unabhängigen erregenden Stromkreisen Anwendung, durch welche in unten beschriebener Weise alternierende Ströme geschickt werden, welche eine fortschreitende Verschiebung des Magnetismus oder der Kraftlinien bewirken, was in Gemäßheit wohlbekannter Theorien die Tätigkeit des Motors hervorruft.

Es ist ersichtlich, daß eine geeignete fortschreitende Verschiebung oder Bewegung der Kraftlinien nutzbar gemacht werden kann, um eine Bewegung oder Drehung jedes Elementes des Motors, der Armatur des magnetischen Feldes herbeizuführen und daß, wenn durch die verschiedenen Stromkreise des Motors geleiteten Ströme die geeignete Richtung haben, kein Kommutator für den Motor erforderlich wird. Um also in dem System die sämtlichen gebräuchlichen Kommutator-Einrichtungen zu vermeiden sind, die Stromkreise des Motors direkt mit denen einer geeigneten Erzeugungsquelle für Wechselströme verbunden.

Fig. 1 bis 8 und 1a bis 8a sind Entwürfe, welche den Grundgedanken der Wirkungsweise vorliegender Erfindung zur Anschauung bringen. Die übrigen Figuren sind Ansichten des Apparates in verschiedenen Ausführungsformen, durch welche die Erfindung, in Ausübung gesetzt werden kann, und welche ihrer Reihenfolge nach noch beschrieben werden.

Fig. 9 ist ein Entwurf, welcher einen Motor, einen Erzeuger und die verbindenden Stromkreise in Gemäßheit der Erfindung darstellt.

M ist der Motor und G der denselben antreibende Erzeuger. Der Motor umfaßt einen Ring R, der am besten aus dünnen isolierten Eisenringen oder Ringplatten zusammengesetzt wird, so daß er so empfänglich wie möglich für in Bezug auf seinen magnetischen Zustand eintretende Änderungen ist; derselbe wird von vier Spulen C C C1 C1 umgeben, die aus isoliertem Draht bestehen und symmetrisch angeordnet sind. Die einander diametral gegenüberliegenden Spulen sind verbunden, so daß sie paarweise bei Herstellung freier Pole an diametral gegenüberliegenden Teilen des Ringes zusammenwirken. Die so verbleibenden vier freien Enden sind mit den Klemmschrauben T T T1 T1, wie angegeben, verbunden.

Dicht am Ring, und am besten innerhalb desselben, ist auf einer Welle die gewöhnlich kreisrund geformte magnetische Scheibe D aufgekeilt, welche zwei, wie gezeichnet, ausgesparte Segmente hat und sich frei im Ring R dreht.

Der Erzeuger G ist von der gewöhnlichen Art und hat in der Zeichnung magnetische Felder N S und einen zylindrischen Ankerkern A, der mit den beiden Spulen B B1 umwickelt ist; die freien Enden einer jeden dieser Spulen sind durch die Welle *a1* geführt und bezw. mit isolierten Kontaktringen *b b b1 b1* verbunden.

Gegen jeden Ring legt sich eine Schleiffeder und bildet eine Polklemme, durch welche der Strom nach und von dem Ring geleitet wird; diese Polklemmen sind mit den Polklemmen T T T1 T1 des Motors durch die Drähte L L1 in der gezeichneten Weise verbunden, wodurch zwei vollständige Stromkreise gebildet werden, von denen der eine beispielsweise die Spulen B des Erzeugers und C1 C1 des Motors, der andere dagegen die verbleibenden Spulen B1 und C C des Erzeugers und des Motors einschließt.

Es erübrigt jetzt noch, die Wirkungsweise dieses Systems zu erläutern, zu welchem Ende auf die Entwürfe der Fig. 1 bis 8 und 1a bis 8a behufs Veranschaulichung der verschiedenen Wandlungen, welche die Spulen des Erzeugers beim Betrieb durchzumachen haben, und der entsprechenden, daraus folgenden, im Motor erzeugten magnetischen Änderungen verwiesen wird.

Die Umdrehung des Ankers des Erzeugers zwischen den Feldmagneten N S ruft, wie ersichtlich, in den Spulen B B1 wechselnde Ströme hervor, deren Intensität und Richtung von den bekannten Gesetzen abhängig ist. Bei der in der Fig. 1 angegebenen Stellung der Spulen ist der Strom in der Spule B praktisch gleich Null, während die Spule B1 zu derselben Zeit ihren stärksten Strom entwickelt; durch die in Fig. 9 getroffenen Vorrichtungen kann der diese Spule einschließende Stromkreis auch beispielsweise die Spulen C C des Motors, Fig. 1a, einschließen. Die Folge hiervon würde sein, daß mit Hilfe der entsprechenden Verbindungen eine Magnetisierung des Ringes R stattfände, wobei die Pole sich auf der Linie N-S befänden.

Wird dieselbe Ordnung der Verbindungen zwischen der Spule B und den Spulen C1 C1 beobachtet, so haben die letzteren, wenn sie von einem Strom durchflossen werden, das Bestreben, die Pole unter rechten Winkel zur Linie N-S der Fig. 1a zu erregen. Es ergibt sich daher, daß, wenn die Erzeugerspulen eine Achtelumdrehung gemacht haben, beide Spulenpaare C und C1 von Strömen durchflossen werden, die sich insofern entgegenwirken, wie die Lage der Pole in Betracht kommt. Die Lage der Pole wird daher durch den erzielten Effekt der magnetisierenden Kräfte der Spulen bestimmt, d.h. dieselbe wird am Ring entlang zu einer Stellung vorrücken, welche einer Achtelumdrehung des Ankers des Erzeugers entspricht.

In Fig. 3 ist der Anker des Erzeugers um eine Viertelumdrehung vorgerückt. An der angegebenen Stelle ist der Strom in der Spule B am stärksten, während er in B1 gleich Null ist, indem die letzere Spule sich in ihrer neutralen Lage befindet. Die Pole des Ringes R werden folglich in Fig. 3a in eine Stellung verschoben, die um 90° von der zu Anfang gezeigten abweicht. Die bei jeder aufeinander folgenden Achtelumdrehung bestehenden Bedingungen sind in gleicher Weise in den übrigen Figuren veranschaulicht. Eine kurze Bezugnahme auf diese Figuren wird zum Verständnis ihrer Bedeutung genügen. Fig. 4 und 4a verbildlichen die Lage, nachdem der Erzeugeranker eine Dreiachtelumdrehung gemacht hat. Hier erzeugen beide Spulen den Strom, aber es erzeugt die jetzt in das gegenüberliegende magnetische Feld eingetretene Spule B1 einen Strom in der entgegengesetzten Richtung, der die entgegengesetzte magnetisierende Wirkung hat. Es werden daher die entstehenden Pole auf der Linie N-S liegen.

In Fig. 5 und 5a ist eine halbe Umdrehung beendet mit entsprechender Bewegung der Pollinie des Motors. Bei diesem Stand befindet sich die Spule B in ihrer neutralen Stellung, während die Spule B1 ihre höchste Stromleistung entwickelt, wobei der Strom dieselbe Richtung wie in Fig. 4 hat.

In Fig. 6 hat der Anker eine Fünfachtelumdrehung beendet. In dieser Lage entwickelt die Spule B1 einen weniger kräftigen Strom, der aber dieselbe Richtung wie zuletzt hat. Andererseits entwickelt die in ein Feld von entgegengesetzter Polarität eingetretene Spule B einen Strom von entgegengesetzter Richtung. Die sich ergebenden Pole werden deshalb auf der Linie N-S der Fig. 6a liegen, d.h. in anderen Worten: die Pole des Ringes sind um fünf Achtel seines Umfanges an letzterem entlang verschoben worden.

Fig. 7 und 7a veranschaulichen in derselben Weise die Wandlungen des Ringes und Erzeugers nach einer Dreiviertelumdrehung und Fig. 8 und 8a diejenige nach sieben Achtelumdrehungen des Erzeugerankers. Diese Figuren sind nach dem Vorhergehenden leicht verständlich.

Nach Beendigung einer vollständigen Umdrehung tritt der zu Anfang vorhanden gewesene Zustand wieder ein und dieselbe Wirkungsweise wiederholt sich während der nächsten und jeder weiter folgenden Umdrehung; es ergibt sich also, daß jede Umdrehung des Ankers des Erzeugers eine entsprechende Verschiebung der Pole oder Kraftlinien um den Ring herum hervorruft.

Dieser Effekt wird nutzbar gemacht, um die Umdrehung eines Körpers oder eines Ankers in verschiedenartiger Weise herbeizuführen. Wendet man beispielsweise das vorbeschriebene Prinzip auf den in Fig. 9 dargestellten Apparat an, so wird die Scheibe D infolge ihrer Neigung, die Stellung einzunehmen, in welcher sie die größtmögliche Anzahl magnetischer Linien umfaßt, in Umdrehung versetzt, indem sie der Bewegung der Linien oder Punkte der größten Anziehung folgt.

Die in Fig. 9 dargestellte Scheibe D ist an ihrem gegenüberliegenden Seiten weggeschnitten, was aber für ihre Wirkungsweise nicht wesentlich ist, da, wie auch punktiert angedeutet, eine kreisrunde Scheibe gleichfalls in Umdrehung erhalten werden würde. Diese Erscheinung ist wahrscheinlich einen gewissen Beharrungsvermögen oder Widerstand zuzuschreiben, der sich im Metall der raschen Verschiebung der Kraftlinien durch dasselbe gegenüber geltend macht, was einen beständigen tangentialen Zug auf die Scheibe zur Folge hat, welcher deren Umdrehung veranlaßt. Dies scheint seine Bestätigung durch die Tatsache zu finden, daß eine runde Stahlscheibe wirksamer als eine Scheibe aus weichem Eisen in Drehung versetzt wird, weil anzunehmen ist, daß die erstere einen größeren Widerstand in Bezug auf die Verschiebung der magnetischen Linien besitzt.

Behufs Erläuterung anderer die Ausübung vorliegender Erfindung ermöglichender Ausführungsformen des Apparates wird jetzt auf die übrigen Figuren der Zeichnungen verwiesen.

Fig. 10 zeigt einen Motor teilweise in der Ansicht und teilweise im Schnitt. Fig. 12 zeigt denselben in der Kopfansicht mit dem magnetischen Feld im Schnitt und einem Entwurf der Verbindungen. Fig. 11 ist eine End- oder Seitenansicht des Erzeugers, ebenfalls mit dem magnetischen Feld im Schnitt. Diese Ausführungsform des Motors kann an Stelle der beschriebenen verwendet werden.

D ist ein zylindrischer oder trommelförmiger Ankerkern, der aus naheliegenden Gründen so weit wie tunlich aufgeschnitten sein sollte, um die Zirkulation von Induktionsströmen innerhalb desselben zu verhindern. Der Kern ist der Länge nach mit zwei Spulen E E1 umwickelt, deren Enden bezw. mit isolierten Kontaktringen *d d d1 d1* verbunden sind, welche auf der den Anker tragenden Welle *a* sitzen.

Der Anker ist in einem eisernen Gehäuse R drehbar angeordnet, welches das magnetische Feld oder ein anderes Element des Motors bildet. Dieses Gehäuse wird am besten mit einem Schlitz oder einer Öffnung I versehen, kann aber auch, wie punktiert angedeutet, zusammenhängend sein, und wird in diesem Falle vorzugsweise aus Stahl hergestellt. Es erscheint ferner wünschenswert, daß dieses Gehäuse in ähnlicher Weise wie der Anker und aus denselben Gründen aufgeschnitten sei.

Der Erzeuger zum Betrieb dieses Motors kann der in Fig. 11 dargestellte sein. Derselbe besteht aus einem Ringanker A, umgeben von den vier Spulen F F F1 F1, von denen die einander diametral gegenüberliegenden in Hintereinanderschaltung verbunden sind, so daß vier freie Enden N verbleiben, welche mit den isolierten Kontaktringen *b b b1 b1* verbunden sind. Dieser Ring ist auf einer Welle *a1* zwischen den Polen N S angeordnet.

Die Kontaktringe eines jeden Paares von Erzeugerspulen sind mit denen des Motors bzw. mittels Schleiffedern und der beiden Paare von Leitern L L L1 L1 verbunden, wie in Fig. 12 im Entwurf dargestellt ist.

Es erhellt aus einem Vergleich der vorhergehenden Figuren, daß die Umdrehung des Erzeugerringes in den Spulen F F1 Ströme erzeugt, welche nach ihrer Ueberleitung auf die Motorspulen dem Ankerkern des Motors magnetische Pole geben, die beständig um den Kern herum verschoben werden. Dieser Effekt ruft eine Umdrehung des Motorankers infolge der Anziehungskraft zwischen dem Gehäuse R und den Polen des Ankers hervor; insofern aber die Spulen in diesem Falle sich in Bezug auf das Gehäuse oder das magnetische Feld bewegen, findet die Bewegung der Spulen in entgegengesetzter Richtung zu der fortschreitenden Bewegung der Pole statt.

Es sind auch andere Anordnungen der Spulen sowohl des Erzeugers als auch des Motors möglich, und es kann eine größere Anzahl von Stromkreisen angewendet werden, wie aus den beiden nächstfolgenden Figuren ersichtlich wird.

Fig. 13 zeigt im Entwurf einen Motor und Erzeuger, die in Gemäßheit vorliegender Erfindung, verbunden und angeordnet sind. Fig. 14 ist eine Endansicht des Erzeugers mit dem magnetischen Feld im Schnitt.

Das Feld des Motors M wird durch sechs magnetische Pole G1 G1 hergestellt, die an einem Ring oder Rahmen H sitzen. Diese Magnete oder Pole sind mit isolierten Spulen umwickelt, von denen die einander diametral gegenüberliegenden paarweise mit einander verbunden sind, so daß entgegengesetzte Pole in jedem Paare geschaffen werden. Dies ergibt sechs freie Enden, welche mit den Polklemmen *t* verbunden sind.

Der Anker, welcher zwischen den Polen drehbar angeordnet ist, ist ein auf der Welle *a* sitzender Zylinder oder eine Scheibe D aus Schmiedeeisen. Zwei Segmente dieser Scheibe sind weggeschnitten, wie gezeichnet.

Der Erzeuger für diesen Motor hat in diesem Falle einen mit drei Spulen K K' K" in Abständen von 60° umwickelten Anker A. Die Enden dieser Spulen sind bezw. mit isolierten Kontaktringen *e e e' e' e" e"* verbunden, welche mit denen des Motors in der gehörigen Reihenfolge mittelst Sammelbürste oder Schleiffedern und durch sechs, unabhängige Stromkreise bildende Drähte verbunden sind. Die Änderungen in der Stärke und Richtung des durch diese Stromkreise geschickten und die Motorspulen durchlaufenden Stromes rufen eine stetig fortschreitende Verschiebung der erhaltenen Anziehungskräfte mit denen die Pol G1 auf den Anker D einwirken, hervor und erhalten demgemäß den Anker in rascher Drehung. Die Anwendung dieses Prinzips auf Systeme, welche nebeneinander verbundene Stromkreise enthalten, werden aus vorstehendem Apparat leicht verständlich.

Von den Fig. 15 und 16 zeigt die erstere eine Darstellung einer abgeänderten Anordnung der Erfindung im Entwurf, während Fig. 16 einen Querschnitt des Motors veranschaulicht.

In diesem Falle ist eine am besten an entgegenliegenden Rändern, wie punktiert angedeutet, ausgesparte Scheibe D aus magnetischem Metall frei drehbar innerhalb zweier stationärer Spulen N′ N′′ angeordnet, die unter rechten Winkel zueinander stehen. Die Spulen werden am besten auf einen Rahmen O aus Isoliermaterial gewickelt und ihre Enden mit den Polklemmen T T T1 T1 verbunden.

Der Erzeuger G gehört zur Klasse der Maschinen für Wechselstrom. Der hier gezeichnete besteht aus einem rotierenden permanenten oder Elektromagnet A und vier unabhängigen, mit Spulen umwickelten stationären Magneten P P1, wobei die diametral gegenüberliegenden Spulen in Hintereinanderschaltung verbunden und mit ihren Enden an den Polklemmen *t t t1 t1* befestigt sind. Von diesen Polklemmen werden die Ströme nach den Polklemmen T T T1 T1 des Motors geleitet, wie in der Zeichnung veranschaulicht.

Die Wirkungsweise ist im wesentlichen dieselbe wie in den vorhergehenden Fällen, indem die Spulen des Motors durchlaufenden Ströme die Wirkung haben, die Scheibe D zu drehen. Diese Art der Ausübung der Erfindung bietet den Vorteil, daß man die gleitenden Kontakte in dem System entbehren kann.

In den vorbeschriebenen Ausführungsformen des Motors ist nur eines der Elemente, der Anker oder der Feldmagnet, mit erregenden Spulen versehen. Es erübrigt daher noch zu zeigen, wie beide Elemente mit Spulen umwickelt sein können, zu welchem Ende auf die Fig. 17 und 18 verwiesen wird. Fig. 17 ist eine Endansicht eines magnetischen Felde im Schnitt. In Fig. 17 besteht der Feldmagnet des Motors aus einem Ring R, der am besten aus dünnen isolierten Eisenblechen mit acht Polstücken G1 und entsprechenden Aussparungen mit hineingewickelten vier Paar Spulen V gebildet wird. Die diametral gegenüberliegenden Spulenpaare sind in Hintereinanderschaltung verbunden und die freien Enden an vier Polklemmen W befestigt; in Bezug auf die Herstellung der Verbindungen gelten hier dieselben Vorschriften wie oben.

Ein mit zwei Spulen E E1 unter rechten Winkel zueinander versehener Anker D ist innerhalb des Feldmagneten R drehbar angeordnet: die Enden der Ankerspulen sind mit zwei Paaren Kontaktringe *d d d1 d1* verbunden.

Der Erzeuger für diesen Motor kann von beliebiger geeigneter Art sein, um Ströme von der gewünschten Art zu erzeugen. Im vorliegenden Fall besteht derselbe aus einem magnetischen Feld N S und einem Anker A mit zwei rechtwinklig zueinanderliegenden Spulen, deren Enden mit vier von ihrer Welle getragenen Kontaktringen *b b b1 b1* verbunden sind.

Die Stromkreisverbindungen werden zwischen den Ringen auf der Erzeugerwelle und denen auf der Motorwelle durch Schleiffedern und Drähte hergestellt, wie früher beschrieben. Um den Feldmagnet des Motors indessen gehörig zu erregen, werden die Verbindungen mit den Ankerspulen durch nach denselben führende Drähte so hergestellt, daß während der Verschiebung der Punkte von größter Anziehungskraft oder größter Dichtigkeit der magnetischen Kraftlinien auf dem Anker in der einen Richtung, diejenigen auf dem Elektromagnet in entgegengesetzter Richtung fortzuschreiten veranlaßt werden. In den übrigen ist die Wirkungsweise übereinstimmend mit der in den früheren Fällen beschriebenen.

Diese Anordnung hat eine vermehrte Umdrehungsgeschwindigkeit zur Folge.

In Fig. 17 sind beispielsweise die Polenden eines jeden Satzes Feldspulen mit den Drähten der Armaturspulen in solcher Weise verbunden, daß die Feldspulen entgegengesetzte Pole vor den Polen des Ankers beibehalten.

In den Zeichnungen befinden sich die Feldspulen in Nebenschluß mit dem Anker, können aber auch in Hintereinanderschaltung oder in unabhängigen Stromkreisen angeordnet sein.

Fig. 19 stellt einen der Fig. 9 ähnlichen Entwurf dar und veranschaulicht eine Abänderung des Motors. In dieser Figur sind die verschiedenen Teile dieselben wie in Fig. 9, ausgenommen, daß der Ankerkern des Motors, der ein Zylinder oder eine Scheibe ist, unter rechten Winlel zueinander mit zwei Spulen umwickelt ist. Die beiden Spulen bilden unabhängige geschlossene Stromkreise.

Wenn ein derart konstruierter Motor frei läuft, so findet die Drehung des Ankers gleichzeitig mit der Drehung der Pole im Feld statt, und unter diesen Umständen wird nur sehr wenig Strom in den Spulen C1 C bemerklich, bei verringerter Geschwindigkeit aber werden die Ströme in der Spule so verstärkt, daß die drehende Wirkung in denselben Verhältnis vermehrt wird.

Dieses Konstruktionsprinzip läßt viele abgeänderte Anordnungen zu, von denen die meisten von selbst aus den beschriebenen Konstruktionen sich ergeben; so können beispielsweise der Anker oder die induzierten Spulen, oder diejenigen, in welchen die Ströme durch Induktion entstehen, festliegend sein und die wechselnden Ströme vom Erzeuger mittels geeigneter gleitender Kontakte durch die drehenden induzierenden oder Feldspulen geleitet werden. Es ist ebenso ersichtlich, daß die induzierten Rollen beweglich und die magnetischen Teile des Motors fest sein können.

Ein charakteristisches Merkmal der in Gemäßheit dieses Grundgedankens konstruierten und betätigten Motoren ist das denselben innewohnende Vermögen der fast augenblicklichen Umsteuerung infolge der Wendung eines der erregenden Ströme vom Erzeuger.

Dieses wird verständlich aus einer Betrachtung der Arbeitsbedingungen. Angenommen, der Anker drehe sich in einer bestimmten, der Bewegung der verschiedenen Pole folgenden Richtung und die Verschiebunsrichtung werde dann umgewendet, was durch Umkehrung der Verbindung eines der beiden erregenden Stromkreise geschehen kann, so ist es, wenn man berücksichtigt, daß die in einer dynamoelektrischen Maschine entwickelte Kraft ziemlich genau proportional ist dem Kubus der Geschwindigkeit, augenscheinlich, daß in einem solchen Augenblick eine außerordentliche Kraft zur Wirkung kommt, um den Motor umzusteuern.

Anstatt der in der Zeichnung veranschaulichten Feldmagnete können für die Motoren durch einen kontinuierlichen Strom erregte Weicheisen-Feldmagnete angewendet werden.

Dieser Vorschlag bietet große Vorteile, aber es ist charakteristisch, daß, wenn in einem derart betätigten Motor der Feldmagnet durch seine Spule stark erregt wird und die

Stromkreise durch die Ankerspulen geschlossen werden (wobei eine bestimmte Geschwindigkeit für den Erzeuger angenommen ist), der Motor nicht angeht, daß aber, wenn das magnetische Feld nur wenig erregt oder im allgemeinen in solchem Zustand ist, daß die magnetische Influenz des Ankers das Uebergewicht hat, der Motor zu bewegen sich anfängt und bei genügendem Strom seine normale oder maximale Geschwindigkeit erreicht. Aus diesem Grund ist es wünschenswert, beim Angehenlassen und bis der Motor seine normale Geschwindigkeit fast oder ganz erreicht hat, den Stromkreis des magnetischen Feldes offen zu halten oder doch nur wenig Strom den Durchgang durch denselben zu gestatten.

Eine andere Eigentümlichkeit dieses Motors ist, daß seine Umdrehungsrichtung nicht durch Umwenden der Richtung des durch die Feldspulen gehenden Stromes umgesteuert wird, da die Drehrichtung nicht von der Polarität des Feldes, sondern von der Richtung abhängt, in welcher die Pole des Ankers verschoben werden. Behufs Umsteuerung des Motors müssen die Verbindungen eines jeden der erregenden Stromkreise umgekehrt werden.

Wenn die Felder sowohl des Erzeugers als auch des Motors stark erregt werden, so hat ein Angehenlassen des Erzeugers eine Bewegung des Motors zur Folge und nimmt die Bewegung des letzteren gleichzeitig mit dem Erzeuger zu.

Nach diesem Prinzip konstruierte und betriebene Motoren behalten dieselbe Geschwindigkeit in allen Fällen innerhalb ihrer normalen Arbeitsgrenzen bei, und sollte durch eine plötzliche Ueberladung die Geschwindigkeit des Motors einmal gehemmt werden, so verringert sich auch gleichzeitig mit derselben die Geschwindigkeit des Erzeugers, wenn dessen motorische Kraft nicht zu groß ist. Diese Eigenschaften erscheinen bei dieser besonderen Ausführungsform des Motors unter gewissen Umständen als sehr nützlich.

Nach dieser Beschreibung der Erfindung und einer ihrer verschiedenen Anwendungsformen wird die Aufmerksamkeit auf gewisse charakteristische Eigenschaften gelenkt, welche die Erfindung bei ihrer Anwendung bietet.

Aus Betrachtung des in Fig. 9 dargestellten Motors ergibt sich, daß, da die Scheibe D das Bestreben hat, beständig den Punkten der größten Anziehung zu folgen und letztere bei jeder Umdrehung des Ankers des Erzeugers einmal um den Ring herum verschoben werden, die Bewegungen der Scheibe gleichzeitig mit denen des Ankers A stattfinden. Dieses Kennzeichen findet sich bei allen übrigen Ausführungsformen, in denen eine Umdrehung des Ankers des Erzeugers eine Verschiebung der Pole des Motors um 360° hervorbringen.

In der besonderen, in Fig. 5 dargestellten Abänderung oder in anderen auf denselben Grundgedanken beruhenden Konstruktionsformen ist die Anzahl der aus einer Umdrehung des Erzeugerankers entstehenden wechselnden Impulse eine doppelte im Vergleich mit den vorhergehenden Fällen, und werden die Polaritäten des Motors bei einer Umdrehung des Erzeugerankers zweimal im Kreise herum verschoben.

Derselbe Effekt wird durch die Anordnung nach Fig. 17 erzielt, wo die Pole beider Elemente in entgegengesetzten Richtungen verschoben werden.

Wenn man wieder den als Vorbild für die Erfindung anzusehenden Apparat der Fig. 9 betrachtet, so ergibt sich, daß, da die auf die Scheibe D ausgeübte anziehende Wirkung am größten ist, wenn sich die Scheibe in ihrer gehörigen bezüglichen Stellung zu den auf dem Ring R entstehenden Polen befindet; d.h. wenn ihre Enden oder Pole denen des Ringes unmittelbar folgen, die Geschwindigkeit des Motors unter allen Umständen innerhalb der normalen Arbeitsgrenzen in Wirklichkeit eine Konstante ist.

Die Geschwindigkeit kann niemals die durch den Erzeuger bestimmte willkürliche Grenze überschreiten, und ferner ist wenigstens innerhalb gewisser Grenzen die Motorgeschwindigkeit von der Stromstärke unabhängig.

Es ist nicht neu, die Drehung eines Motors durch intermittierende Verschiebung der Pole eines seiner Elemente herbeizuführen. Man hat dies getan, indem man durch unabhängige Erregungsspulen auf einem der Elemente den Strom von einer Batterie oder anderen Quelle für direkten oder kontinuierlichen Strom hindurchgehen ließ und diesen Strom dann mittels geeigneter mechanischer Vorrichtungen so wendete, daß er durch die Spulen in abwechselnd entgegengesetzter Richtung hindurchfloß. In solchen Fallen bleibt indessen das Potential des erregenden Stromes dasselbe und nur die Richtung, desselben ändert sich. In Gemäßheit vorliegender Erfindung dagegen kommen rein wechselnde Ströme zur Anwendung, und besteht die Erfindung in der Art und Weise des Betriebes eines Apparates zur Nutzbarmachung solcher Ströme.

Der Unterschied zwischen den beiden Verfahrungsweisen ist: Durch die Erzeugung eines wechselnden Stromes, dessen jeder Impuls ein Steigen und Fallen des Potentials bedingt, werden die Zustände des Erzeugers im Motor genau wiedergegeben und die Pole kontinuierlich und nicht intermittierend vorgeschoben.

Hierzu kommt, daß die praktische Schwierigkeit der Unterbrechung oder Wendung eines Stromes von irgend einer beträchtlichen Stärke so groß ist, daß keine der bis jetzt bekannten Vorrichtungen die Kraftübertragung durch Umkehrung eines kontinuierlichen oder Gleichstromes in der beschriebenen Weise gewerblich verwertbar bewerkstelligen konnte.

Soweit also das Verfahren der Beeinflussung eines Elementes des Motors in Betracht kommt, gründet sich die vorliegende Erfindung auf die Benutzung eines wechselnden Stromes im Gegensatz zu einem gewendeten Strom oder einen Strom, welcher ein kontinuierlicher und gleichgerichteter ist und von Spule zu Spule mit Hilfe eines Kommutators, Stromwenders oder Stromunterbrechers verschoben wird. Bezüglich desjenigen Teiles der Erfindung, welcher in der gleichzeitigen Beeinflussung beider Elemente des Motors besteht, liegt die Anwendung sowohl von wechselnden als auch von gewendeten Strömen innerhalb des Bereiches des Erfindungsgedankens, obgleich der Verwendung der letztgenannten Ströme eine besondere praktische Bedeutung nicht beigemessen wird.

PATENTANSPRUCH:

Ein Motor, dessen Spulen in mehrere voneinander getrennte Gruppen geteilt sind, welche mit den gleichfalls in getrennte Gruppen geteilten Spulen des Elektrizitätserzeugers verbunden sind, so daß ebenso viel unabhängige Stromkreise gebildet werden, als Gruppen vorhanden sind, die derart geschaltet sind, daß die Bewegung des Motorankers durch die Verschiebung der Pole im Motor bewirkt wird.

# NIKOLA TESLA IN NEW-YORK.

**Verfahren, Wechselströme in gleichgerichtete umzuwandeln.**

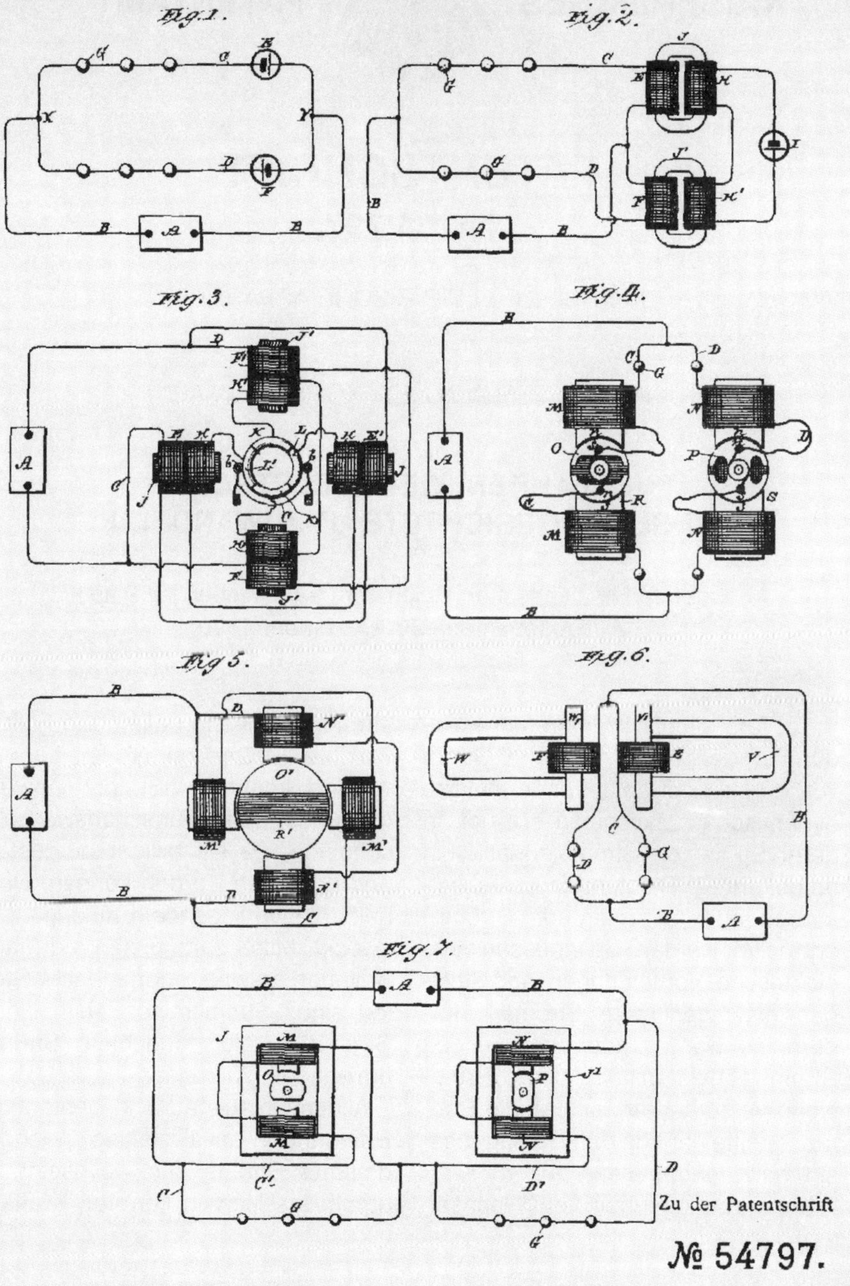


Zu der Patentschrift

**№ 54797.**

KAISERLICHES PATENTAMT

# PATENTSCHRIFT

## Nr. 54 797

KLASSE 21: ELEKTRISCHE APPARATE.

NIKOLA TESLA IN NEW YORK (V. St. A.).

## VERFAHREN, WECHSELSTRÖME IN GLEICHGERICHTETE UMZUWANDELN.

Patentiert im Deutschen Reich vom 22. Oktober 1889 ab.
Ausgegeben den 20. Dezember 1890.

Bei fast allen wichtigeren Anwendungen der Elektrizität wird Strom von durch Kraft getriebenen elektrodynamischen Maschinen erzeugt, in deren Spulen die Ströme zunächst in umgekehrten Richtungen (Wechselströme oder alternierende Ströme) entwickelt werden. Da indessen viele elektrische Vorrichtungen und Anlagen gleichgerichtete Ströme erfordern, so war es gebräuchlich, den Stromwechsel mittels eines Stromwenders zu ändern, anstatt die Ströme unmittelbar von den Erzeugungsspulen zu entnehmen.

Die Ueberlegenheit von Wechselstrommaschinen in allen den Fällen, wo ihre Ströme mit Vorteil benutzt werden können, läßt ihre Anwendung als sehr wünschenswert erscheinen, da sie billiger hergestellt und betrieben werden können, weshalb die vorliegende Erfindung bezweckt, Mittel darzubieten, um nach Belieben an einer oder an mehr Stellen eines Stromkreises wechselnde Ströme in gleichgerichtete Ströme umwandeln zu können.

Allgemein ausgedrückt, besteht die Erfindung in der Erzielung gleichgerichteter Ströme aus wechselnden, durch das Hervorrufen von Kraftäußerungen oder, in anderen Worten, durch Schaffung von wirkenden Widerständen entgegengesetzter Elektrizität -- und zwar entweder beständig oder nur zeitweilig -- in den Zweigleitungen des eine Quelle für wechselnde Ströme einschließenden Stromkreises mittels elektrischer, elektromagnetischer oder magnetischer Hilfskräfte, so zwar, daß die Stromwellen von entgegengesetzter Richtung durch verschiedene Stromkreise abgelenkt werden und die der einen Art über die eine Zweigleitung und die der entgegengesetzten Art über eine andere Zweigleitung gehen.

Im Vorliegenden soll nur der Fall erörtert werden, in dem ein Stromkreis in zwei Wege geteilt wird, da jede weitere Teilung lediglich eine Fortsetzung desselben allgemeinen Verfahrens bildet.

Es sei also irgendein Stromkreis gewählt, durch den irgendein wechselnder Strom fließt und dieser Stromkreis an irgend einer beliebigen Stelle in zwei Zweigleitungen oder Wege geteilt. In dem einen dieser Wege ist eine Vorrichtung eingeschaltet, durch welche eine den Stromstößen der einen Art entgegengesetzte elektromotorische Kraft erzeugt wird, während eine ähnliche Vorrichtung sich in der anderen Zweigleitung befindet, die den Stromwellen der entgegengesetzten Art entgegenwirkt. Es sei als Beispiel angenommen, daß diese Vorrichtungen aus primären oder sekundären Batterien oder aus Dynamomaschinen für Gleichstrom beständen. Die den Hauptstrom bildenden Wellen oder Stromstöße von entgegengesetzter Richtung haben ein natürliches Bestreben, sich auf die beiden Zweigleitungen zu verteilen; infolge des entgegengesetzten elektrischen Charakters dieser beiden Zweigleitungen aber wird die eine derselben dem Strom einer bestimmten Richtung einen leichten Durchgang, die andere Zweigleitung dem Durchgang desselben Stromes dagegen einen verhältnismäßig hohen Widerstand darbieten. Der Erfolg dieser Verteilung ist, daß die Stromwellen der einen Art teilweise oder ganz über den einen der Wege oder Zweigleitungen, die der entgegengesetzten Art aber über die andere Zweigleitung gehen.

Es können somit aus einem wechselnden Strom zwei oder mehr gleichgerichtete Ströme ohne die Anwendung irgend eines Stromwenders, die bisher nicht umgangen werden konnte, erhalten werden. Der Strom irgend einer der Zweigleitungen kann in derselben Weise und zu denselben Zwecken wie irgendein anderer gleichgerichteter Strom verwendet werden, d.h. er kann zum Laden sekundärer Batterien, zum Erregen von Elektromagneten oder für einen beliebigen anderen Zweck dienen.

In der beiliegenden Zeichnung sind verschiedene Ausführungsformen der Erfindung veranschaulicht.

Der Entwurf, Fig. 1 zeigt, wie die beschriebene Umwandlung der wechselnden Ströme mittels rein elektrischer Vorrichtungen erfolgt. A ist ein Erzeuger für Wechselströme und B B ist der von demselben ausgehende Hauptstromkreis. An irgend einer gegebenen Stelle ist der letztere da, wo man die Gleichströme zu erhalten wünscht, in zwei Wege oder Zweigleitungen C D geteilt; in jeder der letzteren ist ein elektrischer Erzeuger angeordnet, der, wie vorläufig angenommen werden soll, Gleichströme erzeugt. Die Richtung des so erhaltenen Stromes ist in der einen Zweigleitung der Stromrichtung in der anderen Zweigleitung entgegengesetzt oder, wenn man die beiden Zweigleitungen als einen geschlossenen Stromkreis betrachtet, so sind die Erzeuger E F darin hintereinander verbunden, und zwar befindet sich dabei je ein Erzeuger in jedem Teil oder jeder Hälfte des Stromkreises.

Die elektromotorische Kraft der Stromquellen E und F kann gleich sein den elektromotorischen Kräften in den Zweigleitungen C D oder zwischen den Punkten X und Y des Stromkreises B B oder höher oder niedriger als diese Kräfte. Ist er gleich diesen, so ergibt sich, daß die Stromwellen der einen Art in der einen Zweigleitung auf Widerstand stoßen und in der anderen ihren Weg vorbereitet finden, und zwar in einem solchen Maße, daß sämtliche Wellen der einen Art über die eine Zweigleitung und die der entgegengesetzten Art über die andere Zweigleitung gehen. Wenn andererseits die elektromotorische Kraft der Quellen E F geringer als die zwischen *x* und *y* ist, so werden die Ströme in beiden Zweigleitungen wechseln, aber es werden die Stromwellen der einen Art das Uebergewicht haben.

Eine der Stromquellen E und F könnte fortgelassen werden, doch ist die Anwendung beider vorzuziehen, wenn dieselben einen entsprechenden Widerstand bilden, da die beiden Zweigleitungen dadurch besser ausgeglichen werden. Die durch den Strom zu beeinflussenden Uebertragungs- oder anderen Vorrichtungen G werden in beliebiger Weise in die Zweigleitungen C D eingeschaltet, doch sollte, um eine genauere Ausgleichung für die Zweigleitungen aufrecht zu erhalten, auf ihre Anzahl und Eigenschaften in leicht verständlicher Weise Rücksicht genommen werden.

Fig. 2, 3, 4 und 5 veranschaulichen elektromagnetische Vorrichtungen zur Erzielung desselben Endzwecks, d.h. anstatt unmittelbar durch einen Erzeuger eine elektromotorische Kraft in jedem Zweig des Stromkreises zu erzeugen, wird ein Kraftfeld in ein oder mehrfacher Anzahl geschaffen und werden die Zweigleitungen solchermaßen durch dasselbe hindurchgeführt, daß ein wirkender Widerstand von entgegengesetzter Wirkung oder Richtung durch den Durchgang oder das Durchgangsbestreben des wechselnden Stromes darin hervorgerufen wird.

In Fig. 2 ist beispielsweise A der Wechsel- und B B der Hauptstromkreis und C die eine, D dagegen die andere Zweigleitung, über welche die Wechselströme geleitet werden. In jeder Zweigleitung ist die sekundäre Spule eines Stromumwandlers eingeschlossen, welche, da sie in ihren Wirkungen den Batterien der vorhergehenden Figur entsprechen, mit

E und F bezeichnet sind. Die primären Spulen H H1 der Induktionsrollen sind entweder neben- oder hintereinander mit einer Quelle I für Gleichstrom verbunden, und die Anzahl der Wicklungen ist für die Stärke von I so berechnet, daß die Kerne J J1 gesättigt werden.

Die Verbindungen sind derart, daß die beiden Stromumwandler oder Induktionsrollen einen entgegengesetzten Charakter haben, d.h. die Anordnung ist so getroffen, daß eine in ihrer Richtung dem Gleichstrom entsprechende Stromwelle in der einen primären Spule (z.B. H) eine der in der anderen primären Spule H1 auftretenden Stromwelle entgegengesetzte Richtung hat, woraus sich ergibt, daß, während die eine sekundäre Spule dem Durchgang eines Stromstoßes der einen Art einen Widerstand darbietet, die andere sekundäre Spule in gleicher Weise einen Widerstand für eine Stromwelle der entgegengesetzten Art bildet. Folglich werden die Stromwellen der einen Art in mehr oder minder großem Maße durch die eine Zweigleitung gehen, während die der entgegengesetzten Art sich in gleicher Weise ihren Weg durch die andere Zweigleitung suchen werden.

Anstatt die primären Spulen von einer Gleichstromquelle aus zu sättigen, können sie in die Zweigleitungen C und D eingeschaltet und mit ihren sekundären Spulen mittels geeigneter mechanischer Vorrichtungen, z.B. eines gewöhnlichen kreisenden Stromwenders, zeitweilig kurz in den Stromkreis eingeschlossen werden. Selbstredend muß die Drehung und Wirkung des Stromwenders gleichzeitig und in Uebereinstimmung mit den Perioden des Stromwechsels stattfinden. Eine solche Anordnung ist in dem Entwurf, Fig. 3, dargestellt. Entsprechend den vorhergehenden Figuren ist A der Wechselstromerzeuger, B B die Hauptleitung und C D sind die beiden Zweigleitungen für die gleichgerichteten Ströme. In der Zweigleitung C sind die beiden primären Spulen E E1 und in der Zweigleitung D die beiden primären Spulen F F1 eingeschlossen. Die entsprechenden sekundären Spulen hierfür, welche auf denselben abgeteilten Kernen J J sitzen, liegen im Stromkreise und sind mit ihren Polenden an die gegenüberliegenden Segmente K K1 und L L1 eines Stromwenders angeschlossen, gegen welchen sich die Bürsten oder Schleiffedern *b b* anlegen, um durch die Verbindung *c* die Platten K K1 und L L1 abwechselnd kurz in den Stromkreis einzuschließen. Es können sich dabei, wie ersichtlich, entweder die Magnete und der Stromwender oder die Schleiffedern drehen.

Die Wirkungsweise wird verständlich aus einer Betrachtung der Wirkungen, die das kurze Einschließen der sekundären Spulen in den Stromkreis zur Folge hat. Wenn beispielsweise in dem Augenblick, wo eine bestimmte Stromwelle durchfließt, ein Satz der sekundären Spulen in den Stromkreis eingeschlossen wird, so geht fast der ganze Strom durch die entsprechenden primären Spulen; da aber die sekundären Spulen der anderen Zweigleitung sich in offenem Stromkreis befinden, so ist die Selbstinduktion in den primären Spulen am höchsten, so daß also wenig oder gar kein Strom durch jene Zweigleitung gehen wird. Wenn nun in Uebereinstimmung mit dem Wechsel des Stromes die sekundären Spulen der beiden Zweigleitungen abwechselnd kurz in den Stromkreis eingeschlossen werden, so wird der Erfolg hiervon der sein, daß die Ströme der einen Art über die eine Zweigleitung und die der entgegengesetzten Art über die andere Zweigleitung gehen. Die Nachteile dieser Anordnung, welche die Anwendung der gleitenden Kontakte anscheinend in sich birgt, sind in Wirklichkeit sehr gering, da die elektromotorische Kraft der sekundären Spulen außerordentlich niedrig gehalten werden kann, so daß Funkenbildung an den Schleiffedern vermieden wird.

Fig. 4 ist ein teilweise im Schnitt dargestellter Entwurf, durch den eine andere Ausführungsart der Erfindung verbildlicht wird.

Der Stromkreis B ist in diesem Fall auf oben beschriebene Weise geteilt und jede Zweigleitung schließt die Spulen sowohl der Feld- als auch der kreisenden Anker der beiden Induktionsvorrichtungen ein. Die Anker O P werden am besten auf derselben Welle und in Bezug aufeinander so angeordnet, daß die Selbstinduktion in der einen Zweigleitung D am kleinsten ist, wenn diejenige in der Zweigleitung C am größten ist.

Die Anker werden in Zeitübereinstimmung mit dem Wechsel des Stromes von der Quelle A in Umdrehung versetzt. Die Wicklung oder Anordnung der Ankerspulen ist derart, daß ein in einer gegebenen Richtung durch beide Anker geschickter Strom in der einen der letzteren Pole ähnlich denen in den zunächst liegenden Polen des Feldes und in dem anderen Anker Pole unähnlich den benachbarten Feldpolen schaffen würde, wie dies durch *n n s s* in der Zeichnung angedeutet ist.

Wenn die gleichnamigen Pole sich so, wie im Stromkreis D gezeigt, darbieten, so ist die sekundäre Spule auf die primäre geschlossen oder die Anordnung die einer solchen von geringstem Leitungswiderstand, so daß ein bestimmter Stoß des Wechselstromes hauptsächlich durch D gehen wird. Eine halbe Umdrehung der Anker bringt eine entgegengesetzte Wirkung hervor und läßt den nächstfolgenden Stromstoß durch C gehen.

Wie aus dieser Figur hervorgeht, können die Felder N M Dauermagnete sein oder besonders erregt werden, und die Anker O P können, wie im vorliegenden Falle, einen solchen Antrieb erhalten, daß sie Wechselströme erzeugen, die abwechselnd Stromstöße von entgegengesetzter Richtung in den beiden Zweigleitungen D C hervorrufen, welche in diesem Fall nur die Ankerstromkreise und die Uebertragungsvorrichtungen einschließen würden.

In dem vorher dargestellten Fall enthielt jede Zweigleitung C D eine oder mehr primäre Spulen, deren sekundäre Spulen jeweilen kurz in den Stromkreis eingeschlossen wurden, und zwar in Zeitübereinstimmung mit den wechselnden Stromstößen von der Hauptquelle A, zu welchem Ende ein Stromwender angewendet wurde. Letzterer kann indessen entbehrt und für denselben ein Anker mit geschlossener Spule angeordnet werden.

In Fig. 5 ist eine der Zweigleitungen C mit zwei auf gewalzten Kernen aufgewickelten Spulen M1 versehen, während sich in den anderen Zweigleitungen D ähnliche Spulen N1 befinden und ein eine geschlossene Spule R1 tragender Anker O1 drehbar zwischen den Spulen M1 N1 gelagert ist.

In der gezeichneten Stellung, wo die Spule R1 parallel mit der Wicklung der primären Spulen N1 N1 liegt, wird der ganze Strom durch die Zweigleitung D gehen, da die Selbstinduktion in den Spulen M1 M1 am höchsten ist. Wenn daher Anker und Spule in Zeitübereinstimmung mit dem Wechsel der Stromstöße von der Quelle A kreisen, so werden dieselben Erfolge erzielt wie in dem Fall der Fig. 3.

Fig. 6 gibt ein Beispiel von dem, was man im Gegensatz zu dem Vorangegangenen ein magnetisches Mittel zur Erzielung der durch diese Erfindung angestrebten Wirkungen nennen kann. V und W sind zwei kräftige, mit den Ankern V1 W1 ausgerüstete Dauermagnete. Die Anker sind aus dünnen Platten von Weicheisen oder Stahl hergestellt und die Menge des in ihnen enthaltenen magnetischen Metalles ist so berechnet, daß sie ganz oder fast ganz durch die Magnete gesättigt werden. Die Anker sind von Spulen E F umgeben, von denen die eine in dem Stromkreis C, die andere in dem Stromkreis D liegt.

Die Verbindungen und elektrischen Bedingungen sind in diesem Fall ähnlich wie die in Fig. 2, nur daß die Stromquelle *I* der letzteren fortgelassen ist und die Sättigung des Kernes der Spulen E F von dem permanenten Magneten aus erzielt wird.

In den bisher gegebenen Darstellungen sind die beiden die Uebertragungs- oder Induktionsvorrichtungen enthaltenden Zweigleitungen in jedem Fall als in gegenseitiger Ableitung von einander stehend gezeigt, was aber nicht immer notwendig ist. So ist beispielsweise in Fig. 7 A ein Wechselstromerzeuger, während B B wieder den Hauptstromkreis bezeichnet. In letzterem werden an einer beliebigen Stelle zwei Stromwege D D1 und an einer anderen Stelle zwei Stromwege C C1 gebildet. Jedes Paar der Stromwege gleicht den vorhergegangenen Anordnungen, bei denen die elektrische Quelle oder Induktionsvorrichtung in nur einer Zweigleitung angeordnet war, während die beiden Gruppen Stromwege zusammen augenscheinlich ein Äquivalent für die Fälle bilden, bei denen eine Induktionsvorrichtung oder ein Erzeuger in beide Zweigleitungen eingeschaltet ist. In einen der Stromwege D werden die durch den Strom zu betätigenden Vorrichtungen eingeschlossen, während sich in der anderen Zweigleitung D1 eine Induktionsvorrichtung befindet, welche den Stromstößen der einen Richtung entgegenwirkt und dieselben durch die Zweigleitung D lenkt. So befinden sich auch in der Zweigleitung C Uebertragungsvorrichtungen G und in der Zweigleitung C1 eine Induktions- oder gleichwertige Vorrichtung, welche durch C die Stromstöße ablenkt, die eine entgegengesetzte Richtung zu denen haben, welche durch die Vorrichtung in der Zweigleitung D1 abgelenkt werden.

Eine besondere Form einer Induktionsvorrichtung für diesen Zweck ist gleichfalls veranschaulicht. J J1 sind die Kerne, die mit Polstücken hergestellt sind, auf welche die Spulen M N gewickelt sind und zwischen denen rechtwinklig zueinander die magnetischen Anker O P sich befinden, die am besten auf derselben Welle sitzen und dazu bestimmt sind, in Zeitübereinstimmung mit den wechselnden Stromstößen in Umdrehung versetzt zu werden. Wenn sich der eine der Anker in einer Linie mit den Polen oder in der von dem Anker P eingenommenen Lage befindet, so ist der magnetische Stromkreis der Induktionsvorrichtung tatsächlich geschlossen, so daß der größte Widerstand einem durch die Spulen N N gehenden Strom geboten wird. Der Stromstoß wird deshalb seinen Weg durch die Zweigleitungen D nehmen, da zu derselben Zeit der magnetische Stromkreis der anderen Induktionsvorrichtung durch die Stellung des Ankers O unterbrochen ist, so wird dem Strom weniger Widerstand in den Spulen M geboten, welche einen Nebenschluß für den Strom von der Zweigleitung C bilden.

Da eine Umkehrung des Stromes von einer Verschiebung der Anker begleitet ist, so wird hierdurch die entgegengesetzte Wirkung erzielt.

Es gibt noch viele andere Abänderungen in den Mitteln oder Verfahrungsweisen zur Ausübung dieser Erfindung, aber es dürfte nicht notwendig sein, dieselben alle namentlich hier aufzuführen, da die vorstehende Beschreibung die Hauptänderung einschließt.

Bei sämtlichen Ausführungsformen tritt als Eigentümlichkeit hervor, daß in einer oder allen Zweigleitungen eines Stromkreises von einer Quelle wechselnder Ströme aus einwirkender (im Gegensatz zu einem toten) Widerstand für die Ströme der einen Art geschaffen wird, zu dem Zwecke, die Ströme dieser Art über einen anderen Weg zu lenken, dagegen den Strömen der entgegengesetzten Art zu gestatten, ihren Weg ohne wesentlichen Widerstand fortzusetzen.

Ob die Teilung der Ströme oder Stromwellen von entgegengesetzter Art mit vollkommener Genauigkeit bewirkt wird oder nicht, ist hinsichtlich des Erfindungsgedankens unwesentlich, da es genügt, wenn die Ströme nur teilweise abgelenkt werden, indem in solchem Fall der überwiegende Einfluß der Stromwellen der einen Art in jeder Zweigleitung des Stromkreises in mancher, wenn nicht in jeder Hinsicht dieselben praktischen Erfolge zeitigt, wie dies bei einem Gleichstrom der Fall sein würde.

Ein wechselnder und gleichgerichteter Strom sind so vereinigt worden, daß die Stromwellen der einen Richtung oder Art teilweise oder ganz von dem gleichgerichteten Strom überwunden wurden; durch diesen Vorschlag wird aber nur der eine Satz der wechselnden Stromstärke ausgenutzt, während nach dem vorliegenden System der ganze Strom nutzbar gemacht wird.

Durch naheliegende Anwendungen dieser Erfindung wird es möglich gemacht, eine selbsterregende Wechselstrommaschine herzustellen oder Strommesser für Gleichstrom in Stromkreisen mit wechselnden Strom zu betätigen oder verschiedenartige Vorrichtungen, wie z.B. Bogenlampen, durch gleichgerichtete Ströme in demselben Stromkreis mit Glühlichtern oder anderen Vorrichtungen, die von wechselnden Strömen gespeist werden, in Tätigkeit zu setzen.

PATENTANSPRUCH:

Eine Einrichtung zur Umwandlung von Wechselströmen in gleichgerichtete Ströme und umgekehrt, dadurch gekennzeichnet, daß in die Wechselstromleitung zwei oder mehr eine geschlossene Figur bildende Zweigleitungen und in diese Vorrichtungen (Batterien oder Gleichstromerzeuger) geschaltet werden, welche den Strömen der einen Richtung einen Widerstand entgegensetzen bezw. nur Ströme einer Richtung hindurchlassen, so daß in jeder Zweigleitung gleichgerichtete Ströme und in verschiedenen Zweigleitungen Gleichströme entgegengesetzter Richtung fließen, welche in der gemeinsamen Rückleitung wieder zu Wechselströmen vereinigt werden.

NIKOLA TESLA IN NEW-YORK (V. St. A.).

**Feldmagnetanordnung für Wechselstromkraftmaschinen.**

Fig. 1.

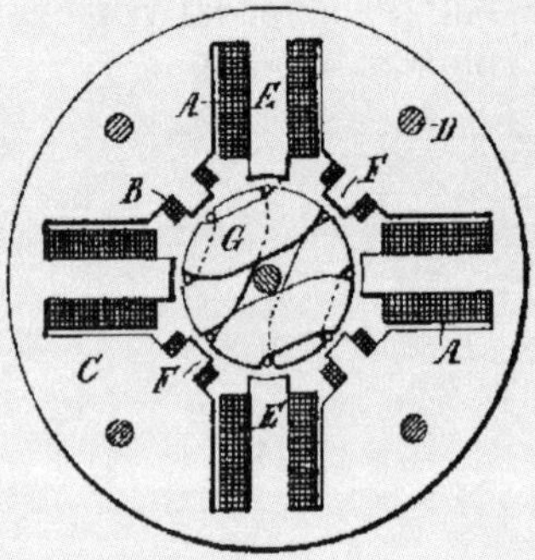


Fig. 2.

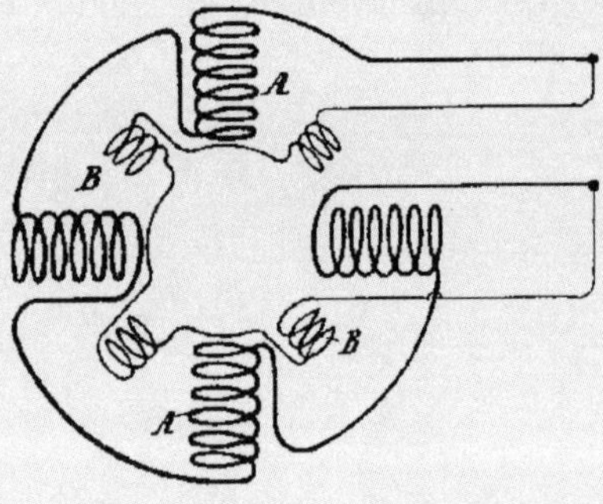


Zu der Patentschrift

№ 58774.

KAISERLICHES PATENTAMT

# PATENTSCHRIFT

## Nr. 58 774

KLASSE 21: ELEKTRISCHE APPARATE.

NIKOLA TESLA IN NEW YORK (V. ST. A.).

## FELDMAGNETANORDNUNG FUER WECHSELSTROMKRAFTMASCHINEN.

Patentiert im Deutschen Reich vom 3. Dezember 1889 ab.
Ausgegeben den 15. September 1891.

Die vorliegende Erfindung bildet eine Neuerung an jener Gattung von elektrischen Kraftmaschinen, bei welchen eines der Elemente, der Anker oder die Feldmagnete, mit Spulen versehen ist, durch welche von irgend einer geeigneten Stromquelle aus Wechselströme von verschiedener Phase hindurchgesendet werden, um in der Maschine ein Fortschreiten oder eine Drehung der Punkte stärkster magnetischer Anziehung hervorzubringen.

Kraftmaschinen dieser Art werden in verschiedener Weise hergestellt; die hauptsächlichsten Formen sind die folgenden: 1. diejenigen, bei welchen die unabhängigen Erregungsstromkreise mit unabhängigen Stromquellen für Wechselströme verbunden sind, welche einen bestimmten Phasenunterschied besitzen; 2. jene, bei welchen die unabhängigen Erregungsstromkreise von verschiedener Beschaffenheit sind oder verschiedene Selbstinduktion besitzen und von derselben Stromquelle aus gespeist werden und parallel geschaltet sind, und 3. diejenigen, welche unabhängige Erregungsstromkreise besitzen, die wechselseitig aufeinander induzierend einwirken, wodurch Wechselströme, die durch eine Leitung hindurchgehen, ähnliche Ströme in der anderen hervorrufen.

Vorliegende Erfindung bezieht sich hauptsächlich auf die zwei letzterwähnten Arten von Maschinen, d.h. auf jene, welche durch eine einzige

Quelle von Wechselströmen betrieben werden oder bei welchen die Ströme in den beiden Erregungsstromkreisen unmittelbar oder mittelbar einer Hauptleitung entnommen werden.

Die Verzögerung in der Phase eines Wechselstromes ist der Selbstinduktion direkt und dem Widerstand der Leitung, durch welche der Strom fließt, umgekehrt proportional. Um daher den erforderlichen Phasenunterschied in den beiden Erregungsstromkreisen hervorzurufen, ist es wünschenswert, in dem einen die Selbstinduktion größer und den Widerstand kleiner zu machen als in dem anderen. Gleichzeitig sollten die magnetischen Momente der beiden Magnete oder Sätze von Magneten, welche die beiden Ströme hervorrufen, angenähert gleich sein. Diese an Kraftmaschinen der vorliegenden Art gestellten Anforderungen haben zur Erfindung einer Maschine geführt, welche die folgenden wesentlichen Merkmale besitzt. Die Spulen, welche in jenem Erregungsstromkreis enthalten sind, der die höhere Selbstinduktion besitzen soll, sind aus starkem Draht oder aus einem Leiter von verhältnismäßig geringem Widerstand hergestellt und es wird die größtmögliche Länge oder Anzahl Windungen benutzt.

Im anderen Satz Spulen befinden sich verhältnismäßig wenig Windungen eines feineren Drahtes oder eines Drahtes von höherem Widerstand. Weiter werden, um die Magnetismen der durch diese Spulen erregten Magnete einander annähernd gleich zu machen, die Kerne im Selbstinduktionszweig länger gemacht als jene im anderen oder Widerstandszweig. Eine derartig hergestellte Kraftmaschine ist in Fig. 1 und 2 dargestellt.

Fig. 1 ist ein Schnitt durch die Maschine senkrecht zur Welle, Fig. 2 eine schematische Darstellung der Schaltung der Spulen der Feldmagnete. In Fig. 2 seien A die Spulen in einem Zweige und B jene im anderen; der Zweig A habe die größere Selbstinduktion; zur Herstellung der Spulen dieses Zweiges wird daher eine große Länge oder eine große Zahl Windungen von starkem Draht benutzt.

Für den Zweig B wird ein kürzerer Leiter oder ein Leiter von höherem Widerstand als Kupfer, etwa Neusilber oder Eisen, benutzt und die Spulen haben eine geringere Anzahl von Windungen.

Bei Anwendung dieser Spulen in einer Kraftmaschine wird ein Feld aus den Platten C aus Eisen oder Stahl aufgebaut, welche miteinander in der gewöhnlichen Weise durch Bolzen D verbunden sind. Jede Platte besitzt vier oder eine andere Anzahl langer Kerne E, um welche ein Raum zur Aufnahme der Spule freigelassen ist, und eine gleiche Zahl kurzer Ansätze F zur Aufnahme der Spulen des Widerstandszweiges. Die Platten sind im allgemeinen von ringförmiger Gestalt und bilden in der Mitte einen offenen Raum zur Aufnahme des Ankers G.

Ein auf die beiden Zweige verteilter Wechselstrom erleidet im Zweig A eine viel größere Verzögerung als im Zweig B. Vermöge der Größenverhältnisse und der Anordnung der Kerne und der Spulen stimmen die magnetischen Wirkungen der Magnete E und F auf den Anker nahezu überein.

Diejenigen Spulen, welche die höhere Selbstinduktion haben sollen, sind beinahe vollständig von Eisen umgeben, wodurch eine Verzögerung beträchtlich vergrößert wird.

Bisher war es bei derartigen Wechselstromkraftmaschinen vielfach üblich, den Anker mit in sich geschlossenen Spulen zu bewickeln, mit Ausnahme von einigen Fällen, wo die Erregungsstromkreise mit unabhängigen Quellen von Wechselströmen verbunden sind und die Ankerspulen mit denselben Stromquellen verbunden werden. Für manche Zwecke ist es jedoch vorteilhafter, sowohl die Ankerspulen als auch die Spulen der Feldmagnete in die Schließung einer einzigen Stromquelle einzuschalten.

PATENTANSPRUCH:

Ein Feldmagnet für Wechselstromkraftmaschinen, dessen Erregerstromkreise von Wechselströmen verschiedener Phase durchflossen werden, dadurch gekennzeichnet, daß die strahlenförmig nach innen vorspringenden Polstücke verschiedener Länge mit Spulen versehen werden, von denen die auf die kürzeren Polstücke in geringer Windungszahl gewickelten Spulen hohen Widerstand und die auf die längeren Polstücke behufs Erzeugung einer großen Selbstinduktion in großer Windungszahl gewickelten Spulen geringen Widerstand besitzen, wobei die langen Polstücke noch derart angeordnet sind, daß ihre Spulen zur Verstärkung der selbstinduzierenden Wirkung vom Eisen der Feldmagnete umschlossen werden.

NICOLA TESLA IN NEW-YORK (V. St. A.).

**Wechselstromtreibmaschine mit auf eine in sich geschlossene Ankerwickelung wirkenden Haupt- und Hülfs-Feldmagneten.**

*Fig. 1.*

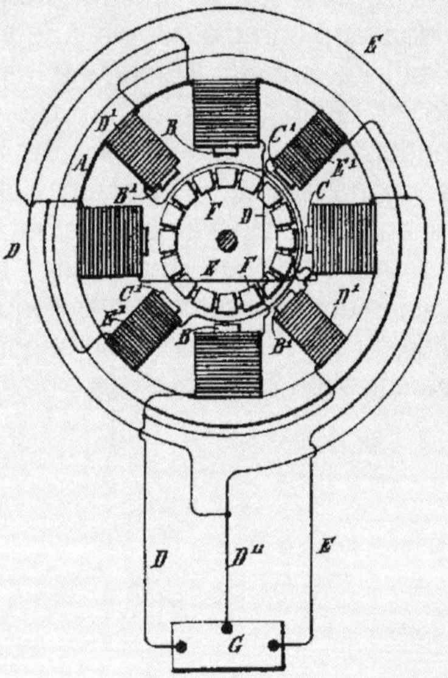

*Fig. 2.*

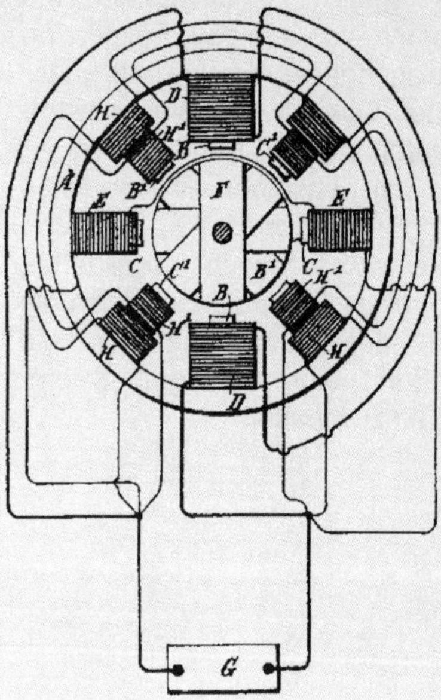

Zu der Patentschrift

**№ 66802.**

KAISERLICHES PATENTAMT

# PATENTSCHRIFT

## Nr. 66 802

KLASSE 21: ELEKTRISCHE APPARATE.

NIKOLA TESLA IN NEW YORK (V. ST. A.).

## WECHSELSTROMTREIBMASCHINE MIT AUF EINE IN SICH GESCHLOSSENE ANKERWICKLUNG WIRKENDEN HAUPT- UND HILFSMAGNETEN.

Patentiert im Deutschen Reich vom 3. Dezember 1889 ab.
Ausgegeben den 26. Januar 1893.

Die vorliegende Erfindung bezieht sich auf jene Form von Wechselstromtreibmaschinen, bei welchen zwei oder mehr Erregungsstromkreise benutzt werden, durch welche Wechselströme von verschiedener Phase hindurchgesendet werden.

Es sind bisher verschiedene Formen dieser Treibmaschinen bekannt geworden: Erstens solche mit zwei oder mehr Erregungsstromkreisen, durch welche Ströme von derselben Beschaffenheit fließen, und welche als getrennte Ströme mit verschobenen Phasen der Maschine zugeführt werden; zweitens Maschinen mit mehreren Erregungsströmen von verschiedener Beschaffenheit, deren Phasenunterschied künstlich hervorgerufen wird, und drittens Maschinen mit mehreren Erregungsstromkreisen, wobei die Ströme in dem einen durch Ströme in dem anderen hervorgerufen werden. Die Anwendung der vorliegenden Erfindung auf diese einzelnen Gattungen der Maschinen soll nachfolgend beschrieben werden.

Der Arbeitsgang irgend einer dieser Maschinenarten, beispielsweise jener der ersten, ist folgender: Auf dem Anker, der sich der gleichzeitigen Einwirkung der Erregungsströme folgend drehen soll, sind in sich geschlossene Spulen gewickelt, in welchen durch die Erregungsströme

Induktionsströme hervorgerufen werden, die ihrerseits den Ankerkern magnetisieren. Hierbei verrinnt aber eine gewisse Zeit zwischen dem Auftreten eines erregenden Stromstoßes in den Spulen des Feldes und dem Auftreten des entsprechenden magnetischen Zustandes oder der magnetischen Phase im Anker, die durch den von dem ersten Strom induzierten Strom hervorgerufen wird. Es wird daher eine bestimmte magnetische Wirkung im Feld, welche das unmittelbare Ergebnis eines primären Stromstoßes ist, mehr oder weniger geschwächt oder verschwunden sein, bevor die im Anker hervorgerufene Wirkung ihr Maximum erreicht hat. Dies ist in gewissen Fällen ein für die günstige Wirkung nachteiliger Umstand, beispielsweise wenn das Vorschreiten der entstehenden Pole oder Stellen größter Anziehung sehr rasch ist, oder wenn eine sehr große Anzahl von Stromwechseln benutzt wird; denn es wird ein stärkeres Drehmoment erzielt werden, wenn die maximalen magnetischen Anziehungen oder Zustände im Feld und im Anker zusammenfallen, indem die Leistung einer Maschine durch das Produkt aus den magnetischen Momenten des Ankers und des Feldes bestimmt wird.

Der Zweck der vorliegenden Erfindung ist deshalb der, diese Maschinen derart einzurichten, daß die Maxima der magnetischen Erscheinungen im Anker und in den Feldmagneten näher zusammenfallen.

Dies kann in verschiedener Weise bewerkstelligt werden, wie unter Bezugnahme auf die beiliegenden Zeichnungen, in welchen Einrichtungen zur Erzielung des gewünschten Erfolges dargestellt sind, beschrieben werden soll.

Fig. 1 gibt eine schematische Darstellung einer Maschine, bei welcher die Wechselströme Stromquellen entnommen werden, die voneinander unabhängig sind und von Haus aus einen Phasenunterschied besitzen.

A bezeichnet das Gestell der Maschine, B B die einander gegenüber angeordneten Feldmagnete, welche die Spulen des einen erregenden Stromkreises aufnehmen, und C C die Magnete, deren Spulen in den anderen erregenden Stromkreis geschaltet sind.

Die Stromkreise sind mit D E bezeichnet; der Leiter D´´ bildet die gemeinsame Rückleitung zur Stromquelle G.

Zwischen diesen Magneten befindet sich ein Anker, z.B. ein Ringanker, der mit einer Reihe von Spulen F bewickelt ist, welche eine oder mehrere geschlossene Leitungen bilden.

Die Wirkungsweise einer derartigen Maschine gründet sich darauf, daß der Magnetismus der Pole B z.B., der durch einen Stromstoß in den zugehörigen Spulen hervorgerufen wird, der magnetischen Wirkung, die im Anker durch den induzierten Strom in den Spulen F hervorgerufen wird, vorangeht. Die wechselseitige Anziehung zwischen dem Anker und den Feldmagneten wird deshalb beträchtlich verringert. Dasselbe wird sich zeigen, wenn man annimmt, daß nicht die Pole B oder C unabhängig voneinander wirken, sondern wenn man die ideale Resultierende der beiden zusammenwirkenden Magnete in Betracht zieht, was den Tatsachen entspricht.

Um dem vorzubeugen, ist das Feld mit Magneten B1 C1 versehen, welche zwischen den übrigen Magneten gelegen sind. Diese Magnete besitzen Spulen D1 E1, von denen die ersteren parallel zu den Spulen D, die letzteren parallel zu den Spulen E geschaltet sind. Die Hauptspulen D und E sind derart gewickelt, daß sie eine andere Selbstinduktion besitzen als die Spulen D1 und E1; die Verhältnisse sind dabei so bemessen, daß, wenn die Ströme in D und E z.B. um 1/4 einer Periodendauer des Stromes verschieden sind, die Ströme in den Spulen der zweiten Magnete B1 C1 von jenen in den Spulen der zugehörigen ersten Magnete B C um 1/8 einer Periodendauer verschieden sind.

Die Wirkungsweise dieser Maschine ist dann folgende: Gesetzt, der Strom in E beginne eben von Null aus an zu steigen und jener in D beginne vom Maximum aus zu sinken, entsprechend einem Unterschied von 1/4 Periodendauer. Man kann dann annehmen, daß die ideale Resultierende der Anziehungskräfte der beiden Sätze vom Magneten B C von den Polen C gegen die Pole B hin vorrücke, während der Strom in E zum Maximum ansteigt und jener in D bis Null oder zum Minimum sinkt. Die magnetischen Erscheinungen im Anker hingegen bleiben hinter jenen in den Feldmagneten zurück, und es werden daher die Stellen der stärksten Anziehung im Anker und im magnetischen Feld nicht zusammenfallen, sondern um einen Winkel gegeneinander verschoben sein. Dieser Wirkung wird durch die Hilfsmagnete B1 C1 begegnet. Die magnetischen Phasen dieser Magnete bleiben hinter jenen der Magnete B C um beiläufig denselben Teil einer Periode zurück, der zwischen der Wirkung auf die Magnete B C und der entsprechenden Induktionswirkung im Anker verstreicht. Der magnetische Zustand der Pole B1 C1 und jener des Ankers stimmen daher genauer überein und es wird ein besseres Resultat erzielt. Da die Magnete B1 C1 mit den durch die Magnete B C im Anker hervorgerufenen Polen zusammenwirken, so werden ihrerseits die Magnete C B in ähnlicher Weise mit den durch die Magnete B1 C1 hervorgerufenen Polen zusammenwirken.

Unter solchen Umständen wird die Verzögerung der magnetischen Wirkungen im Anker und in den Hilfsmagneten zur Folge haben, daß die Maxima der beiden näher zusammenfallen und ein entsprechend größeres Drehmoment oder magnetische Anziehung erzielt wird.

Fig. 2 ist eine schematische Ansicht einer Treibmaschine, bei welcher der Phasenunterschied künstlich hervorgerufen wird.

Es sind zwei Spulen D D in dem einen und zwei Spulen E E in dem anderen Zweig der von der Stromquelle G ausgehenden Hauptleitung angeordnet. Diese beiden Zweige haben verschiedene Selbstinduktion, indem die im Zweig D größer ist als jene in E; der besseren Veranschaulichung wegen ist dies dadurch angedeutet, daß die Spulen D viel größer gezeichnet sind als jene von E.

Infolge dieses Unterschiedes in der Beschaffenheit der beiden Stromzweige werden die Stromphasen in dem einen stärker verzögert, als jene im anderen; dieser Unterschied beträgt 1/12 Periodendauer.

Eine in dieser Weise hergestellte Maschine wird unter der Einwirkung eines Wechselstromes in Drehung versetzt, aber wie es auch in dem vorstehend beschriebenen Fall geschieht, fallen die magnetischen Wirkungen im Anker und im magnetischen Feld nicht zusammen, und zwar wegen der Zeit, die zwischen dem Auftreten eines bestimmten magnetischen Zustandes im Anker und dem Auftreten des Zustandes des Feldes, der diesen Zustand im Anker hervorruft, verstreicht.

Es werden deshalb die Hilfsmagnete B1 C1 benutzt.

Nachdem die Stromphasen in den Spulen D E um 1/12 einer Periodendauer voneinander verschieden sind, so sollten die magnetischen Erscheinungen in den Magneten B1 C1 einem Strom entsprechen, dessen Phase sich von der des Stromes in den Spulen D oder E um 1/24 einer Periodendauer unterscheidet. Dies kann dadurch bewerkstelligt werden, daß man jeden Hilfsmagnet B1 C1 mit zwei Spulen H H1 bewickelt. Die Spulen H befinden sich in einem Zweig, der dieselbe Selbstinduktion hat wie der Zweig D, und die Spulen H1 in einem Zweig, der dieselbe Selbstinduktion hat wie der Zweig E, so daß, wenn die Stromphasen in diesen Zweigen sich um 1/12 einer Periodendauer unterscheiden, der magnetische Zustand der Magnete B1 C1 derselbe ist, der durch einen Strom hervorgebracht wurde, dessen Phase sich um 1/24, einer Periodendauer von jener des Stromes in D oder E unterscheidet.

Dies gilt auch von allen anderen Fällen; wenn beispielsweise in Fig. 1 die Spulen D1 E1 durch Spulen H H1 ersetzt werden, die im Nebenschluß geschaltet sind, so entspricht der jeweilige magnetische Zustand der Magnete B1 C1 jenem, der durch einen Strom hervorgebracht würde, dessen Phase von der des Stromes im Zweig D oder E um 1/8 einer Periodendauer verschieden ist.

Die Ausführung der vorliegenden Erfindung kann in mancherlei anderer Weise erfolgen, sie fußen aber alle auf derselben Grundlage, was Anordnung und Wirkungsweise anbelangt.

Wenn in dieser Beschreibung davon die Rede ist, daß die magnetischen Phasen oder Erscheinungen in einem Satz von Feldmagneten mit jenen zusammenfallen, die durch den anderen Satz im Anker hervorgerufen werden, so sind damit nur angenäherte Resultate gemeint.

Bei diesen und ähnlichen Motoren ist die gesamte, zum Zweck des Betriebes zugeführte Energie gleich der Summe der Energien, die im Anker und im Feld verbraucht werden.

Die gelieferte Arbeit aber ist proportional dem Produkt dieser Größen. Das Produkt ist am größten, wenn diese Größen gleich sind; es ist daher bei der Herstellung einer Maschine wünschenswert, die Masse des Ankers und der Feldmagnetkerne und die Bewicklungen der beiden derart zu bestimmen und die beiden derart einzurichten, daß die Gleichheit so nahe als möglich hergestellt wird.

Bei Treibmaschinen mit geschlossenen Ankerspulen ist dies nur angenähert möglich, weil die im Anker zu Tage tretende Energie das Resultat der Induktionseinwirkung seitens des anderen Elementes ist. Bei Treibmaschinen jedoch, bei welchen die Spulen der Anker sowie der Feldmagnete mit der äußeren Leitung verbunden sind, kann das Resultat weit vollkommener erreicht werden.

Zur weiteren Erklärung dieses Gegenstandes sei angenommen, daß die Energie, welche der Magnetismus des Feldes einer gegebenen Treibmaschine darstellt, 90 betrage und die auf den Anker entfallende 10. Die Summe dieser Energiemengen, welche die beim Betrieb der Treibmaschinen verbrauchte Energiemenge darstellt, ist 100. Nimmt man aber an, die Treibmaschine sei so gebaut, daß die Energie im Feld durch 50 und jene im Anker durch 50 dargestellt ist, so ist die Summe noch immer 100, aber im ersten Fall ist das Produkt 900, im letzteren Fall ist es 2500, und da nun die entwickelte Energie diesen Produkten proportional ist, so ist es klar, daß jene Maschinen unter sonst gleichen Umständen am günstigsten sind, bei welchen die im Anker und im Feld entwickelten magnetischen Energien gleich sind.

Diese Resultate können erzielt werden, indem man dieselbe Menge Kupfer oder die gleiche Anzahl von Ampere-Windungen in beiden Elementen anwendet, wenn die Kerne der beiden gleich oder nahezu gleich sind, und beide durch denselben Strom erregt werden. In jenen Fällen, wo der Strom in dem einen Element durch den Strom im anderen induziert wird, erreicht man das Resultat dadurch, daß man in den induzierten Spulen mehr Kupfer anwendet, als in den primären.

PATENTANSPRUCH:

Eine Wechselstromtreibmaschine mit in sich geschlossener Ankerwicklung, bei welcher die Stellen des gleichzeitig stärksten Auftretens magnetischer Erscheinungen im Anker und in den Feldmagneten dadurch einander möglichst genähert werden, daß zwischen den Hauptfeldmagneten angeordnete Hilfs-Feldmagnete, deren Spulen mit denen der Haupt-Feldmagnete (von anderer Selbstinduktion) paarig parallel geschaltet und so angeordnet sind, daß die beiden Felder sich in der Masse des Ankers schneiden, in dem Anker magnetische Phasen hervorrufen, welche zu anderer Zeit auftreten, als die von den Haupt-Feldmagneten in demselben hervorgerufenen Phasen, so daß die von den Hilfsmagneten im Anker erzeugten Pole mit denen der Hauptmagnete und die von den Hauptmagneten im Anker erzeugten Pole mit denen der Hilfsmagnete zusammenwirken.

# NIKOLA TESLA IN NEW-YORK (V. ST. A.).

## Verfahren zur Erzeugung elektrischen Lichtes.

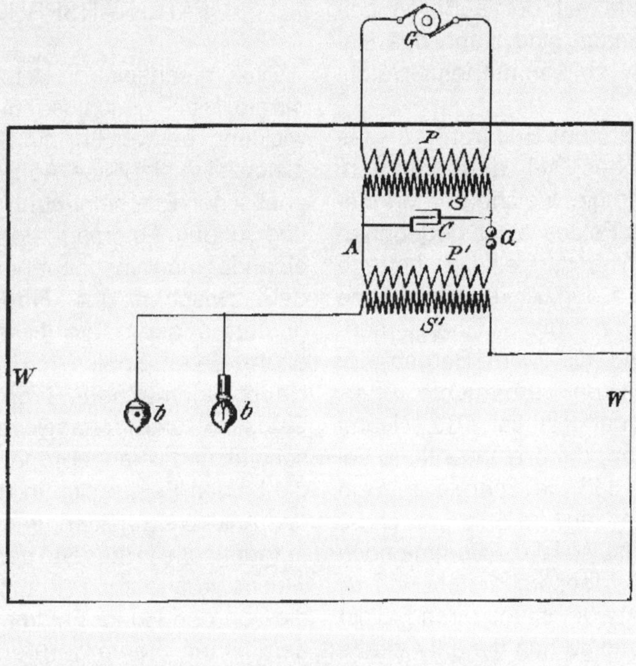

KAISERLICHES PATENTAMT

# PATENTSCHRIFT

## Nr. 73 080

KLASSE 21: ELEKTRISCHE APPARATE.

NIKOLA TESLA IN NEW YORK (V. ST. A.).

## VERFAHREN ZUR ERZEUGUNG ELEKTRISCHEN LICHTES

Patentiert im Deutschen Reich vom 20. Mai 1891 ab.
Ausgegeben den 22. Januar 1894.

Die Erfindung betrifft ein Verfahren zur Erzeugung elektrischen Lichtes und besteht im wesentlichen darin, daß man einen oder mehrere Glühkörper entweder unmittelbar oder auch induktiv mit einem Ende eines im Sinne des Sprachgebrauches nicht geschlossenen primären oder sekundären Stromkreises verbindet und dem elektrischen Strom eine außerordentlich hohe Klemmenspannung und hohe Frequenz oder Polwechselzahl gibt.

Die Erfindung beruht auf der Beobachtung, daß, während man bisher nur in einem in sich geschlossenen Stromkreis eine Lichtwirkung erzielen zu können glaubte, dies auch bei Verbindung geeigneter Glühkörper mit dem Ende eines nicht geschlossenen Stromkreises möglich ist, wenn man dem elektrischen Strom eine ganz außergewöhnlich hohe Klemmenspannung und gleichzeitig eine entsprechend hohe Frequenz oder Polwechselzahl gibt, und zwar gehören zur Erzielung dieser Wirkung eine Klemmenspannung und eine Frequenz von solcher Höhe, wie sie bei elektrischen Strömen bisher nicht für zweckmäßig oder für praktische Zwecke anwendbar gehalten worden sind.

Zur Erzielung eines elektrischen Stromes von der für die Hervorbringung dieser Glühwirkung erforderlichen Geschwindigkeit der Wechselfolge können bekannte Einrichtungen verwendet werden, beispielsweise kann der Strom oder die elektrische Energie von einem Gleichstromerzeuger hervorgebracht und durch mechanische Mittel mit äußerster Geschwindigkeit auf einander folgend unterbrochen werden, oder es können durch eine besonders dazu eingerichtete magnetoelektrische Maschine Wechselströme von äusserst kurzer Dauer erzeugt werden, deren Klemmenspannung man dann durch eine Induktionsrolle bis zu dem erforderlichen Maße erhöht; so kann man in der in der Zeichnung schematisch dargestellten Art und Weise dem durch eine beliebige Elektrizitätsquelle, beispielsweise durch die hier als Wechselstrommaschine gedachte Quelle G, erzeugten Strom eine höhere Klemmenspannung durch eine Induktionsrolle geben, deren Primärspule hier mit P bezeichnet ist, wobei durch den in der Sekundärspule S entwickelten Strom ein Stromverdichter (Kondensator) C geladen wird, dessen angesammelte Energie dann in einer zur Erzielung einer möglichst schnellen Aufeinanderfolge der Wechselbewegung des Stromes geeigneten Weise bei *a* in einen Stromkreis A zur Entladung gebracht wird. Nachdem man auf diese Weise einen Strom von der erforderlichen Frequenz hergestellt hat, kann man denselben dadurch in einen Arbeitsstrom von entsprechend hoher Klemmenspannung verwandeln, daß man die Primärspule P1 einer Induktionsrolle einschaltet, in deren aus dünnem Draht von großer Länge bestehenden Sekundärspule S1 dadurch ein Strom von gleicher Frequenz, aber von außerordentlich vergrößerter Klemmenspannung erzeugt wird.

An den einen oder anderen Pol dieses sekundären Stromkreises schließt man einen oder mehrere Glühkörper, beispielsweise elektrische Glühlampen *b b* der gebräuchlichen Art, an, während man den entgegengesetzten Pol mit der leitend gemachten Wand W des zu beleuchtenden Raumes verbinden kann. Obgleich dieser Stromkreis kein eigentlich geschlossener ist, so werden die das eine Ende desselben bildenden Glühkörper, wie durch zahlreiche Versuche festgestellt worden ist, unter dem Einfluß der außerordentlich hohen Frequenz und der hohen Klemmenspannung zum Glühen gebracht. Statt unmittelbar, können die Glühkörper auch in bekannter Weise induktiv mit dem Polende der betreffenden Leitung verbunden sein.

Um das Wesen der vorliegenden Erfindung in den hauptsächlichsten Unterscheidungsmerkmalen gegenüber anderen bekannten Verfahren, beispielsweise gegenüber demjenigen des Patents Nr. 49 205, noch deutlicher kenntlich zu machen, sei hier noch ausdrücklich bemerkt, daß bei dem Verfahren jenes Patents und bei verschiedenen anderen ähnlichen Verfahren die Lichtwirkung durch das Ueberspringen des Stromes (bezw. Funkens) zwischen zwei Polenden oder Elektroden hervorgebracht wird, wobei also die Lampe in einen in sich geschlossenen Stromkreis eingeschaltet ist. Bei vorliegender Erfindung dagegen wird die Lichtwirkung nicht durch Funken hervorgerufen, vielmehr wird zumeist, und zwar absichtlich, eine so gründlich Luftleere in der Glasbirne erzeugt, daß ein Springen von Funken darin nicht möglich ist. Ferner ist hier der lichterzeugende Leiter nicht in den Stromkreis eingeschaltet (in diesem Falle würde eine Lichtwirkung überhaupt nicht stattfinden), sondern derselbe ist nur mit einem einzigen Pol des nicht geschlossenen Stromkreises verbunden.

Während also bei dem Verfahren des Patents Nr. 49 205 und bei anderen ähnlichen Verfahren die Lichtwirkung durch eine allgemein bekannte Funktion des sich durch einen abgeschlossenen Stromkreis bewegenden elektrischen Stromes, und zwar in diesem abgeschlossenen Stromkreis selbst hervorgebracht wird, ist sie bei vorliegender Erfindung eine unmittelbare Folge -- nicht einer Funktion des Stromes im bisherigen Sinne, sondern eines bis jetzt noch nicht angewendeten überaus hohen Maßes von Frequenz und Klemmenspannung, und die Lichtwirkung äußert sich nicht innerhalb des Stromkreises, sondern außerhalb desselben, d.h. an dem einen Polende desselben. Theoretisch wird diese Wirkung darauf zurückgeführt, daß die noch in der Birne befindlichen Luftteilchen infolge der außergewöhnlich hohen Klemmenspannung elektrisch werden und durch die enorm hohe Geschwindigkeit der Wechselfolge des Stromes von dem lichtgebenden Körper abwechselnd angezogen und abgestoßen werden, so daß sie bei der durch die Luftleere begünstigten außerordentlichen Bewegungsfreiheit durch das mit großer Geschwindigkeit erfolgende Anprallen gegen die Oberfläche des Leuchtkörpers diesen glühend machen.

Dadurch, daß der Erfinder durch praktische Versuche auf diese Erklärung für die beobachteten Lichtwirkungen gelangt ist, ist es ihm möglich geworden, auf dem beschriebenen Wege Lichtwirkungen von solcher Stärke zu erzeugen, daß sich dieselben zur Verwendung für praktische Beleuchtungszwecke eignen, und insofern bedeuten die von ihm auf diesem Wege erzielten Lichtwirkungen etwas ganz anderes, als beispielsweise die bekannten Glühwirkungen welche mit Crookes´schen Röhren dadurch hervorgebracht werden, daß man eine luftleer gemachte Röhre in die Nähe der Drähte einer Induktionsspule bringt. Alle diese bekannten Versuche, sowie auch die von der Firma Siemens & Halske im Jahre 1891 ausgeführten (Elektrotechnische Zeitschrift, Bd. 12, 1891, S. 212 und 265), konnten zu einem für die Beleuchtungstechnik brauchbaren Lichteffekt deshalb nicht führen, weil die Betreffenden augenscheinlich die Bedeutung noch nicht kannten, welche die Anwendung einer bis ins Ungemessene erhöhten Polwechselzahl in Verbindung mit der Anwendung einer enorm hohen Klemmenspannung dabei hat. Diese Erkenntnis konnte erst dadurch gewonnen werden, daß man, wie dies dem Erfinder gelungen ist, die Natur des mechanischen Verhaltens der

Gasmoleküle oder Atome bei ihrer Beeinflussung durch die elektrische Wirkung erkannte.

Auf dieser Erkenntnis weiter bauend, erhöhte der Erfinder die Polwechselzahl des Stromes von den bisher erreichten ungefähr 15 bis 20 Tausend auf Hunderttausende und Millionen in der Minute und erreichte dadurch eine ganz neue Wirkung. Statt der bisher beobachteten schwachen Glühwirkung wurde eine für Beleuchtungszwecke durchaus brauchbare intensive Lichtwirkung erzielt; es wurde beispielsweise bei einem in luftleerer Glasbirne eingeschlossenen Kohlekörper dieselbe oder gar eine noch höhere strahlende Glühwirkung erzeugt, wie sie nur einer elektrischen Lampe eigen ist. Diese Glühwirkung beschränkt sich, was den Kohlekörper selbst anlangt, auf den exponierten Teil desselben und findet an denjenigen Teilen desselben nicht statt, welche dem Einfluß der in Bewegung gesetzten Luft oder Gasteilchen nicht ausgesetzt sind, welcher Umstand die Richtigkeit der gegebenen theoretischen Erklärung dieser Erscheinung bestätigt.

PATENTANSPRUCH:

Das Verfahren, eine Lichtwirkung dadurch zu erzeugen, daß in einem im Sinne des Sprachgebrauchs nicht geschlossenen Stromkreis elektrische Ströme von so außerordentlich hoher Frequenz und hoher Klemmenspannung erzeugt werden, daß ein oder mehrere Glühkörper zum Glühen gebracht werden, welche entweder unmittelbar das eine Ende des offenen Stromkreises bilden oder von diesem Ende durch Induktion so beeinflußt werden, daß die gleiche Wirkung entsteht.

NIKOLA TESLA in NEW-YORK (V. St. A.).

**Durch Dampf oder Druckluft betriebenes, geradlinig schwingendes Pendel.**

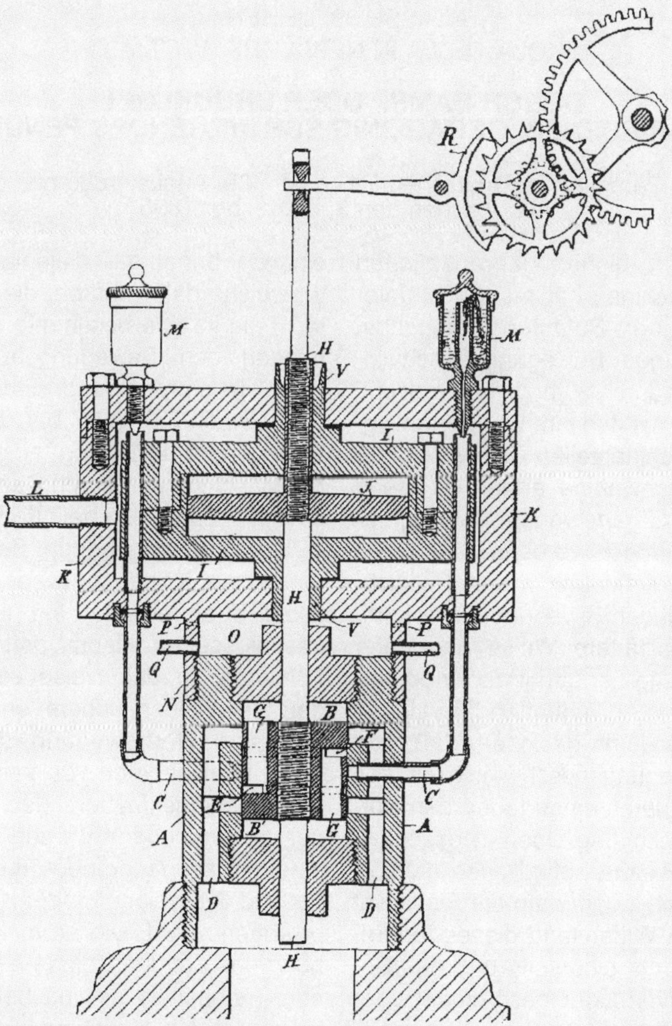


Zu der Patentschrift

**№ 84335.**

KAISERLICHES PATENTAMT

# PATENTSCHRIFT

## Nr. 84 335

KLASSE 83: UHREN.

NIKOLA TESLA IN NEW YORK (V. ST. A.).

## DURCH DAMPF ODER DRUCKLUFT BETRIEBENES, GERADLINIG SCHWINGENDES PENDEL.

Patentiert im Deutschen Reich vom 29. August 1893 ab.
Ausgegeben den 3. Dezember 1895.

Bei den bisher gebräuchlichen Treibmaschinen hat man eine unter wechselnder Belastung möglichst gleichmäßige Bewegungsgeschwindigkeit dadurch zu erzielen versucht, daß man mit den hin- und herbewegten Maschinenteilen Schwungräder oder gleichwertige andere kreisend bewegte Organe von großem Beharrungsvermögen verband. Nach vorliegender Erfindung wird die Gleichmäßigkeit der Bewegung auf neuartige, vorteilhaftere Weise und unter Vermeidung der den Maschinen vorerwähnter Art anhaftenden Uebelstände dadurch gesichert, daß man die Bewegungsgeschwindigkeit des Kolbens durch einen federnden Körper, zweckmäßig einen in geschlossenem Raume befindlichen Luftkörper, regelt, indem man die Elastizität oder den Widerstand dieses federnden Körpers einerseits und das Beharrungsvermögen des Kolbens oder beweglichen Maschinenteils andererseits in ein solches Verhältnis zueinander bringt, daß diejenigen Kräfte, welche dahin wirken, die bewegten Teile in eine bestimmte Lage zu bringen, dem Bewegungsausschlag dieser Teile proportional sind. Zu diesem Zweck läßt man bei der nach vorliegender Erfindung eingerichteten Maschine den durch Dampf oder ein unter Spannung befindliches Gas in hin- und hergehende Bewegung versetzten Kolben entweder unmittelbar oder mittelbar auf einen im geschlossenen Raum befindlichen Luftkörper in der Weise einwirken, daß der Kolben, indem er bei der Hin- und Herbewegung sich der einen oder anderen von seinen beiden Endlanger nähert, den Luftkörper zusammendrückt, der dadurch eine gewisse federnde Wirkung ausübt und den Kolben wieder zurückzubewegen strebt. Die normale Spannung des auf den Kolben einwirkenden Treibmittels bewirkt bei der so eingerichteten Maschine einen Kolbenhub von bestimmter Größe. In dem Maße, in welchem die Spannung des Treibmittels über den normalen Wert steigt oder unter denselben herabgeht, wird der Kolbenbub vergrößert oder verringert und dementsprechend der federnde Luftkörper mehr oder weniger zusammengedrückt, so daß er im einen Fall mit größerer und im anderen Fall mit geringerer Kraft auf den Kolben zurückwirkt. Man hat es also in der Hand, durch entsprechende Abmessung des Widerstandes des federnden Körpers einerseits und des Beharrungsvermögens der bewegten Maschinenteile andererseits die Bewegungsgeschwindigkeit zu einer fortwährend sich gleichbleibenden zu machen. Von etwaigen Schwankungen in der Spannung des Treibmittels wird bei dieser Einrichtung nicht die Bewegungsgeschwindigkeit, sondern nur die Größe der Bewegung beeinflußt, genau wie bei einem Pendel die Änderungen in der dasselbe periodisch anstoßenden Kraft nicht die Schwingungsphasen, sondern nur den Ausschlag der Schwingung ändern.

In der Zeichnung ist eine nach vorliegender Erfindung ausgeführte Maschine im senkrechten Schnitt veranschaulicht.

A bezeichnet den Hauptzylinder, in welchem sich der Kolben B bewegt. Durch die Seitenwandungen des Zylinders treten einander gegenüber Dampfeinlaßöffnungen C C etwa in der Mitte hindurch. Die ebenfalls in den Zylinderwandungen vorgesehenen Dampfauslaßöffnungen D D treten mit Abzweigungen an jeder Seite der Dampfeinlässe einander gegenüber in das Innere des Zylinders ein.

Die am Umfang des Kolbens B angeordneten Nuten E F stehen durch Öffnungen G an den betreffenden gegenüberliegenden Seiten des Kolbens mit dem Zylinder in Verbindung.

Die besondere Art der Einrichtung und Anordnung des Zylinders, des Kolbens und der Dampfein- und Auslässe ist nicht gerade wesentlich. Es ist zweckmäßig, die Dampföffnungen, und vor allem die Ausströmungsöffnungen erheblich größer als sonst üblich zu bemessen, damit nicht etwa irgend eine unter dem Einfluß des Dampfes oder der Druckluft zur Wirkung gelangende Kraft der Rückkehr des Kolbens nach der einen oder der anderen Richtung entgegenwirken kann.

Die durch Stopfbüchsen in den Enden des Zylinders hindurchtretende Kolbenstange H tritt mit einer einseitigen Verlängerung durch Stopfbüchse V eines besonderen Zylinders I hindurch, der in gleicher Linie mit dem erstgenannten Zylinder angeordnet ist und in welchem sich der an der Kolbenstange H sitzende Kolben J bewegt.

Dieser Zylinder I hat keinerlei Ein- oder Auslaßöffnungen und ist im allgemeinen luftdicht eingerichtet, soweit nicht die Dichtungsflächen der Stopfbüchse V etwas Luft hindurchlassen. Erfahrungsgemäß brauchen aber diese Stopfbüchsen nicht allzugenau abdichtend eingerichtet zu werden.

Durch ein den Zylinder I umgebendes Gehäuse K wird um denselben ein freier Raum geschaffen, wobei die Stopfbüchsen V des Zylinders I durch das Gehäuse K nach außen hindurchtreten und der freie Raum zwischen dem Zylinder und dem Gehäuse durch Packungsmaterial dampf- oder luftdicht gemacht ist.

Das Hauptzuführungsrohr L für Dampf oder Druckluft mündet in den freien Raum, von dem aus alsdann zwei Rohre nach dem Zylinder A führen. In der Nähe dieser Rohre sind Schmiergefäße M so angeordnet, daß aus denselben Öl durch die Rohre nach dem Kolben geführt wird.

Bei der hier veranschaulichten Ausführungsform der Maschine befindet sich an dem den Zylinder I umgebenden Gehäuse K ein rohrstutzenartiger Fortsatz N, mit welchem das Gehäuse an das Ende des Zylinders A angeschraubt ist. Auf diese Weise ist eine kleine Kammer O geschaffen, an deren Seiten sich Luftlöcher P befinden, und von welcher aus Abtropfröhren Q ausgehen, die das sich ansammelnde Öl abführen.

Die Wirkungsweise der Maschine ist wie folgt: Bei der veranschaulichten Lage der Teile, bei welcher der Kolben sich in der Mitte seines Hubes befindet, herrscht zu beiden Seiten des alsdann in der Mitte des Zylinders I befindlichen Kolbens ein dem Druck der äußeren atmosphärischen Luft entsprechender Luftdruck. Wenn nun mit den Einlaßrohren C C des Zylinders A irgend eine Dampfquelle bezw. eine Druckluftabgabevorrichtung verbunden und dadurch dem Kolben, etwa durch einen plötzlichen Stoß, Bewegung erteilt wird, so wird der Kolben sich in bekannter Weise hin- und herbewegen. Die Bewegung des Kolbens nach der einen wie nach der anderen Richtung hört auf, sobald die denselben treibende Kraft und das angesammelte Kraftmoment durch den zunehmenden Druck des Dampfes oder der Druckluft in dem der Bewegungsrichtung des Kolbens entsprechenden Ende des Zylinders ausgeglichen werden, und da der Kolben bei seiner Bewegung an einer bestimmten Stelle den ihn treibenden Druck absperrt und dadurch den im Sinn einer Rückkehrbewegung des Kolbens wirkenden Druck zur Geltung gelangen läßt, wird der Kolben nunmehr wieder in der entgegengesetzten Richtung bewegt. Diese wechselweise Wirkung setzt sich so lange fort, als der erforderliche Druck zugeführt wird.

Durch die Bewegungen des Kolbens wird in den verschiedenen Seiten des Zylinders I die Luft abwechselnd zusammengedrückt und ausgedehnt, indem bei der Vorwärtsbewegung die Luft vor dem Kolben J zusammengedrückt wird, findet eine gewisse federnde Wirkung statt, welche dahin strebt, den Kolben wieder zurückzubewegen. In gleicher Weise strebt die bei dieser Rückwärtsbewegung zusammengedrückte Luft dahin den Kolben vorzubewegen.

Dieses Zusammendrücken der Luft im Zylinder I und der dadurch der Hauptsache nach infolge der mangelhaften Elastizität der Luft hervorgerufene Energieverlust hat eine ziemlich erhebliche Wärmeentwicklung zur Folge, und diese Wärme wird in der Weise ausgenutzt, daß man Dampf oder die Druckluft durch den Raum hindurchleitet, welcher durch das den Zylinder I umgebende Gehäuse geschaffen ist, so daß dadurch der auf den Kolben zur Wirkung gebrachte Dampf oder die Druckluft erwärmt und somit die Wirksamkeit der Maschine erhöht wird.

Bei der mittleren Stellung des Kolbens J im Zylinder I wird in diesem deshalb stets im wesentlichen derselbe Druck wie derjenige der äußeren Atmosphäre herrschen, weil der Zylinder zwar ein plötzliches Entweichen der Luft in dem Maße, daß die Wirksamkeit des Luftpolsters merklich darunter leiden könnte, nicht zuläßt, dabei aber ein langsames Durchsickern der Luft nach innen und außen durch die Dichtungsflächen um die Kolbenstange herum nach Maßgabe des jeweilen im Zylinder herrschenden Druckes gestattet, so daß der Luftdruck an den gegenüberliegenden Seiten des Kolbens stets dem äußeren Atmosphärendrucke ungefähr gleich bleiben wird.

Als Beispiel einer Art und Weise, welche die Verwendung der Maschine ermöglicht, ist in der Zeichnung die Kolbenstange mit einer doppelten Schiebklaue R verbunden gezeigt, durch deren Schwingungen ein beliebiges Räderwerk, etwa ein Uhrwerk, angetrieben wird. Eine andere Anwendungsweise würde darin bestehen, daß man einen elektrischen Leiter im magnetischen Felde bewegt. Es liegt auf der Hand, daß die Maschine durch ihre besonderen Eigenschaften für diese und mancherlei andere Zwecke mit Vorteil verwendbar ist. Besonders geeignet sind derartige Maschinen in kleiner Ausführung.

Statt des federnden Luftkörpers könnte man auch eine eigentliche Feder oder einen andersartigen elastischen Körper anwenden, indessen bietet die Anwendung von Luft mancherlei Vorzüge. Ferner könnte man, statt für den Luftkörper und den auf diesen wirkenden Kolben einen besonderen Zylinder anzubringen, den Maschinenkolben in seinem eigenen Zylinder auf einen darin eingeschlossenen Luftkörper unmittelbar einwirken lassen; indessen verdient die beschriebene Anordnung deshalb den Vorzug, weil dadurch die Beeinflussung des Luftkörpers durch etwaige Änderungen im Druck des auf den Kolben wirkenden Dampfes vermieden wird und die durch das Zusammendrücken des Luftpolsters erzeugte Wärme besser ausgenutzt werden kann.

PATENTANSPRUCH:

Ein durch Dampf oder Druckluft betriebenes, geradlinig hin- und her schwingendes Pendel, gekennzeichnet durch die starre Verbindung oder Vereinigung eines zwischen Federn oder Luftpolstern gehaltenen schwingenden Körpers J mit einem Kolben B, der nach einmaligem Anstoß den Zu- und Abfluß des Druckmittels so steuert, daß Körper J und Kolben B dauernd in Schwingung erhalten werden.

NIKOLA TESLA in NEW-YORK, V. St. A.

**Vorrichtung zur Erzeugung elektrischer Ströme von gleichbleibender Schwingungszahl.**

Fig. 1

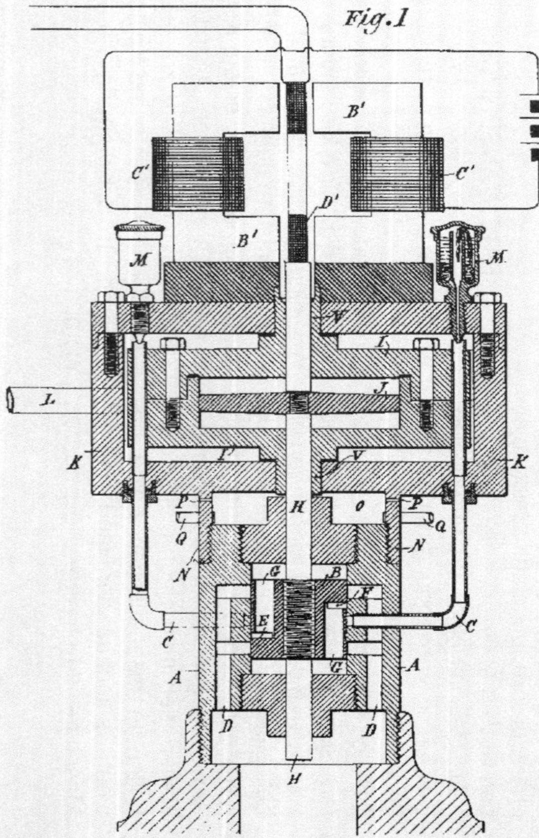


Fig. 2

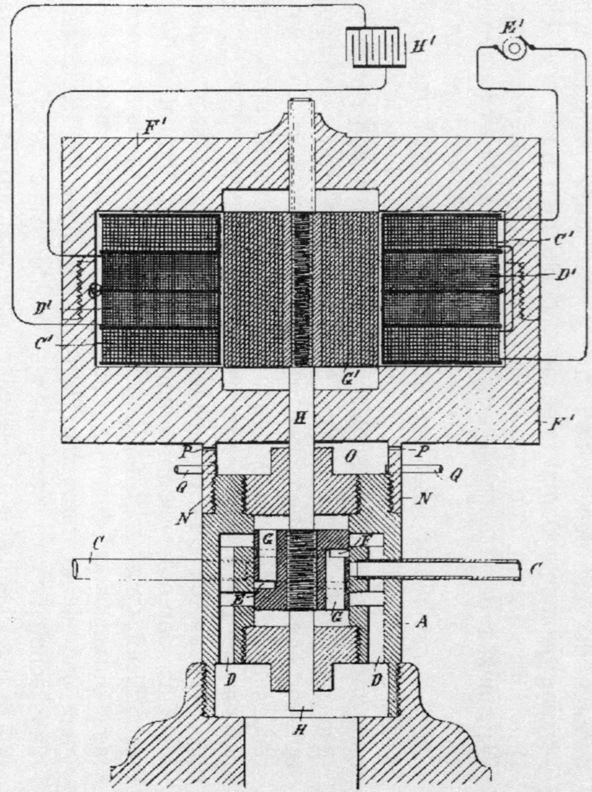


Zu der Patentschrift

**№ 87269.**

# KAISERLICHES PATENTAMT

# PATENTSCHRIFT

## Nr. 87269

KLASSE 21: ELEKTRISCHE APPARATE.

NIKOLA TESLA IN NEW YORK (V. ST. A.).

## VORRICHTUNG ZUR ERZEUGUNG ELEKTRISCHER STRÖME VON GLEICHBLEIBENDER SCHWINGUNGSZAHL.

Patentiert im Deutschen Reich vom 29. August 1893 ab.
Ausgegeben den 25. Juni 1896.

Nach vorliegender Erfindung werden elektrische Ströme von gleichbleibender Wechselzahl durch eine Kraftmaschine und einen elektrischen Stromerzeuger erzielt, welche letzteren derart eingerichtet und zueinander in Beziehung gebracht sind, daß 1. die Kraftmaschine allein imstande ist, dem bewegenden Element des Stromerzeugers eine schwingende Bewegung von gleichbleibender Schwingungszahl zu erteilen, oder daß 2. einerseits die Periode der Hin- und Herbewegung der Treibmaschine und andererseits die natürliche Schwingungsgeschwindigkeit des elektrischen Systems einander so annähernd gleichkommen, daß eine Resonanzwirkung gesichert wird, oder daß 3. die Treibmaschine, während sie vollauf im Stande bleibt, die einmal begonnene Schwingung beizubehalten, doch nicht die Kraft hat, die Schwingungsgeschwindigkeit entgegen dem Einfluße der Periodizität des elektromagnetischen Systems zu lindern.

Zur Erreichung dieser Bedingungen bedient sich der Erfinder einer Treibmaschine, welche den Gegenstand des Patentes Nr. 84335, Kl. 83, bildet, und auf deren wesentlichste Merkmale, soweit diese für den vorliegenden Fall in Betracht kommen, nachstehend Bezug genommen werden soll.

Bei dieser Maschine bilden ein frei bewegter Kolben und ein mit diesem zusammenwirkender federnder Körper ein elastisches System von bestimmter Schwingungsdauer, durch welches der Spule oder dem

Anker eines Elektrizitätserzeuger Schwingungen von gleichbleibender Schwingungszahl erteilt werden.

Die Maschine, welche sich selbst auf eine bestimmte Schwingungszahl einzuregeln strebt, wirkt durch einen frei, d.h. nicht zwangsläufig hin- und herbewegten Teil mit dem mit diesem Teile verbundenen beweglichen Leiter oder dem Ankerkern eines elektrischen Stromerzeugers, welchem letzteren vermöge der elektrischen Verhältnisse des Stromkreises ebenfalls eine bestimmte Schwingungszahl zukommt, in der Weise zusammen, daß durch die gegenseitige Einwirkung der beiden möglichst übereinstimmend gewählten Schwingungszahlen die aus dem Zusammenspiel sich ergebende Schwingungszahl der ganzen Vorrichtung eine möglichst gleichbleibenden wird.

Nach bekanntem mechanischen Gesetz führt eine Feder von bestimmtem Beharrungsvermögen, wenn sie gespannt und dann freigegeben wird, isochrone Schwingungen aus deren Perioden der Hauptsache nach von der Starrheit der Feder selbst und ihrem eigenen Beharrungsvermögen oder demjenigen desjenigen Systems abhängig sind, von welchem die Feder einen Teil bildet. Dies trifft in allen denjenigen Fällen zu, wo die Kraft, welche die Feder oder das betreffende System in eine bestimmte Lage zu bringen strebt, der Lageveränderung proportional ist.

Bei der oben erwähnten Kraftmaschine wird diesem Gesetz in der Weise Rechnung getragen, daß ein Zylinder und Kolben angewendet werden, von denen der eine oder beide durch gespannten Dampf oder Gas fortwährend hin- und herbewegt wird, bezw. werden. Mit dem sich bewegenden Kolben oder, falls der Zylinder sich bewegt, mit diesem ist ein federnder Körper derart in Verbindung gebracht, daß derselbe dadurch in schwingender Bewegung erhalten wird, und daß die von dem durch die Triebkraft bewegten Kolben ausgehenden Stöße einerseits und die natürlichen Schwingungen des federnden Körpers andererseits stets in Bezug auf Richtung und Zeit miteinander übereinstimmen, einerlei in welchem Verhältnis das Beharrungsvermögen des Kolbens und dasjenige des bewegten Systems zueinander stehen, vorausgesetzt, daß diejenigen Grenzen, innerhalb deren das erwähnte Gesetz zutrifft, nicht überschritten werden.

Bei der betreffenden Maschine ist die Anordnung so getroffen, daß die Bewegung des Kolbens im Zylinder in der einen wie in der anderen Richtung dann aufhört, wenn die den Kolben bewegende Kraft und das demselben mitgeteilte Kraftmoment durch die zunehmende Spannung des Dampfes oder der Druckluft in dem der Bewegungsrichtung des Kolbens entsprechenden Ende des Zylinders ausgeglichen werden; und da der Kolben bei seiner Bewegung, den ihn treibenden Druck an einem bestimmten Punkte abschneidet und nunmehr der im Sinne einer Rückkehrbewegung des Kolbens wirkende Druck zur Geltung gelangt, so wird der Kolben jetzt in der entgegengesetzten Richtung bewegt, und setzt sich diese Wirkungsweise so lange fort, als der dazu erforderliche Druck zur Wirkung gebracht wird. Während die Länge des Hubes sich mit dem Druck ändert, ist aber die Geschwindigkeit der Hin- und Herbewegung nicht mehr von dem den Kolben treibenden Druck abhängig, als etwa die Bewegungsgeschwindigkeit eines fortwährend in Schwingung erhaltenen Pendels von der dasselbe periodisch bewegenden Kraft abhängig sein würde. Etwaige Änderungen in einer derartigen Kraft würden lediglich entsprechende Änderungen in der Größe des Hubes bezw. im Ausschlag der Schwingungen hervorrufen.

Als federnden Körper verwendet man am besten ein Luftpolster, d.h. eine eingeschlossene Luft oder Gasmenge, welche man durch die Bewegungen des Kolbens zusammendrücken und sich wieder ausdehnen läßt. Um ferner die federnde Wirkung zu einer fortwährend gleichbleibenden zu machen, verwendet man eine besondere, als Zylinder ausgebildete Luftkammer, in welcher die Luft sich unter dem gewöhnlichen Druck der äußeren Atmosphäre befindet. Man würde indessen auch irgend einen anderen Druck anwenden können. In dieser Kammer oder diesem Zylinder bewegt sich ein Plunger, welcher mit der Kolbenstange der Maschine verbunden ist. Die Ursache, weshalb man mit den bisher gebräuchlichen Kraftmaschinen derartige Wirkungen nicht hat erzielen können, ist darin zu suchen, daß man mit den hin- und herbewegten Maschinenteilen bisher ein schweres Schwungrad oder ein gleichwertiges andersartiges, kreisend bewegtes Organ von verhältnißmäßig großem Beharrungsvermögen verbunden hat, oder daß man da, wo es sich um eine kreisende Bewegung nicht handelte, auf die Erzielung derjenigen Bedingungen, welche für den besonderen Zweck vorliegender Erfindung wesentlich sind, kein Gewicht gelegt hat, wie denn auch das Vorhandensein solcher Bedingungen bei den bisher in Betracht kommenden Maschinen und Vorrichtungen einen besonderen Vorteil nicht gehabt haben würde.

Eine Maschine der vorerwähnten Art bietet aber ein Mittel zur Erzielung, einer Wirkung, die bisher nicht erreicht worden ist, und die darin besteht, fortlaufend elektrische Ströme mit konstanter Periode dadurch zu erzeugen, daß man die Bewegung des Kolbens auf einen im magnetischen Feld befindlichen Kern oder eine Spule überträgt.

Bei der Anwendung der Kraftmaschine zu dem angegebenen Zweck kommen aber gewisse Verhältnisse in Betracht, welche berücksichtigt werden müssen, wenn anders ein befriedigendes Ergebnis erzielt werden soll. Wenn man nämlich einen Leiter im Magnetfeld bewegt und einen Strom darin zirkulieren läßt, so kann es vorkommen, daß die zwischen dem Leiter und dem Magnetfeld stattfindenden elektromagnetischen Rückwirkungen die mechanischen Schwingungsbewegungen in dem Maße stören, daß der Isochronismus unterbrochen wird. Dies könnte beispielsweise dann eintreten, wenn die elektromagnetische Rückwirkung im Verhältnis zur Kraft der Treibmaschine sehr groß ist und eine Verzögerung des Stromes stattfindet, so daß die elektromotorische Reaktion eine ähnliche Wirkung hervorruft, wie solche durch eine Änderung in der Spannung der Feder hervorgerufen werden würde. Wenn man aber den Stromkreis des Stromerzeugers so einrichtet, daß die Phasen der elektromotorischen Kraft und des Stromes der Zeit nach zusammenfallen, d.h. also, wenn der Strom eine Verzögerung nicht erfährt, so wirkt der von der Maschine getriebene Stromerzeuger lediglich in der Art eines Reibungswiderstandes und wird für gewöhnlich die Periodizität der mechanischen Schwingungen nicht ändern, sondern höchstens den Ausschlag dieser Schwingungen. Diese Wirkung läßt sich leicht durch entsprechende Bemessung der Selbstinduktion und der Kapazität des Stromkreises einschließlich des Stromerzeugers sichern.

Es hat sich ferner als zweckmäßig erwiesen, die Perioden der Bewegungen der Kraftmaschine den natürlichen Perioden der elektrischen Schwingungen des Stromerzeugers gleich zu machen, um auf diese Weise die für die elektrische Resonanz günstigsten Bedingungen zu sichern und die Möglichkeit einer störenden Beeinflussung der Perioden der mechanischen Schwingungen auf ein Mindestmaß zu beschränken. Es hat sich indessen auch gezeigt, daß die Maschine und der mit dieser verbundene Stromerzeuger auch dann mit konstanter Periode schwingen, wenn selbst die zur Aufrechterhaltung einer konstanten Periode seitens der Maschine als solcher notwendigen theoretischen Bedingungen nicht streng eingehalten wurden, wenn man also beispielsweise -- statt zur Sicherung eines federnden Luftkörpers von im wesentlichen sich gleichbleibendem Widerstand bei der Maschine einen besonderen Luftzylinder und Plunger anzuwenden -- den Kolben unmittelbar auf Luftpolster wirken ließ, die an den Enden des Kolbenzylinders selbst angeordnet waren, obwohl die Starrheit solcher Luftpolster oder entsprechender Federn durch die im Zylinder vorkommenden Druckverändernissen wesentlich beeinflußt und geändert werden kann. Indessen wird man dadurch, daß man mit einer solchen Maschine einen Stromerzeuger verbindet, dessen eigene Periodizität annähernd derjenigen der Maschine entspricht, eine konstante Schwingungsbewegung auch bei einem innerhalb ziemlich weiter Grenzen wechselnden Druck aufrechterhalten können, indem das elektromagnetische System nach dieser Richtung regelnd wirkt.

Es ist ferner beobachtet worden, daß der seitens des elektromagnetischen Systems ausgeübte Einfluß unter gewissen Verhältnissen in dem Maße gesteigert werden kann, daß die Periodizität der mechanischen Schwingungen bei innerhalb ziemlich weiter Grenzen wechselndem Druck dadurch beherrscht wird. Dies wird in allen den wenigen Fällen zutreffen, wo die Kraft der Maschine zwar dazu ausreicht, um die einmal begonnenen Schwingungen fortzusetzen, nicht aber dazu, um die Geschwindigkeit derselben zu ändern.

Wenn also beispielsweise ein Pendel in Schwingung versetzt und eine geringe Kraft in dem Sinne periodisch zur Einwirkung gebracht wird, daß dadurch das Pendel in Bewegung erhalten bleibt, so wird diese Kraft doch keinen wesentlichen beherrschenden Einfluß auf die Periodizität der Schwingungen haben können, es sei denn, daß das Beharrungsvermögen des Pendels im Verhältnis zu der treibenden Kraft gering sei, und zwar wird es sich dabei gleich bleiben, ob die Kraft während eines größeren oder kleineren Bruchteiles der Periode zur Wirkung gebracht wird.

In dem hier in Betracht kommenden Fall dient die Maschine lediglich dazu, um die einmal begonnene schwingende Bewegung zu erhalten, wenn auch damit keineswegs die Leistung nützlicher Arbeit ausgeschlossen ist, die sich in einer Verkürzung des Hubes äußern würde.

Die Erfindung besteht demnach in der Verbindung eines Kolbens, der unter dem Einfluß von Dampf oder eines unter Druck befindlichen Gases frei hin- und herbewegt wird, mit dem beweglichen Organe eines elektrischen Stromerzeugers, welches Organ mit dem Kolben unmittelbar mechanisch verbunden ist, und diese Vorrichtung bezweckt insbesondere die Erzielung elektrischer Ströme von konstanter Periode. Zur Erreichung dieses Zwecks richtet man die Maschine am besten so ein, daß dieselbe an sich die Periodizität beherrscht, indessen können, wie gesagt, die Elemente dieser Kombination auch so eingerichtet sein, daß das elektromagnetische System die Periodizität entweder zum Teil oder sogar vollständig beherrscht.

Zur Erläuterung der Art und Weise, in welcher die Erfindung angewendet wird, sei auf die beiliegenden Zeichnungen Bezug genommen, in denen Fig. 1 im mittleren Schnitt eine Maschine nebst Stromerzeuger nach vorliegender Erfindung veranschaulicht, während Fig. 2 eine geänderte Ausführungsform zeigt.

In Fig. 1 bezeichnet A den Hauptzylinder, in welchem sich der Kolben B bewegt. Durch die Seitenwandungen des Zylinders treten einander gegenüber die Dampfeinlaßöffnungen C C etwa in der Mitte hindurch. Die ebenfalls in den Zylinderwandungen vorgesehenen Dampfauslaßöffnungen D D treten mit Abzweigungen an jeder Seite der Dampfeinlässe einander gegenüber in das Innere des Zylinders ein.

Die am Umfange des Kolbens B angeordneten Nuten E F stehen durch Öffnungen G an demselben an den betreffenden gegenüberliegenden Seiten des Kolbens mit dem Zylinder in Verbindung.

Die besondere Form des Zylinders, des Kolbens und der Ventile kann in mannigfacher Weise geändert werden, dagegen ist es zweckmäßig, die Dampföffnungen und vor allem die Ausströmungsöffnungen erheblich größer als sonst üblich zu bemessen, damit nicht etwa irgend eine unter dem Einfluß des Dampfes oder der Druckluft zur Wirkung gelangende Kraft der Rückkehrbewegung des Kolbens nach der einen oder der anderen Richtung entgegenwirken kann.

Die durch Stopfbüchsen in den Enden des Zylinders hindurchtretende Kolbenstange H tritt mit einer einseitigen Verlängerung durch Lager V eines besonderen Zylinders I hindurch, der in gleicher Linie mit dem erstgenannten Zylinder angeordnet ist, und in welchem sich der an der Kolbenstange H sitzende Kolben J bewegt.

Dieser Zylinder I hat keinerlei Ein- oder Auslaßöffnungen und ist im allgemeinen luftdicht eingerichtet, soweit nicht die Dichtungsflächen der Lager V etwas Luft durchlassen. Erfahrungsgemäß brauchen aber diese Lager nicht allzu genau abdichtend eingerichtet zu werden.

Durch ein den Zylinder umgebendes Gehäuse K wird um denselben herum ein freier Raum geschaffen, wobei die Lager V des Zylinders I durch das Gehäuse K nach außen hindurchtreten und der freie Raum zwischen dem Zylinder und dem Gehäuse durch Packungsmaterial dampf- oder luftdticht gemacht wird.

Das Hauptzuführungsrohr L für Dampf oder Druckluft mündet in den freien Raum, von dem aus alsdann zwei Rohre nach dem Zylinder A führen. In der Nähe dieser Rohre sind Schmiergefäße M so angordnet, daß aus denselben Öl durch die Rohre nach dem Zylinderkolben geführt wird.

Bei der hier veranschaulichten Ausführungsform der Maschine befindet sich an dem den Zylinder I umgebenden Gehäuse K ein flanschartiger Fortsatz *n*, mit welchem das Gehäuse an das Ende des Zylinders A angeschraubt ist. Auf diese Weise ist eine kleine Kammer O geschaffen, an deren Seiten sich Luftlöcher P befinden und von welcher Abtropfröhren Q ausgehen, die das sich ansammelnde Öl abführen.

Die Wirkungsweise der Maschine ist wie folgt:

Bei der verananschaulichten Lage der Teile, bei welcher der Kolben sich in der Mitte seines Hubes befindet, herrscht zu beiden Seiten des alsdann in der Mitte des Zylinders I befindlichen Plungers ein dem Druck der äußeren atmosphärischen Luft entsprechender Luftdruck. Wenn nun mit den Einlassrohren C C des Zylinders A irgend eine Dampfquelle bezw. eine Druckluftabgebevorrichtung verbunden und danach dem Kolben, etwa durch einen plötzlichen Stoße, Bewegung erteilt wird, so wird der Kolben sich in bekannter Weise hin- und herbewegen.

Durch die Bewegungen des Kolbens wird in den verschiedenen Seiten des Zylinders I die Luft abwechselnd zusammengedrückt und ausgedehnt. Indem bei der Vorwärtsbewegung die Luft vor dem Plunger J zusammengedrückt wird, findet eine gewisse federnde Wirkung statt, welche dahin strebt, den Plunger wieder zurückzubewegen. In gleicher Weise strebt die bei dieser Rückwärtsbewegung zusammengedrückte Luft dahin, den Plunger vorzubewegen.

Dieses Zusammendrücken der Luft im Zylinder I und der dadurch, der Hauptsache nach, infolge der mangelhaften Elastizität der Luft hervorgerufene Energieverlust hat eine ziemlich erhebliche Wärmentwicklung zur Folge, und diese Wärme wird in der Weise ausgenutzt, daß man den Dampf oder die Druckluft durch den Raum hindurchleitet, welcher durch das den Zylinder I umgebende Gehäuse geschaffen ist, so daß dadurch der auf den Kolben zur Wirkung gebrachte Dampf oder die Druckluft erwärmt und somit die Wirksamkeit der Maschine erhöht wird.

Bei irgend einer bestimmten derartigen Maschine wird der normale Druck einen Hub von bestimmter Größe zur Folge haben, der in dem Maße erhöht und vermindert werden wird, in welchem der Druck über den normalen steigt oder darunter herabgeht.

Beim Bau der Maschine kann man den Änderungen in der Länge des Kolbenhubes durch entsprechende Bemessung der Größe des zur Aufnahme des Luftpolsters bestimmten Zylinders I Rechnung tragen. Je größer der auf den Kolben ausgeübte Druck ist, in desto höherem Maß wird der federnd wirkende Luftkörper zusammengedrückt werden, so daß dadurch eine entsprechend stärkere Gegenkraft auf den Kolben zur Wirkung gelangt.

Die Geschwindigkeit oder Periodizität der Hin- und Herbewegung des Kolbens wird in der Hauptsache durch die Starrheit des federnden Luftkörpers und durch das Beharrungsvermögen der bewegten Teile bedingt, so daß man durch entsprechende Abmessung dieser beiden Faktoren zueinander, sei es, indem man die Größe des Luftzylinders und damit die Starrheit des federnden Körpers ändert, oder sei es, indem man die Belastung der beweglichen Teile regelt, innerhalb ziemlich weiter Grenzen jede beliebige Schwingungsperiode sichern kann.

Diese Bedingungen lassen sich für eine Maschine dieser Art durchweg mit Leichtigkeit feststellen, so daß also für innerhalb ziemlich weiter Grenzen verschiedene Druckänderungen eine durchaus gleichmäßige Periodizität aufrechterhalten werden kann.

Bei der mittleren Stellung des Plungers J im Zylinder I wird in diesem deshalb stets im wesentlichen derselbe Druck wie derjenige der äusseren Atmosphäre herrschen, weil der Zylinder zwar ein plötzliches Entweichen der Luft in dem Maße, daß die Wirksamkeit des Luftpolsters merklich darunter leiden könnte, nicht zuläßt, dabei aber ein langsames Durchsickern der Luft nach innen und außen durch die Dichtungsflächen um die Kolbenstange herum nach Maßgabe des jeweilen im Zylinder herrschenden Druckes gestattet, so daß der Luftdruck an den gegenüberliegenden Seiten des Plungers stets dem äußeren Atmosphärendruck ungefähr gleich bleiben wird.

An der Kolbenstange H ist ein Leiter oder eine Drahtspule D1 (Fig. 1) befestigt, welche durch die Bewegungen des Kolbens in dem durch die beiden Magnete B1 B1 geschaffenen Magnetfeld hin- und herbewegt wird. Diese Magnete können entweder permanente sein, oder sie können durch die mit einer Stromquelle E1 verbundenen Spulen C1 C1 erregt werden. Durch die Bewegung der Spule D1 in der Querrichtung der durch die Magnete erzeugten Kraftlinien werden Wechselströme in der Spule hervorgerufen. Wenn die Periodizität der mechanisch erzeugten Schwingungen eine sich gleichbleibende ist, so werden auch die elektrischen Ströme konstante Perioden haben und können zu beliebigen Zwecken verwendet werden.

Im vorliegenden Fall wird als notwendige Vorbedingung angenommen, daß das Beharrungsvermögen des beweglichen Teiles des Stromerzeugers und die dadurch hervorgerufene elektromagnetische Reaktion nicht derart ist, daß dadurch die Tätigkeit der Maschine gestört werden kann.

Fig. 2 zeigt eine Anordnungsweise, bei welcher die Treibmaschine allein nicht im Stand ist, die Periodizität der Schwingungen vollkommen zu beherrschen, indem hierbei vielmehr der Stromerzeuger mitwirkt. Die Treibmaschine ist hier die gleiche wie in Fig. 1, dagegen ist das äußere Luftpolster fortgelassen, indem hier statt dessen die an den Enden des Zylinders A befindlichen Lufträume zu dem erwähnten Zweck verwendet werden. Da der Druck in diesen Räumen von Änderungen abhängig ist, welchen der den Kolben bewegende Dampf oder die Luft unterliegt, so kann dadurch die Periodizität der Bewegung beeinflußt werden. Die Bedingungen sind also in diesem Fall nicht ganz so unveränderlich und zuverlässig wie bei der in Fig. 1 gezeigten Anordnungsweise. Wenn man indessen dafür Sorge trägt, daß die natürliche Periodizität der Schwingungen des elektrischen Systems annähernd mit der durchschnittlichen Periodizität der Treibmaschine übereinstimmt, so wird dadurch die Neigung zum gegenseitigen Abweichen ziemlich wirksam überwunden, und die Maschine wird selbst bei ziemlich erheblichen Druckänderungen ihre Periodizität beibehalten.

Im vorliegenden Fall besteht der Stromerzeuger aus einem magnetischen Gehäuse F1, in welchem ein an der Kolbenstange H befestigter, aus Platten zusammengesetzter Kern G1 hin- und herbewegt wird. Den Plunger umgeben zwei Erregerspulen C1 C1 und eine oder mehrere induzierte Spulen D1 D1.

Die Spulen C1 C1 sind mit einem Stromerzeuger E1 verbunden und so gewickelt, daß entsprechende Pole im Kern G1 gebildet werden. Durch Bewegen des letzteren werden demnach die Kraftlinien verschoben und Ströme in den Spulen D1 D1 hervorgerufen.

In den Stromkreis der Spulen D1 ist ein Stromverdichter H1 eingeschaltet, um die Selbstinduktion dieses Stromkreises auszugleichen. Ein solcher Stromkreis wird eine gewisse natürliche Schwingungsperiode besitzen, d.h. wenn die Elektrizität darin irgend eine Störung erfährt, so wird eine elektrische Schwingung von bestimmter Periode eintreten, und da diese von der Kapazität und Selbstinduktion abhängig ist, so kann diese Periode so geändert werden, daß sie mit der Periode der Treibmaschine übereinstimmt.

Wenn die Kraft der Maschine eine verhältnismäßig geringe ist und der Druck beispielsweise nur während eines sehr geringen Bruchteiles des ganzen Hubes zur Wirkung gelangt, so wird die elektrische Schwingung die Neigung haben, die Periodizität zu beherrschen. Es liegt demnach auf der Hand, daß, wenn diese Schwingung ihrer Natur nach nur unerheblich von der durchschnittlichen Schwingungsperiode der Maschine abweicht, eine solche Beherrschung unter gewöhnlichen Betriebsverhältnissen vollkommen genügen wird, um die beabsichtigte Wirkung zu sichern.

Es erhellt, daß, wenn ein Leiter im magnetischen Feld oder in Magnetkern durch Vorrichtungen der vorbeschriebenen Art in schwingende Bewegung versetzt wird, sich die Natur der dadurch hervorgerufenen Stromimpulse nach den jeweiligen Verhältnissen ändern wird. So können beispielsweise die Stromimpulse gegenüber den elektromotorischen Impulsen eine größere oder geringere Verzögerung erfahren, was zur Folge haben könnte, daß die positiven und die negativen Impulse in bestimmten Fällen ihrer elektromotorischen Kraft nach voneinander abweichen, oder es könnte die Natur der Ströme durch den jeweiligen Grad von Sättigung des Kernes geändert werden. Es ist also bei Apparaten der beschriebenen Art möglich, den elektromotorischen Impulsen in der einen Richtung ein Uebergewicht über die in der anderen Richtung erfolgenden Impulse zu geben. Durch genaue Berücksichtigung dieser Verhältnisse hat man es demnach in der Hand, ähnliche Wirkungen zu erzielen, wie man sie mittels gleichgerichteter Ströme zu erzielen im Stand ist.

PATENTANSPRUECHE:

1. Vorrichtung zur Erzeugung elektrischer Ströme von gleichbleibender Schwingungszahl, dadurch gekennzeichnet, daß ein durch eine Druckflüssigkeit beweglter Kolben, welcher mit einer Feder zu einem elastischen System von bestimmter Schwingungsdauer vereinigt ist, eine Spule oder einen Anker eines Elektrizitätserzeugers in Schwingung erhält.

2. Ausführungsform der Vorrichtung nach Anspruch 1; dadurch gekennzeichnet, daß mit dem frei (d.h. nicht zwangsläufig) hin- und herbewegten Teil (B) einer Dampf- oder Gas-Treibmaschine, welche sich selbst auf eine bestimmte Schwingungszahl einzuregeln strebt, der bewegliche Leiter (D1) oder der Ankerkern (G1) eines elektrischen Stromerzeugers, dem vermöge der elektrischen Verhältnisse des Stromkreises ebenfalls eine bestimmte Schwingungszahl zukommt, verbunden ist, so daß durch die gegenseitige Einwirkung der beiden möglichst übereinstimmend gewählten Schwingungszahlen die sich aus dem Zusammenspiel ergebende Schwingungszahl der ganzen Vorrichtung eine möglichst gleichbleibende wird.

## NIKOLA TESLA IN NEW-YORK.

**Stromkreisregler für die Umwandlung von Strömen geringer Wechselzahl in solche von hoher Wechselzahl mittels Kondensatorentladungen.**

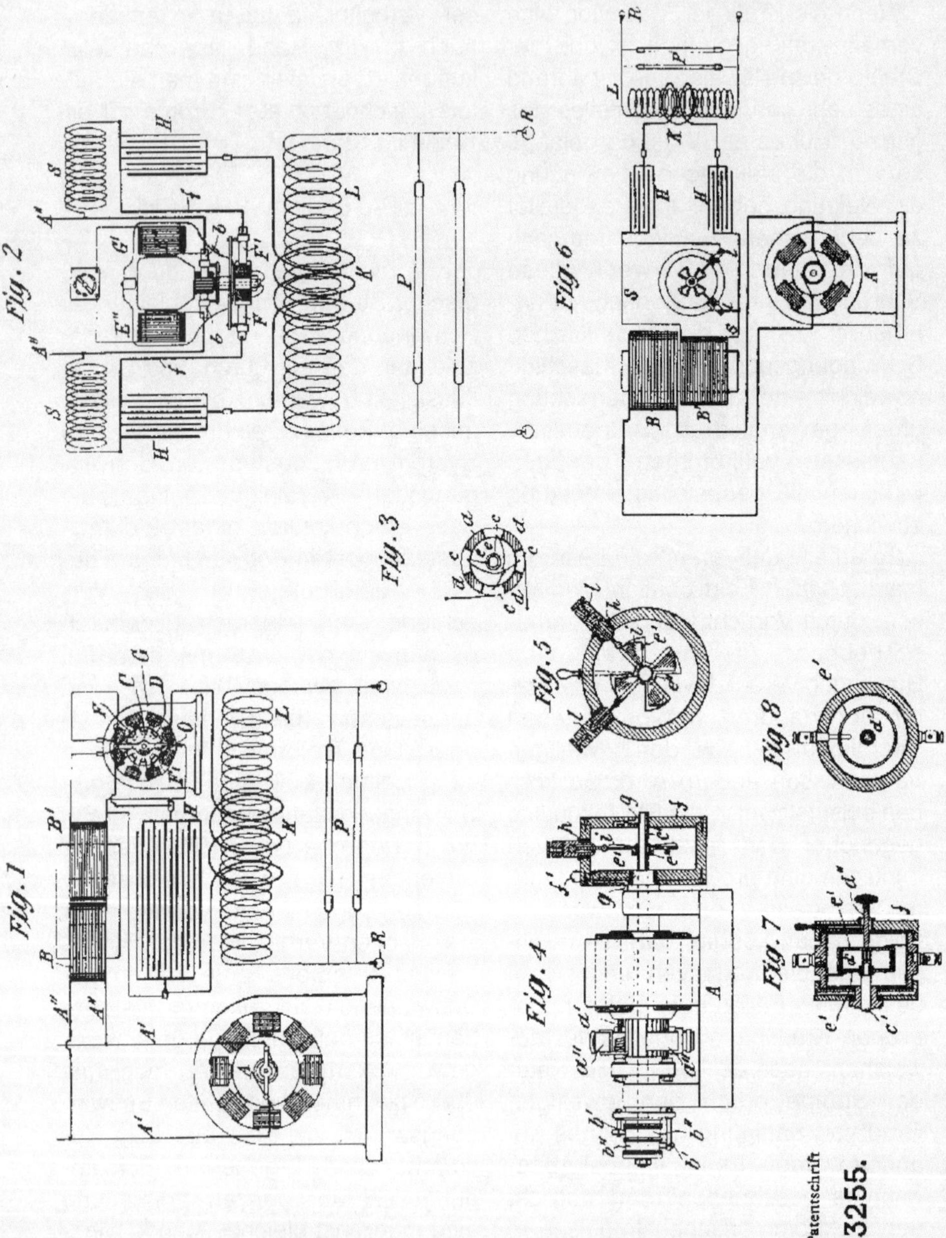


Zu der Patentschrift

**№ 93255.**

**KAISERLICHES PATENTAMT**

# PATENTSCHRIFT

## Nr. 93 255

KL ASSE 21: ELEKTRISCHE APPARATE.

NIKOLA TESLA IN NEW YORK (V. ST. A.).

## STROMKREISREGLER FUER DIE UMWANDLUNG VON STRÖMEN GERINGER WECHSELZAHL IN SOLCHE VON HOHER WECHSELZAHL MITTELS KONDENSATORENTLADUNGEN.

Patentiert im Deutschen Reich vom 22. September 1896 ab.
Ausgegeben den 20. August 1897.

Die Erfindung betrifft eine Neuerung an elektrischen Anlagen zur Erzeugung von Strömen von hoher Wechselzahl nach der durch das Patent Nr. 73 080 von demselben Erfinder geschützten Art und Weise und bezweckt, Wechselströme von verhältnismäßig geringer Wechselzahl, wie solche gewöhnlich von städtischen Verteilungsanlagen erhältlich sind, in Ströme von sehr hoher Wechselzahl umzuwandeln, so daß sie sich zur Benutzung in Verbindung mit Vakuumröhren und für die verschiedensten anderen Zwecke eignen. Es geschieht diese Umwandlung mittels Kondensatorentladungen, indem nach vorliegender Erfindung ein mit den Wellen des zugeführten Stromes synchron laufender Motor die Ladungen des Kondensators in bestimmter Zeitfolge bewirkt, und zwar -- zum Unterschied von anderen bereits bekannten Einrichtungen, bei denen ebenfalls Hilfsunterbrechungsvorrichtungen für den gleichen Zweck verwendet werden -- in solcher Zeitfolge, daß die Zahl der Ladungen ein Vielfaches von der Wechselzahl des Primärstromes ist.

Eine sehr gut geeignete, vielleicht sogar die am meisten zu empfehlende Vorrichtung zu diesem Zweck bietet ein synchroner Motor, der mit der Stromquelle verbunden ist und seine Stromkreisregler betätigt, welcher zunächst annähernd oder genau im Augenblick der höchsten Intensität jeder Stromwelle den Entladungsstrom unterbricht und alsdann dem Kondensator gestattet, die in ihm eingesammelte Energie durch den hierzu bestimmten Stromkreis zu entladen.

Eine solche Vorrichtung, die man wohl als die für diesen Zweck typische ansehen kann, ist in der beiliegenden Zeichnung dargestellt. Fig. 1 bis 3 zeigen im wesentlichen in schematischer Darstellungsweise eine die Erfindung verkörpernde Vorrichtung, während Fig. 4 bis 8 einen zur Verwendung bei einer Anlage der betreffenden Art bestimmten Stromkreisregler darstellen und dessen Wirkungsweise erläutern.

In Fig. 1 sind die Leiter A" A" von der Leitung A' einer beiliegenden Wechselstromquelle A abgezweigt. Zur Erhöhung der Klemmenspannung des betreffenden Stromes dient ein Transformator, welcher durch die Primäre B und die Sekundäre B' angedeutet ist. In dem Stromkreis der Sekundären befinden sich die Erregerspulen eines synchronen Motors G und eine auf der Welle des letzteren sitzende Regelungsvorrichtung C. Ein gegenüber der Motorwelle unbeweglicher und hinsichtlich der Pole der unbeweglichen Magnete verstellbarer Isolierarm O trägt zwei Bürsten F F´, die auf dem Umfang der Scheibe C' liegen. Bei dieser Anordnung wird, sobald die beiden Bürsten auf den isolierten Segmenten der Scheibe ruhen, der sekundäre Stromkreis durch die Motorspulen geschlossen, während er zu anderen Zeiten durch den Motor hindurch unterbrochen ist. Ein solcher Motor hält bei richtiger Bauart einen sehr genauen Gleichlauf (Synchnronismus) mit den Polwechslungen der Stromquelle aufrecht, und es kann deshalb der Arm O so eingestellt werden, daß er den Strom an jeder beliebigen Stelle seiner Wellen unterbricht. Durch entsprechende Wahl des Verhältnisses der isolierten und leitenden Segmente, sowie der Motorpole kann man eine zweimalige Unterbrechung des Stromes bei jeder vollen Welle annähernd oder genau an den Punkten der höchsten Intensität erzielen.

Damit die im Motorstromkreis angesammelte Energie bei jeder Unterbrechung zum Laden des Kondensators H ausgenutzt wird, sind die Polenden des letzteren mit den beiden Bürsten F F' oder mit entsprechenden Punkten des Stromkreises in der Nähe derselben so verbunden, daß bei Unterbrechung des Stromkreises durch den Motor die Polenden des Motorstromkreises mit dem Kondensator verbunden sind. Die Entladung des Kondensators erfolgt durch die Primäre K, deren Stromkreis gleichzeitig mit dem Stromkreise geschlossen und jedesmal bei Unterbrechung des letzteren und bei Ladung des Kondensators ebenfalls unterbrochen wird. Die mit hoher Klemmenspannung und hoher Frequenz auftretenden sekundären Impulse lassen sich in Verbindung mit Vakuumröhren P, einpoligen Lampen R, so wie für andere Zwecke vorteilhaft verwenden.

Es liegt auf der Hand, daß der zugeführte Strom nicht durchaus ein Wechselstrom zu sein braucht, sofern derselbe nur vor seinem Eintritt in den Regler in einen Wechselstrom verwandelt wird. Es lassen sich beispielsweise die vorbeschriebenen Neuerungen in Verbindung mit Transformatoren der verschiedensten Art verwenden, wie in Fig. 2 und 3 gezeigt.

G´ bezeichnet einen Gleichstrommotor, dessen vier Feldpole mit Spulen E" in Nebeneinanderschaltung zum Anker bewickelt sind. Die Leitungsdrähte A" A" sind an die auf den Stromwender wirkenden Bürsten *b b* angeschlossen. Auf einer Verlängerung der Motorwelle sitzt ein Stromkreisregler, bestehend aus einer Trommel, deren Umfläche in vier leitende Segmente *c* und vier isolierte Segmente *d* zerlegt ist, von denen die ersteren paarweise einander gegenüber verbunden sind, wie in Fig. 3 gezeigt. Durch die Welle hindurch sind zwei isolierte Leiter *e e* von zwei um 90° auseinander liegenden Stromwendersegmenten ausgeführt und an die beiden Segmentpaare *c* angeschlossen. Es liegt auf der Hand, daß bei dieser Anordnung, je zwei einander benachbarte Segmente *c c* zu Polenden einer Wechselstromquelle werden, so daß, wenn zwei Bürsten F F' an den Umfang der Trommel gebracht werden, sie während eines solchen Teiles der Welle Strom abnehmen, wie solcher der Breite des Segments und der Stellung der Bürsten entspricht. Durch entsprechende Einstellung der Bürsten gegenüber der Trommel hat man es demnach in der Hand, den Wechselstrom, welcher den Segmenten *c c* zugeführt wird, an irgend einem Punkt seiner Wellen zu unterbrechen.

Während die Bürsten F F' sich auf den leitenden Segmenten befinden, sammelt der von ihnen aufgenommene Strom Energie in einem Stromkreis von hoher Selbstinduktion, der durch die Drähte *f f*, die Selbstinduktionsspulen S S, die Leiter A" A", die Bürsten und den Stromwender gebildet wird. Wenn beim Uebergehen der Bürsten F F' auf die isolierten Segmente der Regelungsvorrichtung dieser Stromkreis unterbrochen wird, dann findet durch die mit hoher Klemmenspannung sich vollziehende Entladung dieses Stromkreises eine Ansammlung von Energie in den Kondensatoren H H statt, welche sich alsdann durch den die Primäre K enthaltenden Stromkreis von geringer Selbstinduktion entladen. Der sekundäre Stromkreis enthält die in der Zeichnung durch P R angedeuteten Vorrichtungen für welche der Strom verwendet werden soll.

Der Stromkreisregler oder die Vorrichtung durch welche die richtige Ladung und Entladung des Kondensators gesichert wird, kann von beliebiger Konstruktion sein. Bei der Veranschaulichung der Konstruktion und Wirkungsweise ist nur auf solche Vorrichtungen Bezug genommen worden, welche metallische Kontakte herstellen und unterbrechen; es ist aber nicht durchaus nötig, daß ein metallischer Kontakt vorhanden ist, wenn dahin Vorkehrung getroffen ist, daß zwischen den voneinander getrennten Leitern der Uebertritt eines Funkens erfolgen kann. Eine derartige Vorrichtung ist in Fig. 4 bis 8 dargestellt.

In Fig. 4 bezeichnet A einen Stromerzeuger mit dem Stromwender *a´*, den auf diesem ruhenden Bürsten *a" a"* und den Sammelringen *b" b"*, von denen ein Wechselstrom durch die Bürsten *b'* in bekannter Weise entnommen wird. Der Stromkreisregler befindet sich zum Teil auf einer Verlängerung der Welle *c'* des Stromerzeugers und zum Teil auf dem Gestell desselben oder auf einer die Welle umgebenden feststehenden Muffe. Im übrigen ist die Einrichtung, im einzelnen wie folgt getroffen: *e'* bezeichnet eine mit einem mittlerer Nabenteil *e''* versehene Metallplatte, die auf der Welle *c'* festgekeilt ist. Entsprechend der Anzahl der vom Stromerzeuger abgegebener Stromwellen ist die Platte mit segmentförmigen Fortsätzen ausgestattet. Diese Segmente sind am besten so fortgeschnitten, daß nur Gestelle übrig bleiben, wobei an der einen radiale Seite derselben gebogene Metallplatten *i* befestigt sind, die als Windflügel dienen und einen kreisenden Luftstrom erzeugen, wenn die Vorrichtung sich in Tätigkeit befindet. Die Segmentscheibe mit ihren Windflügeln befindet sich in einem isolierten Gehäuse *f*, welches auf dem Lager des Stromerzeugers oder in anderer zweckentsprechender Weise, jedoch so angeordnet ist, daß dasselbe um die Welle herum verstellt werden kann. Zur Erleichterung dieser Verstellung ist eine mit Handgriff versehene Gewindestange *f'* durch die Gehäusewandung hindurchgeführt. Mittels dieser Stange kann man das Gehäuse verstellen und in jeder beliebigen Einstellung dadurch befestigen, daß man die Stange in eine in der Muffe oder Lagerung hierzu vorgesehene Vertiefung hineinschraubt, wie in Fig. 4 gezeigt. An einander gegenüberliegenden Seiten des Gehäuses befinden sich Luftöffnungen *g g*, durch welche hindurch der durch die Windflügel hervorgerufene Luftzug stattfindet. Durch die Seitenwandungen des Gehäuses *f* (oder, falls das Material des Gehäuses selbst nicht genügend isolierend wirkt, durch die darin vorgesehenen Isolierhülsen *h*) treten metallische Anschlußzapfen *l l* so hindurch, daß ihre Enden in der Ebene der leitenden Segmentenscheibe *e'* liegen und auf die Ränder der Segmente zu oder von denselben hinweg in radialem Sinn verstellbar sind. Vorrichtungen dieser Art werden in der aus Fig. 6 sich ergebenden Weise verwendet. In dieser Figur bezeichnet A eine beliebige Wechselstromquelle, deren Klemmenspannung durch einen Transformator erhöht wird. Bei letzterem ist die primäre Spule mit B und die sekundäre mit B' bezeichnet. Die Enden des sekundären Stromkreises *s* sind mit den Anschlußzapfen (Polzapfen) *l l* einer Vorrichtung nach Art der in Fig. 4 und 5 dargestellten verbunden, deren Segmente in Uebereinstimmung (Synchronismus) mit den Polwechseln der Stromquelle sich drehen, wobei sie am besten, wie oben beschrieben, auf der Welle des Stromerzeugers angeordnet sind, sofern die Konstruktion dies zuläßt. Die Polzapfen *l l* werden nun in radialem Sinn so verstellt, daß sie den äußeren Rändern der Segmentenscheibe, d.h. der Bewegungsbahn derselben, mehr oder weniger genähert werden, so daß beim jedesmaligen Vorbeigang eines

Segments vor dem Polzapfen ein Funke zwischen beiden überspringen und dadurch den sekundären Stromkreis *s* schließen kann. Das Gehäuse oder derjenige Teil, an welchem sich die Polzapfen *l l* befinden, erhält eine solche Winkelstellung, daß die Zapfen und Segmente in den mit Rücksicht auf eine bestimmte Phase der Stromquelle im sekundären Stromkreis gewählten Augenblicken sich einander nähern, und wird in der betreffenden Stellung befestigt.

Die Polzapfen *l l* sind ferner an die Polenden eines oder mehrerer Kondensatoren angeschlossen, so daß im Augenblick der mit dem Aufhören des Funkens erfolgenden Unterbrechung des sekundären Stromkreises *s* die in diesem angesammelte Energie in den Kondensator übertritt und dessen Ladung bewirkt.

Ein Weg von geringer Selbstinduktion und geringem Widerstand, der eine primäre Spule K von wenig Wicklungen enthält, dient zur Aufnahme der Entladung des Kondensators, wenn der Stromkreis *s* durch den Uebergang von Funken von neuem geschlossen wird. Die Entladung tritt in Form einer ungemein raschen Aufeinanderfolge von Impulsen in die Erscheinung.

Mittels dieses Apparates lassen sich ganz neue und wichtige Wirkungen erzielen; um aber die Wirksamkeit der Entladung oder des Arbeitsstromes noch weiter zu erhöhen, kann man noch besondere Mittel vorsehen, um die einzelnen Funken selbst zu teilen. Eine diesem Zwecke dienende Vorrichtung ist in Fig. 7 und 8 gezeigt. In diesen Figuren ist das Gehäuse *f* an dem Gestell oder Lager des Stromerzeugers oder Motors befestigt, durch welchen der Stromkreisregler im Gleichlauf (Synchronismus) mit der Wechselstromquelle in Drehung versetzt wird. Innerhalb dieses Gehäuses sitzt auf der Welle *c'* eine Scheibe *e'*, von deren Rand aus Vorsprünge *d'* sich parallel zu der Wellenachse erstrecken. Gegenüber der erstgenannten Scheibe sitzt auf einer Spindel *d´´* eine zweite Scheibe *e*, für welche in dem Ende des Gehäuses *f* ein Lager vorgesehen ist und welche behufs Einstellung gedreht werden kann. Die Enden der Vorsprünge *d'* sind mit tiefen Einschnitten versehen oder tragen mehrere schmale vorspringende Stifte dicht nebeneinander (Fig. 7), so daß bei dem Vorbeigehen der Stifte oder Vorsprünge an den beiden einander gegenüber befindlichen Scheiben eine Anzahl Funken in rascher Aufeinanderfolge von den Vorsprüngen der einen Scheibe nach denen der anderen Scheibe übertreten.

PATENTANSPRUCH:

Stromkreisregler für die Umwandlung von Strömen geringer Wechselzahl in solche von hoher Wechselzahl mittels Kondensatorentladungen, dadurch gekennzeichnet, daß ein mit den Wellen des zugeführten Stromes synchron laufender Motor die Ladungen des Kondensators in solcher Zeitfolge bewirkt, daß die Zahl der Ladungen ein Vielfaches von der Wechselzahl des Primärstromes ist.

NIKOLA TESLA IN NEW-YORK.

**Einrichtung zur Erzielung von Strömen hoher Frequenz aus Gleichströmen durch Condensatorentladungen.**

Fig. 1.

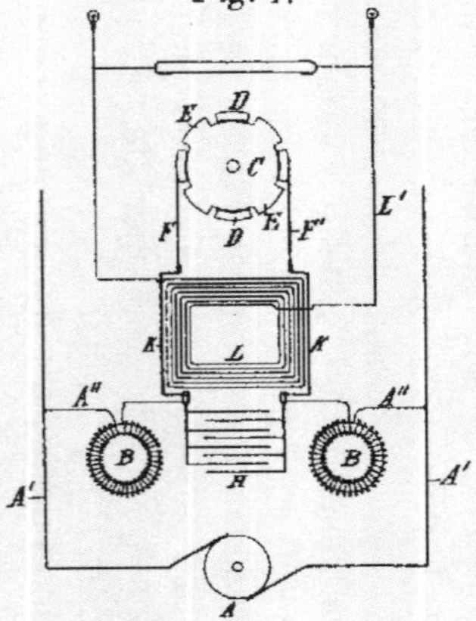


Fig. 2

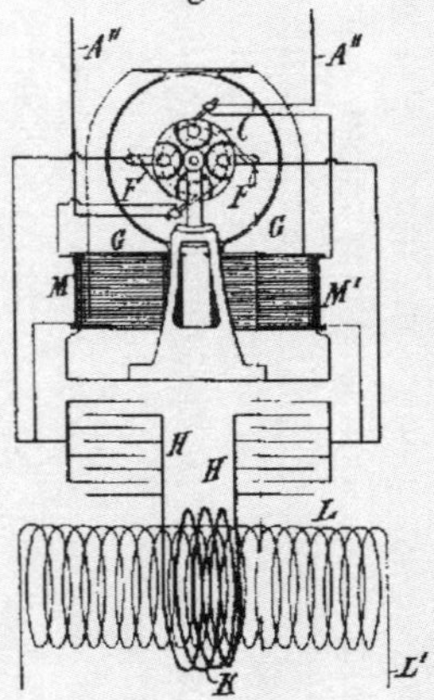


Fig. 5.

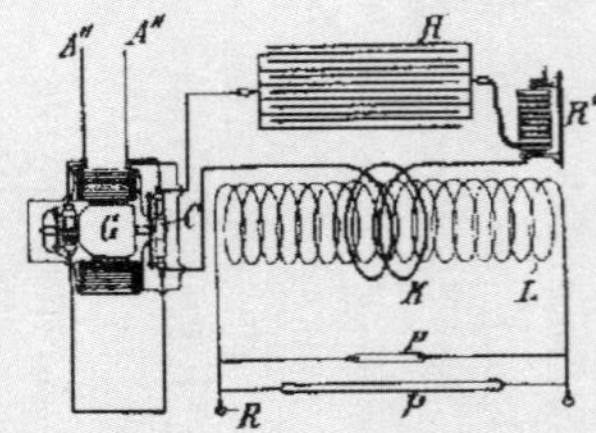


Fig. 3.

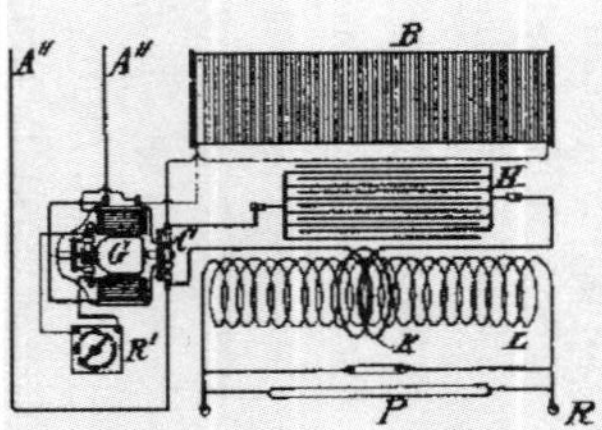


Fig. 4.

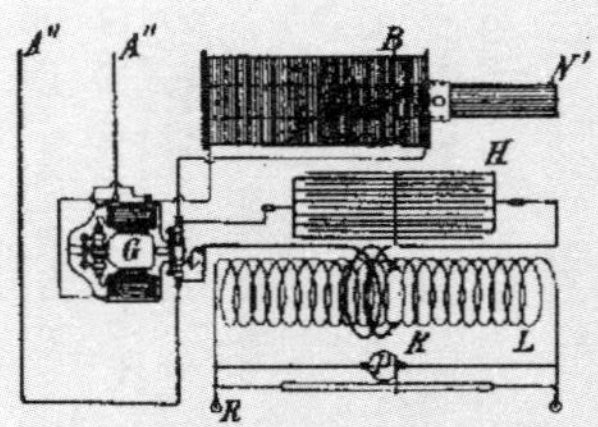


Fig. 6.

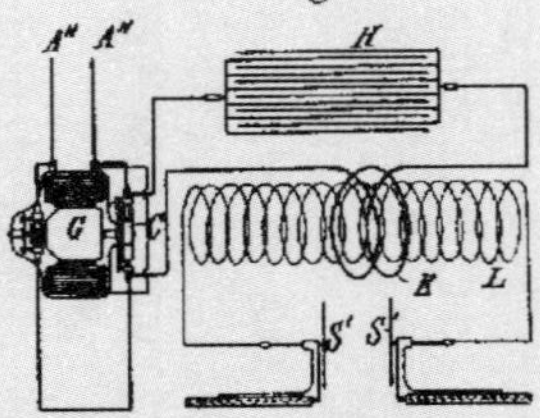


Zu der Patentschrift

№ 99173.

**KAISERLICHES PATENTAMT**

# PATENTSCHRIFT

## Nr. 99 173

KLASSE 21: ELEKTRISCHE APPARATE UND MASCHINEN.

NIKOLA TESLA IN NEW YORK (V. ST. A.).

## EINRICHTUNG ZUR ERZIELUNG VON STRÖMEN HOHER FREQUENZ AUS GLEICHSTRÖMEN DURCH KONDENSATORENTLADUNGEN

Patentiert im Deutschen Reich vom 22. September 1896 ab.
Ausgegeben den 28. September 1898.

Die vorliegende Erfindung betrifft eine Verbesserung an dem Gegenstand des demselben Erfinder erteilten Patentes Nr. 73 080 und bezweckt die Schaffung einer Vorrichtung zur Erzeugung von elektrischen Strömen von hoher Frequenz und Klemmenspannung, wobei der Aufbau vereinfacht und der Apparat gegen früher wirksamer gemacht ist. Es ist an sich bekannt, daß Ströme von hoher Frequenz durch Kondensatorentladungen zu erzielen; so wird beispielsweise nach einer vom Erfinder s.Z. selbst vorgeschlagenen Anordnung zu diesem Zweck ein Stromkreisregler in einen Neben- oder Entladungsstromkreis eingeschaltet und regelt dadurch die Entladungsperioden, daß er die beiden Spitzen zu bestimmten Zeiten aneinander und alsdann wieder auseinander bringt, so daß dem Ueberspringen eines Funkens vorgebeugt ist. Nach einer anderen, dem Erfinder unter Nr. 93 255 patentierten Anordnung, welche insbesondere bezweckt, solche Ströme nutzbar zu machen, wie sie bei gewöhnlichen städtischen elektrischen Verteilungsanlagen verwendbar sind, wird die Umwandlung von Strömen geringer

Wechselzahl in solche von hoher Wechselzahl mittels Kondensatorentladungen durch Anwendung eines Stromkreisreglers in der Weise bewirkt, daß ein mit den Wellen des zugeführten Stromes synchron laufender Motor die Ladungen des Kondensators in einer Zeitfolge bewirkt, daß die Zahl der Ladungen ein Vielfaches von der Wechselzahl des Primärstromes ist.

Bei vorliegender Erfindung handelt es sich um den gleichen Zweck, d.h. darum, solche Ströme zu benutzen, wie sie bei gewöhnlichen Leitungsanlagen erhältlich sind, also nicht solche Ströme, die sich mit Leichtigkeit in hochgespannte Ströme verwandeln lassen, sondern beispielsweise die gewöhnlich für Glühbirnen verwendeten Gleichströme. Zur Erzielung von Strömen hoher Frequenz aus derartigen Gleichströmen durch Kondensatorentladungen wird nach vorliegender Erfindung zum Laden und Entladen des Kondensators der Ladestromkreis durch eine im Nebenschluß zu dem Kondensator liegende Vorrichtung mechanisch unterbrochen. Ein Stromkreisregler verbindet den Kondensator zwecks Ladens desselben mit der Stromquelle und trennt ihn alsdann wieder von dieser, um ihn sich über einen Lokalstromkreis entladen zu lassen. Es ist, wie der Erfinder ermittelt hat, nicht erforderlich, daß in dem Lokalstromkreis ein Luftzwischenraum vorhanden ist, vielmehr kann man durch entsprechende Bemessung des Verhältnisses zwischen der Kapazität des Kondensators und der Selbstinduktion des Lokalstromkreises erzielen, daß die Entladung des Kondensators sich in Gestalt einer Reihe rasch aufeinander folgender Impulse oder Schwingungen vollzieht.

In der die Erfindung veranschaulichenden Zeichnungen stellt Fig. 1 in schematischer Weise die Leitungen und Apparate dar, wie solche in Verbindung mit einer Gleichstromquelle verwendet werden. Fig. 2 zeigt eine geänderte Ausführungsform, während in Fig. 3 bis 6 die Art und Weise der Regelung veranschaulicht ist.

In irgend einem Teile der von der Gleichstromquelle A (Fig. 1) ausgehenden Leitung, beispielsweise in dem durch die Leitungsteile. A" A" der Hauptleitung A' und die Leiter K K gebildeten Teile, befinden sich die Selbstinduktionsspulen B B und eine beliebige Regelungsvorrichtung C. Letztere besteht im vorliegenden Fall aus einer gewöhnlichen Metallscheibe oder Trommel, an welcher Zähne oder von einander gesonderte Segmente D E paarweise einander gegenüber angeordnet und elektrisch derart verbunden sind, daß bei derjenigen Stellung der Regelungsvorrichtung, bei welcher die beiden Bürsten F F' auf zwei von den Segmenten E liegen, der Stromkreis durch die Selbstinduktionsspulen B geschlossen ist. Nach der Zeichnung besitzen die isolierten Segmente D die gleiche Bogenlänge wie die Segmente E, indessen kann dieses Verhältnis nach Belieben geändert werden, um die Ladungs- und Entladungsperioden des Kondensators entsprechend einzurichten. Die Regelungsvorrichtung kann durch irgend eine hierzu geeignete Antriebsvorrichtung in Umdrehung versetzt werden, beispielsweise durch eine elektromagnetische Treibmaschine, die entweder von der Hauptstromquelle oder von anderswoher Strom erhält (Fig. 2). Um die Regelungsvorrichtung C herum, oder im allgemeinen in solcher Anordnung, daß die Polenden mit der Leitung an einander entgegengesetzten Seiten der Unterbrechungsstelle verbunden sind, befindet sich ein Kondensator H oder ein Stromkreis von geeigneter Kapazität; in Hintereinanderschaltung mit letzterem ist die Primärwickelung K eines Transformators angeordnet, deren Sekundärwicklung L die Quelle der Ströme von hoher Frequenz bildet. L' bezeichnet die Leitung für den von der Sekundären ausgehenden Arbeitsstromkreis.

Wie ersichtlich, wird durch die fortgesetzte Drehbewegung der Regelungsvorrichtung der die Selbstinduktionsspule B enthaltende Stromkreis in absetzender Weise unterbrochen, und der dadurch induzierte Strom bewirkt die Ladung des Kondensators. Letzterer wird durch die gleiche Regelungsvorrichtung in den Stand gesetzt, sich während derjenigen Perioden, wo der ladende Stromkreis geschlossen ist, durch die Primäre K zu entladen; denn wenn der ladende Stromkreis geschlossen ist, dann ladet er im vorliegenden Falle nicht den Kondensator, sondern sammelt Energie, welche dann beim Unterbrechen dieses Stromkreises zum Laden des Kondensator abgegeben wird. Während also der ladende Stromkreis -- d. h. der von der Stromquelle ausgehende Stromkreis -- geschlossen ist, entladet der Kondensator in seinen Lokalstromkreis und es erfolgt die Entladung mit hoher Frequenz nur in absetzender Weise, während derjenigen Zeitzwischenräume, während welcher der ladende Stromkreis Energie sammelt. Zur Aufrechterhaltung einer kontinuierlichen Entladung werden zwei Kondensatoren verwendet, die abwechselnd geladen und entladen werden.

Eine einfachere Anordnung ist in Fig. 2 veranschaulicht. In diesem Fall sind die Feldspulen M M' der die Regelungsvorrichtung bewegenden Treibmaschine G von der Hauptleitung abgezweigt, während Regelungsvorrichtung C und Kondensator H sich in Nebeneinanderschaltung im Feldstromkreis zwischen den beiden Spulen befinden. Hierbei vertreten also die Feldspulen M M' die Stelle der Selbstinduktionsspule B. Bei dieser Anordnung oder überhaupt im allgemeinen empfiehlt es sich, zwei Kondensatoren oder einen zweiteiligen Kondensator zu verwenden und die Primärspulen des Transformators zwischen denselben anzuordnen. Die Unterbrechungen des Feldstromkreises der Treibmaschine müssen so rasch erfolgen, daß nur eine teilweise Entmagnetisierung der Kerne eintritt; indessen müssen die letzteren in diesem Fall unterteilt sein. Statt nur die Feldspulen der Treibmaschine im Ladungsstromkreis zu verbinden, um darin die Selbstinduktion zu erhöhen, kann die Treibmaschine auch in anderer Weise angeschlossen sein, d.h. man kann auch nur ihren Anker mit dem

Stromkreise verbinden oder man kann ihre Feld- und Ankerspulen hintereinander verbinden und beide an die entsprechenden Stromkreise anschließen.

Wenn die Vorrichtung zur Umwandlung eines Gleichstromes von verhältnismäßig geringer Klemmenspannung in einen solchen von hoher Frequenz verwendet werden soll, so würde man, falls der Kondensator unmittelbar durch den von der Quelle ausgehenden Strom geladen werden soll, einen großen Kondensator benutzen müssen. Aus diesem Grund wird, wenn die Klemmenspannung der Stromquelle eine geringe ist, eine Vorrichtung nach Art einer Selbstinduktionsspule in den Stromkreis eingeschaltet, um auf diese Weise den Vorteil der mit hoher elektromotorischer Kraft erfolgenden Entladung bei jeder Unterbrechung dieses Stromkreises zum Laden des Kondensators auszunutzen.

Wie ersichtlich, läßt sich, da die Selbstinduktion des Stromkreises, durch welchen die Entladung des Kondensators erfolgt, wie auch die Kapazität des Kondensators selbst tatsächlich jeden beliebigen Wert erhalten können, die Frequenz des Entladungsstromes nach Belieben regeln.

In einigen Fällen kann man die durch die Anlage abgegebene Energie auch auf bequeme und sparsame Weise regeln. Bekanntlich kommt jedem elektrischen Stromkreis, vorausgesetzt, daß sein Widerstand eine bestimmte Grenze nicht überschreitet, eine bestimmte Schwingungsperiode, ähnlich der Schwingungsperiode einer belasteten Feder, zu. Um nun einen derartigen Stromkreis durch in denselben eingeführte periodische Impulse wechselweise zu laden und auf wirksamste Weise wieder zu entladen, muß die Frequenz dieser eingeführten Impulse in einem bestimmten Verhältnis zu der Periodizität der dem Stromkreis selbst eigentümlichen Schwingungen stehen. Desgleichen muß aus demselben Grund die Periodizität der Schwingungen des Entladungsstromkreises in einem ähnlichen Verhältnis zu den eingeführten Impulsen oder zu der Periodizität des Ladungsstromkreises stehen. Wenn die vorhandenen Bedingungen derart sind, daß sie dem Gesetz der harmonischen Schwingungen entsprechen, dann sagt man von diesen Stromkreisen, sie befänden sich in Resonanz oder im elektromagnetischen Synchronismus zueinander, und es bietet dieser Zustand einer derartigen Anlage sehr wesentliche Vorteile.

Bei Anwendung der Erfindung hat man für eine derartige Einstellung der elektrischen Konstanten Sorge zu tragen, daß im gewöhnlichen Betrieb der Zustand der Resonanz annähernd obwaltet. Zu diesem Zweck macht man die Anzahl der in der Zeiteinheit in den Ladungsstromkreis eingeführten Stromimpulse gleich der Periode des Ladungsstromkreises selbst oder bringt sie im allgemeinen in Einklang mit derselben und erhält gleichzeitig dieselben Beziehungen zwischen dem Ladungs- und Entladungsstromkreis aufrecht. Jede Abweichung von dieser Bedingung ergibt eine Verringerung der Leistung; man nutzt deshalb diesen Umstand dadurch aus, daß man die Leistung durch entsprechende Änderung der Frequenz der Impulse oder Schwingungen in den verschiedenen Stromkreisen regelt. Da die Periodizität eines bestimmten Stromkreises von dem Verhältnis seines Widerstandes, seiner Selbstinduktion und Kapazität abhängig ist, so kann eine Änderung eines oder mehrerer von diesen Faktoren eine Änderung der Periode zur Folge haben. Es gibt demnach verschiedene Wege, um die Frequenz der Schwingungen der verschiedenen Stromkreise einer derartigen Anlage zu ändern. Am vorteilhaftesten und wirksamsten läßt sich dieses Ergebnis auf folgende Weisen erreichen:

a) durch Änderung der Geschwindigkeit der eingeführten Impulse oder derjenigen Impulse, welche von der Stromquelle in den Ladungsstromkreis geleitet werden, wie beispielsweise durch Änderung der Bewegungsgeschwindigkeit des Stromwenders oder eines anderen, den Strom beherrschenden Reglers;

b) durch Änderung der Selbstinduktion des Ladungsstromkreises;

c) durch Änderung der Selbstinduktion oder Kapazität des Entladungsstromkreises.

Zur Regelung der Leistung eines einfachen Stromkreises, der keine eigene Schwingung besitzt, durch bloßes Ändern seiner Periode, würde es für eine Regelung innerhalb weiterer Grenzen einer sehr großen Änderung der Periode bedürfen; dagegen läßt sich bei einer Anlage der beschriebenen Art eine Regelung der Leistung innerhalb sehr weiter Grenzen durch eine nur geringe Änderung der Frequenz eines der Stromkreise erzielen, wenn die oben angegebenen Regeln beobachtet werden.

In Fig. 3 bis 6 sind einige von den geeignetsten Mitteln zur Erzielung der Regelung bei einer Anlage angegeben, die ihre Energie von einer Gleichstromquelle aus erhält. A´´ A´´ sind die von der Stromquelle ausgehenden Leiter, G bezeichnet einen an dieselben in bekannter Weise angeschlossenen Motor, der einen Stromregler C treibt. Letzterer dient dazu, um wechselweise den Stromkreis durch den Motor oder durch eine Selbstinduktionsspule zu schließen und den Motorstromkreis mit einem Kondensator H zu verbinden, dessen Stromkreis eine Primärspule K enthält, in deren Nähe eine Sekundärspule L als Quelle für den Arbeitsstromkreis, d.h. für denjenigen Stromkreis dient, an welchen die Vorrichtungen P R angeschlossen sind.

Zur Sicherung einer möglichsten Wirksamkeit einer derartigen Anlage ist es, wie bereits bemerkt, wesentlich, daß diejenigen Stromkreise, welche bisher der Einfachheit halber als der Ladungs- und Entladungsstromkreis bezeichnet worden sind, sich annähernd in Resonanz oder in elektromagnetischem Synchronismus zueinander befinden. Ferner ist es für die Erzielung einer möglichst ergiebigen Leistung zu empfehlen, die Frequenz so groß wie möglich zu machen. Nachdem die elektrischen Bedingungen, welche nunmehr bekannt sind, durch entsprechende Einstellung so geregelt worden sind, daß die oben bemerkten Ergebnisse, soweit möglich erreicht werden, wird die Regelung des Systems dadurch bewirkt, daß seine Elemente so eingestellt werden, daß von obigen Bedingungen in größerem oder geringerem Maß abgewichen und eine entsprechende Änderung der Leistung dadurch erreicht wird. So kann man beispielsweise, wie in Fig. 3 angedeutet die Bewegungsgeschwindigkeit des Motors und damit auch diejenige der Regelungsvorrichtung auf geeignete Weise durch einen in einen Nebenschluß des Motors eingeschalteten Rheostaten R' oder durch Änderung der Bürstenstellung am Hauptstromwender des Motors oder auf andere gleichwertige Weise ändern. Eine nur sehr geringe Änderung dieser Art bewirkt durch Störung der Beziehungen zwischen der Geschwindigkeit der eingeführten Impulse und den Schwingungen des eine hohe Selbstinduktion besitzenden Stromkreises, in welchen die Impulse eingeführt sind, eine erhebliche Abweichung von dem Zustand der Resonanz und eine entsprechende Verringerung der durch die erwähnten Impulse dem Apparat mitgeteilten Energie. Eine ähnliche Wirkung läßt sich durch Änderung irgend einer der Konstanten beispielsweise nach Fig. 4 die Drosselungsspule B mit einem verschiebbaren Kern N' ausgestattet, mittelst dessen man, indem man ihn in die Spule hinein- oder aus derselben herausbewegt, die Selbstinduktion und mithin auch die Periodizität des diese Spule enthaltenden Stromkreises ändern kann.

Zur Änderung des Entladungsstromkreises, d.h. desjenigen Stromkreises, in welchem die Entladungen des Kondensators stattfinden, dient nach der in Fig. 5 dargestellten Ausführungsform eine mit dem Kondensator in denselben Stromkreis eingeschaltete verstellbare Selbstinduktionsspule R", durch deren Verschiebung die Schwingungsperiode dieses Stromkreises geändert werden kann. Dasselbe Ergebnis würde man durch Änderung der Kapazität des Kondensators erreichen können; wenn aber der Kondensator eine verhältnismäßig hohe Kapazität besitzt, so kann dies unter Umständen unvorteilhaft sein; es empfiehlt sich deshalb, statt dessen in dem sekundären oder Arbeitsstromkreis einen regelbaren Kondensator zu verwenden, wie in Fig. 6 gezeigt ist. Da die Klemmenspannung in diesem Stromkreis eine sehr hohe ist, so kann man einen Kondensator von sehr geringer Kapazität verwenden, und wenn die beiden Stromkreise, der primäre und der sekundäre, sehr eng aneinander angeschlossen sind, dann bedingt die Änderung der Kapazität in dem sekundären Stromkreise ähnliche Wirkungen, wie die Änderung der Kapazität des Kondensators im primären Stromkreis. Als ein geeignetes Mittel für diesen Zweck sind in der Zeichnung zwei auf einander zu- und von einander weg verstellbare Metallplatten S' S' angegeben, welche die beiden Anker des Kondensators darstellen.

Die Beschreibung der Regelungsmittel ist in Obigem auf den Fall beschränkt, daß die Stromquelle eine solche für Gleichstrom ist; es liegt aber auf der Hand, daß die Regelung des Systems in der gleichen Weise wie beschrieben überall da Anwendung finden kann, wo von irgend einer beliebigen Quelle aus periodische Impulse mit der gleichen Wirkung zugeführt werden.

Die Erfindung ist nicht genau auf die beschriebenen und gezeichneten Ausführungsformen beschränkt. So bedarf es, wenn beispielsweise die Stromquelle einen Strom von hoher Selbstinduktion liefert, besonderer Selbstinduktionsspulen oder dergleichen nicht; ebenso kann auch der Kondensator als besonderer Apparat in Fortfall kommen, wenn die Kapazität seines Stromkreises für den beabsichtigten Zweck ausreichend ist. Der Stromkreisregler kann, wie bereits bemerkt, hinsichtlich seiner Ausführung und Wirkungsweise auf mancherlei Art geändert werden, ohne daß dadurch der Rahmen der Erfindung verlassen wird.

In der Zeichnung ist bezüglich des Stromkreisreglers angenommen, daß die Kontakte und Isolierzwischenräume zum Laden und Entladen nur eines einzigen Kondersators eingerichtet sind; es liegt indessen auf der Hand, daß man auch nur einen einzigen Motor und Stromkreisregler zur Betätigung mehrerer Kondensatoren in der Weise verwenden kann, daß beim Entladen des einen der andere geladen wird.

## PATENTANSPRUECHE:

1. Einrichtung zur Erzielung von Strömen hoher Frequenz aus Gleichströmen, dadurch gekennzeichnet, daß ein Kondensator mit der Primärspule eines Induktionsapparates (Transformators) hintereinandergeschaltet ist und die freien Enden dieser Leitung an die Pole einer mechanisch betriebenen Unterbrechungsvorrichtung gelegt sind.

2. Einrichtung nach Anspruch 1, bei welcher in dem mechanisch unterbrochenen Stromkreis eine hohe Selbstinduktion durch die Feldmagnete derjenigen Maschine geliefert oder erhöht wird, welche die Unterbrechungsvorrichtung betreibt.

NIKOLA TESLA IN NEW-YORK.

**Stromunterbrecher mit flüssigem Leiter.**

Fig. 1.

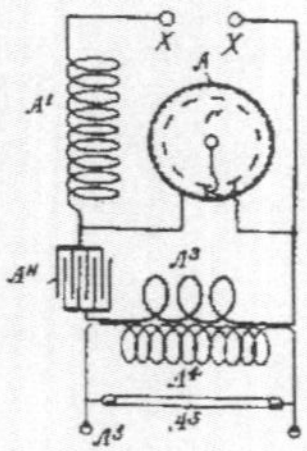

Fig. 2.

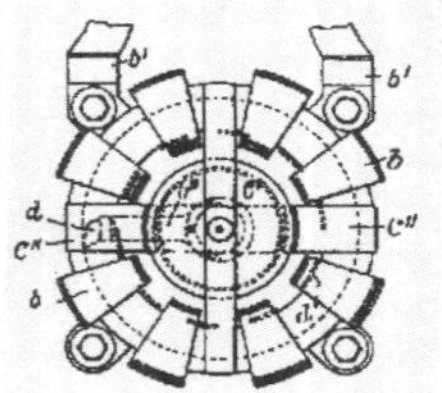

Fig. 3.

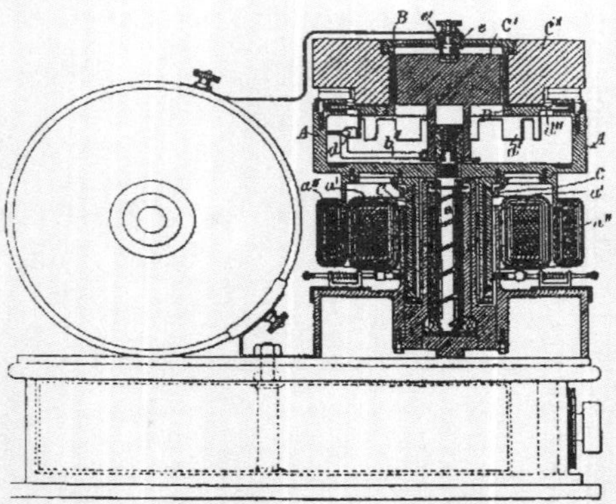

Fig. 4.

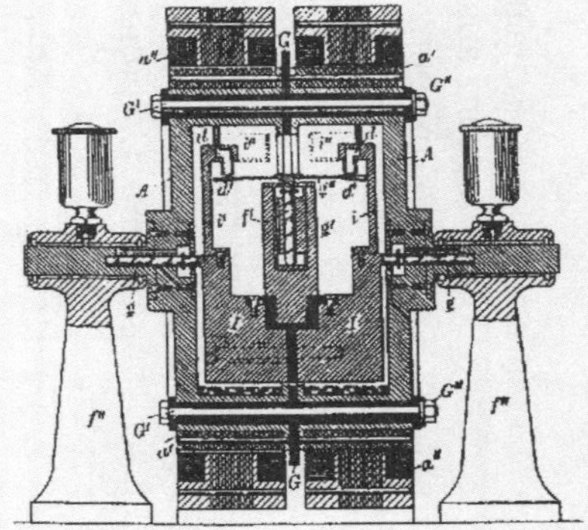

Fig. 5.

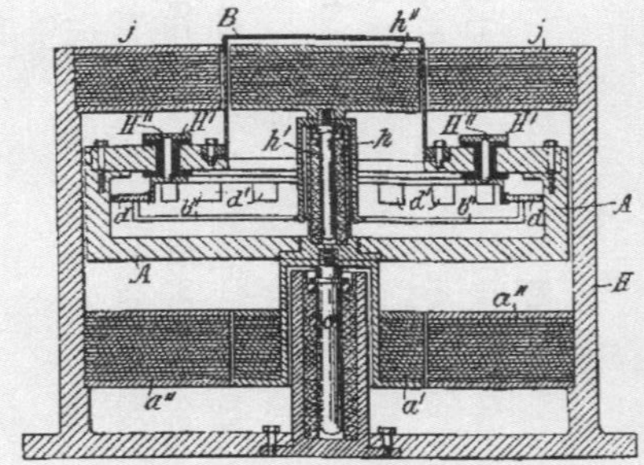

Fig. 7.

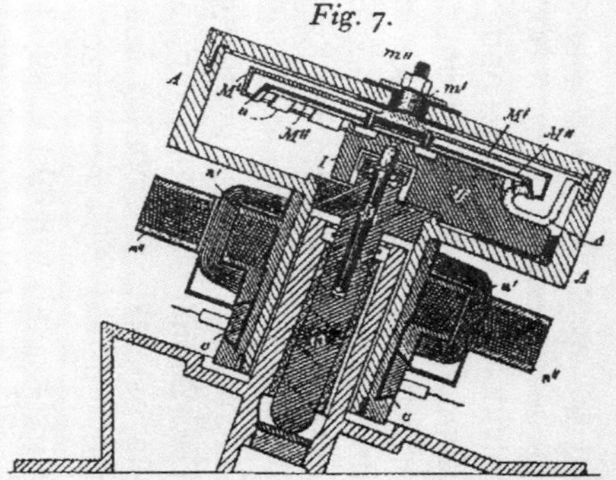

Fig. 6.

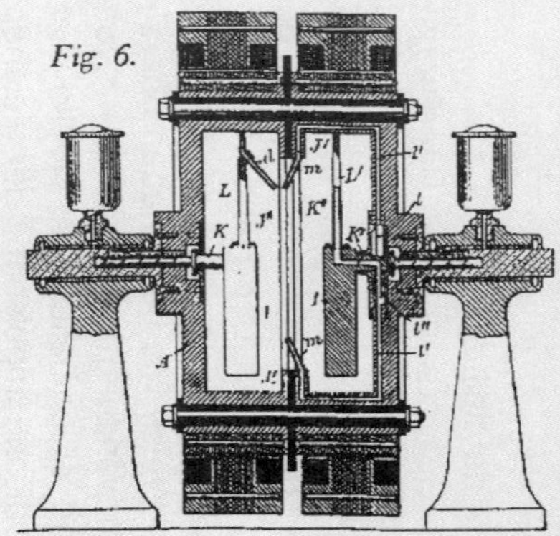

Fig. 8.

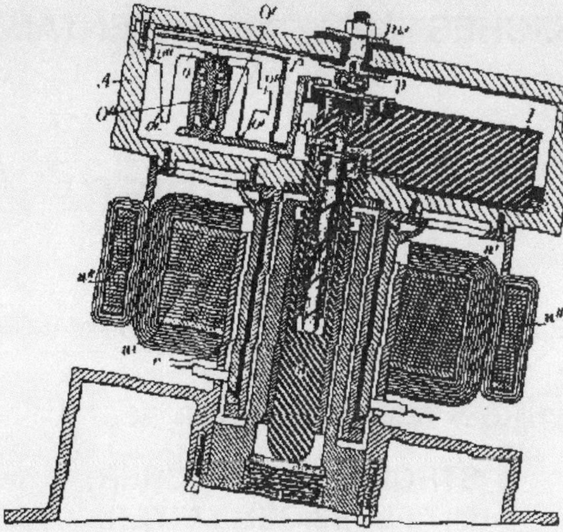

Fig. 9.

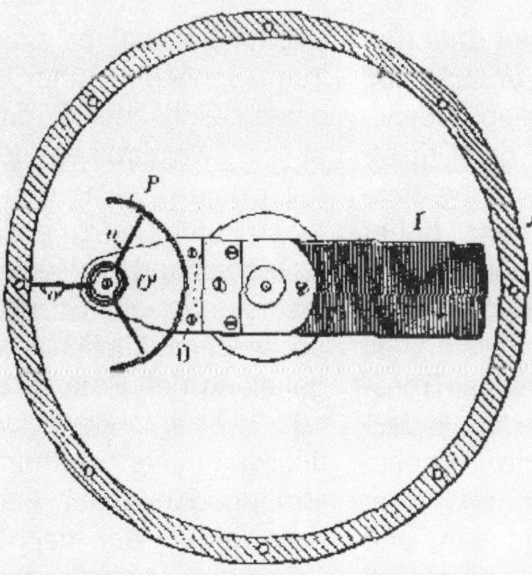


Zu der Patentschrift

№ 109865.

KAISERLICHES PATENTAMT

# PATENTSCHRIFT

## Nr. 109 865

KLASSE 21: ELEKTRISCHE APPARATE UND MASCHINEN.

NIKOLA TESLA IN NEW YORK (V. ST. A.).

## STROMUNTERBRECHER MIT FLUEßIGEM LEITER.

Patentiert im Deutschen Reich vorn 19. Juni 1898 ab.
Ausgegeben den 19. April 1900.

Der Erfinder hat bisher mehrere Verfahren und Apparate erdacht und unter Patentschutz stellen lassen, welche die Erzeugung, die Umsetzung und die Nutzbarmachung elektrischer Ströme von sehr hoher Wechselzahl bezweckte und auf dem Prinzip beruhten, einen Kondensator zu laden und ihn im allgemeinen durch die Primärspule eines Transformators wieder zu entladen, in dessen Sekundärspule die Arbeitsströme erzeugt wurden, und zwar unter derartigen Bedingungen, daß man einen schwingenden oder sich schnell unterbrechenden Strom erzielte.

Bei einigen der Apparate, welche der Erfinder bisher zur Ausführung des oben angegebenen Verfahrens gebaut hat, hat er eine Vorrichtung zum Schließen und Unterbrechen eines elektrischen Stromkreises oder eines Zweigkreises desselben benutzt, zum Zweck, den Transformator zu laden und zu entladen.

Gegenstand vorliegenden Patentes ist nun ein Stromunterbrecher, bei welchem ähnlich wie bei dem Gegenstand des Patents 52 598 bezw. 103 704 ein in Bewegung versetzter flüssiger Leiter als Kontakt dient. Der Grundgedanke der Anordnung und der Wirkung des nach vorliegender Erfindung ausgeführten Apparates läßt sich leicht verstehen aus der folgenden Erklärung seiner Natur und der Art und Weise seines Gebrauches. Bei jeder Vorrichtung, welche einen elektrischen Stromkreis mit ziemlicher Plötzlichkeit schließt und unterbricht, erfolgt ein Energieverlust während der Zeitdauer des Schließens und Unterbrechens oder während beider, der seinen Grund in dem Stromübergang findet, der durch den zwischen den sich nähernden oder entfernenden Klemmen sich bildenden Flammenbogen oder, allgemein, über einen Weg von hohem Widerstand stattfindet. Das Beharrungsvermögen des Stromes nach jeder augenblicklichen Trennung oder sein Bestreben, der Verbindung der Klemmen vorauszueilen, ist bei den verschiedenen Formen von Apparaten verschieden groß, entsprechend den besonderen Bedingungen. Z.B. bei einer gewöhnlichen Induktionsspule ist die Neigung zur Lichtbogenbildung beim Unterbrechen im allgemeinen größer, während bei einigen Apparaten zur Ausnutzung der Entladung eines Kondensators, wie vorhin erwähnt, diese Neigung am größten ist in dem Augenblick, der unmittelbar der Vereinigung der Kontakte des Stromunterbrechers, der die Entladung des Kondensators bewirkt, vorausgeht. Der durch die erwähnten Ursachen erzeugte Energieverlust kann ziemlich beträchtlich sein und ist im allgemeinen der Art, daß er die Anwendung des Stromunterbrechers wesentlich beschränkt und eine praktische und wirtschaftliche Umwandlung einer erheblichen Menge elektrischer Energie durch seine Anwendung nahezu unmöglich macht, besonders in Fällen, wo eine sehr schnelle Aufeinanderfolge der Stromschlüsse und Unterbrechungen verlang wird.

Ausgedehnte Versuche und einige Nachforschungen zum Zweck, ein Mittel zu entdecken, um den bei dem Gebrauch der gewöhnlichen Stromunterbrecher vorkommenden Energieverlust zu vermeiden, haben den Erfinder dahin geführt, gewisse Gesetze zu erkennen, welche diesen Energieverlust regeln, und zeigen, daß er hauptsächlich von der Geschwindigkeit abhängt, mit der die Klemmen einander sich nähern oder entfernen, also mehr oder weniger von der Form der Stromwelle. Kurz gesagt, sowohl aus den theoretischen Ueberlegungen, wie aus dem praktischen Versuch hat sich ergeben, daß der Energieverlust bei einer Vorrichtung zum Schließen und Unterbrechen eines Stromkreises unter sonst gleichen Voraussetzungen umgekehrt proportional ist eher dem Quadrat, als der ersten Potenz der Geschwindigkeit oder der verhältnismäßigen Beschleunigung der Klemmen gegen einander beim Annähern und Zurückgehen in jedem Augenblick, wenn die Stromwelle nicht so steil ist, daß sie wesentlich von einem Wert abweicht, der als eine Sinusfunktion der Zeit dargestellt werden kann.

Ein derartiger Fall kommt jedoch in der Praxis nur selten vor; im Gegenteil, die aus einem Stromschluß und einer Stromunterbrechung sich ergebende Stromkurve ist im allgemeinen sehr steil, und zwar besonders, wenn, wie bei dem vorliegenden System, der Stromunterbrecher das Laden und Entladen eines Kondensators bewirkt; infolge dessen wird der Energieverlust noch mehr verkleinert durch eine Vergrößerung der Geschwindigkeit beim Annähern und Entfernen der Klemmen. Die Feststellung dieser Tatsache und die Erkenntnis der Unmöglichkeit, die gewünschten Erfolge durch Anwendung bekannter Formen von Stromunterbrechern zu erreichen, haben den Erfinder darauf hingeführt, einen Apparat zum Schließen und Unterbrechen eines Stromkreises zu erfinden, der in verschiedenen abgeänderten Ausführungsformen den Gegenstand vorliegenden Patentes bildet.

Man hat bisher vielfache Vorrichtungen zum Schließen und Unterbrechen eines elektrischen Stromes benutzt oder vorgeschlagen, bei denen die den Stromschluß bewirkenden Kontaktspitzen oder Klemmen in einem luftleeren Behälter angeordnet oder durch eine unwirksame Atmosphäre umgeben waren; aber gewisse theoretische Bedingungen, welche für einen vollständigen Erfolg notwendig sind, wie der Erfinder erkannt hat, konnten mit den bisher angewendeten Mitteln nicht erreicht werden. Diese Bedingungen mögen im Folgenden aufgezählt werden:

1. Das Medium, von dem die Kontaktspitzen umgeben sind, muß eine möglichst hohe isolierende Wirkung haben, so daß die Klemmen auf einen außerordentlich kleinen Abstand genähert werden können, bevor der Strom über den Zwischenraum überspringt.

2. Bei der Stromunterbrechung mußte die dielektrische Masse sofort wieder zwischen die Kontaktteile treten, oder mit anderen Worten, die Wiederherstellung der isolierenden Kraft müßte augenblicklich erfolgen, um die Zeit, während welcher der Verlust hauptsächlich stattfindet, auf ein Minimum herabzusetzen.

3. Das Medium müßte chemisch unwirksam sein so daß die Zerstörung der Elektroden so viel als möglich verringert und chemische Prozesse verhindert werden, die durch die Wärmeentwicklung oder ganz allgemein durch den Energieverlust erzeugt werden können.

4. Die Freigabe des Stromüberganges durch das Medium unter Anwendung elektrischer Spannung dürfte nicht allmählich erfolgen, sondern müßte sehr plötzlich wirken, in der Art eines Bruches, ähnlich dem eines festen Stückes, wie z.B. eines Glasstückes wenn es in einen Schraubstock eingepreßt wird.

5. Am wichtigsten ist, daß das Medium der Art sein muß, daß der Bogen, wenn er sich gebildet hat, auf die geringstmöglichen linearen Dimensionen beschränkt wird und sich nicht ausdehnt oder ausbreitet.

Als eine Stufe in der Richtung die theoretischen Anforderungen hat der Erfinder bisher bei einigen seiner Stromunterbrecher eine Flüssigkeit von hoher isolierender Fähigkeit benutzt, wie z.B. Kohlenwasserstoff in flüssigem Zustand, und hat diesen am besten mit großer Geschwindigkeit zwischen die sich nähernden und entfernenden Kontaktspitzen des Stromunterbrechers gedrückt. Durch Anwendung einer derartigen flüssigen Isolierung wurde ein sehr gut sich kennzeichnender Fortschritt erreicht, wobei einige von den obigen Anforderungen auf diesem Weg erreicht wurden, andere Fehler aber noch blieben, vorzüglich derjenige, der auf der Tatsache beruht, daß die isolierende Flüssigkeit ebenso wie ein leerer Raum, allerdings in geringerem Grad, die Ausdehnung des Bogens in der Länge und Stärke ermöglicht, so daß er alle Grade des Widerstandes annehmen kann und dadurch einen größeren oder geringeren Energieverlust bewirkt.

Um diesen Uebelstand zu beseitigen und die theoretischen Bedingungen noch besser zu erfüllen, die für ein wirksames Arbeiten der Stromunterbrecher notwendig sind, ist der Erfinder schließlich darauf geführt worden, ein gasförmiges Isoliermedium zu benutzen, das einem hohen Druck ausgesetzt ist. Die Anwendung eines hohen Druckes auf das Medium, in welchem der Stromschluß und die Stromunterbrechung stattfindet, bringt eine Anzahl besonderer Vorteile mit sich. Der eine dieser Vorteile läßt sich am besten durch gut durchgeführte Versuche beweisen, welche zeigen, daß die Schlagweite eines Bogens ungefähr umgekehrt proportional ist zu dem Druck des gasförmigen Mediums, in welchem sich der Bogen bildet. Aber mit Rücksicht auf die Tatsache, daß in den meisten in der Praxis vorkommenden Fällen die Schlagweite sehr gering ist, da die Potentialdifferenz zwischen den Elektroden gewöhnlich nicht mehr als einige hundert Volt beträgt, so sind die wirtschaftlichen Vorteile, die sich aus der Verringerung der Schlagweite, besonders beim Nähern der Klemmen ergeben, nicht von einer sehr großen praktischen Bedeutung. Ein viel bedeutenderer Vorteil, den der Erfinder als eine neue Wirkung gefunden hat, die seiner Beobachtung nach sich aus der Wirkung eines derartigen unter Druck stehenden Mediums auf den Bogen ergibt, ist der, daß der Querschnitt des Bogens ungefähr im umgekehrten Verhältnis zum Druck verringert wird. Da also unter sonst gleichen Bedingungen der Energieverlust in einem Bogen proportional zu dem Querschnitt desselben ist, so folgt hieraus ganz allgemein ein sehr bedeutender Gewinn für die Ausnutzung der elektrischen Energie. Ein Merkmal von großem praktischen Wert liegt ebenso in der Tatsache, daß die isolierende Wirkung des unter Druck stehenden Mediums nicht wesentlich geschwächt wird, sogar bei erheblichem Anwachsen der Temperatur, und ferner darin, daß Druckänderungen innerhalb weiter Grenzen, wenn der Apparat richtig gebaut ist, nicht merkbar die Wirkung des Stromunterbrechers beeinflussen. In mancher anderen Hinsicht dagegen erfüllt ein Gas unter starkem Druck nahezu alle oben erwähnten Anforderungen, was das plötzliche Abbrechen und die schnelle Wiederherstellung der Isolierwirkung betrifft, und ebenso auch in Bezug auf die chemische Unwirksamkeit, die man durch geeignete Auswahl des Gases leicht erreichen kann.

Bei Anwendung dieses Merkmales der vorliegenden Erfindung kann das

Medium unter Druck erzeugt oder erhalten werden in irgend einer geeigneten Weise, da sich die Anordnung nicht auf irgend eine spezielle Vorrichtung für diesen Zweck beschränkt. Der Erfinder zieht jedoch vor, den gewünschten Erfolg dadurch zu erreichen, daß er den Stromunterbrecher oder wenigstens so viel von demselben, daß die Stromklemmen mit eingeschlossen sind, in eine geschlossene Kammer oder einen Behälter mit festen Wänden einschließt, dessen Inneres mit einem kleinen Behälter für verflüssigtes Gas in Verbindung steht.

Mit Bezug auf die beiliegenden Zeichnungen soll nun eine mehr ins einzelne gehende Beschreibung dieses Apparates gegeben werden.

Fig. 1 ist ein Schema, das die allgemeine Anordnung eines Stromunterbrechers und die besondere Art, in welcher er benutzt werden soll, veranschaulicht. Fig. 2 ist eine Aufsicht auf den Stromunterbrecher. Fig. 3 ist eine Seitenansicht, teilweise im Schnitt, eines vollständigen, in Fig. 1 schematisch angedeuteten Apparates. Die übrigen Figuren sind Schnittdarstellungen von abgeänderten Ausführungsformen des Apparates.

Das allgemeine Schema des Systems, für das der vorliegende Stromunterbrecher im besonderen bestimmt ist, läßt sich aus Fig. 1 verstehen. In dieser Figur bedeuten X X die Klemmen einer Stromquelle, A' ist eine Selbstinduktions- oder Drosselspule, die in den einen Zweig des Stromkreises eingeschlossen und dauernd mit der einen Seite des Kondensators A' verbunden ist. Die andere Klemme dieses Kondensators ist mit der anderen Klemme der Stromquelle durch die Primärspule A3 eines Transformators verbunden, dessen Sekundärspule A4 den Arbeitsstromkreis bildet, in welchen ein geeigneter Verbrauchsapparat A5 eingeschlossen ist.

Der Stromunterbrecher A, der hier nur schematisch angedeutet ist, bewirkt die Schließung und Unterbrechung einer Brücke von der einen Klemme der Stromquelle zu einem Punkte zwischen der Drosselspule A' und dem Kondensator A´´, so daß, wenn der Stromkreis durch den Stromunterbrecher vervollständigt ist, die Drosselspule A' unmittelbar an die Stromquelle (X X) angeschlossen ist und Energie aufspeichert, welche in den Kondensator geladen wird, wenn der Stromkreis von dem Stromunterbrecher unterbrochen wird, und wiederum aus dem Kondensator durch die Primärspule A3 entladen wird, wenn der Kondensator und die Primärspule durch die folgende Vervollständigung des Stromkreises des Stromunterbrechers kurzgeschlossen werden.

Die Fig. 2 und 3 veranschaulichen eine typische Form des Stromunterbrechers. Die mit A und B bezeichneten Teile bilden einen geschlossenen Behälter von zylindrischer Form, der einen Dom oder Aufsatz von geringerem Durchmesser besitzt. Der Behälter ist auf dem Ende einer Spindel *a* befestigt, welche senkrecht in Lagern von irgend einer beliebigen, für diesen Zweck geeigneten Bauart gelagert ist.

Dieses Gehäuse wird auf irgend

eine beliebige Art in schnelle Umdrehung versetzt, z.B. durch einen Feldmagneten *a'*, der auf der Grundplatte oder dem Rahmen befestigt ist, und durch einen ringförmigen Anker *a"* an dem Behälter A. Die Spulen des Ankers sind mit den Platten *c* eines am Behälter A angeordneten Kommutators verbunden und sind zylindrisch angeordnet, so daß sie das Lager, in welchem sich die Spindel *a* dreht, umgeben.

Ein Körper aus magnetischem Material *c1*, der als Anker dient, ist auf reibungslosen Lagern auf einer Verlängerung, der Spindel *a* befestigt, so daß der Behälter und der Körper *c1* sich frei und unabhängig voneinander drehen können.

Den Dom B, in welchem sich der Anker befindet, umgibt ein Eisenkern mit Polstücken *c"*, welche durch Wicklungen *b* auf diesem Kern magnetisiert werden. Dieser Kern ist feststehend und wird von Armen *b'* (Fig. 2) unabhängig von dem Gehäuse getragen, so daß, wenn der Behälter sich dreht und der Kern erregt wird, die Anziehungskraft, welche von den Polen *c"* auf den Anker *c'* in dem Behälter A ausgeübt wird, diesen Anker an einer Drehung verhindert. Um Verluste infolge von sich in dem Gehäuse des Domes B bildenden Strömen zu verhindern, sollte dieser am besten aus Neusilber hergestellt oder irgend eine andere Vorsichtsmaßregel getroffen werden.

An dem Anker *c´* ist innerhalb des Behälters A ein Arm *b´´* befestigt, welcher an seinem Ende ein kurzes Rohr *d* trägt, das, wie in Fig. 2 dargestellt, so gebogen ist, daß sein eines Ende tangential zu der Behälterwand liegt, das andere dagegen nach dem Mittelpunkt des Behälters gerichtet ist.

An der Deckelplatte des Behälters A sind mehrere Stromleiterplatten *d'* befestigt. Der Teil der Deckelplatte *d"*, von dem diese Stromleiterplatten herabgehen, ist von dem eigentlichen Behälter durch isolierende Packungen getrennt, steht aber in elektrischer Leitung mit dem Dom B, und um eine elektrische Verbindung von der äußeren Leitung zu den Leitern *d´* herzustellen, ist in den oberen Teil des Domes ein kleiner Becher *e* mit Quecksilber eingesetzt, in den der Zapfen einer feststehenden Klemme *e'* hineinreicht.

Eine geringe Menge einer leitenden Flüssigkeit, z.B. Quecksilber, wird in den Behälter A eingeführt; wird dieser gedreht, so wird das Quecksilber infolge der Zentrifugalkraft nach der Peripherie geschleudert und steigt an der inneren Wand des Behälters in die Höhe. Wenn es die Höhe der Öffnung des Rohres *d* erreicht, so wird dieses, weil es feststeht, einen Teil Quecksilber aufnehmen, der infolge seiner lebendigen Kraft durch das Rohr gedrückt und gegen die Leiter *d´* geschleudert wird, wenn diese in schneller Aufeinanderfolge an der Öffnung des Rohres vorbeigehen.

Auf diese Weise wird der Stromkreis zwischen dem Behälter und den Leitern *d'* vervollständigt während der Perioden, in welchen der Quecksilberstrom- oder strahl auf einen dieser Leiter trifft; der Stromkreis wird unterbrochen, sobald der

Quecksilberstrahl in den Zwischenraum zwischen den Leitern geschleudert wird.

Der Teil der vorliegenden Erfindung, der darin besteht, eine Atmosphäre von unwirksamem Gas unter Druck in dem den Stromunterbrecher enthaltenden Behälter aufrecht zu erhalten, läßt sich bei allen hier beschriebenen Ausführungsformen von Stromunterbrechern anwenden.

Fig. 4 veranschaulicht eine Abänderung des Stromunterbrechers, welche zwei bedeutende, bei Vorrichtungen dieser Art wertvolle Merkmale aufweist. Das eine besteht darin, daß in einem sich drehenden Behälter ein dauernder Strom (oder Ströme) des flüssigen Leiters unterhalten wird, welcher auf einen festen Leiter trifft und diesen in Umdrehung versetzt, so daß dadurch der erforderliche, schnell und häufig unterbrochene Kontakt zwischen den beiden hergestellt wird; das andere Merkmal besteht darin, daß man die Umdrehung eines derartigen festen Leiters als Mittel benutzt, die Bewegung seiner Träger in der Richtung der Drehung des Behälters zu verhindern, so daß man außer anderem eine nahezu konstante Bewegung zwischen den einzelnen Teilen aufrecht erhält, eine Wirkung, welche bei Vorrichtungen dieser Art oft sehr wünschenswert ist.

In Fig. 4 ist der Behälter A mit Zapfen versehen, welche ihre Lage in Ständern *f´´* haben und eine Umdrehung des Behälters um eine waagerechte Achse ermöglichen.

Bei der besonderen Ausführungsform der besprochenen Vorrichtung ist der Behälter in zwei Teile getrennt, welche durch eine Scheibe G voneinander isoliert und durch isolierte Bolzen G' mit Muttern G" zusammengehalten werden.

Ein Block I wird von Zapfen *g* getragen, welche in den Ansätzen des Behälters und konzentrisch mit der Drehungsachse gelagert sind. Das Gewicht dieses Blockes I, der zu seiner Drehungsachse konzentrisch liegt, verhindert seine Drehung um die Achse, wenn der Behälter gedreht wird.

Auf dem Block I, jedoch isoliert von demselben, ist ein senkrechter Ständer *g'* befestigt, in welchem eine frei drehbare Welle *f´* angeordnet ist, die eine Scheibe *g"* trägt, deren radiale Arme zu der Ebene der Scheibe geneigt sind, so daß sie Flügel *d'* bilden.

An dem Blocke I sind ferner Arme *i i'* angeordnet, die an ihren Enden Kanäle oder Rohre *d* tragen, deren eines Ende sich gegen die Flügel *d'* öffnet, während ihr anderes Ende dicht an der Innenseite des Behälters anliegt und sich in entgegengesetzter Richtung zu der Umdrehung des Behälters öffnet.

In den Behälter wird vor Schließung und Verlötung desselben eine genügende Menge Quecksilber eingeführt.

Die Wirkung dieser Vorrichtung (Fig. 4) ist folgende:

Der Behälter wird in Umdrehung versetzt, und das Quecksilber oder eine sonstige leitende Flüssigkeit wird dann durch die Zentrifugalkraft, wenn der Behälter eine hohe Geschwindigkeit erlangt hat, gezwungen, sich in einer dünnen Lage über die ganze Innenfläche des Behälters zu verteilen.

Da die Rohre *d* nicht an der Umdrehung der Flüssigkeit teilnehmen, sondern durch den schweren Block I in ihrer Stellung festgehalten werden, so nehmen sie etwas Quecksilber auf, sobald es zu den Punkten gelangt, wo sich die Rohre öffnen, und leiten es auf die Flügel der Scheibe *g´´*.

Hierdurch wird diese Scheibe in schnelle Umdrehung versetzt, wodurch der Kontakt zwischen den beiden Teilen des Behälters, die die beiden Klemmen des Stromunterbrechers bilden, hergestellt wird, wenn die beiden Ströme oder Strahlen der Flüssigkeit gleichzeitig in Berührung mit den Flügeln stehen; der Kontakt wird unterbrochen, sobald die Strahlen durch den Raum zwischen den Flügeln hindurchgehen.

Der wesentliche Zweck der Anwendung zweier isolierter Strahlen anstatt eines besteht darin, daß man eine größere Geschwindigkeit im Annähern und Trennen der einzelnen Teile erhält, und in dieser Hinsicht kann die Vorrichtung noch weiter verbessert werden dadurch, daß man eine beliebige Anzahl derartiger isolierter Teile und Strahlen und eine entsprechende Anzahl sich drehender fester Leiter anordnet.

Die Scheibe *g''* wirkt, sobald sie eine sehr hohe Umdrehungsgeschwindigkeit erlangt hat, gyrostatisch auf den Block I und hindert ihn so, sich zu drehen oder in schwingende Bewegung zu geraten, da andernfalls eine derartige Bewegung die Drehungsebene der Scheibe verändern würde. Daher ist die Bewegung der Teile und die Wirkung der Vorrichtung in ihrer Gesamtheit eine sehr ruhige und gleichförmige, und man erzielt damit einen wesentlichen praktischen Vorteil. Die Geschwindigkeit der Scheibe wird hauptsächlich von der Geschwindigkeit der Flüssigkeitsstrahlen und der Neigung der Flügel abhängen; es ist daher notwendig, um eine gleichmäßige Umdrehungsgeschwindigkeit der Scheibe zu erzielen, daß die Geschwindigkeit der Flüssigkeitsstrahlen eine konstante sei. Dies wird erreicht dadurch, daß der Behälter mit konstanter Geschwindigkeit gedreht wird; ist dieses jedoch unmöglich durchzuführen, andererseits aber die Gleichmäßigkeit in der Bewegung der Scheibe sehr wünschenswert, so nimmt der Erfinder zu besonderen Vorrichtungen Zuflucht, um diese Wirkung zu erzielen, wie z.B. zu der Benutzung von Ueberlaufbehältern *i´´ i´´*, wie in punktierten Linien angedeutet, aus denen die Flüssigkeit auf die Flügel mit gleichmäßiger Geschwindigkeit strömt, obwohl die Geschwindigkeit des Behälters innerhalb weiter Grenzen schwanken kann.

Es ist selbstverständlich, daß die Strahlen, die den elektrischen Kontakt herstellen, nicht notwendigerweise zum Antrieb der Scheibe benutzt werden müssen, es können vielmehr für diesen speziellen Zweck besondere Strahlen vorgesehen und auf einen isolierten Teil der Scheibe oder einen mit dieser verbundenen Körper geleitet werden, in welchem Fall diese Strahlen anstatt auf die weiter außen liegenden Teile auf Teile treffen, welche der Rotationsachse näher liegen, so daß auf diese Weise noch eine schnellere Bewegung der Scheibe erzielt wird. Diese Strahlen können in irgend einer beliebigen Weise erzeugt werden.

Um den Grad der Bewegung der Kontaktteile gegeneinander noch mehr zu erhöhen, können sie in entgegengesetzter Richtung gedreht werden. Man kann dies in verschiedener Weise erreichen; die in Fig. 5 dargestellte Ausführungsform ist ein Beispiel hierfür. In dieser Figur bezeichnet H ein Gehäuse von zylindrischer Gestalt, in welchem ein Ständer angeordnet ist, in dem eine senkrechte Welle *a* läuft, welche den Stromunterbrecher trägt.

Der Mechanismus des Stromunterbrechers ist in einem Gehäuse enthalten, dessen Deckel aus einer ringförmigen Platte und einer Kappe oder einem Dom besteht, welch letzterer aus Isoliermaterial oder einem Metall von verhältnismäßig hohem spezifischen Widerstand, wie z.B. Neusilber, besteht. Um die Umdrehung des Behälters zu erzielen, kann man irgend ein beliebiges Mittel anwenden; die in der Zeichnung dargestellte spezielle Vorrichtung für diesen Zweck stellt sich als ein elektromagnetischer Motor dar, dessen eines Element *a'* an der Welle *a* oder dem Behälter A und dessen anderes Element an dem Gehäuse H befestigt ist. In dem Behälter A ist an der Decke desselben, jedoch isoliert davon, ein kreisförmiger Leiter mit nach unten gehenden Vorsprüngen oder Zähnen *d'* befestigt. Dieser Leiter wird in elektrischer Verbindung mit einer Platte H' außerhalb des Behälters gehalten vermittels Schrauben oder Bolzen H", welche durch isolierte Öffnungen in dem Deckel des Behälters A hindurchgehen.

In dem Behälter befindet sich ein Ständer *h*, in dem eine Welle *h'* konzentrisch mit der Achse des Behälters angeordnet ist.

Um diese Welle unabhängig von dem Behälter A zu drehen, kann man beliebige Vorrichtungen benutzen; der Erfinder wendet zu diesem Zweck wieder einen elektromagnetischen Motor an, dessen eines Element *h"* auf der Welle *h'* in dem Behälter A und dessen anderes Element *j* an dem Gehäuse H befestigt ist und den Aufsatz oder Dom B, in dem sich der Anker *h´´* befindet, umgibt. Mit der Welle *h'* oder dem Anker *h"* ist ein Zylinder verbunden, an welchem Arme *b´´ b´´* befestigt sind, die radial nach außen gehen und kurze Rohre *d* zwischen den Seitenwänden des Behälters A und den Zähnen oder Vorsprüngen *d'* tragen.

Die Rohre *d* haben an der einen Seite Öffnungen ganz nahe an der Innenseite des Behälters A und sind in entgegengesetzter Richtung gebogen als die Drehrichtung des Behälters A, an der anderen Seite haben sie Öffnungen, welche einen Strom oder Strahl einer Flüssigkeit gegen die Vorsprünge *d1* richten können.

Um diesen Apparat in Wirkung zu setzen, werden sowohl der Behälter A, in den vorher eine genügende Menge Quecksilber eingefüllt ist, und die Welle *h'* durch ihre Motoren in entgegengesetzter Richtung in Umdrehung versetzt. Durch die Umdrehung des Behälters A wird die leitende Flüssigkeit infolge der Zentrifugalkraft auf die Seitenwände desselben geleitet und von den Rohren *d* aufgenommen, welche die Flüssigkeit gegen die sich drehenden Leiter *d'* führen. Wenn daher die eine Klemme des Stromkreises mit dem einen Teil des Behälters A oder mit Metallteilen des Instruments, welche mit demselben in elektrischer Verbindung stehen, verbunden ist, und die andere Klemme in gleicher Weise mit der Platte H´, so wird ein Stromkreis zwischen diesen Klemmen geschlossen, sobald ein Strahl aus einer der Röhren *d* gegen einen der Vorsprünge *d'* geleitet wird, und unterbrochen, sobald die Strahlen durch die Zwischenräume zwischen diesen Vorsprüngen hindurchgeführt werden. An Stelle eines festen Leiters für das eine dieser Kontaktstücke und einer leitenden Flüssigkeit für das andere kann der Erfinder auch eine leitende Flüssigkeit für beide benutzen, so zwar, daß der eine der flüssigen Leiter durch einen um seine Achse rotierenden Quecksilberstrahl (Patentschrift 103 704) gebildet wird, und unter Umständen, welche einen plötzlich und schnell unterbrochenen Kontakt zwischen ihnen herstellen, wie dies aus Fig. 6 ersichtlich ist.

Der in dieser Figur dargestellte Behälter besteht aus zwei Teilen, die voneinander isoliert sind und durch Zapfen getragen werden, so daß sie sich um eine waagerechte Achse drehen. Die anliegenden Enden dieser beiden Teile sind mit nach innen gehenden Flanschen J´ versehen, welche den inneren Teil des Behälters in zwei Abteile J´´ und K´´ trennen.

In den einen dieser Abteile, z.B. J´´, geht eine Welle, welche in dem einen Ende des Behälters A gelagert ist, bezw. in dem an dem Behälter sitzenden Drehzapfen. In dem anderen Abteil K´´ befindet sich eine Welle K´, welche in ähnlicher Weise in dem anderen Ende des Behälters A, bezw. in seinem Drehzapfen gelagert ist. Jede Welle trägt einen schweren Arm I, der in senkrechter Lage verbleibt und seine Welle festhält, wenn der Behälter umgedreht wird.

An dem schweren Arm I der Welle K ist ein Träger L befestigt, der ein Rohr *d* trägt, dessen eines offene Ende ganz nahe an der Innenwand des Abteiles J´´ liegt und dessen anderes Ende sich nach der Achse zu erstreckt, jedoch nach dem anderen Abteil zu gebogen ist. An dem anderen schweren Arm der Welle K´ ist in ähnlicher Weise ein Halter L´ befestigt, der hohl ist und einen Teil eines Kanals bildet, der durch einen Teil der Welle hindurchgeht und mit dem Stutzen I´´ in eine kreisförmige Kammer in der Wand des Behälters ausläuft. Von dieser Kammer gehen Kanäle I´ zu Düsen *m*, welche so angeordnet sind, daß sie Flüssigkeitsstrahlen oder Ströme in einer derartigen Richtung fortleiten können, daß dadurch, wenn diese Düsen gedreht werden, ein aus dem Ende des Rohres *d* kommender Strom geschnitten wird. In jedem Abteil des Behälters ist eine gewisse Menge Quecksilber vorhanden, und die Enden der Rohre sind mit Öffnungen versehen, welche etwas Quecksilber aufnehmen, wenn bei der Umdrehung des Behälters dieses durch die Zentrifugalkraft über die Innenwand verteilt ist. Das durch das Rohr *d* entnommene Quecksilber geht in einem Strom oder Strahl durch das Rohr hindurch und wird in das Abteil K'' geleitet. Das durch das Rohr L' aufgenommene Quecksilber läuft in die kreisförmige Kammer I, aus der es durch die Kanäle I´ in die Düsen *m* getrieben wird: aus diesen tritt es in Strahlen oder Strömen heraus, welche in den Abteil J'' gerichtet sind. Da die Düsen *m* sich drehen, so werden die Ströme, die aus diesen Düsen kommen, durch die Bahn des Stromes hindurchgeführt werden, der aus dem Rohr *d* herauskommt und feststehend ist; es wird also ein Stromkreis zwischen den beiden Abteilen geschlossen, wenn die Ströme sich schneiden, und alsdann wieder unterbrochen.

Die Kontinuität der Ströme oder Strahlen wird im allgemeinen nicht auf eine große Entfernung unterhalb der Öffnungen, aus denen sie austreten, vorhalten, und infolgedessen werden sie nicht als Leiter zur elektrischen Verbindung der beiden Seitenteile des Behälters an einer anderen Stelle als dort, wo sie einander treffen, dienen. Es ist selbstverständlich, daß, was dieses allgemeine Merkmal der Unterhaltung von leitenden Strömen anbetrifft, sehr verschiedene Mittel zur Erreichung dieses Zweckes benutzt werden können, und daß die in Lagern konzentrisch zu der Drehungsachse des Behälters liegenden und durch ihre belasteten Arme gegen Drehung verhinderten Wellen nur einen besonderen Weg zur Erreichung dieses Erfolges zeigen. Diese besondere Ausführungsform hat jedoch bestimmte Vorteile und kann ganz allgemein bei Stromunterbrechern dieser Gattung angewendet werden, wenn immer es notwendig ist, einem feststehenden oder nahezu feststehenden Körper in einen sich drehenden Gehäuse anzuordnen.

Es folgt ferner aus der Natur der Sache, daß es nicht wichtig ist, daß der oder die Strahlen in dem einen Behälter des Apparates feststehen und die anderen sich drehen, sondern nur daß eine derartige Bewegung beider gegeneinander vorhanden ist, daß die beiden verschiedenen Sätze von Strahlen gezwungen werden, beim Betrieb des Apparates in einen plötzlichen und sehr schnell hintereinander unterbrochenen Kontakt zu kommen. Die Anzahl der feststehenden oder sich drehenden Strahlen kann nach Belieben gewählt werden, jedoch da die leitende Flüssigkeit von dem einen Abteil in das anderen geleitet wird und umgekehrt, so müßte die Menge, welche unter gewöhnlichen Umständen aus den Abteilen herausgeleitet wird, annähernd gleich sein. Da aber immer ein gewisses Bestreben vorhanden sein wird, eine größere Flüssigkeitsmenge aus dem Abteil zu übertragen, welcher die größere Menge enthält, in denjenigen, der die geringere Menge enthält, so wird man in dieser Richtung zur Aufrechterhaltung der zur befriedigenden Wirkung des Apparates notwendigen Bedingungen keine Schwierigkeiten finden.

Ein praktischer Vorteil, welcher hauptsächlich wichtig ist, wenn eine große Anzahl von Unterbrechungen in der Zeiteinheit verlangt wird, kann erreicht werden dadurch, daß man die Anzahl der Strahlen in dem einen Abteil gerade und in dem anderen Abteil ungerade macht und jeden Strahl symmetrisch zu dem Rotationsmittelpunkt anordnet. Die Differenz zwischen den Zahlen der Strahlen sollte am besten gleich sein. Hierdurch werden die Zwischenräume zwischen den Strahlen eines jeden Satzes so groß als möglich und schädliche Kurzschlüsse vermieden.

Um die Sache zu erläutern, sei angenommen, daß die Anzahl der Strahlen oder Rohre *d* in dem einen Behälter 9 sei und die Zahl der Düsen in dem anderen Abteil 10 beträgt, dann werden durch eine Umdrehung des Behälters 90 Stromschlüsse und Unterbrechungen bewirkt.

Um dasselbe Resultat nur mit einem Strahl *d* zu erreichen, würde es notwendig sein, 90 Strahlen *m* in dem anderen Abteil zu benutzen, und dies würde Schwierigkeiten mit sich bringen, nicht allein infolge der nahen Lage der Ströme oder Strahlen aneinander, sondern ebenso auch mit Rücksicht auf die große Flüssigkeitsmenge, welche zur Unterhaltung aller dieser Strahlen notwendig wäre.

Bei Benutzung dieses Apparates als Stromunterbrecher ist es lediglich notwendig, die beiden voneinander isolierten Teile des Behälters mit den beiden Teilen des Stromkreises zu verbinden.

Bei Apparaten dieser Gattung, bei welchen die beiden Kontaktelemente aus einem flüssigen Elemente bestehen, wird keine Abnutzung oder Zerstörung der Kontaktelemente erfolgen, so daß der Kontakt zwischen diesen stets ein vollkommener sein wird. Die Widerstandsfähigkeit und Wirksamkeit derartiger Vorrichtungen wird also dadurch wesentlich vergrößert.

Zu demselben Zwecke kann der Erfinder auch eine abgeänderte Ausführungsform eines Stromunterbrechers benutzen, bei welchem der Stromschluß durch zwei Teile einer leitenden Flüssigkeit hergestellt wird; in diesem Falle werden aber diese beiden Teile, anstatt den Stromkreis durch ihre Bewegung zu unterbrechen, periodisch durch Zwischenschaltung eines Isolators getrennt, der am besten aus einer festen widerstandsfähigen Masse bestellt.

Man ordnet z.B. eine Platte oder Scheibe mit Zähnen oder Vorsprüngen an, und zwar aus Glas, Lava oder einer ähnlichen Masse, welche infolge der Umdrehung der Scheibe durch den Strahl oder flüssigen Leiter hindurchgehen und dadurch das Schließen und Unterbrechen des Stromkreises bewirken.

Vermöge einer derartigen Vorrichtung finden die Unterbrechungen nur zwischen flüssigen Kontaktteilen statt; es kann also eine Zerstörung und infolge dessen eine Verminderung der Wirkung des Apparates niemals eintreten.

In Fig. 7, welche diese Ausführungsform des Stromunterbrechers darstellt, ist der Behälter, der die Kontaktteile enthält, auf einer Welle *a* in einem Halter oder Lager angeordnet, so daß er sich frei drehen kann.

Die Vorrichtungen zur Umdrehung des Behälters sind dieselben wie in Fig. 3, obwohl auch andere angewendet werden können.

In der Welle *a* und konzentrisch mit ihrer Achse ist eine Welle M auf Kugellagern oder in sonst einer beliebigen Weise angeordnet, so daß sie sich frei gegen die Welle *a* drehen kann und so wenig als möglich von der Drehung der letzteren beeinflußt wird.

Um die Drehung der Welle M bei der Umdrehung des Behälters zu verhindern, können beliebige Mittel angewendet werden. Bei der hier dargestellten besonderen Ausführungsform ist an der Welle M ein Gewicht oder ein belasteter Arm I exzentrisch zu der Achse der Welle angeordnet, und da das Lager der Welle *a* diese in einem Winkel gegen die Senkrechte hält, so wirkt dies Gewicht durch seine Schwere derart, daß es die Welle M festhält. An der Decke des Behälters A ist durch einen Bolzen *m'*, welcher durch eine isolierte Öffnung in dem Deckei hindurchgeht und mittels einer Mutter *m´´* festgehalten wird, eine kreisförmige Scheibe M' aus leitendem Material, am besten Stahl oder Eisen, befestigt, deren Seitenkanten abwärts und dann nach innen gebogen sind, so daß sie eine ringförmige Mulde an der Unterseite der Scheibe bilden.

An der Unterseite der Scheibe M' ist ferner eine zweite Scheibe M" angeordnet, welche mit nach unten geneigten, rings herum angeordneten Vorsprüngen *n n* aus isolierendem und am besten widerstandsfähigem Material in einem zu der Scheibe M' konzentrischen Kreis versehen ist.

Ein Rohr *d* ist an der Welle M oder an dem Gewicht I befestigt und so angeordnet, daß die Öffnung an dem einen Ende sich nach außen in die Mulde an der Scheibe M' richtet, während die andere Öffnung dicht an der Innenseite des Gehäuses liegt, so daß, wenn eine gewisse Menge Quecksilber oder einer anderen leitenden Flüssigkeit in dem Gehäuse vorhanden ist und dies sich dreht, das Rohr *d*, das festgehalten wird, etwas von der Flüssigkeit aufnehmen wird, die durch die Zentrifugalkraft an der Seitenwand des Behälters hinausgetrieben wird, und diese in einem Strom oder Strahl gegen die Mulde oder den Flansch der Scheibe M' oder gegen die inneren Flächen der Vorsprünge *n* der Scheibe M´´ führt, je nach der Lage.

Da nun die beiden Scheiben M´ und M´´ sich in Bezug auf den aus dem Rohre *d* kommenden Strom oder Strahl drehen, so wird eine elektrische Verbindung zwischen dem Behälter und der Scheibe M' durch die Flüssigkeit hergestellt, wenn der Strahl zwischen den Vorsprüngen *n* zu der Scheibe M' gelangt; diese Verbindung wird aber unterbrochen, wenn der Strahl durch die Vorsprünge unterbrochen wird.

Die Schnelligkeit und die Dauer der Stromschlüsse und Unterbrechungen ist durch die Umdrehungsgeschwindigkeit des Behälters und die Anzahl und Länge der unterbrechenden Vorsprünge *n* bestimmt.

Dadurch, daß man den Teil der Scheibe M', mit dem der Strahl in Berührung tritt, in Form einer Mulde ausbildet, welche bei der Umdrehung einen Teil der gegen sie geführten Flüssigkeit zurückhält, wird eine sehr nützliche Eigenschaft geschaffen. Die Flüssigkeit sammelt sich unter dem Einfluß der Zentrifugalkraft in dieser Mulde und verteilt sich über die ganze Innenfläche der Mulde, so daß sie an der Innenseite derselben eine dünne Schicht bildet, auf die der Strahl auftrifft. Hierdurch wird ein sehr guter Kontakt erzielt und eine Zerstörung der Kontaktflächen vermieden.

Es ist nicht notwendig, daß die leitende Flüssigkeit, welche den einen der Kontaktteile bildet, in Form eines aus der Öffnung eines Rohres austretenden Strahles zur Anwendung gelangt. Dieselbe Wirkung läßt sich erzielen durch die Anwendung eines Stromes der Flüssigkeit, welcher in anderer Weise in schneller Bewegung erhalten wird. In den Fig. 8 und 9 ist eine Vorrichtung zur Erfüllung dieses Zweckes dargestellt.

Der Behälter A wird ähnlich wie in Fig. 7 angeordnet und umgetrieben, ebenso ist auch eine Welle M mit einem exzentrischen Gewicht I vorgesehen. An der Welle M oder an dem Gewicht I ist ein isolierter Halter O befestigt, der einen Ständer oder eine Hülse O´ trägt, in welcher auf Kugellagern eine Welle O´´ läuft. An dieser ist eine Platte mit radialen Armen *o* befestigt, von denen Flügel oder Schaufelblätter *o'* mit Vorsprüngen *o''* radial an denselben herabgehen. Ein Schild oder Schirm P schließt die Flügel ab, ausgenommen nach der Seite, welche der Innenwand des Behälters A gegenüberliegt. In dem Behälter befindet sich eine geringe Menge einer leitenden Flüssigkeit; um eine gute elektrische Verbindung zwischen den Flügeln *o'* und einer Klemme außerhalb des Behälters herzustellen, ist an dem Gewicht I eine kleine Quecksilberschale in metallischem Kontakt mit den Flügeln durch den Halter O und die Hülse O´ befestigt. Ein Metallbolzen, der in den isolierten Bolzen *m'* eingesetzt ist, geht durch eine mit Packung versehene Öffnung in dem Deckel der Schale *p* in diese hinein. Die eine Klemme des Stromunterbrechers bildet also einen Teil des metallenen Behälters, während die andere der isolierte Bolzen *m´* ist.

Um den Apparat in Wirkung zu setzen, wird der Behälter in Umdrehung gebracht, so daß bei Anwachsen seiner Geschwindigkeit das Quecksilber oder die sonstige in ihm enthaltene leitende Flüssigkeit durch die Zentrifugalkraft an den inneren Seiten des Behälters aufwärts getrieben wird, über welche sie sich in einer dünnen Schicht ausbreitet. Wenn diese Schicht genügend angestiegen ist, um die Vorsprünge *o´´* der Flügel *o'* zu berühren, so werden diese in schnelle Umdrehung versetzt und eine elektrische Verbindung zwischen den Klemmen des Apparates hergestellt und unterbrochen, und zwar mit sehr großer Geschwindigkeit. Die Vorsprünge *o''* sind am besten in verschiedener Höhe an den Flügeln *o´* angeordnet, so daß dadurch eine größere Sicherheit in der Herstellung eines guten Kontaktes mit der Quecksilberschicht erzielt wird, wenn sich die Teile in schneller Umdrehung befinden.

Bei den beschriebenen Ausführungsformen des Stromunterbrechers, bei denen ein Umlauf der leitenden Flüssigkeit durch Rohre oder Kanäle erzielt wird, ist die Kraft, welche die Flüssigkeit antreibt, von derselben Quelle hergeleitet wie diejenige, welche den Behälter direkt oder die Bewegung der Kontaktstücke gegeneinander aufrecht erhält. Mit anderen Worten, anstatt eine unabhängige Pumpe oder eine ähnliche Vorrichtung zu benutzen, um die Flüssigkeit durch die Kanäle zu drücken, verbindet der Erfinder die beiden Mechanismen -- den Unterbrecher und die Vorrichtung zur Unterhaltung eines Umlaufes der leitenden Flüssigkeit -- zu einem einzigen.

PATENTANSPRUECHE:

1. Stromunterbrecher mit flüssigem Leiter, dadurch gekennzeichnet, daß der flüssige Leiter infolge Umdrehung seines Behälters (A) an der Behälterwand zum Aufstieg gebracht wird und in Form eines ruhenden Strahles mit rotierenden Leitern *(d')* den Stromschluß bewirkt.

2. Eine Ausführungsform des im Anspruch 1 gekennzeichneten Stromunterbrechers, bei welcher das an der Wand des horizontal (Fig. 3 und 5) oder vertikal (Fig. 4) in Umdrehung versetzten Behälters (A) aufsteigende Quecksilber durch ein horizontales bezw. vertikales, feststehend im Behälter angeordnetes Rohr *(d)* aufgenommen und gegen die horizontal rotierenden festen Leiter *(d')* geleitet wird.

3. Eine Ausführungsform des im Anspruch 1 gekennzeichneten Stromunterbrechers, bei welcher der rotierende Leiter durch einen Quecksilberstrahl nach Patent 103 704 in der Weise gebildet wird, daß das an der Behälterwand aufsteigende Quecksilber durch ein feststehendes Rohr (L´) aufgenommen und zu einer Kammer *(l)* der Behälterwand und aus dieser durch Kanäle *(l´)* zu den Düsen *(m)* geführt wird (Fig. 6).

4. Eine Ausführungsform des Stromunterbrechers nach Anspruch 1, dadurch gekennzeichnet, daß das zur Aufnahme und Fortleitung des Quecksilbers gegen den rotierenden festen Leiter (M´ M´´) dienende feststehende Rohr *(d)* im tiefsten Teil des unter einem Winkel zur vertikalen rotierenden Behälters (A) angeordnet ist (Fig. 7).

5. Eine Ausführungsform des im Anspruch 1 gekennzeichneten Stromunterbrechers, bei welcher das an der Behälterwand aufsteigende Quecksilber unmittelbar mit leitenden Nasen *(o'')* des im Behälter drehbar angeordneten festen Leiters in Berührung tritt (Fig. 8 und 9).

NIKOLA TESLA IN NEW-YORK.

**Stromunterbrecher mit flüssigem Leiter.**

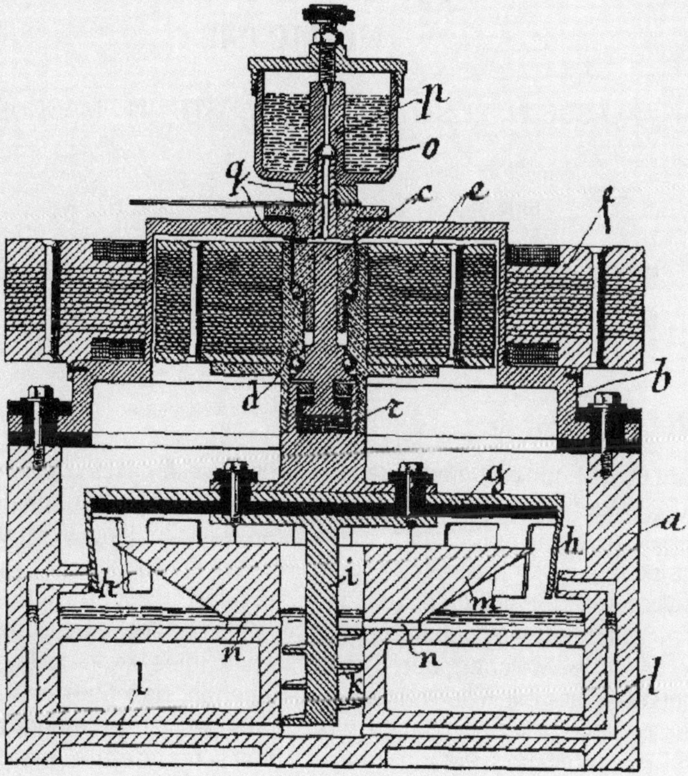


Zu der Patentschrift

**№ 110049.**

KAISERLICHES PATENTAMT

# PATENTSCHRIFT

## Nr. 110 049

KLASSE 21: ELEKTRISCHE APPARATE UND MASCHINEN.

NIKOLA TESLA IN NEW YORK. (V. ST. A.).

## STROMUNTERBRECHER MIT FLUEßIGEM LEITER.

Patentiert im Deutschen Reich vom 19. Juni 1898 ab.
Ausgegeben den 19. April 1900.

Den Gegenstand vorliegender Erfindung bildet eine Vorrichtung zum Schließen und Unterbrechen eines elektrischen Stromkreises zu dem Zweck, einen Transformator zu laden und zu entladen. Vorrichtungen ähnlicher Art, bei welchen der Stromschluß ebenfalls mit Hilfe von Quecksilber bewerkstelligt wird, sind z.B. durch die deutschen Patentschriften 52 598 und 103 704 bekannt geworden.

Die vorliegende Anordnung besteht, wie die beiliegende Zeichnung in einer Schnittansicht veranschaulicht, aus dem Quecksilberbehälter *a* mit einem gasdicht und isoliert aufgeschraubten Deckel oder Aufsatz *b*. Eine Welle *c* ist in der Mitte des Aufsatzes *b* eingeschraubt oder in anderer Weise in demselben befestigt; auf ihr ist in Kugellagern eine Muffe *d* gelagert, welche auf irgend eine beliebige Art eine Drehbewegung erhält; dies kann z.B. dadurch geschehen, daß man an ihr einen aus Lamellen zusammengesetzten magnetischen Kern *e* anordnet und um den Teil des Aufsatzes *b*, welcher diesen Kern enthält, einen mit Wicklungen versehenen Eisenkern *f* anbringt, der das Primärelement eines Motors bildet, welcher ein Drehfeld erzeugen kann, das eine schnelle Umdrehung, des Sekundärelements oder Kernes *e* bewirken wird.

An dem herabgehenden Ende der Muffe *d* ist eine leitende Scheibe *g* mit nach abwärts gehenden Zähnen oder Vorsprüngen *h* angeordnet. An der Muffe oder an dieser Scheibe *g* ist, jedoch isoliert, eine Welle *i* befestigt, welche eine Schraube *k* trägt und abwärts in eine Vertiefung oder eine zylindrische Aussparung in dem Boden des Behälters hinabgeht. Eine oder mehrere Leitungen oder Kanäle *l* führen von dem Boden dieser Vertiefung zu Punkten, welche nahe der Bahn der leitenden Zähne der Scheibe *g* liegen, so daß durch die Umdrehung der Schraube *k* die leitende Flüssigkeit aufwärts durch den oder die Kanäle gedrückt wird, aus denen sie in einem Strahl gegen den sich drehenden Leiter austritt. Um diese Wirkung zu erleichtern, ist die Vertiefung von einem Flansch *m* umgeben, der Kanäle *n* enthält, welche die leitende Flüssigkeit aus dem Behälter in die Vertiefung wieder zurückfließen lassen; der Flansch hat schräge Seitenflächen, welche wie ein Schild dazu dienen, die aus den Kanälen *l* durch die Zwischenräume in dem Leiter geschleuderte Flüssigkeit nach dem Boden des Behälters abzulenken.

Auf dem Deckel *b* ist ein geeigneter Behälter *o* in Verbindung mit dem Innern des Hauptbehälters angeordnet und teilweise mit einem verflüssigten Gas angefüllt, welches in dem Behälter eine unwirksame Atmosphäre unter Druck unterhält. Das Reservoir wird zweckmäßig auf die durch den Deckel hindurchgeführte Welle *c* aufgeschraubt und stellt einen Metallbecher mit einem hohlen mittleren Zapfen *p* dar; die Öffnung für den Durchtritt des Gases wird im oberen Ende des Bechers durch ein Schraubventil verschlossen oder geöffnet. Die Durchbohrung *q* verbindet das Reservoir *o* mit dem Behälter *a*.

Die Wirkungsweise des beschriebenen Stromunterbrechers ergibt sich ohne weiteres aus vorstehender Darstellung seiner konstruktiven Beschaffenheit.

PATENTANSPRUCH:

Stromunterbrecher mit flüssigem Leiter, dadurch gekennzeichnet, daß der flüssige Leiter in seinem Behälter *(a)* mittelst einer Schnecke *(k)* durch ein aufsteigendes Rohrsystem *(l)* getrieben wird, aus dessen oberen Mündungen der Leiter in Form eines ruhenden Strahles heraustritt und mit dem rotierenden Leiter *(g h)* den Stromschluß bewirkt.

NIKOLA TESLA IN NEW-YORK.

**Stromunterbrecher mit flüssigem Leiter.**

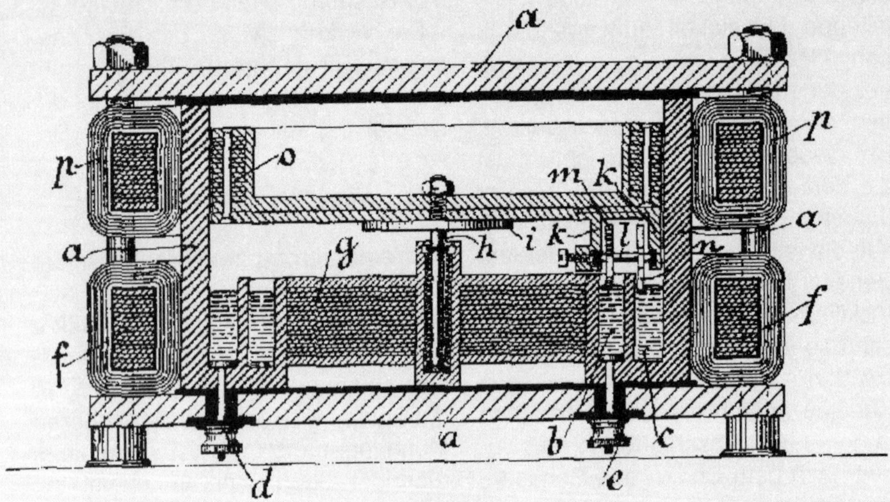


Zu der Patentschrift

**№ 110050.**

KAISERLICHES PATENTAMT

# PATENTSCHRIFT

## Nr. 110 050

KLASSE 21: ELEKTRISCHE APPARATE UND MASCHINEN.

NIKOLA TESLA IN NEW YORK. (V. ST. A.).

## STROMUNTERBRECHER MIT FLUEßIGEM LEITER.

Patentiert im Deutschen Reich vom 19. Juni 1898 ab.
Ausgegeben den 20. April 1900.

Den Gegenstand vorliegender Erfindung bildet eine Vorrichtung zum Unterbrechen und Schließen eines elektrischen Stromkreises mittels eines flüssigen Leiters, welcher in einem geeigneten Behälter in Bewegung gesetzt wird und dabei einen festen Leiter derart in Umdrehung setzt, daß infolge geeigneter Gestaltung des festen Leiters der Stromkreis in schneller Folge geschlossen und wieder unterbrochen wird. Vorrichtungen ähnlicher Art, bei welchen der Stromschluß ebenfalls mittels bewegten Quecksilbers erzielt wird, sind z.B. durch die deutschen Patentschriften 52 598 und 103 704 bekannt geworden.

Auf beiliegender Zeichnung ist die mit einem flüssigen und einem festen rotierenden Leiter arbeitende Vorrichtung in einer Schnittdarstellung zur Anschauung gebracht. Der feststehende Behälter *a* für den flüssigen Leiter besteht aus einer metallenen Boden- und Deckplatte und einem zylindrischen Zwischenteil aus Porzellan oder anderer Isolationsmasse. Innerhalb des Behälters, jedoch unabhängig von seinen seitlichen Wänden, sind zwei ringförmige Tröge *b* und *c* angeordnet, welche eine leitende Flüssigkeit, beispielsweise Quecksilber, enthalten. Die Klemmen *d e*, welche durch den Boden des Behälters in isolierenden und abgedichteten Muffen hindurchgehen, stellen die Verbindung des Quecksilbers in den beiden Trögen mit den Leitern des Stromkreises her.

Um diesen Teil der Vorrichtung, in dem sich die Tröge *b c* befinden, ist ein Eisenkern angeordnet, der mit

Wicklungen *h1* in irgend einer beliebigen und bekannten Weise versehen ist, um, wenn er durch Ströme verschiedener Phase erregt wird, ein magnetisches Drehfeld in dem Raum zu erzeugen, der von den beiden Quecksilbermassen eingenommen wird. Um diese Wirkung zu erhöhen, wird in dem Behälter ein ringförmiger Kern *g* aus Lamellen angeordnet. Durch diese Vorrichtung wird das Quecksilber in Bewegung gesetzt, so daß es in den beiden Trögen herumfließen muß. Es ist ersichtlich, daß an Stelle dieser Bewegungsvorrichtung irgend eine andere treten kann, ohne an der Erfindung etwas zu ändern.

In dem Mittelpunkt des Behälters ist eine Hülse angeordnet, in der eine Welle *h* mit einer Scheibe *i* läuft. Von dieser Scheibe gehen Arme *k* herunter, welche die Lager für eine Welle *l* bilden, die zwei Sternrädchen *m* und *n* trägt, welche mit dem in den beiden Trögen enthaltenen Quecksilber in Berührung treten. Die Welle *l* ist in isolierten Lagern angeordnet, so daß, wenn beide Räder in Berührung mit dem Quecksilber stehen der über die Klemmen *d e* führende Stromkreis geschlossen werden wird. Die Scheibe *i* trägt einen ringförmigen Kern *o*, und außerhalb des Behälters sind Spulen *p* angeordnet von derselben Art wie diejenigen, die dazu benutzt werden, dem Quecksilber eine Drehbewegung zu erteilen; jedoch muß die Drehrichtung in diesem Fall entgegengesetzt zu derjenigen des Quecksilbers sein. Die Schnelligkeit der Umdrehung der Räder *m* und *n* hängt von der Schnelligkeit der Bewegung des Quecksilbers ab, und da das Quecksilber gezwungen wird, in einer Richtung zu fließen, die aber in der entgegengesetzten Richtung herumgeführt werden, so wird die Umdrehungsgeschwindigkeit und infolge dessen die Häufigkeit der Stromschlüsse und Unterbrechungen sehr bedeutend über diejenige hinauswachsen, die man erzielen würde, wenn die Räder *m n* in einem feststehenden Lager laufen würden.

Die Wirkungsweise des Stromunterbrechers ergibt sich aus vorstehender Darstellung seiner baulichen Einrichtung.

## PATENTANSPRUECHE:

1. Stromunterbrecher mit flüssigem Leiter, dadurch gekennzeichnet, daß der Leiter durch eine geeignete Vorrichtung, beispielsweise einen Elektromagneten *(f g)*, in kreisende Bewegung versetzt wird, so daß er oberhalb der Leiterflüssigkeit drehbar angeordnete Sternrädchen *(m n)* in Umdrehung versetzt, wobei Stromschluß bewirkt wird, so oft beide Rädchen den flüssigen Leiter berühren.

2. Eine Ausführungsform des Stromunterbrechers nach Anspruch 1, bei welcher behufs Beschleunigung der Bewegung der Rädchen *(m n)* deren vermittels der Spindel *h* drehbar gelagerter Träger *(i k)* durch einen zweiten Elektromagneten *(p o)* in zur Quecksilberbewegung entgegengesetzter Richtung in Umdrehung versetzt wird.

NIKOLA TESLA IN NEW-YORK.

**Verfahren zur Erzeugung elektrischer Schwingungen.**

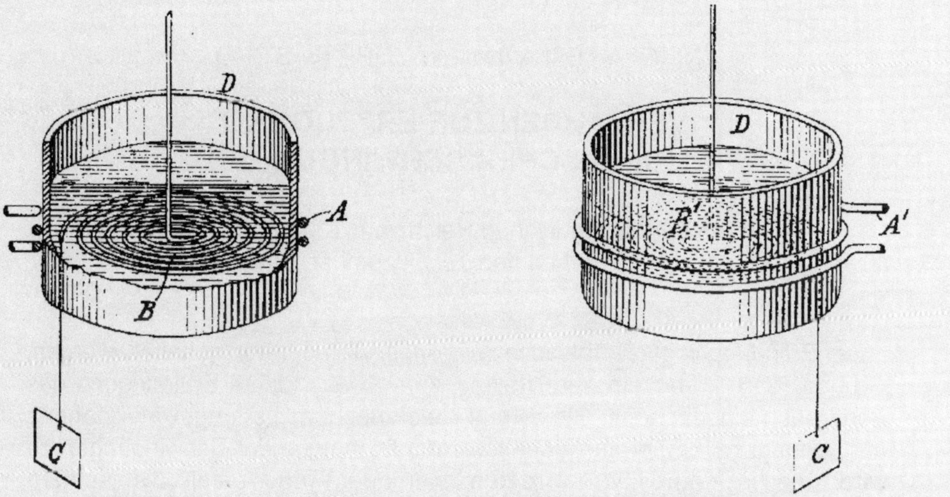


Zu der Patentschrift

**№ 136841.**

KAISERLICHES PATENTAMT

# PATENTSCHRIFT

## Nr. 136 841

KLASSE 21a.

NIKOLA TESLA IN NEW YORK (V. ST. A.).

## VERFAHREN ZUR ERZEUGUNG ELEKTRISCHER SCHWINGUNGEN.

Patentiert im Deutschen Reich vom 10. Juli 1901 ab.
Ausgegeben den 10. Dezember 1902.

Der Erfindung liegt die Tatsache zu Grunde, daß, wenn ein zum freien Schwingen eingerichteter Stromkreis auf niedriger Temperatur gehalten wird, die in demselben erregten Schwingungen bis zu einem außergewöhnlichen Grad gesteigert werden und längere Zeit sich fortsetzen. Damit ist die Möglichkeit gegeben, neue Wirkungen zu erzielen, die bisher nicht erreichbar waren.

Im wesentlichen besteht die Erfindung demnach in einem Verfahren zur Erzeugung elektrischer Schwingungen in der Weise, daß das elektrische Schwingungssystem durch künstliche Mittel (flüssige Gase, Kältemischungen oder dgl.) auf niedriger Temperatur gehalten werden, zum Zweck, durch Erniedrigung des elektrischen Leitungswiderstandes die Dämpfung der Schwingungen zu verringern und damit die Aufnahmefähigkeit des Systems für die Schwingungen zu vergrößern.

Die beste und zweckmäßigste Ausführung der Erfindung besteht darin, den frei schwingenden, auf einer niedrigen Temperatur zu erhaltenden Stromkreis oder Leiter mit einem passenden Kühlmittel zu umgehen. Das Kühlmittel kann irgend eine Kältemischung oder flüssige Luft oder dergl. sein.

In beiliegender Zeichnung ist in zwei Darstellungen eine Ausführungsform der zur Anwendung der vorliegenden Erfindung dienenden Vorrichtung veranschaulicht. Eine der beiden Vorrichtungen kann als Sender und die andere als Empfänger dienen. Die eine derselben ist von einer Spule A und die andere von einer Spule A1 mit wenigen Windungen und geringem Widerstand umgeben. Die erstere Spule, welche als Teil des Senders angenommen wird, wird mit einer paßenden Stromquelle verbunden, wogegen die andere Spule in einen Empfangsstromkreis eingeschaltet wird. In jeder Vorrichtung befindet sich eine flachspiralig gewundene Spule B oder B1, die induzierend auf die äußere Spule A oder A1 einwirkt bezw. von derselben induziert wird. Wie veranschaulicht, ist das eine Ende der Spule B bezw. B1 mit der Erdplatte C und das andere in der Mitte befindliche Ende mit einem isolierten Leiter zu verbinden, wie in dem oben erwähnten Verfahren angegeben ist. Die Spulen B B1 sind in isolierende Behälter D gelegt, welche das Kühlmittel enthalten und von den Spulen A A1 umgeben sind.

Nach dem Gesagten ist die Wirkungsweise der Vorrichtung ohne weiteres verständlich. Als einfachster Fall ist zuerst angenommen, daß in der Spule A des Senders Impulse oder Schwingungen willkürlicher Frequenz ohne Rücksicht auf die eigenen freien Schwingungen der Spule A erzeugt werden. Es werden dann entsprechende Schwingungen im Stromkreis B induziert. Wenn der letztere nun so eingerichtet und eingestellt ist, daß er im gleichen Maß schwingt, so werden die induzierten Schwingungen sehr verstärkt. Diese Verstärkung ist um so größer, je geringer die Dämpfung ist, und die letztere mit der Verkleinerung des Widerstandes ebenfalls verringert wird, so wird bei sonst gleichen Bedingungen die Stärke der Schwingungen im resonierenden Stromkreis B in demselben Verhältnis gesteigert, als sein Widerstand vermindert wird.

Diese Schwingungen der Spule B breiten sich nun in den Raum aus und erreichen durch die Erde oder andere leitende Mittel den abgestimmten Empfangsleiter B1. In demselben erregen sie entsprechende Schwingungen, die aus ähnlichen Gründen, wie oben angegeben, verstärkt werden, so daß sie entsprechend stärkere Ströme oder Schwingungen im Stromkreis A1 erzeugen, der die Empfangsvorrichtung enthält.

Wenn, wie z.B. bei der Nachrichtenübertragung, der Stromkreis A in willkürlichen Zeiträumen erregt wird, so wird die Wirkung auf den Empfänger in der oben angegebenen Weise verstärkt, nicht nur, weil die Amplitude der Schwingungen in den Spulen B und B1 verstärkt ist, sondern auch, weil die Schwingungen längere Zeit ausklingen.

Auf diese Weise erzeugt also die Kühlung des Leiters B eine zweifache Wirkung. Da die Amplitude der freien Schwingungen in der Spule B1 proportional der Amplitude und Zahl der Schwingungen in der Spule B ist, und da ferner die Kühlung der Spule B1 eine ähnlich verstärkende Wirkung ausübt, so wird die Stromstärke im Stromkreis A1 sehr vergrößert. Die durch vorliegende Erfindung gebotenen Vorteile werden noch erhöht, wenn der Stromkreis A des Senders, statt Impulse willkürlicher Frequenz zu erhalten, in seiner Eigenperiode schwingen kann, besonders aber, wenn er durch die freischwingenden Entladungen hoher Frequenz eines Kondensators erregt wird.

Es hat also die durch beliebige Mittel zu bewirkende Kühlung des Leiters A eine außerordentliche Steigerung der im Empfänger erzeugten Wirkung zur Folge. Wird der Stromkreis gekühlt und sein Widerstand dementsprechend vermindert, so werden die Schwingungen stärker und länger dauernd ausfallen. Die Schwingungen in den Spulen B und B1 unterliegen demselben Gesetz, indem eine Verminderung der Widerstände in denselben eine bedeutend verstärkte Wirkung auf den Stromkreis A1 zur Folge hat. Offenbar kann der letztere, wenn gewünscht, ebenfalls abgestimmt und auf einer niedrigen Temperatur gehalten werden, um den oben angegebenen Zweck zu erreichen. Dabei ist es klar, daß je größer die Anzahl der freischwingenden Stromkreise gewählt wird, die abwechselnd Energie empfangen und aufeinander übertragen, um so größer im Verhältnis der durch vorliegende Erfindung erreichte Vorteil ausfallen wird.

## PATENTANSPRUCH:

Verfahren zur Erzeugung elektrischer Schwingungen, dadurch gekennzeichnet, daß die elektrischen Schwingungssysteme durch künstliche Mittel (flüssige Gase, Kältemischungen oder dergleichen) auf niedriger Temperatur gehalten werden, zum Zweck, durch Erniedrigung des elektrischen Leitungswiderstandes die Dämpfung der Schwingungen zu verringern und damit die Aufnahmefähigkeit des Systems für die Schwingungen zu vergrößern.

NIKOLA TESLA in NEW-YORK.

**Verfahren und Vorrichtung zur Nutzbarmachung von aus der Ferne durch den Äther oder die Erde oder beide gesandten elektrischen Impulsen oder Schwingungen.**

*Fig. 1.*

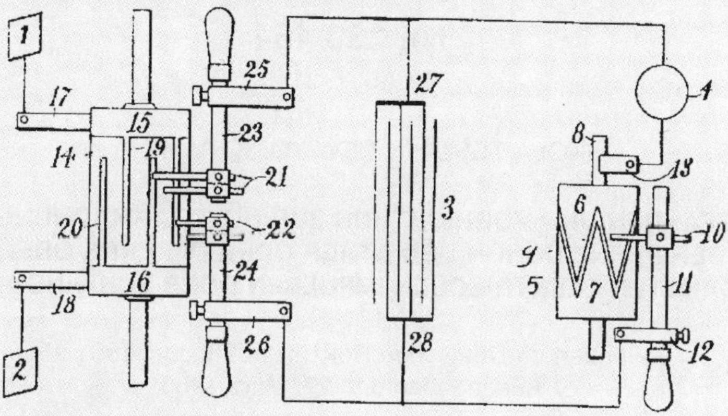


*Fig. 2.*

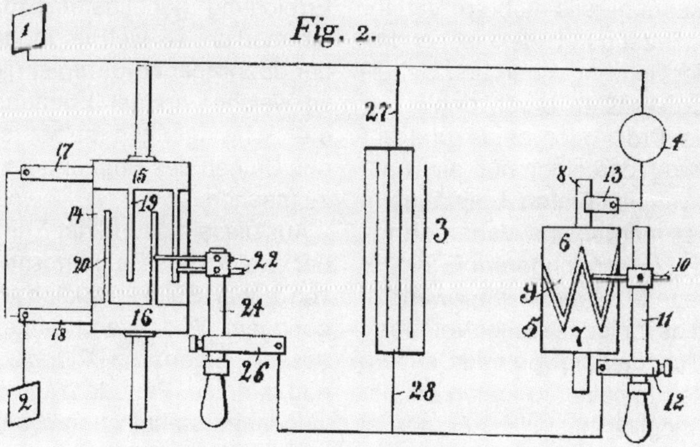


Zu der Patentschrift

№ 139464.

KAISERLICHES PATENTAMT

# PATENTSCHRIFT

## Nr. 139 464

KLASSE 21a.

NIKOLA TESLA IN NEW YORK. (V. ST. A.).

## VERFAHREN UND VORRICHTUNG ZUR NUTZBARMACHUNG VON AUS DER FERNE DURCH DEN ÄTHER ODER DIE ERDE ODER BEIDE GESANDTEN ELEKTRISCHEN IMPULSEN ODER SCHWINGUNGEN.

Patentiert im Deutschen Reich vom 20. Juni 1901 ab.
Ausgegeben den 27. März 1903.

Man kennt bereits mehrere Verfahren zur Erzeugung elektrischer Impule oder Schwingungen und Uebertragung derselben durch den Äther oder die Erde oder beide und zur Verwertung derselben für die Auslösung von entfernten Empfängern. Auch hat man solche Verfahren mit größerem oder geringerem Erfolg für verschiedene Zwecke angewendet; doch ist es für jedes dieser Verfahren wesentlich, daß die von den Sendern erzeugten Impulse so kräftig als nur irgend möglich ausfallen. Ferner ist es mit Rücksicht darauf, daß in den meisten Fällen der auf den entfernten Empfänger übertragene Energiebetrag nur einen geringen Bruchteil der von der Gebestelle ausgesendeten Gesamtenergie darstellt, für die Erreichung günstigster Ergebnisse erforderlich, so viel als möglich von der übertragenen Energie, gleichgültig welcher Art der Empfänger und die Schwingungen selbst sind, für den Betrieb des Empfängers nutzbar zu machen.

Aus diesem Grund hat Erfinder bisher u.a. einen Empfangsstromkreis von hoher Selbstinduktion und sehr geringem Widerstand angewendet, dessen Eigenschwingungszahl genau auf die Periodenzahl der verwendeten elektrischen Schwingungen abgestimmt war; hierdurch wurde erreicht, daß eine größere Anzahl der von der Gebestelle ausgesendeten Impulse zusammen auf den Empfänger einwirkten und daher die auf die Empfangsvorrichtung ausgeübte Wirkung vergrößert wurde. Auf diese Weise und mit den angegeben Mitteln wurden in vielen Fällen entschiedene Vorteile erreicht; doch ist dieses Verfahren sehr häufig entweder gar nicht zu verwerten oder liefert nur geringe Erfolge. Erzeugt z.B. die Energiequelle Impulse gleichbleibender Polarität oder Impulse von langer Dauer, so ist es unmöglich, ihre Wirkung in der angegebenen Weise zu erhöhen. Bei kurzen, außerordentlich rasch aufeinander folgenden Impulsen ist der gewonnene Vorteil unbedeutend infolge der Ausstrahlung und des unvermeidlichen Verlustes infolge des Widerstandes des Empfangsstromkreises. Diese Verluste vermindern sowohl die Stärke als auch die Zahl der gemeinsam auf den Empfänger wirkenden Impulse erheblich und, da die Anfangsstärke eines jeden Impulses notwendigerweise beschränkt ist, so wird auch nur ein winziger Energiebetrag für die Auslösung des Empfängers nutzbar. Da dieser Betrag von der durch einen einzigen Impuls in den Empfänger gesendeten Energie abhängt, so muß man offenbar entweder einen großen, kostspieligen und daher unzweckmäßigen Sender benutzen oder einen zu empfindlichen und daher zu leicht in Unordnung geratenden Empfänger anwenden. Ausserdem besteht die durch Zusammenwirkung der Impulse erhaltene Energie in äußerst schnellen Schwingungen und ist daher für den Betrieb gewöhnlicher Empfänger ungeeignet, um so mehr als diese Energieform enge Grenzen für die Art und Zeit ihrer Anwendung auf solche Vorrichtungen bedingt.

Vorliegende Erfindung betrifft nun ein Verfahren und eine Vorrichtung zur Nutzbarmachung von aus der Ferne durch den Äther oder die Erde oder beide fortgepflanzten elektrischen Impulsen oder Schwingungen und zur Verwertung derselben für die Auslösung oder Beherrschung von Empfängern; und zwar sind bei dem vorliegenden Verfahren die oben angegebenen Beschränkungen und Uebelstände vermieden. Die Empfänger können beliebiger Art, beispielsweise gewöhnliche elektromagnetische Relais, sein und bilden Teile von Arbeitsvorrichtungen, die verschiedenen Zwecken dienen. Die Arbeitsvorrichtungen können beispielsweise Signalvorrichtungen, Telegraphenvorrichtungen, Torpedosteuervorrichtungen, Uhraufziehvorrichtungen oder andere Einrichtungen sein. Für die Zeichen- oder Nachrichtenübertragung wird das Verfahren noch dahin vervollständigt, daß auf der Sendestelle die Impulse oder Schwingungen willkürlich gewechselt oder unterbrochen werden, so daß lange und kurze Reihen von aufeinander folgenden Impulsen entstehen, die den Strichen und Punkten des Morse´schen Schreibtelegraphen entsprechen und wie diese unterschieden werden können. Die Empfangsvorrichtung wird dann so eingestellt, daß sie die Impulse oder Schwingungen in zweckmäßiger Weise aufzufangen und zu verwerten vermag.

Im allgemeinen beruht das Verfahren darauf, daß die durch die Schwingungen übertragene Energie unmittelbar zum Laden eines Kondensators benutzt wird, und daß der so geladene Kondensator unter Vermittlung einer gleichmäßig angtrietriebenen, einen Stromkreis in bezüglich Folge und Dauer vorherbestimmten Zeiträumen schließenden und öffnenden Vorrichtung durch ein als Empfänger dienendes Relais oder dergl. einer Arbeitsvorrichtung entladen wird.

Fig. 1 ist eine schematisierte Darstellung der Vorrichtung und Fig. 2 stellt die Vorrichtung in der Anordnung zum Auffangen gleichgerichteter Impulse dar.

Bei der in der Zeichnung veranschaulichten Empfangsvorrichtung ist in dem übertragenden Medium, nämlich in der Luft bezw. dem Äther oder in der Erde oder in beiden an zwei beliebigen Punkten, zwischen denen ein Unterschied im elektrischen Potential von beliebiger Größe entsteht oder auf irgend eine Weise durch die Wirkung der auszunutzenden oder zu untersuchenden Impulse oder Schwingungen erhalten wird, je eine Platte oder Elektrode 1 und 2 derart angeordnet, daß sie durch Vermittlung jener Impulse oder Schwingungen entgegengesetzt geladen werden können. Diese Elektroden sind mit den Klemmen 27, 28 eines gut isolierten Kondensators 3 von hoher Kapazität verbunden. Mit den Kondensatorklemmen ist auch der Empfänger 4 (beispielsweise ein Relais) verbunden, und zwar in Reihenschaltung mit einer geeigneten Vorrichtung, welche zur Entladung des Kondensators durch den Empfänger in zweckentsprechenden Zeitzwischenräumen dient. Im vorliegenden Fall besteht diese Vorrichtung aus einem teils aus leitendem, teils aus isolierendem Stoff 6 bezw. 7 hergestellten Zylinder 5, der in geeigneter Weise mit einer beliebigen Geschwindigkeit in Umdrehung versetzt wird. Der leitende Teil 6 steht in leitender Verbindung mit der Welle 8 und ist mit dreieckigen Ausläufern 9 versehen, auf denen die Bürste 10 gleitet, welche von der im Bock 12 einstellbaren Stange 11 getragen wird. Eine zweite Bürste 13 schleift auf der Welle 8. Es ist nun ersichtlich, daß, solange einer der Ausläufer 9 mit der Bürste 10 in Berührung kommt, der den Empfänger 4 enthaltende Stromkreis geschlossen ist und der Kondensator durch den Empfänger entladen wird. Durch Regelung der Drehungsgeschwindigkeit des Zylinders 5 und Längsverschiebung der Bürste 10 auf dem Zylinder kann man erreichen, daß der Stromkreis sich in so schneller Folge öffnet und schließt, als es erforderlich ist.

Wenn die Impulse oder Schwingungen (welcher Art sie auch sein mögen) eine bestimmte Elektrizitätsmenge von gleichem Vorzeichen auf jede der Elektroden oder Platten 1 und 2 übertragen, sei es ununterbrochen oder in hinreichend langen Zeiträumen, so wird der Kondensator auf ein bestimmtes Potential geladen. Die so aufgespeicherte Energiemenge, welche der durch die Entladevorrichtung bestimmten Zeit entspricht, setzt während der Entladung des Kondensators den Empfänger in Tätigkeit.

Sehr oft freilich sind die Impulse oder Schwingungen und ihre Anwendungsbedingungen derart, daß ohne weitere Vorkehrungen im Kondensator nicht hinreichend Energie angesammelt werden kann, um den Empfänger in Tätigkeit zu setzen. Dies ist beispielsweise der Fall, wenn jede der Platten 1, 2 Elektrizität von schnell wechselndem Vorzeichen empfängt, oder auch, wenn jede zwar Elektrizität von demselben Vorzeichen, aber nur während solcher Zeiträume empfängt, die nur kurz sind im Vergleich zu den dazwischen liegenden Zeiträumen. In solchen Fällen wird man eine besondere Vorrichtung in den Stromkreis zwischen die Platten 1, 2 und den Kondensator 3 schalten, um den Kondensatorklemmen Elektrizitätsmengen von gehöriger Beschaffenheit und in der erforderlichen Aufeinanderfolge zuzuführen, so daß sich der nötige Betrag an Energie im Kondensator aufspeichern kann.

Eine solche Vorrichtung kann beispielsweise aus einem Zylinder 14 von isolierendem Stoff bestehen, der durch ein Uhrwerk oder dergl. mit gleichmäßiger Geschwindigkeit gedreht wird, und mit zwei Metallringen 15, 16 versehen ist, auf denen die Bürsten 17 und 18 schleifen und die in der veranschaulichten Weise mit den Platten 1, 2 verbunden sind. Die Ringe 15, 16 sind mit schmalen Metallausläufern 19, 20 versehen, die bei der Drehung des Zylinders 14 abwechselnd mit den doppelten Bürsten 21, 22 in Berührung treten. Die Bürsten sitzen auf in ihren Trägern 25, 26 verstellbaren Stangen 23, 24 und stehen durch diese mit den Klemmen 27, 28 des Kondensators 3 in leitender Verbindung. Die Anordnung je zweier Bürsten in einem Halter bezweckt, die Dauer der elektrischen Verbindung der Platten 1, 2 mit den Klemmen des Kondensators 3 nach Belieben ändern zu können.

Die Platten 1 und 2 können in beträchtlicher Entfernung von einander stehen, und beide in der Luft oder in der Erde, oder die eine in der Luft und die andere in der Erde angeordnet sein. Auch kann man sie mit auf gewisse Entfernungen sich erstreckenden Leitern verbinden oder an die Klemmen von beliebigen Vorrichtungen anschließen, die elektrische Energie liefern, welche den aus einer Entfernung, durch die Luft oder die Erde oder durch beide gesendeten Impulsen oder Schwingungen entstammt.

Zur Erläuterung der Wirkungsweise der beschriebenen Empfangsvorrichtung sei angenommen, daß wechselnde elektrische Impulse oder Schwingungen von einer entfernten Gebestelle aus durch die Erde gesendet werden, und man diese Impulse gemäß der vorliegenden Erfindung nutzbar machen will. Dies kann beispielsweise der Fall sein, wenn zum Zwecke der Zeichengebung eine solche Gebestelle benutzt wird, deren Klemmen an zwei verschiedenen Orten mit der Erde verbunden sind. In diesem Falle werden die Platten 1, 2 an geeigneten Stellen mit der Erde verbunden, die Umdrehungsgeschwindigkeit des Zylinders 14 wird so lange geändert, bis er synchron mit den wechselnden Impulsen auf der Gebestelle läuft, und endlich werden auch die Bürsten 21, 22 derart eingestellt, daß sie mit den Metallstreifen 19, 20 während der Zeiten in Berührung stehen, in denen die Impulse entweder ganz oder nahezu die größte Stärke haben.

Sind die angegebenen Bedingungen erfüllt, so werden elektrische Ladungen gleichen Vorzeichens jeder der Kondensatorklemmen während der Umdrehung des Zylinders zugeführt und mit jedem neuen Impuls wird der Kondensator auf ein höheres Potential geladen. Da die Geschwindigkeit des Zylinders 5 nach Belieben geändert werden kann, so läßt sich die Energie einer beliebigen Anzahl gesonderter Impulse auf diese Weise potentiell aufspeichern und durch den Empfänger 4 auf die mit einem der Ausläufer 9 in Berührung kommende Bürste 10 entladen. Natürlich muß der Kondensator die Aufspeicherung einer erheblich größeren Energiemenge gestatten, als zur gewöhnlichen Betriebstätigkeit des Empfängers erforderlich ist. Da durch dieses Verfahren ein verhältnismäßig hoher Energiebetrag in geeigneter Form zur Auslösung des Empfängers nutzbar wird, so braucht dieser auch nicht gerade sehr empfindlich zu sein, außer wenn etwa die Impulse aus weiter Ferne gesendet werden und daher schwach ankommen oder wenn der Empfänger sehr schnell arbeiten soll. In solchen Fällen wird man dafür Sorge zu tragen haben, daß auf schwache Erregungen ansprechende Vorrichtungen in Anwendung kommen.

Handelt es sich um die Uebertragung von kurzen Impulsen gleichbleibender Richtung (anstatt wechselnder Impulse) auf die Platten 1, 2, so läßt sich auch hierfür die beschriebene Empfangsvorrichtung verwenden. Es wird dabei nur nötig, die Bürsten 21, 22 derart zu verschieben (während gleichzeitig die Bedingung hinsichtlich des Synchronismus eingehalten wird), daß Bürste 21 nur mit den Streifen 19 und Bürste 22 nur mit den Streifen 20 in Berührung tritt. Dann gehen die aufeinander folgenden Impulse in den Kondensator, aber die aufgespeicherte Energie kann nicht in die Erde oder Luft während der Zwischenräume zwischen den einzelnen Impulsen bezw. Stromschlüssen zurückfließen, da während dieser Zwischenräume die von den Kondensatorklemmen zu den Platten gehenden Verbindungen unterbrochen bleiben.

Eine andere Vorrichtung zur Aufspeicherung gleichgerichteter Impulse ist in Fig. 2 dargestellt: Es ist dabei ein Paar Bürsten 21 weggelassen und die Platte 1 ist von der Bürste getrennt und unmittelbar mit der Klemme 27 des Kondensators verbunden, dagegen ist die Bürste 17 mit der Bürste 18 leitend verbunden. Dann wird bei gleicher Geschwindigkeit des Zylinders 14 die Vorrichtung, für eine Impulszahl eingestellt sein, die für die Zeiteinheit zweimal so groß ist als in dem vorigen Fall. In jedem Fall aber ist es erforderlich, die Dauer der Berührung der Metallstreifen 19 und 20 mit den Bürsten

21, 22 in der angegebenen Weise zu regeln.

Handelt es sich darum, Zeichen oder Nachrichten zu übertragen, so wird man den Sender so arbeiten lassen, daß er Impulse oder Schwingungen erzeugt, die in einer willkürlichen Weise geändert werden können. Beispielsweise werden längere und kürzere Folgen von Impulsen entsprechend den Strichen und Punkten des Telegraphenkodex erzeugt. Die Empfangsvorrichtung hat dann diese Verschiedenheiten der Zeichen wiederzugeben und liefert den Strichen und Punkten entsprechend lange und kurze Punktreihen, in die Aufspeicherungsvorrichtung den Impulsfolgen entsprechend geladen und entladen wird.

PATENTANSPRUECHE:

1. Ein Verfahren zur Nutzbarmachung von aus der Ferne durch den Äther oder die Erde oder beide gesendeten elektrischen Impulsen oder Schwingungen, dadurch gekennzeichnet, daß die durch letztere übertragene Energie unmittelbar zum Laden eines Kondensators benutzt wird, und daß der so geladene Kondensator unter Vermittlung einer gleichmäßig angetriebenen, einen Stromkreis in bezüglich Folge und Dauer vorherbestimmten Zeiträumen schließenden und öffnenden Vorrichtung durch ein als Empfänger dienendes Relais oder einen ähnlichen Teil einer Arbeitsvorrichtung entladen wird.

2. Eine Vorrichtung zur Ausführung des Verfahrens nach Anspruch 1, dadurch gekennzeichnet, daß die den Stromkreis des als Empfänger dienenden Relais schließende und öffnende Vorrichtung (5) aus einer mit einstellbarer Geschwindigkeit umlaufenden Trommel besteht, welche mit untereinander leitend verbundenen, der Länge nach spitz zulaufenden Metallbelegungen (9) versehen ist und auf welcher eine in der Längsrichtung der Trommel verstellbare Bürste (10) schleift.

3. Eine weitere Vorrichtung zur Ausführung des Verfahrens nach Anspruch 1, gekennzeichnet durch eine zwischen die Auffangplatten (1, 2) und die Kondensatorklemmen (27, 28) eingeschaltete, gleichmäßig angetriebene Stromschlußvorrichtung (14), welche zwecks Nutzbarmachung elektrischer Impulse von wechselnder Richtung die Stromverbindungen synchron mit den Impulsen umschaltet und so die Impulse verschiedener Richtung stets nach den richtigen Kondensatorklemmen (27, 28) leitet, zwecks Nutzbarmachung elektrischer Impulse von stets gleichbleibender Richtung, dagegen diese Stromverbindungen derart synchron mit den Impulsen schließt und öffnet, daß die aufeinander folgenden Impulse in den Zeitpunkten, in denen die Impulse ihren für die Ladung des Kondensators günstigsten Wert angenommen haben, in den Kondensator fließen können, während in den Zwischenzeiten die Leitungen unterbrochen sind, so daß die bis dahin aufgespeicherte Energie nicht in die Erde oder die Luft zurückfließen kann.

NIKOLA TESLA IN NEW-YORK.

**Verfahren und Vorrichtung zur Nutzbarmachung von aus der Ferne durch den Äther oder die Erde oder beide gesandten Impulsen oder Schwingungen.**

Fig. 1.

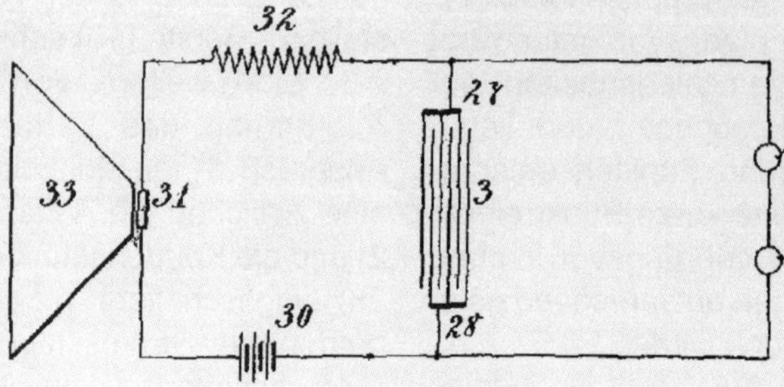


Fig. 2.

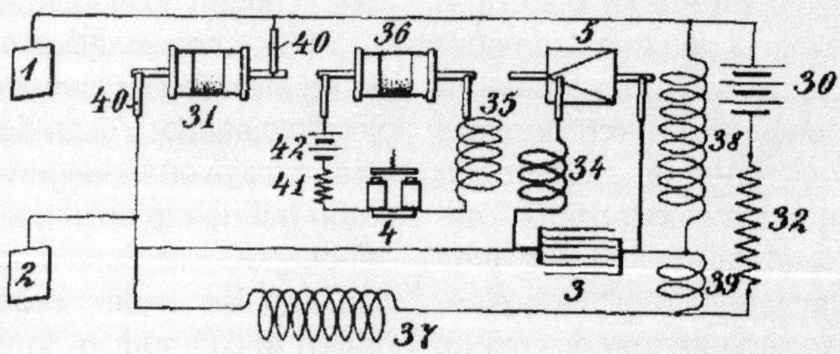


Zu der Patentschrift

**№ 139465.**

KAISERLICHES PATENTAMT

# PATENTSCHRIFT

## Nr. 139 465

Klasse 21a.

NIKOLA TESLA IN NEW YORK. (V. ST. A.).

## VERFAHREN UND VORRICHTUNG ZUR NUTZBARMACHUNG VON AUS DER FERNE DURCH DEN ÄTHER ODER DIE ERDE ODER BEIDE GESANDTEN ELEKTRISCHEN IMPULSEN ODER SCHWINGUNGEN.

Patentiert im Deutschen Reich vom 20. Juni 1901 ab.
Ausgegeben den 27. März 1903.

Vorliegende Erfindung betrifft ein Verfahren und Vorrichtungen zur Nutzbarmachung von aus der Ferne durch den Äther oder die Erde oder beide gesendeten Impulsen oder Schwingungen und zur Verwertung derselben für die Auslösung oder Beherrschung von Empfängern; durch diese Anordnung soll ein sichereres Arbeiten erreicht werden, als dieses nach den bisher bekannten Verfahren möglich war.

Die bei diesem Verfahren zu benutzenden Empfänger können beliebiger Art, beispielsweise gewöhnliche elektromagnetische Relais, sein und bilden Teile von Arbeitsvorrichtungen, die verschiedenen Zwecken dienen. Die Arbeitsvorrichtungen können beispielsweise Signalvorrichtungen, Telegraphenvorrichtungen, Torpedosteuervorrichtungen, Uhraufziehvorrichtungen oder ähnliche Einrichtungen sein. Für die Zeichen- oder Nachrichtenübertragung kann das Verfahren dann noch dahin vervollständigt werden, daß auf der Sendestelle die Impulse oder Schwingungen willkürlich gewechselt oder unterbrochen werden, so daß lange und kurze Reihen von aufeinander folgenden Impulsen entstehen, die den Strichen und Punkten des Morse´schen Schreibtelegraphen entsprechen und wie diese unterschieden werden können. Die

Empfangsvorrichtung wird dann so eingestellt, daß sie die Impulse oder Schwingungen in zweckmäßiger Weise aufzufangen und zu verwerten vermag. Im allgemeinen beruht das Verfahren auf die Aufspeicherung von Energie, die einer unabhängigen Quelle z.B. einer Ortsbatterie entstammt und auf der Verwertung dieser in einen Kondensator aufgespeicherten Energie zur Auslösung eines Empfängers in der Weise, daß die übertragenen Ätherwellen oder dgl. die Ladung des Kondensators auslösen. Es wird also die aus einer unabhängigen Stromquelle angesammelte Energie unter dem Einfluß der durch den Äther oder die Erde oder beide gesendeten Impulse oder Schwingungen zur Auslösung des Empfängers benutzt.

Fig. 1 stellt schematisch die Vorrichtung zur Ausführung des Verfahrens dar und Fig. 2 veranschaulicht schematisch eine besondere Ausführungsform derselben Vorrichtung.

Bei der in Fig. 1 dargestellten Empfangsvorrichtung zur Nutzbarmachung der aufgespeicherten Energie einer unabhängigen Stromquelle ist eine Ladeleitung mit den Klemmen 27, 28 des Kondensators 3 verbunden. Diese Ladeleitung schließt eine Batterie 30, eine empfindliche Vorrichtung 31 und einen Widerstand 32, alle in Reihe geschaltet, ein. Die Batterie wird zweckmäßig von sehr konstanter elektromotorischer Kraft und genau abgemessener Stärke sein, um die günstigste Wirkung zu erreichen. Der Widerstand 32, welcher entweder ein rein Ohm´scher Widerstand oder ein Widerstand mit Selbstinduktion sein kann, ist nicht durchaus erforderlich; doch ist es vorteilhaft, ihn für die Regelung zu benutzen. Für diesen Zweck kann er in beliebiger Weise veränderlich gemacht werden.

Falls die auszunutzenden oder zu untersuchenden Impulse oder Schwingungen gewöhnliche Lichtstrahlen oder ihnen ähnliche Strahlen sind, kann die Vorrichtung 31 aus einer Selenzelle bestehen, die so eingerichtet ist, daß sie für Lichtstrahlen ganz besonders empfindlich ist und in ihrer Wirkung zweckmäßig durch einen Reflektor 33 gesteigert wird. Bekanntlich erfahren derartige Zellen durch Strahlen stark wechselnder Stärke entsprechende Änderungen in ihrem elektrischen Widerstand.

Außer dem die Selenzelle 31 einschließenden Stromkreis ist noch ein zweiter Stromkreis gegeben, der ebenfalls mit den Klemmen 27, 28 des Kondensators verbunden ist. Dieser Stromkreis enthält einen Empfänger 4 nebst einer zur Entladung des Kondensators durch den Empfänger dienenden Vorrichtung 5.

In Fig. 1 steht der empfangende Stromkreis in beständiger Verbindung mit der Batterie 30 und der Kondensatorklemme 27. Manchmal ist es aber wünschenswert, den Empfangsstromkreis beständig isoliert zu halten, mit Ausnahme der Zeitpunkte, wo die Vorrichtung 5 in Tätigkeit tritt, um den Kondensator zu entladen. Dadurch werden störende Einflüsse vermieden, die sonst durch die Batterie oder den Kondensator in dem Stromkreis während der Zeit, wo auf den Empfänger nicht eingewirkt werden soll, verursacht werden könnten. In einem solchen Fall kann man entweder zwei Vorrichtungen 5 anordnen, eins in jeder der beiden Verbindungen des Kondensators mit dem Empfangsstromkreis, oder eine einzige Vorrichtung von solcher Konstruktion, daß sie gleichzeitig und in gehörigen Zeitabschnitten beide Verbindungen unterbricht und herstellt. Die bauliche Ausführung einer solchen Vorrichtung ist aus der Patentschrift 139 464 des Erfinders zu entnehmen.

Aus dem obigen ergibt sich ohne weiteres die Wirkungsweise der Empfangsvorrichtung. Wird die Zelle 31 von Strahlen gar nicht oder sehr gering beeinflußt, so läßt die Zelle 31, welche einen verhältnismäßig hohen Widerstand hat, nur einen vergleichsweise schwachen Strom von der Batterie in den Kondensator gehen, so daß der letztere viel zu langsam geladen wird, als daß er während der Zeit, wo der Empfängerkreis 4 unterbrochen ist, eine für die Auslösung des Empfängers genügende Energie aufspeichern könnte. Ein solches Verhalten der Empfangsvorrichtung sichert man durch geeignete Auswahl und Einstellung der Einzelvorrichungen, so daß der Empfänger 4 bei schwachen Entladungen des Kondensators wie sie bei schwacher oder überhaupt fehlender Beeinflussung der Zelle 31 durch die Strahlen auftreten können, nicht anspricht. Wirken aber starke Strahlen auf die Zelle 31 ein, so wird der Widerstand der Zelle 31 verringert und der Kondensator 3 durch die Batterie 30 schneller geladen. Dabei wird eine hinreichende Energiemenge in dem Kondensator während der Zeit, wo der Empfängerkreis 4 unterbrochen ist, aufgespeichert, um den Empfänger bei Schließung seines Kreises zum Ansprechen zu bringen.

Werden die auf die Zelle oder die empfindliche Vorrichtung einwirkenden Strahlen willkürlich geändert oder in Abschnitte geteilt, etwa wie beim Zeichengeben aus weiten Entfernungen in bekannter Art mittels langer und kurzer Zeichen, so kann die Empfangsvorrichtung leicht zum Schreiben eingerichtet werden oder derart, daß der Telegraphist das Telegramm lesen kann, da der Empfänger 4 (beispielsweise ein gewöhnliches elektromagnetisches Relais) bei jedem von der Sendestelle gesendeten Zeichen eine bestimmte Anzahl von Malen in Tätigkeit tritt, welche Anzahl in gewisser Beziehung zur Dauer jedes Zeichens steht. Werden die Strahlen auf andere Weise geändert, beispielsweise dadurch, daß man ihre Stärke wechselt, so erfahren die nachfolgenden Kondensatorentladungen entsprechende Stärkeänderungen, die durch einen geeigneten Empfänger angezeigt oder aufgezeichnet und ohne Rücksicht auf ihre Dauer unterschieden werden können.

Die elektrische Verbindung der einzelnen dargestellten Vorrichtungen kann in mannigfacher Art erfolgen. Beispielsweise kann die empfindliche Vorrichtung 31, anstatt in Reihe, wie in der Zeichnung dargestellt, im Nebenschluß zum Kondensator geschaltet sein, und in diesem Fall wird der Kondensator weniger Energie aufspeichern, wenn die empfindliche Vorrichtung durch die Strahlen erregt und ihr Widerstand dadurch herabgesetzt wird. Die Einstellung der verschiedenen Einzelvorrichtungen wird man dann in der Weise vornehmen, daß der Empfängerkreis nur dann geschlossen wird, wenn die Strahlen in ihrer Stärke herabgesetzt oder unterbrochen und gänzlich daran gehindert werden, auf die empfindliche Vorrichtung einzuwirken.

Die empfindliche Vorrichtung 31 kann auch im Nebenschluß zum Widerstand 32 und Kondensator 3 geschaltet sein. Oder die einzelnen Vorrichtungen können nach Art einer Wheatstonebrücke, wie weiter unten beschrieben, verbunden sein. In jedem Falle aber muß die empfindliche Vorrichtung zur Beherrschung der aufgespeicherten Energie für die Auslösung des Empfängers dienen. Der Kondensator kann durch andere Vorrichtungen zur Aufspeicherung der Energie ersetzt sein, ohne daß dadurch etwas an der vorliegenden Erfindung geändert wird.

Die Fig. 2 stellt eine etwas vollständigere Einrichtung der Empfangsvorrichtung dar, die besonders zur Entdeckung oder Aufzeichnung ganz schwacher Impulse oder Schwingungen geeignet ist, wie sie beispielsweise bei der Zeichengebung auf weite Entfernung erscheinen. Hier wird die im Kondensator 3 aufgespeicherte Energie durch die Primärspule 34 eines Transformators gesendet, dessen Sekundärspule 35 in dem den Empfänger 4 einschließenden Stromkreis liegt. Um die Empfangsvorrichtung noch empfindlicher zu machen für die Entdeckung schwacher Impulse, läßt sich neben der empfindlichen Vorrichtung 31, auf welche die gesendeten Impulse einwirken, noch ein zweites Organ bezw. eine Vorrichtung 36 in den Nebenstromkreis des Transformators einschalten.

Die Schaltungsweise ist in der Hauptsache in der Wheatstonebrücke, deren vier Arme von der empfindlichen Vorrichtung 31 und den Widerständen 37, 38 und 39 gebildet werden, die alle zweckmäßig Selbstinduktion besitzen und fortlaufend einstellbar sind. Der Kondensator ist mit zwei entgegengesetzten Punkten der Brücke verbunden, während die Batterie 30, die mit einem fortlaufend einstellbaren, nicht induktiven Widerstand 32 in Reihe geschaltet ist, mit dem anderen Paar entgegengesetzter Punkte in üblicher Weise in Verbindung steht. Die vier Widerstände 31, 37, 38, 39 sind so bemessen, daß unter gewöhnlichen Bedingungen, oder wenn 31 überhaupt nicht oder nur leicht durch die Impulse oder Schwingungen beeinflußt wird, keine oder doch nur eine sehr geringe Potentialdifferenz an den Klemmen des Kondensators auftritt.

Es wird hier angenommen, daß die Impulse oder Schwingungen eine wenn auch nur geringe Differenz im elektrischen Potential zwischen zwei Punkten in der Luft oder Erde erzeugen, und daß, um diese Potentialdifferenz wirksam zu verwenden, die Endstücke der empfindlichen Vorrichtung 31 aus zwei Platten 1, 2 bestehen, die in geeigneter Entfernung von einander angeordnet sind. Die empfindliche Vorrichtung 3 kann von beliebiger Art sein. In Fig. 2 ist sie von bekannter Konstruktion und besteht aus einer isolierenden Röhre und zwei ihre Enden verschließenden Stöpseln mit Verlängerungen, gegen welche die den Strom leitenden Bürsten 40 anliegen. Die Röhre ist zum Teile mit einem leitenden, empfindlichen Pulver gefüllt und wird durch ein passendes Uhrwerk oder dergl. in gleichmäßige Umdrehung versetzt. Sie verhält sich dann gegen die hier in Betracht kommenden Impulse oder Schwingungen wie eine feststehende Selenzelle gegen Lichtstrahlen. Ihr elektrischer Widerstand verringert sich unter der Einwirkung der Impulse oder Störungen und erstarkt wieder beim Aufhören dieser Einwirkung.

Die Primärspule 34 besteht gewöhnlich aus wenigen Windungen, hat geringen Widerstand und ist mit einem Entlader 5 der schon beschriebenen Art in einen Stromkreis geschaltet. Die Sekundärspule 35 besteht gewöhnlich aus feinerem Draht in zahlreicheren Windungen. In ihrem Stromkreis liegen der Empfänger 4, hier als ein gewöhnliches Relais dargestellt, ein fortlaufend einstellbarer, nicht induktiver Widerstand 41, eine Batterie 40 von gehörig abgestimmter und sehr konstanter elektromotorischer Kraft und die empfindliche Vorrichtung 36 von gleicher Konstruktion wie die oben beschriebene.

Die elektromotorische Kraft der Batterie wird durch den einstellbaren Widerstand 41 so bemessen, daß die dielektrischen Schichten in der empfindlichen Vorrichtung 36 sich in einem Zwangszustand befinden, welcher der Entladung nahe liegt, und bei geringem Anwachsen der elektrischen Spannung an den Klemmen der Vorrichtung durchschlagen werden. Man kann natürlich auch andere Mittel als die Widerstände 32 und 41 zur gehörigen Einstellung der Vorrichtung benutzen.

Sind die sämtlichen Vorrichtungen in der beschriebenen Weise geschaltet und eingestellt, so wird das periodische Schließen des primären Stromkreises des Transformators durch die Vorrichtung 5 keine Wirkung von Belang haben, so lange als die empfindliche Vorrichtung 31 unbeeinflußt bleibt. Wenn aber infolge der von einer entfernten Stelle durch die Erde oder Luft gesendeten Impulse oder Schwingungen eine weitere, selbst wenn noch so kleine elektromotorische Kraft die Klemmen der Vorrichtung 31 erreicht, so geben die dielektrischen Schichten nach und lassen den Strom der Batterie 30 durchgehen, wodurch eine Potentialdifferenz an den Klemmen 27, 28 des Kondensators 3 erzeugt wird. Da also während der Zeiträume, in denen die Vorrichtung 5 keine Wirkung ausübt, eine hinreichende Energiemenge im Kondensator aufgespeichert ist, so wird jeder Schluß des primären Stromkreises durch die Vorrichtung 5 den Durchgang eines plötzlichen Stromimpulses durch die Spule 34 veranlassen, die einen entsprechenden Strom von vergleichsweise hoher elektromotorischer Kraft in der Nebenspule 35 induziert. Dieser induzierte Strom überwindet den Widerstand der empfindlichen Vorrichtung 36 und läßt den Strom aus der Batterie 42 laufen und den Empfänger 4 in Tätigkeit setzen, jedoch nur für einen Augenblick, da infolge der Drehung der Vorrichtungen 5, 31 und 36, die übrigens alle von derselben Welle angetrieben werden können, der ursprüngliche Zustand wieder hergestellt wird. Dabei ist natürlich vorausgesetzt, daß die durch die Impulse oder Schwingungen an die Klemmen der empfindlichen Vorrichtung 31 abgegebene elektromotorische Kraft nur von momentaner Dauer ist, oder doch nur von einer Dauer, die nicht länger ist als die Zeit des Schließens des primären Stromkreises. Andernfalls wird der Empfänger mehrere Mal in Tätigkeit treten, und zwar so oft und lange, als der Einfluß der Impulse oder Schwingungen auf die Vorrichtung 31 anhält.

Um die vom Kondensator entladene Energie wirkungsvoller für den Empfänger zu gestalten, muß der Widerstand des primären Stromkreises sehr gering sein und die Sekundärspule 35 eine viel größere Anzahl Windungen enthalten als die Primärspule 34. Auch ist es von Vorteil, die induktiven Widerstände 37 und 38 vergleichsweise stark zu halten, da sie in einem Nebenschluß zur Vorrichtung 31 liegen und, im Fall sie zu klein sind, die Empfindlichkeit der letzteren herabsetzen würden.

PATENTANSPRUECHE:

1. Ein Verfahren zur Nutzbarmachung von aus der Ferne durch den Äther oder die Erde oder beide gesendeter Impulse oder Schwingungen, dadurch gekennzeichnet, daß die übertragenen Impulse oder Ätherwellen zur Auslösung der Ladung eines Kondensators nutzbar gemacht werden, der seine Ladung von einer unabhängigen Stromquelle, z.B. einer Ortsbatterie empfängt, während die Entladung des Kondensators unter Vermittlung einer gleichmäßig angetriebenen, den Stromkreis einer Empfangsvorrichtung in bezüglich Folge und Dauer vorherbestimmten Zeiträumen schließenden und öffnenden Vorrichtung bewirkt wird.

2. Eine Vorrichtung zur Ausführung des Verfahrens nach Anspruch 1, dadurch gekennzeichnet, daß eine für die Impulse oder Schwingungen empfindliche Vorrichtung (31) in den Empfangsstromkreis eingeschaltet ist, um mit Hilfe eines einstellbaren Widerstandes (32) die Zuführung der Energie von der unabhängigen Quelle (30) nach dem Kondensator (3) zu regeln.

NIKOLA TESLA IN NEW-YORK.

**Verfahren zur Nutzbarmachung von aus der Ferne durch den Äther gesandten Einwirkungen.**

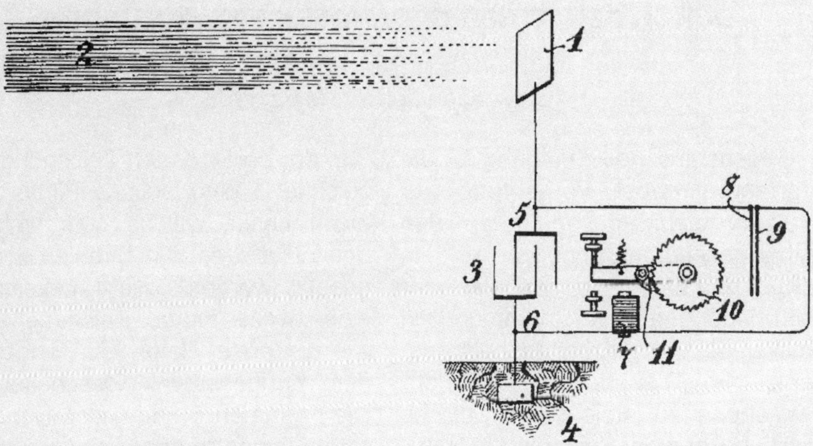


Zu der Patentschrift

№ 139466.

**KAISERLICHES PATENTAMT**

# PATENTSCHRIFT

**Nr. 139 466**

KLASSE 21 a.

NIKOLA TESLA IN NEW YORK. (V. ST. A.).

## VERFAHREN ZUR NUTZBARMACHUNG VON AUS DER FERNE DURCH DEN ÄTHER GESANDTEN EINWIRKUNGEN.

Patentiert im Deutschen Reich vom 20. Juni 1901 ab.
Ausgegeben den 27. März 1903.

Gegenstand der Erfindung ist ein Verfahren nebst Vorrichtung zur Nutzbarmachung von durch den Äther gesendeten Impulsen, zu dem Zweck, die Wirkung der Impulse oder Schwingungen zu verstärken und ein vollkommeneres Arbeiten beispielsweise im Dienste der Nachrichtengebung zu erzielen, als dieses nach bekannten Systemen möglich ist.

Zu diesem Zweck werden Strahlen, wie ultraviolette Lichtstrahlen, Kathoden- oder Röntgenstrahlen usw., welche elektrische Leiter zu laden und zu entladen vermögen, zum Laden einer der Belegungen eines Kondensators benutzt, während die andere Kondensatorbelegung von einer unabhängigen Stromquelle gespeist wird, und der Kondensator wird durch einen geeigneten Empfänger entladen.

In der beiliegenden Zeichnung bezeichnet 1 eine isolierte Platte oder einen Leiter, welche oder welcher der Einwirkung von Strahlen 2 ausgesetzt werden soll. 4 bezeichnet eine zweite Platte, welche ebenso wie die erste Platte 1 in Reihe mit dem Kondensator 3 geschaltet ist. Die Klemmen 5 und 6 des Kondensators liegen ferner in einem Stromkreise, der den Empfänger 7 und einen Stromschließer enthält. Letzterer besteht beispielsweise aus zwei sehr dünnen leitenden Platten 8, 9, die dicht nebeneinander liegen und äußerst leicht beweglich sind infolge ihrer außerordentlichen Biegsamkeit oder der Art ihrer Aufhängung. Sobald der Kondensator auf ein bestimmtes Potential geladen ist, ziehen sich die Platten 8, 9 gegenseitig an bis zur Berührung und bewirken so die Entladung des Kondensators.

Nach Beendigung dieser Entladung fallen die Platten 8, 9 wieder auseinander.

Zur Erhöhung ihrer Wirksamkeit sind sie in einem luftleeren Raum (Gefäß) eingeschlossen. Der Empfänger 7 besteht beispielsweise aus einem Elektromagneten nebst Anker, einer Abreißfeder und einem Schaltrad 10 mit an dem Anker gelagerter Schaltklinke *m*. Die Endplatte 4 kann mit einem Pol einer Batterie oder einer anderen Elektrizitätsquelle verbunden sein, oder mit einem Leiter verbunden sein, der Elektrizität des erforderlichen Vorzeichens liefert. Ein einfaches Mittel, positive oder negative Elektrizität in die Endplatte zu liefern, besteht darin, die Endplatte entweder mit einem isolierten, in gewisser Höhe in der Atmosphäre angeordneten Leiter oder mit einem an Erde gelegten Leiter zu verbinden, wobei bekanntlich im ersten Falle positive und im zweiten Falle negative Elektrizität erhalten wird.

Wenn Sonnenstrahlen oder andere die beschriebene Wirkung erzeugende Strahlen 2 auf die Platte 1 der dargestellten Empfangsvorrichtung fallen, so erfolgt eine Ansammlung von Energie im Kondensator 3. Diese Erscheinung läßt sich vielleicht am besten wie folgt erklären: Die Sonne oder andere Strahlenquellen wirft winzige Teilchen positiv elektrischer Materie aus, die, auf die Platte 1 auftreffend, ihr eine elektrische Ladung mitteilen. Da das andere Ende des Kondensators beispielsweise mit Erde verbunden ist, die man als ein großes Reservoir negativer Elektrizität ansehen kann, so fließt fortwährend ein schwacher Strom in den Kondensator. Da ferner jene Materieteilchen einen unmeßbaren kleinen Krümmunghalbmesser haben und daher auf ein relativ sehr hohes Potential geladen sind, so kann die Ladung des Kondensators, wie praktische Versuche ergeben haben, fast unbegrenzt fortdauern, selbst bis zum Durchbruch des Dielektrikums. Der in den Stromkreis geschaltete Stromschließer, welcher Art er auch sei, wird dann den Strom schließen, wenn das Potential im Kondensator die gewünschte Höhe erreicht hat.

Die heutige Technik gewährt die Mittel, um die Empfangsvorrichtung so äußerst empfindlich herzustellen, daß sie auf die allerschwächsten Einflüsse aus sehr großen Entfernungen ansprechen, die bisher weder durch die bekannten Vorrichtungen verwertet werden konnten.

PATENTANSPRUCH:

Ein Verfahren zur Nutzbarmachung von aus der Ferne durch den Äther gesendeten Einwirkungen, dadurch gekennzeichnet, daß auf der Empfangsstelle die eine Belegung eines Kondensators 3 durch Vermittlung von Strahlen 2 und die andere Belegung desselben durch eine unabhängige Stromquelle geladen wird, während die Entladung des Kondensators, die unter Vermittlung einer den Stromkreis einer Empfangsvorrichtung in bestimmter Weise schließenden und öffnenden Vorrichtung bewirkt wird, eine Arbeits- oder Anzeigevorrichtung in Tätigkeit setzt.

NIKOLA TESLA IN NEW-YORK.

**Vorrichtung zur Fernsteuerung von Wasserfahrzeugen mittels elektrischer Wellen.**

Fig. 1

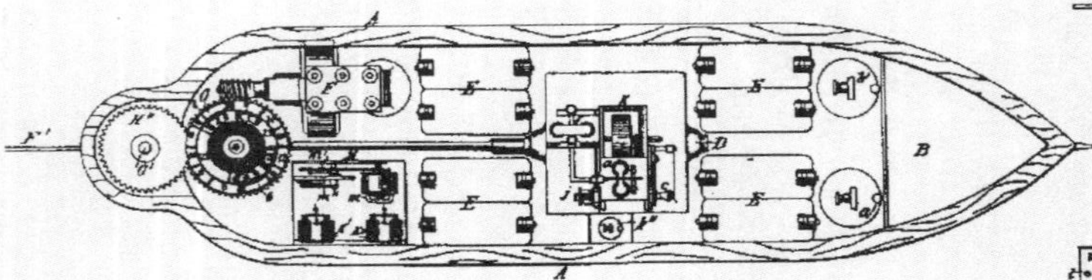

Fig. 3

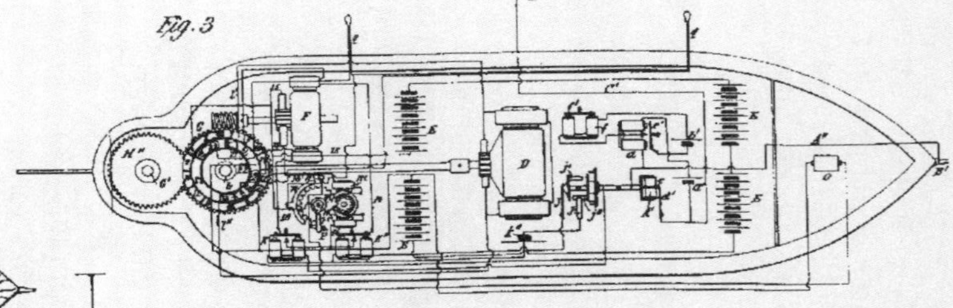

Fig. 9

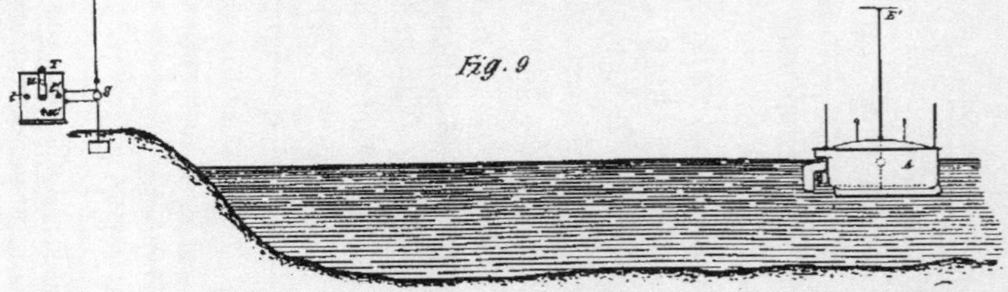

Fig. 2

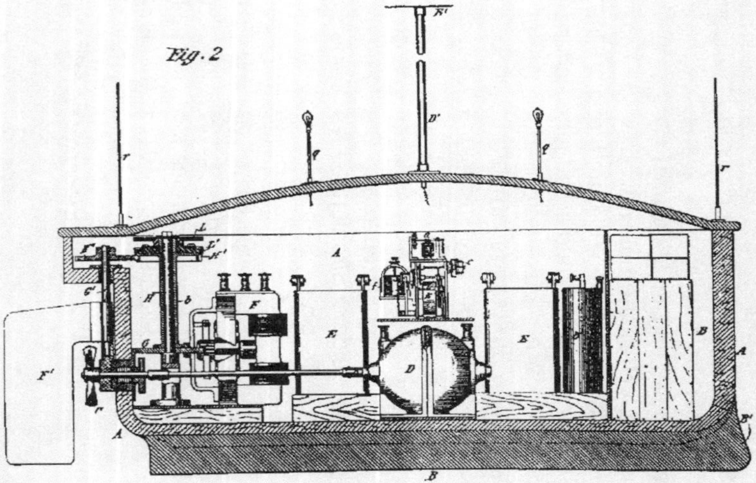

Fig. 10

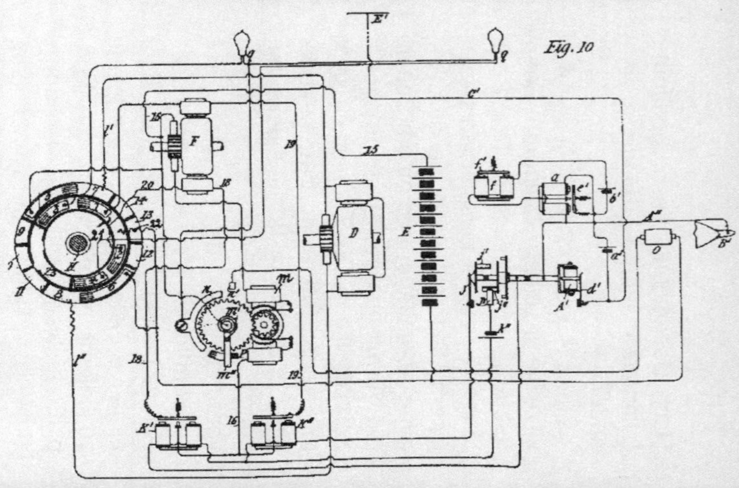

Fig. 5

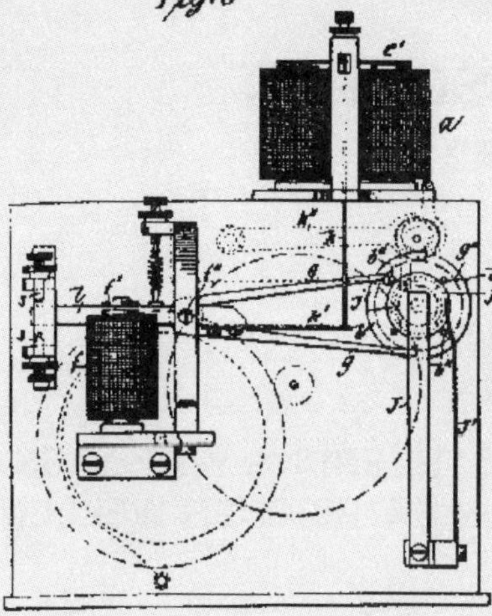

Fig. 6

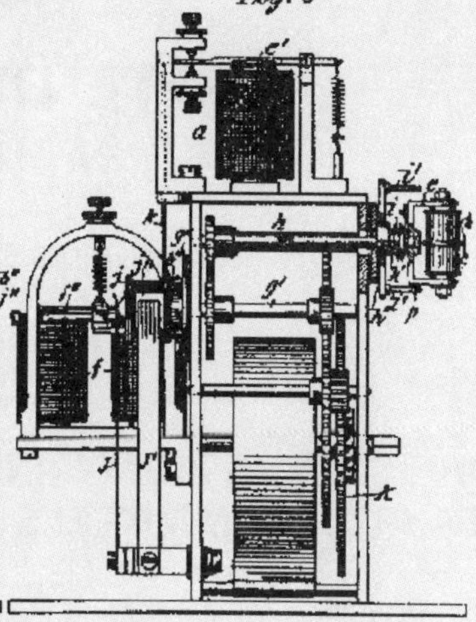

Fig. 4

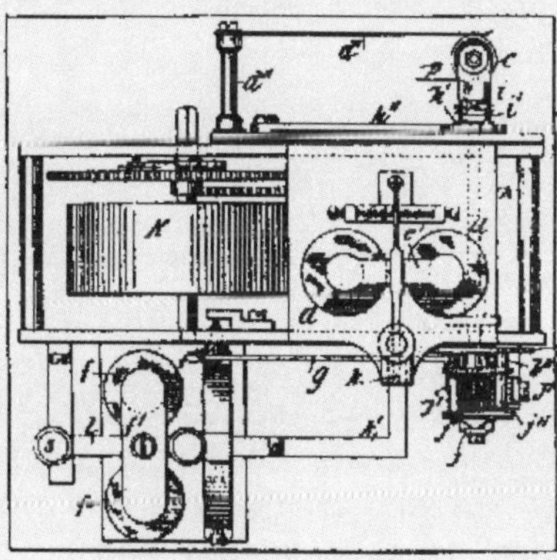

Fig. 8

Fig. 7

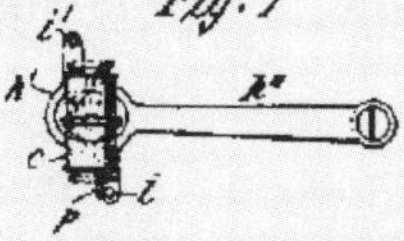

Zu der Patentschrift

№ 142842.

KAISERLICHES PATENTAMT

# PATENTSCHRIFT

## Nr. 142 842

KLASSE 65a.

NIKOLA TESLA IN NEW YORK. (V. ST. A.).

# VORRICHTUNG ZUR FERNSTEUERUNG VON WASSERFAHRZEUGEN MITTELS ELEKTRISCHER WELLEN.

Patentiert im Deutschen Reich vom 8. November 1898 ab.
Ausgegeben den 1. August 1903.

Gegenstand der vorliegenden Erfindung ist eine Vorrichtung zur Fernsteuerung von Wasserfahrzeugen mittels elektrischer Wellen, bei welcher auf der Fernsteuerungsstelle ein nur in einer Richtung drehbarer Stromschließer angeordnet ist, welcher bei einer vollen Umdrehung viermal während je einer kurzen Zeitdauer elektrische Schwingungen gleicher Art erzeugt, während auf dem zu steuernden Fahrzeug ein Uhrwerk sich befindet, welches unter Vermittlung einer für die elektrischen Wellen empfindlichen Vorrichtung bei jeder Schwingungsfolge für eine bestimmte Bewegung freigegeben wird und hierbei Stromkreise für Relais und Elektromotoren derart in bestimmter Folge schließt und öffnet, daß bei der ersten und bei der dritten Wellensendung das Steuerruder nach rechts bezw. nach links bewegt wird, während bei der zweiten und bei der vierten Wellensendung das Steuerruder in der bis dahin erreichten Stellung angehalten wird. Weiterhin gehören zum Bereiche der vorliegenden Erfindung besondere Ausführungsformen der bei dieser Fernsteuerungsvorrichtung verwendeten Empfangsvorrichtungen, die nachstehend eingehend beschrieben werden sollen.

In den beiliegenden Zeichnungen ist eine Ausführungsform der Vorrichtung zur Darstellung gebracht, und zwar ist --

Fig. 1 ein Grundriß eines Schiffes mit der Steuerungseinrichtung gemäß der vorliegenden Erfindung,

Fig. 2 ein Längsschnitt dazu mit der Steuerungsvorrichtung in Seitenansicht.

Fig. 3 ist ein teilweise schematischer Grundriß dazu nebst Schaltung.

Fig. 4 ist ein Grundriß,

Fig. 5 eine Endansicht und

Fig. 6 eine Seitenansicht des Uhrwerks nebst zugehörigen Teilen in vergrößertem Maßstab.

Fig. 7 zeigt die für die elektrischen Wellen empfindliche Vorrichtung (Fritter) in Seitenansicht,

Fig. 8 im Schnitt und in vergrößertem Maßstab.

Fig. 9 gibt eine schematische Darstellung der Steuerungsstelle nebst Abbildung des Fahrzeuges.

Fig. 10 ist eine schematische Ansicht der Stromkreise und Mechanismen in größerem Maßstab, wobei einzelne bekannte Teile fortgelassen oder durch übliche Zeichen angedeutet sind.

In Fig. 1 und 2 bezeichnet A das zu steuernde Fahrzeug, welches in einem Abteil B Gegenstände irgend welcher Art, je nach seiner Bestimmung, enthalten kann. Dieses Fahrzeug ist mit einer geeigneten Treibvorrichtung, etwa einer Schraube C auf der Welle eines Elektromotors D ausgestattet, der den Betriebsstrom den Sammelbatterien E E E E entnimmt.

Außer der Treibmaschine besitzt das Boot noch eine kleinere Steuermaschine F, deren Welle über die Lager hinaus verlängert ist und eine Schnecke trägt, die in ein Zahnrad G eingreift. Das letztere ist an einer auf der senkrechten Stange H frei beweglichen Hülse *b* befestigt und wird je nach der Drehungsrichtung des Motors F in der einen oder der anderen Richtung gedreht. Die Hülse *b* auf der Stange H ist durch Zahnräder H' und H" mit einer Welle G' gekoppelt, die in senkrechten Lagern am Achtersteven angeordnet ist und das Steuerruder F' trägt.

Die Einrichtung, mittels deren die Steuermaschine beherrscht wird, umfaßt zunächst eine Empfangsleitung, die auf die Wellen abgestimmt ist, welche von einer entfernten Station ausgesendet werden. Es kann dies entweder derart geschehen, daß ihre Schwingungszahl gleich der Schwingungszahl der ausgesendeten Wellen gemacht ist, oder daß beide in einem harmonischen Verhältnis zueinander stehen. Die eigentliche Empfangsleitung, die in Fig. 3 und 10 schematisch dargestellt ist, besteht aus dem Endpol E', dem Leiter C', der für die elektrischen Wellen empfindlichen Vorrichtung (dem Fritter) A' und einem Leiter A", der zur Erde führt, indem er etwa mit dem metallenen Kiel B' des Schiffes verbunden ist. Der Endpol E' sollte eine größere leitende Oberfläche besitzen und so hoch als möglich auf einem Ständer D', der in Fig. 2 abgebrochen dargestellt ist, angeordnet sein, doch ist eine derartige Einrichtung nicht immer nötig. Der Leiter C' ist in jedem Falle sorgfältig zu isolieren.

Die eben erwähnte Leitung bildet auch einen Teil einer Ortsleitung, die ein Relais *a* und eine Batterie *a'* enthält, deren elektromotorische Kraft so bemessen ist, daß vermöge der dielektrischen Schichten in der für die elektrischen Wellen empfindlichen Vorrichtung A' kein merklicher Strom durch die Ortsleitung fließt. Wenn aber elektrische Störungen die Leitung erreichen, erfährt der Widerstand der für die elektrischen Wellen empfindlichen Vorrichtung A' eine plötzliche starke Abnahme und ein Strom geht durch das Relais *a*. Die für die elektrischen Wellen empfindliche Vorrichtung ist in Fig. 4, 6, 7 und 8 dargestellt. Sie besteht aus einem Metallzylinder *c* mit isolierenden Deckeln *c'*, durch welche eine Metallstange *c''* hindurchgeht. In dem Zylinder befindet sich eine geringe Menge von Körnern eines leitenden Materials *d*, etwa aus oxydiertem Metall. Ein Metallstreifen *d'*, der an einem Ständer *d''* befestigt ist (s. Fig. 4), liegt an der Seite des Zylinders *c* und verbindet denselben mit dem Leiter C' der Leitung. Die Stange *c''* ist mit dem Apparatgestell und daher mit dem anderen Teil der Leitung durch den gegabelten metallenen Arm *e* verbunden, dessen Enden durch zwei Muttern an den vorspringenden Enden der Stange befestigt sind. Hierdurch wird der Zylinder *c* unterstützt. Um den Batteriestrom, der beim Ansprechen der für die elektrischen Wellen empfindlichen Vorrichtung A' auftritt, zu unterbrechen, sind folgende Einrichtungen getroffen. Der Anker *e'* des Elektromagneten *a* schließt, wenn er von letzterem angezogen wird, eine Ortsleitung, die die Batterie *b'* und den Elektromagneten *f* enthält; der Anker *f'* der letzteren ist an einer Drehwelle *f''* (Fig. 4, 5 und 6) befestigt, auf der der Steigradanker *g* sitzt, der die Bewegung einer von einem Uhrwerk K getriebenen Achse *g'* beherrscht. An der Welle *g'* ist eine Scheibe *g''* mit vier Stiften *b''* befestigt, so daß bei jeder Schwingung des Steigradankers *g* die Welle *g'* eine Viertelumdrehung macht. Eine der Wellen des Uhrwerks, etwa *h*, macht eine halbe Umdrehung bei jeder Viertelumdrehung der Welle *g'*. Das Ende der ersteren Welle reicht durch die Seite des Gestelles hinaus und trägt einen exzentrischen Zylinder *h'*, der durch einen Schlitz in einem Hebel *h''* an der Seite des Gestelles hindurchgeht. Der gegabelte Arm *e*, welcher den Zylinder *c* trägt, ist am Ende des Exzenters *h'* eingelenkt, und der Exzenter und der Arm sind durch eine Spiralfeder *i* verbunden. Zwei Stifte *i' i'* ragen aus dem Hebel *h´´* heraus, und einer derselben ist stets in der Bahn eines Ansatzes *p* am Arm *e*. Diese Stifte verhindern die Drehung des Zylinders *c* mit der Welle *h* und den Exzenter. Es ist klar, daß eine halbe Umdrehung der Welle *h* die Feder *i* spannt und zugleich den Hebel *h''* hebt oder senkt. Diese Teile sind so angeordnet, daß gerade, bevor die halbe Umdrehung der Welle beendigt ist, der Stift *i*, der mit dem Anschlagstift *p* in Eingriff steht, zurückgezogen wird, und der Zylinder *c*, der Feder *i* folgend, plötzlich um die Querachse um 180° gedreht wird. Die Bewegung desselben wird durch den anderen Stift *i'* aufgehalten. Die Einstellung gegenüber dem

Anker *f'* oder dem Magnet *f* ist ferner eine derartige, daß der Stift *i'* in dem Augenblick zurückgezogen wird, wenn der Anker vom Magneten nahezu vollständig angezogen worden ist, d.h. wenn der Hebel *l*, welcher den Anker *f'* trägt, den unteren der beiden Anschläge *s s* (Fig. 5), welche seine Bewegung in beiden Richtungen begrenzen, nahezu erreicht hat.

Der Zylinder *c* steht für gewöhnlich senkrecht, und wenn er in der beschriebenen Weise gedreht wird, so werden die oxydierten Metallkörner in demselben einfach von einem Ende an das andere gelangen. Da nun die Körner dabei stets durch dieselbe Strecke fallen und in gleicher Weise bewegt werden, so werden sie nach jeder Bewegung des Relais in genau denselben elektrischen Zustand zurückkehren und dem Batteriestrom denselben Widerstand entgegensetzen, bis ein anderer aus der Ferne kommender Impuls die Empfangsleitung erreicht.

Das Relais *a* muß auf einen sehr schwachen Strom ansprechen, dabei aber durchaus sicher arbeiten. Um das Abreißen des Ankers *e'* zu sichern, nachdem ein Strom durch den Elektromagneten *f* gesendet und durch die Umkehrung der für die elektrischen Wellen empfindlichen Vorrichtung *c* wieder unterbrochen worden ist, ist eine leichte Stange *k* in Führungen am Gestell in einer solchen Lage angebracht, daß sie durch einen Ansatz *k'* des Ankerhebels *l* gehoben wird und den Anker *e'* etwas hebt. Da für gewöhnlich ein sehr schwacher Strom durch die für die elektrischen Wellen empfindliche Vorrichtung und das Relais *a* fließen könnte, der die Relaiszunge zwar nicht anziehen, aber doch festzuhalten vermöchte, so ist diese Vorsichtsmaßregel dringend geboten. Die Wirkung des Relais *a* und die hierdurch eingeleitete Wirkung des Elektromagneten *f*, wie sie vorstehend beschrieben wurden, wird zur Beherrschung der Steuerungsvorrichtung in der folgenden Weise benutzt.

Auf der Welle *g`*, welche das Steigrad *g"* trägt (Fig. 4, 5 und 6), sitzt ein Zylinder *j* aus isolierendem Material mit einer leitenden Platte an jedem Ende. Aus diesen Platten ragen aneinander diametral gegenüberliegenden Stellen des Zylinders Kontaktplatten *j' j"* heraus, von denen letztere durch die Platte, aus welcher sie herausragt, mit dem Apparatgestell in leitender Verbindung steht, während isolierte Streifen oder Bürsten J J' am freien Ende des Zylinders bezw. am Umfang desselben anliegen. Es entstehen so drei Pole, von denen der eine dauernd mit der Platte *j'*, der zweite mit der Platte *j"* verbunden ist, während der dritte je nach der Stellung, in welche der Umschalter durch das Schaltwerk *g* gebracht wird, mit dem einen oder dem anderen Streifen *j´ j˝* verbunden ist, oder endlich durch Aufliegen der Kontaktfeder auf den isolierenden Teilen des Zylinders isoliert ist. K' K" (Fig. 1, 3 und 10) sind zwei Relais hinter der Treibmaschine. Ein Pol einer Batterie *k"* ist mit einer Klemme jeder der Relaisspulen und der andere mit der Bürste J' verbunden, während die anderen Klemmen der Relaisspulen mit der Bürste J und dem Apparatgestell verbunden sind.

Bei dieser Anordnung wird entweder das eine oder das andere Relais *K'* oder *K''* zum Ansprechen gebracht, wenn die Bürste J' auf den Platten *j'* bezw. *j''* liegt, oder es sind beide Relais außer Tätigkeit, wenn die Bürste J' auf der Isolierung zwischen *j'* und *j'* aufliegt. Spricht nun eines der Relais, etwa K' an, so stellt sein Anker eine Schließung durch den Motor F her, welcher dann in einer Richtung in Bewegung gesetzt wird, um das Steuerruder backbords zu drehen. Spricht dagegen das Relais K´´ an, so wird eine andere Schließung durch den Motor F hergestellt, wodurch die Bewegungsrichtung des letzteren umgekehrt und das Steuerruder steuerbords gedreht wird. Diese Schließungen dienen aber gleichzeitig auch zu anderen Zwecken und führen deshalb auch durch andere sogleich zu beschreibende Apparate.

Die feste Stange H trägt eine isolierende Scheibe L (Fig. 2), an deren Unterseite sechs Bürsten 1, 2, 3, 4, 5, 6 (Fig. 3) befestigt sind. Die Hülse *b*, welche auf die Stange aufgeschoben ist und durch den Steuerungsmotor F gedreht wird, trägt eine Scheibe L', auf deren oberer Fläche sich zwei konzentrische Kreise von Kontaktsegmenten befinden. Die Bürsten 1, 2, 3 und 4 liegen auf dem inneren Kreis von Kontaktsegmenten, die Bürsten 5 und 6 dagegen auf dem äußeren. Der äußere Kreis von Kontaktsegmenten besteht aus zwei langen Segmenten 7 und 8 auf einander gegenüberliegenden Stellen der Platte und aus einer Reihe von kurzen Segmenten 9, 10, 11, 12, 13, 14 zwischen den langen Segmenten. Biegsame Leiter *l' l''* verbinden die Segmente 7 und 8 mit den Klemmen der Treibmaschine D, und die Pole der Batterie E sind mit den Bürsten 5 und 6 verbunden, so daß, während das Ruder mittschiffs steht oder nach einer Seite gedreht wird, der Strom durch die Bürsten 5 und 6 und die Segmente 7 und 8 zur Treibmaschine D fließt.

Der Steuerungsmotor F wird auch durch einen der Batterie E entnommenen Strom getrieben. Ein Leiter 15 führt von einem Pol der Hauptbatterie E zu einer der Stromsammelbürsten, und von der anderen Bürste geht ein Leiter 16 zu den Kontakten, welche von den beiden Relais K' K'' geschlossen werden. Ist eines der letzteren, etwa K'', in Tätigkeit, so geht die Leitung weiter durch den Draht 19 und einen Feldmagnetspulensatz des Motors F zur Bürste 1; ist aber das Relais K' in Tätigkeit, so setzt sich die Leitung durch den Draht 18, einen zweiten Feldmagnetspulensatz und den Draht 20 zur Bürste 2 fort. So lange das Steuerruder um nicht mehr als 45° auf eine Seite gedreht ist, liegen die Bürsten 1 und 2 stets auf einem langen Segment 21, und eine Bürste liegt bei jeder Stellung des Ruders auf diesem Kontaktsegment, das durch einen biegsamen Leiter 22 (Fig. 3 und 10) mit dem anderen Pol der Hauptbatterie verbunden ist. Der Motor F kann daher stets in einer

Richtung getrieben werden, gleichgültig, welche Stellung das Steuerruder einnimmt, und kann stets in beiden Richtungen getrieben werden, wenn das Steuerruder einen Winkel mit dem Kiel bildet, der kleiner ist als ein festgesetzter Winkel, z.B. 45°.

Um indessen zu verhindern, daß das Steuerruder in der einen oder in der anderen Richtung zu weit gedreht wird, wird die isolierte Platte 23 benutzt. Jede Bewegung des Steuerruders über eine bestimmte Grenze hinaus bringt diese Platte 23 unter die eine oder die andere der Bürsten 1, 2 und unterbricht den Stromkreis des Motors F, so daß das Ruder in dieser Richtung nicht weiter gedreht werden kann, wohl aber kann das Ruder in der entgegengesetzten Richtung gedreht werden. In gleicher Weise wird der Stromkreis der Treibmaschine D durch Bürsten 5 und 6 und die Segmente des äusseren Kontaktringes auf der Scheibe L beherrscht. Wenn die kurzen Segmente 9, 10, 11, 12, 13, 14 auf beiden Seiten des Kreises isoliert sind, so wird der Motor D angehalten, wenn eine der Bürsten 5 oder 6, von einem der langen Segmente 7 und 8 kommend, auf eines der kurzen Segmente aufläuft. Die kurzen Segmente können untereinander oder mit den langen Segmenten in verschiedener Weise verbunden sein, um die Stärke des durch den Motor D fließenden Stromes zu beeinflussen, wenn eine der Bürsten 5 oder 6 auf einem derselben aufliegt; um aber die Zeichnung nicht zu verwirren, sind derartige Verbindungen nicht dargestellt, da sie sich ja dem Fachmann von selbst darbieten.

Es ist von Wichtigkeit, hier noch hinzuzufügen, daß an allen Kontaktstellen, an denen eine Unterbrechung des Stromes vorkommt, Vorkehrungen zu treffen sind, um Funkenbildung und wellenförmige Entladungen in den Leitungen zu verhindern, da diese die für die elektrischen Wellen empfindliche Vorrichtung beeinflussen könnten. Diese Erwägung läßt es rätlich erscheinen, die beiden Relais K' K" zu benutzen, welche sonst entbehrlich wären. Sie sollten auch soweit als möglich von der für die elektrischen Wellen empfindlichen Vorrichtung aufgestellt sein, um die letztere gegen die Einwirkung starker veränderlicher Ströme zu schützen.

Außer den beschriebenen Vorrichtungen kann das Schiff noch andere Vorrichtungen tragen, welche zur Erreichung besonderer, mehr oder minder wichtiger Zwecke nötig sind. Beispielsweise ist ein kleiner Motor *m* (Fig. 1, 3 und 10) dargestellt, welcher eine Anzahl von Aufgaben zu erfüllen hat. Dieser Motor ist in Reihenschaltung mit dem Anker des Steuerungsmotors F verbunden, so daß, wenn der eine oder der andere Stromkreis des letzteren durch die Relais K' K" geschlossen ist, auch der Motor *m* läuft, aber stets nur in derselben Richtung. Der Drehung dieses Motors wirkt eine Feder *m'* entgegen, so daß beim gewöhnlichen Betrieb, wo der Stromkreis des Motors F nur für kurze Zeit geschlossen ist, der Hebel *m"*, der an einem der Räder des Getriebes M befestigt ist, mit welchem der Anker des Motors gekuppelt ist, sich nur ein kleines Stück bewegt und beim Aufhören des Stromes unter der Wirkung der Feder *m´*, welche den Motor wieder rückwärts dreht, an einen Anschlag P zurückkehrt. Wenn aber der Stromkreis des Motors F rasch nacheinander hergestellt und unterbrochen wird, wobei das Steuerruder unbeeinflußt bleibt, so wird der Hebel *m"* um einen größeren Winkel gedreht und kommt mit einer Metallplatte *n* und schließlich, wenn gewünscht, mit einem Kontakt *n'* in Berührung. Wenn der Hebel *m"* auf die Platte *n* aufläuft, so fließt der Strom der Hauptbatterie entweder durch das eine oder das andere oder durch beide Lichter auf den Ständern *q q*, je nach der Stellung der Bürsten 3 und 4 gegenüber dem isolierenden Segment 23. Da aber die Scheibe L, welche die Segmente trägt, mit dem Ruder gekuppelt ist, so läßt sich die Stellung des letzteren durch Beobachtung der Lichter erkennen. Beide Lichter können gefärbt sein, und durch Aufleuchtenlassen derselben zu gewünschten Zeiten ist man imstande, den Bewegungen des Schiffes bei Nacht zu folgen. Zu diesem Zweck sind auch die Ständer *r r* vorgesehen, welche mit lebhaften Farben angestrichen sind, um sie bei Tage auf große Entfernungen wahrnehmen zu können.

Wird das aufeinander folgende Öffnen und Schließen der Leitungen des Motors F hinreichend oft, am besten eine gegebene Anzahl von Malen, wiederholt, so legt sich der Hebel *m"* auf den Kontakt *n'*, wodurch die Hauptbatterie durch eine Vorrichtung geschlossen und letztere in dem gewünschten Augenblick in Tätigkeit gesetzt wird. Durch ähnliche Einrichtungen oder andere, sich dem Sachverständigen von selbst darbietende, kann man eine beliebige Anzahl von Vorrichtungen auslösen.

In Fig. 9 ist schematisch die Vorrichtung auf der Steuerungsstelle an Land dargestellt. Es ist S eine Quelle elektrischer Schwingungen oder Störungen, deren Erzeugung durch einen geeigneten Stromschließer im Kasten T beherrscht wird. Der Griff dieses Stromschließers ist bloß in einer Richtung beweglich und vermag auf vier Punkten *t t´*, *u u'* stehen zu bleiben, so daß, wenn der Griff von einem dieser Punkte zum anderen bewegt wird, während einer sehr kurzen Zeit Schwingungen erzeugt werden. Es werden so während einer Umdrehung vier derartige Störungen hervorgerufen und die Empfangsleitung wird viermal beeinflußt. Aus der vorstehenden Beschreibung der Beherrschungsvorrichtung am Schiff erkennt man nun, daß das Steuerruder zweimal bewegt wird, einmal nach rechts und einmal nach links; den Griff des Stromschließers stellt man nun am besten so ein, daß wenn er an den Punkten *t t´* angehalten wird, d.h. rechts oder links von der den Apparat bedienenden Person, das Schiff nach rechts oder links von seinen Kurs abgelenkt wird. Hierdurch wird der Betrieb erleichtert. Die gewöhnlichen Lagen des Griffes sind deshalb auf *u* oder *u´*, wo das Steuerruder nicht beeinflußt wird, und der Griff bleibt auf den anderen

Punkten *t t'* nur so lange als nötig ist.

Die Art der Anwendung des Apparats und die Wirkungsweise der einzelnen Vorrichtungen, welche derselbe umfaßt, sind folgende:

Für gewöhnlich ist die Platte L' so gestellt, daß die Bürste 2 auf dem isolierten Segment 23 und die Bürste 6 auf den isolierten kurzen Segmenten aufliegt. Unter diesen Umständen ist das Ruder steuerbords gedreht, und der Stromkreis des Motors D ist an den Bürsten 5 und 6 unterbrochen. Gleichzeitig kann nur eine der Schaltungen des Motors F, nämlich jene, die vom Relais K'' beherrscht wird, geschlossen werden, da die Bürste 2, welche mit dem anderen Relais K' verbunden ist, außer Berührung mit dem langen Segment 21 steht. Es soll nun das Schiff gegen einen gegebenen Punkt in Bewegung gesetzt werden. Der Griff T wird aus seiner gewöhnlichen Lage, in der er auf dem Punkt *u´* liegt, auf den Punkt *t* des Umschalterkastens gestellt. Hierdurch wird eine elektrische Störung ausgesendet, welche, wenn sie in der Empfangsleitung am Schiff anlangt, die für die elektrischen Wellen empfindliche Vorrichtung A´ leitend macht; infolgedessen fließt ein Strom durch die Ortsleitung, welche diese Vorrichtung, das Relais *a* und die Batterie *a'* enthält. Hierdurch wird, wie erwähnt, der Zylinder *j* gedreht, und die Bürste J' verläßt die Isolation und läuft auf den Kontakt *j'* auf. Dieser Kontakt und die Batterie *k''* stellen dann den Stromkreis des Motors F her. Der letztere geht von der dauernd mit einem Pol der Hauptbatterie verbundenen Platte 22 aus durch die Bürste 1, den Feldmagneten von F, den Draht 19, den Anker des Relais K'', den Draht 16, den Motor *m*, die Bürsten und den Stromsammler von F und den Draht 15 zum anderen Pol der Batterie E. Der Motor F wird hierdurch in Tätigkeit gesetzt, um das Steuerruder backbords zu drehen; dabei wird die Platte L' zurückbewegt, das Segment 8 kommt unter die Bürste 6 und stellt den Stromkreis der Treibmaschine D her, welche das Schiff in Bewegung setzt. Der Motor F wird so lange laufen gelassen, bis das Ruder hinreichend weit gedreht worden ist, um das Schiff in der gewünschten Richtung zu steuern, worauf der Griff auf *u* gestellt wird. Hierdurch wird das Relais *a* abermals zum Ansprechen gebracht, und die Bürste J' gelangt auf die Isolation und beide Relais K K'' sind außer Tätigkeit.

Das Steuerruder bleibt in der Stellung, in welche es durch den Motor F gebracht wurde. Will man es dann steuerbords oder entgegengesetzt zur früheren Richtung drehen, so wird der Griff T einfach auf den Punkt *t'* gebracht und dort liegen gelassen, bis der Motor F, der nun unter der Einwirkung des Relais K' steht, das durch Auflaufen von J' auf *j''* eingeschaltet worden ist, seine Arbeit verrichtet hat. Die Bewegung des Griffes T auf den nächsten Punkt schaltet beide Relais K' und K'' aus, und die nächste Bewegung bewirkt eine Drehung, des Ruders backbords usf. Nimmt man aber an, daß, nachdem das Ruder unter einem bestimmten Winkel gegen die Mittellage eingestellt worden ist, es noch weiter in derselben Richtung gedreht werden soll, so wird der Griff rasch über zwei Punkte bewegt, so daß der Stromkreis, welcher die Bewegung des Ruders in der entgegengesetzten Richtung bewirken wurde, viel zu kurze Zeit geschlossen ist, um eine merkliche Wirkung hervorzurufen; der Griff wird also erst auf dem dritten Punkt liegen gelassen, und zwar so lange, bis das Steuerruder in die gewünschte Richtung gebracht worden ist; der Griff wird dann auf den nächsten Punkt gestellt, wodurch die Relais K' K', abermals ausgeschaltet werden. Man erkennt, daß, wenn der Griff hinreichend lange Zeit auf dem einen oder dem anderen Punkt *t* oder *t'* gehalten wird, der Motor F die Platte L' einfach in der einen oder der anderen Richtung dreht, bis die Stromkreise der Motoren D und F unterbrochen sind; es ist ferner klar, daß ein Relais K' oder K" stets bereit ist, den Motor F in Bewegung zu setzen.

Wie vorhin bemerkt, ist die längste Dauer der Wirkung des Motors F unter gewöhnlichen Betriebsbedingungen nicht ausreichend, um dem Motor *m* zu gestatten, den Arm *m´* auf die Platte *n* zu schieben. Wenn aber der Griff T mit einer gewissen Geschwindigkeit gedreht wird, so geht eine Reihe von Stromstößen durch den Motor *m*, welche das Bestreben haben, den Motor F in aufeinanderfolgend entgegengesetzten Richtungen zu drehen und daher auf diesen Motor eine merkliche Wirkung nicht ausüben; dagegen wirken diese Ströme dahin, den Motor *m* gegen die Wirkung der Spiralfeder zu drehen.

PATENTANSPRUECHE :

1. Eine Vorrichtung zur Fernsteuerung von Wasserfahrzeugen mittels elektrischer Wellen, dadurch gekennzeichnet, daß auf der Fernsteuerungsstelle ein nur in einer Richtung drehbarer Stromschließer angeordnet ist, welcher bei einer vollen Umdrehung viermal während je einer kurzen Zeitdauer elektrische Schwingungen gleicher Art erzeugt, während auf dem zu steuernden Fahrzeug ein Uhrwerk sich befindet, welches unter Vermittlung einer für die elektrischen Wellen empfindlichen Vorrichtung bei jeder Schwingungsfolge für eine bestimmte Bewegung freigegeben wird und hierbei Stromkreise für Relais und Elektromotoren derart in bestimmter Folge schließt und öffnet, daß bei der ersten und bei der dritten Wellensendung das Steuerruder nach rechts bezw. nach links bewegt wird, während bei der zweiten und bei der vierten Wellensendung das Steuerruder in der bis dahin erreichten Stellung angehalten wird.

2. Eine weitere Ausbildung der Empfangsvorrichtung auf dem Fahrzeug, dadurch gekennzeichnet, daß auf einer zugleich mit dem Steuerruder gedrehten Scheibe (L') kreisbogenförmige Kontaktstücke angeordnet sind, welche mit feststehenden Kontaktfedern derart in Berührung stehen, daß bei Erreichung eines bestimmten maximalen Ausschlages des Steuerruders nach links oder rechts der zugehörige Motorstrom-

kreis unterbrochen, das Steuerruder also selbsttätig angehalten wird, während jeweilig der Stromkreis für die entgegengesetzte Bewegung des Motors geschlossen bleibt.

3. Eine weitere Ausbildung der Empfangsvorrichtung auf dem Fahrzeug, dadurch gekennzeichnet, daß der Fritter mit einer quer zu seiner Längsachse gerichteten horizontalen Achse des Uhrwerks derart unter Zwischenschaltung einer Feder verbunden ist, daß der Fritter nach der Freigabe des Uhrwerks zunächst in Ruhe bleibt und erst gegen Ende der Bewegung des Uhrwerks plötzlich um eine halbe Umdrehung bewegt und somit entfrittet wird.

4. Eine weitere Ausbildung der Empfangsvorrichtung auf dem Fahrzeug, dadurch gekennzeichnet, daß mit dem Anker des Antriebsmotors für das Steuerruder ein Hilfsmotor *(m)* in Reihe geschaltet ist, dessen Ankerwelle derart unter der Wirkung einer Feder steht, daß der Anker nur bei rasch aufeinander folgenden Wellensendungen gedreht wird und dabei Stromkreise für verschieden gefärbte Lichter zur Sichtbarmachung der jeweiligen Lage des Steuerruders bei Nacht einschaltet.

NIKOLA TESLA in NEW-YORK.

**Verfahren und Vorrichtung zur sicheren Übertragung einer Nachricht auf einen bestimmten Empfänger mittels elektrischer Impulse oder Schwingungen verschiedener Beschaffenheit.**

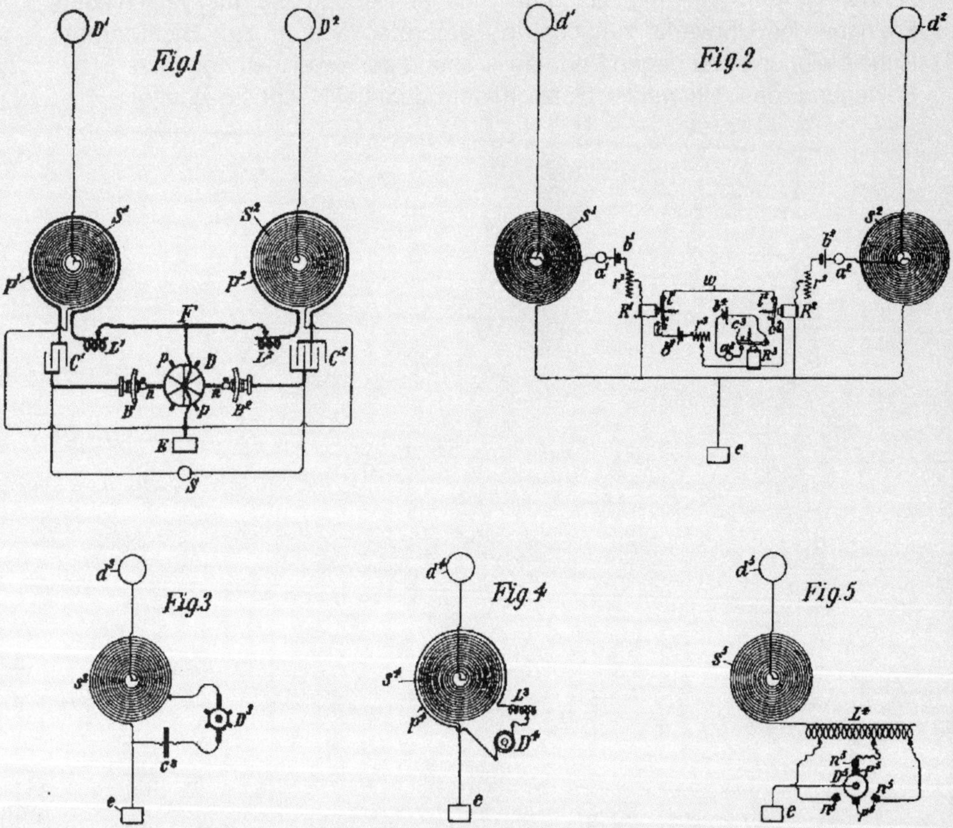


Zu der Patentschrift

**№ 143453.**

KAISERLICHES PATENTAMT

# PATENTSCHRIFT

## Nr. 143 453

KLASSE 21.

NIKOLA TESLA IN NEW YORK. (V. St. A.).

## VERFAHREN UND VORRICHTUNG ZUR SICHEREN UEBERTRAGUNG EINER NACHRICHT VON EINEM BESTIMMTEN EMPFÄNGER MITTELS ELEKTRISCHER IMPULSE ODER SCHWINGUNGEN VERSCHIEDENER BESCHAFFENHEIT.

Patentiert im Deutschen Reich vom 23. Juli 1901 an.
Ausgegeben den 12. August 1903.

Man kennt bereits Verfahren und Vorrichtungen zur Erzeugung und Uebertragung elektrischer Impulse oder Schwingungen durch die Luft, die Erde oder durch Wasser auf Empfangsvorrichtungen und zur Auslösung der letzteren für die Zeichengebung oder die Beherrschung anderer Vorrichtungen, die beliebiger Art und selbständig sein können.

Bei diesen Verfahren hat man die Empfangsvorrichtungen auf die Sender abgestimmt, um sie noch empfindlicher für die von den letzteren erzeugten Impulse zu machen und sie den Einwirkungen von aus fremden Quellen stammenden Impulsen möglichst zu entziehen. Doch wird durch diese Anordnung nur eine beschränkte Geheimhaltung der zu übertragenen Impulse ermöglicht, weil es sehr schwierig ist, für solche Verfahren Vorrichtungen in irgend einer erheblichen Anzahl zu bauen, welche ausschließlich auf Impulse oder Schwingungen einer bestimmten Art ansprechen.

Vorliegende Erfindung betrifft nun ein Verfahren, um eine große Zahl von Sende- und Empfangsstationen gleichzeitig gesondert und ausschließlich arbeiten zu lassen, ohne die Zeichen oder Nachrichten irgend einer Störung, Unterbrechung oder Beeinflussung von fremder Seite her auszusetzen. Das Verfahren beruht auf der Anwendung einer, zwei oder mehrere elektrischer Impulse oder Schwingungen mit verschiedener Wellenlänge erzeugenden Sendevorrichtung und einer in weiter Entfernung aufgestellten Empfangsvorrichtung mit zwei oder mehreren gesondert auf diese Impulse oder Schwingungen ansprechenden Abteilungen und einem Empfänger (Relais oder dergl.), der nur beim gleichzeitigen Zusammenwirken dieser Abteilungen in Tätigkeit tritt. Durch den Empfänger kann dann eine beliebige Arbeitsvorrichtung ausgelöst werden, z.B. eine Telegraphenvorrichtung, ein Semaphorarm, ein Uhrwerk, ein sich selbsttätig bewegendes Schiff usw.

Zwar ist es an sich nicht neu, Ätherwellen von verschiedener Wellenlänge und gleicher Schwingungsebene zu verwenden; schon Jégou hat in den Comptes Rendus (Band 131, Seite 882) darauf hingewiesen. Der Zweck jedoch, zu dem die Verwendung solcher Wellen in Vorschlag gebracht wurde, ist ein durchaus anderer.

Elektrische Impulse oder Schwingungen verschiedener Beschaffenheit zu erzeugen ist ebensowenig neu. Man hat auch (vergl. die amerikanische Patentschrift 663 400) bereits vorgeschlagen, solche Schwingungen an der Empfangsstelle durch eine gleiche Anzahl Empfänger aufnehmen zu lassen, deren jeder nur auf eine bestimmte von diesen Schwingungen anspricht, und wobei nur beim gleichzeitigen Ansprechen beider Empfangsvorrichtungen ein bestimmter Signalapparat in Tätigkeit tritt. Nach der genannten Patentschrift werden Schwingungen verschiedener Schwingungsrichtung bezw. Schwingungsebene verwendet. Bei der vorliegenden Erfindung handelt es sich dagegen um ein Verfahren und eine Vorrichtung zur Nachrichtenübermittlung durch elektrische Wellen verschiedener Wellenlänge, und dieses Verfahren zeichnet sich nicht allein durch seine Einfachheit aus, vielmehr auch durch die Zuverlässigkeit seiner Wirkung.

Fig. 1 und 2 auf beiliegender Zeichnung veranschaulichen schematisch die auf der Sendestation bezw. die auf der Empfangsstation benutzten Vorrichtungen und Stromkreise. Fig. 3, 4 und 5 betreffen andere Ausführungsformen, welche nach vorliegender Erfindung für den Sender zur Anwendung kommen können.

In Fig. 1 sind zwei spiralig gewundene Spulen oder Leiter S1 S2 dargestellt, welche an ihren inneren Enden mit je einem Luftleiter und hoch angeordneten Endplatten D1 bezw. D2, und an ihren äußeren Enden mit einer Erdplatte E verbunden sind. Die beiden Spulen oder Leiter bezw. Schwingungssysteme D1 S1 E und D2 S2 E werden mit verschiedenen, passend gewählten Schwingungsperioden erregt und dabei muß ihre Drahtlänge derart bemessen sein, daß in den Endplatten D1 D2 Spannungsbäuche auftreten. Die Schwingungsperioden müssen ferner derart gewählt werden, daß die das eine

Schwingungssystem erregenden Schwingungen keine Wirkung auf das andere Schwingungssystem ausüben und umgekehrt. Man erhält die günstigsten Ergebnisse, wenn die Schwingungszahl sich zueinander verhalten wie zwei kleine Primzahlen. Außerdem müssen die Schwingungssysteme D1 S1 E und D2 S2 E geringe Dämpfung besitzen, damit sie nicht so schnell ausklingen, sondern möglichst lange sich fortsetzende Wellenfolgen ausstrahlen. Ferner sollten die verwendeten Wellenlängen nicht zu klein gewählt werden, so daß sie sich etwa den Wellenlängen der Hertz´schen Wellen nähern, denn Wellen von so kleiner Wellenlänge erweisen sich wegen der schnellen Ausstrahlung der Energie in den Raum als zu schwach. Die beiden Schwingungssysteme D1 S1 E und D2 S2 E sollten vielmehr am besten in ihrem Grundton oder wenigstens in einem niedrigen Oberton schwingen, denn dann ist auch die Möglichkeit der Beeinflussung durch von außen kommende störende Schwingungen am geringsten. Den beiden Schwingungssystemen können elektrische Schwingungen in irgend einer Weise vermittelt werden, am besten in der Art, daß man sie durch in ihrer Nähe angeordnete Primärleiter P1 und P2 erregt. Zweckmäßig werden einstellbare induktive Widerstände L1 L2 in die Primärschwingungssysteme eingeschaltet, hauptsächlich, um die Art der Primärschwingungen zu regeln. In der Zeichnung umgeben die Primärleiter P1 und P2 die Pulen S1 und S2 und sind miteinander in Reihenschaltung durch die Widerstände L1 L2, Leiter F, Kondensatoren C1 und C2, Bürstenhalter B1 und B2 und die gezahnte Scheibe D verbunden. Die gezahnte Scheibe D ist mit dem Leiter F, gewünschtenfalls auch mit der Erdplatte E, wie veranschaulicht, verbunden. Auf diese Weise werden zwei unabhängige Primärschwingungssysteme gebildet. Die Kondensatoren C1 und C2 haben eine solche Kapazität, und die Widerstände L1 und L2 sind so eingeschaltet, daß jedes Primärschwingungssystem sich nahezu in Resonanz mit seinem Sekundärsystem befindet. Dabei muß darauf geachtet werden, daß jedes Sekundärschwingungssystem D1 S1 E und D2 S2 E in seinem Grundton schwingt, da sonst die Vorrichtung nicht befriedigend arbeitet. Sind die Kapazitäten der Spulen S1 und S2 verhältnismäßig klein, so ergibt sich die richtige Abstimmung, wenn das Produkt aus Kapazität und Selbstinduktion für jedes Primärschwingungssystem annähernd gleich dem Vierfachen des entsprechenden Produktes für das zugehörige Sekundärschwingungssystem ist. Die Bürstenhalter B1 und B2 lassen sich unabhängig voneinander im Winkel und, wenn nötig, auch seitlich einstellen, so daß eine beliebige Aufeinanderfolge oder ein beliebiger Phasenunterschied zwischen den in den beiden Primärschwingungssystemen auftretenden Entladungen erreicht werden kann. Die Kondensatoren C1 und C2 werden von einer beliebigen Energiequelle S, zweckmäßig von hohem Potential, geladen. Wird dabei die gezahnte Scheibe D in Umdrehung versetzt, so kommen ihre Zähne oder Arme *p p* nacheinander in die nächste Nähe der leitenden Stangen oder Bürsten *n n*, oder sie berühren unter Umständen dieselben, und hierdurch werden die Kondensatoren in rascher Aufeinanderfolge durch ihre zugehörigen Schwingungssysteme entladen. Dadurch werden die zwei Sekundärschwingungssysteme D1 S1 E und D2 S2 E in Schwingungen versetzt, und zwar jeder in seiner eigenen Weise für einen bestimmten Zeitraum nach jeder Entladung. Die zwei Impulse oder Schwingungen von verschiedener Wellenlänge werden durch die Erdplatte E der Erde mitgeteilt und erreichen die Empfangsstation (Fig. 2). Die Letztere ist mit zwei ähnlichen Schwingungssystemen *e s1 d1* und *e s2 d2* ausgerüstet, die in derselben Art wie die Schwingungssysteme der Sendestation angeordnet und auf dieselben abgestimmt sind, so daß jedes von ihnen ausschließlich auf eine der zwei in der Sendestation erzeugten Schwingungen von verschiedener Länge anspricht. Für die Empfangsstation gelten dieselben Grundsätze wie für die Sendestation. Dabei ist dafür zu sorgen, daß die Abstimmung vorhanden ist, wenn alle Apparate ausgeschaltet sind und in der richtigen Stellung sich befinden, denn jede Veränderung hierbei würde die Schwingungen mehr oder weniger beeinflussen und ändern. An den Anfang und das Ende der Empfangsspulen *s1* uns *s2* sind Stromkreise angeschaltet, die je eine für die elektrischen Schwingungen empfindliche Vorrichtung *a1* bezw. *a2*, eine Batterie *b1* bezw. *b2*, einen einstellbaren Widerstand *r1* bezw. *r2* und ein empfindliches Relais R1 bezw. R2 in Hintereinanderschaltung enthalten, wie Fig. 2 veranschaulicht. Die Art der Verbindung und die Anordnung der verschiedenen Vorrichtungen ist großenteils nebensächlich und kann vielfach abgeändert werden. Die für die elektrischen Schwingungen empfindlichen Vorrichtungen *a1 a2* können von einer beliebigen bekannten Art sein. Beispielsweise können sie jede aus zwei durch eine sehr dünne Schicht von Luft oder Dielektrikum getrennten Elektroden bestehen, die durch eine Batterie oder eine andere Energiequelle auf eine derartig hohe Potentialdifferenz gebracht werden, daß die Durchschlaggrenze nahezu erreicht ist; bei der geringsten Störung wird dann das Dielektrikum durchschlagen. Der ursprüngliche empfindliche Zustand kann nach jeder Entladung durch Öffnen des Batteriestromes auf einen Augenblick oder in anderer Weise hergestellt werden. Die Relais R1 R2 haben Anker *l1 l2*, welche untereinander durch einen Draht *w* verbunden sind und bei ihrer Anziehung durch Berührung mit den Kontakten *c1* und *c2* einen Stromkreis schließen, der eine Batterie *b3*, einen einstellbaren Widerstand *r3* und ein als Empfänger dienendes Relais R3 enthält. Es ist also ersichtlich, daß das Relais R3 nur dann in Tätigkeit treten kann, wenn beide Kontakte *c1* und *c2* in Berührung mit ihren Ankern treten.

Das Aussenden verschieden langer Schwingungsfolgen von der Sendestation (entsprechend den Punkten und Strichen des Morsealphabets) kann in einer beliebigen Weise bewirkt werden, beispielsweise durch Öffnen und Schließen des Stromkreises der Energiequelle S, so daß beim jedesmaligen Schließen desselben zwei elektrische Schwingungen verschiedener Wellenlänge gleichzeitig oder in rascher Aufeinanderfolge nach Belieben ausgesendet werden. Die zwei Empfangsschwingungssysteme der Empfangsstation, welche einzeln auf die von den ihnen entsprechenden Schwingungssystemen der Sendestation erzeugten Schwingungen ansprechen, erregen durch die empfindlichen Vorrichtungen *a1* und *a2* die Relais R1 und R2, deren Anker durch die Kontakt *c1* und *c2* ihren Stromkreis schließen und so das als Empfänger dienende Relais R3 in Tätigkeit setzen. Das Letztere zieht seinen Anker an, der durch Berührung mit dem Kontakte *c3* den Stromkreis der Batterie *b4* schließt und dadurch eine Arbeitsvorrichtung *a3* in Tätigkeit setzt. Würden aber durch irgend eine von unbefugter Seite ausgesendete Schwingungsfolge bestimmter Wellenlänge nur in einem der beiden Stromkreise Schwingungen erregt, so könnte natürlich auch das Relais R3 nicht in Tätigkeit treten. Auf diese Weise kann beispielsweise eine Nachrichtenübertragung mit erhöhter Sicherheit gegen fremde Einmischung bewirkt, folglich auch die Geheimhaltung der Botschaft gesichert werden. Die in Fig. 2 veranschaulichte Empfangsstation vermag keine Nachricht nach der Sendestation zu geben. Sollen aber beide Stationen Nachrichten sowohl aussenden als auch empfangen können, so müssen sie gleich eingerichtet sein. Es kann dann irgend eine Anordnung, die hier nicht näher dargestellt zu sein braucht, getroffen werden, um die Vorrichtung auf jeder Station sowohl als Sender als auch als Empfänger benutzen zu können.

Die Endplatten D1 D2 der Sendevorrichtung und diejenigen *d1 d2* der Empfangsvorrichtung sind in der Zeichnung als von einander isoliert dargestellt; jedoch ist dies, obwohl vorteilhaft, nicht durchaus notwendig. Die zwei Platten können untereinander verbunden sein, oder es kann nur eine einzige Endplatte D1 bezw. *d1* auf jeder Station benutzt werden.

Die Auslösung eines Empfängers, wie R3, kann ferner statt von zwei Sendeschwingungssystemen, wie oben beschrieben, von mehreren Sendeschwingungssystemen abhängig gemacht werden, so daß auf diese Weise ein beliebiger Grad von Sicherheit und Geheimhaltung der Nachricht gegen fremde Einrichtungen erreichbar ist.

Die in Fig. 1 und 2 veranschaulichten Vorrichtungen ermöglichen auch, verschiedene Wirkungen zu erzielen durch Einstellung der Aufeinanderfolge oder des Phasenunterschiedes der Entladungen in den Primärschwingungssystemen P1 und P2. Beispielsweise kann die Wirkung der Relais R1 R2 entweder durch Änderung der Gewichte der Anker *l1 l2* oder der Stärke der Batterie *b1 b2* oder durch Einstellung der Widerstände *r1 r2* oder in anderer Weise geregelt werden, so daß, wenn die Entladungen in den Primärschwingungssystemen P1 und P2 der Sendestation eine bestimmte Phasendifferenz besitzen, die Anker *l1 l2* zu gleicher Zeit durch die Kontakte *c1 c2* ihre Stromkreise schließen und so das Relais R3 einschalten, dagegen ihre Dienste versagen, wenn die Aufeinanderfolge oder Phasendifferenz geändert ist. Durch diese oder ähnliche Mittel kann eine vermehrte Sicherheit gegen fremde Schwingungen erreicht werden.

Anstatt zwecks Erzeugung der Morsezeichen in der oben angegeben Weise den Stromkreis der Stromquelle S zu schließen und zu öffnen, kann es zweckmäßig sein, die Wellenlänge in jedem Sendeschwingungssystem in irgend einer bekannten Weise willkürlich zu ändern, beispielsweise durch Einstellung der induktiven Widerstände in den Primärschwingungssystemen, so daß der Sender zwar unterbrochen arbeitet, aber der Empfänger nur in den Zeiten, wo die Wellen die richtige Länge haben, anspricht. Hinsichtlich der in Fig. 2 veranschaulichten Vorrichtungen ist noch zu bemerken, daß bestimmte Wirkungen durch Parallelschaltung der Kontakte *c1* und *c2*, anstatt durch Hintereinanderschaltung derselben, wie dargestellt, erreichbar sind. Auch in diesem Fall muß das Relais R3 so eingerichtet oder eingestellt sein, daß es nur dann in Tätigkeit tritt, wenn beide Kontakte geschlossen sind.

Es ist nicht nötig, Sendevorrichtungen mit zwei oder mehreren gesonderten Schwingungssystemen, wie S1 und S2, zu verwenden, da eine Aufeinanderfolge von Schwingungen verschiedener Wellenlänge auch durch eine Vorrichtung mit einem einzigen Schwingungssystem erzeugt werden kann. Einige Vorrichtungen dieser Art sind beispielsweise in den Fig. 3, 4 und 5 dargestellt. In Fig. 3 ist eine Sendevorrichtung *e s2 d2* dargestellt, bei welcher durch eine umlaufende Scheibe D3, die ähnlich wie die in Fig. 1 dargestellte eingerichtet sein kann, in bestimmten Zeiträumen ein Teil der Spule *s3* ausgeschaltet oder gegebenenfalls über einen einstellbaren Kondensator C3 kurzgeschlossen wird; hierdurch wird die Schwingung der Sendevorrichtung *e s3 d3* zu passenden Zeitpunkten geändert, so daß zwei Impulse oder Schwingungen verschiedener Wellenlänge in rascher Aufeinanderfolge ausgesendet werden. Eine ähnliche Wirkung wird bei dem in Fig. 4 veranschaulichten Schwingungssystem *e s4 d4* erzeugt durch zeitweise eintretenden Kurzschluß einer eine Induktionsspule L3 enthaltenden Sekundärwindung *p4* unter Vermittlung einer umlaufenden Scheibe D4 mit isolierenden und leitenden Segmenten oder in anderer Weise. Von der in Fig. 5 dargestellten Vorrichtung *e s5 d5* werden drei Schwingungen verschiedener Wellenlänge ausgesendet; dies wird in der Weise erreicht, daß in rascher Aufeinanderfolge eine wechselnde Zahl Windungen einer Induktionsspule L4 durch eine umlaufende

Scheibe D5 mit zwei Vorsprüngen *p5* *p5* und durch drei unter 120° voneinander abstehende Bürsten *n5* in Reihe mit dem schwingenden System geschaltet wird. In jedem dieser drei Fälle kann die Empfangsstation mit zwei bezw. drei Stromkreisen, ähnlich wie in Fig. 2, ausgerüstet sein, wobei selbstverständlich die vom Sender ausgehenden verschiedenen Schwingungen so rasch aufeinander folgen müssen, daß sie wie gleichzeitig auftretende Schwingungen die Auslösung der Relais R1 und R2 oder dergl. bewirken. Es ist auch nicht notwendig, auf der Empfangsstation zwei oder mehrere Stromkreise *s1* und *s2* anzuwenden, sondern es können auch einfache Stromkreise, wie die in Fig. 3, 4 und 5 dargestellten, benutzt werden. In diesem Fall müssen die entsprechenden Scheiben, wie D3 D4 und D5, auf der Sendestation und der Empfangsstation synchron und in der gleichen Phase laufen.

Natürlich können, wie bereits oben bemerkt, an Stelle von zwei eine größere Anzahl Schwingungen von verschiedener Wellenlänge verwendet werden; dadurch wird die Möglichkeit geboten, von einer praktisch unbegrenzten Anzahl von Vorrichtungen eine einzelne auszulösen; es ist also jeder Vorrichtung ein besonderes Kennzeichen erteilt, so daß sie gegen unbefugte Benutzung oder fremde Einmischung durchaus geschützt ist. Dieselbe kann daher mit voller Sicherheit angerufen werden, ohne eine Verwechslung mit zahllosen Vorrichtungen befürchten zu müssen.

PATENTANSPRUECHE:

1. Ein Verfahren zur sicheren Uebertragung einer Nachricht auf einen bestimmten Empfänger mittels elektrischer Impulse oder Schwingungen verschiedener Beschaffenheit, dadurch gekennzeichnet, daß auf der Sendestation eine Anzahl Arten Impulse oder Schwingungen verschiedener Wellenlänge erzeugt und ausgesendet werden und daß auf der Empfangsstation eine gleiche Anzahl Schwingungssysteme in Anwendung kommt, die einzeln nur auf Impulse oder Schwingungen einer bestimmten Wellenlänge ansprechen und nur beim Zusammenarbeiten einen Empfänger auslösen.

2. Eine Sendevorrichtung zur Ausführung des unter 1 gekennzeichneten Verfahrens, bei welcher durch rasch aufeinanderfolgendes Schließen und Öffnen einer Anzahl verschieden abgestimmter Schwingungssysteme oder durch rasch wechselnde Änderungen der Schaltung eines oder mehrerer Schwingungssysteme eine Anzahl Impulse oder Schwingungen von verschiedener Wellenlänge erzeugt werden.

(No Model.)

N. TESLA.

2 Sheets—Sheet 1.

ELECTRIC ARC LAMP.

No. 335,786.

Patented Feb. 9, 1886.

Fig. 1.

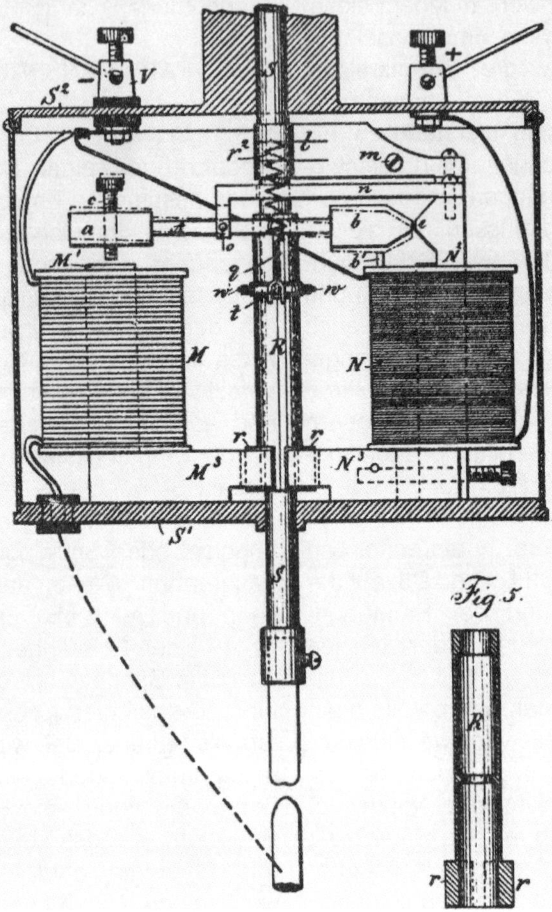


Fig. 4

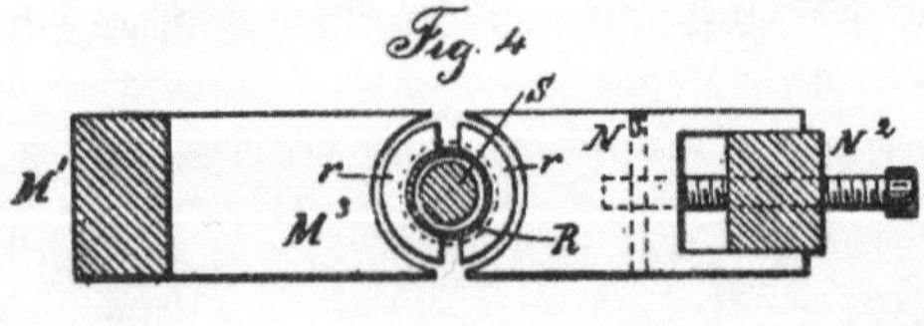


Witnesses:

J. Stait

Chas. H. Smith

Inventor

Nikola Tesla

per. Lemuel W. Serrell

atty.

(No Model.) 2 Sheets—Sheet 2.

# N. TESLA.

## ELECTRIC ARC LAMP.

No. 335,786. Patented Feb. 9, 1886.

Fig 2

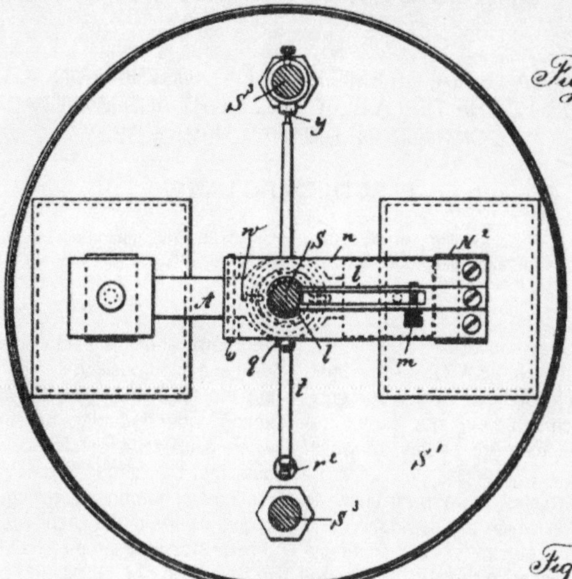


Fig 3

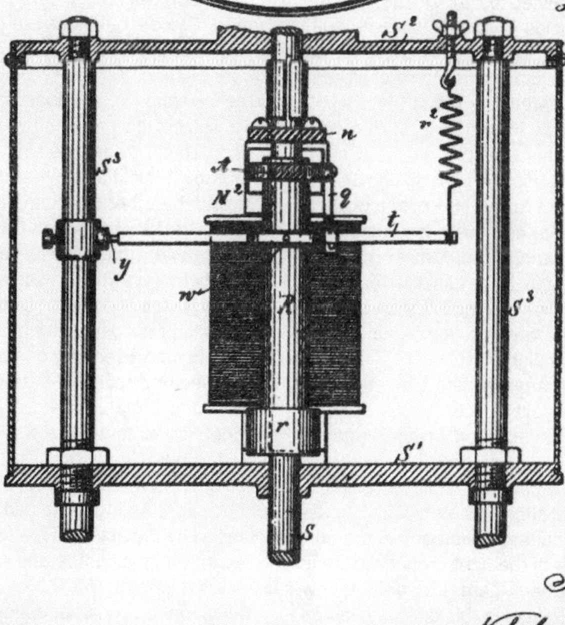


Witnesses
I Staib
Chas H Smith

Inventor
Nikola Tesla
per Lemuel W. Serrell
atty

# UNITED STATES PATENT OFFICE.

NIKOLA TESLA, OF SMILJAN, LIKA, AUSTRIA-HUNGARY,
ASSIGNOR TO THE TESLA ELECTRIC LIGHT AND MANUFACTURING
COMPANY, OF RAHWAY, NEW JERSEY.

## ELECTRIC-ARC LAMP.

SPECIFICATION forming part of Letters Patent No. 335,786, dated February 9, 1986.
Application filed March 30, 1885. Serial No. 160,574. (No model.)

*To all whom it may concern:*

Be it know that I, NIKOLA TESLA, of Smiljan, Lika, border country of Austria-Hungary, have invented certain new and useful Improvements in Electric-Arc Lamps, of which the following is a specification.

My invention relates more particularly to those arc-lamps in which the separation and feed of the carbon electrodes or their equivalents is accomplished by means of electromagnets or solenoids in connection with suitable clutch-mechanism; and it is designed to remedy certain faults common to the greater part of the lamps heretofore made.

The objects of my invention are to prevent the frequent vibrations of the movable electrode and flickering of the light arising therefrom, to prevent the falling into contact of the electrodes, to dispense with the dash-pot, clockwork, or gearing and similar devices heretofore used, and to render the lamp extremely sensitive, and to feed the carbon almost imperceptibly, and thereby obtain a very steady and uniform light.

In that class of lamps where the regulation of the arc is effected by forces acting in opposition on a free movable rod or lever directly connected with the electrode, all or some of the forces being dependent on the strength of the current, any change in the electrical condition of the circuit causes a vibration and a corresponding flicker in the light. This difficulty is most apparent when there are only a few lamps in circuit. To lessen this difficulty; lamps have been constructed in which the lever or armature, after the establishing of the arc, is kept in a fixed position and cannot vibrate during the feed operation, the feed-mechanism acting independently; but in these lamps, when a clamp is employed, it frequently occurs that the carbons come into contact and the light is momentarily extinguished, and, frequently, parts of the circuit are injured. In both these classes of lamps it has been customary to use dash-pot, clockwork, or equivalent retarding devices; but these are generally unreliable and objectionable, and increase the cost of construction.

My invention is intended to effect the desired objects and to remedy the beforementioned defects. I combine two electro-magnets one of low resistance in the main or lamp-circuit, and the other of a comparatively high resistance in a shunt around the arc a movable armaturelever, and a novel feed-mechanism, the parts being arranged so that in the normal working position of the armature-lever the same is kept almost rigidly in one position, and is not effected even by considerable changes in the electric circuit; but if the carbons fall into contact the armature will be actuated by the magnets so as to move the lever and start the a.c., and hold the carbons until the arc lengthens and the armature-lever returns to the normal position. After this the carbon rod holder is released by the action of the feed-mechanism, so as to feed the carbon and restore the arc to its normal length.

My invention consists, mainly, in the particular manner in which the armature is combined with the magnets and acted upon by them and in the feed-controlling mechanism.

In the drawings, Figure 1 is an elevation of the mechanism made use of in the electric lamp. Fig. 2 is a plan view of the same below the line *x x* , Fig. 3 is an elevation of the balancing lever and spring, and Fig. 4 is a detached plan view of the pole-pieces and armatures upon the friction-clamp, and Fig. 5 is a section of the clamping-tube.

M is a helix of coarse wire in a circuit from the lower carbon holder to the negative binding-screw.

N is a helix of the fine wire in a shunt between the positive binding-screw + and the negative binding-screw --. The upper carbon holder S is a parallel rod sliding through the plates S´ S2 of the frame of the lamp, and hence the electric current passes from the positive binding-post + through the plate S2, carbon-holder S, and upper carbon to the lower carbon, and thence by the holder and a metallic connection to the helix M.

The carbon-holders are of any desired character, and to insure electric connections the spring *l* are made use of to grasp the upper carbon holding rod S, but to allow the rod to slide freely through the same. These springs may be adjusted in their pressure by the screw *m*, and the spring may be sustained upon any suitable support. I have shown them as connected with the upper end of the core of the magnet N.

Around the carbon-holding rod S, between the plates S' S2, there is a tube, R, which forms a clamp. This tube is counter-bored, as seen in the section Fig. 5, so that it bears upon the rod S at its upper end and near the middle, and at the lower end of this tubular clamp R there are armature-segments *r* of soft iron. A frame or arm, *n*, extending, preferably, from the core N2, supports the lever A by a fulcrum-pin, *o*. This lever A has a hole, through which the upper end of the tubular clamp R passes freely, and from the lever A is a link, *q*, to the lever *t*, which lever is pivoted at *y* to a ring upon one of the columns S3. This lever *t* has an opening or bow surrounding the tubular clamp R, and there are pins or pivotal connections *w* between the lever *t* and this clamp R, and a spring, *r2*, serves to support or suspend the weight of the parts and balance the same, or nearly so. This spring is preferably adjustable.

At one end of the lever A is a soft iron armature block, *a*, over the core M' of the helix M, and there is preferably a limiting-screw, *c* passing through this armature-block *a*, and at the other end of the lever A is a soft iron armature-block, *b*, with the end tapering or wedge-shaped, and the same comes close to and in line with the lateral projection *e* on the core N2. The lower ends of the cores M' N2 are made with lateral projecting pole-pieces M3 N3, respectively, and these pole-pieces are concave at their outer ends, and are at opposite sides of the armature-segments *r* at the lower end of the tubular clamp R.

The operation of these devices is as follows: In the condition of inaction the upper carbon rests upon the lower one, and when the current is turned on the electricity passes freely, by the frame and spring *l*, through the rod S and carbons to the coarse wire and helix M and to the negative binding-post V, and the core M' thereby is energized. The pole-piece M3 attracts the armature *r*, and by the lateral pressure causes the clamp R to grasp the rod S', and the lever A is simultaneously moved from the position shown by dotted lines, Fig. 1, to the normal position shown in full lines, and in so doing the link *q* and lever *t* are raised, lifting the clamp R and the rod S, separating the carbons and forming the arc. The magnetism of the pole-piece *e* tends to hold the lever A level, or nearly so, the core N2 being energized by the current in the shunt which contains the helix N. In this position the lever A is not moved by ordinary variation in the electric current because the armature *b* is strongly attracted by the magnetism of *e*, and these parts are close to each other, and the magnetism of *e* acts at right angles to the magnetism of the core M´. If, now, the arc becomes too long, the current through the helix M is lessened, and the magnetism of the core N3 is increased by the greater current passing through the shunt, and this core N3 attracting the segmental armature *r* lessens the hold of the clamp R upon the rod S, allowing the latter to slide and lessen the length of the arc, which instantly restores the magnetic equilibrium and causes the clamp R to hold the rod S. If it happens that the carbons fall into contact, then the magnetism of N2 is lessened so much that the attraction of the magnet M will be sufficient to move the armature *a* and lever A so that the armature *b* passes above the normal position, so as to separate the carbons instantly; but when the carbons burn away a greater amount of current will pass through the shunt until the attraction of the core N2 will overcome the attraction of the core M' and bring the armature-lever A again into the normal horizontal position, and this occurs before the feed can take place. The segmental armature-pieces *r* are shown as nearly semi-circular. They may be square or of any other desired shape, the ends of the pole-pieces M3 N3 being made to correspond in shape.

I claim as my invention --

1. The combination, in an electric-arc lamp, of the electro-magnets in the main and shunt-circuits, respectively, an armature-lever and connection to the movable carbon-holder, the core of the shunt-magnet passing across the end of the armature-lever, substantially as set forth, so that the two magnets act in conjunction on the armature-lever in moving the carbon to form the arc and in opposition to each other beyond the normal position of the armature-lever, substantially as specified.

2. The combination, with the carbon-holders, of two magnets, one in the main-circuit and an armature-lever to draw the arc, and a feeding-mechanism and polepieces upon the electro-magnets to act upon the feeding-mechanism, substantially as specified.

3. The combination, with the carbon-holders, of two magnets, one in the main-circuit and the other in a shunt-circuit, and an armature-lever between two poles of such electro-magnets to draw the arc, and a feeding-mechanism and pole-pieces upon the other two poles of the electro-magnets to act upon the feeding mechanism, substantially as specified.

4. The combination, with the carbon-holding rod in an electric-arc lamp, of the clamp R, lever *t*, spring *r2*, armature-lever A, and electro-magnets M N in the main and shunt-circuits, respectively, the pole-pieces M3 N3, and armature-segments *r*, substantially as set forth.

5. The combination, with the carbon-holder, of a tubular clamp surrounding the same, an armature-lever connected to said tubular clamp, and electro-magnets in the main and shunt-circuits, respectively, and armature-segments upon the tubular clamp adjacent to the lateral poles of the electro-magnets, substantially as set forth.

6. In an electric-arc lamp, the combination, with the carbon-holding rod, of a clamp, two armatures upon the clamp, and electro-magnets in the main and shunt-circuits, respectively, the poles of which act upon the armatures of the clamp for bringing the same into action or releasing it, substantially as set forth.

Signed by me this 25th day of March, A.D. 1885.

NIKOLA TESLA.

Witnesses:
GEO. T. PINCKNEY,
CHAS. H. SMITH.

(No Model.)

# N TESLA

## COMMUTATOR FOR DYNAMO ELECTRIC MACHINES.

No. 334,823. Patented Jan. 26, 1886.

Fig 1

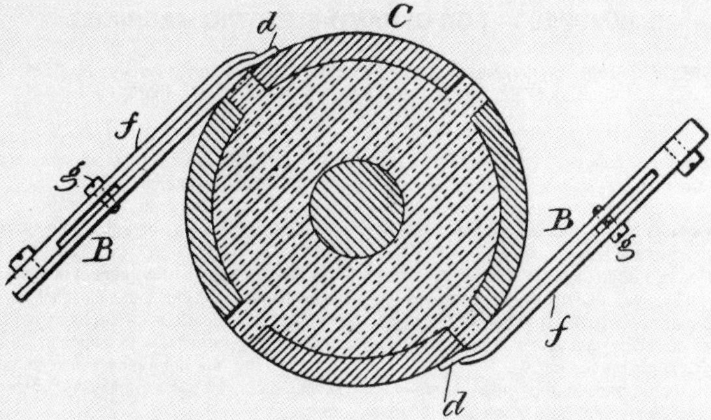


Fig 2

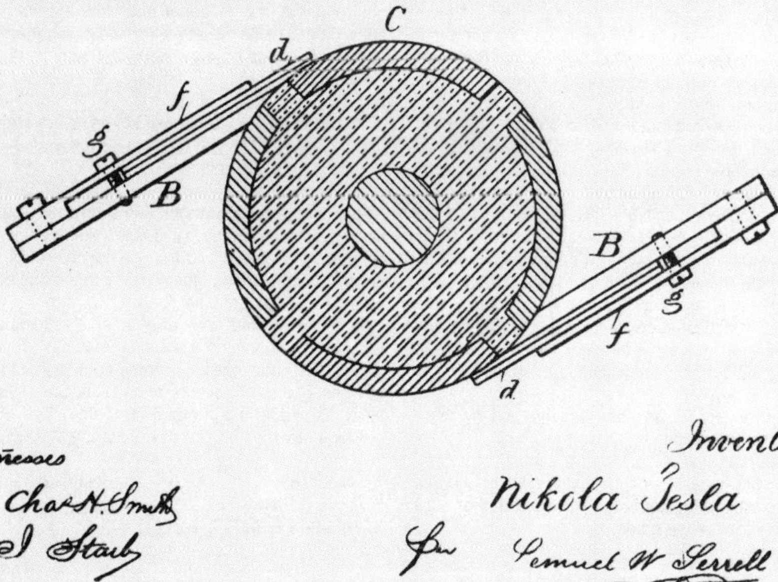


Witnesses

Chas H. Smith

J Staib

Inventor

Nikola Tesla

per Lemuel W. Serrell

atty

# UNITED STATES PATENT OFFICE.

NIKOLA TESLA, OF SMILJAN, LIKA, AUSTRIA-HUNGARY, ASSIGNOR TO THE TESLA ELECTRIC LIGHT AND MANUFACTURING COMPANY, OF RAHWAY, NEW JERSEY.

## COMMUTATOR FOR DYNAMO-ELECTRIC MACHINES.

SPECIFICATION forming part of Letters Patent No. 334,823, dated January 26, 1886.
Applicaton filed May 6, 1885. Serial No. 164,534. (No model.)

*To all whom it may concern:*

Be it known that I, NIKOLA TESLA, of Smiljan, Lika, border country of Austria-Hungary, have invented an Improvement in Dynamo-Electric Machines, of which the following is a specification.

My invention relates to the commutators on dynamo-electric machines, especially in machines of great electro-motive force, adapted to arc-lights; and it consists in a device by means of which the sparking on the commutator is prevented.

It is known that in machines of great electro-motive force -- such, for instance, as those used for arc-lights -- whenever one commutator bar or plate comes out of contact with the collecting-brush a spark appears on the commutator. This spark may be due to the break of the complete circuit, or of a shunt of low resistance formed by the brush between two or more commutators-bars. In the first case the spark is more apparent, as there is at the moment when the circuit is broken a discharge of the magnets through the field-helices, producing a great spark of flash which causes an unsteady current, rapid wear of the commutator-bars and brushes, and waste of power. The sparking may be reduced by various devices, such as providing a path for the current at the moment when the commutator-segment or bar leaves the brush, by short-circuiting the field-helices, by increasing the number of the commutator-bars, or by other similar means; but all these devices are expensive, or not fully available, and seldom attain the object desired.

My invention enables me to prevent the sparking in a simple manner. For this purpose I employ with the commutator-bars and intervening insulating material mica, asbestus paper or other insulating and preferably incombustible material, which I arrange to bear on the surface of the commutator, near to and behind the brush.

My invention will be easily understood by reference to the accompanying drawings.

In the drawings, Figure 1 is a section of a commutator with an asbestus insulating device; and Fig. 2 is a similar view, representing two plates of mica upon the back of the brush.

In Fig. 1, C represents the commutator and intervening insulating material; B B, the brushes *d d* are sheets of asbestus material, *f f* are springs, the pressure of which may be adjusted by means of the screws *g g*.

In Fig. 2 a simple arrangement is shown with two plates of mica or other material. It will be seen that whenever one commutator-segment passes out of contact with the brush the formation of the arc will be prevented by the intervening insulating material coming in contact with the insulating material on the brush.

My invention may be carried out in many ways; and I do not limit myself to any particular device, as my invention consists, broadly, in providing a solid non-conducting body to bear upon the surface of the commutator, by the intervention of which body the sparking is partly or completely prevented.

I prefer to use asbestus paper or cloth impregnated with zinc-oxide, magnesia, zirconia, or other suitable material, as the paper and cloth are soft, and serve at the same time to wipe and polish the commutator; but mica or any other suitable material may be employed, said material being an insulator or a bad concuctor of electricity.

My invention may be applied to any electric apparatus in which sliding-contacts are employed.

I claim as my invention --

1. The combination, with the commutator-bars and intervening insulating material and brushes in a dynamo-electric machine, of a solid insulator or bad conductor of electricity arranged to bear upon the surface of the commutator adjacent to the end of the brush, for the purpose set forth.

2. In an electric apparatus in which sliding-contacts with intervening insulating material are employed, the combination, with the contact springs or brushes, of a solid insulator or bad conductor of electricity, as and for the purpose set forth.

Signed by me this 2nd day of May, A.D. 1885.

NIKOLA TESLA.

Witnesses:
GEO. T. PINCKNEY.
WILLIAM G. MOTT.

(No Model.) 2 Sheets—Sheet 1.

# N. TESLA

## REGULATOR FOR DYNAMO ELECTRIC MACHINES.

No. 336,961 Patented Mar. 2, 1886.

Fig. 1

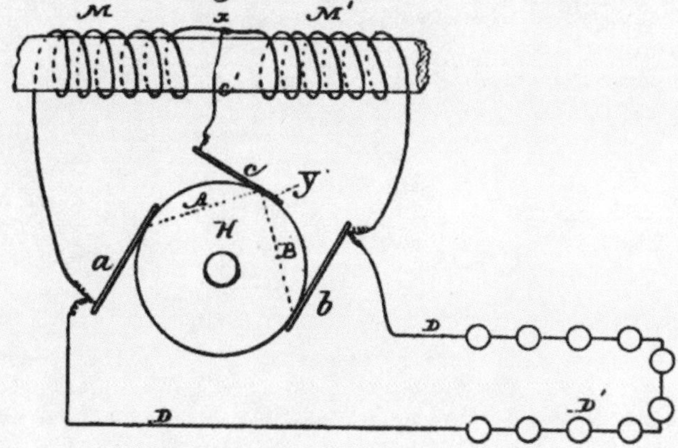


Fig 2

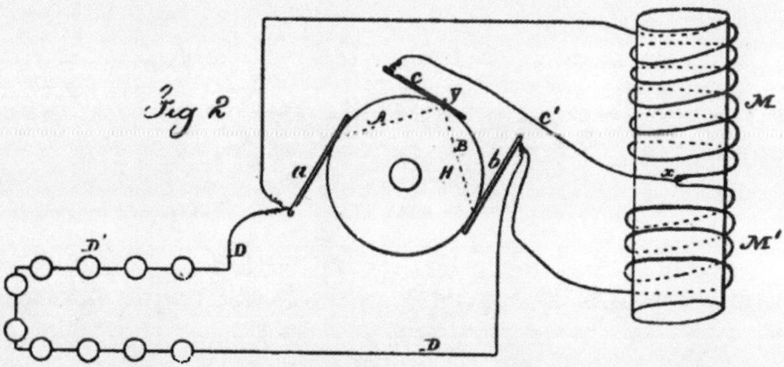


Fig. 3

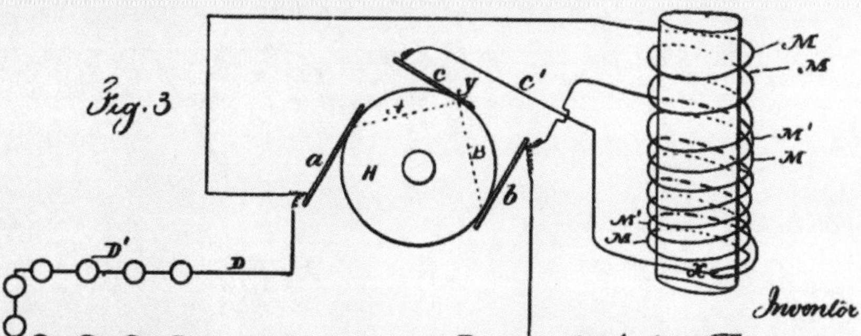


Witnesses
Chas H. Smith
Geo. T. Pinckney

Inventor
Nikola Tesla
per Lemuel W. Serrell
Atty

(No Model.) 2 Sheets—Sheet 2.

# N TESLA.

## REGULATOR FOR DYNAMO ELECTRIC MACHINES.

No. 336,961. Patented Mar. 2, 1886.

Fig. 4

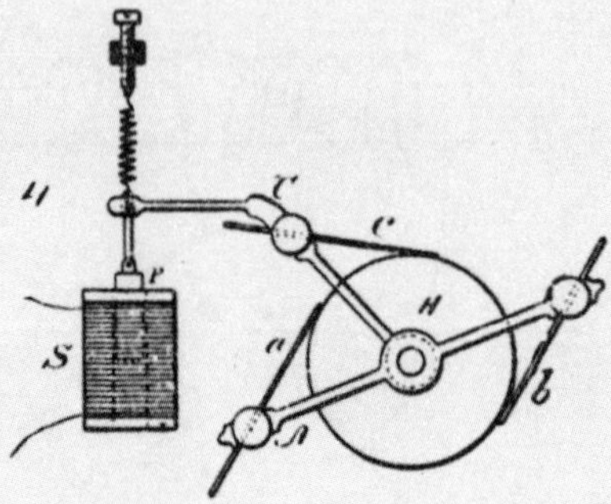


Fig. 5

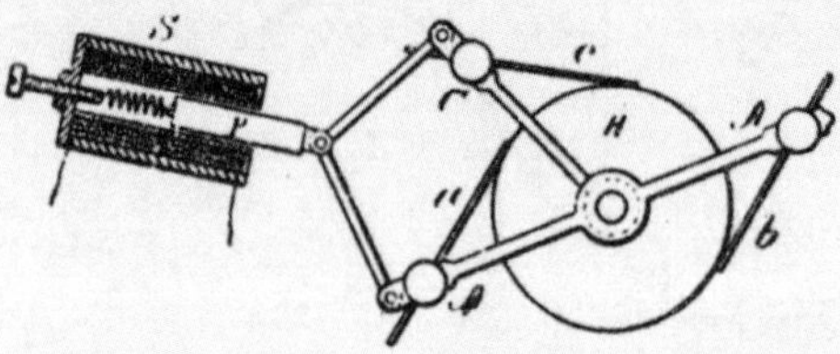


Fig. 6

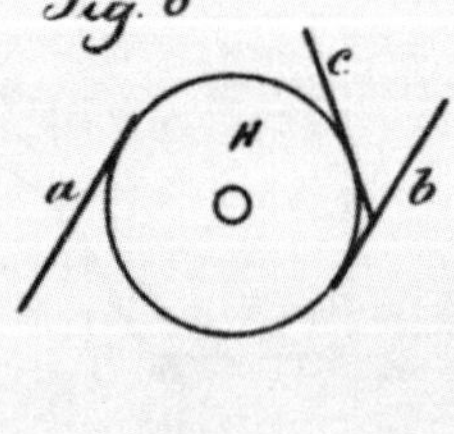


Witnesses

Chas H. Smith

J. Staib

Inventor

Nikola Tesla

per Lemuel W. Serrell

atty

# UNITED STATES PATENT OFFICE.

NIKOLA TESLA, OF SMILJAN, LIKA, AUSTRIA-HUNGARY, ASSIGNOR TO THE TESLA ELECTRIC LIGHT AND MANUFACTURING COMPANY, OF RAHWAY, NEW JERSEY.

## REGULATOR FOR DYNAMO-ELECTRIC MACHINES.

SPECIFICATION forming part of Letters Patent No. 336.961, dated March 2, 1886.
Applicaton filed May 18, 1885. Serial No. 165,793. (No model.)

*To all whom it may concern:*

Be it known that I, NIKOLA TESLA, of Smiljan Lika, border country of Austria-Hungary, have invented an Improvement in Dynamo-Electric Machines, of which the following is a specification.

The object of my invention is to provide an inproved method for regulating the current on dynamo-electric machines.

In my improvement I make use of two main-brushes, to which the ends of the helices of the field-magnets are connected, and an auxiliary-brush and a branch or shunt-connection to form an intermediate point of the field-wire to the auxiliary-brush.

The relative positions of the respective brushes are varied, either automatically or by hand, so that the shunt becomes inoperative when the auxiliary-brush has a certain position upon the commutator, but when said auxiliary-brush is moved in its relation to the main-brushes, or the latter are moved in their relation to the auxiliary-brush, the electric condition is disturbed and more or less of the current through the field-helices is diverted through the shunt to the field-helices.

By varying the relative position upon the commutator of the respective brushes automatically in proportion to the varying electrical conditions of the working-circuit the current developed can be regulated in proportion to the demands in the working-circuit.

Devices for automatically moving the brushes in dynamo-electric machines are well known, and those made use of in my machine may be of any desired or known character.

In the drawings, Figure 1 is a diagram illustrating my invention, showing one core of the field-magnets with one helix wound in the same direction throughout. Figs. 2 and 3 are diagrams shwoing one core of the field-magnets with a portion of the helices wound in opposite directions. Figs. 4 and 5 are diagrams illustrating the electric devices that may be employed for automatically adjusting the brushes, and Fig. 6 is a diagram illustrating the positions of the brushes when the machine is being energized on the start.

*a* and *b* are the positive and negative brushes of the main or working-circuit, and *c* the auxiliary-brush. The working-circuit D extends from the brushes *a* and *b*, as usual, and contains electric lamps or other devices, D´, either in series or in mulitiple arc.

M M´represent the field-helices, the ends of which are connected to the main-brushes *a* and *b*. The branch or shunt-wire *c´* extends from the auxiliary-brush *c* to the circuit of the field-helices, and is connected to the same at an intermediate point, X.

H represents the commutator, with the plates of ordinary construction. It is now to be understood that when the auxiliary-brush *c* occupies such a position upon the commutator that the electric-motive force between the brushes *a* and *c* is to the electro-motive force between the brushes *c* and *b* as the resistance of the circuit *a* M *c´c* A to the resistance of the circuit *b* M´*c´c* B, the potentials of the points X and Y will be equal, and no current will flow over the auxiliary-brush; but when the brush *c* occupies a different position the potentials of the points X and Y will be different, and a current will flow over the auxiliary-brush to or from the commutator, according to the relative position of the brushes. If, for instance, the commutator-space between the brushes *a* and *c*, when the latter is at the neutral point, is diminished, a current will flow from the point Y over the shunt C to the brush *b*, thus strengthening the current in the part M´, and partly neutralizing the current in the part M; but if the space between the brushes *a* and *c* is increased, the current will flow over the auxiliary-brush in an opposite direction, and the current in M will be strengthened, and in M´ partly neutralized.

By combining with the brushes *a*, *b* and *c* any known automatic regulating mechanism the current developed can be regulated in proportion to the demands in the working-circuit. The parts M and M´ of the field-wire may be wound in the same direction. (In this case they are arranged as shown in Fig. 1; or, the part M may be wound in the opposite direction, as shown in Figs. 2 and 3.)

It will be apparent that the respective cores of the field-magnets are subject to the neutralizing or intensifying effects of the current in the shunt through *c*´, and the magnetism of the cores will be partially neutralized or the point of greatest magnetism shifted, so that it will be more or less remote from or approaching to the armature, and hence the aggregate energizing actions of the field-magnets on the armature will be correspondingly varied.

In the form indicated in Fig. 2 the regulation is effected by shifting the point of greatest magnetism, and in Figs. 2 and 3 the same effect is produced by the action of the current in the shunt passing through the neutralizing helix.

The relative positions of the respective brushes may be varied by moving the auxiliary-brush or the brush *c* may remain quiescent and the core *p* be connected to the main-brush holder A´, so as to adjust the brushes *a b* in their relation to the brush *c*. If, however, an adjustment is applied to all the brushes, as seen in Fig. 5, the solenoid should be connected to both A and C, so as to move them toward or away from each other.

There are several known devices for giving motion in proportion to an electric current. I have shown the moving cores in Figs. 4 and 5 as convenient devices for obtaining the required extent of motion with very slight changes in the current passing through the helices. It is understood that the adjustment of the main-brushes causes variations in the strength of the current independently of the relative position of said brushes to the auxiliary-brush. In all cases the adjustment may be such that no current flows over the auxiliary-brush when the dynamo is running with its normal load.

In Figs. 4 and 5, A A indicate the main-brush-holder, carrying the main-brushes, and C the auxiliary-brush holder, carrying the auxiliary-brush. Thes brush-holders are movable in arcs concentric with the center of the commutator-shaft. An iron piston, P, of the solenoid S, Fig. 4, is attached to the auxiliary-brush holder C. The adjustment is effected by means of a spring and screw or tightener.

In Fig. 5, instead of a solenoid, an iron tube enclosing a coil is shown. The piston of the coil is attached to both brush-holder A A and C. When the brushes are moved directly by electrical devices, as shown in Figs. 4 and 6, these are so constructed that the force exerted for adjusting is practically uniform through the whole length of motion.

I am aware that auxiliary-brushes have been used in connection with the helices of the field-wire; but in these instance the helices received the entire current through the auxiliary-brush or brushes, and said brushes could not be taken off without breaking the circuit through the field. These brushes caused, however, a great sparking upon the commutator. In may improvement the auxiliary-brush causes very little or no sparking, and can be taken off without breaking the circuit through the field-helices.

My improvement has, besides, the advantages to facilitate the self-exciting of the machine in all cases where the resistance of the field-wire is very great comparatively to the resistance of the main-circuit at the start -- for instance, on arc-light machines. In this case I place the auxiliary-brush *c* near to or in preference in contact with the brush *b*, as shown in Fig. 6. In this manner the part M´ is completely cut out, and as the part M has a considerably smaller resistance than the whole length of the field-wire the machine excites itself, whereupon the auxiliary-brush is shifted automatically to its normal position.

I claim as my invention --

The combination, with the commutator having two or more main-brushes and an auxiliary-brush, of the field-helices having their ends connected to the main-brushes, and a branch or shunt-connection from an intermediate point of the field-helices to the auxiliary-brush, and means for varying the relative position upon the commutator of the respective brushes, substantially as set forth. Signed by me this 13th day of May, A. D. 1885.

NIKOLA TESLA.

Witnesses: GEO. T. PINCKNEY,
WALLACE L. SERRELL.

(No Model.) 2 Sheets—Sheet 1.

# N. TESLA.

## REGULATOR FOR DYNAMO ELECTRIC MACHINES.

No. 336,962. Patented Mar. 2, 1886.

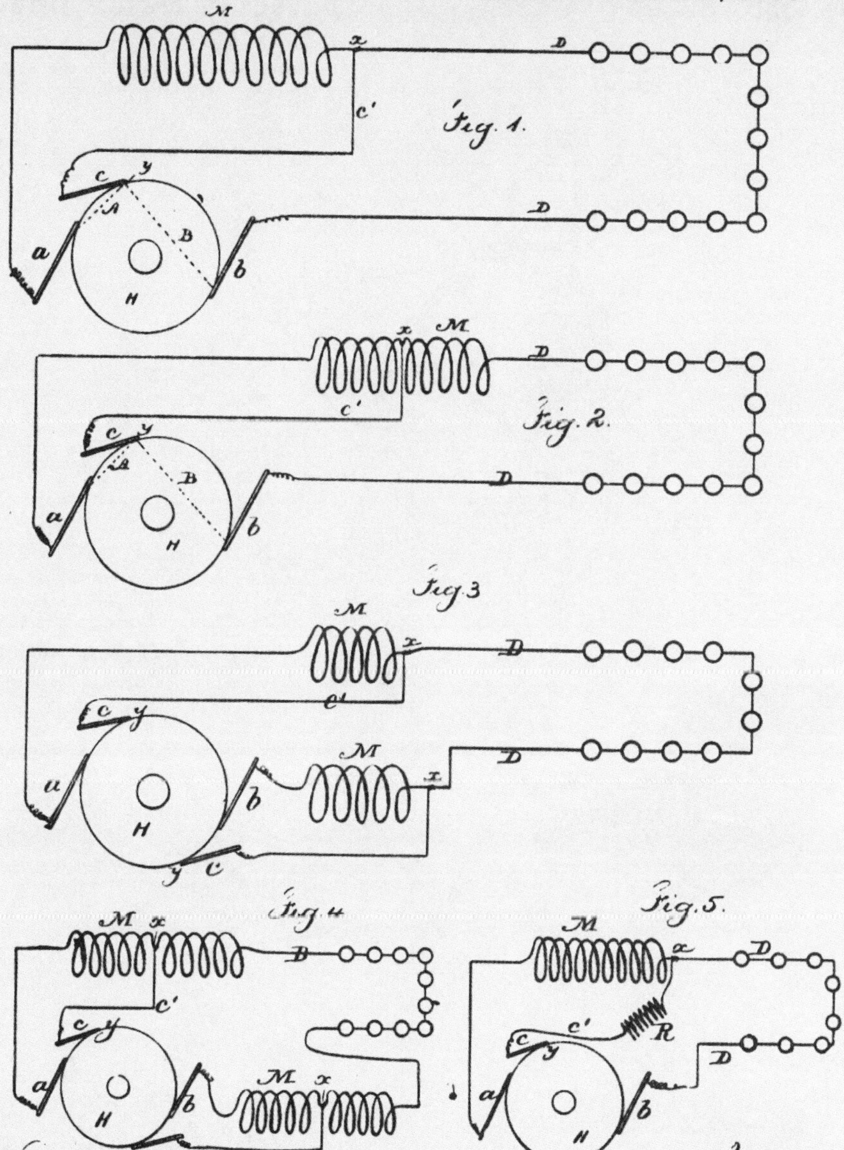


Witnesses

Chas H. Smith

J. Staib

Inventor

Nikola Tesla

per Lemuel W. Serrell

att

(No Model.) 2 Sheets—Sheet 2

# N. TESLA.

## REGULATOR FOR DYNAMO ELECTRIC MACHINES.

No. 336,962. Patented Mar. 2, 1886.

Fig 6

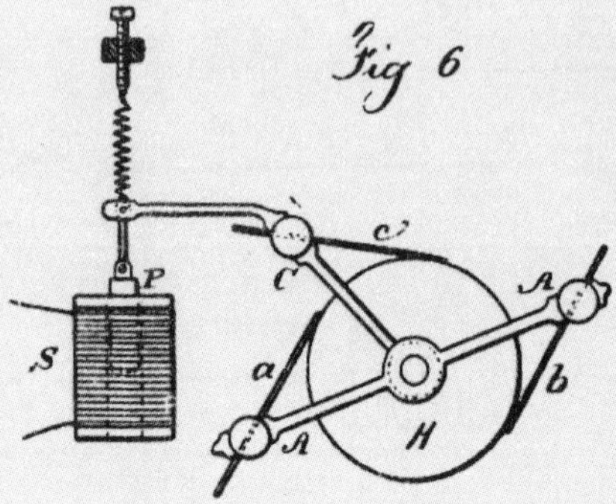


Fig. 7

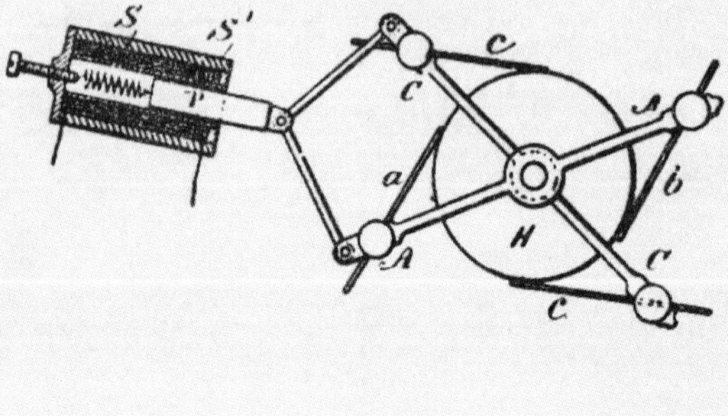


Witnesses

Chas. H. Smith

J. Staib

Inventor

Nikola Tesla

Lemuel W. Serrell

# UNITED STATES PATENT OFFICE.

NIKOLA TESLA, OF SMILJAN, LIKA, AUSTRIA-HUNGARY,
ASSIGNOR TO THE TESLA ELECTRIC LIGHT AND MANUFACTURING
COMPANY, OF RAHWAY, NEW JERSEY.

# REGULATOR FOR DYNAMO-ELECTRIC MACHINES.

SPECIFICATION forming part of Letters Patent No. 336,962 dated March 2, 1886.
Application filed June 1, 1885. Serial No. 167,136. (No model.)

*To all whom it may concern:*

Be it known that I, NIKOLA TESLA, of Smiljan, Lika, border country of Austria-Hungary, have invented an Improvement in Dynamo-Electric Machines, of which the following is a specification.

My invention is designed to provide an improved method for regulating the current in dynamo-electric machines.

In another application, No. 165,793, filed by me May 18, 1885, I have shown a method for regulating the current in a dynamo having the field-helices in a shunt. My present application relates to a dynamo having its field-helices connected in the main-circuit.

In my improvement I employ one or more auxiliary brushes, by means of which I shunt a portion or the whole of the field-helices. According to the relative position upon the commutator of the respective brushes more or less current ist caused to pass through the helices of the field, and the current developed by the machine can be varied at will by varying the relative positions of the brushes.

In the drawings the present invention is illustrated by diagrams, which are hereinafter separately referrred to.

In Figure 1, *a* and *b* are the positive and negative brushes of the main-circuit, and *c* an auxiliary-brush. The main-circuit D extends from the brushes *a* and *b*, as usual, and contains the helices M of the field-wire and the electric lamps or other working-devices. The auxiliary-brush *c* is connected to the point *x* of the main-circuit by means of the wire *c*´.

H is a commutator of ordinary construction.

From that which has been said in the application above referred to it will be seen that when the electro-motive force between the brushes *a* and *c* is to the electro-motive force between the brushes *c* and *b* as the resistance of the circuit *a* M *c*´ *c* A to the resistance of the circuit *b* C B *c c*´ A, the potentials of the points *x* and *y* will be equal, and no current will pass over the auxiliary-brush *c*; but if said brush occupies a different position relatively to the main-brushes the electric condition is disturbed, and current will flow either from *y* to *x* or from *x* to *y*, according the the relative position of the brushes. In the first case the current through the field-helices will be partly neutralized and the magnetism of the field-magnets diminished. In the second case the current will be increased and the magnets will gain strength. By combining with the brushes *a b c* any automatic regulating mechanism the current developed can be regulatod automatically in proportion to the demands in the working-circuit.

In Figs. 6 and 7 I have represented some of the automatic means that may be used for moving the brushes. The core P, Fig. 6, of the solenoid-helix S, is connected with the brush *c* to move the same, and in Fig. 7 the core P is shown as within the helix S, and connected with the brush *c* to move the same, and in Fig. 7 the core P is shown as within the helix S, and connected with both brushes *a* and *c*, so as to move the same toward or from each other, according to the strength of the current in the helix, the helix being within an iron tube, S´, that becomes magnetized and increases the action of the solenoid.

In practice it is sufficient to move only the auxiliary-brush, as shown in Fig. 6, as the regulation is very sensitive to the slightest changes; but the relative position of the auxiliary-brush to the main-brushes may be varied by moving the main-brushes, or both main and auxiliary-brushes may be moved, as illustrated in Fig. 7. In the latter two cases, it will be understood, the motion of the main-brushes relatively to the neutral line of the machine causes variations in the strength of the current independently of their relative position to the auxiliary-brush. In all cases the adjustment may be such that when the machine is running with the ordinary load no current flows over the auxiliary-brush.

The field-helices may be connected as shown in Fig. 1, or a part of the field-helices may be in the outgoing and the other part in the return-circuit, and two auxiliary-brushes may be employed as shown in Figs. 3 and 4. Instead of shunting the whole of the field-helices, a portion only of such helices may be shunted, as shown in Figs. 2 and 4.

The arrangement shown in Fig. 4 is advantageous, as it diminishes the sparking upon the commutator, the main-circuit being closed through the auxiliary-brushes at the moment of the break of the circuit at the main-brushes.

The field-helices may be wound in the same direction, or part may be wound in opposite direction.

The connection between the helices and the auxiliary-brush or brushes may be made by a wire of small resistance, or a resistance may be interposed (R, Fig. 5) between the point *x* and the auxiliary-brush or brushes to divide the sensitiveness when the brushes are adjusted.

I am aware that it is not new to use auxiliary-brushes on the commutator, and that auxiliary-brushes have been connected to the field-helices; but I am not aware that the helices of a series-dynamo have been shunted by means of auxiliary-brushes, and that the relative position of the respective brushes has been varied for the purpose of regulating the current developed by the machine.

In instances where auxiliary-brushes have been used in connection with the field-helices said auxiliary-brushes received the current continously and caused great sparking, whereas in my invention the auxiliary-brush receives current only when the normal electrical condition of the circuit are disturbed.

I claim as my invention --

The combination, with the commutator and main-brushes and one or more auxiliary-brushes, of the field-helices in the main-circuits and one or more shunt-connections from the field-helices to the auxiliary-brushes, the relative positions upon the commutator of the respective brushes being adjustable, for the purpose set forth.

Signed by me this 16th of May, A. D. 1885.

NIKOLA TESLA.

Witnesses:
GEO. T. PINCKNEY,
WALLACE L. SERRELL.

(No Model.) 2 Sheets—Sheet 1.

# N. TESLA.

## ELECTRIC ARC LAMP.

No. 335,787. Patented Feb. 9, 1886.

Fig 1.

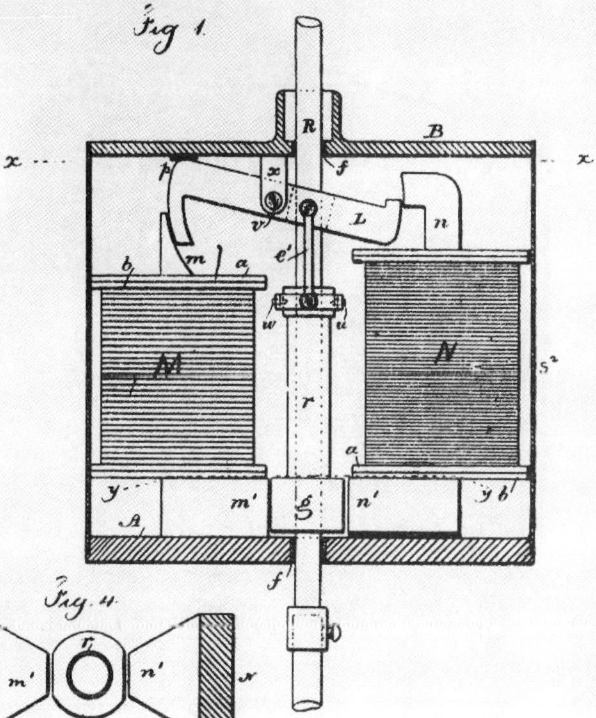


Fig 6.

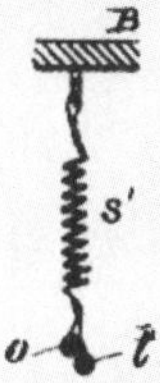


Fig. 4.

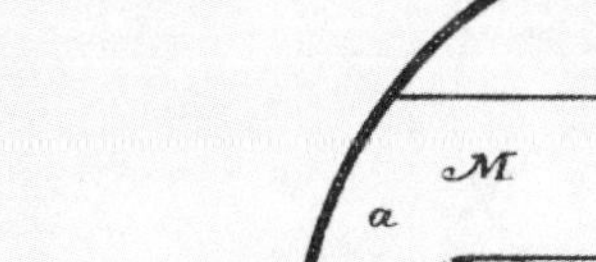


Fig. 2.

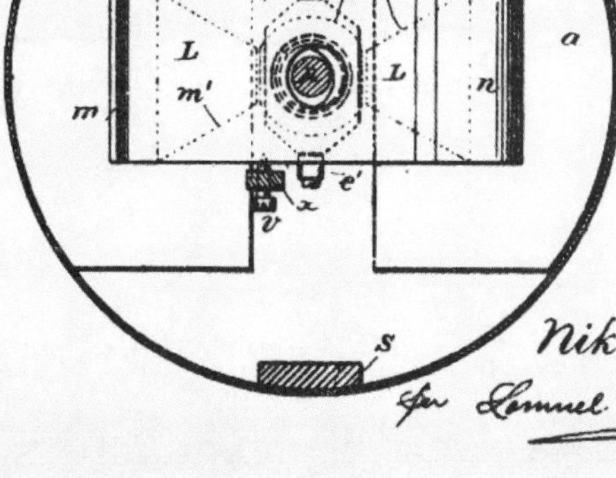


Witnesses
Chas H Smith
Geo T Pinckney

Inventor
Nikola Tesla
per Lemuel W. Serrell
atty

No Model.) 2 Sheets—Sheet 2

# N. TESLA.

## ELECTRIC ARC LAMP.

No. 335,787. Patented Feb. 9, 1886.

Fig 3

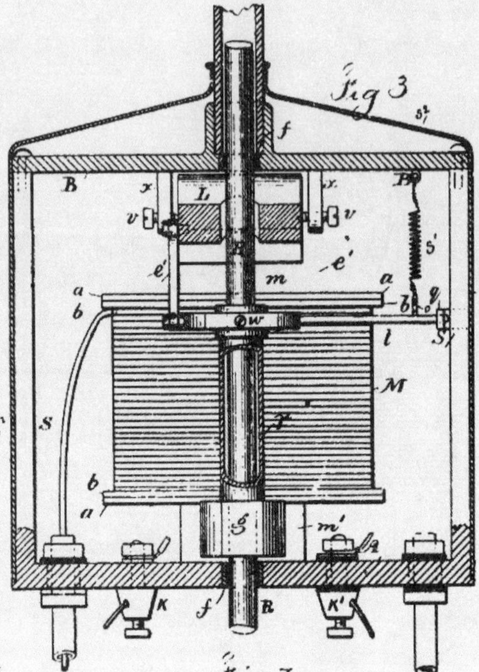


Fig 5

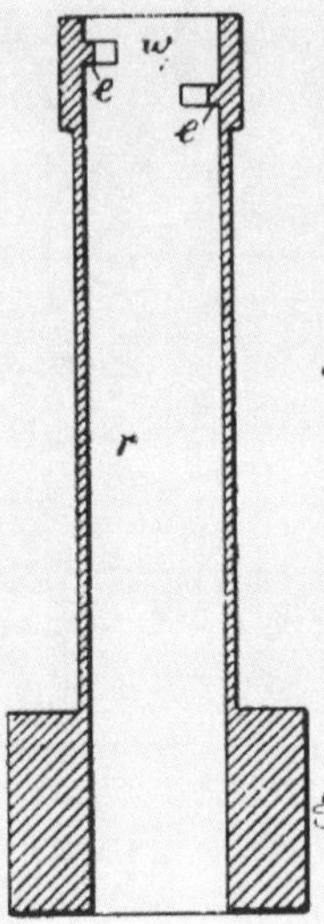


Fig 7

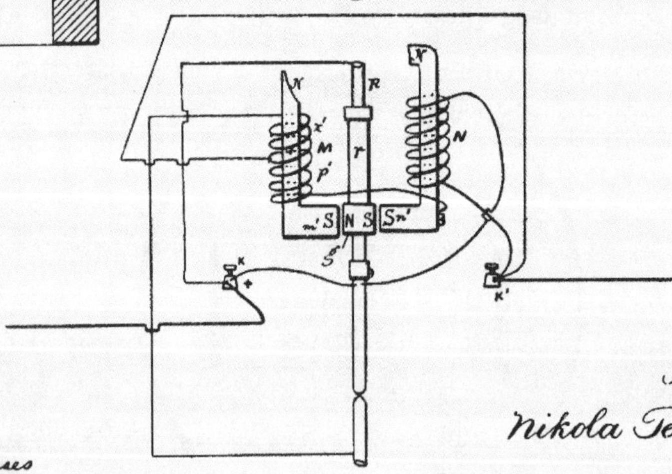


Witnesses

Chas H. Smith
Geo T Pinckney

Inventor

Nikola Tesla

per Lemuel W. Serrell

# UNITED STATES PATENT OFFICE.

NIKOLA TESLA, OF SMILJAN, LIKA, AUSTRIA-HUNGARY, ASSIGNOR TO THE TESLA ELECTRIC LIGHT AND MANUFACTURING COMPANY, OF RAHWAY, NEW JERSEY.

## ELECTRIC-ARC LAMP.

SPECIFICATION forming part of Letters Patent No. 335,787, dated February 9, 1886.
Applicaton filed July 13, 1885. Serial No. 171,416. (No model.)

*To all whom it may concern:*

Be it known that I, NIKOLA TESLA, of Smiljan, Lika, border country of Austria-Hungary, have invented an Improvement in Electric-Arc Lamps, of which the following is a specification.

In another application, No. 160,574, filed by me March 30, 1885, I have shown and described a lamp having two magnets, in the main and shunt-circuits, respectively, an armature-lever, and feed-mechanism connected to the armature-lever.

My present invention consists in some modifications of and improvements upon the devices shown in the application referred to.

In my present invention I further provide means for automatically withdrawing a lamp from the circuit, or cutting out the same, when, from a failure of the feed, the arc reaches an abnormal length, and also means for automatically reinserting such lamp in the circuit when the rod drops and the carbons come into contact.

My invention will be understood with reference to the accompanying drawings.

In the drawing, Figure 1 is an elevation of the lamp with the case in section. Fig. 2 is a sectional plan at the line *x x*. Fig. 3 is an elevation, partly in section, of the lamp at right angles to Fig. 1. Fig. 4 is a sectional plan at the line *y y* of Fig. 1. Fig 5 is a sectional of the clamp in about full size. Fig. 6 is a detached section illustrating the connection of the spring to the lever that carries the pivots of the clamp, and Fig. 7 is a diagram showing the circuit-connections of the lamp.

In the drawings, Fig. 1, M represents the main and N the shunt-magnet, both securely fastened to the base A, which, with its side columns, S S, is preferably cast in one piece of brass or other diamagnetic material. To the magnet are soldered or otherwise fastened the brass washers or disks *a a a a*. Similar washers, *b b*, of fiber or other insulating material, serve to insulate the wires from the brass washers.

The magnets M and N are made very flat, so that their width exceeds three times their thickness, or even more. In this way a comparatively small number of convolusions is sufficient to produce the required magnetism, besides a greater surface is offered for cooling off the wires.

The upper pole-pieces, *m n*, of tho magnoto are curved, as indicated in the drawings, Fig. 1. The lower pole-pieces, *m′ n′*, are brought near together, tapering toward the armature *g*, as shown in Figs. 2 and 4. The object of this taper is to concentrate the greatest amount of the developed magnetism upon the armature, and also to allow the pull to be oxortod alwayo upon the middle of the armature *g*. This armature *g* is a piece of iron in the shape of a hollow cylinder, having on each side a segment cut away, the width of which is equal to the width of the pole-pieces *m′n′*.

The armature is soldered or otherwise fastened to the clamp *r*, which is formed of a brass tube, provided with gripping-jaws *e e*, Fig. 5. These jaws are arcs of a circle of the diameter of the rod R, and are made of some hard metal, preferably of hardened German silver. I also make the guides *f f*, through which the carbon-holding rod R slides, of the same material. This has the advantage to reduce greatly the wear and corrosion of the parts coming in frictional contact with the rod, which frequently causes trouble. The jaws *e e* are fastened to the inside of the tube *r*, so that one is a little lower than the other. The object of this is to provide a greater opening for the passage of the rod when the same is released by the clamp. The clamp *r* is supported on bearings *w w*, Figs. 1, 3 and 5, which are just in the middle between the jaws *e e*. I find this disposition to be the best. The bearings *w w* are carried by a lever, *t*, one end of which rests upon an adjustable support, *q*, of the side columns, S, the other end being connected by means of the link *e´* to the armature-lever L. The armature-lever L is a flat piece of iron in Z-shape, having its ends curved so as to correspond to the form of the upper pole-pieces of the magnets M and N. It is hung upon the pivots *v v*, Fig. 2, which are in the jaw *x* of the top plate, B. This plate B, with the jaw, is preferably cast in one piece and screwed to the side columns, S S, that extend up from the base A. To partly balance the overweight of the moving parts a spring, *s´*, Figs. 2 and 6 is fastened to the top plate, B, and hooked to the lever *t*. The hook *o* is toward one side of the lever or bent a little sidewise, as seen in Fig. 6. By this means a light tendency is given to swing the armature toward the pole-piece *m´* of the main-magnet.

The binding-posts K K´ are preferably screwed to the base A. A manual switch, for short-circuiting the lamp when the carbons are renewed, is also to be fastended to the base. This switch is of ordinary character, and is not shown in the drawings.

The rod R is electrically connected to the lamp-frame by means of a flexible conductor or otherwise. The lamp-case receives a removable ornamental cover, *s´*, around the same to enclose the parts.

The electrical connections are as indicated diagrammatically in Fig. 7.

The wire in the main-magnet consists of two parts, *x´* and *p´*. These two parts may be in two separated coils or in on single helix, as shown in the drawings. The part *x´* being normally in circuit, is, with the fine wire upon the shunt-magnet, wound and traversed by the current in the same direction, so as to tend to produce similar poles, *n n* or *s s*, on the corresponding pole-pieces of the magnets M and N. The part *p´* is only in circuit when the lamp is cut out, and then the current being in the opposite direction produces in the main-magnet magnetism of the opposite polarity.

The operation is as follows: At the start the carbons are to be in contact, and the current passes from the positive binding-post K to the lamp-frame, carbon-holder, upper and lower carbon, insulated return-wire in one of the side rods, and from there through the part *x´* of the wire on the main-magnet to the negative binding-post. Upon the passage of the current the main-magnet is energized and attracts the clamping-armature *g*, swinging the clamp and gripping the rod by means of the gripping-jaws *e e*. At the same time the armature-lever L is pulled down and the carbons separated. In pulling down the armature-lever L the main-magnet is assisted by the shunt-magnet N, the latter being magnetized by magnetic induction from the magnet M.

It will be seen that the armatures L and *g* are practically the keepers for the magnets M and N, and owing to this fact both magnets with either one of the armatures L and *g* may be considered as on horseshoe-magnet, which we might term a "compound-magnet". The whole of the soft-iron parts *m, m´, g, n´, n,* and L form a compound-magnet.

The carbons being separated, the fine wire receives a portion of the current. Now, the magnetic induction form the magnet M is such as to produce opposite poles on the corresponding ends of the magnet N; but the current traversing the helices tends to produce similar poles on the corresponding ends of both magnets, and therefore as soon as the fine wire is traversed by sufficient current the magnetism of the whole compound-magnet is diminished.

With regard to the armature *g* and operation of the lamp, the pole *m´* may be termed as the "clamping" and the pole *n´* as the "releasing"-pole.

As the carbons burn away, the fine wire receives more current and the magnetism diminishes in proportion. This causes the armature-lever L to swing and the armature *g* to descend gradually under the weight of the moving parts until the end *p*, Fig. 1, strikes a stop on the top plate, B. The adjustment is such that when this takes place the rod R is yet gripped securely by the jaws *e e*. The further downward movement of the armature-lever being prevented, the arc becomes longer as the carbons are consumed, and the compound-magnet is weakened more and more until the clamping-armature *g* releases the hold of the gripping-jaws *e e* upon the rod R, and the rod is allowed to drop a little, shortening thus the arc. The fine wire now receiving less current, the magnetism increases, and the rod is clamped again and slightly raised, if necessary. This clamping and releasing of the rod continues until the carbons are consumed. In practice the feed is so sensitive that for the greatest part of the time the movement of the rod cannot be detected without some actual measurement. During the normal operation of the lamp the armature-lever L remains stationary, or nearly so, in the position shown in Fig. 1.

Should it arise that, owing to an imperfection in the rod, the same and the carbons drop too far, so as to make the arc too short, or even bring the carbons in contact, then a very small amount of current passes through the fine wire, and the compound-magnet becomes sufficiently strong to act as on the start in pulling the armature-lever L down and separating the carbons to a greater distance.

It occurs often in practice that the rod sticks in the guides. In this case the arc reaches a great length, until it finally breaks. Then the light goes out, and frequently the fine wire is injured. To prevent such an accident, I provide my lamp with an automatic cut-out. This cut-out operates as follows: When, upon a failure of the feed, the arc reaches a certain predetermined length, such an amount of current is diverted through the fine wire that the polarity of the coumpound-magnet is reversed. The clamping-armature *g* is now moved against the shunt-magnet N until it strikes the releasing-pole *n´*. As soon as the contact is established, the current passes from the positive binding-post over the clamp R, armature *g*, insulated shunt-magnet, and the helix *p´* upon the main-magnet M to the negative binding-post. In this case the current passes in the opposite direction and changes the polarity of the magnet M, at the same time maintaining by magnetic induction in the core of the shunt-magnet the required magnetism without reversal of polaritiy, and the armature *g* remains against the shunt-magnet pole *n´*. The lamp is thus cut out as long as the carbons are separated. The cut-out may be used in this form without any further improvement; but I prefer to arrange it so that if the rod drops and the carbons come in contact the arc is started again. For this purpose I proportionate the resistance of the part *p´* and the number of the convolutions of the wire upon the main-magnet so that when the carbons come in contact a sufficient amount of current is diverted through the carbons and the part *x´* to destroy or neutralize the magnetism of the compound-magnet. Then the armature *g*, having a slight tendency to apprach to the clamping-pole *m´*, comes out of contact with the releasing-pole *n´*. As soon as this happens, the current through the part *p´* is interrupted, and the whole current passes through the part *x*. The magnet M is now strongly magnetized, the armature *g* is attracted, and the rod clamped. At the same time the armature-lever L is pulled down out of its normal position and the arc started. In this way the lamp cuts itself out automatically when the arc gets so long, and reinserts itself automatically in the circuit if the carbons drop together.

It will be seen that the cut-out may be modified without departing from the spirit of my invention, as long as the shunt-magnet closes a circuit including a wire upon the main-magnet and continues to keep the contact closed, being magnetized by magnetic induction from the main-magnet. It is also obvious to say that the magnets and armatures may be of any desired shape.

I claim as my invention --

1. The combination, in an arc-lamp, of a main and a shunt-magnet, an armature-lever to draw the arc, a clamp, and an armature to act upon the clamp, a clamping-pole and a releasing-pole upon the respective cores, the cores, poles, armature-lever, and clamping-armature forming a compound electro-magnet, substantially as set forth.

2. The combination, in an electric arc-lamp, of a carbon-holder and its rod, a clamp for such carbon-holder, a clamping-armature connected to the clamp, a compound electro-magnet controlling the action of the clamping-armature, and electric circuit-connections, substantially as set forth, for lessening the magnetism of the compound-magnet when the arc between the carbons lengthens and augmenting the magnetism of the same when the arc is shortened, substantially as described.

3. The combination, with the carbon-holders

in an electric-lamp, of a clamp around the rod of the upper carbon-holder, the clamping-armature connected with said clamp, the armature-lever and connection from the same to the clamp, the main and shunt-magnets, and the respective poles of the same to act upon the clamping-armature and armature-lever, respectively, substantially as set forth.

4. In an electric-arc lamp, a cut-out consisting of a main-magnet, an armature, and a shunt-magnet having an insulated pole-piece, and the cut-out circuit-connections through the pole-piece and armature, substantially as set forth.

5. In an electric-arc lamp, the combination, with the carbon-holder and magnets, of the armatures L and *g*, link *e´*, clamp *r*, and lever *t*, and the spring *s´*, for the purpose set forth.

6. In an electric-arc lamp, the combination, with two upright magnets in the main and shunt-circuits, respectively, having curved pole-pieces on one end and converging pole-pieces on the other end, of a flat z-shaped armature-lever between the curved pole-pieces and a clamping-armature between the convergent pole-pieces, substantially as described.

7. The combination, in an electric-arc lamp, of an electro-magnet in the main-circuit and an electro-magnet in the shunt-circuit, an armature under the influence of the poles of the respective magnets, and circuit-connections controlled by such armature to cut out or shunt the lamp, subsantially as specified, whereby the branch-circuit is closed by the magnetism of the shunt-magnet, and then kept closed by induced magnetism from the main-magnet, substantially as set forth.

8. The combination, with the carbon-holder and rod and the main and shunt-magnets, of a feeding-clamp, an armature for the same, clamping and releasing-poles upon the cores of the respective magnet, and circuit-connections through the clamping-armature, substantially as spedified, for shunting the current when the electric arc between the carbons becomes abnormally long, substantially as set forth.

9. The combination, with the carbon-holding rod and a clamp for the same, of an armature upon the clamp, a shunt-magnet the pole of which acts to release the clamp, and a main-magnet with a two-part helix, one portion being in the main-circuit and the other portion in a shunt or cut-out circuit, the clamping-armature acting to close said cut-out circuit when the arc becomes too long and to break the shunt-circuit when the carbons come together, substantially as set forth.

Signed by me this 11th day of July, A. D. 1885.

NIKOLA TESLA.

Witnesses:

GEO. T. PICKNEY,
WILLIAM G. MOTT.

(No Model.)

# N. TESLA.

## REGULATOR FOR DYNAMO ELECTRIC MACHINES.

No. 350,954. Patented Oct. 19, 1886.

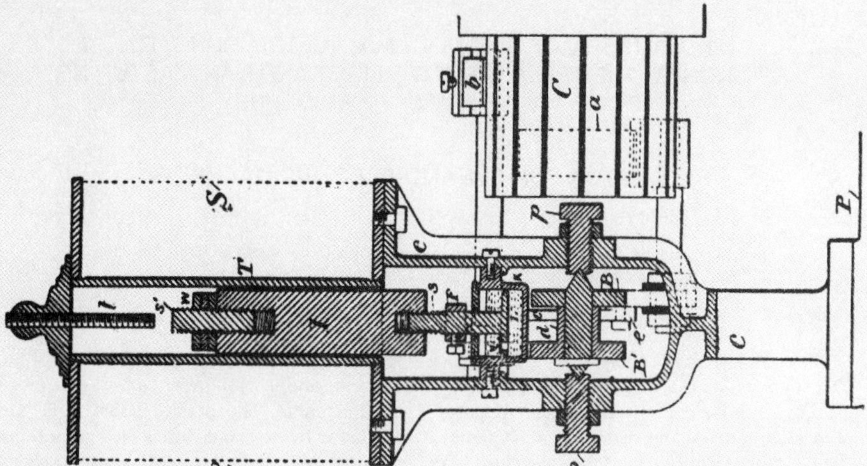

Fig. 2.

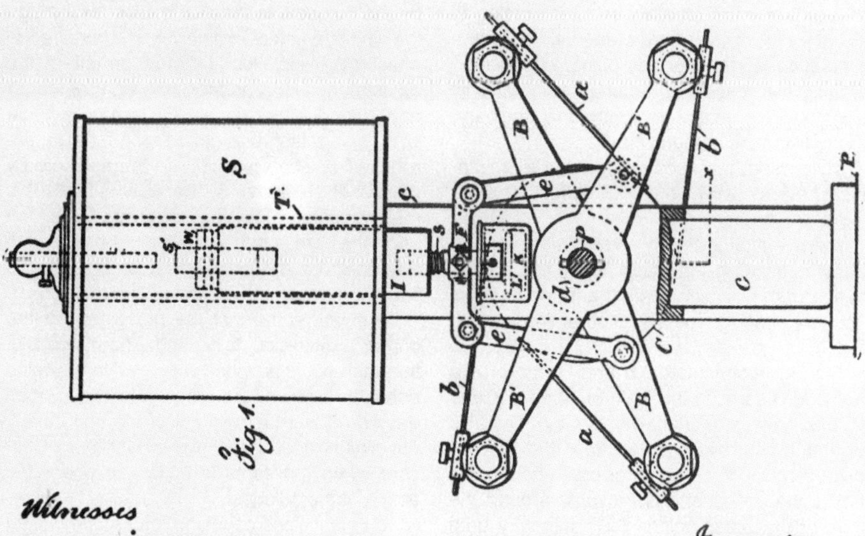

Fig. 1.

Witnesses

Chas. H. Smith

J. Staib

Inventor

Nikola Tesla.

per Lemuel W. Serrell att'y

# UNITED STATES PATENT OFFICE.

NIKOLA TESLA, OF SMILJAN, LIKA, AUSTRIA-HUNGARY, ASSIGNOR TO THE TESLA ELECTRIC LIGHT AND MANUFACTURING COMPANY, OF RAHWAY, NEW JERSEY.

## REGULATOR FOR DYNAMO-ELECTRIC MACHINES.

SPECIFICATION forming part of Letters Patent No. 350,954 dated October 19, 1886.
Application filed January 14, 1886. Serial No. 188,539. (No model.)

*To all whom it may concern:*

Be it known that I, NIKOLA TESLA, of Smiljan, Lika, border conutry of Austria-Hungary, have invented an Improvement in Dynamo-Electric Machines, of which the following is a specification.

In another applicatons I have shown the commutator of a dynamo-machine with the main-brushes connected in an electric circuit, and one or more auxiliary-brushes serving to shunt a part or the whole of the field-coils, the regulation of the current being effected by shifting the respective brushes automatically upon the commutator in proportion to the varying resistances of the circuit.

My present invention relates to the mechanical devices which I employ to effect the shifting of the brushes.

My invention is clearly shown in the accompanying drawings, in which Figure 1 is an elevation of the regulator with the frame partly in section; and Fig. 2 is a section at the line *x x*, Fig. 1.

C is the commutator; B and B, the brush-holders, B carrying the main-brushes *a a´* and B´ the auxiliary or shunt-brushes *b b*. The axis of the brush-holder B is supported by two pivot-screws, *p p*. The other brush-holder, B´, has a sleeve, *d,* and is movable around the axis of the brush-holder B. In this way both brush-holders can turn very freely, the friction of the parts being reduced to a minimum. Over the brush-holders is mounted the solenoid S, which rests upon a forked column, *c.* This column also affords a support for the pivots *p p*, and is fastened upon a solid bracket or projection, P, which extends from the base of the machine, and is preferably cast in one piece with the same. The brush-holders B B´ are connected by means of the links *e e* and the cross-piece F to the iron core I, which slides freely in the tube T of the solenoid. The iron core I has a screw, *s*, by means of which it can be raised and adjusted in its position relatively to the solenoid, so that the pull exerted upon it by the solenoid is practically uniform through the whole length of motion which is required to effect the regulation. In order to effect the adjustment with a greater precision the core I is provided with a small iron screw, *s´*. The core being first brought very nearly in the required position relatively to the solenoid by means of the screw *s*, the small screw *s´* is then adjusted until the magnetic attraction upon the core is the same when the core is in any position. A convenient stop, *t*, serves to limit the upward movement of the iron core.

To check somewhat the movement of the core I, a dash-pot, K, is used. The piston L of the dash-pot is provided with a valve, V, which opens by a downward pressure and allows an easy downward movement of the iron core I, but closes and checks the movement of the core when the same is pulled up under the action of the solenoid.

To balance the opposing forces, the weight of the moving parts, and the pull exerted by the solenoid upon the iron core, the weights W W may be used. The adjustment is such that when the solenoid is traversed by the normal current it is just strong enough to balance the downward pull of the parts.

The electrical circuit-connections are substantially the same, as indicated in my former applications, the solenoid being in series with the circuit when the translating devices are in series and in a shunt when the devices are in multiple arc.

The operation of the devices is as follows: When upon a decrease of the resistance of the circuit or some other reason the current is increased, the solenoid S gains in strength and pulls up the iron core I, thus shifting the main-brushes in the direction of ratation and the auxiliary-brushes in the opposite way. This diminishes the strength of the current until the opposing forces are balanced and the solenoid is traversed by the normal current; but if from any cause the current in the circuit is diminished, then the weight of the moving parts overcomes the pull of the solenoid, the iron-core I descends, thus shifting the brushes the opposite way and increasing the current to the normal strength. The dash-pot connected to the iron core I may be of ordinary construction; but I prefer, especially in machines for arc light, to provide the piston of the dash-pot with a valve, as indicated in the drawings. This valve permits a comparatively easy downward movement of the iron core, but checks its movement when it is drawn up by the solenoid. Such an arrangement has the advantage that a great number of light may be put on without diminishing the light-power of the lamps in the circuit, as the brushes assume at once the proper position. When lights are cut out, the dash-pot acts to retard the movement; but if the current is considerably increased the solenoid gets abnormally strong and the brushes are shifted instantly.

The regulator being properly adjusted, lights or other devices may be put on or out with scarcely any perceptible difference.

It is obvious that instead of the dash-pot any other retarding device may be used.

I claim as my invention --

1. The combination, with the main and auxiliary-brushes, of two brush-holders, an axis fastened to one of the brush-holders, supporting screws for the same, a support for the other brush-holder surrounding the axis, a solenoid, a core for the same, and links connecting the core to the respective brush-holders, substantially as set forth.

2. The combination, with the brushes, brush-holders, and the axis upon which the brush-holders swing, of a solenoid and core, connections from the same to the brush-holders, and an adjusting screw to limit the movements of the core, substantially as set forth.

3. The combination, with the brush-holders and their axes, of a solenoid and core, and a connection from the core to the brush-holders, and an iron screw at the inner end of the core to adjust the action of the magnetism on the core, substantially as set forth.

4. The combination, with brushes, the brush-holders and their axes, of a solenoid and core, and connections to move the brush-holders, and a dash-pot provided with a valve, substantially as described, to diminish the speed of the movement of the core in one direction more than the other, substanially as set forth.

5. The combination with the brushes, the brush-holders and their axes, of a solenoid and core, and connections to move the brush-holders, and a dash-pot to diminish the speed of the movement of the core, substantially as set forth.

6. The combination, with the brush-holders and the solenoid and core, of links connecting to the holders, and a screw to adjust the position of the core in relation to the solenoid, substantially as set forth.

Signed by me this 12th day of January, A. D. 1886.

NIKOLA TESLA.

Witnesses:

GEO. T. PICKNEY,
WILLIAM G. MOTT.

(No Model.) 2 Sheets—Sheet 1.

# N. TESLA.

## THERMO MAGNETIC MOTOR.

No. 396,121. Patented Jan. 15, 1889.

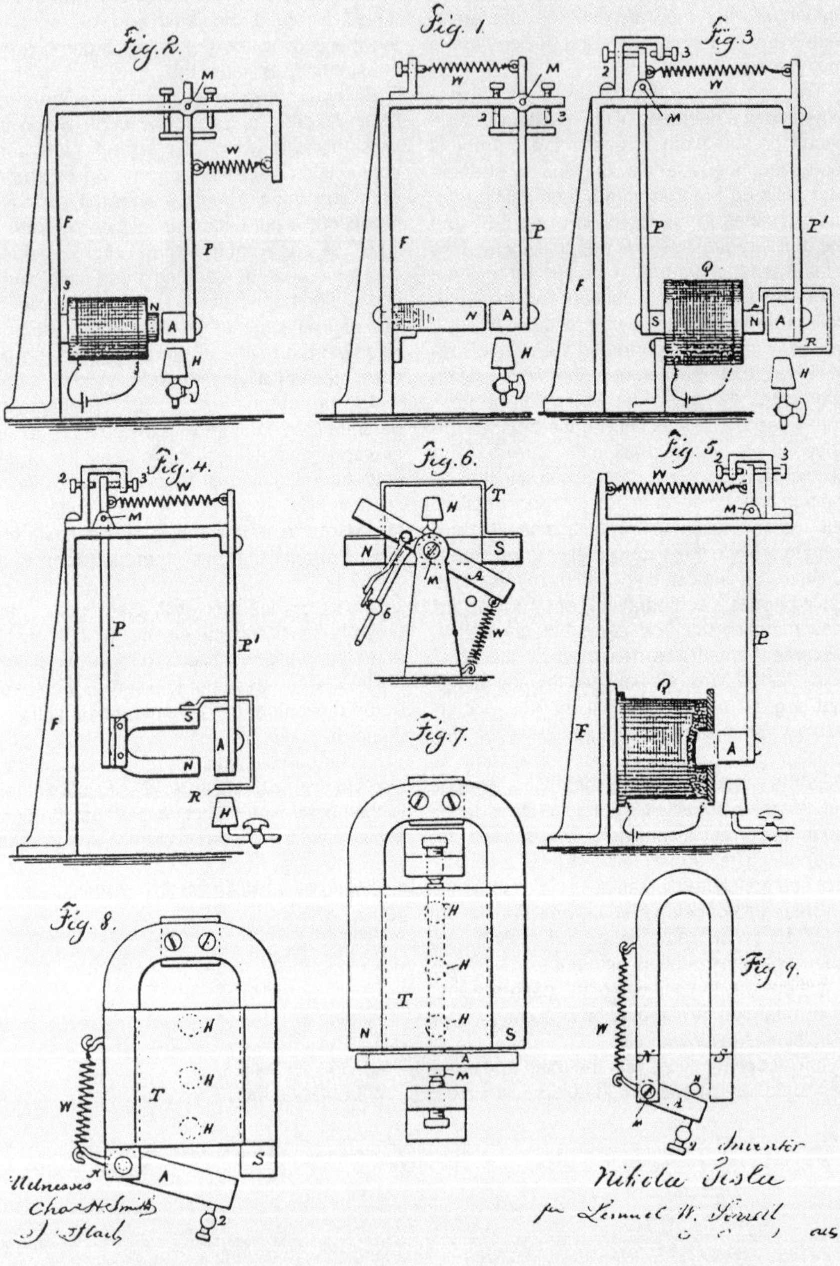


Witnesses
Chas. H. Smith
J. Staib

Inventor
Nikola Tesla
per Lemuel W. Serrell
atty

(No Model.) 2 Sheets—Sheet 2.

# N. TESLA.

## THERMO MAGNETIC MOTOR.

No. 396,121. Patented Jan. 15, 1889.

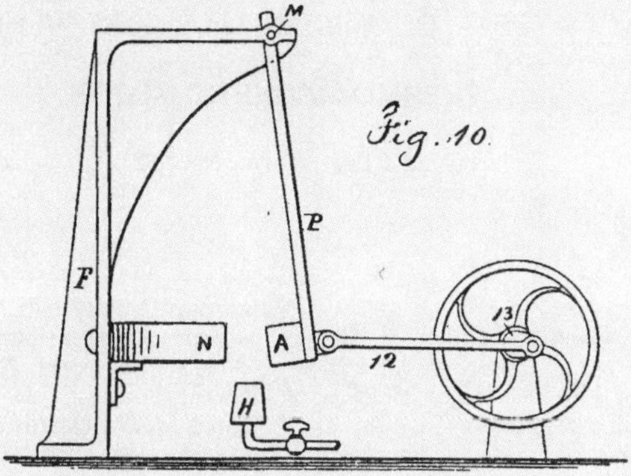


Fig. 10.

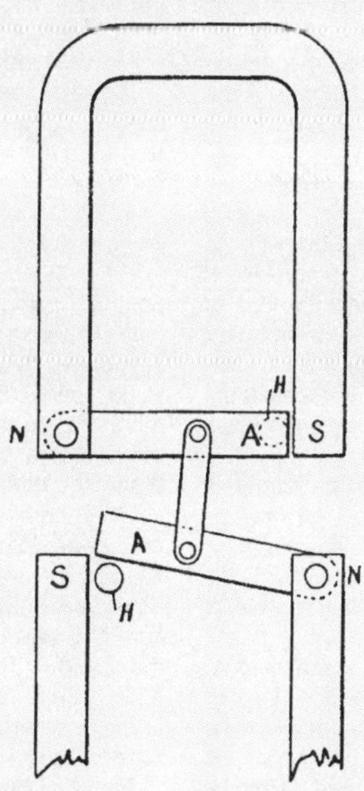


Fig. 11.

Witnesses

Chas H. Smith

J Staiz

Inventor

Nikola Tesla

per Lemuel W. Serrell atty

# UNITED STATES PATENT OFFICE.

NIKOLA TESLA, OF SMILJAN, LIKA, AUSTRIA-HUNGARY.

## THERMO-MAGNETIC MOTOR.

SPECIFICATION forming part of Letters Patent No. 396,121, dated January 15, 1889.
Application filed March 30, 1886. Serial No. 197,115. (No model.)

*To all whom it may concern:*

Be it known that I, NIKOLA TESLA, of Smiljan, Lika, border country of Austria-Hungary, have invented an Improvement in Thermo-Magnetic Motors, of which the following is a specification.

It is well known that heat applied to a magnetized body will lessen the magnetism, and if the temperature is raised sufficiently the magnetism will be neutralized or destroyed.

In my present invention I obtain mechanical power by a reciprocating action resulting from the joint operations of heat, magnetism, and a spring or weight or other force -- that is to say, I subject a body magnetized by induction or otherwise to the action of heat until the magnetism is sufficiently neutralized to allow a weight or spring to give motion to the body and lessen the action of the heat, so that the magnetism may be sufficiently restored to move the body in the opposite direction, and again subject the same to the demagnetizing of the heat.

In carrying out my invention I am able to make use of either an electro-magnet or a permanent magnet, and I preferably direct the heat against a body that is magnetized by induction, rather than directly against a permanent magnet, thereby avoiding the loss of magnetism that might result in the permanent magnet by the action of heat. I also provide for lessening the volume of the heat or for intercepting the same during that portion of the reciprocation in which the cooling action takes place.

In the drawings I have represented by diagrams some of the numerous arrangements that may be made use of in carrying out my invention. In all of these figures the magnet-poles are marked N S, the armature A, the Bunsen burner or other source of heat H, the axis of motion M, and the spring or the equivalent thereof -- namely, a weight -- is marked W.

In Figure 1 the permanent magnet N is connected with a frame, F, supporting the axis M, from which the arm P hange, and at the lower end of which the armature A is supported. The stops 2 and 3 limit the extent of motion, and the spring W tends to draw the armature A away from the magnet N. It is now to be understood that the magnetism of N is sufficient to overcome the spring W and draw the armature A toward the magnet N. The heat acting upon the armature A neutralizes its induced magnetism sufficiently for the spring W to draw the armature A away from the magnet N and also from the heat at H. The armature now cooles and the attraction of the magnet N overcomes the spring W and draws the armature A back again above the burner H, so that the same is again heated and the operations are repeated. The reciprocating movements thus obtained are employed as a source of mechanical power in any desired manner. Usually a connecting-rod to a crank upon a fly-wheel shaft will be made use of, as indicated in Fig. 10; but I do not limit myself in this respect.

Fig. 2 represents the same parts as before described; but an electro-magnet is illustrated in place of a permanent magnet. The operation, however is the same.

In Fig. 3 I have shown the same parts as in Figs. 1 and 2, only they are differently arranged. The armature A, instead of swinging, is stationary and held by an arm, P', and the core N S of the electro-magnet is made to swing within the helix Q, the said core being suspended by the arm P from the pivot M. A shield, R, is connected with the magnet-core and swing therewith, so that after the heat has demagnetized the armature A to such an extent that the spring W draws the core N S away from the armature A the shield R comes between the flame H and armature A, thereby intercepting the action of the heat and allowing the armature to cool, so that the magnetism, again preponderating, causes the movement of the core N S toward the armature A and the removal of the shield R from above the flame, so that the heat again acts to lessen or neutralize the magnetism. A rotary or other movement may be obtained from this reciprocation.

Fig. 4 corresponds in every respect with Fig. 3, except that a permanent horse-shoe magnet, N S, is represented as taking the place of the electro-magnet in said Fig. 3.

In Fig. 5 I have shown a helix, Q, with an armature adapted to swing toward or from the helix. In this case there may be a soft iron core in the helix, or the armature may assume the form of a solenoid-core, there being no permanent core within the helix.

Fig. 6 is an end view, and Fig. 7 a plan view, illustrating my improvement as applied to a swinging armature, A, and a stationary permanent magnet, N S. In this instance I apply the heat to an auxiliary-armature or keeper, T, which is adjacent to and preferably in direct contact with the magnet. This armature T, in the form of a plate of sheet iron, extends across from one pole to the other and is of sufficient section to practically form a keeper for the magnet, so that when this armature T is cool nearly all the lines of force pass over the same and very little free magnetism is exhibited. Then the armature A, which swings freely on the pivots M in front of the poles N S, is very little attracted and the spring *s* pull the same away from the poles into the position indicated in the drawings. The heat is directed upon the iron plate T at some distance from the magnet, so as to allow the magnet to be kept comparatively cool. This heat is applied beneath the plate by means of the burners H, and there is a connection from the armature A or its pivot to the gas-cock 6 or other device for regulating the heat. The heat acting upon the middle portion of the plate T, the magnetic conductivity of the heated portion is diminished or destroyed, and a great number of the lines of force are deflected over the armature A, which is now powerfully attracted and drawn into line, or nearly so, with the poles N S. In so doing the cock 6 is nearly closed and the plate T cools, the lines of force are again deflected over the same, the attraction exerted upon the armature A is diminished, and the spring W pulls the same away from the magnet into the position shown by full lines, and the operations are repeated. The arrangement shown in Fig. 6 has the advantages that the magnet and armature are kept cool and the strength of the permanent magnet is better preserved, as the magnetic circuit is constantly closed.

In the plan view, Fig. 8, I have shown a permanent magnet and keeper-plate, T, similar to those in Figs. 6 and 7, with the burners H for the gas beneath the same; but the armature is pivoted at one end to one pole of the magnet and the other end swings toward and from the other pole of the magnet. The spring W acts against a lever-arm that projects from the armature, and the supply of heat has to be partly cut off by a connection to the swinging armature, so as to lessen the heat acting upon the keeper-plate when the armature A has been attracted.

Fig. 9 is similar to Fig. 8, except that the keeper T is not made use of and the armature itself swings into and out of the range of the intense action of the heat from the burner 11.

Fig. 10 is a diagram similar to Fig. 1, except that in place of using a spring and stops the armature is shown as connected by a link, 12, to the crank 13 of a flywheel, so that the fly-wheel will be revolved as rapidly as the armature can be heated and cooled to the necessary extent. A spring may be used in addition, as in Fig. 1.

In Fig. 11 the two armatures A A are connected by a link, so that one will be heating while the other is cooling, and the attraction exerted to move the cooled armature is availed of to draw away the heated armature instead of using a spring.

I have shown in the drawings several ways of carrying out my invention; but said invention is not limited by any particular form, arrangement, or construction of devices.

I claim as my invention --

1. The combination, with a swinging body under the influence of magnetism, of a burner or other source of heat acting to vary the magnetism, and a spring or other power to move the swinging body in the opposite direction to the action of the magnetism, substantially as set forth.

2. The combination, with two or more armatures, connected to each other, of magnets to influence such armatures, and burners or other sources of heat to vary the magnetic action and cause the armatures to move, substantially as set forth.

Signed by me this 29th day of March, 1886.

NIKOLA TESLA.

Witnesses:
GEO. T. PINCKNEY,
WALLACE L. SERRELL.

(No Model.) 3 Sheets—Sheet 1

N. TESLA.

DYNAMO ELECTRIC MACHINE.

No. 359.748. Patented Mar. 22, 1887.

Fig. 1

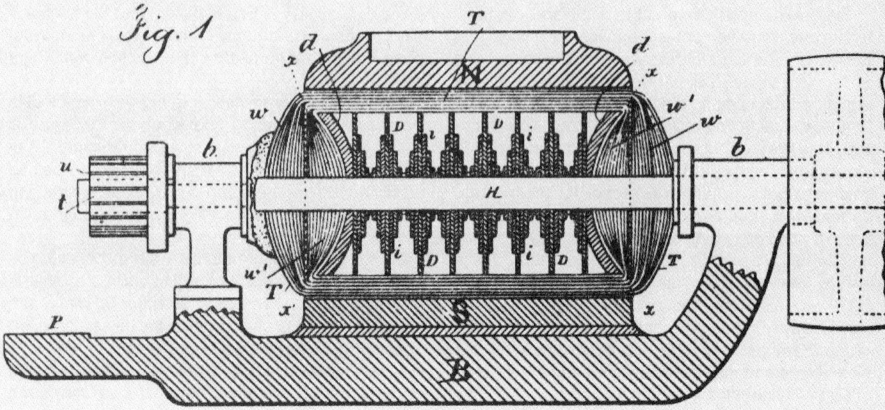


Fig 3

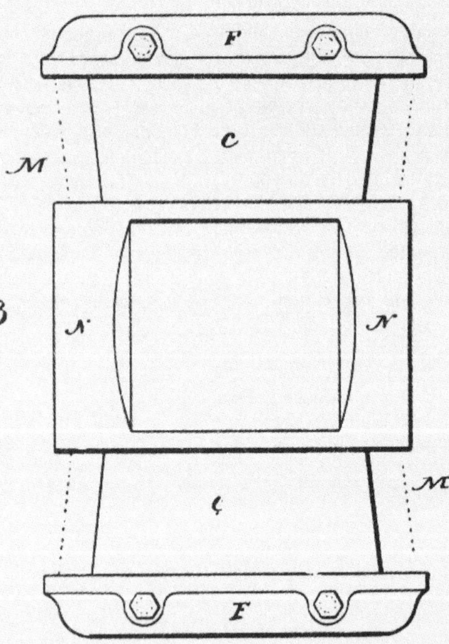


Witnesses

Chas H. Smith

J. Staib

Inventor

Nikola Tesla

per Lemuel W. Serrell

atty

(No Model.) 3 Sheets—Sheet 2.

# N. TESLA.

## DYNAMO ELECTRIC MACHINE.

No. 359,748. Patented Mar. 22, 1887.

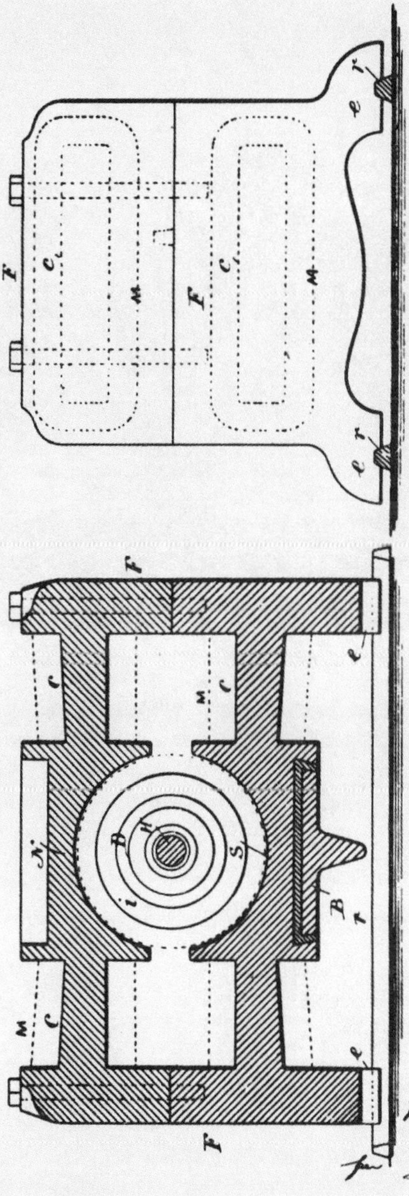

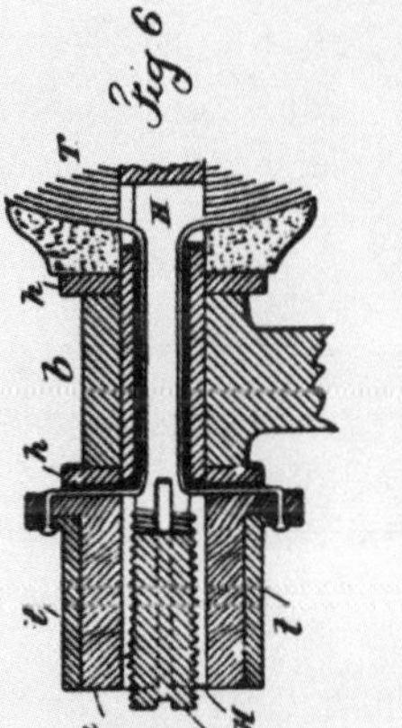

Witnesses

Chas. H. Smith

J. Staib

Inventor

Nikola Tesla

per L. W. Serrell

att

(No Model.)

3 Sheets—Sheet 3

# N. TESLA.

## DYNAMO ELECTRIC MACHINE.

No. 359,748. Patented Mar. 22, 1887.

Fig. 7.

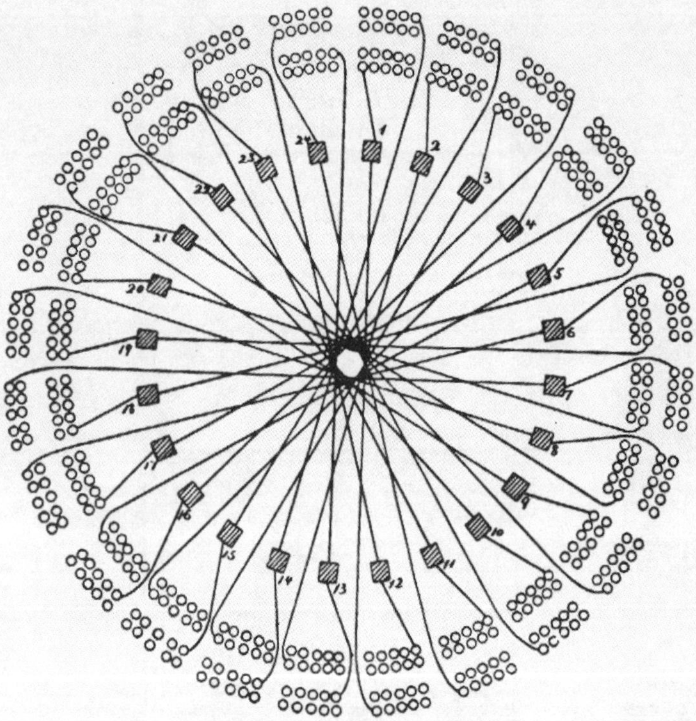


Inventor

Nikola Tesla

Witnesses

Chas. H. Smith

Geo. T. Pinckney

for Lemuel W. Serrell

atty

# UNITED STATES PATENT OFFICE.

NIKOLA TESLA, OF SMILJAN, LIKA, AUSTRIA-HUNGARY, ASSIGNOR TO THE TESLA ELECTRIC LIGHT AND MANUFACTURING COMPANY, OF RAHWAY, NEW JERSEY.

## DYNAMO-ELECTRIC MACHINE.

SPECIFICATION forming part of Letters Patent No. 359,748, dated March 22, 1887.
Applicaton filed January 14, 1886. Renewed December 1, 1886. Serial No. 220,370. (No model.)

*To all whom it may concern:*

Be it known that I, NIKOLA TESLA, of Smiljan, Lika, border country of Austria-Hungary, have invented an Improvement in Dynamo-Electric Machines, of which the following is a specification.

The main objects of my invention are to increase the efficiency of the machine and to facilitate and cheapen the construction of the same; and to this end my invention relates to the magnetic frame and armature, and to other features of construction, hereinafter more fully explained.

My invention is illustrated in the accompanying drawings, in which Figure 1 is a longitudinal section, and Fig. 2 a cross-section, of the machine. Fig. 3 is a top view, and Fig. 4 a side view of the magnetic frame. Fig. 5 is an end view of the commutator-bars, and Fig. 6 is a section of the shaft and commutator-bars. Fig. 7 is a diagram illustrating the coils of the armature and the connections to the commutator-plates.

The cores *c c c c* of the field-magnets may be tapering in both directions, as shown, for the purposes of concentrating the magnetism upon the middle of the pole-pieces.

The connecting-frame F F of the field-magnets is in the form indicated in the side view, Fig. 4, the lower part being provided with the spreading curved cast legs *e e*, so that the machine will rest firmly upon two base-bars, *r r*.

To the lower pole, S, of the field-magnet M is fastened, preferably by means of Babbit or other fusible diamagnetic material, the base B, which is provided with bearings *b* for the armature-shaft H. The base B has a projection, P, which supports the brush-holders and regulating devices, which may be such as shown in an application of like date herewith.

The armature is constructed with the view to reduce to a minimum the loss of power due to the transversal or Foucault currents and to the change of polarity, and also to shorten as much as possible the length of the inactive wire wound upon the armature-core.

It is well known that when the armature is revolved between the poles of the field-magnets currents are generated in the iron body of the armature which develop heat, and consequently cause a waste of power. Owing to the mutual action of the lines of force, the magnetic properties of iron, and the speed of the different portions of the armature-core, these currents are generated principally on and near the surface of the armature-core, diminishing in strength gradually toward the center of the core. Their quantity is under same conditions proportional to the length of the iron body in the direction in which these currents are generated. By subdividing the iron core electrically in this direction the generation of these currents can be reduced to a great extent. For instance, if the length of the armature-core is twelve inches, and by a suitable construction the same is subdivided electrically, so that there are in the generating direction six inches of iron and six inches of intervening air-spaces or insulating material, the currents will be reduced to fifty per cent.

As shown in the drawing, the armature is constructed of thin iron disks D D D, of various diameters, fastened upon the armature-shaft in a suitable manner and arranged according to their sizes, so that a series of iron bodies, *i i*, is formed, each of which diminishes in thicknes from the center toward the periphery. At both ends of the armature the inwardly-curved disks *d d*, preferably of cast-iron, are fastened to the armature-shaft.

The armature-core being constructed as shown, it will be easily seen that on those portions of the armature that are the most remote from the axis, and where the currents are principally developed, the length of iron in the generating direction is only a small fraction of the total length of the armature-core, and besides this the iron body is subdivided in the generating direction, and therefore the Foucalt currents are greatly reduced. Another cause of heating is the shifting of the poles of the armature-core. In consequence of the subdivision of the iron in the armature and the increased surface for radiation the risk of heating is lessened.

The iron disks D D D may be insulated or coated with some insulating-paint, a very careful insulation being unnecessary, as an electrical contact between several disks can only occur on places where the generated currents are comparatively weak. An armature-core constructed in the manner described may be revolved between the poles of the field-magnets without showing the slightest increase of temperature.

The end disks, *d d*, which are of sufficient thickness and, for the sake of cheapness, preferably of cast-iron, are curved inwardly, as indicated in the drawings. The extent of the curve is dependent on the amount of wire to be wound upon the armatures. In my present invention the wire is wound upon the armature in two superimposed parts, and the curve of the end disks, *d d*, is so calculated that the first part -- that is, practically half of the wire -- just fills up the hollow space to the line *x x*; or, if the wire is wound in any other manner, the curve is such that when the whole of the wire is wound the outside mass of wires, *w*, and the inside mass ofwires, *w´*, are equal at each side of the plane *x x*. In this case it will be seen the passive or electrically inactive wires are of the smallest length practicable. The arrangement has further the advantage that the total lengths of the crossing wires at the two sides of the plane *x x* are practically equal.

To further equalize the armature-coils at both sides of the plates that are in contact with the brushes, the winding and connecting up is effected in the following manner: The whole wire is wound upon the armature-core in two superimposed parts, which are thoroughly insulated from each other. Each of these two parts is composed of three separated groups of coils. The first group of coils of the first part of wire being wound and connected to the commutator-bars in the usual manner, this group is insulated and the second group wound; but the coils of this second group instead of being connected to the next following commutator-bars, are connnected to to the directly opposite bars of the commutator. The second group is then insulated and the third group wound, the coils of this group being connected to those bars to which they would be connected in the usual way. The wires are then thoroughly insulated and the second part of wire wound and connected in the same manner. Suppose, for instance, that there are twenty-four coils -- that is, twelve in each part -- and consequently twenty-four commutator-plates. There will be in each part three groups, each containing four coils, and the coils will be connected as follows:

| | *Groups.* | *Commutator-bars.* |
|---|---|---|
| First part of wire | First | 1 - 5 |
| | Second | 17- 21 |
| | Third | 9 - 13 |
| Second part | First | 13 - 17 |
| | Second | 5 - 9 |
| | Third | 21 - 1 |

In constructing the armature-core and winding and connecting the coils in the manner indicated, the passive or electrically inactive wire is reduced to a minimum, and the coils at each side of the plates that are in contact with the brushes are practically equal, and in this way the electrical efficiency of the machine is increased.

The commutator-plates *t* are shown as outside the bearing *b* of the armature-shaft. The shaft H is tubular and split at the end portion and the wires are carried through the same in any usual manner and connected to the respective commutator-plates. The commutator-plates are upon a cylinder, *u*, and insulated, and this cylinder is to be properly placed and secured by expanding the split end of the shaft by a tapering screw-plug, *v*.

I do not claim herein the cores of the field-magnets converging towards the pole-pieces; nor do I claim the method of fastening the base to the lower field-magnet, as this has been claimed in my former application on dynamo-electric machines.

What I claim is --

1. In a dynamo-electric machine, the armature constructed of iron disks of various diameters arranged upon the shaft in such a manner that a series of iron bodies is formed, each diminishing in thickness from the center to the periphery, substantially as and for the purposes set forth.

2. In a dynamo-electric machine, the armature-core having iron disks of various diameters, in combination with inwardly-curved end disks, for the purposes and substantially as set forth.

3. In a dynamo-electric machine, an armature-core having inwardly-curved ends, in combination with the armature-coils the crossing wires of which coils pass into the concave heads and project equally, substantially as set forth.

4. In a dynamo-electric machine, an armature having separate coils superimposed and connected to the commutator-plates in alternating groups, substantially as set forth.

5. An armature for dynamo-electric machines, having a core composed of disks of various diameters, in combination with separate superimposed coils connected to the commutator-plates in alternate groups, substantially as set forth.

6. In a dynamo-electric machine, the magnetic frame composed of the cores *c c c c*, the curved pole-pieces N S, and the connecting-frame with the curved and outwardly-projecting legs *e e*, substantially as described.

Signed by me this 12th day of January, A. D. 1886.

NIKOLA TESLA.

Witnesses:

GEO. T. PINCKNEY,
WALLACE L. SERRELL.

(No Model.) 2 Sheets—Sheet 1

# N. TESLA.

## COMMUTATOR FOR DYNAMO ELECTRIC MACHINES.

No. 382,845. Patented May 15, 1888.

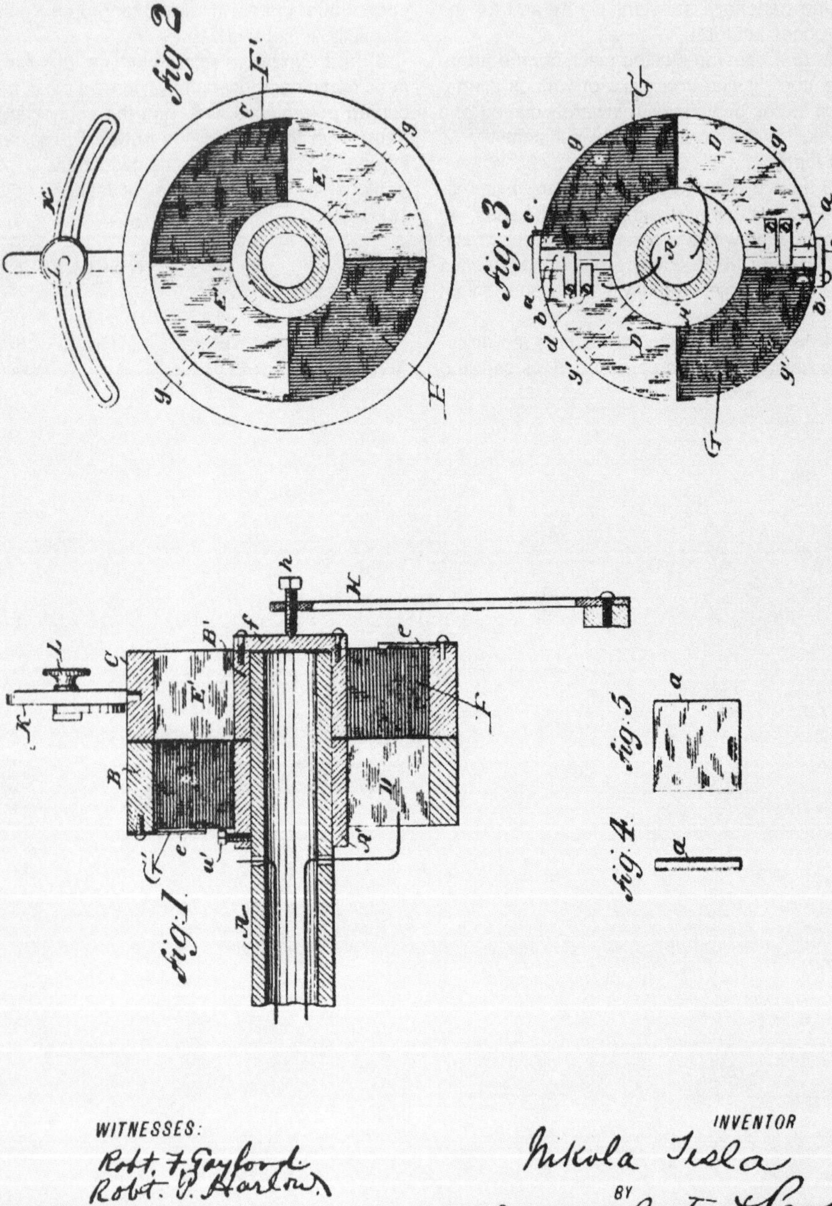


WITNESSES:

Robt. F. Gaylord.
Robt. P. Harlow.

INVENTOR

Nikola Tesla

BY

Duncan, Curtis & Page

ATTORNEYS

(No Model.) 2 Sheets—Sheet 2.

# N. TESLA.

## COMMUTATOR FOR DYNAMO ELECTRIC MACHINES.

No. 382,845. Patented May 15, 1888.

Fig. 6.

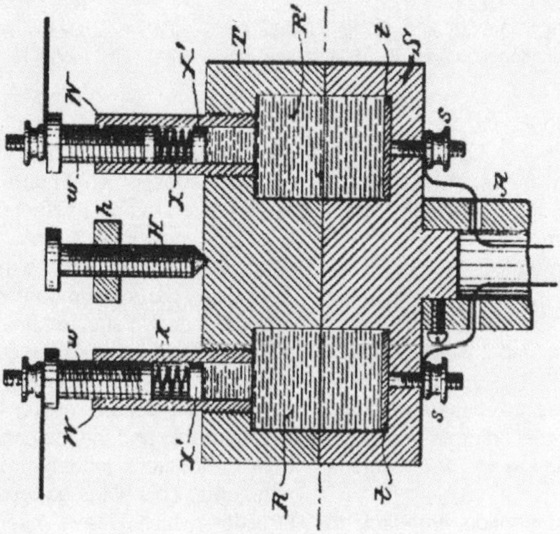

Fig. 7.

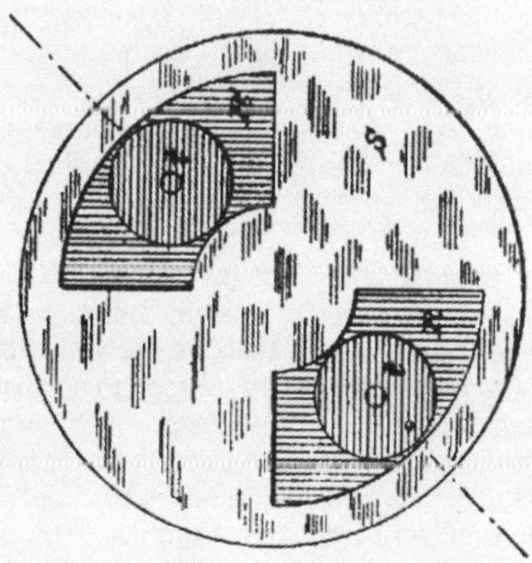

WITNESSES:

Robt. F. Gaylord.

Robt. P. Harlow

INVENTOR

Nikola Tesla.

BY

Duncan, Curtis & Page

ATTORNEYS.

# UNITED STATES PATENT OFFICE.

NIKOLA TESLA, OF NEW YORK, ASSIGNOR OF ONE-HALF TO CHARLES F. PECK OF ENGLEWOOD, NEW JERSEY.

## COMMUTATOR FOR DYNAMO-ELECTRIC MACHINES.

SPECIFICATION forming part of Letters Patent No. 382,845, dated May 15, 1888.
Application filed April 30, 1887. Serial No. 236,711. (No model.)

*To all whom it may concern:*

Be it known that I, NIKOLA TESLA, of Smiljan, Lika, border country of Austria-Hungary, at present residing in this city, county, and State of New York, have invented new and useful Improvement in Commutators for Dynamo-Electric Machines and Motors, of which the following is a specification, reference being had to the drawings accompanying and forming a part of the same.

The invention relates to dynamo-electric machines or motors, and is an improvement in the devices for commutating and collecting the currents.

The objects of the invention are, first, to avoid the sparking and the gradual wearing away or destruction of the commutator-segments and brushes or collectors resulting therefrom; second, to obviate the necessity of readjustment of the commutator or the brushes or collectors and other consequences of the wear of the same; third, to render practicable the construction of very large dynamo-electric machines and motors with the minimum number of commutator-segments, and fourth, to increase the efficiency and safety and reduce the cost of the machines.

In carrying out my invention in a manner to accomplish these results I construct a commutator and the collectors therefore in two parts mutually adapted to one another, and, so far as the essential features are concerned, alike in mechanical structure. Selecting as an illustration a commutator of two segments adapted for use with an armature the coils or coil of which have but two free ends, connected respectively to the said segment, the bearing surface is the face of a disk, and is formed of two metallic quadrant segment and two insulating segments of the same dimensions, and the face of the disk should be smoothed off, so that the metal and insulating segments are flush. The part which takes the place of the usual brushes, or what I term the "collector", is a disk of the same character as the commutator and having a surface similarly formed with two insulating and two metallic segments. These two parts are mounted with their faces in contact and in such manner that the rotation of the armature causes the commutator to turn upon the collector, whereby the currents induced in the coils are taken off by the collector-segments and thence conveyed off by suitable conductors leading from the collector-segments. This is the general plan of the construction which I have invented. Aside from certain adjuncts, the natur and functions of which will be hereinafter set forth, this means of commutation will be seen to possess many important advantages. In the first place the short-circuiting and breaking of the armature-coil connected to the commutator-segments occur at the same instant; and from the nature of the construction this will be done with the greatest precision; secondly, the duration of both the break and that of the short-circuit will be reduced to a minimum. The first results in a reduction which amounts practically to a suppression of the spark, since the break and the short-circuit produce opposite effects in the armature-coil. The second has the effect of diminishing the destructive effect of a spark, since this would be in a measure proportioned to the duration of the spark, while lessening the duration of the short-circuit obviously increases the efficiency of the machine.

The mechanical advantages will be better understood by referring to the accompanying drawings, in which --

Figure 1 is a central longitudinal section of the end of a shaft with my improved commutator carried thereon. Fig. 2 is a view of the inner or bearing face of the collector. Fig. 3 is an end view from the armature side of a modified form of commutator. Figs. 4 and 5 are views of details of Fig. 3. Fig. 6 is a longitudinal central section of another modification, and Fig. 7 is a sectional view of the same.

A is the end of the armature-shaft of a dynamo-electric machine or motor.

A´ is a sleeve of insulating material around the shaft, secured in place by a screw, *a´*, or by other suitable means.

The commutator proper is in the form of a disk which is made up of four segments, D D´ G G´, similar to those shown in Fig. 3. Two of these segments, as D D´, are of metal and are in electrical connection with the ends of the coils on the armature. The other two segments are of insulating material. The segments are held in place by a band, B, of insulating material. The disk is held in place by friction or by screws, such as *g´g´*, Fig. 3, which secure the disk firmly to the sleeve A´.

The collector is made in the same form as the commutator. It is composed of the two metallic segments E E´ and the two insulating segments F F´, bound together by a band, C. The metallic segment E E´ are of the same or practically the same width or extent as the insulating segments or spaces of the commutator. The collector is secured to a sleeve, B´, by screws *g g*, and the sleeve is arranged to turn freely on the shaft A. The end of the sleeve B´ is closed by a plate, as *f*, upon which presses a pivot-pointed screw, *h,* adjustabe in a spring, H, which acts to maintain the collector in close contact with the commutator and to compensate for the play of the shaft. Any convenient means is employed to hold the collector so that it may not turn with the shaft. For example, I have shown a slotted plate, K, which is designed to be attached to a stationary support, and an arm extending from the collector and carrying a clamping-screw, L, by which the collector may be adjusted and set to the desired position.

I prefer in the form shown in Figs. 1 and 2 to fit the insulating segments of both commutator and collector loosely and to provide some means -- as, for example, light springs *e e*, secured to the bands A´ B´, respectively, and bearing against the segments -- to exert a light pressure upon them and keep them in close contact and to compensate for wear. The metal segments of the commutator may be moved forward by loosening the screw *a´*.

The circuit or line wires are led from the metal segments of the collector, being secured thereto in any convenient manner, the plan of connections being shown as applied to a modified form of the commutator in Fig. 6. The commutator and the collector in thus presenting two flat and smooth bearing-surfaces prevent by mechanical action the occurrence of sparks, and this is more effectively accomplished as is here done -- that is to say, by the interpositon of an insulating body between the separating plates or segments of the commutator and collector -- than by any other mechanical devices of which I am aware.

The insulating-segments are made of some hard material capable of being polished and formed with sharp edges. Such materials as glass, marble, or soap-stone may be advantageously used. The metal segments are preferably of copper or brass; but they may have a facing or edge of durable material -- such as platinum or the like -- where the sparks are liable to occur.

In Fig. 3 a somewhat modified form of my invention is shown, a form designed fo facilitate the construction and replacing of the parts. In this form the commutator and collector are made in substantially the same manner as previously described, except that the bands B C may be ommited. The four segment of each part, however, are secured to their respective sleeves by screws *g´g´*, and one edge of each segment is cut away, so that small plates *a b* may be slipped into the spaces thus formed. Of thes plates *a a* are of metal, and are in contact with the metal segments D D´, respectively. The other two, *b b*, are of glass or marble, and they are all preferably square, as shown in Figs. 4 and 6, so that they may be turned to present new edges should any edge become worn by use. Light springs *d* bear upon these plates and press those in the commutator toward those in the collector, and insulating-strips *c c* are secured to the periphery of the disks to prevent tho blocks from being thrown out by centrifugal action. These plates are, of course, useful at those edges of the segments only where sparks are liable to occur, and, as they are easily replaced, they are of great adavantage. I prefer to coat them with platinum or silver.

In Fig. 6 and 7 is shown the construction which I use when, instead of solid segments a fluid is employed. In this case the commutator and collector are made of two insulating-disks, S T, and in lieu of the metal segments a space is cut out of each part, as at R R´, corresponding in shape and size to a metal segment. The two parts are fitted smoothly and the collector T held by the screws *h* and spring H against the commutator S. As in the other cases, the commutator revolves while the collector remains stationary. The ends of the coils are connected to binding-posts *s s*, which are in electrical connection with metal plates *t t* within the recesses in the two parts S T. These chambers or recesses are filled with mercury, and in the collector part are tubes W W, with screws *w w*, carrying springs X and pistons X´, which compensate for the expansion and contraction of the mercury under varying temperatures, but which are sufficiently strong not to yield to the pressure of the fluid due to centrifugal action, and which serve as binding-posts.

In all the above cases I have described commutators adapted for a single coil, and the device is particularly adapted to such purposes. The number of segments may be increased, however, or more than one commutator used with a single armature, as will be well understood.

Although I have shown the bearing-surface as planes at right angles to the shaft or axis, it is evident that in this particular the construction may be very greatly modified without departure from the invention.

Without confining myself, therfore, to the details of construction which I have shown in illustration of the invention, what I claim as new is --

1. In a dynamo-electric machine, the combination, with a commutator formed with conducting terminals or segments with intervening insulating-spaces, of a collector adapted to bear upon the surface of the commutator, and formed with conducting terminals or segments equal in extent to the insulating-space between the commutator-segments, as set forth.

2. The combination, with a commutator built or formed of alternate blocks or segments of conducting and insulating material, of a collector adapted to bear upon the surface of the commutator and formed of conducting blocks or segments of a width or extent equal to that of the insulating segments of the commutator and separated by interposed blocks or segments of insulating material, as described.

3. The combination, with a commutator fomed as a disk with alternate terminals or segments of conducting and insulating material, of a collector similarly formed and mounted with its face in contact with that of the commutator, as set forth.

4. The combination, with a commutator having a bearing-surface formed of alternate sections of conducting and insulating material, of a collector with a similar and symmetrically formed bearing-surface and means for applying spring-pressure to force the two bearing-surfaces together, as set forth.

5. The combination, with a commutator and a collector the bearing-surfaces of which are identical in respect to the disposition of the conducting and insulating parts, of means for applying spring-pressure to maintain the two bearing-surfaces in contact and means for holding the collector the collector against rotary movement, as set forth.

Signed this 21st day of April 1887.

NIKOLA TESLA.

Witnesses:
ROBT. F. GAYLORD,
FRANK E. HARTLEY.

(No Model.)

# N. TESLA.

## PYROMAGNETO ELECTRIC GENERATOR.

No. 428,057. Patented May 13, 1890.

Fig. 1

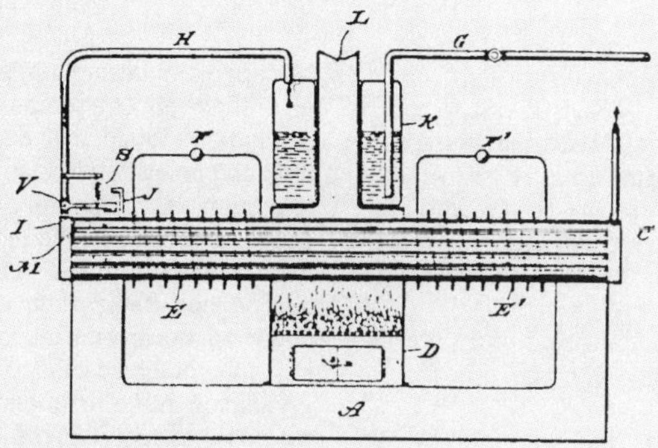


Fig. 2

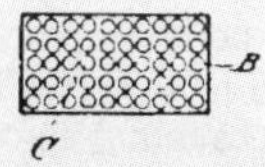


Witnesses
Raphaël Netter
Williamd H. Shipley

Inventor
Nikola Tesla
By
Duncan, Curtis & Page
Attorneys

# UNITED STATES PATENT OFFICE.

NIKOLA TESLA, OF NEW YORK, ASSIGNOR OF ONE-HALF TO CHARLES F. PECK OF ENGLEWOOD, NEW JERSEY.

## PYROMAGNETO-ELECTRIC GENERATOR.

SPECIFICATION forming part of Letters Patent No. 428,057, dated May 13, 1890.
Original Applicaton filed May 28, 1887. Serial No. 239,481.
Divided and this application filed May 25, 1889. Serial No. 312,069. (No model.)

*To all whom it may concern:*

Be it known that I, NIKOLA TESLA, a subject of the Emperor of Austria-Hungary, from Smiljan, Lika, border country of Austria-Hungary, residing in this city, county, and State of New York, have invented an Improvement in Electric Generators, of which the following is a specification.

This application is a division of an application filed by me May 26, 1887, Serial No. 239,481.

This invention is an improved form of electrical generator based upon the following well known laws: First, that electricity or electrical energy is developed in any conducting-body by subjecting such body to a varying magnetic influence, and, second, that the magnetic properties of iron or other magnetic substance may be partially or entirely destroyed or caused to disappear by rasing it to a certain temperature, but restored and caused to reappear by again lowering its temperature to a certain degree. These laws may be applied in the production of electrical currents in many ways, the principle of which is in all cases the same -- viz., to subject a conductor to a varying magnetic influence, producing such variations by the application of heat, or more strictly speaking, by the application or action of a varying temperature upon the source of the magnetism. This principle of operation may be illustrated by a simple experiment: Place end to end, and preferably in actual contact, a permanently-magnetized steel bar and a strip or bar of soft iron. Around the end of the iron bar or plate wind a coil of insulated wire. Then apply to the iron between the coil and the steel bar a flame or other source of heat which will be capable of raising that portion of the iron to an orange-red, or a temperature of about 600° centigrade. When this condition is reached, the iron somewhat suddenly loses its magnetic properties, if it be very thin, and the same effects produced as though the iron had been moved away from the magnet or the heated section had been removed. This change of condition, however, is accompanied by a shifting of the magneic lines, or, in other words, by a variation in the magnetic influence to which the coil is exposed, and a current in the coil is the result. Then remove the flame or in any other way reduce the temperature of the iron. The lowering of its temperature is accompanied by a return of its magnetic properties, and another change of magnetic conditions occurs, accompanied by a current in an opposite direction in the coil. The same operation may be repeated indefinitely, the effect upon the coil being similar to that which would follow from moving the magnetized bar to and from the end of the iron bar or plate.

The device forming the subject of my present invention is an improved means of obtaining this result, the features of novelty in which the invention resides being, first, the employment of an artificial cooling device, and, second, inclosing the source of heat and that portion of magnetic circuit exposed to the heat and artificially cooling the said heated part. These improvements are applicable generally to the generators constructed on the plan above described -- that is to say, I may use an artificial cooling device in conjunction with a variable or varied or uniform source of heat. I prefer, however, to employ a uniform heat.

In the drawings I have illustrated a device

constructed in accordance with my invention.

Figure 1 is a central vertical longitudinal section of the complete apparatus. Fig. 2 is a cross-section of the magnetic armature-core of the generator.

Let A represent a magnetized core or permanent magnet the poles of which are bridged by an armature-core composed of a casing or shell B enclosing a number of hollow iron tubes C. Around this core are wound the condurctors E E´, to form the coils in which the currents are developed. In the circuits of these coils are translating devices, as F F´.

D is a furnace or closed fire-box, through which the central portion of the core B extends. Above the fire is a boiler K, containing water. The flue L from the fire-box may extend up through the boiler.

G is a water-supply pipe, and H is the steam-exhaust pipe, which communicates with all the tubes C in the armature B, so that steam escaping from the boiler will pass through said pipes.

In the steam-exhaust pipe H is a valve V, to which is connected the lever I, by the movement of which the said valve is opened or closed. In such a case as this the heat of the fire may be utilized for other purposes after as much of it as may be needed has been applied to heating the core B. There are special advantages in the employment of a cooling device, in that the metal of the core B is not so quickly oxidized. Moreover, the difference between the temperature of the applied heat and of the steam, air, or whatever gas or fluid be applied as the cooling medium, may be increased or decreased at will, whereby the rapity of the magnetic changes or fluctuations may be regulated.

In so far as my present invention, broadly, is concerned, the specific construction of the apparatus is largely immaterial. I do not, however, claim in this application, broadly, the application of a varialbe heat to vary the magnetic conditions of a flield of force in which an induced conductor is contained.

What I claim is --

1. In an electric generator, the combination, with a magnetized core or body and a conductor within the field of force produced thereby, of an enclosed source of heat applied to a portion of said core, and an artificial cooling device for reducing the temperature of the heated portion thereof, as set forth.

2. The combination, with a magnetized core or body and a conductor under influence thereof, of an enclosed source of heat applied to a portion of said core, means for bringing a cooling-gas or fluid in contact with the heated portion of the core, and means for controlling the admission of the same.

3. The combination, with a magnetized core containing passages or channels, and coils wound thereon, of means for applying heat to a portion of the core, and a connection with a boiler for admitting steam into the channels, as set forth.

NIKOLA TESLA.

Witnesses:
R. J. Stoney, Jr.,
E. P. COFFIN.

(No Model.) 4 Sheets—Sheet 1.

# N. TESLA.

## ELECTRO MAGNETIC MOTOR.

No. 381,968. Patented May 1, 1888.

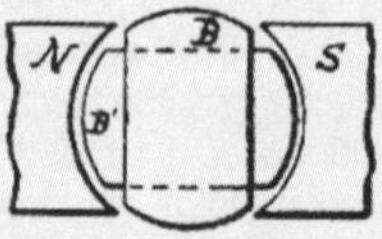


Fig: 1

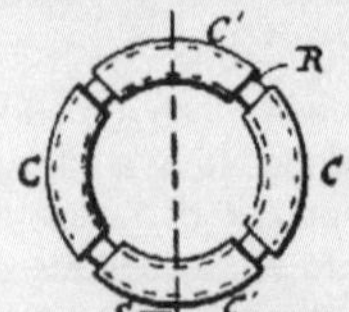


Fig: 1a

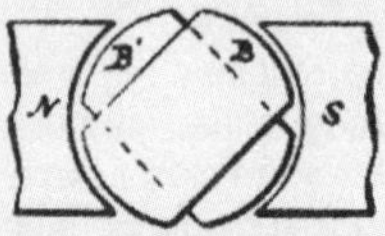


Fig: 2.

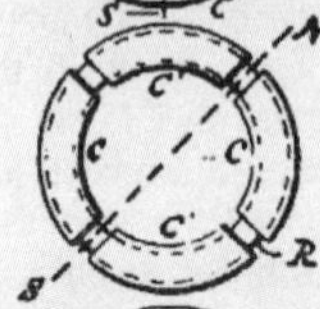


Fig: 2a

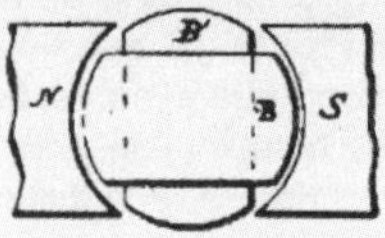


Fig: 3.

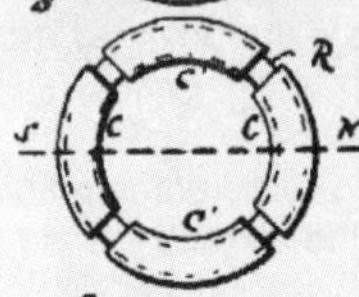


Fig: 3a

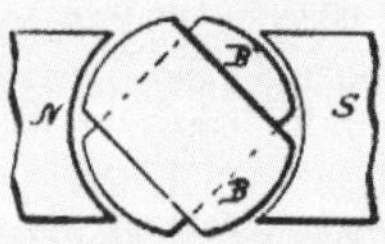


Fig: 4.

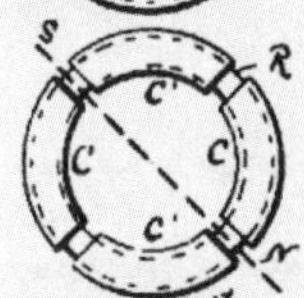


Fig: 4a

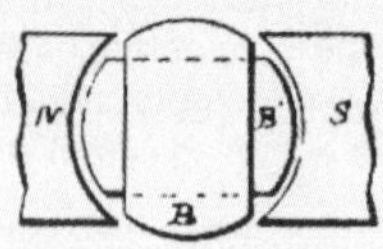


Fig: 5

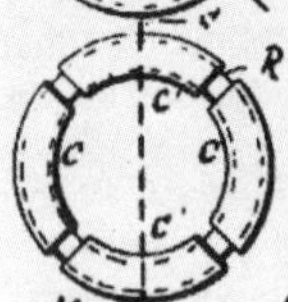


Fig: 5a

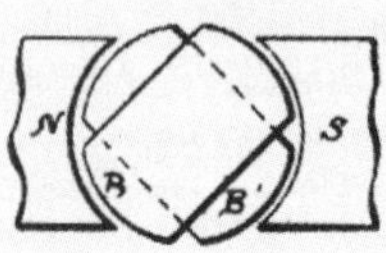


Fig: 6.

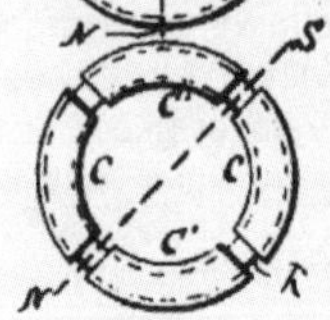


Fig: 6a

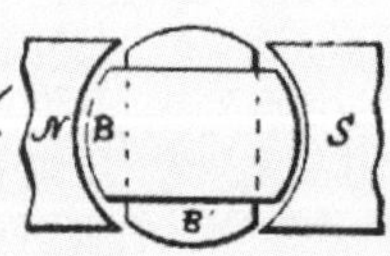


Fig: 7.

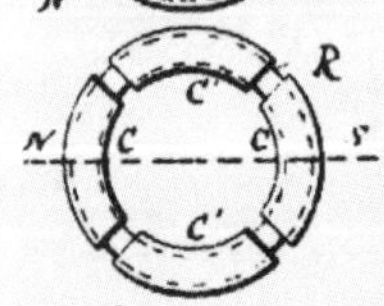


Fig: 7a

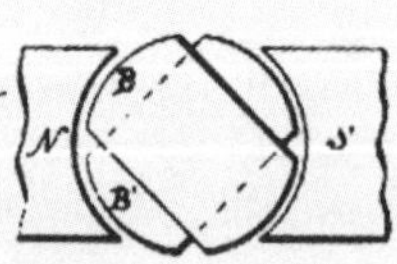


Fig: 8.

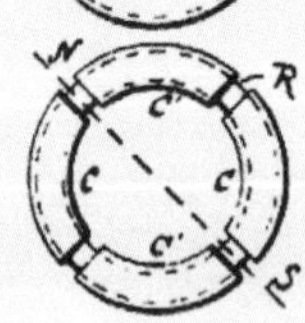


Fig: 8a

WITNESSES:

Frank E. Hartley
Frank B. Murphy

INVENTOR

Nikola Tesla

BY

Duncan, Curtis & Page

ATTORNEYS.

(NO Model.) 4 Sheets—Sheet 2.

# N. TESLA.

## ELECTRO MAGNETIC MOTOR.

No. 381,968. Patented May 1, 1888.

*Fig: 9.*

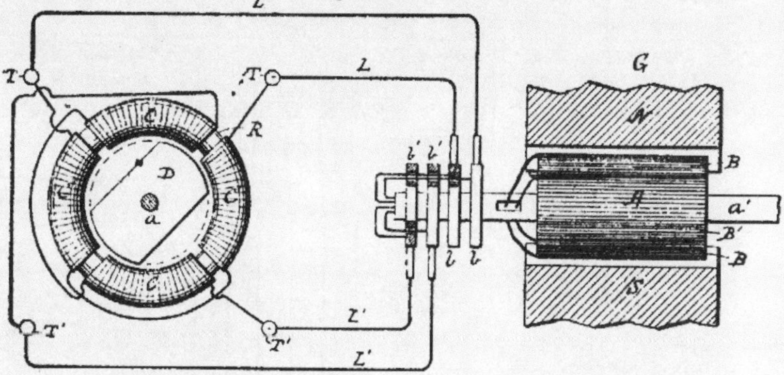


*Fig: 10.*

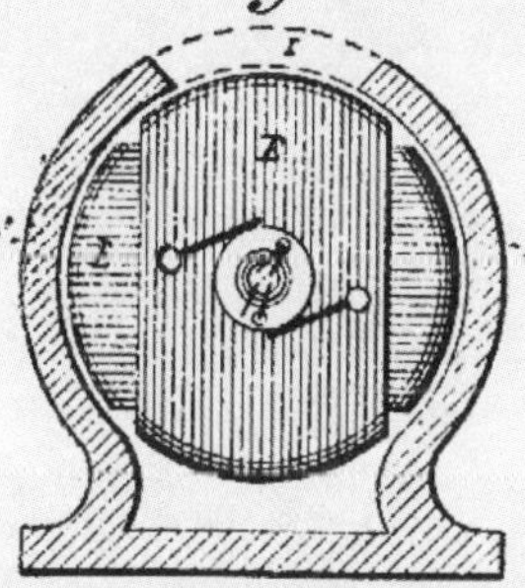


*Fig: 11.*

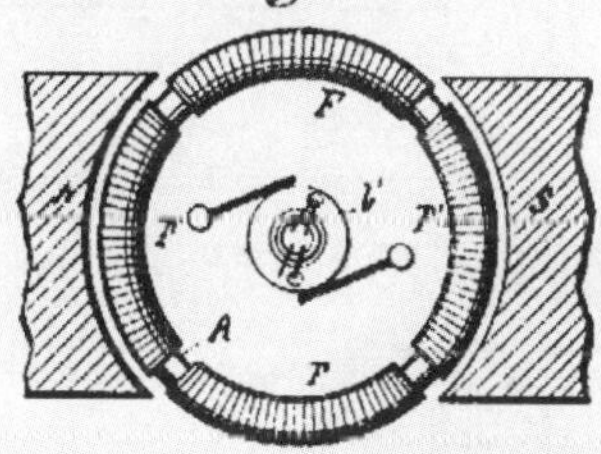


*Fig: 12.*

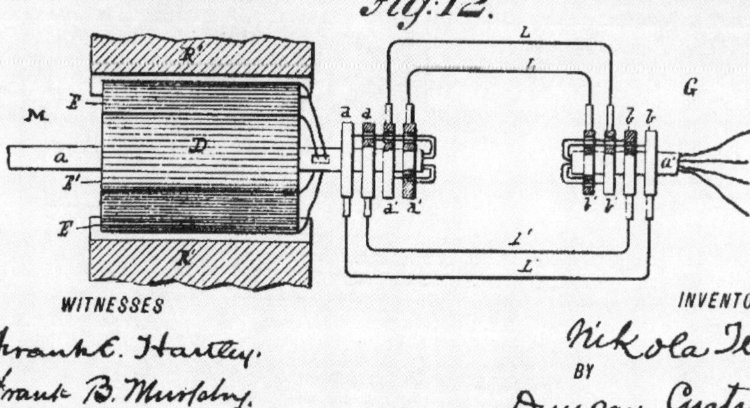


WITNESSES

*Frank E. Hartley.*
*Frank B. Murphy.*

INVENTOR.

*Nikola Tesla.*

BY

*Duncan, Curtis & Page*

ATTORNEYS.

(No Model.) 4 Sheets—Sheet 3.

# N. TESLA.

## ELECTRO MAGNETIC MOTOR.

No. 381,968. Patented May 1, 1888.

*Fig:13.* *Fig:14.*

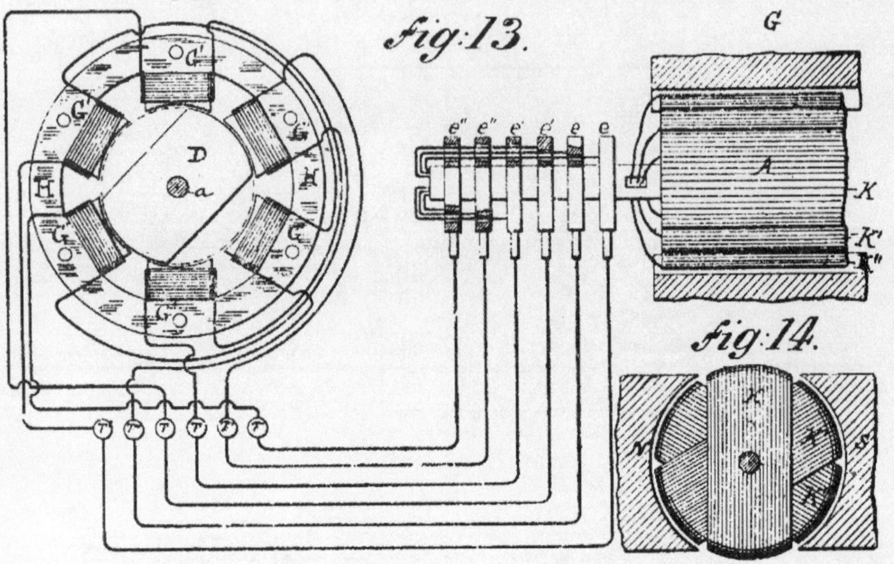


*Fig:15.*

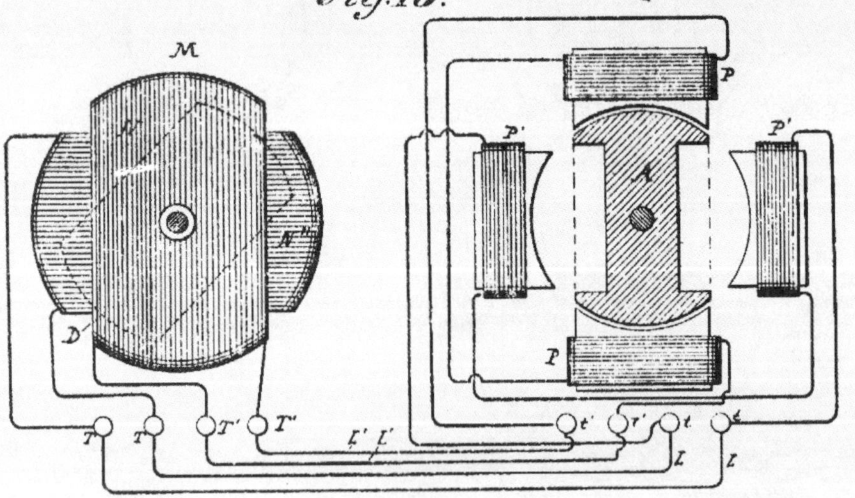


WITNESSES:

Frank E. Hartley.

Frank B. Murphy.

*Fig:16.*

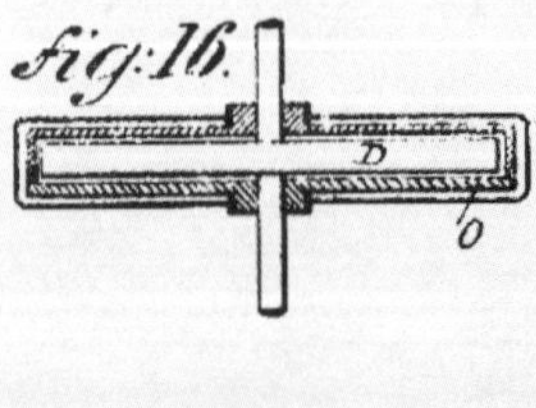


INVENTOR.

Nikola Tesla

BY

Duncan, Curtis & Page

ATTORNEYS.

(No Model.) 4 Sheets—Sheet 4

# N. TESLA.

## ELECTRO MAGNETIC MOTOR.

**No. 381,968** **Patented May 1, 1888.**

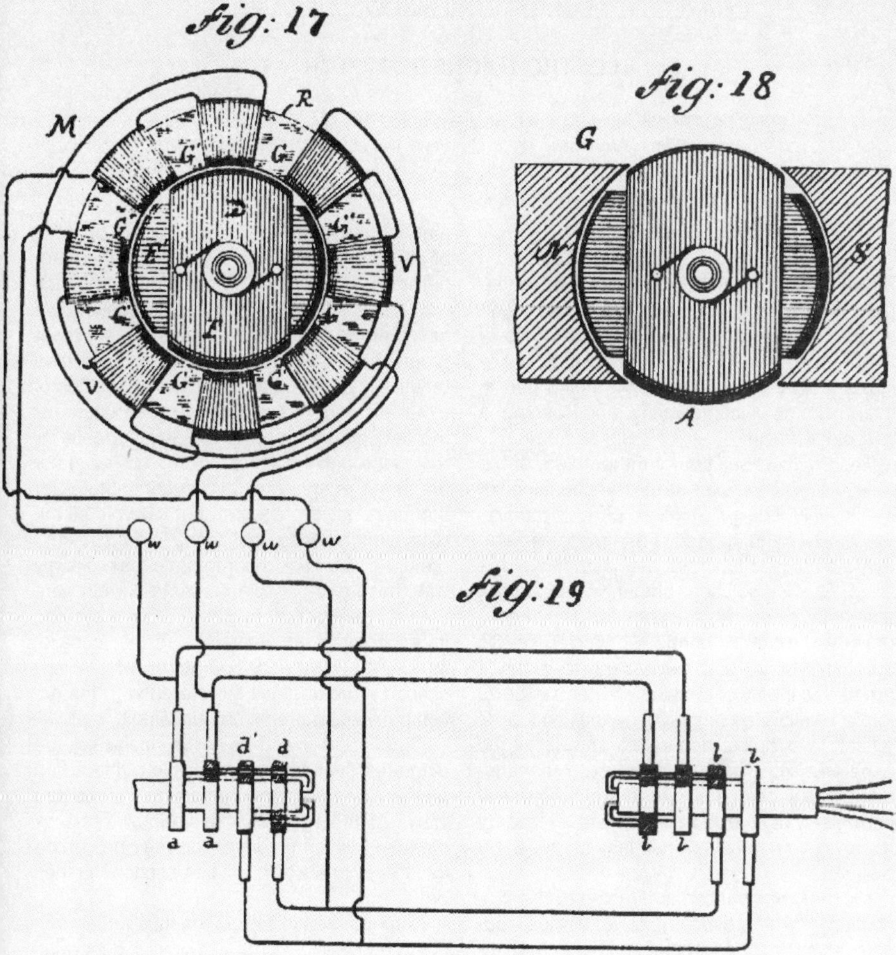


WITNESSES

Frank E. Hartley
Frank B. Murphy.

INVENTOR

Nikola Tesla

BY

Duncan Curtis & Page

ATTORNEYS.

# UNITED STATES PATENT OFFICE.

NIKOLA TESLA, OF NEW YORK, ASSIGNOR OF ONE-HALF TO CHARLES F. PECK OF ENGLEWOOD, NEW JERSEY.

## ELECTRO-MAGNETIC MOTOR.

SPECIFICATION forming part of Letters Patent No. 381,968, dated May 1, 1888.
Application filed October 12, 1887. Serial No. 252,132. (No model.)

*To all whom it may concern:*

Be it known that I, NIKOLA TESLA, from Smiljan, Lika, border country of Austria-Hungary, residing at New York, N. Y., have invented certain new and useful Improvements in Electro-Magnetic Motors, of which the following is a specification, reference being had to the drawings accompanying and forming a part of the same.

The practical solution of the problem of the electrical conversion and transmission of mechanical energy involves certain requirements which the apparatus and systems heretofore employed have not been capable of fulfilling. Such a solution, primarily, demands a uniformity of speed in the motor irrespective of its load within its normal working limits. On the other hand, it is necessary, to attain a greater economy of conversion that has heretofore existed, to construct cheaper and more reliable and simple apparatus, and, lastly the apparatus must be capable of easy management, and such that all danger from the use of currents of high tension, which are necessary to an economical transmission, may be avoided.

My present invention is directed to the production and improvement of apparatus capable of more nearly meeting these requirements than those heretofore available, and though I have described various means for the purpose, they involve the same main principles of construction and mode of operation, which may be described as follows: A motor is employed in which there are two or more independent circuits through which alternate currents are passed at proper intervals, in the manner hereinafter described, for the purpose of effecting a progressive shifting of the magnetism or of the "lines of force" in accordance with the well known theory, and a consequent action of the motor. It is obvious that a proper progressive shifting of the lines of force may be utilized to set up a movement or rotation of either element of the motor, the armature, or the field-magnet, and that if the currents directed through the several circuits of the motor are in the proper direction no commutator for the motor will be required; but to avoid all the usual commutating appliances in the system I prefer to connect the motor-circuits directly with those of a suitable alternate-current generator. The practical results of such a system, its economical advantages, and the mode of its construction and operation will be described more in detail by reference to the accompanying diagrams and drawings.

Figure 1 to 8 and 1a to 8a, inclusive, are diagrams illustrating the principle of the action of my invention. The remaining figures are views of the apparatus in various forms by means of which the invention may be carried into effect, and which will be described in their order.

Referring first to Fig. 9, which is a diagrammatic representation of a motor, a generator, and connecting-circuits in accordance with my invention, M is the motor, and G the generator for driving it. The motor comprises a ring or annulus, R, preferably built up of thin insulated iron rings or annular plates, so as to be as susceptible as possible to variations in its magnetic condition. This ring is surrounded by four coils of insulated wire symmetrically placed, and designated by C C C´C´. The diametrically-opposite coils are connected up so as to co-operate in pairs in producing free poles on diametrically-opposite parts of the ring. The four free ends thus left are connected to terminals T T T´ T´, as indicated. Near the ring, and preferably inside of it, there is mounted on an axis or shaft, *a*, a magnetic disk, D, generally circular in shape, but having two segments cut away, as shown. This disk is mounted so as to turn freely within the ring R. The generator G is of any ordinary type, that shown in the present instance having field-magnets N S and a cylindrical armature-core, A, wound with the two coils B B´. The free ends of each coil are carried through the shaft *a´* and connected, respectively, to insulated contact-rings *b b b´b´*. Any convenient form of collector or brush bears on each ring and forms a terminal by which the current to and from a ring is conveyed. These terminals are connected to the terminals of the motor by the wires L and L´ in the manner indicated, whereby two complete circuits are formed -- one including, say, the coils B of the generator C´ C´ of the motor, and the other the remaining coils B´ and C C of the generator and motor.

It remains now to explain the mode of operation of this system, and for this purpose I refer to the diagrams, Figs. 1 to 8 and 1a to 8a, for an illustration of the various phases through which the coils of the generator pass when in operation, and the corresponding and resultant magnetic changes produced in the motor. The revolution of the armature of the generator between the field-magnets N S obviously produces in the coils B B´ alternating currents, the intensitiy and direction of which depend upon well known laws. In the position of the coils indicated in Fig. 1 the current in the coil B is practically *nil*, whereas the coil B´ at the same time is developing its maximum current, and by the means indicated in the description of Fig. 9 the circuit including this coil B´ may also include, say, the coils C C of the motor, Fig. 1a. The result, with the proper connections, would be the magnetization of the ring R´, the poles being on the line N-S. The same order of connections being observed between the coil B and coils C´, the latter, when traversed by a current, tend to fix the poles at right angles to the line N S of Fig. 1a. It results, therefore, that when the generator-coils have made one eighth of a revolution, reaching the position shown in Fig. 2. both pairs of coils C and C´ will be traversed by currents and act in opposition, in so far as the location of the poles is concerned. The position of the poles will therefore be the resultant of the magnetizing forces of the coils -- that is to say, it will advance along the ring to a position corresponding to one-eighth of the revolution of the armature of the generator. In Fig. 3 the armature of the generator has progressed to one-quarter of a revolution. At this point indicated the current in the coil B is maximum, while in B´ it is *nil*, the latter coil being in its neutral position. The poles of the ring R in Fig. 3a will, in consequence, be shifted to a position ninety degrees from that at the start, as shown. I have in like manner shown the conditions existing at each successive eighth of one revolution in the remainig figures. A short reference to these figures will suffice for an understanding of their significance. Figs. 4 and 4a illustrate the conditions which exist when the generator-armature has completed three-eighth of a revolution. Here both coils are generating current; but the coil B´, having now entered the opposite field, is generating a current in the opposite direction, having the opposite magnetizing effect; hence the resultant pole will be on the line N-S, as shown. In Fig. 5 one-half of one revolution of the armature of the generator has been completed, and the resulting magnetic condition of the ring is shown in Fig. 5a. In this phase coil B is in the neutral position while coil B´ is generating its maximum current, which is in the same direction as in Fig. 4. The poles will consequently be shifted through one-half of the ring. In Fig. 6 the armature has completed five-eighth of a revolution. In this position coil B´ develops a less powerful current, but in the same direction as before. The coil B, on the other hand, having entered a field of opposite polarity, generates a current of opposite direction.The resultant poles will therefore be in the line N S, Fig. 6a, or, in other words, the poles of the ring will be shifted along five-eighth of its periphery. Figs. 7 and 7a in the same manner illustrate the phases of the generator and rings at three-quarters of a revolution, and Figs. 8 and 8a the same at seven-eighth of a revolution of the generator-armature. These figures will be readily understood from the foregoing. When a complete revolution is accomplished, the conditions existing at the start are re-established and the same action is repeated for the next and all subsequent revolutions, and, in general, it will now be seen that every revolution of the armature of the generator produces a corresponding shifting of the poles or lines of force around the ring. This effect I utilize in producing the rotation of a body or armature in a variety of ways -- for example, applying the principle above described to the apparatus shown in Fig. 9. The disk D, owing to its tendency to assume that position in which it embraces the greatest possible number of the magnetic lines, is set in rotation, following the motion of the line or the points of greatest attraction.

The disk D in Fig. 9 is shown as cut away on opposite sides; but this, I have found, is not essential to effecting its rotation, as a circular disk, as indicated by dotted lines, is also set in rotation. This phenomenon I attribute to a certain inertia or resistance inherent in the metal to the rapid shifting of the lines of force through the same, which results in a continuous tangential pull upon the disk, causing its rotation. This seems to be confirmed by the fact that a circular disk of steel is more effectively rotated than one of soft iron, for the reason that the former is assumed to possess a greater resistance to the shifting of the magnetic lines.

In illustration of other forms of my invention, I shall now describe the remaining figures of the drawings.

Fig. 10 is a view in elevation and part vertical section of a motor. Fig. 12 is a top view of the same with the field in section and a diagram of connections. Fig. 11 is an end or side view of a generator with the fields in section. This form of motor may be used in place of that shown above. D is a cylindrical or drum-armature core, which, for obvious reasons, should be split up as far as practicable to prevent the circulation within it of currents of induction. The core is wound longitudinally with two coils, E and E´, the ends of which are respectively connected to insulated contact-rings *d d d´ d´*, carried by the shaft *a*, upon which the armature is mounted. The armature is set to revolve within an iron shell, R´, which constitutes the field-magnet, or other element of the motor. This shell is preferably formed with a slot or opening, *r*, but it may be continuous, as shown by the dotted lines, and in this event it is preferably made of steel. It is also desirable that this shell should be divided up similarly to the armature and for similar reasons. As a generator for driving this motor I may use the device shown in Fig. 11. This represents an annular or ring-armature, A, surrounded by four coils, F F F´ F´, of which those diametrically opposite are connected in series, so that four free ends are left, which are connected to the insulated contact-rings *b b b´ b´*. The ring is suitably mounted on a shaft, *a´*, between the poles N S. The contact-rings of each pair of generator-coils are connected to these of the motor, respectively, by means of contact-brushes and the two pairs of conductors L L and L´ L´, as indicated diagrammatically in Fig. 12. Now it is obvious from consideration of the preceding figures that the rotation of the generator-ring produces currents in the coils F F´, which, being transmitted to the motor-coils, impart to the core of the latter magnetic poles constantly shifting or whirling around the core. This effect sets up a rotation of the armature owing to the attractive force between the shell and the poles of the armature, but inasmuch as the coils in this case move relative to the shell or field-magnet the movement of the coils is in the opposite direction to the progressive shifting of the poles.

Other arrangements of the coils of both generator and motor are possible, and a greater number of circuits may be used, as will be seen in the two succeeding figures.

Fig. 13 is a diagrammatic illustration of a motor and a generator constructed and connected in accordance with my invention. Fig. 14 is an end view of the generator with its field-magnets in section. The field of the motor M is produced by six magnetic poles, G´G´, secured to or projecting from a ring or frame, H. These magnets or poles are wound with insulated coils, those diametrically opposite to each other being connected in pairs as to produce opposite poles in each pair. This leaves six free ends, which are connected to the terminals T T T´ T´ T´´ T´´. The armature, which is mounted to rotate between the poles, is a cylinder or disk, D, of wrought-iron, mounted on the shaft *a*. Two segments of the same are cut away, as shown. The generator for this motor has in this instance an armature, A, wound with three coils, K K´ K´´, at sixty degrees apart. The ends of these coils are connected, respectively, to insulated contact-rings *e e e´ e´ e´´ e´´*. These rings are connected to those of the motor in proper order by means of collecting-brushes and six wires, forming three independent circuits. The variations in the strength and direction of the currents transmitted through these circuits and traversing the coils of the motor produce a steadily-progressive shifting of the resultant attractive force exerted by the poles G´ upon the armature D, and consequently keep the armature rapidly rotating. The peculiar advantage of this disposition is in obtaining a more concentrated and powerful field. The application of this principle to systems involving multiple circuits generally will be understood from this apparatus.

Referring, now, to Figs. 15 and 16, Fig. 15 is a diagrammatic representation of a modified disposition of my invention. Fig. 16 is a horizontal cross-section of the motor. In this case a disk, D, of magnetic metal, preferably cut away at opposite edges, as shown in dotted lines in Fig. 15, is mounted so as to turn freely inside two stationary coils, N´ N´´, placed at right angles to one another. The coils are preferably wound on a frame, O, of insulating material, and their ends are connected to the fixed terminals T T T´ T´. The generator G is a representative of that class of alternating-current machines in which a stationary induced element is employed. That shown consists of revolving permanent or electro-magnet, A, and four independent stationary magnets, P P´, wound with coils those diametrically opposite to each other being connected in series and having their ends secured to the terminals *t t t´ t´*. From these terminals the currents are led to the terminals of the motor, as shown in the drawing. The mode of operation is substantially the same as in the previous cases, the currents traversing the coils of the motor having the effect to turn the disk D. This mode of carrying out the invention has the advantage of dispensing with the sliding-contacts in the system.

In the forms of motor above described only one of the elements, the armature or the field-magnet, is provided with energizing-coils. It remains, then, to show how both elements may be wound with coils. Reference is therefore had to Figs. 17, 18, and 19. Fig. 17 is an end view of such a motor. Fig. 18 is a similar view of the generator with the field-magnets in section, and Fig. 19 is a diagram of the circuit-connections. In Fig. 17 the field-magnet of the motor consists of a ring, R, preferably of thin insulated iron sheets or bands with eight pole-pieces, G´, and corresponding recesses, in which four pairs of coils, V, are wound. The diametrically opposite pairs of coils are connected in series and the free ends connected to four terminals, *w*, the rule to be followed in connecting being the same as hereinbefore explained. An armature, D, with two coils, E E´, at right angles to each other, is mounted to rotate inside of the field-magnet R. The ends of the contact-rings, *d d d´ d´*, Fig. 19. The generator for this motor may be of any suitable kind to produce currents of the desired character. In the present instance it consists of a field-magnet, N S, and an armature, A, with two coils at right angles, the ends of which are connected to four contact-rings, *b b b´ b´*, carried by its shaft. The circuit-connections are established between the rings on the generator-shaft and those on the motor-shaft by collecting-brushes and wires, as previously explained. In order to properly energize the field-magnet of the motor, however, the connections are so made with the armature-coils or wires leading thereto that while the points of greatest attraction or greatest density of magnetic lines of force upon the armature are shifted in one direction those upon the field-magnet are made to progress in an opposite direction. In other respects the operation is identically the same as in the other cases cited. This arrangement results in an increased speed of rotation. In Figs. 17 and 19, for example, the terminals of each set of field-coils will maintain opposite poles in advance of the poles of the armature.

In the drawings the field-coils are in shunts to the armature, but they may be in series or in independent circuits.

It is obvious that the same principle may be applied to the various typical forms of motor hereinbefore described.

Having now described the nature of my invention and some of the various ways in which it is or may be carried into effect, I would call attention to certain characteristics which the applications of the invention possess and the advantages which the invention secures.

In my motor, considering for convenience that represented in Fig. 9, it will be observed that since the disk D has a tendency to follow continuously the points of greatest attraction, and since these points are shifted around the ring once for each revolution of the armature of the generator, it follows that the movement of the disk D will be synchronous with that of the armature A. This feature by practical demonstrations I have found to exist in all other forms in which one revolution of the armature of the generator produces a shifting of the poles of the motor through three hundred and sixty degrees.

In the particular construction shown in Fig. 15, or in others constructed on a similar plan, the number of alternating impulses resulting from one revolution of the generator armature is double as compared with the preceding cases, and the polarities in the motor are shifted around twice by one revolution of the generator-armature. The speed of the motor will, therefore, be twice that of the generator. The same result is evidently obtained by such a dispostion as that shown in Fig. 17, where the poles of both elements are shifted in opposite directions.

Again, considering the apparatus illustrated by Fig. 9 as typical of the invention, it is obvious that since the attractive effect upon the disk D is greatest when the disk is in its proper relative position to the poles developed in the ring R -- that is to say, when its ends or poles immediately follow those of the ring -- the speed of the motor for all the loads within the normal working limits of the motor will be practically constant. It is clearly apparent that the speed can never exceed the arbitrary limit as determined by the generator, and also that within certain limits at least the speed of the motor will be independent of the strength of the current.

It will now be more readily seen from the above description how far the requirements of a practical system of electrical transmission of power are realized in my invention. I secure, first a uniform speed under all loads within the normal working limits of the motor without the use of any auxiliary-regulator; second, synchronism between the motor and generator; third, greater efficiency by more direct application of the current, no commutating devices being required on either the motor or generator; fourth, cheapness and simplicity of mechanical construction and economy in maintenance; fifth, the capability of being very easily managed or controlled; and, sixth, diminution of danger from injury to persons and apparatus.

These motors may be run in series, multiple arc or multiple series, under conditions well understood by those skilled in the art.

These means of devices for carrying out the principle may be varied to a far greater extent than I have been able to indicate; but I regard as within my invention, and I desire to secure by Letters Patent in general, motors containing two or more independent circuits through which the operating-currents are led in the manner described. By "independent" I do not mean to imply that the circuits are necessarily isolated from one another, for in some instances there might be electrical connections between them to regulate or modify the action of the motor without necessarily producing a new or different action.

I am aware that the rotation of the armature of a motor wound with two energizing-coils at right angles to each other has been effected by an intermittent shifting of the energizing effect of both coils through which a direct current by menas of mechanical devices has been transmitted in alternately-opposite directions; but this method or plan I regard as absolutely impracticable for the purpose for which my invention is designed -- at least on any extended scale -- for the reasons, mainly, that a great waste of energy is necessarily involved unless the number of energizing-circuits is very great, and that the interruption and reversal of a current of any considerable strength by means of any known mechanical devices is a matter of the greatest difficulty and expense.

In this application I do not claim the method of operating motors which is herein involved, having made separate application for such method.

I therefore claim the following:

1. The combination, with a motor containing separate or independent circuits on the armature or field-magnet, or both, of an alternating-current generator containing induced circuits connected independently to corresponding circuits in the motor, whereby a rotation of the generator produces a progressive shifting of the poles of the motors, as herein described.

2. In a system for the electrical transmission of power, the combination of a motor provided with two or more independent magnetizing-coils and an alternating-current generator containing induced coils corresponding to the motor-coils, and circuits connecting directly

the motor and generator-coils in such order that the currents developed by the generator will be passed through the corresponding motor-coils, and thereby produce a progressive shifting of the poles of the motor, as herein set forth.

3. The combination, with a motor having an annular or ring-shaped field-magnet and a cylindrical or equivalent armature, and independent coils on the field-magnet or armature, or both, of an alternating-current generator having correspondingly independent coils, and circuits including the generator-coils and corresponding motor-coils in such manner that the rotation of the generator causes a progressive shifting of the poles of the motor in the manner set forth.

4. In a system for the electrical transmission of power, the combination of the following instrumentalities, to wit: a motor composed of a disk or its eqivalent mounted within a ring or annular field-magnet, which is provided with magnetizing-coils connected in diametrically-opposite pairs or groups to independent terminals, a generator having induced coils or groups of coils equal in number to the pairs or groups of motor-coils, and circuits connecting the terminals of said coils to the terminals of the motor, respectively, and in such order that the rotation of the generator and the consequent production of alternating currents in the respective circuits produces a progressive shifting of the poles of the motor, as hereinbefore described.

NIKOLA TESLA.

Witnesses:
FRANK E. HARTLEY,
FRANK B. MURPHY.

(No Model.) N. TESLA. 4 Sheets—Sheet 1.

# ELECTRICAL TRANSMISSION OF POWER.

No. 382,280. Patented May 1, 1888.

Fig 1.

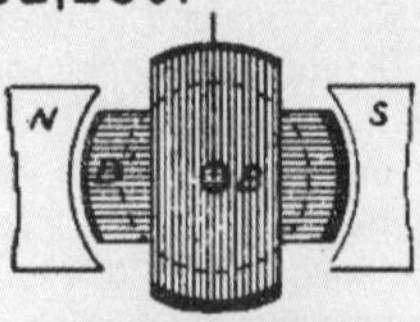


Fig.1a

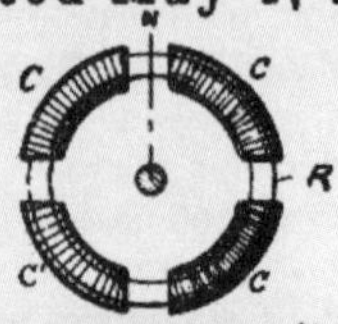


Fig.2

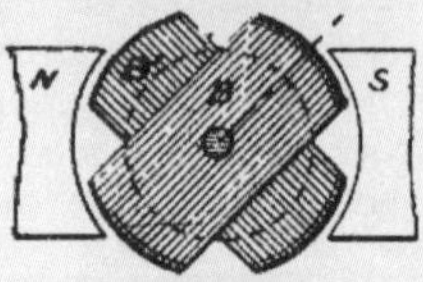


Fig 2a

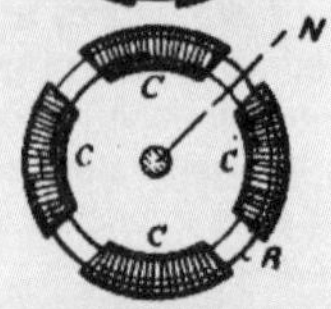


Fig.3

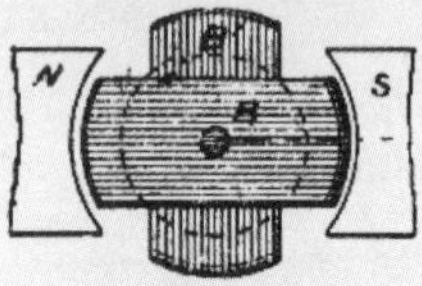


Fig 3a

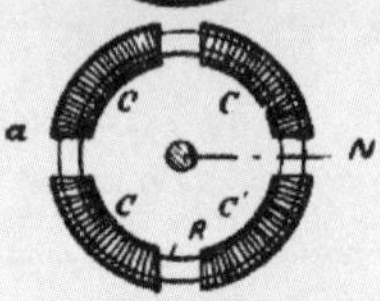


Fig.4

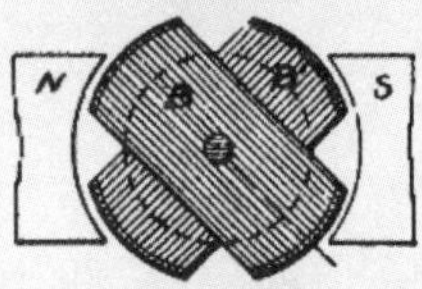


Fig.4a

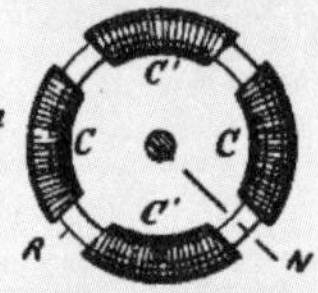


Fig.5

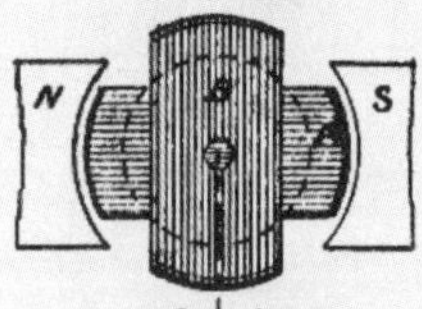


Fig 5a

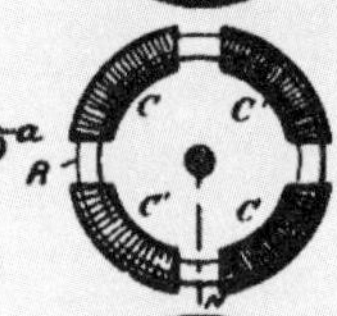


Fig.6

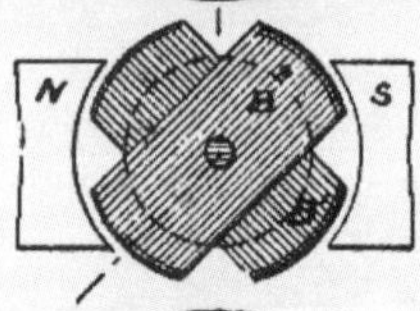


Fig.6a

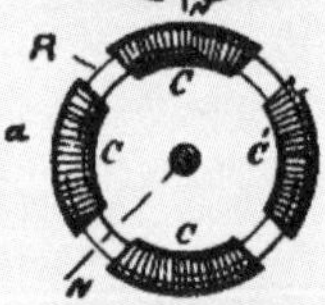


Fig.7

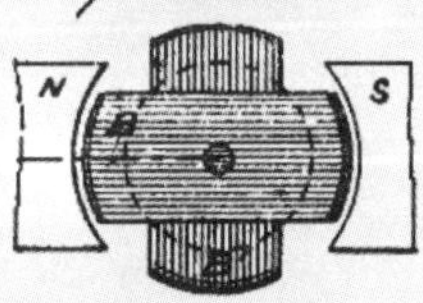


Fig.7a

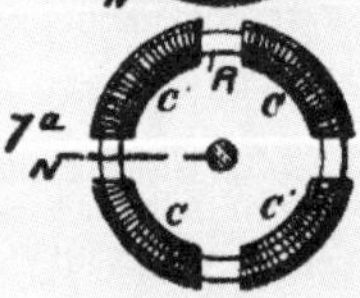


Fig.8

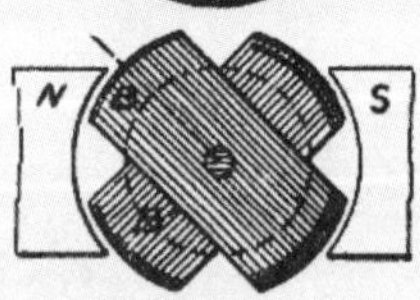


Fig 8a

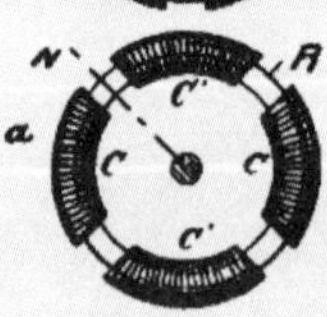


WITNESSES:

D.H Sherman

Marvin A. Curtis.

INVENTOR.

Nikola Tesla

BY

Duncan, Curtis & Page

ATTORNEYS.

(No Model.) 4 Sheets—Sheet 2.

# N. TESLA.

## ELECTRICAL TRANSMISSION OF POWER.

No. 382,280 Patented May 1, 1888.

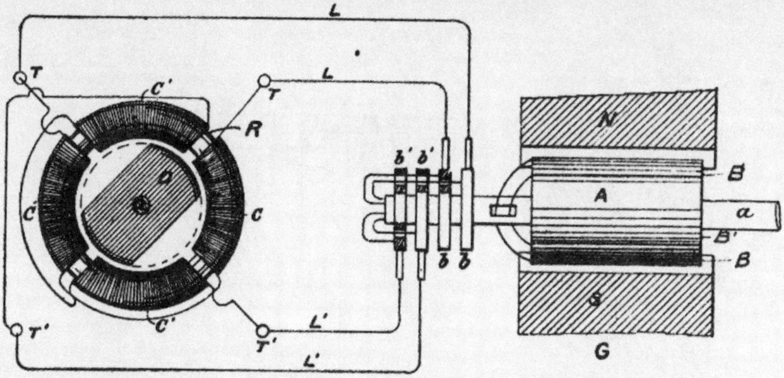


Fig. 9

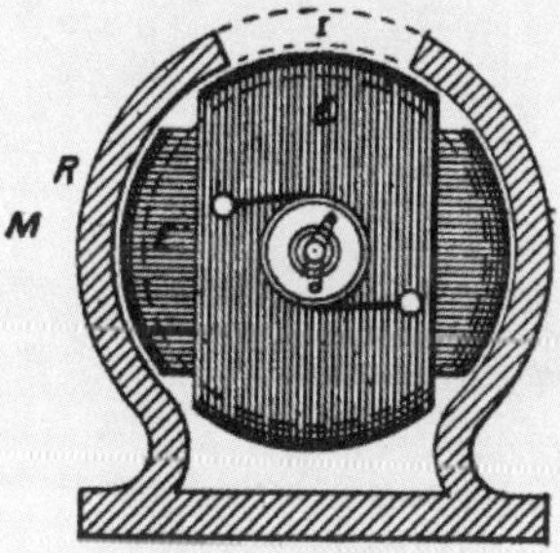


Fig. 10

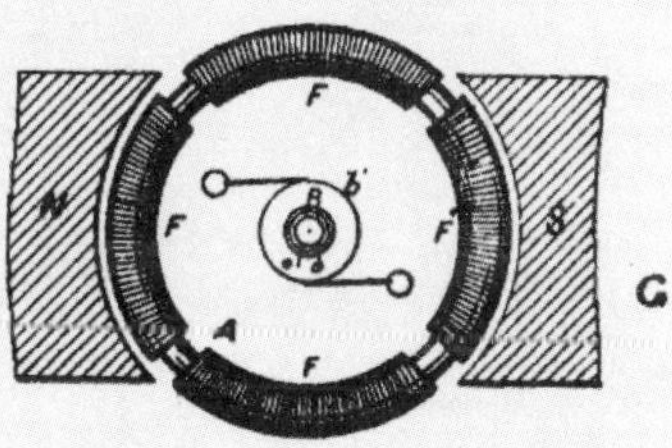


Fig 11

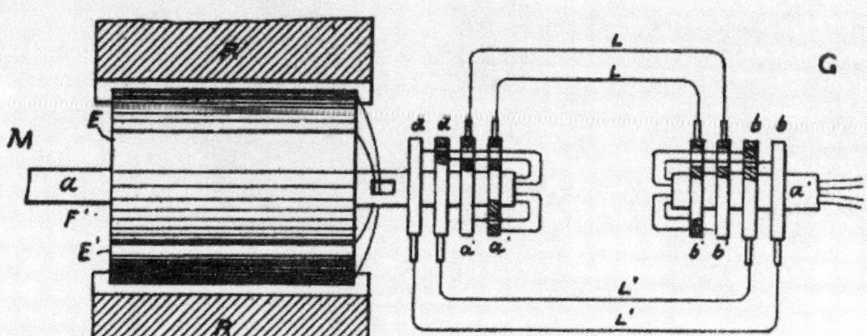


Fig. 12

WITNESSES:

D. H. Sherman.

Marcus A. Curtis.

INVENTOR.

Nikola Tesla.

BY

Duncan, Curtis & Page.

ATTORNEYS.

(No Model.)

4 Sheets—Sheet 3.

# N. TESLA.

## ELECTRICAL TRANSMISSION OF POWER.

No. 382,280. Patented May 1. 1888.

Fig. 13

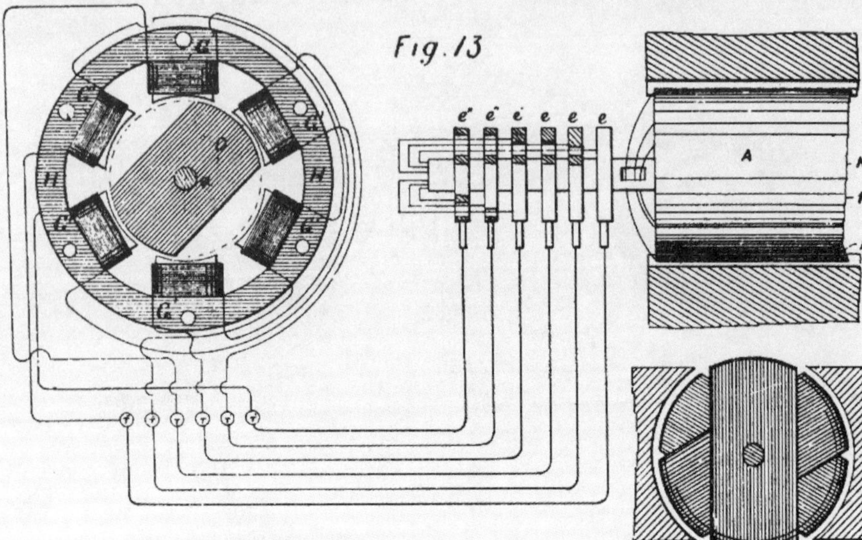


Fig. 14

Fig. 15

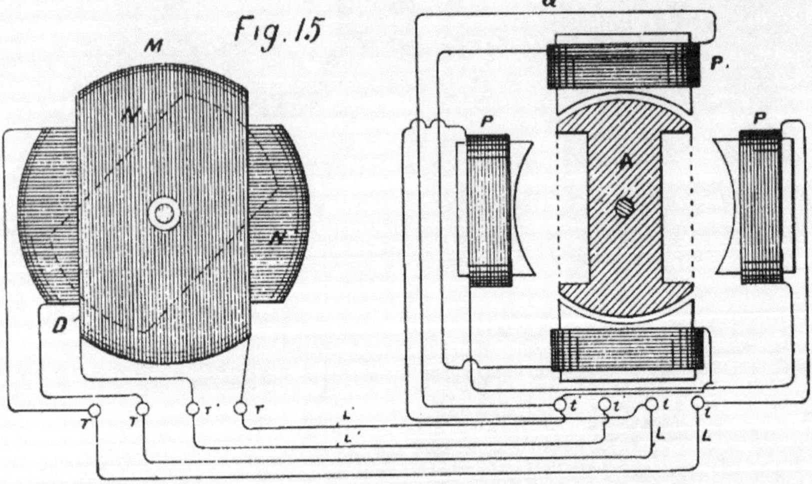


Fig. 16

WITNESSES:

D.H. Sherman

Marvin A. Curtis.

INVENTOR.

Nikola Tesla.

BY

Duncan, Curtis & Page

ATTORNEYS.

(No Model.) 4 Sheets—Sheet 4.

# N. TESLA.

## ELECTRICAL TRANSMISSION OF POWER.

No. 382.280. Patented May 1, 1888.

Fig. 17

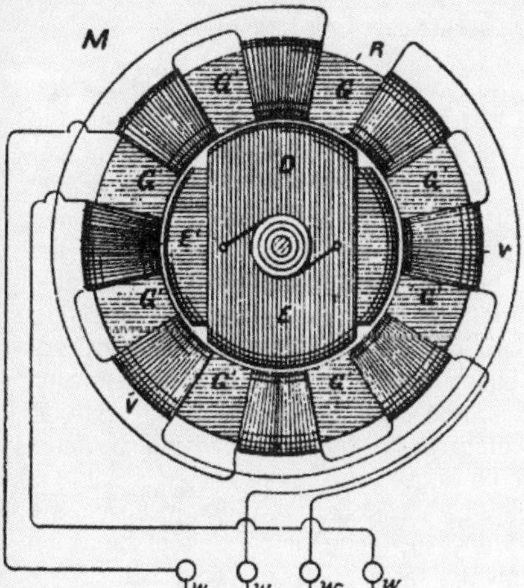


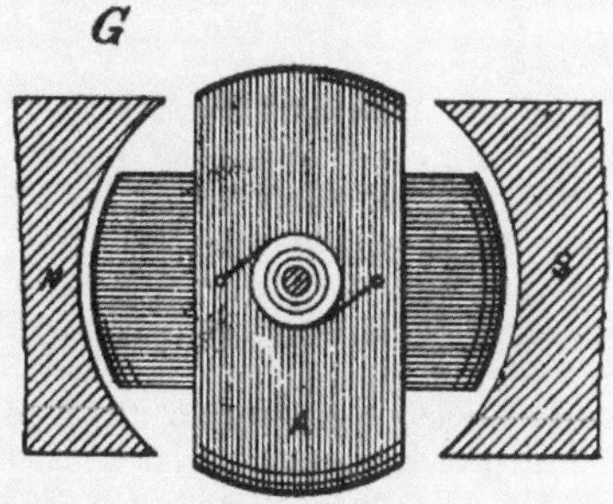


Fig. 18

Fig. 19

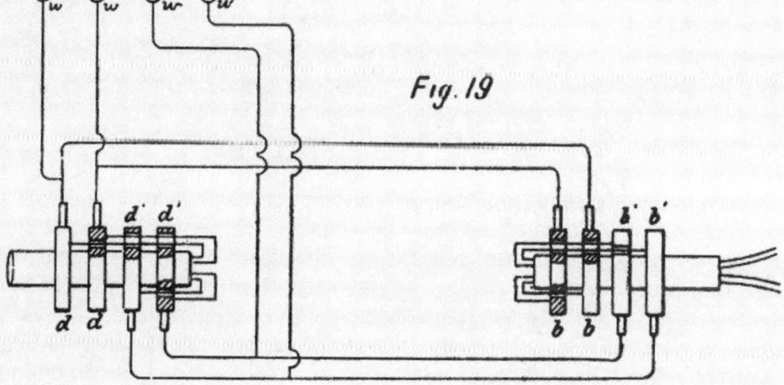


WITNESSES:
D. H. Sherman.
Marvin A. Curtis.

INVENTOR.
Nikola Tesla
BY
Duncan, Curtis & Page
ATTORNEYS.

# UNITED STATES PATENT OFFICE.

NIKOLA TESLA, OF NEW YORK, N. Y.

## ELECTRICAL TRANSMISSION OF POWER.

SPECIFICATION forming part of Letters Patent No. 382,280, dated May 1, 1888.
Original application filed October 12, 1887. Serial No. 252,132 .
Divided and this application filed March 9, 1888. Serial No. 266,755. (No model.)

*To all whom it may concern:*

Be it known that I, NIKOLA TESLA, from Smiljan, Lika, border country of Austria-Hungary, and residing in the city, county, and State of New York, have invented certain new and useful Improvments in the Transmission of Power, of which the following is a specification, reference being had to the drawings accompanying and forming part of the same.

This application is a division of an application filed by me October 12, 1887, No. 252,132.

The practical solution of the problem of the electrical conversion and transmission of mechanical energy involves certain requirements which the apparatus and systems heretofore employed have not been capable of fulfilling. Such a solution primarily demands a uniformity of speed in the motor irrespective of its load within its normal working limits. On the other hand, it is necessary, to attain a greater economy of conversion than has heretofore existed, to construct cheaper and more reliable and simple apparatus, and such that all danger from the use of currents of high tension, which are necessary to an economical transmission, may be avoided.

My present invention is a new method or mode of effecting the transmission of power by electrical agency, whereby many of the present objection are overcome and great economy and efficiency secured.

In carrying out my invention I employ a motor in which there are two or more independent energizing-circuits, through which I pass, in the manner hereinafter described, alternating currents, effecting thereby a progressive shifting of the magnetism or of the "lines of force," which, in accordance with well known theories, produces the action of the motor.

It is obvious that a proper progressive shifting of the lines of force may be utilized to set up a movement or rotation of either element of the motor, the armature, or the field-magnet, and that if the currents directed through the several circuits of the motor are in proper direction no commutator for the motor will be required; but to avoid all the usual commutating appliances in the system I connect the motor-circuits directly with those of a suitable alternating-current generator. The practical results of such a system, its economical advantages, and the mode of its construction and operation will be described more in detail by reference to the accompanying diagrams and drawings.

Figures 1 to 8 and 1a to 8a, inclusive, are diagrams illustrating the principle of the action of my invention. The remainig figures are views of the apparatus in various forms by means of which the invention may be carried into effect, and which will be described in their order.

Referring first to Fig. 9, which is a diagrammatic representation of a motor, a generator, and connecting-circuits in accordance with my invention, M is the motor, and G the generator for driving it. The motor comprises a ring or annulus, R, preferably built up of thin insulated iron rings or annular plates, so as to be as susceptible as possible to variations in its magnetic condition. This ring is surrounded by four coils of insulated wire symmetrically placed, and designated by C C C′C′. The diametrically-opposite coils are connected up so as to cooperate in pairs in producing free poles on diametrically-opposite parts of the ring. The four free ends thus left are connected to terminals T T T′ T′, as indicated. Near the ring, and preferably inside of it, there is mounted on an axis or shaft, *a*, a magnetic disk, D, generally circular in shape, but having two segments cut away, as shown. This disk is mounted so as to turn freely within the ring R. The generator G is of any ordinary type, that shown in the present instance having field-magnets N S and a cylindrical armature-core, A, wound with the two coils B B´. The free ends of each coil are carried through the shaft *a´* and connected, respectively, to insulated contact-rings *b b b´b´*. Any convenient form of collector or brush bears on each ring and forms a terminal by which the current to and from a ring is conveyed. These terminals are connected to the terminals of the motor by the wires L and L´ in the manner indicated, whereby two complete circuits are formed -- one including, say, the coils B of the generator C´ C´ of the motor, and the other the remaining coils B´ and C C of the generator and motor.

It remains now to explain the mode of operation of this system, and for this purpose I refer to the diagrams, Figs. 1 to 8 and 1a to 8a, for an illustration of the various phases through which the coils of the generator pass when in operation, and the corresponding and resultant magnetic changes produced in the motor. The revolution of the armature of the generator between the field-magnets N S obviously produces in the coils B B´ alternating currents, the intensitiy and direction of which depend upon well known laws. In the position of the coils indicated in Fig. 1 the current in the coil B is practically *nil*, whereas the coil B´ at the same timo is developing its maximum current, and by the means indicated in the description of Fig. 9 the circuit including this coil B´ may also include, say, the coils C C of the motor, Fig. 1a. The result, with the proper connections, would be the magnetization of the ring R´, the poles being on the line N S. The same order of connections being observed between the coil B and coils C´, the latter, when traversed by a current, tend to fix the poles at right angles to the line N S of Fig. 1a. It results, therefore, that when the generator-coils have made one eighth of a revolution, reaching the position shown in Fig. 2, both pairs of coils C and C´ will be traversed by currents and act in opposition, in so far as the location of the poles is concerned. The position of the poles will therefore be the resultant of the magnetizing forces of the coils -- that is to say, it will advance along the ring to a position corresponding to one-eighth of the revolution of the armature of the generator.

In Fig. 3 the armature of the generator has progressed to one-quarter of a revolution. At this point indicated the current in the coil B is maximum, while in B´ it is *nil*, the latter coil being in its neutral position. The poles of the ring R in Fig. 3a will, in consequence, be shifted to a position ninety degrees from that at the start, as shown. I have in like manner shown the conditions existing at each successive eighth of one revolution in the remainig figures. A short reference to these figures will suffice for an understanding of their significance.

Figs. 4 and 4a illustrate the conditions which exist when the generator-armature has completed three eights of a revolution. Here both coils are generating current; but the coil B´, having now entered the opposite field, is generating a current in the opposite direction, having the opposite magnetizing effect; hence the resultant pole will be on the line N-S, as shown.

In Fig. 5 one-half of one revolution of the armature of the generator has been completed, and the resulting magnetic condition of the ring is shown in Fig. 5a. In this phase coil B is in the neutral position while coil B´ is generating its maximum current, which is in the same direction asin Fig. 4. The poles will consequently be shifted through one-half of the ring.

In Fig. 6 the armature has completed five-eighth of a revolution. In this position coil B´ develops a less powerful current, but in the same direction as before. The coil B, on the other hand, having entered a field of opposite polarity, generates a current of opposite direction. The resultant poles will therefore be in the line N S, Fig. 6a, or, inother words, the poles of the ring will be shifted along five-eighth of its periphery. Figs. 7 and 7a in the same manner illustrate the phases of the generator and rings at throo-quarters of a revolution, and Figs. 8 and 8a the same at seven-eighth of a revolution of the generator-armature. These figures will be readily understood from the foregoing.

When a complete revolution is accomplished, the conditions existing at the start are re-established and the same action is repeated for the next and all subsequent revolutions, and, in general, it will now be seen that every revolution of the armature of the generator produces a corresponding shifting of the poles or lines of force around the ring. This effect I utilize in producing the rotation of a body or armature in a variety of ways -- for example, applying the principle above described to the apparatus shown in Fig. 9. The disk D, owing to its tendency to assume that position in which it embraces the greatest possible number of the magnetic lines, is set in rotation, following the motion of the line or the points of greatest attraction.

The disk D in Fig. 9 is shown as cut away on opposite sides; but this, I have found, is not essential to effecting its rotation, as a circular disk, as indicated by dotted lines, is also set in rotation. This phenomenon I attribute to a certaininertia or resistance inherent in the metal to the rapid shifting of the lines of force through the same, which results in a continuous tangential pull upon the disk, causing its rotation. This seems to be confirmed by the fact that a circular disk of steel is more effectively rotated than one of soft iron, for the reason that the former is assumed to possess a greater resistance to the shifting of the magnetic lines.

In illustration of other forms of my invention, I shall now describe the remaining figures of the drawings.

Fig. 10 is a view in elevation and part vertical section of a motor. Fig. 12 is a top view of the same with the field in section and a diagram of connections. Fig. 11 is an end or side view of a generator with the fields in section. This form of motor may be used in place of that shown above.

D is a cylindrical or drum-armature core, which, for obvious reasons, should be split up as far as practicable to prevent the circulation within it of currents of induction. The core is wound longitudinally with two coils, E and E´, the ends of which are respectively connected to insulated contact-rings *d d d´ d´*, carried by the shaft *a*, upon which the armature is mounted.

The armature is set to revolve within an iron shell, R´, which constitutes the field-magnet, or other element of the motor. This shell is preferably formed with a slot or opening, *r*, but it may be continuous, as shown by the dotted lines, and in this event it is preferably made of steel. It is also desirable that this shell should be divided up similarly to the armature and for similar reasons. As a generator for driving this motor I may use the divice shown in Fig. 11. This represents an annular or ring-armature, A, surrounded by four coils, F F F´F´, of which those diametrically opposite are connected in series, so that four free ends are left, which are connected to the insulated contact-rings *b b b´ b´*. The ring is suitably mounted on a shaft, *a´*, between the poles N S. The contact-rings of each pair of generator-coils are connected to these of the motor, respectively, by means of contact-brushes and the two pairs of conductors L L and L´ L´, as indicated diagrammatically in Fig. 12.

Now it is obvious from consideration of the preceding figures that the rotation of the generator-ring produces currents in the coils F F´, which, being transmitted to the motor-coils, impart to the core of the latter magnetic poles constantly shifting or whirling around the core. This effect sets up a rotation of the armature owing to the attractive force between the shell and the poles of the armature, but inasmuch as the coils in this case move relative to the shell or field-magnet the movement of the coils is in the opposite direction to the progressive shifting of the poles.

Other arrangements of the coils of both generator and motor are possible, and a greater number of circuits may be used, as will be seen in the two succeeding figures.

Fig. 13 is a diagrammatic illustration of a motor and a generator constructed and connected in accordance with my invention. Fig. 14 is an end view of the generator with its field-magnets in section.

The field of the motor M is produced by six magnetic poles, G´G´, secured to or projecting from a ring or frame, H. These magnets or poles are wound with insulated coils, those diametrically opposite to each other being connected in pairs as to produce opposite poles in each pair. This leaves six free ends, which are connected to the terminals T T T´ T´ T´´ T´´. The armature, which is mounted to rotate between the poles, is a cylinder or disk, D, of wrought-iron, mounted on the shaft *a*. Two segments of the same are cut away, as shown. The generator for this motor has in this instance an armature, A, wound with three coils, K K´ K´´, at sixty degrees apart. The ends of these coils are connected, respectively, to insulated contact-rings *e e e´ e´ e´´ e´´*. These rings are connected to those of the motor in proper order by means of collecting-brushes and six wires, forming three independent circuits. The variations in the strength and direction of the currents transmitted through these circuits and traversing the coils of the motor produce a steadily-progressive shifting of the resultant attractive force exerted by the poles G´ upon the armature D, and consequently keep the armature rapidly rotating. The peculiar advantage of this disposition is in obtaining a more concentrated and powerful field. The application of this principle to systems involving multiple circuits generally will be understood from this apparatus.

Referring, now, to Figs. 15 and 16, Fig. 15 is a diagrammatic representation of a modified disposition of my invention. Fig. 16 is a horizontal cross-section of the motor. In this case a disk, D, of magnetic metal, preferably cut away at opposite edges, as shown in dotted lines in Fig. 15, is mounted so as to turn freely inside two stationary coils, N´ N´´, placed at right angles to one another. The coils are preferably wound on a frame, O, of insulating material, and their ends are connected to the fixed terminals T T T´ T´. The generator G is a representative of that class of alternating-current machines in which a stationary induced element is employed. That shown consists of revolving permanent or electro-magnet, A, and four independent stationary magnets, P P´, wound with coils those diametrically opposite to each other being connected in series and having their ends secured to the terminals *t t t´ t´*. From these terminals the currents are led to the terminals of the motor, as shown in the drawing. The mode of operation is substantially the same as in the previous cases, the currents traversing the coils of the motor having the effect to turn the disk D. This mode of carrying out the invention has the advantage of dispensing with the sliding-contacts in the system.

In the forms of motor above described only one of the elements -- the armature or the field-magnet -- is provided with energizing-coils. It remains, then, to show how both elements may be wound with coils. Reference is therefore had to Figs. 17, 18, and 19. Fig. 17 is an end view of such a motor. Fig. 18 is a similar view of the generator with the field-magnets in section, and Fig. 19 is a diagram of the circuit-connections. In Fig. 17 the field-magnet of the motor consists of a ring, R, preferably of thin insulated iron sheets or bands with eight pole-pieces, G´, and corresponding recesses, in which four pairs of coils, V are wound. The diametrically opposite pairs of coils are connected in series and the free ends connected to four terminals, *w*, the rule to be followed in connecting being the same as hereinbefore explained. An armature, D, with two coils, E E´, at right angles to each other, is mounted to rotate inside of the field-magnet R. The ends of the contact-rings, *d d d´ d´*, Fig. 19. The generator for this motor may be of any suitable kind to produce currents of the desired character. In the present instance it consists of a field-magnet, N S, and an armature, A, with two coils at right angles, the ends of which are connected to four contact-rings, *b b b´ b´*, carried by its shaft. The circuit-connections are established between the rings on the generator-shaft and those on the motor-shaft by collecting brushes and wires, as previously explained. In order to properly energize the field-magnet of the motor, however, the connections are so made with the armature-coils or wires leading thereto that while the points of greatest attraction or greatest density of magnetic lines of force upon the armature are shifted in one direction those upon the field-magnet are made to progress in an opposite direction. In other respects the operation is identically the same as in the other cases cited. This arrangement results in an increased speed of rotation.

In Figs. 17 and 19, for example, the terminals of each set of field-coils are connected with the wires to the two armature-coils in such a way that the field-coils will maintain opposite poles in advance of the poles of the armature.

In the drawings the field-coils are in shunts to the armature, but they may be in series or in independent circuits.

It is obvious that the same principle may be applied to the various typical forms of motor hereinbefore described.

Having now described the nature of my invention and some of the various ways in which it is or may be carried into effect, I would call attention to certain charateristics which the applications of the invention possess, and the advantages which it offers.

In my motor, considering for convenience that represented in Fig. 9, it will be observed that since the disk D has a tendency to follow continuously the points of greatest attraction, and since these points are shifted around the ring once for each revolution of the armature of the generator, it follows that the movement of the disk D will be synchronous with that of the armature A. This feature by practical demonstrations I have found to exist in all other forms in which one revolution of the armature of the generator produces a shifting of the poles of the motor through three hundred and sixty degrees.

In the particular construction shown in Fig. 15, or in others constructed on a similar plan, the number of alternating impulses resulting from one revolution of the generator-armature is double as compared with the preceding cases, and the polarities in the motor are shifted around twice by one revolution of the generator-armature. The speed of the motor will, therefore, be twice that of the generator. The same result is evidently obtained by such a dispostion as that shown in Fig. 17, where the poles of both elements are shifted in opposite directions.

Again, considering the apparatus illustrated by Fig. 9 as typical of the invention, it is obvious that since the attractive effect upon the disk D is greatest when the disk is in its proper relative position to the poles developed in the ring R -- that is to say, when its ends or poles immediately follow those of the ring -- the speed of the motor for all the loads within the normal working limits of the motor will be practically constant.

It is clearly apparent that the speed can never exceed the arbitrary limit as determined by the generator, and also that within certain limits at least the speed of the motor will be independent of the strength of the current.

It will now be more readily seen from the above description how far the requirements of a practical system of electrical transmission of power are realized in my invention. I secure, first a uniform speed under all loads within the normal working limits of the motor without the use of any auxiliary-regulator; second, synchronism between the motor and generator; third, greater efficiency by more direct application of the current, no commutating devices being required on either the motor or generator; fourth, cheapness and simplicity of mechanical construction and economy in maintenance; fifth, the capability of being very easily managed or controlled; and, sixth, diminution of danger from injury to persons and apparatus.

These motors may be run in series -- multiple arc or multiple series -- under conditions well understood by those skilled in the art.

I am aware that it is not new to produce the rotation of a motor by intermittently shifting the poles of one of its elements. This has been done by passing through independent energizing-coils on one of the elements the current from a battery or other source of direct or continuous currents, reversing such currents by suitable mechanical appliances, so that it is directed through the coils in alternately directions. In such cases, however, the potential of the energizing-currents remains the same, their direction only being changed. According to my invention, however, I employ true alternating currents; and my invention consists in the discovery of the mode or method of utilizing such currents.

The difference between the two plans and the advantages of mine are obvoius. By producing an alternating current each impluse of which involve a rise and fall of potential I reproduce in the motor the exact conditions of the generator, and by such currents and the consequent production of resultant poles the progression of the poles will be continuous and not intermittent. In addition to this, the practical difficulty of interrupting or reversing a current of any considerable strength is such that none of the devices at present could be made to economically or practically effect the transmission of power by reversing in the manner described a continuous or direct current. In so far, then, as the plan of acting upon one element of the motor is concerned, my invention involve the use of an alternating as distinguished from a reversed current, or a current which, while continuous and direct, is shifted from coil to coil by any form of commutator, reverser, or interrupter. With regard to that part of my invention which consist in acting upon both elements of the motor simultaneously, I regard the use of either alternating or reversed currents as within the scope of the invention, although I do not consider the use of reversed currents of any practical importance.

What I claim is --

The method herein described of electrically transmitting power, which consist in producing a continuously-progressive shifting of the polarities of either or both elements (the armature or field-magnet or magnets) of a motor by developing alternate currents in independent circuits, including the magnetizing-coils of either or both elements, as herein set forth.

Witnesses: NIKOLA TESLA.
FRANK B. MURPHY,
FRANK E. HARTLEY.

(No Model.)

2 Sheets—Sheet 1.

# N. TESLA.

## ELECTRO MAGNETIC MOTOR.

No. 381,969. Patented May 1, 1888.

Fig:1.

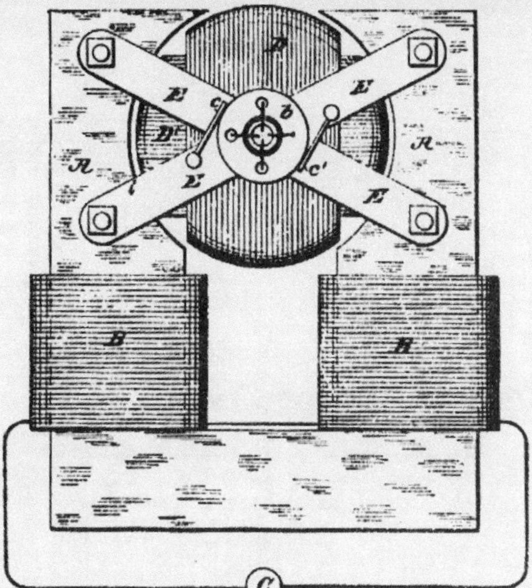


Fig:2.

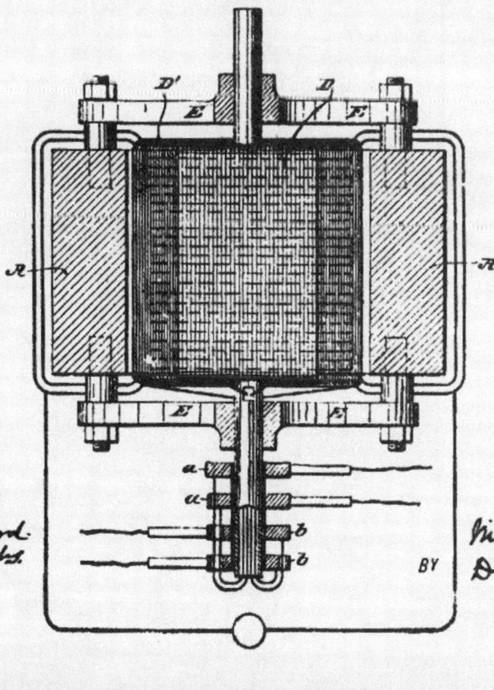


WITNESSES:

Robt. F. Gaylord

Francis B. Murphy

INVENTOR

Nikola Tesla

BY

Duncan Curtis & Page

ATTORNEYS.

(No Model.) 2 Sheets—Sheet 2.

N. TESLA

ELECTRO MAGNETIC MOTOR.

No 381,969. Patented May 1, 1888.

Fig: 3

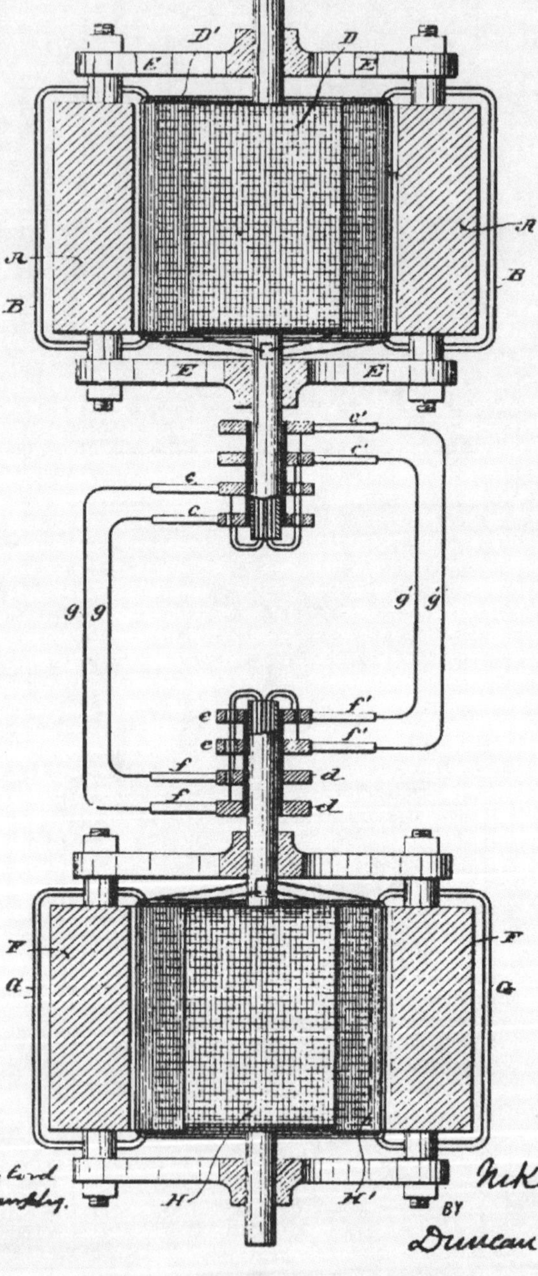


WITNESSES:

Robt. F. Gaylord

Frank B. Murphy.

INVENTOR

Nikola Tesla

BY

Duncan. Curtis & Page

ATTORNEYS.

# UNITED STATES PATENT OFFICE.

NIKOLA TESLA, OF NEW YORK, ASSIGNOR OF ONE-HALF TO
CHARLES F. PECK OF ENGLEWOOD, NEW JERSEY.

## ELECTRO-MAGNETIC MOTOR.

SPECIFICATION forming part of Letters Patent No. 381,969, dated May 1, 1888.
Application filed November 30, 1887. Serial No. 256,562 (No model.)

*To all whom it may concern:*

Be it known that I, NIKOLA TESLA, from Smiljan, Lika, border country of Austria-Hungary, now residing in New York, in the county and State of New York, have invented certain and useful Improvement in Electro-Magnetic Motors, of which the following is a specification, reference being had to the drawings accompanying and forming a part of the same.

In an application filed by me October 12, 1887, No. 252,132, I have shown and described a novel form of electro-magnetic motor and a mode of operating the same, which may be generally described as follows: The motor is wound with coils forming independent energizing-circuits on either the armature or field-magnet, or both, (it is sufficient for present purposes to consider the case in which the coils are on the armature alone) and these coils are connected up with corresponding circuits on an alternating-current generator. As the result of this, currents of alternately-opposite direction are sent through the energizing coils of the motor in such manner as to produce a progressive shifting or rotation of the magnetic poles of the armature. This movement of the poles of the armature obviously tends to rotate the armature in the opposite direction to that in which the movement of the poles takes place, owing to the attractive force between said poles and the field-magnets, and the speed of rotation increases from the start until it equals that of the generator, supposing both motor and generator to be alike.

As the poles of the armature are shifted in a direction opposite to that in which the armature rotates, it will be apparent that when the armature will assume a fixed position relative to the field-magnet, and that in consequence the field-magnets will be energized by magnetic Induction, exhibiting two distinct poles, one in each of the pole-pieces. In starting the motor, however, the speed of the armature being comparatively slow, the pole-pieces are subjected to rapid reversals of magnetic polarity; but as the speed increases these reversals become less and less frequent, and finally cease when the movement of the armature become synchronous with that of the generator. This being the case, the field-cores and pole-pieces of the motor become a magnet, but by induction only.

I have found that advantageous results are secured by winding the field-magnets with a coil or coils and passing a continuous current through them, thus maintaining a permanent field, and in this feature my present invention consists.

I shall now describe the apparatus which I have devised for carrying out this invention and explain the mode of using or operating the same.

Figure 1 is an end view in elevation of my improved motor. Fig. 2 is a part horizontal central section, and Fig. 3 is a diagrammatic representation of the motor and generator combined and connected for operation.

Let A A in Fig. 1 represent the legs or pole-pieces of a field-magnet, around which are coils B B, included in the circuit of a continuous-current generator, C, which is adapted to impart magnetism to the said poles in the ordinary manner.

D D′ are two independent coils wound upon

a suitable cylindrical or equivalent armature-core, which, like all others used in a similar manner, should be split or divided up into alternate magnetic and insulating parts in the usual way. This armature is mounted in non-magnetic cross-bars E E, secured to the poles of the field-magnet. The terminals of the armature-coils D D´ are connected to insulated sliding-contact-rings *a a b b*, carried by the armature shaft, and brushes *c c´* bear upon these rings to convey to the coils the currents which operate the motor.

The generator for operating this motor is or may be of precisely identical construction; and for convenience of reference I have marked in Fig. 3 its parts as follows: F F, the field-magnets, energized by a continuous current passing in its field-coils G G, H H´, the coils carried by the cylindrical armature; *d d e e*, the friction or collecting-rings, carried by the armature-shaft and forming the terminals of the armature-coils; and *f f´*, the collecting-brushes which deliver the currents developed in the armature-coils to the two circuits *g g´*, which connect the generators with the motor.

The operation of this system will be understood from the foregoing. The action of the generator, by causing a progressive shifting of the poles in the motor-armature, sets up in the latter a rotation opposite in direction to that in which the poles move. If, now, the continuous current be directed, through the field-coils, so as to strongly energize the magnet A A, the speed of the motor, which depends upon that of the generator, will not be increased, but the power which produces its rotation will be increased in proportion to the energy supplied through the coils B B.

It is characteristic of this motor that its direction of rotation is not reversed by reversing the direction of the current through its field-coils, for the direction of rotation depends not upon the polarity of the field, but upon the direction in which the poles of the armature are shifted. To reverse the motor, the connections of either of the circuits *g g* must be reversed.

I have found that if the field-magnet of the motor be strongly energized by its coils B B and the circuits through the armature-coils closed, assuming the generator to be running at a certain speed, the motor will not start; but if the field be but slightly energized or in general in such condition that the magnetic influence of the armature preponderates in determining its magnetic condition the motor will start and, with sufficient current, will reach its maximum or normal speed. For this reason it is desirable to keep at the start and until the motor has attained its normal speed, or nearly so, the field-circuit open or to permit but little current to pass through it. I have found, however, if the fields of both the generator and motor be strongly energized that starting the generator starts the motor, and that the speed of the motor is increased in synchronism with the generator. Motors constructed and operated on this principle maintain almost absolutely the same speed for all loads within their normal working-limits: and in practice I have observed that if the motor be overloaded to such an extent as to check its speed the speed of the generator, if its motive power be not too great, is diminished synchronously with that of the motor.

I have in other applications shown how the construction of these or similar motors may be varied in certain well known ways -- as, for instance, by rotating the field about a stationary armature or rotating conductors within the field; but I do not illustrate these features further herein, as with the illustration which I have given I regard the rest as within the power of a person skilled in the art to construct.

The present form of motor is cheap, simple, reliable, and easy to maintain. It requires the simplest type of generator for its operation, and when properly constructed shows a high efficiency.

I do not claim herein the method of transmitting power which this system involves, having made it the subject of another application for patent.

What I claim is --

The combination, with a motor having independent energizing or armature-circuits, of an alternating-current generator with corresponding induced circuits connected with the motor for effecting a progressive shifting of the poles of the motor-armature, and a source of continuous current for energizing the field of said motor, as set forth.

NIKOLA TESLA.

Witnesses:
FRANK B. MURPHY,
FRANK E. HARTLEY.

(No Model.) 2 Sheets—Sheet 1.

# N. TESLA.

## ELECTRO MAGNETIC MOTOR.

No. 382,279. Patented May 1, 1888.

Fig. 1.

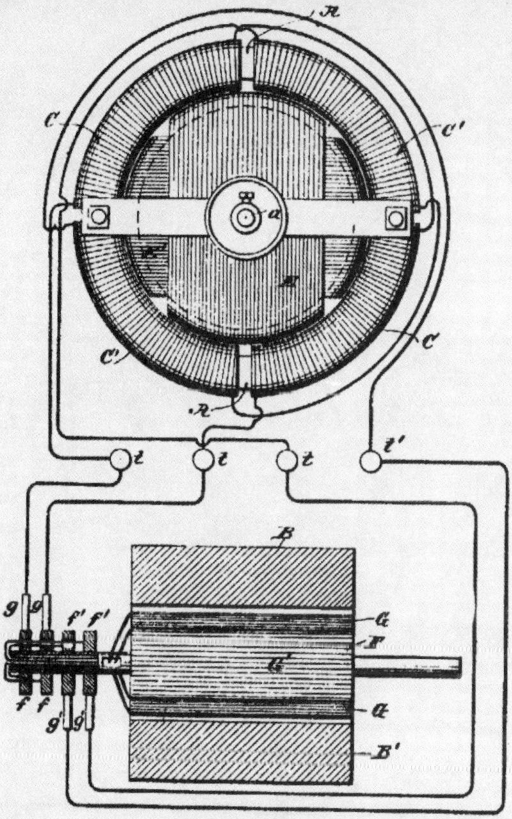


Fig: 2

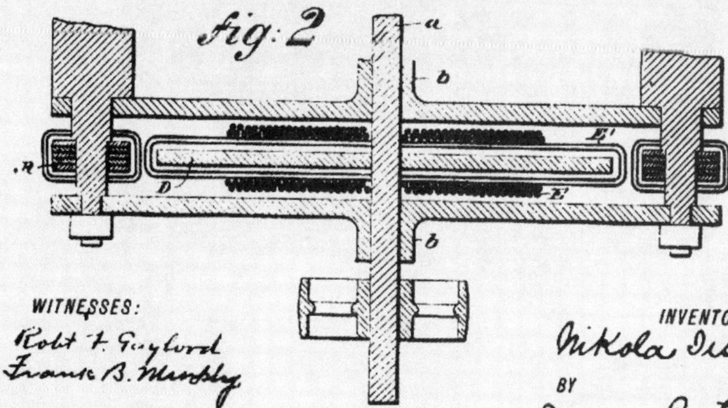


WITNESSES:

Robt F. Gaylord

Frank B. Murphy

INVENTOR.

Nikola Tesla

BY

Duncan, Curtis & Page

ATTORNEYS

(No Model.)

2 Sheets—Sheet 2.

N. TESLA.

ELECTRO MAGNETIC MOTOR.

No. 382,279.

Patented May 1, 1888.

Fig: 3.

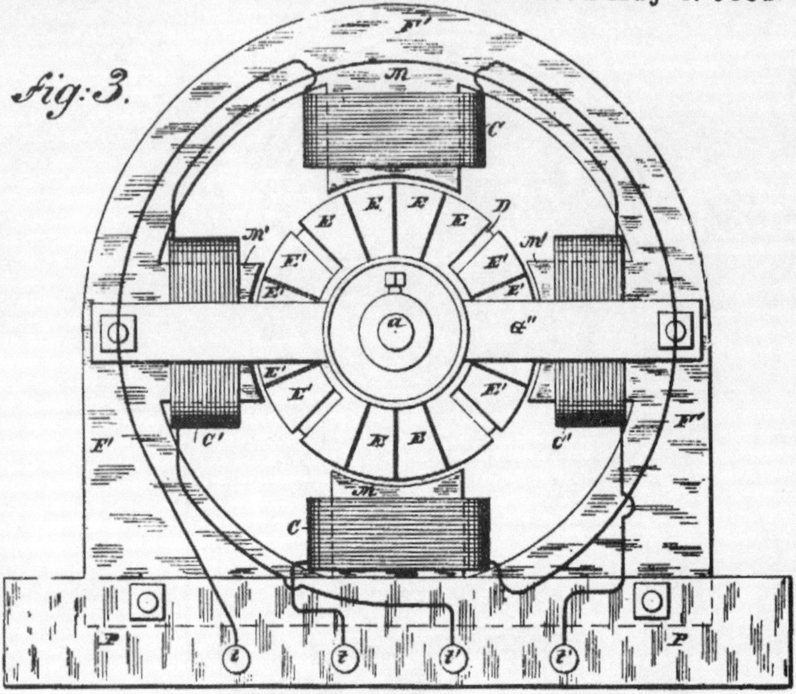


Fig: 4.

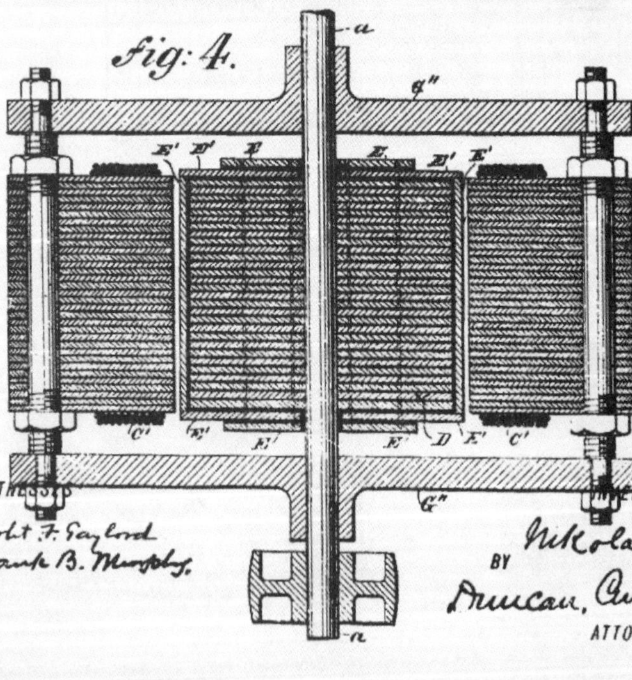


WITNESSES
Robt F. Gaylord
Frank B. Murphy

INVENTOR
Nikola Tesla.
BY
Duncan, Curtis & Page
ATTORNEYS.

# UNITED STATES PATENT OFFICE.

NIKOLA TESLA, OF NEW YORK, ASSIGNOR OF ONE-HALF TO CHARLES F. PECK OF ENGLEWOOD, NEW JERSEY.

## ELECTRO-MAGNETIC MOTOR.

SPECIFICATION forming part of Letters Patent No. 382,279, dated May 1, 1888.
Application filed November 30, 1887. Serial No. 256,561. (No model.)

*To all whom it may concern:*

Be it known that I, NIKOLA TESLA, from Smiljan, Lika, border country of Austria-Hungary, now residing in New York, in the county and State of New York, have invented certain and useful Improvement in Electro-Magnetic Motors, of which the following is a specification, reference being had to the drawings accompanying and forming a part of the same.

In a former application, filed October 12, 1887, No. 252,132, I have shown and described a mode or plan of operating electric motors by causing a progressive shifting of the poles of one or both of the parts or elements of a motor -- that is to say, of either the field-magnet or magnets or armature, or both. I accomplish this by constructing a motor with two or more independent energizing-circuits, on the field-magnets, for example, and I connect these up with corresponding induced or generating circuits in an alternating-current generator, so that alternating currents are caused to traverse the motor-circuits. By so doing the poles of the field-magnet of the motor are progressively shifted, and by their attraction upon a rotary armature set up a rotation in the latter in the direction of the movement of the poles. In this case, however, the rotation is produced and maintained by the direct attraction of the magnetic elements of the motor. I have discovered that advantageous results may be secured in this system by utilizing the shifting of the poles primarily to set up currents in a closed conductor located within the influence of the field of the motor, so that the rotation may result from the reaction of such currents upon the field.

To illustrate more fully the nature of the invention I refer to the accompanying drawings.

Figure 1 respresents in side elevation the operative parts or elements of a motor embodying the principles of my invention, and in section the generator for operating the same. Fig. 2 is a horizontal central section of the motor in Fig. 1, the circuits being shown partly in diagram. Fig 3 is a modified form of motor in side elevation. Fig. 4 is a central horizontal cross-section of Fig. 3.

In Figs 1 and 2, A is an annular core of soft iron, preferably laminated or formed of insulated sections, so as to be susceptible to rapid variations of magnet is. This core ist wound with four coils, C C C′ C′, the diametrically-opposite coils being connected in the same circuit, and the two free ends of each pair being brought to the terminals *t* and *t*′, respectively, as shown. Within this annular field-magnet A is mounted a soft-iron cylinder or disk, D, on an axis, *a*, in bearings *b b*, properly supported by the frame-work of the machine. The disk carries two coils, E E′, of insulated wire, wound at right angles to another, and having their respective ends joined, so that each coil forms a separate closed circuit.

In illustration of the action or mode of operation of this apparatus, let it be assumed that the annular field-magnet A is permanently magnetized, so as to present two free poles diametrically opposite. If suitable mechanical provision be now made for rotating the field-magnet around the disk, the apparatus exemplifies the conditions of an ordinary magneto-generator, and currents would be set up in the coils or closed conductors E E′ on the disk D. Evidently these currents would be the most powerful at or near the points of the greatest densitiy of the lines of force, and they would, as in all similar cases, tend, at least theoretically, to establish magnetic poles in the disk D at right angles to those in the annular field-magnet A. As a result of the well known reaction of these polarities upon each other, a more or less powerful tendency in the disk to rotate in the same direction as that of the field-magnet would be established. If, on the other hand, the ring or annular field-magnet A be held stationary and its magnetic poles progressively shifted by passing through its coils C C´ properly-alternated currents, it is obvious that similar results will follow, for the pasage of the currents causing the shifting or whirling of the poles of the field-magnet A induces currents in the closed circuits of the armature coils E E´, with the result of setting up a rotation of the disk D in the same direction of such shifting. Inasmuch as the currents are always induced or generated in the coils E E´ in the same manner, the poles of the disk or cylinder follow continuously the poles of the annular field-magnet, maintaining, at least theoretically, the same relative position. This results in an even and perfect action of the apparatus.

In order that the system as a whole may be better understood, I shall now describe the mode or plan devised by me for producing the currents that effect the progressive shifting of the poles of the motor.

In Fig. 1, B B´ are the poles or pole-pieces of an alternating-current generator. They are permanently magnetized and of opposite polarity. F is a cylindrical or other armature containing the independent coils G G´. These coils are wound at right angles, so that while one is crossing the strongest portion of the field or force the other is a the neutral point. The coils G G´ terminate in the two pairs of insulated collecting-rings *f* and *f´*, upon which bear the brushes *g g´*. Four wires connect the motor-terminals *t* and *t´* with the brushes *g* and *g´*, respectively. When the generator is rotated, the coil G will at the certain point shown in the drawings be generating its maximum current, while coil G´ is neutral. Let it be assumed that this current is conveyed from the rings *f f* to the terminals *t t* and through the coils C C. Its effect will be to establish poles in the ring midway between the two coils. By the further rotation of the generator the coil G´ is brought within the influence of the field and begins to produce a current, which grows stronger as the said coil approaches the maximum points of the field, while the current produced in the coil G diminishes as the said coil recedes from those points. The current from the coil G´, being conveyed to the terminals *t´ t´* and through coils C´ C´, has a tendency to establish poles at right angles to those set up by the coils C C; but owing to the greater effect of the current in coils C C the result is merely to advance the poles from the position in which they would remain if due to the magnetizing influence of coils C C alone. This progression continues for a quarter-revolution, until coil G G becomes neutral and coil G´ G´ produces its maximum current. The action described is then repeated, the poles having been shifted through one-half of the field, or a half-revolution. The second half-revolution is accomplished in a similar way, the same polarity being maintained in the shifting-poles by the movement of the generator-coils alternately through fields of opposite polarity.

The same principle of operation may be applied to motors of various forms, and I have shown one of such modified forms in Figs. 3 and 4 of the drawings. In these figures, M M´ are field-magnets secured to or forming part of a frame, F´, mounted on a base, P. These magnets should be laminated or composed of a number of electrically-insulated magnetic sections, to prevent the circulation of induced currents and to render them capable of rapid magnetic changes. These magnetic cores or poles are wound with insulated coils C C´, the diametrically-opposite coils being connected together in series and their free ends brought to terminals *t t´*, respectively. Between the poles there is mounted, in bearings in the cross-pieces G´´, a cylindrical iron core, D, which, in order to prevent the formation of eddying currents, and the loss consequent thereon, is subdivided in the usual way. Insulated conductors or coils are applied to the cylinder D longitudinally, and for these I may employ copper plates E E´, which are secured to the sides and ends of the cylindrical core in well known ways. These plates or conductors may form one or preferably several independent circuits around the core. In the drawings two of such circuits are shown, formed respectively by the conductors E and E´, which are insulated from each other. It is advantageous also to slot these plates longitudinally, to prevent the formation of eddy-currents and waste of energy.

From what has now been given the operation of this apparatus will be readily understood. To the binding-post *t t´* are connected the proper circuits from the generator to cause a progressive shifting of the resultant magnetic poles produced by the magnets M upon the armature. Thus currents are induced in the closed circuits on the core, which, energizing the core strongly, maintain a powerful attraction between the same and the field, which causes a rotation of the armature in the direction in which the resultant poles are shifted.

The particular advantage of the construction illustrated in Figs. 3 and 4 is that a concentrated and powerful field is obtained and a remarkably powerful tendency to rotation in the armature secured. The same results may be obtained in the form illustrated in Figs. 1 and 2, however, by forming polar-projections on the field and armature-cores.

When these motors are not loaded, but running free, the rotation of the armature is nearly synchronous with the rotation of the poles of the field, and under these circumstances very little current is perceptible in the coils E E´; but if a load is added the speed tends to diminish and the currents in coils E E´ are augmented, so that the rotary effort is increased proportionately.

Obviously the principle of this invention is capable of many modified applications, most of which follow as a matter of course from the constructions described. For instance, the armature-coils, or those in which the currents are set up by induction, may be held stationary and the alternating currents from the generator conducted through the rotating inducing or field-coils by means of suitable sliding-contacts. It is also apparent that the induced coils may be movable and the magnetic parts of the motor stationary; but I have illustrated these modifications fully in the application to which reference has herein been made.

In the case of motors wound with independent field and armature-circuits and operated by shifting their poles, as described in my said prior application, I may by short-circuiting the armature-coils apply the present invention in order to obtain greater power on starting.

An advantage and characteristic feature of motors constructed and operated in accordance with this invention is their capabilitiy of almost instantaneous reversal by a reversal of one of the energizing-currents from the generator. This will be understood from a consideration of the working conditions. Assuming the armature to be rotating in a certain direction following the movement of the shifting poles, then reverse the direction of the shifting, which may be done by reversing the connections of one of the two energizing-circuits. If it be borne in mind that in a dynamo-electric machine the energy developed is very nearly proportionate to the cube of the speed, it is evident that at such moment an extraordinary power is brought to play in reversing the motor. In addition to this the resistance of the motor is very greatly reduced at the moment of reversal, so that a much greater amount of curent passes through the energizing-circuits.

The phenomenon alluded to -- viz., the variation of the resistance of the motor apparently like that in ordinary motors -- I attribute to the variation in the amount of self-induction in the primary or energizing-circuits.

The motors present numerous advantages, chief among which are their simplicity, reliability, economy in construction and maintenance, and their easy and dangerless management. As no commutator is required on either the generators or the motors, the system is capable of a very perfect action and involves but little loss.

I do not claim herein the mode or plan of producing currents inclosed conductors in a magnetic field which is herein disclosed, except in its application to this particular purpose; but

What I claim is --

1. The combination, with a motor containing independent inducing or energizing-circuits and closed induced circuits, of an alternating-current generator having induced or generating-circuits corresponding to and connected with the energizing-circuits of the motor, as set forth.

2. An electro-magnetic motor having its field-magnets wound with independent coils and its armature with independent closed coils, in combination with a source of alternating currents connected to the field-coils and capable of progressively shifting the poles of the field-magnet, as set forth.

3. A motor constructed with an annular field-magnet wound with independent coils and a cylindrical or disk armature wound with closed coils, in combination with a source of alternating currents connected with the field-magnet coils and acting to progressively shift or rotate the poles of the field, as herein set forth.

Witnesses: NIKOLA TESLA.
FRANK B. MURPHY,
FRANK E. HARTLEY.

(No Model.) 2 Sheets—Sheet 1.

# N. TESLA.

## ELECTRICAL TRANSMISSION OF POWER.

No. 382,281. Patented May 1, 1888.

*Fig. 1*

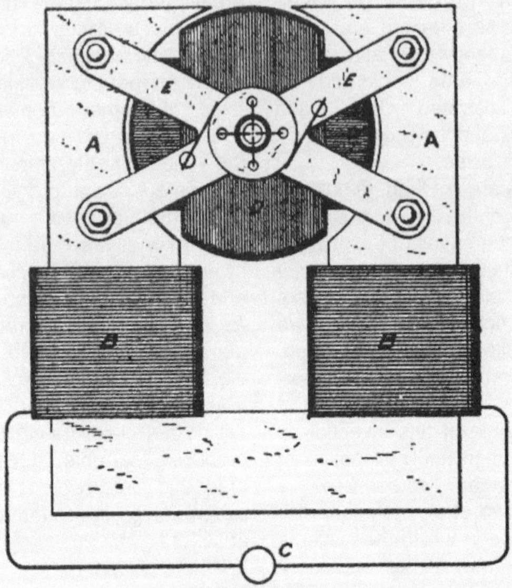


*Fig. 2*

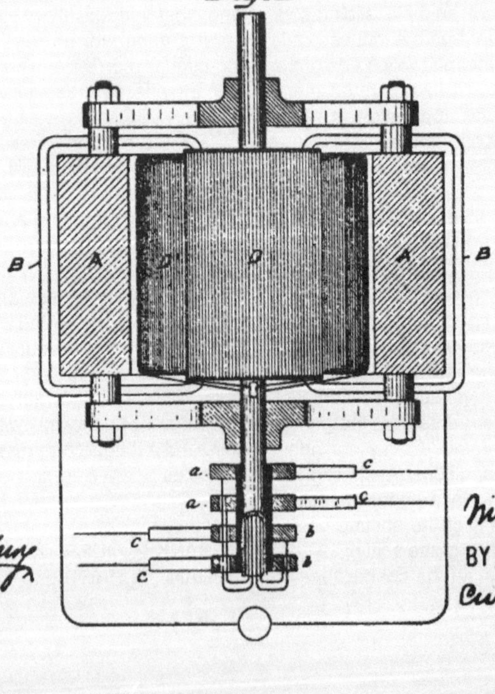


WITNESSES:

Raphaël Netter

Henry F. Newbury

INVENTOR.

Nikola Tesla

BY Duncan, Curtis & Page

ATTORNEY

(No Model.)

Sheets—Sheet 2.

N. TESLA

ELECTRICAL TRANSMISSION OF POWER.

No. 382,281.

Patented May 1, 1888

Fig. 3

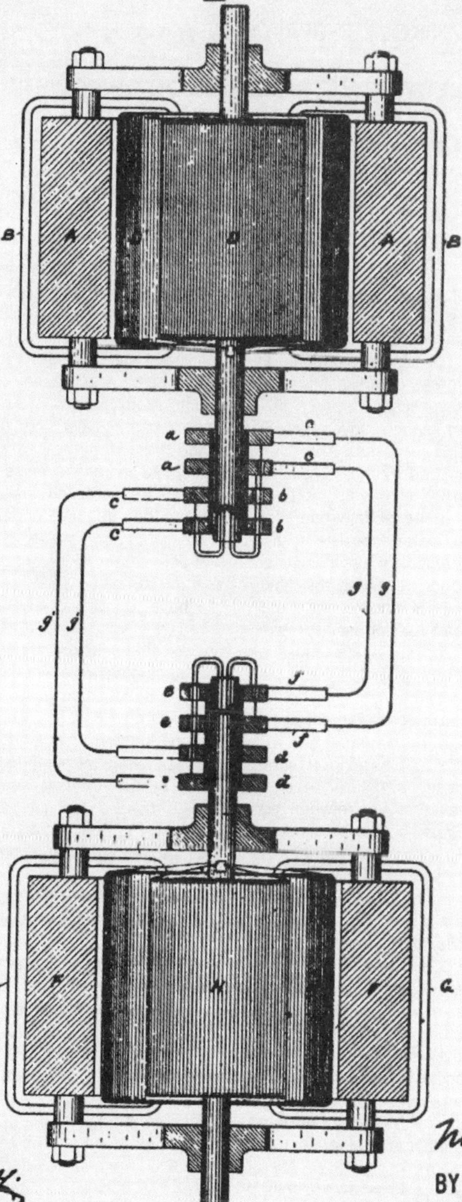


WITNESSES

Raphaël Netter.

George L. Newbury.

INVENTOR

Nikola Tesla

BY Duncan, Curtis & Page

ATTORNEYS

# UNITED STATES PATENT OFFICE.

NIKOLA TESLA, OF NEW YORK, N. Y.

## ELECTRICAL TRANSMISSION OF POWER.

SPECIFICATION forming part of Letters Patent No. 382,281, dated May 1, 1888.
Original application filed November 30, 1887. Serial No. 256,562.
Divided and this application filed March 9, 1888. Serial No. 266,756. (No model.)

*To all whom it may concern:*

Be it known that I, NIKOLA TESLA, from Smiljan, Luka, border country of Austria-Hungary, now residing in New York, in the county and State of New York, have invented certain and useful Improvements in Electric Transmission of Power, of which the following is a specification, this application being a division of an application filed by me November 30, 1887, Serial No. 256,562.

In a previous application filed by me -- viz., No. 252,132, filed October 12, 1887 -- I have set forth an improvement in motors and in the mode of operating the same, which, generally stated, consists in progressively and continuously shifting the poles or lines of maximum magnetic effect of either the field-magnets or armature, or both, of a motor, and thereby producing a movement of rotation in the motor. The means which I have shown for effecting this, while varying in detail, are exemplified in the following system which, for present purposes, it will be sufficient to consider as a typical embodiement of the invention.

The motor is wound with coils forming independent energizing-circuits on the armature, which is acylinder or disk mounted to rotate between two opposite magnetic poles. These coils are connected up with corresponding induced or current-producing circuits on an alternating current generator. As a result of this, when the generator is set into motion, currents of alternately-opposite direction are directed through the energizing-coils of the motor in such manner as to produce a progressive shifting or rotation of the magnetic poles of the motor-armature. This movement of the poles of the armature obviously tends to rotate the armature in the opposite direction to that in which the movement of the poles takes place, owing to the attractive force between said poles and the field-magnets, and the speed of rotation increses from the start until it equals that of the generator, supposing both motor and generator to be alike.

As the magnetic poles of the armature are shifted in a direction opposite to that in which the armature rotates, it will be apparent that when the normal speed is attained the poles of the armature will assume a fixed position relative to the field-magnet, and that in consequence the field-magnets will be energized by magnetic induction, exhibiting two distinct poles, one in each of the pole-pieces. In starting the motor, however, the speed of the armature being comparatively slow, the pole-pieces are subjected to rapid reversals of magnetic polarity; but as the speed increases these reversals become less and less frequent, and finally cease when the movement of the armature become synchronous with that of the generator. This being the case, the field-cores and pole-pieces of the motor become a magnet, but by induction only.

I have found that advantageous results are secured by winding the field-magnets with a coil or coils and passing a continuous current through them, thus maintaining a permanent field, and in this feature my present invention consists.

I shall now describe the apparatus which I have devised for carrying out this invention and explain the mode of using or operating the same.

Figure 1 is an end view in elevation of my improved motor. Fig. 2 is a part horizontal central section, and Fig. 3 is a diagrammatic representation of the motor and generator combined and connected for operation.

Let A A in Fig. 1 represent the legs or pole-pieces of a field-magnet, around which are coils B B, included in the circuit of a continuous-current generator, C, which is adapted to impart magnetism to the said poles in the ordinary manner.

D D´ are two independent coils wound upon a suitable cylindrical or equivalent armature-core, which, like all others used in a similar manner, should be split or divided up into alternate magnetic and insulating parts in the usual way. This armature is mounted in non-magnetic cross-bars E E, secured to the poles of the field-magnet. The terminals of the armature-coils D D´ are connected to insulated sliding contact-rings *a a b b*, carried by the armature shaft, and brushes *c c´* bear upon these rings to convey to the coils the currents which operate the motor.

The generator for operating this motor is or may be of precisely identical construction; and for convenience of reference I have marked in Fig. 3 its parts, as follows: F F, the field-magnets, energized by a continuous current passing in its field-coils G G, H H´, the coils carried by the cylindrical armature; *d d e e*, the friction or collecting-rings, carried by the armature-shaft and forming the terminals of the armature-coils; and *f f´*, the collecting-brushes which deliver the currents developed in the armature-coils to the two circuits *g g´*, which connect the generators with the motor.

The operation of this system will be understood from the foregoing. The action of the generator, by causing a progressive shifting of the poles in the motor-armature, sets up in the latter a rotation opposite in direction to that in which the poles move. If, now, the continuous current be directed, through the field-coils, so as to strongly energize the magnet A A, the speed of the motor, which depends upon that of the generator, will not be increased, but the power which produces its rotation will be increased in proportion to the energy supplied through the coils B B. It is characterisitic of this motor that its direction of rotation is not reversed by reversing the direction of the current through its field-coils, for the direction of rotation depends not upon the polarity of the field, but upon the direction in which the poles of the armature are shifted. To reverse the motor, the connections of either of the circuits *g g´* must be reversed.

I have found that if the field-magnet of the motor be strongly energized by its coils B B and the circuits through the armature-coils closed, assuming the generator to be running at a certain speed, the motor will not start; but if the field be but slightly energized or in general in such condition that the magnetic influence of the armature preponderates in determining its magnetic condition the motor will start and, with sufficient current, will reach its maximum or normal speed. For this reason it is desirable to keep at the start and until the motor has attained its normal speed, or nearly so, the field-circuit open or to permit but little current to pass through it. I have found, however, if the fields of both the generator and motor be strongly energized that starting the generator starts the motor, and that the speed of the motor is increased in synchronism with the generator.

Motors constructed and operated on this principle maintain almost absolutely the same speed for all loads within their normal working-limits, and it practice I have observed that if the motor be overloaded to such an extent as to check its speed the speed of the generator, if its motive power be not too great, is diminished synchronously with that of the motor.

I have in other applications shown how the construction of these or similar motors may be varied in certain well known ways -- as, for instance, by rotating the field about a stationary armature or rotating conductors within the field; but I do not illustrate these features further herein, as with the illustration which I have given I regard the rest as within the power of a person skilled in the art to construct.

I am aware that a device embodying the characteristics of a motor and having a permanently-magnetized field-magnet has been operated by passing through independent coils on its armature a direct or continuous current in opposite directions. Such a system, however, I do not regard as capable of the practical applications for which my invention is designed, nor is it the same in principle or mode of operation, mainly in that the shifting of the poles is intermittent and not continuous, and that there is necessarily involved a waste of energy.

In my present application I do not limit myself to any special form of motor, nor of the means for producing the alternating currents as distinguished from what are called "reversed curents," and I may excite or energize the field of the motor and the generator by any source of current which will produce the desired results.

What I claim is --

The method herein described of transmitting power by electro-magnetic motors, which consists in continuously and progressively shifting the poles of one element of the motor by alternating currents and magnetizing the other element by a direct or continuous current, as set forth.

NIKOLA TESLA .

Witnesses:

FRANK B. MURPHY,
FRANK E. HARTLEY.

(No Model.) N. TESLA 2 Sheets—Sheet 1.

SYSTEM OF ELECTRICAL DISTRIBUTION.

No. 381,970. Patented May 1, 1888.

Fig: 1

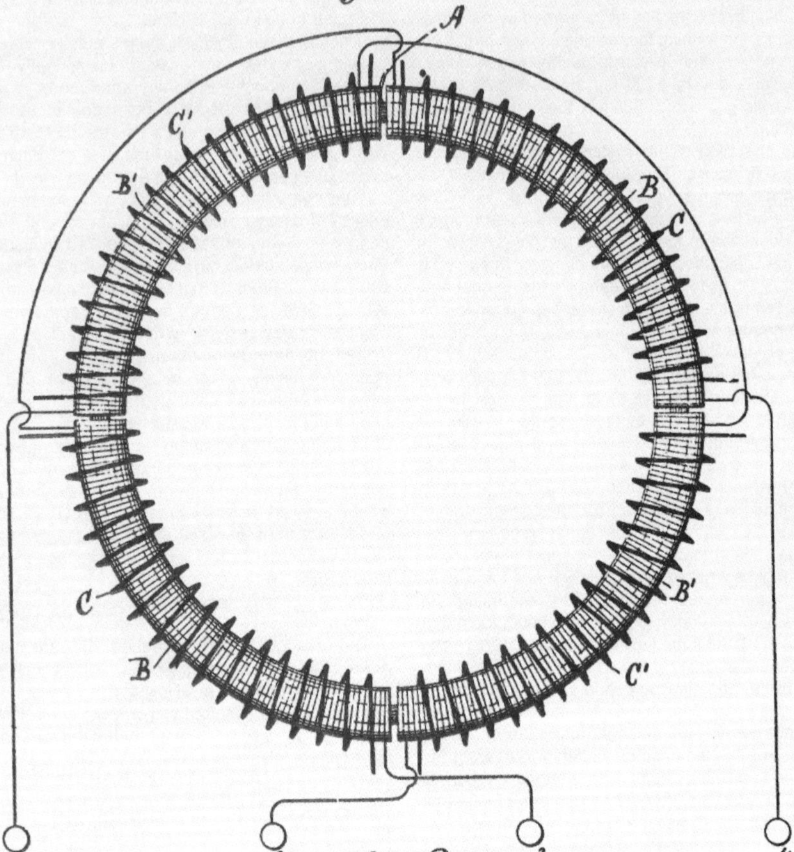


Fig: 2

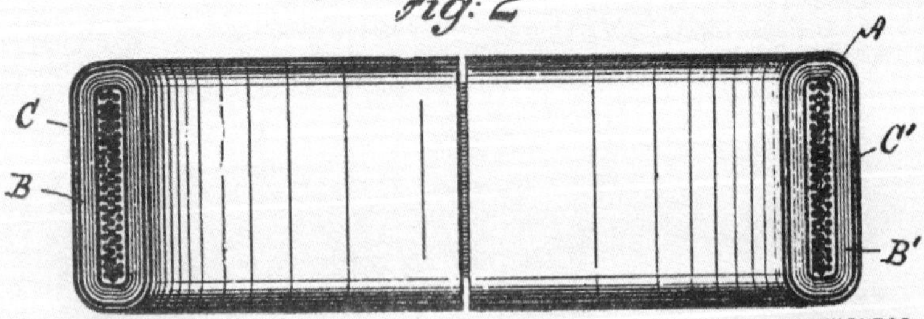


WITNESSES:

Robt. N. Duncan.

Robt. F. Gaylord

INVENTOR.

Nikola Tesla.

BY

Duncan, Curtis & Page

his ATTORNEYS

(No Model.) N. TESLA. 2 Sheets—Sheet 2.

SYSTEM OF ELECTRICAL DISTRIBUTION.

No. 381,970. Patented May 1, 1888.

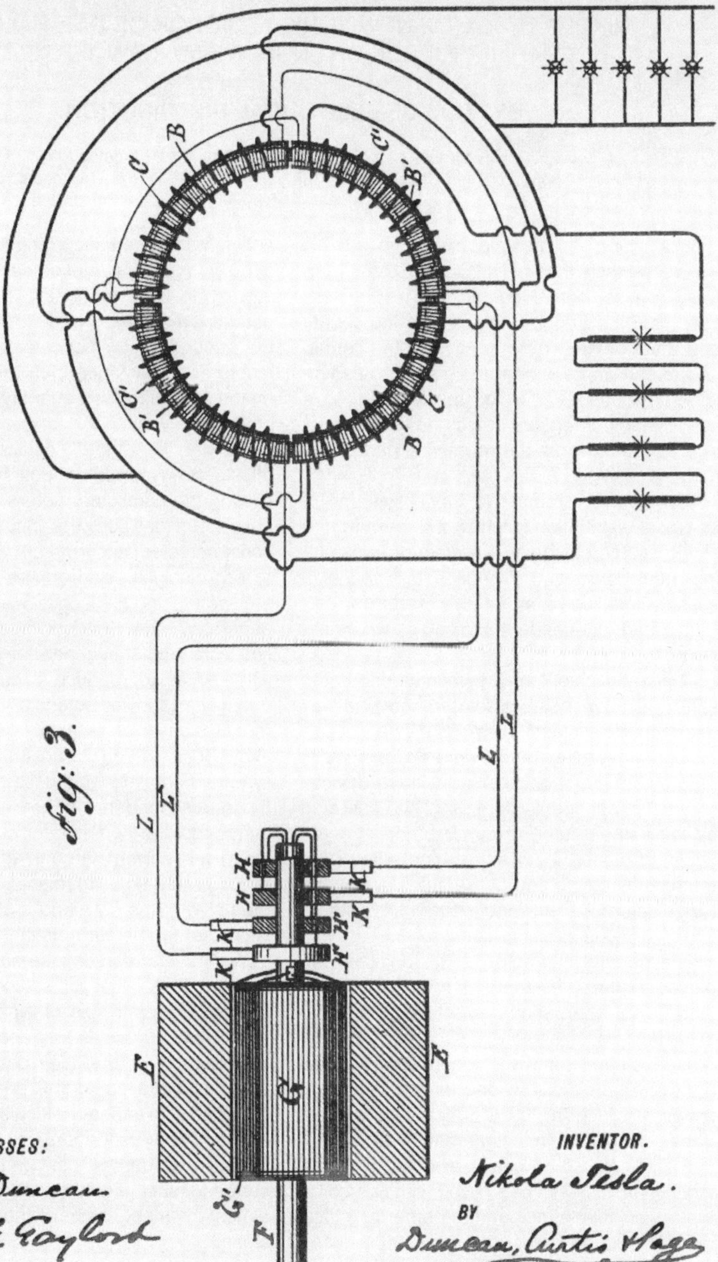


WITNESSES:

Robt. H. Duncan

Robt. F. Gaylord

INVENTOR.

Nikola Tesla.

BY

Duncan, Curtis & Page

his ATTORNEYS.

# UNITED STATES PATENT OFFICE.

NIKOLA TESLA, OF NEW YORK, ASSIGNOR OF ONE-HALF TO CHARLES F. PECK OF ENGLEWOOD, NEW JERSEY.

## SYSTEM OF ELECTRICAL DISTRIBUTION.

SPECIFICATION forming part of Letters Patent No. 381,970, dated May 1, 1888.
Application filed December 23, 1887. Serial No. 258,787. (No model.)

*To all whom it may concern:*

Be it known that I, NIKOLA TESLA, from Smiljan, Lika, border country of Austria-Hungary, now residing in New York, in the county and State of New York, have invented certain and useful Improvement in Systems of Electrical Distribution, of which the following is a specification, reference being had to the drawings accompanying and forming a part of the same.

The invention relates to those systems of electrical distribution in which a current from a single source of supply in a main or transmitting-circuit is caused to indece by means of suitable induction-apparatus a current or currents in an independent working-circuit or circuits.

The main object of the invention are the same as have been heretofore obtained by use of these systems -- viz., to divide the current from a single source, whereby a number of lamps, motors, or other translating devices may be independently controlled and operated by the same source of current, and in some cases to reduce a current of high potential in the main-circuit to one of greater quantity and lower potential in the independent consumption or working-circuit or circuits.

The general character of the devices employed in these systems is now well understood. An alternating-current magneto-machine is used as the source of supply. The current developed thereby is conducted through a transmission-circuit to one or more distant points at which the transformers are located. These consist of induction-machines of various kinds. In some cases ordinary forms of induction-coils have been used with one coil in the transmitting-circuit and the other in a local or consumption-circuit, the coils being differently proportioned according to the work to be done in the consumption-circuit -- that is to say, if the work requires a current of higher potential than that in the transmission-circuit the secondary or induced coil is of greater length and resistance than the primary, while on the other hand, if a quantity current of lower potential is wanted the longer coil is made the primary. In lieu of these devices various forms of electro-dynamic induction-machines, including the combined motors and generators, have been devised. For instance, a motor is constructed in accordance with well understood principles, and on the same armature are wound induced coils which constitute a generator. The motor-coils are generally of fine wire and the generator-coils of coarser wire, so as to produce a current of greater quantity and lower potential than the line-current, which is of relatively high potential, to avoid loss in long transmission. A similar arrangement is to wind coils corresponding to those described in a ring or similar core, and by means of a commutator of suitable kind to direct the current through the inducing-coils successively, so as to maintain a movement of the poles of the core and of the lines of force which set up the currents in the induced-coils.

Without enumerating the objections to these systems in detail, it will suffice to say that the theory or the principle of the action or operation of these devices has apparently been so little understood that their proper construction and use have up to the present time been attended with various difficulties and great expense. The transformers are very liable to be injured and burned out, and the means resorted to for curing this and other defects have almost invariably been at the expense of efficiency.

The form of converter or transformer which I have devised appears to be largely free from the defects and objections to which I have alluded. While I do not herein avance any theory as to its mode of operation, I would state that, in so far as the principle of construction is concerned, it is analogous to those transformers which I have above described as electro-dynamic induction-machines, except that it involve no moving parts whatever, and is hence not liable to wear or other derangement, and requires no more attention than theother and more common induction-machines.

In carrying out my innvention I provide a series of inducing coils and corresponding induced coils, which, by preference, I wind upon a core closed upon itself -- such as an annulus or ring -- subdivided in the usual manner. The two sets of coils are wound side by side or superposed or otherwise placed in well known ways to bring them into the most effective relations to one another and to the core. The inducing or primary coils wound on the core are divided into pairs or sets by the proper electrical connections, so that while the coil of one pair or set to co-operate in fixing the magnetic poles of the core at two given diametrically-opposite points, the coils of the other pair or set -- assuming, for sake of illustration, that there are but two -- tend to fix the poles ninety degrees from such points. With this induction-device I use an alternating-current generator with coils or sets of coils to correspond with those of the converter, and by means of suitable conductors I connect up in independent circuits the corresponding coils of the generator and converter. It results from this that the different electrical phases in the generator are attended by corresponding magnetic changes in the converter; or, in other words, that as the generator-coils revolve the points of greatest magnetic intensity in the converter will be progressively shifted or whirled around. This principle I have applied under variously-modified conditions to the operation of electro-magnetic motors, and in previous applications, notably in those having Serial Nos. 252,132 and 256,561, I have described in detail the manner of constructing and using such motors. In the present application my object is to describe the best and most convenient manner of which I am at present aware of carrying out the invention as applied to a system of electrical distribution; but one skilled in the art will readily understand from the description by the modifications proposed in said applications, wherein the form of both the generator and converter in the present case may be modified.

In illustration therefore of the details of construction which my present invention involves, I now refer to the accompanying drawings.

Figure 1 is a diagrammatic illustration of the converter and the electrical connections of the same. Fig. 2 is a horizontal central cross-section of Fig. 1. Fig 3 is a diagram of the circuits of the entire system, the generator being shown in section.

I use a core, A, which is closed upon itself - that is to say, of an annular cylindrical or equivalent form -- and as the efficiency of the apparatus is largely increased by the subdivision of this core I make it of thin strips, plates, or wires of soft iron electrically insulated as far as practicable. Upon this core, by any well known method, I wind, say, four coils, B B B´ B´, which I use as primary coils, and for which I use long length of comparatively fine wire. Over these coils I then wind shorter coils of coarser wire, C C C´ C´, to constitute the induced or secondary coils. The construction of this or any equivalent form of converter may be carried further, as above pointed out, by enclosing these coils with iron -- as, for example, by winding over the coils a layer or layers of insulated iron wire.

The device is provided with suitable binding-post, wo which the ends of the coils are led. The diametrically-opposite coils B B and B´ B´ are connected, respectively, in series, and four terminals are connected to the binding-posts 1 2 3 4. The induced coils are connected together in any desired manner. For example, as shown in Fig. 3, C C may be connected in multiple arc when a quantity current is desired -- as for running a group of incandescent lamps, D -- while C´ C´ may be independently connected in series in a circuit including arc-lamps or the like. The generator in this system will be adapted to the converter in the manner illustrated. For example, in the present case I employ a pair of ordinary permanent or electro-magnets, E E, between which is mounted a cylindrical armature on a shaft, F, and wound with two coils, G G´. The terminals of these coils are connected, respectively, to four insulated contact or collecting-rings, H H H´ H´, and the four line-circuit wires L connect the brushes K, bearing on these rings, to the converter in order shown. Noting the results of this combination, it will be observed that at a given point of time the coil G is in its neutral position and is generating little or no current, while the other coil, G´, is in a position where H exerts its maximum effect. Assuming coil G to be connected in circuit with coils B B of the converter, and coil G´ with coils B´ B´, it is evident that the poles of the ring A will be determined by coils B´ B´ alone; but as the armature of the generator revolves coil G develops more current and coil G´ less, until G reaches its maximum and G´ its neutral position. The obvious result will be to shift the poles of the ring A through one-quarter of its periphery. The movement of the coils through the next quarter of a turn, during which coil G´ enters a field of opposite direction and increasing strength, while coils G, in passing from its maximum to its neutral position generates a current of decreasing strength and same direction as before, causes a further shifting of the poles through the second quarter of the ring. The second half-revolution will obviously be a repetition of the same action. By the shifting of the poles of the ring A a powerful dynamic inductive effect on the coils C´ C´ is produced. Besides the currents generated in the secondary coils by dynamo-magnetic induction other currents will be set up in the same coils in consequence of any variations in the intensity of the poles in the ring A. This should be avoided by maintaining the intensity of the poles constant, to accomplish which care should be taken in designing and proportioning the generator and in distributing the coils in the ring, A, and balancing their effect. When this is done, the currents are produced by dynamo-magnetic induction only, the same result being obtained as though the poles were shifted by a commutator with an infinite number of segments.

The modifications which are applicable to other forms of converter are in many respects applicable to this. I refer more particulary to the form of the core, the relative lengths and resistances of the primary and secondary coils, and the arrangements for running or operating the same.

The new method of elctrical conversion which this system involves I have made the subject of another application, and I do not claim it therefore herein.

Without limiting myself therefore to any specific form, what I claim is --

1. The combination, with a core closed upon itself, inducing or primary coils wound thereon and connected up in independent pairs or sets, and induced or secondary coils, of a generator of alternating currents and independent connections to the primary coils, whereby by the operation of the generator a progressive shifting of the poles is effected, as set forth.

2. The combination, with an annular or similar magnetic core and primary and secondary coils wound thereon, of an alternating-current generator having induced or armature-coils with the corresponding coils of the generator, as herein set forth.

3. The combination, with independent electric transmission-circuits, of transformers consisting of annular or similar cores wound with primary and secondary coils, the opposite primary coils of each transformer being connected to one of the transmission-circuits, an alternating-current generator with independent induced or armature-coils connected with the transmission-circuits, whereby alternating currents may be directed through the primary coils of the transformers in the order and manner herein described.

NIKOLA TESLA.

Witnesses:
ROBT. H. DUNCAN,
ROBT. F. GAYLORD.

(No Model.) 2 Sheets—Sheet 1.

N. TESLA.

METHOD OF CONVERTING AND DISTRIBUTING ELECTRIC CURRENTS.

No. 382,282. Patented May 1, 1888.

Fig. 1

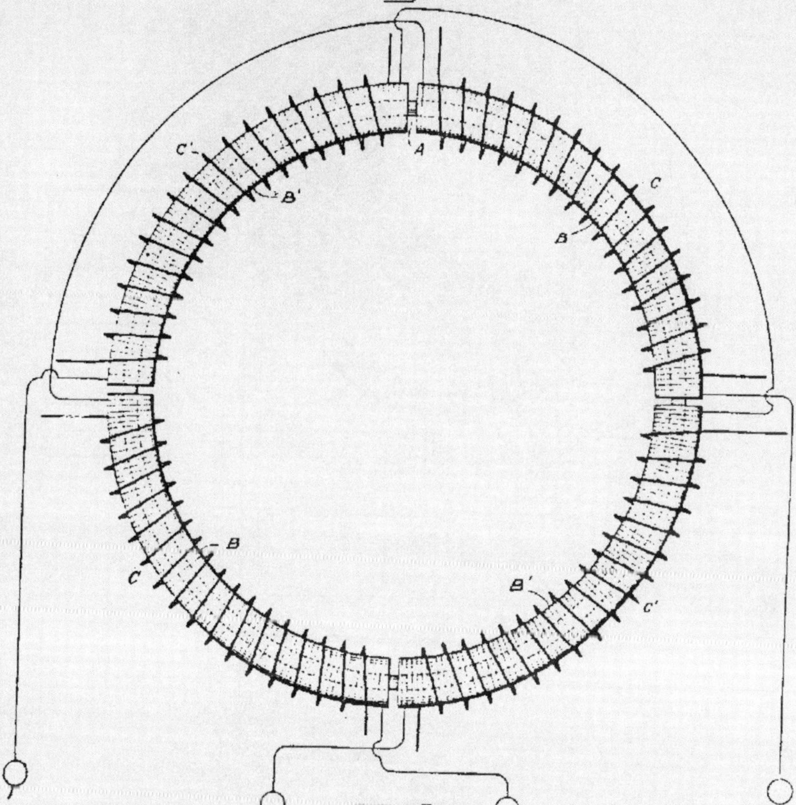


Fig. 2

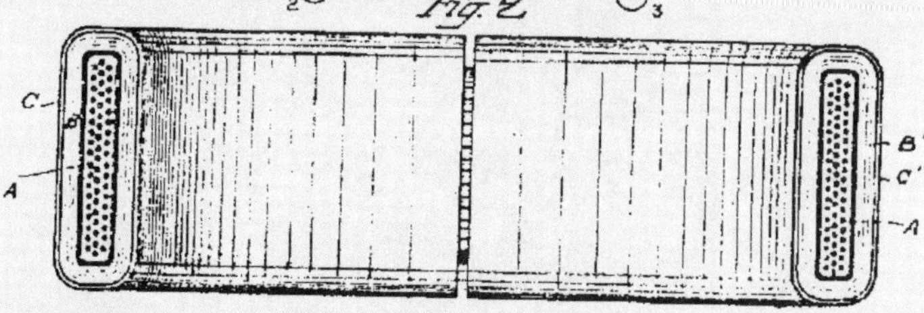


WITNESSES:

Raphaël Netter

Frank B. Murphy.

INVENTOR.

Nikola Tesla

BY

Duncan, Curtis & Page

ATTORNEYS.

(No Model.) 2 Sheets—Sheet 2.

N. TESLA

METHOD OF CONVERTING AND DISTRIBUTING ELECTRIC CURRENTS.

No. 382,282. Patented May 1, 1888.

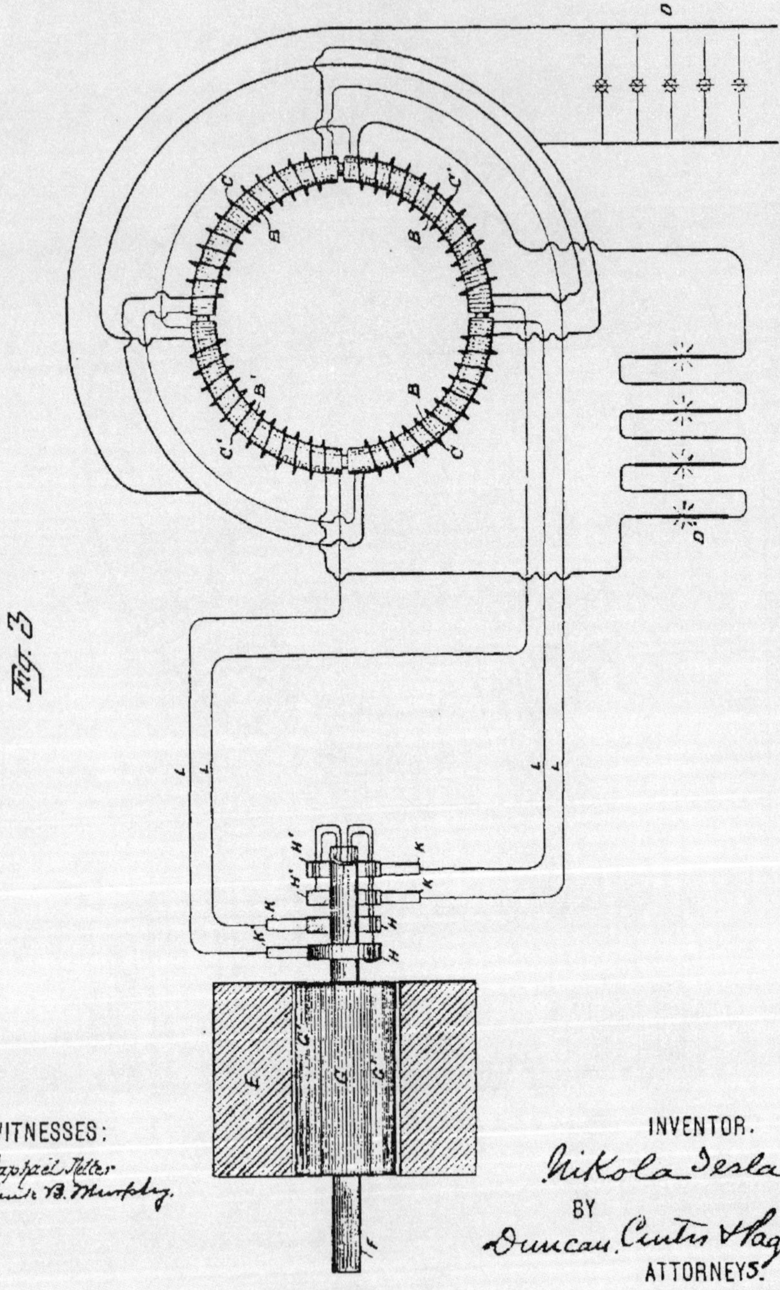


WITNESSES:

Raphael Netter
Frank B. Murphy

INVENTOR.

Nikola Tesla.

BY

Duncan, Curtis & Page

ATTORNEYS.

# UNITED STATES PATENT OFFICE.

NIKOLA TESLA, OF NEW YORK, N. Y.

## METHOD OF CONVERTING AND DISTRIBUTING ELECTRIC CURRENTS.

SPECIFICATION forming part of Letters Patent No. 382,282, dated May 1, 1888.
Original application filed December 23, 1887. Serial No. 258,787
Divided and this application filed March 9, 1888. Serial No. 266,757. (No model.)

*To all whom it may concern:*

Be it known that I, NIKOLA TESLA, from Smiljan, Lika, border country of Austria-Hungary, and now residing in New York, in the county and State of New York, have invented certain and useful Improvement in Methods of Converting and Distributing Electric Currents, of which the following is a specification, this application being a division of an application filed by me December 23, 1887, Serial No. 258,787.

The invention relates to those systems of electrical distribution in which a current from a single source of supply in a main or transmitting- circuit is caused to induce by means of suitable induction-apparatus a current or currents in an independent working-circuit or circuits.

The main object of the invention are the same as have been heretofore obtained by use of these systems -- viz., to divide the current form a single source, whereby a number of lamps, motors, or other translating devices may be independently controlled and operated by the same source of current, and in some cases to reduce a current of high potential in the main-circuit to one of greater quantity and lower potential in the independent consumption or working-circuit or circuits.

The general character of the devices employed in these systems is now well understood. An alternting-current magneto-machine is used as the source of supply. The current developed thereby is conducted through a transmitssion-circuit to one or more distant points, at which the transformers are located. These consist of induction-machines of various kinds. In some cases ordinary forms of induction-coils have been used with one coil in the transmitting-circuit and the other in a local or consumption-circuit, the coils being differently proportioned according to the work to be done in the consumption-circuit -- that is to say, if the work requires a current of higher potential than that in the transmission-circuit the secondary or induced coil is of greater length and resistance than the primary, while on the other hand, if a quantity current of lower potential is wanted the longer coil is made the primary. In lieu of these devices various forms of electro-dynamic induction-machines, including the combined motors and generators, have been devised. For instance, a motor is constructed in accordance with well understood principles, and on the same armature are wound induced coils which constitute a generator. The motor-coils are generally of fine wire and the generator-coils of coarser wire, so as to produce a current of greater quantity and lower potential than the line-current, which is of relatively high potential, to avoid loss in long transmission. A similar arrangement is to wind coils corresponding to those described in a ring or similar core, and by means of a commutator of suitable kind to direct the current through the inducing-coils successibely, so as to maintain a movement of the poles of the core and of the lines of force which set up the currents in the induced-coils.

Without enumerating the objections to these systems in detail, it will suffice to say that the theory or the principle of the action or operation of these devices has apparently been so little understood that their proper construction and use have up to the present time been attended with various difficulties and great expense. The transformers are very liable to be injured and burned out, and the means resorted to for curing this and other defects have almost invariably been at the expense of efficiency. I have discovered a method of conversion and distribution, however, which is not subject to the defects and objections to which I have alluded, and which is both efficient and safe. I secure by it a conversion by true dynamic induction under highly efficient condition and without the use of expensive or complicated apparatus or moving devices, which in use wear out and require attention. This method consists in progressively and continuously shifting the line or points of maximum effect in an inductive field across the convolutions of a coil or conductor within the influence of said field and included in or forming part of a secondary or translating circuit.

In carrying out my invention I provide a series of inducing coils and corresponding induced, coils, which, by preference, I wind upon a core closed upon itself -- such as an annulus or ring -- subdivided in the usual manner. The two sets of coils are wound side by side or superposed or otherwise placed in well known ways to bring them into the most effective relations to one another and to the core. The inducing or primary coils wound on the core are divided into pairs or sets by the proper electrical connections, so that while the coil of one pair or set to co-operate in fixing the magnetic poles of the core at two given diametrically-opposite ponts, the coils of the other pair or set -- assuming, for sake of illustration, that there are but two -- tend to fix the poles ninety degrees from such points. With this induction device I use an alternating-current generator with coils or sets of coils to correspond with those of the converter, and by means of suitable conductors I connect up in independent circuits the corresponding coils of the generator and converter. It results from this that the different electrical phases in the generator are attended by corresponding magnetic changes in the converter; or, in other words, that as the generator-coils revolve the points of greatest magnetic intensity in the converter will be progressively shifted or whirled around. This principle I have applied under variously-modified conditions to the operation of electro-magnetic motors, and in previous applications -- notably in those having Serial Nos. 252,132 and 256,561 -- I have described in detail the manner of constructing and using such motors.

In the present application my object is to describe the best and most convenient manner of which I am at present aware of carrying out the invention as applied to a system of electrical distribution; but one skilled in the art will readily understand from the description by the modifications proposed in said applications, wherein the form of both the generator and converter in the present case may be modified. In illustration therefore of the details of construction which my present invention involves, I now refer to the accompanying drawings.

Figure 1 is a diagrammatic illustration of the converter and the electrical connections of the same. Fig. 2 is a horizontal central cross-section of Fig. 1. Fig 3 is a diagram of the circuits of the entire system, the generator being shown in section.

I use a core, A, which is closed upon itself - that is to say, of an annular cylindrical or equivalent form -- and as the efficiency of the apparatus is largely increased by the subdivision of this core I make it of thin strips, plates, or wires of soft iron electrically insulated as far as practicable. Upon this core, by any well known method, I wind, say, four coils, B B B′ B′, which I use as primary coils, and for which I use long length of comparatively fine wire. Over these coils I then wind shorter coils of coarser wire, C C C′ C′, to constitute the induced or secondary coils. The construction of this or any equivalent form of converter may be carried further, as above pointed out, by enclosing these coils with iron -- as, for example, by winding over the coils a layer or layers of insulated iron wire.

The device is provided with suitable binding-post, wo which the ends of the coils are led. The diametrically-opposite coils B B and B′ B′ are connected, respectively, in series, and four terminals are connected to the binding-posts 1 2 3 4. The induced coils are connected together in any desired manner. For example, as shown in Fig. 3, C C may be connected in multiple arc when a quantity current is desired -- as for running a group of incandescent lamps, D -- while C′ C′ may be independently connected in series in a circuit including arc-lamps D′ or the like.

The generator in this system will be adapted to the converter in the manner illustrated. For example, in the present case I employ a pair of ordinary permanent or electro-magnets, E E, between which is mounted a cylindrical armature on a shaft, F, and wound with two coils, G G′. The terminals of these coils are connected, respectively, to four insulated contact or collecting-rings, H H H´ H´, and the four line-circuit wires L connect the brushes K, bearing on these rings, to the converter in order shown. Noting the results of this combination, it will be observed that at a given point of time the coil G is in its neutral position and is generating little or no current, while the other coil, G´, is in a position where H exerts its maximum effect. Assuming coil G to be connected in circuit with coils B B of the converter, and coil G´ with coils B´ B´, it is evident that the poles of the ring A will be determined by coils B´B´ alone; but as the armature of the generator revolves coil G develops more curernt and coil G´ less, until G reaches its maximum and G´ its neutral position. The obvious result will be to shift the poles of the ring A through one-quarter of its periphery. The movement of the coils through the next quarter of a turn, during which coil G´ enters a field of opposite direction and increasing strength, while coils G, in passing from its maximum to its neutral position generates a current of decreasing strength and same direction as before, causes a further shifting of the poles through the second quarter of the ring. The second half-revolution will obviously be a repetition of the same action. By the shifting of the poles of the ring A a powerful dynamic inductive effect on the coils C´ C´ is produced. Besides the currents generated in the secondary coils by dynamo-magnetic induction other currents will be set up in the same coils in consequence of any variations in the intensity of the poles in the ring A. This should be avoided by maintaining the intensity of the poles constant, to accomplish which care should be taken in designing and proportioning the generator and in distributing the coils in the ring A and balancing their effect. When this is done, the currents are produced by dynamo-magnetic induction only, the same result being obtained as though the poles were shifted by a commutator with an infinite number of segments.

The apparatus by means of which this method of conversion is or may be carried out may be varied almost indefinitely. The specific form which I have herein shown I regard as the best and most efficient, and in another application I have claimed it; but I do not limit myself herein to the use of any particular form or combination of devices which is or may be capable of effecting the same result in a similar way.

What I claim is --

1. The method of electrical conversion and distribution herein described, which consists in continuously and progressively shifting the points or line of maximum effect in an inductive field, and inducing thereby currents in the coils or convolutions of a circuit located within the inductive influence of said field, as herein set forth.

2. The method of electrical conversion and distribution herein described, which consists in generating independent circuits producing an inductive-field alternating currents in such order or manner as to produce by their conjoint effect a progressive shifting of the points of maximum effect of the field, and inducing thereby currents in the coils or convolutions of a circuit located within the inductive influence of the field, as set forth.

NIKOLA TESLA.

Witnesses:
FRANK B. MURPHY,
FRANK E. HARTLEY.

(No Model.) 3 Sheets—Sheet 1.

# N. TESLA.

## SYSTEM OF ELECTRICAL DISTRIBUTION.

No. 390,413 Patented Oct. 2. 1888.

*Fig. 1*

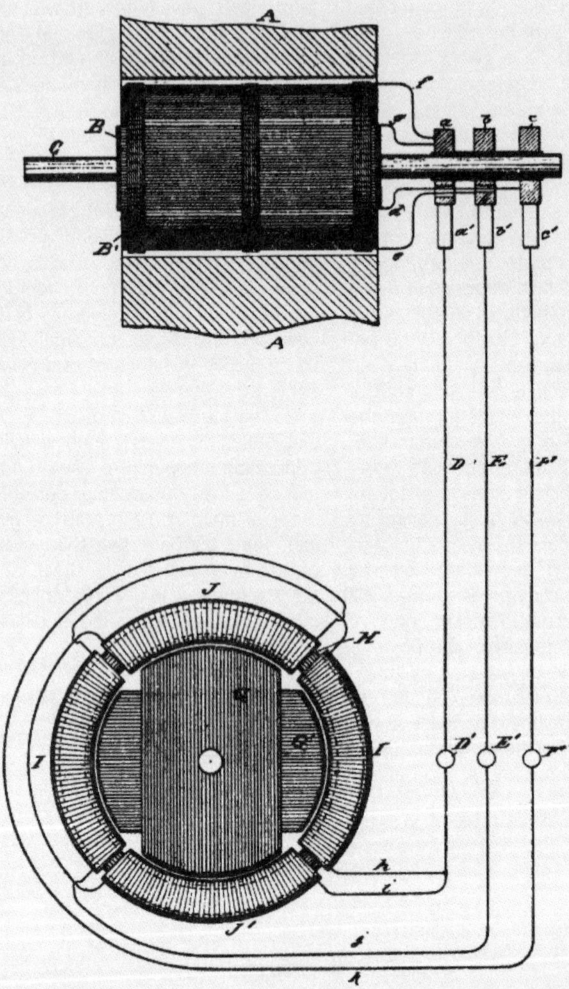


WITNESSES:

Raphaël Netter

Frank B. Murphy

INVENTOR

Nikola Tesla

BY

Duncan, Curtis & Page

ATTORNEY

(No Model.) 3 Sheets—Sheet 2.

# N. TESLA

## SYSTEM OF ELECTRICAL DISTRIBUTION.

No. 390,413. Patented Oct. 2, 1888.

Fig. 2

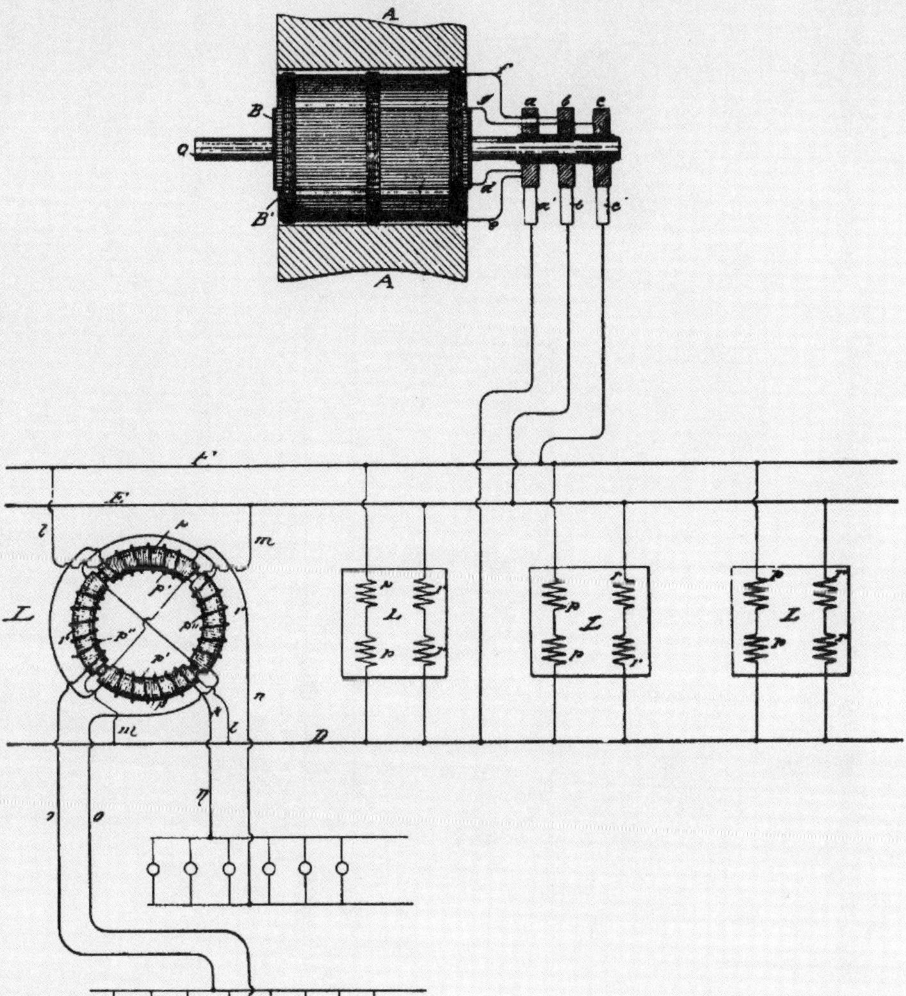


WITNESSES:

Raphaël Netter

Frank B. Murphy

INVENTOR

Nikola Tesla.

BY

Duncan Curtis & Page

(No Model.) 3 Sheets—Sheet 3.

# N. TESLA.

## SYSTEM OF ELECTRICAL DISTRIBUTION.

No. 390,413. Patented Oct. 2, 1888.

*Fig 3*

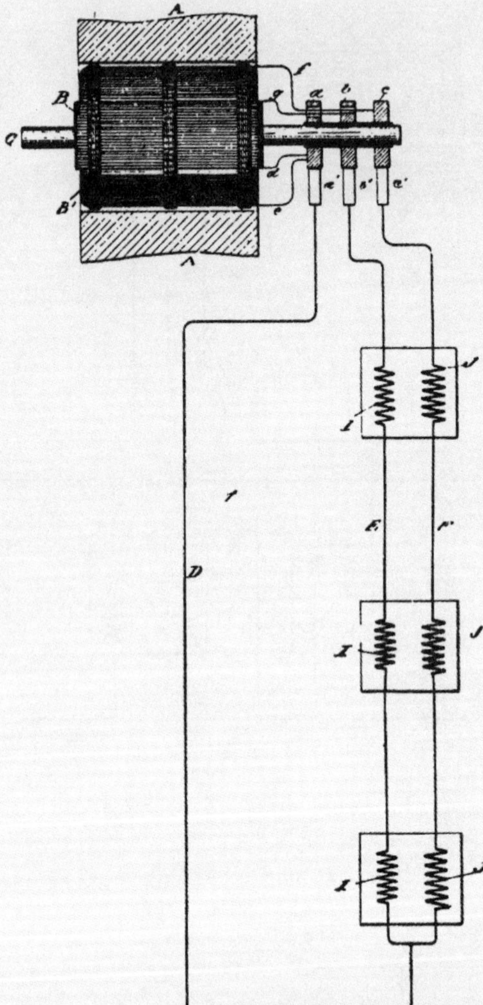


WITNESSES

Raphael Netter.
Frank B. Murphy.

INVENTOR

Nikola Tesla

BY

Duncan, Curtis & Page

ATTORNEYS.

# UNITED STATES PATENT OFFICE.

NIKOLA TESLA, OF NEW YORK, N. Y., ASSIGNOR
TO THE TESLA ELECTRIC COMPANY, OF SAME PLACE.

## SYSTEM OF ELECTRICAL DISTRIBUTION.

SPECIFICATION forming part of Letters Patent No. 390,413 dated October 2, 1888.
Application filed April 10, 1888. Serial No. 270,187. (No model.)

*To all whom it may concern:*

Be it known that I, NIKOLA TESLA, a subject of the Emperor of Austria, from Smiljan, Lika, border country of Austria-Hungary, residing in the city, county, and State of New York have invented certain new and useful Improvements in Systems of Electrical Distribution, of which the following is a specification, reference being had to the drawings accompanying and forming a part of the same.

In previous applications for patents made by me I have shown and described electrical systems for the transmission of power and the conversion and distribution of electrical energy, in which the motors and the transformers contain two or more coils or sets of coils, which were connected up in independent circuits with corresponding coils of an alternating-current generator, the operation of the system being brought about by the cooperation of the alternating currents in the independent circuits in progressively moving or shifting the poles or points of maximum magnetic effect of the motors or convertors. In these systems, as I have described them, two independent conductors were employed for each of the independent circuits connecting the generator with the devices for converting the transmitted currents into mechanical energy or into electric currents of another character; but I have found that this is not always necessary, and that the two or more circuits may have a single return path or wire in common, with a loss, if any, which is so extremely slight that it may be disregarded entirely. For sake of illustration, if the generator have two independent coils and the motor two coils or two sets of coils in corresponding relations to its operative elements one terminal of each generator-coil is connected to the corresponding terminals of the motor-coils through two independent conductors, while the opposite terminals of the respective coils are both connected to one return-wire.

This invention is applicable to my system in various ways, as will be seen by reference to the drawings, in which --

Figure 1 is a diagrammatic illustration of a generator and single-motor constructed and electrically connected in accordance with the invention. Fig. 2 is a diagram of the system as it is used in operating motors or converters or both, in parallel or multiple arc. Fig. 3 illustrates diagrammatically the manner of operating two or more motors or converters, or both, in series.

It is obvious that for purposes of this invention motors or transformers, which may be all designated as "converters," are the same, and that either or both may be operated by the same system or arrangement of circuits.

Referring to Fig. 1, A A designate the poles of the field-magnets of a alternating-current generator, the armature of which, being in this case cylindrical in form and mounted on a shaft, C, is wound longitudinally with coils B B'. The shaft C carries three insulated contact-rings *a b c*, to two of which, as *b c*, one terminal of each coil, as *e d*, is connected. The remaining terminals, *f g*, are both connected to the third ring, *a*.

A motor in this case is shown as composed of a ring, H, wound with four coils, I I J J, electrically connected, so as to cooperate in pairs, with a tendency to fix the poles of the ring at four points ninety degrees apart. Within the magnetic ring H is a disk or cylindrical core wound with two coils, G G', which may be connected to form two closed circuits. The terminals *j k* of the two sets or pairs of coils are connected, respectively, to the binding-posts E' F', and the other terminals, *h i*, are connected to a single binding-post, D'. To operate the motor, three line-wires are used to connect the terminals of the generator with those of the motor.

So far as the apparent action or mode of operation of this arrangement is concerned the single wire D, which is, so to speak, a common return-wire for both circuits, may be regarded as two independent wires. In illustration, with the order of connection shown, coil B' of the generator is producing its maximum current and coil B its minimum; hence the current which passes through wire *e*, ring *b*, brush *b'*, line-wire E, terminal E', wire *j*, coils I I, wire or terminal D', line-wire D, brush *a'*, ring *a*, and the wire *f*, fixes the polar line of the motor midway between the two coils I I; but as the coil B' moves from the position indicated it generates less current, while coil B, moving into the field, generates more. The current from coil B passes through the devices and wires designated by the letters *d, c, c'*, F, F', *k*, J J, *i*, D', D, *a'*, *a*, and *g*, and the position of the poles of the motor will be due to the resultant effect of the currents in the two sets of coils that is, it will be advanced in proportion to the advance or forward movement of the armature-coils. The movement of the generator-armature through one quarter of a revolution will obviously bring coil B' into its neutral position and coil B into its position of maximum effect, and this shifts the poles ninety degrees, as they are fixed solely by coils B. This action is repeated for each quarter of a complete revolution.

When more than one motor or other device is employed, they may be run either in parallel or series. In Fig. 2 the former arrangement is shown. The electrical device is shown as a converter, L, constructed as I have described in my application Serial No. 258,787, filed December 23, 1887. The two sets of primary coils *p r* are connected, respectively, to the mains F E, which are electrically connected with the two coils of the generator. The cross-circuit wires *l m*, making these connections, are then connected to the common return-wire D. The secondary coils *p' p''* are in circuits *n o*, including, for example, incandescent lamps. Only one converter is shown entire in this figure, the others being illustrated diagrammatically.

When motors or converters are to be run in series, the two wires E F are led from the generator to the coils of the first motor or converter, then continued on to the next, and so on through the whole series, and are then joined to the single wire D, which completes both circuits through the generator. This is shown in Fig. 3, in which J I represent the two coils or sets of coils of the motors.

Obviously it is immaterial to the operation of the motor or equivalent device in Fig. 1 what order of connections is observed between the respective terminals of the generator or motor.

I have described the invention in its best and most practicable form of which I am aware; but there are other conditions under which it may be carried out. For example, in case the motor and generator each has three independent circuits, one terminal of each circuit is connected to a line-wire and the other three terminals to a common return and conductor. This arrangement will secure similar results to those attained with a generator and motor having but two independent circuits, as above described.

When applied to such machines and motors as have three or more induced circuits with a common electrical joint, the three or more, terminals of the generator would be simply connected to those of the motor. Such forms of machines, when adapted in this manner to my system, I have, however, found to be less efficient that the others.

The invention is applicable to machines and motors of various types, and according to circumstances and conditions readily understood, with more or less efficient results. I do not therefore limit myself to any of the details of construction of the apparatus herein shown.

What I claim is

1. The combination, with a generator having independent current-generating circuits and a converter or converters having independent and corresponding circuits, of independent conductors connecting one terminal of each generator circuit with a corresponding terminal of the motor and a single conductor connecting the remaining generator and converter terminals, as set forth.

2. The combination, with a generator having independent current-generating circuits and a converter or converters having independent and corresponding circuits, of independent line or connecting circuits formed in part through a conductor common to all, as set forth.

3. The system of electrical distribution herein set forth, consisting of the combination, with an alternating-current generator having independent generating-circuits and electro-magnetic motors or converters provided with corresponding energizing-circuits, of line-wires or conductors connecting the coils of the motors, or converters, respectively, in series with one terminal of each circuit of the generator, and a single return-wire or conductor connecting the said conductors with the other terminal of the generator, as set forth.

NIKOLA TESLA.

Witnesses:
ROBT. F. GAYLORD
FRANK E. HARTLEY.

(No Model.) 2 Sheets—Sheet 1.

# N. TESLA.

## DYNAMO ELECTRIC MACHINE.

No. 390,414. Patented Oct. 2, 1888.

Fig. 1

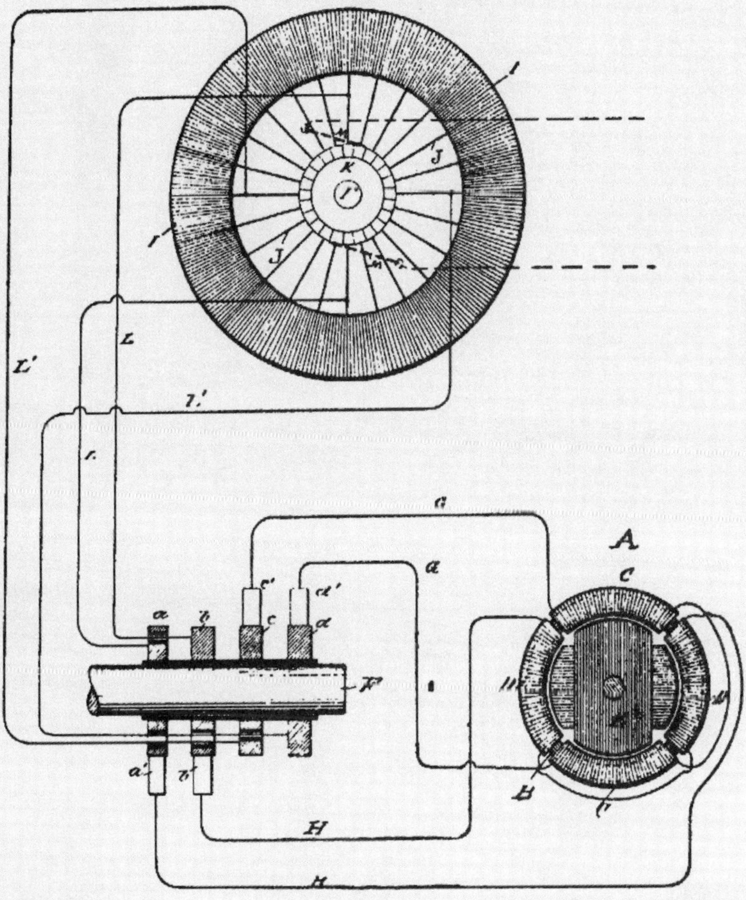


WITNESSES:

Raphael Netter

Frank E. Hartley

INVENTOR

Nikola Tesla

BY

Duncan, Curtis & Page

(No Model.) 2 Sheets—Sheet 2.

N. TESLA

DYNAMO ELECTRIC MACHINE.

No. 390,414 Patented Oct. 2, 1888.

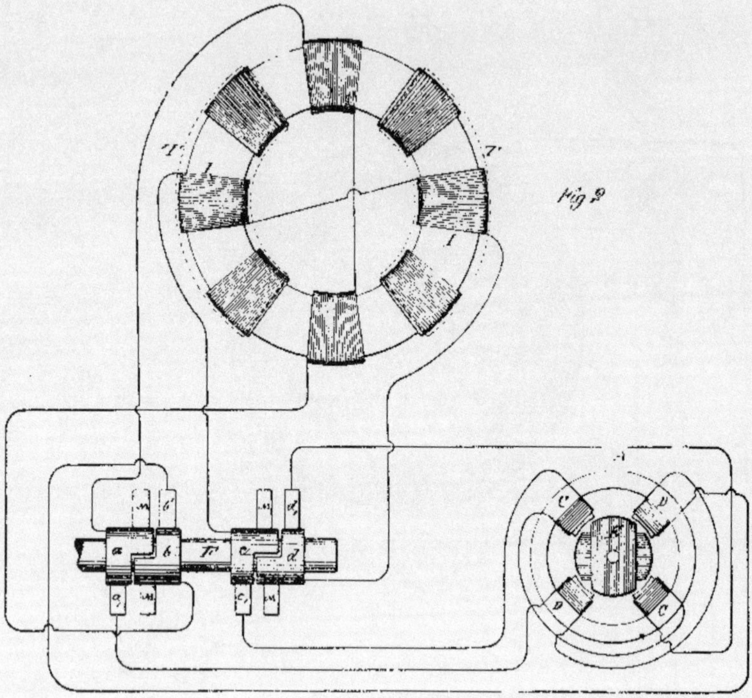


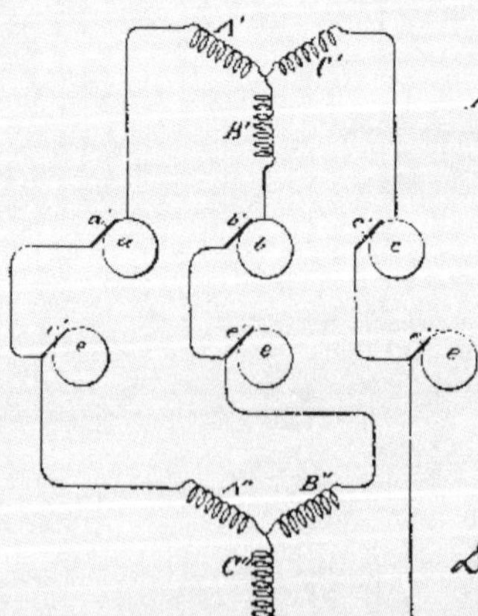


WITNESSES:

Raphaël Netter

Frank E. Hartley

INVENTOR

Nikola Tesla

BY

Duncan, Curtis & Page

ATTORNEYS.

# UNITED STATES PATENT OFFICE.

NIKOLA TESLA, OF NEW YORK, N. Y., ASSIGNOR
TO THE TESLA ELECTRIC COMPANY, OF SAME PLACE.

## DYNAMO-ELECTRIC MACHINE.

SPECIFICATION forming part of Letters Patent No. 390,414, dated October 2, 1888.
Application filed April 23, 1888. Serial No. 271,626. (No model.)

*To all whom it may concern:*

Be it know that I, NIKOLA TESLA, a subject of the Emperor of Austria, from Smiljan, Lika, border country of Austria-Hungary, now residing at New York, in the county and State of New York, have invented certain new and useful improvements in Dynamo-Electric Machines, of which the following is a specification, reference being had to the drawings accompanying and forming a part of the same.

In certain patents granted to Charles F. Peck and myself -- notably in Patents No. 381,968 and No. 382,280, May 1, 1888 -- I have shown and described a plan of constructing and operating motors, transformers, and the like, by alternating currents conveyed through two or more independent circuits from a generator having such relation to the motors or transformers as to produce therein a progressive movement of the magnetic poles or lines of force. In the said applications the descriptions and illustrations of the generators were confined to those types of alternating-current machine in which the current-generating coils are independent or separate; but I have found that the ordinary forms of continuous-current dynamos now in use may be readily and cheaply adapted to my system, or utilized both as continuous and alternating current generators with but slight changes in their construction. The mode of effecting this forms the substance of my present application.

Generally stated, the plan pursued by me in carrying out this invention is as follows: On the shaft of a given generator, either in place of or in addition to the regular commutator, I secure as many pairs of insulated collecting-rings as there are circuits to be formed. Now, it will be understood that in the operation of any dynamo-electric generator the currents in the coils in their movement through the field of force undergo different phases -- that is to say, at different positions of the coils the currents have certain directions and certain strengths and that in my improved motors or transformers it is necessary that the currents in the energizing-coils should undergo a certain order of variations in strength and direction. Hence, the further step -- viz., the connection between the induced or generating coils of the machine and the contact-rings from which the currents are to be taken off will be determined solely by what order of variations of strength and direction in the currents is desired for producing a given result in the electrical translating device. This may be accomplished in various ways; but in the drawings I have given typical instances only of the best and most practicable ways of applying the invention to three of the best known types of machines, in order to illustrate the principle and to enable anyone skilled in the art to apply the invention in any other case or under any modified conditions which the circumstances of particular cases may require.

Figure 1 is a diagram illustrative of the mode of applying the invention to the well known type of closed or continuous-circuit machines. Fig. 2 is a similar diagram containing an armature with separate coils connected diametrically, or what is generally called an "open-circuit" machine. Fig. 3 is a diagram showing the application of the invention to a machine the armature-coils of which have a common joint.

Referring to Fig. 1, let A represent one of my improved motors or transformers, which, for convenience, I shall designate a "converter," which consists of an annular core, B, wound with four independent coils, C and D, those diametrically opposite being connected together so as to cooperate in pairs in establishing free poles in the ring, the tendency of each pair being to fix the poles at ninety degrees from the other. There may be an armature, E, within the ring, which is wound with coils closed upon themselves. The object is to pass through coils C D currents of such relative strength and direction as to produce a progressive shifting or movement of the points of maximum magnetic effect around the ring and to thereby maintain a rotary movement of the armature. I therefore secure to the shaft F of the generator four insulated contact-trings, *a b c d*, upon which I cause to bear the collecting-brushes *a9 b9 c9 d9*, connected by wires G G H H, respectively, with the terminal of coils C and D.

Assume, for the sake of illustration, that the coils D D are to receive the maximum and coils C C at the same instant the minimum current, so that the polar line may be midway between the coils D D, the rings *a b* would therefore be connected to the continuous armature-coil at its neutral points with respect to the field or the point corresponding with that of the ordinary commutator-brushes, and between which exists the greatest difference of potential, while rings *c d* would be connected to two points in the coil, between which exists no difference of potential. The best results will be obtained by making these connections at points equidistant from one other, as shown. These connections are easiest made by using wires L between the rings and the loops or wires J, connecting the coil I to the segments of the commutator K. When the converters are made in this manner, it is evident that the phases of the currents in the sections of the generator-coil will be reproduced in the converter coils. For example, after turning through an arc of ninety degrees the conductors L L, which before conveyed the maximum current, will receive the minimum current by reason of the change in the position of their coils, and it is evident that for the same reason the current in said coils has gradually fallen from the maximum to the minimum in passing through the arc of ninety degrees. In this special plan of connections the rotation of the magnetic poles of the converter will be synchronous with that of the armature-coils of the generator; and the result will be the same, whether the energizing-circuits are derivations from a continuous armature-coil or from independent coils, as in my previous devices.

I have shown in Fig. 1, in dotted lines, the brushes M M in their proper normal position. In practice these brushes may be removed from the commutator and the field of the generator excited by an external source of current; or the brushes may be allowed to remain on the commutator and to take off a converted current to excite the field, or to be used for other purposes.

In a certain well known class of machines the armature contains a number of coils the terminals of which connect to commutator-segments, the coils being connected across the armature in pairs. This type of machine is represented in Fig. 2. In this machine each pair of coils goes through the same phases as the coils in some of the generators I have shown, and it is obviously only necessary to utilize them in pairs or sets to operate one of my converters by extending the segments of the commutators belonging to each pair of coils and causing a collecting-brush to bear on the continuous portion of each segment. In this way two or more circuits may be taken off from the generator, each including one or more pairs of sets of coils, as may be desired.

In Fig. 2 II represent the armature-coils, T T the poles of the field-magnet, and F the shaft carrying the commutators, which are extended to form continuous portions *a b c d.* The brushes bearing on the continuous portions for taking off the alternating currents are represented by *a' b' c' d'.* The collecting-brushes, or those which may be used to take off the direct current, are designated by M M. Two pairs of the armature-coils and their commutators are shown in the figure as being utilized; but all may be utilized in a similar manner.

There is another well known type of machine in which three or more coils, A' B' C', on the armature have a common joint, the free ends being connected to the segments of a commutator. This form of generator is illustrated in Fig. 3. In this case each terminal of the generator is connected directly or in derivation to a continuous ring, *a b c*, and collecting-brushes *a' b' c'*, bearing thereon, take off the alternating currents that operate the motor. It is preferable in this case to employ a motor or transformer with three energizing-coils, A" B" C", placed symmetrically with those of the generator, and the circuits from the latter are connected to the terminals of such coils either directly -- as when they are stationary -- or by means of brushes *e'* and contact-rings *e*. In this, as in the other cases, the ordinary commutator may be used on the generator, and the current taken from it utilized for exciting the generator field-magnets or for other purposes.

These examples serve to illustrate the principle of the invention. It will be observed that in any case it is necessary only to add the continuous contact or collecting-rings and to establish the connections between them and the appropriate coils.

It will be understood that this invention is applicable to other types of machine -- as, for example, those by which the induced coils are stationary and the brushes and magnet revolve; but the manner of its application is obvious to one skilled in the art.

Having now described my invention, what I claim is --

1. The combination, with a converter having independent energizing-coils, of a continuous or direct-current dynamo or magneto-machine, and intermediate circuits permanently connected as suitable points to the induced or generating coils of the generator, as herein set forth.

2. The combination, with a converter provided with independent energizing-circuits, of a continuous or direct-current generator provided with continuous collecting-rings connected to derivation to the armature-coils to form the terminal of circuits corresponding to those of the converter, as herein set forth.

NIKOLA TESLA.

Witnesses:
ROBT. F. GAYLORD,
FRANK B. MURPHY.

(No Model.) 2 Sheets—Sheet 1.

# N. TESLA.

## REGULATOR FOR ALTERNATE CURRENT MOTORS.

No 390,820. Patented Oct. 9, 1888.

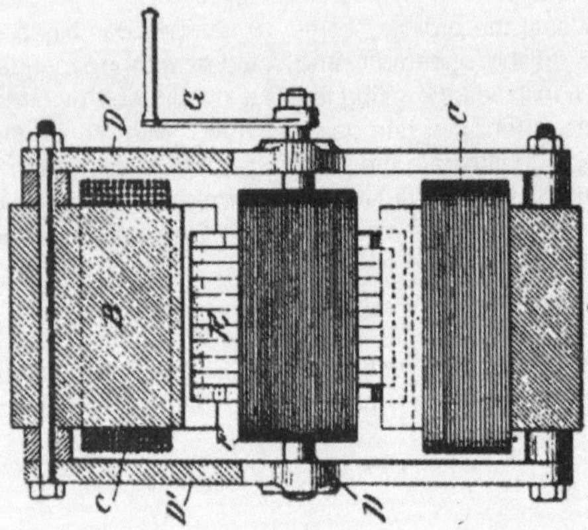


Fig. 2

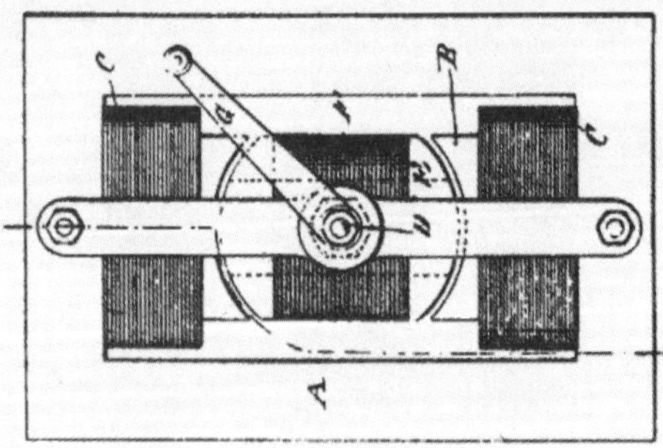


Fig. 1

WITNESSES:

Raphaël Netter.

Robt. F. Gaylord

INVENTOR

Nikola Tesla.

BY

Duncan, Curtis & Page.

ATTORNEYS

(No Model.) 2 Sheets—Sheet 2.

# N. TESLA.

## REGULATOR FOR ALTERNATE CURRENT MOTORS.

No. 390,820. Patented Oct. 9, 1888.

Fig. 3

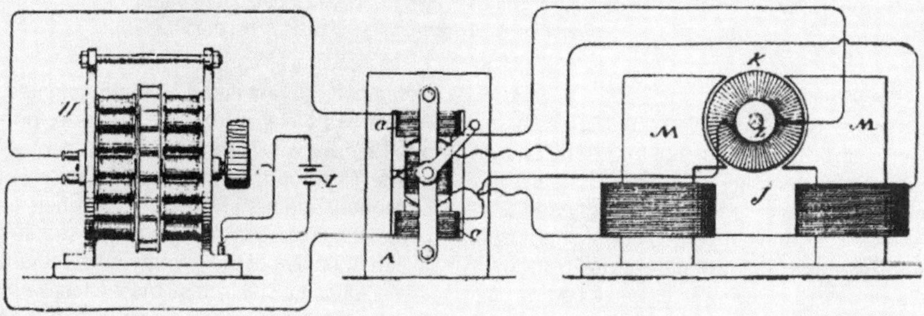


Fig. 4

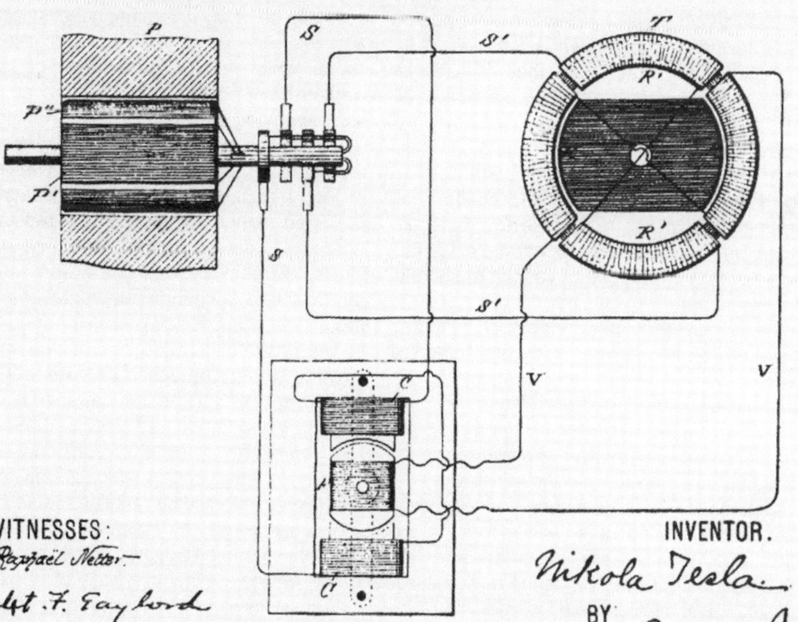


WITNESSES:

Raphaël Netter

Robt. F. Gaylord

INVENTOR.

Nikola Tesla

BY

Duncan, Curtis & Page

ATTORNEYS.

# UNITED STATES PATENT OFFICE.

NIKOLA TESLA, OF NEW YORK, N. Y., ASSIGNOR
TO THE TESLA ELECTRIC COMPANY, OF SAME PLACE.

## REGULATOR FOR ALTERNATE-CURRENT MOTORS.

SPECIFICATION forming part of Letters Patent No. 390,820 dated October 9, 1888.
Aapplication filed April 24, 1888. Serial No. 271,682. (No model.)

*To all whom it may concern:*

Be it known that I, NIKOLA TESLA, a subject of the Emperor of Austria, from Smiljan, Lika, border country of Austria-Hungary, now residing in New York, in the county and State of New York, have invented certain and useful Improvement in Regulators for Alternate-Current Motors, of which the following is a specification, reference being had to the drawings accompanying and forming a part of the same.

My invention is an improvement in systems for the electric transmission of power; and it consists in an means of regulating the speed and power of the motor or motors. The system for use with which the invention is more particularly designed is one in which the motors, or what may be in certain cases their equivalents -- the electrical transformers -- have two or more independent energizing-circuits, which, receiving current from corresponding sources, act to set up a progressive movement or shifting of the magnetic poles of the motors; but the invention is also applicable to other purposes, as will hereinafter appear. I employ the regulator for the purpose of varying the speed of these motors.

The regulator proper consists of a form of converter or transformer with one element capable of movement with respect to the other, whereby the inductive relations may be altered, either manually or automatically, for the purpose of varying the strength of the induced current. I prefer to construct this device in such manner that the induced or secondary element may be movable with respect to the other; and the improvement, so far as relates merely to the construction of the device itself, consists, essentially, in the combination, with two opposite magnetic poles, of an armature wound with an insulated coil and mounted on a shaft, whereby it may be turned to the desired extent within the field produced by the poles. The normal position of the core of the secondary element is that in which it most completely closes the magnetic circuit between the poles of the primary element, and in this position its coil is in its most effective position for the inductive action upon it of the primary coils; but by turning the movable core to either side the induced currents delivered by its coil become weaker until, by a movement of the said core and coil through ninety degrees, there will be no current delivered.

The construction of this device, broadly, I do not claim as of my invention; but this, together with the manner of applying and using the same, which forms the subject of my invention, I will now explain by reference to the accompanying drawings.

Figure 1 is a view in side elevation of the regulator. Fig. 2 is a broken section on line *x x* of Fig. 1. Fig. 3 is a diagram illustrating the preferred manner of applying the regulator to ordinary forms of motors, and Fig. 4 is a similar diagram illustrating the application of the device to my improved alternating-current motors.

The regulator may be constructed in many ways to secure the desired results; but in the best form of which I am now aware it is shown in Figs. 1 and 2.

A represents a frame of iron, and I would here state that the plan which is now invariably followed of dividing up all iron cores which are subjected to the influence of alternating currents should be adopted in the construciton of this device.

B B are the cores of the inducing or primary coils C C, said cores being integral with or bolted to the frame A in any well known way.

D is a shaft mounted in the side-bars, D′, and on which is secured a sectional iron coil, F, the convolutions of which are parallel with the axis of the shaft. The ends of the core are rounded off, so as to fit closely in the space between the two poles and permit the core E to be turned. A handle, G, secured to the projecting end of the shaft D, is provided for this purpose.

Any means may be employed for maintaining the core and secondary coil in any given position to which it is turned by the handle.

The operation or effect of the device will be understood by reference to the diagrams illustrating the manner of its application.

In Fig. 3, let H represent an ordinary alternating-current generator, the field-magnets of which are excited by a suitable source of current, I. Let J designate an ordinary form of electro-magnetic motor provided with an armature, K, commutator L, and field-magnets M. It is well known that such a motor, if its field-magnet cores be divided up into insulated sections, may be practically operated by an alternating current; but in using my regulator with such a motor I include one element of the motor only -- say the armature-coils -- in the main-circuit of the generator, making the connections through the brushes and the commutator in the usual way. I also include one of the elements of the regulator -- say the stationary coils -- in the same circuit, and in the circuit with the secondary or movable coil of the regulator I connect up the field-coils of the motor. I prefer to use flexible conductors to make the connections from the secondary coil of the regulator, as I thereby avoid the use of sliding-contacts or rings without interfering with the requisite movement of the core E.

If the regulator be in its normal position, or that in which its magnetic circuit is most nearly closed, it delivers its maximum induced current, the phases of which so correspond with those of the primary current that the motor will run as though both field and armature were excited by the main-current.

To vary the speed of the motor to any rate between the minimum and maximum rates, the core E and coils F are turned in either direction to an extent which produces the desired result, for in its normal position the convolutions of coil F embrace the maximum number of lines of force, all of which act with the same effect upon said coil; hence it will deliver its maximum current; but by turning the coil F out of its position of maximum effect the number of lines of force embraced by it is diminished. The inductive effect is therefore impaired, and the current delivered by coil F will contnue to diminish in proportion to the angle at which the coil F is turned until, after passing through an angle of ninety degrees, the convolutions of the coil will be at right angles to those of coils C C, and the inductive effect reduced to a minimum.

Incidentally to certain constructions, other causes may influence the variation in the strength of the induced currents. For example, in the present case it will be observed that by the first movement of coil F a certain portion of its convolutions are carried beyond the line of the direct influence of the lines of force, and that the magnetic path or circuit for said lines is impaired; hence the inductive effect would be reduced. Next, that after moving through a certain angle, which is obviously determined by the relative dimensions of the bobbin or coil F, diagonally-opposite portions of the coil will be simultaneously included in the field, but in such positions that the lines which produce a current-impulse in one portion of the coil in a certain direction will produce in the diagonally-opposite portion a corresponding impulse in the opposite direction; hence portions of the current will neutralize one another.

As before stated, the mechanical construction of the device may be greatly varied; but the essential conditions of the invention will be fulfilled in any apparatus in which the movement of the elements with respect to one another effects the same results by varying the inductive relations of the two elements in a manner similar to that described.

It may also be stated that the core E is not indispensable to the operation of the regulator; but its presence is obviously beneficial. This regulator, however, has another valuable property in its capability of reversing the motor, for if the coil F be turned through a half-revolution the position of its convolutions relatively to the two coils C C and the lines of force is reversed, and consequently the phases of the current will be reversed. This will produce a rotation of the motor in an opposite direction. This form of regulator is also applied with great advantage to my system of utilizing alternating currents, in which the magnetic poles of the field of a motor are progressively shifted by means of the combined effects upon the field of magnetizing-coils included in independent circuits, through which pass alternating currents in proper order and relations to each other.

In illustration, let P represent one of my generators having two independent coils, P´ and P´´, on the armature, and T a diagram of a motor having two independent energizing-coils or sets of coils, R R´. One of the circuits from the generator, as S´ S´, includes one set, R´ R´, of the energizing-coils of the motor, while the other circuit, as S S, includes the primary coils of the regulator. The secondary coil of the regulator includes the other coils, R R, of the motor.

While the secondary coil of the regulator is in its normal position it produces its maximum current, and the maximum rotary effect is imparted to the motor; but this effect will be diminished in proportion to the angle at which the coil Fof the regulator is turned. The motor will also be reversed by reversing the position of the coil with reference to the coils C C, and thereby reversing the phases of the current produced by the generator. This changes the direction of the movement of the shifting poles which the armature follows.

One of the main advantages of this plan of regulation is its economy of power. When the induced coils is generating its maximum current, the maximum amount of energy in the primary coils is absorbed; but as the induced coil is turned from its normal position the self-induction of the primary coils reduces the expenditure of energy and saves power.

It is obvious that in practice either coils C C or coil F may be used as primary or secondary, and it is well understood that their relative proportions may be varied to produce any desired difference or similarity in the inducing and induced currents.

I am aware that it is not new to vary the secondary current of an induction-coil by moving one coil with respect to the other, and thereby varying the inductive relations normally existing between the two. This I do not claim.

What I claim is --

1. The combination, with a motor having independent energizing-circuits, of an alternating-current regulator, consisting, essentially, of inducing and induced coils movable with respect to one another, whereby the strength of the induced currents may be varied, the induced coils being included in and adapted to supply the current for one of the motor-circuits, as set forth.

2. The combination, with a motor adapted to be run or operated by alternating currents and provided with independent energizing-coils, of a regulator consisting of stationary inducing coils and an induced coil capable of being rotated, whereby it may be turned to a greater or less angle to the primary coils, or its position with respect thereto reversed, the induced coil or coils being included in and adapted to supply the current for one of the motor-circuits, as set forth.

NIKOLA TESLA.

Witnesses:
ROBT. F. GAYLORD,
FRANK B. MURPHY.

N. TESLA

DYNAMO ELECTRIC MACHINE.

No. 390,721. Patented Oct. 9, 1888.

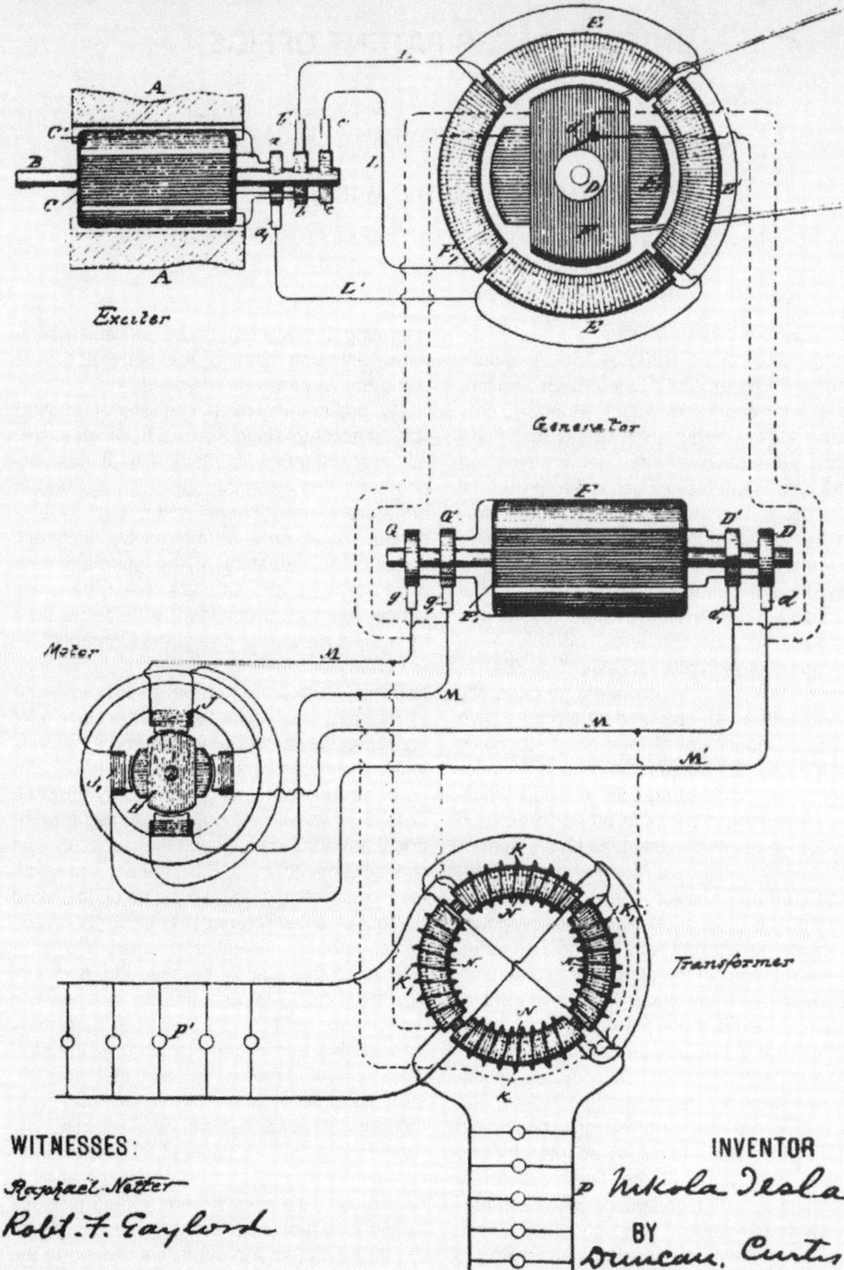


WITNESSES:

Raphael Netter

Robt. F. Gaylord

INVENTOR

Nikola Tesla

BY

Duncan, Curtis & Page ATTORNEYS.

# UNITED STATES PATENT OFFICE.

NIKOLA TESLA, OF NEW YORK, N. Y., ASSIGNOR
TO THE TESLA ELECTRIC COMPANY, OF SAME PLACE.

## DYNAMO-ELECTRIC MACHINE.

SPECIFICATION forming part of Letters Patent No. 390,721 dated October 9, 1888
Application filed April 28, 1888. Serial No. 272,153. (No model.)

*To all whom it may concern:*

Be it known that I, NIKOLA TESLA, a subject of the Emperor of Austria, from Smiljan, Lika, border country of Austria-Hungary, now residing at New York, in the county and State of New York, have invented certain new and useful Improvements in Electric Generators, of which the following is a specification, reference being had to the drawing accompanying and forming a part of the same.

My present invention relates, chiefly, to the alternating-current system invented by me and described in prior patents, notably Nos. 381,968 and 382,280, of May 1, 1888, in which the motors or transformers, or generally the converters, are operated by a progressive shifting or movement of their magnetic poles produced by the cooperative action of independent or magnetizing-coils through which pass alternating currents in proper order and direction. In my said system, as I have heretofore shown, I employed a generator of alternating currents in which there were independent induced or generating coils corresponding to the energizing-coils of the converter, and the relations of the generator and converters were generally such that the speed of rotation of the magnetic poles of the converter equaled that of the armature of the generator.

To secure the greatest efficiency, it is necessary to run the machines at a high speed, and this is true not only of those generators and motors which are particularly adapted for use in my system, but of others. The practicability of running at very high speeds, however, particularly in the case of large generators, is limited by mechanical conditions, in seeking to avoid which I have devised various plans for operating the system under efficient conditions, although running the generator at a comparatively low rate of speed.

My present invention consists of another way of accomplishing this result, which in certain respects presents many advantages. According to the invention, in lieu of driving the armature of the generator at a high rate of speed, I produce a rotation of the magnetic poles of one element of the generator and drive the other at a different speed, by which similar results are obtained to those secured by a rapid rotation of one of the elements.

I shall describe this invention by reference to the diagram drawing hereto annexed.

The generator which supplies the current for operating the motors or transformers consists in this instance of a subdivided ring or annular core wound with four diametrically-opposite coils, E E'. Within the ring is mounted a cylindrical armature-core wound longitudinally with two independent coils, F F´, the ends of which lead, respectively, to two pairs of insulated contact or collecting-rings, D D' G G', on the armature-shaft. Collecting-brushes *d d´ g g'* bear upon these rings, respectively, and convey the currents through the two independent line-circuits M M´. In the main-line there may be included one or more motors or transformers or both. If motors be used, they are constructed in accordance with my invention with independent coils or sets of coils J J', included, respectively, in the circuits M M'. These energizing-coils are wound on a ring or annular field or on pole-pieces thereon, and produce by the action of the alternating currents passing through them a progressive shifting of the magnetism from pole to pole. The cylindrical armature H of the motor is wound with two coils at right angles, which form independent closed circuits.

If transformers be employed, I connect one set of the primary coils, as N N, wound on a ring or annular-core, to one circuit, as M', and the other primary coils, N´ N´, to the circuit M. The secondary coils K K' may then be utilized for running groups of incandescent lamps P P.

With the generator I employ an exciter. This consists of two poles, A A, of steel permanently magnetized, or of iron excited by a battery or other generator of continuous currents, and a cylindrical armature-core mounted on a shaft, B, and wound with two longitudinal coils, C C´. One end of each of these coils is connected to the collecting-rings *b c*, respectively, while the other coils are both connected to a ring, *a*. Collecting-brushes, *b´ c`* bear on the rings *b c*, respectively, and conductors L L convey the currents therefrom through the coils E and E' of the generator. L´ is a common return-wire to brush *a'*. Two independent circuits are thus formed, one including coils C, of the exciter and E E, of the generator, the other coils C' of the exciter and E' E' of the generator. It results from this that the operation of the exciter produces a progressive movement of the magnetic poles of the annular field-core of the generator, the shifting or rotary movement of said poles being synchronous with the rotation of the exciter-armature. Considering the operative conditions of a system thus established, it will be found that when the exciter is driven so as to energize the field of the generator the armature of the latter, if left free to turn, would rotate at a speed practically the same as that of the exciter. If under such conditions the coils F F, of the generator-armature be closed upon themselves or short-circuited, no currents, at least theoretically, will be generated in the said armature-coils. In practice I have observed the presence of slight currents, the existence of which is attributable to more or less pronounced fluctuations in the intensity of the magnetic poles of the generator-ring. So, if the armature-coils F F be closed through the motor, the latter will not be turned as long as the movement of the generator-armature is synchronous with that of the exciter or of the magnetic poles of its field. If, on the contrary, the speed of the generator-armature be in any way checked, so that the shifting or rotation of the poles of the field becomes relatively more rapid, currents will be induced in the armature-coils. This obviously follows from the passing of the lines of force across the armature-conductors. The greater the speed of rotation of the magnetic poles relatively to that of the armature the more rapid the currents developed in the coils of the latter will follow one another, and the more rapidly the motor will revolve in response thereto, and this continues until the armature-generator is stopped entirely, as by a brake, when the motor, if properly constructed, runs at the same speed with which the magnetic poles of the generator rotate.

The effective strength of the currents developed in the armature-coils of the generator is dependent upon the strength of the currents energizing the generator and upon the number of rotations per unit of time of the magnetic poles of the generator; hence the speed of the motor armature will depend in all cases upon the relative speeds of the armature of the generator and of its magnetic poles. For example, if the poles are turned two thousand times per unit of time and the armature is turned eight hundred, the motor will turn twelve hundred times, or nearly so. Very slight differences of speed may be indicated by a delicately-balanced motor.

Let it now be assumed that power is applied to the generator-armature to turn it in a direction opposite to that in which its magnetic poles rotate. In such case the result would be similar to that produced by a generator the armature and field-magnets of which are rotated in opposite directions, and by reason of these conditions the motor-armature will turn at a rate of speed equal to the sum of the speeds of the armature and magnetic poles of the generator, so that a comparatively low speed of the generator-armature will produce a high speed in the motor.

It will be observed in connection with this system that on diminishing the resistance of the external circuit of the generator-armature; by checking the speed of the motor or by adding translating devices in multiple arc in the secondary circuit or circuits of the transformer the strength of the current in the armature-circuit is greatly increased. This is due to two causes: first, to the great differences in the speeds of the motor and generator, and, secondly, to the fact that the apparatus follows the analogy of a transformer, for, in proportion as the resistance of the armature or secondary circuits is reduced, the strength of the currents in the field or primary circuits of the generator is increased and the currents in the armature augmented correspondingly. For similar reasons the currents in the armature-coils of the generator increase very rapidly when the speed of the armature is reduced when running in the same direction as the magnetic poles or conversely.

It will be understood from the above description that the generator-armature may be run in the direction of the shifting of the magnetic poles, but more rapidly, and that in such case the speed of the motor will be equal to the difference between the two rates.

In many applications to electrical conversion and distribution this system possesses great advantages both in economy, efficiency, and practicability.

What I claim is --

1. The combination, with an alternating-current generator having independent energizing or field and independent induced or armature-coils, of an alternating-current exciter having generating or induced coils corresponding to and connected with the energizing-coils of the generator, as set forth.

2. In an alternating-current generator, the combination of the elements named and co-operatively associated in the following manner: a field-magnet wound with independent coils each connected with a source of alternating currents, whereby the magnetic poles produced by said coils will be progressively shifted or moved through the field, and an armature-core wound with independent coils, each having terminals from which currents are delivered to the independent external circuits.

3. The system of electrical distribution consisting of the combination, with an alternating-current generator having independent energizing-coils and an armature wound with independent induced coils of an alternating current exciter having induced coils corresponding to and connected with the energizing-coils of the generator, and one or more electrical converters having independent inducing or energizing-coils connected with the corresponding armature coils of the generator, as hereto set forth.

4. The combination, with an alternating current generator having a field-magnet wound with independent energizing-coils and an armature adapted to be rotated within the field produced by said magnet, of an exciter having induced or generating-coils corresponding to and connected with the energizing-coils of the generator, as set forth.

NIKOLA TESLA.

Witnesses:
ROBT. F. GAYLORD,
PARKER W. PAGE.

# N. TESLA.

## DYNAMO ELECTRIC MACHINE OR MOTOR.

No. 390,415. Patented Oct. 2, 1888.

Fig. 1

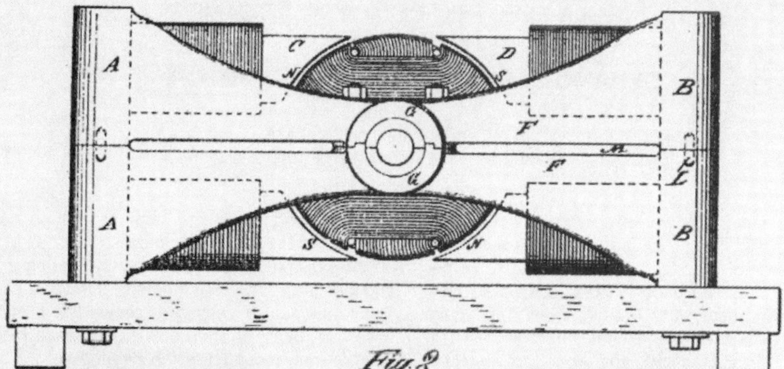

Fig. 2

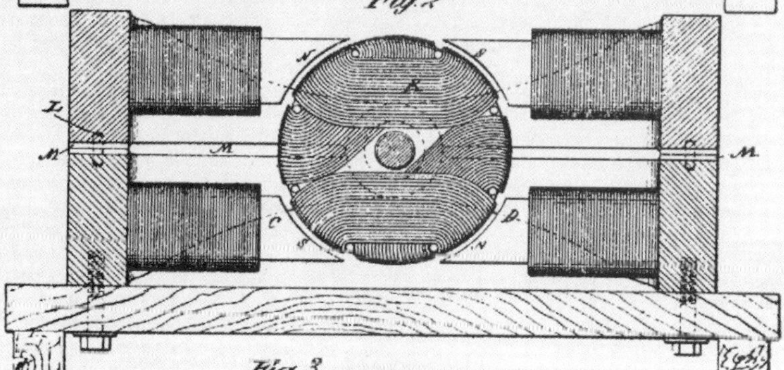

Fig. 3

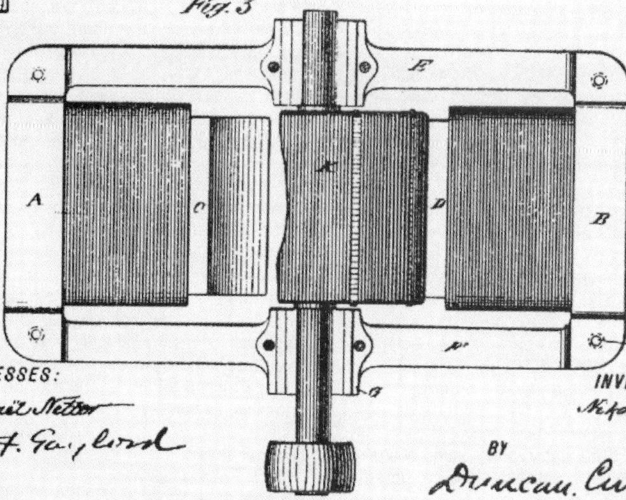

WITNESSES:

*Raphaël Netter*

*Robt. F. Gaylord*

INVENTOR

*Nikola Tesla*

BY

*Duncan, Curtis & Page*

ATTORNEYS

# UNITED STATES PATENT OFFICE.

NIKOLA TESLA, OF NEW YORK, N. Y., ASSIGNOR
TO THE TESLA ELECTRIC COMPANY, OF SAME PLACE.

## DYNAMO-ELECTRIC MACHINE OR MOTOR.

SPECIFICATION forming part of Letters Patent No. 390,415, dated October 2, 1888.
Appilcatlion filed May 15, 1888. Serial No. 273,994. (No model.)

*To all whom it may concern:*

Be it known that I, NIKOLA TESLA, a subject of the Emperor of Austria, from Smiljan, Lika, border country of Austria-Hungary, now residing at New York, in the county and State of New York, have invented certain new and useful Improvements in Dynamo-Electric Machines and Motors, of which the following is a specification, reference being had to the drawings accompanying and forming a part of the same.

This invention is an improvement in the construction of dynamo or magneto-electric machines or motors, the improvement consisting in a novel form of frame and field-magnet which renders the machine more solid and compact as a structure, which requires fewer parts, and which involves less trouble and expense in its manufacture.

The invention is applicable to generators and motors generally, not only to those which I have described in former patents, and which have independent circuits adapted for use in my patented alternating-current system, but to other continuous or alternating-current machines, such as have heretofore been more generally used.

In the drawings hereto annexed, which illustrate my improvements, Figure 1 shows the machine in side elevation. Fig. 2 is a vertical sectional view of the field-magnets and frame and an end view of the armature; and Fig. 3 is a plan view of one of the parts of the frame and the armature, a portion of the latter being cut away.

I cast the field-magnets and frame in two parts. These parts are identical in size and shape, and each consists of the solid plates or ends A B, from which project inwardly the cores C D and the side bars or bridge-pieces, E F. The precise shape of these parts is largely a matter of choice -- that is to say, each casting, as shown, forms an approximately rectangular frame; but it may obviously be more or less oval, round, or square without departure from the invention. I also prefer to reduce the width of the side bars, E, F, at the center and to so proportion the parts that when the frame is put together the spaces between the pole-pieces will be practically equal to the arcs which the surfaces of the poles occupy.

The bearings G for the armature-shaft are cast in the side-bars, E, F. The field-coils are either wound on the pole-pieces or, preferably, wound on a form and then slipped on over the ends of the pole-pieces. The lower part or casting is secured to a suitable base after being finished off. The armature K on its shaft is then mounted in the bearings of the lower casting and the other part of the frame placed in position, dowel-pins L or any other means being used to secure the two parts in proper position.

In order to secure an easier fit I cast the side-bars, E F, and end-pieces, A B, so that slots M are formed when the two parts are put together.

This machine possesses many advantages. For example, I magnetize the cores alternately, as indicated by the characters N S, and it will be seen that the magnetic circuit between the poles of each part of a casting is completed through the solid iron side-bars. The bearings for the shaft are located at the neutral points of the field, so that the armature-core is not affected by the magnetic condition of the field.

My improvement is not restricted to the use of four pole-pieces, as it is evident that each pole-piece could be divided or more than four formed by the shape of the casting.

What I claim is --

1. A dynamo or magneto-electric machine or motor the frame of which is built up of two castings, each consisting of end-plates with pole-pieces extending inwardly therefrom and connecting side-bars, as set forth.

2. A frame for generators or motors built up of two superposed castings, each consisting of a rectangular frame with pole-pieces extending inwardly from its ends, as set forth.

3. A frame and field-magnet for generators and motors built up of two rectangular castings having pole-pieces extending inwardly from their ends, the faces of said pole-pieces being curved to afford clearance for the armature and provided with energizing-coils, as set forth.

NIKOLA TESLA.

Witnesses:
ROBT. F. GAYLORD,
FRANK E. HARTLEY.

(No Model.) 3 Sheets—Sheet 1.

# N. TESLA.

## SYSTEM OF ELECTRICAL TRANSMISSION OF POWER.

No. 487,796 Patented Dec. 13, 1892.

Fig. 2

Fig. 1

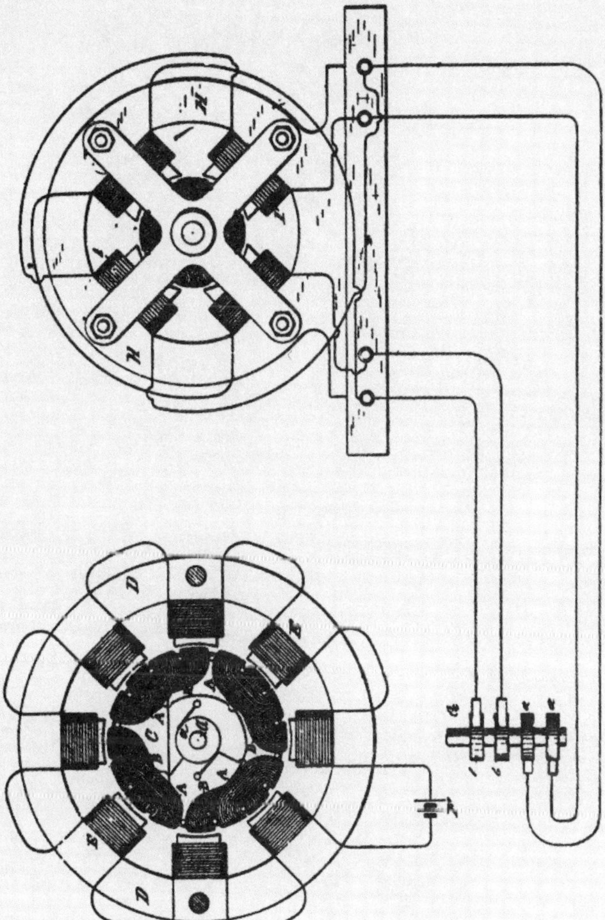

WITNESSES:

Raphail Netter

Robt. F. Gaylord

INVENTOR

Nikola Tesla

BY

Duncan Curtis & Page

ATTORNEYS

(No Model.) 3 Sheets—Sheet 2

N TESLA.

SYSTEM OF ELECTRICAL TRANSMISSION OF POWER.

No. 487 796 Patented Dec. 13. 1892.

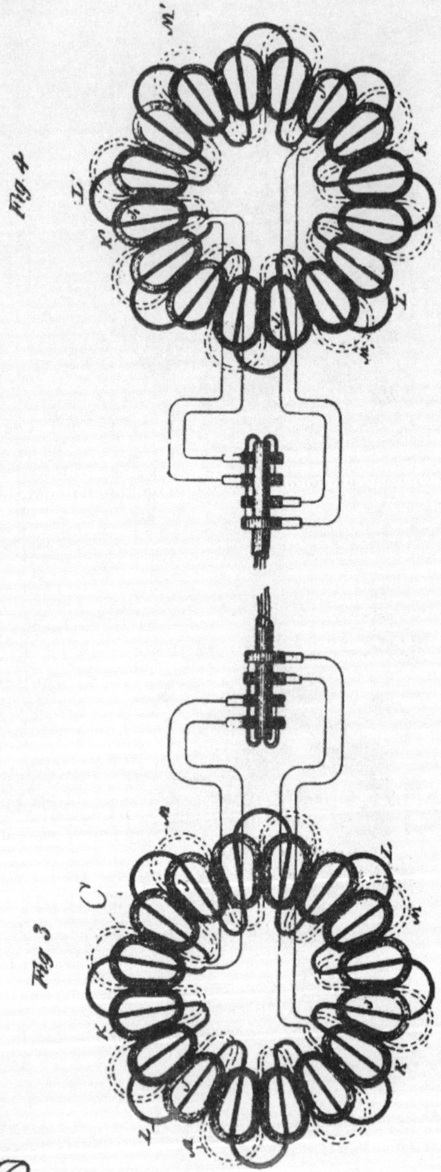


WITNESSES:

Raphael Netter

Allan W. Paige

INVENTOR

Nikola Tesla

BY

Duncan, Curtis & Page

ATTORNEYS

(No Model.) 3 Sheets—Sheet 3.

# N. TESLA.

## SYSTEM OF ELECTRICAL TRANSMISSION OF POWER.

No. 487,796 Patented Dec. 13, 1892.

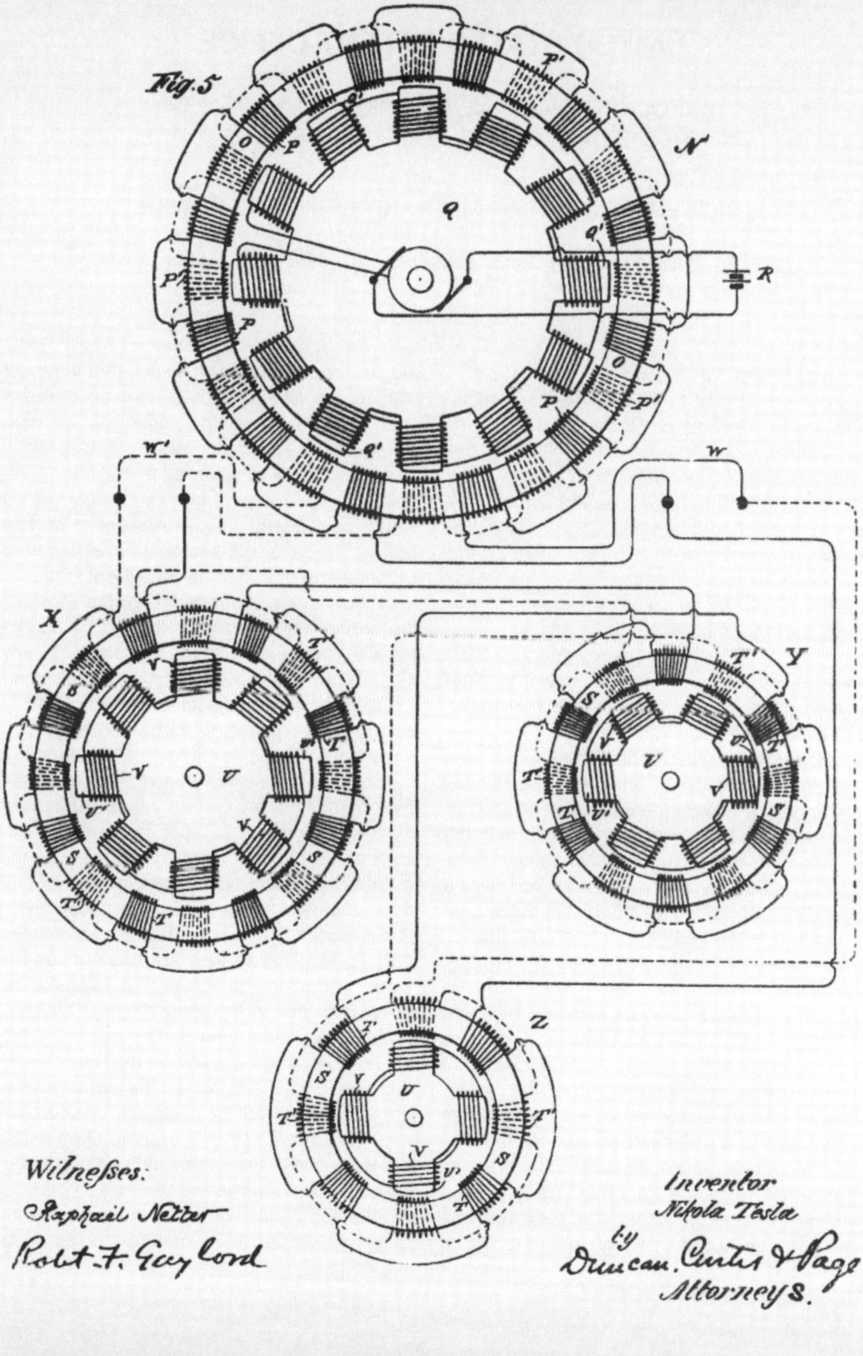


Witnesses:
Raphaël Netter
Robt. F. Gaylord

Inventor
Nikola Tesla
by
Duncan, Curtis & Page
Attorneys.

# UNITED STATES PATENT OFFICE.

NIKOLA TESLA, OF NEW YORK, N. Y., ASSIGNOR
TO THE TESLA ELECTRIC COMPANY, OF SAME PLACE.

## SYSTEM OF ELECTRICAL TRANSMISSION OF POWER.

SPECIFICATION forming part of Letters Patent No. 487,796, dated December 13, 1892.
Application filed May 15, 1888. Serial No. 273,992. (No model.)

*To all whom it may concern:*

Be it known that I, NIKOLA TESLA, a subject of the Emperor of Austria, from Smiljan, Lika, border country of Austria-Hungary, but now residing at New York, in the county and State of New York, have invented certain new and useful Improvements in Systems for Electrical Transmission of Power, of which the following is a specification, reference being had to the drawings accompanying and forming a part of the same.

This invention is an improvement in systems of electrical distribution of power wherein are employed motors having two or more independent energizing-circuits, through which are passed alternating currents differing in phase that are produced by a magneto-electric machine having independent induced circuits, or that are obtained from any other suitable source or by any other suitable means. In illustration of the various conditions which I regard as most important to an attainment of the best results from the use of motors of this character, I have heretofore used generally forms of generator in which the relations of the induced or current-generating coils and field-magnets were such that but two impulses or current are produced in each coil by a single revolution of the armature or field-cores. The rate, therefore, at which the different phases or impulses of current in the line-circuits succeeded one another was so little greater than that at which the armature of the generator revolved that without special provision the generator required to be run at very high speed to obtain the best results. It is well known that the most efficient results are secured in the operation of such motors when they are run at high speeds; but as the practicable rate of speed is much limited by mechanical conditions, particularly in the case of large generators, which would be required when a number of motors are run from a single source, I have sought to produce a greater number of current impulses by a slow or slower speed than that at which the ordinary bipolar-machines may be economically operated. I therefore adapt to my system any of the various types of multipolar alternating-current machines which yield a considerable number of current reversals or impulses for each revolution of the armature by observing the main condition essential to the operation of my system that the phases of the currents in the independent induced circuits of the generator should not coincide, but exhibit a sufficient difference in phase to produce the desired results. I may accomplish this in a variety of ways, which, however, vary only in detail, since they are based upon the same underlying principle. For example, to adapt a given type of alternating-current generator I may couple rigidly two complete machines, securing them so that the requisite difference in phase between the currents produced by each will be obtained, or I may secure two armatures to the same shaft within the influence of the same field and with angular displacement that will produce the proper difference in phase between the two currents, or I may secure two armatures to the same shaft with their coils symmetrically disposed, and place two sets of field-magnets at such angle as to secure the same result, or, finally, I may wind on the same armature the two sets of coils alternately, or in such manner that they will develop currents, the phases of which differ in time sufficiently to produce rotation of the motor.

Another feature of my invention is in the plan which I have devised for utilizing generators and motors of this type, whereby a single generator may be caused to run a number of motors either at the same speed as its own or all at different speeds. This I accomplish by constructing the motors with fewer poles than the generator, in which case their speed will be greater than that of the generator, the rate of speed being higher as the number of their poles is relatively less. This will be understood from an example. Suppose the generator has two independent generating-coils which revolve between two pole-pieces oppositely-magnetized and that the motor has energizing-coils that produce at any given time two magnetic poles in one element that tend to set up a rotation of the motor. A generator thus constructed yields four impulses or reversals of current by each revolution, two in each of its independent circuits, and I have demonstrated that the effect upon a motor such as that mentioned is to shift the magnetic poles through three hundred and sixty degrees. It is obvious that if the four reversals in the same order could be produced by each half-revolution of the generator the motor would make two revolutions to the generator´s one. This would be readily accomplished by adding two intermediate poles to the generator or altering it in any of the other equivalent ways above indicated. The same rule applies to generators and motors with multiple poles. For instance, if a generator be constructed with two circuits, each of which produces twelve reversals of current to a revolution, and these currents be directed through the independent energizing-coils of a motor, the coils of which are so applied as to produce twelve magnetic poles at all times, the rotation of the two will be synchronous; but if the motor-coils produce but six poles the movable element will be rotated twice while the generator rotates once, or if the motor have four poles its rotation will be three times as fast as that of the generator.

This features, so far as it is necessary to an understanding of the invention, are illustrated in the accompanying drawings.

Figure 1 is a diagrammatic illustration of a generator contructed in accordance with my invention. Fig. 2 is a similar view of a correspondingly-constructed motor. Fig. 3 is a diagram of a generator of modified construction. Fig. 4 is a diagram of a motor of coresponding character. Fig. 5 is a diagram of a system containing a generator and several motors adapted to run at various speeds.

In Fig 1, let C represent a cylindrical armature-core wound longitudinally with insulated coils A A, which are connected up in series, the terminals of the series being connected to collecting-rings *a a* on the shaft G. By means of this shaft the armature is mounted to rotate between the poles of an annular field-magnet D, formed with polar-projections wound with coils E, that magnetize the said projections. The coils E are included in the circuit of a generator F, by means of which the field-magnet is energized. If thus constructed, the machine is a well known form of alternating-current generator. To adapt it to my system, however, I wind on armature C a second set of coils B B intermediate to the first, or, in other words, in such positions that while the coils of one set are in the relative positions to the poles of the field-magnet to produce the maximum curent those of the other set will be in the position in which they produce the minimum current. The coils B are connected, also, in series and to two collecting-rings *b b*, secured generally to the shaft at the opposite end of the armature.

The motor shown in Fig. 2 has an annular field-magnet H, with four pole-pieces wound with coils I. The armature is constructed similarly to that of the generator, but with two sets of two coils in closed circuits to correspond with the reduced number of magnetic poles in the field.

From the foregoing it is evident that one revolution of the armature of the generator producing eight current impulses in each circuit will produce two revolutions of the motor-armature.

The application of the principle of this invention is not confined to any particular form of machine. In Figs. 3 and 4 a generator and motor of another well known type are shown. In Fig. 3, J J are magnets disposed in a circle and wound with coils K, which are in circuit with a generator which supplies the current that maintains the field of force. In the usual construction of these machines the armature-conductor L is carried by a suitable frame, so as to be rotated in face of the magnets J J or between these magnets and another similar set in face of them. The magnets are energized so as to be of alternately-opposite polarity throughout the series, so that as the conductor C is rotated the current impulses combine or are added to one another, those produced by the conductor in any given position being all in the same direction. To adapt such a machine to my system I add a second set of induced conductors M, in all respects similar to the first, but so placed with reference to it that the currents produced in each will differ by a quarter-phase. With such relations it is evident that as the current decreases in conductor L it increases in conductor M, and conversely, and that any of the forms of motor invented by me for use in this system may be operated by such generator.

Fig. 4 is inteded to show a motor corresponding to the machine in Fig. 3. The construction of the motor is identical with that of the generator, and if coupled thereto it will run synchronously therewith. J´ J´ are the field-magnets, and K´ the coils theron. L´ is one of the armature-conductors and M´ the other.

Fig. 5 shows in diagram other forms of machine. The generator N in this case is shown as consisting of a stationary ring O, wound with twenty-four coils P P´, alternate coils being connected in series in two circuits. Within these ring is a disk or drum Q, with projections Q´ wound with energizing-coils included in circuit with a generator R. By driving this disk or cylinder alternating-currents are produced in the coils P and P, which are carried off to run the severals motors.

The motors are composed of a ring or annular field-magnet S, wound with two sets of energizing-coils T T´, and armatures U, having projections U´ wound with coils V, all connected in series in a closed circuit or each closed independently on itself.

Suppose the twelve generator-coils P are wound alternately in opposite directions, so that any two adjacent coils of the same set tend to produce a free pole in the ring O between them and the twelve coils P' to be similarly wound. A single revolution of the disk or cylinder Q, the twelve polar-projections of which are of opposite polarity, will therefore produce twelve current impulses in each of the circuits W W'. Hence the motor X, which has sixteen coils or eight free poles, will make one and a half turns to the generator's one. The motor Y, with twelve coils or six poles, will rotate with twice the speed of the generator, and the motor Z, with eight coils or four poles, will revolve three times as fast as the generator. These multipolar motors have a peculiarity which may be often utilized to great advanage. For example, in the motor X, Fig. 5, the eight poles may be either alternately opposite or there may be at any given time alternately two like and two opposite poles. This is readily attained by making the proper electrical connections. The effect of such a change, however, would be the same as reducing the number of poles one-half, and thereby doubling the speed of any given motor. In these and other respects it will be seen that the invention involves many important and valuable features.

It is obvious that the electrical transformers described in prior patents to me and which have independent primary currents may be used with the generators herein described.

It may be stated with respect to the devices hereinafter set forth that the most perfect and harmonious action of the generators and motors is obtained when the numbers of the poles of each are even and not odd. If this is not the case, there will be a certain unevenness of action which is the less appreciable as the number of poles is greater; but even this may be in a measure corrected by special provisions which it is not here necessary to explain. It also follows, as a matter of course, and from the above it is obvious, that if the number of the poles of the motor be greater than that of the generator the motor will revolve at a slower speed than the generator.

What I claim as my invention is --

1. The combination, with an alternating-current generator comprising independent armature-circuits formed by conductors alternately disposed, so that the currents developed therein will differ in phase, and field-magnet poles in excess of the number of armature-circuits, of a motor having independent energizing-circuits connected to the armature-circuits of the generator, substantially as set forth.

2. The combination, with a source of alternating currents which differ in phase and comprising a rotating magneto-electric machine yielding a given number of current-impulses or alternations for each turn or revolution, of a motor or motors having independent energizing-circuits through which the said currents are caused to flow, and poles which in number are less than the number of current impulses produced in each motor-circuit by one turn or revolution of the magneto-machine, as set forth.

3. The combination, with a multipolar alternating-current machine having independent induced or current-generating circuits, of motors having, independent energizing-circuits and a smaller number of poles than the generator, as set forth.

4. The combination, with an alternating-current generator having independent induced circuits and constructed or adapted to produce a given number of current impulses or alternations for each turn or revolution, of motors having corresponding energizing-circuits and poles which in number are less than the number of current-impulses produced in each circuit in a turn or revolution of the generator, as set forth.

NIKOLA TESLA.

Witnesses:
FRANK E. HARTLEY,
FRANK B. MURPHY.

(No Model.)

# N. TESLA.

## ELECTRICAL TRANSMISSION OF POWER.

No. 511,915. Patented Jan. 2, 1894.

*Fig. 1*

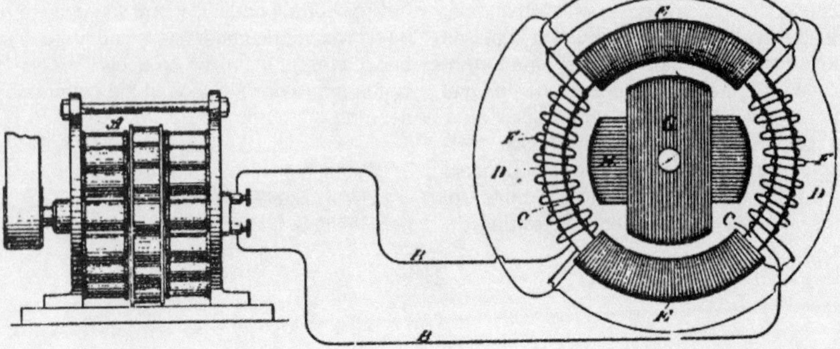


*Fig. 2*

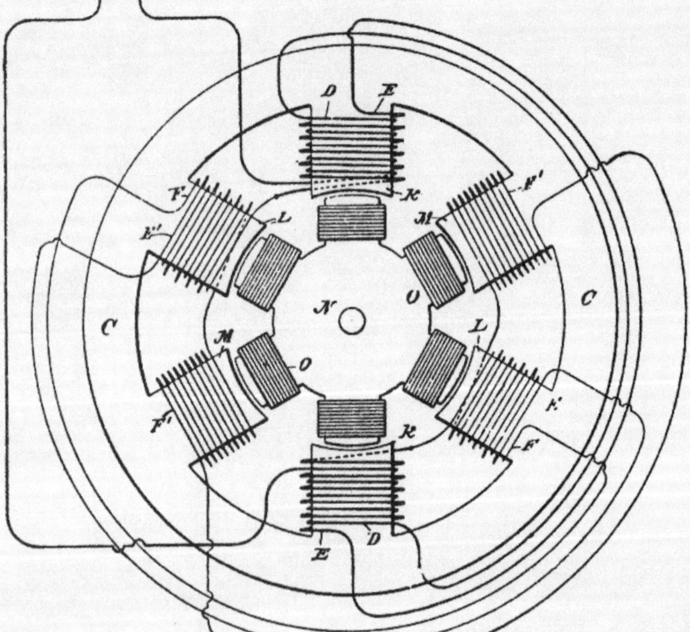


WITNESSES:

Raphael Netter

H. F. Newbury

INVENTOR

Nikola Tesla

BY

Duncan, Curtis & Page

ATTORNEYS.

# UNITED STATES PATENT OFFICE.

NIKOLA TESLA, OF NEW YORK, N. Y., ASSIGNOR TO THE TESLA ELECTRIC COMPANY, OF SAME PLACE.

## ELECTRICAL TRANSMISSION OF POWER.

SPECIFICATION forming part of Letters Patent No. 511,915, dated January 2,1894.
Original application filed May 15, 1888, Serial No. 273,993.
Divided and this application filed December 3, 1888. Serial No. 292,475. (No model.)

*To all whom it may concern:*

Be it known that I, NIKOLA TESLA, from Smiljan, Lika, border country of Austria-Hungary, a subject of the Emperor of Austria-Hungary, residing at New York, in the county and State of New York, have invented a new and useful Method of Electrical Transmission of Power, of which the following is a description, this application being a division of an application filed by me on May 16, 1888, Serial No. 273,993, and for the method of operating motors contained in such application.

In former patents granted to me I have shown and described a system for the electrical transmission of power characterized by the following particulars: The motor contains independent energizing-circuits and the generator has corresponding induced or current-generating circuits which are connected by independent line-circuits with those of the motor. The disposition of the generator-coils is such that the currents developed in the circuits including them will have a certain difference of phase, for example, that the maximum periods of the currents generated in one of its circuits coincide with the minimum periods of the currents produced in the other circuit, and the corresponding energizing-circuits of the motor are so arranged that the two currents cooperate to effect a progressive shifting of the magnetic poles or the points of maximum magnetic effect in the motor in consequence of which a rotation of its movable element is maintained.

My present invention involves this system, of electrical power transmission; its distinguishing characteristic being the mode or method of generating or producing the alternating currents which run or operate the motor.

This invention is carried out in the following way: Instead of generating directly the alternating currents in each of the circuits which include the energizing-coils of the motor, as by means of the induced coils of a magneto-electric machine, I generate or produce an alternating current in but one of such circuits directly and by means of such current induce the proper current in the other energizing motor-circuit. When the independent currents are both produced in the magneto-machine it will be observed that the two line or transmitting-circuits will of necessity extend the entire distance from the generator to the motor, but that by the method herein provided, one line-circuit may be dispensed with as one circuit or that from the generator may be brought into the proper inductive relation to the other at any desired point.

The following is illustrative of the manner in which I carry out this invention: I employ as a motor, for example, a subdivided annular field-magnet within which is mounted a suitable armature, such as a cylinder or disk wound with two coils at right angles, each of which is closed upon itself. On opposite sides of the annular field-magnet I wind two coils of insulated wire of a size adapted to carry the current from the generator. Over these coils or close to them in any of the well understood ways I wind secondary coils. I also wind on the annular field-magnet midway between the first mentioned coils a pair of coils which I connect up in circuit with the secondary coils. The last pair of coils I make of finer wire than the main or line and secondary coils and with a greater number of convolutions that they may have a greater relative magnetizing and retarding effect than either of the others. By connecting up the main-coils in circuit with a generator of alternating currents the armature of the motor will be rotated. It is probable that this action is explained by the following theory: A current-impulse on the line passing through the main-coils establishes the magnetic poles of the annular field-magnets at points midway between said coils. But this impulse produces in the secondary coils a current which, circulating through the second pair of energizing-coils tends to establish the poles at points ninety degrees removed from their first position with the result of producing a movement or shifting of the poles in obedience to the combined magnetizing effect of the two sets of coils. This shifting continued by each successive current-impulse establishes what may be termed a rotary effort and operates to maintain the armature in rotation.

In the drawings annexed I have shown in Figure 1 an alternating-current generator connected with a motor, shown diagrammatically and constructed in accordance with my invention, and in Fig. 2 a diagram of a modified form of motor.

A designates any ordinary form of alternating-current generator and B B, the line-wires for connecting the same with the motor.

C is the annular field-magnet of the motor.

D D are two main-coils wound on opposite sides of the ring or annular field and connected up with the line, and having a tendency to magnetize the ring C with opposite poles midway between the two coils.

E E are two other magnetizing-coils wound midway between coils D D, but having a stronger magnetizing influence for a current of given strength than coils D D.

F F are the secondary coils which are associated with the main-coils D D. They are in circuits which include the coils E E respectively, the connections being made in such order that currents induced in coils F and circulating in coils E will act in opposition to those in coils D in so far only as the location of the magnetic poles in the ring C is concerned.

The armature may be of any of the forms used by me in my alternating-current system and is shown as wound with two closed coils G H at right angles to each other.

In order to prolong the magnetizing effect of the induced currents in producing a shifting of the poles, I have carried the principle of the construction exhibited in Fig. 1 farther, thereby obtaining a stronger and better rotary effect.

Referring to Fig 2, C is an annular field-magnet having, three pairs or oppositely located sets of polar-projections K L M. Upon one pair of these projections, as K, the main energizing-coils D are wound. Over these are wound the secondary coils E. On the next polar-projections L L are wound the second energizing-coils F which are in circuit with coils E. Tertiary induced coils E' are then wound over the coils F and on the remaining polar-projections M the third energizing-coils F' are wound and connected up in the circuit of the tertiary coils E'. The cylindrical or disk armature-core N in this motor has polar-projections wound with coils O forming closed circuits. My object in constructing the motor in this way is to effect more perfectly a shifting of the points of maximum magnetic effect. For assuming the operation of the motor to be due to the action above set forth -- the first effect of a current impulse in this motor will be to magnetize the pole-pieces K K, but the current thereby induced in coils E magnetizes the pole-pieces L and the current induced in turn in coils E' magnetizes the pole-pieces M. The pole-pieces are not magnetized, at least to their full extent, simultaneously, by this means, but there is enough of a retardation or delay to produce a rotary effect or influence upon the armature. The application of this principle is not limited to the special forms of motor herein shown, as any of the double-circuit alternating-current motors invented by me and described in former Letters Patent to me may be adapted to the same purpose. This method or mode of producing the currents in the independent energizing-circuits of the motor may be carried out in various ways, and it is not material to the invention broadly considered, what devices be employed in effecting the result, viz.: the induction from or by the current from the generator or source, of the current or currents which cooperate therewith in producing the rotation of the motor.

I would state that in using the word generator, I mean either a primary generator, such as a magneto-machine, or a secondary generator, such as an electrical converter, and in claiming protection for inducing the current in one set of energizing-coils by the current which circulates in another, I would be understood as including the induction of the secondary current from the current from the same source as that which traverses the motor-coils whether it be flowing in the same branch or part of the circuit or not.

What I claim is --

1. The method of operating electro-magnetic motors having independent energizing-circuits, as herein described, which consists in passing an alternating current through one of the energizing-circuits and inducing by such current the current in the other energizing-circuit of the motor, as set forth.

2. The method of operating electro-magnetic motors having independent energizing-circuits as herein described, which consists in developing an alternating current in one of said energizing-circuits and inducing thereby currents in the other energizing-circuit or circuits, as herein set forth.

NIKOLA TESLA.

Witnesses:

GEO. N. MONRO,
EDWARD T. EVANS.

(No Model.)

# N. TESLA.

## ALTERNATING MOTOR.

No. 555,190. Patented Feb. 25, 1896.

*Fig. 1*

*Fig. 2*

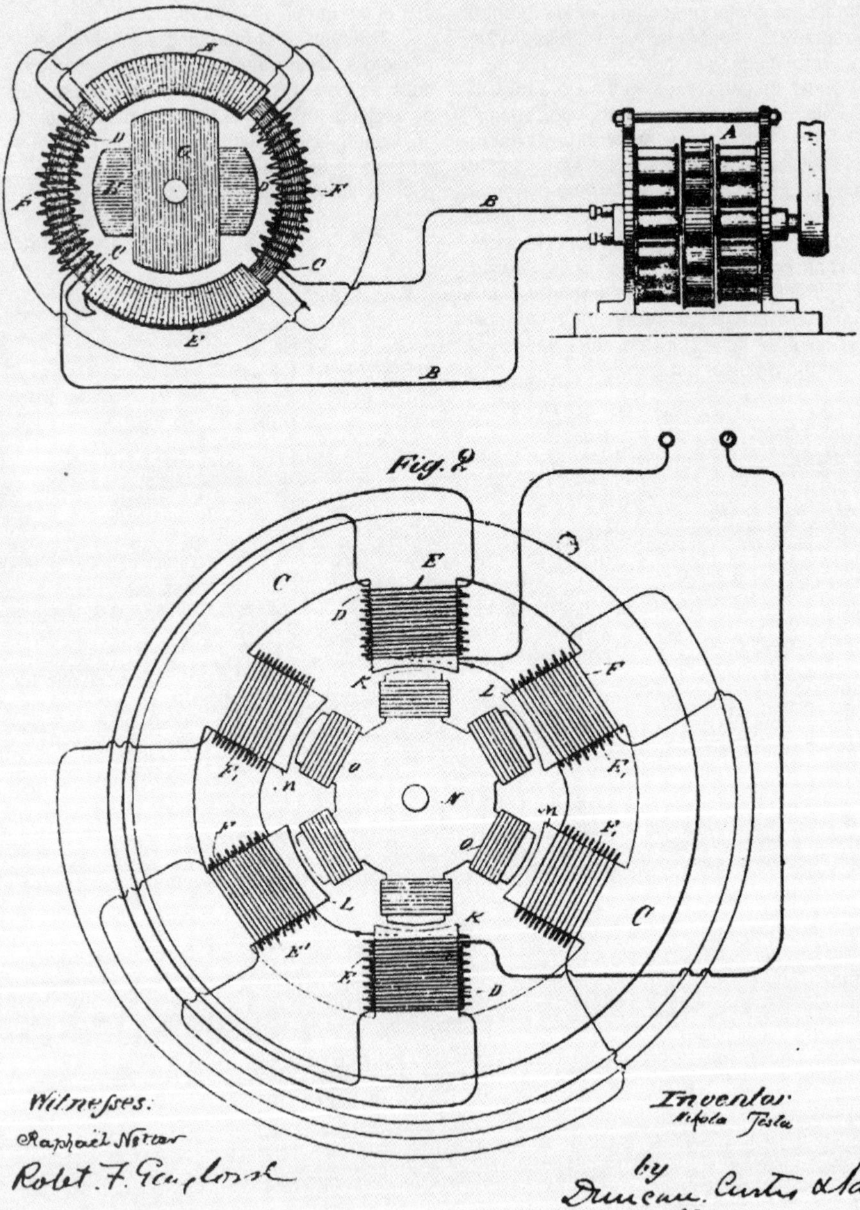


Witnesses:

Raphaël Netter

Robt. F. Gaylord

Inventor

Nikola Tesla

by Duncan, Curtis & Page

Attorneys

# UNITED STATES PATENT OFFICE.

NIKOLA TESLA, OF NEW YORK, N. Y., ASSIGNOR
TO THE TESLA ELECTRIC COMPANY, OF SAME PLACE.

## ALTERNATING MOTOR.

SPECIFICATION forming part of Letters Patent No. 555,190, dated February 25, 1896.
Application filed May 15, 1888. Serial No. 273,993. (No model.)

*To all whom it may concern:*

Be it known that I, NIKOLA TESLA, from Smiljan, Lika, border country of Austria-Hungary, a subject of the Emperor of Austria-Hungary, residing at New York, in the county and State of New York, have invented certain new and useful Improvements in Electro-Magnetic Motors, of which the following is a specification, reference being had to the drawings accompanying and forming parts of the same.

In former patents granted to me -- notably, Patents Nos. 381,968 and 382,280, of May 1, 1988 -- I have shown and described a system for the electrical transmission of power characterized by the following particulars: The motor contains independent energizing-circuits and the generator has corresponding induced or current-generating circuits which are connected by independent line-circuits with those of the motor, the said circuits being independent in the sense only that the distinctive relations of the currents produced, transmitted and utilized in each are preserved to produce their proper conjoint effect. The disposition of the generator-coils or circuits is such that the currents developed therein and transmitted therefrom to the motor will have a certain difference of phase -- for example, that the maximum periods of the currents generated in one of its circuits coincide with the minimum periods of the currents produced in the other circuit, and the corresponding energizing-circuits of the motor are so arranged that the two currents cooperate to effect a progressive shifting of the magnetic poles or the points of maximum magnetic effect in the motor in consequence of which a rotation of its movable element is maintained.

My present invention pertains to this system of electrical power transmission; its novel and distinguishing feature, however, being a special means for generating or producing in the motor-circuits the alternating currents necessary for the operation of the motor, for while in the instances referred to I produce both currents directly by a magneto-electric machine in the present instance I generate or produce in but one of the circuits of the motor directly an alternating current, and by means of such current induce in the other energizing-motor circuit the other alternating current necessary for its operation.

When the independent currents are both produced in the magneto-machine it will be observed that the two line or transmitting-circuits will of necessity extend the entire distance from the generator to the motor; but by the plan herein provided one line-circuit only is required, as the circuit from the generator and the other are brought into inductive relation to each other in the motor itself.

The following is illustrative of a means by which I secure this result in accordance with my present invention: I employ as a motor, for example, a subdivided annular field-magnet within which is mounted a suitable armature, as a cylinder or disk, wound with two coils at right angles, each of which forms a closed circuit. On opposite sides of the annular field-magnet I wind two coils of insulated wire of a size adapted to carry the current from the generator. Over these coils, or close to them, in any of the well understood ways, I wind secondary coils. I also wind on the annular field-magnet midway between the first-mentioned coils a pair of coils which I connect up in circuit with the secondary coils.

The last pair of coils I make of finer wire than the main or line and secondary coils and with a greater number of convolutions that they may have a greater relative magnetizing effect than either of the others.

By connecting up the main-coils in circuit with a generator of alternating currents the armature of the motor will be rotated. I have assumed that this action is explained by the following theory: A current-impulse on the line passing through the main-coils establishes the magnetic poles of the annular field-magnets at points midway between said coils; but this impulse produces in the secondary coils a current differing in phase from the first, which, circulating through the second pair of energizing-coils tends to establish the poles at points ninety degrees removed from their first position with the result of producing a movement or shifting of the poles in obedience to the combined magnetizing effect of the two sets of coils. This shifting, continued by each successive current-impulse, establishes what may be termed a "rotary effort," and operates to maintain the armature in rotation.

In the drawings annexed I have shown in Figure 1, an alternating-current generator connected with a motor shown diagrammatically and constructed in accordance with my invention, and in Fig. 2 a diagram of a modified form of motor.

A designates any ordinary form of alternating-current generator, and B B the line-wires for connecting the same with the motor.

C is the annular field-magnet of the motor.

D D are two main-coils wound on opposite sides of the ring or annular field and connected up with the line and having a tendency to magnetize the ring with opposite poles midway between the two coils.

E E are two other magnetizing-coils wound midway between the coils D D, but having a stronger magnetizing influence for a current of given strength than coils D D.

F F are the secondary coils which are associated with the main-coils D D. They are in circuits which include the coils E E, respectively, the connections being made in such order that currents induced in coils F and circulating in coils E will act in opposition to those in coils E in so far only as the location of the magnetic poles in the ring C is concerned.

The armature may be of any of the forms used by me in my alternating-current system, and is shown as wound with two closed coils G H at right angles to each other.

In order to prolong the magnetizing effect of the induced currents in producing a shifting of the poles I have carried the principle of the construction exhibited in Fig. 1 further, thereby obtaining a stronger and better rotary effect.

Referring to Fig 2, C is an annular field-magnet having, three pairs or oppositely located sets of polar-projections K L M. Upon one pair of these projections, as K, the main energizing-coils D are wound. Over these are wound the secondary coils E. On the next polar-projections L L are wound the second energizing-coils F which are in circuit with coils E. Tertiary induced coils E' are then wound over the coils F and on the remaining polar-projections M the third energizing-coils F' are wound and connected up in the circuit of the tertiary coils E'.

The cylindrical or disk armature-core N in this motor has polar-projections wound with coils O forming closed circuits. My object in constructing the motor in this way is to effect more perfectly a shifting of the points of maximum magnetic effect. For assuming the operation of the motor to be due to the action above set forth, the first effect of a current-impulse in this motor will be to magnetize the pole-pieces K K, but the current thereby induced in coils E magnetizes the pole-pieces L and the current induced in turn in coils E' magnetizes the pole-pieces M. The pole-pieces are not magnetized, at least to their full extent, simultaneously, by this means, but there is enough of a retardation or delay to produce a rotary effect or influence upon the armature. The application of this principle is not limited to the special forms of motor herein shown, as any of the double-circuit alternating-current motors invented by me and described in former Letters Patent to me may be adapted to the same purpose.

This invention, moreover, is not limited to the specific means herein shown for inducing in one energizing-circuit of the motor the currents necessary for co-operating with the primary current of the generator for producing the progressive shifting of the poles or points of maximum magnetic effect.

I believe that I am the first to produce any kind of motor adapted to be operated by alternating currents and characterized by any arrangement of independent circuits brought into inductive relation so as to produce a rotary effort or effect due to the conjoint action of alternating currents from a source of supply in one of the motor-circuits and alternating currents induced by the first-named currents in the other circuit, and this without reference of said two circuits in the motor.

What I therefore claim as my invention is --

1. In an electro-magnetic motor, the combination of independent energizing-circuits, one adapted to be connected with a source of alternating current, the other arranged in inductive relation to the said first circuit whereby the motor will be operated by the resultant acton of the two circuits, as set forth.

2. The combination in an electro-magnetic motor, with an alternating coil or conductor and a closed-circuit conductor in inductive relation thereto, of an armature mounted so as to be within the field produced by the coil and closed conductor, as set forth.

3. The combination in an electro-magnetic motor, with energizing-coils adapted to be connected with the generator of induced coils and independent energizing-coils in circuit therewith and arranged to produce a shifting movement of the points of maximum magnetic effect of the motor, as set forth.

4. The combination in an electro-magnetic motor of a series of independent energizing-coils or sets of coils and induced coils wound on all the energizing-coils or sets of coils but the last of the series, the first energizing-coils or sets of coils being included in circuit with a generator and each succeeding energizing-coil or sets of coils being in circuit with the induced coils of the next preceeding energizing-coils of the series.

5. In a system for electrical transmission of power the combination of an alternating-current generator, a motor with an energizing-coil or coils connected with the generator, secondary-coils, and energizing-coils in circuit therewith arranged in substantially the manner set forth to produce a movement or rotation of the points of maximum magnetic effect of the motor, as set forth.

6. In an electro-magnetic motor the combination of independent energizing-circuits, one for connection with a source of alternating currents, the other in inductive relation to the first, whereby a rotary movement or projection of the field-poles will be produced by the conjoint action of the two and an armature mounted within the influence of the field produced by the energizing-circuits and containing closed coils or circuits, as set forth.

NIKOLA TESLA.

Witnesses:
ROBT. F. GAYLORD,
FRANK E. HARTLEY.

No Model.)

# N. TESLA.

## ELECTROMAGNETIC MOTOR.

No. 524,426 Patented Aug. 14, 1894.

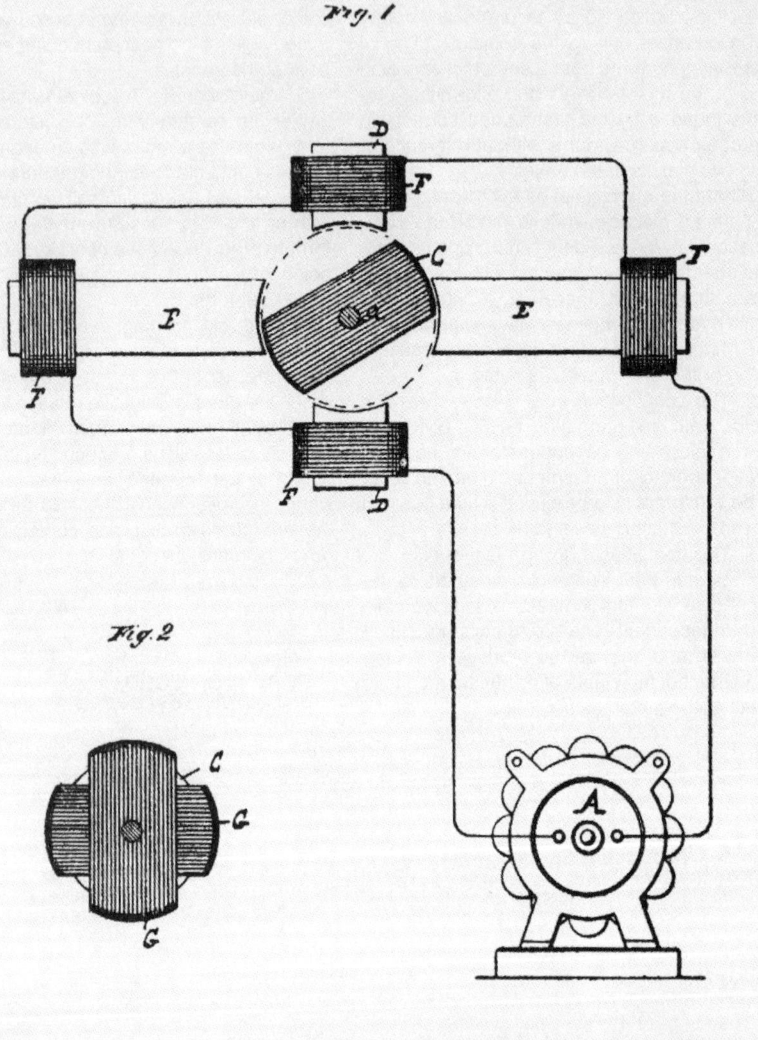


WITNESSES:

Frank E. Hartley

Frank B. Murphy.

Nikola Tesla INVENTOR

BY

Duncan, Curtis & Page

ATTORNEYS

# UNITED STATES PATENT OFFICE.

NIKOLA TESLA, OF NEW YORK, N. Y., ASSIGNOR
TO THE TESLA ELECTRIC COMPANY, OF SAME PLACE.

## ELECTRO-MAGNETIC MOTOR.

SPECIFICATION forming part of Letters Patent No. 524,426, dated August 14, 1894.
Application filed October 20, 1888. Serial No. 288,677. (No model.)

*To all whom it may concern:*

Be it known that I, NIKOLA TESLA, a subject of the Emperor of Austria-Hungary, from Smiljan, Lika, border country of Austria-Hungary, and a resident of New York, in the county and State of New York, have invented certain new and useful Improvements in Electro-Magnetic Motors, of which the following is a specification, reference being had to the drawings accompanying and forming a part of the same.

In previous patents of the United States notably in those numbered 381,968 and 382,280, dated May 1, 1888, I have shown and described a system of transmitting power by means of electro-magnetic generators and motors. The distinguishing feature of this system was shown to be the progressive movement or shifting of the magnetic poles or points of maximum attraction of a motor, due to the action or effect of alternating currents passed through independent energizing-circuits in the motor. To secure this result the two currents must have different phases, the best results being obtained when the two currents differ by a quarter phase, or in other words when the periods of maximum potential of one current coincide with the minimum periods of the other, and conversely. I have also discovered that a single alternating current may be utilized to produce a progression or shifting of the magnetic poles of a motor if the field-magnets of the same be of different magnetic susceptibility in different parts so that the magnetic phases of the same will differ. That is to say, if the field-magnets are of such character that their different portions will be differently magnetized -- in respect to time -- by the same current-impulse, and so disposed that the difference of magnetic phase will maintain a rotary or progressive shifting of the points of maximum magnetic effect. This may be accomplished in various ways, as may best be explained by reference to the accompanying drawings, in which --

Figure 1, is a diagrammatic view of a motor constructed in accordance with my invention and a generator connected therewith. Fig. 2, is an end view of a modified form of armature for said motor.

Let A designate an ordinary type of alternating-current generator in the circuit of which is to be connected a motor or motors, according to my present invention. I construct such motor or motors in the following manner: On a shaft *a* I mount an armature C, which for convenience of illustration is presumed to be a soft iron plate or disk with two cut-away portions or a bar with rounded ends. Around this armature I place say four poles, D D E E, of soft iron, and, as is usual in all alternating-current machines, built up of insulated plates or sections to prevent the heating that would otherwise occur. Each of these cores is surrounded by an energizing-coil F and all of these coils are connected to the main-circuit from the generator A in series or in any other manner to receive simultaneously the current impulses delivered by the generator. If the cores are all of the same shape or mass, or composition, and the coil are all wound in the same or alternately-opposite directions, no rotation would be produced by the passage through the coils of a current, whether alternating or direct, since the attractive forces of the poles upon the soft iron armature would be developed simultaneously and would counterbalance or neutralize each other. But to secure rotation I make, for example, the cores D D short with their coils close to their inner ends and the cores E E long, with their coils removed from the inner ends. By this means I secure a difference in the magnetic phases which the poles exhibit, for while the short cores will respond to the magnetizing effect of an alternation or impulse of current in the coils in a certain time, a greater interval of time will elapse before the same magnetic intensity will be developed at the ends of the longer cores, and in practice I have found that this difference in phase may be utilized to produce the rotation of the armature. The effect being virtually to produce a shifting of the points of maximum magnetic effect similar to that which takes place when two alternating energizing currents, differing in phase are used, as explained In the patents above referred to. The essential difference being that in my patented system the rotation is effected by a time difference of electrical phase, while in the present case it is due to a difference in magnetic phases.

The same or similar results are obtainable by other means. For example, to secure the requisite difference of magnetic phase, I may make two of the cores as E E of greater mass than cores D D, whereby their period of saturation will be greater than of cores D D, or I may make the cores E E of hard iron or steel and the cores D D of soft iron, in which case the cores E E offering greater resistance to magnetic changes, will not exhibit their magnetism as soon after the passage of a current as the cores D D. Or if the cores of one set of poles, as D, D, be removed, the attractive force of the coils or solenoids would be exerted instantly while the magnetic cores E E would lag or have a different phase.

The special form of the motor is largely a matter of choice, nor is the invention limited to the number of poles nor to the special form of armature shown. For example, I may employ such an armature as that shown in Fig. 2, which is a cylinder or disk C wound with coils G closed upon themselves. This adds materially to the efficiency of the motor for the reason that currents are induced in the closed coils and magnetize the iron cylinder in a manner similar to that described in my Patent No. 383,279 of May 1, 1888.

Without limiting myself, therefore, in the particulars hereinbefore specified, what I claim as my invention is --

1. In an alternating-current motor the combination with energizing coils adapted to be connected with an external circuit of cores of different magnetic susceptibility so as to exhibit differences of magnetic phase under the influence of an energizing-current, as herein set forth.

2. The combination in an alternating-current motor with a rotary armature of magnetic poles, and coils adapted to be connected with the external circuit surrounding the same, the said cores being constructed of different size or material whereby their magnetic phase will differ in time, as set forth.

3. The combination in an electro-magnetic motor with a rotary armature of magnetic cores of different length or mass and energizing-coils surrounding the same and adapted to be connected with a single source of alternating currents, as set forth.

4. The combination in an electro-magnetic motor with a rotary armature of short magnetic cores as D D and long magnetic cores as E E, and energizing-coils surrounding the same, those on the cores E E being placed at a distance from the inner ends of the said cores, as herein set forth.

5. The combination in an electro-magnetic motor with energizing-coils adapted to be connected with a source of alternating currents and cores of different magnetic susceptibility of an armature wound with coils closed upon themselves, as herein set forth.

6. The combination in an electro-magnetic motor with a rotary armature of field-cores of different magnetic susceptibility and energizing-coils thereon connected in series and adapted to be connected with a source of alternating currents, as set forth.

NIKOLA TESLA.

Witnesses:
GEO. N. MONRO,
A. PATTERSON.

(No Model.)

# N. TESLA.

## ELECTRICAL TRANSMISSION OF POWER.

No. 511,559. Patented Dec. 26, 1893.

Fig. 1

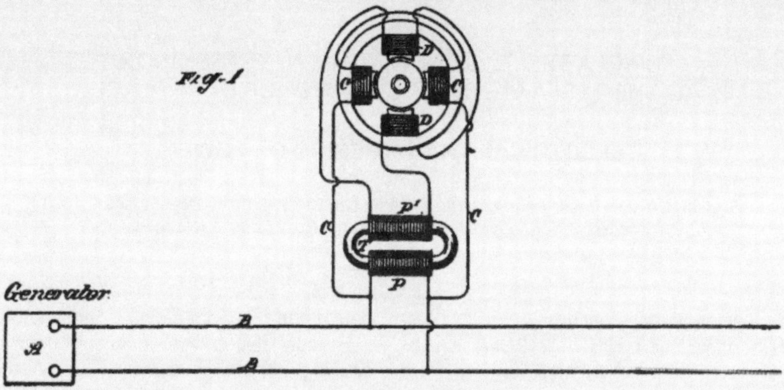


Fig. 2

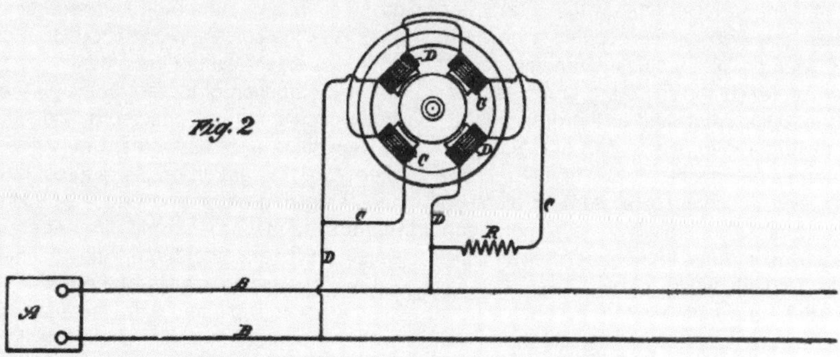


Fig. 3

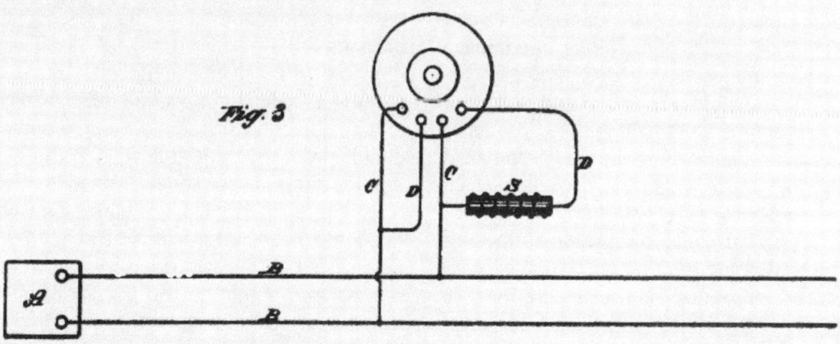


WITNESSES:

Raphaël Netter

Ernest Hopkinson

INVENTOR

Nikola Tesla

BY

Duncan, Curtis & Page

ATTORNEYS

# UNITED STATES PATENT OFFICE.

NIKOLA TESLA, OF NEW YORK, N. Y., ASSIGNOR
TO THE TESLA ELECTRIC COMPANY, OF SAME PLACE.

## ELECTRICAL TRANSMISSION OF POWER.

SPECIFICATION forming part of Letters Patent No. 511,559, dated December 26, 1893.
Application filed December 8, 1888. Serial No. 293,051. (No model.)

*To all whom it may concern:*

Be it known that I, NIKOLA TESLA, a subject of the Emperor of Austria-Hungary, from Smiljan, Lika, border country of Austria-Hungary, residing at New York, in the county and State of New York, have invented a new and useful Method of Electrical Transmission of Power, of which the following is a specification, reference being had to the drawings accompanying and forming a part of the same.

In certain patents heretofore granted, I have shown and described a system of electrical power transmission, in which each motor contained two or more independent energizing-circuits through which were caused to pass alternating currents, having in each circuit such a difference of phase that by their combined or resultant action they produced a rotary progression of the poles or points of maximum magnetic effect of the motor and thereby maintained the rotation of its movable element. In the system referred to and described in said patents, the production or generation of the alternating currents upon the combined or resultant action of which the operation of the system depends, is effected by the employment of an alternating current which, by reason of the winding or other construction of the generator produced currents differing in phase, and these currents were conveyed directly from the generator to the corresponding motor-coils by independent lines or circuits. I have, however, discovered another method of operating these motors, which dispenses with one of the line-circuits and enables me to run the motors by means of alternating currents from a single original source.

Broadly stated this invention consists in passing alternating currents, obtained from one original source, through both of the energizing-circuits of the motor, and redarding the phases of the current in one circuit to a greater or less extent than in the other.

The distribution of current between the two motor-circuits may be effected by induction or by derivation. In other words, I may pass the alternating current from the source through one energizing-circuit and induce by such current a second current in the other energizing-circuit. Or, on the other hand, I may connect up the two energizing-circuits of the motor in derivation or multiple arc with the main-circuit from the source. In either event I make due provision for maintaining a difference of phase between the currents in the two circuits or branches.

In carrying out my invention I have used various means for securing this result. For example, when I induce a current in one of the circuits from the current flowing in the other, I employ a form of converter or bring the two circuits into such inductive relations as will produce the necessary difference of phase. Or, when I obtain the two energizing-currents by derivation, I make the two circuits of different degrees of self-inductance by inserting a resistance or a self-induction coil in one of said circuits, or I combine these devices in different ways as I shall more specifically describe hereinafter.

The accompanying drawings to which I now refer in further illustration of my invention, are a series of diagrams illustrating, not the specific construction of the particular devices which I may or may not have used, but rather, the electrical connections and relations to be adopted in carrying out the present system by means of devices which are now well known.

Figure 1 is a diagram illustrating the method of operating the motors by inducing one of the energizing-currents by the other. Fig. 2 is a similar diagram of the method of operating the motors where the two energizing-currents are obtained by derivation from a single source. Fig. 3 is a modified application of this principle.

Referring to Fig. 1 let A respresent the source of alternating currents which are to be utilized in operating the motor or motors. It will be understood that considered as a source of current it may be either a primary or secondary generator.

B B designate the conductors of the circuit which convey the alternating currents to one or more motors. The motor has two energizing-circuits or sets of coils C D. One of these circuits as C is connected directly with the circuit B. The other set of coils as D, is connected up in the secondary circuit of an electrical transformer or induction coil T. The primary coil P of this transformer, is included in the circuit B. The alternations of current in the circuit B tend to establish in their passage through the coils C, a polarity at right angles to that set up by the coils D, and if the currents in the two sets of coils accorded in their phases, no rotary effect would be produced. But the secondary current developed in the coil P´ of the transformer, will lag behind that in the primary, which lag or retardation may be increased as I have shown in another application, to a sufficient extent to practically obtain the same result as though two independent alternating currents were used to energize the motor.

In Fig. 2 the two energizing-circuits of the motor are shown connected in multiple arc to the circuit B B, and in one of these circuits is a resistance R. Assuming the two motor-circuits to have the same self-induction and resistance no rotary effect will be produced by the passage through them of an alternating current from the source A. But if one of the motor-circuits, as C, be varied or modified by the introduction of a dead resistance R, the self-induction of that circuit or branch is reduced, and the phases of current therein retarded to a correspondingly less extent. The relative degrees of retardation of the phases of the current in the two motor-circuits with respect to those of the unretarded current in the circuit B thus produced, will set up a rotation of the motor which may be practically utilized for many purposes.

In Fig. 3, the arrangement of the parts is similar to that shown in Fig. 2, except that a self-induction coil as S is introduced into one branch or energizing-circuit of the motor. The effect of thus increasing the self-induction in one of the circuits is to retard the phases of the current passing therein to a greater extent than in the other circuit, and in this way to secure the necessary difference to produce the rotation of the motor.

In an application filed, of even date herewith, I have shown and described other ways of accomplishing this result, among which may be noted the introduction of a resistance capable of variation in each motor-circuit, or the use of a resistance in one circuit and a self-induction coil in the other.

In the above description I have referred mainly to motors with two energizing-circuits, but it is evident that the invention applies equally to those in which there are more than two of such circuits, adaption of the same being a matter well understood by those skilled in the art.

I do not claim in this application the specific devices employed by me in carrying out the invention, having made these the subject of other applications.

What I claim herein is --

1. The method of operating motors having independent energizing-circuits, as herein set forth, which consists in passing alternating currents through both of the said circuits and retarding the phases of the current in one circuit to a greater or less extent than in the other.

2. The method of operating motors having independent energizing-circuits, as herein set forth, which consists in directing an alternating current from a single source through both circuits of the motor and varying or modifying the relative resistance or self-induction of the motor-circuits and thereby producing in the currents differences of phase, as set forth.

NIKOLA TESLA.

Witnesses:
FRANK E. HARTLEY,
FRANK B. MURPHY.

(No Model.) 3 Sheets—Sheet 1

# N. TESLA.

## SYSTEM OF ELECTRICAL POWER TRANSMISSION.

No. 511,560. Patented Dec. 26, 1893.

Fig. 1

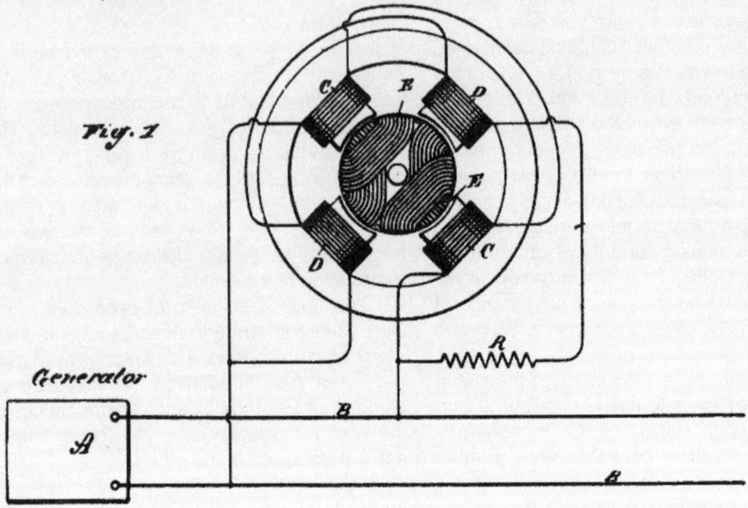


Fig. 2

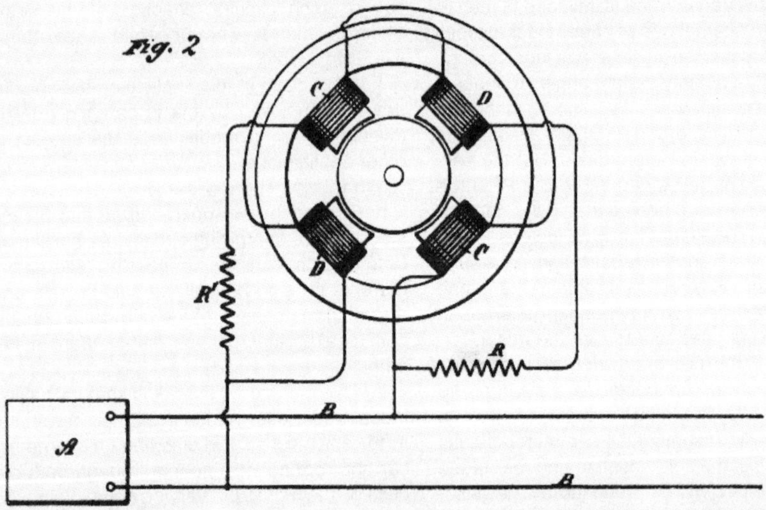


WITNESSES:

Raphael Netter

Ernest Hopkinson

INVENTOR

Nikola Tesla

BY

Duncan, Curtis & Page

ATTORNEYS.

(No Model.) 3 Sheets—Sheet 2.

# N. TESLA.

## SYSTEM OF ELECTRICAL POWER TRANSMISSION.

No. 511,560. Patented Dec. 26, 1893.

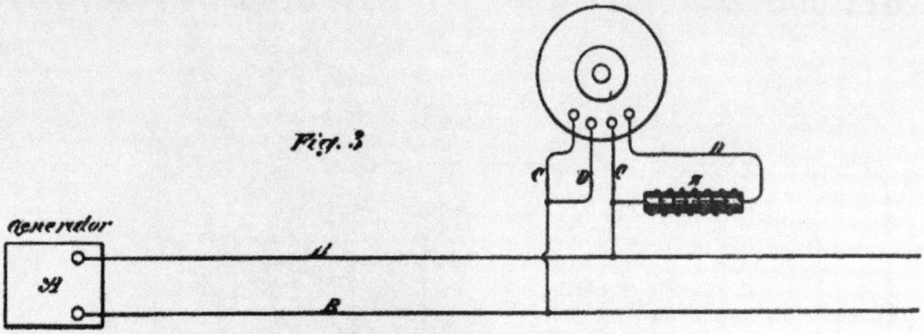


Fig. 3

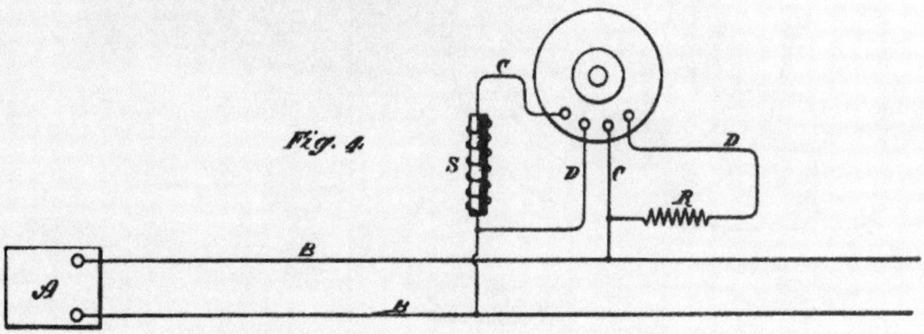


Fig. 4

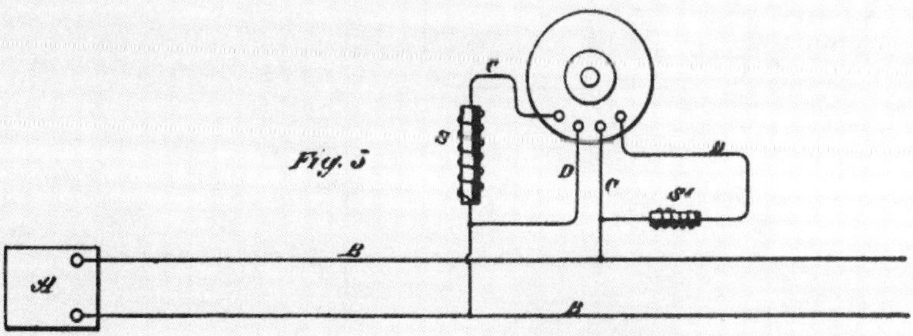


Fig. 5

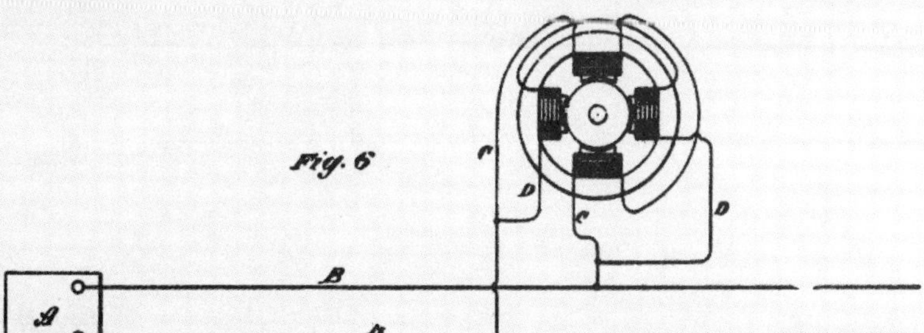


Fig. 6

WITNESSES:

Raphaël Netter

Ernest Hopkinson

INVENTOR

Nikola Tesla

BY

Duncan, Curtis & Page

ATTORNEYS

(No Model.) 3 Sheets—Sheet 3

# N. TESLA

## SYSTEM OF ELECTRICAL POWER TRANSMISSION.

No. 511,560 Patented Dec. 26, 1893.

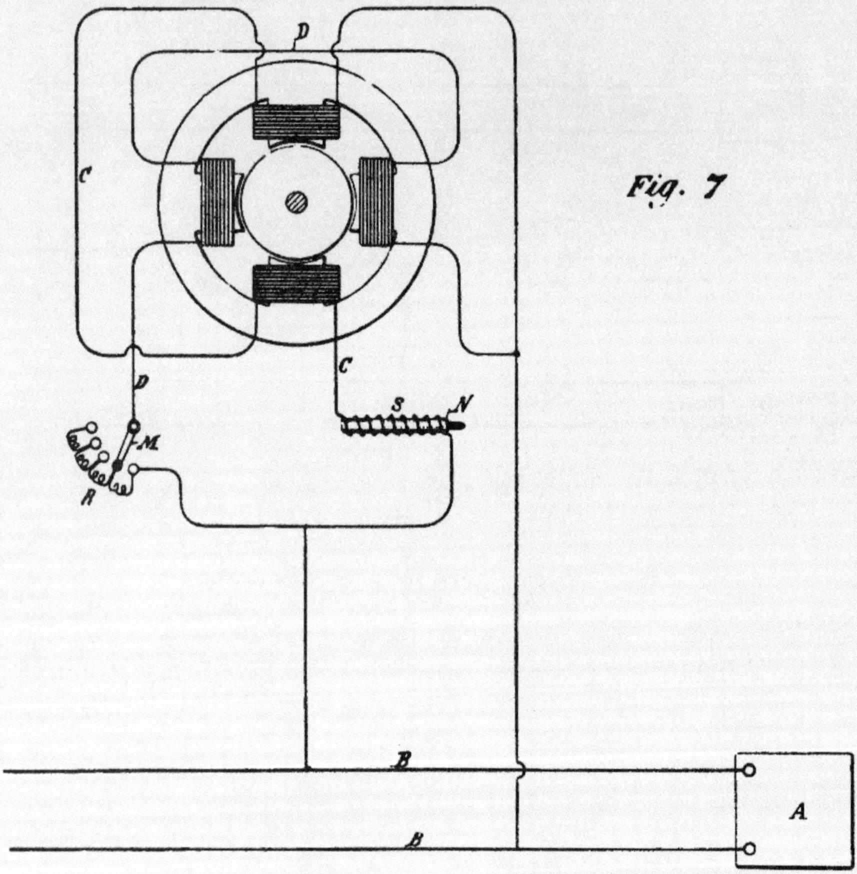


WITNESSES

Raphael Netter

James W. Catlow

INVENTOR

Nikola Tesla

BY

Duncan & Page

ATTORNEYS

# UNITED STATES PATENT OFFICE.

NIKOLA TESLA, OF NEW YORK, N. Y., ASSIGNOR TO THE TESLA ELECTRIC COMPANY, OF SAME PLACE.

## SYSTEM OF ELECTRICAL POWER TRANSMISSION.

SPECIFICATION forming part of Letters Patent No. 511,560, dated December 25, 1893.
Application filed December 8,1888. Serial No. 293,052. (No model.)

*To all whom it may concern:*

Be it known that I, NIKOLA TESLA, a subject of the Emperor of Austria-Hungary, from Smiljan, Lika, border country of Austria-Hungary, residing at New York, in the county and State of New York, have invented certain new and useful Improvements in Systems of Electrical Power Transmission, of which the following is a specification, reference being had to the drawings accompanying and forming a part of the same.

In certain patents heretofore granted, I have shown and described a system of electrical power transmission in which each motor contained two or more independent energizing-circuits through which were caused to pass alternating currents having in each circuit such difference of phase that by their combined or resultant action they produced a rotary progression of the poles or points of maximum magnetic effect of the motor and thereby maintained the rotation of its movable element. In the system referred to and described in the said patents the production or generation of the alternating currents, upon the combined or resultant effect of which the operation of the system depends, is effected by the employment of an alternating-current generator with independent induced circuits which, by reason of the winding or other construction of the generator, produces currents differing in phase, and those currents are conveyed directly from the generator to the corresponding motor-coils by independent lines or circuits. I have, however, discovered that I may produce the same or a similar result by an alternating current from a single original source using between the generator and motors but one line or transmission-circuit. Broadly stated, this system or method involves a source of alternating or equivalent currents, a single transmission-circuit, a motor having independent energizing-circuits connected with or adapted for connection with the transmission-circuit, means for rendering the magnetic effects due to the energizing-circuits of different phase, and an armature within the influence of the energizing-circuits; the means for accomplishing this result being of such a nature as to retard the current in one energizing-circuit to a greater or less extent than in the other. The distribution of the main original current through the two motor-circuits may be effected by induction or by derivation. In other words, I may pass the alternating current from the source through one energizing-circuit, and influence by such current a second current in the other energizing-circuit. Or, on the other hand, I may connect up the two energizing-circuits of the motor in derivation or multiple arc with the main-circuit from the source. In either event I make due provision for maintaining a difference of phase between the currents in the two circuits or branches.

In an application filed by me May, I5, 1888 Serial No. 273,993, I have shown and described the means which I have employed for securing this result by inducing one energizing-current from the other.

My present application relates to the means employed when the two energizing currents are obtained from a single original source by derivation.

In explanation of what appears to be the principle of the operation of my invention and of the functions of the several instrumentalities comprised thereby, let it be assumed that the two energizing-circuits of an alternating-current motor, such, for example, as I have described in my Patent No. 382,280, dated May 1,1888, are connected up in derivation or multiple arc with the conductors of a circuit including an alternating-current generator. It is obvious that if both circuits, are alike and offer the same resistance to the passage of the current no rotary effect will be produced, for although the periods of the currents in both circuits will lag or be retarded to a certain extent with respect to an unretarded current from the main-circuit, their phases will coincide. If, however, the coils of one circuit have a greater number of convolutions around the cores, or a self-induction coil be included in one of the circuits, the phases of the current in that circuit are retarded by the increased self-induction. The degree of retardation may readily be secured by these means which will produce the difference in electrical phase between the two currents necessary for the practical operation of the motor. If in lieu of increasing the self-induction of one circuit a dead resistance be inserted, the self-induction of such circuit exerts a correspondingly diminished effect and the phases of the current flowing in that branch are brought more nearly in unison with those of an unretarded current from the main-line and the necessary difference of phase between the currents in the two energizing-circuits thus secured. I take advantage of these results in several ways. For example, I may insert variable resistances in both branches or energizing-circuits and by varying one or the other so as to bring the phases of the two currents more or less in unison with those of the unretarded current, I may thus vary the direction of the rotation of the motor. In lieu of resistances I may employ variable self-induction coils, in both circuits. Or I may use a resistance in one and a self induction-coil in the other and vary either or both. This system or means of operating the motors is rendered of great practical value by employing an armature wound with energizing-coils closed upon themselves, in which currents are induced by the alternating currents passing in the field-coils that serve to greatly increase the mutual attractive effect between the armature and the field-magnets. This use of the armature with closed coils I regard as an important feature of my invention. These several features of the invention I shall now describe more in detail by reference to the accompanying drawings.

Figure 1 is a diagram of the system in which the motor-coils or energizing-circuits are in derivation to the main-line with a dead resistance inserted in one circuit. Fig. 2 is a diagram showing dead resistances in both motor-circuits. Fig. 3 is a diagram showing a self-induction coil in one motor-circuit. Fig. 4 is a diagram showing a dead resistance in one circuit and a self-induction coil in the other. Fig. 5 in like manner shows a self-induction coil in each motor-circuit. Fig. 6 is a diagram showing the two motor-circuits of different electrical character. Fig. 7 is a diagram illustrating means for varying at will the electrical character of the motor-circuits.

Referring, to Fig. 1, A designates a suitable source of alternating currents and B the line-wires running therefrom. It will be understood that the generator A may be a primary or secondary generator, and the line B B may be the main transmission-circuit or a local circuit from a transformer connected at any point in the line of a main or transmission-circuit. For convenience in this case, it will be considered as a line from a given source of current to one or more motors. The motor contains a given number of pole-pieces wound with two sets of coils C and D. The armature is wound with permanently closed energizing-coils E in which currents are developed by inductive action when the motor is in operation which magnetize the armature-core and greatly increase the efficiency of the motor. Assuming the two motor-circuits to have the same degree of self-induction and resistance no rotary effect will be produced by the passage through them of an alternating current from the source A. But if in one of the motor-circuits, as D, a dead resistance represented by R be introduced, the self-induction of that circuit or branch is reduced and the phases of current therein retarded to a correspondingly less extent. The relative degrees of retardation of the phases of the current in the two motor-circuits with respect to those of an unretarded current from the circuit B thus produced will set up a rotation of the motor which may be practically utilized for many purposes.

If, as in Fig. 2, a dead resistance R, R' be introduced into each motor-circuit, no rotary effect will be produced as long as the resistances are equal, but by varying the resistance in one circuit the retardation of the current in that circuit will be varied, and corresponding effects produced. For example, a reduction of the resistance in one circuit imparts to the motor rotation in one direction while a reduction of the resistance in the other circuit will produce a rotation in the opposite direction. By means of the two resistances, therefore, capable of variation or of being bodily withdrawn from or inserted in the circuits by any well known means, a perfect regulation of the motors is secured.

In Fig. 3 the arrangement of all the parts is similar to that shown in Fig. 1 except that a self-induction coil as S is introduced into one branch or energizing-circuit of the motor. The effect of thus increasing the self-induction in one of the circuits is to retard the phases of the current passing therein to a greater extent than in the other circuit and in this way to secure the necessary difference in phase between the two energizing-currents to produce the rotation of the motor.

In Fig 4 a self-induction coil S is included in one of the motor-circuits and a dead resistance R in the other. The increased self-induction in one circuit thus produced acts to increase the difference of phase between the current in such motor-circuit and the unretarded current in the main-line B. On the other hand, the introduction of the dead resistance in the other motor-circuit reduces the retardation and brings the phases of the current therein more closely in accord with those of the unretarded current, thus producing a correspondingly greater difference of phase between the two currents in the energizing-circuits C and D.

In Fig. 5, two self-induction coils S, S' are shown, one in each motor or energizing-circuit. One of these coils as S' is such smaller than the other and has less self-induction or counter electro-motive force than the other, so that the phases of current will be retarded to a less extent than in the other. The two self-induction coils may be of the same character or size if it is desired to use but one at a time for the purpose of reversing the motor, or if they be constructed in well known ways so that they may be varied.

In Fig. 7 the usual means for varying the resistance or self-induction of the motor-circuits at will are indicated by the lever M sliding over a series of resistance-plates, and by a core N which is adapted to be moved in and out of the induction-coil S.

Similar results may be secured by such a construction or organization of the motor as will yield the necessary differences of phase. For example, one set of energizing-coils may be of finer wire than the other, or have a greater number of convolutions, or each circuit may contain the same number of convolutions, but composed of different conductors, as, for instance, one of copper, the other of German silver. I have represented this in Fig. 6, in which the coils C are indicated by closer lines than coils D.

There are other ways of varying the retardation due to the self-induction in the two energizing-circuits. For example, the motor-coils may be all alike, but those of one energizing-circuit connected in series, or the connection in each energizing-circuit may be alike, but the currents directed through them may be of different strength, as when one of the currents is supplied from a source of higher electro-motive force.

In the above description I have referred mainly to motors with two energizing-circuits, but it is evident that the invention applies equally to those in which there are more than two of such circuits, the adaptation of the same being a matter well understood by those skilled in the art.

In using in the claims the term active resistance as applied to the motor-circuits in this case, it will be understood that the term refers to the opposing or retarding force existing in the circuits to the passage of the alternating currents. Thus, the two circuits may have the same dead resistance, but different degrees of self-induction.

What I claim as may invention is --

1. The combination with a source of alternating currents, and a circuit from the same, of a motor having independent energizing-circuits connected with the said circuit, and

means for rendering the magnetic effects due to said energizing-circuits of different phase and an armature within the influence of said energizing-circuits.

2. The combination with a source of alternating currents and a circuit from the same, of a motor having independent energizing-circuits connected in derivation or multiple arc with the said circuit, the motor or energizing-circuits being of different electrical character whereby the alternating currents therein will have a difference of phase, as set forth.

3. The combination with a source of alternating currents and a circuit from the same, of a motor having independent energizing-circuits connected in derivation or mutiple arc with the said circuit and of different active restistance, as set forth.

4. In an alternting-current motor, the combination with field-magnets, of independent energizing-circuits, adapted to be connected in multiple arc with the conductors of the line or transmission-circuit and a resistance or self-induction coil in one or both of the said motor-circuits, as set forth.

5. In an alternating-current motor, the combination with the field-magnets or cores of independent energizing-coils adapted to be connected in multiple arc with the line or transmission-circuit, and a variable resistance or self-induction coil included in one or both of the motor-circuits, as set forth.

6. In an alternating-current motor, the combination with the field-magnets or cores and independent energizing-circuits of different active resistance and adapted to be connected with the line or transmission-circuit, of an armature wound with closed energizing-coils or conductors, as set forth.

7. The combination of a generator of alternating currents, a pair of mains connected thereto, a multiple circuit differential phase, an electric-motor having one circuit connected directly to said mains, and the other circuit connected to said mains through an interposed electro-motive phase-changing device adapted to change the time period of the currents passing through it.

NIKOLA TESLA.

Witnesses:

FRANK E. HARTLEY,
FRANK B. MURPHY.

(No Model.)

N TESLA.

ELECTRO MAGNETIC MOTOR.

No. 405,858. Patented June 25, 1889.

Fig. 1

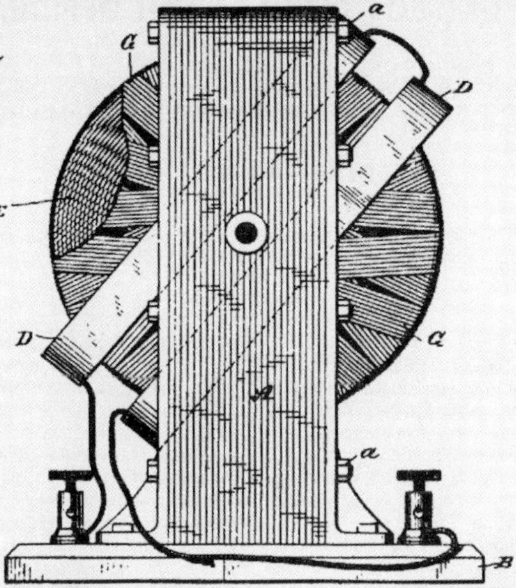


Fig. 2

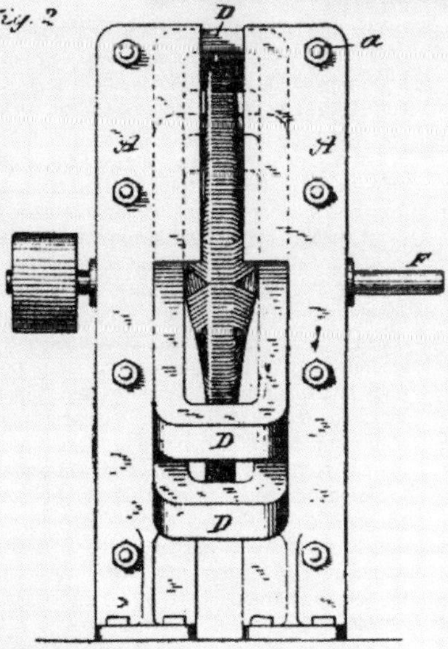


Fig. 3

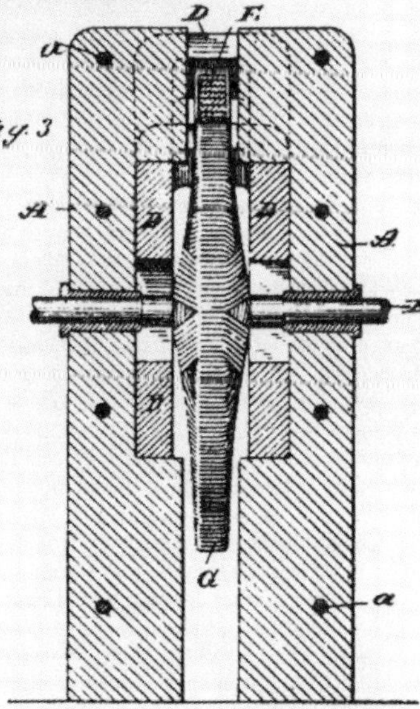


WITNESSES

Raphael Netter

Robt. F. Gaylord

INVENTOR

Nikola Tesla

BY

Duncan, Curtis & Page

ATTORNEYS

# UNITED STATES PATENT OFFICE.

NIKOLA TESLA, OF NEW YORK, N. Y., ASSIGNOR
TO THE TESLA ELECTRIC COMPANY, OF SAME PLACE.

## ELECTRO-MAGNETIC MOTOR.

SPECIFICATION forming part of Letters Patent No. 405,858, dated June 25, 1889.
Application filed January 8, 1889. Serial No. 295,745. (No model.)

*To all whom it may concern:*

Be it known that I, NIKOLA TESLA, from Smiljan, Lika, border country of Austria-Hungary, a subject of the Emperor of Austria, residing at New York, in the county and State of New York, have invented certain new and useful Improvements in Electro-Magnetic Motors, of which the following is a specification, reference being had to the drawings accompanying and forming a part of the same.

In order to define more clearly the relations which the motor forming the subject of my present application bears to others of the class to which it pertains, I will recapitulate briefly the forms of alternating current motors invented by me and described more in detail in my prior patents and applications. Of these there are two principal types or forms: first, those containing two or more energizing-circuits through which are caused to pass alternating currents differing from one another in phase to an extent sufficient to produce a continuous progression or shifting of the poles or points of greatest magnetic effect, in obedience to which the movable element of the motor is maintained in rotation; second, those containing poles or parts of different magnetic susceptibility, which under the energizing influence of the same current or two currents coinciding in phase will exhibit differences in their magnetic periods or phases. In the first class of motors the torque is due to the magnetism established in different portions of the motor by currents from the same or from independent sources, and exhibiting time differences in phase. In the second class the torque results from the energizing effects of a current upon parts of the motor which differ in magnetic susceptibility -- in other words, parts which respond to the same relative degree to the action of a current, not simultaneously, but after different intervals of time. In my present invention, however, the torque, instead of being solely the result of a time difference in the magnetic periods or phases of the poles or attractive parts to whatever cause due, is produced by an angular displacement of the parts which, though movable with respect to one another, are magnetized simultaneously, or approximately so, by the same currents. This principle of operation I have embodied practically in a motor in which I obtain the necessary angular displacement between the points of greatest magnetic attraction in the two elements of the motor the armature and field by the direction of the lamination of the magnetic cores of said elements, and the best means of accomplishing this result of which I am at present aware I have shown in the accompanying drawings.

Figure 1 is a side view of the motor with a portion of its armature-core exposed. Fig. 2 is an end or edge view of the same. Fig. 3 is a central cross-section of the same, the armature being shown mainly in elevation.

Let A A designate two plates built up of thin sections or laminae of soft iron insulated more or less from one another and held together by bolts *a* or any other suitable means and secured to a base B. The inner faces of these plates contain recesses or grooves in which a coil or coils D are secured obliquely to the direction of the laminations. Within the coils D is a disk E, preferably composed of a spirally-wound iron wire or ribbon or a series of concentric rings and mounted on a shaft F, having bearings in the plates A A. Such a device when acted upon by an alternating current is capable of rotation and constitutes a motor, the operation of which I explain in the following manner: A current or current-impulse traversing the coils D tends to magnetize the cores A A and E, all of which are within the influence of the magnetic field of the coils. The poles thus established would naturally lie in the same line at right angles to the coils D, but in the plates A they are deflected by reason of the direction of the laminations and appear at or near the extremities of said plates. In the disk, however, where these conditions are not present, the poles or points of greatest attraction are on a line at right angles to the plane of the coils; hence there will be a torque established by this angular displacement of the poles or magnetic lines, which starts the disk in rotation, the magnetic lines of the armature and field tending toward a position of parallelism. This rotation is continued and maintained by the reversals of the current in coils D D, which change alternately the polarity of the field-cores A A. This rotary tendency or effect will be greatly increased by winding the disk with conductors G, closed upon themselves and having a radial direction, whereby the magnetic intensity of the poles of the disk will be greatly increased by the energizing effect of the currents induced in the coils G by the alternating currents in coils D. The plan of winding and the principle of operation have been fully explained in my patent, No. 382,279, of May 1, 1888.

The cores of the disk and field may or may not be of different magnetic susceptibility -- that is to say, they may both be of the same kind of iron, so as to be magnetized at approximately the same instant by the coils D; or one may be of soft iron and the other of hard, in order that a certain time may elapse between the periods of their magnetization. In either case rotation will be produced; but unless the disk is provided with the closed energizing-coils it is desirable that the above described difference of magnetic susceptibility be utilized to assist in its rotation.

The cores of the field and armature may be made in various ways, as will be well understood, it being only requisite that the laminations in each be in such direction as to secure the necessary angular displacement of the points of greatest attraction. Moreover, since the disk may be considered as made up of an infinite number of radial arms, it is obvious that what is true of a disk holds, under well understood conditions, for many other forms of armature, and my invention in this respect is in no sense limited to the specific form of armature shown.

It will be understood that the specific ways of carrying out this invention are almost without number, and that, therefore, I do not limit myself to the precise form of motor which I have herein shown.

I believe that I am the first to produce rotation of an armature, at least such as could be utilized for any general or practicable purposes, by means of an alternating-current passing through a single coil or several coils acting as one, and which have a direct magnetizing effect upon the cores of both armature and field, and this I claim in its broadest sense.

I further believe that I am the first to impart directly, by means of an alternating current, magnetism to the cores of the two elements of a motor, and by the direction of the lamination of one or both of the same to produce an angular displacement of the poles or lines of magnetic force of the cores, respectively.

What I therefore claim is --

1. An electro-magnetic motor consisting of a field-magnet, a rotary armature, and a single coil adapted to be connected to a source of alternating currents and to impart magnetism to both the armature and the field-magnet with angular displacement of the maximum points, as set forth.

2. In an electro-magnetic motor, the combination, with a coil adapted to be connected with a source of alternating currents, of a field-magnet and rotary armature the cores of which are in such relation to the coil as to be energized thereby and subdivided or laminated in such manner as to produce an angular displacement of their poles or the magnetic lines therein, as set forth.

3. In an electro-magnetic motor, the combination, with a coil adapted to be connected with a source of alternating currents, of field-magnets with laminations lying obliquely to the plane of said coil and a circular or disk-armature mounted to rotate between the field-magnets, both field and armature being under the magnetizing influence of the coil, as set forth.

4. In an electro-magnetic motor, the combination, with a coil adapted to be connected with a source of alternating currents, of field-magnets, with laminations lying obliquely to the plane of the coil and a circular or disk-armature with spiral or concentric laminations mounted between the field-magnets, both field and armature being under the magnetizing influence of the coil, as set forth.

5. In an electro-magnetic motor, the combination, with a coil adapted to be connected to a source of alternating currents, of a field-magnet and a rotary armature with closed coils thereon, both the field and the armature being under the magnetizing influence of said coil and laminated to produce an angular displacement of the poles of the two cores.

NIKOLA TESLA.

Witnesses:
EDWARD T. EVANS,
GEORGE G. MONRO.

No Model.)

# N. TESLA.

## METHOD OF OPERATING ELECTRO MAGNETIC MOTORS.

No 401,520. Patented Apr. 16, 1889.

Fig. 1

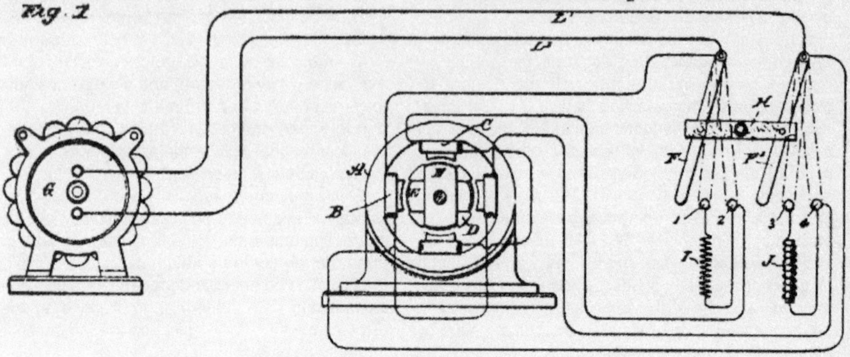


Fig. 2

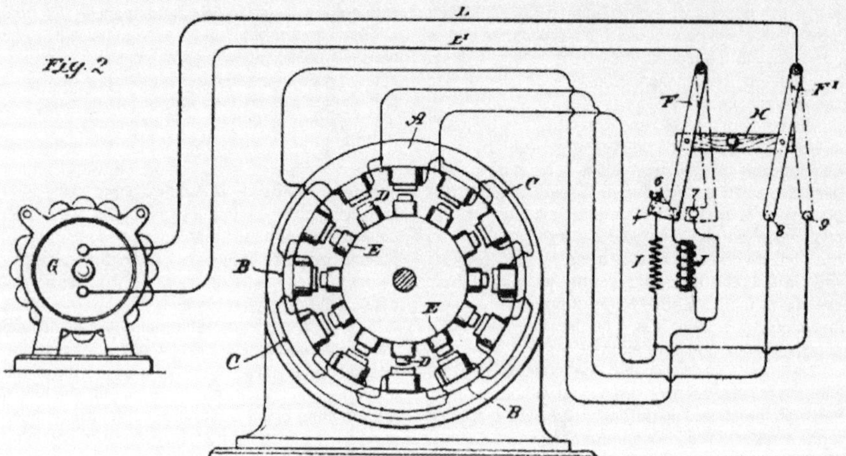


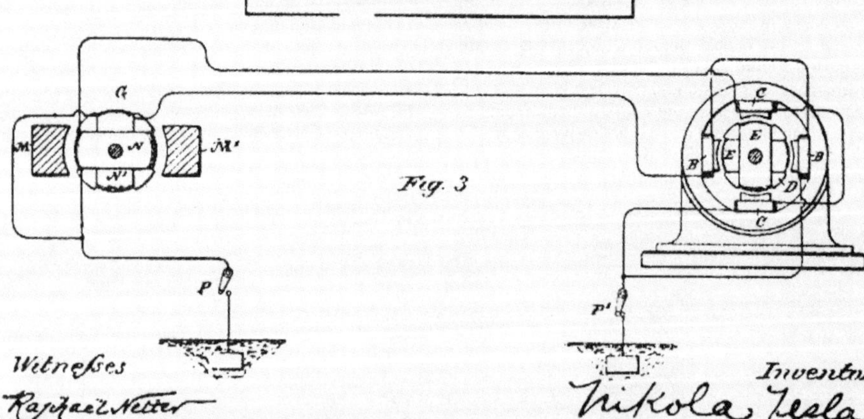


Fig. 3

Witnesses
Raphael Netter
Ernest Hopkinson

Inventor:
Nikola Tesla
by
Duncan. Curtis & Page.

# UNITED STATES PATENT OFFICE.

NIKOLA TESLA, OF NEW YORK, N. Y.

## METHOD OF OPERATING ELECTRO-MAGNETIC MOTORS.

SPECIFICATION forming part of Letters Patent No. 401,520, dated April 16, 1889.
Application filed February 18, 1889. Serial No. 300,220. (No model.)

*To all whom it may conern:*

Be it known that I, NIKOLA TESLA, a subject of the Emperor of Austria, from Smiljan, Lika, border country of Austria-Hungary, and residing at New York, in the county and State of New York, have invented certain new and useful Improvements in Methods of Operating Electro-Magnetic Motors, of which the following is a specification, reference being had to the drawings accompanying and forming a part of the same.

As is well known, certain form of alternating-current machines have the property, when connected in circuit with an alternating current generator, of running as a motor in synchronism therewith; but, while the the alternating current will run the motor after it has attained a rate of speed synchronous with that of the generator, it will not star it. Hence, in all instances heretofore where these "synchronizing-motors," as they are termed, have been run some means have been adopted to bring the motors up to synchronism with the generator, or approximately so, before the alternating current of the generator is applied to drive them. In some instances mechanical appliances have been utilized for this purpose. In other special and complicated forms of motor have been constructed. I have discovered a much more simple method or plan of operating synchronizing-motors, which requires practically no other apparatus than the motor itself. In other words, by a certain change in the circuit-connections of the motor I convert it a will from a double-circuit motor, or such as I have described in prior patents and applications, and which will start under the action of an alternating current into a synchronizing-motor, or one which will be run by the generator only when it has reached a certain speed of rotation synchronous with that of the generator. In this manner I am enabled to very greatly extend the applications of my system and to secure all the advantages of both forms of alternating-current motors.

The expression "synchronous with that of the generator," is used herein in its ordinary acceptation -- that is to say, a motor is said to synchronize with the generator when it preserves a certain relative speed determined by its number of poles and the number of alternations produced per revolution of the generator. Its actual speed, therefore, may be faster or slower than that of the generator; but it is said to be synchronous so long as it preserves the same relative speed.

In carrying out my invention I construct a motor which has a strong tendency to synchronism with the generator. The construction which I prefer for this is that in which the armature is provided with polar-projections. The field-magnets are wound with two sets of coils, the terminals of which are connected to a switch-mechanism, by means of which the line-current may be carried directly through the said coils or indirectly through paths by which its phases are modified. To start such a motor, the switch is turned onto a set of contacts which includes in one motor-circuit a dead resistance, in the other an inductive resistance, and, the two circuits being in derivation, it is obvious that the difference in phase of the current in such circuits will set up a rotation of the motor. When the speed of the motor has thus been brought to the desired rate, the switch is shifted to throw the main-current directly through the motor-circuits, and although the currents in both circuits will now be of the same phase the motor will continue to revolve, becoming a true synchronous motor. To secure greater efficiency, I wind the armature or its pola- projections with coils closed on themselves. There are various modifications and important features of this method or plan; but the main principle of the invention will be understood from the foregoing.

In the drawings, to which I now refer, I have illustrated by the diagrams the general features of construction and operation which distinguish my invention, Figure 1 being drawn to illustrate the details of the plan above set forth, and Figs. 2 and 3 modifications of the same.

Referring to Fig. 1, let A designate the field-magnets of a motor, the polar-projections of which are wound with coils B C included in independent circuits, and D the armature with polar-projections wound with coils E closed upon themselves, the motor in these respects being similar in construction to those described in my patent, No. 382,279 dated May 1, 1888, but having, by reason of the polar-projections on the armature-core or other similar and well known features, the properties of a synchronizing-motor.

L L´ represent the conductors of a line from an alternating-current generator G.

Near the motor is placed a switch the action of which is that of the one shown in the drawings, which is constructed als follows: F F´ are two conducting plates or arms, pivoted at their ends and connected by an insulating cross-bar, H, so as to be shifted in parallelism. In the path of the bars F F´ is the contact 2, which forms one terminal of the circuit through coils C, and the contact 4, which is one terminal of the circuit through coils B. The opposite end of the wire of coils C is connected to the wire L or bar F´, and the corresponding end of coils B is connected to wire L´ and bar F; hence if the bars be shifted so as to bear on contacts 2 and 4 both sets of coils B C will be included in the circuit L L´ in multiple arc or derivation. In the path of the levers F F´ are two other contact-terminals, 1 and 3. The contact 1 is connected to contact 2 through an artificial resistance, I, and contact 3 with contact 4 through a self-induction coil, J, so that when the switch-levers are shifted onto the points 1 and 3 the circuits of coils B and C will be connected in multiple arc or derivation to the circuit L L´, and will include the resistance and self-induction coil, respectively. A third position of the switch is that in which the levers F and F´ are shifted out of contact with both sets of points. In this case the motor is entirely out of circuit.

The purpose and manner of operating the motor by these devices are as follows. The normal position of the switch, the motor being out of circuit, is off the contact-points. Assuming the generator to be running, and that it is desired to start the motor, the switch is shifted until its levers rest upon points 1 and 3. The two motor-circuits are thus conected with the generator-circuit; but by reason of the presence of the resistance I in one and the self-induction coil J in the other the coincidence of the phases of the current is disturbed sufficiently to produce a progression of the poles, which starts the motor in rotation. When the speed of the motor has run up to synchronism with the generator, or approximately so, the switch is shifted over onto the points 2 and 4, thus cutting out the coils I and J, so that the currents in both circuits have the same phase; but the motor now runs as a synchronous motor, which is well known to be a very desirable and efficient means of converting and transmitting power.

It will be understood that when brought up to speed the motor will run with only one of the circuits B or C connected with the main or generator-circuit, or the two circuits may be connected in series. This latter plan is preferable when a current having a high number of alternations per unit of time is employed to drive the motor. In such case the starting of the motor is more difficult and the dead and inductive resistance must take up a considerable proportion of the electro-motive force of the circuits. Generally I so adjust the conditions that the electro-motive force used in each of the motor-circuits is that which is required to operate the motor when its circuits are in series. The plan which I follow in this case is illustrated in Fig. 2. In this diagram the motor has twelve poles and the armature has polar-projections D wound with closed coils E. The switch used is of substantially the same construction as that shown in the previous figure. There are, however, five contacts, which I have designated by the figures 5, 6, 7, 8, and 9. The motor-circuits B C, which include alternate field-cores, are connected to the terminals in the following order: One end of circuit C is connected to contact 9 and to contact 5 through a dead resistance, I. One terminal of circuit B is connected to contact 7 and to contact 6 through a self-induction coil, J. The opposite terminals of both circuits are connected to contact 8.

One of the levers, as F, of the switch is made with an extension, *f*, or otherwise, so as to cover both contacts 5 and 6 when shifted into the position to start the motor. It will be observed that when in this position and with lever F´ on contact 8 the current divides between the two circuits B C, which from their difference in electrical character produce a progression of the poles that starts the motor in rotation. When the motor has attained the proper speed, the switch is shifted so that the levers cover the contacts 7 and 9, thereby connecting circuits B and C in series. I have found that by this disposition the motor is maintained in rotation in synchronism with the generator. This principle of operation, which consists in converting by a change of connections or otherwise a double-circuit motor or one operating by a progressive shifting of the poles into an ordinary synchronizing-motor may be carried out in many other ways. For instance, instead of using the switch shown in the previous figures, I may use a temporary ground-circuit between the generator and motor, in order to start the motor, in substantially the manner indicated in Fig. 3. Let G in this figure represent an ordinary alternating-current motor with, say, two poles, M M´, and an armature wound with two coils, N N´, at right angles and connected in series. The motor has, for example, four poles wound with coils B C, which are connected in series and an armature with polar-projections D wound with closed coils E E. From the common joint or union between the two circuits of both the generator and the motor an earth-connection is established, while the terminals or ends of the said circuits are connected to the line. Assuming that the motor is a synchronizing-motor or one that has the capability of running in synchronism with the generator, but not of starting, it may be started by the above-described apparatus by closing the ground-connection from both generator and motor. The system thus becomes one with a two-circuit generator and motor, the ground forming a common return for the currents in the two circuits L and L´. When by this arrangement of circuits the motor is brought to speed, the ground-connection is broken between the motor or generator, or both, and ground-switches P P´ being employed for this purpose. The motor then runs as a synchronizing-motor.

In describing those features which constitute my invention I have omitted illustrations of the applicances used in conjunction with the electrical devices of similar systems -- such, for instance, as driving-belts, fixed and loose pulleys for the motor, and the like; but these are matters well understood.

In describing my invention by reference to specific constructions I do not wish to be understood as limiting myself to the construction shown; and in explanation of my invention in this respect I would say that I may in such forms of apparatus as I have shown in Figs. 1 and 2 include the dead resistance and self-induction-coil in either circuit, or use only a dead resistance or a self-induction coil, as in the various ways shown in my application, No. 293,052, filed December 8, 1888. I may also use any form of switch, whether manual or automatic, that will by its manipulation or operation effect the required change of connections, and in order to secure the necessary difference of phase in the two motor-circuits on starting I may employ any of the known means for this purpose.

I believe that I am the first to operate electro-magnetic motors by alternating currents in any of the ways herein suggested or described -- that is to say, by producing a progressive movement or rotation of their poles or points of greatest magnetic attraction by the alternating currents until they have reached a given speed, and then by the same currents producing a simple alternation of their poles, or, in other words, by a change in the order or character of the circuit-connections to convert a motor operating on one principle to one operating on another, for the purpose described.

I do not claim herein of itself the method of

or apparatus for operating a motor which forms a part of this invention and which involves the principle of varying or modifying the currents passing through the energizing-circuits, so as to produce between such currents a difference of phase, as these matters are described and claimed by me in other applications, but with the object of securing, broadly, the method as a whole which I have herein set forth.

What I claim is --

1. The method of operating an alternating-current motor herein described by first progressively shifting or rotating its poles or points of greatest attraction and then, when the motor has attained a given speed, alternating the said poles, as described.

2. The method of operating an electro-magnetic motor herein described, which consists in passing through independent energizing-circuits of the motor alternating currents differing in phase and then, when the motor has attained a given speed, alternating currents coinciding in phase, as described.

3. The method of operating an electro-magnetic motor herein described, which consists in starting the motor by passing alternating currents differing in phase through independent energizing-circuits and then, when the motor has attained a given speed, joining the energizing-circuits in series and passing an alternating current through the same.

4. The method of operating a synchronizing-motor, which consists in passing an alternating current through independent energizing-circuits of the motor and introducing into such circuits a resistance and self-induction coil, whereby a difference of phase between the currents in the circuits will be obtained, and then, when the speed of the motor synchronizes with that of the generator, withdrawing the resistance and self-induction coil, as set forth.

NIKOLA TESLA.

Witnesses:
GEO. M. MONRO,
WM. H. LEMON.

(No Model.)

# N. TESLA.

## METHOD OF ELECTRICAL POWER TRANSMISSION.

No. 405,859. Patented June 25, 1889.

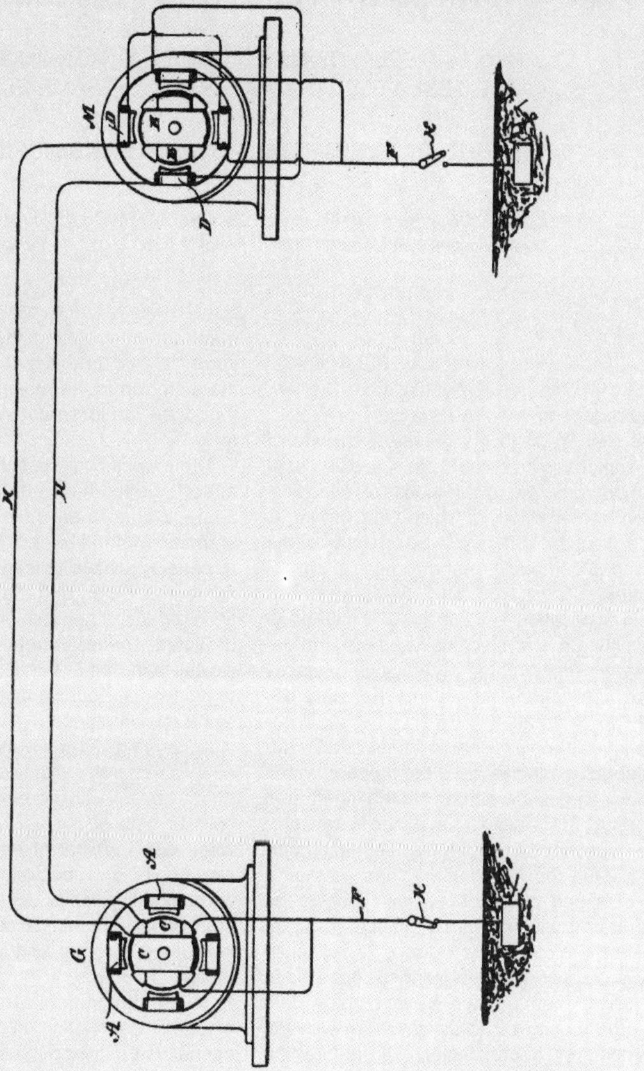


Witnesses:
Raphael Netter
Robt. F. Gaylord

Inventor
Nikola Tesla
By
Duncan. Curtis & Page
Attorneys.

# UNITED STATES PATENT OFFICE.

NIKOLA TESLA, OF NEW YORK, N. Y., ASSIGNOR
TO THE TESLA ELECTRIC COMPANY, OF SAME PLACE.

## METHOD OF ELECTRICAL POWER TRANSMISSION.

SPECIFICATION forming part of Letters Patent No. 405,859, dated June 25, 1889.
Application filed March 14, 1889. Serial No. 303,251. (No model.)

*To all whom it may concern:*

Be it known that I, NIKOLA TESLA, a subject of the Emperor of Austria, from Smiljan, Lika, border country of Austria-Hungary, residing at New York, in the county and State of New York, have invented certain new and useful Improvements in Methods of Electrical Power Transmission, of which the following is a specification, reference being had to the drawing accompanying and forming a part of the same.

This application is for a specific method of transmitting power electrically, shown and described in, and covered broadly by the claims of, an application filed by me February 18, 1889, No. 300,220.

As is well known, certain forms of alternating-current machines have the property, when connected in circuit with an alternating-current generator, of running as a motor in synchronism therewith; but, while the alternating current will run the motor after it has attained a rate of speed synchronous with that of the generator, it will not start it; hence, in all instances heretofore where these "synchronizing motors," as they are termed, have been run, some means have been employed to bring the motors up to synchronism with the generator, or approximately so, before the alternating current of the generator is applied to drive them. In some instances mechanical appliances have been utilized for this purpose. In others special and complicated forms of motor have been constructed.

My present invention is an improvement in methods of operating these motors and involves a new and improved plan of bringing the motor up to the proper rate of speed, that it may be run in synchronism with the generator.

The expression "synchronism with the generator" is used herein in its ordinary acceptation -- that is to say, a motor is said to synchronize with the generator when it preserves a certain relative speed determined by its number of poles and the number of alternations produced per revolution of the generator. Its actual speed, therefore, may be faster or slower than that of the generator, but it is said to be synchronous so long as it preserves the same relative speed.

In carrying out my present invention I construct a generator with two coils or sets of coils and a motor with corresponding energizing-coils or sets of coils. By means of two line-wires one terminal of each generator-coil or set of coils is connected to one terminal of its corresponding motor-coil or set of coils, while the opposite terminals of the generator-coils are joined together and likewise those of the motor.

To start the motor I establish temporarily an electrical connection between the points of connection between the coils in the generator and those in the motor, so that the system becomes an ordinary double-circuit system identical with that described in my patent, No. 390,413, of October 2, 1888; except that the generator and motor are constructed in an well known way with a strong tendency to synchronize. When by this plan of connection the motor has attained the desired speed, the earth-connection is severed, by which means the system becomes an ordinary single-circuit synchronizing system.

In the drawing I have illustrated this method by a diagram.

Let G represent an ordinary alternating-current generator having four field-poles A, permanently or artificially magnetized, and an armature wound with two coils C connected together in series.

Let M represent an alternating-current motor with, say, four poles D, the coils on which are connected in pairs and the pairs connected in series. The motor-armature should have polar-projections and closed coils E.

From the common joint or union between the two coils or sets of coils of both the generator and motor an earth-connection F is established, while the terminals or ends of the said coil or circuits which they form are connected to the line-conductors H H.

Assuming that the motor is a synchronizing-motor, or one that has the capability of running in synchronism with the generator, but not of starting, it may be started by the above described plan by closing the ground-connection from both generator and motor. The system thus becomes one with a two-circuit generator and motor, the ground forming a common return for the currents in the two wires H H. When by this arrangement of circuits the motor is brought to speed, the ground-connection is broken between the generator or motor or both and ground-switches K K being employed for this purpose. The motor then runs as a synchronizing-motor.

This system is capable of various useful applications which it is not necessary to describe in detail; but it will be enough to say that the convertibility of the system from double-circuit to single-circuit is a feature in itself of great value and utility.

I do not wish to be understood as confining, myself to the precise arrangement or order of connections herein set forth, as these may be obviously varied in many respects.

What I claim is --

1. The method of operating synchronizing-motors herein described, which consists in electrically connecting intermediate points of the inducing-circuit of the generator and the energizing-circuit of the motor until the motor has reached a desired speed and then interrupting such connection, as set forth.

2. The method herein described of starting or operating synchronizing-motors, which consists in electrically connecting intermediate points of the inducing-circuit of the generator and the energizing-circuit of the motor to earth until the motor has reached the desired speed and then interrupting either or both of the ground-connections, as set forth.

NIKOLA TESLA.

Witnesses:
EDWARD T. EVANS,
E. C. UPSTILL.

(No Model.)

N. TESLA.

DYNAMO ELECTRIC MACHINE.

No. 406,968. Patented July 16, 1889.

Fig. 1

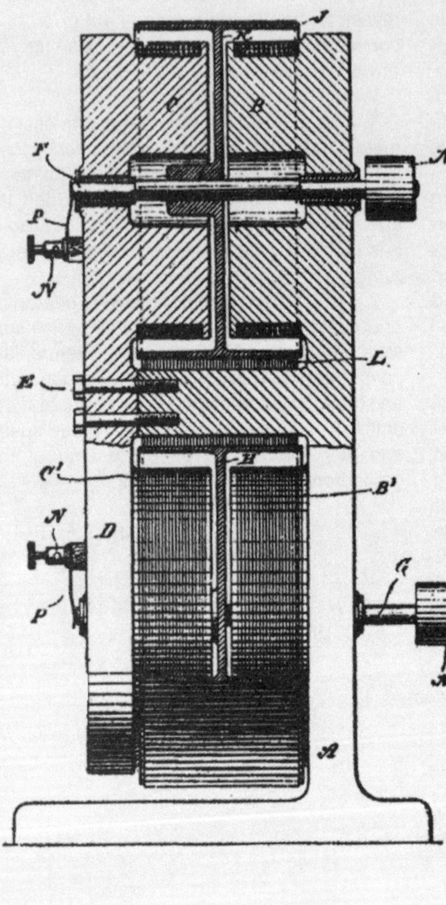


Fig. 2

Witnesses:
Robt. F. Gaylord
Ernest Hopkinson

Inventor
Nikola Tesla
by
Duncan, Curtis & Page.
Attorneys.

# UNITED STATES PATENT OFFICE.

NIKOLA TESLA, OF NEW YORK, N. Y., ASSIGNOR TO
TWO-THIRDS TO CHARLES F. PECK, OF ENGLEWOOD,
NEW JERSEY, AND ALFRED S. BROWN, OF NEW YORK, N. Y.

## DYNAMO-ELECTRIC MACHINE.

SPECIFICATION forming part of Letters Patent No. 406,968, dated July 16, 1889.
Application filed March 23, 1889. Serial No. 304,498. (No model.)

*To all whom it may concern:*

Be it known that I, NIKOLA TESLA, from Smiljan, Lika, border country of Austria-Hungary, a subject of the Emperor of Austria, and a resident of New York, in the county and State of New York, have invented certain new and useful Improvements in Dynamo or Magneto-Electric Machines, of which the following is a specification, reference being had to the accompanying drawings.

This invention relates to that class of electrical generators known as "unipolar," in which a disk or cylindrical conductor is mounted between magnetic poles adapted to produce an approximately uniform field. In the first-named or disk-armature machines the currents induced in the rotating conductor flow from the center to periphery, or conversely, according to the direction of rotation or the lines of force as determined by the signs of the magnetic poles, and these currents are taken off usually by connections or brushes applied to the disk at points on its periphery and near its center. In the case of the cylindrical armature-machine the currents developed in the cylinder are taken off by brushes applied to the sides of the cylinder at its ends.

In order to develop economically an electromotive force available for practicable purposes, it is necessary either to rotate the conductor at a very high rate of speed or to use a disk of large diameter or cylinder of great length; but in either case it becomes difficult to secure and maintain a good electrical connection between the collecting-brushes and the conductor, owing to the high peripheral speed.

It has been proposed to couple two or more disks together in series with the object of obtaining a higher electro-motive force; but with the connections heretofore used and using other conditions of speed and dimension of disk necessary to securing good practicable results this difficulty is still felt to be a serious obstacle to the use of this kind of generator. These objections I have sought to avoid; and for this purpose I construct a machine with two fields, each having a rotary conductor mounted between its poles, but the same principle is involved in the case of both forms of machine above described, and as I prefer to use the disk form I shall confine the description herein to that machine. The disks are formed with flanges, after the manner of pulleys, and are connected together by flexible conducting-bands or belts.

I prefer to construct the machine in such manner that the direction of magnetism or order of the poles in one field of force is opposite to that in the other, so that rotation of the disks in the same direction develops a current in one from center to circumference and in the other from circumference to center. Contacts applied therefore to the shafts upon which the disks are mounted form the terminals of a circuit the electro-motive force in which is the sum of the electro-motive forces of the two disks.

I would call attention to the obvious fact that if the direction of magnetism in both fields be the same the same result as above will be obtained by driving the disks in opposite directions and crossing the connecting-belts. In this way the difficulty of securing and maintaining good contact with the peripheries of the disks is avoided and a cheap and durable machine made which is useful for many purposes -- such as for an exciter for alternating-current generators, for a motor, and for any other purposes for which dynamo-machines are used.

The specific construction of the machine which I have just generally described I have illustrated in the accompanying drawings, in which --

Figure 1 is a side view, partly in section, of my improved machine. Fig. 2 is a vertical section of the same at right angles to the shafts.

In order to form a frame with two fields of force, I cast a support A with two pole-pieces B B´ integral with it. To this I join by bolts E a casting D, with two similar and corresponding pole-pieces C C´. The pole-pieces B B´ are wound or connected to produce a field of force of given polarity, and the pole-pieces C C´ are wound or connected to produce a field of opposite polarity. The driving-shafts F G pass through the poles and are journaled in insulating-bearings in the casting A D, as shown.

H K are the disks or generating-conductors. They are composed of copper, brass, or iron and are keyed or secured to their respective shafts. They are provided with broad peripheral flanges J. It is of course obvious that the disks may be insulated from their shafts, if so desired. A flexible metallic belt L is passed over the flanges of the two disks, and, if desired, may be used to drive one of the disks. I prefer, however, to use this belt merely as a conductor, and for this purpose may use sheet steel, copper, or other suitable metal. Each shaft is provided with a driving-pulley M, by which power is imparted from a counter-shaft.

N N are the terminals. For sake of clearness they are shown as provided with springs P, that bear upon the ends of the shafts. This machine, if self-exciting, would have copper bands around its poles, or conductors of any kind such as the wires shown in the drawings may be used.

I do not limit my invention to the special construction herein shown. For example, it is not necessary that the parts be constructed in one machine or that the materials and proportions herein given be strictly followed. Furthermore, it is evident that the conducting-belt or band may be composed of several smaller bands and that the principle of connection herein described may be applied to more than two machines.

What I claim is --

1. An electrical generator consisting of the combination, with two rotary conductors mounted in unipolar fields, of a flexible conductor or belt passing around the peripheries of said conductors, as herein set forth.

2. The combination, with two rotary conducting-disks having peripheral flanges and mounted in unipolar fields of a flexible conducting-belt or band passing around the flanges of both disks, as set forth.

3. The combination of independent sets of field-magnets adapted to maintain unipolar fields, conducting-disks mounted to rotate in said fields, independent driving-mechanism for each disk, and a flexible conducting-belt or band passing around the peripheries of the disks, as set forth.

NIKOLA TESLA.

Witnesses:
PARKER W. PAGE,
ROBT. F. GAYLORD.

(No Model.) 2 Sheets—Sheet 1

# N TESLA.

## ELECTRO MAGNETIC MOTOR.

No. 459,772. Patented Sept. 22, 1891.

Fig. 1.

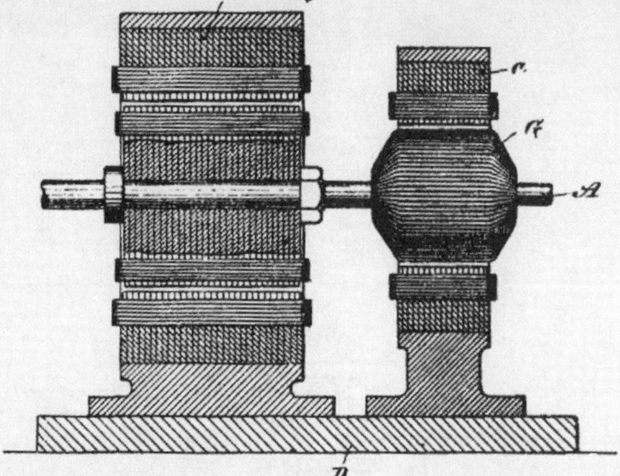


Fig. 2

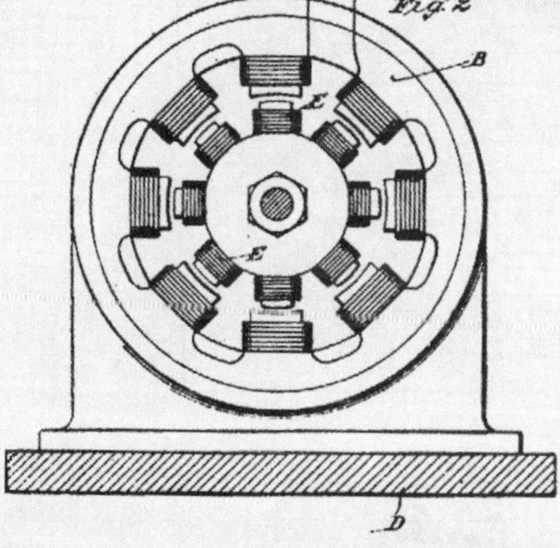


Fig. 3

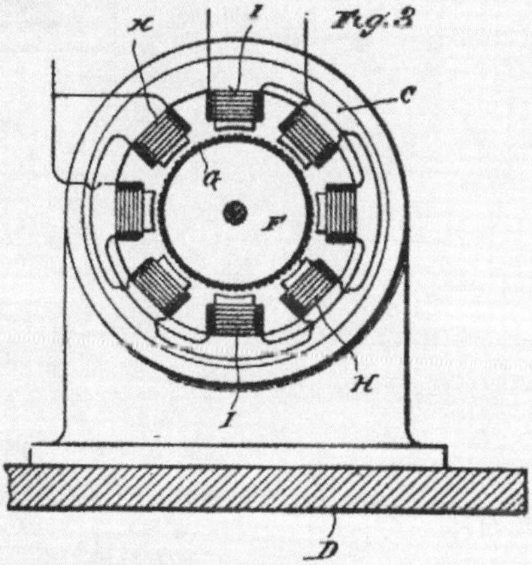


Fig. 4

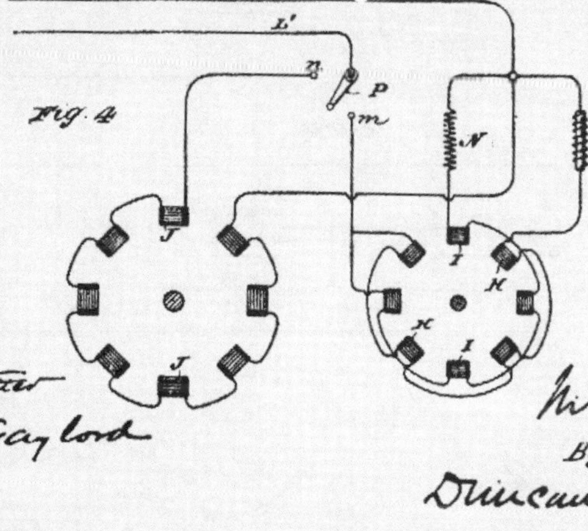


Witnesses:
Raphael Netter
Robt F. Gaylord

Inventor
Nikola Tesla
By
Duncan, Curtis & Page
Attorneys.

(No Model.)

2 Sheets—Sheet 2.

# N. TESLA.

## ELECTRO MAGNETIC MOTOR.

No. 459,772. Patented Sept. 22, 1891.

Fig 5

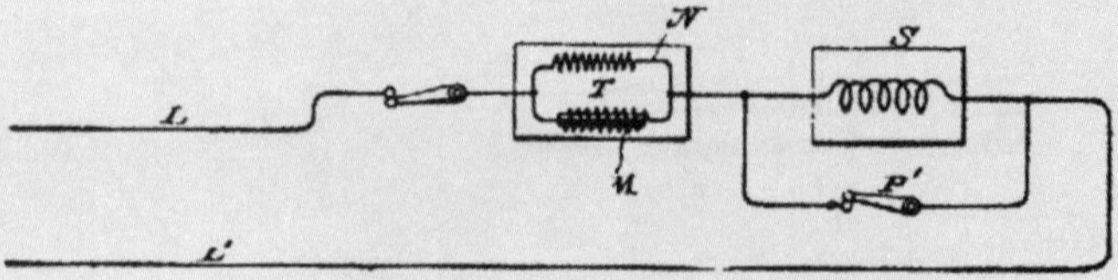


Fig. 6

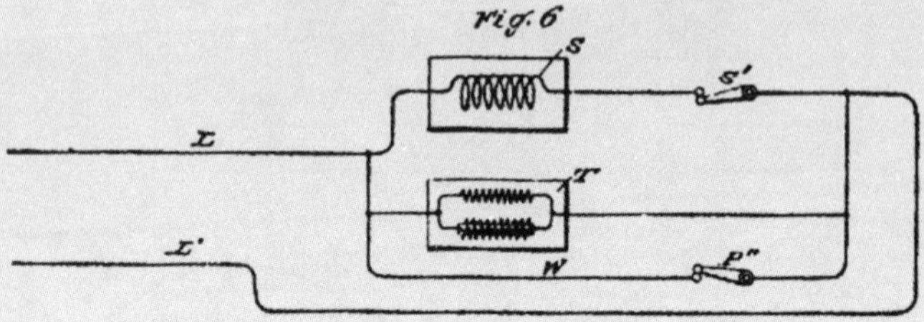


Fig. 7

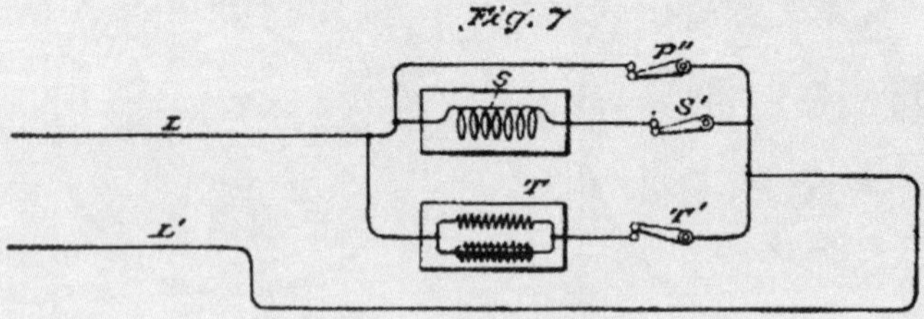


Fig. 8

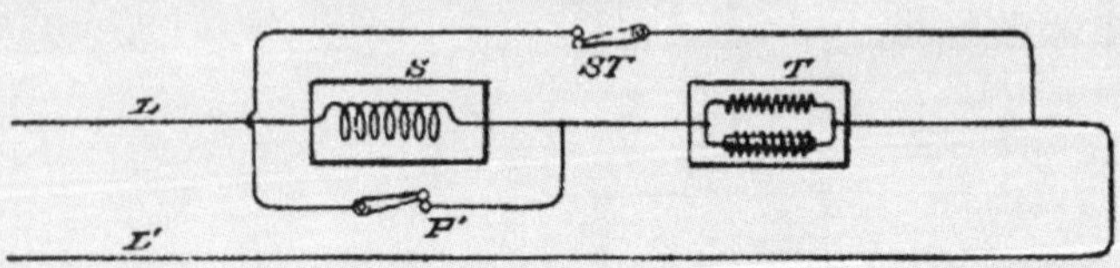


Fig. 9

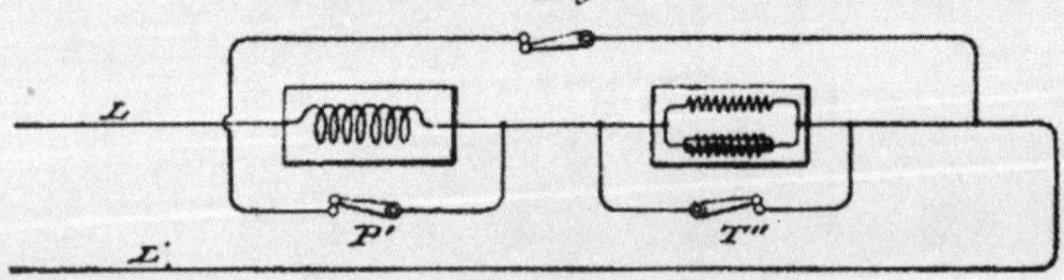


Witnesses:
Raphael Netter
Robt F. Gaylord

Inventor
Nikola Tesla
by
Duncan, Curtis & Page.

# UNITED STATES PATENT OFFICE.

NIKOLA TESLA, OF NEW YORK, N. Y., ASSIGNOR
TO THE TESLA ELECTRIC COMPANY, OF SAME PLACE.

## ELECTRO-MAGNETIC MOTOR.

SPECIFICATION forming part of Letters Patent No. 459,772, dated September 22, 1891.
Application filed April 6, 1889. Serial No. 306,165. (No model.)

*To all whom it may concern:*

Be it known that I, NIKOLA TESLA, a subject of the Emperor of Austria, from Smiljan, Lika, border country of Austria-Hungary, residing at New York, in the county and State of New York, have invented certain new and useful Improvements in Electro-Magnetic Motors, of which the following is a specification, reference being had to the drawings accompanying and forming a part of the same.

As is well known, certain forms of alternating-current machines have the property, when connected in circuit with an alternating-current generator, of running as a motor in synchronism therewith; but while the alternating current will run the motor after it has attained a rate of speed synchronous with that of the generator it will not start it. Hence in all instances heretofore when these "synchronizing-motors," as they are termed, have been run, some means have been adopted to bring the motors up to synchronism with the generator, or approximately so, before the alternating current of the generator is applied to drive them.

In an application filed February 18, 1889, Serial No. 300,220, I have shown and described an improved system of operating this class of motors, which consists, broadly, in winding or arranging the motor in such manner that by means of suitable switches it could be started as a multiple-circuit motor, or one operating by a progression of its magnetic poles, and then, when up to speed, or nearly so, converted into an ordinary synchronizing-motor, or one in which the magnetic poles were simply alternated. In some cases, as when a large motor is used and when the number of alternations is very high, there is more or less difficulty in bringing the motor to speed as a double or multiple-circuit motor for the plan of construction which renders the motor best adapted to run as synchronizing-motor impairs its efficiency as a torque or double-circuit motor under the assumed conditions on the start. This will be readily understood for in a large synchronizing-motor the length of the magnetic circuit of the polar-projections and their mass are so great that apparently considerable time is required for magnetization and demagnetization. Hence with a current of a very high number of alternations the motor may not respond properly. To avoid this objection and to start up a synchronizing-motor in which these conditions obtain is the object of my present invention. I have therefore combined two motors, one a synchronizing-motor the other a multiple-circuit or torque-motor, and by the latter I bring the first named up to speed and then either throw the whole current into the synchronizing-motor or operate jointly both of the motors.

This invention involves several novel and useful features. It will be observed in the first place, that both motors are run without commutators of any kind, and secondly that the speed of the torque-motor may be higher than that of the synchronizing-motor, as will be the case when it contains a fewer number of poles or sets of poles so that the motor will be more readily and easily brought up to speed. Thirdly, the synchronizing-motor may be constructed so as to have a much more pronounced tendency to synchronism without lessening the facility with which it is started.

In the drawings I have illustrated the invention.

Figure 1 is a part sectional view of the two motors; Fig. 2, an end view of the synchronizing motor; Fig. 3, an end view and part section of the torque or double-circuit motor; Fig. 4, a diagram of the circuit-connections employed; and Figs. 5, 6, 7, 8 and 9 are diagrams of modified dispositions of the two motors.

Inasmuch as neither motor is doing any work while the current is acting upon the other, I prefer to rigidly connect the two armatures. I therefore mount both upon the same shaft A, the field-magnets B of the synchronizing and C of the torque-motor being secured to the same base D. The preferably larger synchronizing-motor has polar-projections on its armature which rotate in very close proximity to the poles of the field and in other respects it conforms to the conditions now well understood that are necessary to secure synchronous action. I prefer however, to wind the pole-pieces of the armature with closed coils E, as this obviates the employment of sliding-contacts. The smaller torque-motor, on the other hand, has, preferably, a cylindrical armature F, without polar-projections and wound with closed coils G, as I have described in my previous patents, notably No. 382,279, dated May 1, 1888. The field-coils of the torque-motor are connected up in two series H and I, and the alternating current from the generator is directed through or divided between these two circuits in any manner to produce a progression of the poles or points of maximum magnetic effect. I secure this result in a convenient way by connecting the two motor-circuits in derivation with the circuit from the generator, inserting in one motor-circuit a dead resistance and in the other a self-induction coil, by which means a difference in phase between the two divisions of the current is secured. If both motors have the same number of field-poles, the torque-motor for a given number of alternations will tend to run at double the speed of the other, for, assuming the connections to be such as to give the best results, its poles are divided into two series and the number of poles is virtually reduced one-half, which being acted upon by the same number of alternations tend to rotate the armature at twice the speed. By this means the main-armature is more easily brought to or above the required speed. When the speed necessary for synchronism is imparted to the main-motor, the current is shifted from the torque-motor into the other.

A convenient arrangement for carrying out this invention is shown in Fig. 4. In said figure J J are the field-coils of the synchronizing, and H I the field coils of the torque-motor. L L' are the conductors of the main-line. One end of, say, coils H is connected to wire L, through a self-induction coil M. One end of the other set of coils I is connected to tho same wire through a dead resistance N. The opposite ends of these two circuits are connected to the contact *m* of a switch the handle or lever of which is in connection with the line-wire L'. One end of the field-circuit of the synchronizing-motor is connected to the wire L. The other terminates in the switch-contact *n*. From the diagram it will be readily seen that if the lever P be turned onto contact *m* the torque-motor will start by reason of the difference of phase between the currents in its two energizing-circuits. Then when the desired speed is attained if the lever P be shifted onto contact *n* the entire current will pass through the field-coils of the synchronizing-motor and the other will be doing no work.

The torque-motor may be constructed and operated in various ways, many of which I have described in other applications; but I do not deem it necessary in illustration of the principle of construction and mode of operation of my present invention to describe these further herein. It is not necessary that one motor be cut out of circuit while the other is in, for both may be acted upon by the current in the same time, and I have devised various dispositions or arrangements of the two motors for accomplishing this. Some of these arrangements are illustrated in Figs. 5 to 9.

Referring to Fig. 6, let T designate the torque or multiple-circuit motor and S the synchronizing-motor, L L' being the line-wires from a source of alternating current. The two circuits of the torque-motor of different degrees of self-induction, and designated by N M, are connected in derivation to the wire L. They are then joined and connected to the energizing-circuit of the synchronizing-motor, the opposite terminal of which is connected to wire L'. The two motors are thus in series. To start them I short-circuit the synchronizing-motor by a switch P, throwing the whole current through the torque-motor. Then when the desired speed is reached the switch P' is opened, so that the current passes through both motors. In such an arrangement as this it is obviously desirable for economical and other reasons that a proper relation between the speeds of the two motors should be observed.

In Fig. 6 another disposition is illustrated. S is the synchronizing-motor and T the torque-motor, the circuits of both being in parallel. W is a circuit also in derivation to the motor-circuits and containing a switch P''. S' is a switch in the synchronizing-motor circuit. On the start the switch S' is opened, cutting out the motor S. Then P'' is opened, throwing the entire current through the motor T, giving it a very strong torque. When the desired speed is reached, switch S' is closed and the current divides between both motors. By means of switch P'' both motors may be cut out.

In Fig. 7 the arrangement is substantially the same, except that a switch T' is placed in the circuit which includes the two circuits of the torque-motor.

Fig. 8 shows the two motors in series, with a shunt around both containing a switch S T. There is also a shunt around the synchronizing motor S, with a switch P'.

In Fig. 9 the same disposition is shown; but each motor is provided with a shunt, in which are switches P' and T'', as shown.

The manner of operating, the systems will be understood from the foregoing descriptions.

I do not claim herein the torque-motor nor any part thereof, except in so far as they enter into the combination which forms the subject of this application, for I have made the distinguishing features of said motor the subject of other applications.

What I now claim is --

1. An alternating-current non-synchronizing electric motor coupled with a synchronizing alternating-current motor, substantially as set forth, whereby the former starts the latter and throws it into synchronism with its actuating-current, and switch mechanism for directing the current through either or both of the motors, as set forth.

2. The combination of two motors the armatures of which are mounted upon the same shaft, one of said motors being an alternating-current torque-motor, or one in which the magnetic points or poles are progressively shifted by the action of the energizing-current, the other motor being an alternating-current synchronizing-motor, and switch mechanism for directing the current through either or both of said motors, as set forth.

3. The combination, with an alternating-current synchronizing-motor having one energizing-field, of an alternating-current torque-motor having a plurality of energizing-circuits and adapted to be operated by currents differing in phase, and a switch for directing the alternating current or currents through the several circuits of one motor or the single-circuit of the other, as and for the purpose set forth.

4. The combination, with an alternating-current motor having field-cores wound with coils adapted to be connected to a source of alternating currents and an armature wound with induced coils closed upon themselves, of a starting device for bringing said motor into synchronism with the generator with which it is connected.

5. The combination, with an alternating-current motor composed of a multipolar alternating field-magnet, and an armature having, poles wound with coils closed upon themselves, of a starting device, as set forth.

6. In an alternating-current motor, the combination of a field-magnet having poles wound with coils adapted when connected with a source of alternating current to produce simultaneously opposite magnetic polarities and an armature provided with poles or projections and wound with coils connected in a continuously-closed unconnected circuit, as set forth.

7. The herein-described method of operating alternating-current motors, which consists in actuating a motor by an alternating current to bring a second alternating-current motor up to synchronizing speed relative to the actuating-current and then switching the synchronizing-motor into circuit.

NIKOLA TESLA.

Witnesses:
GEORGE. N. MONRO,
EDWARD T. EVANS.

(No Model.)

2 Sheets—Sheet 1

# N. TESLA.
## ELECTRO MAGNETIC MOTOR.

No. 416,191.  Patented Dec. 3, 1889.

Fig. 1

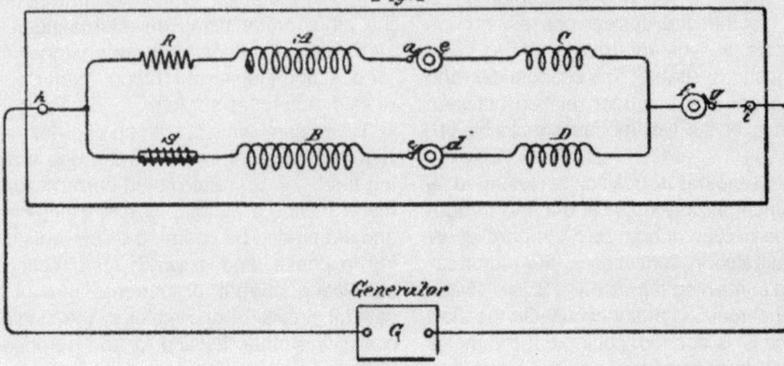


Fig. 2

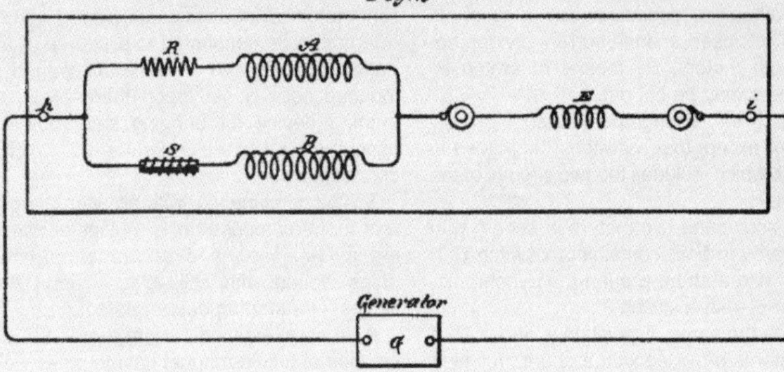


Fig. 3

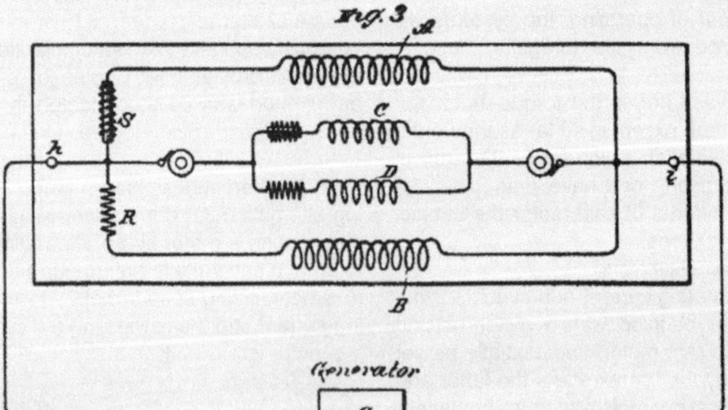


Witnesses:
Raphael Netter
Robt. F. Gaylord

Inventor
Nikola Tesla
By
Duncan, Curtis & Page,

(No Model.) 2 Sheets—Sheet 2.

# N. TESLA.

## ELECTRO MAGNETIC MOTOR.

No. 416,191. Patented Dec. 3, 1889.

*Fig. 4.*

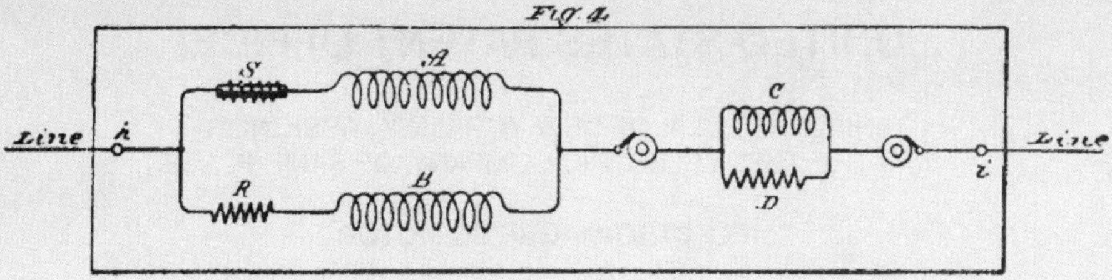


*Fig. 5*

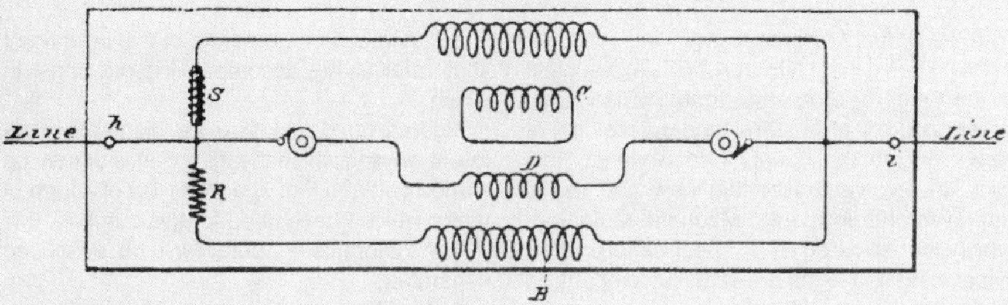


*Fig. 6*

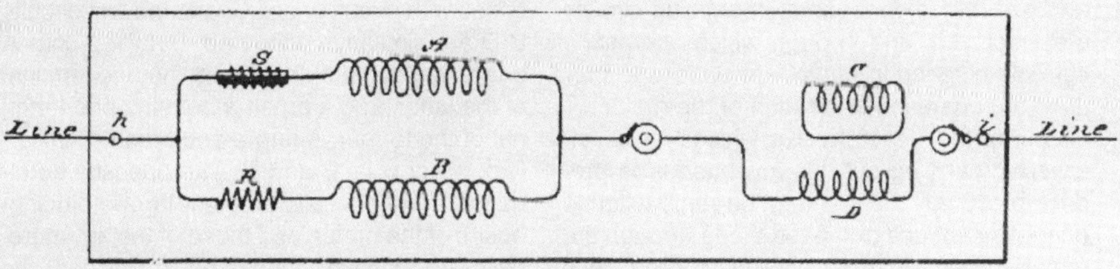


*Fig. 7*

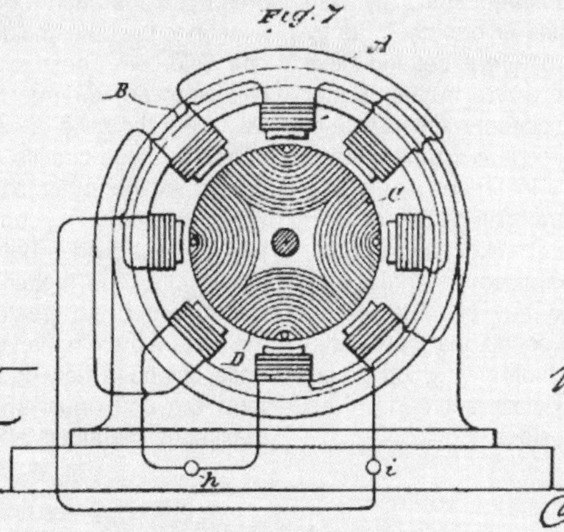


*Witnesses:*
*Raphaël Netter*
*Robt. F. Gaylord*

*Inventor*
*Nikola Tesla*
*By Duncan, Curtis & Page.*

# UNITED STATES PATENT OFFICE.

NIKOLA TESLA, OF NEW YORK, N.Y., ASSIGNOR
TO THE TESLA ELECTRIC COMPANY, OF SAME PLACE.

## ELECTRO-MAGNETIC MOTOR.

SPECIFICATION forming part of Letters Patent No. 416,191, dated December 3, 1889.
Application filed May 20, 1889. Serial No. 311,413. (No model.)

*To all whom it may concern:*

Be it known that I NIKOLA TESLA, a subject of the Emperor of Austria, from Smiljan, Lika, border country of Austria-Hungary, residing at New York, in the county and State of New York, have invented certain new and useful Improvements in Electro-Magnetic Motors, of which the following is a specification, reference being had to the drawings accompanying and forming a part of the same.

This invention pertains to that class of electro-magnetic motors invented by me in which two or more independent energizing-circuits are employed, and through which alternating currents differing in phase are passed to produce the operation or rotation of the motor.

One of the general ways which I have followed in carrying out this invention is to produce practically independent currents differing primarily in phase and pass these through the motor-circuits. Another way is to produce a single alternating current, to divide it between the motor-circuits, and to effect artificially a lag in one of the said circuits or branches, as by giving to the circuits different self-inductive capacity, and in other ways. In the former case, in which the necessary difference of phase in primarily effected in the generation of currents, I have, in some instances passed the currents through the energizing-coils of both elements of the motor-- the field and armature; but I have made the discovery that a new and useful result is or may be obtained by doing this under the conditions hereinafter specified in the case of motors in which the lag as above stated is artificially secured. In this my present invention resides.

In illustration of the nature of this invention I shall refer to the accompanying drawings, in which --

Figures 1 to 6, inclusive, are diagrams of different ways in which the invention is or may be carried out; and Fig. 7, a side view of a form of motor which I have used for this purpose.

The diagrams in detail will be described separately.

A B in Fig. 1 indicate the two energizing-circuits of a motor, and C D two circuits on the armature. Circuit or coil A is connected in series with circuit or coil C, and the two circuits B D are similarly connected. Between coils A and C is a contact-ring *e*, forming one terminal of the latter, and a brush *a*, forming one terminal of the former. A ring *d* and brush *c* similarly connect coils B and D. The opposite terminals of the field-coils connect to one binding-post *h* of the motor, and those of the armature-coils are similarly connected to the opposite binding-post *i* through a contact-ring *f* and brush *g*. Thus each motor-circuit while in derivation to the other includes one armature and one field-coil. These circuits are of different self-induction, and may be made so in various ways. For the sake of clearness I have shown in one of these circuits an artificial resistance R and in the other a self-induction coil S. When an alternating current is passed through this motor it divides between its two energizing-circuits. The higher self-induction of one circuit produces a greater retardation or lag in the current therein than in the other. The difference of phase between the two currents effects the rotation or shifting of the points of maximum magnetic effect that secures the rotation of the armature. In certain respects this plan of including both armature and field-coils in circuit is a marked improvement. Such a motor has a good torque at starting; yet it has also considerable tendency to synchronism, owing to the fact that when properly constructed the maximum magnetic effects in both armature and field coincide -- a condition which in the usual construction of these motors with closed armature-coils is not readily attained. The motor thus constructed exhibits, too, a better regulation of current from no load to load, and there is less difference between the apparent and real energy expended in running it. The true synchronous speed of this form of motor is that of the generator when both are alike -- that is to say, if the number of the coils on the armature and on the field is *x*, the motor will run normally at the same speed as a generator driving it if the number of field-magnets or poles of the same be also *x*.

Fig. 2 shows a somewhat modified arrangement of circuits. There is in this case but one armature-coil E, the winding of which maintains effects corresponding to the resultant poles produced by the two field-circuits.

Fig. 3 represents a disposition in which both armature and field are wound with two sets of coils, all in multiple arc to the line or main-circuit. The armature-coils are wound to correspond with the field-coils with respect to their self-induction. A modification of this plan is shown in Fig. 4 -- that is to say, the two field-coils and two armature-coils are in derivation to themselves and in series with one another. The armature-coils in this case, as in the previous figure, are wound for different self-induction to correspond with the field-coils.

Another modification is shown in Fig. 5. In the case only one armature-coil, as D, is included in the line-circuit, whilo the other as C, is short-circuited.

In such a disposition as that shown in Fig. 2, or where only one armature-coil is employed, the torque on the start is somewhat reduced, while the tendency to synchronism is somewhat increased. In such a disposition, as shown in Fig. 5, the opposite conditions would exist. In both instances, however, there is the advantage of dispensing with one contact-ring.

In Fig. 5 the two field-coils and the armature-coil D are in multiple arc. In Fig. 6 this disposition is modified, coil D being shown in series with the two field-coils.

Fig. 7 is an outline of the general form of motor in which I have embodied this improvement. The circuit-connections between the armature and field-coils are made, as indicated in the previous figures, through brushes and rings, which are not shown.

In the above description I have made use of the terms "armature" and "field;" but it will be understood that these are in this case convertible terms, for what is true of the field is equally so of the armature, except that one is stationary, the other capable of rotation.

I do not claim in this application the method or means of operating a double-circuit motor by making its circuits of different self-Induction or in any way retarding the phases of current in one circuit more than in another, having made these features subject of other applications, but

What I claim is --

1. In an alternating-current motor, the combination, with field-circuits of different self-inductive capacity, of corresponding armature-circuits electrically connected therewith as set forth.

2. In an alternating-current motor, the combination, with independent field-coils of different self-induction, of independent armature-coils, one or more in circuit with the field-coils and the others short-circuited, as set forth.

NIKOLA TESLA.

Witnesses:
ROBT. F. GAYLORD,
FRANK E. HARTLEY.

(No Model.) 2 Sheets—Sheet 1.

# N. TESLA

## METHOD OF OPERATING ELECTRO MAGNETIC MOTORS.

**No. 416,192. Patented Dec. 3. 1889**

Fig. 1

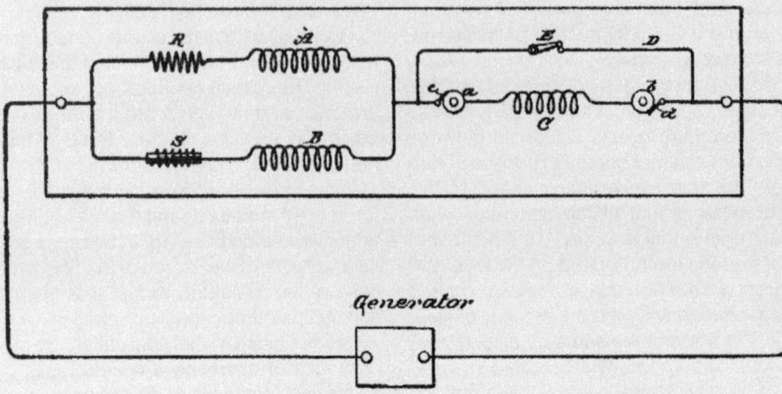


Fig. 2

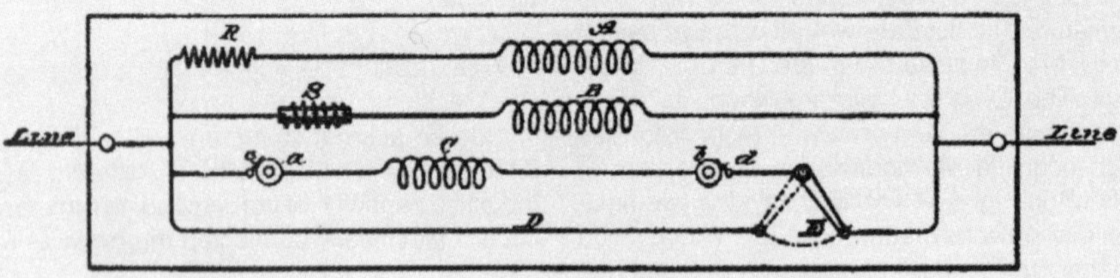


Fig. 3

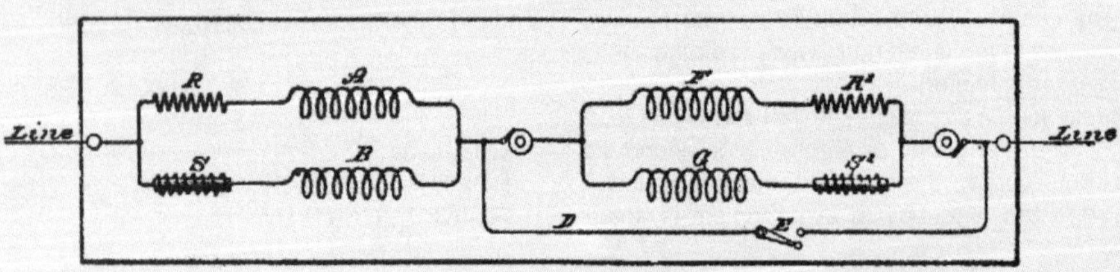


Witnesses:
Raphaël Netter
Robt. F. Gaylord

Inventor
Nikola Tesla
By
Duncan, Curtis & Page

(No Model.) 2 Sheets—Sheet 2.

N. TESLA.

METHOD OF OPERATING ELECTRO MAGNETIC MOTORS.

No. 416,192. Patented Dec. 3, 1889.

Fig. 4.

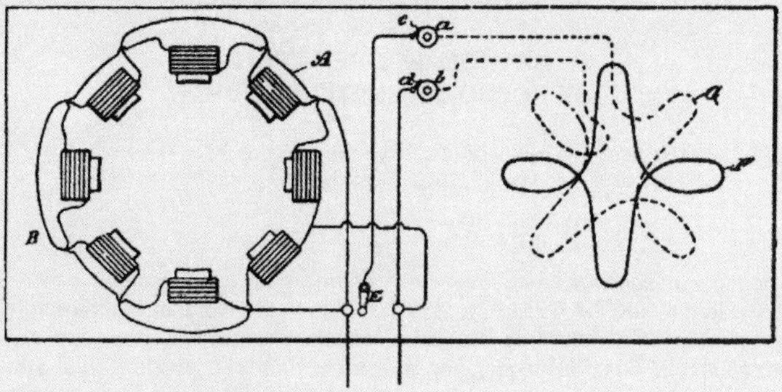

Fig 5

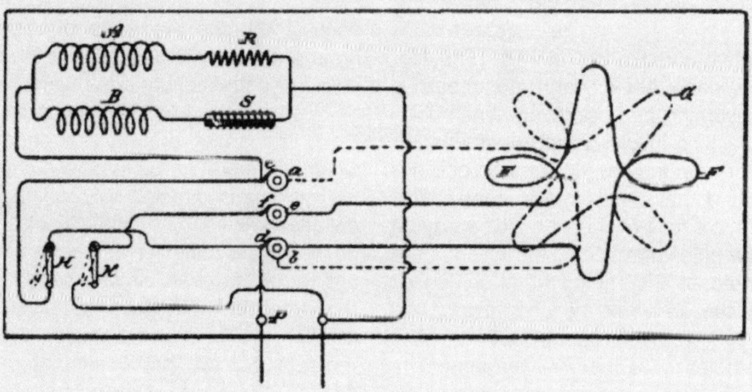

Witnesses:
Raphaël Netter
Frank E Hartley

Inventor
Nikola Tesla

By
Duncan, Curtis & Page
Attorneys.

# UNITED STATES PATENT OFFICE.

NIKOLA TESLA, OF NEW YORK, N.Y., ASSIGNOR TO THE TESLA ELECTRIC COMPANY, OF SAME PLACE.

## METHOD OF OPERATING ELECTRO-MAGNETIC MOTOR.

SPECIFICATION forming part of Letters Patent No. 416,192, dated December 3, 1889.
Application filed May 20, 1889. Serial No. 311,414. (No model.)

*To all whom it may concern:*

Be it known that I, NIKOLA TESLA, a subject of the Emperor of Austria, from Smilan, Lika, border country of Austria-Hungary, and a resident of New York, in the county and State of New York, have invented certain new and useful Improvements of Operating Electro-Magnetic Motors, of which the following is a specification, reference being had to the drawings accompanying and forming a part of the same.

In a patent granted to me April 16, 1889, No. 401,520, I have shown and described a method of starting and operating synchronizing-motors which involved the transformation of the motor from a torque to a synchronizing-motor. This I have heretofore done by a change of the circuit-connections, whereby on the start the poles or resultant attraction of the field-magnets of the motor were shifted or rotated by the action of the current until the motor reached synchronous speed, after which the poles were merely alternated. The present application is based upon another way of accomplishing this result, the main features being as follows: If an alternating current be passed through the field-coils only of a motor having two energizing-circuits of different self-induction and the armature-coils be short-circuited, the motor will have a strong torque, but little or no tendency to synchronism with the generator; but if the same current which energizes the field be passed also through the armature-coils the tendency to remain in synchronism is very considerably increased. This is due to the fact that the maximum magnetic effects produced in the field and armature more nearly coincide. This principle discovered by me I have utilized in the operation of motors. In other words, I construct a motor having independent field-circuits of different self-induction, which are joined in derivation to a source of alternating currents. The armature I wind with one or more coils, which are connected with the field-coils through contact-rings and brushes, and around the armature-coils I arrange a shunt with means for opening or closing the same. In starting this motor I close the shunt around the armature-coils, which will therefore be in closed circuit. When the current is directed through the motor, it divides between the two circuits, (it is not necessary to consider any case where there are more than two circuits used,) which, by reason of their different self-induction, secure a difference of phase between the two currents in the two branches that produces a shifting or rotation of the poles. By the alternations of current other currents are induced in the closed -- or short-circuited -- armature-coils and the motor has a strong torque. When the desired speed is reached, the shunt around the armature-coils is opened and the current is directed through both armature and field-coils. Under these conditions the motor has a strong tendency to synchronism.

In the drawings hereto annexed I have illustrated several modifications of the plan above set forth for operating motors. The figures are diagrams, and will be explained in their order.

Figure 1: A and B designate the field-coils of the motor. As the circuits including these coils are of different self-induction, I have represented this by a resistance-coil R in circuit with A, and a self-induction coils S in circuit with B. The same result may of course be secured by the winding of the coils. C is the armature-circuit, the terminals of which are rings *a b*. Brushes *c d* bear on these rings and connect with the line and field-circuits. D is the shunt or short-circuit around the armature. E is the switch therein. The operation of these devices I have stated above.

It will be observed that in such a disposition as is illustrated in Fig. 1, the field-circuits A and B being of different self-induction, there will always be a greater lag of the current in one than in the other, and that, generally, the armature phases will not correspond with either, but with the resultant of both. It is therefore important to observe the proper rule in winding the armature. For instance, if the motor have eight poles -- four in each circuit -- there will be four resultant poles, and hence the armature-winding should be such as to produce four poles, in order to constitue a true synchronizing-motor.

Fig. 2: This diagram differs from the previous ono only in respect to the order of connections. In the present case the armature-coil, instead of being in series with the field-coils, is in multiple arc therewith. The armature-winding may be similar to that of the field -- that is to say, the armature may have two or more coils wound or adapted for different self-induction and adapted, preferably, to produce the same difference of phase as the field-coils. On starting the motor the shunt is closed around both coils. This is shown in Fig. 3, in which the armature-coils are F G. To indicate their different electrical character, I have shown in circuit with them, respectively, the resistance R´ and the self-induction coil S´. The two armature-coils are in series with the field-coils and the same disposition of the shunt or short-circuit D is used. It is of advantage in the operation of motors of this kind to construct or wind the armature in such manner that when short-circuited on the start it will have a tendency to reach a higher speed than that which synchronizes with the generator. For example, a given motor having, say, eight poles should run, with the armature-coil short-circuited, at two thousand revolutions per minute to bring it up to synchronism. It will generally happen, however, that this speed is not reached, owing to the fact that the armature and field-currents do not properly correspond, so that when the current is passed through the armature (the motor not being quite up to synchronism) there is a liability that it would not "hold on," as it is termed. I therefore prefer to so wind or construct the motor that on the start, when the armature-coils are short-circuited, the motor will tend to reach a speed higher than the synchronous -- as, for instance, double the latter. In such case the difficulty above alluded to is not felt, for the motor will always hold up to synchronism if the synchronous speed -- in the case supposed of two thousand revolutions -- is reached or passed. This may be accomplished in various ways; but for all practical purposes the following will suffice: I wind on the armature two sets of coils. On the start I short-circuit one only, thereby producing a number of poles on the armature, which will tend to run the speed up avove the synchronous limit. When such limit is reached or passed, the current is directed through the other coil, which, by increasing the number of armature-poles, tends to maintain synchronism. In Fig. 4 such a disposition is shown. The motor having, say, eight poles contains two field-circuits A and B, of different self-induction. The armature has two coils F and G. The former is closed upon itself, the latter connected with the field and line through contact-rings *a b*, brushes *c d*, and a switch E. On the start the coil F alone is active and the motor tends to run at a speed above the synchronous; but when the coil G is connected to the circuit the number of armature-poles is increased, while the motor is made a true synchronous-motor. This disposition has the advantage that the closed armature-circuit imparts to the motor torque when the speed falls off, but at the same time the conditions are such that the motor comes out of synchronism more readily. To increase the tendency to synchronism, two circuits may be used on the armature, one of which is short-circuited on the start and both connected with the external circuit after the synchronous speed is reached or passed. This disposition is shown in Fig. 5. There are three contact-rings *a b e* and three brushes *c d f*, which connect the armature-circuits wiht the external circuit. On starting, the switch H is turned to complete the connection between one binding-post P of the armature-coils, as G. The other coil F is out of circuit and open. When the motor is up to speed, the switch H is turned back, so that the conncetion from binding-post P to the field-coils is through the coil G, and switch K is closed, thereby including coil F in multiple arc with the field-coils. Both armature-coils are thus active.

From the above-described instances it is evident that many other dispositions for carrying out the invention are possible.

I do not claim herein the method and means described and shown for operating a motor by producing artificially a difference of current phase in its independent energizing-circuits; nor do I claim, broadly, a motor having independent energizing-circuits of different self-induction and armature-circuits connected therewith, as these features are made subjects of other application which I have filed.

What I claim is --

1. The method herein described of operating alternating-current motors having independent energizing-circuits, which consists in short-circuiting the armature-circuit or circuits until the motor has reached or passed a synchronizing speed and then connecting said armature-circuits with the external circuit, as set forth.

2. The method of operating alternating-current motors having field-coils of different self-induction, which consists in directing alternating currents from an external source through the field-circuits only until the motor has reached a given speed and then directing said currents through both the field-circuits and one or more of the armature-circuits, as set forth.

3. The method of operating alternating-current motors having field-coils of different self-induction, which consists in directing alternating currents from an external source through the field-circuits and short-circuiting a part of the armature-circuits, and then when the motor has attained a given speed directing the alternating currents through both the field and one or more of the armature-circuits, as set forth.

NIKOLA TESLA.

Witnesses:
ROBT. F. GAYLORD,
FRANK E. HARTLEY.

(No Model.)

# N. TESLA.

## ELECTRO MAGNETIC MOTOR.

No. 416,193. Patented Dec. 3, 1889.

Fig. 1

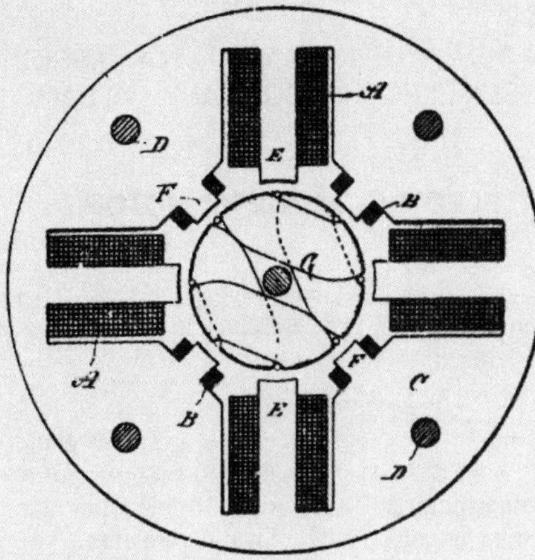


Fig. 2

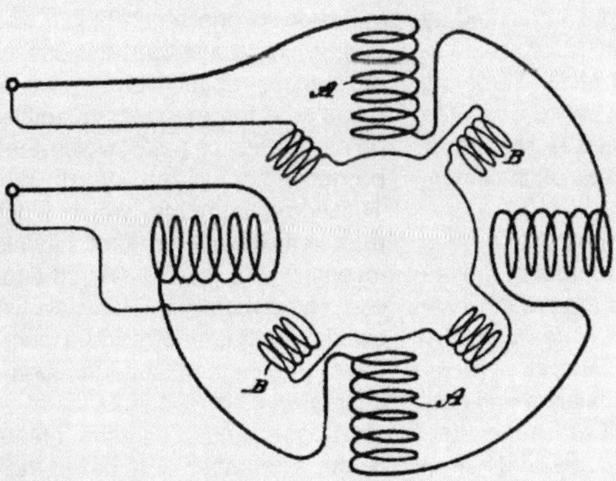


Witnesses:
Raphael Netter
Robt. F. Gaylord

Inventor
Nikola Tesla
By
Duncan, Curtis & Page
Attorney.

# UNITED STATES PATENT OFFICE.

NIKOLA TESLA, OF NEW YORK, N.Y., ASSIGNOR
TO THE TESLA ELECTRIC COMPANY, OF SAME PLACE.

## ELECTRO-MAGNETIC MOTOR.

SPECIFICATION forming part of Letters Patent No. 416,193, dated December 3, 1889.
Application filed May 20, 1889. Serial No. 311,415. (No model.)

*To all whom it may concern:*

Be it known that, I, NIKOLA TESLA, a subject of the Emperor of Austria, from Smiljan, Lika, border country of Austria-Hungary, residing at New York, in the county and State of New York, have invented certain new and useful Improvements in Electro-Magnetic Motors, of which the following is a specification, reference being had to the accompanying drawings.

This invention relates to alternating-current motors of the general description invented by me, and in which two or more energizing-circuits are employed, through which alternating currents differing in phase are passed, with the result of producing a progressive shifting or rotation of the poles or points of maximum attractive effect.

In prior patents and applications I have shown and described various forms of motors of this kind. Among them are motors in which both energizing-circuits are electrically alike -- that is to say, both have the same or approximately the same electrical resistance and self-induction -- in the operation of which the alternating currents used are primarily of different phase. In others the difference of phase is artificially produced -- as, for instance, in cases where the motor-circuits are of different resistance and self-induction, so that the same current divided between them will be retarded in one to a greater extent than in the other, and the requisite phase difference secured in this way. To this latter class generally my present invention relates.

The lag or rotation of the phases of an alternating current is directly proportional to the self-induction and inversely proportional to the resistance of the circuit through which the current flows. Hence, in order to secure the proper difference of phase between the two motor-circuits, it is desirable to make the self-induction in one much higher and the resistance much lower than the self-induction and resistance, respectively, in the other. At the same time the magnetic quantities of the two poles or sets of poles which the two circuits produce should be approximately equal. These requirements, which I have found to exist in motors of this kind, have led me to the invention of a motor having the following general characteristics: The coils which are included in that energizing-circuit which is to have the higher self-induction I make of coarse wire, or a conductor of relatively low resistance, and I use the greatest possible length or number of turns. In the other set of coils I use a comparatively few turns of finer wire or a wire of higher resistance. Furthermore, in order to approximate the magnetic quantities of the poles excited by these coils, I use in the self-induction circuit-cores much longer than those in the other or resistance circuit. I have shown in the drawings a motor embodying these features.

Figure 1 is a part sectional view of the motor at right angles to the shaft. Fig. 2 is a diagram of the field-circuits.

In Fig. 2, let A represent the coils in one motor-circuit, and B those in the other. The circuit A is to have the higher self-induction. I therefore use a long length or a large number of turns of coarse wire in forming the coils of this circuit. For the circuit B, I use a smaller conductor, or a conductor of a higher resistance than copper, such as German silver or iron, and wind the coils with fewer turns. In applying these coils to a motor I build up a field-magnet of plates C, of iron or steel, secured together in the usual manner by bolts D. Each plate is formed with four (more or less) long cores E, around which is a space to receive the coil and an equal number of short projections F to receive the coils of the resistance-circuit. The plates are generally annular in shape, having an open space in the center for receiving the armature G, which I prefer to wind with closed coils. An alternating current divided between the two circuits is retarded as to its phases in the circuit A to a much greater extent than in the circuit B. By reason of the relative sizes and disposition of the cores and coils the magnetic effect of the poles E and F upon the armature closely approximate. These conditions are well understood and readily secured by one skilled in the art.

An important result secured by the construction herein shown of the motor is, that these coils which are designed to have the higher self-induction are almost completely surrounded by iron, by which the retardation is considerably increased.

I do not claim herein, broadly, the method and means of securing rotation by artificially producing a greater lag of the current in one motor-circuit than in the other, nor the use of poles or cores of different magnetic susceptibility, as these are features which I have specially claimed in other applications filed by me.

What I claim is --

1. An alternating-current motor having two or more energizing-circuits, the coils of one circuit being composed of conductors of large size or low resistance and those of the other of fewer turns of wire of smaller size or higher resistance as set forth.

2. In an alternating-current motor, the combination, with long and short field-cores, of energizing-coils included in independent circuits, the coils on the longer cores containing an excess of copper or conductor over that in the others, as set forth.

3. The combination, with a field-magnet composed of magnetic plates having an open center and pole-pieces or cores of different length, of coils surrounding said cores and included in independent circuits, the coils on the longer cores containing an excess of copper over that in the others, as set forth.

4. The combination, with a field-magnet composed of magnetic plates having an open center and pole-pieces or cores of different length, of coils surrounding said cores and included in independent circuits, the coils on the longer cores containing an excess of copper over that in the others and being set in recesses in the iron core formed by the plates, as set forth.

NIKOLA TESLA.

Witnesses:
ROBT. F. GAYLORD,
FRANK E. HARTLEY.

(No Model.)

# N. TESLA.
## ELECTRIC MOTOR.

No. 416,194. Patented Dec. 3, 1889.

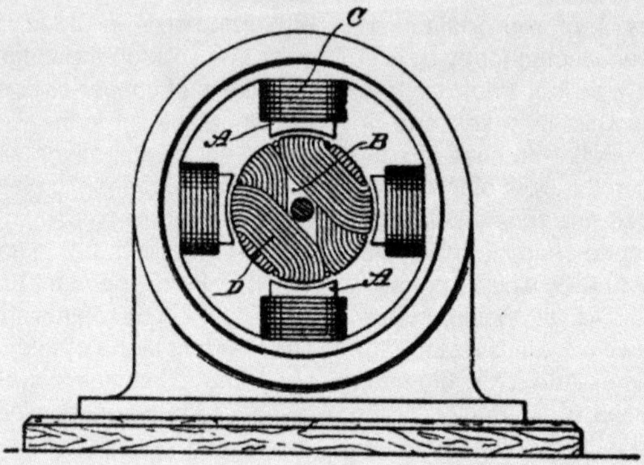


Witnesses:
Raphaël Netter
Robt. F. Gaylord

Inventor
Nikola Tesla
By
Duncan, Curtis & Page
Attorneys.

# UNITED STATES PATENT OFFICE.

NIKOLA TESLA, OF NEW YORK, N.Y., ASSIGNOR
TO THE TESLA ELECTRIC COMPANY, OF SAME PLACE.

## ELECTRIC MOTOR.

SPECIFICATION forming part of Letters Patent No. 416,194, dated December 3, 1889.
Application filed May 20, 1889. Serial No. 311,418. (No model.)

*To all whom it may concern:*

Be it known that I, NIKOLA TESLA, a subject of the Emperor of Austria, from Smiljan, Lika, border country of Austria-Hungary, residing at New York, in the county and State of New York, have invented certain new and useful Improvements in Electro-Magnetic Motors, of which the following is a specification.

This invention relates to the alternating current electro-magnetic motors invented by me, in which a progressive shifting or rotation of the poles or points of maximum magnetic effect is produced by the action of the alternating currents. These motors I have constructed in a great variety of ways. As instances, I have built motors with two or more energizing-circuits, which I connected up with corresponding circuits of a generator so that the motor will be energized by alternating currents differing primarily in phase. I have also built motors with independent energizing-circuits of different electrical character or self-induction, through which I have passed an alternating current the phases of which were artificially distorted by the greater retarding effect of one circuit over another. I have also constructed other forms of motor operating by magnetic or electric lag, which it is not necessary to describe herein in detail, although my present invention is applicable thereto. In such motors I use an armature wound with a coil or coils, which is sometimes connected with the external circuit and sometimes closed upon itself, and to both forms the present invention applies. In these motors the total energy supplied to effect their operation is equal to the sum of the energies expended in the armature and the field. The power developed, however, is proportionate to the product of these quantities. This product will be greatest when these quantities are equal; hence in constructing a motor I determine the mass of the armature and field-cores and the windings of both and adapt the two so as to equalize as nearly as possible the magnetic quantities of both. In motors which have closed armature-coils this is only approximately possible, as the energy manifested in the armature is the result of inductive action from the other element; but in motors in which the coils of both armature and field are connected with the external circuit the result can be much more perfectly obtained.

In further explanation of my object let it be assumed that the energy as represented in the magnetism in the field of a given motor is ninety and that of the armature ten. The sum of these quantities, which represents the total energy expended in driving the motor, is one hundred; but assuming that the motor be so constructed that the energy in the field is represented by fifty and that in the armature by fifty, the sum is still one hundred; but while in the first instance the product is nine hundred, in the second it is two thousand five hundred, and as the energy developed is in proportion to these products it is clear that those motors are the most efficient -- other things being equal -- in which the magnetic energies developed in the armature and field are equal. These results I obtain by using the same amount of copper or ampere-turns in both elements when the cores of both are equal, or approximately so, and the same current energizes both; or in cases where the currents in one element are induced to those of the other I use in the induced coils an excess of copper over that in the primary element or conductor.

While I know of no way of illustrating this invention by a drawing such as will meet the formal requirements of an application for patent, I have appended for convenience a conventional figure of a motor such as I employ. I would state, however, that I believe that with the problem before him which I have herein stated, and the solution which I have proposed, anyone skilled in the art will be able to carry out and apply this invention without difficulty.

Generally speaking, if the mass of the cores of armature and field be equal, the amount of copper or ampere-turns of the energizing-coils on both should also be equal; but these conditions will be modified in well understood ways in different forms of machine. It will be understood that these results are most advantageous when existing under the conditions presented when the motor is running with its normal load, and in carrying out the invention this fact should be taken into consideration.

Referring to the drawing, A is the field-magnet, B the armature, C the field-coils, and D the armature-coils, of the motor.

The motors described in this application, except as to the features specifically pointed out in the claims, are described and claimed in prior patents granted to and applications filed by me, and are not herein claimed.

What I claim is --

1. An electro-magnetic motor having field and armature-magnets of equal strength or magnetic quantity when energized by a given current, as set forth.

2. In an alternating-current motor, the combination, with field and armature-cores of equal mass, of energizing-coils containing equal amounts of copper, as herein set forth.

NIKOLA TESLA.

Witnesses:
ROBT. F. GAYLORD,
FRANK E. HARTLEY.

(No Model.) 3 Sheets—Sheet 1

N. TESLA.

ELECTRO MAGNETIC MOTOR.

No. 416,195. Patented Dec. 3, 1889.

Fig. 1

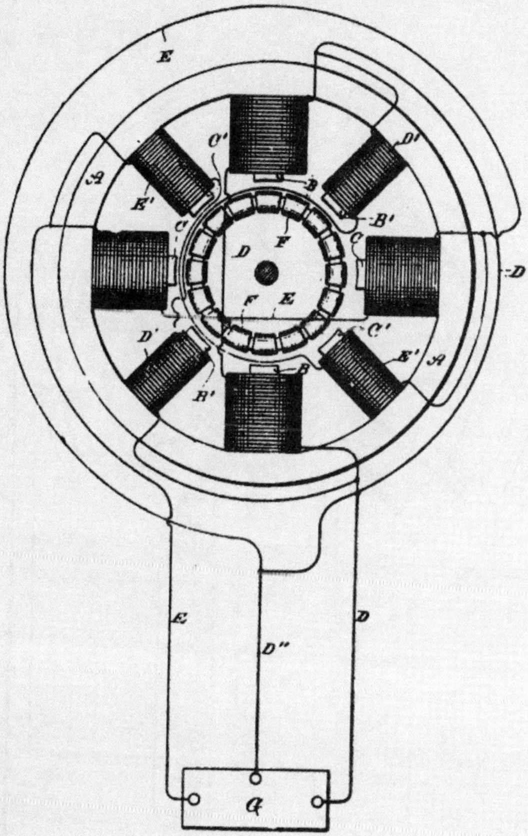


Witnesses:
Raphaël Netter
Robt. F. Gaylord

Inventor
Nikola Tesla
By
Duncan, Curtis & Page
Attorneys.

(No Model.) 3 Sheets—Sheet 2.

N. TESLA.

ELECTRO MAGNETIC MOTOR.

No. 416,195. Patented Dec. 3, 1889.

Fig. 2

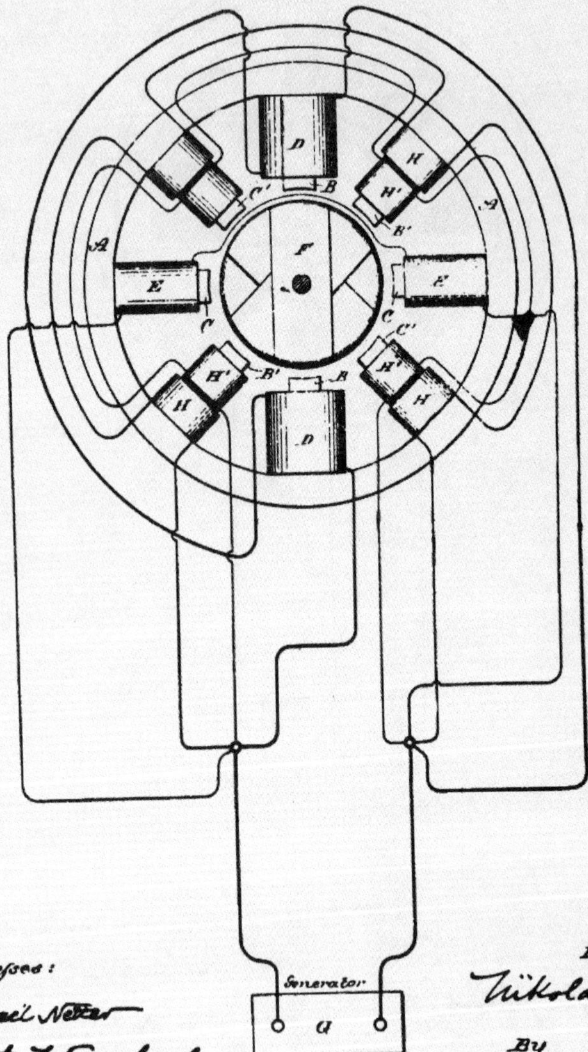


Witnesses:

Raphaël Netter

Robt. F. Gaylord

Inventor

Nikola Tesla

By

Duncan, Curtis & Page

Attorneys.

(No Model.) 3 Sheets—Sheet 3.

# N. TESLA.

## ELECTRO MAGNETIC MOTOR.

No. 416,195 Patented Dec. 3, 1889.

Fig. 3

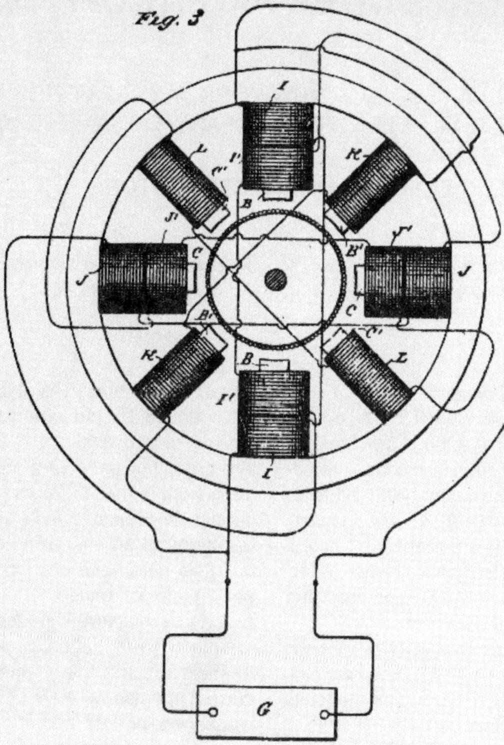


Fig. 4

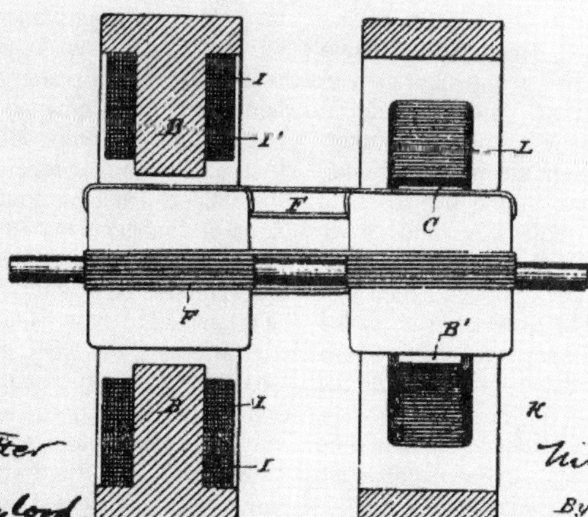


Witnesses:
Raphaël Netter
Robt. F. Gaylord

Inventor
Nikola Tesla
By
Duncan, Curtis & Page
Attorneys.

# UNITED STATES PATENT OFFICE.

NIKOLA TESLA, OF NEW YORK, N.Y., ASSIGNOR
TO THE TESLA ELECTRIC COMPANY, OF SAME PLACE.

## ELECTRO-MAGNECTIC MOTOR.

SPECIFICATION forming part of Letters Patent No. 416,195, dated December 3, 1889
Application filed May 20, 1889. Serial No. 311,419. (No model.)

*To all whom it may concern:*

Be it known that, I, NIKOLA TESLA, a subject of the Emperor of Austria, from Smiljan, Lika, border country of Austria-Hungary, residing at New York, in the county and State of New York, have invented certain new and useful Improvements in Electro-Magnetic Motors, of which the following is a specification, reference being had to the drawings accompanying and forming a part of the same.

This invention relates to that form of alternating-current motor invented by me, in which there are two or more energizing-circuits through which alternating currents differing in phase are caused to pass. I have in prior patents and applications shown various forms or types of this motor -- first, motors having two or more energizing-circuits of the same electrical character, and in the operation of which the currents used differ primarily in phase; second, motors with a plurality of energizing-circuits of different electrical character, in or by means of which the difference of phase is produced artificially, and, third, motors with a plurality of energizing-circuits, the currents in one being induced from currents in another. I shall hereinafter show the application of my present invention to these several types. Considering the structural and operative conditions of any one of them -- as, for example, that first-named -- the armature which is mounted to rotate in obedience to the co-operative influence or action of the energizing-circuits has coils wound upon it which are closed upon themselves and in which currents are induced by the energizing-currents with the object and result of energizing the armature-core; but under any such conditions as must exist in these motors it is obvious that a certain time must elapse between the manifestations of an energizing-current impulse in the field-coils, and the corresponding magnetic state or phase in the armature established by the current induced thereby; consequently a given magnetic influence or effect in the field which is the direct result of a primary current impulse will have become more or less weakened or lost before the corresponding effect in the armature indirectly produced has reached it maximum. This is a condition unfavorable to efficient working in certain cases - as, for instance, when the progress of the resultant poles or points of maximum attraction is very great, or when a very high number of alternations is employed -- for it is apparent that a stronger tendency to rotation will be maintained if the maximum magnetic attractions or conditions in both armature and field coincide, the energy developed by a motor being measured by the product of the magnetic quantities of the armature and field.

The object, therefore, in this invention is to so construct or organize these motors that the maxima of the magnetic effects of the two elements -- the armture and field -- shall more nearly coincide. This I accomplish in various ways, which I may best explain by reference to the drawings, in which various plans for accomplishing the desired results are illustrated.

Figure 1: This is a diagrammatic illustration of a motor system such as I have described in my prior patents, and in which the alternating currents proceed from independent sources and differ primarily in phase.

A designates the field-magnet or magnetic frame of the motor; B B, oppositely-located pole-pieces adapted to receive the coils of one energizing-circuit; and C C, similar pole-pieces for the coils of the other energizing-circuit. These circuits are designated, respectively, by D E, the conductor D´´ forming a common return to the generator G. Between these poles is mounted an armature -- for example, a ring or annular-armature, wound with a series of coils F, forming a closed circuit or circuits. The action or operation of a motor thus constructed is now well understood. It will be observed, however, that the magnetism of poles B, for example, established by a current-impulse in the coils thereon, precedes the magnetic effect set up in the armature by the induced current in coils F. Consequently the mutual attraction between the armature and field-poles is considerably reduced. The same conditions will be found to exist if, instead of assuming the poles B or C as acting independently, we regard the ideal resultant of both acting together, which is the real condition. To remedy this I construct the motor-field with secondary poles B´ C´, which are situated between the others. These pole-pieces I wind with coils D´ E´, the former in derivation to the coils D, the latter to coils E. The main or primary coils D and E are wound for a different self-induction from that of the coils D´ and E´, the relations being so fixed that if the currents in D and E differ, for example, by a quarter-phase, the current in each secondary coil, as D´ E´, will differ from those in its appropiate primary D or E by, say, forty-five degrees, or one-eighth of a period.

I explain the action of this motor as follows: Assuming that an impulse or alternation in circuit or branch E is just beginning while in the branch D it is just falling from maximum, the conditions of a quarter-phase difference. The ideal resultant of the attractive forces of the two sets of poles B C therefore may be considered as progressing from poles B to poles C while the impulse in E is rising to maximum and that in D is falling to zero or minimum. The polarity set up in the armature, however, lags behind the manifestations of field magnetism, and hence the maximum points of actraction in armature and field, instead of coinciding, are angularly displaced. This effect is counteracted by the supplemental poles B´ C´. The magnetic phases of these poles suceed those of poles B C by the same, or nearly the same, period of time as elapses between the effect of the poles B C and the corresponding induced effect in the armature; hence the magnetic conditions of poles B´ C´ and of the armature more nearly coincide, and a better result is obtained. As poles B´ C´ act in conjunction with the poles in the armature established by poles B C, so in turn poles C B act similarly with the poles set up by B´ C´, respectively. Under such conditions the retardation of the magnetic effect of the armature and that of the secondary poles will bring the maximum of the two more nearly into coincidence and a correspondingly-stronger torque or magnetic attraction secured.

In such a disposition as is shown in Fig. 1 it will be observed that as the adjacent pole-pieces of either cirucit are of like polarity they will have a certain weaking effect upon one another. I therefore prefer to remove the secondary poles from the direct influence of the others. This I may do by constructing a motor with two independent sets of fields, and with either one or two armatures electrically connected, or by using two armatures and one field. These modifications will be illustrated hereinafter.

Fig. 2 is a diagrammatic illustration of a motor and system in which the difference of phase is artificially produced. There are two coils D D in one branch and two coils E E in the other branch of the main-circuit from the generator G. These two circuits or branches are of different self-induction, one, as D, being higher than the other. For convenience I have indicated this by making coils D much larger than coils E. By reason of this difference in the electrical character of the two circuits the phases of current in one are retarded to a greater extent than the other. Let this difference be thirty degrees. A motor thus constructed will rotate under the action of an alternating current; but as happens in the case previously described the corresponding magnetic effects of the armature and field do not coincide owing to the time that elapses between a given magnetic effect in the armature and the condition of the field that produces. I therefore employ the secondary or supplemental poles B´ C´. There being thirty degrees difference of phase between the currents in coils D E, the magnetic effects of poles B´C´ should correspond to that produced by a current differing from the current in coils D or E by fifteen degrees. This I may accomplish by winding each supplemental pole B´ C´ with two coils H H´. The coils H are included in a derived circuit having the same self-induction as circuit D, and coils H´ in a circuit having the same self-induction as circuit E, so that if these circuits differ by thirty degrees the magnetism of poles B´ C´ will correspond to that produced by a current differing from that in either D or E by fifteen degrees. This is true in all other cases. For example, if in Fig. 1 the coils D´ E´ be replaced by the coils H H´ included in derived circuits, the magnetism of the poles B´ C´ will correspond in effect or phase, if it may be so termed, to that produced by a current differing from that in either cirucuit D or E by forty-five degrees, or one-eighth of a period.

This invention as applied to a derived-circuit motor is illstrated in Figs. 3 and 4. The former is an end view of the motor with the armature in section and a diagram of connections, and Fig. 3 a vertical section through the field. These figures are also drawn to show one of the dispositions of two fields that may be adopted in carrying out the invention. The poles B B C C are in one field, the remaining poles in the other. The former are wound with primary coils I J and secondary coils I´ J´, the latter with coils K L. The primary coils I J are in derived circuits, between which, by reason of their different self-induction, there is a difference of phase, say, of thirty degrees. The coils I´ K are in circuit with one another, as also are coils J´ L, and there should be a difference of phase between the currents in coils K and L and their corresponding primaries of, say, fifteen degrees. If the poles B C are at right angles, the armature-coils should be connected directly across, or a single armature-core wound from end to end may be used; but if the poles B C be in line there should be an angular displacement of the armature-coils, as will be well understood.

The operation will be understood from the foregoing. The maximum magnetic condition of a pair of poles, as B´ B´, coincides closely with the maximum effect in the armature, which lags behind the corresponding condition in poles B B.

There are many other ways of carrying out this invention, but they all involve the same broad principle of construction and operation.

In using expressions herein to indicate a coincidence of the magnetic phases or effects in one set of field-magnets with those set up in the armature by the other I refer only to approxiamte results; but this of course will be understood.

What I claim is --

1. In an alternating-current motor, the combination, with an armature wound with closed coils, of main and supplemental field-magnets or poles, one set of which is adapted to exhibit their maximum magnetic effect simulaneously with that set up in the armature by the action of the other, as set forth.

2. In an electro-magnetic motor, the combination, with an armature, of a plurality of field or energizing-coils included, respectively, in main-circuits adapted to produce a given difference of phase and supplemental or secondary circuits adapted to produce an intermediate difference of phase, as set forth.

NIKOLA TESLA.

Witnesses:
R. J. STONEY, Jr.,
JOHN GILLESPIE.

(No Model.)

N. TESLA.

ELECTRO MAGNETIC MOTOR

No 418,248. Patented Dec. 31, 1889.

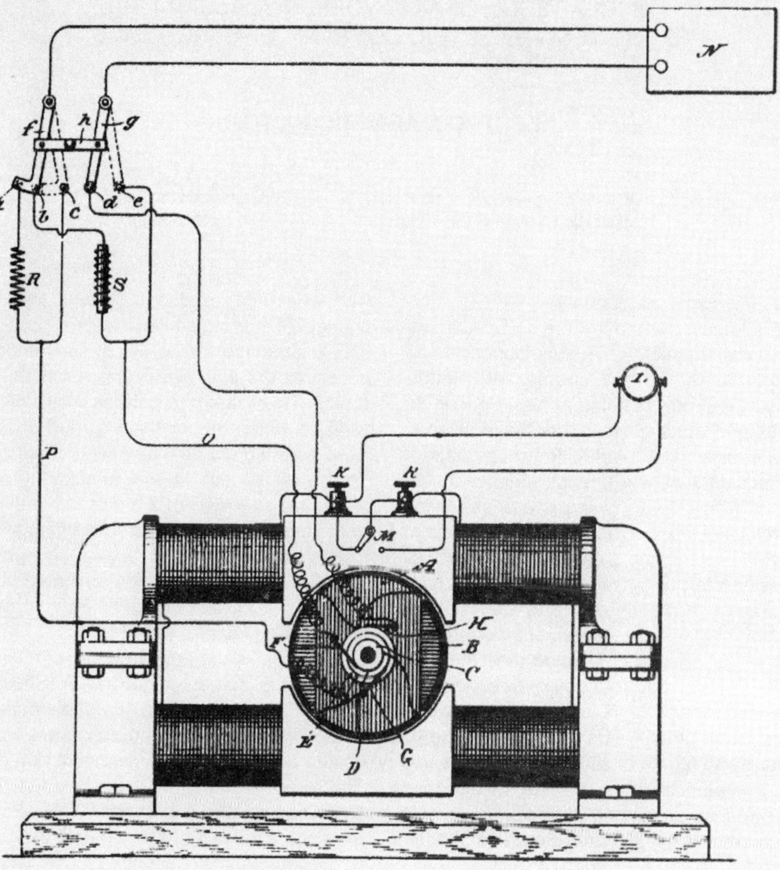


Witnesses:

Raphaël Netter

Robt. F. Gaylord

Inventor

Nikola Tesla

By

Duncan Curtis & Page

Attorneys

# UNITED STATES PATENT OFFICE.

NIKOLA TESLA, OF NEW YORK, N.Y., ASSIGNOR
TO THE TESLA ELECTRIC COMPANY, OF SAME PLACE.

## ELECTRO-MAGNETIC MOTOR.

SPECIFICATION forming part of Letters Patent No. 418,248, dated December 31, 1889.
Application filed May 20, 1889. Serial No. 311,420. (No model)

*To all whom it may concern:*

Be it known that I, NIKOLA TESLA, a subject of the Emperor of Austria-Hungary, from Smiljan, Lika, border country of Austria-Hungary, but now residing at New York, in the county and State of New York, have invented certain new and useful Improvements in Methods of Operating Electro-Magnetic Motors, of which the following is a specification, reference being had to the drawing accompanying and forming a part of the same.

In a patent granted to me April 16, 1889, No. 401,520, I have shown and described a method of operating alternating-current motors by first shifting or rotating their magnetic poles until they had reached or passed a synchronous speed and then alternating the poles, or, in other words, by transforming the motor by a change of circuit-connections from one operated by the action of two or more independent energizing-currents to a motor operated by a single current or several acting as one.

The present invention is a specific way of carrying out the same invention; and it consists in the following method: On the start I progressively shift the magnetic poles of one element or field of the motor by alternating currents differing in phase as passed through independent energizing-circuits and short-circuit the coils of the other element. When the motor thus started reaches or passes the limit of speed synchronous with the generator, I connect up the coils previously short-circuited with a source of direct current and by a change of the circuit-connections produce a simple alternation of the poles. The motor then continues to run in synchronism with the generator. There are many specifically different ways in which this may be carried out, but I have selected one for illustrating the principle. This is illustrated in the annexed drawing, which is a side view of a motor with a diagram of the circuits and devices used in the system.

The motor shown is one of the ordinary form, with field-cores either laminated or solid and with a cylindrical laminated armature wound, for example, with the coils A B at right angles. The shaft of the armature carries three collecting or contact-rings C D E. (Shown, for better illustration, as of different diameters.)

One end of coil A connects to one ring, as C, and one end of coil B connects with ring D. The remaining ends are connected to ring E. Collecting-springs or brushes F G H bear upon the rings and lead to the contacts of a switch, to be hereinafter described. The field-coils have their terminal in binding-posts K K, and may be either closed upon themselves or connected with a source of direct current L by means of a switch M. The main or controlling-switch has five contacts *a b c d e* and two levers *f g*, pivoted and connected by an insulating cross-bar *h*, so as to move in parallelism. These levers are connected to the line-wires from a source of alternating currents N. Contact *a* is connected to brush G and coil B through a dead resistance R and wire P.

Contact *b* is connected with brush F and coil A through a self-induction coil S and wire O. Contacts *c* and *e* are connected to brushes G F, respectively, through the wires P O, and contact *d* is directly connected with brush H. The lever *f* has a widened end which may span the contacts *a b*. When in such position and with lever *g* on contact *d*, the alternating currents divide between the two motor-coils, and by reason of their different self-induction a difference of current-phase is obtained that starts the motor in rotation. In starting, as I have above stated, the field-coils are short-circuited.

When the motor has attained the desired speed, the switch is shifted to the position shown in dotted lines that is to say, with the levers *f g* resting on points *c e*. This connects up the two armature-coils in series, and the motor will then run as a synchronous-motor. The field-coils are thrown into circuit with the direct-current source when the main-switch is shifted.

What I claim herein as my invention is --

1. The method of operating electro-magnetic motors, which consists in first progressively shifting or rotating the magnetic poles of one element until it has reached a synchronous speed and then alternating said poles and passing a direct current through the coils of the other element, as herein set forth.

2. The method of operating electro-magnetic motors, which consists in short-circuiting the coils of one element, as the field-magnet, and passing through the energizing-coils of the other element, as the armature, alternating currents differing in phase, and then, when the motor has attained a given speed, passing through the field-coils a direct current and through the armature-coils alternating currents coinciding in phase.

NIKOLA TESLA.

Witnesses:
R. J. STONEY, JR.,
E. P. COFFIN.

(No Model.)

2 Sheets—Sheet 1

N. TESLA

ELECTRO MAGNETIC MOTOR.

No. 424,036.

Patented Mar. 25, 1890.

Fig 1

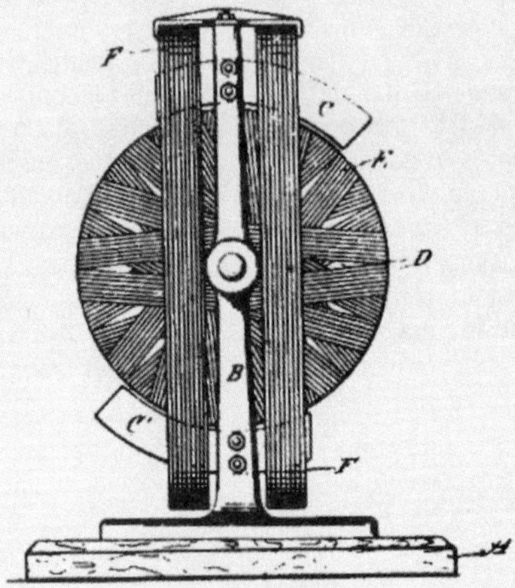


Fig 2

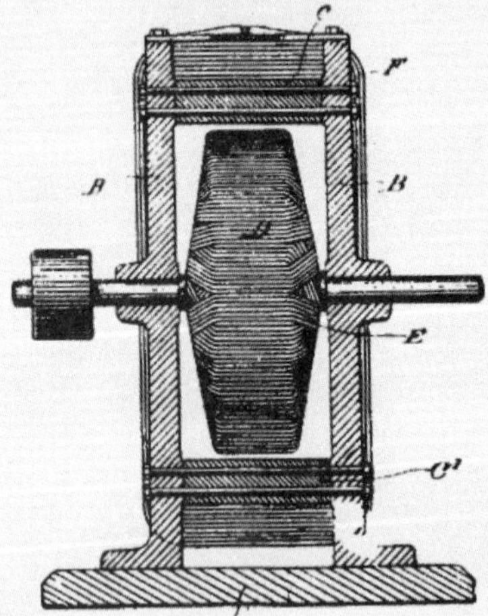


Witnesses

Raphael Netter

Frank E. Hartley

Inventor

Nikola Tesla

By

Duncan Curtis & Page

Attorneys

(No Model.) 2 Sheets—Sheet 2

# N. TESLA.

## ELECTRO MAGNETIC MOTOR.

No. 424,036. Patented Mar. 25. 1890.

Fig 3

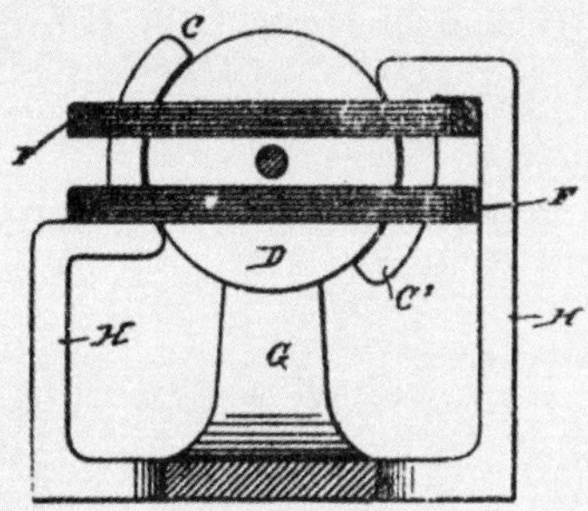


Fig. 4

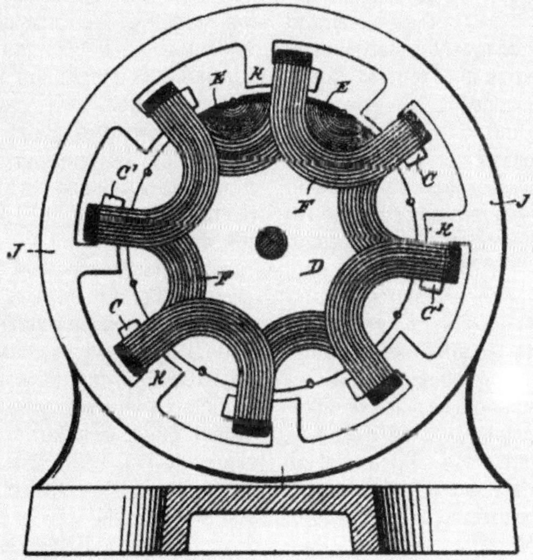


Witnesses
Raphaël Netter
Frank E. Hartley

Inventor
Nikola Tesla
By
Duncan, Curtis & Page
Attorneys

# UNITED STATES PATENT OFFICE.

NIKOLA TESLA, OF NEW YORK, N.Y., ASSIGNOR
TO THE TESLA ELECTRIC COMPANY, OF SAME PLACE.

## ELECTRO-MAGNETIC MOTOR.

SPECIFICATION forming part of Letters Patent No. 424,036, dated March 25, 1890.
Application filed May 20, 1889. Serial No. 311,416. (No model.)

*To all whom it may concern:*

Be it known that I, NIKOLA TESLA, a subject of the Emperor of Austria-Hungary, from Smiljan, Lika, border country of Austria-Hungary, residing at New York, in the county and State of New York, have invented certain new and useful Improvements in Electro-Magnetic Motors, of which the following is a specification, reference being had to the drawings accompanying and forming a part of the same.

I have invented and elsewhere described an electro-magnetic motor operated or adapted to be operated by an alternating electric current, and which is now commonly designated, whether correctly or not, a "magnetic lag"-motor. The main distinguishing features of this motor are the following: An armature is mounted within the magnetizing influence of a certain number of field-magnets or poles of different magnetic susceptibility -- that is to say, poles of unequal length, mass, or composition and wound with coils adapted in the operation of the motor to be connected to a source of alternating currents. When an alternating current is passed through the coils of such a motor, the field-magnets or poles do not appear to manifest their attractive effect upon the armature simultaneously, the magnetic attraction of some appearing to lag behind that of others, with the result of producing a torque and rotation of the motor. Generally I have made such motors with closed armature-coils.

I have invented another form of motor, which, for similar reasons, may be called a "magnetic-lag"-motor; but in operation it differs from that which I have above described in that the attractive effects or phases of the poles, while lagging behind the phases of current which produce them, are manifested simultaneously and not successively.

To carry out this invention I employ a motor embodying the principle of construction of a motor described and claimed in an application filed by me January 8, 1889, No. 295,745, to the extent that both the armature and field receive their magnetism from a single energizing-coil or a plurality of coils acting as one.

A motor which embodies my invention, with certain modifications thereof, is illustrated in the accompanying drawings.

Figure 1 is a side view of the motor in elevation. Fig. 2 is a part sectional view at right angles to Fig. 1. Fig. 3 is an end view in elevation and part section of a modification, and Fig. 4 is a similar view of another modification.

In Figs. 1 and 2, A designates a base or stand, and B B the supporting-frame of the motor. Bolted to the said supporting-frame are two magnetic-cores or pole-pieces C C', of iron or soft steel. These may be subdivided or laminated, in which case hard iron or steel plates or bars should be used, or they should be wound with closed coils. D is a circular disk-armature built up of sections or plates of iron and mounted in the frame between the pole-pieces C C', which latter are preferably curved to conform to the circular shape thereof. I may wind this disk with a number of closed coils E. F F are the main energizing-coils, supported in any convenient manner by the supporting-frame, or otherwise, but so as to include within their magnetizing influence both the pole-pieces C C' and the armature D. The pole-pieces C C' project out beyond the coils F F on opposite sides, as indicated in the drawings. If an alternating current be passed through the coils F F, rotation of the armature will be produced, and this rotation I explain by the following apparent action or mode of operation: An impulse of current in the coils F F establishes two polarities in the motor. The protruding end of pole-piece C, for instance, will be of one sign, and the corresponding end of pole-piece C' will be of the opposite sign. The armature also exhibits two poles at right angles to the coils F F, like poles to those in the pole-pieces being on the same side of the coils. While the current is flowing there is no appreciable tendency to rotation developed; but after each current-impulse ceases or begins to fall the magnetism in the armature and in the ends of the pole-pieces C C' lags or continues to manifest itself, which produces a rotation of the armature by the repellent force between the more closely approximating points of maximum magnetic effect. This effect is continued by the reversal of current, the polarities of field and armature being simply reversed. One or both of the elements -- the armature or field -- may be wound with closed induced coils to intensify this effect, although in the drawings I have shown but one of the fields, each element of the motor really constitutes a field, wound with the closed coils, the currents being induced mainly in those convolutions or coils which are parallel to the coils F F. A modified form of this motor is shown in Fig. 3. In this form G is one of two standards that support the bearings for the armature-shaft. H H are uprights or sides of a frame, preferably magnetic, the ends C C' of which are bent, substantially as shown, to conform to the shape of the armature D and form field-magnet poles. The construction of the armature may be the same as in the previous figure, or it may be simply a magnetic disk or cylinder, as shown, and a coil or coils F F are secured in position to surround both the armature and the poles C C'. The armature is detachable from its shaft, the latter being passed through the armature after it has been inserted in position. The operation of this form of motor is the same in principle as that previously described and needs no further explanation.

One of the most important features in alternating-current motors is that they should be adapted to and capable of running efficiently in the alternating systems in present use, in which almost without exception the generators yield a very high number of alternations. Such a motor I have designed by a development of the principle of the motor shown in Fig. 3, making a multipolar-motor, which is illustrated in Fig. 4. In the construction of this motor I employ an annular magnetic frame J, with inwardly-extending ribs or projections K, the ends of which all bend or turn in one direction and are generally shaped to conform to the curved surface of the armature. Coils F F are wound from one part K to the one next adjacent, the ends or loops of each coil or group of wires being carried over toward the shaft, so as to form U-shaped groups of convolutions at each end of the armature. The pole-pieces C C', being substantially concentric with the armature, form ledges, along which the coils are laid and should project to some extent beyond the coils, as shown. The cylindrical or drum armature D is of the same construction as in the other motors described, and is mounted to rotate within the annular-frame J and between the U-shaped ends or bends of the coils F. The coils F are connected in multiple or in series with a source of alternating currents, and are so wound that with a current or current-impulse of given direction they will make the alternate pole-pieces C of one polarity and the other pole-pieces C' of the opposite polarity. The principle of the operation of this motor is the same as the other herein described, for, considering any two pole-pieces C C', a current-impulse passing in the coil which bridges them or is wound over both tends to establish polarities in their ends of opposite sign and to set up in the armature-core between them a polarity of the same sign as that of the nearest pole-piece C. Upon the fall or cessation of the current-impulse that established these polarities the magnetism which lags behind the current phase, and which continues to manifest itself in the polar-projections C C' and the armature, produces by repulsion a rotation of the armature. The effect is continued by each reversal of the current. What occurs in the case of one pair of pole-pieces occurs simultaneously in all, so that the tendency to rotation of the armature is measured by the sum of all the forces exerted by the pole-pieces, as above described. In this motor also the magnetic lag or effect is intensified by winding one or both cores with closed induced coils. The armature-core is shown as thus wound. When closed coils are used, the cores should be laminated.

It is evident that a pulsatory as well as an alternating current might be used to drive or operate the motors herein described; but I prefer to use alternating currents.

It will be understood that the degree of subdivision, the mass of the iron in the cores, their size, and the number of alternations in the current employed to run the motor must be taken into consideration in order to properly construct this motor. In other words, in all such motors the proper relations between the number of alternations and the mass, size, or quality of the iron must be preserved in order to secure the best results. These are matters, however, that are well understood by those skilled in the art.

What I claim is --

1. In an alternating-current motor, the combination, with the armature and field-cores, of stationary energizing-coils enveloping the said cores and adapted to produce polarities or poles in both, the field-cores extending out from the coils and constructed so as to exhibit the magnetic effect imparted to them after the fall or cessation of current-impulse producing such effect, as set forth.

2. In an alternating-current motor, the combination, with an armature-core circular in configuration, of a supporting-frame, field-cores extending therefrom over portions of the periphery of the armature, and energizing-coils surrounding said armature and parts of the field-cores, as set forth.

3. The combination, with the rotably mounted armature, of the circular frame J, the ribs K, with polar-extensions extending over portions of the armature, and the energizing-coils F, wound over portions of the pole-pieces and carried in loops over the ends of the armature, as herein set forth.

NIKOLA TESLA.

Witnesses:
R. J. STONEY, JR.,
E. P. COFFIN.

# N. TESLA.
## ELECTROMAGNETIC MOTOR.

No. 445,207. Patented Jan. 27, 1891

Fig. 1

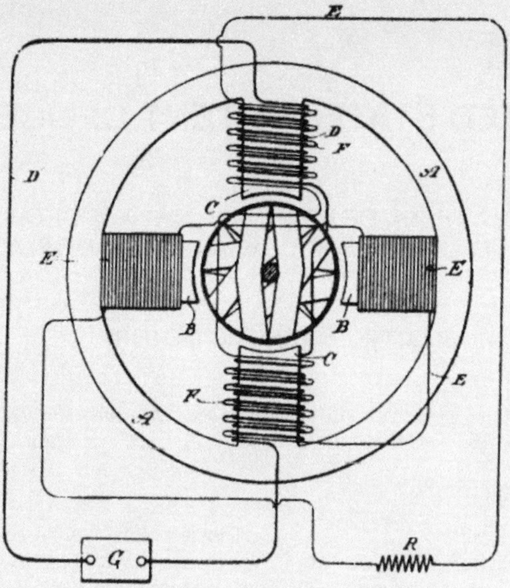


Fig. 2

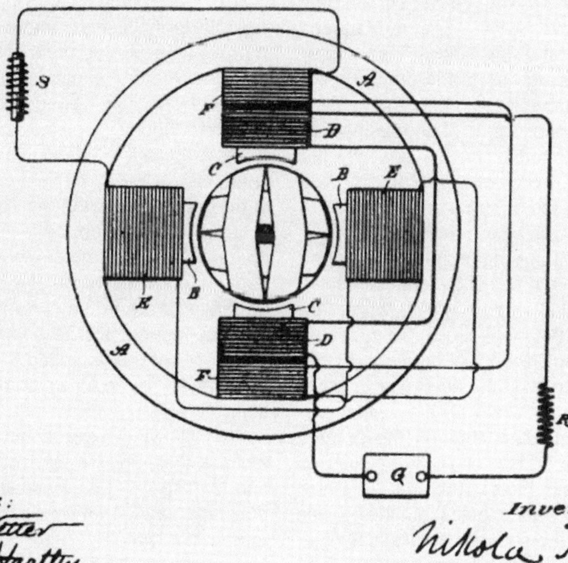


Witnesses:
Raphael Netter
Frank E. Hartley

Inventor
Nikola Tesla
By
Duncan, Curtis & Page
Attorneys.

# UNITED STATES PATENT OFFICE.

NIKOLA TESLA, OF NEW YORK, N.Y., ASSIGNOR
TO THE TESLA ELECTRIC COMPANY, OF SAME PLACE.

## ELECTRO-MAGNETIC MOTOR.

SPECIFICATION forming part of Letters Patent No. 445,207, dated January 27, 1891.
Application filed May 20, 1889. Serial No. 311,417. (No model.)

*To all whom it may concern:*

Be it known that I, NIKOLA TESLA, a subject of the Emperor of Austria-Hungary, from Smiljan, Lika, border country of Austria-Hungary, residing at New York, in the county and State of New York, have invented certain new and useful Improvements in Electro-Magnetic Motors, of which the following is a specification, reference being had to the drawings accompanying and forming a part of the same.

Among the various forms of alternating-current motors invented by me is one which I have described in other applications, and which is constructed as follows: I build a field-core with, say, four poles, between which is mounted an armature that is generally wound with closed coils. On two of the opposite poles of the field I wind primary coils, which are connected up in the main-cirucit. On the same cores I also wind secondary coils, which are closed through coils on the other pair or set of poles. In this motor when an alternating current is caused to pass through the primary coils it energizes directly one set of poles and induces currents in the secondary coils, which act to energize the other poles; but the phases of the current in the secondary coils may differ in time from those of the primary current, and hence a rotation or shifting of the poles is effected that imparts rotation to the motor.

These motors may be constructed in many other ways; but for purposes of this case it is only necessary to consider the specific form which I have thus generally described, as my improvements relate mainly to such form.

The object of my present invention is to render this form of motor more efficient and to improve its action or mode of operation.

In the motors constructed in accordance with this principle I bring two energizing-circuits into inductive relation in the motor itself -- that is to say, the secondary currents which energize one set of the field-cores are induced in the motor itself, and the employment of an external induction device is thus avoided. The operation of these motors, however, is dependent upon the existence of a certain difference of phase between the currents in the primary and secondary coils. To obtain a difference of phase or lag that is suited to working conditions is the specific object of my present invention.

The following explanations will serve to illustrate the principle upon which said invention is based. Let it be assumed that an ordinary alternating-current generator is connected up in a circuit of practically no self-induction, such, for example, as a circuit containing incandescent lamps only. On the operation of the machine alternating currents will be developed in the circuit, and the phases of these currents will theoretically coincide with the phases of the impressed electro-motive force. Such currents may be regarded and designated as the "unretarded currents."

It will be understood, of course, that in practice there is always more or less self-induction in the circuit, which modifies to a corresponding extent these conditions; but for convenience this may be disregarded in the consideration of the prinicple of operation, since the same laws apply. Assume next that a path of currents be formed across any two points of the above circuit, consisting, for example, of the primary of an induction device. The phases of the currents passing through the primary, owing to the self-induction of the same, will not coincide with the phases of the impressed electro-motive force, but will lag behind the same, such lag being directly proportional to the self-induction and inversely proportional to the resistance of the said coil. The insertion of this coil will also cause a lagging or retardation of the currents traversing and delivered by the generator behind the impressed electro-motive force, such lag being the mean or resultant of the lag of the current through the primary alone and that of what I have designated the "unretarded current" in the entire working-circuit. Next consider the conditions imposed by the association in inductive relation with the primary coil of a secondary coil. The current generated in the secondary coil will react upon the primary current, modifying the retardation of the same, according to the amount of self-induction and resistance in the secondary circuit. If the secondary circuit have but little self-induction -- as, for instance, when it contains incandescent lamps only -- it will increase the actual difference of phase between its own and the primary current, first, by diminishing the lag between the primary current and the impressed electro-motive force, and, second, by its own lag or retardation behind the impressed electro-motive force. On the other hand, if the secondary circuit have a high self-induction its lag behind the current in the primary is directly increased if the primary have a very low self-induction. The better results are obtained when the primary has a low self-induction. I apply these principles to the construction of a motor which I shall now describe.

The details of the improvements are illustrated in the drawings, in which --

Figure 1 is a diagram of a motor exhibiting my invention. Fig. 2 is a similar diagram of a modification of the same.

In Fig. 1 let A designate the field-magnet of a motor which, as in all these motors, is built up of sections or plates. B C are polar-projections upon which the coils are wound. Upon one pair of these poles, as C, I wind primary coils D, which are directly connected to the circuit of an alternating-current generator G. On the same poles I also wind secondary coils F, either side by side or over or under the primary coils, and these I connect with other coils E, which surround the poles B B. The currents in both primary and secondary coils in such a motor will be retarded or will lag behind the impressed electro-motive force; but to secure a proper difference in phase between the primary and secondary currents themselves I increase the resistance of the circuit of the secondary and reduce as much as practicable its self-induction. I do this by using for the secondary circuit, particularly in the coils E, wire of comparitively small diameter and having but few turns around the cores; or I use some conductor of higher specific resistance, such as German silver; or I may introduce at some point in the secondary circuit an artificial resistance R. Thus the self-induction of the secondary is kept down and its resistance increased with the result of decreasing the lag between the impressed electro-motive force and the current in the primary coils and increasing the difference of phase between the primary and secondary currents.

In the disposition shown in Fig. 2 the lag in the secondary is increased by increasing the self-induction of that circuit, while the increased tendency of the primary to lag is counteracted by inserting therein a dead resistance. The primary coils D in this case have a low self-induction and high resistance, while the coils E F, included in the secondary circuit, have a high self-induction and low resistance. This may be done by the proper winding of the coils, or in the circuit including the socondary coils E F, I may introduce a self-induction coil S, while in the primary circuit from the generator G and including coils D, I may insert a dead resistance R. By this means the difference of phase between the primary and secondary is increased. It is evident that both means of increasing the difference of phase -- namely, by the special winding as well as by the supplemental or external inductive and dead resistance -- may be employed conjointly.

In the operation of this motor the current-impulses in the primary coils induce curents in the secondary coils, and by the conjoint action of the two the points of greatest magnetic attraction are shifted or rotated.

In practice I have found it desirable to wind the armature with closed coils in which currents are induced by the action thereon of the primaries.

I do not claim, broadly, herein the method of operating motors by inducing in one circuit currents by means of those in another, nor the other features herein not specifically pointed out in the claims, having personally filed applications for such features.

What claim is --

1. The combination, in a motor, of a primary energizing-circuit adapted to be connected with the circuit of a generator and a secondary energizing-circuit in inductive relation thereto, the two circuits being of different electrical character or resistance, as set forth.

2. The combination, in a motor, of primary energizing-coils adapted to be connected with the circuit of a generator and a secondary energizing-circuit in inductive relation thereto, the two circuits being of different self-induction, as herein set forth.

3. The combination, in a motor, of primary energizing-coils adapted to be connected to a source of current and secondary energizing-coils in a circuit in inductive relation thereto, one set of said coils being formed by conductors of small size and few turns, the other by conductors of larger size, as set forth.

NIKOLA TESLA.

Witnesses:
R. J. STONEY, Jr.,
E. P. COFFIN.

(No Model.) 3 Sheets—Sheet 1.

# N. TESLA.

## METHOD OF OBTAINING DIRECT FROM ALTERNATING CURRENTS.

No. 413,353. Patented Oct. 22, 1889.

Fig. 1

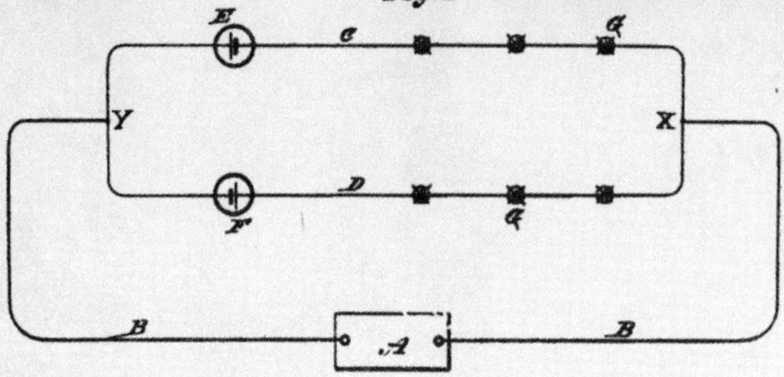


Fig. 2

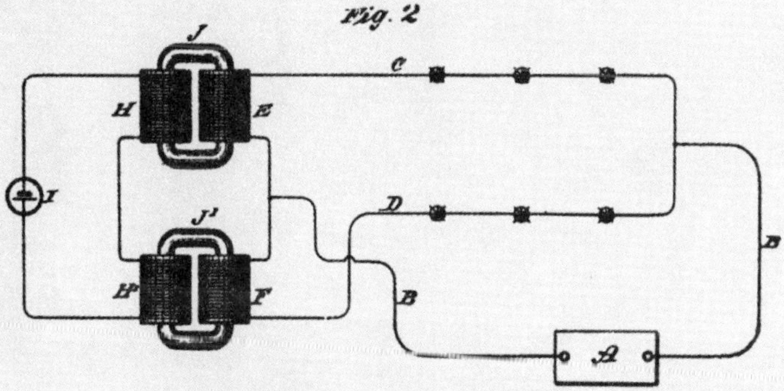


Fig. 3

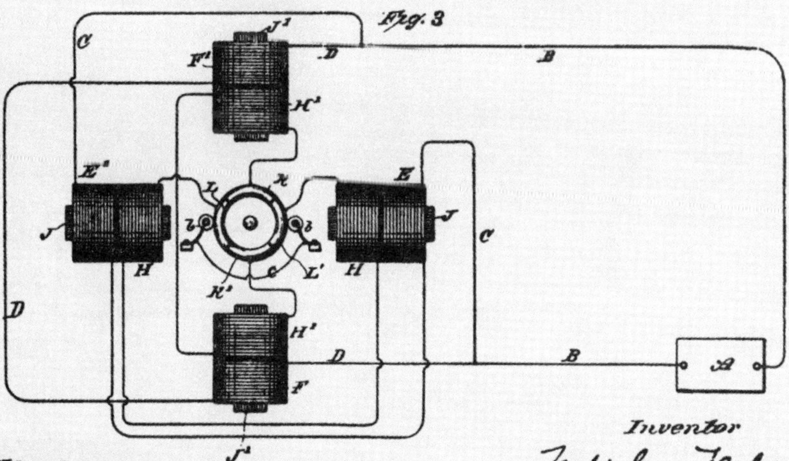


Witnesses:
Raphaël Netter
Robt. F. Gaylord

Inventor
Nikola Tesla
By
Duncan, Curtis & Page

(No Model.) N. TESLA. 3 Sheets—Sheet 2.

METHOD OF OBTAINING DIRECT FROM ALTERNATING CURRENTS.

No. 413,353. Patented Oct. 22, 1889.

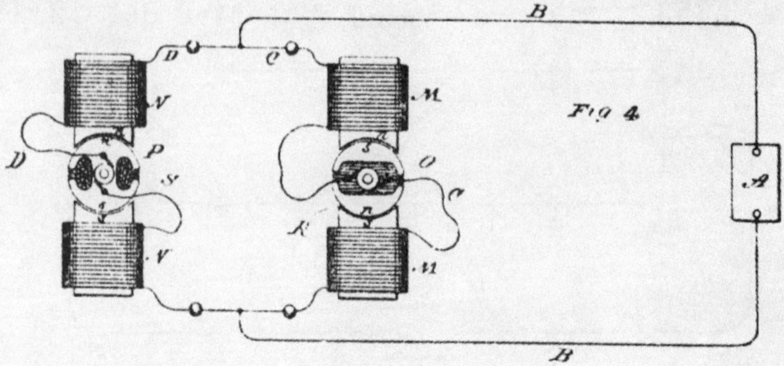


Fig 4.

Fig 5

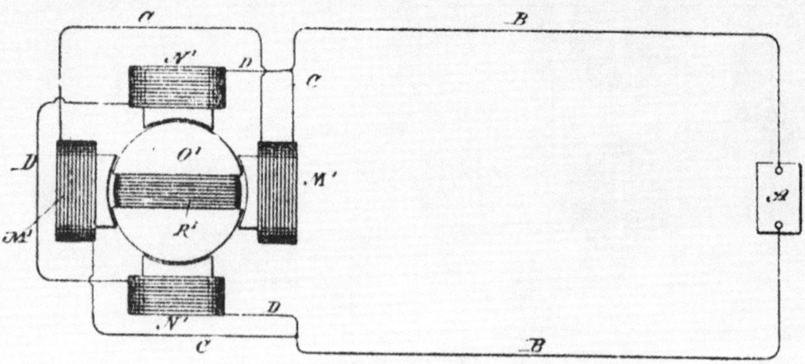


Fig 6

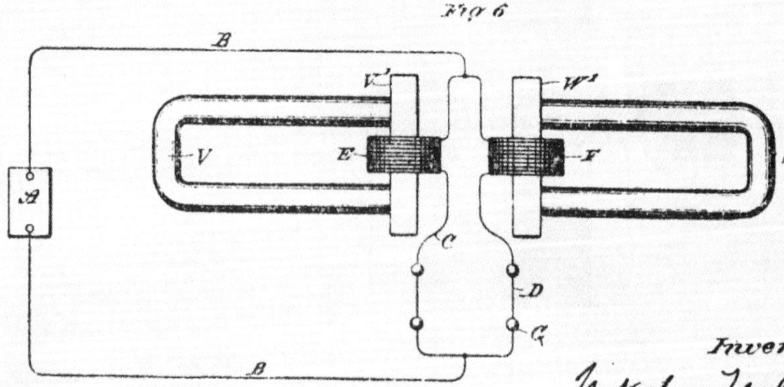


Witnesses:
Raphaël Netter
Frank E Hartley

Inventor
Nikola Tesla
By
Duncan. Curtis & Page.

(No Model.) 3 Sheets—Sheet 3.

# N. TESLA.

## METHOD OF OBTAINING DIRECT FROM ALTERNATING CURRENTS.

No. 413,353. Patented Oct. 22, 1889.

Fig. 7

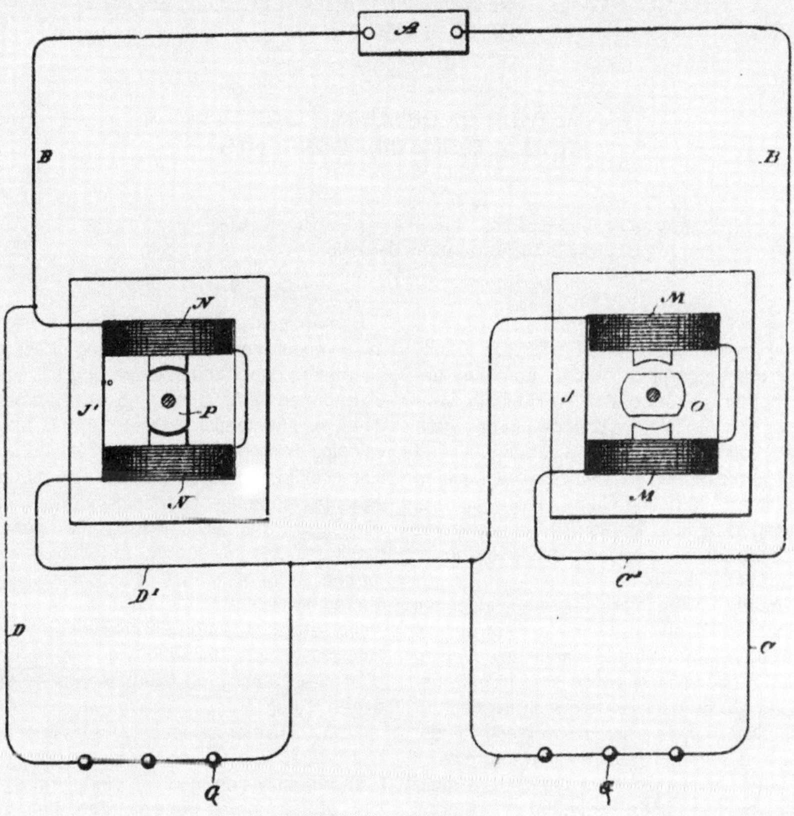


Witnesses:
Raphaël Netter
Frank E Hartley

Inventor
Nikola Tesla
By
Duncan, Curtis & Page
Attorneys

# UNITED STATES PATENT OFFICE.

NIKOLA TESLA, OF NEW YORK, N. Y.,
ASSIGNOR TO TWO-THIRDS TO CHARLES F. PECK,
OF ENGLEWOOD, NEW JERSEY, AND ALFRED S. BROWN,
OF NEW YORK, N. Y.

## METHOD OF OBTAINING DIRECT FROM ALTERNATING CURRENTS.

SPECIFICATION forming part of Letters Patent No. 413,353, dated October 22, 1889.
Application filed June 12, 1889. Serial No. 314,069. (No model.)

*To all whom it may concern:*

Be it known that I, NIKOLA TESLA, a subject of the Emperor of Austria, from Smiljan, Lika, border country of Austria-Hungary, temporarily residing in New York city, in the State of New York, have invented a ceratin new and useful Improvement in Methods of Obtaining Direct from Alternating Currents, of which the following is a specification, reference being had to the drawings accompanying and forming part of the same.

In nearly all the more important industrial applications of electricity the current is produced by dynamo-electric machines driven by power, in the coils of which the currents developed are primarily in reverse directions or alternating; but as very many electrical devices and systems require direct currents, it has been usual to correct the current alternations by means of a commutator, instead of taking them off directly from the generator-coils.

The superiority of alternating-current machines in all cases where their currents can be used to advantage renders their employment very desirable, as they may be much more economically constructed and operated; and the object of this my present invention is to provide means for directing or converting at will at one or more points in a circuit alternating into direct currents.

Stated as broadly as I am able to express it, my invention consists in obtaining direct from alternating currents, or in directing the waves of an alternating current so as to produce direct or substantially direct currents by developing or producing in the branches of a circuit including a source of alternating currents, either permanently or periodically, and by electric, electro-magnetic, or magnetic agencies, manifestations of energy, or what may be termed active resistance of opposite electrical character, whereby the currents or current-waves of opposite sign will be diverted through different circuits, those of one sign passing over one branch and those of opposite sign over another.

I may consider herein only the case of a circuit divided into two paths, inasmuch as any further subdivision involves merely an extension of the general principle. Selecting, then, any circuit through which is flowing an alternating current, I divide such circuit at any desired point into two branches or paths. In one of these paths I insert some device to create an electro-motive force counter to the waves or impulses of current of one sign and a similar device in the other branch which opposes the waves of opposite sign. Assume, for example, that thes devices are batteries, primary or secondary, or continuous-current dynamo-machines. The waves or impulses of opposite direction composing the main-current have a natural tendency to divide between the two branches; but by reason of the opposite electrical character or effect of the two branches one will offer an easy passage to a current of a certain direction, while the other will offer a relatively high resistance to the passage of the same current. The result of this dispositon is, that the waves of current of one sign will, party or wholly, pass over one of the paths or branches, while those of the opposite sign pass over the other. There may thus be obtained from an alternating current two or more direct currents without the employment of any commutator such as it has been heretofore regarded as necessary to use. The current in either branch may be used in the same way and for the same purposes as any other direct current -- that is, it may be made to charge secondary batteries, energize electro-magnets, or for any other analogous purpose.

In the drawings I have illustrated some of the various ways in which I may carry out this invention.

The several figures are diagrammatic in character, and will be described in detail in their order.

Figure 1 represents a plan of directing the alternating currents by menas of devices purely electrical in character. Figs. 2, 3, 4, 5, 6, and 7 arc diagrams illustrative of other ways of carrying out the invention, which will be hereinafter more particularly described.

In Fig. 1, A designates a generator of alternating currents, and B B the main or line-circuit therefrom. At any given point in this circuit at or near which it is desired to obtain direct currents I divide the circuit B into two paths or brances C D. In each of these branches I place an electrical generator, which for the present we will assume produces direct or continuous currents. The direction of the current thus produced is opposite in one branch to that of the current in the other branch, or, considering the two branches as forming a closed circuit, the generators E F are connected up in series therein, one generator in each part or half of the circuit. The electro-motive force of the current sources E and F may be equal to or higher or lower than the electromotive forces in the branches C D or between the points X and Y, the currents in both branches will be alternating, but the waves of one sign will preponderate. One of the generators or sources of current E or F may be dispensed with; but it is preferable to employ both, if they offer an appreciable resistance, as the two branches will be thereby better balanced. The translating or other devices to be acted upon by the current are designated by the letters G, and they are inserted in the branches C D in any desired manner; but in order to better preserve an even balance between the branches due regard should be had to the number and character of the devices, as will be well understood.

Figs. 2, 3, 4, and 5 illustrate what may be termed "electro-magnetic" devices for accomplishing a similar result -- that is to say, instead of producing directly by a generator an electro-motive force in each branch of the circuit, I may establish a field or fields of force and lead the branches through the same in such manner that an active oppositon of opposite effect or direction will be developed therein by the passage or tendency to pass of the alternations of current. In Fig. 2, for example, A is the generator of alternating currents, B B the line-circuit, and C D the branches over which the alternating currents are directed. In each branch I include the secondary of a transformer or induction-coil, which, since they correspond in their functions to the batteries of the previous figure, I have designated by the letters E F. The primaries H H´ of the induction-coils or transformers are connected either in parallel or series with a source of direct or continuous currents I, and the number of convulutions is so calculated for the strength of the current from I that the cores J J´ will be saturated. The connections are such that the conditons in the two transformers are of opposite character -- that is to say, the arrangement is such that a current wave or impulse corresponding in direction with that of the direct current in one primary, as H, is of opposite direction to that in the other primary H´; hence it results that while one secondary offers a resistance or opposition to the passage through it of a wave of one sign the other secondary similarly opposes a wave of opposite sign. In consequence the waves of one sign will, to greater or less extent, pass by way of one branch, while those of opposite sign in like manner pass over the other branch.

In lieu of saturating the primaries by a source of continuous current, I may include the primaries in the branches D D, respectively, and periodically short-circuit by any suitable mechanical devices -- such as an ordinary revolving commutator -- their secondaries. It will be understood of course that the rotation and action of the commutator must be in synchronism or in proper accord with the periods of the alternations in order to secure the desired results. Such a dispostition I have represented diagrammatically in Fig. 3. Corresponding to the previous figures, A is the generator of alternating currents, B B the line, and C D the two branches for the direct currents. In branch C are included two primary coils E E´, and in branch D are two similar primaries F F´. The corresponding secondaries for these coils and which are on the same subdivided cores J or J´ are in circuits the terminals of which connect to opposite segments K K´ and L L´, respectively, of a commutator. Brushes *b b* bear upon the commutator and alternately short-circuit the plates K and K´ and L and L´ through a connection *c*. It is obvious that either the magnets and commutator or the brushes may revolve.

The operation will be understood from a consideration of the effect of closing or short-circuiting the secondaries. For example, if at the instant when a given wave of current passes one set of secondaries be short-circuited, nearly all the current flows through the corresponding primaries; but the secondaries of the other branch being open-circuited the self-induction in the primaries is highest, and hence little or no current will pass through that branch. If, as the current alternates, the secondaries of the two branches are alternately short-circuited, the result will be that the currents of one sign pass over one branch and those of the opposite sign over the other. The disadvantages of this arrangement, which would seem to result from the employment of sliding-contacts, are in reality very slight, inasmuch as the electro-motive force of the secondaries may be made exeedingly low, so that sparking at the brushes is avoided.

Fig. 4 is a diagram, partly in section, of another plan of carrying out the invention. The circuit B in this case is divided, as before, and each branch includes the coils of both the field and revolving armatures of two induction devices. The armatures O P are preferably mounted on the same shaft, and are adjusted relatively to one another in such manner that when the self-induction in one branch, as C, is maximum in the other branch D it is minimum. The armatures are rotated in synchronism with the alternations from the source A. The winding or position of the armature-coils is such that a current in a given direction passed through both armatures would establish in one poles similar to those in the adjacent poles of the field and in the other poles unlike the adjacent field-poles, as indicated by *n n s s* in the drawings. If the like poles are presented, as shown in circuit D, the condition is that of a closed secondary upon a primary, or the position of least inductive resistance; hence a given alternation of current will pass mainly through D. A half-revolution of the armatures produces an opposite effect, and the succeeding current-impulse passes through C. Using this figure as an illustration, it is evident that the fields N M may be permanent magnets or independently excited and the armatures O P driven, as in the present case, so as to produce alternate currents, which will set up alternately impulses of opposite direction in the two branches D C, which in such case would include the armature-circuits and translating devices only.

In Fig. 5 a plan alternative with that shown in Fig. 3 is illustrated. In the previous case illustrated each branch C and D contained one or more primary coils, the secondaries of which were peridically short-circuited in synchronism with alternations of current form the main-source A, and for this purpose a commutator was employed. The latter may, however, be dispensed with and an armature with a closed coil substituted.

Referring to Fig. 5, in one of the branches, as C, are two coils M´, wound on laminated cores, and in the other branches D are similar coils N´. A subdivided or laminated armature O´, carrying a closed coil R´, is rotatably supported between the coils M´ N´, as shown. In the position shown -- that is, with the coil R´ parallel with the convolutions of the primaries N´ M´ -- practically the whole current will pass through branch D, because the self-induction in coils M´ M´ is maximum. If, therefore, the armature and coil be rotated at a proper speed relatively to the periods or alternations of the source A, the same results are obtained as in the case of Fig. 3.

Fig. 6 is an instance of what may be called in distinction to the others, a "magnetic" means of securing the results arrived at in this invention. V and W are two strong permanent magnets provided with armatures V´ W´, respectively. The armatures are made of thin laminae of soft iron or steel, and the amount of magnetic metal which they contain is so calculated that they will be fully or nearly saturated by the magnets. Around the armatures are coils E F, contained, respectively, in the circuits C and D. The connections and electrical conditions in this case are similar to those in Fig. 2, except that the current source I of Fig. 2 is dispensed with and the saturation of the core of coils E F obtained from the permanent magnets.

In the illustrations heretofore given I have in each instance shown the two branches or paths containing the translating or induction devices as in derivation one to the other; but this is not always necessary. For example, in Fig. 7, A is an alternating-current generator; B B, the line-wires or circuit. At any given point in the circuit I form two paths, as D D´, and at another point two paths as C C´. Either pair or group of paths is similar to the previous dispositions with the electrical source or induction device in one branch only, while the two groups taken together form the obvious equivalent of the cases in which an induction device or generator is included in both branches. In one of the paths, as D, are included the devices to be operated by the current. In the other branch, as D´, is an induction device that opposes the current-impulses of one direction and directs them through the branch D. So, also, in branch C are translating devices G, and in branch C´ an induction device or its equivalent that diverts through C impulses of opposite direction to those diverted by the device in branch D´. I have also shown a special form of induction device for this purpose. J J´ are the cores, formed with pole-pieces, upon which are wound the coils M N. Between these pole-pieces are mounted at right angles to one another the magnetic armatures O P, preferably mounted on the same shaft and designed to be rotated in synchronims with the alternations of current. When one of the armatures is in line with the poles or in the position occupied by armature P, the magnetic cirucit of the induction device is practically closed; hence there will be the greatest opposition to the passage of a current through coils N N. The alternation will therefore pass by way of branch D. At the same time, the magnetic circuit of the other induction devices being broken by the position of the armature O, there will be less opposition to the current in coils M, which will shunt the currrent from branch C. A reversal of the current being attended by a shifting of the armatures, the opposite effect is produced.

There are many other modifications of the means or methods of carrying out my invention; but I have not deemed it necessary herein to specifically refer to more than those described, as they involve the chief modifications of the plan. In all of these it will be observed that there is developed in one or all of the branches of a circuit from a source of alternating currents an active (as distinguished from a dead) resistance or opposition to the currents of one sign, for the purpose of diverting the currents of that sign through the other or another path, but permitting the currents of opposite sign to pass without substantial opposition.

Whether the division of the currents or waves of current of opposite sign be effected with absolute precision or not is immaterial to my invention, since it will be sufficient if the waves are only partically diverted or directed, for in such case the preponderating influence in each branch of the circuit of the waves of one sign secures the same practical results in many if not all respects as though the current were direct and continuous.

An alternating and direct current have been combined so that the waves of one direction or sign were partially or wholly overcome by the direct current, but by this plan only one set of alternations are utilized, whereas by my system the entire current is rendered available. By obvious applications of this discovery I am enabled to produce a self-exciting alternating dynamo, or to operate direct-current meters on alternating-current circuit, or to run various devices -- such as arc-lamps -- by direct currents in the same circuit with incandescent lamps or other devices run by alternating currents.

It will be observed that if an intermittent counter or opposing force be developed in the branches of the circuit and of higher electromotive force than that of the generator an alternating current will result in each branch, with the waves of one sign preponderating, while a constantly or uniformly acting opposition in the branches of higher electro-motive force than the generator would produce a pulsating current, which conditions would be under some circumstance the equivalent to those I have previously described.

What I claim as my invention is --

1. The method herein set forth of obtaining direct from alternating currents, which consists in developing or producing in one branch of a circuit from an alternating-current source an active resistance to the current-impulses of one direction, whereby the said currents or waves of current will be diverted or directed through another branch.

2. The method of obtaining direct from alternating currents, which consists in dividing the path of an alternating current into branches, and developing in one of said branches, either permanently or periodically, an electrical force or active resistance counter to or opposing the currents or current-waves of one sign, and in the other branch a force counter to or opposing the currents or current-waves of opposite sign, as set forth.

3. The method of obtaining direct from alternating currents, which consists in dividing the path of an alternating current into branches, establishing fields of force and leading the said branches through the said fields of force in such relation to the line of force therein that the impulses of current of one direction will be opposed in one branch and those of opposite direction in the other, as set forth.

NIKOLA TESLA.

Witnesses:

ROBT. F. GAYLORD,
F. B. MURPHY.

(No Model.)

2 Sheets—Sheet 1

A. SCHMID & N. TESLA.

ARMATURE FOR ELECTRIC MACHINES.

No. 417,794.

Patented Dec. 24, 1889.

Fig. 1.

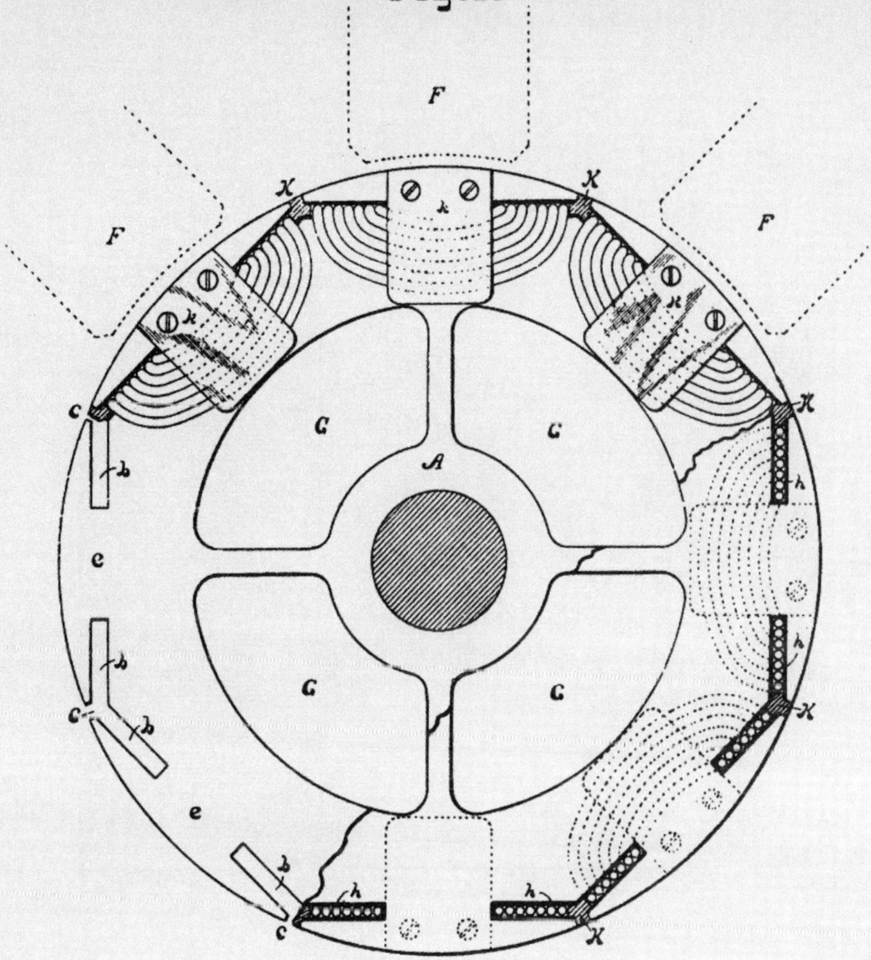


WITNESSES

George Brown Jr.

Wm Smith

INVENTOR

Albert Schmid

Nikola Tesla.

Charles A. Terry

Att'y.

(No Model.) 2 Sheets—Sheet 2.

A. SCHMID & N. TESLA

ARMATURE FOR ELECTRIC MACHINES.

No. 417,794. Patented Dec. 24, 1889.

Fig. 2.

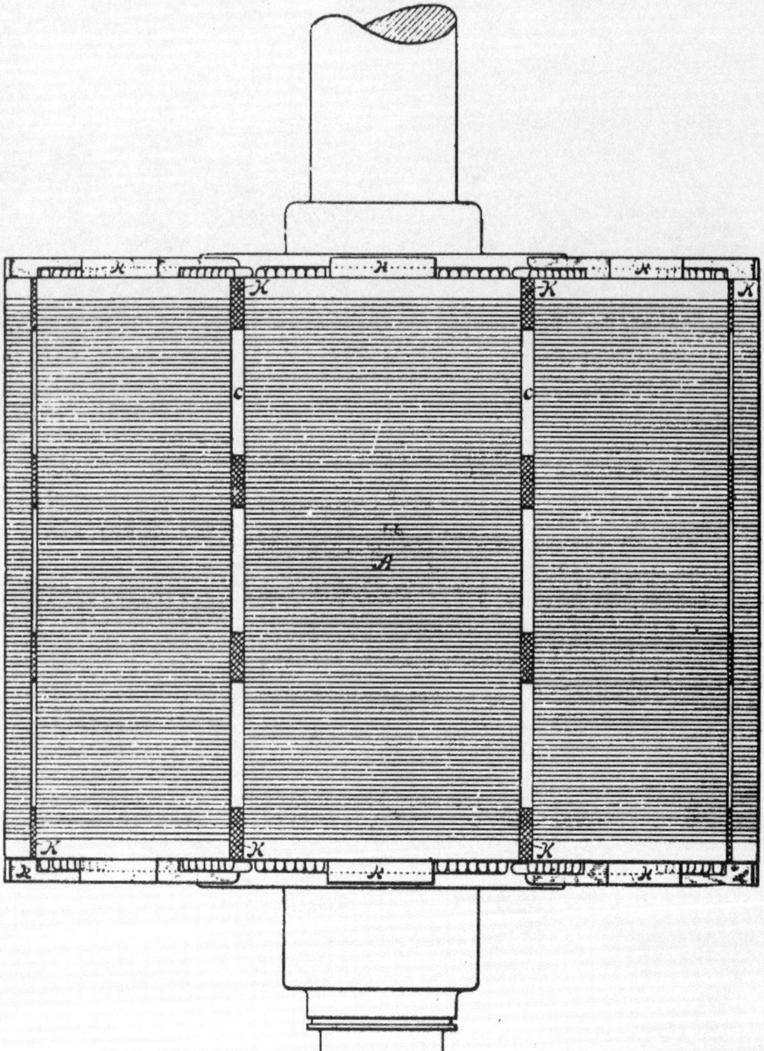


Witnesses

George Brown Jr.

J. Wm. Smith

Inventor

Albert Schmid

Nikola Tesla

By their Attorney

Charles A. Terry

# UNITED STATES PATENT OFFICE.

ALBERT SCHMID, OF ALLEGHENY, AND NIKOLA TESLA,
OF PITTSBURG, ASSIGNOR TO THE WESTINGHOUSE ELECTRIC COMPANY,
OF PITTSBURG, PENNSYLVANIA.

## ARMATURE FOR ELECTRIC MACHINES.

SPECIFICATION forming part of Letters Patent No. 417,794, dated December 24, 1889.
Application filed June 28, 1889. Serial No. 315,937. (No model.)

*To all whom it may concern:*

Be it known that we, ALBERT SCHMID and NIKOLA TESLA, citizens, respectively, of the Republic of Switzerland and Smiljan, Lika, border country of Austria-Hungary, now residing in Allegheny and Pittsburg, both in the country of Allegheny and State of Pennsylvania, have invented a certain new and useful Improvment in Armatures for Electric Machines, (Case No. 310.) of which the following is a specification.

The invention relates to the construction of armatures for electric generators and motors, and the object is to provide an electrically efficient armature, the construction of which is simple and economical, and in which the coils of insulated conducting wire or ribbon may be conveniently wound or formed into bobbins so located with reference to the body of the armature as to afford as good results as possible.

For certain purposes it is desirable to construct the armatures of electric generators and motors with their cores of magnetizable material projecting through the coils into close proximity to the field-magnet poles. When armatures are constructed in this manner, some means are necessary for holding the coils in position and preventing them from being thrown out by centrifugal force.

This invention aims to provide such means in an armature having polar-projections, and also to form an armature in such manner as to expose a large area of core-surface to the fieldmagnet poles.

The invention consists, in general terms, in forming an armature-core which is preferably built up of laminae of magnetizable material insulated from each other, with diverging slots or openings for receiving the armature wire or ribbon, which slots are connected with the exterior of the armature by openings through which the wire may be laid in the slots, and in placing the wire in such slots in the proper manner.

We are aware of the United States Patents No. 327,797, granted to Immisch, and No. 292,077, granted to Wenstrom, and the British patent of Coerper, No. 9,013 of 1887, and do not claim the construction shown and described therein.

The invention will be described more particularly in connection with the accompanying drawings, in which --

Fig.1 is an end view, partly in section of an armature embodying the features of the invention, and Fig. 2 is a plan of the armature.

Referring to the figures, F F indicate field-magnet poles, and A represents the body or core of an armature composed, in this instance, of laminae of magnetizable material built up in any suitable manner, the laminae being preferably separated by intervening strata of insulating material. The individual plates or laminae are constructed with radial openings *c*, extending a short distance from the surface, and with slots or openings *b*, which extend in different directions from the openings *c*. The slots diverge from each other at such angles as to cause the two slots upon the opposite sides of each web *e* thus formed to lie in the same chord of the circle of the armature. The plates may also be stamped or formed with openings G to remove the unnecessary metal. After the plates are formed they are laid up in the proper manner to form the entire armature-core, the slots *b* being placed opposite each other to form continuous openings through the entire length of the armature. These openings may be lined by pockets *h* of insulating material -- such, for instance, as vulcanized fiber -- and the wires are then wound into the slots from the openings *c* and around the respective webs *e*. winding-clips *k* may be placed at the respective ends of the armature opposite each web *e* to hold the wires in the proper positions as they are wound in the slots and down upon the armature ends.

The wires having been wound into their proper positions, they may be held more securely in position by means of blocks K of non-magnetic material, placed at intervals or extending through the entire slots or openings *c* and projecting into the slots *b*.

An armature constructed in the manner described is found to be very efficient in its operations and at the same time simple in its construction.

The connections between the armature-coils and the conductors or collecting-plates may be made in any usual well known manner, according to the purposes desired to be served.

We claim as our invention --

1. A core for electrical machines, composed of plates of magnetizable material separated by insulation, said plates having diverging slots for receiving the armature-conductors and an opening to the exterior of the plate at the origin of the diverging slots.

2. A core-plate for electrical machines, stamped with diverging slots at intervals near its periphery and an opening to the periphery at the angle formed by each two diverging slots.

3. A core for electrical machines, composed of plates of magnetizable material separated by insulation, said plates having diverging slots for receiving the armature-conductors and an opening to the exterior of the plate at the origin of the diverging slots, the width of such openings being approximately equal to the width of the slot.

4. An armature-core for electric machines, consisting of plates of magnetizable material separated by insulation, having radial openings at intervals, slots diverging from said openings for receiving armature-coils, and winding blocks or clips at the ends of the core.

5. An armature-core for electrical apparatus, composed of plates of magnetizable material separated by insulation and having radial openings at intervals, slots extending in opposite directions from said openings for receiving wires, and insulating-linings for said slots.

6. An armature for electric machines, consisting of a laminated core formed with diverging slots for receiving the wires, said slots leaving intervening webs, and coils of wire wound in said slots.

7. An armature for electric machines, consisting of a laminated core formed with diverging slots for receiving the wires, said slots leaving intervening webs, coils of wire wound in said slots, and non-magnetizable material closing the openings of the adjacent slots outside the wires, substantially as described.

8. An armature for electric machines, consisting of a core having its outer surface continuous except for narrow longitudinal openings at intervals and having slots diverging from said openings, armature-coils wound in said slots, and blocks or strips of non-magnetizable material closing the openings and forming with the metal of the armature a practically continuous surface.

In testimony whereof we have hereunto subscribed our names this 25th day of June, A.D. 1889.

ALBERT SCHMID.
NIKOLA TESLA.

Witnesses:

W. D. UPTEGRAFF,
CHARLES A. TERRY.

(No Model.)

# N. TESLA.

## ALTERNATING CURRENT ELECTRO MAGNETIC MOTOR.

No. 433,700. Patented Aug. 5, 1890.

Fig. 1

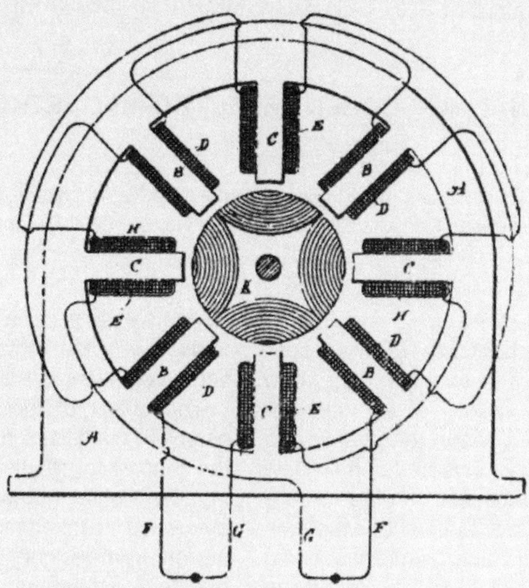


Fig. 2

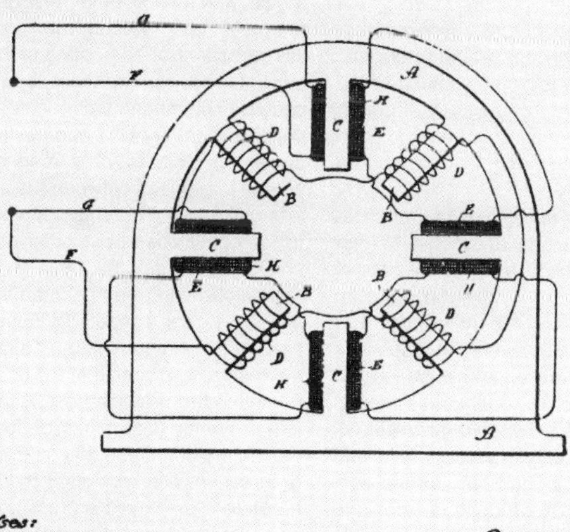


Witnesses:

Raphael Netter

Ernest Hopkinson

Inventor

Nikola Tesla

by

Duncan, Curtis & Page

Attorneys.

# UNITED STATES PATENT OFFICE.

NIKOLA TESLA, OF NEW YORK, N.Y., ASSIGNOR
TO THE TESLA ELECTRIC COMPANY, OF SAME PLACE.

## ALTERNATING-CURRENT ELECTRO-MAGNETIC MOTOR.

SPECIFICATION forming part of Letters Patent No. 433,700, dated August 5, 1890.
Application filed May 26, 1890. Serial No. 345,388. (No model.)

*To all whom it may concern:*

Be it known that I, NIKOLA TESLA, a subject of the Emperor of Austria-Hungary, from Smiljan, Lika, border country of Austria-Hungary, residing at New York, in the county and State of New York, have invented certain new and useful Improvements in Alternating-Current Electro-Magnetic Motors, of which the following is a specification, reference being had to the drawings accompanying and forming a part of the same.

This invention is an improvement in that class of electro-magnetic motors in which the rotation is produced by the progressive movement or effect of the maximum magnetic points or poles produced by the conjoint action or effect of two energizing-circuits through which are passed alternating currents, or currents of rapidly-varying strength of a kindred nature.

The improvements subject of this application are more particularly applicable to that class of motors in which two or more sets of energizing-magnets are employed, and in which by artificial means a certain interval of time is made to elapse between the respective maximum or minimum periods or phases of their magnetic attraction or effect. This interval or difference in phase between the two sets of magnets, when artificially produced, is limited in extent. It is desirable, however, for the economical working of such motors that the strength or attraction of one set of magnets should be maximum at the time when that of the other set is minimum and conversely; but these conditions have not heretofore been realized except in cases where the two currents have been obtained from independent sources in the same or different machines.

The object of the present invention is to establish conditions more nearly approaching the theoretical requirements of perfect working, or, in other words, to produce artificially a difference in magnetic phase by means of a current from a single primary source sufficient in extent to meet the requirements of practical and economical working.

In carrying out my invention I employ a motor with two sets of energizing or field-magnets, each wound with coils connected with a source of alternating or rapidly-varying currents, but forming two separate paths or circuits. The magnets of one set I protect to a certain extent from the energizing action of the current by means of a magnetic shield or screen interposed between the magnet and its energizing-coil. This shield is properly adapted to the conditions of particular cases, so as to shield or protect the main-core from magnetization until it has become itself saturated and no longer capable of containing all the lines of force produced by the current. By this means it will be seen that the energizing action begins in the protected set of magnets a certain arbitrarily-determined period of time later than in the other, and that by this means alone or in conjunction with other means or devices heretofore employed a practically economical difference of magnetic phase may readily be secured.

The nature and operation of the invention will be more fully explained by reference to the accompanying drawings.

Figure 1 is a view of a motor, partly in section, with a diagram illustrating the invention. Fig. 2 is a similar view of a modification of the same.

In Fig. 1, which exhibits the simplest form of the invention, A A is the field-magnet of a motor, having, say, eight poles or inwardly-projecting cores B and C. The cores B for one set of magnets and are energized by coils D. The cores C, forming the other set, are energized by coils E, and the coils are connected, preferably, in series with one another, in two derived or branched circuits F G, respectively, from a suitable source of current. Each coil E is surrounded by a magnetic shield H, which is preferably composed of an annealed, insulated, or oxidized iron wire wrapped or wound on the coils in the manner indicated, so as to form a closed magnetic circuit around the coils and between the same and the magnetic cores C. Between the pole-pieces or cores B C is mounted the armature K, which, as is usual in this type of machines, is wound with coils L closed upon themselves. The operation resulting from this disposition is as follows: If a current-impulse be directed through the two circuits of the motor, it will quickly energize the cores B, but not so the cores C, for the reason that in passing through the coils E there is encountered the influence of the closed magnetic circuits formed by the shields H. The first effect is to effectively retard the current-impulse in circuit G, while at the same time the proportion of current which does pass does not magnetize the cores C, which are shielded or screened by the shields H. As the increasing electro-motive force then urges more current through the coils E, the iron wire H becomes magnetically saturated and incapable of carrying all the lines of force, and hence ceases to protect the cores C, which become magnetized, developing their maximum effect after an interval of time subsequent to the similar manifestation of strength in the other set of magnets, the extent of which is arbitrarily determined by the thickness of the shield H, and other well understood conditions.

From the above is will be seen that the apparatus or device acts in two ways. First, by retarding the current, and, second, by retarding the magnetization of one set of the cores, from which its effectiveness will readily appear.

Many modifications of the principle of this invention are possible. One useful and efficient application of the invention is shown in Fig. 2. In said figure a motor is shown similar in all respects to that above described, except that the iron wire H, which is wrapped around the coils E, is in this case connected in series with the coils D. The iron wire coils H, are connected and wound, so as to have little or no self-induction, and being added to the resistance of the circuit F the action of the current in that circuit will be accelerated, while in the other circuit G it will be retarded. The shield H may be made in many forms, as will be understood, and used in different ways, as appears from the foregoing description. I do not, however, limit myself to any specific form or arrangement; but

What I claim is --

1. In an alternating-current motor having two energizing-circuits, the combination, with the magnetic cores and coils of one of the circuits, of interposed magnetic shields or screens for retarding the magnetization of said cores, as set forth.

2. In an alternating-current motor having two energizing-circuits, the combination, with the magnetic cores and the coils of one of the circuits wound thereon, of magnetic shields or coils wound around said coils at right angles to their convolutions, as set forth.

3. In an alternating-current motor having two energizing-circuits, the combination, with the magnetic cores and the coils of one of the circuits which energize the said cores, of magnetic shields forming closed magnetic circuits around the coils and interposed between the coils and cores, as set forth.

4. In an alternating-current motor having two energizing-circuits derived from the same source, the combination, with the cores and the coils of one of the circuits that energizes the same, of insulated iron-wire coils wound on the said energizing-coils at right angles to their convolutions and connected up in series with the coils of the other energizing-circuit, as set forth.

NIKOLA TESLA.

Witnesses:
ROBT. F. GAYLORD,
PARKER W. PAGE.

(No Model.)

# N. TESLA.

## ALTERNATING CURRENT MOTOR.

No. 433,701 Patented Aug. 5, 1890.

*Fig. 1*

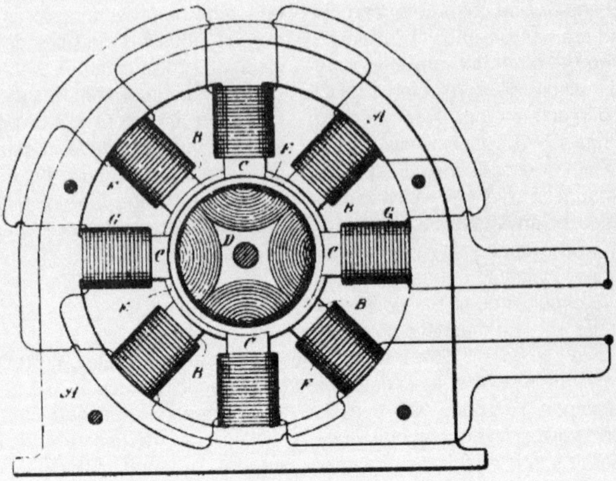


*Fig. 2*

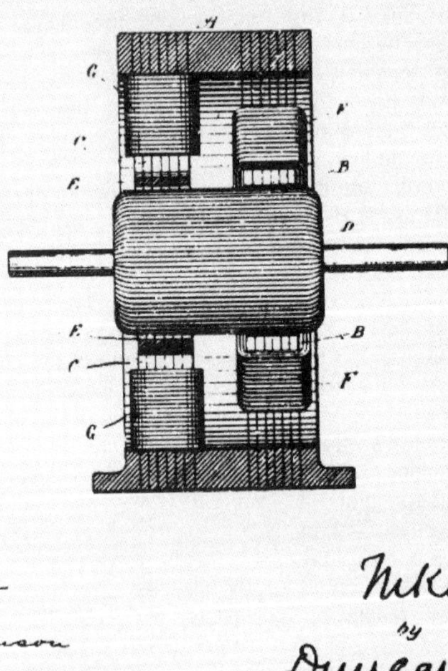


Witnesses:
Raphael Netter
Ernest Hopkinson

Inventor
Nikola Tesla
by
Duncan Curtis & Page
Attorneys.

# UNITED STATES PATENT OFFICE.

NIKOLA TESLA, OF NEW YORK, N.Y., ASSIGNOR
TO THE TESLA ELECTRIC COMPANY, OF SAME PLACE.

## ALTERNATING-CURRENT MOTOR.

SPECIFICATION forming part of Letters Patent No. 433,701, dated August 5, 1890.
Application filed March 26, 1890. Serial No. 345,389. (No model.)

*To all whom it may concern:*

Be it known that I, NIKOLA TESLA, a subject of the Emperor of Austria-Hungary, from Smiljan, Lika, border country of Austria-Hungary, residing at New York, in the county and State of New York, have invented certain new and useful Improvements in Alternating Current Motors, of which the following is a specification, reference being had to the drawings accompanying, and forming a part of the same.

This invention relates to that class of alternating-current motors in which the field-magnets are energized by coils connected up in two circuits derived from the same source and having different degrees of self-induction, whereby the currents in one circuit or branch are retarded more than in the other, with the result of producing a progressive advance or rotation of the points of maximum magnetic effect in the field that maintains the armature in rotation. In motors of this kind I have employed, among other means, a self-induction coil in one circuit and a dead resistance in the other, or I have secured the same result by the special character of the winding of the two circuits, and in still another instance I have so constructed the motor that the retarded current coils were nearly enclosed by iron, whereby the self-induction of such coils was very greatly increased.

The invention subject of this application is an improvement on this last-named plan.

In carrying out the invention I construct a field-magnet having two sets of poles or inwardly-projecting cores and placed side by side, so as practically to form two fields of force and alternately disposed that is to say, with the poles of one set or field opposite the spaces between the other. I then connect the free ends of one set of poles by means of laminated iron bands or bridge-pieces of considerably smaller cross-section than the cores themselves, whereby the cores will all form parts of complete magnetic circuits. When the coils on each set of magnets are connected in multiple circuits or branches from a source of alternating currents, electro-motive forces are set up in or impressed upon each circuit simultaneously; but the coils on the magnetically bridged or shunted cores will have, by reason of the closed magnetic circuits, a high self-induction, which retards the current, permitting at the beginning of each impulse but little current to pass. On the other hand, no such opposition being encountered in the other set of coils, the current passes freely through them, magnetizing the poles on which they are wound. As soon however, as the laminated bridges become saturated and incapable of carrying all the lines of force, which the rising electro-motive force, and consequently increased current, produce, free poles are developed at the ends of the cores, which, acting in conjunction with the others, produce rotation of the armature.

The construction in detail by which this invention is illustrated is shown in the accompanying drawings.

Figure 1 is a view in side elevation of a

motor embodying the invention. Fig. 2 is a vertical cross-section of the same.

A is the frame of the motor, which is preferably built up of sheets of iron punched out to the desired shape and bolted together with insulation of a proper character between the sheets. When complete, the frame makes a field-magnet with inwardly-projecting pole-pieces B and C. To adapt them to the requirements of this particular case these pole-pieces are out of line with one another, those marked B surrounding one end of the armature and the others, as C, the opposite end, and they are disposed alternately -- that is to say, the pole-pieces of one set occur in line with the spaces between those of the other sets.

The armature D is of cylindrical form, and is also laminated in the usual way and is wound longitudinally with coils closed upon themselves. The pole-pieces C are connected or shunted by bridge-pieces E. These may be made independently and attached to the pole-pieces, or they may be parts of the forms or blanks stamped or punched out of sheet iron. Their size or mass is determined by various conditions, such as the strength of the current to be employed, the mass or size of the cores to which they are applied, and other well understood conditions.

Coils F surround the pole-pieces B, and other coils G are wound on the pole-pieces C.These coils are connected in series in two circuits, which are branches of a circuit from a generator of alternating currents, and they may be so wound, or the respective circuits in which they are included may be so arranged, that the circuit of coils G will have independently of the particular construction herein described a higher self-induction than the other circuit or branch.

The function of the shunts or bridges E is that they shall form with the cores C a closed magnetic circuit for a current up to a predetermined strength, so that when saturated by such current and unable to carry more lines of force than such a current produces they will to no further appreciable extent interfere with the development by a stronger current of free magnetic poles at the ends of the cores C.

In such a motor the current is so retarded in the coils G and the manifestation of the free magnetism in the poles C is delayed beyond the period of maximum magnetic effect in poles B that a strong torque is produced and the motor operates with approximately the power developed in a motor of this kind energized by independently-generated currents differing by a full-quarter phase.

What I claim in this application is --

1. In an alternating-current motor having two sets or series of pole-pieces, the combination, with one of such sets or series, of magnetic shunts or bridges connecting their free ends, as herein set forth.

2. In an alternating-current motor having two sets or series of pole-pieces energized by, coils in independent circuits from the same source, the combination, with one of the sets or series of pole-pieces, of magnetic shunts or bridges connecting, their free ends, as described.

3. In an alternating-current motor having a laminated or subdivided field-magnet provided with two sets or series of cores or pole-pieces, the combination, with a such pole-pieces, of energizing-coils connected, respectively, in two circuits derived from the same source of alternating currents and laminated or subdivided iron shunts or bridges of smaller cross-section than the pole-pieces and joining the free ends of all the cores or pole-pieces of one set to form closed magnetic circuits, as set forth.

4. In an alternating-current motor the combination, with a set or series of field-poles and energizing-coils wound thereon, of an intermediate set of pole-pieces forming portions of closed magnetic circuits and coils thereon in a circuit derived from the same source of alternating currents as the other, as set forth.

NIKOLA TESLA.

Witnesses:

ROBT. F. GAYLORD,
PARKER W. PAGE.

(No Model.)

# N. TESLA
## ELECTRICAL TRANSFORMER OR INDUCTION DEVICE.

No. 433,702. Patented Aug. 5, 1890.

Fig. 1

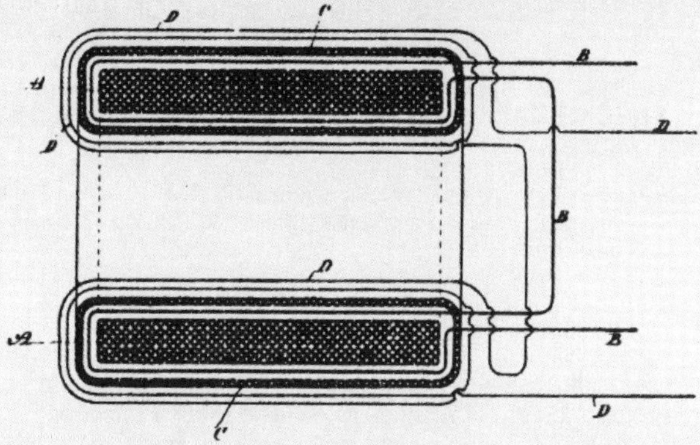


Fig. 2

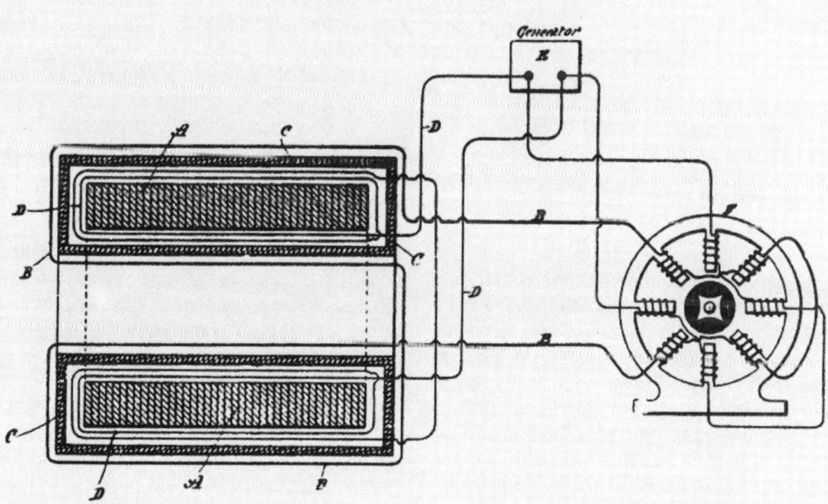


Witnesses:
Raphaël Netter
Ernest Hopkinson

Inventor
Nikola Tesla
by
Duncan Curtis & Page
Attorneys.

# UNITED STATES PATENT OFFICE.

NIKOLA TESLA, OF NEW YORK, N.Y., ASSIGNOR
TO THE TESLA ELECTRIC COMPANY, OF SAME PLACE.

## ELECTRICAL TRANSFORMER OR INDUCTION DEVICE.

SPECIFICATION forming part of Letters Patent No. 433,702, dated August 5, 1890.
Application filed March 26, 1890. Serial No. 345,390. (No model.)

*To all whom it may concern:*

Be it known that I, NIKOLA TESLA, a subject of the Emperor of Austria-Hungary, from Smiljan, Lika, border country of Austria-Hungary, residing at New York, in the county and State of New York, have invented certain new and useful Improvements in Electrical Transformers or Induction Devices, of which the following is a specification, reference being had to the drawings accompanying, and forming a part of the same.

This invention is an improvement in electrical transformers or converters, and has for its main object the provision of means for securing, first, a phase difference between the primary and secondary current adapted to the operation of my alternating-current motors and other like purposes, and, second, a constant current for all loads imposed upon the secondary.

In transformers as constructed now and heretofore it will be found that the electro-motive force of the secondary very nearly coincides with that of the primary, being, however, of opposite sign. At the same time the currents, both primary and secondary, lag behind their respective electro-motive forces; but as this lag is practically or nearly the same in the case of each it follows that the maximum and minimum of the primary and secondary currents will nearly coincide, but differ in sign or direction, provided the secondary be not loaded or if it contain devices having the property of self-induction. On the other hand, the lag of the primary behind the impressed electro-motive force may be diminished by loading the secondary with a non-inductive or dead resistance -- such as incandescent lamps -- whereby the time interval between the maximum or the minimum periods of the primary and secondary currents is increased. This time interval, however, is limited, and the results obtained by phase difference in the operation of such devices as my alternating-current motors can only be approximately realized by such means of producing or securing this difference, as above indicated, for it is desirable in such cases that there should exist between the primary and secondary currents, or those which, however produced, pass through the two circuits of the motor, a difference of phase of ninety degrees; or, on other words, the current in one circuit should be maximum when that in the other cirucuit is minimum. To more perfectly attain to this condition I obtain or secure an increased retardation of the secondary current in the following manner: Instead of bringing the primary and secondary coils or circuits of a transformer into the closest possible relation, as has hitherto been done, I protect in a measure the secondary from the inducitve action or effect of the primary by surrounding either the primary or the secondary with a comparatively thin magnetic shield or screen. Under these conditions or circumstances, as long as the primary current has small value, the shield protects the secondary; but as soon as the primary current has reached a certain strength, which is arbitrarily determined, the protecting magnetic shield becomes saturated and the inductive action upon the secondary begins. It results, therefore, that the secondary current begins to flow at a certain fraction of a period later than it would without the interposed shield, and since this retardation may be obtained without necessarily retarding the primary current also, an additional lag is secured, and the time interval between the maximum or minimum periods of the primary and secondary currents is increased. I have further discovered that such a transformer may, by properly proportioning its several elements and determining in a manner well understood the proper relations between the primary and secondary windings, the thickness of the magnetic shield, and other conditions, be constructed to yield a constant current at all loads. No precise rules can be given for the specific construction and proportions for securing the best results, as this is a matter determined by experiment and calculation in particular cases; but the general plan of construction which I have described will be found under all conditions to conduce to the attainment of this result.

In the accompanying drawings I have illustrated the construction above set forth.

Figure 1 is a cross-section of a transformer embodying my improvment. Fig. 2 is a similar view of a modified form of transformer, showing diagrammatically the manner of using the same.

A A is the main-core of the transformer, composed of a ring of soft annealed and insulated or oxidized iron wires. Upon this core is wound the secondary circuit or coil B B. This latter is then covered with a layer or layers of annealed and insulated iron wires C C, wound in a direction at right angles to said secondary coil. Over the whole is then wound the primary coil or wire D D. From the nature of this construction it will soon be obvious that as long as the shield formed by the wires C is below magnetic saturation the secondary coil or circuit is effectually protected or shielded from the inductive influence of the primary, although I would state that on open circuit it may exhibit some electro-motive force. When the strength of the primary reaches a certain value, the shield C, becoming saturated, ceases to protect the secondary from inductive action, and current is in consequence developed therein. For similar reasons, when the primary current weakens, the weakening of the secondary is retarded to the same or approximately the same extent.

The specific construction of the transformer is largely immaterial. In Fig. 2, for example, the core A is built up of thin insulated iron plates or disks. The primary circuit D is wound next the core A. Over this is applied the shield C, which in this case is made up of thin strips or plates of iron properly insulated and surrounding the primary, forming a closed magnetic circuit. The secondary B is wound over the shield C. In Fig. 2, also, E is a source of alternating or rapidly changing currents. The primary of the transformer is connected with the circuit of the generator.

F is a two-circuit alternating-current motor, one of the circuits being connected with the main-circuit from the source E, and the other being, supplied with currents from the secondary of the transformer.

Having now described my invention, what I claim is --

1. In an electrical transformer or induction device, the combination, with the main magnetic core and the primary and secondary coils or circuits, of a magnetic shield or screen interposed between said coils, as herein set forth.

2. In an electrical transformer or inductive device, the combination, with the magnetic core and the primary and secondary coils or circuits, of a magnetic shield or screen surrounding one of said coils only, as set forth.

3. In an electrical transformer or induction device, the combination, with the magnetic core and the primary and secondary coils wound thereon, of a magnetic shield or screen wound on or built up around one only of said coils, as described.

4. In an electrical transformer or induction device, the combination, with a main laminated magnetic core and primary and secondary coils thereon, of a subdivided or laminated magnetic shield or screen interposed between the coils, as set forth.

5. In an electrical transformer, the combination, with a magnetic core and primary and secondary coil wound thereon, of a magnetic shield or screen interposed between said coils and surrounding one of them and adapted to be or capable of being magnetically saturated by a predetermined current strength below the maximum in the primary, as set forth.

NIKOLA TESLA.

Witnesses:
ROBT. F. GAYLORD,
PARKER W. PAGE.

(No Model.)

# N TESLA

## ELECTRO MAGNETIC MOTOR

No 433,703 Patented Aug. 5, 1890.

*Fig. 1*

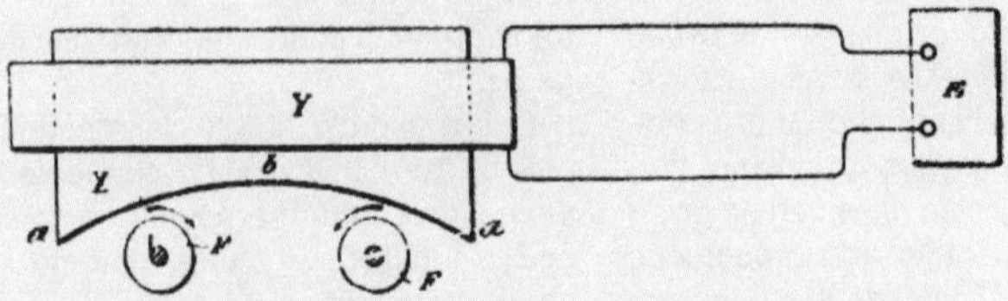


*Fig 2*

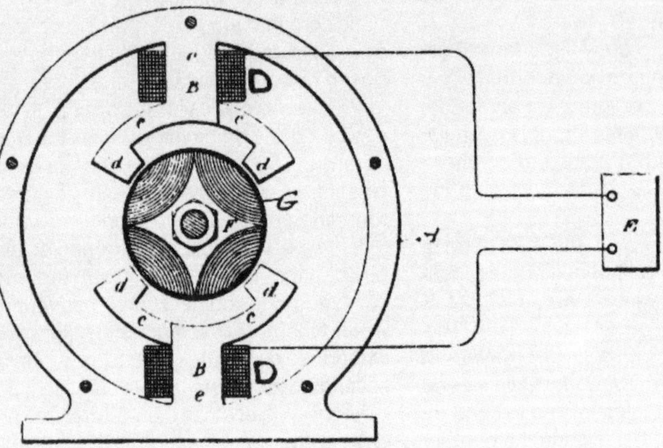


*Fig. 3*

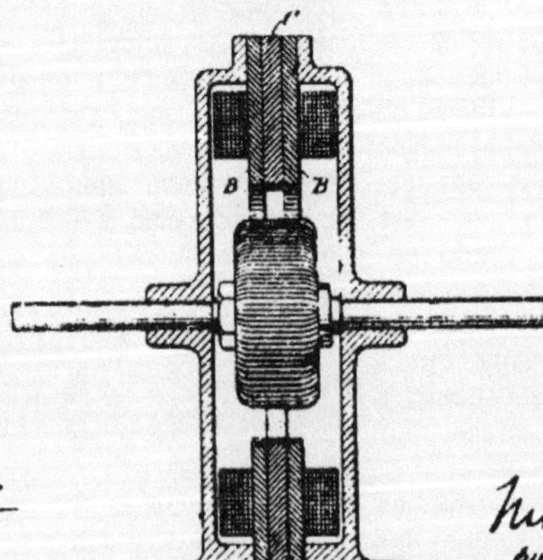


*Witnesses:*
Raphael Netter
Ernest Hopkinson

*Inventor*
Nikola Tesla
by
Duncan, Curtis & Page

# UNITED STATES PATENT OFFICE.

NIKOLA TESLA, OF NEW YORK, N.Y., ASSIGNOR
TO THE TESLA ELECTRIC COMPANY, OF SAME PLACE.

## ELECTRO-MAGNETIC MOTOR.

SPECIFICATION forming part of Letters Patent no. 433,703, dated August 5, 1890.
Application filed April 3, 1890. Serial No. 346,603. ( No model.)

*To all whom it may concern:*

Be it known that I, NIKOLA TESLA, a subject of the Emperor of Austria-Hungary, from Smiljan, Lika, border country of Austria-Hungary, residing at New York, in the county and State of New York, have invented certain new and useful Improvements in Electro-Magnetic Motors, of which the following is a specification, reference being had to the drawings accompanying and forming a part of the same.

This invention is an improvement in alternating-current motors, and has for its general object to produce a single-circuit alternating current torque-motor of economical and simple construction.

The nature of the invention will be understood from the following statement.

It is well known that if a magnetic core, even if laminated or subdivided, be wound with an insulated coil and a current of electricity directed through the coil the magnetization of the entire core does not immediately ensue, the magnetizing effect not being exhibited in all parts simultaneously. This I attribute to the fact that the action of the current is to energize first those laminae or parts of the core nearest the surface and adjacent to the exciting-coil, and from thence the action progresses toward the interior. A certain interval of time therefore elapses between the manifestation of magnetism in the external and the internal sections or layers of the core. If the core be thin or of small mass, this effect may be inappreciable; but in the case of a thick core, or even of a comparatively thin one, of the number of alternation or rate of change of the current strength be very great the time interval occurring between the manifestations of magnetism in the interior of the core and in those parts adjacent to the coil is more marked, and in the construction of such apparatus as motors which are designed to be run by alternating or equivalent currents -- such as pulsating or undulating currents generally -- I have found it desirable and even necessary to give due consideration to this phenomenon and to make special provisions in order to obviate its consequences. The specific object of my present invention is to take advantage of this action or effect, and by rendering it more pronounced to utilize it in the operation of motors in general. This object I attain by constructing a field-magnet in which the parts of the core or cores that exhibit at different intervals of time the magnetic effect imparted to them by alternating or equivalent currents in an energizing-coil or coils are so placed with relation to a rotating armature as to exert thereon their attractive effect successively in the order of their magnetization. By this means I secure a similar result to that which I have heretofore attained in other forms or types of motor in which by means of one or more alternating currents I have produced a rotation or progression of the magnetic poles or points of maximum attraction of the field of force.

In the drawings I have shown a simple form of motor, which will serve to demonstrate the principle of the mode of operation, which I have above described in general terms.

Figure 1 is a side elevation of such motor. Fig. 2 is a side elevation of a more practicable and efficient embodiement of the invention. Fig. 3 is a central vertical section of the same in the plane of the axis of rotation.

Referring to Fig. 1, let X represent a large iron core, which may be composed of a number of sheets or laminae of soft iron or steel. Surrounding this core is a coil Y, which is connected with a source E of rapidly-varying currents. Let us consider now the magnetic conditions existing in this core at any point as *b*, at or near the center, and any other point, as *a*, nearer the surface. When a current-impulse is started in the magnetizing-coil Y, the section or part *a*, being close to the coil, is immediately energized, while the section or part at *b*, which, to use a convenient expression, is "protected" by the intervening sections or layers between *a* and *b*, does not at once exhibit magnetism. However, as the magnetization of *a* increases, *b* becomes also affected, reaching finally its maximum strength some time later than *a*. Upon the weakening of the current the magnetization of *a* first diminishes, while *b* still exhibits its maximum strength; but the continued weakening of *b*. Assuming the current to be an alternating one, *a* will now be reversed, while *b* still continues of the first-imparted polarity. This action continues the magnetic condition of *b*, following that of *a* in the manner above described. If an armature - for instance, a simple disk F, mounted to rotate freely on an axis -- be brought into proximity to the core, a movement of rotation will be imparted to the disk, the direction depending upon its position relatively to the core, the tendency being to turn the portion of the disk nearest to the core from *a* to *b*, as indicated in Fig. 1. This action or principle of operation I have embodied in a practicable form of motor, which is illustrated in Fig. 2. Let A in said figure represent a circular frame of iron, from diametrically-opposite points of the interior of which the cores project. Each core is composed of three main parts B, B, and C, and they are similarly formed with a straight portion or body *e*, around which the energizing-coil is wound, a curved arm or extension *c*, and an inwardly-projecting pole or end *d*. Each core is made uo of two parts B B, with their polar-extensions reaching in one direction and a part C between the other two and with its polar-extension reaching in the opposite direction. In order to lessen in the cores the circulation of currents induced therein, the several sections are insulated from one another in the manner usually followed in such cases. These cores are wound with coils D, which are connected in the same circuit, either in parallel or series, and supplied with an alternating or a pulsating current, preferably the former, by a generator E, respresented diagrammatically. Between the cores or their polar-extensions is mounted a cylindrical or similar armature F, wound with magnetizing-coils G, that are closed upon themselves, as is usual in motors of this general class.

The operation of this motor is as follows: When a current-impulse or alternation is directed through the coils D, the sections B B of the cores, being on the surface and in close proximity to the coils, are immediately energized. The sections C, on the other hand, are protected from the magnetizing influence of the coil by the interposed layers of iron B B. As the magnetism of B B increases, however, the sections C are also energized; but they do not attain their maximum strength until a certain time subsequent to the exhibition by the sections B B of their maximum. Upon the weakening of the current the magnetic strength of B B first diminishes, while the sections C have still their maximum strength; but as B B continue to weaken the interior sections are similarly weakened. B B may then begin to exhibit an opposite polarity, which is followed later by a similar change on C, and this action continues. B B and C may therefore be considered as separate field-magnets, being extended so as to act on the armature in the most efficient positions, and the effect is similar to that in my other forms of motor -- viz., a rotation or progression of the maximum points of the field of force. Any armature -- such, for instance, as a disk -- mounted in this field would rotate from the pole first to exhibit its magnetism to that which exhibits it later.

It is evident that the principle herein described may be carried out in conjunction with other means, such as I have elsewhere set forth, for securing a more favorable or efficient action of the motor. For example, the polar-extensions of the sections C may be wound or surrounded by closed coils L, as indicated by dotted lines in Fig. 2. The effect of these coils will be to still more effectively retard the magnetization of the polar-extensions of C.

I do not wish to be understood as limiting myself to any particular construction of this form of motor, as the same principle of action or operation may be carried out in a great variety of forms.

What I claim is --

1. In an alternating-current motor, the combination, with an energizing-coil and a core composed of two parts, one protected from magnetization by the other interposed between it and the coil, of an armature mounted with the influence of the fields of force produced by said parts, as set forth.

2. The combination, in an alternating-current motor, of a rotating armature, a field-magnet composed of a coil and a core with two section in proximity to the coil and an inner section between the same, the sections being formed or provided with polar-projections extending in opposite directions over or around the armature, as set forth.

3. The combination, in an alternating-current motor, of a rotating armature, a frame and field-magnets thereon, each composed of an energizing-coil wound around a core made up of outer and inner or protected magnetic sections, each of which is formed or provided with independent laterally-extended pole-pieces or projections, as herein described.

NIKOLA TESLA.

Witnesses:
ROBT. F. GAYLORD,
PARKER W. PAGE.

(No Model.)

# N. TESLA.

## METHOD OF OPERATING ARC LAMPS.

No. 447,920. Patented Mar. 10, 1891.

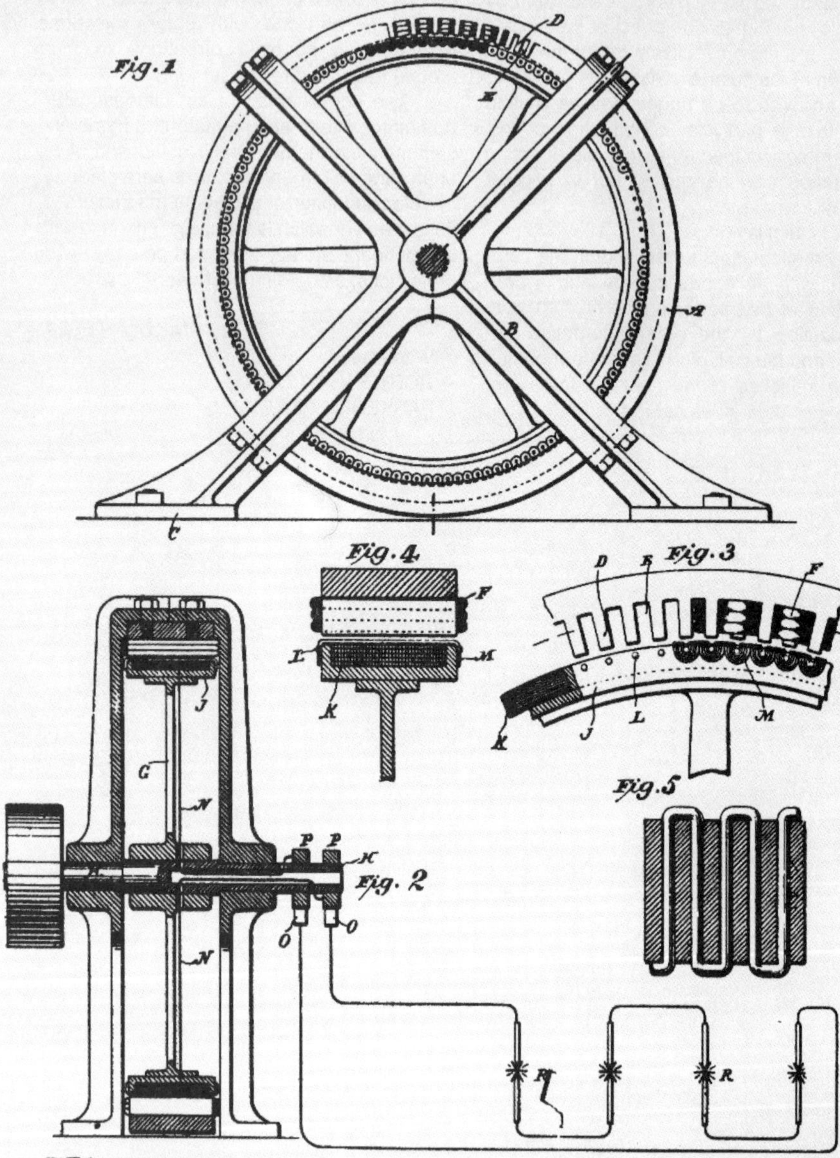


Witnesses:
Raphael Netter
M. G. Tracy

Inventor
Nikola Tesla
by
Duncan & Page
Attorneys.

# UNITED STATES PATENT OFFICE.

NIKOLA TESLA, OF NEW YORK, N.Y.

## METHOD OF OPERATING ARC-LAMPS.

SPECIFICATION forming part of Letters Patents No. 447,920, dated March 10, 1891.
Application field October 1,1890. Serial No. 366,734. (No model.)

*To all whom it may concern:*

Be it known that I NIKOLA TESLA, al subject of the Emperor of Austria-Hungary residing at New York; in the county and State of New York have invented certain new and useful Improvements in Methods of Operating Arc-Lamps, of which the following is a specification.

This invention consists in an improved method of operating electric-arc lamps which are supplied with alternating or pulsating currents.

It has now become a common practice to run arc-lamps by alternating or pulsating as distinguished from continuous currents; but an objection to such systems exists in the fact that the arcs emit a pronounced sound varying with the rate of the alternations or pulsations of current, but under any circumstances constituting an objectionable and disagreeable feature, for which heretofore no effective remedy has been found or proposed; this noise is probably due to the rapidly alternating heating and cooling and consequent expansion and contraction of the gaseous matter forming the arc which corresponds with the periods or impulses of the current, for I have succeeded in abating it and producing quiet and smoothly acting lamps by increasing, per unit of time, the number of alternations or pulsations of the current producing the arc to such an extent that the rate of the vibrations or changes in the arc producing the noise approximately equals or exceeds that which is generally regarded as the limit of audition. For example I may use a generator which produces ten thousand or more alternations of current per second. In such a case the periodical heating and cooling of the arc would occur with such rapidity as to produce little or no perceptible effect upon the ear.

There are a number of ways in which the current may be varied at a rate exceeding the limit of audition, but probably the most practicable known to me at present is by the use of an alternating-current generator with a large number of poles and specially constructed for the purpose. Such a generator, for the purpose of the illustration of this case, I have shown in the accompanying drawings.

Figure 1 is a view of the generator in side elevation. Fig. 2 is a vertical cross-section of the same with a diagram of the circuit-connections. Fig. 3 is an enlarged view, in side elevation, of a part of the machine. Fig. 4 is an enlarged sectional detail of the armature and field. Fig. 5 is a detail section of the field-magnets exhibiting the plan of winding.

A is an annular magnetic frame supported by the cross-bars or brackets B, provided with feet C, upon which the machine rests. The interior of the annulus A is provided with a large number of projections or pole-pieces D. These may be formed or applied in a variety of ways -- as, for example, by milling transverse grooves E.

Owing to the very large number and small size of the poles and the spaces between them, I apply the exciting or field-coils by winding an insulated conductor F zigzag through the grooves, as shown in Fig 5, carrying said wire around the annulus to form as many layers as is desired. In this way the pole-pieces D will be energized with alternately opposite polarity around the entire ring.

For the armature I employ a spider or circular frame G on a driving-shaft H, mounted in bearings in the brackets B. This spider carries a ring J, turned down, except at its edges, to form a trough-like receptacle for a mass of fine annealed iron wires K, which are wound in the groove to form the core proper for the armature-coils. Pins L, are set in the sides of the ring J, and the coils M are wound over the periphery of the armature-structure and around the pins. The coils M are connected together in series, and these terminals N carried through the hollow shaft H to contact-rings P P, from whence the currents are taken off by brushes O. In this way a machine with a very large number of poles may be constructed. It is easy, for instance, to obtain in this manner three hundred and seventy-five to four hundred poles in a machine that may be safely driven at a speed of fifteen hundred or sixteen hundred revolutions per minute, which will produce ten thousand or eleven thousand alternations of current per second. Arc lamps R R are shown in diagram as connected up in series with the machine in Fig. 2. If such a current be applied to running arc-lamps, the sound produced by or in the arc becomes practically inaudible, for by increasing the rate of change in the current, and consequently the number of vibrations per unit of time of the gaseous material of the arc up to or beyond ten thousand or eleven thousand per second, or to what is regarded as the limit of audition, the sound due to such vibrations will not be audible. The exact number of changes or undulations necessary to produce this result will vary somewhat according to the size of the arc that is to say, the smaller the arc the greater the number of changes that will be required to render it inaudible within certain limits. Of course, as the rate of alternations or undulations for a given size of arc becomes very high the sound produced is less perceptible, and hence for some purposes the actual limit of audition may only be approached, provided the sound be rendered practically inaudible.

Another advantage gained by increasing, as above set forth the number of alternations is that the arc acts more like that produced by a continuous current, in that it is more persistent, owing to the fact that the time interval between undulations is so small that the gaseous matter cannot cool down so far as to increase very considerably in resistance.

I claim --

The method of abating or rendering inaudible the sound emitted by arc lamps supplied with or operated by an alternating or pulsating, current by increasing the rate of such alternations or pulsations up to that of the limit of audition, as set forth.

NIKOLA TESLA.

Witnesses:
FRANK B. MURPHY,
RAPHAEL NETTER.

(No Model.) 2 Sheets—Sheet 1.

N. TESLA.

ALTERNATING ELECTRIC CURRENT GENERATOR.

No. 447,921. Patented Mar. 10, 1891.

Fig. 1

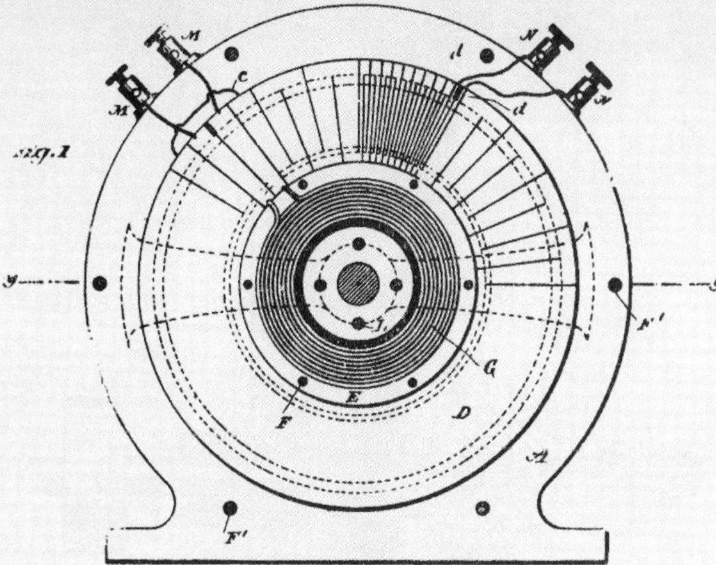


Fig. 2

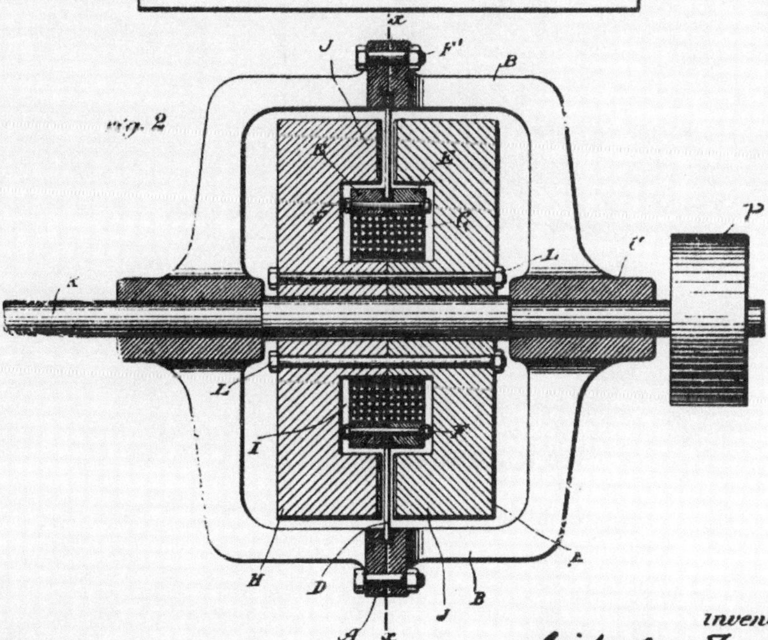


Witnesses:
Ernest Hopkinson
Frank B. Murphy.

Inventor
Nikola Tesla
by
Duncan & Page
Attorneys.

(No Model.) 2 Sheets—Sheet 2

# N. TESLA.

## ALTERNATING ELECTRIC CURRENT GENERATOR.

No. 447,921. Patented Mar. 10, 1891.

Fig. 3

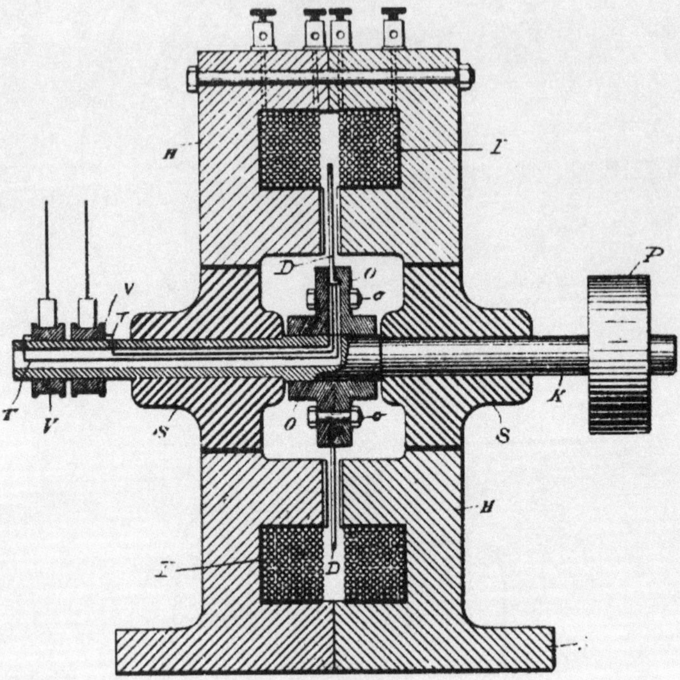


Fig. 4

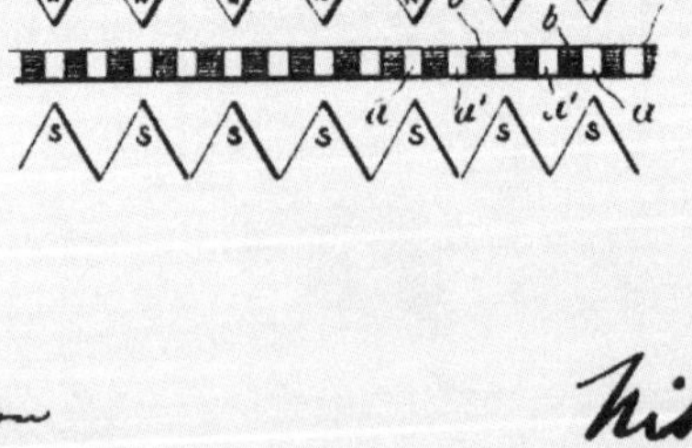


Witnesses.
Ernest Hopkinson
Frank B. Murphy.

Inventor
Nikola Tesla
by
Duncan & Page
Attorneys.

# UNITED STATES PATENT OFFICE.

NIKOLA TESLA, OF NEW YORK, N.Y.

## ALTERNATING-ELECTRIC-CURRENT GENERATOR.

SPECIFICATION forming part of Letters Patent No. 447,921, dated March 10, 1891.
Application filed November 15, 1890. Serial No. 371,554. (No model.)

*To all whom it may concern:*

Be it known that I, NIKOLA TESLA, a subject of the Emperor of Austria, from Smiljan, Lika, border country of Austria-Hungary, residing at New York, in the county and State of New York, have invented certain new and useful Improvements in Alternating-Current Machines, of which the following is a specification, reference being had to the accompanying drawings.

In the systems of distribution of electrical energy from alternating-current generators in present use the generators give ordinarily from one to three hundred alternations of current per second. I have recognized and demonstrated in practice that it is of great advantage, on many accounts, to employ in such systems generators capable of producing a very much greater number of alternations per second -- say fifteen thousand per second or many more. To produce such a high rate of alternation, it is necessary to construct a machine with a great number of poles or polar-projections; but such construction, on this account, in order to be efficient, is rendered difficult. If an armature without polar-projections be used, it is not easy to obtain the necessary strength of field, mainly in consequence of the comparatively great leakage of the lines of force from pole to pole. If, on the contrary, an armature-core formed or provided with polar-projections be employed, it is evident that a limit is soon reached at which the iron is not economically utilized, being incapable of following without considerable loss the rapid reversals of polarity. To obviate these and other difficulties, I have devised a form of machine embodying the following general features of construction.

I provide a field-magnet core made up of two independent parts formed with grooves for the reception of one or more energizing-coils. The energizing-coil, or coils, is completely surrounded by the iron core, except on one side, where occurs the opening between the polar-faces of the core, which opening is made as narrow as the conditions of the machine will permit. The polar-faces of the core of the field are not smooth, but formed with a great many projections or serrations, the points of which is one side or polar-face are preferably exactly opposite those in the other. Between the faces so formed I mount or support the armature coil or coils and provide either for rotating the field-magnet or the armature, or both, and I arrange the said armature-coil or conductor so that it will be symmetrically disposed with respect to the field -- that is to say, so that when one portion of the conductor is passing through the strongest portion of the field the other portion, which forms the return for the former is passing through the weakest points or parts of the field. The strongest points of the field, it will be understood, are those between the projections or points on the polar-faces, while the weakest points lie midway between them.

A field-magnet, when constructed as above described, produces, when the energizing-coil is traversed by a continuous current, a field of great strength, and one which may be made to vary greatly in intensity at points not farther distant from one another than the eighth of an inch. In a machine thus constructed there is comparatively little of that effect which is known as "magnetic leakage," and there is also but a slight armature reaction.

Either the armature-conductor or the field-magnet may be stationary, while the other rotates, and as it is often desirable to maintain the conductors stationary and to rotate the field-magnet I have made a special modification of the construction of the machine for this purpose, and with a view in such case of still further simplifying the machine and rendering it more easy to maintain in operation I arrange the armature-conductors and the frame or supports therefor so as to support also a fixed coil or coils for energizing, the rotating field-magnet, thus obviating the employment of all sliding-contacts.

In the accompanying drawings I have illustrated the two typical forms of my machine above referred to.

Figure 1 is a vertical central section of the machine, taken on lines *x x* of Fig. 2; and Fig. 2 is horizontal section on line *y y* of Fig. 1. The machine in these two figures is one in which the armature-conductor and the field-coil are stationary while the field-magnet core revolves. Fig. 3 is a vertical central section of a machine embodying the same plan of construction, but having a stationary field-magnet and rotating armature. Fig. 4 is a diagram illustrating the peculiar configuration of the polar-faces and the relation of the armature-conductor or conductors thereto.

In Figs. 1 and 2, A A designate two cylindrical castings provided with bracket-arms B B, in which latter are bushings C for the rotating shaft. The conductor in which the currents are induced may be constructed or arranged in various ways; but I prefer to form it in the following manner: I take an annular plate of copper D and by means of a saw or other cutting-tool cut in it radial slots from one edge nearly through to the other, beginning alternately from opposite edges. In this way a continuous zigzag-conductor is formed. To the inner edge of this plate are secured two rings of non-magnetic metal E, which are insulated from the copper conductor, but held firmly thereto, as by means of bolts F. Within the rings E is then placed an annular coils G, which is the energizing-coil for the field-magnet. The conductor D and the parts attached thereto are supported by means of the cylindrical shell or casting A A, the two parts of which are brought together and clamped by bolts F′ to the outer edge of the conductor D. The conductor D is also insulated from the shell A.

The core for the field-magnet is built up of two circular parts H H, formed with annular grooves I, which when the two parts are brought together, form a space for the reception of the energizing-coil G. The central parts or hubs of the cores H H are trued off, so as to fit closely against one another, while the outer portions or flanges which form the polar-faces J J are reduced somewhat in thickness to make room for the conductor D, and are serrated on their faces or provided in any other convenient way with polar-projections. The two parts of the core H H are mounted on and fixed to the shaft K, and are bound together by bolts L. The number of serrations in the polar-faces is arbitrary; but there must exist between them and the radial portions of the conductor D a certain relation, which will be understood by reference to Fig. 4, in which N N represent the projections or points on one face of the core of the field, and S S the points of the other face. The conductor D is shown in this figure in section, A A′ designating the radial portions of the conductor, and *b* the insulating divisions between the same. The relative width of the parts *a a′* and the space between any two adjacent points N N or S S is such that when the radial portions *a* of the conductor are passing between the opposite points N S, where the field is strongest, the intermediate radial portions *a′* are passing through the widest spaces midway between such points and where the field is weakest. Since the core on one side is of opposite polarity to the part facing it, all the points or projections of one polar-face will be of opposite polarity to those of the other face. Hence, although the space between any two adjacent points on the same face may be extremely small, there will be no leakage of the magnetic lines between any two points of the same name; but the lines of force will pass across from one set of points to the other. The construction followed obviates to a great degree the distortion of the magnetic lines by the action of the current in the conductor D, in which it will be observed the current is flowing at any given time from the center toward the periphery in one set of radial parts *a* and in the opposite direction in the adjacent parts *a´*.

In order to connect the energizing-coil G with a source of continuous current, I have found it convenient to utilize two adjacent radial portions of the conductor D for connecting the terminals of the coil G with two binding-post M. For this purpose the plate D is cut entirely through, as shown, and the break thus made is bridged over by a short conductor *c*.

At any convenient point the plate D is cut through to form two terminals D, which are connected to binding-posts N.

The corc H H, when rotated by the driving-pulley P, generates in the conductors D an alternating current, which is taken off from the binding-posts N. It will be observed that from the nature of the construction described this machine is capable of producing an alternating current of an enormously high rate of alternations.

When it is desired to rotate the conductor between the faces of a stationary field-magnet, I adopt the construction shown in Fig. 3. The conductor D in this case is or may be made in substantially the same manner as above described by slotting an annular conducting-plate and supporting it between two heads O, held together by bolts *o* and fixed to the driving-shaft K. The inner edge of the plate or conductor D is preferably flanged to secure a firmer union between it and the heads O. It is insulated from said head. The field-magnet in this case consists of two annular parts I I I I, provided with annular grooves I for the reception of the coils. The flanges or faces surrounding the annular groove are brought together, while the inner flanges are serrated, as in the previous case, and form the polar-faces. The two parts H H are formed with a base R, upon, which the machine rests.

S S are non-magnetic bushings secured or set in the central opening of the cores.

The conductor D is cut entirely through at one point to form terminals, from which insulated conductors T are led through the shaft to collecting-rings V.

What I claim is --

1. The combination, in an annular field of force formed by opposing polar-faces with radial grooves or serrations and with said poles, of a connected series of radial conductors so disposed with relation to the serrations that while one portion of the radial conductors is passing between the strongest parts of the field, or the points where the two poles most nearly approach, the adjacent or intermediate conductors will pass through the weakest parts of the field, or the points where the two poles are most remote, as set forth.

2. The combination, with a connected series of radial conductors forming an annular coil, of a stationary two part supporting-frame clamped to and insulated from the outer ends of said conductors, a ring formed in two parts clamped to the inner ends of the same, an energizing-coil contained in said ring, and field-core made in two parts and enclosing said energizing-coil and presenting annular polar-faces to the series of radial conductors, as described.

3. The combination, with the annular conducting-plate slotted to form a connected series of radial conductors, a sectional supporting-frame secured to and insulated from the outer edge of the slotted plate, a sectional ring secured to and insulated from the inner edge of said plate, a hollow energizing-coil contained in said ring, and a field-core composed of two parts bolted together and recessed to enclose the energizing-coil, said cores being mounted in a rotating shaft, as set forth.

4. The combination, with two annular polar-faces of opposite magnetic polarity and formed with opposite points, projections, or serrations, of a conductor turned back upon itself in substantially radial convolutions and mounted in the annular field, whereby a rotation of the field or said conductor will develop therein an alternating current, as set forth.

5. The combination, with a polar-face of given polarity formed with grooves or serrations, of a polar-face of opposite polarity with corresponding grooves or serrations, the two polar-faces being placed with their grooves opposite to each other, and a conductor or coil mounted between said faces with the capability of movement across the lines of force in a direction at right angles to that of the grooves or serrations, as set forth.

6. In a magneto-electric machine, the combination of a sectional frame, a field-magnet core composed of two connected parts, a rotating shaft on which said core is mounted, a conductor in which currents are to be induced, the convolutions of which are radially disposed between the polar-faces of the field-core and secured to and supported by the frame, and an energizing-coil for the field-core supported by the induced current coil and contained in an annular recess formed by grooves in the faces of the two sections of the field-core.

7. The combination, with opposing field-magnet poles formed with projections or serrations in their faces, the highest parts or prominences of one face being, opposite to those of the other, of a conductor the convolutions of which are adapted to pass at right angles through the magnetic lines between the opposing prominences, as set forth.

8. The combination, with a rotating field-magnet core having two opposing and annular polar-faces with radial grooves or serrations therein systematically disposed, so that the highest parts or prominences of one face lie opposite to those of the other, of a stationary conductor with radial convolutions and mounted between the polar-faces, as set forth.

NIKOLA TESLA.

Witnesses:

ROBT. F. GAYLORD,
PARKER N. PAGE.

(No Model.)

# N. TESLA.

## ELECTRO MAGNETIC MOTOR.

No. 455,067 Patented June 30, 1891.

Fig. 1

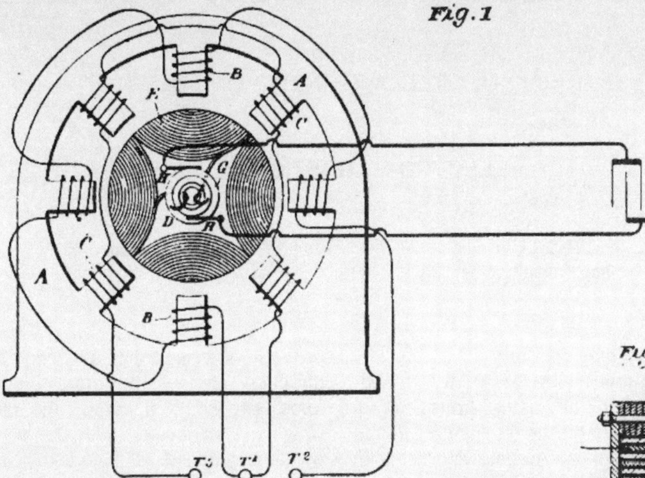


Fig. 2

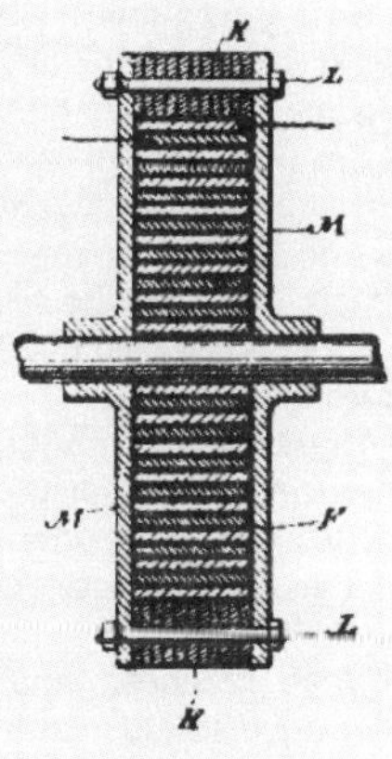


Fig. 4

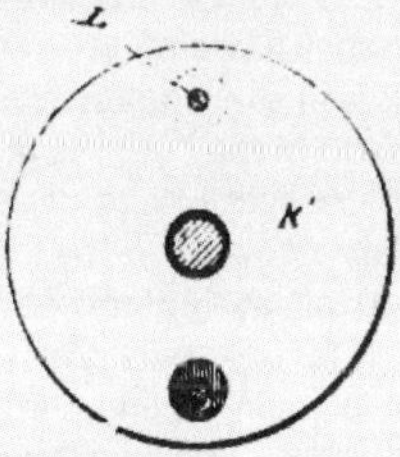


Fig 3

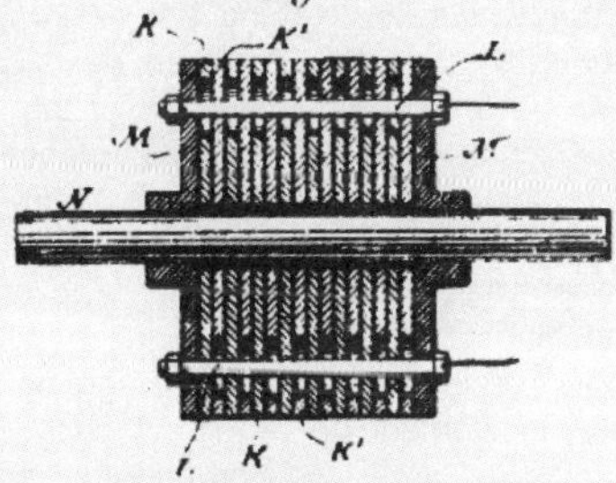


Fig. 5

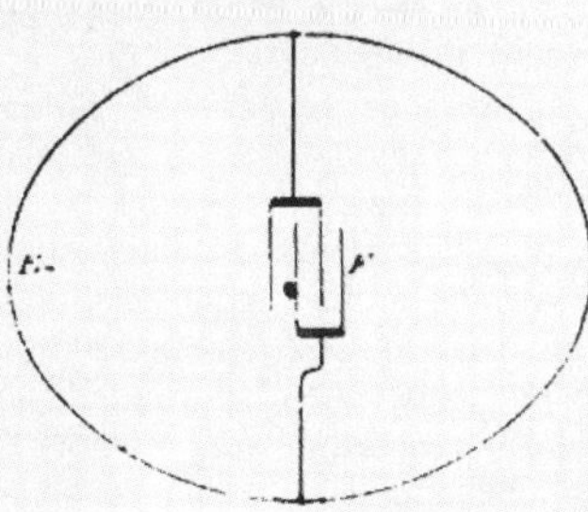


Witnesses
Raphaël Netter
Frank B. Murphy

Inventor
Nikola Tesla
by
Duncan & Page.
Attorneys.

# UNITED STATES PATENT OFFICE.

NIKOLA TESLA, OF NEW YORK, N.Y.

## ELECTRO-MAGNETIC MOTOR.

SPECIFICATION forming part of Letters Patent No. 455,067, dated June 30, 1891.
Application filed January 27, 1891. Serial No. 379,251. (No model.)

*To all whom it may concern:*

Be it known that I, NIKOLA TESLA, a subject of the Emperor of Austria, from Smiljan, Lika, border country of Austria-Hungary, residing at New York, in the county and State of New York, have invented certain new and useful Improvements in Electro-Magnetic Motors, of which the following is a specification, reference being had to the accompanying drawings.

The subject of my present invention is an improvement primarily designed for application to alternating-current motors of the special type invented by me, and of which the operation is due to the action of alternating currents differing in phase and directed through or developed in independent energizing-circuits in the motor, and causing a shifting or rotation of the magnetic poles or their resultant attractive forces upon the rotating element or armature.

My improvements are based upon certain laws governing the action or effects produced by a condenser when connected to an electric circuit through which an alternating or in general an undulating current is made to pass. Some of these effects, and those most important in connection with my invention, are as follows: First, if the terminals or plates of a condenser be connected with two points of a circuit, the potentials of which are made to rise and fall in rapid succession, the condenser allows the passage or, more strictly speaking, the transferrence of a current, although its plates or armatures may be so carefulliy insulated as to prevent almost completely the passage of a current of unvarying strength or direction and of moderate electro-motive force; second, if a curcuit the terminals of which are connected with the plates of the condenser possesss a certain self-induction, the condenser will overcome or counteract to a greater or less degree, dependent upon well understood conditions, the effect of such self-induction; third, if two points of a closed or complete circuit through which a rapidly raising and falling current flows be shunted or bridged by a condenser, a variation in the strenght of the currents in the branches and also a difference of phase of the currents therein is produced. These effects I have utilized and applied in a variety of ways in the construction and operation of my motors, as by producing a difference in phase in the two energizing-circuits of an alternating-current motor by connecting the two circuits in derivation and connecting up a condenser in series in one of the circuits; but such applications seem to be obvious to one familiar with my motors and the facts above enumerated.

My present improvement, however, possesses certain novel features of practical value and involve a knowledge of facts less generally known. These improvements comprise the use of a condenser or condensers in connection with the induced or armature-circuit of a motor and certain details of the construction of such motors. In an alternating-current motor of the type to which I have particularly referred above, or in any other which has an armature-coil or circuit closed upon itself, the latter represents not only an inductive resistance, but one which is periodically varying in value, both of which facts complicate and render difficult the attainment of the conditions best suited to the most efficient working of the motors. The most efficient working conditions, in other words, require, first that for a given inductive effect upon the armature there should be the greatest possible current through the armature or induced coils, and second, that there should always exist between the currents in the energizing and the induced circuit a given relation of phase. Hence whatever tends to decrease the self-induction and increase the current in the induced circuits will, other things being equal, increase the output and efficiency of the motor, and the same will be true of causes that operate to maintain the mutual attractive effect between the field-magnets and armature at its maximum. I secure these results by connecting with the induced circuit or circuits a condenser, in the manner hereinafter described, and I also, with this purpose in view, construct the motor in a special manner.

Referring to the drawings for a particular description of the invention, Figure 1 is a view, mainly diagrammatic, of an alternating-current motor to which my present invention is applied. Fig. 2 is a central section, in line with the shaft, of a special form of armature-core adapted to the invention. Fig. 3 is a similar section of a modification of the same. Fig. 4 is one of the sections of the core detached. Fig. 5 is a diagram showing a modified disposition of armature or induced circuits.

The general plan of the invention is illustrated in Fig. 1. A A in this figure represent the frame and field-magnets of an alternating-current motor, the poles or projections of which are wound with coils B and C, forming independent energizing-circuits connected either to the same or to independent sources of alternating currents, as is now well understood, so that the currents flowing through the circuits, respectively, will have a difference of phase. Within the influence of this field is an armature-core D, wound with coils E. In my motors of this description heretofore these coils have been closed upon themselves, or connected in a closed series; but in the present case each coil or the connected series of coils terminates in the opposite plates of a condenser F. For this purpose the ends of the series of coils are brought out through the shaft to collecting-rings G, which are connected to the condenser by contact-brushes H and suitable conductors, the condenser being independent of the machine. The armature-coils are wound or connected in such manner that adjacent coils produce opposite poles.

The action of this motor and the effect of the plan followed in its construction are as follows: The motor being started in operation and the coils of the field-magnets being traversed by alternating currents, currents are induced in the armature-coils by one set of field-coils, as B, and the poles thus established are acted upon by the other set, as C. The armature-coils, however, have necessarily a high self-induction which opposes the flow of the currents thus set up. The condenser F not only permits the passage or transferrence of these currents, but also counteracts the effects of self-induction, and by a proper adjustment of the capacity of the condenser, the self-induction of the coils, and the periods of the currents of the condenser may be made to overcome entirely the effect of the self-induction.

It is preferable on account of the undesirability of using sliding-contacts of all kinds to associate the condenser with the armature directly, or make it a part of the armature. In some cases I build up the armature of annular plates K K, held by bolts L between heads M, which are secured to the driving-shaft, and in the hollow space thus formed I place a condenser F, generally by winding the two insulated plates thereof spirally around the shaft. In other cases I utilize the plates of the core itself as the plates of the condenser. For example, in Figs. 3 and 4, N is the driving shaft, M M are the heads of the armature-core, and K K´ the iron plates of which the core is built up. These plates are insulated from the shaft and from one another, and are held together by rods or bolts L. The bolts pass through a large hole in one plate and a small hole in the one next adjacent, and so on, connecting electrically all of plates K, as one armature of the condenser, and all of plates K´ as the other.

To either of the condensers above described the armature-coils may be connected, as explained by reference to Fig. 1.

In motors in which the armature-coils are closed upon themselves -- as, for example, in any form of alternating-current motor in which one armature-coil or set of coils is in the position of maximum induction with respect to the field-coils or poles, while the other is in the position of minimum induction -- the coils are preferably connected in one series, and two points of the circuit thus formed are bridged by a condenser. This is illustraded in Fig. 5, in which E represents one set of armature-coils and E´ the other. Their points of union are joined through a condenser F. It will be observed that in this disposition the self-induction of the two branches E and E´ varies with their position relatively to the field-magnet, and that each branch is alternately the predominating source of the induced current. Hence the effect of the condenser F is twofold. First, it increases the current in each of the branches alternately, and, secondly, it alters the phase of the currents in the branches, this being the well known effect which results from such a disposition of a condenser with a circuit, as above described. This effect is favorable to the proper working of the motor, because it increases the flow of current in the armature-circuits due to a given inductive effect, and also because it brings more nearly into coincidence the maximum magnetic effects of the co-acting field and armature-poles.

It will be understood, of course, that the causes that contribute to the efficiency of condensers when applied to such uses as above must be given due consideration in determining the practicability and efficiency of the motors. Chief among these is, as is well known, the periodicity of the current, and hence the improvements which I have herein described are more particularly adapted to systems in which a very high rate of alternation or change is maintained.

Although this invention has been illustrated herein in connection with a special form of motor in which there is a closed armature-coil wherein the currents are induced by the action of the field, and, furthermore, I would state that the feature of utilizing the plates or sections of a magnetic core for forming the condenser, I regard as applicable, generally, to other kinds of alternating-current apparatus.

Having now described my invention, what I claim is --

1. In an alternating-current motor, the combination, with the field-magnets and energizing-circuit, of an armature-circuit and a core adapted to be energized by currents induced in its circuit by the currents in the field-circuit, and a condenser connected with the armature-circuit only, as set forth.

2. In an alternating-current motor, the combination, with armature-coils in inductive relation to the field and connected in a closed circuit, of a condenser bridging said circuit, as set forth.

3. in an alternating-current motor, the combination, with an armature and two energizing-circuits formed by coils wound thereon in different inductive relations to the field and joined in a continuous or closed series, of a condenser the plates of which are connected, respectively, to the junctions of the circuits or coils, as set forth.

4. In an alternating-current motor, the combination, with the induced energizing-coil or coils of the armature, of a condenser connected therewith and made a part of the armature or rotating element of the motor.

5. In an alternating-current motor, the combination, with an armature-core composed of insulated conducting-plates alternately connected to form a condenser, of an induced energizing-coil or coils wound thereon and connected to the plates or armatures of the said condenser.

6. A magnetic core for alternating-current apparatus, composed of plates or sections insulated from each other and alternately connected to form the two parts or armatures of a condenser.

NIKOLA TESLA.

Witnesses:

PARKER W. PAGE,
FRANK B. MURPHY.

(No Model.)

# N. TESLA

## METHOD OF AND APPARATUS FOR ELECTRICAL CONVERSION AND DISTRIBUTION

No. 462,418 Patented Nov. 3, 1891

Fig. 1

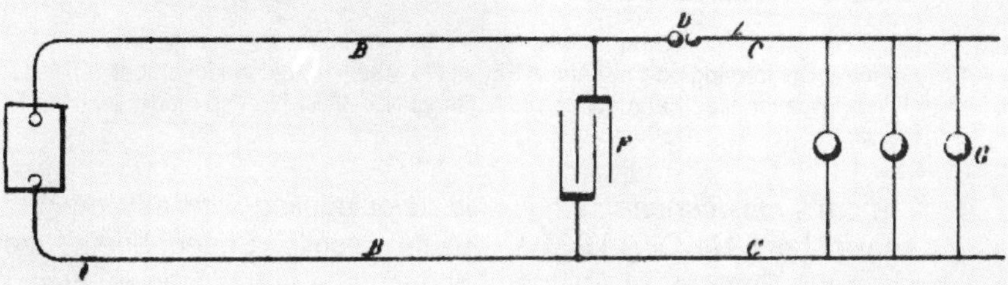


Fig. 2

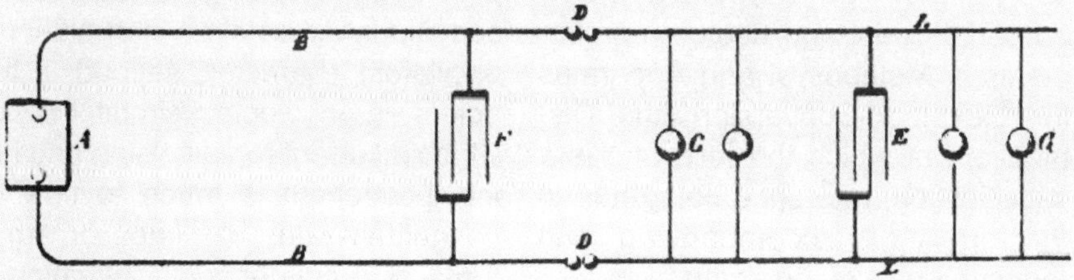


Witnesses:
Raphaël Netter
Frank B. Murphy

Inventor
Nikola Tesla
by Duncan & Page.
Attorneys.

# UNITED STATES PATENT OFFICE.

NIKOLA TESLA, OF NEW YORK, N. Y.

## METHOD OF AND APPARATUS FOR ELECTRICAL CONVERSION AND DISTRIBUTION.

SPECIFICATION forming part of Letters Patent No. 462,418, dated November 3, 1891.
Application filed February 4, 1891. Serial No. 380,182. (No model.)

*To all whom it may concern:*

Be it known that I, NIKOLA TESLA, a subject of the Emperor of Austria-Hungary, from Smiljan, Lika, border country of Austria-Hungary, and a resident of New York, in the county and State of New York, have invented certain new and useful Improvements in Methods of and Apparatus for Electrical Conversion and Distribution, of which the following is a specification, reference being had to the drawings accompanying and forming a part of the same.

This invention is an improvement in methods of and apparatus for electrical conversion, designed for the better and more economical distribution and application of electrical energy for general useful purposes.

My invention is based on certain electrical phenomena which have been observed by eminent scientists and recognized as due to laws which have been in a measure demonstrated, but which, so far as I am aware, have not hitherto been utilized or applied with any practically useful results. Stated briefly, these phenomena are as follows: First, if a condenser or conductor possessing capacity be charged from a suitable generator and discharged through a circuit, the discharge under certain conditions will be of an intermittent or oscillatory character; second, if two points in an electric circuit through which a current rapidly rising and falling in strength is made to flow be connected with the plates or armatures of a condenser, a variation in the current´s strength in the entire circuit or in a portion of the same only may be produced; third, the amount or character of such variation in the current´s strength is dependent upon the condenser capacity, the self-induction and resistance of the circuit or its sections, and the period or time rate of change of the current. It may be observed, however, that these several factors -- the capacity, the self-induction, resistance, and period -- are all related in a manner well understood by electricians; but to render such conversion as may be effected by condensers practically available and useful it is desirable, chiefly on account of the increased output and efficiency and reduced cost of the apparatus, to produce current-impulses succeeding each other with very great rapidity, or, in other words, to render the duration of each impulse, alternation, or oscillation of the current extremely small. To the many difficulties in the way of effecting this mechanically, as by means of rotating switches or interrupters, is perhaps due the failure to realize practically, at least to any marked degree, the advantages of which such a system is capable. To obviate these difficulties, I have in my present invention taken advantage of the fact above referred to, and which has been long recognized, that if a condenser or a conductor possessing capacity be charged from a suitable source and be discharged through a circuit the discharge under certain conditions, dependent on the capacity of the condenser or conductor, the self-induction and resistance of the discharging circuit, and the rate of supply and decay of the electrical energy, may be effected intermittently or in the form of oscillations of extremely small period.

Briefly stated in general terms, the plan which I pursue in carrying out my invention is as follows:

I employ a generator, preferably, of very high tension and capable of yielding either direct or alternating currents. This generator I connect up with a condenser or conductor of some capacity and discharge the accumulated electrical energy disruptively through an air-space or otherwise into a working-circuit containing translating devices and, when required, condensers. These discharges may be of the same direction or alternating and intermittent, succeeding each other more or less rapidly or oscillating to and fro with extreme rapidity. In the working-circuit, by reason of the condenser action, the current impulses or discharges of high tension and small volume are converted into currents of lower tension and greater volume. The production and application of a current of such rapid oscillations or alternations (the number may be many millions per second secures, among others, the following exceptional advantages: First, the capacity of the condensers for a given output is much diminished; second, the efficiency of the condensers is increased, and, third, the range of conversion is enlarged. I have thus succeeded in producing a system or method of conversion radically different from what has been done heretofore -- first, with respect of the number of impulses, alternation, or oscillations of current per unit of time, and, second, with respect to the manner in which the impulses are obtained. To express this result, I define the working-current as one of an excessively small period or of an excessively large number of impulses or alternation or oscillations per unit of time, by which I mean not a thousand or even twenty or thirty thousand per second, but many time that number, and one which is made intermittent, alternating, or oscillating of itself without the employment of mechanical devices.

I now proceed to an explanation somewhat more in detail of the nature of my invention, referring to the accompanying drawings.

The two figure are diagrams, each representing a generating-circuit, a working-circuit, means for producing an intermittent or oscillating discharge, and condensers arranged or combined as contemplated by my invention.

In Figure 1, A represents a generator of high tension; B B, the conductors which lead out from the same. To these conductors are connected the conductors C of a working-circuit containing translating devices, such as incandescent lamps or motors G. In one or both conductors B is a break D, the two ends being separated by an air-space or a film of insulation, through which a disruptive discharge takes place. F is a condenser, the plates of which are connected to the generating-circuit. If this circuit possess itself sufficient capacity, the condenser F may be dispensed with.

In Fig. 2 the generating-circuit B B contains a condenser F and discharges through the air-gaps D into the working-circuit C, to any two points of which is connected a condenser E. The condenser E is used to modify the current in any part of the working-circuit, such as L.

It may conduce to a better understanding to the invention to consider more in detail the conditions existing in such a system as is illustrated in Fig. 1. Let it be assumed, therefore, that in the system there shown the rate of supply of the electrical energy, the capacity, self-induction, and the resistance of the circuits are so related that a disruptive, intermittent, or oscillating discharge occurs at D. Assume that the first-named takes place. This will evidently occur when the rate of supply from the generator is not adequate to the capacity of the generator, conductors B B, and condenser F. Each time the condenser F is charged to such an extent that the potential or accumulated charge overcomes the dielectric strength of the insulating space at D the condenser is discharged. It is then recharged from the generator A, and this process is repeated in more or less rapid succession. The discharges will follow each other the more rapidly the more nearly the rate of supply from the generator equal the rate at which the circuit including the generator is capable of taking up and getting rid of the energy. Since the resistance and self-induction of the working-circuit C and the rapidity of the successive discharges may be varied at will, the current strength in the working and generating-circuit may bear to one another any desired relation.

To understand the action of the local condenser E in Fig. 2, let a single discharge has two paths offered -- one to the condenser E, the other through the part L, however, by virtue of its self-induction, offers a strong opposition to such a sudden discharge, while the condenser, on the other hand, offers no such opposition. The result is that practically no current passes at first through the branch L, but presumably opposite electricities rush to the condenser-coatings, this storing for the moment electrical energy in the condenser. Time is gained by this means, and the condenser then discharges through the branch L, this process being repeated for each discharge occurring at D. The amount of electrical energy stored in the condenser at each charge is dependent upon the capacity of the condenser and the potential of its plates. It is evident, therefore, that the quicker the discharges succeed each other the smaller for a given output need be the capacity of the condenser and the greater is also the efficiency of the condenser. This is confirmed by practical results.

The discharges occurring at D, as stated, may be of the same direction or may be alternating, and in the former case the devices contained in the working-circuit may be traversed by currents of the same or alternately-opposite direction. It may be observed, however, that each intermittent discharge occurring at D may consist of a number of oscillations in the working-circuit or branch L.

A periodically-oscillating discharge will occur at D in Fig. 1 when the quantities concerned bear a certain relation expressed in well known formulae and ascertained by simple experiment. In this case it is demonstrated in theory and practice that the ratio of the strength of the current in the working to that in the generating-circuits is the greater the greater the self-induction, and the smaller the resistance of the working-circuit the smaller the period of oscillation.

I do not limit myself to the use of any specific forms of the apparatus described in connection with this invention nor to the precise arrangement of the system with respect to its details herein shown. In the drawings return-wires are shown in the circuit; but it will be understood that in any case the ground may be conveniently used in lieu of the return-wire.

What I claim is --

1. The method of electrical conversion herein described, which consists in charging a condenser or conductor possessing capacity and maintaining a succession of intermittent or oscillating disruptive discharges of said conductor into the working-circuit containing translating devices.

2. In a system of electrical conversion, the combination of a generator or source of electricity and a line or generating-circuit containing a condenser or possessing capacity, and a working-circuit operatively connected with the generating-circuit through one ore more air-gaps or breaks in the conducting medium, the electrical conditions being so adjusted that an intermittent or oscillating disruptive discharge from the generating into the working-circuit will be maintained, as set forth.

NIKOLA TESLA.

Witnesses:
ROBT. F. GAYLORD.
PARKER W. PAGE.

(No Model.)

# N. TESLA.

## ELECTRICAL METER.

No. 455,068. Patented June 30, 1891.

Fig. 1

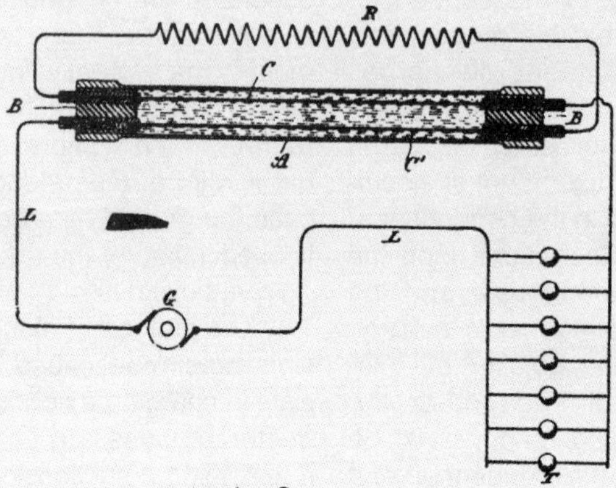


Fig. 2

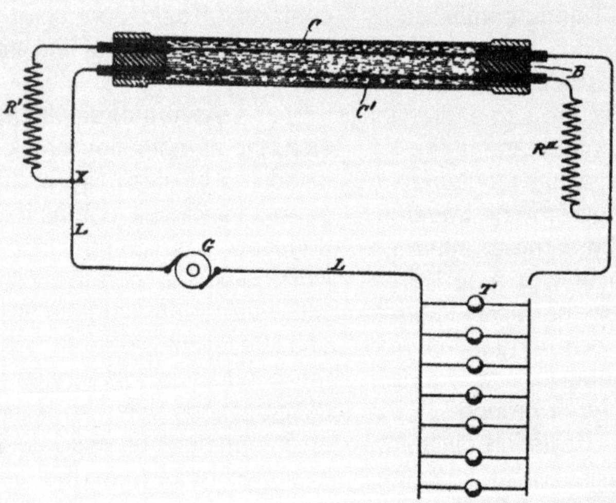


Witnesses:
Raphaël Netter
Ernest Hopkinson

Inventor
Nikola Tesla
by
Duncan & Page.
Attorneys.

# UNITED STATES PATENT OFFICE.

NIKOLA TESLA, OF NEW YORK, N. Y.

## ELECTRICAL METER.

SPECIFICATION forming part of Letters Patent No. 455,068, dated June 30, 1891.
Applicaton filed March 27, 1891. Serial No. 386,666. (No model.)

*To all whom it may concern:*

Be it known that I, NIKOLA TESLA, a subject of the Emperor of Austria-Hungary, from Smiljan, Lika, border country of Austria-Hungary, and a resident of New York, in the county and State of New York, have invented certain new and useful Improvements in Electrical Meters, of which the following is a specification, reference being had to the drawings accompanying and forming a part of the same.

My invention pertains to methods of and apparatus for estimating the electrical energy that has been expended in an electrical circuit or any given portion of the same.

The principle of the invention is embodied in any form of apparatus in which a conductor immersed in an electrolytic solution is so arranged that metal may be deposited upon it or taken away from it in such manner that its electrical resistance is varied in a definite proportion to the strength of the current the energy of which is to be computed, whereby such variation in resistance may serve as a measure of the energy or may be utilized in various well understood ways to bring into action suitable automatic registering mechanism when the resistance exceeds or falls below predetermined limits.

In carrying out my invention I prefer to employ an electrolytic cell, through which extend two conductors parallel and in close proximity to each other. I connect these conductors in series through a resistance, but in such manner that there is an equal difference of potential between them throughout their entire extent. The free ends or terminals of the conductors are connected either in series in the circuit supplying the current to the lamps or other devices or in parallel to a resistance in the said circuit and in series with the translating devices. Under such circumstances a current passing through the conductors establishes a difference of potential between them which is proportional to the strength of the current, in consequence of which there is a leakage of current from one conductor to the other across the solution. The strength of this leakage current is proportional to the difference of potential, and, therefore, in proportion to the strength of the current passing through the conductors. Moreover, as there is a constant difference of potential between the two conductors throughout the entire extent that is exposed to the solution, the current density through such solution is the same at all corresponding points, and hence the deposit is uniform along the whole of one of the conductors, while the metal is taken away uniformly from the other. The resistance of one conductor is by this means diminished, while that of the other is increased both in proportion to the strength of the current passing through the conductors. From such variation in the resistance of either or both of the conductors forming the positive and negative electrodes of the cell the current energy expended may be readily computed.

Other modified arrangements of the conductors are contemplated, as will be understood from the following description and reference to the drawings.

The figures are diagrams showing the meter in operative relations to a working-circuit and under slightly-modified arrangements.

In Fig. 1, G designates a suitable direct-current generator. L L are the conductors of the circuit extending therefrom and including and supplying lamps or other translating devices T. A is a tube, preferably of glass, the ends of which are sealed, as by means of insulating plugs or caps B B. C C´ are two conductors extending through the tube A, their ends passing out through the plugs B to terminals thereon. These conductors may be corrugated or formed in other proper ways to offer the desired electrical resistance. R is a resistance connected in series with the two conductors C C´, which by their free terminals are connected up in the circuit of one of the conductors L.

The method of using this device and computing by means thereof the energy of the current will be readily understood. First, the resistances of the two conductors C C´, respectively, are accurately measured and noted. Then a known current is passed through the instrument for a given time, and by a second measurement the increase and diminution of the resistance of the two conductors respectively taken. From these data the constant is obtained -- that is to say, for example, the increase of resistance of one conductor or the diminution of the resistance of the other per lamp-hour. These two measurements evidently serve as a check, since the gain of one conductor should equal the loss of the other. A further check is afforded by measuring both wires in series with the resistance, in which case the resistance of the whole should remain constant.

In Fig. 2 the conductors C C´ are connected in parallel, the current device at X passing in one branch first through a resistance R´ and then through conductor C, while in the other branch it passes first through conductor C´, and then through resistance R´´. The resistances R´ R´´ are equal, as also are the resistances of the conductors C C´. It is, moreover, preferable that the respective resistances of the conductors C C´ should be a known and convenient fraction of the coils or resistances R´ R´´. It will be observed that in the arrangement shown in Fig. 2 there is a constant potential difference between the two conductors C C´ throughout their entire length.

It will be seen that in both cases illustrated the proportionality of the increase or decrease of resistance to the current strength will always be preserved, for what one conductor gains the other loses, and the resistances of the conductors C C´ being small as compared with the resistances in series with them. It will be understood that after each measurement or registration of a given variation of resistance in one or both conductors the direction of the current should be changed or the instrument reversed, so that the deposit will be taken from the conductor which has gained and added to that which has lost. This principle is capable of many modifications. For instance, since there is a section of the circuit -- to wit, the conductor C or C´ -- that varies in resistance in proportion to the current strength, such variation may be utilized, as is done in many analogous cases, to effect the operation of various automatic devices, such as registers. I prefer, however, for sake of simplicity to compute the energy by measurement of resistance.

The chief advantages of this invention are, first, that it is possible to read off directly the amount of the energy expended by means of a properly-constructed ohm-meter and without resorting to weighing the deposit; second, it is not necessary to employ shunts, for the whole of the current to be measured may be passed through the instrument; third, the accuracy of the instrument and correctness of the indications are but slightly affected by changes in temperature. In addition to these advantages the invention possesses the merit of economy in the waste of energy and simplicity, compactness, and cheapness in construction.

What I claim is --

1. The method of computing the amount of electrical energy expended in a given time in an electric circuit, which consists in maintaining by the current a potential difference between two conductors in an electrolytic solution uniform throughout the whole extent of such conductors exposed to the solution and measuring the variation of the resistance in one or both of said conductors due to the gain or loss of metal by electro-deposition, as set forth.

2. The combination, with an electric circuit, of a meter composed of an electrolytic-cell and two conductors passing through the same, the said conductors being in or connected with the main-circuit and so that a potential difference uniform throughout the whole extent exposed to the solution will be maintained between them, as set forth.

3. The combination, with an electric

circuit containing translating devices, of a meter composed of an electrolytic-cell and two conductors passing through the same and connected in series with the translating devices, and one or more resistances connected therewith for establishing a potential difference between the two conductors through the solution of the cell, as set forth.

4. An electrical meter consisting of an electrolytic-cell, two parallel conductors extending through the same, the said conductors being connected together in series through a resistance and having terminals at their free ends for connection with a circuit, these parts being combined in the manner substantially as set forth.

5. An electric meter consisting of a tubular cell containing an electrolytic solution and closed at the ends, two parallel conductors extending through the cell, a resistance-connection between the end of one conductor and the opposite end of the other, and terminals for the remaining ends of the respective conductors, these parts being combined as set forth.

NIKOLA TESLA.

Witnesses:
ROBT. F. GAYLORD,
PARKER W. PAGE.

(No Model.)

# N. TESLA.

## SYSTEM OF ELECTRIC LIGHTING.

No. 454,622. Patented June 23, 1891.

Fig. 1

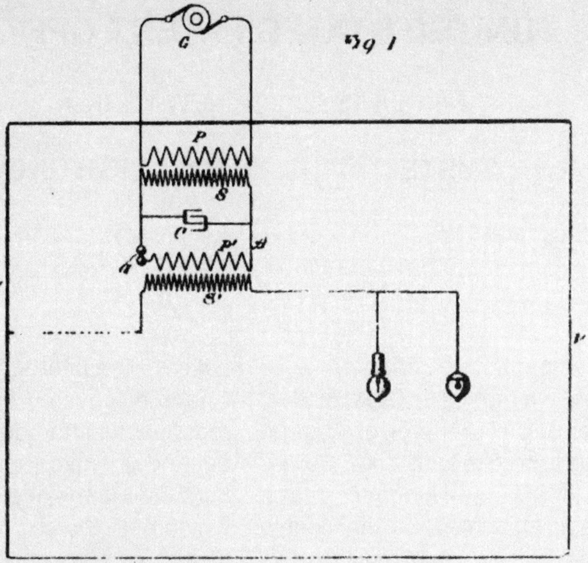

Fig. 2

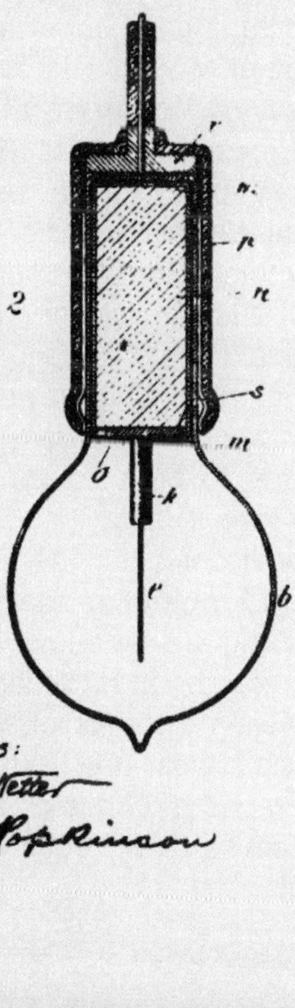

Fig. 3

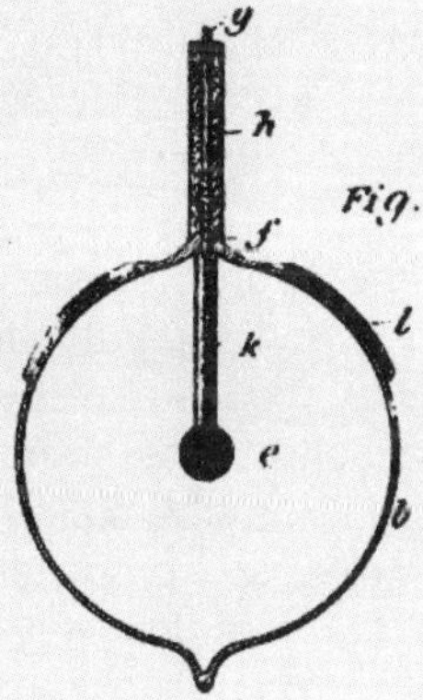

Witnesses:

Raphaël Netter

Ernest Hopkinson

Inventor

Nikola Tesla

by Duncan & Page,

Attorneys

# UNITED STATES PATENT OFFICE.

NIKOLA TESLA, OF NEW YORK, N.Y.

## SYSTEM OF ELECTRIC LIGHTING.

SPECIFICATION forming part of Letters Patent No. 454,622, dated June 23, 1891.
Application filed April 25, 1891. Serial No. 390,414. (No model )

*To all whom it may concern:*

Be it known that I, NIKOLA TESLA, a subject of the Emperor of Austria-Hungary, from Smiljan, Lika, border country of Austria-Hungary, and a resident of New York, in the county and State of New York, have invented certain new and useful Improvements in Methods of and Apparatus for Electric Lighting, of which the following is a specification, reference being had to the drawings accompanying and forming a part of the same.

This invention consists in a novel method of and apparatus for producing light by means of electricity.

For a better understanding of the invention it may be stated, first, that heretofore I have produced and employed currents for very high frequency for operating translating devices, such as electric lamps, and, second, that currents of high potential have also been produced and employed for obtaining luminous effects, and this, in a broad sense, may be regarded for purposes of this case as the prior state of the art; but I have discovered that results of the most useful character may be secured under entirely practicable conditions by means of electric currents in which both the above-described conditions of high frequency and great difference of potential are present. In other words, I have made the discovery that an electrical current of an excessively small period and very high potential may be utilized economically and practicably to great advantage for the production of light.

It is difficult for me to define the exact limits of frequency and potential within which my discovery is comprised, for the results obtained are due to both conjointly; but I would make it clear that as to the inferior limits of both, the lowest frequency and potential that I contemplate using are far above what have heretofore been regarded as practicable. As an instance of what I regard as the lowest practicable limits I would state that I have obtained fairly good results by a frequency as low as fifteen thousand to twenty thousand per second and a potential of about twenty thousand volts. Both frequency and potential may be enormously increased above these figures, the practical limits being determined by the character of the apparatus and its capability of standing the strain. I do not mean by the term "excessively small periodic" and similar expressions herein to imply that I contemplate any number of pulsations or vibrations per second approximating to the number of light waves, and this will more fully appear from the description of the nature of the invention which is hereinafter contained.

The carrying out of this invention and the full realization of the conditions necessary to the attainment of the desired results involve first, a novel method of and apparatus for producing the currents or electrical effects of the character described; second, a novel method of utilizing and applying the same for the production of light, and third, a new form of translating device or light-giving appliance. These I shall now describe.

To produce a current of very high frequency and very high potential, certain well known devices may be employed. For instance, as the primary source of current or electrical energy a continuous-current generator may be used, the circuit of which may be interrupted with extreme rapidity by mechanical devices, or a magneto-electric machine specially constructed to yield alternating currents of very small period may be used and in either case, should the potential be too low, an induction-coil may be employed to raise it; or, finally, in order to overcome the mechanical difficulties, which in such cases become practically insuperable before the best results are reached, the principle of the disruptive discharge may be utilized. By means of this latter plan I produce a much greater rate of change in the current than by the other means suggested, and in illustration of my invention I shall confine the description of the means or apparatus for producing the current to this plan, although I would not be understood as limiting myself to its use. The current of high frequency, therefore, that is necessary to the successful working of my invention I produce by the disruptive discharge of the accumulated energy of a condenser maintained by charging said condenser from a suitable source and discharging it into or through a circuit under proper relations of self-induction, capacity, resistance, and period in well understood ways. Such a discharge is known to be, under proper conditions, intermittent or oscillating in character, and in this way a current varying in strength at an enormously rapid rate may be produced. Having produced in the above manner a current of excessive frequency, I obtain from it by means of an induction-coil enormously high potentials -- that is to say, in the circuit through which or into which the disruptive discharge of the condenser takes place I include the primary of a suitable induction-coil, and by a secondary coil of much longer and finer wire I convert to currents of extremely high potential. The differences in the length of the primary and secondary coils in connection with the enormously rapid rate of change in the primary current yield a secondary of enormous frequency and excessively high potential. Such currents are not, so far as I am aware, available for use in the usual ways; but I have discovered that if I connect to either of the terminals of the secondary coil or source of current of high potential the leading-in wires of such a device, for example, as an ordinary incandescent lamp, the carbon may be brought to and maintained at incandescence, or, in general, that any body capable of conducting the high-tension current described and properly enclosed in a rarefied or exhausted receiver may be rendered luminous or incandescent, either when connected directly with one terminal of the secondary source of energy or placed in the vicinity of such terminals so as to be acted upon inductively.

Without attempting a detailed explanation of the causes to which this phenomenon may be ascribed, I deem it sufficient to state that, assuming the now generally accepted theories of scientists to be correct, the effects thus produced are attributable to molecular bombardment, condenser action, and electric or etheric disturbances. Whatever part each of any of these causes may play in producing the effects noted, it is, however, a fact that a strip of carbon or a mass of any other shape, either of carbon or any more or less conducting substance in a rarefied or exhausted receiver and connected directly or inductively to a source of electrical energy such as I have described, may be maintained at incandescence if the frequency and potential of the current be sufficiently high.

I would here state that by the terms "currents of high frequency and high potential" and similar expressions which I have used in this description I do not mean, necessarily, currents in the usual acceptance of the term but, generally speaking, electrical disturbances or effects such as would be produced in the secondary source by the action of the primary disturbance or electrical effect.

It is necessary to observe in carrying out this invention that care must be taken to reduce to a minimum the opportunity for dissipation of the energy from the conductors intermediate to the source of current and the light-giving body. For this purpose the conductors should be free from projections and points and well covered or coated with a good insulator.

The body to be rendered incandescent should be selected with a view to its capability of withstanding the action to which it is exposed without being rapidly destroyed, for some conductors will be much more speedily consumed than others.

I now refer to the accompanying drawings, in which --

Figure 1 is a diagram of one of the special arrangements that I have employed in carrying out my discovery, and Figs. 2 and 3 are vertical sectional views of modified forms of light-giving devices that I have devised for use with the system.

I would state that as all of the apparatus herein shown, with the exception of certain special forms of lamp invented by me, is or may be of well known construction and in common use for other purposes, I have indicated such well known parts therefor by conventional representations.

G is the primary source of current or electrical energy. I have explained above how various forms of generators might be used for this purpose; but in the present illustration I assume that G is an alternating-current generator of comparatively low electro-motive force. Under such circumstances I raise the potential of the current by means of an induction-coil having a primary P and a secondary S. Then by the current development in this secondary I charge a condenser C, and this condenser I discharge through or into a circuit A, having an air-gap *a*, or, in general, means for maintaining a disruptive discharge. By the means above described a current of enormous frequency is produced. My object is next to convert this into a working-circuit of very high potential, for which purpose I connect up in the circuit A the primary P' of an induction-coil having a long fine wire secondary S´. The current in the primary P' develops in the secondary S' a current or electrical effect of corresponding frequency, but of enormous difference of potential and the secondary S' thus becomes the source of the energy to be applied to the purpose of producing light.

The light-giving devices may be connected to either terminal of the secondary S'. If desired, one terminal may be connected to a conducting-wall W of a room or space to be lighted and the other arranged for connection of the lamps therewith. In such case the walls should be coated with some metallic or conducting substance in order that they may have sufficient conductivity.

The lamps or light-giving devices may be an ordinary incandescent lamp; but I prefer to use specially-designed lamps, examples of which I have shown in detail in the drawings. This lamp consists of a rarefied or exhausted bulb or globe which encloses a refractory conducting body, as carbon, of comparatively small bulk and any desired shape. This body is to be connected to the secondary by one or more conductors sealed in the glass, as in ordinary lamps, or is arranged to be inductively connected thereto. For this last-named purpose the body is in electrical contact with a metallic sheet in the interior of the neck of the globe, and on the outside of said neck is a second sheet which is to be connected with the source of current. These two sheets form the armatures of a condenser, and by them the currents or potentials are developed in the light-giving body. As many lamps of this or other kinds may be connected to the terminal of S' as the energy supplied is capable of maintaining at incandescence.

In Fig. 3, b is a rarefied or exhausted glass globe or receiver, in which is a body of carbon or other suitable conductor *e*. To this body is connected a metallic conductor *f*, which passes through and is sealed in the glass wall of the globe, outside of which it is united to a copper or other wire *g*, by means of which it is to be electrically connected to one pole or terminal of the source of current. Outside of the globe the conducting-wires are protected by a coating of insulation *h*, of any suitable kind, and inside the globe the supporting-wire is enclosed in and insulated by a tube or coating *k* of a refractory insulating substance, such as pipe-clay or the like. A reflecting-plate *l* is shown applied to the outside of the globe *b*. This form of lamp is a type of those designed for direct electrical connection with one terminal of the source of current; but, as above stated, there need not be a direct connection, for the carbon or other illuminating body may be rendered luminous by inductive action of the current thereon, and this may be brought about in several ways. The preferred form of lamp for this purpose, however, is shown in Fig. 2. In this figure the globe *b* is formed with a cylindrical neck, within which is a tube or sheet *m* of conducting material on the side and over the end of a cylinder or plug *n* of any suitable insulating material. The lower edges of this tube are in electrical contact with a metallic plate *o*, secured to the cylinder *n*, all the exposed surfaces of such plate and of the other conductors being carefully coated and protected by insulation. The light-giving body *e*, in this case a straight stem of carbon, is electrically connected with the said plate by a wire or conductor similar to the wire *f*, Fig. 3, which is coated in like manner with a refractory insulating material *k*. The neck of the globe fits into a socket composed of an insulating tube or cylinder *p*, with a more or less complete metallic lining *s*, electrically connected by a metallic head or plate *r* with a conductor *c*, that is to be attached to one pole of the source of current. The metallic lining *s* and the sheet *m* thus compose the plates or armatures of a condenser.

This invention is not limited to the special means described for producing the results hereinabove set forth, for it will be seen that various plans and means of producing currents of very high frequency are known, and also means for producing very high potentials; but I have only described herein certain ways in which I have practically carried out the invention.

What I claim is --

1. The improvement in the art of electric lighting herein described, which consists in generating or producing for the operation of the lighting devices currents of enormous frequency and excessively high potential, substantially as herein described.

2. The method of producing an electric current for practical application, such as for electric lighting, which consists in generating or producing a current of enormous frequency and inducing by such current in a working circuit, or that to which the lighting devices are connected, a current of corresponding frequency and excessively high potential, as set forth.

3. The method of producing an

electric current for practical application, such as for electric lighting, which consists in charging a condenser by a given current, maintaining an intermittent or oscillatory discharge of said condenser through or into a primary circuit, and producing thereby in a secondary working-circuit in inductive relation to the primary very high potentials, as set forth.

4. The method of producing electric light by incandescence by electrically or inductively connecting a conductor enclosed in a rarefied or exhausted receiver to one of the poles or terminals of a source of electric energy or current of a frequency and potential sufficiently high to render said body incandescent, as set forth.

5. A system of electric lighting, consisting in the combination, with a source of electric energy or current of enormous frequency and excessively high potential, of an incandescent lamp or lamps consisting of a conducting body enclosed in a rarefied or exhausted receiver and connected directly or inductively to one pole or terminal of the source of energy, as set forth.

6. In a system of electric lighting, the combination with a source of currents of enormous frequency and excessively high potential, of incandescent lighting devices, each consisting of a conducting body enclosed in a rarefied or exhausted receiver, said conducting body being connected directly or inductively to one pole or terminal of the source of current, and a conducting body or bodies in the vicinity of said lighting devices connected to the other pole or terminal of said source, as set forth.

7. In a system of electrical lighting, the combination, with a source of currents of enormous frequency of excessively high potential, of lighting devices, each consisting of a conducting body enclosed in a rarefied or exhausted receiver and connected by conductors directly or inductively with one of the terminals of said source, all parts of the conductors intermediate to the said source and the light-giving body being insulated and protected to prevent the dissipation of the electric energy, as herein set forth.

NIKOLA TESLA.

Witnesses:

PARKER W. PAGE,
M. G. TRACY.

(No Model.)

# N. TESLA.

## ELECTRIC INCANDESCENT LAMP.

No. 455,069. Patented June 30, 1891.

Fig. 1

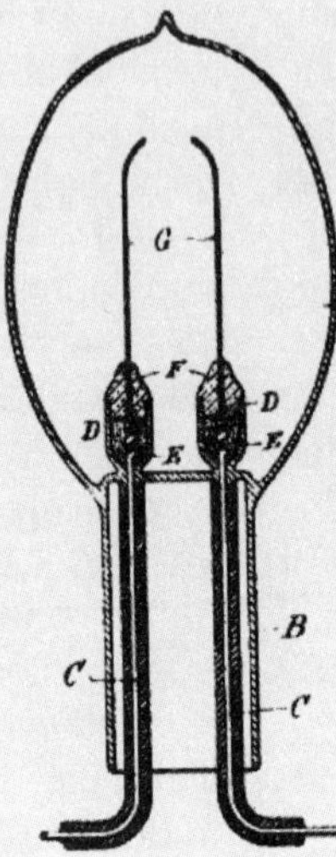


Fig. 2

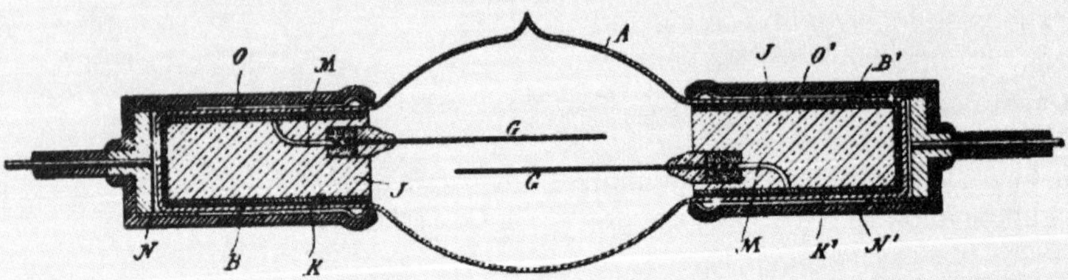


Witnesses:
Raphaël Netter
Frank B. Murphy

Inventor
Nikola Tesla
by
Duncan & Page
Attorneys.

# UNITED STATES PATENT OFFICE.

NIKOLA TESLA, OF NEW YORK, N.Y.

## ELECTRIC INCANDESCENT LAMP.

SPECIFICATION forming part of Letters Patent No. 455,069, dated June 30, 1891.
Application filed May 14, 1891. Serial No. 392,669. (No model )

*To all whom it may concern:*

Be it known that I, NIKOLA TESLA, a subject of the Emperor of Austria, from Smiljan, Lika, border country of Austria-Hungary, residing at New York, in the county and State of New York, have invented certain new and useful Improvement in Electric Incandescent Lamps, of which the following is a specification, reference being had to the accompanying drawings.

My invention is a new form of lamp for giving light by the incandescence of carbon or other suitable refractory conductor produced by electrical energy.

In order to more distinctly point out those features which distinguish my invention, I would state that heretofore electric lamps have been made, first, by mounting a refractory conductor on metallic supporting-wires leading into a hermetically-sealed receiver from which the air has been exhausted or replaced by an inert gas, and, second, by placing two independent conductors in a receiver or globe and partially exhausting the air therefrom. In the first case the carbon or other conductor is rendered incandescent by the actual flow or passage of a current through it, while in the second the luminous effects, as heretofore produced, or, in fact, the only luminous effects that could be produced by any means heretofore known, were due to an actual discharge of current from one conductor to the other across the intermediate space of rarefied air or gas.

It may be further remarked that in various forms of Geissler or vacuum tubes the terminals or points within the tube become or have a tendency to become heated by the action of the high-tension secondary discharge. In such tubes, however, the degree of exhaustion is comparatively low, as a high vacuum prevents the well known Geissler discharge or effect. Moreover, with such low degrees of exhaustion the points or wires, if heated and allowed to become incandescent, are speedily destroyed.

I have discovered that two conducting bodies mounted in a very highly exhausted receiver may be rendered incandescent and practically utilized as a source of light if connected directly or inductively to the terminals of a source of current of very great frequency and very high potential.

The practical requirements of this invention are widely different from those employed in producing any of the phenomena heretofore observed, such differences being mainly in respect to the current, which must be one of enormous frequency and of excessively high potential, and also to the degree of exhaustion of the globe or receiver, which must be carried at least beyond the point at which a spark will pass, or to the condition known as a "non-striking vacuum," and it may be as much farther as possible.

This application is confined to a particular form of lamp which I employ in a new system invented by me, which system involves, as one of its essential characteristics, the employment of currents or electric effects of a novel kind. In an application filed by me April 25, 1891, No. 390,414, I have shown and described this system in detail, and I therefore deem it sufficient for the present case to say that the lamps herein described, while utterly inoperative on any of the circuits now, or, so far as I am aware, heretofore employed become highly efficient sources of light if the frequency of the current by which they are operated be sufficiently great and the potential sufficiently high. To produce such currents, any known means may be utilized or the plan described in my said application followed of disruptively discharging the accumulated energy in a condenser into or through a primary circuit to produce a current of very high frequency, and inducing from this current a secondary current of a very much higher potential.

I now refer to the drawings in illustration of the invention.

Figure 1 is a vertical sectional view of a lamp constructed with leading-in wires for direct connection with a circuit or sources of current. Fig. 2 is a similar view of a form of lamp arranged for inductive connection with such source.

The common methods or steps followed in the manufacture of the ordinary incandescent lamps and Geissler tubes may be employed in the manufacture of these improved lamps as far as applicable.

A is a glass globe or receiver with a neck or base B. Conducting-wires C C enter this globe and are sealed in the walls thereof. The entering wires C are surrounded by small tubes or cups D. The joints between the wires C and the incandescing conductors are made within these cups in any ordinary manner, and the lower parts of the cups are filled with bronze-powder E or other suitable material to effect a good electrical connection. The cups are then filled up with fire-clay or other refractory conductors or semi-conductors F, which is molded around the carbons G. The carbons or other refractory conductors or semi-conductors G are completely isolated from one another. They are here shown as slender strips; but they may have any other desired shape. Lamps thus made are attached to a vacuum-pump in the usual way. After the process of exhaustion has been carried on for some time they are brought to incandescence by a suitable current, by which the fire-clay is thoroughly baked and the occluded gases are driven off. The exhaustion is carried to the highest possible point, and the globe finally sealed off at H. Inasmuch as there is a tendency to sparking when the current is turned on before the exhaustion has been carried very high, it is well, when the character of the carbon admits of it, to cause their ends to approach, in order that the sparks may leap across between such points, whereby the danger of injury to the carbons or the lamp is lessened. The conductors outside the globe, as well as all those which convey the current from the source, should be carefully insulated to prevent the dissipation of the current.

In lieu of connecting the two carbons directly to the circuit through leading-in wires, provision may be made for inductively connecting them, as by means of condensers. Fig. 2 shows a form of lamp of this description that I have employed. The globe A has two extended tubular portions B B′. Inside of these tubular extensions are condenser-coatings K K′.

J J are plugs of fire-clay or the like contained in the extensions B B′. The two conductors G G are supported by these plugs and connected by metallic strips M with the condenser-coatings K K′, respectively. Over the outside of the extensions B B′ are fitted insulating-caps N N′, having metallic linings O O′, with terminals adapted for connection with the circuit-wires. With such currents as are employed to operate these lamps condensers of small capacity, such as those thus made, transmit the energy from the outside circuit to the carbons within the globe with little loss. This lamp is exhausted and sealed off from the pump in the same manner as that first described. There is no electrical connection at any time between the two carbons of this lamp and no visible discharge or transfer of current from one to the other through the highly-rarefied medium between them. The fact, therefore, of their being rendered incandescent by the action of such a current as I have described seems to be mainly attributable to condenser action.

The carbons, or whatever substance may be used in their stead, may be of any desired form and may be placed in different relative positions.

The manner of making the lamp and the general form of the lamp as a whole may be varied in numberless ways. I have merely shown herein typical forms which embody the principle of the invention and which by experience I have demonstrated to be practical lamps.

As the lamps which I employ and which are made as above described are absolutely inoperative in any system from which the hereinbefore-described conditions of potential and frequency are absent, so the various lamps heretofore devised for use with high-potential currents, in which the exhaustion, of necessity, has not been carried to or beyond then non-striking point, are practically worthless in my new system, and this is the distinguishing feature of novelty in my lamps -- viz., that they are exhausted to or beyond the non-striking point.

What I claim as my invention is --

1. An incandescent lamp consisting of two isolated refractory conductors contained in a non-striking vacuum and adapted to produce light by incandescence, each being provided with a terminal for connection with a source of electrical energy, as set forth.

2. The combination, with a globe or receiver exhausted to the non-striking point, of two isolated bodies of refractory conducting material adapted to emit light by incandescence and mounted within said globe, and means for connecting said bodies with the two poles or terminals, respectively, of a source of electrical energy.

3. In an incandescent electric lamp, the combination, with a globe or receiver exhausted to the non-striking point, of metallic wires sealed therein, a refractory body mounted on or electrically connected to each wire, the said wires within the globe and such parts of the refractory body as are not to be rendered incandescent being coated or covered with insulation, as set forth.

4. The combination, with a globe or receiver exhausted to the non-striking point, of metallic wires sealed therein, a refractory conductor united to each of said wires within the globe, an insulating-covering around the wires and joint, and a refractory insulating-body surrounding the refractory conductors near the joint, as set forth.

NIKOLA TESLA.

Witnesses:
ROBT. F. GAYLORD,
PARKER W. PAGE.

(No. Model.)

N. TESLA.

ELECTRO MAGNETIC MOTOR.

No. 464,666. Patented Dec. 8, 1891.

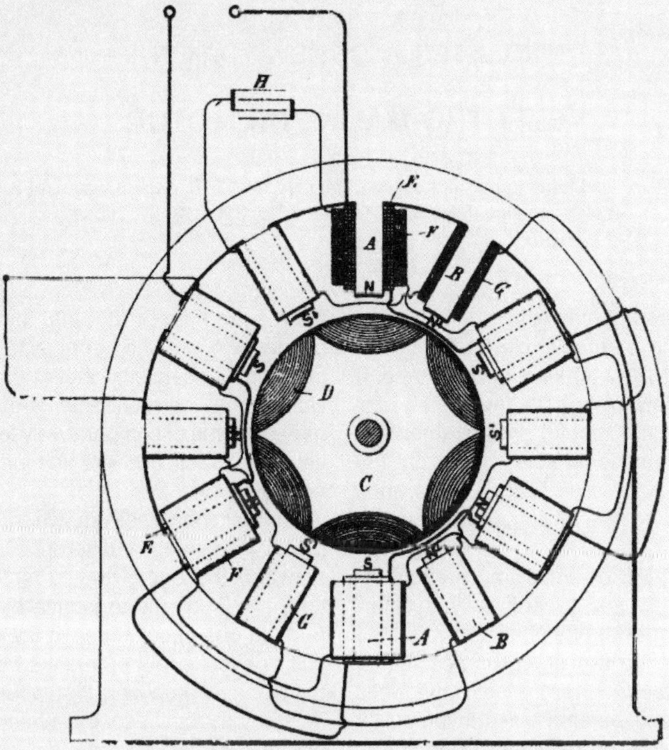


Witnesses:

Raphaël Netter

Frank B. Murphy

Inventor

Nikola Tesla

by

Duncan & Page.

Attorneys

# UNITED STATES PATENT OFFICE.

NIKOLA TESLA, OF NEW YORK, N. Y.

## ELECTRO-MAGNETIC MOTOR.

SPECIFICATION forming part of Letters Patent No. 464,666, dated December 8, 1891.
Application filed July 13,1891. Serial No. 399,312. (No model.)

*To all whom it may concern:*

Be it known that I, NIKOLA TESLA, residing at New York, in the county and State of New York, have invented a certain new and useful Improvement in Electro-Magnetic Motors, of which the following is a specification, reference being had to the accompanying drawings.

The general object of my present invention is to secure artificially a difference of a quarter of a phase between the currents in the two energizing-circuits of an alternating-current electro-magnetic motor of that general class invented by me, in which the action or operation is dependent upon the inductive influence upon a rotating armature of independent field-magnets or coils exerted successively and not simultaneously.

It is a well known fact that if the field or energizing-circuits of such a motor be both derived from the same source of alternating, currents and a condenser of proper capacity be included in one of the same, approximately the desired difference of phase may be obtained between the currents flowing directly from the source and those flowing through the condenser; but the great size and expense of condensers for this purpose that would meet the requirements of the ordinary systems of comparatively low potential are practically prohibitory to their employment.

Another now well known method or plan of securing a difference of phase between the energizing-currents of motors of this kind is to induce by the currents in one circuit those in the other circuit or circuits; but no means have heretofore been proposed that would secure in this way between the phases of the primary or inducing and the secondary or induced currents that difference -- theoretically ninety degrees -- that is best adapted for practical and economical working.

I have devised a means which renders practicable both the above-described plans or methods, and by which I am enabled to obtain an economical and efficient alternating-current motor, my invention consisting in placing a condenser in the secondary or induced circuit of the motor above described and raising the potential of the secondary currents to such a degree that the capacity of the condenser, which is in part dependent on the potential, need be quite small. The value of this condenser will be determined in a well understood manner with reference to the self-induction and other conditions of the circuit, so as to cause the currents which pass through it to differ from the primary currents by a quarter-phase.

The drawing is a partly-diagrammatic illustration of a motor embodying my invention.

I have illustrated the invention as embodied in a motor in which the inductive relation of the primary and secondary circuits is secured by winding them inside the motor partly upon the same cores; but it will be understood that the invention applies, generally, to other forms of motor in which one of the energizing-currents is induced in any way from the other.

Let A B represent the poles of an alternating-current motor of which C is the armature wound with coils D, closed upon themselves as is now the general practice in motors of this kind. The poles A, which alternate with poles B, are wound with coils of ordinary or coarse wire E in such direction as to make them of alternate north and south polarity as indicated in the diagram by the charact ers N S. Over these coils or in other inductive relation to the same are wound long fine wire coils F F and in the same direction throughout as the coils E. These coils are secondaries, in which currents of very high potential are induced. I prefer to connect all the coils E in one series and all the secondaries F in another.

On the intermediate poles B are wound fine wire energizing-coils G, which are connected in series with one another and also with the series of secondary coils F, the direction of winding being such that a current-impulse induced from the primary coils E imparts the same magnetism to the poles B as that produced in poles A

by the primary impulse. This condition is indicated by that character N' S'.

In the circuit formed by the two sets of coils F and G is introduced a condenser H, otherwise the said circuit is closed upon itself while the free ends of the circuit of coils E are connected to a source of alternating currents. As the condenser capacity which is needed in any particular motor of this kind is dependent upon the rate of alternation or the potential, or both, its size or cost, as before explained, may be brought within economical limits for use with the ordinary circuits if the potential of the secondary circuit in the motor be sufficiently high. By giving to the condenser proper values any desired difference of phase between the primary and secondary energizing-circuits may be obtained.

What I claim is --

1. In an alternating-current motor provided with two or more energizing or field-circuits, one of which is adapted for connection with a source of currents and the other or others in inductive relation thereto, the combination, with the secondary or induced circuit or circuits, of a condenser interposed in the same, as set forth.

2. In an alternating-current motor, the combination of two energizing-circuits, one connected or adapted for connection with a source of alternating currents, the other constituting a high-potential secondary circuit in inductive relation to the first, and a condenser interposed in said secondary circuit, as set forth.

NIKOLA TESLA.

Witnesses:
ROBT. F. GAYLORD,
ERNEST HOPKINSON.

(No Model.)

# N. TESLA.

## ELECTRICAL CONDENSER.

No. 464,667. Patented Dec. 8, 1891

*Fig. 1*

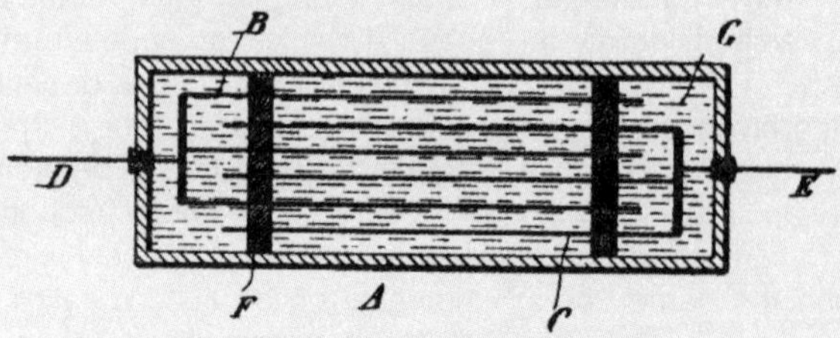


*Fig 2*

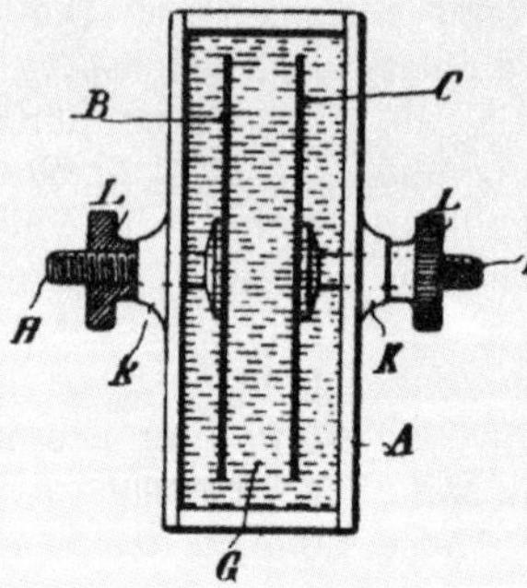


Witnesses:
Raphael Netter
Frank B Murphy.

Inventor
Nikola Tesla
by
Duncan & Page
Attorneys

# UNITED STATES PATENT OFFICE.

NIKOLA TESLA, OF NEW YORK, N. Y.

## ELECTRICAL CONDENSER.

SPECIFICATION forming part of Letters Patent No. 464,667, dated December 8, 1891.
Application filed August 1, 1891. Serial No. 401,356. (No model.)

*To all whom it may concern:*

Be it known that I, NIKOLA TESLA, a citizen of the United States, residing at New York, in the county and State of New York, have invented a certain new and useful Improvement in Electrical Condensers, of which the following is a specification, reference being had to the accompanying drawings.

The subject of my present application is a new and improved electrical condenser constructed with a view of obviating certain defects which I have observed to exist in the ordinary forms of such apparatus when employed in the system devised by me of producing light and other effects by means of currents of high frequency and high potential.

I have found that insulating material such as glass, mica, and, in general, those bodies which possess the highest specific inductive capacity are inferior as insulators in such devices when currents of the kind described are employed to those possessing high insulating power, together with a smaller specific inductive capacity, and I have also found that it is very desirable to exclude all gaseous matter from the apparatus, or any access to the same to the electrified surfaces, in order to prevent heating by molecular bombardment and the loss or injure consequent thereon. I have found that I may accomplish these results and produce highly efficient and reliable condensers by using oil as the dielectric, and in this my invention resides.

No special construction of the condenser is necessary to a demonstration of the invention; but the plan admits of a particular construction of condenser, in which the distance between the plates is adjustable, and of which I take advantage.

In the accompanying drawings, Figure 1 is a section of a condenser constructed in accordance with my invention and having stationary plates, and Fig. 2 is a similar view of condenser with adjustable plates.

I use any suitable box or receptacle A to contain the plates or armatures. These latter are designated by B and C and are connected, respectively, to terminals D and E, which pass out through the sides of the case. The plates ordinarily are separated by strips of porous insulating material F, which are used merely for the purpose of maintaining them in position. The space within the can is filled with oil G. Such a condenser will prove highly efficient and will not become heated or permanently injured.

In many cases it is desirable to vary or adjust the capacity of a condenser, and this I provide for by securing the plates to adjustable supports -- as for example, to rods H -- passing through stuffing-boxes K in the sides of the case A and furnished with nuts L, the ends of the rods being threaded for engagement with the nuts.

It is well known that oils possess insulating properties, and it has been a common practice to interpose a body of oil between two conductors for purposes of insulation, but I have discovered peculiar properties in oils which render them very valuable in this particular form of device, their employment in which has never heretofore and, so far as I am aware, been regarded as necessary or even desirable.

What I claim is --

1. An electric condenser composed of plates or armatures immersed in oil.

2. An electrical condenser composed of plates or armatures adjustable with respect to one another and immersed in oil.

NIKOLA TESLA.

Witnesses:
PARKER W. PAGE,
MARCELLA G. TRACY.

(No Model.)

N. TESLA.

ELECTRICAL CONDUCTOR.

No. 514,167. Patented Feb. 6, 1894.

Fig. 1

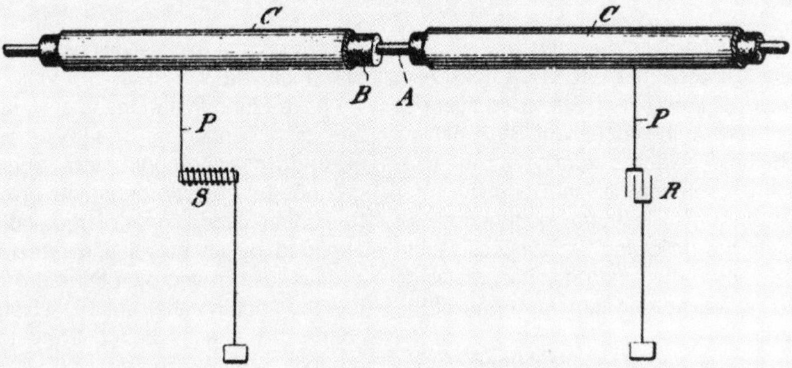


Fig. 2

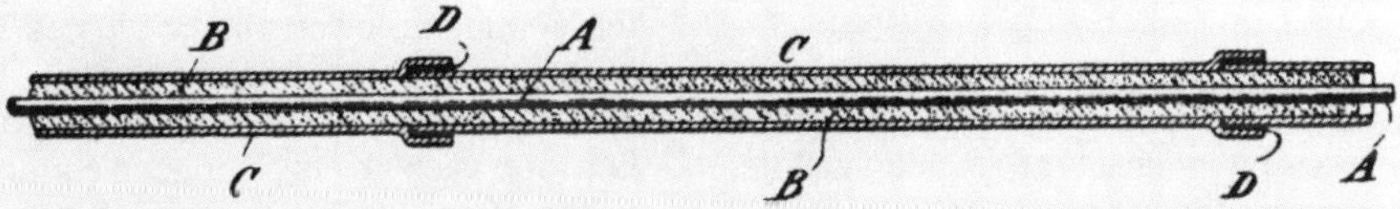


Witnesses:
Raphaël Netter
Ernest Hopkinson

Inventor
Nikola Tesla
by Duncan & Page
Attorneys.

# UNITED STATES PATENT OFFICE.

NIKOLA TESLA, OF NEW YORK, N. Y.

## ELECTRICAL CONDUCTOR.

SPECIFICATION forming part of Letters Patent No. 514,167, dated February 6, 1894.
Application filed January 2, 1892. Serial No. 416,773. (No model.)

*To all whom it may concern:*

Be it known that I, NIKOLA TESLA, a citizen of the United States, residing at New York, in the county and State of New York, have invented certain new and useful Improvements in LineConductors for Systems of Electrical Distribution, of which the following is a specification, reference being had to the drawings accompanying and forming a part of the same.

In any system of electrical transmission or distribution in which currents of excessively high potential are employed, and more particularly, when the frequency is high, there is a dissipation of energy from the conductor or conductors of the line, due to the electrification of the atmosphere or other surrounding medium, or other causes.

Heretofore it has been usual, in order to prevent loss by dissipation or interference by induction on line-conductors, to insulate the same and enclose them in a continuous conducting sheathing or cover which has been connected with the ground by a good conducting path.

The object of my invention is to prevent loss on line-conductors in a system of electrical transmission and distribution, more particularly such as that described by me in patent of June 23, 1891, No. 454,622, but in any other system in which alternating or, generally speaking, varying currents of excessively high potential are employed.

I have found that in these systems the use of a conducting sheath or screen around the line-conductors and well grounded, or even brought into proximity to external conductors or large bodies, is attended by an actual and generally a serious loss of energy. I therefore maintain the sheath either entirely isolated or connected directly conductively to the ground, through a path which will practically prevent the passage of currents over it. I have also found that when a continuous insulated sheath or screen is employed, there is greater liability to loss of energy by inductive action, for unless the sheath or screen be considerably shorter than the current waves passing in the conductor, electro-motive forces will be set up between different points in the sheath, which will result in the passage between such points of induced currents. I, therefore, divide up the sheath or screen into short lengths, very much shorter than the wave lengths of the current used, so that the grounding of any one of such lengths or the approach thereto of a large body will result in an inappreciable loss, or at most a small local draining of the energy, while the tendency of currents to flow between different points in the sheath is effectually overcome. The function of the sheath as a static screen for preventing the dissipation of the electric energy, however, requires for its complete effectiveness an uninterrupted conducting partition or screen around the conductor. I attain this respect in the case of a sectional screen, by causing the ends of the insulated divisions or sections of the same to overlap, interposing a suitable insulating material between the overlapping portions. By means of a conductor or conductors thus protected, I may transmit with slight loss and to great distances currents of very high potential and extremely high frequency.

The invention is illustrated in the accompanying drawings in which --

Figure 1 illustrates portions of the conductor with the earth connections above described. Fig. 2 is a sectional view of a portion of the conductor on an enlarged scale.

A is the central wire or conductor that carries the current.

B is an insulating coating.

C is a conducting sheathing or screen, which may be externally insulated, if so desired. This sheathing is divided up, as shown, into short length or sections, and the end of one section overlaps or telescopes with the end of the adjacent sections but is insulated therefrom by the material D.

It is well known that a static screen, to be entirely effective as such, should have a ground connection, but it has been usual in such cases to provide a good electrical connection from the screen to earth. When a current of excessively high potential, however, is used, or when the frequency of the current is very high, such a connection is impracticable on account of the loss which follows. In such cases, therefore, I obtain the beneficial results of an earth connection while preventing the generally serious loss that would occur in the use of such currents, by providing between the sheath and the ground a path P of very high ohmic resistance or one containing a self-induction coil S properly determined with respect to the existing conditions so that it will effect the described result, or a condenser of very small capacity as shown at R. In such cases the sheathing or screen for practical purposes may be regarded as isolated from the ground, since by the character of the connection employed no appreciable loss results from the passage of current from the sheath to the ground.

No particular plan of construction need be followed in making up this conductor, and no special materials of the several kinds named need be used; the general construction and character of the conductor, apart from the particular features herein described, being entirely well understood by those skilled in the art.

What I claim is --

1. A conductor for electrical circuits, composed of a wire for carrying the current, an insulated coating or covering and a surrounding conducting sheath or screen divided into insulated sections, as set forth.

2. A conductor for electrical circuits, composed of a wire for carrying the current, a coating or covering of insulating material and a surrounding conducting sheath or screen divided into insulated sections, the ends of which overlap, as set forth.

3. The combination of a wire or conductor for conveying electric currents, an insulated coating or covering therefore, a conducting sheath or screen surrounding the insulating coating and a connection between said sheathing and the ground containing a condenser of very small capacity or its equivalent.

NIKOLA TESLA.

Witnesses:
ERNEST HOPKINSON,
PARKER W. PAGE.

(No Model.)

# N. TESLA.

## INCANDESCENT ELECTRIC LIGHT.

**No. 514,170.** **Patented Feb. 6, 1894.**

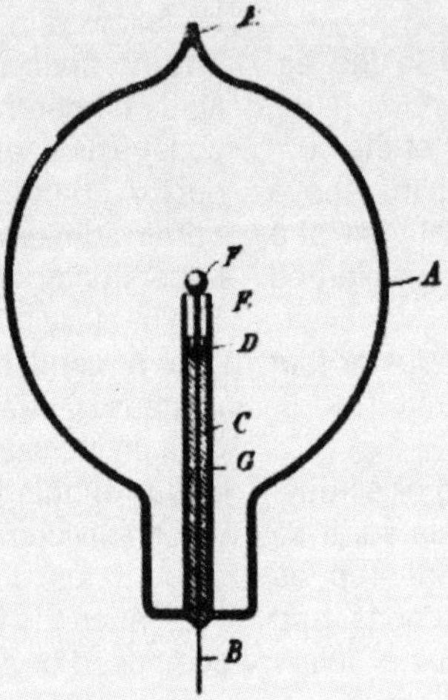


*Witnesses:*

Raphaël Netter

S. L. Forman

*Inventor*

Nikola Tesla

by

Duncan & Page

*Attorneys*

# UNITED STATES PATENT OFFICE.

NIKOLA TESLA, OF NEW YORK, N. Y.

## INCANDESCENT ELECTRICAL LIGHT.

SPECIFICATION forming part of Letters Patent No. 514,170, dated February 6, 1894.
Application filed January 2, 1892. Renewed December 15, 1893.
Serial No. 493,776. (No model.)

*To all whom it may concern:*

Be it known that I, NIKOLA TESLA, a citizen of the United States, residing at New York, in the county and State of New York, have invented a certain new and useful Improvement in Incandescent Electric Lamps, of which the following is a specification, reference being had to the drawings accompanying and forming a part of the same.

This invention is an improvement in the particular class of electric lamps or lighting devices invented by me and for which I have heretofore obtained Letters Patent, notably No. 454,622, dated June 23, 1891.

The invention applies more particularly to that form of lamp in which a small body or button of refractory material is supported by a conductor entering a very highly exhausted globe or receiver, but is also applicable generally to other forms of lamp adapted for use with similar systems in which currents of very high potential and great frequency are employed. I have found in the practical applications of this system that a considerable dissipation of energy takes place from the conductors conveying the currents of great potential and frequency, even when such conductors are thoroughly insulated both within and without the lamp globes, and the subject of my present invention is a means for preventing such dissipation within the lamp, or rather for confining it to the particular parts or part of the conductor which is designed to give light. This object I find I may readily accomplish by surrounding the leading-in and supporting conductors with a conductor which acts as a static screen. By this means the light-giving body or button which lies beyond the influence of the screen is quickly and efficiently brought to and maintained at higher incandescence by a suitable electrical current or effect, by reason of the fact that the electrical action to which the incandescence is due is confined mainly to the button.

A description of the ordinary form of lamp which I employ will serve to illustrate the principle and nature of this improvement, and for such description I now refer to the drawings which show such lamp in central vertical section.

A is a glass globe of the usual form, in the base of which is sealed a very thin conducting-wire B, passing up through a stem of glass or other refractory insulator C. To the upper or inner end of this wire is united, as by means of a mass of carbon paste D, a carbon or other refractory stem E, that supports or carries a small button of carbon or other suitable substance F. Over the stem C is passed, at any convenient stage in the manufacture of the lamp and in any well understood way, a metallic tube G. I prefer to use for this purpose a very thin cylinder or tube of aluminum and it should entirely surround all parts of the conductor within the globe except the button itself, extending to or nearly up to the point of union of the stem E with the button F. Such a device by reason of its electrostatic action reduces the loss of energy supplied to that bulb, preventing its radiation or dissipation into space except through the exposed or unprotected button. The tube or screen G is entirely insulated from the conductors within the globe and from all external conductors or bodies. The globe, by means of a suitable air-pump, is exhausted to as high a degree as practicable, or until a non-striking vacuum in attained. It is connected with the pump by the usual tube which in sealed off at K.

The lamp may be made in different forms and in different ways, and the invention, as may be readily understood from its above described nature and purpose, is not confined to the specific form of lamp herein shown.

What I claim is --

1. In an incandescent electric lamp, the combination of an exhausted globe, a refractory light-giving body therein, a conductor leading into the globe and connected to or supporting the said body, and a conducting screen surrounding the said conductor, as set forth.

2. In an incandescent electric lamp, the combination of an exhausted globe, a refractory light-giving body or button therein, a conducting support to said button within the globe, and a metallic tube surrounding or enclosing the said conductor up to the point of union with the button, as set forth.

3. In an incandescent electric lamp, the combination of an exhausted globe, a wire sealed therein, and coated with or embedded in a glass stem, a carbon stem united with the wire, a refractory conductor mounted on said stem, and a conducting tube or cylinder surrounding the wire and carbon stem, as and for the purpose set forth.

NIKOLA TESLA.

Witnesses:
ERNEST HOPKINSON,
PARKER W. PAGE.

(No Model.)

# N. TESLA.

## ELECTRIC RAILWAY SYSTEM.

No. 514,972. Patented Feb. 20, 1894.

*Fig. 1*

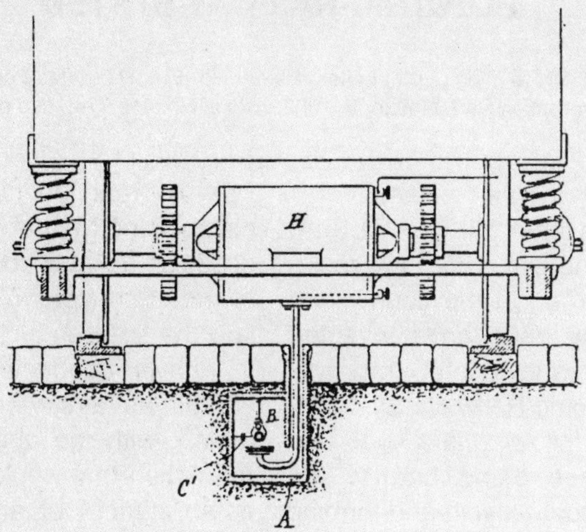


*Fig. 2*

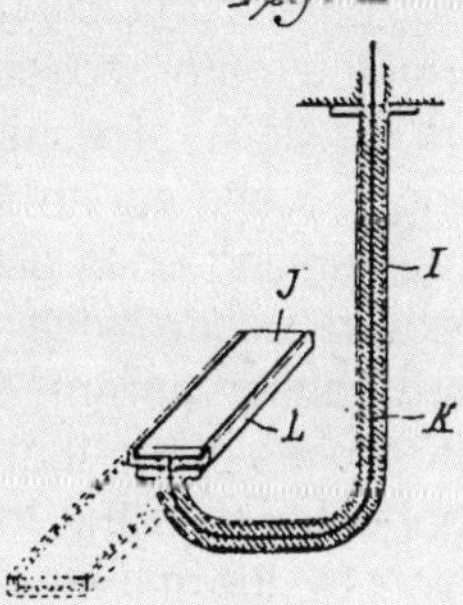


*Fig. 3*

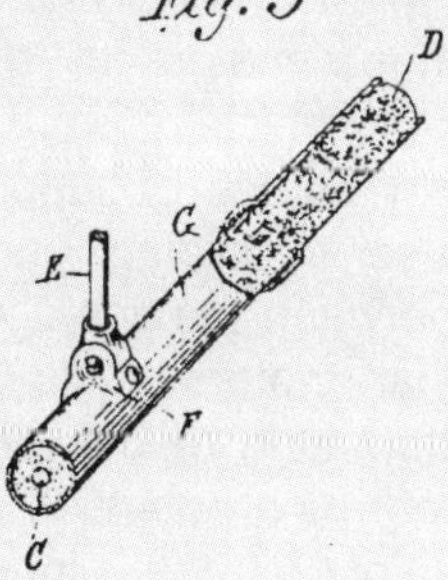


*Witnesses:*

*M. G. Tracy.*

*Inventor*

*Nikola Tesla*

*by Duncan & Page*

*Attorneys*

# UNITED STATES PATENT OFFICE.

NIKOLA TESLA, OF NEW YORK, N. Y.

## ELECTRIC-RAILWAY SYSTEM.

SPECIFICATION forming part of Letters Patent No. 514,972, dated February 20, 1894.
Application filed January 2, 1892. Serial No. 416,774. (No model.)

*To all whom it may concern:*

Be it known that I, NIKOLA TESLA, a citizen of the United States, residing at New York, in the county and State of New York, have invented certain new and useful Improvements in Electric-Railways Systems, of which the following is a specification, reference being had to the drawings accompanying and forming a part of the same.

This invention is an improved system or plan of supplying electric current to the motors of street or other cars or vehicles from a central or stationary source of supply, without the use of sliding or rolling-contacts between the line-conductor and the car motors. I use in my system alternating or pulsating currents of very high potential, and, by reason mainly of the higher economy, high frequency. The conductor which conveys these currents is run from the stationary source of supply along the line of travel and preferably through a conduit constructed between, or alongside of the tracks or rails.

To prevent the dissipation of the electric energy that would otherwise occur on a circuit conveying currents of the character which I use, I insulate the line-conductor and surround it with a conducting coating that serves as a screen, and I prefer, mainly with the object of localizing the action that would result from the establishment of an electrical connection between the screen and the ground or other conducting body, to divide up the outer conductor into insulated sections of comparatively short length. In the car, or to each of a number running on a given track, equipped in accordance with my invention, I attach an arm carrying a conducting plate or bar that is electrically connected with the motor-coils and which by the movement of the car is carried in proximity to the line-conductor, so as to take off, by condenser action, sufficient energy to run the car motor.

The details of the invention, and the best manner I am aware of in which it is or may be carried out, I shall explain by reference to the accompanying drawings.

Figure 1 is a view showing a portion of a car and the means for supplying the motor of the same with current from a line-conductor supported within a conduit between the rails. Fig. 2 is an enlarged sectional view of the arm carrying the conductor through which the electric energy is transmitted from the line-conductor to the motor. Fig. 3 is an enlarged view partly in section of the line-conductor.

I propose to employ an iron conduit A, which is buried preferably between the rails of the track and provided with a longitudinal slot along its top close to one edge or side. A flange B is formed or applied along the slot, forming a protected chamber or compartment for containing the line-conductor. This chamber should be of such form in cross-section that its walls will be symmetrically disposed with respect to the conductor running through it, and thus reduce to a minimum any disturbing inductive effects which would be produced by an unsymmetrical disposition of the walls with respect to the conducting screen or covering around the conductor.

For the line-conductor I employ a suitable wire C, surrounded by an insulated coating D, which is enclosed in a metallic sheathing G. For the latter I prefer to use iron pipes provided with perforated lugs F, by means of which the conductor is suspended by insulated rods or other devices E. I also divide up the conducting screen or sheathing into sections insulated from one another, but overlapping so as to leave no breaks in the screen. The advantage in dividing up the screen in this manner is that the loss due to currents induced in the outer conductor is reduced, while at the same time the grounding of any one section would result in a very small loss compared with what would take place from a continuous sheath; moreover, by overlapping the ends of the sections but little opportunity is afforded for the dissipation of energy.

The car is represented as carrying a motor H, which may be of any suitable construction and capable of being operated by currents of the kind employed. Connected with the motor or car is an iron or conducting tube I, that extends down into the conduits through the slots therein. The lower end of this tube is bent in the form of a hook and supports within the conductor-chamber a bar or plate J that presents the line-conductor a conducting surface. This bar or plate is electrically connected with the motor-coils by an insulated wire K, that passes through the tube I, and all parts of the said plate except the surface exposed to the conductor C, or its metallic sheath, are insulated and protected by a metallic screen L. It is obvious that all portions of the arm as well as the plate itself may be insulated as by a waterproof covering, and it will be understood that the principal object of the invention would still be attained even though the plate were in actual contact with the screen while the car is in motion.

In operation, the line-conductor C

is connected with a source of current of very high potential and great frequency. This current may be conveyed to any desired distance without material loss, as the insulated metallic covering or sheath around the conductor serves as a static screen to prevent the dissipation of the energy. The presence, however, of a plate J of any car close to the sheath or screen disturbs the electrical equilibrium and sets up by condenser action a transfer of energy from the screen to the plate sufficient to operate the motor on the car.

In the above, I have described the screen whether continuous or subdivided, as wholly insulated from the ground or surrounding conducting bodies, but the single continuous screen or each section of the same, may be connected to the ground through a condenser of relatively very small capacity, through a device of high self-induction or resistance, as shown in dotted lines at C′ in Fig. 1.

I do not claim in this application the particular line-conductor described, nor the broad idea of inducing from a stationary conductor the current to operate the motor on a traveling car or other vehicle, but

What I claim is --

1. In an electric railroad system operated by electric currents of high potential and frequency, the combination of an insulated and electrically screened supply-conductor extending along the line of travel, a motor car or cars carrying a conducting plate or bar in inductive relation to the screened conductor and an electrical connection between the said plate and the motor, as set forth.

2. In an electric railroad system operated by electric currents of high potential and frequency, the combination of a supply-conductor running along the line of travel, a conducting sheath or screen divided into insulated sections and surrounding the said conductor, a motor car supporting a conducting body in proximity to the supply-conductor and an electrical connection between said body and the motor, as set forth.

3. In an electrical railway system, the combination with a slotted conduit of an insulated conductor supported therein, an insulated sheath or screen surrounding the conductor, a motor car adapted to run on tracks parallel with the conduit, a conducting plate or bar carried by an arm descending from the car into the conduit, and an electrical connection between the plate and the motor, as set forth.

NIKOLA TESLA.

Witnesses:
ERNEST HOPKINSON,
PARKER W. PAGE.

(No Model.)

# N. TESLA.

## COIL FOR ELECTRO MAGNETS.

No. 512,340. Patented Jan. 9, 1894.

*Fig. 1*

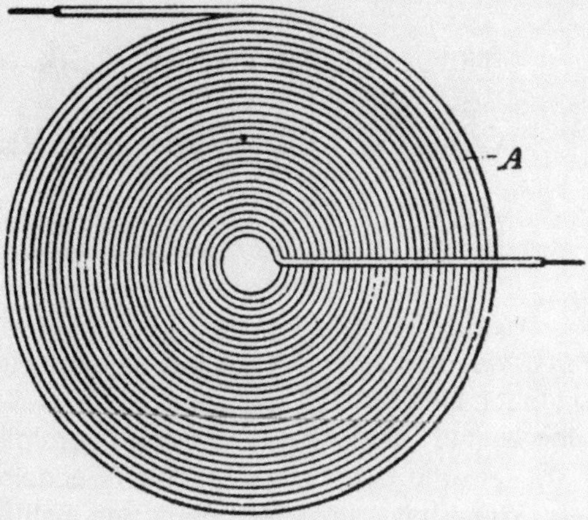


*Fig. 2*

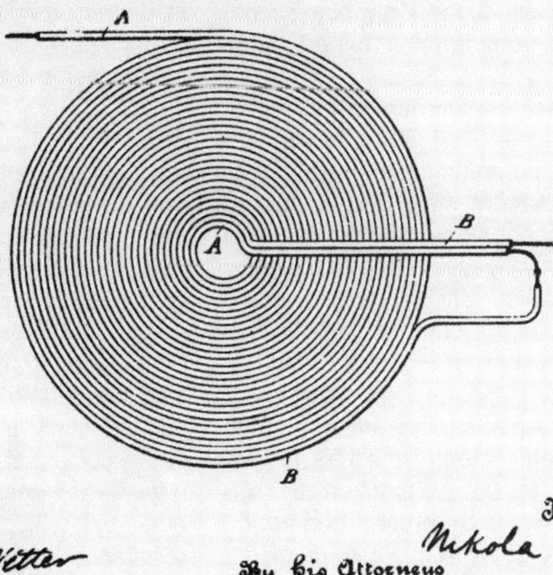


Witnesses
Raphael Netter
James N. Catlow

Inventor
Nikola Tesla
By his Attorneys
Duncan & Page.

# UNITED STATES PATENT OFFICE.

NIKOLA TESLA, OF NEW YORK, N. Y.

# COIL FOR ELECTRO-MAGNETS.

SPECIFICATION forming part of Letters Patent No. 512,340, dated January 9, 1894.
Application filed July 7, 1893. Serial No. 479,804. (No model.)

*To all whom it may concern:*

Be it known that I, NIKOLA TESLA, a citizen of the United States, residing at New York, in the county and State of New York, have invented certain new and useful Improvements in Coils for Electro-Magnets and other Apparatus, of which the following is a specification, reference being had to the drawings accompanying and forming a part of the same.

In electric apparatus or systems in which alternating currents are employed the self-induction of the coils or conductors may, and, in fact, in many cases does operate disadvantageously by giving rise to false currents which often reduce what is known as the commercial efficiency of the apparatus composing the system or operate detrimentally in other respects. The effects of self-induction, above referred to, are known to be neutralized by proportioning to a proper degree the capacity of the circuit with relation to the self-induction and frequency of the currents. This has been accomplished heretofore by the use of condensers constructed and applied as separate instruments.

My present invention has for its object to avoid the employment of condensers which are expensive, cumbersome and difficult to maintain in perfect condition, and to so construct the coils themselves as to accomplish the same ultimate object.

I would here state that by the term coils I desire to include generally helices, solenoids, or in fact, any conductor the different parts of which by the requirements of its application or use are brought into such relations with each other as to materially increase the self-induction.

I have found that in every coil there exists a certain relation between its self-induction and capacity that permits a current of given frequency and potential to pass through it with no other opposition than that of ohmic resistance, or, in other words, as though it possessed no self-induction. This is due to the mutual relations existing between the special character of the current and the self-induction and capacity of the coil, the latter quantity being just capable of neutralizing the self-induction for that frequency. It is well known that the higher the frequency or potential difference of the current the smaller the capacity required to counteract the self-induction; hence, in any coil, however small the capacity, it may be sufficient for the purpose stated if the proper conditions in other respects be secured. In the ordinary coils the difference of potential between adjacent turns or spires is very small, so that while they are in a sense condensers, they possess but very small capacity and the relations between the two quantities, self-induction and capacity, are not such as under any ordinary conditions satisfy the requirements herein contemplated, because the capacity relatively to the self-induction is very small.

In order to attain my object and to properly increase the capacity of any given coil, I wind it in such way as to secure a greater difference of potential between its adjacent turns or convolutions, and since the energy stored in the coil -- considering the latter as a condenser, is proportionate to the square of the potential difference between its adjacent convolutions, it is evident that I may in this way secure by a proper disposition of these convolutions a greatly increased capacity for a given increase in potential difference between the turns.

I have illustrated diagrammatically in the accompanying drawings the general nature of the plan which I adopt for carrying out this invention.

Figure 1 is a diagram of a coil wound in the ordinary manner. Fig. 2 is a diagram of a winding designed to secure the objects of my invention.

Let A, Fig. 1, designate any given coil the spires or convolutions of which are wound upon and insulated from each other. Let it be assumed that the terminals of this coil show a potential difference of one hundred volts, and that there are one thousand convolutions; then considering any two contiguous points on adjacent convolutions let it be assumed that there will exist between them a potential difference of one-tenth of a volt. If now, as shown in Fig. 2, a conductor B be wound parallel with the conductor A and insulated from it, and the end of A be connected with the starting point of B, the aggregate length of the two conductors being such that the assumed number of convolutions or turns is the same, viz., one thousand, then the potential difference between any two adjacent points in A and B wlll be fifty volts, and as the capacity effect is proportionate to the square of this difference, the energy stored in the coil as a whole will now be two hundred and fifty thousand as great. Following out this principle, I may wind any given coil either in whole or in parts, not only in the specific manner herein illustrated, but in a great variety of ways, well known in the art, so as to secure between adjacent convolutions such potential difference as will give the proper capacity to neutralize the self-induction for any given current that may be employed. Capacity secured in this particular way possesses an additional advantage in that it is evenly distributed, a consideration of the greatest importance in many cases, and the results, both as to efficiency and economy, are the more readily and easily obtained as the size of the coils, the potential difference, or frequency of the currents are increased.

Coils composed of independent strands or conductors wound side by side and connected in series are not in themselves new, and I do not regard a more detailed description of the same necessary. But heretofore, so far as I am aware, the objects in view have been essentially different from mine, and the results which I obtain even if an incident to such forms of winding have not been appreciated or taken advantage of.

In carrying out my invention it is to be observed that certain facts are well understood by those skilled in the art, viz.: the relations of capacity, self-induction, and the frequency and potential difference of the current. What capacity, therefore, in any given case it is desirable to obtain and what special winding will secure it, are readily determinable from the other factors which are known.

What I claim as my invention is --

1. A coil for electric apparatus the adjacent convolutions of which form parts of the circuit between which there exists a potential difference sufficient to secure in the coil a capacity capable of neutralizing its self-induction, as hereinbefore described.

2. A coil composed of contiguous or adjacent insulated conductors electrically connected in series and having a potential difference of such value as to give to the coil as a whole, a capacity sufficient to neutralize its self-induction, as set forth.

NIKOLA TESLA.

Witnesses:
ROBT. GAYLORD,
PARKER W. PAGE.

(No Model.)

# N. TESLA.

## MEANS FOR GENERATING ELECTRIC CURRENTS.

No. 514,168. Patented Feb. 6, 1894.

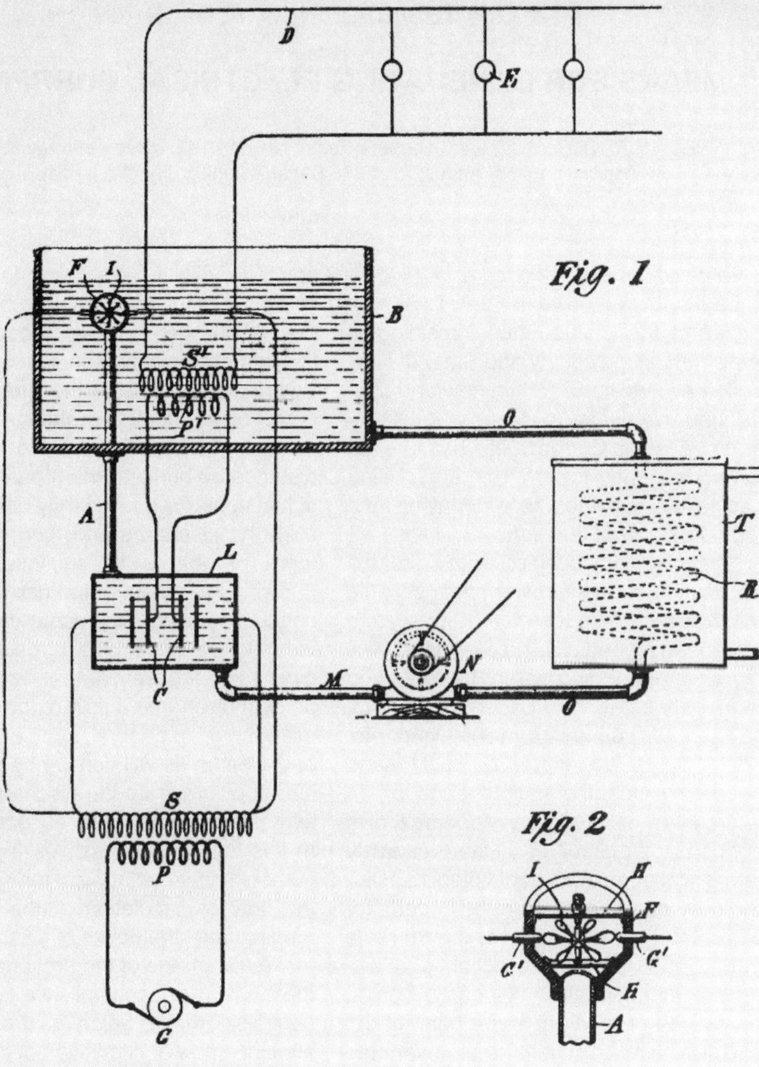


Witnesses
Raphaël Netter
James N. Catlow

Inventor
Nikola Tesla
By his Attorneys
Duncan & Page

# UNITED STATES PATENT OFFICE.

NIKOLA TESLA, OF NEW YORK, N. Y.

# MEANS FOR GENERATING ELECTRICAL CURRENTS.

SPECIFICATION forming part of Letters Patent No. 514,168, dated February 6, 1894.
Application filed August 2, 1893. Serial No. 482,194. (No model.)

*To all whom it may concern:*

Be it known that I, NIKOLA TESLA, a citizen of the United States, residing at New York, in the county and State of New York, have invented certain new and useful Improvements in Means for Generating Electric Currents, of which the following is a specification, reference being had to the drawings accompanying and forming a part of the same.

The invention, subject of my present application, is an improvement applicable more especially to the method or system of generating and utilizing electrical energy, heretofore discovered by me, and more fully set forth in Letters Patent No. 454,622, of June 23, 1891, and No. 462,418, of November 3, 1891, and which involves the maintenance of an intermittent or oscillatory discharge of a condenser or circuit of suitable capacity into a working-circuit containing translating devices. In systems of this character when the high frequency of the currents employed is due to the action of a disruptive or intermittent discharge across an air-gap or break at some point of the circuit, I have found it to be of advantage not only to break up or destroy the least tendency to continuity of the arc or discharge, but also to control the period of the re-establishment of the same, and from investigations made by me with this object in view I have found that greatly improved results are secured by causing the discharge to take place in and through an insulating liquid, such as oil, and instead of allowing the terminal points of the break to remain at a uniform distance from each other, to vary such distance by bringing them periodically in actual contact or sufficiently near to establish the discharge and then separating them, or what is the equivalent of this, throwing in and out of the gap or break a conducting bridge at predetermined intervals. To obtain the best results, moreover, I find it essential to maintain at the point of discharge a flow of the insulating medium, or, in general, such a circulation of the same as will constantly operate to cut off or brake up the discharge as fast as it is established. The accomplishment of this latter result involves the employment of some mechanism for maintaining the flow or circulation of the insulating medium past the points of discharge, and I take advantage of the presence of such mechanism to accomplish a further and beneficial result which is the maintenance of a flow or circulation of the insulating liquid in which I immerse the converter-coils used for raising the potential of the current, and also the condenser plates when such are required and used. By this means the insulating liquid surrounding the said coils and plates may be prevented from heating, either by its circulation alone or by the application to it while in motion of a cooling medium, and its requisite qualities preserved for an in definite time.

Broadly considered the plan contemplated is entirely independent of the special means for carrying it into execution, but in illustration of the preferred manner in which the invention is or may be carried out, I now refer to the drawings which are hereto annexed.

Figure 1 is a diagram of the system and devices employed by me. Fig. 2 is a sectional view of a detail of mechanism.

G represents an electrical generator, as for instance, an ordinary alternator, in the circuit of which is the primary P of a transformer, of which S represents the secondary, which is usually of much longer and finer wire than the primary. To the secondary circuit, if it have not of itself sufficient capacity for the purpose herein contemplated, are connected the plates of a condenser C, and at any point in said circuit is a break or gap at which occurs the disruptive discharge. In a portion of the secondary circuit, preferably in series with the condenser, as shown in the drawings, is a primary coil P´ with which is associated a secondary S´, which later constitutes the ultimate source of currents for a working-circuit D in which or with which are connected translating devices E. Under the conditions assumed it will be understood that by the oscillation or change caused by the action of the discharge, the condenser is charged and discharged setting up in the primary P´ an electrical disturbance of enormous frequency, as has been explained in my patent referred to, and as is now well understood. Instead of employing two terminals at a fixed distance, however, for the gap across which the discharge takes place, I vary the distance between them, or what is practically the same thing, I interpose between said terminals a conductor or a series of conductors successively by means of which the effective distance or length of the path of discharge is or may be varied at will. This I accomplish in the following manner:

A is a pipe or tube that leads into a tank B. To the end of this tube is secured an extension F of insulating material and the two terminals G´ G´ are caused to project through the sides of the same, as indicated in Fig. 2. Within the extension I secure two cross-bars H which afford bearings for the spindle of a small metallic turbine I, the blades of which, as the turbine revolves, bridge the space between the two terminals, nearly or quite touching the terminals in their movement. If now the tank B be filled with oil and the latter is drawn off or permitted to flow off through the tube A, the turbine will be rotated by the flow, the rate of rotation being dependent upon the rate of flow. By this means the arc or discharge is periodically established through a flow of oil, which secures in the most satisfactory manner the conditions best adapted for practical results.

The further objects of the invention are secured by placing the transformer P´ S´ in the body of oil in the tank B, and the condenser in a closed receptacle L. Then in order to maintain a circulation of the oil and to provide for the requisite flow which rotates the turbine, I connect the tank B with the condenser box L by means of the pipe A. I also run a pipe M from the box L to a small rotary-pump N, and another pipe O from the latter back to the tank B.

When necessary or desirable I may insert in the pipe O a coil R, which is contained in a jacket T through which a cooling medium is passed.

The flow of oil is regulated by the speed at which the pump N is driven, and by this means the period of re-establishment of the arc is controlled.

Having now described my invention and the best means of which I am aware in which the same is or may be carried into effect, what I claim is --

1. In an electric system of the kind described, the combination with the points or terminals between which occurs the intermittent or oscillating discharge of means for maintaining between said points and in the path of the discharge of a flow of insulating liquid, as set forth.

2. In an electrical system of the kind described, the combination with a transformer, and the points or terminals between which occurs the intermittent or oscillating discharge, of a body of insulating liquid surrounding the same, and means for maintaining a flow or circulation of the same, as set forth.

3. In an electrical system of the kind described, the combination with a transformer and the points or terminals between which occurs the intermittent or oscillating discharge, of receptacles enclosing the same and containing oil and means for maintaining a flow of oil through said receptacles and around the devices therein, as set forth.

4. In an electrical system of the kind described, the combination with the points or terminals between which occurs the intermittent or oscillating discharge, of a means for maintaining a flow of insulating liquid between the discharge points, and means for varying the length of the path of discharge through such fluid, dependent for operation upon the flow of the same, as set forth.

5. The combination with discharge points immersed in oil, of means for periodically varying the length of the path of discharge between them, as described.

6. The combination with discharge points immersed in oil, of a conductor adapted to periodically bridge the space between such points, as set forth.

7. The combination with discharge points immersed in oil, means for causing a flow of the oil between said points and a metallic turbine mounted between the points and adapted by the rotation produced by the flowing oil to bridge with its vanes or blades the space between the said points.

NIKOLA TESLA.

Witnesses:
ROBT. F. GAYLORD,
PARKER W. PAGE.

(No Model.) 2 Sheets—Sheet 1.

N. TESLA.
ELECTRIC GENERATOR.

No. 511,916. Patented Jan. 2, 1894.

Fig. 1

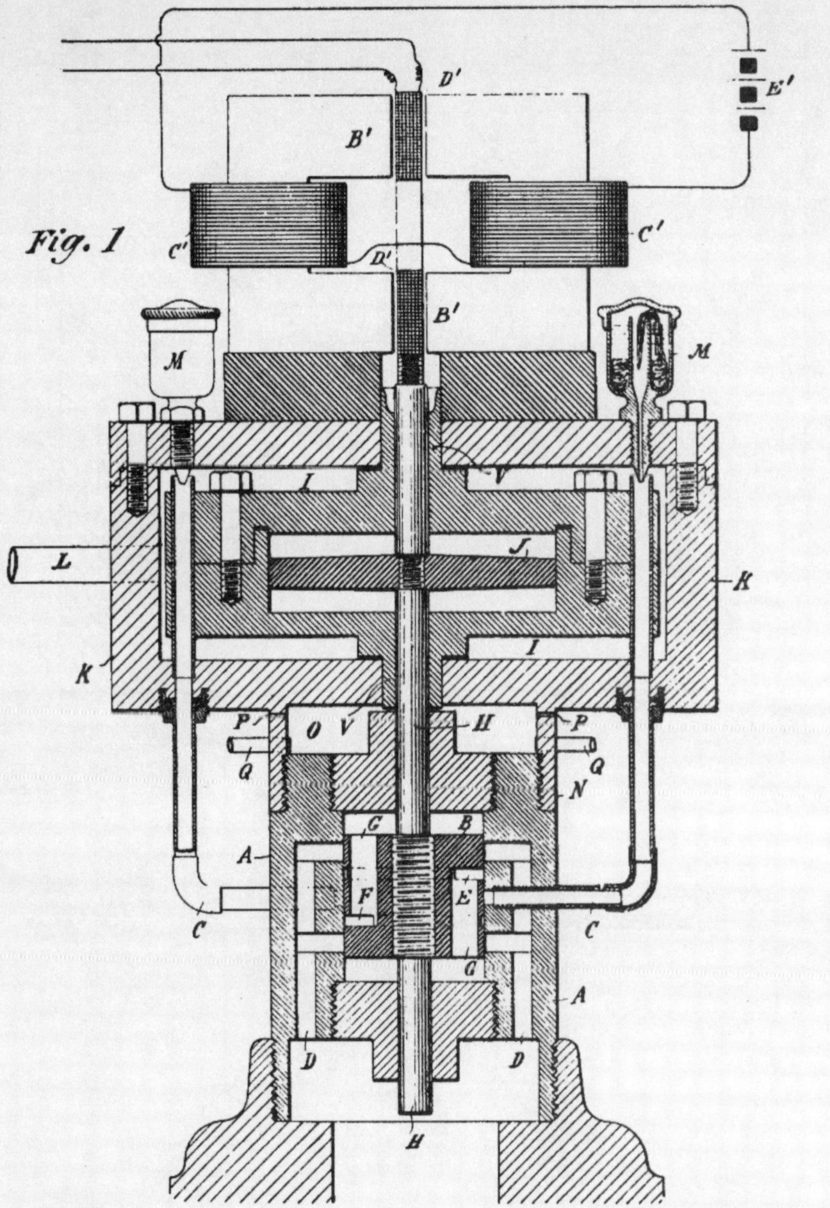


Witnesses
Raphaël Netter
R. F. Gaylord

Inventor
Nikola Tesla
By his Attorneys
Duncan & Page

(No Model.) 2 Sheets—Sheet 2.

# N. TESLA.
## ELECTRIC GENERATOR.

No. 511,916. Patented Jan. 2, 1894.

Fig. 2

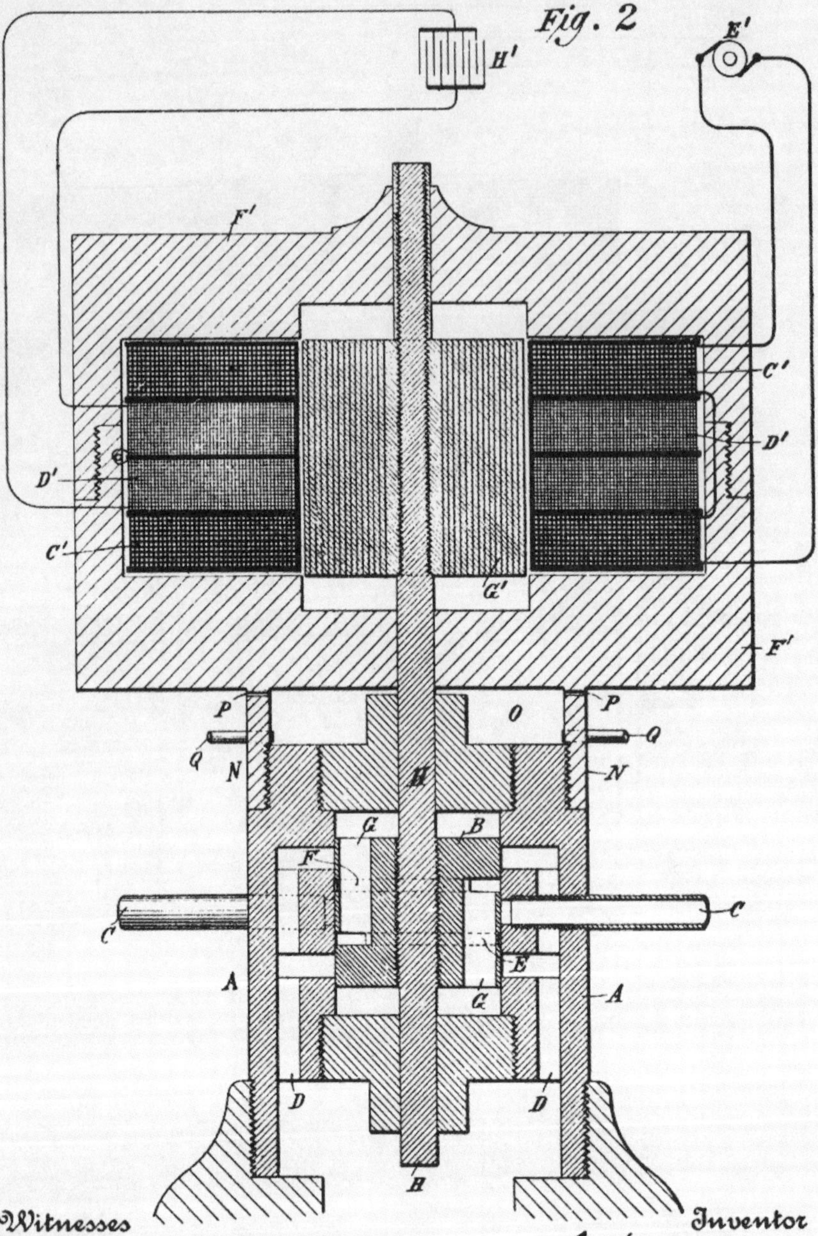


Witnesses
Raphael Netter
R. F. Gaylord

Inventor
Nikola Tesla
By his Attorneys
Duncan & Page.

# UNITED STATES PATENT OFFICE.

NIKOLA TESLA, OF NEW YORK, N. Y.

## ELECTRIC GENERATOR.

SPECIFICATION forming part of Letters Patent No. 511,916, dated January 2, 1894.
Application filed August 19, 1893. Serial No. 483,562. (No model.)

*To all whom it may concern:*

Be it known that I, NIKOLA TESLA, a citizen of the United States, residing at New York, in the county and State of New York, have invented certain new and useful Improvements in Electrical Generators, of which the following is a specification, reference being had to the drawings accompanying and forming a part of the same.

In an application of even date herewith, Serial No. 483,563, I have shown and described a form of engine invented by me, which, under the influence of an applied force such as the elastic tension of steam or a gas under pressure, yields an oscillation of constant period.

In order that my present invention may be more readily understood I will explain the conditions which are to be observed in order to secure this result.

It is a well known mechanical principle that if a spring possessing a sensible inertia be brought under tension, as by being stretched, and then freed, it will perform vibrations which are isochronous, and as to period, in the main, dependent upon the rigidity of the spring, and its own inertia or that of the system of which it may form an immediate part. This is known to be true in all cases where the force which tends to bring the spring or movable system into a given position is proportionate to the displacement.

In the construction of my engine above referred to I have followed and applied this principle, that is to say, I employ a cylinder and a piston which in any suitable manner I maintain in reciprocation by steam or gas under pressure. To the moving piston or to the cylinder, in case the latter reciprocate and the piston remain stationary, a spring is connected so as to be maintained in vibration thereby, and whatever may be the inertia of the piston or the moving system and the rigidity of the spring relatively to each other, provided, the practical limits within which the law holds true that the forces which tend to bring the moving system to a given position are proportionate to the displacement, are not exceeded, the impulses of the power-impelled piston and the natural vibrations of the spring will always correspond in direction and coincide in time. In the case of the engine referred to, the parts are so arranged that the movement of the piston within the cylinder in either direction ceases when the force tending to impel it and the momentum which it has acquired are counter-balanced by the increasing pressure of the steam or compressed air in that end of the cylinder toward which it is moving, and as in its movement the piston has shut off at a given point, the pressure that impelled it and established the pressure that tends to return it, it is then impelled in the opposite direction, and this action is continued as long as the requisite pressure is applied. The length of the stroke will vary with the pressure, but the rate or period of reciprocation is no more dependent upon the pressure applied to drive the piston, than would be the period of oscillation of the pendulum permanently maintained in vibration, upon the force which periodically impels it, the effect of variations in such force being merely to produce corresponding variations in the length of stroke or amplitude of vibration respectively.

In practice I have found that the best results are secured by the employment of an air-spring, that is, a body of confined air or gas which is compressed and rarefied by the movements of the piston, and in order to secure a spring of constant rigidity I prefer to employ a separate chamber or cylinder containing air at the normal atmospheric pressure, although it might be at any other pressure, and in which works a plunger connected with or carried by the piston-rod. The main reason why no engine heretofore has been capable of producing results of this nature is that it has been customary to connect with the reciprocating parts a heavy fly-wheel or some equivalent rotary system of relatively very great inertia, or in other cases where no rotary system was employed, as in certain reciprocating engines or tools, no regard has been paid to the obtainment of the conditions essential to the end which I have in view, nor would the pressure of such conditions in said devices appear to result in any special advantage.

Such an engine as I have described affords a means for accomplishing a result heretofore unattained, the continued production of electric currents of constant period, by imparting the movement of the piston to a core or coil in a magnetic field. It should be stated however, that in applying the engine for this purpose certain conditions are encountered which should be taken into consideration in order to satisfactorily secure the desired result. When a conductor is moved in a magnetic field and a current caused to circulate therein, the elctro-magnetic reaction between it and the field, might disturb the mechanical oscillation to such an extent as to throw it out of isochronism. This, for instance, might occur when the electro-magnetic reaction might have an effect similar to that which would result from a variation of the tension of the spring, but if the circuit of the generator be so adjusted that the phases of the electro-motive force and current coincide in time, that is to say, when the current is not retarded, then the generator driven by the engine acts merely as a frictional resistance and will not, as a rule, alter the period of the mechanical vibration, although it may vary its amplitude. This condition may readily secured by properly proportionating the self-induction and capacity of the circuit including the generator. I have, however, observed the further fact in connection with the use of such engines as a means for running a generator, that it is advantageous that the period of the engine and the generator should be the same, as in such case the best conditions for electrical resonance are established and the possibility of disturbing the period of mechanical vibrations is reduced to a minimum. I have found that even if the theoretical conditions necessary for maintaining a constant period in the engine itself are not exactly maintained, still the engine and generator combined will vibrate at a constant period. For example, if instead of using in the engine an independent cylinder and plunger, as an air-spring of practically constant rigidity, I cause the piston to impinge upon air-cushions at the ends of its own cylinder, although the rigidity of such cushions or springs might be considerably affected and varied by the variations of pressure within the cylinder, still by combining with such an engine a generator which has a period of its own approximately that of the engine, constant vibration may be maintained even through a considerable range of varying pressure, owing to the controlling action of the electro-magnetic system. I have even found that under certain conditions the influence of the electro-magnetic system may be made so great as to entirely control the period of the mechanical vibration within wide limits of varying pressure. This is likely to occur in those instances where the power of the engine while fully capable of maintaining a vibration once started, is not sufficient to change its rate. So, for the sake of illustration, if a pendulum is started in vibration, and a small force applied periodically in the proper direction to maintain it in motion, this force would have no substantial control over the period of the oscillation, unless the inertia of the pendulum be small in comparison to the impelling force, and this would be true no matter through what fraction of the period the force may be applied. In the case under consideration the engine is merely an agent for maintaining the vibration once started, although it will be understood that this does not preclude the performance of useful work which would simply result in a shortening of the stroke. My invention, therefore, involves the combination of a piston free to reciprocate under the influence of steam or a gas under pressure and the movable element of an electric generator which is in direct mechanical connection with the piston, and it is more especially the object of my invention to secure from such combination electrical currents of a constant period. In the attainment of this object I have found it preferable to construct the engine so that it of itself controls the period, but as I have stated before, I may so modify the elements of the combination that the electro-magnetic system may exert a partial or even complete control of the period.

In illustration of the manner in which the invention is carried out I now refer to the accompanying drawings.

Figure 1 is a central sectional view of an engine and generator embodying the invention. Fig. 2 is a modification of the same.

Referring to Fig. 1 A is the main-cylinder in which works a piston B. Inlet-ports C C pass through the sides of the cylinder opening at the middle portion thereof and on opposite sides. Exhaust-ports D D extend through the walls of the cylinder and are formed with branches that open into the interior of the cylinder on each side of the inlet-ports and on opposite sides of the cylinder. The piston B is formed with two circumferential grooves E F which communicate through openings G in the piston with the cylinder on opposite sides of said piston respectively.

The particular construction of the cylinder, the piston and the ports controlling it may be very much varied, and is not in itself material, except that in the special case now under consideration it is desirable that all the ports, and more especially the exhaust-ports should be made very much larger than is usually the case so that no force due to the action of the steam or compressed air will tend to retard or affect the return of the piston in either direction. The piston B is secured to a piston-rod which works in suitable stuffing-boxes in the heads of the cylinder A. This rod is prolonged on one side and extends through bearings V in a cylinder I suitably mounted or supported in line with the first, and within which is a disk or plunger J carried by the rod H. The cylinder I is without ports of any kind and is air-tight except as a small leakage may occur through the bearings V, which experience has shown need not be fitted with any very considerable accuracy. The cylinder I is surrounded by a jacket K which leaves an open space or chamber around it. The bearings V in the cylinder I, extend through the jacket K to the outside air and the chamber between the cylinder and jacket is made steam or air-tight as by a suitable packing. The main-supply pipe L for steam or compressed air leads into this chamber, and the two pipes that lead to the cylinder A run from the said chamber, oil-cups M being conveniently arranged to deliver oil into the said pipes for lubricating the piston. In the particular form of engine shown, the jacket *k* which contains the cylinder I is provide with a flange N by which it is screwed to the end of the cylinder A. A small chamber O is thus formed which has air-vents P in its sides and drip-pipes Q leading out from it through which the oil which collects in it is carried off.

To explain now the operation of the engine described, in the position of the parts shown, or when the piston is at the middle point of its stroke, the plunger J is at the center of the cylinder I and the air on both sides of the same is at the normal pressure of the outside atmosphere. If a source of steam or compressed air be then connected to the inlet-ports C C of the cylinder A and a movement be imparted to the piston as by a sudden blow, the latter is caused to reciprocate in a manner well understood. The movements of the piston compress and rarefy the air in the cylinder I at opposite ends of the same alternately. A forward stroke compresses the air ahead of the plunger J which acts as a spring to return it. Similarly on the back stroke the air is compressed on the opposite side of the plunger J and tends to drive it forward. The compresssions of the air in the cylinder I and the consequent loss of energy due mainly to the imperfect elasticity of the air, give rise to a very considerable amount of heat. This heat I utilize by conducting the steam or compressed air to the engine cylinder through the chamber formed by the jacket surrounding the air-spring cylinder. The heat thus taken up and used to raise the temperature of the steam or air acting upon the piston is availed of to increase the efficiency of the engine. In any given engine of this kind the normal pressure will produce a strike of determined length, and this will be increased or diminished according to the increase of pressure above or the reduction of pressure below the normal.

In constructing the apparatus proper allowance is made for a variation in the length of stroke by giving to the confining cylinder I of the air-spring properly determined dimensions. The greater the pressure upon the piston, the higher the degree of compression of the air-spring, and the consequent counteracting force upon the plunger. The rate or period of reciprocation of the piston, however, is mainly determined as described above by the rigidity of the air-spring and the inertia of the moving system, and any period of oscillation within very wide limits may be secured by properly portioning these factors, as by varying the dimensions of the air-chamber which is equivalent to varying the rigidity of the spring, or by adjusting the weight of the moving parts. These conditions are all readily determinable, and an engine constructed as herein described may be made to follow the principle of operation above stated and maintain a perfectly uniform period through very wide limits of pressure.

The pressure of the air confined in the cylinder when the plunger I is in its central position will always be practically that of the surrounding atmosphere, for while the cylinder is so constructed as not to permit such sudden escape of air as to sensibly impair or modify the action of the air-spring there will still be a slow leakage of air into or out of it around the piston rod according to the pressure therein, so that the pressure of the air on opposite sides of the plunger will always tend to remain at that of the outside atmosphere.

To the piston-rod H is secured a conductor or coil of wire D´ which by the movements of the piston is oscillated in the magnetic field produced by two magnets B´ B´ which may be permanent magnets or energized by coils C´ C´ connected with a source of continuous currents E´. The movement of the coil D´ across the lines of force established by the magnets gives rise to alternating currents in the coil. These currents, if the period of mechanical oscillation be constant will be of constant period, and may be utilized for any purpose desired.

In the case under consideration it is assumed as a necessary condition that the inertia of the moveable element of the generator and the electro-magnetic reaction which it exerts will not be of such character as to materially disturb the action of the engine.

Fig. 2 is an example of a combination in which the engine is not of itself capable of determining entirely the period of oscillation, but in which the generator contributes to this end. In this figure the engine is the same as in Fig. 1. The exterior air-spring is however omitted and the air-spaces at the ends of the cylinder A relied on for accomplishing the same purpose. As the pressure in these spaces is liable to variations from variations in the steam or gas used in impelling the piston they might affect the period of oscillation, and the conditions are not as stable and certain as in the case of an engine constructed as in Fig. 1. But if the natural period of vibration of the elastic system be made to approximately accord with the average period of the engine such tendencies to variation are very largely overcome and the engine will preserve its period even through a considerable range of variations of pressure. The generator in this case is composed of a magnetic casing F´ in which a laminated core G´ secured to the piston-rod H is caused to vibrate. Surrounding the plunger are two exciting-coils C´ C´, and one or more induced coils D´ D´. The coils C´ C´ are connected with a generator of continuous currents E´ and are wound to produce consequent poles in the core G´. Any movement of the latter will therefore shift the lines of force through coils D´ D´ and produce currents therein.

In the circuit of coils D´ is shown a condenser H´. It need only be said that by the use of a proper condenser the self-induction of this circuit may be neutralized. Such a circuit will have a certain natural period of vibration, that is to say that when the electricity therein is disturbed in any way an electrical or electro-magnetic vibration of a certain period takes place, and as this depends upon the capacity and self-induction, such period may be varied to approximately accord with the period of the engine.

In case the power of the engine be comparatively small, as when the pressure is applied through a very small fraction of the total stroke, the electrical vibration be not very widely different from the average period of vibration of the engine under ordinary working conditions such control may be entirely adequate to produce the desired results.

Having now described my invention, what I claim is --

1. The combination with the piston or equivalent element of an engine which is free to reciprocate under the action thereon of steam or a gas under pressure, of the moving conductor or element of an electric generator in direct mechanical connection therewith.

2. The combination with the piston or equivalent element of an engine which is free to reciprocate under the action of steam or a gas under pressure, of the moving conductor or element of an electric generator in direct mechanical connection therewith, the engine and generator being adapted by their relative adjustment with respect to period to produce currents of constant period, as set forth.

3. The combination with an engine comprising a piston which is free to reciprocate under the action of steam or a gas under pressure, and an electric generator having inducing and induced elements one of which is capable of oscillation in the field of force, the said movable element being carried by the piston-rod of the engine, as set forth.

4. The combination with an engine operated by steam or a gas under pressure and having a constant period of reciprocation, of an electric generator, the moving element of which is carried by the reciprocating part of the engine, the generator and its circuit being so related to the engine with respect of the period of electrical vibration as not to disturb the period of the engine, as set forth.

5. The combination with a cylinder and a piston reciprocated by steam or a gas under pressure of a spring maintained in vibration by the movement of the piston, and an electric generator, the movable conductor or element of which is connected with the piston, these elements being constructed and adapted in the manner set forth for producing a current of constant period.

6. The method of producing electric currents of constant period herein described which consists in imparting the oscillations of an engine to the moving element of an electric generator and regulating the period of mechanical oscillation by an adjustment of the reaction of the electric generator, as herein set forth.

NIKOLA TESLA.

Witnesses:
PARKER W. PAGE,
R. F. GAYLORD.

(No Model.)

# N. TESLA.
## RECIPROCATING ENGINE.

No. 514,169. Patented Feb. 6, 1894.

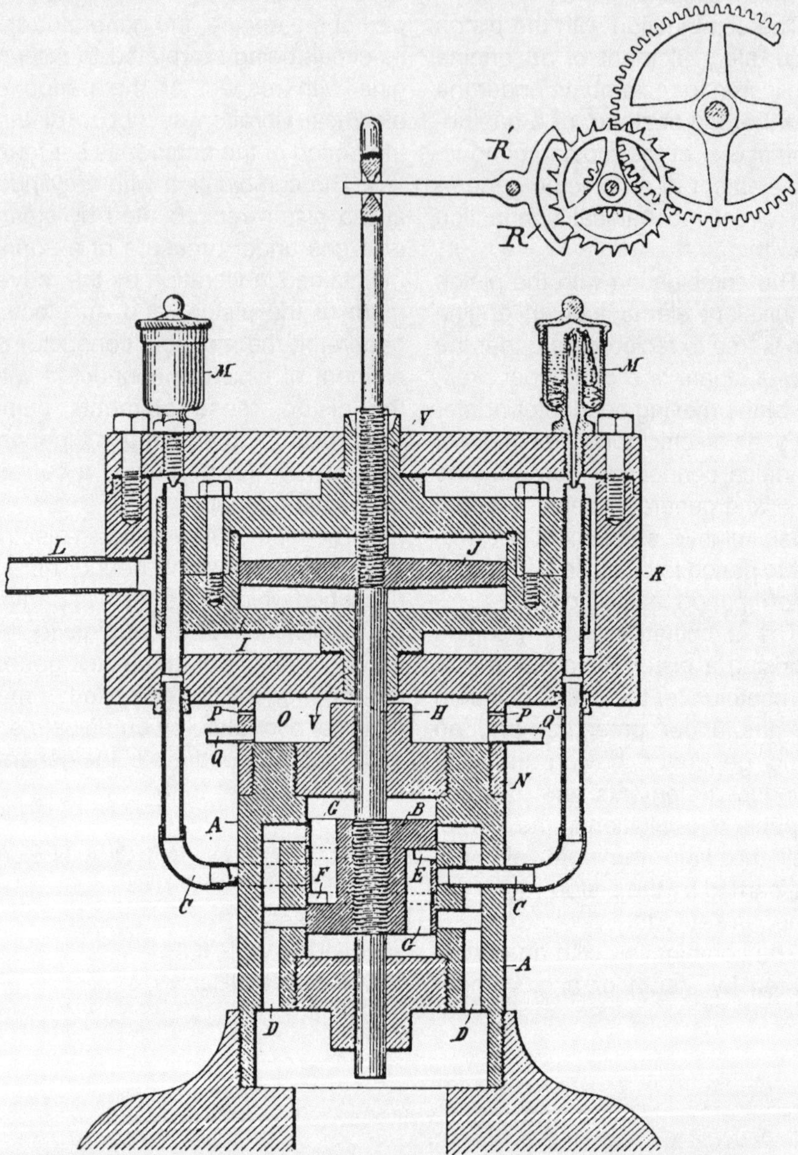


Witnesses
Raphaël Netter
R. F. Gaylord

Inventor
Nikola Tesla
By his Attorneys
Duncan & Page.

# UNITED STATES PATENT OFFICE.

NIKOLA TESLA, OF NEW YORK, N. Y.

## RECIPROCATING ENGINE.

SPECIFICATION forming part of Letters Patent No. 514,169, dated February 6, 1894.
Application filed August 19, 1893. Serial No. 483,563. (No model.)

*To all whom it may concern:*

Be it known that I, NIKOLA TESLA, a citizen of the United States, residing at New York, in the county and State of New York, have invented certain new and useful Improvements in Reciprocating Engines, of which the following is a specification, reference being had to the drawing accompanying and forming a part of the same.

In the invention which forms the subject of my present application, my object has been, primarily to provide an engine, which under the influence of an applied force such as the elastic tension of steam or gas under pressure will yield an oscillatory movement which, within very wide limits, will be of constant period, irrespective of variations of load, frictional losses and other factors which in all ordinary engines produce change in the ratio of reciprocation.

The further objects of the invention are to provide a mechanism, capable of converting the energy of steam or gas under pressure into mechanical power more economically than the forms of engine heretofore used, chiefly by overcoming the losses which result io these by the combination with rotating parts possessing great inertia of a reciprocating system; which also, is better adapted for use at higher temperatures and pressures, and which is capable of useful and practical application to general industrial purposes, particularly in small units.

The invention is based upon certain well known mechanical principles a statement of which will assist in a better understanding of the nature and purposes of the objects sought and results obtained. Heretofore, where the pressure of steam or any gas has been utilized and applied for the production of mechanical motion it has been customary to connect with the reciprocating or moving parts of the engine a fly-wheel or some rotary system equivalent in its effect and possessing relatively great mechanical inertia, upon which dependence was mainly placed for the maintenance of constant speed. This, while securing in a measure this object, renders impossible the attainment of the result at which I have arrived, and is attended by disadvantages which by my invention are entirely obviated. On the other hand, in certain cases, where reciprocating engines or tools have been used without a rotating system of great inertia, no attempt, so far as I know, has been made to secure conditions which would necessarily yield such results as I have reached.

It is a well known principle that if a spring, possessing a sensible inertia be brought under tension, as by being stretched, and then freed it will perform vibrations which are isochronous and, as to period, in the main dependent upon the rigidity of the spring, and its own inertia or that of the system of which it may form an immediate part. This is known to be true in all cases where the force which tends to bring the spring or movable system into a given position is proportionate to the displacement.

In carrying out my invention and for securing the objects in general terms stated above, I employ the energy of steam or gas under pressure, acting through proper mechanism, to maintain in oscillation a piston, and, taking advantage of the law above stated, I connect with said piston, or cause to act upon it, a spring, under such conditions as to automatically regulate the period of the vibration, so that the alternate impulses of the power impelled piston, and the natural vibrations of the spring shall always correspond in direction and coincide in time.

While, in the practice of the invention I may employ any kind of spring or elastic body of which the law or principle of operation above defined holds true, I prefer to use an air-spring, or generally speaking, a confined body or cushion of an elastic fluid, as the mechanical difficulties in the use of ordinary or metallic springs are serious, owing, mainly, to their tendency to break. Moreover, instead of permitting the piston to impinge directly upon such cushions within its own cylinder, I prefer, in order to avoid the influence of the varying pressure of the steam or gas that acts upon the piston and which might disturb the relations necessary for the maintenance of isochronous vibration, and also to better utilize the heat generated by the compression, to employ an independent plunger connected with the main-piston, and a chamber or cylinder therefore, containing air which is normally, at the same pressure as the external atmosphere, for thus a spring of practically constant rigidity is obtained, but the air or gas within the cylinder may be maintained at any pressure.

In order to describe the best manner of which I am aware in which the invention is or may be carried into effect, I refer now to the accompanying drawing which represents in central cross-section an engine embodying my improvements.

A is the main-cylinder in which works a piston B. Inlet-ports C C pass through the sides of the cylinder, opening at the middle portion thereof and on opposite sides. Exhaust-ports D D extend through the walls a of the cylinder and are formed with branches that open into the interior of the cylinder on each side of the inlet-ports and on opposite sides of the cylinder.

The piston B is formed with two circumferential grooves E F, which communicate through openings G in the piston with the cylinder on opposite sides of said piston respectively.

I do not consider as of special importance the particular construction and arrangement of the cylinder, the piston and the ports for controlling it, except that it is desirable that all the ports, and more especially, the exhaust-ports should be made very much larger than is usually the case, so that no force due to the action of the steam or compressed air will tend to retard or affect the return of the piston in either direction.

The piston B is secured to a piston-rod H, which works in suitable stuffing-boxes in the heads of the cylinder A. This rod is prolonged on one side and extends through bearings V in a cylinder I suitable mounted or supported in line with the first, and within which is a disk or plunger J carried by the rod H.

The cylinder I is without ports of any kind and is air-tight except as a small leakage may occur through the bearings V, which experience has shown need not be fitted with any very considerable accuracy. The cylinder I is surrounded by a jacket K which leaves an open space or chamber around it. The bearings V in the cylinder I, extend through the jacket K to the outside air and the chamber between the cylinder and jacket is made steam or air-tight as by suitable packing. The main-supply pipe L for steam or compressed air leads into this chamber, and the two pipes that lead to the cylinder A run from the said chamber, oil-cups M being conveniently arranged to deliver oil into the said pipes for fabricating the piston.

In the particular form of engine shown, the jacket K which contains the cylinder I is provided with a flange N by which it is screwed to the end of the cylinder A. A small chamber O is thus formed which has air-vents P in its sides and drip-pipes Q leading out from it through which the oil which collects in it is carried off.

To explain now the operation of the device above described. In the position of the parts shown, or when the piston is in the middle point of its stroke, the plunger J is at the center of the cylinder I and the air on both sides of the same is at the normal pressure of the outside atmosphere. If a source of steam or compressed air be then connected to the inlet-ports C C of the cylinder A and a movement be imparted to the piston as by a sudden blow, the latter is caused to reciprocate in a manner well understood. The movement of the piston in either direction ceases when the force tending to impel it and the momentum which it has acquired are counter-balanced by the increasing pressure of the steam or compressed air in that end of the cylinder toward which it is moving and as in its movement the piston has shut off at a given point, the pressure that impelled it and established the pressure that tends to return it, it is then impelled in the opposite direction, and this action is continued as long as the requisite pressure is applied. The movements of the piston compress and rarify the air in the cylinder I at opposite ends of the same alternately. A forward stroke compresses the air ahead of the plunger J which acts as a spring to return it. Similarly on the back-stroke the air is compressed on the opposite side of the plunger J and tends to drive it forward. This action of the plunger upon the air contained in the opposite end of the cylinder is exactly the same in principle as though the piston-rod were connected to the middle point of a coiled spring, the ends of which are connected to fixed supports. Consequently the two chambers may be considered as a single spring. The compressions of the air in the cylinder I and the consequent loss of energy due mainly to the imperfect elasticity of the air, give rise to a vary considerable amount of heat. This heat I utilize by conducting the steam or compressed air to the engine cylinder through the chamber formed by the jacket surrounding the air-spring cylinder. The heat thus taken up and used to raise the temperature of the steam or air acting upon the piston is availed of to increase the efficiency of the engine. In any given engine of this kind the normal pressure will produce a stroke of determined length, and this will be increased or diminished according to the increase of pressure above or the reaction of pressure below the normal.

In constructing the apparatus I allow for a variation in the length of stroke by giving to the confining cylinder I of the air-spring properly determined dimensions. The greater the pressure upon the piston, the higher will be the degree of compression of the air-spring, and the consequent counteracting force upon the plunger. The rate or period of reciprocation of the piston however is no more dependent upon the pressure applied to drive it, than would be the period of oscillation of a pendulum permanently maintained in vibration, upon the force which periodically impels it, the effect of variations in such force being merely to produce corresponding variations in the length of stroke or amplitude of vibration respectively. The period is mainly determined by the rigidity of the air-spring and the inertia of the moving system, and I may therefore secure any period of oscillation within very wide limits by properly portioning these factors, as by varying the dimensions of the air-chamber which is equivalent to varying the rigidity of the spring, or by adjusting the weight of the moving parts. These conditions are all readily determinable, and an engine constructed as herein described nay be made to follow the principle of operation above stated and maintain a perfectly uniform period through very much wider limits of pressure than in ordinary use, it is ever likely to be subjected to and it may be successfully used as a prime mover wherever a constant rate of oscillation or speed is required, provided the limits within which the forces tending to bring the moving system to a given position are proportionate to the displacements, are not materially exceeded. The pressure of the air confined in the cylinder when the plunger J is in its central position will always be practically that of the surrounding atmosphere, for while the cylinder is so constructed as not to permit such sudden escape of air as to sensibly impair or modify the action of the air-spring there will still be a slow leakage of air into or out of it around the piston-rod according to the pressure therein, so that the pressure of the air on opposite sides of the plunger will always tend to remain at that of the outside atmosphere.

As an instance of the uses to which this engine may be applied I have shown its piston-rod connected with a pawl R the oscillation of which drives a train of wheels. These may constitute the train of a clock or of any other mechanism. The pawl R is pivoted at R' and its bifurcated end engages with the teeth of the ratchet-wheel alternately on opposite sides of the same, one end of the pawl at each half-oscillation acting to propel the wheel forward through the space of one tooth when it is engaged and locked by the other end on the last half of the oscillation which brings the fist end into position to engage with another tooth.

Another application of the invention is to move a conductor in a magnetic field for generating electric currents, and in these and similar uses it is obvious that the characteristics of the engine render it especially adapted for use in small sizes or units.

Having now described my invention, what I claim is --

1. A reciprocating engine comprising in combination, a cylinder, a piston and a spring connected with or acting upon the reciprocating element, the said spring and reciprocating element being related in substantially the manner described so that the forces which tend to bring the reciprocating parts into a given position are proportionate to the displacements, whereby an isochronous vibration is obtained.

2. A reciprocating engine comprising in combination, a cylinder, a piston impelled by steam or gas under pressure, and an air-spring maintained in vibration by the movements of the piston, the piston and spring being related in substantially the manner described so that the forces which tend to bring the reciprocating parts into a given position are proportionate to the displacements whereby an isochronous vibration is obtained.

3. The combination of a cylinder and a piston adapted to be reciprocated by steam or gas under pressure, a cylinder and a plunger therein reciprocated by the piston and constituting an air-spring acting upon

said piston, the piston and spring being related in the manner described as that the forces which tend to bring the piston into a given position are proportionate to the displacement, whereby an isochronous oscillation of the piston is obtained.

4. The combination of a cylinder and a piston adapted to be reciprocated by steam or gas under pressure, A cylinder and piston constituting an air-spring connected with the piston, a jacket forming a chamber around the air-spring through which the steam or compressed gas is passed on its way to the cylinder, as and for the purpose set forth.

5. The method of producing isochronous movement herein described, which consists in reciprocating a piston by steam or gas under pressure and controlling the rate or period of reciprocation by the vibration of a spring, as set forth.

6. The method of operating a reciprocating-engine which consists in reciprocating a piston, maintaining by the movements of the piston, the vibration of an air-spring and applying the heat generated by the compression of the spring to the steam or gas driving the piston.

NIKOLA TESLA.

Witnesses:
PARKER W. PAGE,
R. F. GAYLORD.

(No Model.)

N. TESLA.

ELECTRICAL METER.

No. 514,973. Patented Feb. 20, 1894.

Fig. 1

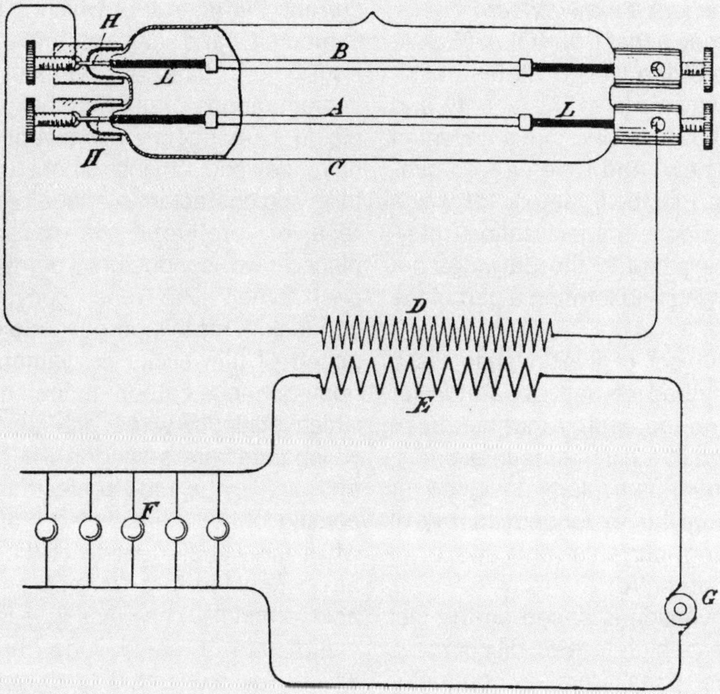


Fig. 2

Witnesses:
Raphaël Netter
James N. Catlow.

Inventor
Nikola Tesla
by Duncan & Page
Attorneys

# UNITED STATES PATENT OFFICE.

NIKOLA TESLA, OF NEW YORK, N. Y.

## ELECTRIC METER.

SPECIFICATION forming part of Letters Patent No. 514,973, dated February 20, 1894.
Application filed December 15, 1893. Serial No. 493,739. (No model.)

*To all whom it may concern:*

Be it known that I, NIKOLA TESLA, a citizen of the United States, residing at New York, in the county and State of New York, have invented certain new and useful Improvements in Electrical Meters, of which the following is a specification, reference being had to the drawings accompanying and forming a part of the same.

The subject of this invention is a novel method of and apparatus for computing the energy that has been expended in a given time in a circuit, and is more particularly designed for measuring the expended energy of alternating currents and those of varying strength.

The invention is based on the fact that when a high-tension discharge is made to pass from a conductor through a rarefied gas, minute particles are thrown off from the conductor and are embodied in any apparatus in which the proper conditions for the above results are present, and in which the amount of the particles thrown off from the conductor or conductors as a result of such action is in proportion to the strength of the current, the energy of which is to be computed, and can be measured from time to time. As the most convenient means of utilizing this principle in carrying out my invention, I have devised an instrument of the following character: In a tube or other receiver, preferably of glass, are placed two conductors, parallel to each other. The most convenient conductors for this purpose are composed of thin sticks or filaments of homogeneous carbon, to the ends of which platinum wires are attached, which latter are sealed in the glass, and, inside the tube protected by a coating of some insulating material, while their ends outside of the tube are connected to or formed as suitable terminals. The glass tube is provided with a small tube through which it is exhausted to the proper degree and which is sealed off after exhaustion in the usual manner. If the two conductors or carbons be connected to the two parts of a circuit over which flows an alternating current of high tension, a discharge takes place from one carbon to the other alternately, that causes infinitesimal particles to be thrown off from each, which appreciably increases their electrical resistance. This variation may be used as a measure of the energy of a current in a working-circuit, as I shall now explain more in detail and by referring to the drawings hereto annexed, and in which --

Figure 1 illustrates the instrument above described and, diagrammatically, the manner of using the same. Fig. 2 is a cross-section on an enlarged scale of one of the carbon conductors.

One terminal of each of the carbon conductors A, B, sealed as above described in the tube or receiver C, is connected to a terminal of the secondary D of a high-tension induction-coil, preferably constructed without iron. The carbons are supported by the metallic conductors H, preferably of platinum in whole or in part, and having inside the receiver a coating of insulating material L. The primary E of the induction-coil is connected in series with incandescent lamps or other non-inductive translating devices F, supplied with alternating currents from an suitable generator G. Under these conditions, since the difference of potential at the terminals of the secondary of the induction-coil is proportionate to the primary current, it is, therefore, proportionate to the number of lamps or other devices F.

The action of the discharge in the tube C from one conductor to the other produces a uniform throwing off of the infinitesimal particles of carbon along the entire length of the conductors, as the difference of potential between the two is practically equal at all points, and the increase in resistance will, therefore, be uniform. The amount, however, of the particles thus thrown off in a given time is proportionate to the difference of potential between the two conductors, and hence the increase in the resistance of the conductors is in a definite proportion to the number of lamp hours. Thus, the energy may be computed from the variation in the resistance of the conductors in the following manner: The resistances of the conductors are accurately measured in any of the usual ways. Then a known current is caused to pass for a given time through the primary of the induction-coil and a given number of lamps. The resistances of the conductors are then taken again and the increase gives the constant which permits of the calculation of the energy consumed from the variation in the resistance of one conductor.

To simplify the calculation, the carbon conductors, see Fig. 2, which is an enlarged cross-section of one of the carbons, coated with an insulating substance M, so as to expose only one side from which the material is thrown off. In such case the variation of resistance may be simply multiplied by the constant to determine the energy. But it is an easy matter to determine by a simple calculation the amount of energy expended in any case, provided the dimensions of the conductor are known. The former plan is preferable, however, as by it the energy may be directly read off by using a properly graduated ohm-meter.

If inductive resistance be used in place of the lamps F, it will be understood that the conditions for ascertaining the energy expended must be varied accordingly and in well understood ways, which require no special description herein.

I do not limit myself to the specific construction of the instrument herein shown, for the same may be varied in many well understood ways. For example, only one of the two conductors need be inside the tube, it being only necessary that they be placed in such relations that the high-tension discharge shall take place between them through the rarefied gas.

The above described plan I regard as the most convenient for ascertaining the amount of the particles thrown off from the conductors, but other means for this purpose may be resorted to.

What I claim as my invention is --

1. The method, herein described, of measuring the amount of electrical energy expended in a given time in an electric circuit of alternating currents, which consists in maintaining by such currents a high-tension discharge through a rarefied gas between two conductors, and computing from the amount of the particles thrown off from said conductors or one of the same by the action of the discharge of the energy expended.

2. The combination with a circuit or alternating currents, of a meter composed of two conductors connected respectively with the circuit and separated by a rarefied gas, substantially as set forth.

3. The combination with a working-circuit of alternating currents, translating devices substantially as described connected therewith, a primary coil in series with the translating device and a high-tension secondary therefore, of a meter composed of an exhausted receiver having two conductors sealed therein, one terminal of each conductor being connected to a terminal of the secondary, as set forth.

4. A meter for electric currents, consisting in the combination with an exhausted receiver, of two conductors contained therein and connected with wires sealed into the walls of said receiver, the said meter having two line or circuit-terminals, one connected with each conductor, therein, as set forth.

5. A meter for electric currents, consisting in the combination with an exhausted receiver of two rectangular carbon conductors mounted therein and coated with an insulating material on three sides, as and for the purpose set forth.

6. A meter for electric currents, consisting in the combination with an exhausted receiver, of two carbon conductors presenting surfaces between which a discharge is adapted to take place, and metallic conductors sealed in the walls of the receiver and supporting said carbons, the metallic conductors inside the receiver being coated with an insulating material, as set forth.

NIKOLA TESLA.

Witnesses:
JAMES N. CATLOW,
PARKER W. PAGE.

(No Model.) 2 Sheets—Sheet 1

N. TESLA.

STEAM ENGINE.

No. 517,900. Patented Apr. 10, 1894

Fig.1

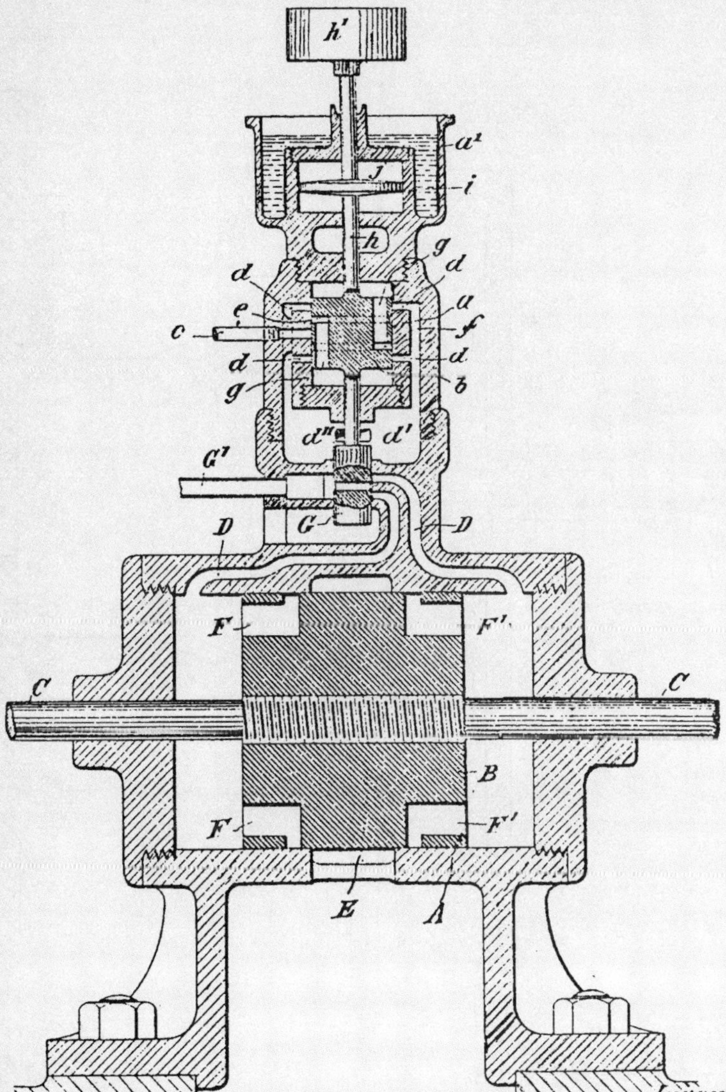


Witnesses:
Raphaël Netter
Ernest Hopkinson

Inventor
Nikola Tesla
by Duncan & Page
Attorneys.

(No Model.)

2 Sheets—Sheet 2.

N. TESLA.

STEAM ENGINE.

No. 517,900.

Patented Apr. 10, 1894.

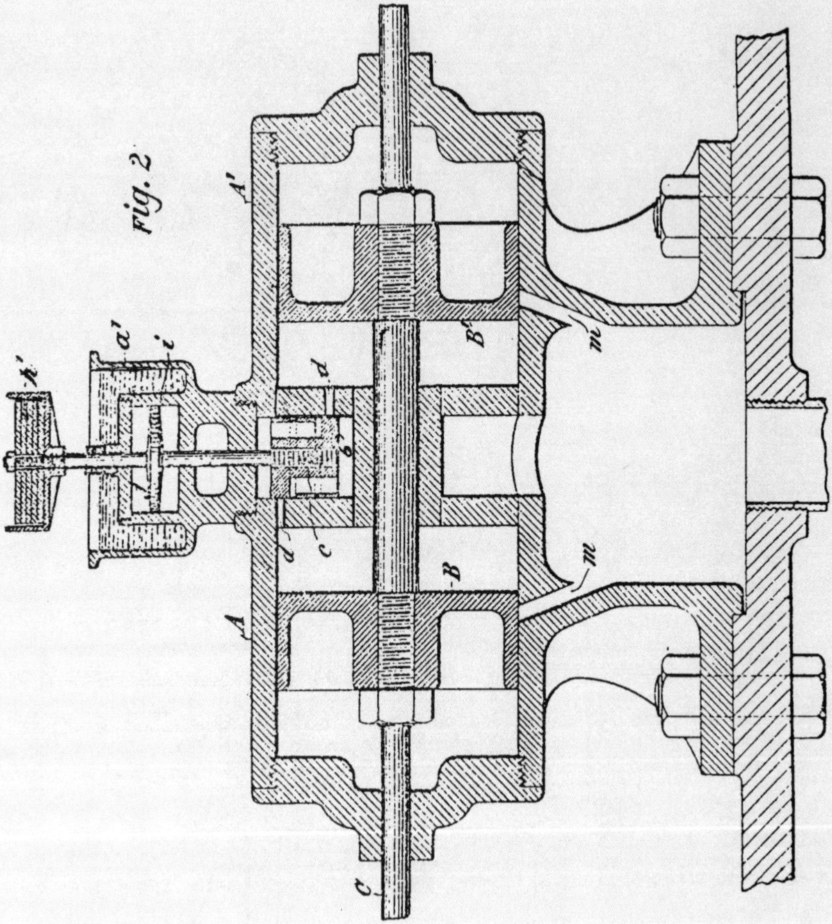


Witnesses:

Raphaël Netter

Ernest Hopkinson

Inventor

Nikola Tesla

by Duncan & Page

Attorneys.

# UNITED STATES PATENT OFFICE.

NIKOLA TESLA, OF NEW YORK, N. Y.

## STEAM-ENGINE.

SPECIFICATION forming part of Letters Patent No. 517,900, dated April 10, 1894.
Application filed December 29, 1893. Serial No. 485,079. (No model.)

*To all whom it may concern:*

Be it known that I, NIKOLA TESLA, a citizen of the United States, residing at New York, in the county and State of New York, have invented certain new and useful Improvements in Steam-Engines, of which the following is a specification, reference being had to the drawings accompanying and forming a part of the same.

Heretofore, engines, operated by the application of a force such as the elastic tension of steam or a gas under pressure, have been provided with a fly-wheel, or some rotary system equivalent in its effect and possessing relatively great mechanical inertia, which was relied upon for maintaining a uniform speed. I have produced however, an engine which without such appurtenances produces, under very wide variations of pressure, load, and other disturbing causes, an oscillating movement of constant period, and have shown and described the same in an application filed on August 19, 1893, Serial No. 483,563. A description of the principle of the construction and mode of operation of this device is necessary to an understanding of my present invention. When a spring which possesses a sensible inertia is brought under tension as by being stretched and then freed, it will perform vibrations which are isochronous and, as to period mainly dependent upon the rigidity of the spring and its own inertia or that of the moving system of which it forms an immediate part. This is known to be true in all cases where the force which tends to bring the spring or movable system into a given position is proportionate to the displacement. In utilizing this principle for the purpose of producing reciprocating movement of a constant period, I employ the energy of steam or gas under pressure, acting through proper mechanism, to maintain in oscillation a piston, and connect with or cause to act upon such piston a spring, preferably, an air-spring, under such conditions as to automatically regulate the period of the vibration, so that the alternate impulses of the power-impelled piston and the natural vibrations of the spring shall always correspond in direction and coincide in time. In such an apparatus it being essential that the inertia of the moving system and the rigidity of the spring should have certain definite relations, it is obvious that the practicable amount of work performed by the engine, when this involves the overcoming of inertia is a limitation to the applicability of the engine. I therefore propose, in order to secure all the advantages of such performances as this form of engine is capable of, to utilize it as the means of controlling the admission and exhaust of steam or gas under pressure in other engines generally, but more especially those forms of engine in which the piston is free to reciprocate, or in other words, is not connected with a fly-wheel or other like device for regulating or controlling its speed.

The drawings hereto annexed illustrate devices by means of which the invention may be carried out, Figure 1 being a central vertical section of an engine embodying my invention, and Fig. 2 a similar view of a modification of the same.

Referring to Fig. 1, A designates a cylinder containing a reciprocating piston B secured to a rod C extending through one or both cylinder-heads.

D D' are steam-ducts communicating with the cylinder at or near its ends and E is the exhaust-chamber or passage located between the steam-ports. The piston B is provided with the usual passages F F' which by the movements of the piston are brought alternately into communication with the exhaust-port.

G designates a slide-valve which when reciprocated admits the steam or the gas by which the engine is driven, from the pipe G' through the ducts D D' to the ends of the cylinder.

The parts thus described may be considered as exemplifying any cylinder, piston and slide-valve with the proper ports controlled thereby, but the slide-valve instead of being dependent for its movement upon the piston B is connected in any manner so as to be reciprocated by the piston-rod of a small engine of constant period, constructed substantially as follows: *a* is the cylinder, in which works the piston *b*. An inlet-pipe *c* passes through the side of the cylinder at the middle portion of the same. The cylinder-exhausts through ports *d d* into a chamber *d'* provided with an opening *d''*. The piston *b* is provided with two circumferential grooves *e f* which communicate through openings *g* in the same with the cylinder-chambers on opposite sides of the piston. The special construction of this device may be varied considerably, but it is desirable that all the ports, and more particularly, the exhaust-ports be made larger than is usually done, so that no force due to the action of the steam or compressed air in the chambers will tend to retard or accelerate the movement of the piston in either direction. The piston *b* is secured to a rod *h* which extends through the cylinder-heads, the lower end carrying the slide valve above described and the upper end having secured to it a plunger *j* in a cylinder *i* fixed to the cylinder *a* and in line with it. The cylinder *i* is without ports of any kind and is air-tight except that leakage may occur around the piston-rod which does not require to be very close fitting, and constitutes an ordinary form of air-spring.

If steam or gas under pressure be admitted through the port *c* to either side of the piston *b*, the latter, as will be understood, may be maintained in reciprocation, and it is free to move, in the sense that its movement in either direction ceases only when the force tending to impel it and the momentum which it has acquired are counter-balanced by the increasing pressure of the steam in that end of the cylinder toward which it is moving, and as in its movement the piston has shut off at a given point, the pressure that impelled it and established the pressure that tends to return it, it is then impelled in the opposite direction, and this action is continued as long as the requisite pressure is applied. The movements of the piston compress and rarefy the air in the cylinder *i* at opposite ends of the same alternately, and this results in the heating of the cylinder. But since a variation of the temperature of the air in the chamber would affect the rigidity of the air-spring, I maintain the temperature uniform as by surrounding the cylinder *i* with a jacket *a'* which is open to the air and filled with water.

In such an engine as that just above described the normal pressure will produce a stroke of determined length, which may be increased or diminished according to the increase of pressure above or the reduction of pressure below the normal and due allowance is made in constructing the engine for a variation in the length of stroke. The rate or period of reciprocation of the piston, however, is no more dependent upon the pressure applied to drive it than would be the period of oscillation of a pendulum permanently maintained in vibration, upon the force which periodically impels it, the effect of variation in such force being merely to produce corresponding variations in the length of stroke or amplitude of vibration respectively. The period is mainly determined by the rigidity of the air-spring and the inertia of the moving system and I may therefore secure any period of oscillation within very wide limits by properly proportioning these factors, as by varying the dimensions of the air-chamber which may be equivalent to varying the rigidity of the spring, or by adjusting the weight of the moving parts. This latter is readily accomplished by making provision for the attachment to the piston-rod of one or more weights *h'*. Since the only work which the small engine has to perform is the reciprocation of the valve attached to the piston-rod, its load is substantially uniform and its period by reason of its construction will be constant. Whatever may be the load on the main-engine therefore the steam is admitted to the cylinder at defined intervals, and thus any tendency to a change of the period of vibration in the main-engine is overcome.

The control of the main-engine by the engine of constant period may be effected in other way -- of which Fig. 2 will serve as an illustration. In this case the piston of the controlling-engine constitutes the slide-valve of the main-engine, so that the latter may be considered as operated by the exhaust of the former. In the figure I have shown two cylinders A A' placed end to end with a piston B and B' in each. The cylinder of the controlling-engine is formed by or in the casing intermediate to the two main-cylinders but in all other essential respects the construction and mode of operation of the controlling-engine remains as described in connection with Fig. 1. The exhaust-ports *d d* however, constitute the inlet-ports of the cylinders A A' and the exhaust of the latter is effected through the ports *m m* which are controlled by the pistons B and B' respectively. The inlet-port for the admission of the steam to the controlling-engine is similar to that in Fig. 1 and is indicated by the dotted circle at the center of the piston *b*.

An engine of the kind described possesses many and important advantages. A much more perfect regulation and uniformity of action is secured, while the engine is simple and its weight for a given capacity is very greatly reduced. The reciprocating movement of the piston may be converted, by the ordinary mechanisms into rotary motion or it may be utilized and applied in any other manner desired, either directly or indirectly.

In another application of even date herewith I have shown and described two reciprocating engines combined in such manner that the movement or operation of one is dependent upon and controlled by the other. In the present case, however, the controlling-engine is not designed nor adapted to perform other work than the regulation of the period of the other, and it is moreover an engine of defined character which has the capability of an oscillating movement of constant period.

What I claim is --

1. The combination with the cylinder and reciprocating piston and controlling-valve of an engine adapted to be operated by steam or a gas under pressure of an independently controlled engine of constant period operating the said valve, as described.

2. The combination of an engine-cylinder, a piston adapted to reciprocate therein, a slide-valve for controlling the admission of steam to said cylinder, and an independently controlled engine of constant period operatively connected with said valve.

3. The combination with the cylinder, piston and valve-mechanism of a main or working-engine, of an independent controlling-engine comprising a cylinder, a piston connected with the valve-mechanism of the

main-engine, and a spring acting upon the said piston and controlling the period of its reciprocation, as set forth.

4. The combination with a cylinder and a piston adapted to be reciprocated by steam or a gas under pressure of a cylinder and a plunger therein reciprocated by the piston and constituting with its cylinder an air-spring, and an open jacket or receptacle around the said cylinder and containing water to preserve the temperature of the air-spring uniform, as set forth.

5. The combination with a cylinder, a reciprocating piston and valve-mechanism for controlling the admission and exhaust of the steam or gas under pressure, of a cylinder, a piston connected with and operating said valve-mechanism, and an air-spring vibrated by the piston, the spring and piston being related in substantially the manner described to produce a reciprocating movement of constant period.

NIKOLA TESLA.

Witnesses:

ARTHUR H. SMITH,
ERNEST HOPKINSON.

(No Model.) N. TESLA 2 Sheets—Sheet 1

APPARATUS FOR PRODUCING ELECTRIC CURRENTS OF HIGH FREQUENCY AND POTENTIAL.

No. 568,176 Patented Sept. 22, 1896.

Fig. 1

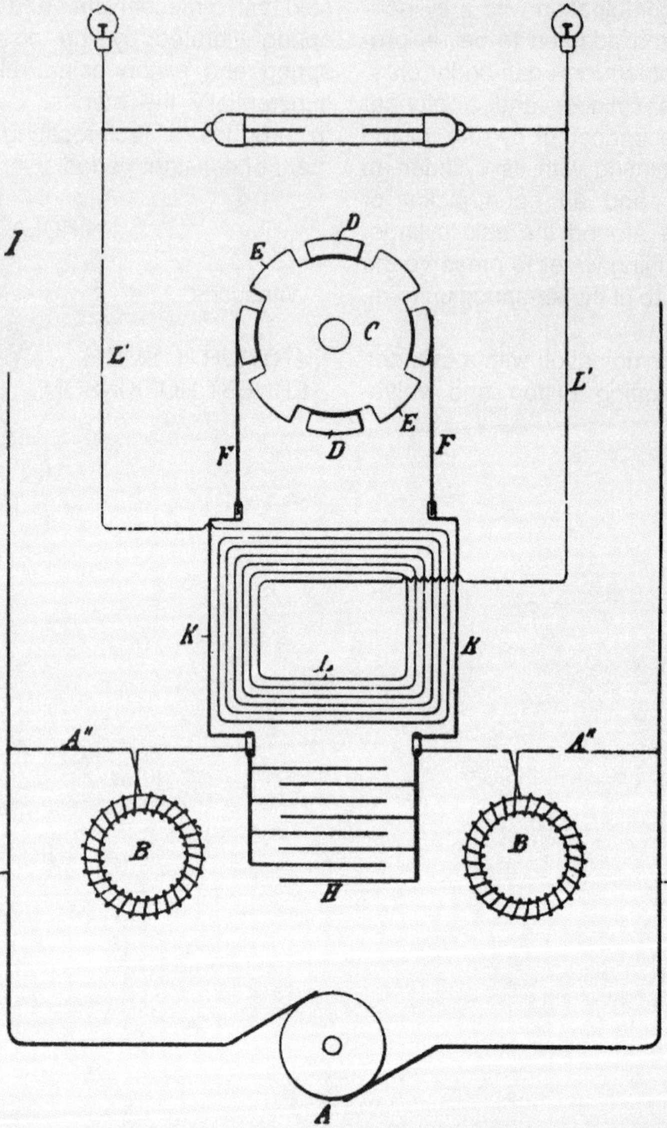


Witnesses:
Raphaël Netter
Drury W. Cooper

Nikola Tesla, Inventor
by Kerr, Curtis & Page.
Att'ys

No Model.) 2 Sheets—Sheet 2.

N. TESLA.

APPARATUS FOR PRODUCING ELECTRIC CURRENTS OF HIGH FREQUENCY AND POTENTIAL.

No. 568,176. Patented Sept. 22, 1896.

Fig. 2

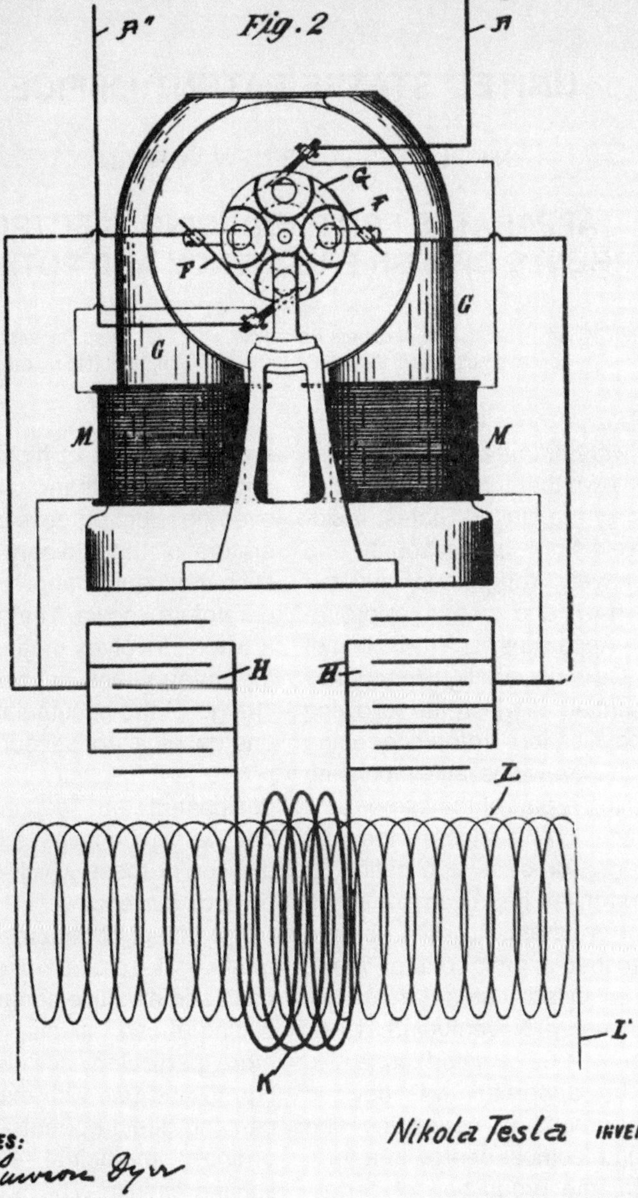


WITNESSES:
M. Lawson Dyer
Edwin B. Hopkinson.

Nikola Tesla INVENTOR

BY

Kerr, Curtis & Page

ATTORNEYS

# UNITED STATES PATENT OFFICE.

NIKOLA TESLA, OF NEW YORK, N. Y.

## APPARATUS FOR PRODUCING ELECTRIC CURRENTS OF HIGH FREQUENCY AND POTENTIAL.

SPECIFICATION forming part of Letters Patent No. 568,176, dated September 22, 1896.
Application filed April 22, 1896. Serial No. 588,534. (No model.)

*To all whom it may concern:*

Be it known that I, NIKOLA TESLA, a citizen of the United States, residing at New York, in the county and State of New York, have invented certain new and useful Improvements in Apparatus for Production of Electric Currents of High Frequency and Potential, of which the following is a specification, reference being had to the drawings accompanying and forming a part of the same.

The invention which forms the subject of my present application is embodied in an improvement on an electrical apparatus invented by me and described in prior Letters Patent, notably in United States Patents No. 462,418, dated November 3, 1891, and No. 454,622, dated June 23, 1891. This apparatus was devised for the purpose of converting and supplying electrical energy in a form suited for the production of certain novel electrical phenomena which require currents of higher frequency and potential than can readily or even possibly be developed by generators of the ordinary types or by such mechanical appliances as were heretofore known. The apparatus, as a whole, involves means for utilizing the intermittent or oscillating discharge of the accumulated electrical energy of a condenser or a circuit possessing capacity in what may be designated the "working"-circuit, or that which contains the translating devices or those which are operated by such currents.

The object of my present improvements is to provide a simple, compact, and effective apparatus for producing these effects, but adapted more particularly for direct application to and use with existing circuits carrying direct currents, such as the ordinary municipal incandescent-lighting circuits. The way in which I accomplish this, so as to meet the requirements of practical and economical operation under the conditions present, will be understood from a general description of the apparatus which I have devised. In any given circuit, which for present purposes may be considered as conveying direct currents or those of substantially the character of direct or continuous currents and which for general purposes of illustration may be assumed to be a branch or derived circuit across the mains from any ordinary source, I interpose a devise or devices in the nature of a choking-coil in order to give to the circuit a high self-induction. I also provide a circuit-controller of any proper character that may be operated to make and break said circuit. Around the break or point of interruption I place a condenser or condensers to store the energy of the discharge-current, and in a local-circuit and in series with such condenser I place the primary of a transformer, the secondary of which then becomes the source of the currents of high frequency. It will be apparent from a consideration of the conditions involved that were the condenser to be directly charged by the current from the source and then discharged into the working-circuit a very large capacity would ordinarily be required, but by the above arrangement the current of high electro-motive force which is induced at each break of the main-circuit furnishes the proper current for charging the condenser, which may therefore be small and inexpensive. Moreover, it will be observed that since the self-induction of the circuit through which the condenser discharges, as well as the capacity of the condenser itself, may be given practically any desired value, the frequency of the discharge-current may be adjusted at will.

The object sought in this invention may be realized by specifically different arrangements of apparatus, but in the drawings hereto annexed I have illustrated forms which are typical of the best and most practicable means for carrying out the invention of which I am at present aware.

Figure 1 is a diagrammatic illustration of the apparatus, and Fig. 2 a modification of the same.

Referring to Fig. 1, A designates any source of direct current. In any branch of the circuit from said source, such, for example, as would be formed by the conductors A´´ A´´ from the mains A´ and the conductors K K, are placed self-induction or choking-coils B B and a circuit-controller C. This latter may be an ordinary metallic disk or cylinder with teeth or separated segments D D E E, of which one or more pairs, as E E, diametrically opposite, are integral or in electrical contact with the body of the cylinder, so that when the controller is in the position in which the two brushes F F bear upon two of said segments E E the circuit through the choking-coils B will be closed. The segments D D are insulated, and while shown in the drawings as of substantially the same length of arc as the segments E E this latter relation may be varied at will to regulate the periods of charging and discharging.

The controller C is designed to be rotated by any proper device, such, for example, as an electro-magnetic motor, as shown in Fig. 2, receiving current either from the main-source or elsewhere. Around the controller C, or in general in parallel therewith, is a condenser H, and in series with the latter the primary K of a transformer, the secondary L of which constitutes the source of the currents of high frequency which may be applied to many useful purposes, as for electric illumination, the operation of Crooke´s tubes, or the production of high vacua.

L´ indicates the circuit from the secondary which may be regarded as the working-circuit.

A more convenient and simplified arrangement of the apparatus is shown in Fig. 2. In this case the small motor G, which drives the controller, has its field-coils in derivation to the main-circuit, and the controller C and condenser H are in parallel in the field-circuit between the two coils. I such case the field-coils M take the place of the choking-coils B. In this arrangement, and in fact generally, it is preferable to use two condensers or a condenser in two parts and to arrange the primary coil of the transformer between them. The interruptions of the field-circuit of the motor should be so rapid as to permit only a partial demagnetization of the cores. These latter, however, should in this specific arrangement be laminated.

The apparatus, as will now be seen, comprises, as essential elements, choking-coils, a circuit-controller, means for rotating the same, a condenser, and a transformer. These elements may be mechanically associated in any convenient and compact form, but so far as their general arrangement and relations are concerned I prefer the relative disposition illustrated, mainly because, by reason of their symmetrical arrangement in the circuit, the liability of injury to the insulation of any of the devices is reduced to a minimum.

I do not mean to imply by the terms employed in describing my improvements that I limit myself to the use of the precise devices commonly designated by such terms. For instance, the choking-coil as a distinctive device may be wholly dispensed with, provided the circuit in which it must otherwise be placed have a sufficiently high self-induction produced in other ways. So, too, the necessity of a condenser, strictly speaking, is avoided when the circuit itself possesses sufficient capacity to accomplish the desired result.

Having now described my invention and the manner in which the same is or may be carried into practical effect, what I claim is --

1. The apparatus herein described for converting direct currents into currents of high frequency, comprising in combination a circuit of high self-induction, a circuit-controller adapted to make and break such circuit, a condenser into which the said circuit discharges when interrupted, and a transformer through the primary of which the condenser discharges, as set forth.

2. The combination of a source of

direct current and a circuit therefrom, choking-coils in said circuit, means for making and breaking the circuit through said coils, a condenser around the point of interruption in the said circuit and a transformer having its primary in circuit with the condenser, as set forth.

3. The combination with a circuit of high self-induction and means for making and breaking the same, of a condenser around the point of interruption in the said circuit, and a transformer the primary of which is in the condenser-circuit as described.

4. The combination with a circuit of direct current and having a high self-induction, of a circuit-controller for making and breaking said circuit, a motor for driving the controller, a condenser in a circuit connected with the first around the point of interruption therein, and a transformer the primary of which is in circuit with the condenser, as set forth.

5. The combination with a circuit of direct current, a controller for making and breaking the same, a motor having its field-magnets in said circuit and driving the said controller, a condenser connected with the circuit around the point of interruption therein and a transformer of the primary of which is in circuit with the condenser, as set forth.

NIKOLA TESLA.

Witnesses:
EDWIN B. HOPKINSON,
M. LAWSON DYER.

(No Model.)

# N. TESLA.

## ELECTRICAL CONDENSER.

No. 567,818. Patented Sept. 15, 1896.

Fig. 2

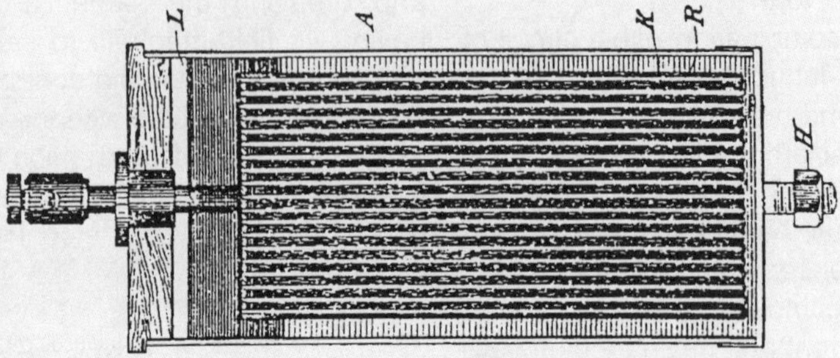


Fig. 1

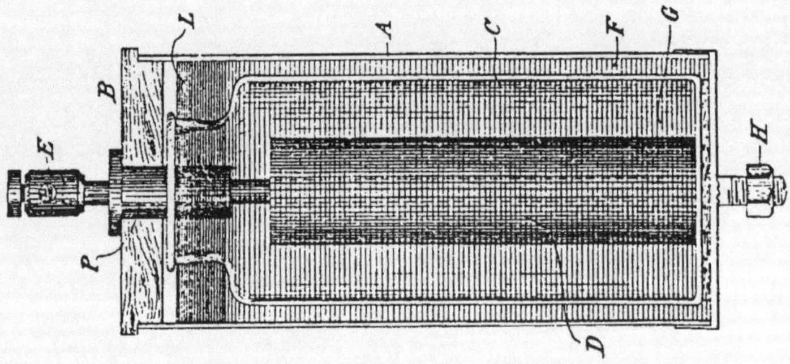


WITNESSES

Raphaël Netter

Drury W. Cooper

INVENTOR

Nikola Tesla

BY

Kerr, Curtis & Page

ATTORNEYS

# UNITED STATES PATENT OFFICE.

NIKOLA TESLA, OF NEW YORK, N. Y.

## ELECTRICAL CONDENSER.

SPECIFICATION forming part of Letters Patent No. 567,818, dated September 15, 1896.
Application filed June 17, 1896. Serial No. 595,928. (No model.)

*To all whom it may concern:*

Be it known that I, NIKOLA TESLA, a citizen of the United States, residing at New York, in the county and State of New York, have invented certain new and useful Improvements in Electrical Condensers, of which the following is a specification, reference being had to the drawings accompanying and forming a part of the same.

It has heretofore been announced and demonstrated by me that, under ordinary conditions, the efficiency of an electrical condenser is greatly increased by the exclusion of air or gaseous matter in general from the dielectric. In a patent granted to me December 8, 1891, No. 464,667, I have shown and described a convenient and practicable means of accomplishing this result by immersing the conducting-plates or armatures of the condenser in an insulating fluid, such as oil.

My present invention, while based upon this important feature of the practically complete exclusion of air or gas from the dielectric, is an improvement on the forms of condenser heretofore described and used by me.

According to my present invention I employ an electrolyte, or, in general, a conducting liquid in lieu of a solid, as the material for the armatures of the condenser, under conditions more fully hereinafter described, whereby air or gas will be practically prevented from exercising upon the condenser or the more active portions of the same the detrimental effects present in such devices as heretofore made. Such condensers are especially advantageous when used with circuits of great rates of electrical vibration because of the high conducting capacity of such fluids for currents of this character. There is, however, a general advantage derived from the fact that the conducting fluids have a high specific heat, so that the temperature remains constant, a condition in many cases highly advantageous and not met wit in condensers of ordinary construction.

In the accompanying drawings, annexed in illustration of the manner in which my improvement is or may be carried into practice, Figure 1 is a view, partly in vertical section, of a condenser constructed in accordance with the invention. Fig. 2 is a part vertical section of a modified form of such condenser.

A designates a jar or receptacle partly or wholly of conducting material and provided with a closely-fitting cap or cover B, preferably of insulating material. Within this receptacle is a smaller jar or vessel C, of insulating material, containing a conducting-electrode D, supported by the cover B, through which passes a suitable terminal E, which may be incased in an insulating-plug P. The spaces within the jars or receptacles are nearly filled with a conducting liquid F G, such as a saline solution, the two bodies of such liquid in the inner and outer receptacle constituting the condenser-armatures. Above the conducting solution in each of the receptacles is poured a layer of oil L or other insulating liquid, which serves to prevent access of air to the highly-charged armatures. The terminals for the two armatures may be provided in various ways, but in such forms of condenser as that illustrated I prefer to utilize the conducting portion of the outer receptacles one terminal, securing a binding-post to the same, as at H, and to employ an electrode D of suitably extended surface immersed in the liquid of the inner receptacle and in electrical connection with the binding-post E. It is desirable in some cases to modify the construction of the condenser, as when a larger capacity is required. In such instances, in order to secure the substantial benefits of the improvement above described, I construct the instrument as shown in Fig. 2. In this case I employ a jar or receptacle A which is preferably used also as one terminal and filled with a conducting liquid, as before. Into the latter extends a series of connected conductors K, enclosed and fully insulated from the liquid by a coating of such material as gutta-percha R. These conductors are electrically joined to a terminal E, which extends up through the cover B, and constitute one of the armatures of the condenser. On the surface of the electrolyte or conducting liquid is poured a quantity of oil L, for the purpose above stated. While I have illustrated the invention in its preferred form for general practical purposes, it will be understood without departure from the invention its construction may be greatly varied and modified.

What I claim is --

1. In an electric condenser constructed or provided with means for exclusion of air and gas, and an armature composed of a conducting liquid, as herein set forth.

2. A condenser comprising as armatures two bodies of conducting liquid electrically insulated and contained in a receptacle from which air and gas are excluded.

3. A condenser comprising two bodies of conducting electrically insulated and contained in a receptacle, and a seal of insulating liquid on the surface of the liquid, as set forth.

In testimony whereof I have hereunto set my hand this 15th day of June, 1896.

NIKOLA TESLA.

Witnesses:
DRURY W. COOPER,
M. LAWSON DYER.

(No Model.) 2 Sheets—Sheet 1

# N. TESLA.

## APPARATUS FOR PRODUCING OZONE.

No. 568,177 Patented Sept. 22, 1896.

Fig. 1

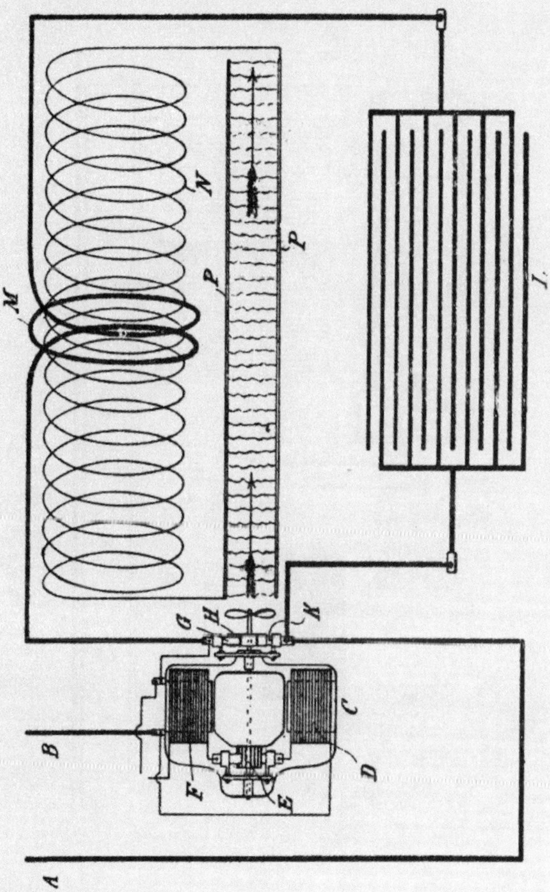


*Witnesses:*

Raphaël Netter

Drury W. Cooper

*Nikola Tesla, Inventor*

by Kerr, Curtis & Page.

*Att'ys.*

(No Model.) 2 Sheets—Sheet 2.

# N. TESLA.

## APPARATUS FOR PRODUCING OZONE.

No. 568,177. Patented Sept. 22, 1896.

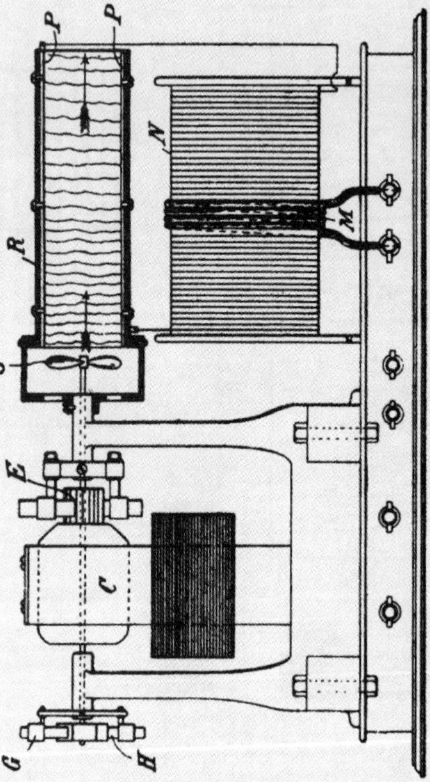


*Witnesses:*

Raphaël Netter

Drury W. Cooper

Nikola Tesla, Inventor

by Kerr. Curtis & Page

All'ys.

# UNITED STATES PATENT OFFICE.

NIKOLA TESLA, OF NEW YORK, N. Y.

# APPARATUS FOR PRODUCING OZONE.

SPECIFICATION forming part of Letters Patent No. 588,177, dated September 22, 1896.
Application filed June 17, 1896. Serial No. 595,927. (No model.)

*To all whom it may concern:*

Be it known that I, NIKOLA TESLA, a citizen of the United States, residing at New York, in the county and State of New York, have invented certain new and useful Improvements in Apparatus for Producing Ozone, of which the following is a specification, reference being had to the drawings accompanying and forming a part of the same.

The invention subject of my present application has primarily as its object to provide a simple, cheap, and effective apparatus for the production of ozone or such gases as are obtained by the action of high-tension electrical discharges, although in the application to such purposes of the apparatus heretofore invented by and designed for the production of electric currents of high frequency and potential I have made certain improvements in such apparatus itself which are novel and useful in other and more general applications of the same. I have heretofore shown and described, notably in Patents No. 462,418, dated November 3, 1891, and No. 454,622, dated June 23, 1891, an apparatus devised for the purpose of converting and supplying electrical energy in a form suited for the production of certain novel electrical phenomena which require currents of higher frequency and potential than can readily or even possibly be developed by generators of the ordinary types or by such mechanical appliances as were heretofore known. This apparatus involved means for utilizing the intermittent or oscillating discharge of the accumulated electrical energy of a condenser or a circuit possessing capacity in what may be designated the "working"-circuit or that which contains the translating devices or means for utilizing such currents. In my present improvement I have utilized appliances of this general character under conditions and in combination with certain instrumentalities, hereinafter described, which enable me to produce, without difficulty and at very slight expense, ozone in any desired quantities. I would state the apparatus which I have devised for this purpose is capable of other and highly important uses of a similar nature, but for purposes of the present case I deem it sufficient to describe its operation and effects when used for the purpose of generating ozone.

In the accompanying drawings, illustrative of the principle of construction and mode of operation of my improvement, Figure 1 is a diagrammatic illustration of my invention; and Fig. 2, a view, partly in side elevation and partly in section, of the apparatus as I construct it for practical use.

The devices hereinafter described is especially designed for direct application to and use with existing circuits carrying direct currents, such as the ordinary municipal incandescent-lighting circuits.

Let A B designate the terminals from any given circuit of this character. In such circuit I connect up an electro-magnetic motor C in any of the usual ways. That is to say, the coils of the field and armature may be in series or derivation or wholly independent, and either or both are connected up in the circuit. In the present instance one terminal, as B, is connected to one of the binding-posts, from which the circuit is led through one field-coil, D, the brushes and commutator E, the other field-coil, F, and thence to a brush G, which rests upon a circuit-controller H, consisting in general of a conducting disk or cylinder with insulating sections in its periphery. The other terminal, as A, connects with a second brush K, bearing on the controller, so that the current which passes through and operates the motor is periodically interrupted. For this reason the iron cores of the motor should be laminated. Around the controller is formed a circuit of low self-induction, which includes a condenser L and the primary M of a transformer. The circuit including the motor is of relatively high self-induction, and this property is imparted to it by the coils of the motor, or, when these are not sufficient, by the addition of suitable choking-coils, so that at each break of the motor-circuit a current of high electro-motive force will be developed for charging the condenser, which may therefore be small and inexpensive. The condenser discharges through the circuit which is completed through the brushes G K and the controller H, and since the self-induction of this circuit, as well as the capacity of the condenser itself, may be given practically any desired value the frequency of the discharge-current may be adjusted at will. The potential of the high-frequency discharge-current is raised by a secondary coil N in inductive relation to the primary M. The conductors of such secondary circuit are connected to two insulated conducting-plates P P, and when the apparatus is in operation a discharge in the form of streams will be maintained between such plates, as indicated by the wavy lines in the figures. If air be forced between the plates P during this discharge, the effectiveness of the apparatus is increased and ozone is generated in large quantities. In order to secure this result, I enclose the said plates P P in a casing R of any proper description, through which a current of air is maintained by a fan S, mounted on the shaft of the motor.

This apparatus may be constructed

and combined in very compact form and small compass. Its operation involves but a small expenditure of energy, while it requires practically no care or attention for the continued production of ozone in unlimited amount.

What I claim as my invention is --

1. The combination with a circuit of direct currents, of a controller for making and breaking the same, a motor included in or connected with said circuit so as to increase its self-induction, and driving the said controller, a condenser in a circuit around the controller, and a transformer through the primary of which the condenser discharges, as set forth.

2. The combination with a circuit of direct currents, of a controller for making and breaking the same, a series-wound motor having its coils included in said circuit and driving the said controller, a condenser connected with the circuit around the point of interruption therein, and a transformer, the primary of which is in the discharge-circuit of the condenser, as set forth.

3. A device for producing ozone comprising in combination, surfaces between which an electrical discharge takes place, a transformer for producing the potential necessary for such discharge, a condenser in the primary circuit of the transformer, a charging-circuit, means for charging the condenser by such circuit and discharging it through the primary of the transformer, and a device for maintaining a current of air between the discharge-surfaces, as set forth.

4. A device for producing ozone comprising in combination, surfaces between which an electrical discharge takes place, a transformer for producing the potential necessary for such discharge, a condenser in the primary circuit of the transformer, a charging-circuit, means for charging the condenser by such circuit and discharging it through the primary of the transformer, a motor operated by the charging-circuit, and a device operated thereby for maintaining a current of air between the discharge-surfaces, as set forth.

5. A device for producing ozone comprising in combination, surfaces between which an electrical discharge takes place, a transformer for producing the potential necessary for such discharge, a condenser in the primary circuit of the transformer, a charging-circuit, a circuit-controller effecting the charging and discharging of the condenser, and a fan-motor connected with the charging-circuit and operating the circuit-controller and adapted to maintain a current of air between the discharge-surfaces, as set forth.

6. A device for producing ozone comprising in combination, means for charging a condenser, a circuit of low self-induction and resistance into which the condenser discharges, a coil for raising the potential of such discharge, and means for passing a current of air through the high-potential discharge, as set forth.

NIKOLA TESLA.

Witnesses:
DRURY W. COOPER,
M. LAWSON DYER.

(No Model.) N. TESLA. 2 Sheets—Sheet 1.

METHOD OF REGULATING APPARATUS FOR PRODUCING CURRENTS OF HIGH FREQUENCY.

No. 568,178. Patented Sept. 22, 1896.

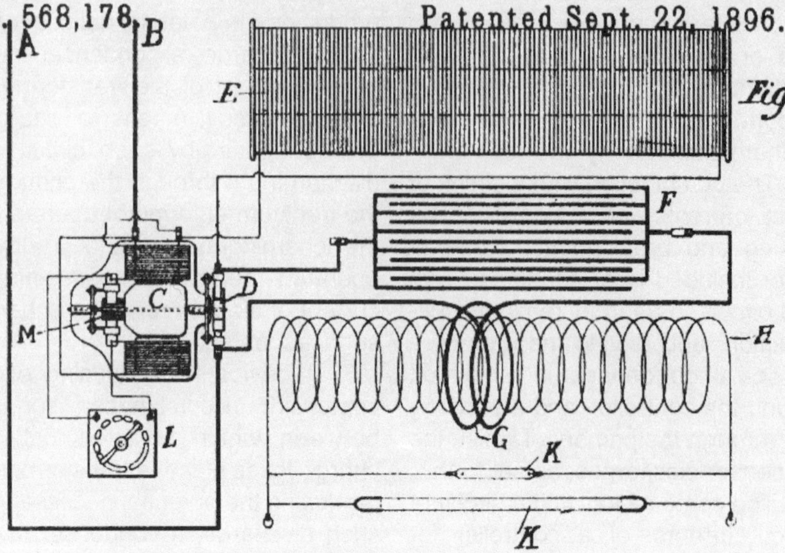


Fig. 2

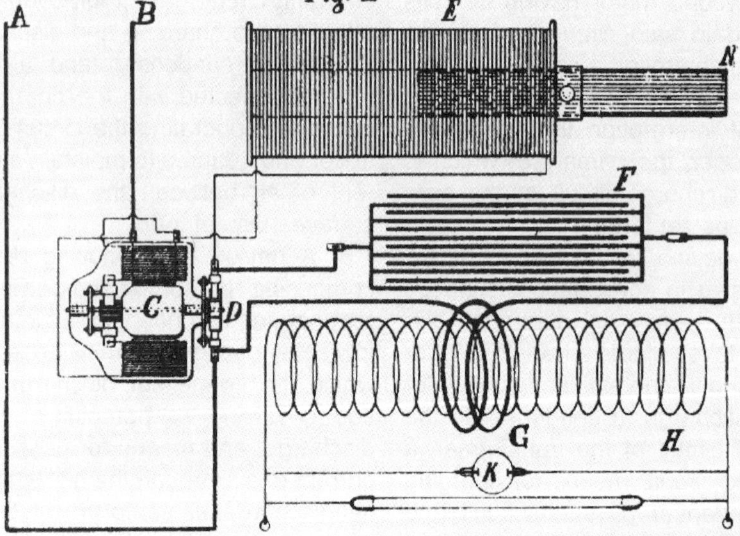


WITNESSES

Edwin B. Hopkinson

M. Lawson Dyer

INVENTOR

Nikola Tesla

BY

Kerr, Curtis & Page

ATTORNEYS

(No Model.) N. TESLA. 2 Sheets—Sheet 2

**METHOD OF REGULATING APPARATUS FOR PRODUCING CURRENTS OF HIGH FREQUENCY.**

No. 568,178. Patented Sept. 22, 1896.

*Fig. 3.*

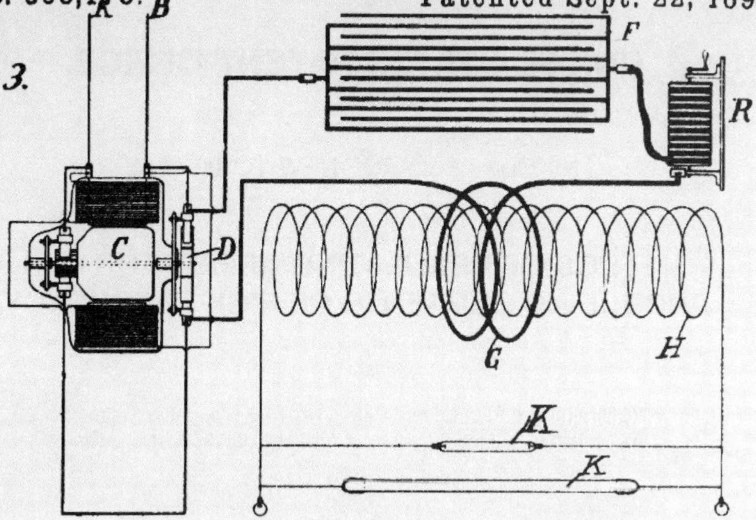


*Fig. 4.*

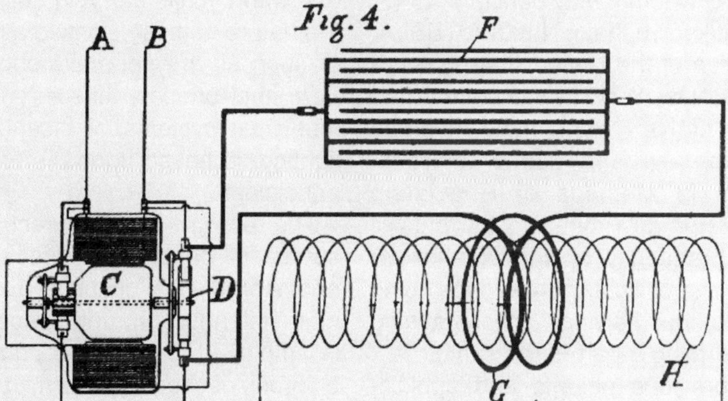


WITNESSES

Edwin B. Hopkinson,
M. Lawson Dyer.

INVENTOR

Nikola Tesla

BY

Kerr Curtis & Page

ATTORNEYS

# UNITED STATES PATENT OFFICE.

NIKOLA TESLA, OF NEW YORK, N. Y.

## METHOD OF REGULATING APPARATUS FOR PRODUCING CURRENTS OF HIGH FREQUENCY.

SPECIFICATION forming part of Letters Patent No. 568,178, dated September 22, 1896.
Application filed June 20, 1896. Serial No. 596,262. (No model.)

*To all whom it may concern:*

Be it known that I, NIKOLA TESLA, a citizen of the United States, residing at New York, in the county and State of New York, have invented certain new and useful Improvements in Methods of Regulating Apparatus for Producing Currents of High Frequency, of which the following is a specification, reference being had to the drawings accompanying and forming a part of the same.

In previous patents and applications I have shown and described a method of and apparatus for generating electric currents of high frequency suitable for the production of various novel phenomena, such as illumination by means of vacuum-tubes, the production of ozone, Roentgen shadows, and other purposes. The special apparatus of this character which I have devised for use with circuits carrying currents in the nature of those classed as direct, or such as are generally obtainable from the ordinary circuits used in municipal systems of incandescent lighting, is based upon the following principles:

The energy of the direct-current supply is periodically directed into and stored in a circuit of relatively high self-induction, and in such form is employed to charge a condenser or circuit of capacity, which, in turn, is caused to discharge through a circuit of low self-induction containing means whereby the intermittent current of discharge is raised to the potential necessary for producing any desired effect.

Considering the conditions necessary for attainment of these results, there will be found, as the essential elements of the system, the supply-circuit, from which the periodic impulses are obtained, and what may be regarded as the local-circuits, comprising the circuit of high self-induction for charging the condenser and the circuit of low self-induction into which the condenser discharges and which itself may constitute the working-circuit, or that containing the devices for utilizing the current, or may be inductively related to a secondary circuit which constitutes the working-circuit proper. These several circuits, it will be understood, may be more or less interconnected; but for purposes of illustration they may be regarded as practically distinct, with a circuit-controller for alternately connecting the condenser with the circuit by which it is charged and with that into which it discharges, and with a primary of a transformer in the latter circuit having its secondary in that which contains the devices operated by the current.

To this system or combination the invention, subject of my present application, pertains, and has for its object to provide a proper and economical means of regulation therefore.

It is well known that every electric circuit, provided its ohmic resistance does not exceed certain definite limits, has a period of vibration of its own analogous to the period of vibration of a weighted spring. In order to alternately charge a given circuit of this character by periodic impulses impressed upon it and to discharge it most effectively, the frequency of the impressed impulses should bear a definite relation to the frequency of vibration possessed by the circuit itself. Moreover, for like reasons the period or vibration of the discharge-circuit should bear a similar relation to the impressed impulses or the period of the charging-circuit. When the conditions are such that the general law of harmonic vibrations is followed, the circuits are said to be in resonance or in electro-magnetic synchronism, and this condition I have found in my system to be highly advantageous. Hence in practice I adjust the electrical constants of the circuits so that in normal operation this condition of resonance is approximately attained. To accomplish this, the number of impulses of current directed into the charging-circuit per unit time is made equal to the period of the charging-circuit itself, or, generally, to a harmonic thereof, and the same relations are maintained between the charging and discharge-circuit. Any departure from this condition will result in a decreased output, and this fact I take advantage of in regulating such output by varying the frequency of the impulses or vibrations in the several circuits.

Inasmuch as the period of any given circuit depends upon the relations of its resistance, self-induction, and capacity, a variation of any one or more of these may result in a variation in its period. There are therefore various ways in which the frequency of vibration of the several circuits in the system referred to may be varied, but the most practicable and efficient ways of accomplishing the desired result are the following: (a) varying the rate of the impressed impulses of current or those which are directed from the source of supply into the charging-circuit, as by varying the speed of the commutator or other circuit-controller; (b) varying the self-induction of the charging-circuit; (c) varying the self-induction or capacity of the discharge-circuit.

To regulate the output of a single circuit which has no vibration of its own by merely varying its period would evidently require for any extended range of regulation, a very wide range of variation of period, but in the system described a very wide range of regulation of the output may be obtained by a very slight change of the frequency of one of the circuits when the above-mentioned rules are observed.

In illustration of my invention I have shown by diagrams in the accompanying drawings some of the more practicable means for carrying out the same. The figures, as stated are diagrammatic illustrations of the system in its typical form provided with regulating devices of different specific character. These diagrams will be described in detail in their order.

In each of the figures A B designate the conductors of a supply-circuit of continuous current; C a motor connected therewith in any of the usual ways and driving a current-controller D, which serves to alternately close the supply-circuit through the motor or through a self-induction coil E and to connect such motor-circuit with a condenser F, the circuit of which contains a primary coil G, in proximity to which is a secondary coil H, serving as the source of supply to the working-circuit or that in which are connected up the devices K K for utilizing the current.

The circuit-controller, it may be stated, is any device which will permit of a periodic changing of the condenser F by the energy of the supply-circuit and its discharging into a circuit of low self-induction supplying directly or indirectly the translating devices. Inasmuch as the source of supply is generally of low potential, it is undesirable to charge the condenser directly therefrom, as a condenser of large capacity will in such cases be required. I therefore employ a motor of high self-induction, or in place of or in addition to such motor a choking or self-induction coil E, to store up the energy of the supply-current directed into it and to deliver it in the form of a high-potential discharge when its circuit is interrupted and connected to the terminals of the condenser.

In order to secure the greatest efficiency in a system of this kind, it is essential, as I have before stated, that the circuits, which, mainly as a matter of convenience, I have designated as the "charging" and the "discharge"-circuits, should be approximately in resonance or electromagnetic synchronism. Moreover, in order to obtain the greatest output from a given apparatus of this kind, it is desirable to maintain as high a frequency as possible.

The electrical conditions, which are now well understood, having been adjusted to secure, as far as practical considerations will permit, these results, I effect the regulation of the system by adjusting its elements so as to depart in a greater or less degree from the above conditions with a corresponding variation of output. For example, as in Figure 1, I may vary the speed of the motor, and consequently of the controller, in any suitable manner, as by means of a rheostat L in a shunt to such motor or by shifting the position of the brushes on the main-commutator M of the motor or otherwise. A very slight variation in this respect, by disturbing the relations between the rate of impressed impulses and the vibration of the circuit of high self-induction into which they are directed, causes a marked departure from the condition of resonance and a corresponding reduction in the amount of energy delivered by the impressed impulses to the apparatus.

A similar result may be secured by modifying any of the constants of the local-circuits, as above indicated. For example, in Fig. 2 the choking-coil E is shown as provided with an adjustable core N, by the movement of which into and out of the coil the self-induction, and consequently the period of the circuit containing such coil, may be varied.

As an example of the way in which the discharge-circuit, or that into which the condenser discharges, may be modified to produce the same result I have shown in Fig. 3 an adjustable self-induction coil R in the circuit with the condenser, by the adjustment of which the period of vibration of such circuit may be changed.

The same result would be secured by varying the capacity of the condenser; but if the condenser were of relatively large capacity this might be an objectionable plan, and a more practicable method is to employ a variable condenser in the secondary or working-circuit, as shown in Fig. 4. As the potential in this circuit is raised to a high degree, a condenser of very small capacity may be employed, and if the two circuits, primary and secondary, are very intimately and closely connected the variation of capacity in the secondary is similar in its effects to the variation of the capacity of the condenser in the primary. I have illustrated as a means well adapted for this purpose two metallic plates S S, adjustable to and from each other and constituting the two armatures of the condenser.

I have confined the description herein to a source of supply of direct current, as to such the invention more particularly applies, but it will be understood that if the system be supplied by periodic impulses any source which will effect the same results the regulation of the system may be effected by the method here in described, and this my claims are intended to include.

What I claim is --

1. The method of regulating the energy delivered by a system for the production of high-frequency currents and comprising a supply-circuit, a condenser, a circuit through which the same discharges and means for controlling the charging of the condenser by the supply-circuit and the discharging of the same, the said method consisting in varying the relations of the frequencies of the

impulses in the circuits comprising the system, as set forth.

2. The method of regulating the energy delivered by a system for the production of high-frequency currents comprising a supply-circuit of direct currents, a condenser adapted to be charged by the supply-circuit and to discharge through another circuit, the said method consisting in varying the frequency of the impulses of current from the supply-circuit, as set forth.

3. The method of producing and regulating electric currents of high frequency which consists in directing impulses from a supply-circuit into a charging-circuit of high self-induction, charging a condenser by the accumulated energy of such charging-circuit, discharging the condenser through a circuit of low self-induction, raising the potential of the condenser-discharge and varying the relations of the frequencies of the electrical impulses in the said circuits, as herein set forth.

NIKOLA TESLA.

Witnesses:

M. LAWSON DYER,
DRURY W. COOPER.

(No Model.) 2 Sheets—Sheet 1

# N. TESLA.

## METHOD OF AND APPARATUS FOR PRODUCING CURRENTS OF HIGH FREQUENCY.

No. 568,179. Patented Sept. 22, 1896.

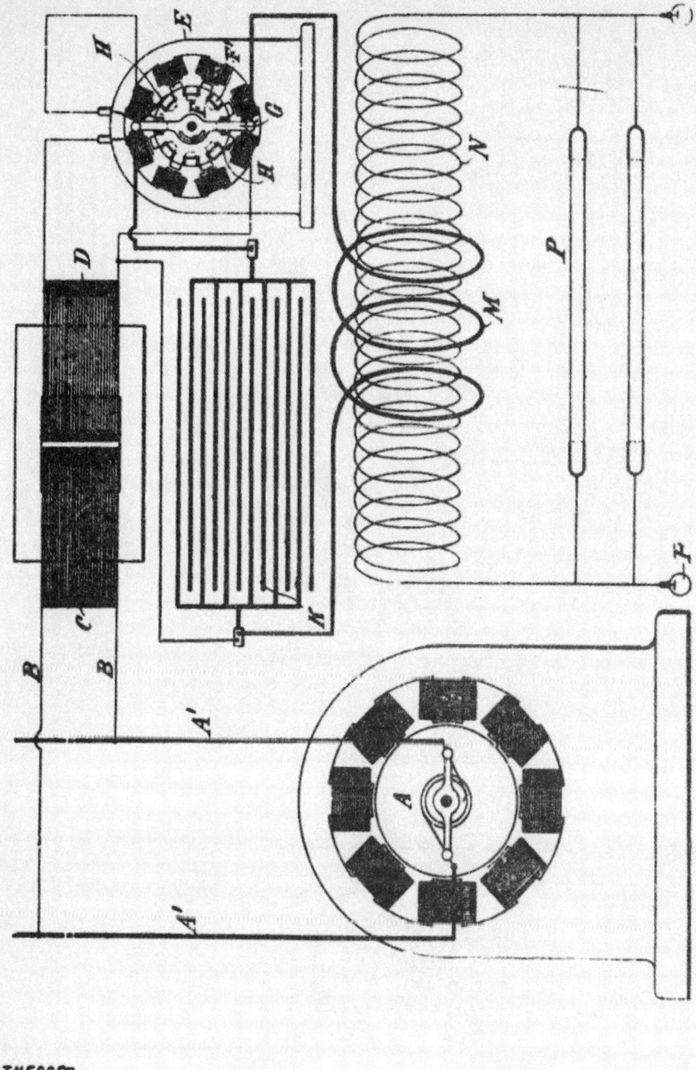


Fig. 1

WITNESSES

Drury W. Cooper

Edwin B. Hopkinson.

INVENTOR

Nikola Tesla

BY

Kerr, Curtis & Page

ATTORNEYS

(No Model.) 2 Sheets—Sheet 2

N. TESLA.

METHOD OF AND APPARATUS FOR PRODUCING CURRENTS OF HIGH FREQUENCY.

No. 568,179. Patented Sept. 22, 1896.

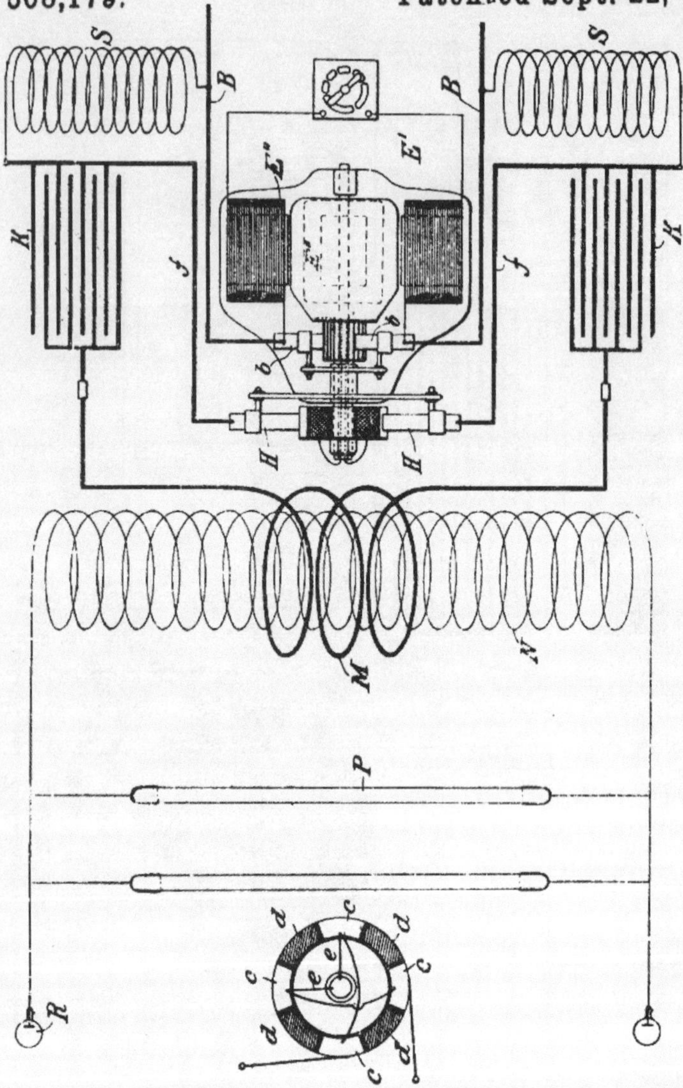


Fig. 2

WITNESSES

Drury W. Cooper

Edwin B. Hopkinson

INVENTOR

Nikola Tesla

BY

Kerr, Curtis & Page

ATTORNEYS

# UNITED STATES PATENT OFFICE.

NIKOLA TESLA, OF NEW YORK, N. Y.

## METHOD OF AND APPARATUS FOR PRODUCING CURRENTS OF HIGH FREQUENCY.

SPECIFICATION forming part of Letters Patent No. 568,179, dated September 22, 1896.
Application filed July 6, 1896. Serial No. 598,130. (No model.)

*To all whom it may concern:*

Be it known that I, NIKOLA TESLA, a citizen of the United States, residing at New York, in the county and State of New York, have invented certain new and useful Improvements in Methods of and Apparatus for Producing Currents of High Frequency, of which the following is a specification, reference being had to the drawings accompanying and forming a part of the same.

The apparatus for producing electrical currents of very high frequency in which is embodied the invention of my present application involves as its chief element means for the periodic charging of a condenser or circuit possessing capacity by the energy of a given source and the discharge of the same through a circuit of low self-induction, whereby the rapid succession of impulses charcteristic of a condenser-discharge under such circumstances is made available for many practical and useful purposes.

The general arrangement of circuits and apparatus which I prefer for ordinary applications of this invention I have shown and described in an appplication filed by me April 22, 1896, Serial No. 588,534, as comprising a local-circuit of high self-induction connected with a source of supply, a condenser, a discharg-circuit of low self-induction, and a circuit-controller operating to alternately effect the charging of the condenser by the energy stored in the circuit of high self-induction and its discharge through that of low self-induction. I have shown, however, in the application referred to as the source of supply a continuous-current generator, or in general a source of direct currents, and while the principle of operation and the general character of the apparatus remain the same whether the current of the source be direct or alternating, yet the economical utilization of the latter involves certain special principles and appliances which it is my present object to illustrate as the basis for the claims of invention made herein.

When the potential of the source periodically rises and falls, whether with reversals or not is immaterial, it is esseential to economical operation that the intervals of interruption of the charging-current should bear a definite time relation to the period of the current, in order that the effective potential of the impulses charging the condenser may be as high as possible. I therefore provide, in case an alternating or equivalent electromotive force be employed as the source of supply, a circuit-controller which will interrupt the charging-circuit at instants predetermined with reference to the variations of potential therein. The most practicable means for accomplishing this of which I am aware is to employ a synchronous-motor connected with the source of supply and operating a circuit-controller which interrupts the charging-current at or about the instant of highest potential of each wave and permits the condenser to discharge the energy stored in it through its appropriate circuit. This apparatus, which may be considered as typical of the means employed for carrying out the invention, I have illustrated in the accompanying drawings.

The figures are diagrammatic illustrations of the system in slightly-modified forms, and will be described in detail in their order.

Referring to Figure 1, A designates any source of alternating or equivalent current, from which lead off mains A´ A. At any point where it is desired to produce the high-frequency currents a branch-circuit B is taken off from the mains, and in order to raise the potential of the current a transformer is employed, respresented by the primary C and secondary D. The circuit of the secondary includes the energizing-coils of a synchronous motor E and a circuit-controller, which, in the present instance, in Fig. 1 is shown as composed of a metal disk F with insulated segments F´ in its periphery and fixed to the shaft of the motor. An insulating-arm G, stationary with respect to the motor-shaft and adjustable with reference to the poles of the fixed magnets, carries two brushes H H, which bear upon the periphery of the disk. With the parts thus arranged the secondary circuit is completed through the coils of the motor whenever the two brushes rest upon the uninsulated segments of the disk and interrupted through the motor at other times. Such a motor, if properly constructed, in well understood ways, maintains very exact synchronism with the alternations of the source, and the arm G may therefore be adjusted to interrupt the current at any determined point in its waves. It will be understood that by the proper relations of insulated and conducting segments and the motor-poles the current may be interrupted twice in each complete wave at or about the point of highest potential. The self-induction of the circuit containing the motor and controller should be high, and the motor itself will usually be constructed in such manner that no other self-induciton device will be needed. The energy stored in this circuit is utilized at each break therein to charge a condenser K. With this object the terminals of the condenser are connected to the two brushes H H or to points of the circuit adjacent thereto, so that when the circuit through the motor is interrupted the terminals of the motor-circuit will be connected with the condenser, whereby the latter will receive the high-potential inductive discharge from the motor or secondary circuit.

The condenser discharges into a circuit of low self-induction, one terminal of which is connected directly to a condenser-terminal and the other to the brush H opposite to that connected with the other condenser-terminal, so that the discharge-circuit of the condenser will be completed simultaneously with the motor-circuit and interrupted while the motor-circuit is broken and the condenser being charged.

The discharge-circuit contains a primary M of a few turns, and this induces in a secondary N impulses of high potential, which by reason of their great frequency are available for the operation of vacuum-tubes P, single terminal-lamps R, and other novel and useful purposes.

It is obvious that the supply-current need not be alternating, provided it be converted or transformed into an alternating current before reaching the controller. For example, the present improvements are applicable to various forms of rotary-transformers, as is illustrated in Figs. 2 and 3.

E´ designates a continuous-current motor, here represented as having four field-poles wound with coils E´´ in shunt to the armature. The line-wires B B connect with the brushes *b* *b*, bearing on the usual commutator.

On an extension of the motor-shaft is a circuit-controller composed of a cylinder the surface of which is divided into four conducting-segments *c* and four insulating-segments *d*, the former being diametrically connected in pairs, as shown in Fig. 3.

Through the shaft run two insulated conductors *e e* from any two commutator-segments ninety degrees apart, and these connect with the two pairs of segments *c*, respectively. With such arrangement it is evident that any two adjacent segments *c c* become the terminals of an alternating-current source, so that if two brushes H H be applied to the periphery of the cylinder they will take off current during such portion of the wave as the width of segment and position of the brushes may determine. By adjusting the position of the brushes relatively to the cylinder, therefore, the alternating current delivered to the segments *c c* may be interrupted at any point in its waves.

While the brushes H H are on the conducting-segments the currents which they collect stores energy in a circuit of high self-induction formed by the wires *f f*, self-induction coils S S, the conductors B B, the brushes, and commutator. When this circuit is interrupted by the brushes H H passing onto the insulating-segments of the controller, the high-potential discharge of this circuit charges the condensers K K, which then discharge through the circuit of low self-induction containing the primary M. The secondary circuit N contains any devices, as P R, for utilizing the current.

The mechanical construction of the circuit-controller may be greatly varied, and in other respects the details shown and described are merely given as typical illustrations of the nature and purpose of the invention.

What I claim is --

1. The method herein described of producing electric currents of high frequency, which consists in generating an alternating current, charging a condenser thereby during determinate intervals of each wave of said current, and discharging the condenser through a circuit of low self-induction, as herein set forth.

2. The combination with a source of alternating current, a condenser, a circuit-controller adapted to direct the current during determinate intervals of each wave into the condenser for charging the same, and a circuit of low self-induction into which the condenser discharges, as set forth.

3. The combination with a source of alternating current, a synchronous-motor operated thereby, a circuit-controller operated by the motor and adapted to interrupt the circuit through the motor at determinate points in each wave, a condenser connected with the motor-circuit and adapted on the interruption of the same to receive the energy stored therein, and a circuit into which the condenser discharge, as set forth.

4. The combination with a source of alternating current, a charging-circuit in which the energy of said current is stored, a curcuit-controller adapted to interrupt the charging-circuit at determinate points in each wave, a condenser for receiving, on the interruption of the charging-circuit, the energy accumulated therein, and a circuit into which the condenser discharges when connected therewith by the circuit-controller, as set forth.

NIKOLA TESLA.

Witnesses:
M. LAWSON DYER,
DRURY W. COOPER.

(No Model.) 2 Sheets—Sheet 1

# N. TESLA.

## APPARATUS FOR PRODUCING ELECTRICAL CURRENTS OF HIGH FREQUENCY.

No. 568,180. Patented Sept. 22, 1896.

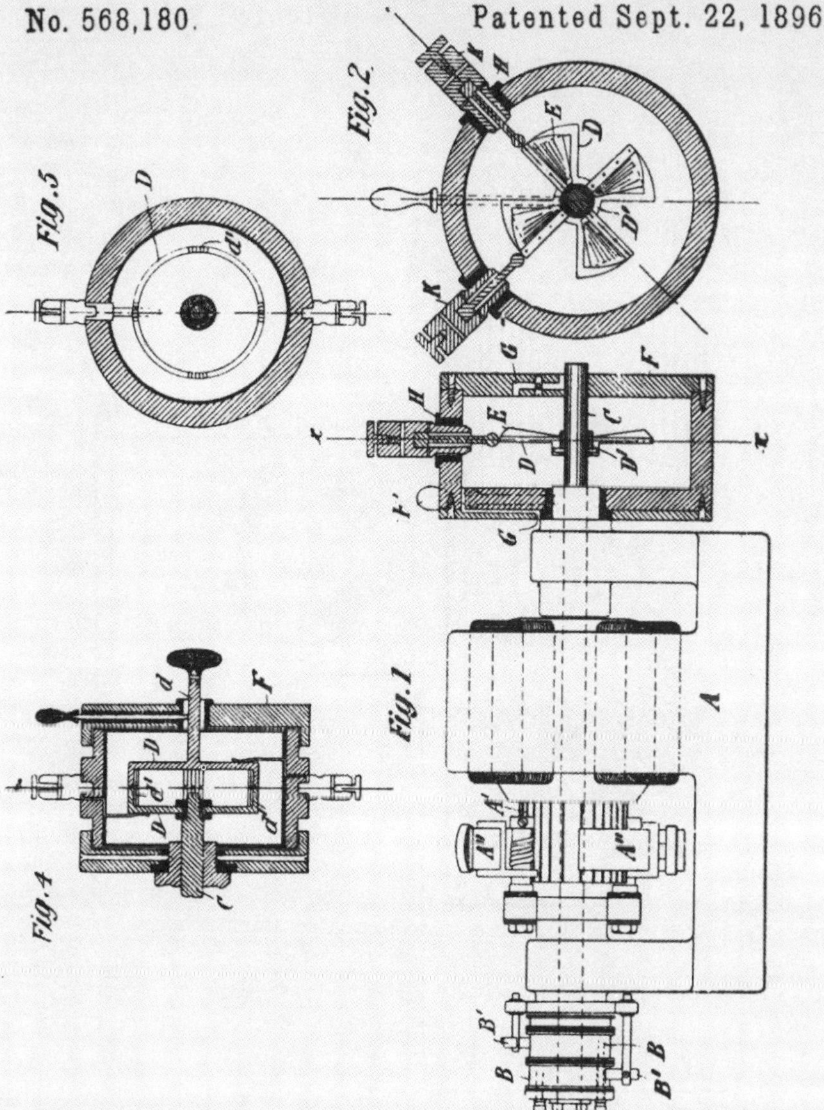


WITNESSES:
Edwin B Hopkinson.
Benjamin [illegible]

Nikola Tesla, INVENTOR
BY
Kerr, Curtis & Page, ATTORNEYS

(No Model.) 2 Sheets—Sheet 2

N. TESLA.

APPARATUS FOR PRODUCING ELECTRICAL CURRENTS OF HIGH FREQUENCY.

No. 568,180. Patented Sept. 22, 1896.

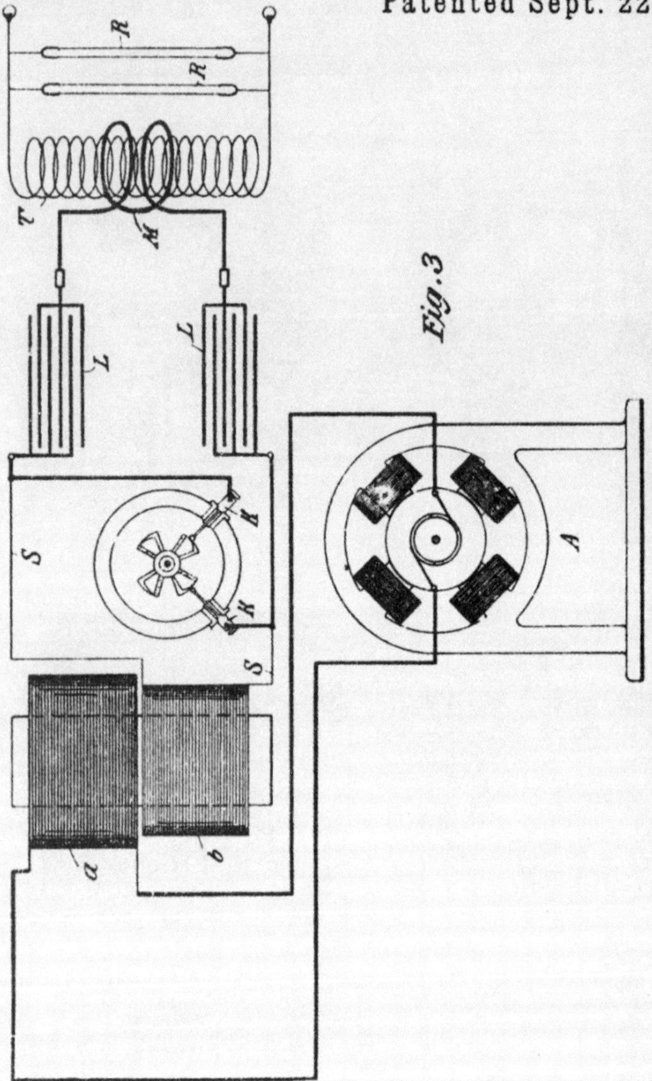


Fig. 3

WITNESSES:

Edwin B. Hopkinson.

Benjamin Barker Jr.

Nikola Tesla INVENTOR

BY

Kerr, Curtis & Page, ATTORNEYS

# UNITED STATES PATENT OFFICE.

NIKOLA TESLA, OF NEW YORK, N. Y.

## APPARATUS FOR PRODUCING ELECTRICAL CURRENTS OF HIGH FREQUENCY.

SPECIFICATION forming part of Letters Patent No. 568,180, dated September 22, 1896.
Application filed July 9, 1896. Serial No. 598,552. (No model.)

*To all whom it may concern:*

Be it known that I, NIKOLA TESLA, a citizen of the United States, residing at New York, in the county and State of New York, have invented certain new and useful Improvements in Apparatus for Producing Electric Currents of High Frequency, of which the following is a specification, reference being had to the drawings accompanying and forming a part of the same.

This invention is an improvement in apparatus for producing electrical current of high frequency in accordance with the general plan heretofore invented and practiced by me and based upon the principle of charging a condenser or circuit possessing capacity and discharging the same through a circuit of low self-induction, so that rapid electrical oscillations are obtained. To secure this result, I employ some means for intermittently charging the condenser and for discharging it through the circuit of low self-induction; and among the means which I have heretofore employed for this purpose was a mechanical contact-device which controlled both the charging and the discharge-circuit in such manner that the condenser was alternately charged by the former and discharged into the latter.

My present improvement consists in an apparatus for effecting the same result by the use of a circuit-controller of special character in which the continuity of the paths for the current is established at intervals by the passage of sparks across a dielectric.

In carrying out my present improvement I employ a circuit-controller containing two terminals or sets of terminals movable with respect of each other into and out of proximity, and I provide means whereby the intervals between the periods of close approximation, during which the spark passes, may be adjusted so that when used in a system supplied by a source of alternating current the periods of make and break may be timed with reference to a phase of the current-wave or impulse.

Referring to the drawings, which illustrate in its preferred form the improvement above referred to, Figure 1 is a view, partly in elevation and partly in section, of a generator arranged to give an alternating current with the circuit-controller mounted on its shaft. Fig. 2 is a section of the controller of Fig. 1 on line *x x* of said figure. Fig. 3 is a diagram illustrating the system or apparatus as a whole. Figs. 4 and 5 are sectional views of a modified form of circuit-controller.

A designates in Fig. 1 a generator having a commutator A´ and brushes A´´ bearing thereon, and also collecting-rings B B, from which an alternating current is take by brushes B´ in the well understood manner.

The circuit-controller is mounted in part on an extension of the shaft C of the generator, and in part on the frame of the same, or on a stationary sleeve surrounding the shaft. Its construction in detail is as follows: D is a metal plate with a central hub D´, which is keyed or clamped to the shaft C. The plate is formed with segmental extensions corresponding in number to the waves of current which the generator delivers. These segments are preferably cut away, leaving only rims or frames. To one of the radial sides of which are secured bent metal plates E, which serve as vanes to maintain a circulation of air when the device is in operation. The segmental disk and vanes are contained within a close insulated box or case F, mounted on the bearing of the generator, or in any other proper way, but so as to be capable of angular adjustment around the shaft. To facilitate such adjustment, a screw-rod F´, provided with a knob or handle, is shown as passing through the wall of the box. The latter may be adjusted by this rod, and when in proper position may be held therein by screwing the rod down into a depression of the sleeve or bearing, as shown in Fig. 1. Air-passages G G are provided at opposite ends of the box, through which air is maintained in circulation by the action of the vanes. Through the sides of the box F and through insulating-gaskets H, when the material if the box is not a sufficiently good insulator, extend metallic terminal-plugs K K, with their end in the plane of the conducting segmental disk D and adjustable radially toward and from the edges of the segments. This or similar devices are employed to carry out the invention above referred to in the manner illustrated in Fig. 3. A in this figure represents any source of alternating current the potential of which is raised by a transformer, of which *a* is the primary and *b* the secondary. The ends of the secondary circuit S are connected to the terminal-plugs K K of an apparatus similar to that of

Figs. 1 and 2 and having segments rotating in synchronism with the alternations of the current-source, preferably, as above described, by being mounted on the shaft of the generator when the conditions so permit. The plugs K K are then adjusted radially, so as to approach more or less the path of the outer edges of the segmental disk, and so that during the passage of each segment in front of a plug a spark will pass between them, which completes the secondary circuit S. The box or the support for the plugs K is adjusted angularly, so as to bring the plugs and segments into proximity at the desired instants with reference to any phase of the current-wave in the secondary circuit and fixed in position in any proper manner. To the plugs K K are also connected the terminals of a condenser or condensers L, so that at the instant of the rupture of the secondary circuit S by the cessation of the sparks the energy accumulated in such circuit will rush into and charge the condenser. A path of low self-induction and resistance, including a primary M of a few turns, is provided to receive the discharge being manifested as a succession of extremely rapid impulses. The potential of these impulses may be raised by a secondary T, which constitutes the source of current for the working-circuit or that containing the devices R for utilizing the current.

By means of this apparatus effects of a novel and useful character are obtainable, but to still further increase the efficiency of the discharge or working-current I have in some instances provided a means for further breaking up the individual sparks themselves. A device for this purpose is shown in Figs. 4 and 5. The box or case F in these figures is fixedly secured to the frame or bearing of the generator or motor which rotates the circuit-controller in synchronism with the alternating source. Within said box is a disk D, fixed to the shaft C, with projections *d´* extending from its edge parallel with the axis of the shaft. A similar disk D´´ on a spindle *d*, in face of the first, is mounted in a bearing in the end of the box F with a capability of rotary adjustment. The ends of the projections *d´* are deeply serrated or several pins or narrow projections placed side by side, as shown in Fig. 4, so that as those of the opposite disks pass each other a rapid secession of sparks will pass from the projections of one disk to those of the other.

What I claim as my invention is --

1. The combination with a source of current, of a condenser adapted to be charged thereby, a circuit into which the condenser discharges in a series of rapid impulses, and a circuit-controller for effecting the charging and discharge of said condenser, composed of conductors movable into and out of proximity with each other, whereby a spark may be maintained between them and the circuit closed thereby during determined intervals, as set forth.

2. The combination with a source of alternating current, of a condenser adapted to be charged thereby, a cir-

cuit into which the condenser discharges in a series of rapid impulses, and a circuit-controller for effecting the charging and discharge of said condenser, composed of conductors movable into and out of proximity with each other in synchronism with the alternations of the source, as set forth.

3. A circuit-controller for systems of the kind described, comprising in combination a pair of angularly-adjustable terminals and two or more rotating conductors mounted to pass in proximity to said terminals, as set forth.

4. A circuit-controller for systems on the kind described, comprising in combination two sets of conductors, one capable of rotation and the other of angular adjustment whereby they may be brought into and out of proximity to each other, at determinate points, and one or both being subdivided so as to present a group of conducting points, as set forth.

NIKOLA TESLA.

Witnesses:
M. LAWSON DYER,
DRURY W. COOPER.

(No Model.) N. TESLA. 2 Sheets—Sheet 1

APPARATUS FOR PRODUCING ELECTRIC CURRENTS OF HIGH FREQUENCY

No. 577,670. Patented Feb. 23, 1897.

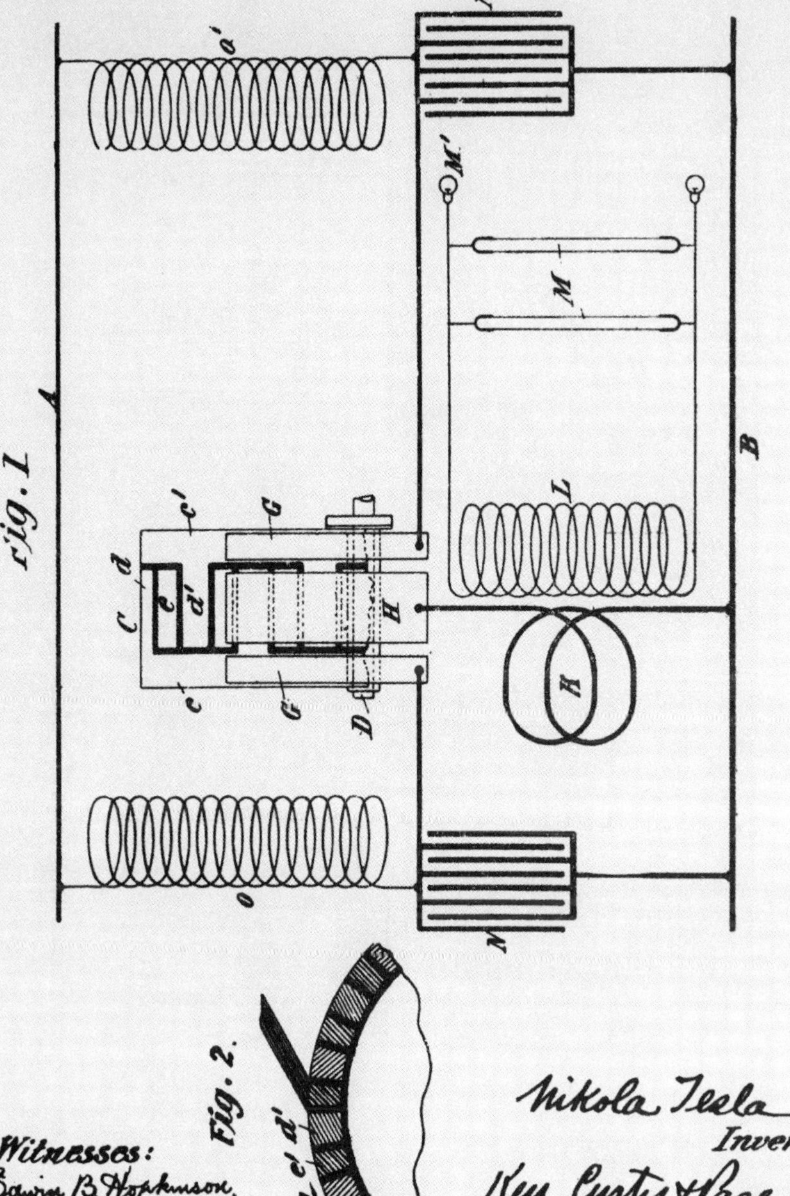


Witnesses:
Edwin B. Hopkinson.
M. Lawson Dyer

Nikola Tesla
Inventor
by Kerr. Curtis & Page.
Att'ys.

(No Model.) 2 Sheets—Sheet 2

N. TESLA

APPARATUS FOR PRODUCING ELECTRIC CURRENTS OF HIGH FREQUENCY

No. 577,670. Patented Feb. 23, 1897.

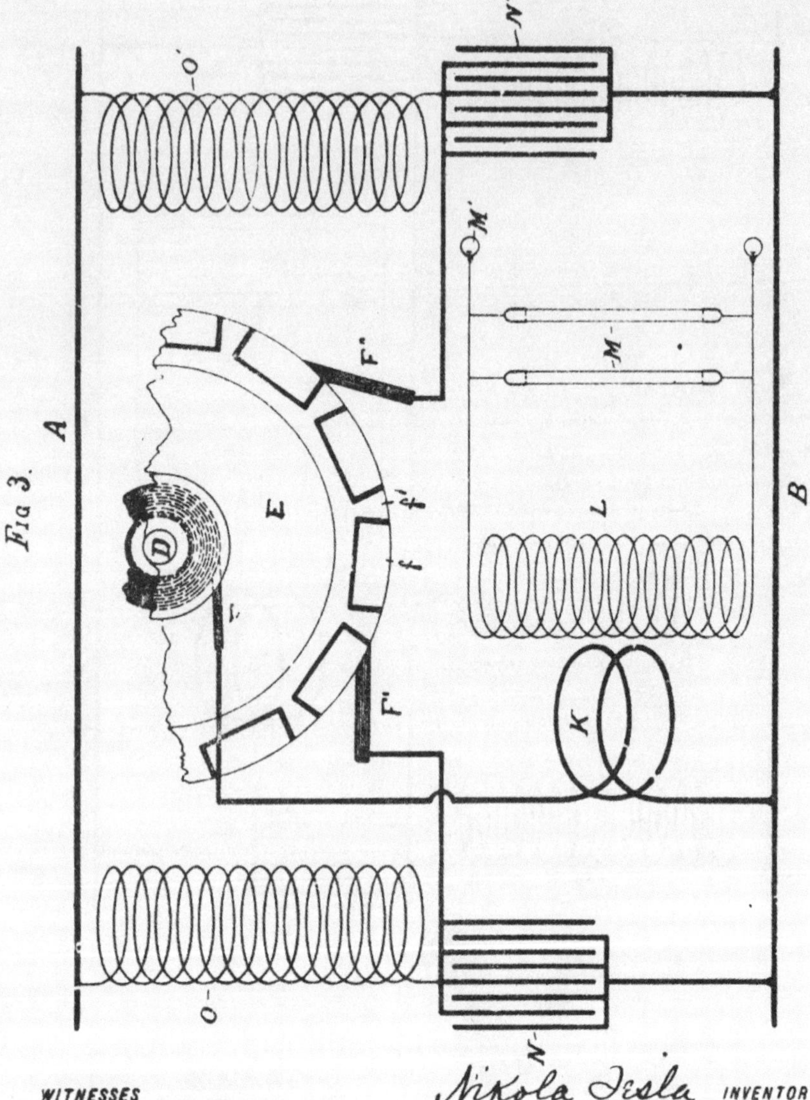


WITNESSES

M. Lawson Dyer.

Edwin B. Hopkinson.

Nikola Tesla INVENTOR

BY

Kerr, Curtis & Page ATTORNEYS

# UNITED STATES PATENT OFFICE.

NIKOLA TESLA, OF NEW YORK, N. Y.

## APPARATUS FOR PRODUCING ELECTRICAL CURRENTS OF HIGH FREQUENCY.

SPECIFICATION forming part of Letters Patent No. 577,670, dated February 23, 1897.
Application filed September 3, 1896. Serial No. 604,723. (No model.

*To all whom it may concern:*

Be it known that I, NIKOLA TESLA, a citizen of the United States, residing at New York, in the county and State of New York, have invented certain new and useful Improvements in Apparatus for Producing Electric Currents of High Frequency, of which the following is a specification, reference being had to the drawings accompanying and forming a part of the same.

The apparatus for converting electric currents of ordinary character into those of high frequency, which I have heretofore shown and described in applications for Letters Patent, has usually comprised a condenser and a circuit-controller operated by a suitable motive device and acting to alternately charge the condenser from a suitable source of supply and discharge it through a circuit of such character as to render the discharge one of very high frequency. For many purposes it has been found advantageous to construct the circuit-controller with insulating and conducting segments of equal length, so that the condenser is connected with its discharge-circuit during one-half of the time only. It follows from this that the working circuit, or that in which the high-frequency currents are developed in form for practical application, receives such currents during only one-half the time.

For certain purposes it is desirable for economical operation, that there should be no cessation of the flow of such currents, and my present improvements have been devised with the object of increasing the output of a given apparatus by providing means by which, without material additions to or complication of such apparatus, high-frequency currents may be produced thereby continuously or without periods of rest.

Broadly stated, the improvement consists in the combination of two condensers with a circuit-controller of such character and so operated by a single motive device as to charge and discharge said condensers alternately, whereby one will be discharging while the other is being charged, and conversely.

In the drawings hereto annexed, Figure 1 is a diagrammatic illustration of the arrangement and circuit-connections of the invention. Fig. 2 is a sectional view of a part of the commutator employed; and Fig. 3 is a diagram similar to that of Fig. 1, illustrative of a modified embodiment of the invention.

Let A B designate the two conductors of any circuit from which the energy is derived that is to be converted into a current of high frequency.

C is a circuit-controller or commutator, a portion only for convenience being shown in the figures. It is designed to be rotated by any suitable motive device, of which, however, the shaft D only is shown, and its plan of construction is as follows:

The letters *c c'* designate two metal heads or castings with projecting portions *d d'*, which, when the two heads are brought together and secured to a hub or shaft, intermesh, as shown in the drawings.

The spaces between two adjacent projections or bars *d d'* are equal in arc to the width of one of said bars and are filled in with blocks *e*, preferably of metal, insulated from the other conducting portions of the device. By the interposition of mica or other suitable insulating material the two heads or castings *c c'* are insulated from each other. Upon the periphery of this commutator bear three brushes G G' H, the two former resting upon the continuous metallic portions of the two heads, respectively, the latter being in position to bear upon the projections *d d'* and blocks *e* alternately.

In order that the brushes may be capable of carrying any current which the operation of the apparatus may demand, they are made of large cross-section, the brush H being approximately equal in width to one of the projections or segments *d d'*, or to the space between adjacent segments, so that in passing from one it comes into contact with the next.

The brush H is connected to the main B through a primary coil K of low self-induction in inductive relation to a secondary I, which constitutes the ultimate source of the current of high frequency which the apparatus is designed to develop and which feeds a circuit containing vacuum tubes M, single terminal lamps M', or other suitable devices. The brushes G G' are connected with the main B through condensers N N', respectively, and to the main A through self-induction or choking-coils O O', these latter being used in order that the inductive discharge of the accumulated energy therein may be taken advantage of in charging the condensers.

The operation of the apparatus

thus described is as follows: By the rotation of the commutator C the brush H is caused to pass over the projections *d*, closing the circuits through the primary K and the two condensers alternately. These two circuits are so adjusted as to have the same capacity, self-induction, and resistance. When said brush is in electrical connection with any projection *d'* from the part *c'* the circuit is closed between mains A and B through coil O', brush G', brush H, and coil K. Energy is therefore accumulated in the coil O'. At the same time the condenser N' is short-circuited through the brush G', brush H, and coil K, and discharges through this circuit the energy stored in it, the discharge being in the form of a series of impulses which induce in the secondary L corresponding impulses of high potential. When brush H breaks the circuit through coil O', the high-potential discharge or "kick" from the latter rushes into and recharges the condenser N', but as soon as the brush H has passed over the intervening block *e* and reached the next segment *d* it closes the circuit through coil O and short-circuits the condenser N, so that high-frequency currents from either one or the other of the two condensers are flowing through the primary K practically without interruption. Thus without increasing the size or power of the motive device or complicating in any material degree the commutator these devices are made to perform double duty and the output of the apparatus as a whole greatly increased. In Fig. 3 I have illustrated a modified form of commutator for this apparatus, which comprises a disk E, of metal, but insulated from its shaft. The periphery of this disk is divided into conducting and insulated segments by the insertion therein of insulated metal blocks *f*. The circumferential width of these blocks is three times that of the conducting segments *f'*. A brush F bears upon a continuous metallic portion of the disk or upon a continuous ring in electrical connection with the segments *f'* and is connected with one terminal of the primary K. Brushes F' F" bear upon the periphery of the disk E and are connected to the main B through the two condensers, respectively. These brushes are capable of angular adjustment, so that they may be set to bear upon the disk at any two desired points.

From the explanation of the operation already given it is evident that when the two brushes F' F" are set so that one leaves a segment *f´* at the instant that the other comes in contact with a segment *f´* the effect in charging and discharging the condensers is the same as in the previous instance. The capability of varying the relations of the brushes, however, which this form possesses has the advantage of permitting not only an alternate charging and discharge of the condensers, but their simultaneous charging and discharge in multiple arc, whereby the frequency of the current of discharge is reduced.

It is also evident that all phase differences in the charging and discharging of the condensers may in like manner be secured and the frequency varied within wide limits. Of course the same motor and circuit-controller might be made to charge more than two condensers in succession and to discharge them in the same order. What I claim is --

1. The combination with a source of electric energy, of a plurality of condensers and a discharge-circuit therefore, a motive device and a circuit-controller operated hereby and adapted to direct the energy of the source into the condensers and connect them with the discharge-circuit successively and in alternation, as set forth.

2. The combination with a source of electric energy, of a motive device, two condensers, a circuit-controller adapted to direct the energy of the source alternately into the said condensers, and a discharge-circuit through which, by the operation of said circuit-controller one condenser discharges while the other is being charged, as set forth.

NIKOLA TESLA.

Witnesses:

M. LAWSON DYER,
DRURY W. COOPER.

(No Model.)

# N. TESLA

## APPARATUS FOR PRODUCING CURRENTS OF HIGH FREQUENCY.

No. 583,953. Patented June 8, 1897.

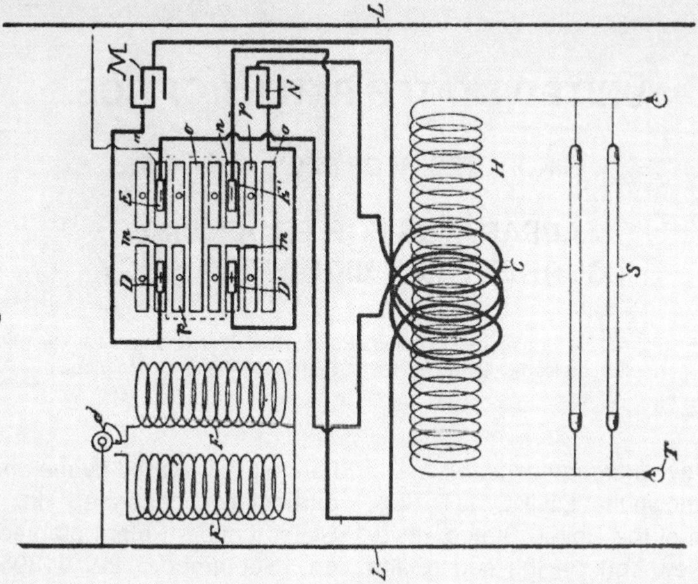


Fig. 2.

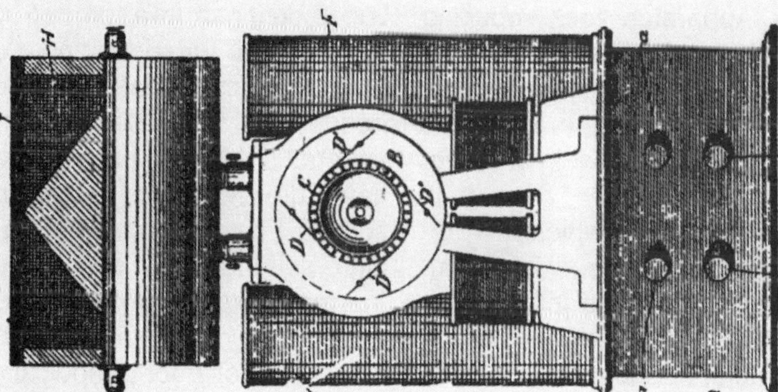


Fig. 1.

WITNESSES

G. B. Lewis

Edwin B. Hopkinson

INVENTOR

Nikola Tesla

BY

Kerr, Curtis & Page

ATTORNEYS.

# UNITED STATES PATENT OFFICE.

NIKOLA TESLA, OF NEW YORK, N. Y.

## APPARATUS FOR PRODUCING CURRENTS OF HIGH FREQUENCY.

SPECIFICATION forming part of Letters Patent No. 583,953, dated June 8, 1897.
Application filed October 19, 1896. Serial No. 609,292. (No model.)

*To all whom it may concern:*

Be it known that I, NIKOLA TESLA, a citizen of the United States, residing at New York, in the county and State of New York, have invented certain new and useful Improvements in Apparatus for Producing Currents of High Frequency, of which the following is a specification, reference being had to the drawings accompanying and forming a part of the same.

The invention upon which my present application is based is an improvement in apparatus for the conversion of electrical currents of ordinary character -- such, for instance, as are obtainable from the mains of municipal electric light and power systems and either continuous or alternating -- into currents of very high frequency and potential.

The improvement is applicable generally to apparatus of the kind heretofore invented by me and more particularly described in United States Letters Patent granted to me on September 22, 1896, No. 568,176, but in the description of the invention which follows the illustration is confined to a form of apparatus designed for converting a continuous or direct current into one of high frequency. In the several forms of apparatus for this purpose which I have devised and heretofore described I have employed a circuit of high self-induction connected with the mains from a suitable source of current and containing some form of circuit-controller for periodically interrupting it. Around the break or point of interruption I have arranged a condenser, into which the circuit discharges when interrupted, and this condenser is in turn made to discharge through a circuit containing the primary of a transformer, and of such character that the condenser-discharge will be in the form of an extremely rapid succession of impulses.

Now in order to secure in all apparatus of this kind as high frequency as possible and the advantages resulting therefrom I subdivide the condenser necessary for storing the energy required into integral parts or provide independent condensers, and employ means for charging said condensers in multiple and discharging them in series through the primary of the transformer. To secure this result without unduly complicating the apparatus is a matter of very considerable difficulty, but I have accomplished it by means of the apparatus which I shall now proceed to describe by reference to the drawings.

Figure 1 is a side elevation of the apparatus which I employ, and Fig. 2 is a diagram of the circuit-connections.

Referring to Fig. 1, A is a box or case containing the condensers, of which the terminals are *a a b b*, respectively. On this case is mounted a small electro-magnetic motor B, by the shaft of which is operated the circuit-controller C. Upon the said controller bear brushes, as shown at D D' D " D '".

F F are self-induction coils placed beside the motor. Above these is the transformer, composed, essentially, of a primary G and a secondary H. These devices are intended to be enclosed in a suitable box or case, and may be very greatly modified in construction and relative arrangement. The circuit-controller however, should conform in general principle of construction to that hereinafter described in so far as may be necessary to secure the operation pointed out.

Referring now to Fig. 2, L L designate the mains from a suitable source of supply, between which a circuit is formed, including the self-induction coils F F and the circuit-controller C. A switch *d* may be employed to bring either or both of the coils F F into this circuit, as may be desired.

The circuit-controller is built up of insulated plates or segments, upon which the positive and negative brushes bear, and these plates may be considered as belonging to three sets or classes, first the plates *m* for what may be considered as the positive brushes D D' in one row, electrically connected together, and the corresponding plates *n* for what may similarly be considered as the negative brushes E E' in the other row; second, the plates *o*, which lie in both rows, and hence are conveniently made in single pieces extending across the controller, and, third the idle or spacing-plates *p*, which are interposed in each row between the other two sets. The angle between adjacent plates of the same set is equal to the angle of displacement between adjacent brushes of the same sign, and obviously there may be two or more of each. The brush D of one set is connected with one main through the coils F, and each one of the brushes of the same set is connected to one of the terminals of the condensers M N, respectively. Similarly the brush E of the other set of brushes is connected to the opposite main and each of the brushes of said set to the opposite condenser terminals through the primary or strands of a primary G. In the diagram, Fig. 2, I have shown but two brushes in each set and two condensers, but more than this number may be used, the same plan of connections shown and described being followed out.

In the position of the parts shown in Fig. 2, in which two positive and two negative brushes are shown, the brushes are bearing on plates *m m* and *n n*. Consequently the circuit through the coils F F is through the condensers in multiple, and, assuming that energy has been stored in said coils, the condensers will thus be charged. If now by the movement of the controller plates or brushes the latter are shifted across the idle or spacing-plates *p* onto the long or cross-connected plates *o* two results follow: The mains are short-circuited through the coils F F, which therefore store energy, while the condensers are connected in series through the primary coil or coils G. These actions are repeated by the further movement of the controller, the condensers being charged in parallel when the brushes are on plates *m n* and discharged in series when the brushes pass onto plates *o*. The motor may be run by an independent source or by current derived from the mains, and the apparatus may be employed to supply current for any suitable devices S T, connected with the secondary coil H.

As stated above, the specific construction of the circuit-controller may be very greatly varied without departure from the invention. In the drawings the plates are assumed to be associated in the form of a cylinder which revolves with respect to brushes bearing on its periphery; but it will be understood that this is merely a typical illustration of any form of terminals or contacts and conductors, whether rotary or reciprocating, which constitute a circuit-controller capable of effecting the same result.

The advantages of resulting from the subdivision of the condenser or the employment of a plurality of condensers are mainly that a high frequency is obtainable in apparatus of any size; that the current of discharge through the sliding-contacts is greatly reduced and injury to such contacts thereby avoided and a great saving in wire in the secondary effected.

What I claim is --

1. In an apparatus of the kind described, the combination with a set of contacts, one of which is adapted for connection with one of the mains from a source of current, and each of which is connected to one of the terminals of a series of condensers, and a second set of contacts similarly connected to the opposite main and condenser-terminals, respectively, of electrically-connected plates or segments upon which the contacts of the first set bear similarly-connected plates upon which the contacts of the second set bear, and isolated plates common to the two sets of contacts,

the said plates being arranged in the manner described, whereby the condensers will be alternately charged in multiple and discharged in series, as set forth.

2. In an apparatus of the kind described, the combination with a set of positive brushes, one of which is adapted for connection with one of the mains from a source of current, and each of which is connected to one of the terminals of a series of condensers, and negative brushes similarly-connected to the opposite main and condenser terminals, respectively, of a cylinder composed of electrically-connected segments upon which the positive brushes only bear, similarly-connected segments upon which the negative brushes only bear, and isolated plates upon which both sets of brushes simultaneously bear, the said plates being arranged in the manner described whereby the condensers will be alternately charged in multiple and discharged in series as set forth.

NIKOLA TESLA.

Witnesses:

M. LAWSON DYER,
DRURY W. COOPER.

# N. TESLA.

## MANUFACTURE OF ELECTRICAL CONDENSERS, COILS, &c.

No. 577,671. Patented Feb. 23, 1897.

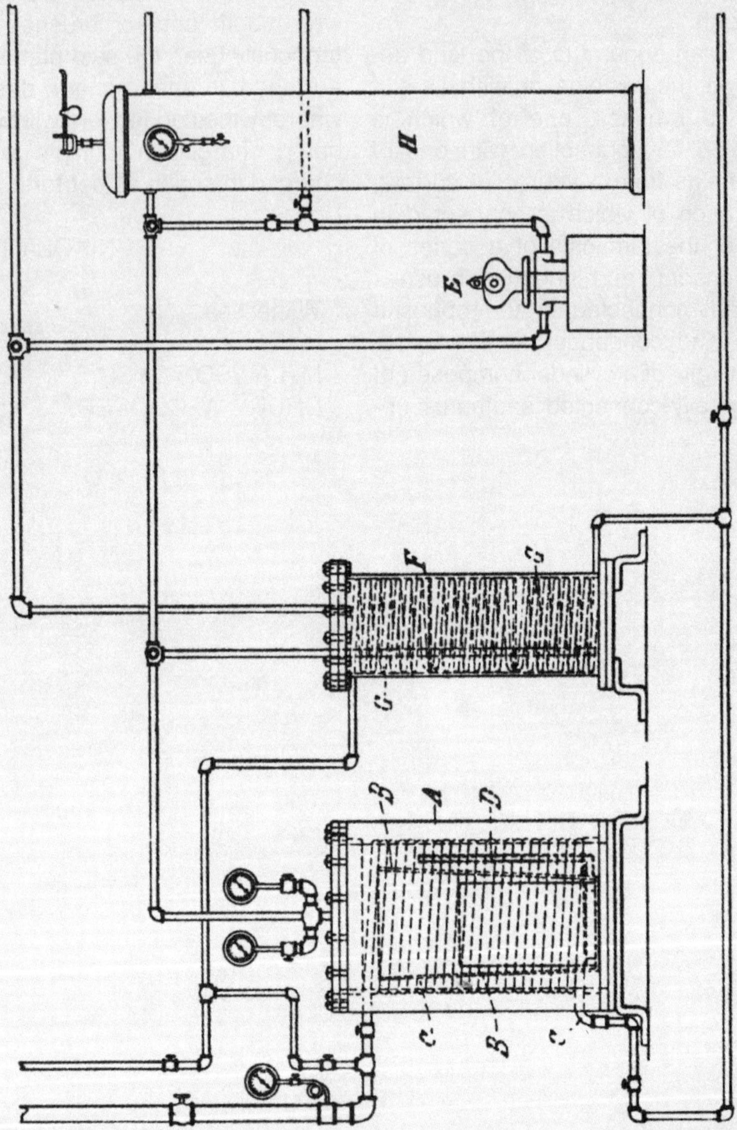


WITNESSES

*Edwin B. Hopkinson,*

*Benjamin Miller,*

INVENTOR

*Nikola Tesla*

BY

*Ken. Curtis & Page*

ATTORNEYS.

# UNITED STATES PATENT OFFICE.

NIKOLA TESLA, OF NEW YORK, N. Y.

## MANUFACTURE OF ELECTRICAL CONDENSERS, COILS, & c.

SPECIFICATION forming part of Letters Patent No. 577,671, dated February 23, 1897.
Application filed November 5, 1896. Serial No. 611,126. (No model.)

*To all whom it may concern:*

Be it known that I, NIKOLA TESLA, a citizen of the United States, residing at New York, in the county and State of New York, have invented certain new and useful Improvements in the Manufacture of Electrical Condensers, Coils, and Similar Devices, of which the following is a specification reference being had to the drawing accompanying and forming a part of the same.

My invention is an improvement in the manufacture of electrical condensers, coils, and other devices of a similar character in which conductors designed to form paths for currents of high potential are brought into close proximity with each other. Among such devices are included many forms of condensers, transformers, self-induction coils, rheostats, and the like.

It has heretofore been shown by me that the efficiency and practicability of such devices are very greatly enhanced by the exclusion of air or gas from the dielectric separating the conductors or remote portions of the same conductor; and the object of my present improvement is to secure such exclusion of air in as perfect a manner as possible in a convenient and practicable way. To this end I place the condenser or other device to be treated in a receptacle from which the air may be more or less perfectly exhausted, and while in vacuum I introduce an insulating substance, which liquefies when subjected to heat, such as paraffin, which surrounds the said device and finds its way into its interstices.

When the device has become thoroughly saturated with the insulating material, it is allowed to cool off usually until the material begins to solidify. Air is then admitted under pressure to the receptacle containing the device and the pressure maintained until the whole mass of insulating material has solidified. By this treatment the presence of air or vacuous spaces in the dielectric, which are otherwise liable to form by the contraction of the insulating material when cooling, is prevented.

Any plan may be followed or apparatus used for securing the two conditions necessary to the attainment of the desired result; that is to say, applying the fluid-insulating material in vacuum and subsequently subjecting it to or solidifying it under pressure. The degree of exhaustion or of pressure may vary, very good results being secured by a vacuum of about twenty-nine inches and a pressure of about one hundred pounds. It may be stated, however, that when hydraulic pressure is applied very much higher pressures are readily secured and are of advantage.

In order to facilitate the carrying out of the process, I have devised a simple and useful apparatus, which is illustrated partly in section in the accompanying drawing. As the parts of said apparatus are all of well known construction, the apparatus as a whole will be fully understood without a full description of its details.

A is a tank or receptacle that may be closed air-tight. Within this tank is a steam-coil C, surrounding a vessel B, preferably with slightly-sloping sides and provided with a tube or pipe D, opening into it near its base.

The condenser or other device to be treated is placed in the vessel B, and around the receptacle is packed a suitable insulating material in quantity sufficient when liquefied by heat to flow through the pipe D into the vessel B and fill the space in the latter up to the top of the condenser or other device placed therein.

It is desirable to run into the pipe D enough melted material to fill it before using the apparatus and to make the pipe of a poor heat-conducting material, so that a little time will elapse after the heat is applied to melt the material in the tank A before the flow through the pipe begins.

When the apparatus has been thus prepared, the air from the interior of the tank A is withdrawn as completely as practicable by an air-pump E and steam is passed through the coil C. In order to prevent access of any of the volatile constituents of the insulating material to the pump, a condenser F, with a cooling-coil G, is interposed in the piping between the tank and pump. After partial vacuum has been secured in the tank A and the liquefied insulating material has been run into the vessel B the pump may be stopped and the tank connected with a receiver H, from which the air has been exhausted, and the apparatus allowed to stand until all the interstices of the condenser have been permeated with the insulating material. The steam is then shut off and cold water passed through the coil C. The connections with the pump are then reversed and air is forced into the tank and receiver H and the further cooling and solidification of the insulating material carried on under a pressure considerably greater than that of the atmosphere. After the insulating material has cooled and solidified the condenser or other device, with the adhering mass of insulating material, is removed from the receptacle and the superfluous insulating material taken off.

I have found that condensers, transformers, and similar apparatus treated by this process are of very superior quality and especially suited for circuits which convey currents of high frequency and potential.

I am aware that conductors covered with a more or less porous material have been treated by placing them in a closed receptacle, exhausting the air from the receptacle, then introducing a fluid insulating compound and subjecting the same to pressure, for the purpose of more perfectly incorporating the insulating compound with the surrounding coating or covering of the conductors and causing such compound to enter the interstices in said covering, and I apply this principle of exhausting the air and introducing the fluid insulating compound under pressure in carrying out my improvement. My process, however, differs from the foregoing mainly in this, that I seek not only to fill the pores of any porous material that may be interposed between the conductors of such a device as a condenser or coil, but to fill up all the spaces in the dielectric, whereby air or vacuous spaces, the presence of which in the dielectric is so deleterious to the device may be effectually prevented. To this end I permit the insulating compound after its incorporation with the device, under exhaustion and pressure, to cool and solidify, so that not only is the air replaced by a solid insulating compound, but the formation of vacuous spaces by the contraction of the mass on cooling prevented.

What I claim is --

The improvement in the manufacture of electrical devices such as condensers, which consists in enclosing the device in an air-tight receptacle, exhausting the air from the receptacle, introducing into a vessel containing the device an insulating material rendered fluid by heat, and then when said material has permeated the interstices of the said device, subjecting the whole to pressure, and maintaining such pressure until the material has cooled and solidified, as set forth.

NIKOLA TESLA.

Witnesses:
M. LAWSON DYER,
PARKER W. PAGE.

No. 609,250. Patented Aug. 16, 1898

N. TESLA.

ELECTRICAL IGNITER FOR GAS ENGINES.

(Application filed Feb. 17 1897 Renewed June 15, 1898.)

(No Model.)

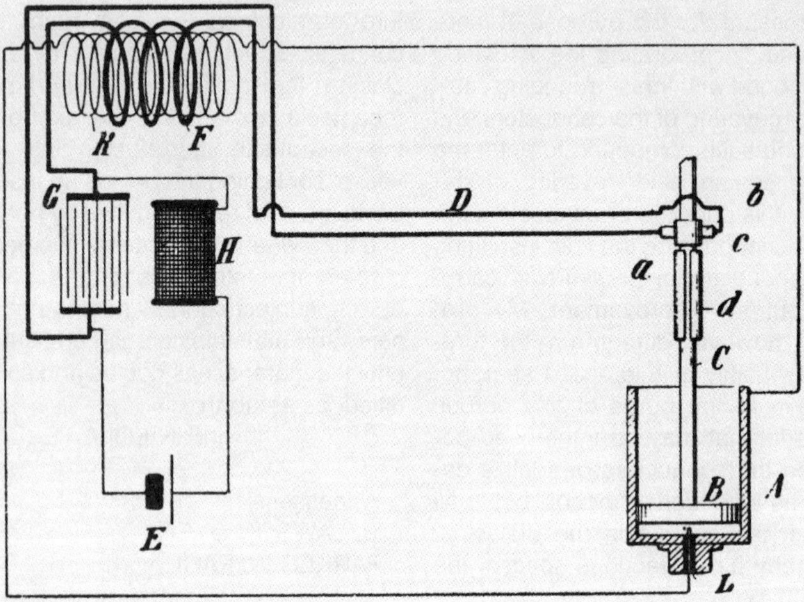


Witnesses:

M Lawson Dyer

Edwin B. Hopkinson

Nikola Tesla, Inventor

by Kerr. Curtis & Page Att'ys

# UNITED STATES PATENT OFFICE.

NIKOLA TESLA, OF NEW YORK, N. Y.

# ELECTRICAL IGNITER FOR GAS-ENGINES.

SPECIFICATION forming part of Letters Patent No. 609,250, dated August 16, 1898.
Application filed February 17, 1897. Renewed June 15, 1898.
Serial No. 683,524. (No model.)

*To all whom it may concern:*

Be it known that I, NIKOLA TESLA, a citizen of the United States, residing at New York, in the county and State of New York, have invented certain new and useful Improvements in Electrical Igniters for Gas-Engines and Analogous Purposes, of which the following Is a specification reference being had to the drawing accompanying and forming a part of the same.

In certain kinds of apparatus it is necessary for the operation of the machine itself or for effecting the object for which it is used to produce an electric spark or any other similar local effect at a given instant of time or at predetermined intervals. For example, in certain gas or explosive-engines a flame or spark is necessary for the ignition of an explosive mixture of air and gas under the piston, and the most effective way of igniting the gaseous mixture has been found to be the production in the cylinder at the proper moments of an electric spark. The only practicable device by which this has been accomplished heretofore is an induction-coil comprising a primary and secondary circuit with a buzzer or rapidly-acting automatic circuit-breaker in the primary and a circuit-controller, such as a switch or commutator, located also in the primary or battery-circuit and operated by some moving portion of the apparatus to temporarily close such circuit at the proper time, and thereby set in operation the automatic circuit-breaker, which causes between secondary terminals in the cylinder the discharge which is necessary for the proper ignition of the explosive mixture. Instead of thus temporarily closing the primary circuit the automatic circuit-breaker might be permitted to operate continuously, and the secondary circuit normally broken, might be closed at the proper time to cause the spark to pass at any point. In either case the employment of a quick-acting circuit-breaker is necessary, for unless the induction-coil be of large size and the source of current of considerable power a slow or gradual make and break of the primary of a simple transformer, such as would ordinarily be effected by a switch or commutator, would not effect a discharge of the character necessary for the proper ignition of the gas.

There is, however, no form of vibrating or quick-acting circuit-breaker of which I am aware that can be depended upon to operate with certainty to produce such a spark or which will continue to operate for any length of time without deterioration, and hence not only in the case of engines of the kind described, but in other forms of apparatus which involve the use of a high-tension induction-coil with a quick-acting circuit-breaker, the operation of the machine is contingent upon the proper operation of a comparatively insignificant but essential part.

The object of my invention is to provide a more certain and satisfactory means for use with and control by such machines or apparatus as I have mentioned for producing sparks or discharges of the desired character, and to this end I employ the following arrangement: Any suitable moving portion of the apparatus is caused to mechanically control the charging of a condenser and its discharge through a circuit in inductive relation to a secondary circuit leading to the terminals between which the discharge is to occur, so that at the desired intervals the condenser may be discharged through its circuit and induce in the other circuit a current of high potential which produces the desired spark or discharge.

One practical means of accomplishing this is to employ any proper form of switch or commutator operated directly or through suitable intermediate devices by a moving part of the apparatus and which is caused to complete an electric circuit which has been previously broken or interrupted for an appreciable time when the occurrence of the spark or discharge is necessary. The circuit thus closed includes a condenser, which by this operation of the switch is permitted to discharge, through the primary of a transformer, energy which it had previously received during the interruption of said circuit from a battery or discharge of a self-induction coil in series with the battery in the charging-circuit.

The ends of the secondary circuit of the transformer above mentioned are connected with the points or terminals in the machine between which the spark is to pass, and following the short-circuiting of the condenser by the closing of the switch a strong secondary discharge induced by the discharge of the condenser through the primary will occur. It is possible by this means not only to produce a strong discharge of high tension, as in the form of a spark well adapted for the ignition of gas or other purposes for which sparks are employed, but to secure such result by apparatus very much less complicated and expensive than heretofore employed for the purpose and which will be capable of certain and effective operation for an indefinite period of time.

I have illustrated the principle of my improvement and the manner in which the same is or may be carried out in the drawing hereto annexed. The invention is shown as used for effecting the operation of the piston of a gas-engine, the figure being a diagram.

A designates the cylinder of a gas-engine, B the piston, and C the piston-rod. Other parts of the engine are omitted from the illustration as unnecessary to an understanding of the invention.

On the piston-rod C is a commutator or circuit-controller upon which bear the terminals *a b* of an electric circuit D. This commutator comprises a continuous ring *c* and a split-ring *d* side by side, so that when the terminals are on the latter the circuit is interrupted, but when on the former it is closed. The to-and-fro movement of the piston, therefore, operates to alternately make and break the circuit, the position of the commutator being such that the make occurs at the moment desired for the ignition of the explosive charge under the piston.

In the circuit D is a battery or other source of current E and the primary F of a transformer. Across the two conductors of the circuit, between the battery and the primary F, is a condenser G, which is charged by the battery when circuit D is interrupted at the commutator and which discharges through the primary when such circuit is closed.

In order that the condenser may receive a charge *e* of high tension, a self-induction coil H is introduced in the circuit between itself and the battery, which coil stores up the energy of the battery when the circuit D is closed at the commutator and discharges it into the condenser when the circuit is broken.

The primary F is combined with a secondary K, the conductors from which lead, respectively, to an insulated terminal L within the cylinder A and to any other conducting body in the vicinity of such point as the cylinder itself. In consequence of this arrangement, when the piston reaches the proper point the circuit D is closed, the energy of the condenser is discharged through the primary with a sudden rush, and a strong and effective spark or flash is produced between the point L and the cylinder or piston which ignites the charge of explosive gas.

It will be understood from the preceding description that I do not limit myself to the specific construction or arrangement of the devices employed in carrying out my improvement and that these may be varied within wide limits.

What I claim is --

1. In an apparatus which depends for its operation or effect upon the production of a sudden electric discharge at a given instant, or at a predetermined intervals of time, the combination with a moving part of said apparatus of a switch or commutator, a condenser, a charging-circuit for the same, a primary circuit

through which the condenser discharges, and a secondary circuit in inductive relation to the said a primary circuit and connected with the terminals at the point in the apparatus where the discharge is required, the switch or commutator being operated by the said moving part to effect the discharge of the condenser at the proper intervals, as set forth.

2. In an apparatus which depends for its operation or effect upon the production of a sudden electric discharge at a given instant, or at predetermined intervals of time, the combination with a moving part of said apparatus of a circuit and a circuit-controller adapted to close said circuit at the time when the occurrence of said discharge is desired, a source of current in said circuit, a condenser adapted to be charged by said source while the circuit is interrupted, and a transformer through the primary of which the condenser discharges when the circuit is closed, the secondary of the transformer being connected with the terminals at the point in the apparatus where the discharge is required, as set forth.

3. In an apparatus which depends for its operation or effect upon the production of an electric discharge, at a given instant, or at predetermined intervals of time, the combination with a moving part of said apparatus of a circuit and a circuit-controller adapted to close said circuit at the time when the occurrence of the spark is desired, a source of current in said circuit, a self-induction coil which stores the energy of the source while the circuit is closed, a condenser into which said coil discharges when the circuit is broken, and a transformer through the primary of which the condenser discharges, the secondary of said transformer being connected with separated terminals at the point where the discharge is required.

4. In a gas or explosive-engine of the kind described, the combination with a moving part of said engine of a circuit-closer or switch controlling the charging and discharging of a condenser, separated terminals in the cylinder or explosive-chamber, and a transformer through the primary of which the condenser discharges, the secondary being connected with the terminals in the cylinder, as set forth.

NIKOLA TESLA.

Witnesses:
M. LAWSON DYER,
EDWIN B. HOPKINSON.

(No Model.) 2 Sheets—Sheet 1.

N. TESLA.

ELECTRICAL TRANSFORMER.

No. 593,138. Patented Nov. 2, 1897.

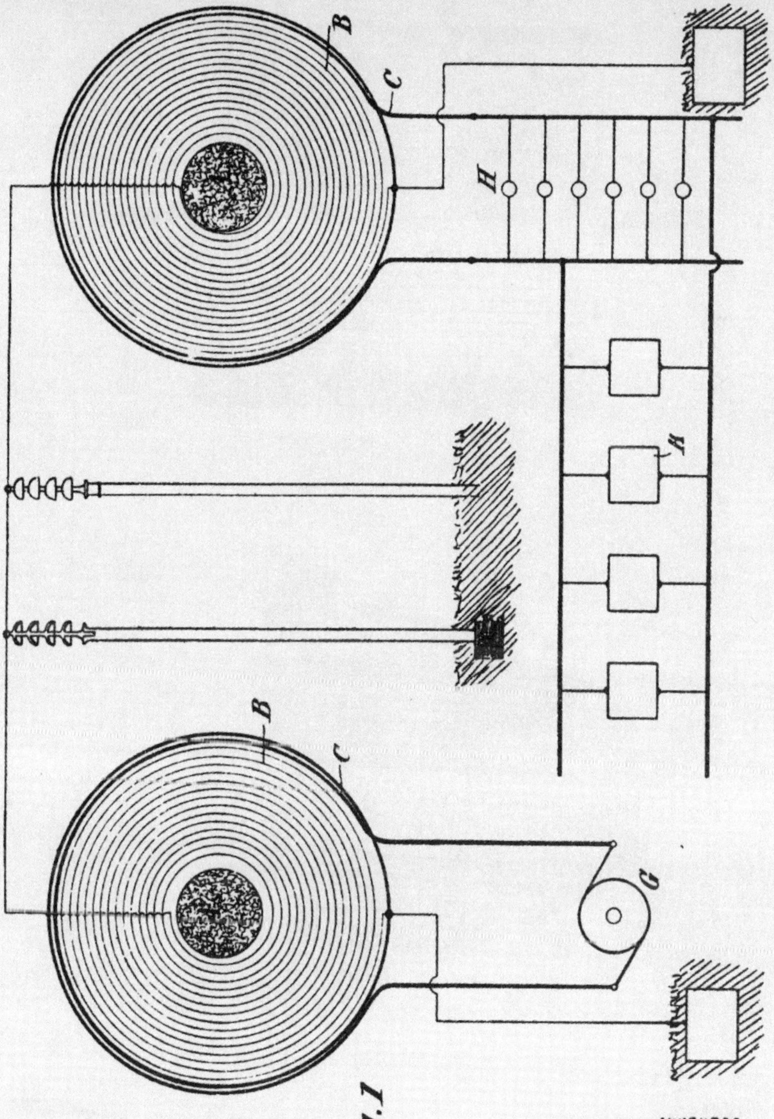


Fig. 1

WITNESSES

G. B. Lewis.

Edwin B. Hopkinson.

INVENTOR

Nikola Tesla

BY

Kerr, Curtis & Page.

ATTORNEY

(No Model.) 2 Sheets—Sheet 2.

# N. TESLA.
## ELECTRICAL TRANSFORMER.

No. 593,138. Patented Nov. 2, 1897.

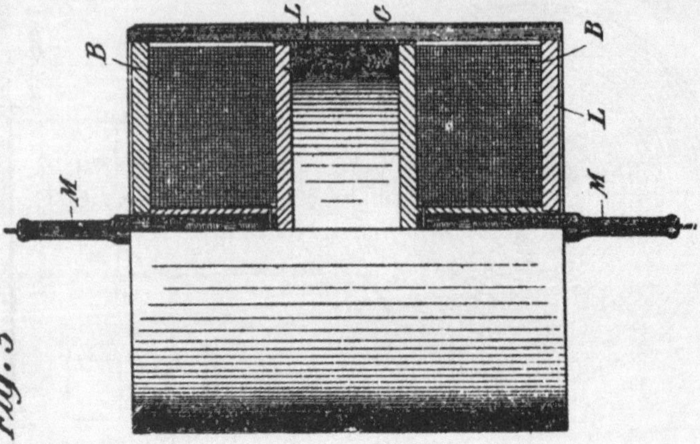


Fig. 3

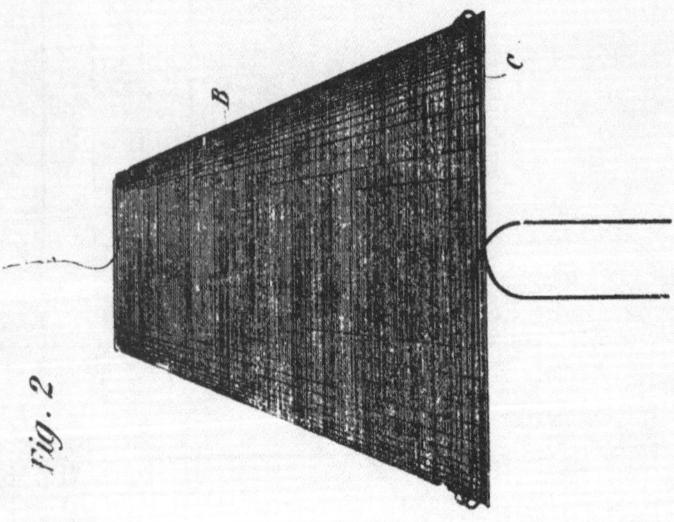


Fig. 2

WITNESSES

G. B. Lewis

Edwin B. Hopkinson

INVENTOR

Nikola Tesla

BY

Kerr, Curtis & Page

ATTORNEYS.

# UNITED STATES PATENT OFFICE.

NIKOLA TESLA, OF NEW YORK, N. Y.

# ELECTRICAL TRANSFORMER.

SPECIFICATION forming part of Letters Patent No. 593,138, dated November 2, 1897.
Application filed March 20, 1897. Serial No. 628,453. (No model.)

*To all whom it may concern:*

Be it known that I, NIKOLA TESLA, a citizen of the United States, residing at New York, in the county and State of New York, have invented certain new and useful Improvements in Electrical Transformers, of which the following is a specification reference being had to the drawings accompanying and forming a part of the same.

The present application is based upon an apparatus which I have devised and employed for the purpose of developing electrical currents of high potential, which transformers or induction-coils constructed on the principles heretofore followed in the manufacture of such instruments are wholly incapable of producing or practically utilizing, at least without serious liability of the destruction of the apparatus itself and danger to persons approaching or handling it.

The improvement involves a novel form of transformer or induction-coil and a system for the transmission of electrical energy by means of the same in which the energy of the source is raised to a much higher potential for transmission over the line than has ever been practically employed heretofore, and the apparatus is constructed with reference to the production of such a potential and so as to be not only free from the danger of injury from the destruction of insulation, but safe to handle. To this end I construct an induction-coil or transformer in which the primary and secondary coils are wound or arranged in such manner that the convolutions of the conductor of the latter will be farther removed from the primary as the liability of injury from the effects of potential increases, the terminal or point of highest potential being the most remote, and so that between adjacent convolutions there shall be the least possible difference of potential.

The type of coil in which the last-named features are present is the flat spiral, and this form I generally employ, winding the primary on the outside of the secondary and taking off the current from the latter at the center or inner end of the spiral. I may depart from or vary this form, however, in the particulars hereinafter specified.

In constructing my improved transformers I employ a length of secondary which is approximately one-quarter of the wave length of the electrical disturbance in the circuit including the secondary coil, based on the velocity of propagation of electrical disturbances through such circuit, or, in general, of such length that the potential at the terminal of the secondary which is the more remote from the primary shall be at its maximum. In using these coils I connect one end of the secondary, or that in proximity to the primary, to earth, and in order to more effectually provide against injury to persons or to the apparatus I also connect it with the primary.

In the accompanying drawings, Figure 1 is a diagram illustrating the plan of winding and connection which I employ in constructing my improved coils and the manner of using them for the transmission of energy over long distances. Fig. 2 is a side elevation, and Fig. 3 a side elevation and part section, of modified forms of induction-coil made in accordance with my invention.

A designates a core, which may be magnetic when so desired.

B is the secondary coil, wound upon said core in generally spiral form.

C is the primary, which is wound around in proximity to the secondary. One terminal of the latter will be at the center of the spiral coil, and from this the current is taken to line or for other purposes. The other terminal of the secondary is connected to earth and preferably also to the primary.

When two coils are used in a transmission system in which the currents are raised to a high potential, the receiving-transformer will be constructed and connected in the same manner as the first -- that is to say, the inner or center end of what corresponds to the secondary of the first will be connected to line and the other end to earth and to the local-circuit or that which corresponds to the primary of the first. In such case also the line-wire should be supported in such manner as to avoid loss by the current jumping from line to objects in its vicinity and in contact with earth -- as, for example, by means of long insulators, mounted, preferably, on metal poles, so that in case of leakage from the line it will pass harmlessly to earth. In Fig. 1, where such a system is illustrated, a dynamo G is conveniently represented as supplying the primary of the sending or "step-up"-transformer, and lamps H and motors K are shown as connected with the corresponding circuit of the receiving or "step-down"-transformer.

Instead of winding the coils in the form of a flat spiral the secondary may be wound on a support in the shape of a frustum of a cone and the primary wound around its base, as shown in Fig. 2.

In practice for apparatus designed for ordinary usage the coil is preferably constructed on the plan illustrated in Fig. 3. In this figure L L are spools of insulating material upon which the secondary is wound -- in the present case, however, in two sections, so s to constitute really two secondaries. The primary C is a spirally-wound flat strip surrounding both secondaries B.

The inner terminals of the secondaries are led out through tubes of insulating material M, while the other or outside terminals are connected with the primary.

The length of the secondary coil B or of each secondary coil when two are used, as in Fig. 3, is, as before stated, approximately one-quarter of the wave length of the electrical disturbance in the secondary circuit, based on the velocity of propagation of the electrical disturbance through the coil itself and the circuit with which it is designed to be used -- that is to say, if the rate at which a current traverses the circuit, including the coil, be one hundred and eighty-five thousand miles per second, then a frequency of nine hundred and twenty-five per second would maintain nine hundred and twenty-five stationary waves in a circuit one hundred and eighty-five thousand miles long, and each wave length would be two hundred miles in length. For such a frequency I should use a secondary fifty miles in length, so that at one terminal the potential would be zero and at the other maximum.

Coils of the character herein described have several important advantages. As the potential increases with the number of turns the difference of potential between adjacent turns is comparatively small, and hence a very high potential, impracticable with ordinary coils, may be successfully maintained.

As the secondary is electrically connected with the primary the latter will be at substantially the same potential as the adjacent portions of the secondary, so that there will be no tendency for sparks to jump from one to the other and destroy the insulation. Moreover, as both primary and secondary are grounded and the line-terminal of the coil carried and protected to a point remote from the apparatus the danger of a discharge through the body of a person handling or approaching the apparatus is reduced to a minimum.

I am aware that an induction-coil in the form of a flat spiral is not in itself new, and this I do not claim; but

What I claim as my invention is --

1. A transformer for developing or converting currents of high potential, comprising a primary and secondary coil, one terminal of the secondary being electrically connected with the primary, and with the earth when the transformer is in use, as set forth.

2. A transformer for developing or converting currents of high potential, comprising a primary and secondary wound in the form of a flat spiral, the end of the secondary adjacent to the primary being electrically connected therewith and with earth when the transformer is in use, as set forth.

3. A transformer for developing or converting currents of high potential comprising a primary and secondary wound in the form of a spiral, the secondary being inside of, and surrounded by, the convolutions of the primary and having its adjacent terminal electrically connected therewith and with earth when the transformer is in use, as set forth.

4. In a system for the conversion and transmission of electrical energy, the combination of two transformers, one for raising, the other for lowering, the potential of the currents, the said transformers having one terminal of the longer or fine-wire coils connected to line, and the other terminals adjacent to the shorter coils electrically connected therewith and to earth, as set forth.

NIKOLA TESLA.

Witnesses:

M. LAWSON DYER,
G. W. MARTLING.

No. 609,251. N. TESLA. Patented Aug. 16, 1898.

# ELECTRIC CIRCUIT CONTROLLER.

(Application filed June 3, 1897. Renewed June 15, 1898.)

(No Model.) 2 Sheets—Sheet 1.

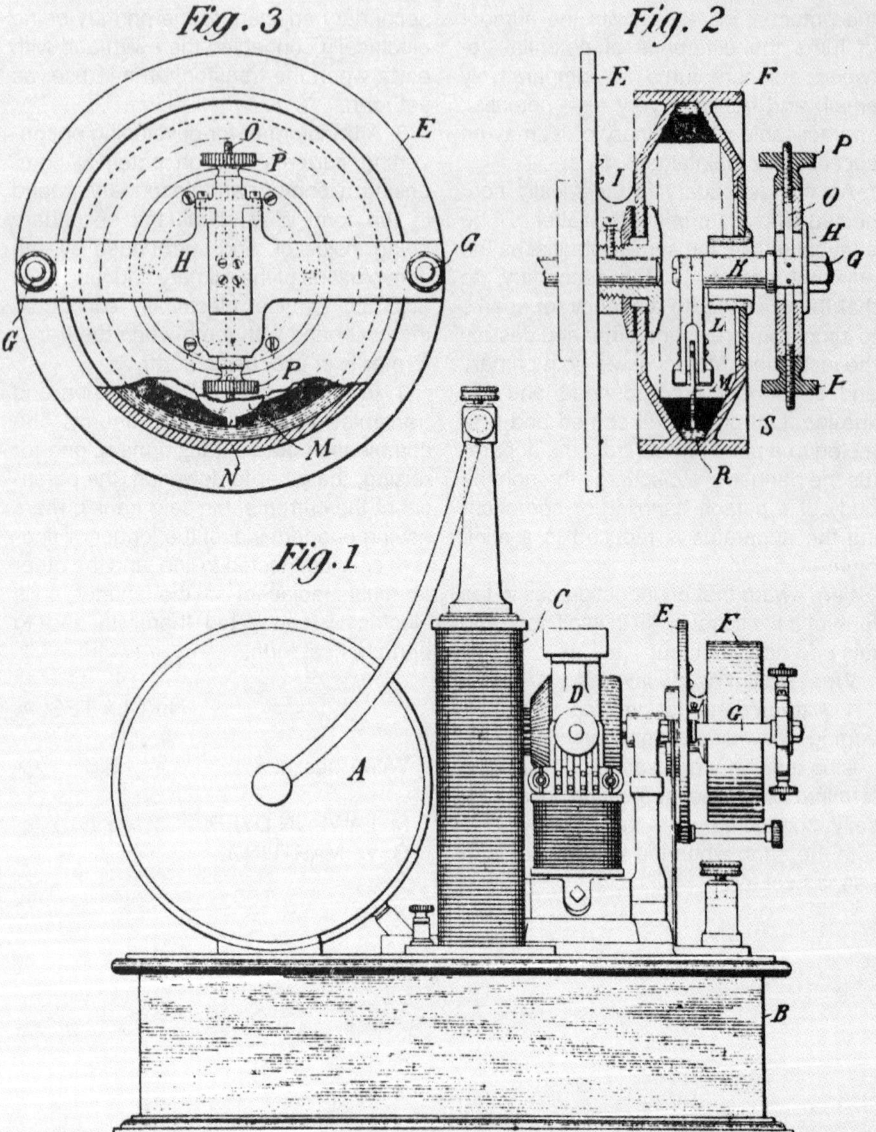


Witnesses:

Raphaël Netter

Edwin B Hopkinson.

Inventor

Nikola Tesla

by Kerr, Curtis & Page Att'ys

No. 609,251.

Patented Aug. 16, 1898.

N. TESLA.

ELECTRIC CIRCUIT CONTROLLER.

Application filed June 3, 1897 Renewed June 15, 1898.)

2 Sheets—Sheet 2

Fig. 4

Fig. 5

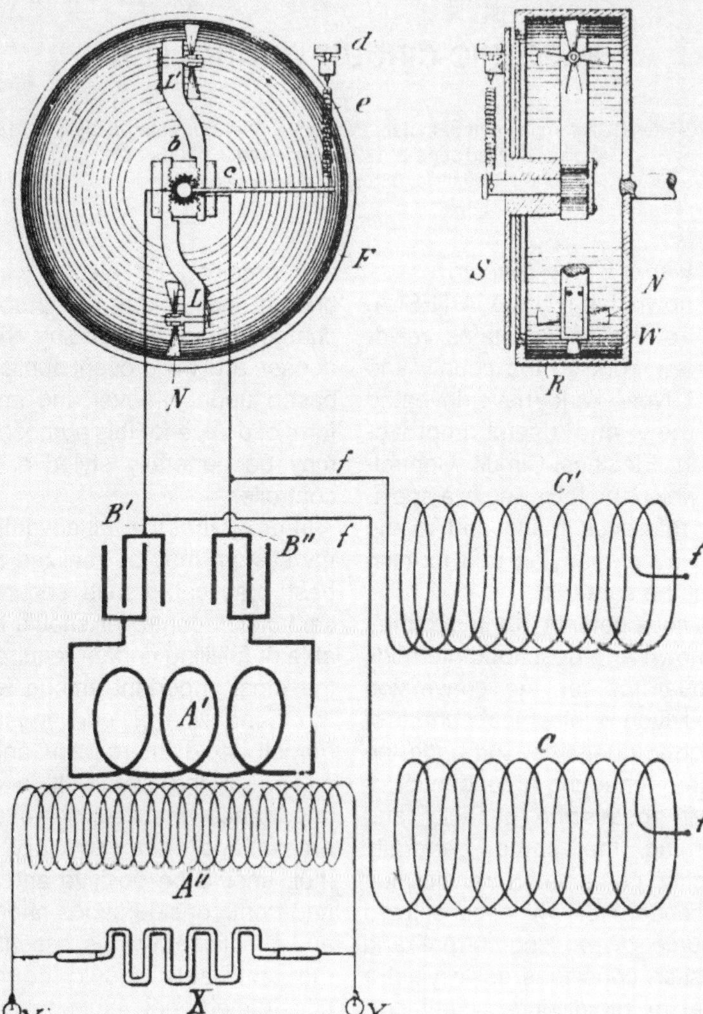


WITNESSES

Edwin B. Hopkinson,

G. B. Lewis

INVENTOR

Nikola Tesla

BY

Kerr, Curtis & Page

ATTORNEYS.

# UNITED STATES PATENT OFFICE.

NIKOLA TESLA, OF NEW YORK, N. Y.

## ELECTRIC-CIRCUIT CONROLLER.

SPECIFICATION forming part of Letters Patent No. 609,251, dated August 16, 1898,
Application filed June 3, 1897. Renewed June 15, 1898.
Serial No. 683,525. (No model.)

*To all whom it may concern:*

Be it known that I, NIKOLA TESLA, a citizen of the United States, residing at New York, in the county and State of New York, have invented certain new and useful Improvements in Electrical-Circuit Controllers, of which the following is a specification reference being had to the drawing accompanying and forming a part of the same.

In previous patents granted to me I have shown and described methods and apparatus for the conversion and utilization of electrical current of very high frequency based upon the principle of charging a condenser or a circuit possessing capacity and discharging the same generally through the primary of a transformer, the secondary of which constituted the source of working-current and under such conditions as to yield a vibrating or rapidly-intermittent current.

In some of the forms of apparatus which I have heretofore devised for carrying out this invention I have employed a mechanism for making and breaking an electric circuit or branch thereof for the purpose of charging and discharging the condenser, and my present application is based upon a novel and improved form of device for this purpose, which may be generally styled a "circuit-controller."

In order that the full advantages of my system may be realized and the best practical results secured, the said circuit-controller should be capable of fulfilling certain requirements, the most important among which is the capability of effecting an extremely-rapid interruption and completion of the circuit. It is also of importance that such makes and breaks, and more especially the former, should be positive and abrupt, and from considerations of economy and practicability it is essential that the apparatus should be cheaply constructed, not liable to derangement, and capable of prolonged use without attention or adjustment. With the object of attaining these results, which have never heretofore been fully attained in any form of mechanical circuit-controller of which I am aware, I devised and developed the circuit-controller which forms the subject of my present application and which may in general terms be described as follows:

The device in its typical embodiment comprises as essential elements two terminals -- one with peripheral contacts alternating with insulating-spaces, such as is exemplified in an stelliform disk and which is capable of rotation, and the other a rotable receptacle containing a fluid in which more or less of the first-named terminal is immersed.

In the preferred construction of the apparatus the receptacle contains both a conducting and non-conducting fluid, the former being the heavier, and I maintain the terminals in such relations that the electrical connection between them is made and broken by the successive immersion of the contact-points into and their withdrawal from the conducting through the non-conducting fluid. These relations are best maintained by such construction of the receptacle that the distribution of the two fluids necessary for the proper operation of the device may be preserved by centrifugal action and the rotation of the other terminal effected by the movement of the fluid or fluids relatively thereto.

To secure the conditions necessary for the accomplishment of the objects of the invention, various mechanical expedients may be resorted to; but the best and most practicable device for the purpose of which I am aware is a hollow wheel or drum mounted so as to be rotated at any desired speed and containing a conducting fluid, such as mercury or an electrolyte, which by the rotation of the drum is thrown by centrifugal force outward to the inner periphery of the same, and a sufficient quantity of a lighter non-conducting or poorly-conductive fluid, such as water or oil, which by the centrifugal action is maintained on the surface of the heavier conducting fluid and tens to prevent the occurrence of arcs between the contact-points and the conducting fluid.

A central opening is formed in one side of the drum through which enters an arm carrying a disk with peripheral projections or vanes which when the drum is rotated project to a sufficient extent toward or into the conducting fluid to effect the makes and breaks of the circuit.

The motion of the fluid within the drum causes the disk to rotate and its projections or vanes to make and break the circuit with a rapidity which may be very great. In fact, when the drum is rotated at high rate of speed the fluid conductor may become in its effect similar to a solid body, upon which the conducting-disk rolls, so that the conducting fluid might be dispensed with, although I find it preferable to use it.

In order to insure the proper immersion of the projections into the fluid to compensate for wear and at the same time to secure a yielding pressure between the fluid and the disk, it is desirable to employ for the disk some form of spring-connection or support which will exert a force tending to force it in contact with the fluid.

I have also devised certain details of construction which add to the efficiency and practicability of the apparatus which will be more conveniently described by reference to the accompanying drawings.

Figure 1 is a side elevation of a complete apparatus for producing currents of high frequency and to which my present invention is applied. Fig. 2 is a central vertical section of the improved circuit-controller of Fig. 1; Fig. 3, an end view of the same; Fig. 4, a modified form of the circuit-controller, showing it in connection with the remaining parts of the apparatus illustrated diagrammatically; and Fig. 5, a side view of the same with the receptacle in section.

As the apparatus as a whole is now well known, a brief description of the same will suffice for an understanding of its character.

The various parts or devices are preferably mounted on a base B, which contains the condenser, and comprise a transformer A with primary and secondary coils, one or more self-induction coils C, a small electro-magnetic motor D, and the circuit-controller, which is driven by the motor. The circuit-connections will be described in connection with Fig. 5.

In general plan of construction and arrangement the apparatus is essentially the same as that described and shown in a patent granted to me September 22, 1896, No. 568,176.

The shaft of the motor D extends through a stationary disk E, and to its end is keyed a hollow wheel or drum F, which rotates the disk E and connected by a cross-bar H, from which extends an arm K into the interior of the drum F through a central opening in its side.

To the end of the arm K is secured an arm L, carrying at its free and a disk M with peripheral teeth or projections N, as shown in Fig. 3. The disk is mounted on any suitable bearings in the arm L, so as to be capable of free rotation.

It is desirable that the disk should admit of adjustment with respect to the inner peripheral surface of the drum, and for this purpose I secure the arm K to a rod O, which passes through supports in the cross-bar H and is adjustable therein by means of threaded nuts P.

The interior of the drum F is formed by preference in substantially the manner shown in Fig. 2 -- that is to say, it is tapered or contracted toward the periphery so as to form a narrow trough in which the fluid is confined when the drum is rotated.

R designates the conducting fluid, and S the lighter non-conducting fluid, which are used in the drum. If the proper quantities and proportions of these fluids be introduced into the drum and the latter set in rapid rotation, the two fluids will distribute themselves under the action of centrifugal force around the drum in the manner indicated in Fig. 2. The arm K is adjusted so that the teeth or projections the disk M will just enter the conducting fluid, and by the action of either or both the disk will be rapidly rotated. Its teeth are so arranged that no two are simultaneously in contact with the conducting fluid, but come into the same successively. If, therefore, one part of the circuit be connected to the drum, as by a contact-strip or brush *t*, and the other part to the disk M, or to any part, as the standards G, which are insulated from the frame of the apparatus and in metallic connection with the disk M, the circuit will be made and broken with a rapidity which may obviously be made enormously high. The presence of the non-conducting fluid on the surface of the other operates to prevent the occurrence of sparks as the teeth N leave the latter and also to prevent the current from leaping across the space between the teeth and the conductor as the two approach.

In illustration of the modifications of which the improvement is susceptible I now refer to Figs. 4 and 5, in which also certain novel and useful details of construction applicable generally to the invention are shown.

In the modification shown in Figs. 4 and 5 two rigid arms L and L´, each carrying a disk M, are shown, and this number may be increased, if so desired. The rotating disks in this case are mounted on spindles at right angles to the axis of rotation of the drum F, and the contact-points or projections are formed as vanes, with faces inclined to the plane of rotation, so as to be rotated by the movement of the fluid in the manner of turbine-wheels.

In order to provide a means for automatically adjusting the disks to compensate for any wear and keep the ends of the vanes or points properly immersed in the fluids, each disk-carrying arm is impelled by a spring or weight in the direction of the periphery of the drum. A convenient way to accomplish this is to form racks on the arms L L´ and to provide a pinion *b* in engagement therewith. From the shaft of the pinion extends an arm *c*, the end of which is connected to an adjustable stop *d* by a spiral spring *e*, the tendency of which is to turn the pinion and force both arms L and L´ toward the periphery of the drum.

In some applications of the invention it is practicable to prevent the occurrence of arcs still more effectively or even entirely by using in addition to the non-conducting fluid a somewhat heavier fluid W, which is a comparatively-poor conductor and which takes up a position between the conducting and non-conducting fluids.

When two or more disks or equivalent devices are used, they may be connected either in series or multiple. In the present illustration they are shown as in series, and as the arms L and L´ are insulated from each other and each connected with a terminal of the source of current the circuit is completed only when a vane of each disk is immersed in the conducting fluid and interrupted at all other times.

The diagram of circuit-connections will serve to illustrate the purpose and mode of operation of the device. Let *f f* be the conductors from a source of current, each including a self-induction coil C C´ and connected with the arms L and L´ and with two conductors B´ B´´, respectively. Then during the periods when the circuit is completed between the two arms L L´ the coils C C´ store energy, which on the interruption of said circuit rushes into and charges the condenser. These latter during periods when the circuit is closed between arms L and L´ discharge through the primary A´ and induce by such discharge currents in the secondary A´´, which are utilized for any purpose for which they may be suited, as in operating vacuum-tubes X or suitable lamps Y.

It will be understood that the rotating drum may be mounted in a horizontal or other plane and from the nature and objects of the results which are attained by the particular apparatus described the construction of this apparatus may be very greatly varied without departure from my invention.

Without therefore limiting myself to the details of construction and arrangement shown herein in illustration of the manner in which my invention is or may be carried out, what I claim is --

1. A circuit-controller comprising, in combination, a receptacle containing a fluid, means for rotating the receptacle, and a terminal supported independently of the receptacle and adapted to make and break electric connection with the receptacle through the fluid, as set forth.

2. A circuit-controller comprising in combination a receptacle containing a conducting fluid and a non-conducting fluid, means for rotating the receptacle and a terminal adapted for make and break electrical connection with the conducting fluid within or under the non-conducting fluid, as set forth.

2. A circuit-controller comprising in combination a terminal capable of rotation and formed or provided with peripheral contacts, a receptacle comprising the opposite terminal and containing a fluid into which the said contacts extend, and means for rotating the receptacle, as set forth.

4. A circuit-controller, comprising in combination a terminal capable of rotation and formed or provided with peripheral projections, a receptacle containing a fluid conductor into which the points or projections of the said conductor extend, and means for rotating the said receptacle, as set forth.

5. A circuit-controller comprising in combination a terminal capable of rotation and formed or provided with peripheral projections, a centrifugal drum or wheel containing a fluid conductor into which the points or projections of the said conductor extend, and means for rotating the said drum as set forth.

6. A circuit-controller comprising in combination a terminal capable of rotation and formed or provided with peripheral projections, a centrifugal drum or wheel containing a fluid conductor into which the points of the said terminal extend, and means for adjusting the latter with relation to the surface of the fluid, as set forth.

7. A circuit-controller comprising in combination a terminal having peri-

pheral projections and capable of rotation, a centrifugal drum or receptacle containing a conducting and a lighter non-conducting fluid, the said terminal being arranged so that its points or projections extend through the non-conducting into the conducting fluid, when the fluids are distributed in the drum under the action of centrifugal force, as set forth.

8. The combination with a hollow centrifugal drum or wheel containing a conducting fluid, a motor for rotating the same, a support extending through an opening into the drum and a rotatable terminal having peripheral projections, mounted on said support in position in which its projections extend into the fluid when displaces by centrifugal action, as set forth.

9. The combination with a receptacle containing a fluid and means for rotating the same, a terminal with peripheral projections capable of rotation, and a spring connection or support for said terminal tending to force it toward the periphery of the receptacle, as set forth.

10. The combination with a hollow centrifugal drum or wheel containing a conducting fluid and a lighter non-conducting fluid, means for rotating the said drum, a support extending through an opening into the drum, and a rotatable terminal having peripheral projections, mounted on said support in position in which the projections extend through the non-conducting into the conducting fluid when the fluids are displaces by centrifugal action, as set forth.

11. The combination with a centrifugal drum containing a conducting and a non-conducting fluid, means for rotating the drum, a terminals capable of rotation and having peripheral projections, mounted within the drum on a stationary support, and a spring or its equivalent acting on the said terminal and tending to force its projections toward the inner periphery of said drum as set forth.

12. The combination with a receptacle containing a conducting fluid, a lighter fluid low conductivity and a non-conducting fluid lighter than the others, and means for rotating the receptacle, of a terminal adapted to make and break the circuit by movements between the conducting and non-conducting fluid through the intermediate fluid of low conductivity, as set forth.

NIKOLA TESLA.

Witnesses:
M. LAWSON DYER,
PARKER W. PAGE.

No. 645,576. Patented Mar. 20, 1900.

N. TESLA.

SYSTEM OF TRANSMISSION OF ELECTRICAL ENERGY.

(Application filed Sept. 2, 1897.)

(No Model.)

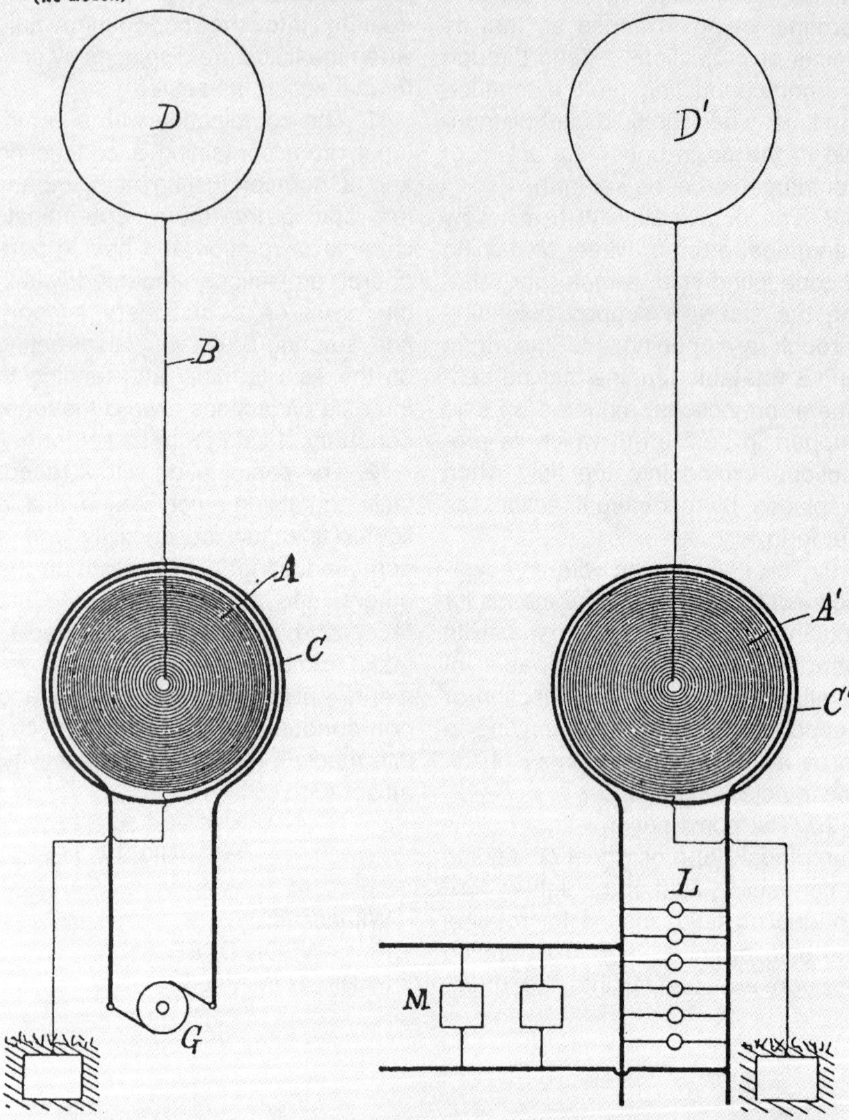


WITNESSES

Drury W. Cooper

M. Lawson Dyer

INVENTOR

Nikola Tesla

BY

Kerr, Curtis & Page

ATTORNEYS.

# UNITED STATES PATENT OFFICE.

NIKOLA TESLA, OF NEW YORK, N. Y.

# SYSTEM OF TRANSMISSION OF ELECTRICAL ENERGY.

SPECIFICATION forming part of Letters Patent No. 645,576, dated March 20, 1900,
Application filed September 2, 1897. Serial No. 650,343. (No model.)

*To all whom it may concern:*

Be it known that I, NIKOLA TESLA, a citizen of the United States, residing at New York, in the county and State of New York, have invented certain new and useful Improvements in Systems of Transmission of Electrical Energy, of which the following is a specification reference being had to the drawing accompanying and forming a part of the same.

It has been well known heretofore that by rarefying the air enclosed in a vessel its insulating properties are impaired to such an extent that it becomes what may be considered as a true conductor, although one of admittedly very high resistance. The practical information in this regard has been derived from observations necessarily limited in their scope by the character of the apparatus or means heretofore known and the quality of the electrical effects producible thereby. Thus it has been shown by William Crookes in his classical researches, which have so far served a as the chief source of knowledge of this subject, that all gases behave as excellent insulators until rarefied to a point corresponding to a barometric pressure of about seventy-five millimeters, and even at this very low pressure the discharge of a high-tension induction-coil passes through only a part of the attenuated gas in the form of a luminous thread or arc, a still further and considerable diminution of the pressure being required to render the entire mass of gas enclosed in a vessel conducting. While this is true in every particular so long as electro-motive or current-impulses such as are obtainable with ordinary forms of apparatus are employed; I have found that neither the general behavior of the gases nor the known relations between electrical conductivity and barometric pressure are in conformity with these observations when impulses are used such as are producible by methods and apparatus devised by me and which have peculiar and hitherto unobserved properties and are of effective electromotive forces, measuring many hundred thousands or millions of volts. Through the continuous perfection of these methods and apparatus and the investigation of the actions of these current-impulses I have been led to the discovery of certain highly-important and useful facts which have hitherto been unknown. Among these and bearing directly upon the subject of my present application are the following: First, that atmospheric or other gases, even under normal pressure, when they are known to behave as perfect insulators, are in a large measure deprived of their dielectric properties by being subjected to the influence of electro-motive impulses of the character and magnitude I have referred to and assume conducting and other qualities which have been so far observed only in gases greatly attenuated or heated to a high temperature, and, second, that the conductivity imparted to the air or gases increases very rapidly both with the augmentation of the applied electrical pressure and with the degree of rarefaction, the law in this latter respect being, however, quite different from that heretofore established. In illustration of these facts a few observation, which I have made with apparatus devised for the purposes here contemplated, may be cited. For example, a conductor or terminal, to which impulses such as those here considered are supplied, but which is otherwise insulated in space and is remote from any conducting-bodies, is surrounded by a luminous flame-like brush or discharge often covering many hundreds or even as much as several thousands of square feet of surface, this striking phenomenon clearly attesting the high degree of conductivity which the atmosphere attains under the influence of the immense electrical stresses to which it is subjected. This influence is, however, not confined to that portion of the atmosphere which is discernible by the eye as luminous and which, as has been the case in some instances actually observed, may fill the space within a spherical or cylindrical envelop of a diameter of sixty feet or more, but reaches out to far remote regions, the insulating qualities of the air being, as I have ascertained, still sensibly impaired at a distance many hundred times that through which the luminous discharge projects from the terminal and in all probability much farther. The distance extends with the increase of the electro-motive force of the impulses with the diminution of the density of the atmosphere, with the elevation of the active terminal above the ground, and also, apparently, in as light measure, with the degree of moisture contained in the air. I have likewise observed that this region of decidedly-noticeable influence continuously enlarges as time goes on, and the discharge is allowed to pass not unlike a conflagration which slowly spreads, this being possibly due to the gradual electrification or ionization of the air or to the formation of less insulating gaseous compounds. It is, furthermore, a fact that such discharges of extreme tensions, approximating those of lightning, manifest a marked tendency to pass upward away from the ground, which may be due to electrostatic repulsion, or possibly to light heating and consequent rising of the electrified or ionized air. These latter observation make it appear probable that a discharge of this character allowed to escape into the atmosphere from a terminal maintained at a great height will gradually leak through and establish a good conducting-path to more elevated and better conducting air strata, a process which possibly takes place in silent lightning discharges frequently witnessed on hot and sultry days. It will be apparent to what an extent the conductivity imparted to the air is enhanced by the increase of the electro-motive force of the impulses when it is stated that in some instances the area covered by the flame discharge mentioned was enlarged more than sixfold by an augmentation of the electrical pressure, amounting scarcely to more than fifty per cent. As to the influence of rarefaction upon the electric conductivity imparted to the gases it is noteworthy that, whereas the atmospheric or other gases begin ordinarily to manifest this quality at something like seventy-five millimeters barometric pressure with the impulses of excessive electro-motive force to which I have referred, the conductivity, as already pointed out, begins even at normal pressure and continuously increases with the degree of tenuity of the gas, so that at, say, one hundred and thirty millimeters pressure, when the gases are known to be still nearly perfect insulators for ordinary electro-motive forces, they behave toward electromotive impulses of several millions of volts like excellent conductors, as though they were rarefied to a much higher degree. By the discovery of these facts and the perfection of means for producing in a safe, economical, and thoroughly-practicable manner current-impulses of the character described it becomes possible to transmit through easily-accessible and only moderately-rarefied strata of the atmosphere electrical energy not merely in insignificant quantities, such as are suitable for the operation of delicate instruments and like purposes, but also in quantities suitable for industrial uses on a large scale up to practically any amount and, according to all the experimental evidence I have obtained, to any terrestrial distance. To conduce to a better understanding of this method of transmission of energy and to distinguish it clearly, both in its theoretical aspect and in its practical bearing, from other known modes of transmission, it is useful to state that all previous efforts made by myself and others for transmitting electrical energy to a distance without the use of metallic conductors, chiefly with the object of actuating sensitive receivers, have been based, in so far as the atmosphere is concerned, upon those qualities which it possesses by virtue of its being an excellent insulator, and all these attempts would have been obviously recognized as ineffective if not entirely futile in the presence of a conducting atmosphere or medium. The utilization of any conducting properties of the air for purposes of transmission of energy has been hitherto out of the question in the absence of apparatus suitable for meeting the many and difficult requirement, although it has long been known or surmised that atmospheric strata at great altitudes -- say fifteen or more miles above sea-level -- are, or should be, in a measure, conducting; but assuming even that the indispensable means should have been produced then still a difficulty, which in the present state of the mechanical arts must be considered as insuperable, would remain -- namely, that of maintaining terminals at elevations of fifteen miles or more above the level of the sea. Through my discoveries before mentioned and the production of adequate means the necessity of maintaining terminals at such inaccessible altitudes is obviated and a practical method and system of transmission of energy through the natural media is afforded essentially different from all those available up to the present time and possessing, moreover, this important practical advantage, that whereas in all such methods or systems heretofore used or proposed but a minute fraction of the total energy expended by the generator or transmitter was recoverable in a distant receiving apparatus by my method and appliances it is possible to utilize by far the greater portion of the energy of the source and in any locality however remote from the same.

Expressed briefly, my present invention, based upon these discoveries, consists then in producing at one point an electrical pressure of such character and magnitude as to cause thereby a current to traverse elevated strata of the air between the point of generation and a distant point at which the energy is to be received and utilized.

In the accompanying drawing a general arrangement of apparatus is diagrammatically illustrated such as I contemplate employing in the carrying out of my invention on an industrial scale -- as, for instance, for lighting distant cities or districts from places where cheap power is obtainable.

Referring to the drawing, A is a coil, generally of many turns and of a very large diameter, wound in spiral form either about a magnetic core or not, as may be found necessary. C is a second coil, formed of a conductor of much larger section and smaller length, wound around and in proximity to the coil A. In the transmitting apparatus the coil A constitutes the high-tension secondary and the coil C the primary of much lower tension of a transformer. In the circuit of the primary C is included a suitable source of current G. One terminal of the secondary A is at the center of the spiral coil, and from this terminal the current is led by a conductor B to a terminal D, preferably of large surface, formed or maintained by such means as a balloon at an elevation suitable for the purposes of transmission, as before described. The other terminal of the secondary A is connected to earth and, if desired, also to the primary in order that the latter may be at substantially the same potential as the adjacent portions of the secondary, thus insuring safety. At the receiving-station a transformer of similar construction is employed; but in this case the coil A´, of relatively thin wire, constitutes the primary and the coil C´, of thick wire or cable, the secondary of the transformer. In the circuit of the latter are included lamps L, motors M, or other devices for utilizing the current. The elevated terminal D´ is connected with the center of the coil A, and the other terminal of said coil is connected to earth and preferably, also, to the coil C´ for the reasons above stated.

It will be observed that in coils of the character described the potential gradually increases with the number of turns toward the center, and the difference of potential between the adjacent turns being comparatively small a very high potential, impracticable with ordinary coils, may be successfully obtained. It will be, furthermore, noted that no matter to what an extent the coils may be modified in design and construction, owing to their general arrangement and manner of connection, as illustrated, those portions of the wire or apparatus which are highly charged will be out of reach, while those parts of the same which are liable to be approached, touched, or handled will be at or nearly the same potential as the adjacent portions of the ground, this insuring, both in the transmitting and receiving apparatus and regardless of the magnitude of the electrical pressure used, perfect personal safety, which is best evidenced by the fact that although such extreme pressures of many millions of volts have been for a number of years continuously experimented with no injury has been sustained neither by myself or any of my assistants.

The length of the thin-wire coil in each transformer should be approximately one-quarter of the wave length of the electric disturbance in the circuit, this estimate being based on the velocity of propagation of the disturbance through the coil itself and the circuit with which it is designed to be used. By way of illustration if the rate at which the current traverses the circuit, including the coil, be one hundred and eighty-five thousand miles per second then a frequency of nine hundred and twenty-five per second would maintain nine hundred and twenty-five stationary waves in a circuit one hundred and eighty five thousand miles long and each wave would be two hundred miles in length. For such a low frequency, to which I shall resort only when it is indispensable to operate motors of the ordinary kind under the conditions above assumed, I would use a secondary of fifty miles in length. By such an adjustment or proportioning of the length of wire in the secondary coil or coils the points of highest potential are made to coincide with the elevated terminals D D´, and it should be understood that whatever length be given to the wires this condition should be complied with in order to attain the best results.

As the main requirement in carrying out my invention is to produce currents of an excessively-high potential, this object will be facilitated by using a primary current of very considerable frequency, since the electro-motive force obtainable with a given length of conductor is proportionate to the frequency; but the frequency of the current is in a large measure arbitrary, for if the potential be sufficiently high and if the terminals of the coils be maintained at the proper altitudes the action described will take place, and a current will be transmitted through the elevated air strata, which will encounter little and possibly even less resistance than if conveyed through a copper wire of a practicable size. Accordingly the construction of the apparatus may be in many details greatly varied; but in order to enable any person skilled in the mechanical and electrical arts to utilize to advantage in the practical applications of my system the experience I have so far gained the following particulars of a model plant which has been long in use and which was constructed for the purpose of obtaining further data to be used in the carrying out of my invention on a large scale are given now. The transmitting apparatus was in this case one of my electrical oscillators, which are transformers of a special type, now well known and characterized by the passage of oscillatory discharges of a condenser through the primary. The source G, forming one of the elements of the transmitter, was a condenser of a capacity of about four one-hundreds of a microfarad and was charged from a generator of alternating currents of fifty thousand volts pressure and discharged by means of a mechanically-operated break five thousand times per second through the primary C. The latter consisted of a single turn of stout stranded cable of inappreciable resistance and of an inductance of about eight thousand centimeters, the diameter of the loop being very nearly two hundred and forty-four centimeters. The total inductance of the primary circuit was approximately ten thousand centimeters so that the primary circuit vibrated generally according to adjustment, from two hundred and thirty thousand to two hundred and fifty thousand times per second. The high-tension coil A in the form of a flat spiral was composed of fifty turns of heavily-insulated cable No. 8 wound in one single layer, the turns beginning close to the primary loop and ending near its center. The outer end of the secondary or high-tension coil A was connected to the ground, as illustrated, while the free end was led to a terminal placed in the rarefied air stratum through which the energy was to be transmitted, which was contained in an insulating-tube of a length of fifty feet or more, within which a barometric pressure varying from about one hundred and twenty to one hundred and fifty millimeters was maintained by means of a mechanical suction-pump. The receiving-transformer was similarly proportioned, the ratio of conversion being the reciprocal of that of the transmitter, and the primary high-tension coil A´ was connected, as illustrated, with the end near the low-tension coil C´ to the ground and with the free end to a wire or plate likewise placed in the rarefied air stratum and at the distance named from the transmitting-terminal. The primary and secondary circuits in the transmitting apparatus being carefully synchronized, an electro-motive force from two to four million volts and more was obtainable at the terminals of the secondary coil A, the discharge passing freely through the attenuated air stratum maintained at the above barometric pressures, and it was easy under these conditions to transmit with fair economy considerable amounts of energy, such as are of industrial moment, to the receiving apparatus for supplying form the secondary coil C´ lamps L or kindred devices. The results were particularly satisfactory when the primary coil or system A´, with its secondary C´, was carefully adjusted, so as to vibrate in synchronism with the transmitting coil or system A C. I have, however, found no difficulty in producing with apparatus substantially the same design and construction electro-motive forces exceeding three or four times those before mentioned and have ascertained that by their means current-impulses can be transmitted through much-denser air strata. By the use of these I have also found it practicable to transmit notable amounts of energy through air strata not in direct contact with the transmitting and receiving terminals, but remote from them, the action of the impulses, in rendering conducting air of a density at which it normally behaves as an insulator, extending, as before remarked, to a considerable distance. The high electro-motive force obtained at the terminals of coil or conductor A was, as will be seen, in the preceding instance, not so much due to a large ration of transformation as to the joint effect of the capacities and inductances in the synchronized circuits, which effect is enhanced by a high frequency, and it will be obviously understood that if the latter be reduced a greater ratio of transformation should be resorted to, especially in cases in which it may be deemed of advantage to suppress as much as possible, and particularly in the transmitting-coil A, the rise of pressure due to the above effect and to obtain the necessary electro-motive force solely by a large transformation ratio.

While electro-motive forces such as are produced by the apparatus just described may be sufficient for many purposes to which my system will or may be applied, I wish to state that I contemplate using in an industrial undertaking of this kind forces greatly in excess of these, and with my present knowledge and experience in this novel field I would estimate them to range from twenty to fifty million volts and possibly more. By the use of these much greater forces larger amount of energy may be conveyed through the atmosphere to remote places or regions, and the distance of transmission may be thus extended practically without limit.

As to the elevation of the terminals D D´ it is obvious that it will be determined by a number of things, as by the amount and quality of the work to be performed, by the local density and other conditions of the atmosphere, by the character of the surrounding country, and such considerations as may present themselves in individual instances. Thus if there be high mountains in the vicinity the terminals should be at a greater height, and generally they should always be, if practicable, at altitudes much greater than those of the highest objects near them in order to avoid as much as possible the loss by leakage. In some cases when small amounts of energy are required the high elevation of the terminals, and more particularly of the receiving-terminal D´, may not be necessary, since, especially when the frequency of the currents is very high, a sufficient amount of energy may be collected at that terminal by electrostatic induction from the upper air strata, which are rendered conducting by active terminal of the transmitter or through which the currents from the same are conveyed.

With reference to the facts which have been pointed out above it will be seen that the altitudes required for the transmission of considerable amounts of electrical energy in accordance with this method are such as are easily accessible and at which terminals can be safely maintained, as by the aid of captive balloons supplied continuously with gas from reservoirs and held in position securely by steel wires or by any other means, devices, or expedients, such as may be contrived and perfected by ingenious and skilled engineers. From my experiments and observations I conclude that with electromotive impulses not greatly exceeding fifteen or twenty million volts the energy of many thousands of horsepower may be transmitted over vast distances, measured by many hundreds and even thousands of miles, with terminals not more than thirty-five thousand feet above the level of the sea, and even this comparatively-small elevation will be required chiefly for reasons of economy, and, if desired, it may be considerably reduced, since by such means as have been described practically any potential that is desired may be obtained, the currents through the air strata may be rendered very small, whereby the loss in the transmission may be reduced.

It will be understood that the transmitting as well as the receiving coils, transformers, or other apparatus may be in some cases movable -- as, for example, when they are carried by vessels floating in the air or by ships at sea. In such a case, or generally, the construction of one of the terminals of the high-tension coil or coils to the ground may not be permanent, but may be intermittently or inductively established, and any such or similar modification I shall consider as within the scope of my invention.

While the description here given contemplates chiefly a method and system of energy transmission to a distance through the natural media for industrial purposes, the principle which I have herein disclosed and the apparatus which I have shown will obviously have many other valuable uses -- as, for instance, when it is desired to transmit intelligible messages to great distances, or to illuminate upper strata of air, or to produce, designedly, any useful changes in the condition of the atmosphere, or to manufacture from the gases of the same products, as nitric acid, fertilizing compounds, or the like, by the action of such current-impulses, for all of which and for many other valuable purposes they are eminently suitable, and I do not wish to limit myself in this respect. Obviously, also, certain features of my invention here disclosed will be useful as disconnected from the method itself -- as, for example, in other systems of energy transmission, for whatever purpose they may be intended, the transmitting and receiving transformers arranged and connected as illustrated, the feature of a transmitting and receiving coil or conductor, both connected to the ground and to an elevated terminal and adjusted so as to vibrate in synchronism, the proportioning of such conductors or coils, as above specified, the feature of a receiving-transformer with its primary connected to earth and to an elevated terminal and having the operative devices in its secondary, and other features or particulars, such as have been described in this specification or will readily suggest themselves by a perusal of the same.

I do not claim in this application a transformer for developing or converting currents of high potential in the form herewith shown and described and with the two coils connected together, as and for the purpose set forth, having made these improvement the subject of a patent granted to me November 2, 1897, No. 593,138, nor do I claim herein the apparatus employed in carrying out the method of this application when such apparatus is specially constructed and arranged for securing the particular object sought in the present invention, as these last-named features are made the subject of an application filed as a division of this application on February 19, 1900, Serial No. 5,780.

What I now claim is --

1. The method hereinbefore described of transmitting electrical energy through the natural media, which consists in producing at a generating-station a very high electrical pressure, causing thereby a propagation or flow of electrical energy, by conduction, through the earth and the air strata, and collecting or receiving at a distant point the electrical energy so propagated or caused to flow.

2. The method hereinbefore described of transmitting electrical energy, which consist in producing at a generating-station a very high electrical pressure, conducting the current caused thereby to earth and to a terminal at an elevation at which the atmosphere serves as a conductor therefor, and collecting the current by

a second elevated terminal at a distance from the first.

3. The method hereinbefore described of transmitting electrical energy through the natural media, which consists in producing between the earth and a generator-terminal elevated above the same, at a generating-station, a sufficiently-high electro-motive force to render elevated air strata conducting, causing thereby a propagation or flow of electrical energy, by conduction, through the air strata, and collecting or receiving at a point distant from the generating-station the electrical energy so propagated or caused to flow.

4. The method hereinbefore described of transmitting electrical energy through the natural media, which consists in producing between the earth and a generator-terminal elevated above the same, at a generating-station, a sufficiently-high electro-motive force to render the air strata at or near the elevated terminal conducting, causing thereby a propagation or flow of electrical energy, by conduction, through the air strata, and collecting or receiving at a point distant from the generating-station the electrical energy so propagated or caused to flow.

5 The method hereinbefore described of transmitting electrical energy through the natural media, which consists in producing between the earth and a generator-terminal elevated above the same, at a generating-station, electrical impulses of a sufficiently-high electro-motive force to render elevated air strata conducting, causing thereby current-impulses to pass, by conduction, through the air strata, and collecting or receiving at a point distant from the generating-station, the energy of the current-impulses by means of a circuit synchronized with the impulses.

6. The method hereinbefore described of transmitting electrical energy through the natural media, which consists in producing between the earth and a generator-terminal elevated above the same, at a generating-station, electrical impulses of a sufficiently-high electro-motive force to render the air strata at or near the elevated terminal conducting, causing thereby current-impulses to pass through the air strata, and collecting or receiving at a point distant from the generating-station the energy of the current-impulses by means of a circuit synchronized with the impulses.

7. The method hereinbefore described of transmitting electrical energy through the natural media, which consists in producing between the earth and a generator-terminal elevated above the same, at a generating-station, electrical impulses of a wave length so related to the length of the generating circuit or conductor as to produce the maximum potential at the elevated terminal, and of sufficiently-high electro-motive force to render elevated air strata conducting, causing thereby a propagation of electrical impulses through the air strata, and collecting or receiving at a point distant from the generating-station the energy of such impulses by means of a receiving-circuit having a length of conductor similar-

ly related to the wave length of the impulses.

8. The method hereinbefore described of transmitting electrical energy through the natural media, which consists in producing between the earth and a generator-terminal elevated above the same, at a generating-station, a sufficiently-high electro-motive force to render elevated air strata conducting, causing thereby a propagation or flow of electrical energy through the air strata, by conduction, collecting or receiving the energy so transmitted by means of a receiving-circuit at a point distant from the generating-station, using the receiving-circuit to energize a secondary circuit, and operating translating devices by means of the energy so obtained in the secondary circuit.

9. The method hereinbefore described of transmitting electrical energy through the natural media, which consists in generating current-impulses of relatively-low electro-motive force at a generating-station, utilizing such impulses to energize the primary of a transformer, generating by means of such primary circuit-impulses in a secondary surrounding by the primary and connected to the earth and to an elevated terminal, of sufficiently-high electro-motive force to render elevated air strata conducting, causing thereby impulses to be propagated through the air strata, collecting or receiving the energy of such impulses, at a point distant from the generating-station, by means of a receiving-circuit connected to the earth and to an elevated terminal, and utilizing the energy so received to energize a secondary circuit of low potential surrounding the receiving-circuit.

NIKOLA TESLA.

Witnesses:
M. LAWSON DYER,
G. W. MARTLING.

No. 649,621. Patented May 15, 1900

N. TESLA.

(No Model.) APPARATUS FOR TRANSMISSION OF ELECTRICAL ENERGY.

(Application filed Feb. 19, 1900.)

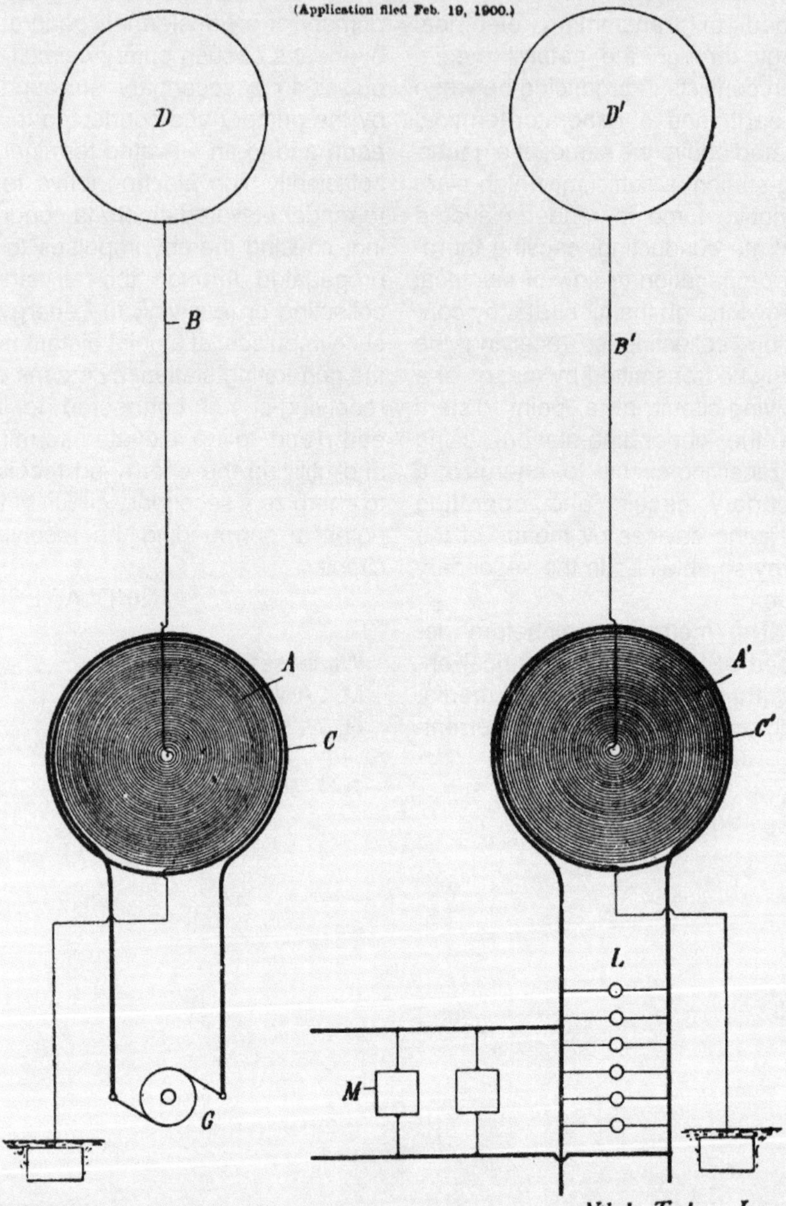


Witnesses:
Benjamin Miller
G. W. Martling

Nikola Tesla, Inventor

by Kerr, Page & Cooper Attys

# UNITED STATES PATENT OFFICE.

NIKOLA TESLA, OF NEW YORK, N. Y.

## APPARATUS FOR TRANSMISSION OF ELECTRICAL ENERGY.

SPECIFICATION forming part of Letters Patent No. 649,621, dated May 15, 1900.
Application filed September 2, 1897. Divided and this application filed February 19, 1900.
Serial No. 5,780. (No model.)

*To all whom it may concern:*

Be it known that I, NIKOLA TESLA, a citizen of the United States, residing at the borough of Manhattan, in the city of New York, county and State of New York, have invented certain new and useful Improvements in Apparatus for the Transmission of Electrical Energy, of which the following is a specification reference being had to the drawing accompanying and forming a part of the same.

This application is a division of an application filed by me on September 2, 1897, Serial No. 650,343, entitled "Systems of Transmissions of Electrical Energy," and is based upon new and useful features and combinations of apparatus shown and described in said application for carrying out the method therein disclosed and claimed.

The invention which forms the subject of my present application comprises a transmitting-coil or conductor in which electrical currents or oscillators are produced and which is arranged to cause such currents or oscillations to be propagated by conduction through the natural medium from one point to another remote therefrom and a receiving-coil or conductor at such distant point adapted to be excited by the oscillations or currents propagated from the transmitter.

This apparatus is shown in the accompanying drawing, which is a diagrammatic illustration of the same.

A is a coil, generally of many turns and of a very large diameter, wound in spiral form either about a magnetic-core or not, as may be desired. C is a second coil formed by a conductor of much larger size and smaller length wound around and in proximity to the coil A.

The apparatus at one point is used as a transmitter, the coil A in this case constituting a high-tension, secondary, and the coil C the primary, of much lower tension, of a transformer. In the circuit of the primary C is included a suitable source of current G. One terminal of the secondary A is at the center of the spiral coil, and from this terminal the current is led by a conductor B to a terminal D, preferably of large surface, formed or maintained by such means as a balloon at an elevation suitable for the purposes of transmission. The other terminal of the secondary A is connected to earth, and, if desired, to the primary also, in order that the latter may be at substantially the same potential as the adjacent portions of the secondary, thus insuring safety. At the receiving-station a transformer of similar construction is employed; but in this case the longer coil A' constitutes the primary, and the shorter coil C' the secondary, of the transformer. In the circuit of the latter are connected lamps L, motors M, or other devices for utilizing the current. The elevated terminal D' connects with the center of the coil A', and the other terminal of said coil is connected to earth and preferably, also, to the coil C' for the reasons above stated.

The length of the thin-wire coil in each transformer should be approximately one-quarter of the wave length of the electric disturbance in the circuit, this estimate being based on the velocity of propagation of the disturbance through the coil itself and the circuit with which it is designed to be used. By way of illustration, if the rate at which the current traverses the circuit including the coil be one hundred and eighty-five thousand miles per second then a frequency of nine hundred and twenty-five per second would maintain nine hundred and twenty-five stationary waves in a circuit one hundred and eighty-five thousand miles long and each wave would be two hundred miles in length.

For such a low frequency, which would be resorted to only when it is indispensable for the operation of motors of the ordinary kind under the conditions above assumed, I would use a secondary of fifty miles in length. By such an adjustment or proportioning of the length of wire in the secondary coil or coils the points of highest potential are made to coincide with the elevated terminals D D', and it should be understood that whatever length be given to the wires this requirement should be complied with in order to obtain the best results.

It will be readily understood that when the above-prescribed relations exist the best conditions for resonance between the transmitting and receiving-circuits are attained, and owing to the fact that the points of highest potential in the coils or conductors A A' are coincident with the elevated terminals the maximum flow of current will take place in the two coils, and this, further, necessarily implies that the capacity and inductance in each of the circuits have such values as to secure the most perfect condition of synchronism with the impressed oscillations.

When the source of current G is in operation and produces rapidly pulsating or oscillating currents in the circuit of coil C, corresponding induced currents of very much high potential are generated in the secondary coil A, and since the potential in the same gradually increases with the number of turns toward the center and the difference of potential between the adjacent turns is comparatively small a very high potential impracticable with ordinary coils may be successively obtained.

As the main object for which the apparatus is designed is to produce a current of excessively-high potential, this object is facilitated by using a primary current of very considerable frequency; but the frequency of the currents is in a large measure arbitrary, for if the potential be sufficiently high and the terminals of the coils be maintained at the proper elevation where the atmosphere is rarefied the stratum of air will serve as a conducting medium for the current produced and the latter will be transmitted through the air, with, it may be, even less resistance than through an ordinary conductor.

As to the elevation of the terminals D D', it is obvious that this is a matter which will be determined by a number of things, as by the amount and quality of the work to be performed, by the condition of the atmosphere, and also by the character of the surrounding country. Thus if there be high mountains in the vicinity the terminals should be at a greater height, and generally they should always be at an altitude much greater than that of the highest objects near them. Since by the means described practically any potential that is desired may be produced, the currents through the air strata may be very small, thus reducing the loss in the air.

The apparatus at the receiving-station responds to the currents propagated from the transmitter in a manner which will be well understood from the foregoing description. The primary circuit of the receiver -- that is, the thin-wire coil A´ -- is excited by the currents propagated by conduction through the intervening natural medium from the transmitter, and these currents induce in the secondary coil C' other currents which are utilized for operating the devices included in the circuit thereof.

Obviously the receiving-coils, transformers, or other apparatus may be movable -- as, for instance, when they are carried by a vessel floating in the air or by a ship at sea. In the former case the connection of one terminal of the receiving apparatus to the ground might not be permanent, but might be intermittently or inductively established without departing from the spirit of my invention.

It is to be noted that the phenomenon here involved in the transmission of electrical energy is one of true conduction and is not to be confounded with the phenomena of electrical radiation which have heretofore been observed and which from the very nature and mode of propagation would render practically impossible the transmission of any appreciable amount of energy to such distances as are of practical importance.

What I now claim as my invention is --

1. The combination with a transmitting-coil or conductor connected to ground and to an elevated terminal respectively, and means for produc-

ing therein electrical currents or oscillations, of a receiving-coil or conductor similarly connected to ground and to an elevated terminal, at a distance from the transmitting-coil and adapted to he excited by currents caused to be propagated from the same by conduction through the intervening natural medium, a secondary conductor in inductive relation to the receiving-conductor and devices for utilizing the current in the circuit of said secondary conductor, as set forth.

2. The combination with a transmitting-coil or conductor having its ends connected to ground and to an elevated terminal respectively, a primary coil in inductive relation thereto and a source of electrical oscillations in said primary circuit, of a receiving-conductor or coil having its ends connected to ground and to an elevated terminal respectively and adapted to be excited by currents caused to be propagated from the transmitter through the natural medium and a secondary circuit in inductive relation to the receiving-circuit and receiving-devices connected therewith, as set forth.

3. The combination with a transmitting-instrument comprising a transformer having its secondary connected to ground and to an elevated terminal respectively, and means for impressing electrical oscillations upon its primary, of a receiving-instrument comprising a transformer having its primary similarly connected to ground and to an elevated terminal, and a translating device connected with its secondary, the capacity and inductance of the two transformers having such values as to secure synchronism with the impressed oscillations, as set forth.

4. The combination with a transmitting-instrument comprising an electrical transformer having its secondary connected to ground and to an elevated terminal respectively, and means for impressing electrical oscillations upon its primary, of a receiving-instrument comprising a transformer having its primary similarly connected to ground and to an elevated terminal, and a translating device connected with its secondary, the capacity and inductance of the secondary of the transmitting and primary of the receiving-instruments having such values as to secure synchronism with the impressed oscillations as set forth.

5. The combination with a transmitting-coil or conductor connected to ground and an elevated terminal respectively, and means for producing electrical currents or oscillations in the same, of a receiving-coil or conductor similarly connected to ground and to an elevated terminal and synchronized with the transmitting-coil or conductor, as set forth.

6. The combination with a transmitting instrument comprising an electrical transformer, having its secondary connected to ground and to an elevated terminal respectively, of a receiving-instrument comprising a transformer, having its primary similarly connected to ground and to an elevated terminal, the receiving-coil being synchronized with that of the transmitter, as set forth.

7. The combination with a transmitting-coil or conductor connected to ground and to an elevated terminal respectively, and means for producing electrical currents or oscillations in the same, of a receiving-coil or conductor similarly connected to ground and to an elevated terminal, the said coil or coils having a length equal to one-quarter of the wave length of the disturbances propagated, as set forth.

8. The combination with a transmitting coil or conductor connected to ground and to an elevated terminal respectively, and adapted to cause the propagation of currents or oscillations by conduction through the natural medium, of a receiving-circuit similarly connected to ground and to an elevated terminal, and of a capacity and inductance such that is period of vibration is the same as that of the transmitter, as set forth.

9. The transmitting or receiving-circuit herein described, connected to ground and an elevated terminal respectively, and arranged in such manner that the elevated terminal is charged to the maximum potential developed in the circuit, as set forth.

10. The combination with a transmitting-coil or conductor connected to ground and to an elevated terminal respectively of a receiving-circuit having a period of vibration corresponding to that of the transmitting-circuit and similarly connected to ground and to an elevated terminal and so arranged that the elevated terminal is charged to the highest potential developed in the circuit, as set forth.

NIKOLA TESLA.

Witnesses:
PARKER W. PAGE,
MARCELLUS BAILEY.

No. 609,245. N. TESLA. Patented Aug. 16, 1898.

ELECTRICAL CIRCUIT CONTROLLER.

(No Model.) (Application filed Dec. 2, 1897.)

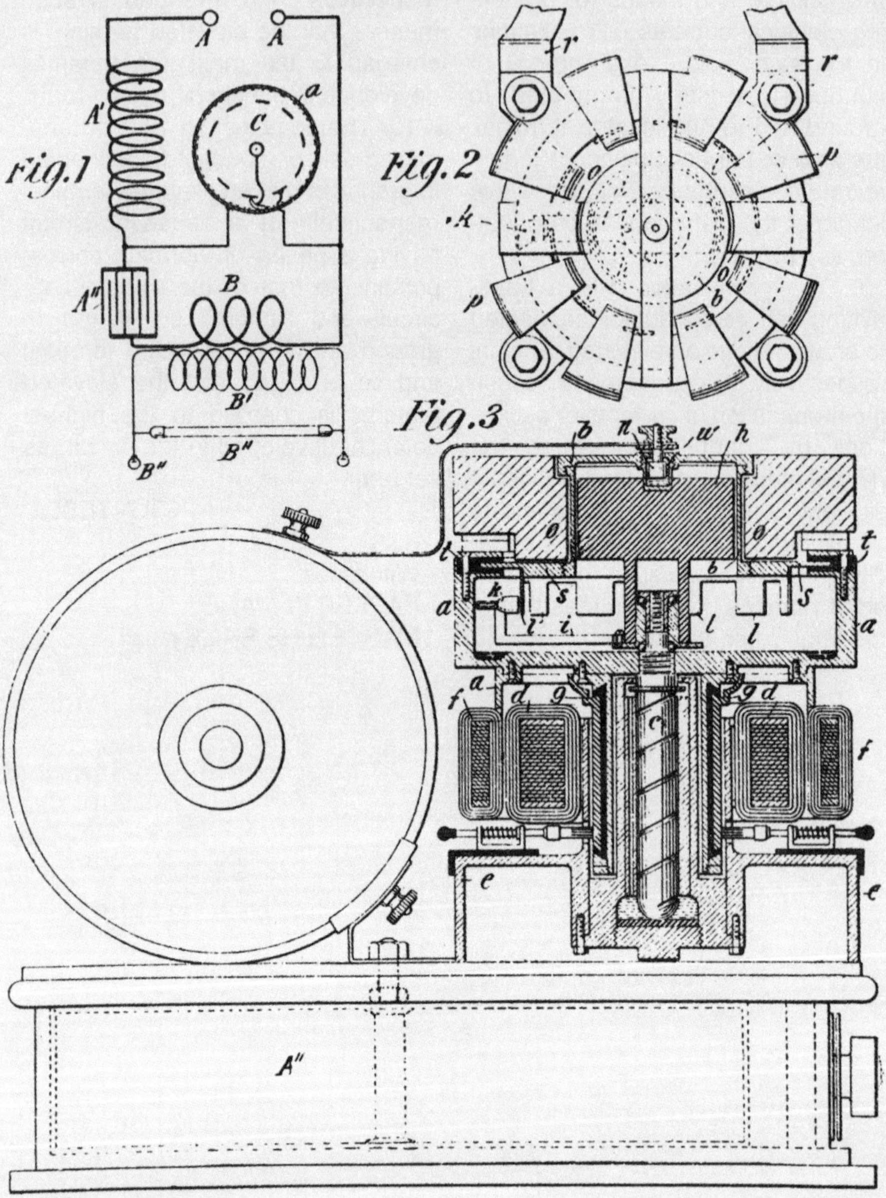


Witnesses:
Raphaël Netter
M Lawson Dyer.

Nikola Tesla, Inventor
by Kerr, Curtis & Page Attys.

# UNITED STATES PATENT OFFICE.

NIKOLA TESLA, OF NEW YORK, N. Y.

## ELECTRICAL-CIRCUIT CONROLLER.

SPECIFICATION forming part of Letters Patent No. 609,245, dated August 16, 1898.
Application filed December 2, 1897. Serial No. 660,518. (No model.)

*To all whom it may concern:*

Be it known that I, NIKOLA TESLA, residing at New York, in the county and State of New York, have invented certain new and useful Improvements in Electrical-Circuit Controllers, of which the following is a specification, reference being had to the drawings accompanying and forming a part of the same.

In every form of electrical apparatus involving a means for making and breaking, more or less abruptly, a circuit a waste of energy occurs during the periods of make or break, or both, due to the passage of the current through an arc formed between the receding or approaching terminal or contacts, or, more generally, through a path of high resistance. The tendency of the current to persist after the actual disjunction or to precede the conjunction of the terminal exists in varying degrees in different forms of apparatus, according to the special conditions present. For example, in the case of an ordinary induction-coil the tendency to the formation of an arc at the break is, as a rule, the greater, while in certain forms of apparatus I have invented in which the discharge of a condenser is utilized this tendency is greatest at the instant immediately proceding the conjunction of the contacts of the circuit-controller which effects the discharge of the condenser.

The loss of energy occasioned by the causes mentioned may be very considerable and is generally such as to greatly restrict the use of the circuit-controller and render impossible a practical and economical conversion of considerable amounts of electrical energy by its means, particularly in cases in which a high frequency of the makes and breaks is required.

Extended experiment and investigation conducted with the aim of discovering a means for avoiding the loss incident to the use of ordinary forms of circuit-controllers have led me to recognize certain laws governing the waste of energy and making it dependent chiefly on the velocity with which the terminal approach and recede from one another and also more or less on the form of the current-wave. Briefly stated, from both theoretical considerations and practical experiment it appears that the loss of energy in any device for making and breaking a circuit, other conditions being the same, is inversely proportional rather to the square than to the first power of the speed or relative velocity of the terminal in approaching and receding from one another in an instant in which the current-curve is not so steep as to materially depart from one which may be represented by a sine function of the time; but such a case seldom obtains in practice. On the contrary, the current-curve resulting from a make and break is generally very steep and particularly so when, as in my system, the circuit-controller effects the charging and discharging of a condenser, and consequently the loss of energy is still more rapidly reduced by increased velocity of approach and separation. The demonstration of these facts and the recognition of the impossibility of attaining the desired results by using ordinary forms of circuit-controllers led me to invent new and essentially different means for making and breaking a circuit in which I have utilized a conducting fluids such as mercury, as the material for one or both of the terminals and devised novel means for effecting a rapidly-intermittent contact between the fluid and a conductor or series of conductors forming the other terminal.

With a view, however, to securing a more practical and efficient circuit-controller in which not only the relative speed of the terminals but also the frequency of the makes and breaks should be very high I devised the form of instrument described in an application, filed by me June 3, 1897, Serial No. 639,227, in which a receptacle is rotated to impart a rapid movement to a body of conducting fluid contained herein, which is brought in rapidly-intermittent contact with a conductor having peripheral projections extending into the fluid, the movement of the latter being conveniently utilized to rotate the conductor. Such a device, though meeting fully many requirements in practice, is nevertheless subject to certain limitations in the matter of attaining a high relative speed of approach and separation of the terminals, since the path of movement of the conducting projections is not directly away from and toward the fluid, but more or less tangential to the surface of the latter, the velocity of approach and separation being of course the smaller the greater the diameter of the rotated conductor or terminal.

With the object of securing a greater relative speed of the terminals and a consequently more efficient form of circuit-controller of this type I devised the modified form of apparatus which constitutes the subject of my present application.

In this apparatus one of the members or terminals is a conducting fluid which is caused to issue from an orifice against a series of spaced conductors in rapid succession. For this purpose the series of conductors, or it may be a single conductor, is moved transversely through the stream or jet of fluid, or the jet is moved so as to impinge upon the conductors, or both jet and conductors are moved. This is preferably accomplished by mounting the conductors and the tube or duct from which the fluid issues concentrically and revolving one or both.

The chief feature of novelty which distinguishes the apparatus and in which my improvement resides is the plan adopted for maintaining the stream or jet of conducting fluid. This consists in utilizing the same power that actuates or drives the circuit-controller in effecting the necessary relative movement of its terminals to maintain the proper circulation of the conducting fluid by combining the two mechanisms (the controller and the means for maintaining a circulation of the conducting fluid) in one. This feature is of great practical advantage and may be effected in many ways. A typical arrangement for this purpose is to provide a tube or duct having an orifice at one end directed toward the spaced conductors and its other end in a position to take up a portion of the rapidly-rotating body of conducting fluid, divert it through the duct, and discharge it against the conductors. With this object when a closed receptacle is used a holder for the tube is employed, mounted within the receptacle and concentrically therewith, and this holder, when the receptacle is revolved, is held or influenced by any suitable means, as by magnetic attraction exerted from the outside or otherwise, in such manner as to keep it either in a fixed position or impress upon it a velocity different from that of the rotated fluid.

Such other improvements in details as I have devised and applied to the construction and operation of my improved circuit-controller will he more fully hereinafter described; but from the above general statement of the nature of the device it will be observed that by means of the same the velocity of relative movement of the two parts or elements may be enormously increased and the duration of the arc or discharge between them at the periods of make and break thereby greatly reduced without material increase in the power required to effect it and without impairing the quality of contact or deteriorating the terminals.

In the drawings hereto annexed, Figure 1 is a diagram illustrating the system for which the improvement was more especially designed. Fig. 2 is a top plan view of the circuit-controller. Fig. 3 is a view showing the induction-coil of Fig. 1 with its condenser-case in side elevation and the circuit-controller in vertical central section.

The general scheme of the system for use with which my improved circuit-controller is more especially designed will be understood by a brief reference to Fig 1. In said figure,

A A represent the terminals of a source of current. A' is a self-induction or choking-coil included in one branch of the circuit and permanently connected to one side of a condenser A". The opposite terminal of this condenser is connected to the other terminal of the source through the primary B of a transformer, the secondary B' of which supplies the working-circuit containing any suitable translating devices, as B".

The circuit-controller C, which is represented conventionally, operates to make and break a bridge from one terminal of the source to a point between the choking-coil A' and the condenser A", from which it will result that when the circuit is completed through the controller the choking-coil A' is short-circuited and stores energy which is discharged into the condenser when the controller-circuit is broken, to be in turn discharged from the condenser through the primary B when these two are short-circuited by the subsequent completion of the controller-circuit.

I refer now to Figs. 2 and 3 for an illustration of the more important and typical features of my improved circuit-controller. The parts marked *a* compose a closed receptacle of cylindrical form having a dome or extension of smaller diameter. The receptacle is secured to the end of a spindle *c*, which is mounted vertically in bearings of any character suitable for the purpose. As it is intended to impart a rapid rotation to the receptacle *a*, I have shown a convenient device for this purpose comprising a field-magnet *d*, secured to the base or frame *e*, and an annular-armature *f*, secured to the receptacle *a*. The coils of the armature are connected with the plates *g* of a commutator secured to the receptacle *a* and made in cylindrical form so as to surround the socket in which the spindle *c* is stepped. A body of magnetic material *h*, which serves as an armature, is mounted on antifriction-bearings on an extension of the spindle *c*, so that the receptacle and the body *h* may have freely independent movements of rotation. Surrounding the dome *b*, in which the armature *h* is contained, is a core with pole-pieces *o*, which are magnetized by coils *p* wound on the core. The said core is stationary, being supported by arms *r*, Fig. 2, independently of the receptacle, so that when the receptacle is rotated and the core energized the attractive force exerted by the poles *o* upon the armature *h* within the receptacle *a* holds the said armature against rotation. To prevent loss from currents set up in the shell of the dome *b*, the latter should be made of German silver or other similar precaution taken. An arm *i* is secured to the armature *h* within the receptacle *a* and carries at its end a short tube *k*, bent, as shown in Fig. 2, so that one open end is tangential to the receptacle-wall and the other directed toward the center of the same. Secured to the top plate of the receptacle *a* are a series of conducting-plates *l*. The part of the top plate *s* from which said conducting-plates *l* depends is insulated from the receptacle proper by insulating packing-rings *t*, but is electrically connected with the dome *b*, and in order to maintain electrical connection from an external circuit to the conductors *l* a mercury-cup *w* is set in the top of the dome, into which cup extends a stationary terminal plug *n.* A small quantity of a conducting fluid, such as mercury, is put into the receptacle *a*, and when the latter is rotated the mercury by centrifugal action is forced out toward its periphery and rises up along its inner wall. When it reaches the level of the open-mouthed tube *k*, a portion is taken up by the latter, which is stationary, and forced by its momentum through the tube and discharged against the conductors *l* as the latter pass in rapid succession by the orifice of said tube. In this way the circuit between the receptacle and the conductors *l* is completed during the periods in which the stream or jet of mercury impinges upon any of the conductors *l* and broken whenever the stream is discharged through the spaces between the conductors.

From the nature of the construction and mode of operation of the above-described apparatus it is evident that the relative speed of separation and approach of the two elements or terminals (the jet and the conductors *l*) may be extremely high, while such increased speed affects in no material respect the quality of contact.

A circuit-controller of the kind described is applicable and useful in many other systems and apparatus than that particularly described herein, and may be greatly modified in construction without departure from the invention.

I am aware that a jet or stream of conducting fluid has heretofore been employed as a means for completing an electric circuit, and I do not claim, broadly, the employment of a conducting fluid in such form as a contact or terminal; but so far as I am aware both purpose for which I employ such form of contact or terminal and the manner in which I apply it are wholly of my invention, neither having been heretofore proposed.

What I claim is --

1. The combination with a receptacle of a conductor or series of spaced conductors, a nozzle or tube for directing a jet or stream of fluid against the same, the nozzle and conductor being capable of movement relatively to each other, and means for maintaining a circulation of conducting fluid, contained in the receptacle, through the said nozzle, and dependent for operation upon such relative movement, as set forth.

2. The combination with a closed receptacle of a conductor or series of spaced conductors, a nozzle or tube for directing a jet or stream of fluid against the same, and means for forcing a conducting fluid contained in the receptacle through the said nozzle, these parts being associated within the receptacle and adapted to he operated by the application of a single actuating power, as set forth.

3. The combination with a receptacle containing a series of spaced conductors, a duct within the receptacle having one of its ends directed toward the said conductors, means for maintaining a rapid movement of

relative rotation between the said end and the conductors and means for maintaining a circulation of a conducting fluid contained in the receptacle through the duct against the conductors, the said conductors and jet constituting respectively the terminals or elements of an electric-circuit controller.

4. The combination with a receptacle capable of rotation and containing a series of spaced conductors, a duct within the receptacle having an orifice directed toward the said conductors, and an open end in position to take up a conducting fluid from a body of the same contained in the receptacle, when the latter is rotated, and direct it against the conductors, the said conductors and the fluid constituting the terminal or elements of an electric-circuit controller.

5. The combination with a receptacle for containing a conducting fluid and a series of spaced conductors thereon, of a duct having an orifice directed toward the said conductors and forming a conduit through which the fluid when the receptacle is rotated is forced and thrown upon the conductors.

6. The combination with a receptacle capable of rotation, and a series of conductors mounted herein, of a duct having an orifice directed toward the conductors, a holder for said duct mounted on hearings within the receptacle which permit of a free relative rotation of said receptacle and holder, and means for opposing the rotation of the said holder in the direction of the movement of the fluid while the receptacle is rotated, whereby the I conducting fluid within the receptacle will be caused to flow through the duet against the conductors.

7. The combination with a receptacle and a motor for rotating the same, of a magnetic body mounted in the receptacle, a magnet exterior to the receptacle for maintaining the body stationary while the receptacle rotates a series of conductors in the receptacle and a duct carried by the said magnetic body and adapted to take up at one end a conducting fluid in the receptacle when the latter rotates and to direct such fluid from its opposite end against the series of conductors.

8. The combination with a receptacle for containing a conducting fluid, a series of spaced conductors within the same, and a motor, the armature of which is connected with the receptacle so as to impart rotation thereto, a magnetic body capable of turning freely within the receptacle about an axis concentric with that of the latter, a duct carried by the said body having one end in position to take up the conducting fluid and the other in position to discharge it against the spaced conductors, and a magnet exterior to the receptacle for holding the magnetic body stationary when the receptacle is rotated.

NIKOLA TESLA.

Witnesses:

M. LAWSON DYER,
G. W. MARTLING.

No. 611,719. Patented Oct. 4, 1898.

N. TESLA.

ELECTRICAL CIRCUIT CONTROLLER.

(Application filed Dec. 10, 1897.)

(No Model.)

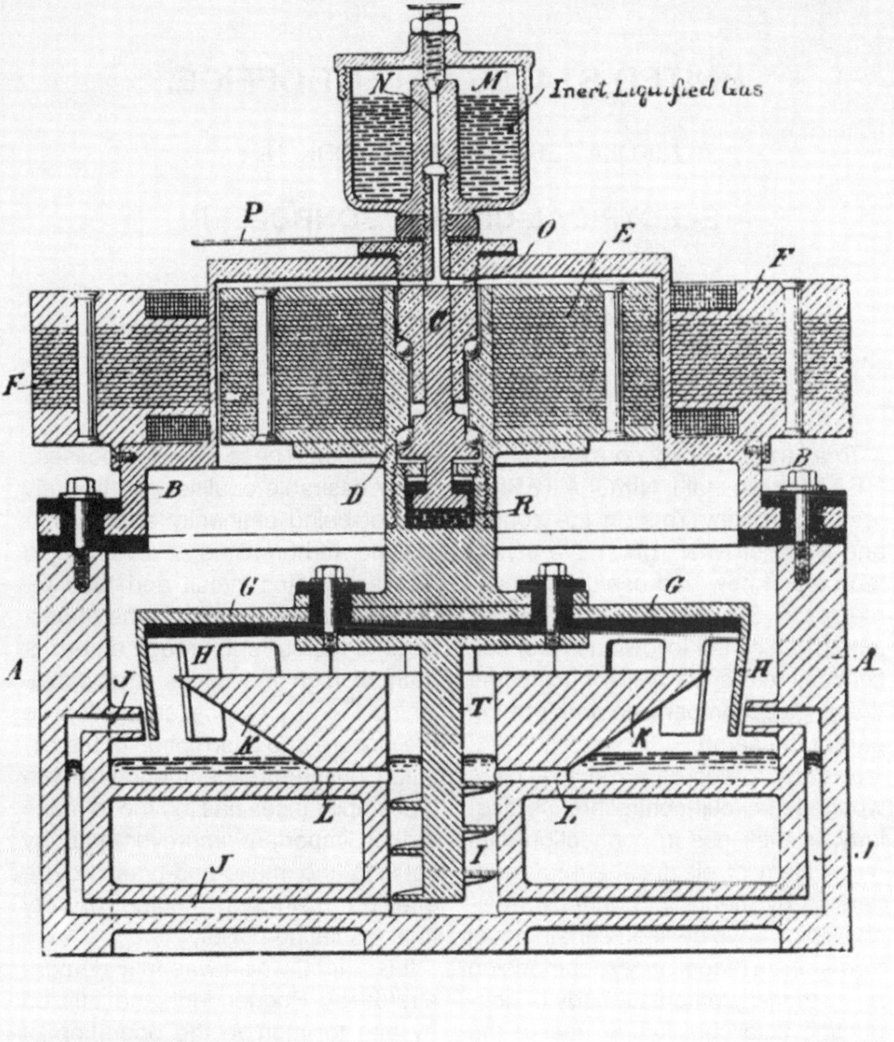


Witnesses:
Raphaël Netter
Edwin B. Hopkinson

Nikola Tesla, Inventor
by Kerr, Curtis & Page Att'ys

# UNITED STATES PATENT OFFICE.

NIKOLA TESLA, OF NEW YORK, N. Y.

## ELECTRICAL-CIRCUIT CONROLLER.

SPECIFICATION forming part of Letters Patent No. 611,719, dated October 4, 1898.
Application filed December 10, 1897. Serial No. 661,403. (No model.)

*To all whom it may concern:*

Be it known that I, NIKOLA TESLA, residing at New York, in the county and State of New York, have invented certain new and useful Improvements in Electrical-Circuit Controllers, of which the following is a specification, reference being had to the drawings accompanying and forming part of the same.

In order to secure a more efficient working of circuit-controllers, particularly, in their use in connection with my system of electrical-energy conversion by means of condenser-discharges, I have devised certain novel forms of such appliances, comprising as essential elements a body of conducting fluid constituting one of the terminals, a conductor or series of conductors forming the other terminal, and means for bringing the two into rapidly-intermittent contact with each other. These devices possess many desirable qualities, particularly that of being eminently adapted for making and breaking at a very rapid rate an electric circuit and thus reducing to a minimum the time of passage of the current through an arc or path of high resistance and diminishing thereby the losses incident to the closure and interruption of the circuit. Continued experimentation with these appliances has led me to make further important improvements by causing the make-and-brake to be effected in an inert medium of very high insulating power.

It is a fact, which was fully demonstrated by Poggendorff and utilized by him to improve the operation of induction-coils, that when the contact-points of a circuit-breaker are enclosed in a vessel and the latter exhausted to a high degree the interruption of the current is rendered more sudden, as if a condenser were connected around the break. Furthermore, my own investigations have shown that under such conditions the closure also is more sudden, and this to even a greater degree than the break, which result I attribute to the high insulating quality of the vacuous space, in consequence of which the electrodes may be brought in very close proximity before an arc can be formed between them. Obviously these facts may be utilized in connection with my novel circuit-controllers; but inasmuch as only a very moderate improvement is secured in this manner and as the high vacuum required is quickly destroyed and cannot be maintained, unless by a continuous process of rarefaction and other inconvenient measures, I have found it desirable to employ more effective and practical means to increase the efficiency of the devices in question. The measures I have adopted for this purpose have resulted from my recognition of certain ideal qualifications of the medium wherein to effect a make-and-break. These may be summed up as follows: First, the medium by which the contact-points are surrounded should have as high an insulating quality as possible, so that the terminals may be approached to an extremely short distance before the current leaps across the intervening space; second, the closing up or repair of the injured dielectric, or, in other words, the restoration of the insulating power, should be instantaneous in order to reduce to a minimum the time during which the waste principally occurs; third, the medium should be chemically inert, so as to diminish as much as possible the deterioration of the electrodes and to prevent chemical processes which might result in the development of heat or, in general, in loss of energy; fourth, the giving way of the medium under the application of electrical pressure should not be of a yielding nature, but should be very sudden and in the nature of a crack, similar to that of a solid, such as a piece of glass when squeezed in a vise, and, fifth, most important, the medium ought to be such that the arc when formed is restricted to the smallest possible linear dimensions and is not allowed to spread or expand. As a step in the direction of these theoretical requirements I have employed in some of my circuit-controlling devices a fluid of high insulating qualities, such as liquid hydrocarbon, and caused the same to be forced, preferably with great speed, between the approaching and receding contact-points of the circuit-controller. By the use of such liquid insulator a vary marked advantage was secured; but while some of the above requirements are attained in this manner certain defects still exist, notably that due to the fact that the insulating liquid, in common with a vacuous space, though in a less degree, permits the arc to expand in length and thickness, and thus pass through all degrees of resistance and causing a more or less considerable waste of energy. To overcome this defect and to still more nearly attain the theoretical conditions required for most efficient working of the circuit-controlling devices, I have been finally led to use a fluid insulating medium subjected to great pressure.

The application of great pressure to the medium in which the make-and-break is made secures a number of specific advantages. One of these may be obviously inferred from well established experimental facts, which demonstrate that the striking distance of an arc is approximately inversely proportional to the pressure of a gaseous medium in which it occurs; but in view of the fact that in most cases occurring, in practice the striking distance is very small, since the difference of potential between the electrodes is usually not more than a few hundred volts, the economical advantages resulting from the reduction of the striking distance, particularly on approach of the terminals, are not of very great practical consequence. By far the more important gain I have found to result from an effect which I have observed to follow from the action of such a medium when under pressure upon the arc -- namely, that the cross-section of the latter is reduced approximately in an inverse ratio to the pressure. As under conditions in other respects the same the waste of energy in an arc is proportional to its cross-section, a very important gain in economy generally results. A feature of great practical value lies also in the fact that the insulating power of the compressed medium is not materially impaired even by considerable increase in temperature, and, furthermore, that variations of pressure between wide limits do not interfere notably with the operation of the circuit-controller, whereas such conditions are fatal drawbacks when, for instance, Poggendorff´s method of insulating the terminals is used. In many other respects, however, a gas under great compression nearly fulfills the ideal requirements above mentioned, as in the sudden breaking down and quick restoration of the insulating power, and also in chemical inertness, which by proper selection of the gas is easily secured.

In carrying out my invention the medium under pressure may be produced or maintained in any proper manner, the improvement not being limited in this particular to any special means for the purpose. I prefer, however, to secure the desired result by enclosing the circuit-controller, or at least so much of the same as shall include the terminals, in a chamber or receptacle with which communicates a small reservoir containing a liquefied gas. For purpose of illustration this particular manner of carrying out the invention is described herein.

While the improvement is applicable generally to circuit-controllers, the best results will be secured by the use of devices in which a high relative speed between the terminals is obtainable, and with this special object in view I have devised a novel circuit-controller which, though belonging to the class of which I have shown a typical form in my application for patent filed December 2, 1897, Serial No. 660,518 differs in certain particulars of construction, which will be understood from the following comparison: In the previously described form of said circuit-controllers a rotary receptacle, carrying within it a series of spaced conductors, is driven at a high speed by a suitable motor. Mounted within and concentrically with the receptacle, but capable of free independent rotation with respect thereto, is a body which during the rotation of the receptacle is retarded or restrained against rotation by the application of a suitable force. This body carries a tube or duct which takes up at one end a fluid conductor contained in the receptacle and rotating with the same and discharges it from the other end against the rotating spaced conductors.

While an apparatus thus constructed is very efficient and performs the work required of it in a highly-satisfactory manner, it is nevertheless subject to certain limitations, arising mainly from the amount of work which the conducting fluid is required to perform and which increases with the speed. With the object of overcoming objections that might lie to this form of circuit-controller in the particular referred to, I devised the form of instrument shown herein. The features which more particularly distinguish this form are the following: I employ a closed stationary receptacle within which is mounted a body that is capable of being rotated in any way -- as, for example, by the drag or pull upon it of an external field of force or a magnet rotated bodily. The rotary body imparts rotation to a series of spaced conductors within the receptacle and also operates as a pump to maintain a flow of conducting fluid through one or more stationary ducts and from the same against the rotating conductors.

The details of this apparatus will be described by reference to the accompanying drawings, which is a vertical central section of the circuit-controller complete.

A is a receptacle, of iron, steel, or other proper material, with a head B, secured by a gas-tight insulating-joint. Within this receptacle is contained the circuit-controller, which, in so far as the main feature of my present invention is concerned, may be of any desired construction, but which, for the reason stated above, is of the special character shown. A spindle C is screwed or otherwise secured centrally in the head B, and on this is mounted on antifriction-bearings a body to which rotary motion may be imparted. The construction of the device in this particular and the means for imparting rotation to the said body may be greatly varied; but a convenient means for accomplishing this is to secure to the rotary sleeve D a laminated magnetic core E and place around the portion of the head B which contains it a core F, provided with coils and constituting the primary element of a motor capable of producing a rotary field of force which will produce a rapid rotation of the secondary element or core E. To the depending end of the sleeve D is secured a conductor G, usually in the form of a disk with downwardly-extending teeth or peripheral projections H. To the sleeve or the disk G is also attached, but insulated therefrom, a shaft T, having a spiral blade and extending down into a well or cylindrical recess in the bottom of the receptacle. One or more ducts or passages J lead from the bottom of this well to points near the path of the conducting-teeth H, so that by the rotation of the screw I a conducting fluid, which runs into the well from the receptacle, will be forced up through the duct or ducts, from which it issues in a jet or jets against the rotating conductor. To facilitate this operation, the well is surrounded by a flange K, containing passages L, which permit the conducting fluid to flow from the receptacle into the well, and having beveled sides which serve as a shield to deflect the fluid expelled from the ducts through the spaces in the conductor to the bottom of the receptacle.

M is any suitable reservoir communicating with the interior of the main-receptacle and containing a liquefied gas, such as ammonia, which maintains a practically inert atmosphere under pressure in the receptacle.

Preferably, though mainly as a matter of convenience, the receptacle M is a metal cup with a hollow central stem N, the opening for the passage of gas being controlled by a screw-valve in the top of the cup. The said cup is screwed onto the end of the spindle C, through which is a passage O, leading into the interior of the receptacle A.

The receptacle A and the conducting fluid, which is generally mercury, being normally insulated from the head B and the parts attached and supported thereby, are connected to one part of the circuit to be controlled. The other circuit connection is made by a conductor P, to any part of the head, so that when the core E and conductor G are rotated the circuit will be completed between the two insulated parts of the receptacle through the jet or jets of conducting fluid whenever they impinge upon the said conductor.

To insure a good electrical connection between the sleeve D and the spindle C, I provide in the former a small chamber R, which contains mercury, and into this the end of the spindle C extends.

The special advantages of this particular form of circuit-controller heretofore referred to will now more readily appear. The mass and weight of the rotating parts are greatly reduced and a very high speed of rotation obtained with small expenditure of energy.

The power required to maintain the jets of conducting fluid is, moreover, very small.

Having, now described my invention, what I claim is --

1. The combination with a closed receptacle, of a circuit-controller contained therein and surrounded by an inert insulating medium under pressure.

2. The combination with a closed receptacle, of a circuit-controller contained therein and means for maintaining within said receptacle an inert atmosphere under pressure.

3. The combination with a closed receptacle, of a circuit-controller con-

tained therein, and a vessel containing a liquefied inert gas, and communicating with the interior of the receptacle.

4. The combination with a circuit-controlling mechanism, one part or terminal of which is a conducting fluid, such as mercury, of a receptacle enclosing the same and means for maintaining an inert gas under pressure in the receptacle.

5. The combination with a conductor or series of conductors constituting one terminal of a circuit-controller, means for maintaining a stream or jet of conducting fluid as the other terminal with which the conductor makes intermittent contact, a closed receptacle containing the terminals, and means for maintaining an inert atmosphere under pressure in the receptacle.

6. A device for making and breaking an electric circuit comprising, in combination, means for maintaining a jet or stream of conducting fluid which constitutes one terminal, a conductor or conductors making intermittent contact with the jet and constituting the other terminal and a receptacle enclosing and excluding oxygen from the said terminals.

7. The combination with a receptacle, of a conductor or series of spaced conductors mounted herein, a motive device for rotating said conductors, one or more nozzles for directing a stream or jet of fluid against the conductor, and a force-pump in direct connection with the conductor for maintaining a circulation of conducting fluid contained in the receptacle through the nozzle or nozzles, the conductor and the fluid constituting respectively the terminals of a circuit-controller.

8. The combination of a casing, a conductor or series of spaced conductors mounted therein, a motor for rotating the same, one or more ducts or channels from a receptacle containing a conducting fluid and directed toward the conductors, and a screw operated by the motor for forcing the conducting fluid through the duct or ducts against the conductors, the conductors and the fluid constituting the terminals of an electric circuit-controller.

9. The combination with a receptacle containing a conducting fluid, of a conductor mounted within the receptacle, means for rotating the same, a screw rotating with the conductor and extending into a well in which the fluid collects, and a duct or ducts leading from the well to points from which the fluid will be directed against the rotating conductor.

10. The combination with the receptacle, of a spindle secured to its head or cover, a magnetic core mounted on the spindle within the receptacle, means for rotating said core, a conductor rotated by the core, and a pumping device, such as a screw rotated by the core and operating to maintain a jet or jets of conducting fluid, against the conductor, when in rotation.

NIKOLA TESLA.

Witnesses:
M. LAWSON DYER,
G. W. MARTLING.

No 609,246 Patented Aug. 16, 1898.

N. TESLA.

ELECTRIC CIRCUIT CONTROLLER

(Application filed Feb 28, 1898.)

(No Model.)

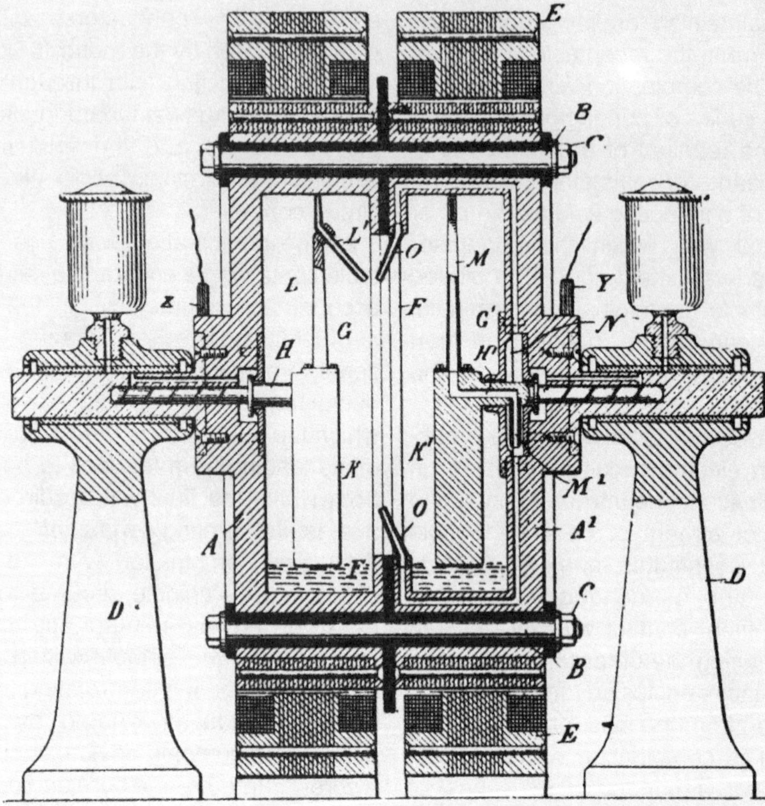


Witnesses:
Benjamin Miller
Augustine Fenton

Inventor
Nikola Tesla
by Kerr, Curtis & Page
Attys

# UNITED STATES PATENT OFFICE.

NIKOLA TESLA, OF NEW YORK, N. Y.

## ELECTRIC-CIRCUIT CONROLLER.

SPECIFICATION forming part of Letters Patent No. 609,246, dated August 16, 1898,
Application filed February 28, 1898. Serial No. 671,897. (No model.)

*To all whom it may concern:*

Be it known that I, NIKOLA TESLA, a citizen of the United States, residing in the borough of Manhattan, in the city, county, and State of New York, have invented certain new and useful Improvements in Electric Circuit-Controllers, of which the following is a specification, reference being had to the drawing accompanying, and forming a part of the same.

The invention which forms the subject of my present application is an improvement in a novel class of circuit-controlling appliances heretofore invented by me and more especially designed to be used with my now well known apparatus for the production of electric currents of high frequency by means of condenser discharges, but applicable generally as a means for making and breaking an electric circuit.

In the circuit-controllers of the particular class or type to which my present improvement pertains I have utilized a conducting liquid as one of the terminals and have employed as the other terminal a solid conductor and provided various means for bringing the two into rapidly-intermittent contact.

The distinguishing feature of my present improvement lies chiefly in the use of a conducting liquid for both the terminals under conditions which permit of a rapidly-intermittent contact between them, as will be herein set forth.

The accompanying drawing illustrates an apparatus embodying the principle of my said improvement.

The figure is a central vertical section of the circuit-controller.

In the drawing is shown a receptacle composed of two cylindrical metallic portions A A', secured together by bolts B and nuts C, but insulated from each other. The receptacle is journaled, by means of trunnions formed on or secured to its ends, in standards D D, and any suitable means is employed to impart rotation to it. This is conveniently effected by constructing or organizing the receptacle in such manner that it may serve as the rotating element of an electro-magnetic motor in conjunction with a surrounding, stationary element E E. The abutting ends of the two parts of the receptacle are formed with inwardly-extending, flanges F, which divide the peripheral portions of the receptacle into two compartments G G'. Into one of these compartments, as G, extends a spindle H, having its bearing in the end of the part A and the trunnion secured to or extending therefrom. Into the other compartment G' extends a spindle H', similarly journaled in the end of part A' and its trunnion. Each spindle carries or is formed with a weighted arm K, which, remaining in a vertical position, holds its spindle stationary when the receptacle is revolved.

To the weighted arm of spindle H is secured a standard L, carrying a tube L', with one open end in close proximity to the inner peripheral wall of the compartment G and the other directed toward the axis, but inclined toward the opposite compartment. To the weighted arm of spindle H' is similarly secured a standard M, which is hollow and constitutes a portion of a duct which extends through a part of the spindle and opens through a nozzle into a circular chamber N in the wall of the part A'. From this chamber run passages N' to nozzles O, in position to discharge jets or streams of liquid in such directions as to intersect, when the nozzles are rotated, a stream issuing from the end of tube L'.

In each portion or compartment of the receptacle is placed a quantity of a conducting liquid, such as mercury, and the ends of the tubes L' and M are provided with openings which take up the mercury when on the rotation of the receptacle it is carried by centrifugal force against the peripheral wall. The mercury when taken up by the tube L' issues in a stream or jet from the inner end of said tube and is projected into the compartment G'. The mercury taken up by the tube M runs into the circular chamber N N´ from which it is forced through the passages N' to the nozzles O, from which it issues in jets or streams directed into the compartment G. As the nozzles O revolve with the receptacle the streams which issue from them will therefore be carried across the path of the stream which issues from the tube L' and which is stationary, and the circuit between the two compartments will be completed by the streams whenever they intersect and interrupted at all other times.

The continuity of the jets or streams is not preserved ordinarily to any great distance beyond the orifices from which they issue, and hence they do not serve as conductors to electrically connect the two sides of the receptacle beyond their point of intersection with each other.

It will be understood that so far as the broad feature of maintaining the terminal jets is concerned widely-different means may be employed for the purpose and that the spindles mounted in free bearings concentrically with the axis of rotation of the receptacle and held against rotation by the weighted arms constitute but one specific way of accomplishing this result. This particular plan however, has certain advantages and may be applied to circuit-controllers of this class generally whenever it is necessary to maintain a stationary or nearly stationary body within a rotating receptacle. It is further evident from the nature of the case that it is not essential that the jet or jets in one compartment or portion of the instrument should be stationary and the others rotating, but only that there should be such relative movement between them as to cause the two sets to come into rapidly-intermittent contact in the operation of the device.

The number of jets, whether stationary or rotating, is purely arbitrary; but since the conducting fluid is directed from one compartment into the other the aggregate amount normally discharged from the compartments should be approximately equal. However, since there always exists a tendency to project a greater quantity of the fluid from that compartment which contains the greater into that which contains the lesser amount no difficulty will be found in this respect in maintaining the proper conditions for the satisfactory operation of the instrument.

A practical advantage, especially important when a great number of breaks per unit of time is desired, is secured by making the number of jets in one compartment even and in the other odd and placing each jet symmetrically with respect to the center of rotation. Preferably the difference between the number of jets should be one. By such means the distances between the jets of each set are made the greatest possible and hurtful short-circuits are avoided.

For the sake of illustration let the number of jets or nozzles L' in one compartment be nine and the number of those marked O in the other compartment ten. Then by one revolution of the receptacle there will be ninety makes and breaks. To attain the same result with only one jet, as L', it would be necessary to employ ninety jets O in the other compartment, and this would be objectionable, not only because of the close proximity of the jets, but also of the great quantity of fluid required to maintain them.

In the use of the instrument as a circuit-controller it is merely necessary to connect the two insulated parts of the receptacle to the two parts of the circuit, respectively, as by causing brushes X Y, connected with circuit-wires, to bear at any suitable points on the said two parts A A.

In instruments of this character in which both terminals are formed by a liquid element there is no wear or deterioration of the terminals and the contact between them is more perfect. The durability and efficiency of the devices are thus very greatly increased.

Having now described my invention, what I claim is --

1. A circuit-controller comprising in combination means for producing streams or jets of conducting liquid forming the terminals, and means for bringing the jets or streams of the respective terminals into intermittent contact with each other, as set forth.

2. In a circuit-controller, the combination with two sets of orifices adapt-

ed to discharge jets in different directions, means for maintaining jets of conducting liquid through said orifices, and means for moving said orifices relatively to each other so that the jets from those of one set will intermittently intersect those from the other, as set forth.

3. The combination in a circuit-controller of ducts and means for discharging therefrom streams or jets of conducting fluid in electrical contact with the two parts of the circuit respectively the orifices of said ducts being capable of movement relatively to each other, whereby the streams discharged therefrom will intersect at intervals during their relative movement, and make and break the electric circuit, as set forth.

4. In a circuit-controller the combination with one or more stationary nozzles and means for causing a conducting fluid forming one terminal to issue therefrom, of one or more rotating tubes or nozzles, means for causing a conducting liquid forming the other terminal to issue therefrom, the said rotating nozzles being movable through such a path so to cause the liquid issuing therefrom to intersect that from the stationary nozzles as set forth.

5. The combination with a rotating receptacle divided into two insulated compartments, a spindle in one compartment with its axis concentric with that of the receptacle, means for opposing the rotation of said spindle, and a tube or duct carried by the spindle and adapted to take up a conducting fluid at one end from the inner periphery of the compartment when the receptacle is rotated and direct it from the other end into the other compartment, of a similar spindle in the other compartment and means for opposing its rotation, a tube carried by the spindle and having an opening at one end near the inner periphery of the compartment and discharging into a chamber from which lead one or more passages to nozzles fixed to the rotating receptacle and adapted to discharge across the path of the jet from the stationary nozzle, as set forth.

6. In a circuit-controller the combination with a rotating receptacle of a body mounted therein and formed or provided with a weighted portion eccentric to this axis which opposes its rotation and a tube or duct carried by said body and adapted to take up a conducting fluid from the rotating receptacle, as set forth.

7. In a circuit-controller the combination of two sets of nozzles and means for projecting from the same, jets of conducting fluid which constitute respectively the terminals of the controller, means for moving the nozzles relatively to each other so that the jets of the two sets are brought successively into contact, the nozzles of each set being arranged symmetrically about an axis of rotation, there being one more nozzle in one set than in the other.

NIKOLA TESLA.

Witnesses:

M. LAWSON DYER,
G. W. MARTLING.

No. 609,247. N. TESLA. Patented Aug. 16, 1898.

# ELECTRIC CIRCUIT CONTROLLER.

(Application filed Mar. 12, 1898.)

(No Model.)

Fig. 1

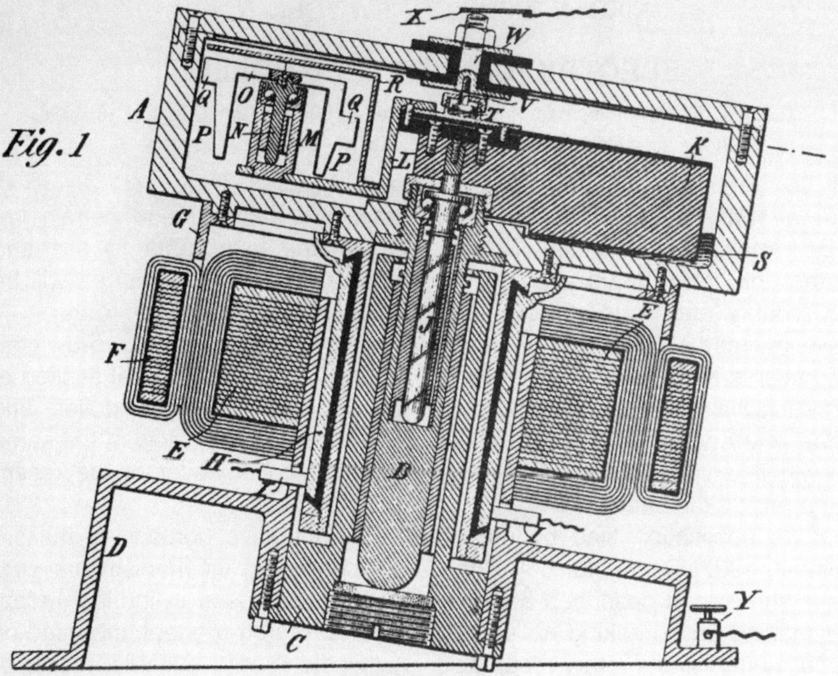


Fig. 2

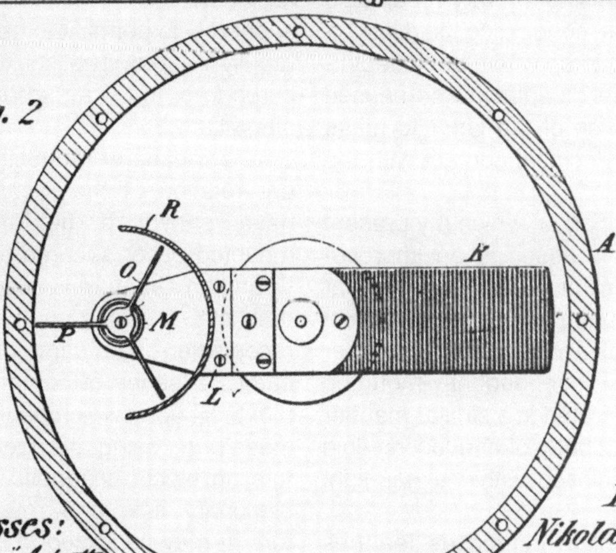


Witnesses:
Raphaël Netter
Benjamin Miller.

Inventor
Nikola Tesla
by
Kerr, Curtis & Page Att'ys

# UNITED STATES PATENT OFFICE.

NIKOLA TESLA, OF NEW YORK, N. Y.

## ELECTRIC-CIRCUIT CONTROLLER.

SPECIFICATION forming part of Letters Patent No. 609,247, dated August 16, 1898,
Application filed March 12, 1898. Serial No. 673,558. (No model.)

*To all whom it may concern:*

Be it known that I, NIKOLA TESLA, of the borough of Manhattan, in the city, county, and State of New York, have invented certain new and useful Improvements in Circuit-Controllers, of which the following is a specification, reference being had to the drawings accompanying, and forming a part of the same.

In an application filed by me on June 3, 1897, Serial No. 639,227, I have shown and described a device for making and breaking an electric circuit comprising a rotary receptacle containing a conducting fluid and a terminal mounted within but independently of the receptacle and caused by the rotation of the latter to make and break electrical contact with the fluid.

The invention on which my present application is based is an improvement in devices of this particular class, and has primarily as its object the production of a circuit-controller in which an independently-mounted terminal operated in a similar manner by a rotating body of conducting fluid may be enclosed within a gas-tight receptacle.

The invention comprises features of construction by which this object is practically secured and certain improvements applicable to this and other analogous devices, as will be more fully hereinafter set forth.

In the accompanying drawings, Figure 1 is vertical central section of the improved circuit-controller, and Fig. 2 is a top plan view of the same with the top or cover of the receptacle removed.

The operative portions of the circuit-controlling mechanism are contained in a closed cylindrical receptacle A, of iron or steel, mounted on a spindle B in a suitable socket or support C to permit it to be freely and rapidly rotated. The socket C is secured to or forms a part of a base or stand D.

As a means of producing the proper rotation of the receptacle A, I have shown a field-magnet E, mounted on or secured to the base D, and an armature F, supported by a bracket G from the under side of the receptacle A. The same bracket also carries a series of commutator-segments H, upon which bear brushes I, these parts being arranged to constitute an electro-magnetic motor with stationary field and rotating armature. It may be stated that any other suitable means may be employed to rotate the receptacle and the fluid.

In the spindle B and concentric with its axis is a spindle J in bearings specially constructed to reduce friction in order that the spindle J may be as little as possible influenced by the rotation of the main-spindle and receptacle carried thereby. A suitable provision is made to oppose or prevent the rotation of the spindle J during the rotation of the receptacle. I have devised for this purpose the following:

The spindle B is held by its bearings at an angle to the vertical, and a weight K is secured eccentrically to the spindle J and tends to hold the said spindle always in one position. The inclination of the axes of rotation necessary for this result may be substantially that shown and should not be materially greater, for the reason that it is especially advantageous to preserve that spindles and bearings as nearly as practicable vertical on account of lesser friction and easier lubrication.

Attached to the spindle J or weight K is an insulated bracket L, carrying a standard or socket M, in which is mounted on anti-friction bearings a spindle N. Secured to this latter is a plate with radial arms O, from which depend vanes or blades P, with projections Q extending radially therefrom. A shield or screen R encloses the vanes, except on the side adjacent to the inner periphery of the receptacle A.

A small quantity of a conducting fluid S is placed in the receptacle, and in order to secure a good electrical connection between the vanes P and a terminal on the outside of the receptacle a small mercury-cup T, in metallic contact with the vanes through the bracket L and socket M, is secured to the weight K. A metal stud V, set in an insulated bolt W, projects into the cup T through a packed opening in its cover. One terminal of the circuit-controlling mechanism will thus be any part of the metal receptacle and the other the insulated bolt W. The apparatus may be connected up in circuit by connecting the wires of the circuit to a brush X, bearing, on the bolt W, and to a binding-post Y in contact with the base D.

To operate the apparatus, the receptacle is set in rotation, and as its speed increases the mercury or other conducting fluid which it contains is carried by centrifugal force up the sides of the inner wall, over which it spreads in a layer. When this layer rises sufficiently to encounter the projections Q on the blades or vanes P, the latter are set in rapid rotation, and the electrical connection between the terminal of the apparatus is thereby made and broken, it may be, with very great rapidity.

The projections Q are preferably placed at different heights on the vanes P, so as to secure greater certainty of good contact with the mercury film when in rapid rotation.

As to the forms of the circuit-controller heretofore referred to and upon which my present invention is an improvement the blades or vanes P may be regarded in a broad sense as typical of any device -- such, for example, as a stelliform disk -- which will be set and maintained in rotation by that of the receptacle. So, also, having regard to the feature of my invention which provides for maintaining such a device in operation in a receptacle which may be hermetically sealed, so as to be capable of containing an inert medium under pressure in which the makes and breaks occur and which medium is practically essential to a long-continued and economical operation of the device, I may employ other and widely-different means for opposing or preventing the rotation of the part carrying such vanes in the direction of the rotation of the receptacle and fluid.

Having now described my invention, what I claim is --

1. A circuit-controller comprising, in combination, a closed receptacle containing a fluid, means for rotating the receptacle, a support mounted within the receptacle, means for opposing or preventing, its movement in the direction of rotation of the receptacle, and a conductor carried by said support and adapted to make and brake electric connection with the receptacle through the fluid, as set forth.

2. A circuit-controller comprising, in combination, a terminal capable of rotation and formed or provided with radiating contacts, a closed receptacle containing a fluid which constitutes the opposite terminal, means for rotating the receptacle, a support therein for the rotating terminal, and means for opposing or preventing the rotation of the support in the direction of the rotation of the receptacle, as set forth.

3. In a circuit-controller, the combination with a receptacle capable of rotation about an axis inclined to the vertical and containing a fluid which constitutes one terminal, a second terminal mounted within the receptacle, on a support capable of free rotation relatively to the receptacle, and a weight eccentric to the axis of rotation of the support for said terminal for opposing or preventing its movement in the direction of the rotation of the said receptacle, as set forth.

4. The combination with a receptacle mounted to revolve about an axis inclined to the vertical, of a spindle within the receptacle and concentric with its axis, a weight eccentric to the spindle, and a terminal carried by the said spindle, and adapted to be rotated by a body of conducting fluid contained in the receptacle when the latter is rotated, as set forth.

5. The combination with a receptacle mounted to rotate about an axis inclined to the vertical, a spindle within the receptacle and concentric with its axis, a weighted arm attached to said spindle, a bracket or arm also secured to said spindle, a rotary terminal with radiating contact arms or vanes mounted on said bracket in position to be rotated by a body of conducting fluid contained in said receptacle when said fluid is displaced by centrifugal action, as set forth.

NIKOLA TESLA.

Witnesses:
M. LAWSON DYER,
G. W. MARTLING.

No. 609,248.

(No Model.)

N. TESLA.

ELECTRIC CIRCUIT CONTROLLER.

(Application filed Mar. 12, 1898.)

Patented Aug. 16, 1898.

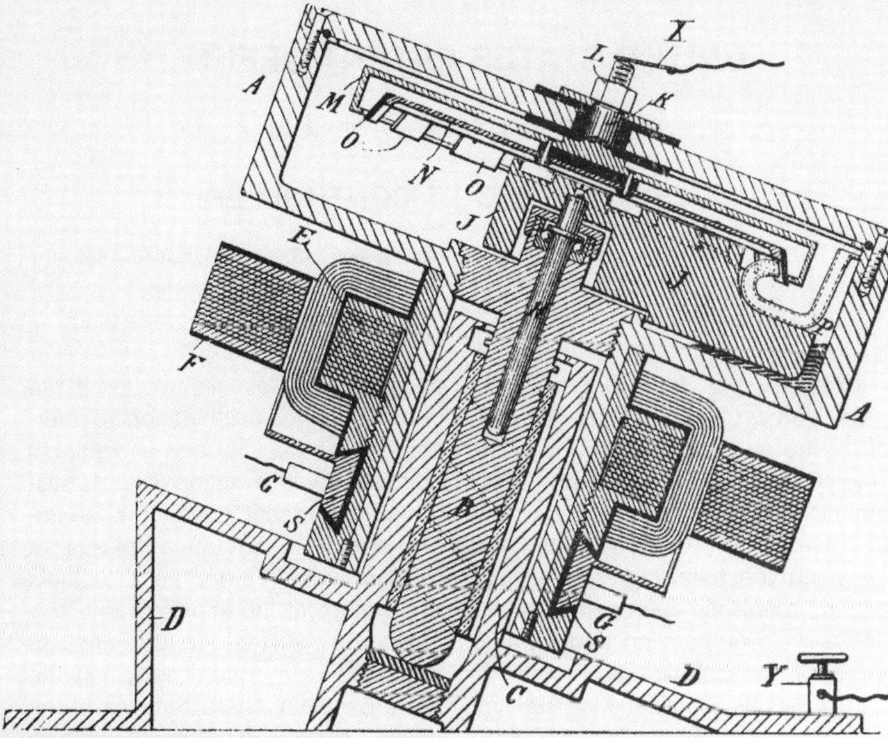


Witnesses:

Raphaël Netter

Benjamin Miller

Nikola Tesla, Inventor

by Kerr, Curtis & Page Att'ys.

# UNITED STATES PATENT OFFICE.

NIKOLA TESLA, OF NEW YORK, N. Y.

## ELECTRIC-CIRCUIT CONTROLLER.

SPECIFICATION forming part of Letters Patent No. 609,248, dated August 16, 1898, Application filed March 12, 1898. Serial No. 673,559. (No model.)

*To all whom it may concern:*

Be it known that I, NIKOLA TESLA, of the borough of Manhattan, in the city, county, and State of New York, have invented certain new and useful Improvements in Circuit-Controllers, of which the following is a specification, reference being had to the drawing accompanying and forming a part of the same.

In previous applications filed by me, notably in Serial No. 660,518, filed December 2, 1897, and others, I have shown and described various forms of electric-circuit controllers in which a conducting fluid is used for one or both of the terminals. These contrivances, while applicable generally as a means of making and breaking an electric circuit with great rapidity, were devised by me more especially for use in my now well known system of electrical conversion by means of condenser-discharges and for this reason have been designed with especial reference to the peculiar and exceptional conditions which obtain in such systems. My present invention is an improvement in circuit-controllers of this kind, and in order that the object and nature of the improvement may be more readily understood and appreciated I may refer briefly -- to the more essential characteristics of the devices described before upon which the present improvement is based. As it was primarily essential that these controllers be capable of making and breaking the circuit at very rapid rate and as such a result could not be secured practically or economically by any of the ordinary devices employing rigid contacts or terminals I was led to invent apparatus in which the circuit-connections were established and broken between a rigid terminal and a fluid conductor or between two fluid conductors in the form of jets or streams. In the forms of apparatus employing a rigid or solid conductor as one terminal and a fluid as the other the makes and breaks of course occur always between a solid and a fluid terminal, and although the operative parts of my improved circuit-controllers were usually confined in air or gas-tight receptacles and in an inert medium, both for the purpose of improving their action and preventing deterioration of the terminals, there is still a liability to wear of the rigid or solid terminal.

Under certain conditions, as when the circuit-controller is operated from a source of direct current, the deterioration of the solid terminal may be materially reduced by connecting it to the negative pole of the generator. Nevertheless, there will be always a slow wearing away of the metal, which to overcome entirely in a novel manner is the object of my present improvement. To do this, I effect the closure of the circuit through two parts of conducting fluid; but instead of breaking the circuit by the movement of these two parts or terminals, as before, I separate them periodically by the interposition of an insulator which is preferably solid and refractory. For example, I provide a plate or disk with teeth or projections -- preferably of glass, lava, or the like -- which are caused by the rotation of the disk to pass through the fluid conductor, jet, or whatever it may the, and thus effect a make and break of the circuit.

My means of such a device the breaks always occur between fluid terminals, and hence the deterioration and consequent impairment of the qualities of the apparatus are avoided.

A preferred form of my improved circuit-controller is illustrated in the accompanying drawing, which shows a central vertical section of the same.

The two terminals are contained in an air-tight receptacle A, of iron or steel, which is mounted on a spindle B in a suitable socket or support C, so as to rotate freely. The socket C is secured to or forms part of a base or stand D. Any suitable means may be employed for effecting, the rotation of the receptacle, and in illustration of, a convenient and practicable means for this purpose I have shown an armature E, secured to a cylindrical extension of the receptacle that surrounds the socket C, and a field-magnet F, which is supported independently and is stationary. The armature coils are connected with the segments S, as of a commutator on which bear brushes G.

In the spindle B and concentric with its axis is a spindle H, supported on ball-bearing or otherwise arranged to have a free movement of rotation relatively to the spindle B, so as to be as little as possible influenced by the rotation of the latter.

Any convenient means is provided to oppose or prevent the rotation of the spindle H during the rotation of the receptacle. In the particular arrangement here shown for this purpose a weight or weighted arm J is secured to the spindle H and eccentrically to the axis of the latter, and as the bearing for the spindle B holds the same at an angle to the vertical this weight acts by gravity to hold the spindle H stationary.

Secured to the top or cover of the receptacle A by a stud K, which passes through an insulating bushing in said cover and is held by a nut L, is a circular disk M, of conducting material, preferably iron or steel, having its edge turned downwardly and then inwardly to provide a peripheral trough on the under side of the disk.

To the under side of the disk M is secured a second disk N, having downwardly-enclosed peripheral projections O O, of insulating and preferably refractory material, in a circle concentric with the disk M,

A tube or duct P is mounted on the spindle H or the weight J and is so arranged that the orifice at one end is directed outwardly toward the trough of the disk M, while the other lies close to the inner peripheral wall of the receptacle, so that if a quantity of mercury or other conducting fluid be placed in the receptacle and the latter rotated the tube or duct P, being held stationary, will take up the fluid which is carried by centrifugal action up the side of the receptacle and deliver it in a stream or jet against the trough or flange of the disk it or against the inner surface of the projections O of disk N, as the case may be.

Obviously, since the two disks M and N rotate with respect to the jet or stream of fluid issuing from the duct P, the electrical connection between the receptacle and the disk M through the fluid will be completed by the jet when the latter passes to the disk M between the projections O and will be interrupted whenever the jet is intercepted by the said projections.

The rapidity and the relative duration of the makes and breaks is determined by the speed of rotation of the receptacle and the number and width of the intercepting projections O.

By forming that portion of the disk M with which the jet makes contact as a trough, which will retain when in rotation a portion of the fluid directed against it, a very useful feature is secured. The fluid under the action of centrifugal force accumulates in and is distributed along the trough and forms a layer over the surface upon which the jet impinges. By this means a very perfect contact, is always secured and all deterioration of the terminal surfaces avoided.

The principle of interrupting the circuit by intermittently passing an insulator through a fluid conductor may be carried out by many specifically-different forms of apparatus, and in this respect I do not limit myself to the particular form herein shown.

What I claim is --

1. In an electrical-circuit controller, the combination with a conductor forming one of the terminals, of means for maintaining a jet or stream of conducting fluid forming the other terminal, and directing it against said conductor, and a body adapted to be intermittently moved through and to intercept the jet or stream, as set forth.

2. In an electrical-circuit controller, the combination with a rigid terminal, of means for directing against such terminal a,jet or stream of conducting fluid in electrical connection with the other terminal, and a body adapted to be intermittently moved through and to intercept the jet or stream, as set forth.

3. In. an electrical-circuit controller, the combination with a rigid terminal, of means for directing against such terminal a jet or stream of conducting fluid in electrical connection with the other terminal, a body having a series of radial projections and means for rotating the same so that the said projections will intermittently, intercept the stream or jet, as set forth.

4. In a circuit-controller, the combination with a rotary conductor forming one terminal, means for directing against such terminal a jet or stream of conducting fluid in electrical connection with the other terminal, and a body with spaced projections mounted to rotate in a path that intercepts the jet or stream of fluid, as set forth.

5. In a circuit-controller, the combination with a rotary conductor forming one terminal, and means for directing intermittently against such terminal a jet or stream of fluid in electrical connection with the other terminal, the part of said rotary conductor upon which the jet or stream impinges being formed so as to retain, by centrifugal force, a portion of the fluid directed against it, as set forth.

6. The combination of the receptacle, the conducting-disk secured within it, the insulated disk with peripheral projections and the stationary tube or duct for directing a stream or jet of conducting fluid toward the conducting-disk and across the path of the projections O, as set forth.

7. The combination of the receptacle, the conducting-disk with a peripheral trough-shaped flange, the insulated disk with peripheral projections O, and the stationary tube or duct for directing a stream or jet of conducting fluid into the trough-shaped flange of the conducting-disk and across the path of the projections O, as set forth.

NIKOLA TESLA.

Witnesses:
M. LAWSON DYER,
G. W. MARTLING.

No. 609,249 Patented Aug. 16, 1898.

N. TESLA.

ELECTRIC CIRCUIT CONTROLLER.

(Application filed Mar. 12, 1898.)

(No Model.)

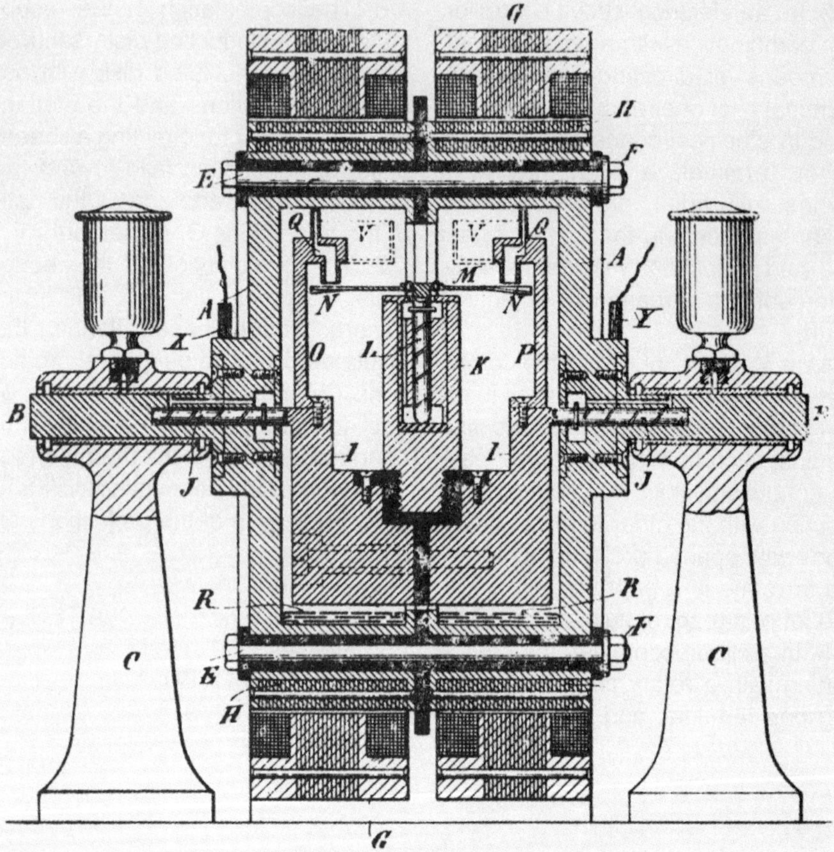


Witnesses:
Raphaël Netter
Benjamin Miller

Nikola Tesla, Inventor
by Kerr Curtis Page Attys

# UNITED STATES PATENT OFFICE.

NIKOLA TESLA, OF NEW YORK, N. Y.

## ELECTRIC-CIRCUIT CONTROLLER.

SPECIFICATION forming part of Letters Patent No. 609,249, dated August 16, 1898,
Application filed March 12, 1898. Serial No. 673,560. (No model.)

*To all whom it may concern:*

Be it know that I, NIKOLA TESLA, of the borough of Manhattan, in the city, county, and State of New York have invented certain new and useful Improvements in Electrical-Circuit Controllers, of which the following is a specification, reference being had to the drawing accompanying and forming a part of the same.

The present application is based upon improvements in electrical-circuit controllers of the kind heretofore invented by me and described in previous applications, notably in an application filed December 2, 1897, Serial No. 660,518. The chief distinguishing features of these devices are the use of a conducting fluid for one or both of the terminals under conditions which permit of a very rapid succession of makes and breaks and a construction or arrangement which allows the enclosing of the terminals in an airtight receptacle in which an inert medium may be maintained. My efforts to meet the practical requirements of apparatus of this kind have led me to adopt expedients and to invent mechanisms entirely novel in such devices. For example, in order to effect a rapidly-intermittent contact between two terminals by the use of a jet or jets in a closed receptacle it is obviously necessary to employ special means which will operate to hold one part of the apparatus stationary while the other rotates or to rotate both the essential parts or terminals in opposite directions or, as the case may be, in the same direction at different speeds.

The present invention is embodied in a device for securing the proper relative movement of the two parts or terminals of the circuit-controller and involves two salient features of novelty, one that it provides for maintaining in a rotating receptacle a stationary jet or jets which by impinging on a rigid conductor maintain the latter in rotation, thereby securing the requisite rapidly-intermittent contact between the two, and the other that it utilizes the rotation of such rigid conductor as a means for opposing or preventing the movement of its own supports in the direction of rotation of the receptacle, thereby securing, among other things, an approximately constant relative movement between the parts, a feature which in devices of this kind is often very desirable.

In the drawing hereto annexed I have illustrated the preferred form of apparatus which I have devised for carrying out these improvements. The figure is a central vertical cross-section of a circuit-controller.

A designates a receptacle, usually of iron or steel and mounted in any suitable manner, as by trunnions B B, having bearings in standards C C, so as to be capable of rapid rotation about a horizontal axis.

In the particular form of device under consideration the receptacle is divided into two parts insulated by a washer D and held together by insulated bolts E with nuts F. These two parts are electrically connected, respectively, with the two terminals of the apparatus, as hereinafter described, and by means of brushes X Y, bearing at any suitable points on the two parts of the receptacle, the circuit-controller is connected with the wires of a circuit.

Any convenient means may be employed to rotate the receptacle; but a simple way to effect this is to surround the same with a field-magnet G and to make the receptacle itself the armature of an electric motor or else to secure to it armature-cores, as H.

A body I is supported by trunnions J, having bearings in the ends of the receptacle and concentric with the axis of rotation of the same. The weight of the body I being eccentric to this axis tends to oppose its turning about the axis when the receptacle is rotated.

Upon the body or support I, but insulated therefrom, is secured a vertical standard K, in which there is a freely-rotatable spindle L, carrying a disk M, with radial arms inclined to the plane of the disk, so as to form vanes N. Arms O P are also secured to the body I and are formed with or carry at their ends ducts or tubes Q, with one end directed toward and opening upon the vanes N and the other end close to the inner wall of the receptacle and opening in the direction opposite to that of the rotation of the receptacle.

A suitable quantity of mercury R is placed in the receptacle before the latter is sealed or closed.

The operation of the device is as follows: The receptacle is started in rotation, and as it acquires a high velocity the mercury or other conducting fluid R is caused by centrifugal action to distribute itself in a layer over the inner peripheral surface of the receptacle. As the tubes or ducts Q do not take part in the rotation of the fluid, being held at the start by the weighted body, they take up the mercury as soon as it is carried to the points where the ducts open and discharge it upon the vanes of the disk M. By this means the disk is set in rapid rotation, establishing the contact between the two sides of the receptacle which constitute the two terminals of the circuit-controllers whenever the two streams or jets of fluid are simultaneously in contact with the vanes, but breaking the contact whenever the jets discharge through the spaces between the vanes. The chief object of employing more than one insulated jet is to secure a higher velocity of approach and separation, and in respect to the number of jets thus employed the device may be obviously modified as desired without departure from the invention. The disk M, having acquired a very rapid rotation, operates to prevent by gyrostatic action any tendency of the body I to rotate or oscillate, as such movement would change the plane of rotation of the disk. The movement of the parts, therefore, and the operation of the device as a whole are very steady and uniform, and a material practical advantage is thereby secured. The speed of the disk will be chiefly dependent on the velocity of the streams and pitch of the blades, and it is of course necessary in order to produce a constant speed of rotation of the disk that the velocity of the streams be constant. This is accomplished by rotating the receptacle with a constant speed; but when this is impracticable and the uniformity of motion of the disk very desirable I resort to special means to secure this result, as by providing overflowing-reservoirs V V, as indicated by dotted lines, from which the fluid issues upon the vanes with constant velocity, though the speed of the receptacle may vary between wide limits.

It may be stated that the jets can be produced in any other known ways and that they may be utilized in any desired manner to produce rotation of the disk.

Having now described my invention, what I claim is --

1. The combination in a circuit-controller with a closed rotary receptacle, of a rigid conductor mounted within the same and through which the circuit is intermittently established, and means for directing a jet or stream of a fluid which is contained in the receptacle, against the said body so as to effect its rotation independent of the receptacle, as set forth.

2. In an electric-circuit controller, the combination of a closed rotary receptacle, a conducting body therein adapted to be rotated independently of the receptacle by the impingement thereon of a jet or stream of conducting fluid, and means for maintaining such a jet and directing it upon the said conductor, as set forth.

3. In a circuit-controller, the combination with a rotary receptacle of a body or part mounted within the receptacle and concentrically therewith, a conducting-terminal supported by said body and capable of rotation in a plane at an angle to the plane of rotation of the receptacle so as to oppose, by gyrostatic action, the rotation of the support, and means for directing a jet of conducting fluid against the said terminal, as set forth.

4. In a circuit-controller, the combination with a rotary receptacle of a support for a conductor mounted

thereon concentrically with the receptacle and a gyrostatic disk carried by the support and adapted, when rotating, to oppose its movement in the direction of rotation of the receptacle, as set forth.

5. In a circuit-controller, the combination with rotary receptacle containing a conducting fluid, a support mounted within the receptacle, means for opposing or preventing its movement in the direction of rotation of the receptacle, one or more tubes or ducts carried thereby and adapted to take up the fluid from the rotating receptacle and discharge the same in jets or streams, and a conductor mounted on the support and adapted to be rotated by the impingement thereon of said jet or jets, as set forth.

6. The combination in a circuit-controller of a rotary receptacle, one or more tubes or ducts and a support therefor capable of rotation independently of the receptacle, a conductor mounted on said support in a plane at an angle to that of rotation of the receptacle, and adapted to be maintained in rotation by a jet of fluid taken up from the receptacle by and discharged upon it from the said tube or duct, when the receptacle is rotated.

7. The combination with a rotary receptacle of one or more tubes or ducts, a holder or support therefore mounted on bearings within the receptacle, which permit of a free relative rotation of said receptacle and holder, a disk with a bearing on the said holder and having its plane of rotation at an angle to that of the receptacle, the disk being formed or provided with conducting vanes, upon which a jet of conducting fluid, taken up by the tube or duct from the receptacle when in rotation, is directed.

NIKOLA TESLA.

Witnesses:
M. LAWSON Dyer,
G. W. MARTLING.

No. 613,735. Patented Nov. 8, 1898.

N. TESLA.

ELECTRIC CIRCUIT CONTROLLER.

(Application filed Apr. 19, 1898.)

(No Model.) 2 Sheets—Sheet I.

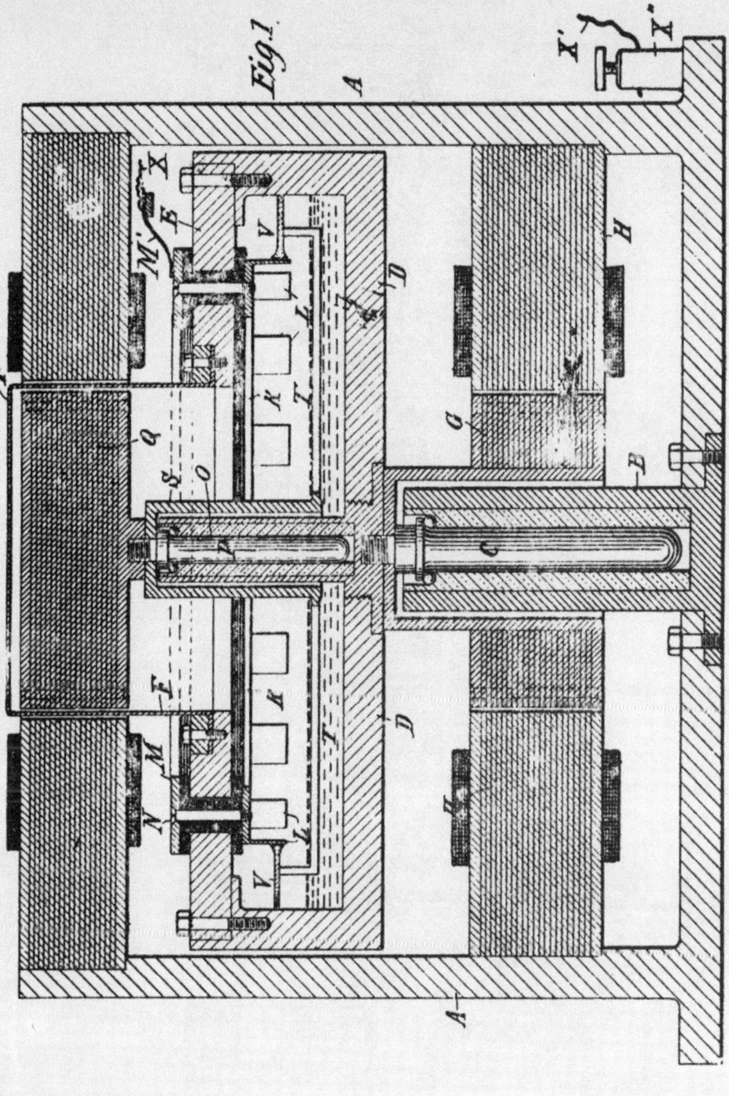


Witnesses:

Raphaël Netter

Benjamin Miller

Nikola Tesla, Inventor

Kerr, Curtis & Page Attys.

No. 613,735. Patented Nov. 8, 1898.

N. TESLA.

ELECTRIC CIRCUIT CONTROLLER.

(Application filed Apr. 19, 1898.)

(No Model.) 2 Sheets—Sheet 2.

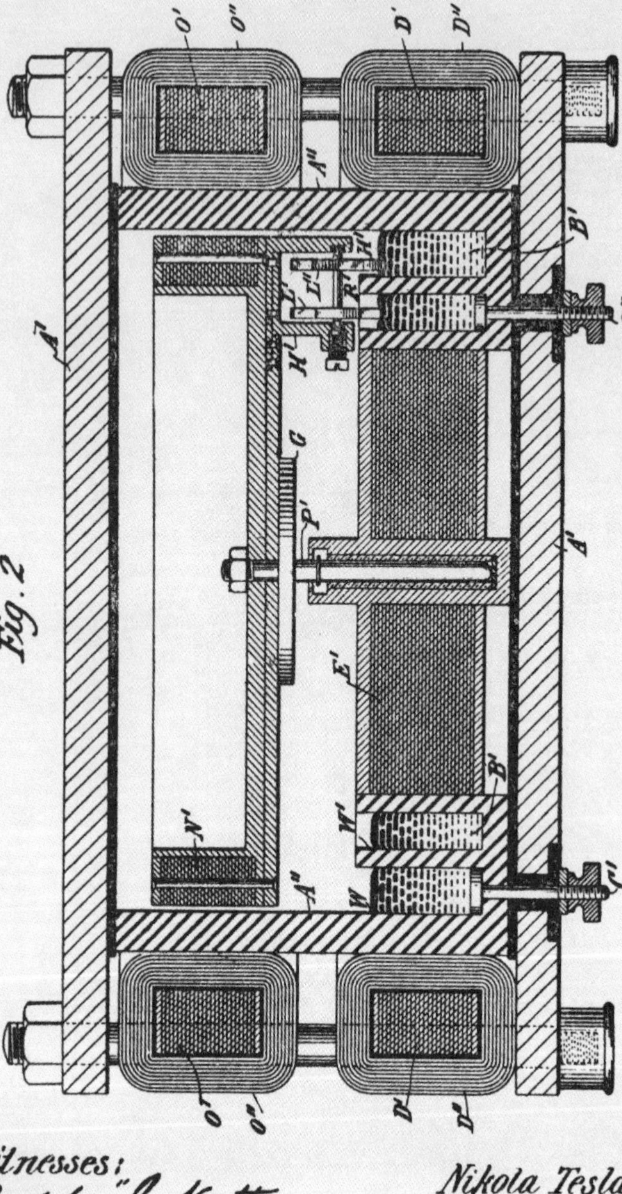


*Fig. 2*

Witnesses:
Raphaël Netter
Benjamin Miller.

Nikola Tesla, Inventor
by Kerr. Curtis & Page Attys.

# UNITED STATES PATENT OFFICE.

NIKOLA TESLA, OF NEW YORK, N. Y.

## ELECTRIC-CIRCUIT CONTROLLER.

SPECIFICATION forming part of Letters Patent No. 613,735, dated November 8, 1898,
Application filed April 19, 1898. Serial No. 678,127. (No model.)

*To all whom it may concern:*

Be it known that I, NIKOLA TESLA, residing at New York, in the county and State of New York, have invented certain new and useful Improvements in Electrical-Circuit Controllers, of which the following is a specification, reference being had to the drawings accompanying and forming a part of the same.

In the electrical system or combination of apparatus for the conversion of electrical energy by means of the discharges of a condenser invented and heretofore described by me the means employed for making and breaking the electric circuit, though performing a subordinate function, may from the peculiar conditions which exist become a highly important consideration, not only as regards their practicability and durability, but also the economy in the operation of the system or apparatus. Of such importance is this consideration that for the most efficient and reliable operation of my said system I have found it necessary to devise special appliances for making and breaking the circuit which differ materially in construction and mode of operation from any previously-existing devices of this character of which I am aware. In the forms of such apparatus which I have produced at least one of the terminals is a conducting fluid, while the other is usually a solid conductor or series of conductors, both being preferably enclosed in a gas-tight receptacle and brought by rotary movement into rapidly-intermittent contact. I have shown and described typical forms of such circuit-controllers in applications Serial No. 660,518, filed December 2, 1897; Serial No. 639,227, filed June 3, 1897, and Serial No. 671,897, filed February 28, 1898.

The invention, subject of my present application, pertains to apparatus of this class and involves certain improvements in the construction and mode of operation of the same which have primarily for their object to secure a greater relative speed between the two terminals, whereby the periods of make-and-break, during which occurs the chief loss of energy, may be materially shortened and also a higher frequency of current impulses secured. A brief consideration of the forms of circuit controller of this general kind which I have heretofore shown and described will conduce to a better understanding of the principles followed in the construction of the apparatus upon which my present application is based and of the primary object which I have in view -- to increase the relative speed of the two terminals in approaching and receding from each other.

In some forms of the circuit-controllers heretofore described by me I employ a closed receptacle capable of being maintained in rapid rotation. Within this receptacle is mounted a body the rotation of which is retarded or prevented and which carries a tube or duct which takes up a conducting fluid from the receptacle when the latter is rotated and directs the said fluid against a conductor or series of spaced conductors carried by the rotating receptacle. This apparatus, while effective to a high degree and possessing many advantages over previously-existing forms, is nevertheless subject to certain limitations as to efficiency, having regard to the speed at which the receptacle is rotated, for not only may an undue loss of energy result from rotating the receptacle, but also from the unnecessarily-rapid movement of the conducting fluid. With a view to improving the apparatus in these particulars I devised forms in which the receptacle was stationary and the interior terminal conductor rotated, and by this means I reduced the mass and weight of the moving parts. I also employed a device in the nature of a pump, which formed a part of the circuit-controller proper and was operated by the motor used for rotating the conductor, and thus maintained a flow of conducting fluid from ducts in the receptacle against the rotating conductor with no greater speed than required for efficient operation. By such an apparatus it is not only possible to secure a higher relative speed between the two terminals, but to do this with a smaller expenditure of mechanical energy. To still further increase the relative speed of the terminals, I now provide for rotating each of the terminals with respect to the other, so that the rate of mutual contacts is very greatly increased.

Obviously various means may be employed for rotating the conductors, or, in general, the two essential parts which by their movement produce a make and break; but in the annexed drawings I have only shown such form of the apparatus as best illustrate the present improvement.

Figure 1 is a central vertical section of a circuit-controller comprising a conductor or series of conductors forming one terminal and means for maintaining a jet or jets of conducting fluid constituting the other terminal, which are arranged to be rotated in opposite directions. Fig. 2 is a similar view of a modified form of circuit-controller.

A designates a casting of cylindrical form within which is a standard or socket B, in which is mounted a vertical spindle C, carrying the circuit-controlling mechanism. The said mechanism is contained in a receptacle D, of iron or steel, the top or cover of which is composed of an annular plate E and a cap or dome F, the latter being of insulating material or of a metal of comparatively high specific resistance, such as German silver. The receptacle D as a whole in made air-tight and any suitable means may be employed to effect its rotation, the particular device shown for this purpose being an electro-magnetic motor, one element, G, of which is secured to the spindle C or receptacle D and the other, H, to the box or case A. Within the receptacle D and secured to the top of the same, but insulated therefrom, is a circular conductor K with downwardly-extending projections or teeth L. This conductor is maintained in electrical connection with a plate M outside of the receptacle by means of screws or bolts N, passing through insulated gaskets in the top of the receptacle D. Within the latter is a standard or socket O, in which is mounted as spindle P, concentric with the axis of the receptacle.

Any suitable means may be provided for rotating the spindle P independently of the receptacle D; but for the purpose I again employ an electro-magnetic motor, one element, Q, of which is secured to the spindle P within the receptacle D and the other, R, is secured to the box A and surrounds the cap or dome F, within which is mounted the armature Q.

Depending from the spindle P or the armature Q is a cylinder S, to which are secured arms T T, extending radially therefrom and supporting short tubes or ducts V between the peripheral walls of the receptacle D and the series of teeth or projections L.

The tubes V have openings at one end in close proximity to the inner wall of the receptacle D and turned in a direction opposite to that in which the latter is designed to rotate and at the other and orifices which are adapted to direct a stream or jet of fluid against the projections L.

To operate the apparatus, the receptacle D, into which a suitable quantity of conducting fluid, such as mercury, is first poured, and the spindles P are both set in rotation by their respective motors and in opposite directions.

By the rotation of receptacle D the conducting fluid is carried by centrifugal force up the sides or walls of the same and is taken up by the tubes or ducts V and discharged against the rotating conductors L. If, therefore, one terminal of the circuit be connected with any part of the receptacle D or the metal portions of the instrument in electrical connection therewith and the other terminal be connected to the plate M, the circuit between these terminals will be completed whenever a jet from one of the ducts V is discharged against one of the projections L and interrupted when the jets are discharged through the spaces between such projections. I have indicated the necessary circuit connections by wires X and X', connected, respectively, with a brush M´, bearing upon the circular plate M and a binding-post X´´, set in the frame or casing A.

In Fig. 2 a modified form of apparatus is shown and by means of which similar results are obtained. In this device the top and bottom A' of the receptacle are metal plates, while the cylindrical portion or sides A´´ is of insulating material, such as porcelain. Within the receptacle and preferably integral with the side walls A" are two annular troughs W W´, which contain a conducting fluid B, such as mercury. Terminals C' C", passing through the bottom of the receptacle through insulating and packed sleeves, afford a means of connecting the mercury in the two troughs with the conductors of the circuit. Surrounding that portion of the device in which the troughs W W' lie is a core D', wound with coils D" arranged in any suitable and well known manner to produce, when energized by currents of different phase, a rotating magnetic field in the space occupied by the two bodies of mercury. To intensify the action, a circular laminated core E' is placed within the receptacle. If by this or any other means the mercury is set in motion and caused to flow around in the troughs, and if a conductor be mounted in position to be rotated by the mercury, and when so rotated to make intermittent contact therewith, a circuit-controller may be obtained of novel and distinctive character and capable of many useful applications independently of the other natures which are embodied in the complete device which is illustrated. For the present purpose I provide in the center of the receptacle a socket in which is mounted a spindle P', carrying a disk G´. Depending from said disk are arms H', which afford bearings for a shaft K', supporting two star-shaped wheels L´ L´´, arranged to make contact with the mercury in the two troughs, respectively. The shaft K´ is mounted in insulated bearings, so that when both wheels are in contact with mercury the circuit connecting the terminals C' C' will be closed. The disk G' carries an annular core N', which is adapted to be maintained in rotation by a core O' and coils O", supported outside of the receptacle and preferably of the same character as those used for imparting rotation to the mercury; but the direction of rotation should be opposite to that of the mercury. The rate of rotation of the wheels L' L" depends upon the rate of relative movement of the mercury, and hence if the mercury be caused to flow in one direction and the wheels be carried bodily in the opposite direction the rate of rotation, and consequently the frequency of the makes and breaks, will be very greatly increased over that which would be obtained if the wheels L' L" were supported in a stationary bearing.

It is obvious that by means of devices of the character described a rapid interruption of the circuit may be effected, while all the practical advantages which may be derived from enclosing the terminals or contacts in a closed receptacle are readily realized to the fullest extent.

Having now described my invention, what I claim is --

1. In a circuit-controller, the combination with rigid and fluid conductors adapted to be brought intermittently into contact with each other, thereby making and breaking the electric circuit, of means for imparting rotary motion to both of said conductors, as set forth.

2. In a circuit-controller, the combination with a receptacles containing a conducting fluid, means for imparting a movement of rotation to the fluid, and a conductor adapted to be rotated by the movement of said fluid and to thereby make and break electric connection with the fluid, as set forth.

NIKOLA TESLA.

Witnesses:
M. LAWSON DYER,
G. W. MARTLING.

No. 613,809 N. TESLA. Patented Nov. 8, 1898.

**METHOD OF AND APPARATUS FOR CONTROLLING MECHANISM OF MOVING VESSELS OR VEHICLES.**

(Application filed July 1, 1898.)

(No Model.) 5 Sheets—Sheet I.

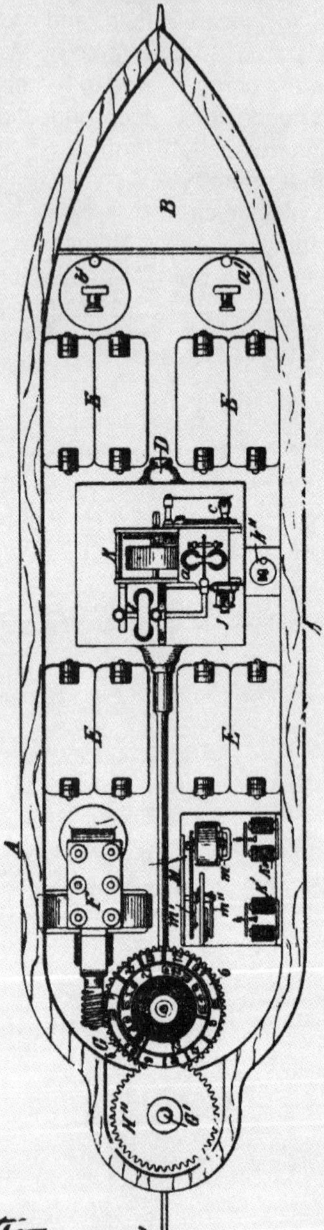

Fig. 1

Witnesses:

Raphaël Netter

George Scherff.

Inventor

Nikola Tesla

No. 613,809. Patented Nov. 8, 1898.

# N. TESLA.

## METHOD OF AND APPARATUS FOR CONTROLLING MECHANISM OF MOVING VESSELS OR VEHICLES.

(Application filed July 1, 1898.)

(No Model.) 5 Sheets—Sheet 2.

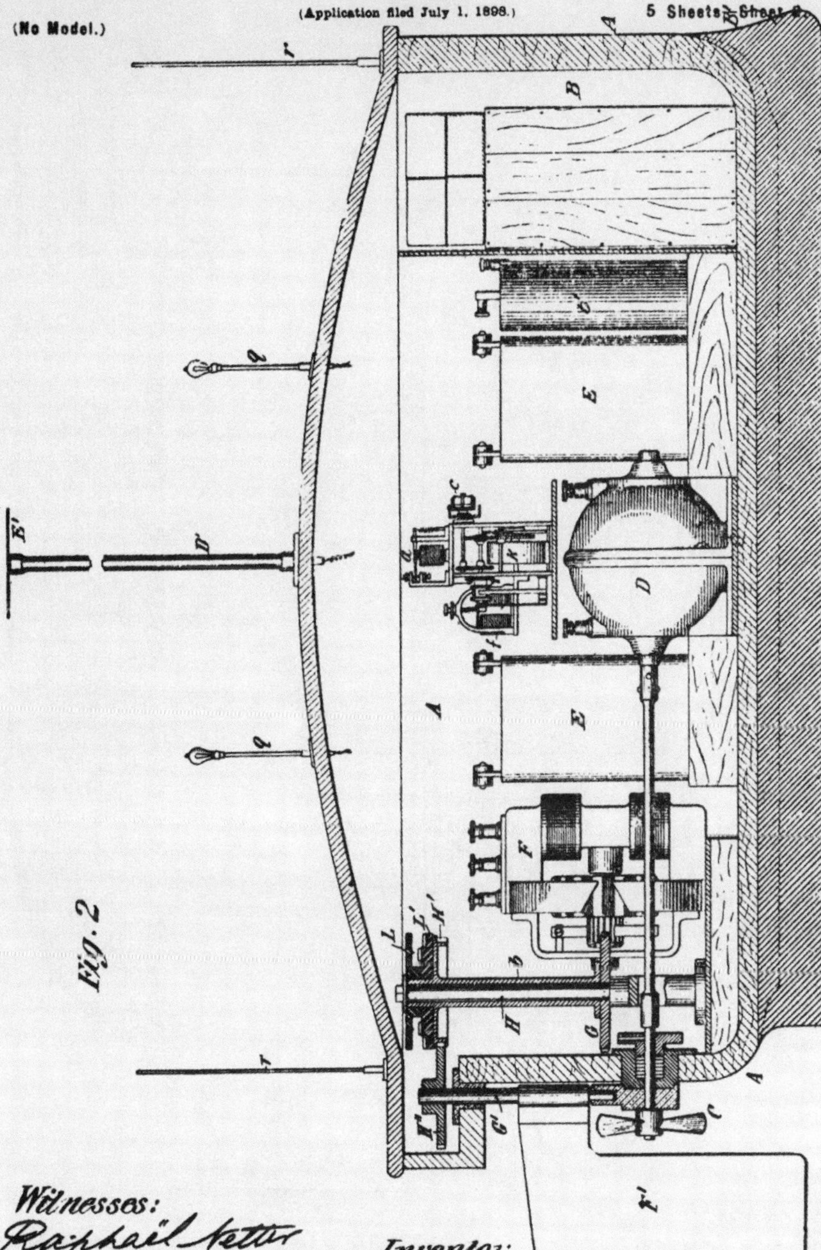


Fig. 2

Witnesses:
Raphaël Netter
George Scherff

Inventor:
Nikola Tesla

No. 613,809. Patented Nov. 8, 1898.

N. TESLA.

METHOD OF AND APPARATUS FOR CONTROLLING MECHANISM OF MOVING VESSELS OR VEHICLES.

(No Model.) (Application filed July 1, 1898.) 5 Sheets—Sheet 3.

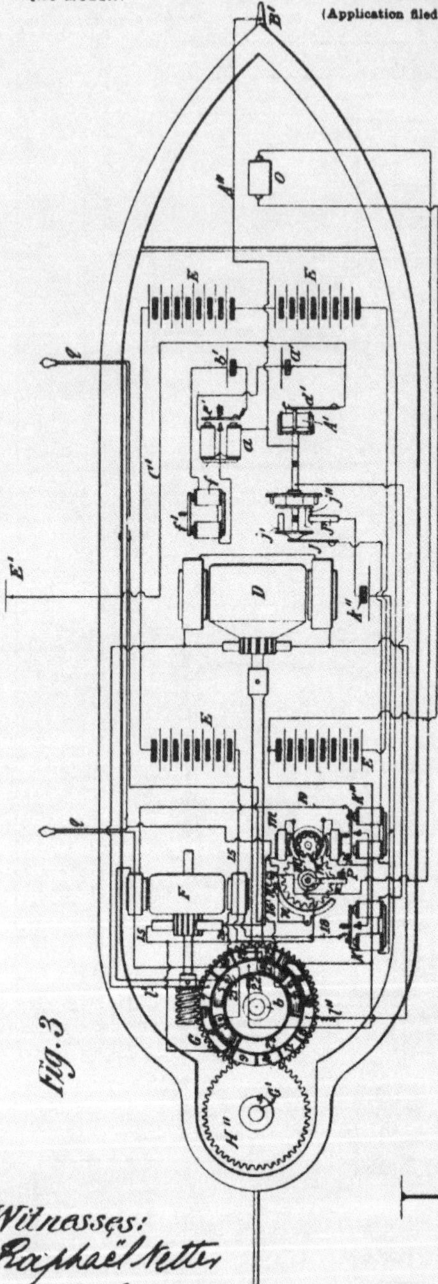


Fig. 3

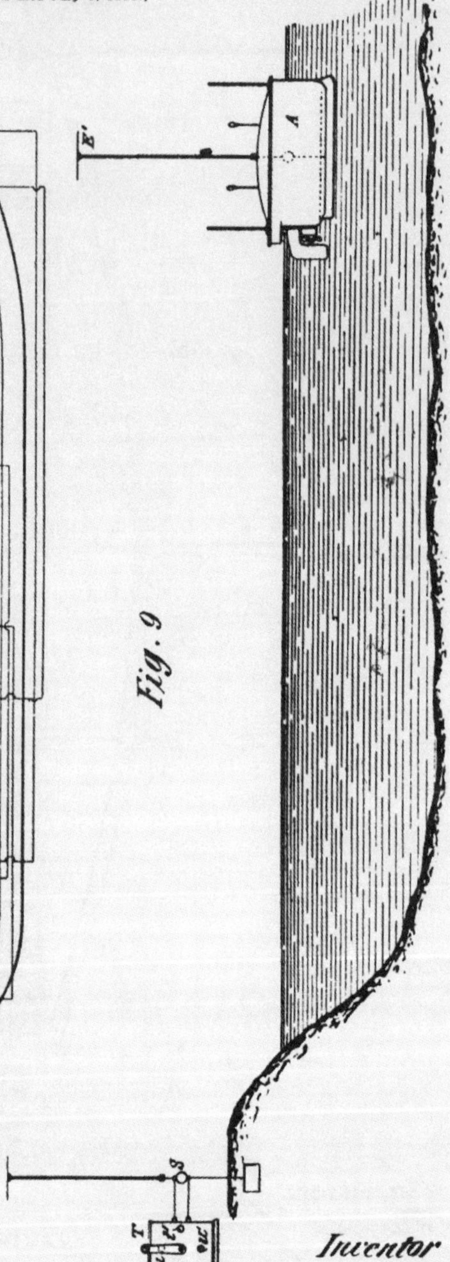


Fig. 9

Witnesses:
Raphaël Netter
George Schierff

Inventor
Nikola Tesla

No. 613,809. Patented Nov. 8. 1898.

# N. TESLA.

## METHOD OF AND APPARATUS FOR CONTROLLING MECHANISM OF MOVING VESSELS OR VEHICLES.

(No Model.) (Application filed July 1, 1898.) 5 Sheets—Sheet 4.

*Fig. 5*

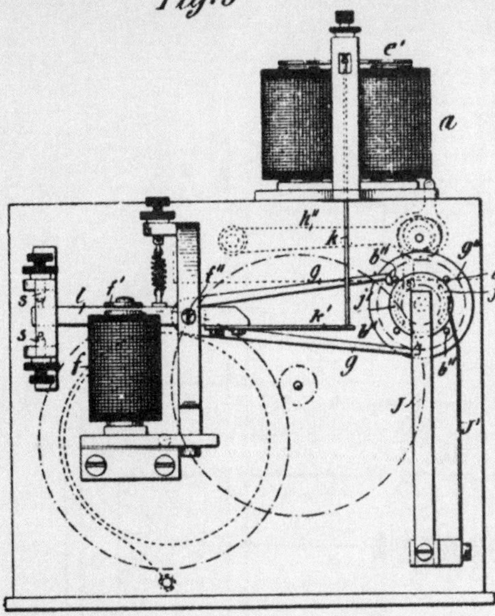

*Fig. 6*

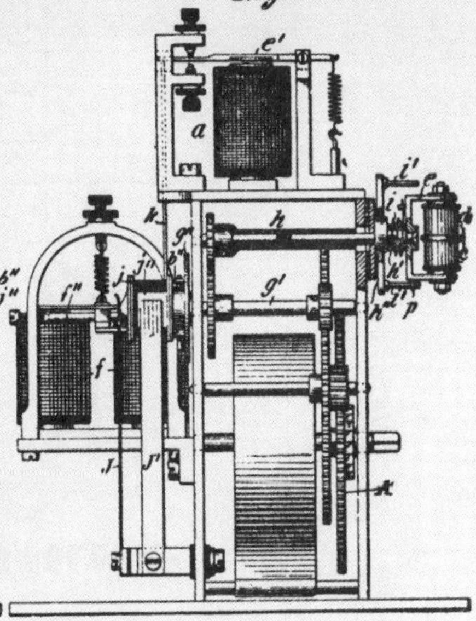

*Fig. 4*

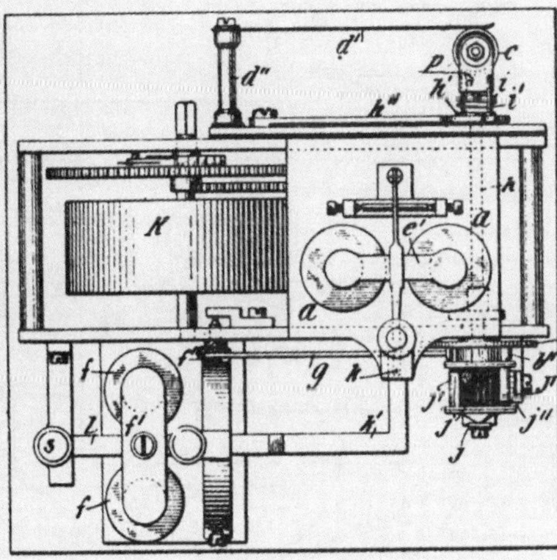

*Fig. 8*

*Fig. 7*

Witnesses:
Raphaël Netter
George Scherff

Inventor:
Nikola Tesla

No. 613,809. N. TESLA. Patented Nov. 8, 1898.

**METHOD OF AND APPARATUS FOR CONTROLLING MECHANISM OF MOVING VESSELS OR VEHICLES.**

(Application filed July 1, 1898.)

(No Model.) 5 Sheets—Sheet 5.

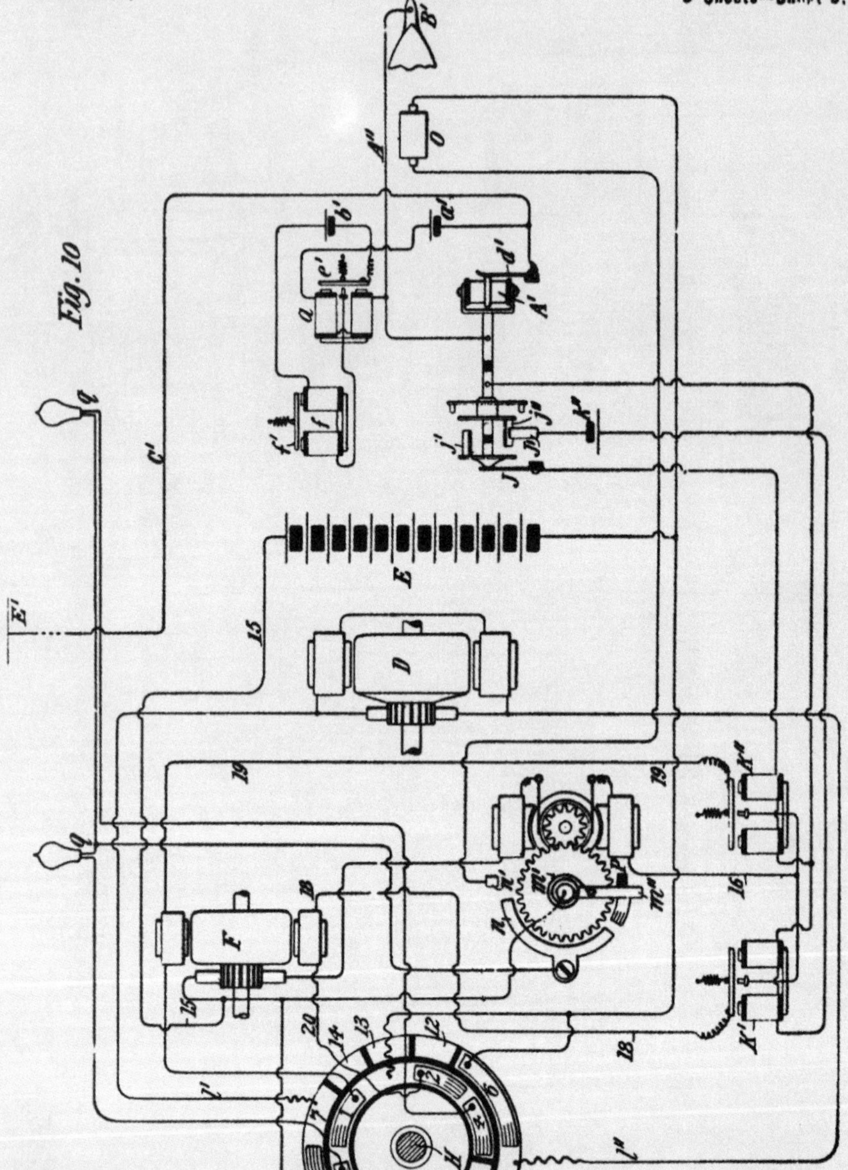


Witnesses:
Raphaël Netter
M. Lawson Dyer.

Inventor
Nikola Tesla
By Kerr, Curtis & Page
attys.

# UNITED STATES PATENT OFFICE.

NIKOLA TESLA, OF NEW YORK, N. Y.

## METHOD OF AND APPARATUS FOR CONTROLLING MECHANISM OF MOVING VESSELS OR VEHICLES

SPECIFICATION forming part of Letters Patent No. 613,809, dated November 8, 1898,
Application filed July 1, 1898. Serial No. 684,934. (No model.)

*To all whom it may concern:*

Be it known that I, NIKOLA TESLA, of the borough of Manhattan, in the city, county, and State of New York have invented certain new and useful Improvements in Methods of and Apparatus for Controlling from a Distance the Operation of the Propelling-Engine, the Steering Apparatus, and other mechanism carried by moving bodies or floating vessels, of which the following is a specification, reference being had to the drawings accompanying and forming a part of the same.

The problem for which the invention forming the subject of my present application affords a complete and practicable solution is that of controlling from a given point the operation of the propelling-engines, the steering apparatus, and other mechanism carried by a moving object, such as a boat or any floating vessel, whereby the movements and course of such body or vessel may be directed and controlled from a distance and any device carried by the same brought into action at any desired time. So far as I am aware the only attempts to solve this problem which have heretofore met with any measure of success have been made in connection with a certain class of vessels the machinery of which was governed by electric currents conveyed to the controlling apparatus through a flexible conductor; but this system is subject to such obvious limitations as are imposed by the length, weight, and strength of the conductor which can be practically used, by the difficulty of maintaining with safety a high speed of the vessel or changing the direction of movement of the same with the desired rapidity, by the necessity for effecting the control from a point which is practically fixed, and by many well understood drawbacks inseparably connected with such a system. The plan which I have perfected involves none of these objections, for I am enabled by the use of my invention to employ any means of propulsion, to impart to the moving body or vessel the highest possible speed, to control the operation of its machinery and to direct its movement from either a fixed point or from a body moving and changing its direction however rapidly, and to maintain this control over great distances without any artificial connections between the vessel and the apparatus governing its movements and without such restrictions as these must necessarily impose.

In a broad sense, then, my invention differs from all of those systems which provide for the control of the mechanism carried by the moving object and governing its motion in that I require no intermediate wires, cables, or other form of electrical or mechanical connection with the object save the natural media in space. I accomplish, nevertheless, similar results and in a much more practicable manner by producing waves, impulses, or radiations which are received through the earth, water, or atmosphere by suitable apparatus on the moving body and cause the desired actions so long as the body remains within the active region or effective range of such currents, waves, impulses, or radiations.

The many and difficult requirements of the object here contemplated, involving peculiar means for transmitting to a considerable distance an influence capable of causing in a positive and reliable manner these actions, necessitated the designing of devices and apparatus of a novel kind in order to utilize to the best advantage various facts or results, which, either through my own investigations or those of others, have been rendered practically.

As to the part of my invention which involves the production of suitable waves or variations and the conveying of the same to a remote receiving apparatus capable of being operated or controlled by their influence, it may be carried out in various ways, which are at the present time more or less understood. For example, I may pass through a conducting-path, preferably enclosing a large area, a rapidly-varying current and by electro-magnetic induction of the same affect a circuit carried by the moving body. In this case the action at a given distance will be the stronger the larger the area enclosed by the conductor and the greater the rate of change of the current. If the latter were generated in the ordinary ways, the rate of change, and consequently the distance at which the action would be practically available for the present purpose, would be very small; but by adopting such means as I have devised -- that is, either by passing through the conducting-path currents of a specially-designed high-frequency alternator or, better still, those of a strongly-charged condenser -- a very high rate of change may be obtained and the effective range of the influence thus extended over a vast area, and by carefully adjusting the circuit on the moving body so as to be in exact electromagnetic synchronism with the primary disturbances this influence may be utilized at great distances.

Another way to carry out my invention is to direct the currents or discharges of a high-frequency machine or condenser through a circuit one terminal of which is connected directly, or inductively with the ground and the other to a body, preferably of large surface and at an elevation. In this case if the circuit on the moving body be similarly arranged or connected differences of potential on the terminals of the circuit either by conduction or electrostatic induction are produced and the same object is attained. Again, to secure the best action the receiving-circuit should be adjusted so as to be in electromagnetic synchronism with the primary source, as before; but in this instance it will be understood by those skilled in the art that if the number of vibrations per unit of tlme be the same the circuit should now have a length of conductor only one-half of that used in the former case.

Still another way is to pass the currents simply through the ground by connecting both the terminals of the source of high-frequency currents to earth at different and remote points and to utilize the currents spreading through the ground for affecting a receiving-circuit properly placed and adjusted. Again, in this instance if only one of the terminals of the receiving-circuit be connected to the ground, the other terminal being insulated, the adjustment as to synchronism with the source will require that under otherwise equal conditions the length of wire be half of that which would be used if both the terminals be connected or, generally, if the circuit be in the form of a closed loop or coil. Obviously also in the latter case the relative position of the receiving and transmitting-circuits is of importance, whereas if the circuit be of the former kind -- that is, open -- the relative position of the circuits is, as a rule, of little or no consequence.

Finally, I may avail myself, in carrying out my invention, of electrical oscillations which do not follow any particular conducting-path, but propagate in straight lines through space, of rays, waves, pulses, or disturbances of any kind capable of bringing the mechanism of the moving body into action from a distance and at the will of the operator by their effect upon suitable controlling devices.

In the following detailed description I shall confine myself to an explanation of that method and apparatus only which I have found to be most practical and effectual; but obviously my invention in its broad features Is not limited to the special mode and appliances which I have devised and shall here describe.

In any event -- that is to say, whichever of the above or similar plans I may adopt -- and particularly when the influence exerted from a distance upon the receiving-circuit be too small to directly and reliably affect and actuate the controlling-apparatus I employ auxiliary sensitive relays or, generally speaking, means capable of being brought into action by the feeblest influences in order to effect the control of the movements of the distant body with the least possible expenditure of energy and at the greatest practicable distance, thus extending the range and usefulness of my invention.

A great variety of electrical and other devices more or less suitable for the purpose of detecting and utilizing feeble actions are now well known to scientific men and artisans and need not be all enumerated here. Confining myself merely to the electrical as the most practicable of such means and referring only to those which, while not the most sensitive, are perhaps more readily available from the more general knowledge which exists regarding them, I may state that a contrivance may be used which has long been known and used as a lightning-arrester in connection with telephone-switch boards for operating annunciators and like devices, comprising a battery the poles of which are connected to two conducting-terminals separated by a minute thickness of dielectric. The electromotive force of the battery should be such as to strain the thin dielectric layer very nearly to the point of breaking down in order to increase the sensitiveness. When an electrical disturbance reaches a circuit so arranged and adjusted, additional strain is put upon the insulating-film, which gives way and allows the passage of a current which can be utilized so operate any form of circuit-controlling apparatus.

Again, another contrivance capable of being utilized in detecting feeble electrical effects consists of two conducting plates or terminals which have, preferably, wires of some length attached to them and are bridged by a mass of minute particles of metal or other conducting material. Normally these particles lying loose do not connect the metal plates; but under the influence of an electrical disturbance produced at a distance, evidently owing to electrostatic attraction, they are pressed firmly against each other, thus establishing a good electrical connection between the two terminals. This change of state may be made use of in a number of ways for the above purpose.

Still another modified device, which may be said to embody the features of both the former is obtained by connecting the two conducting plates or terminals above referred to permanently with the poles of a battery which should be of very constant electro-motive force. In this arrangement a distant electrical disturbance produces a twofold effect on the conducting particles and insulating-films between them. The former are brought nearer to each other in consequence of the sudden increase of electrostatic attraction, and the latter, owing to this, as well as by being reduced in thickness or in number, are subjected to a much greater strain, which they are unable to withstand.

It will be obviously noted from the

preceding that whichever of these or similar contrivances be used the sensitiveness and, what is often still more important, the reliability of operation is very materially increased by a close adjustment of the periods of vibration of the transmitting, and receiving circuits, and, although such adjustment is in many cases unnecessary for the successful carrying out of my invention, I nevertheless make it a rule to bestow upon this feature the greatest possible care, not only because of the above-mentioned advantages, which are secured by the observance of the most favorable conditions in this respect, but also and chiefly with the object of preventing the receiving-circuit from being affected by waves or disturbances emanating from sources not under the control of the operator. The narrower the range of vibrations which are still capable of perceptibly affecting the receiving-circuit the safer will the latter be against extraneous disturbances. To secure the best result, it is necessary, as is well known to experts, to construct the receiving-circuit or that part of the same in which the vibration chiefly occurs so that it will have the highest possible self-induction and at the same time the least possible resistance. In his manner I have demonstrated the practicability of providing a great number of such receiving-circuits -- fifty or a hundred, or more -- each of which may be called up or brought into action whenever desired without the others being interfered with. This result makes it possible for one operator to direct simultaneously the movements of a number of bodies as well as to control the action of a number of devices located on the same body, each of which may have a distinct duty to fulfill. In the following description, however, I shall show a still further development in this direction -- namely, how, by making use of merely one receiving-circuit, a great variety of devices may be actuated and any number of different functions performed at the will and command of the distant operator.

It should be stated in advance in regard to the sensitive devices above mentioned, which may be broadly considered as belonging to one class, inasmuch as the operation of all of them, involves the breaking down of a minute thickness of highly-strained dielectric, that it is necessary to make some provision for automatically restoring to the dielectric its original unimpaired insulating qualities in order to enable the device to be used in successive operations. This is usually accomplished by a gentle tapping or vibration of the electrodes or particles or continuous rotation of the same; but in long experience with many forms of these devices I have found that such procedures, while suitable in simple and comparatively unimportant operations, as ordinary signaling, when it is merely required that the succeeding effects produced in the receiving-circuit should differ in regard to their relative duration only, in which case it is of little or no consequence if some of the individual effects be altered or incomplete or even entirely missed, do not yield satisfactory results in many instances, when it may be very import and that the effects produced should all be exactly such as desired and that none should fail. To illustrate, let it be supposed that an official directing the movements of a vessel in the manner described should find it necessary to bring into action a special device on the latter or to perform a particular operation, perhaps of vital moment, at an instant´s notice and possibly when, by design or accident, the vessel itself or any mark indicating its presence is hidden from his view. In this instance a failure or defective action of any part of the apparatus might have disastrous consequences and such cases in which the sure and timely working of the machinery is of paramount importance may often present themselves in practice, and this consideration has impressed me with the necessity of doing away with the defects in the present devices and procedures and of producing an apparatus which while being sensitive will also be most reliable and positive in its action. In the arrangement hereinafter described these defects are overcome in a most satisfactory manner, enabling thousands of successive operations, in all respects alike, being performed by the controlling apparatus without a single irregularity or miss being recorded. For a better understanding of these and other details of the invention as I now carry them out I would refer to the accompanying drawings, in which --

Figure 1 is a plan view of a vessel and mechanism within the same. Fig. 2 is a longitudinal section of the same, showing the interior mechanism in side elevation. Fig. 3 is a plan view, partially diagrammatical, of the vessel, apparatus, and circuit-connections of the same. Fig. 4 is a plan view, on an enlarged scale, of a portion of the controlling mechanism. Fig. 5 is an end view of the same. Fig. 6 shows the same mechanism in side elevation. Fig. 7 is a side view of a detail of the mechanism. Fig. 8 is a central sectional view, on a larger scale, of a sensitive device forming part of the receiving-circuit. Fig. 9 is a diagrammatic illustration of the system in its preferred form. Fig. 10 is a view of the various mechanisms employed, but on a larger scale, and leaving out or indicating conventionally certain parts of well understood character.

Referring to Figs. 1 and 2, A designates any type of vessel or vehicle which is capable of being propelled and directed, such as a boat, a balloon, or a carriage. It may be designed to carry in a suitable compartment B objects of any kind, according to the nature of the uses to which it is to be applied. The vessel -- in this instance a boat -- is provided with suitable propelling machinery which is shown as comprising a screw-propeller C, secured to the shaft of an electro-magnetic motor D, which derives its power from storage batteries E E E E. In addition to the propelling engine or motor the boat carries also a small steering-motor F, the shaft of which is extended beyond its bearings and provided with a worm which meshes with a toothed wheel G. This latter is fixed to a sleeve *b*, freely movable on a vertical rod H, and is rotated in one or the other direction, according to the direction of rotation of the motor F.

The sleeve *b* on rod H is in gear through the cog-wheels H' and H", with a spindle G, mounted in vertical bearings at the stem of the boat and carrying the rudder F'.

The apparatus by means of which the operation of both the propelling and steering-mechanism is controlled involves, primarily, a receiving-circuit, which for reasons before stated is preferably both adjusted and rendered sensitive to the influence of waves or impulses emanating from a remote source, the adjustment being so that the period of oscillation of the circuit is either the same as that of the source or a harmonic thereof.

The receiving-circuit proper (diagrammatically shown in Figs. 3 and 10) comprises terminal E', conductor C', a sensitive device A', and a conductor A", leading to the ground conveniently through a connection to the metal keel B' of the vessel. The terminal E' should present a large conducting-surface and should be supported as high as practicable on a standard D, which is shown as broken in Fig. 2; but such provisions are not always necessary. It is important to insulate very well the conductor C' in whatever manner it be supported.

The circuit or path just referred to forms also a part of a local-circuit, which latter includes a relay-magnet *a* and a battery *a'*, the electro-motive force of which is, as before explained, so determine that although the dielectric layers in the sensitive device A' are subjected to a great strain, yet normally they withstand the strain and no appreciable current flows through the local-circuit; but when an electrical disturbance reaches the circuit the dielectric films are broken down, the resistance of the device A' is suddenly and greatly diminished, and a current traverses the relay-magnet A.

The particular sensitive device employed is shown in general views and in detail in Fig. 4, 6, 7, and 8. It consists of a metal cylinder *c,* with insulating-heads *c'*, through which passes a central metallic rod *c"*. A small quantity of grains *d* of conducting material, such as an oxidized metal, is placed in the cylinder. A metallic strip *d'*, secured to an insulated post *d"*, bears against the side of the cylinder *c*, connecting it with the conductor C', forming one part of the circuit. The central rod *c"* is connected to the frame of the instrument and so to the other part of the circuit through the forked metal arm *e*, the ends of which are fastened with two nuts to the projecting ends of the rod, by which means the cylinder *c* is supported.

In order to interrupt the flow of battery-current which is started through the action of the sensitive device A', special means are provided, which are as follows: The armature *e'* of the magnet *a*, when attracted by the latter, closes a circuit containing a battery *b'* and magnet *f*. The armature-lever *f´* of this magnet is fixed to a rock-shaft *f''*, to which is secured an anchor-escapement *g*, which controls the movements of a spindle *g'*, driven by a clock-train K. The spindle *g'* has fixed to it a disk *g''* with four pins *b''*, so that for each oscillation of the escapement *g* the spindle *g'* is turned through one-quarter of a revolution. One of the spindles in the clock-train, as *h*, is geared so as to make one-half of a revolution for each quarter-revolution of spindle *g'*. The end of the former spindle extends through the side of the frame and carries an eccentric cylinder *h'*, which passes through a slot in a lever *h''*, pivoted to the side of the frame. The forked arm *e*, which supports the cylinder *c*, is pivoted to the end of eccentric *b'*, and the eccentric and said arm are connected by a spiral spring *l*. Two pins *i´ i´* extend out from the lever *h''*, and one of these is always in the path of a projection on arm *e*. They operate to prevent the turning of cylinder *c* with the spindle *h* and the eccentric. It will be evident that a half-revolution of the spindle *h* will wind up the spring *i* and at the same time raise or lower the lever *h''*, and these parts are so arranged that just before the half-revolution of the spindle is completed the pin *i'*, in engagement with projection or stop-pin *p*, is withdrawn from its path; and the cylinder *c*, obeying the force of the spring *i*, is suddenly turned end for end, its motion being checked by the other pin *i'*. The adjustment relatively to armature *f´* of magnet *f* is further more so made that the pin *i'* is withdrawn at the moment when the armature has nearly reached its extreme position in its approach toward the magnet -- that is, when the lever *l*, which carries the armature *f'*, almost touches the lower one of the two stops *s s*, Fig. 5 -- which limits its motion in both directions.

The arrangement just described has been the result of long experimenting with the object of overcoming certain defects in devices of this kind, to which reference has been made before. These defects I have found to be due to many causes, as the unequal size, weight, and shape of the grains, the unequal pressure which results from this and from the manner in which the grains are usually agitated, the lack of uniformity in the conductivity of the surface of the particles owing to the varying thickness of the superficial oxidized layer, the varying condition of the gas or atmosphere in which the particles are immersed, and to certain deficiencies, well known to experts, of the transmitting-apparatus as heretofore employed, which are in a large measure reduced by the use of my improved high-frequency coils. To do away with the defects in the sensitive device, I prepare the particles so that they will be in all respects as nearly alike as possible. They are manufactured by a special tool, insuring their equality in size, weight, and shape, and are then uniformly oxidized by placing them for a given time in an acid solution of predetermined strength. This secures equal conductivity of their surfaces and stops their further deterioration, thus preventing a change in the character of the gas in the space in which they are enclosed. I prefer not to rarefy the atmosphere within the sensitive device, as this has the effect of rendering the former less constant in regard to its dielectric properties, but merely secure an airtight enclosure of the particles and rigorous absence of moisture, which is fatal to satisfactory working.

The normal position of the cylinder *c* is vertical, and when turned in the manner described the grains in it are simply shifted from one end to the other; but inasmuch as they always fall through the same space and are subjected to the same agitation they are brought after each operation of the relay to precisely the same electrical condition and offer the same resistance to the flow of the battery-current until another impulse from afar reaches the receiving-circuit.

The relay-magnet a should be of such character as to respond to a very weak current and yet be positive in its action. To insure the retraction of its armature *e'* after the current has been established through the magnet *f* and interrupted by the inversion of the sensitive device *c*, a light rod *k* is supported in guides on the frame in position to be lifted by an extension *k'* of the armature-lever *l* and to raise slightly the armature *e*. As a feeble current may normally flow through the sensitive device and the relay-magnet *a*, which would be sufficient to hold though not draw the armature down it is well to observe this precaution.

The operation of the relay-magnet *a* and the consequent operation of the electro-magnet *f*, as above described, are utilized to control the operation of the propelling-engine and the steering apparatus in the following manner: On the spindle *g'*, which carries the escapement-disk *g''*, Figs. 4 and 6 is a cylinder *j* of insulating material with a conducting plate or head at each end from these two heads respectively contact-plates or segments *j' j''* extend on diametrically opposite sides of the cylinder. The plate *j''* is in electrical connection with the frame of the instrument through the head from which it extends while insulated strips or brushes J J' bear upon the free end or head of the cylinder and the periphery of the same, respectively. Three terminals are then provided, one always in connection with plate *j'*, the other always in connection with the plate *j''*, and the third adapted to rest on the strips *j'* and *j''* in succession or upon the intermediate insulating-spaces, according to the position in which the commutator is brought by the clock-train and the anchor-escapement *g*.

K' K", Figs 1, 3 and 10, are two relay-magnets conveniently placed in the rear of the propelling-engine. One terminal of a battery *k''* is connected to one end of each of the relay-coils the opposite terminal to the brush J' and the opposite ends of the relay-coils to the brush J and to the frame of the instrument, respectively. As a consequence of this arrangement either the relay K' or K" will be energized as the brush J' bears upon the plate *j'* or *j''*, respectively, or both relays will be inactive while the brush J' bears upon an insulating-space between the plates *j'* and *j"*. While one relay as K' is energized, its armature closes a circuit through the motor F, which is rotated in a direction to throw the rudder to port. On the other hand, when relay K" is active another circuit through the motor F is closed, which reverses its direction of rotation and shifts the rudder to star-board. These circuits, however, are at the same time utilized for other purposes, and their course is in part through apparatus which I shall describe before tracing their course.

The fixed rod H carries an insulating disk or head L, Fig. 2, to the under side of which are secured six brushes, 1, 2, 3, 4, 5, and 6, Fig. 3. The sleeve *b*, which surrounds the rod and is turned by the steering-motor F, carries a disk L', upon the upper face of which are two concentric circles of conducting contact-plates. Brushes 1, 2 3 and 4 bear upon the inner circle of contacts, while the brushes 5 and 6 bear upon the outer circle of contacts. The outer circle of contacts comprises two long plates 7 and 8 on opposite sides of the disk and a series of shorter plates 9, 10, 11, 12, 13, and 14 in the front and rear. Flexible conductors *l' l"* connect the plates 7 and 8 with the terminals of the propelling-motor D, and the poles of the main-battery E are connected to the brushes 5 and 6, respectively, so that while the rudder is straight or turned up to a certain angle to either side the current is conveyed through the brushes 5 and 6 and segments 7 and 8 to the propelling-motor D. The steering-motor F is also driven by current taken from the main-battery E in the following manner: A conductor 15 from one pole of the battery leads to one of the commutator-brushes, and from the other brush runs a conductor 16 to one of the contacts of each relay K' K". When one of these relays, as K", is active, it continues this circuit through a wire 19 through one field-coil or set of coils on the motor F and thence to the brush 1. In a similar manner when the other relay K' is active the circuit is continued from wire 18 through a wire 20, the second or reversing set of field-coils, and to brush 2.

Both brushes 1 and 2 at all times when the rudder is not turned more than about forty-five degrees to one side are in contact with a long conducting-plate 21, and one brush in any position of the rudder is always in contact with said plate, and the latter is connected by a flexible conductor 22 with the opposite pole of the main-battery. Hence the motor F may always be caused to rotate in one direction whatever may be the position of the rudder, and may be caused to rotate in either direction whenever the position of the rudder is less than a predetermined angle, conveniently forty-five degrees from the center position. In order, however, to prevent the rudder from being turned too far in either direction, the isolated plate 23 is used. Any movement of the rudder beyond a predetermined limit brings this plate under one or the other of the brushes 12 and breaks the circuit of motor F, so that the rudder can be driven no farther in that direction, but, as will be understood, the apparatus is in condition to turn the rudder over to the other side. In like manner the circuit of the propelling-motor D is controlled through brushes 5 and 6 and the segments on the outer circle of contacts of head L. If the short segments on either side of the circle are insulated, the motor D will be stopped whenever one of the brushes 5 or 6 passes onto one of them from the larger segments 7 8.

It is important to add that on all contact-points where a break occurs provision should be made to overcome the sparking and prevent the oscillation of electrical charges in the circuits, as such sparks and oscillations may affect the sensitive device. It is this consideration chiefly which makes it advisable to use the two relays K' K", which otherwise might be dispensed with. They should be also placed as far as practicable from the sensitive device in order to guard the latter against any action of strong varying currents.

In addition to the mechanism described the vessel may carry any other devices or apparatus as might be required for accomplishing any special object of more or less importance. By way of illustration a small motor m is shown, Figs. 1 and 3, which conveniently serves for a number of purposes. This motor is shown connected in series with the armature of the steering-motor F, so that whenever either one of the circuits of the latter is closed through relays K' K" the motor *m* is likewise rotated, but in all cases in the same direction. Its rotation is opposed by a spring *m'*, so that in normal operation, owing to the fact that the circuits of motor F are closed but a short time, the lever *m"*, which is fastened to one of the wheels of clockwork M, with which the armature of the motor is geared, will move but a short distance and upon cessation of the current return to a stop P; but if the circuits of the motor F are closed and opened rapidly in succession, which operation leaves the rudder unaffected, then the lever *m"* is moved to a greater angle, coming in contact with a metal plate *n*, and finally, if desired, with a post *n'*. Upon the lever *m"* coming in contact with plate *n* the current of the main battery passes either through one or other or both of the lights supported on standards *q q*, according to the position of brushes 3 and 4 relatively to the insulating-segment 23; but since the head L, carrying, the segments, is geared to the rudder the position of the latter is in a general way determined by observing the lights. Both of the lights may be colored, and by flashing them up whenever desired the operator may guide at night the vessel in its course. For such purposes also the standards *r r* are provided, which should be painted in lively colors, so as to be visible by day at great distances. By opening and closing the circuits of motor F a greater number of times preferably determined beforehand, the lever *m"* is brought in contact with post *n'*, thus closing the circuit of the main-battery through a device *o* and bringing the latter into action at the moment desired. By similar contrivances or such as will readily suggest themselves to mechanicians any number of different devices may be operated.

Referring now to Fig. 9, which illustrates diagrammatically the system as practiced when directing the movements of a boat, in this figure S designates any source of electrical disturbance or oscillations the generation of which is controlled by a suitable switch contained in box T. The handle of the switch is movable in one direction only and stops on four points *t t' u u'*, so that as the handle passes from stop to stop oscillations are produced by the source during a very short time interval. There are thus produced four disturbances during one revolution and the receiving-circuit is affected four times; but it will be understood from the foregoing description of the controlling-devices on the vessel that the rudder will be moved twice, once to right and once to left. Now I preferable place the handle of the switch so that when it is arrested on points *t t'* -- that is, to the right or left of the operator -- he is reminded that the vessel is being deflected to the right or left from its course, by which means the control is facilitated. The normal positions of the handle are therefore at *u u´* when the rudder is not acted upon, and it remains on the points *u u´* only so long as necessary. Since, as before stated, the working of the apparatus is very sure, the operator is enabled to perform any such operations as provision is made for without even seeing the vessel.

The manner of using the apparatus and the operation of the several instrumentalities comprising the same is in detail as follows: Normally the plate L´ is turned so that brush 2 rests upon the insulated segment 23 and brush 6 upon one of the insulated short segments in the rear of the circle. Under these conditions the rudder will be turned to star-board and the circuit of motor D interrupted between brushes 5 and 6. At the same time only one of the circuits of motor F -- that controlled by relay K´ -- is capable of being closed, since brush 2, which connects with the other, is out of contact with the long segment 21. Assuming now that it is desired to start the vessel and direct it to a given point, the handle T is turned from its normal position on point *u´* to the point *t* on the switch-box. This sends out an electrical disturbance, which, passing through the receiving-circuit on the vessel, affects the sensitive device A´ and starts the flow of current through the local-circuit, including said device, the relay *a*, and the battery *a´*. This, as has been previously explained, turns the cylinder J and causes the brush J´ to pass from insulation onto the contact *j´*. The battery *k´´* is thus closed through relay K´´, and the latter closes that circuit of the motor F which, starting from plate 22, which is permanently connected with one pole of the main-battery, is completed through the brush, the field of motor F, wire 19, the armature of relay K´´, wire 16, the motor *m*, the brushes and commutator of motor F, and the wire 15 to the opposite terminal of the battery E. Motor F is thus set in operation to shift the rudder to port; but the movement of plate L´ which follows brings the brush 6 back onto segment 8 and closes the circuit of the propelling-motor which starts the vessel. The motor F is permitted to run until the rudder has been turned sufficiently to steer the vessel in the desired direction, when the handle T is turned to the point *u*. This produces another action of the relay *a* and brush J´ is shifted onto insulation and both relays K´ and K´´ are inactive. The rudder remains in the position to which it has been shifted by the motor F. If it be then desired to shift it to starboard, or in the opposite direction to that in which it was last moved, the handle T is simply turned to point *t´* and allowed to remain there until the motor F, which is now operated by relay K´, the circuit of which is closed by strip J´ coming into contact with plate *j´*, has done its work. The movement of handle T to the next point throws out both relays K´ and K´´, and the next movement causes a shifting of the rudder to port, and so on. Suppose, however, that after the rudder has been set at any angle to its middle position it be desired to shift it still farther in the same direction. In such case the handle is moved quickly over two points, so that the circuit which would move the rudder in the opposite direction is closed for too short a time interval to produce an appreciable effect and is allowed to rest on the third point until the rudder is shifted to the desired position, when the handle is moved to the next point, which again throws out both relays K´ and K´´. It will be understood that if the handle be held for a sufficiently long time upon either point *t* or *t´* the motor F will simply turn the plate L´ in one direction or the other until the circuits of motors D and F are broken. It is furthermore evident that one relay K´ or K´´ will always be operative to start the motor F.

As previously explained, the longest period of operation of which the motor F is capable under ordinary conditions of use does not permit the motor *m* to shift the arm *m´* into contact with the plate *n*; but if the handle T be turned with a certain rapidity a series of current-impulses will be directed through motor *m*; but as these tends to rotate the motor F in opposite directions they do not sensibly affect the latter, but act to rotate the motor *m* against the force of the coiled spring.

The invention which I have described will prove useful in many ways. Vessels or vehicles of any kind may be used, as life, dispatch, or pilot boats or the like, or for carrying letters, packages, provisions, instruments, objects, or materials of any description, for establishing communication with inaccessible regions and exploring the conditions existing in the same, for killing or capturing whales or other animals of the sea, and for many other scientific, engineering, or commercial purposes; but the greatest value of my invention will result from its effect upon warfare and armaments, for by reason of its certain and unlimited destructiveness it will tend to bring about and maintain permanent peace among nations.

Having now described my invention, what I claim is --

1. The improvement in the art of controlling the movements and operations of a vessel or vehicle herein described, which consist in producing waves or disturbances which are conveyed to the vessel by the natural media, actuating thereby suitable apparatus on the vessel and effecting the control of the propelling-engine, the steering and other mechanism by the operation of the said apparatus, as set forth.

2. The improvement in the art of controlling the movements and operation of a vessel or vehicle, herein described, which consists in establishing a region of waves or disturbances, and actuating by their influence exerted at a distance the device on such vessel or vehicle, which control the propelling, steering and other mechanism thereon, as set forth.

3. The improvement in the art of controlling the movement and operation of a vessel or vehicle, herein described, which consists in establishing a region of electrical waves or disturbances, and actuating by their influence, exerted at a distance, the devices on said vessel or vehicle, which control the propelling, steering and other mechanism thereon, as set forth.

4. The improvement in the art of controlling the movements and operation of a vessel or vehicle, herein described, which consists in providing on the vessel a circuit controlling the propelling, steering and other mechanism, adjusting or rendering such circuit sensitive to ways or disturbances of a definite character, establishing a region of such waves or disturbances, and rendering by their means the controlling-circuit active or inactive, as set forth.

5. The combination with a source of electrical waves or disturbances of a moving vessel or vehicle, and mechanism thereon for propelling, steering or operating the same, and a controlling apparatus adapted to be actuated by the influence of the said waves or disturbances at a distance from the source, as set forth.

6. The combination with a source of electrical waves or disturbances of a moving vessel or vehicle, mechanism for propelling, steering or operating the same, a circuit and means therein for controlling said mechanism, and means for rendering said circuit active or inactive through the influence of the said waves or disturbances exerted at a distance from the source, as set forth.

7. The combination with a source of electrical waves or disturbances and means for starting and stopping the same, of a vessel or vehicle, propelling and steering mechanism carried thereby, a circuit containing or connected with means for controlling the operation of said mechanism and adjusted or rendered sensitive to the waves or disturbances of the source, as set forth.

8. The combination with a source of electrical waves or disturbances, and means for starting and stopping the operation of the same, of a vessel or vehicle, propelling and steering-mechanism carried thereby, local

circuits controlling said mechanisms, a circuit sensitive to the waves or disturbances of the source and means therein adapted to control the said local-circuits, as and for the purpose set forth.

9. The sensitive device herein described comprising, in construction a receptacle containing a material such as particles of oxidized metal forming a part of the circuit, and means for turning the same end for end when the material has been rendered active by the passage through it of an electric discharge, as set forth.

10. The sensitive device herein described, comprising in combination a receptacle containing a material such as particles of oxidized metal forming a part of an electric circuit, an electro-magnet in said circuit, and devices controlled thereby for turning the receptacle end for end when said magnet is energized, as set forth.

11. The sensitive device herein described, comprising in combination a receptacle containing a material such as particles of oxidized metal forming part of an electric circuit, a motor for rotating the receptacle, an electro-magnet in circuit with the material, and an escapement controlled by said magnet and adapted to permit a half-revolution of the receptacle when the said magnet is energized, as set forth.

12. The combination with a movable body or vehicle, of a propelling-motor, a steering-motor and electrical contacts carried by a moving portion of the steering mechanism, and adapted in certain positions of the latter to interrupt the circuit of the propelling-motor, a local-circuit and means connected therewith for controlling the steering-motor, and a circuit controlling the local-circuit and means for rendering said controlling-circuit, sensitive to the influence of electric waves or disturbances exerted at a distance from their source, at set forth.

13. The combination with the steering-motor, a local circuit for directing current through the same in opposite directions, a controlling-circuit rendered sensitive to the influence of electric waves or disturbances exerted at a distance from their source, a motor in circuit with the steering-motor but adapted to run always in the same direction, and a local-circuit or circuits controlled by said motor, as set forth.

NIKOLA TESLA.

Witnesses:
RAPHAEL NETTER,
GEORGE SCHERFF.

No. 685,955. Patented Nov. 5, 1901.

# N. TESLA.

## APPARATUS FOR UTILIZING EFFECTS TRANSMITTED FROM A DISTANCE TO A RECEIVING DEVICE THROUGH NATURAL MEDIA.

(Application filed Sept. 8, 1899. Renewed May 29, 1901.)

(No Model.)

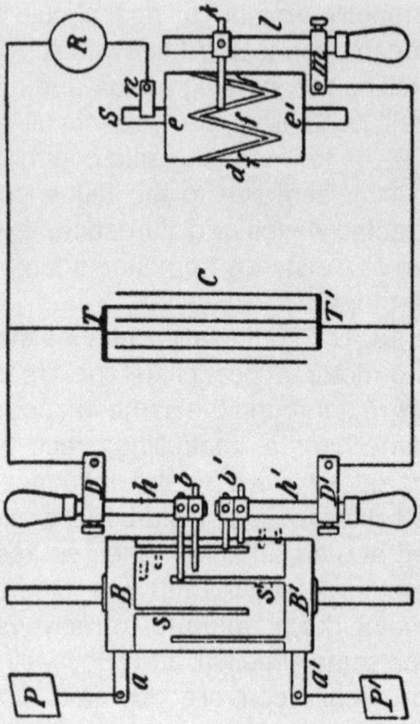


Fig. 1

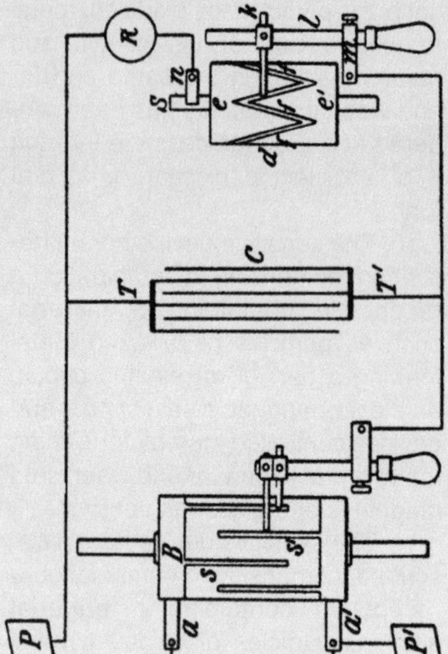


Fig. 2

G G

Witnesses:
G. B. Lewis.
Hillary C. Messimer

Nikola Tesla, Inventor
by Kerr, Page & Cooper.
Att'ys

# UNITED STATES PATENT OFFICE.

NIKOLA TESLA, OF NEW YORK, N. Y.

## APPARATUS FOR UTILIZING EFFECTS TRANSMITTED FROM A DISTANCE TO A RECEIVING DEVICE THROUGH NATURAL MEDIA.

SPECIFICATION forming part of Letters Patent No. 685,955, dated November 5, 1901, Application filed June 24, 1899. Serial No. 721,790. Divided and this application filed September 8, 1899. Renewed May 29, 1901. Serial No. 62,317. (No model.)

*To all whom it may concern:*

Be it known that I, NIKOLA TESLA, a citizen of the United States, residing at the borough of Manhattan, in the city, county, and State of New York, have invented certain new and useful Improvements in Apparatus for Utilizing Effects Transmitted from a Distance to a Receiving Device Through the Natural Media, of which the following is a specification, reference being had to the accompanying drawings, which form a part of the same.

This application is a division of an application filed by me June 24, 1899, Serial No. 721,790, in which a method of utilizing effects or disturbances transmitted through the natural media from a distant source is described and made the subject of the claims. The invention of my present application consists in the apparatus hereinafter described and claimed, by the use of which the method claimed in my said prior application may be practiced and by means of which results hitherto unattainable may be secured.

Several ways or methods of transmitting electrical disturbances through the natural media and utilizing them to operate distant receivers are now known and have been applied with more or less success for accomplishing a variety of useful results. One of these ways consists in producing by a suitable apparatus rays or radiations -- that is, disturbances -- which are propagated in straight lines through space, directing them upon a receiving or recording-apparatus at a distance, and thereby bringing the latter into action. This method is the oldest and best known, and has been brought particularly into prominence in recent years through the investigations of Heinrich Hertz. Another method consists in passing a current through a circuit, preferably one enclosing a very large area, inducing thereby in a similar circuit, situated at a distance, another current and affecting by the same in any convenient way a receiving-device. Still another way, which has also been known for many years, is to pass in any suitable manner a current through a portion of the ground, as by connecting to two points of the same, preferably at a considerable distance from each other, the two terminals of a generator and to energize by a part of the current diffused through the earth a distant circuit, which is similarly arranged and grounded at two points widely apart and which is made to act upon a sensitive receiver. These various methods have their limitations, one, especially, which is common to all, being that the receiving-circuit or instrument must be maintained in a definite position with respect to the transmitting apparatus, which often imposes great disadvantages upon the use of the apparatus.

In several applications filed by me and patents granted to me I have disclosed other methods of accomplishing results of this nature, which may be briefly described as follows: In one system the potential of a point or region of the earth is varied by imparting to it intermittent or alternating electrifications through one of the terminals of a suitable source of electrical disturbances, which to heighten the effect has its other terminal connected to an insulated body, preferably of large surface and at an elevation. The electrification communicated to the earth spread in all directions through the same, reaching a distant circuit, which generally has its terminals arranged and connected similarly to those of the transmitting source, and operates upon a highly-sensitive receiver. Another method is based upon the fact that the atmospheric air, which behaves as an excellent insulator to currents generated by ordinary apparatus, becomes a conductor under the influence of currents of impulses of enormously high electro-motive force which I have devised means for generating. By such means air strata, which are easily accessible, are rendered available for the production of many desired effects at distances, however great. This method, furthermore, allows advantage to be taken of many of those improvements which are practicable in the ordinary systems of transmission involving the use of a metallic conductor.

Obviously whatever method be employed it is desirable that the disturbances produced by the transmitting apparatus should be as powerful as possible, and by the use of certain forms of high-frequency apparatus which I have devised and which are now well known important practical advantages are in this respect secured. Furthermore, since in most cases the amount of energy conveyed to the distant circuit is but a minute fraction of the total energy emanating from the source, it is necessary for the attainment of the best results that whatever the character of the receiver and the nature of the disturbances as much as possible of the energy conveyed should be made available for the operation of the receiver, and with this object in view I have heretofore, among other means, employed a receiving-circuit of high self-induction and very small resistance and of a period such as to vibrate in synchronism with the disturbances, whereby a number of separate impulses from the source were made to cooperate, thus magnifying the effect exerted upon and insuring the action of the receiving-device. By these means decided advantages have been secured in many instances; but very often the improvement is either not applicable at all ,or if so, the gain is very slight. Evidently when the source is one producing a continuous pressure or delivering impulses of long duration it is impracticable to magnify the effects in this manner, and when, on the other hand, it is one furnishing short impulses of extreme rapidity of succession the advantage obtained in this way is insignificant, owing to the radiation and the unavoidable frictional waste in the receiving-circuit. These losses reduce greatly both the intensity and the number of the cooperative impulses, and since the initial intensity of each of these is necessarily limited only an insignificant amount of energy is thus made available for a single operation of the receiver. As this amount is consequently dependent on the energy conveyed to the receiver by one single impulse, it is evidently necessary to employ either a very large and costly, and therefore objectionable transmitter, or else resort to the equally objectionable use of a receiving-device too delicate and too easily deranged. Furthermore, the energy obtained through the cooperation of the impulses is in the form of extremely-rapid vibrations and because of this unsuitable for the operation of ordinary receivers, the more so as this form of energy imposes narrow restrictions in regard to the mode and time of its application to such devices. To overcome these and other limitations and disadvantages which have heretofore existed in such systems of transmission of signals or intelligence is the object of my invention, which comprises a novel form of apparatus for accomplishing these results.

The apparatus which is employed at the receiving-station, described in general terms, consists in the combination of a storage device included in a circuit connecting points at a distance from the source of the disturbances and between which a difference of potential is created by such disturbances, a receiving-circuit connected with the storage device, a receiver included in such receiving-circuit, and means for closing the receiving-circuit at any desired moment, and thereby causing the receiver to be operated by the energy with which the storage device has been charged.

The best form of apparatus for carrying out my invention of which I am now aware and the manner of using the same will be understood from the following description and the accompanying drawings, in which --

Figure 1 is a diagrammatic illustration of such apparatus, and Fig. 2 a modified form or arrangement of the same.

At any two points in the transmitting medium between which there exists or may be obtained in any manner through the action of the disturbances or effects to be investigated or utilized a difference of electrical potential of any magnitude I arrange two plates or electrodes so that they may be oppositely charged through the agency of such effects or disturbances, and I connect these electrodes to the terminals of a highly-insulated condenser, generally of considerable capacity. To the condenser-terminals I also connect the receiver to be operated in series with a device of suitable construction which performs the function of periodically discharging the condenser through the receiver at and during such intervals of time as may be best suitable for the purpose contemplated. This device may merely consist of two stationary electrodes separated by a feeble dielectric layer of minute thickness, or it may comprise terminals one or more of which are movable and actuated by any suitable force and are adapted to be brought into and out of contact with each other in any convenient manner. It will now be readily seen that if the disturbances, of whatever nature they may be, cause definite amounts of electricity of the same sign to be conveyed to each of the plates or electrodes above mentioned either continuously or at intervals of time which are sufficiently long the condenser will be charged to a certain potential and an adequate amount of energy being thus stored during the time determined by the device effecting the discharge of the condenser the receiver will be periodically operated by the electrical energy so accumulated; but very often the character of the impulses and the conditions of their use are such that without further provision not enough potential energy would be accumulated in the condenser to operate the receiving device. This is the case when, for example, each of the plates or terminals receives electricity of rapidly-changing sign or even when each receives electricity of the same sign, but only during periods of which are short as compared with the intervals separating them. In such instances I resort to the use of a special device which I insert in the circuit between the plates and the condenser for the purpose of conveying to each of the terminals of the latter electrical charges of the proper quality and order of succession to enable the required amount of potential energy to be stored in the condenser.

There are a number of well known devices either without any moving parts or terminals or with elements reciprocated or rotated by the application of a suitable force, which offer a more ready passage to impulses of one sign or direction than to those of the other or permit only impulses of one kind or order of succession to traverse a path, and any of these or similar devices capable of fulfilling the requirements may be used in carrying my invention into practice. One such device of familiar construction which will serve to convey a clear understanding of this part of my invention and enable a person skilled in the art to apply the same is illustrated in the annexed drawings. It consists of a cylinder A, of insulating material, which is moved at a uniform rate of speed by clockwork or other suitable motive power and is provided with two metal rings B B', upon which bear brushes *a* and *a'*, which are connected, respectively, in the manner shown to the terminal plates P and P', above referred to. From the rings B B' extend narrow metallic segments *s* and *s'*, which by the rotation of the cylinder A are brought alternately into contact with double-brushes *b* and *b'*, carried by and in contact with conducting-holders *h* and *h'*, which are adjustable longitudinally in the metallic supports D and D', as shown. The latter are connected to the terminals T and T' of a condenser C, and it should be understood that they are capable of angular displacement as ordinary brush-supports. The object of using two brushes, as *b* and *b'*, in each of the holders *h* and *h'* is to vary at will the duration of the electric contact of the plates P and P' with the terminals T and T', to which is connected a receiving-circuit, including a receiver R and a device *d* of the kind above referred to, which performs the duty of closing the receiving-circuit at predetermined intervals of time and discharging the stored energy through the receiver. In the present case this device consists of a cylinder made partly of conducting and partly of insulating material *e* and *e'*, respectively, which is rotated at the desired rate of speed by any suitable means. The conducting part *e* is in good electrical connection with the shaft S and is provided with tapering segments *f f*, upon which slides a brush *k*, supported on a conducting-rod *l*, capable of longitudinal adjustment in a metallic support *m*. Another brush *n* is arranged to bear upon the shaft S, and it will be seen that whenever one of the segments *f* comes in contact with the brush *k* the circuit including the receiver R is completed and the condenser discharged through the same. By an adjustment of the speed of rotation of the cylinder *d* and a displacement of the brush *k* along the cylinder the circuit may be made to open and close in as rapid succession and remain open or closed during such intervals of time as may be desired. The plates P and P' through which the electrifications are conveyed to the brushes *a* and *a'* may be at a considerable distance from each other and both in the ground or both in the air or one in the ground and the other in the air, preferably at some height, or they may be connected to conductors extending to some distance or to the terminals of any kind of apparatus supplying electrical energy which is obtained from the energy of the impulses or disturbances transmitted from a distance through the natural media.

In illustration of the operation of the devices described let it be assumed that alternating electrical impulses from a distant generator, as G, are transmitted through the earth and that it is desired to utilize these impulses in accordance with my method. This may be the case, for example, when such a generator is used for purposes of signaling in one of the ways before enumerated, as by having its terminals connected at two points of the earth distant from each other. In this case the plates P and P' are first connected to two properly selected points of the earth, the speed of rotation of the cylinder A is varied until it is made to turn in synchronism with the alternate impulses of the generator, and, finally, the position of the brushes *b* and *b'* is adjusted by angular displacement, as usual, or in other ways, so that they are in contact with the segments *s* and *s'* during the periods when the impulses are at or near the maximum of their intensity. Only ordinary electrical skill and knowledge are required to make these adjustments, and a number of devices for effecting synchronous movement being well known and it being the chief object of my present application to set forth a novel apparatus embodying a general principle a detailed description of such devices is not considered necessary. I may state, however, that for practical purposes in the present case it is only necessary to shift the brushes back and forth until the maximum effect is secured. The above requirements being fulfilled, electrical charges of the same sign will be conveyed to each of the condenser-terminals as the cylinder A is rotated, and with each fresh impulse the condenser will be charged to a higher potential. The speed of rotation of the cylinder *d* being adjustable at will, the energy of any number of separate impulses may thus be accumulated in potential form and discharged through the receiver R upon the brush *k* coming in contact with one of the segments *f*. It will be of course understood that the capacity of the condenser should be such as to allow the storing of a much greater amount of energy than is required for the ordinary operation of the receiver. Since by this method a relatively great amount of energy and in a suitable form may be made available for the operation of a receiver, the latter need not be very sensitive but of course then the impulses are very feeble, as when coming from a great distance or when it is desired to operate a receiver very rapidly, than any of the well known devices capable of responding to very feeble influences may be used in this connection.

If instead of the alternating impulses short impulses of the same direction are conveyed to the plates P and P', the apparatus described may still readily be used, and for this purpose it is merely necessary to shift the brush *b* and *b'* into the position indicated by the dotted lines, while maintaining the same conditions in regard to synchronism as before, so that the succeeding impulses will be permitted to pass into the condenser, but prevented from returning to the ground or transmitting medium during the intervals between them, owing to the interruption during such intervals of the connections leading from the condenser-terminals to the plates.

Another way of using the apparatus with impulses of the same direction is the take off one pair of brushes, as *b*, disconnect the plate P from brush *a* and join it directly to the terminal T of the condenser, and to connect brush *a* with brush *a'*. When thus modified, the apparatus appears as shown in Fig. 2. Operated in this manner and assuming the speed of rotation of cylinder A to be the same, the apparatus will now be evidently adapted for a number of impulses per unit of time twice as great as in the preceding case. In all cases it is evidently important to adjust the duration of contact of segments *s* and *s'* with brushes *b b'* in the manner indicated.

When the apparatus I have described is used in connection with the transmission of signals or intelligence, it will of course be understood that the transmitter is operated is such a way as to produce disturbances or effects which are varied or intermitted in some arbitrary manner -- for example, to produce longer and shorter successions of impulses, corresponding to the dashes and dots of the Morse alphabet -- and the receiving-device will respond to and indicate these variations or intermittence, since the storage device will be charged and discharged a number of times corresponding to the duration of the successions of impulses received.

Obviously the special appliances used in carrying out my invention may be varied in many ways without departing from the spirit of the same.

It is to be observed that it is the function of the cylinder A, with its brushes and connections to render the electrical impulses coming from the plates P and P' suitable for charging the condenser (assuming them to be unsuitable for this purpose in the form in which they are received) by rectifying them when they are originally alternating in direction or by selecting such parts of them as are suitable when all are not, and any other device performing this function will obviously answer the purpose. It is also evident that a device such as I have already referred to which offers a more ready passage to impulses of one sign or permits only impulses of the same sign to pass may also be used to perform this selective function in many cases when alternating impulses are received. When the impulses are long and all of the same direction, and even when they are alternating but sufficiently long in duration and sustained in electromotive force, the brushes *b* and *b'* may be adjusted so as to bear on the parts B B' of the cylinder A, or the cylinder and its brushes may be omitted and the terminals of the condenser connected directly to the plates P and P´.

It will be seen that by the use of my invention results hitherto unattainable in utilizing disturbances or effects transmitted through natural media may be readily attained, since however great the distance of such transmission and however feeble or attenuated the impulses received enough energy may be accumulated from them by storing up the energy of succeeding impulses for a sufficient interval of time to render the sudden liberation of it highly effective in operating a receiver. In this way receivers of a variety of forms may be made to respond effectively to impulses too feeble to be detected or to be made to produce any sensible effect in any other way of which I am aware -- a result of great value in scientific research as well as in various applications to practical use.

What I claim as my invention, and desire to secure by Letters Patent, is --

1. In an apparatus for utilizing electrical effects or disturbances transmitted through the natural media, the combination with a source of such effects or disturbances of a charging-circuit adapted to be energized by the action of such effects or disturbances, a storage device included in the charging-circuit and adapted to be charged thereby, a receiver, and means for causing the receiver to be operated by the energy accumulated in the storage device at arbitrary intervals of time, substantially as described.

2. In an apparatus for utilizing electrical effects or disturbances transmitted through the natural media, the combination with a source of such effects or disturbances of a charging-circuit adapted to be energized by the action of such effects or disturbances, a storage device included in the charging-circuit and adapted to be charged thereby, means for commutating, directing or selecting the current-impulses in the charging-circuit, a receiving-circuit, and means for discharging the storage device through the receiving-circuit, substantially as described.

3. In an apparatus for utilizing electrical effects or disturbances transmitted through the natural media, the combination with a source of such effects or disturbances of a charging-circuit adapted to be energized by the action of such effects or disturbances, a condenser included in the charging-circuit and adapted to be charged thereby, means for commutating, directing or selecting the current-impulses in the charging-circuit, a receiving-circuit, and means for discharging the condenser through the receiving-circuit, substantially as described.

4. In an apparatus for utilizing electrical effects or disturbances transmitted through the natural media, the combination with a source of such effects or disturbances of a charging-circuit adapted to be energized by the action of such effects or disturbances, a storage device included in the charging-circuit and adapted to be charged thereby, means for commutating, directing or selecting the current-impulses in the charging-circuit so as to render them suitable for charging the storage device, a receiving-circuit, and means for discharging the storage device through the receiving-circuit, substantially as described.

5. In an apparatus for utilizing electrical effects or disturbances transmitted through the natural media, the combination with a source of such effects or disturbances of an charging-circuit adapted to be energized by the action of such effects or disturbances, a condenser included in the charging-circuit and adapted to be charged thereby, means for commutating, directing or selecting the current impulses in the charging-circuit so as to render them suitable for charging the condenser, a receiving-circuit, and means for discharging the condenser through the receiving-circuit, substantially as described.

6. In an apparatus for utilizing elec-

trical effects or disturbances transmitted through the natural media, the combination with a source of such effects or disturbances of a charging-circuit adapted to be energized by the action of such effects or disturbances, a storage device included in the charging-circuit and adapted to be charged thereby, means for commutating, directing or selecting the current-impulses in the charging-circuit so as to render them suitable for charging the storage device, a receiving-circuit, and means for discharging the storage device through the receiving-circuit at arbitrary intervals of time, substantially as described.

7. In an apparatus for utilizing electrical effects or disturbances transmitted to a distant receiving-station, the combination with a source of such effects or disturbances of a circuit distant from the source and adapted to have current-impulses set up in it by the action of the effects or disturbances, a storage device, means for commutating, directing or selecting the impulses and connecting the circuit with the storage device at succeeding intervals of time synchronizing with the impulses, a receiving-circuit, and means for periodically discharging the storage device through the receiving-circuit, substantially as described.

8. In an apparatus for utilizing electrical effects or disturbances transmitted to a distant receiving-station, the combination with a source of such effects or disturbances of a circuit distant from the source and adapted to have current-impulses set up in it by the action of the effects or disturbances, a condenser, means for commutating, directing or selecting the impulses and connecting the circuit with the condenser at succeeding intervals of time synchronizing with the impulses, a receiving-circuit, and means for periodically discharging the condenser through the receiving-circuit, substantially as described.

9. In an apparatus for utilizing electrical effects or disturbances transmitted through the natural media, the combination with a source of such effects or disturbances of a circuit connecting points at a distance from the source between which a difference of potential is created by such effects or disturbances, a storage device included in such circuit and adapted to be charged with the energy supplied by the same, a receiving-circuit connected with the storage device, a receiver included in such receiving-circuit, and means for closing the receiving circuit and thereby causing the receiver to be operated by the energy accumulated in the storage device, substantially as described.

10. In an apparatus for utilizing electrical effects or disturbances transmitted through the natural media, the combination with a source of such effects or disturbances of a circuit at a distance from the source which is energized by such effects or disturbances, a storage device adapted to be charged with the energy supplied by such circuit, means for connecting the storage device with the said circuit for periods of

time predetermined as to succession and duration, a receiving-circuit connected with the storage device, a receiver included in such receiving-circuit, and means for closing the receiving-circuit and thereby causing the receiver to be operated by the energy accumulated in the storage device, substantially as described.

11. In an apparatus for utilizing electrical effects or disturbances transmitted through the natural media, the combination of a circuit connecting points at a distance from the source between which a difference of potential is created by such effects or disturbances, a storage device included in such circuit and adapted to be charged with the energy supplied by the same, a receiving-circuit, a receiver included in such circuit, and means for connecting the receiving-circuit with the storage device for periods of time predetermined as to succession and duration and thereby causing the receiver to be operated by the energy accumulated in the storage device, substantially as described.

12. In an apparatus for utilizing electrical effects or disturbances transmitted through the natural media, the combination of a circuit connecting points at a distance from the source between which a difference of potential is created by such effects or disturbances, a storage device adapted to be charged with the energy supplied by such circuit for succeeding and predetermined periods of time, a receiving-circuit, a receiver included in the receiving-circuit, and means for connecting the receiving-circuit with the storage device for periods of time predetermined as to succession and duration and thereby causing the receiver to be operated by the energy accumulated in the storage device, substantially as described.

13. In an apparatus for utilizing electrical effects or disturbances transmitted through the natural media, the combination of a circuit connecting points at a distance from the source, between which a difference of potential is created by such effects or disturbances, a condenser included in such circuit and adapted to be charged by the current in the same, a receiving-circuit connected with the condenser, a receiver included in such receiving-circuit, and a device adapted to close the receiving-circuit at arbitrary intervals of time and thereby cause the receiver to be operated by the electrical energy accumulated in the condenser, substantially as described.

14. In an apparatus for utilizing electrical effects or disturbances transmitted through the natural media, the combination of a charging-circuit distant from the source and energized by the effects or disturbances, a storage device included in the charging-circuit, means included in the charging-circuit and acting in synchronism with the impulses therein for commutating, directing or selecting the impulses, a receiving-circuit and means for periodically discharging the storage device through the receiving-circuit, substantially as described.

15. In an apparatus for utilizing

electrical effects or disturbances transmitted through the natural media, the combination of a charging-circuit distant from the source and energized by the effects or disturbances, a condenser included in the charging-circuit, means included in the charging-circuit and acting in synchronism with the impulses therein for commutating, directing or selecting the impulses, a receiving-circuit and means for periodically discharging the condenser through the receiving-circuit, substantially as described.

16. In an apparatus for transmitting signals or intelligence through the natural media from a sending-station to a distant point, the combination of a generator or transmitter adapted to produce arbitrarily varied or intermitted electrical disturbances or effects in the natural media, a charging-circuit at the distant point adapted to receive corresponding electrical impulses or effects from the disturbances or effects so produced, a storage device included in the charging-circuit means included in the charging-circuit and acting in synchronism with the impulses therein for commutating, directing or selecting the impulses so as to render them suitable for charging the storage device, a receiving-circuit, substantially as described.

17. In an apparatus for transmitting signals or intelligence through the natural media from a sending-station to a distant point, the combination of a generator or transmitter adapted to produce arbitrarily varied or intermitted electrical disturbances or effects in the natural media, a charging-circuit at the distant point adapted to receive corresponding electrical impulses or effects from the disturbances or effects so produced, a condenser included in the charging-circuit, means included in the charging-circuit and acting in synchronism with the impulses therein for commutating, directing or selecting the impulses so as to render them suitable for charging the condenser, a receiving-circuit and means for periodically discharging the condenser through the receiving-circuit, substantially as described.

18. In an apparatus for transmitting signals or intelligence through the natural media from a sending-station to a distant point, the combination of a generator or transmitter adapted to produce arbitrarily varied or intermitted electrical disturbances or effects in the natural media, a circuit at the distant point adapted to receive corresponding electrical impulses or disturbances from the disturbances or effects so transmitted, a storage device included in such circuit and adapted to be charged thereby, a receiving-circuit connected with the storage device, a receiver included in the receiving-circuit and a device for closing the receiving-circuit at arbitrary intervals of time and thereby causing the receiver to be operated by the energy accumulated in the storage device, substantially as described.

NIKOLA TESLA.

Witnesses:
C. E. TITUS,
LEONARD E. CURTIS.

No. 685,953. Patented Nov. 5, 1901.

# N. TESLA.

## METHOD OF INTENSIFYING AND UTILIZING EFFECTS TRANSMITTED THROUGH NATURAL MEDIA.

(Application filed June 24, 1899. Renewed May 29, 1901.)

(No Model.)

Fig. 1.

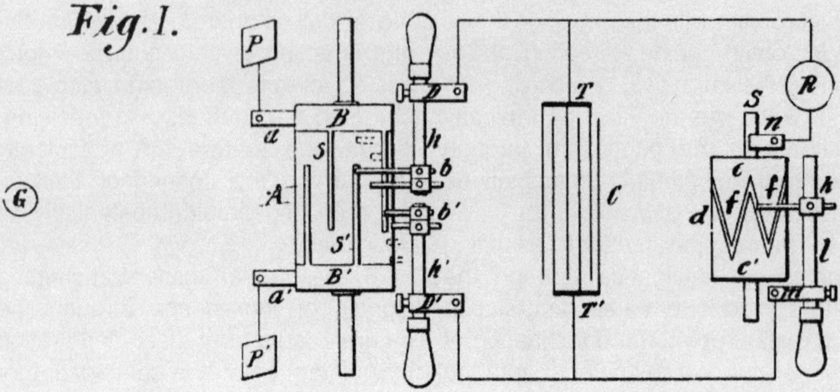


Fig. 2.

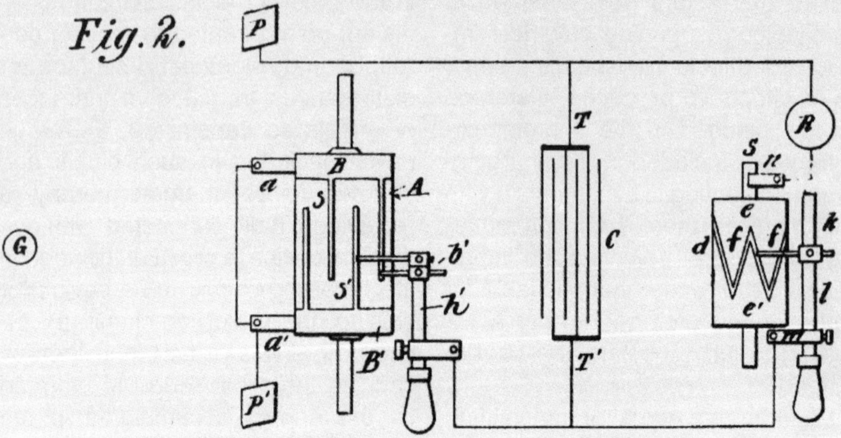


Witnesses.

G. B. Lewis

Hillary C. Messimer

Nikola Tesla, Inventor

by Kerr, Page & Cooper

Att'ys

# UNITED STATES PATENT OFFICE.

NIKOLA TESLA, OF NEW YORK, N. Y.

## METHOD OF INTENSIFYING EFFECTS TRANSMITTED THROUGH NATURAL MEDIA.

SPECIFICATION forming part of Letters Patent No. 685,953, dated November 5, 1901.
Application filed June 24, 1899. Renewed May 29, 1901. Serial No. 62,315. (No model.)

*To all whom it may concern:*

Be it known that I, NIKOLA TESLA, a citizen of the United States, residing at New York, in the county and State of New York, have invented a new and useful Improvement in Methods of Intensifying and Utilizing Effects Transmitted through the Natural Media, of which the following is a specification, reference being had to the accompanying drawings, which form a part of the same.

The object of my present invention is an improvement in the art of utilizing effects transmitted from a distance to a receiving device through the natural media; and it consists in a novel method by means of which results hitherto unattainable may be secured.

Several ways or methods of transmitting electrical disturbances through the natural media and utilizing them to operate distant receivers are now known and have been applied with more or less success for accomplishing a variety of useful results. One of these ways consists in producing by a suitable apparatus rays or radiations -- that is, disturbances -- which are propagated in straight lines through space, directing them upon a receiving or recording-apparatus at a distance, and thereby bringing the latter into action. This method is the oldest and best known and has been brought particularly into prominence in recent years through the investigations of Heinrich Hertz. Another method consists in passing a current through a circuit, preferably one enclosing a very large area, inducing thereby in a similar circuit situated at a distance another current and affecting by the same in any convenient way a receiving-device. Still another way, which has also been known for many years, is to pass in any suitable manner a current through a portion of the ground, as by connecting to two points of the same, preferably at a considerable distance from each other, the two terminals of a generator and to energize by a part of the current diffused through the earth a distant circuit which is similarly arranged and grounded at two points widely apart and which is made to act upon a sensitive receiver. These various methods have their limitations, one especially, which is common to all, being that the receiving-circuit or instrument must be maintained in a definite position with respect to the transmitting apparatus, which often imposes great disadvantages upon the use of the apparatus.

In several applications filed by me and patents granted to me I have disclosed other methods of accomplishing results of this nature, which may be briefly described as follows: In one system the potential of a point or region of the earth is varied by imparting to it intermittent or alternating electrifications through one of the terminals of a suitable source of electrical disturbances which, to heighten the effect, has its other terminal connected to an insulated body, preferably of large surface and at an elevation. The electrifcations communicated to the earth spread in all directions through the same, reaching a distant circuit which generally has its terminals arranged and connected similarly to those of the transmitting source and operates upon a highly-sensitive receiver. Another method is based upon the fact. that the atmospheric air which behaves as an excellent insulator to currents generated by ordinary apparatus becomes a conductor under the influence of currents or impulses of enormously-high electro-motive force which I have devised means for generating. By such means air strata, which are easily accessible, are rendered available for the production of many desired effects at distances, however great. This method, furthermore, allows advantage to be taken of many of those improvements which are practicable in the ordinary systems of transmission involving the use of a metallic conductor.

Obviously whatever method be employed it is desirable that the disturbances produced by the transmitting apparatus should be as powerful as possible, and by the use of certain forms of high-frequency apparatus which I have devised and which are now well known important practical advantages are in this respect secured. Furthermore, since in most cases the amount of energy conveyed to the distant circuit is but a minute fraction of the total energy emanating from the source it is necessary for the attainment of the best results that whatever the character of the receiver and the nature of the disturbances as much as possible of the energy conveyed should be made available for the operation of the receiver, and with this object in view I have heretofore among other means employed a receiving-circuit of high self-induction and very small resistance and of a period such as to vibrate in synchronism with the disturbances, whereby a number of separate impulses from the source were made to cooperate, thus magnifying the effect exerted upon and insuring the action of the receiving-device. By these means decided advantages have been secured in many instances; but very often the improvement is either not applicable at all or, if so, the gain is very slight. Evidently when the source is one producing a continuous pressure or delivering impulses of long duration it is impracticable to magnify the effects in this manner and when, on the other hand, it is one furnishing short impulses of extreme rapidity of succession the advantage obtained in this way is insignificant, owing to the radiation and the unavoidable frictional waste in the receiving-circuit. These losses reduce greatly both the intensity and the number of the cooperative impulses, and since the initial intensity of each of these is necessarily limited only an insignificant amount of energy is thus made available for a single operation of the receiver. As this amount is consequently dependent on the energy conveyed to the receiver by one single impulse it is evidently necessary to employ either a very large and costly, and therefore objectionable, transmitter or else to resort to the equally objectionable use of a receiving-device too delicate and too easily deranged. Furthermore, the energy obtained through the cooperation of the impulses is in the form of extremely rapid vibrations and, because of this, unsuitable for the operation of ordinary receivers, the more so as this form of energy imposes narrow restrictions in regard to the mode and time of its application to such devices.

To overcome these and other limitations and disadvantages which have heretofore existed in such systems of transmission of signals or intelligence is the main object of my present invention, which comprises a novel method of accomplishing these ends.

The method, briefly stated, consists in producing arbitrarily-varied or intermittent disturbances or effects, transmitting such disturbances or effects through the natural media to a distant receiving-station, utilizing energy derived from such disturbances or effects at the receiving-station to charge a condenser, and using the accumulated potential energy so obtained to operate a receiving-device.

An apparatus by means of which this method may be practiced is illustrated in the drawings hereto annexed, in which --

Figure 1 is a diagrammatic illustration of the apparatus, and Fig. 2 is a modified form or arrangement of the same.

In the practical application of my method I usually proceed as follows: At any two points in the transmitting medium between which there exists or may be obtained in any manner through the action of the disturbances or effects to be investigated or utilized a difference of electrical potential of any magnitude I arrange two plates or electrodes so that they may be oppositely charged through the agency of such effects or disturbances, and I connect these electrodes to the terminals of a highly-insulated condenser, generally of considerable capacity. To the condenser-terminals I also connect the receiver to be operated in series with a device of suitable construction, which performs the function of periodically discharging the condenser through the receiver at and during such intervals of time as may be best suitable for the purpose contemplated. This device may merely consist of two stationary electrodes separated by a feeble dielectric layer of minute thickness or it may comprise terminals one or more of which are movable and actuated by any suitable force and are adapted to be brought into and out of contact with each other in any convenient manner. It will now be readily seen that if the disturbances of whatever nature they may be cause definite amounts of electricity of the same sign to be conveyed to each of the plates or electrodes above mentioned, either continuously or at intervals of time which are sufficiently long, the condenser will be charged to a certain potential, and an adequate amount of energy being thus stored during the time determined by the device effecting the discharge of the condenser the receiver will be periodically operated by the electrical energy so accumulated; but very often the character of the impulses and the conditions of their use are such that without further provision not enough potential energy would be accumulated in the condenser to operate the receiving-devices. This is the case when, for example, each of the plates or terminals receives electricity of rapidly-changing sign or even when each receives electricity of the same sign, but only during periods which are short as compared with the intervals separating them. In such instances I resort to the use of a special device which I insert in the circuit between the plates and the condenser for the purpose of conveying to each of the terminals of the latter electrical charges of the proper quality and order of succession to enable the required amount of potential energy to be stored in the condenser.

There are a number of well known devices, either without any moving parts or terminals or with elements reciprocated or rotated by the application of a suitable force, which offer a more ready passage to impulses of one sign or direction than to those of the other, or permit only impulses of one kind or order of succession to traverse a path, and any of these or similar devices capable of fulfilling the requirements may be used in carrying my invention into practice. One such device of familiar construction which will serve to convey a clear understanding of this part of my invention and enable a person skilled in the art to apply the same is illustrated in the annexed drawings. It consists of a cylinder A of insulating material, which is moved at a uniform rate of speed by clockwork or other suitable motive power and is provided with two metal rings B B', upon which bear brushes *a* and *a'*, which are connected, respectively, in the manner shown to the terminal plates P and P', above referred to. From the rings B B' extend narrow metallic segments *s* and *s'*, which by the rotation of the cylinder A are brought alternately into contact with double brushes *b* and *b'*, carried by and in contact with conducting-holders *h* and *h'*, which are adjustable longitudinally in the metallic supports D and D', as shown.

The latter are connected to the terminals T and T' of a condenser C, and it should be understood that they are capable of angular displacement, as ordinary brush-supports. The object of using two brushes, as *b* and *b'*, in each of the holders *h* and *h´* is to vary at will the duration of the electric contact of the plates P and P' with the terminals T and T', to which is connected a receiving-circuit including a receiver R and a device *d* of the kind above referred to, which performs the duty of closing the receiving-circuit at predetermined intervals of time and discharging the stored energy through the receiver. In the present case this device consists of a cylinder *d*, made partly of conducting and partly of insulating material *e* and *e'*, respectively, which is rotated at the desired rate of speed by any suitable means. The conducting part is in good electrical connection with the shaft S and is provided with tapering segments *f f*, upon which slides a brush *k*, supported on a conducting-rod *l*, capable of longitudinal adjustment in a metallic support *m*. Another brush *n* is arranged to bear upon the shaft S, and it will be seen that whenever one of the segments *f* comes in contact with the brush *k* the circuit, including the receiver R, is completed and the condenser discharged through the same. By an adjustment of the speed of rotation of the cylinder *d* and a displacement of the brush *k* along the cylinder the circuit may be made to open and close in as rapid succession and remain open or closed during such intervals of time as may be desired. The plates P and P', through which the electrifications are conveyed to the brushes *a* and *a'*, may be at a considerable distance from each other and both in the ground or both In the air, or one in the ground and the other in the air, preferably at some height, or they may he connected to conductors extending to some distance or to the terminals of any kind of apparatus supplying electrical energy which is obtained from the energy of the impulses or disturbances transmitted from a distance through the natural media.

In Illustration of the operation of the devices described let it be assumed that alternating electrical impulses from a distant generator, as G, are transmitted through the earth and that it is desired to utilize those impulses in accordance with my method. This may be the case, for example, when such a generator is used for purposes of signaling in one of the ways before enumerated, as by having its terminals connected to two points of the earth distant from each other. In this case the plates P and P' are first connected to two properly-selected points of the earth. The speed of rotation of the cylinder A is varied until it. Is made to turn in synchronism with the alternate impulses of the generator, and, finally, the position of the brushes *b* and *b'* is adjusted by angular displacement, as usual, or in other ways, so that they are in contact with the segments *s* and *s'* during the periods when the impulses are at or near the maximum of their intensity. Only ordinary electrical skill and knowledge are required to make these adjustments, and a number of devices for effecting synchronous movement being well known, and it being the chief object of my present application to set forth a novel method or utilizing or applying a principle, a detailed description of such devices is not considered necessary. I may state, however, that for practical purposes in the present case it is only necessary to shift the brushes forward or back until the maximum effect is secured. The above requirements being fulfilled, electrical charges of the same sign will be conveyed to each of the condenser-terminals as the cylinder A is rotated, and with each fresh impulse the condenser will be charged to a higher potential. The speed of rotation of the cylinder *d* being adjustable at will, the energy of any number of separate impulses may thus be accumulated in potential form and discharged through the receiver R upon the brush coming in contact with one of the segments *f*. It will be of course understood that the capacity of the condenser should be such as to allow the storing of a much greater amount of energy than is required for the ordinary operation of the receiver. Since by this method a relatively great amount of energy and in a suitable form may be made available for the operation of a receiver, the latter need not be very sensitive; but of course when the impulses are very feeble, as when coming from a great distance or when it is desired to operate a receiver very rapidly, then any of the well known devices capable of responding to very feeble influences may be used in this connection.

If instead of the alternating impulses short impulses of the same direction are conveyed to the plates P and P', the apparatus described may still readily be used, and for this purpose it is merely necessary to shift the brushes *b* and *b´* into the position indicated by the dotted lines while maintaining the same conditions in regard to synchronism as before so that the succeeding impulses will be permitted to pass into the condenser but prevented from returning to the ground or transmitting medium during the intervals between them, owing to the interruption during such intervals of the connections leading from the condenser-terminals to the plates.

Another way of using the apparatus with impulses of the same direction is to take off one pair of brushes as *b*, disconnect the plate P from brush *a* and join it directly to the terminal T of the condenser, and to connect brush *a* with brush *a´*. The apparatus thus modified would appear as shown in Fig. 2. Operated in this manner and assuming the speed of rotation of cylinder A to be the same the apparatus will now be evidently adapted for a number of impulses per unit of time twice as great as in the preceding case. In all cases it is evidently important to adjust the duration of contact of segments *s* and *s´* with brushes *b b´* in the manner indicated.

When the method and apparatus I have described are used in connection with the transmission of signals or intelligence, it will of course be understood that the transmitter is operated in such a way as to produce disturbances or effects which are varied or intermitted in some arbitrary manner -- for example to produce longer and shorter successions of impulses corresponding to the dashes and dots of the Morse alphabet -- and the receiving-device will respond to and indicate these variations or intermittences since the storage-device will be charged and discharged a number of times corresponding to the duration of the successions of impulses received.

Obviously the special appliances used in carrying out my invention may be varied in many ways without departing from the spirit of the same.

It is to be observed that it is the function of the cylinder A, with its brushes and connections to render the electrical impulses coming from the plates P and P suitable for charging the condenser (assuming them to be unsuitable for this purpose in the form in which they are received) by rectifying them when they are originally alternating in direction or by selecting such parts of them as are suitable when all are not and any other device performing this function will obviously answer the purpose. It is also evident that a device such as I have already referred to which offers a more ready passage to impulses of one sign or permits only impulses of the same sign to pass may also be used to perform this selective function in many cases when alternating impulses are received. When the impulses are long and all of the came direction and even when they are alternating, but sufficiently long in duration and sustained in electro-motive force, the brushes *b* and *b'* may be adjusted so as to bear on the parts B B of the cylinder A, or the cylinder and its brushes may be omitted and the terminals of the condenser connected directly to the plates P and P.

It will be seen that by the use of my invention results hitherto unattainable in utilizing disturbances or effects transmitted through natural media may be readily attained, since however great the distance of such transmission and however feeble or attenuated the impulses received enough energy may be accumulated from them by storing up the energy of succeeding impulses for a sufficient interval of time to render the sudden liberation of it highly effective in operating a receiver. In this way receivers of a variety of forms may be made to respond effectively to impulses too feeble to be detected or to be made to produce any sensible effect in any other way of which I am aware, a result of great value in various applications to practical use.

I do not claim herein an apparatus by means of which the above-described method is or may be practiced either in the special form herein shown or in other forms which are possible having made claims to such apparatus in another application, Serial No. 729,812, filed September

8, 1899, as a division of the present case.

What I claim as my invention and desire to secure by Letters Patent, is --

1. The method of transmitting and utilizing electrical energy herein described, which consists in producing arbitrarily varied or intermitted electrical disturbances or effects, transmitting the same to a distant receiving-station charging for succeeding and predetermined periods of time a condenser with energy derived from such effects or disturbances, and operating a receiving-device be discharging it arbitrary intervals, the accumulated potential energy so obtained, as set forth.

2. The method of transmitting and utilizing electrical energy herein described, which consists in producing electrical disturbances or effects capable of being transmitted to a distance through the natural media, charging a condenser at a distant receiving-station with energy derived from such effects or disturbances, and using for periods of time predetermined as to succession and duration, the potential energy so obtained to operate a receiving-device.

3. The method of transmitting and utilizing electrical energy herein described which consists in producing electrical disturbances or effects capable of being transmitted to a distance through the natural media, charging a condenser at a distant receiving-station for succeeding and predetermined periods of time, with energy derived from such effects or disturbances, and using for periods of time predetermined as to succession and duration the accumulated energy so obtained to operate a receiving-device.

4. The method hereinbefore described of producing arbitrarily varied or intermitted electrical disturbances or effects, transmitting such disturbances or effects through the natural media to a distant receiving-station, storing in a condenser energy derived from a succession of such disturbances or effects for periods of time which correspond in succession to such effects or disturbances and are predetermined as to duration, and using the accumulated potential energy so obtained to operate a receiving-device.

6. The method herein described of producing arbitrarily varied or intermitted electrical disturbances or effects, transmitting such disturbances or effects through the natural media to a distant receiving-station, establishing thereby a flow of electrical energy in a circuit at such station, charging a condenser with energy from such circuit, and using the accumulated potential energy so obtained to operate a receiving device.

6. The method herein described of producing arbitrarily varied or intermitted electrical disturbances or effects, transmitting such disturbances or effects through the natural media to a distant receiving-station, establishing thereby a flow of electrical energy in a circuit at such station, charging a condenser with electrical energy from such circuit, and discharging the accumulated potential energy so obtained into or through a

receiving-device at arbitrary intervals of time.

7. The method herein described of producing arbitrarily varied or intermitted electrical disturbances or effects, transmitting such disturbances or effects to a distant receiving-station, establishing thereby a flow of electrical energy in a circuit at such station, selecting or directing the impulses in said circuit so as to render them suitable for charging a condenser, charging a condenser with the impulses so selected or directed, and discharging the accumulated potential energy so obtained into, or through a receiving-device.

8. The method herein described of producing arbitrarily varied or intermitted electrical disturbances or effects, transmitting such disturbances or effects through the natural media to a distant receiving-station, establishing thereby a flow of electrical energy in a circuit at such station, selecting or directing the impulses in said circuit so as to render them suitable for charging a condenser, charging a condenser with the impulses so selected or directed, and discharging the accumulated potential energy so obtained into, or through a receiving-device at arbitrary intervals of time.

9. The method hereinbetore described of transmitting signals or intelligence, which consists in producing at the a sending-station arbitrarily varied or intermitted disturbances or effects, transmitting such disturbances or effects through the natural media to a receiving-station, utilizing energy derived from such disturbances or effects at the receiving-station to charge a condenser and using the accumulated potential energy obtained to operate a receiving-device.

10. The method hereinbefore described of transmitting signals or intelligence through the natural media from a sending-station to a receiving-station, which consists in producing at the sending-station, arbitrarily varied or intermitted electrical effects or disturbances, transmitting the same through the natural media to the receiving-station, utilizing the energy derived from such disturbances or effects at the receiving-station to charge a condenser, and discharging the accumulated potential energy so obtained through a receiving-device at arbitrary intervals of time.

11. The method hereinbefore described of transmitting signals or intelligence from a sending to a distant receiving-station, which consists in producing at the former, arbitrarily varied or intermitted electrical disturbances or effects, transmitting the same to the receiving-station, charging by the energy derived from such disturbances or effects at the receiving-station a condenser, and using for periods of time predetermined as to succession and duration, the potential energy so obtained to operate a receiving-device, as set forth.

NIKOLA TESLA.

Witnesses:
LEONARD E. CURTIS,
A. E. SKINNER.

No. 685.954. Patented Nov. 5. 1901.

N. TESLA.

# METHOD OF UTILIZING EFFECTS TRANSMITTED THROUGH NATURAL MEDIA.

(Application filed Aug. 1, 1899. Renewed May 29, 1901.)

2 Sheets—Sheet 1.

Fig 1.

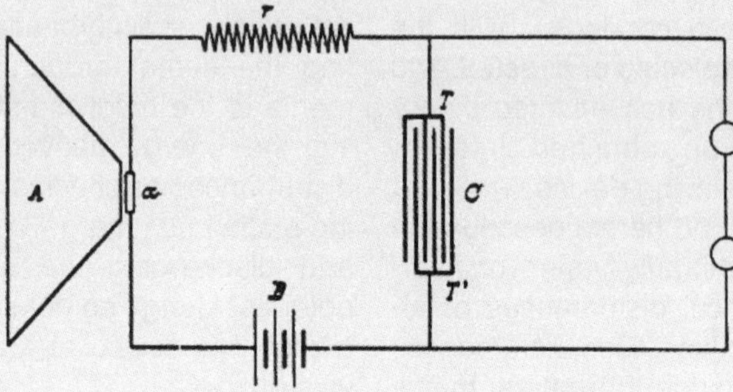


Fig 2.

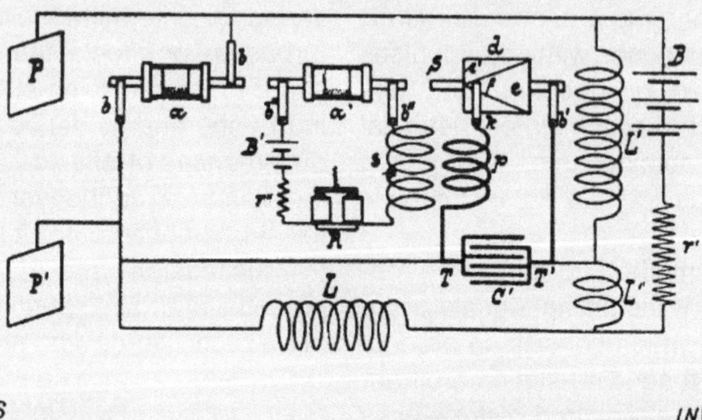


WITNESSES

Benjamin Miller

M Lawson Dyer.

INVENTOR

Nikola Tesla

BY

Kerr, Page & Cooper

ATTORNEYS.

No. 685,954. Patented Nov. 5, 1901.

N. TESLA.

METHOD OF UTILIZING EFFECTS TRANSMITTED THROUGH NATURAL MEDIA.

(Application filed Aug. 1, 1899. Renewed May 29, 1901.)

(No Model.) 2 Sheets—Sheet 2.

Fig. 3

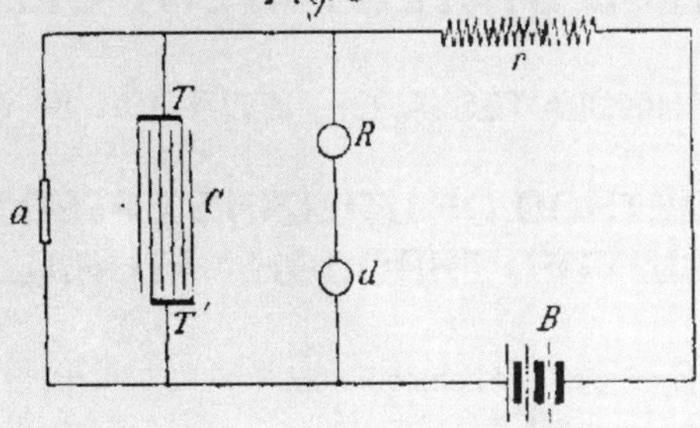


Fig. 4

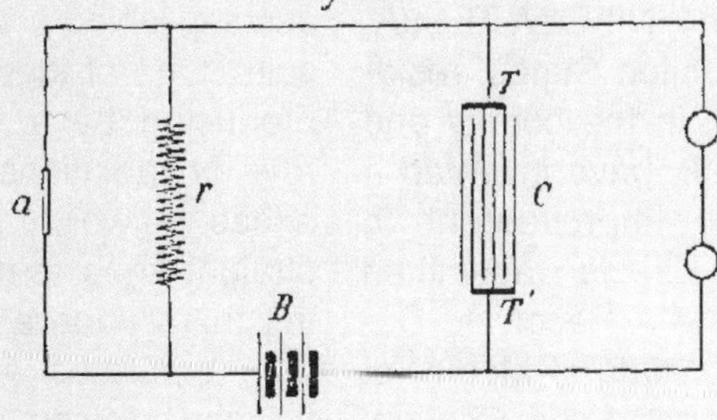


Fig. 5

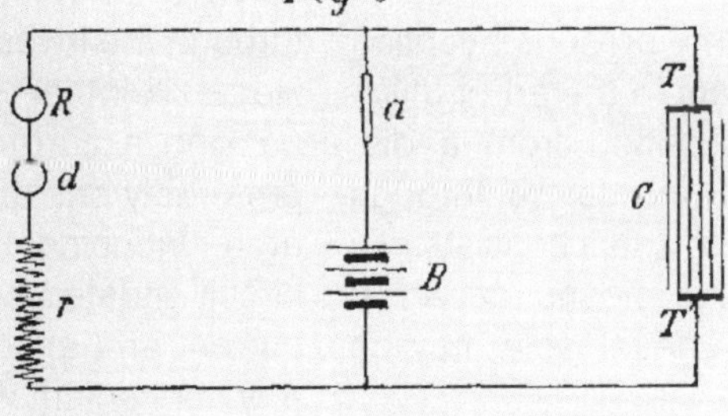


Witnesses:
Raphaël Netter
Benjamin Miller

Nikola Tesla Inventor
by Kerr, Page & Cooper Attys

# UNITED STATES PATENT OFFICE.

NIKOLA TESLA, OF NEW YORK, N. Y.

## METHOD OF UTILIZING EFFECTS TRANSMITTED THROUGH NATURAL MEDIA.

SPECIFICATION forming part of Letters Patent No. 685,954, dated November 5, 1901,
Application filed August 1, 1899. Renewed May 29, 1901. Serial No. 62,316. (No model.)

*To all whom it may concern:*

Be it known that I, NIKOLA TESLA, a citizen of the United States, residing at New York, in the county and State of New York, have invented a new and useful Improvement in Methods Utilizing Effects Transmitted from a Distance to a Receiving Device Through the Natural Media, of which the following is a specification, reference being had to the accompanying drawings, which form a part of the same.

The object of my present invention is an improvement in the art of utilizing effects transmitted from a distance to a receiving-device through the natural media; and it consists in a novel method by means of which results hitherto unattainable may be secured.

Several ways or methods of transmitting electrical disturbances through the natural media and utilizing them to operate distant receivers are now known and have been applied with more or less success for accomplishing a variety of useful results. One of these ways consists in producing by a suitable apparatus rays or radiations -- that is, disturbances -- which are propagated in straight lines through space, directing them upon a receiving or recording-apparatus at a distance, and thereby bringing the latter into action. This method is the oldest and best known and has been brought particularly into prominence in recent years through the investigations of Heinrich Hertz. Another method consists in passing a current through a circuit, preferably one enclosing a very large area, inducing thereby in a similar circuit situated at a distance another current and affecting by the same in any convenient way a receiving-device. Still another way, which has also been known for many years, is to pass in any suitable manner a current through a portion of the ground, as by connecting to two points of the same, preferably at a considerable distance from each other, the two terminals of a generator and to energize by a part of the current diffused through the earth a distant circuit, which is similarly arranged and grounded at two points widely apart and which is made to act upon a sensitive receiver. These various methods have their limitations, one especially, which is common to all, being that the receiving-circuit or instrument must be maintained in a definite position with respect to the transmitting apparatus, which often imposes great disadvantages upon the use of the apparatus.

In several applications filed by me and patents granted to me I have disclosed other methods of accomplishing results of this nature, which may be briefly described as follows: In one system the potential of a point or region of the earth is varied by imparting to it intermittent or alternating electrifications through one of the terminals of a suitable source of electrical disturbances which, to heighten the effect, has its other terminal connected to an insulated body, preferably of large surface and at an elevation. The electrifcations communicated to the earth spread in all directions through the same, reaching a distant circuit which generally has its terminals arranged and connected similarly to those of the transmitting source and operates upon a highly-sensitive receiver. Another method is based upon the fact, that the atmospheric air which behaves as an excellent insulator to currents generated by ordinary apparatus becomes a conductor under the influence of currents or impulses of enormously-high electro-motive force which I have devised means for generating. By such means air strata, which are easily accessible, are rendered available for the production of many desired effects at distances, however great. This method, furthermore, allows advantage to be taken of many of those improvements which are practicable in the ordinary systems of transmission involving the use of a metallic conductor.

Obviously whatever method be employed it is desirable that the disturbances produced by the transmitting-apparatus should be as powerful as possible, and by the use of certain forms of high-frequency apparatus which I have devised and which are now well known important practical advantages are in this respect secured. Furthermore, since in most cases the amount of energy conveyed to the distant circuit is but a minute fraction of the total energy emanating from the source it is necessary for the attainment of the best results that whatever the character of the receiver and the nature of the disturbances as much as possible of the energy conveyed should be made available for the operation of the receiver, and with this object in view I have heretofore among other means employed a receiving-circuit of high self-induction and very small resistance and of a period such as to vibrate in synchronism with the disturbances, whereby a number of separate impulses from the source were made to cooperate, thus magnifying the effect exerted upon and insuring the action of the receiving device. By these means decided advantages have been secured in many instances; but very often the improvement is either not applicable at all or, if so, the gain is very slight. Evidently when the source is one producing a continuous pressure or delivering impulses of long duration it is impracticable to magnify the effects in this manner and when, on the other hand, it is one furnishing short impulses of extreme rapidity of succession the advantage obtained in this way is insignificant, owing to the radiation and the unavoidable frictional waste in the receiving-circuit. These losses reduce greatly both the intensity and the number of the cooperative impulses, and since the initial intensity of each of these is necessarily limited only an insignificant amount of energy is thus made available for a single operation of the receiver. As this amount is consequently dependent on the energy conveyed to the receiver by one single impulse it is evidently necessary to employ either a very large and costly, and therefore objectionable, transmitter or else to resort to the equally objectionable use of a receiving-device too delicate and too easily deranged. Furthermore, the energy obtained through the cooperation of the impulses is in the form of extremely rapid vibrations and, because of this, unsuitable for the operation of ordinary receivers, the more so as this form of energy imposes narrow restrictions in regard to the mode and time of its application to such devices. To overcome these and other limitations and disadvantages that have heretofore existed in such systems of transmission of signals or intelligence and to render possible an investigation of impulses or disturbances propagated through the natural media from any kind of source and their practical utilization for any purpose to which they are applicable, I have devised a novel method, which I have described in a pending application filed June 24, 1899, Serial No. 721,790, and which, broadly stated, consists in effecting during any desired time interval a storage of energy derived from such impulses and utilizing the potential energy so obtained for operating a receiving-device.

My present invention is intended for the same general purposes, and it comprises a modified method and apparatus by means of which similar results may be obtained.

The chief feature which distinguishes my present from my former invention just referred to is that the energy stored is not, as in the former instance, obtained from the energy of the disturbances or effects transmitted from a distance, but from an independent source.

Expressed generally, my present method consists in charging a storage-device with energy from an independent source controlling the charging of said device by the action of the effects or disturbances transmitted through the natural media and coincidentally using the stored energy for operating a receiving-device.

A great variety of disturbances produced either by suitably-constructed transmitters or by natural causes are at present known to be propagated through the natural media, and there are also a variety of means or devices enabling energy to be stored, and in view of this I wish to say that I consider the utilization of any such disturbances and the employment of any of these means as within the scope of my present invention so long the use of the general methods hereinbefore stated is involved.

The best way of carrying out my invention which I at present know is to store electrical energy obtained from a suitable electrical generator in a condenser and to control the storage on the application of this energy by means of a sensitive device acted upon by the effects or disturbances, and thereby cause the operation of the receiver.

In the practical application of this method I usually proceed as follows: At any point where I desire to investigate or to utilize for any purpose effects or disturbances propagated through the natural media from any kind of source I provide a suitable generator of electricity -- as, for example, a battery and a condenser -- which I connect to the poles of the generator in series with a sensitive device capable of being modified in its electrical resistance or other property by the action of the disturbances emitted from the source. To the terminals of the condenser I connect the receiver which is to be operated in series with another device of suitable construction which performs the function of periodically discharging the condenser through the receiver at and during such intervals of time as may be best suitable for the purpose contemplated. This latter device may merely consist of two stationary electrodes separated by a feeble dielectric layer of minute thickness, but sufficient to greatly reduce or practically interrupt the current in the circuit under normal conditions, or it may comprise terminals one or more of which are movable and actuated by any suitable force and are adapted to be brought into and out of contact with each other in any convenient manner. The sensitive device may be any of the many devices of this kind which are known to be affected by the disturbances, impulses, or effects propagated through the media, and it may be of such a character that normally -- that is, when not acted upon -- it entirely prevents the passage of electricity from the generator to the condenser, or it may be such that it allows a gradual leaking through of the current and a charging of the condenser at a slow rate. In any case it will be seen that if the disturbances, of whatever nature they may be, cause an appreciable diminution in the electrical resistance of the sensitive device the current from the battery will pass more readily into the condenser, which will be charged at a more rapid rate, and consequently each of its discharges through the receiver, periodically effected by the special device before referred to which performs this function, will be stronger than normally -- that is, when the sensitive device is not acted upon by the disturbances. Evidently, then, if the receiver be so adjusted that it does not respond to the comparatively feeble normal discharges of the condenser, if they should occur, but only to those stronger ones which take place upon the diminution of the resistance of the sensitive device, it will be operated only when this device is acted upon by the disturbances, thus making it possible to investigate and to utilize the latter for any desired purpose.

The general principle underlying my invention and the operation of the various devices used will be clearly understood by reference to the accompanying drawings, in which --

Figure 1 is a diagram illustrating a typical arrangement of apparatus which may be used in carrying my method into practice, and Figs. 2, 3, 4, and 5 similar diagrams of modified arrangements of apparatus for the same purpose.

In Fig. 1, C is a condenser, to the terminals T and T´ of which is connected a charging-circuit including a battery B, a sensitive device *a*, and a resistance *r*, all connected in series, as illustrated. The battery should be preferably of very constant electro-motive force and of an intensity carefully determined to secure the best results. The resistance *r*, which may be a frictional or an inductive one, is not absolutely necessary; but it is of advantage to use it in order to facilitate adjustment, and for this purpose it may be made variable in any convenient and preferably continuous manner. Assuming that the disturbances which are to be investigated or utilized for some practical end are rays identical with or resembling those of ordinary light, the sensitive device a may be a selenium cell properly prepared, so as to be highly susceptible to the influence of the rays, the action of which should be intensified by the use of a reflector A, shown in the drawings. It is well known that when cells of this kind are exposed to such rays of greatly-varying intensity they undergo corresponding modifications of their electrical resistance; but in the ways they have been heretofore used they have been of very limited utility. In addition to the circuit including the sensitive device or cell a another circuit is provided, which is likewise connected to the terminals T T´ of the condenser. This circuit, which may be called the "receiving-circuit," includes the receiver R and in series with it a device *d*, before referred to, which performs the duty of periodically discharging the condenser through the receiver. It will be noted that, as shown in Fig. 1, the receiving-circuit is in permanent connection with the battery and condenser-terminal T, and it should be stated that it is sometimes desirable to entirely insulate the receiving-circuit at all times except the moments when the device *d* operates to discharge the condenser, thus preventing any disturbing influence which might otherwise be caused in this circuit by the battery or the condenser during the period when the receiver should not be acted upon. In such a case two devices, as *d*, may be used --

one in each connection from the condenser to the receiving-circuit -- or else one single device of this kind, but of a suitably-modified construction, so that it will make and break simultaneously and at proper intervals of time both of the connections of this circuit with the condenser T and T´.

From the foregoing the operation of the apparatus as illustrated in Fig. 1 will be at once understood. Normally -- that is, when it is not influenced by the rays at all or very slightly -- the cell *a* being of a comparatively high resistance permits only a relatively feeble current to pass from the battery into the condenser, and hence the latter is charged at too slow a rate to accumulate during the time interval between two succeeding operations of the device *d* sufficient energy to operate the receiver or, generally speaking, to produce the required change in the receiving-circuit. This condition is readily secured by a proper selection and adjustment of the various devices described, so that the receiver will remain unresponsive to the feeble discharges of the condenser which may take place when the cell *a* is acted upon but slightly or not at all by the rays or disturbances; but if now new rays are permitted to fall upon the cell or if the intensity of those already acting upon it be increased by any cause then its resistance will be diminished and the condenser will be charges by the battery at a more rapid rate, enabling sufficient potential energy to be stored in the condenser during the period of inaction of the device *d* to operate the receiver or to bring about any desired change in the receiving-circuit when the device *d* acts. If the rays acting upon the cell or sensitive device *a* are varied or intermitted in any arbitrary manner, as when transmitting intelligence in the usual way from a distant station by means of short and long signals, the apparatus may readily be made to record or to enable an operator to read the message, since the receiver, supposing it to be an ordinary magnetic relay, for example, will be operated by each signal from the sending-station a certain number of times having some relation to the duration of each signal. It will be readily seen, however, that if the rays are varied in any other way, as by impressing upon them changes in intensity, the succeeding condenser discharges will undergo corresponding changes in intensity, which may be indicated or recorded by a suitable receiver and distinguished irrespectively of duration.

With reference to Fig. 1, it may be useful to state that the electrical connections of the various devices illustrated may be made in many different ways. For instance, the sensitive device instead of being in series, as shown, may be in a shunt to the condenser, this modification being illustrated in Fig. 3, in which the devices already described are indicated by similar letters to correspond with those of Fig. 1. In this case it will be observed that the condenser which is being charged from the battery B through the resistance *r*, preferably inductive and properly related to the capacity of the condenser, will store less energy when the sensitive device a is energized by the rays and its resistance thereby diminished. The adjustment of the various instruments may then be such that the receiver will be operated only when the rays are diminished in intensity or interrupted and entirely prevented from falling upon the sensitive cell, or the sensitive device may be placed, as shown in Fig. 4, in a shunt to the resistance *r* or inserted in any suitable way in the circuit containing the receiver -- for example, as illustrated in Fig. 5 -- in both of which figures the various devices are lettered to correspond with those in Fig. 1, so that the figures become self-explanatory. Again, the several instruments may be connected in the manner of a Wheatstone bridge, as will be hereinafter explained with reference to Fig. 2, or otherwise connected or related; but in each case the sensitive device will have the same duty to perform -- that is, to control the energy stored and utilized in some suitable way for causing the operation of the receiver in correspondence with the intermittence or variations of the effects or disturbances, and in each instance, by judicious selection of the devices and careful adjustment the advantages of my method may be more or less completely secured. I find it preferable, however, to follow the plan which I have illustrated and described. It will be observed that the condenser is an important element in the combination. I have shown that by reason of its unique properties it greatly adds to the efficiency of this method. It allows the energy accumulated in it to be discharged instantaneously, and therefore in a highly-effective manner. It magnifies in a large degree the current supplied from the battery, and owing to these features it permits energy to be stored and discharged at practically any rate desired, and thereby makes it possible to obtain in the receiving-circuit very great changes of the current strength by impressing upon the battery-current very small variations. Other means of storage possessing these characteristics to a useful degree may be employed without departing from the broad spirit of my invention; but I prefer to use a condenser, since in these respects it excels any other storage device of which I have knowledge.

In Fig. 2 a modified arrangement of apparatus is illustrated which is particularly adapted for the investigation and utilization of very feeble impulses or disturbances, such as may be used in conveying signals or producing other desired effects at very great distances. In this case the energy stored in the condenser is passed through the primary of a transformer the secondary circuit of which contains the receiver, and in order to render the apparatus still more suitable for use in detecting feeble impulses in addition to the sensitive device which is acted upon by the impulses another such device is included in the secondary circuit of the transformer. The scheme of connections is in the main that of a Wheatstone bridge the four branches of which are formed by the sensitive device and resistances L, L´, and L´´, all of which should be preferably inductive and also adjustable in a continuous manner or at least by very small steps. The condenser C', which is generally made of considerable capacity, is connected to two opposite points of the bridge, while a battery B, in series with a continuously-adjustable non-inductive resistance *r'*, is connected to the other pair of opposite points, as usual. The four resistances included in the branches of the bridges namely, *a*, L, L', and L" -- are of a suitable size and so proportioned that under normal conditions -- that is, when the device *a* is not influenced at all or only slightly by the disturbances -- there will be no difference of potential or in any case the minimum of the same at the terminals T and T' of the condenser. It is assumed in the present instance that the disturbances to be investigated or utilized are such as will produce a difference of electric potential, however small, between two points or regions in the natural media as the earth, the water, or the air -- and in order to apply this potential difference effectively to the sensitive device *a* the terminals of the same are connected to two plates P and P', which should be of as large a surface as practicable and so located in the media that the largest possible difference of potential will be produced by the disturbances between the terminals of the sensitive device. This device is in the present case one of familiar construction, consisting of an insulating-tube, which is indicated by the heavy lines in the drawings and which has its ends closed tightly by two conducting-plugs with reduced extensions, upon which bear two brushes *b b*, through which the currents are conveyed to the device. The tubular space between the plugs is partially filled with a conducting sensitive powder, as indicated, the proper amount of the same and the size of its grains being determined and adjusted beforehand by experiment. This tube I rotate by clockwork or other means at a uniform and suitable rate of speed, and under these conditions I find that this device behaves toward disturbances of the kind before assumed in a manner similar to that of a stationary cell of selenium toward rays of light. Its electrical resistance is diminished when it is acted upon by the disturbances and is automatically restored upon the cessation of their influence. It is of advantage to employ round grains of powder in the tube, and in any event it is important that they should be of as uniform size and shape as possible and that provision should be made for maintaining a unchanging and very dry atmosphere in the tube. To the terminals T and T' of the condenser C' is connected a coil *p*, usually consisting of a few turns of a conductor of very small resistance, which is the primary of the transformer before referred to, in series with a device *d*, which effects the discharge of the condenser through the coil *p* at predetermined intervals of time. In the present case this device consists of a cylinder made partly of conducting and partly of insulating material *e* and *e'*, respectively, which is rotated at the desired rate of speed by any suitable means. The conducting part *e* is in good electrical connection with shaft S and is provided with tapering segments, as *f*, upon which slides a brush *k*, which should preferably be capable of longitudinal adjustment along the cylinder. Another brush *b'*, which is connected to the condenser-terminal T', being arranged to bear upon the shaft S, it will be seen that whenever the brush *k* comes in contact with a conducting-segment *f* the circuit including the primary *p* will be completed and the condenser, if energized, discharged through the same. By an adjustment of the speed of rotation of the cylinder and a displacement of the brush *k* along the axis of the same the circuit may be made to open and close in as rapid succession and remain open or closed during such intervals of time as may be desired. In inductive relation to the primary *p* is a secondary coil *s*, usually of much thinner wire and of many more turns than the former, to which are connected in a series a receiver R, (illustrated as an ordinary magnetic relay,) a continuously-adjustable non-inductive resistance *r''*, a battery B' of a properly determined and very constant electromotive force, and finally a sensitive device *a'* of the same or similar construction as *a*, which is likewise rotated at a uniform speed and which with its brushes *b' b''* closes the secondary circuit. The electro-motive force of the battery B' is so graduated by means of the adjustable resistance *r''* that the dielectric layers in the sensitive device *a'* are strained very nearly to the point of breaking down and give way upon a slight increase of the electrical pressure on the terminals of the device. It will of course be understood that the resistance *r''* is used mainly because of convenience and that it may be dispensed with, in which case the adjustment may be effected in many other ways, as by determining the proper amount or coarseness of the sensitive powder or by varying the distance apart of the metallic plugs in the ends of the tube. The same may be said of the resistance *r'*, which is in series with the battery B and serves to graduate the force of the latter, so that the dielectric layers of the sensitive device a are subjected to a similar strain and maintained in a state of delicate poise. The various instruments being connected and adjusted in the manner described, it will now be readily seen from the foregoing that under normal conditions, the device *a* being unaffected by the disturbances, or practically so, and there being no or only a very insignificant amount of energy stored in the condenser, the periodical closure of the primary circuit of the transformer through the operation of the device *d* will have no appreciable effect upon the primary coil *p*, and hence no currents will be generated in the secondary coil *s*, at least no such as would disturb the state of delicate balance existing in the secondary circuit including the receiver, and therefore the latter will not be actuated by the battery B'; but when, owing to the disturbances or impulses propagated through the media from a distant source, an additional electro-motive force, however small, is created between the terminals of the device *a* the dielectric layers in the same, unable to support the increased strain, give way and allow the current of the battery B to pass through, thus causing a difference of potential at the terminals T and T' of the condenser. A sufficient amount of energy being now stored in this instrument during the time interval between each two succeeding operations of the device *d*, each closure of the primary circuit by the latter results in the passage of a sudden current-impulse through the coil *p*, which induces a corresponding current of relatively high electro-motive force in the secondary coil *s*. Owing to this the dielectric in the device *a'* gives way, and the current of the battery B' being allowed to pass the receiver R is operated, but only for a moment, since by the rotation of the devices *a*, *a'*, and *d*, which may be all driven from the same shaft, the original conditions are restored, assuming, of course, that the electro-motive force set up by the disturbances at the terminals of the sensitive device *a* is only momentary or of a duration not longer than the time of closure of the primary circuit; otherwise the receiver will be actuated a number of times and so long as the influence of the disturbances upon the device a continues. In order to render the discharged energy of the condenser more effective in causing the operation of the receiver, the resistance of the primary circuit should be very small and the secondary coil *s* should have a number of turns many times greater than that of the primary coil *p*. It will be noted that since the condenser under the above assumption is always charged in the same direction the strongest current-impulse in the secondary coil, which is induced at the moment when the brush *k* comes in contact with segment *f*, is also of unchanging direction, and for the attainment of the best results it is necessary to connect the secondary coil so that the electro-motive force of this impulse will be added to that of the battery and will momentarily strengthen the same. However, under certain conditions, which are well understood by those skilled in the art, the devices will operate whichever way the secondary be connected. It is preferable to make the inductive resistance L and L´ relatively large, as they are in a shunt to the device *a* and might if made too small impair its sensitiveness. on the other hand, the resistance L´´ should not be too large and should be related to the capacity of the condenser and the number of makes and breaks effected by the device *d* in well known ways. Similar considerations apply, of course, to the circuits including the primary *p* and secondary *s*, respectively.

By carefully observing well known rules of scientific design and adjustment of the instruments the apparatus may be made extremely sensitive and capable of responding to the feeblest influences, thus making it possible to utilize impulses or disturbances transmitted from very great distances and too feeble to be detected or utilized in any of the ways heretofore known, and on this account the method here described lends itself to many scientific and practical uses of great value. Obviously the character of the devices and the manner in which they are connected or related may be greatly varied without departing from the spirit of my invention.

What I claim as new, and desire to secure by Letters Patent, is --

1. The methods hereinbefore described of utilizing effects or disturbances transmitted through the natural media, which consists in charging a storage device with energy from an independent source, controlling the charging of said device by the action of the effects or disturbances, and coincidentally using the stored energy for operating a receiving-device.

2. The method hereinbefore described of utilizing effects or disturbances transmitted from a distant source, which consists in charging the storage device with electrical energy from an independent source, controlling the charging of said device by the action of the effects or disturbances, and coincidentally using the stored electrical energy for operating the receiving-device.

3. The method hereinbefore described of utilizing effects or disturbances transmitted through the natural media, which consists in controlling, by means of such effects or disturbances, the charging of an electrical storage-device from an independent source and discharging the stored energy through a receiving-circuit.

4. The method hereinbefore described of utilizing effects or disturbances transmitted through the natural media, which consists in controlling, by means of such effects or disturbances, the charging of an electrical condenser from an independent source, and discharging the stored energy through a receiving-circuit.

5. The method hereinbefore described of utilizing effects or disturbances transmitted through the natural media, which consists in effecting a storage during any desired time interval and under control of such effects or disturbances, of energy derived from an independent source, and utilizing the potential energy so obtained for operating a receiving-device.

6. The method hereinbefore described of utilizing effects or disturbances transmitted through the natural media, which consist in effecting a storage, during any desired time interval and under the control of such disturbances or effects of electrical energy derived from an independent source, and utilizing the potential energy so obtained for operating a receiving-device.

7. The method hereinbefore described of utilizing effects or disturbances transmitted through the natural media, which consists in effecting a storage in a condenser during any desired time interval and under the control of such disturbances or effects, of electrical energy derived from an independent source and utilizing the potential energy so obtained for operating a receiving-device.

8. The method hereinbefore described of utilizing effects or disturb-

ances transmitted through the natural media from a distant source, which consists in storing, during succeeding intervals of time determined by means of such effects or disturbances, electrical energy derived from an independent source, and utilizing the potential energy so accumulated to operate a receiving-device.

9. The method hereinbefore described of utilizing effects or disturbances transmitted through the natural media from a distant source, which consists in storing in a condenser during succeeding intervals of time determined by means of such effects or disturbances, electrical energy derived from an independent source, and utilizing the potential energy so accumulated to operate a receiving-device.

10. The method hereinbefore described of utilizing effects or disturbances transmitted through the natural media from a distant source, which consists in storing, during succeeding intervals of time determined by means of such effects or disturbances, electrical energy derived from an independent source, and using, for periods of time predetermined as to succession and duration, the accumulated energy so obtained to operate a receiving-device.

11. The method hereinbefore described of utilizing effects or disturbances transmitted through the natural media from a distant source, which consists in storing in a condenser during succeeding intervals of time determined by means of such effects or disturbances, electrical energy derived from an independent source, and using, for periods of time predetermined as to succession and duration, the accumulated energy so obtained to operate a receiving-device.

12. The method hereinbefore described of utilizing electrical effects or disturbances transmitted through the natural media from a distant source, which consists in effecting by means of such disturbances or effects a storage in a storage device of electrical energy derived from an independent source for periods of time corresponding in succession and duration to such disturbances or effects, and discharging the electrical energy so accumulated into or through a receiving-device at predetermined intervals of time.

13. The method hereinbefore described of utilizing electrical effects or disturbances transmitted from a distant source, which consists in effecting by means of such disturbances or effects a storage in a condenser of electrical energy derived from an independent source for periods of time corresponding in succession and duration to such disturbances or effects, and discharging the electrical energy so accumulated into or through a receiving-device at predetermined intervals of time.

14. The method hereinbefore described of utilizing electrical effects or disturbances transmitted from a distant source, which consists in producing, by means of such effects or disturbances, variations of resistance in a circuit including an independent electrical source and a device adapted to be charged with electrical ener-

gy therefrom, thereby causing the storage device to be charged with energy from such independent source, and using the potential electrical energy so accumulated to operate a receiving-device.

15. The method hereinbefore described of utilizing effects or disturbances transmitted through the natural media from a distant source, which consists in producing, by means of such effects or disturbances, variations of resistance in a circuit including an independent electrical source and a condenser, thereby causing the condenser to be charged with energy from the independent source, and using the potential electrical energy so accumulated to operate a receiving-device.

16. The method hereinbefore described of utilizing effects or disturbances transmitted through the natural media from a distant source, which consists in causing, by means of such effects or disturbances, electrical energy from an independent source to be stored in a storage device, using the electrical energy so accumulated to operate a transformer and employing the secondary currents from such transformer to operate a receiving-device.

17. The method hereinbefore described of utilizing effects or disturbances transmitted through the natural media from a distant source, which consists in causing, by means of such effects or disturbances, electrical energy from an independent source to be stored in a condenser, using the electrical energy so accumulated to operate a transformer and employing the secondary currents from such transformer to operate a receiving-device.

18. The method hereinbefore described of utilizing effects or disturbances transmitted through the natural media from a distant source, which consists in causing, by means of such disturbances, variations of resistance in a circuit including an independent source of electricity and a storage-device to be charged from such independent source, discharging the energy so accumulated in the storage device through the primary of a transformer at predetermined intervals of time, and operating a receiver by the currents so developed in the secondary of the transformer.

19. The method hereinbefore described of utilizing effects or disturbances transmitted through the natural media from a distant source, which consists in causing, by means of such disturbances, variations of resistance in a circuit including an independent source of electricity and a condenser and thereby causing the condenser to be charged from such independent source, discharging the energy so accumulated in the condenser through the primary of a transformer at predetermined intervals of time and operating a receiver by the currents so developed in the secondary of the transformer.

NIKOLA TESLA.

Witnesses:

F. LÖWENSTEIN,
E. A. SUNDERLIN.

No. 685,956. Patented Nov. 5, 1901.

N. TESLA.

# APPARATUS FOR UTILIZING EFFECTS TRANSMITTED THROUGH NATURAL MEDIA.

(Application filed Nov 2, 1899. Renewed May 29, 1901.)

(No Model.)

Fig 1

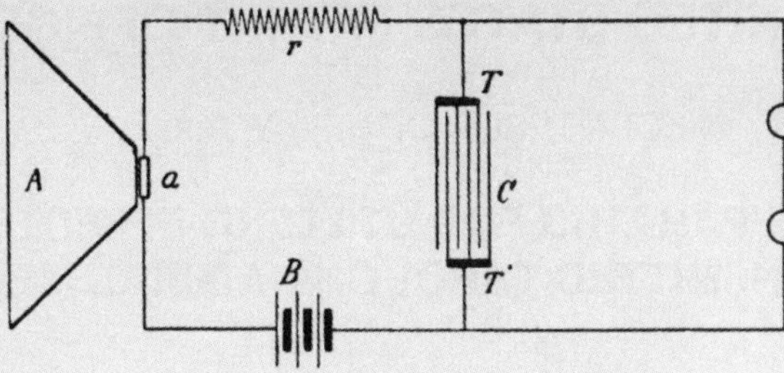


Fig 2

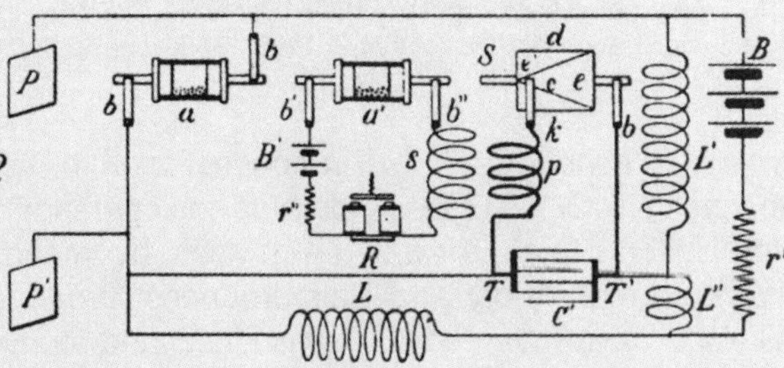


Fig 3

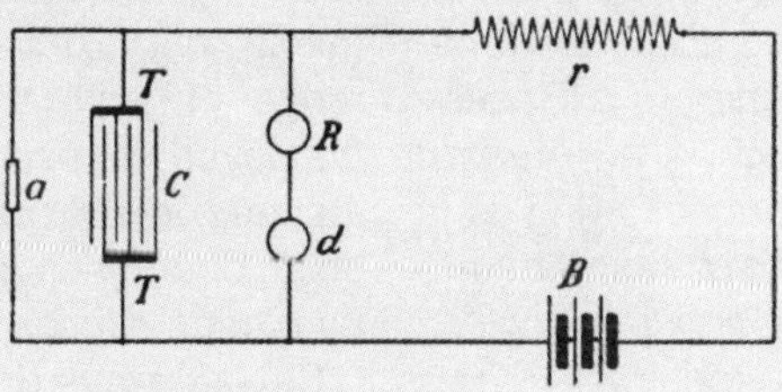


Fig 4

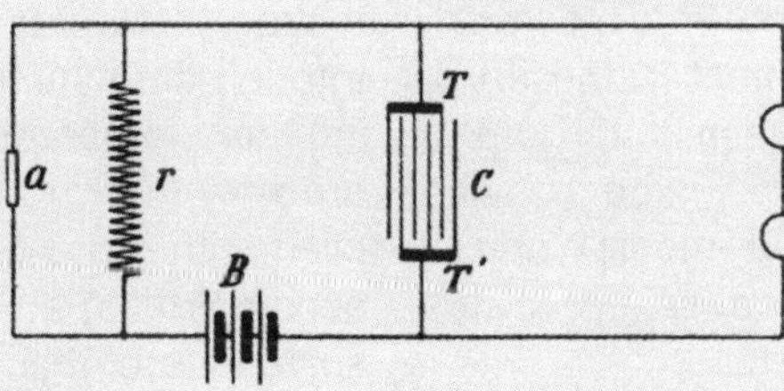


Fig 5

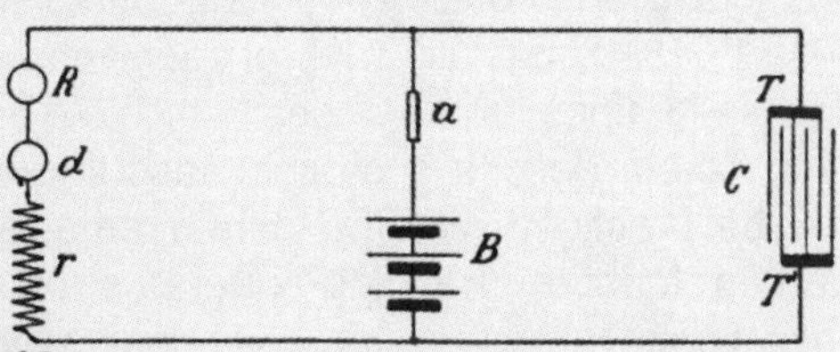


Witnesses:

Raphaël Netter

M. Lawson Dyer.

Inventor

Nikola Tesla

by Kerr, Page & Cooper. Attorneys.

# UNITED STATES PATENT OFFICE.

NIKOLA TESLA, OF NEW YORK, N. Y.

# APPARATUS FOR UTILIZING EFFECTS TRANSMITTED THROUGH NATURAL MEDIA.

SPECIFICATION forming part of Letters Patent No. 685,956, dated November 5, 1901.
Application filed August 1, 1899. Serial No. 725,749.
Divided and this application filed November 2, 1899. Serial No. 62,318. (No model.)

*To all whom it may concern:*

Be it known that I, NIKOLA TESLA, a citizen of the United States, residing at New York, in the county and State of New York, have invented a new and useful Improvement in Apparatus for Utilizing Effects Transmitted from a Distance to a Receiving-Device Through the Natural Media, of which the following is a specification, reference being had to the accompanying drawings, which form a part of the same.

The subject of my present invention is an improvement in the art of utilizing effects transmitted from a distance to a receiving device through the natural media; and it consists in the novel apparatus hereinafter described.

This application is a division of one filed by me August 1, 1899, Serial No. 725,749, and based upon and claiming the method herein described and which may be practiced by the use of apparatus forming the subject of this application.

My invention is particularly useful in connection with methods and apparatus for operating distant receiving-devices by means of electrical disturbances produced by proper transmitter and conveyed to such receiving-devices through the natural media; but it obviously has a wider range of applicability and may be employed, for example, in the investigation or utilization of terrestrial, solar, or other disturbances produces by natural causes.

Several ways or methods of transmitting electrical disturbances through the natural media and utilizing them to operate distant receivers are now known and have been applied with more or less success for accomplishing a variety of useful results. One of these ways consists in producing by a suitable apparatus rays or radiations -- that is, disturbances -- which are propagated in straight lines through space, directing them upon a receiving or recording-apparatus at a distance, and thereby bringing the latter into action. This method is the oldest and best known and has been brought particularly into prominence in recent years through the investigations of Heinrich Hertz. Another method consists in passing a current through a circuit, preferably one enclosing a very large area, inducing thereby in a similar circuit situated at a distance another current and affecting by the same in any convenient way a receiving-device. Still another way, which has also been known for many years, is to pass in any suitable manner a current through a portion of the ground, as by connecting to two points of the same, preferably at a considerable distance from each other, the two terminals of a generator and to energize by a part of the current diffused through the earth a distant circuit which is similarly arranged and grounded at two points widely apart and which is made to act upon a sensitive receiver. These various methods have their limitations, one especially, which is common to all, being that the receiving-circuit or instrument must be maintained in a definite position with respect to the transmitting apparatus, which often imposes great disadvantages upon the use of the apparatus.

In several applications filed by me and patents granted to me I have disclosed other methods of accomplishing results of this nature, which may be briefly described as follows: In one system the potential of a point or region of the earth is varied by imparting to it intermittent or alternating electrifications through one of the terminals of a suitable source of electrical disturbances, which, to heighten the effect, has its other terminal connected to an insulated body, preferably of large surface and at an elevation. The electrifcations communicated to the earth spread in all directions through the same, reaching a distant circuit which generally has its terminals arranged and connected similarly to those of the transmitting source and operates upon a highly-sensitive receiver. Another method is based upon the fact, that the atmospheric air, which behaves as an excellent insulator to currents generated by ordinary apparatus becomes a conductor under the influence of currents or impulses of enormously-high electro-motive force, which I have devised means for generating. By such means air strata, which are easily accessible, are rendered available for the production of many desired effects at distances however great. This method, furthermore, allows advantage to be taken of many of those improvements which are practicable in the ordinary systems of transmission involving the use of a metallic conductor.

Obviously whatever method be employed it is desirable that the disturbances produced by the transmitting apparatus should be as powerful as possible, and by the use of certain forms of high-frequency apparatus which I have devised and which are now well known, important practical advantages are in this respect secured. Furthermore, since in most cases the amount of energy conveyed to the distant circuit is but a minute fraction of the total energy emanating from the source it is necessary for the attainment of the best results that whatever the character of the receiver and the nature of the disturbances as much as possible of the energy conveyed should be made available for the operation of the receiver, and with this object in view I have heretofore, among other means, employed a receiving-circuit of high self-induction and very small resistance and of a period such as to vibrate in synchronism with the disturbances, whereby a number of separate impulses from the source were made to cooperate, thus magnifying the effect exerted upon and insuring the action of the receiving-device. By these means decided advantages have been secured in many instances; but very often the improvement is either not applicable at all or, if so, the gain is very slight. Evidently when the source is one producing a continuous pressure or delivering impulses of long duration it is impracticable to magnify the effects in this manner, and when, on the other hand, it is one furnishing short impulses of extreme rapidity of succession the advantage obtained in this way is insignificant, owing to the radiation and the unavoidable frictional waste in the receiving-circuit. These losses reduce greatly both the intensity and the number of the cooperative impulses, and since the initial intensity of each of these is necessarily limited only an insignificant amount of energy is thus made available for a single operation of the receiver. As this amount is consequently dependent on the energy conveyed to the receiver by one single impulse, it is evidently necessary to employ either a very large and costly, and therefore objectionable, transmitter, or else to resort to the equally objectionable use of a receiving-device too delicate and too easily deranged. Furthermore, the energy obtained through the cooperation of the impulses is in the form of extremely rapid vibrations and, because of this, unsuitable for the operation of ordinary receivers, the more so as this form of energy imposes narrow restrictions in regard to the mode and time of its application to such devices. To overcome these and other limitations and disadvantages that have heretofore existed in such systems of transmission of signals or intelligence and to render possible an investigation of impulses or disturbances propagated through the natural media from any kind of source and their practical utilization for any purpose to which they are applicable, I have devised a novel method, which I have described in a pending application filed June 24, 1899, Serial No. 721,790, and which, broadly stated, consists in effecting during any desired time interval a storage of energy derived from such impulses and utilizing the potential energy so obtained for operating a receiving-device.

My present invention is intended for the same general purposes, and it comprises another apparatus by means of which similar results may be obtained.

The chief feature which distinguishes the method of my present from my former invention, just referred to, is that the energy stored is not, as in the former instance, obtained from the energy of the disturbances or effects transmitted from a distance, but from an independent source.

Expressed generally, my present method consists in charging a storage-device with energy from an independent source, controlling the charging of said device by the action of the effects or disturbances transmitted through the natural media, and coincidentally using the stored energy for operating a receiving-device.

A great variety of disturbances, produced either by suitably-constructed transmitters or by natural cause, are at present known to be propagated through the natural media, and there are also a variety of means or devices enabling energy to be stored, and in view of this I wish to say that I consider the utilization of any such disturbances and the employment of any of these means as within the scope of my present invention so long the use of the general methods hereinbefore stated is involved.

The best way of carrying out my invention which I at present know is to store electrical energy obtained from a suitable electrical generator in a condenser and to control the storage on the application of this energy by means of a sensitive device acted upon by the effects or disturbances, and thereby cause the operation of the receiver.

In the practical application of this method I usually proceed as follows: At any point where I desire to investigate or to utilize for any purpose effects or disturbances propagated through the natural media from any kind of source I provide a suitable generator of electricity -- as, for example, a battery and a condenser -- which I connect to the poles of the generator in series with a sensitive device capable of being modified in its electrical resistance or other property by the action of the disturbances emitted from the source. To the terminals of the condenser I connect the receiver which is to be operated in series with another device of suitable construction, which performs the function of periodically discharging the condenser through the receiver at and during such intervals of time as may be best suitable for the purpose contemplated. This latter device may merely consist of two stationary electrodes separated by a feeble dielectric layer of minute thickness, but sufficient to greatly reduce or practically interrupt the current in the circuit under normal conditions, or it may comprise terminals one, or more of which are movable and actuated by any suitable force and are adapted to be brought into and out of contact with each other in any convenient manner. The sensitive device may be any of the many devices of this kind which are known to be affected by the disturbances, impulses, or effects propagated through the media, and it may be of such a character that normally -- that is, when not acted upon -- it entirely prevents the passage of electricity from the generator to the condenser, or it may be such that it allows a gradual leaking through of the current and a charging of the condenser at a slow rate. In any case it will be seen that if the disturbances, of whatever nature they may be, cause an appreciable diminution in the electrical resistance of the sensitive device the current from the battery will pass more readily into the condenser, which will be charged at a more rapid rate, and consequently each of its discharges through the receiver, periodically effected by the special device before referred to which performs this function, will be stronger than normally -- that is, when the sensitive device is not acted upon by the disturbances. Evidently, then, if the receiver be so adjusted that it does not respond to the comparatively feeble normal discharges of the condenser, if they should occur, but only to those stronger ones which take place upon the diminution of the resistance of the sensitive device, it will be operated only when this device is acted upon by the disturbances, thus making it possible to investigate and to utilize the latter for any desired purpose.

The general principle underlying my invention and the operation of the various devices used will be clearly understood by reference to the accompanying drawings, in which --

Figure 1 is a diagram illustrating a typical arrangement of apparatus which may be used in carrying my method into practice, and Figs. 2, 3, 4, and 5 similar diagrams of modified arrangements of apparatus for the same purpose.

In Fig. 1, C is a condenser, to the terminals T and T´ of which is connected a charging-circuit including a battery B, a sensitive device *a*, and a resistance *r*, all connected in series, as illustrated. The battery should be preferably of very constant electromotive force and of an intensity carefully determined to secure the best results. The resistance *r*, which may be a frictional or an inductive one, is not absolutely necessary; but it is of advantage to use it in order to facilitate adjustment, and for this purpose it may be made variable in any convenient and preferably continuous manner. Assuming that the disturbances which are to be investigated or utilized for some practical end are rays identical with or resembling those of ordinary light, the sensitive device *a* may be a selenium cell properly prepared, so as to be highly susceptible to the influence of the rays, the action of which should be intensified by the use of a reflector A (Shown in the drawings.) It is well known that when cells of this kind are exposed to such rays of greatly-varying intensity they undergo corresponding modifications of their electrical resistance; but in the ways they have been heretofore used they have been of very limited utility.

In addition to the circuit including the sensitive device or cell *a* another circuit is provided, which is likewise connected to the terminals T T´ of the condenser. This circuit, which may be called the "receiving-circuit," includes the receiver R and in series with it a device *d*, before referred to, which performs the duty of periodically discharging the condenser through the receiver. It will be noted that, as shown in Fig. 1, the receiving-circuit is in permanent connection with the battery and condenser-terminal T, and it should be stated that it is sometimes desirable to entirely insulate the receiving-circuit at all times except the moments when the device *d* operates to discharge the condenser, thus preventing any disturbing influence which might otherwise be caused in this circuit by the battery or the condenser during the period when the receiver should not be acted upon. In such a case two devices, as *d*, may be used, one in each connection from the condenser to the receiving-circuit, or else one single device of this kind, but of a suitably-modified construction, so that it will make and break simultaneously and at proper intervals of time both of the connections of this circuit with the condenser T and T′.

From the foregoing the operation of the apparatus as illustrated in Fig. 1 will be at once understood. Normally -- that is, when it is not influenced by the rays at all or very slightly -- the cell *a* being of a comparatively high resistance permits only a relatively feeble current to pass from the battery into the condenser, and hence the latter is charged at too slow a rate to accumulate during the time interval between two succeeding operations of the device *d* sufficient energy to operate the receiver or, generally speaking, to produce the required change in the receiving-circuit. This condition is readily secured by a proper selection and adjustment of the various devices described, so that the receiver will remain unresponsive to the feeble discharges of the condenser which may take place when the cell *a* is acted upon but slightly or not at all by the rays or disturbances; but if now new rays are permitted to fall upon the cell or if the intensity of those already acting upon it be increased by any cause then its resistance will be diminished and the condenser will be charged by the battery at a more rapid rate, enabling sufficient potential energy to be stored in the condenser during the period of inaction of the device *d* to operate the receiver or to bring about any desired change in the receiving-circuit when the device *d* acts. If the rays acting upon the cell or sensitive device *a* are varied or in intermitted in any arbitrary. manner, as when transmitting intelligence in the usual way from a distant station by means of short and long signals, the apparatus may readily be made to record or to enable an operator to read the message, since the receiver -- supposing it to be an ordinary magnetic relay, for example -- will be operated by each signal from the sending-station a certain number of times, having some relation to the duration of each signal. It will be readily seen, however, that if the rays are varied in any other way, as by impressing upon then changes in intensity the succeeding condenser-discharges will undergo corresponding changes in intensity, which may be indicated or recorded by a suitable receiver and distinguished irrespectively of duration.

With reference to Fig. 1 it may be useful to state that the electrical connections of the various devices illustrated may be made in many different ways. For instance, the sensitive device instead of being in series, as shown, may be in a shunt to the condenser, this modification being illustrated in Fig. 3, in which the devices already described are indicated by similar letters to correspond with those of Fig. 1. In this case it will be observed that the condenser, which is being charged from the battery B through the resistance *r*, preferably inductive and properly related to the capacity of the condenser, will store less energy when the sensitive device *a* is energized by the rays, and its resistance thereby diminished. The adjustment of the various instruments may then be such that the receiver will be operated only when the rays are diminished in intensity or interrupted and entirely prevented from falling upon the sensitive cell, or the sensitive device may be placed, as shown in Fig. 4, in a shunt to the resistance *r* or inserted in any suitable way in the circuit containing the receiver -- for example, as illustrated in Fig. 6 -- in both of which figures the various devices are lettered to correspond with those in Fig. 1, so that the figures become self-explanatory. Again, the several instruments may be connected in the manner of a Wheatstone bridge, as will be hereinafter explained with reference to Fig 2, or otherwise connected or related; but in each case the sensitive device will have the same duty to perform -- that is, to control the energy stored and utilized in some suitable way for causing the operation of the receiver in correspondence with the intermittences or variations of the effects or disturbances -- and in each instance by a judicious selection of the devices and careful adjustment the advantages of my method may be more or leas completely secured. I find it preferable, however, to follow the plan which I have illustrated and described.

It will be observed that the condenser is an important element in the combination. I have shown that by reason of its unique properties it greatly adds to the efficacy of this method. It allows the energy accumulated in it to be discharged instantaneously, and therefore in a highly effective manner. It magnifies in a large degree the current supplied from the battery, and owing to these feature it permits energy to be stored and discharged at practically any rate desired, and thereby makes it possible to obtain in the receiving-circuit very great changes of the current strength by impressing upon the battery-current very small variations. Other means of storage possessing these characteristics to a useful degree may be employed without departing from the broad spirit of my invention; but I prefer to use a condenser, since in these respects it excels any other storage device of which I have knowledge.

In Fig 2 a modified arrangement of apparatus is illustrated which is particularly adapted for the investigation and utilization of very feeble impulses or disturbances, such as may be used in conveying signals or producing other desired effects at very great distances. In this case the energy stored in the condenser is passed through the primary of a transformer, the secondary circuit of which contains the receiver, and in order to render the apparatus still more suitable for use in detecting feeble impulses, in addition to the sensitive device which is acted upon by the impulses, another such device is included in the secondary circuit of the transformer. The scheme of connections is in the main that of a Wheatstone bridge; the four branches of which are formed by the sensitive device *a* and resistance L, L', and L", all of which should be preferably inductive and adjustable in a continuous manner, or at least by very small steps. The condenser C´, which is generally made of considerable capacity, is connected to two opposite points of the bridge, while a battery B, in series with a continuously-adjustable non-inductive resistance *r'*, is connected to the other pair of opposite points, as usual. The four resistances included in the branches of the bridge -- namely, *a*, L, L', and L" -- are of a suitable size and so proportioned that under normal conditions -- that is, when the device *a* is not influenced at all or only slightly by the disturbances -- there will be no difference of potential, or, in any case, the minimum of the same at the terminals T and T' of the condenser. It is assumed in the present instance that the disturbances to be investigated or utilized are such as will produce a difference of electrical potential, however small, between two points or regions in the natural media, as the earth, the water, or the air -- and in order to apply this potential difference effectively to the sensitive device *a* the terminals of the same are connected to two plates P and P', which should be of as large a surface as practicable and so located in the media that the largest possible difference of potential will be produced by the disturbances between the terminals of the sensitive device. This device is in the present case one of familiar construction, consisting of an insulating-tube, which is indicated by the heavy lines in the drawings and which has its ends closed tightly by two conducting-plugs with reduced extensions, upon which bear two brushes *b b*, through which the currents are conveyed to the device. The tubular space between the plugs is partially filled with a conducting sensitive powder, as indicated, the proper amount of the same and the size of its grains being determined and adjusted beforehand by experiment. This tube I rotate by clockwork or other means at a uniform and suitable rate of speed, and under these conditions I find that this device behaves toward disturbances of the kind before assumed in a manner similar to that of a stationary cell of selenium toward rays of light. Its electrical resistance is diminished when it is acted upon by the disturbances and is automatically restored upon the cessation of their influence. It is of advantage to employ round grains of powder in the tube, and in any event it is important that they should be of a uniform size and shape as possible and that provision should be made for maintaining a unchanging and very dry atmosphere in the tube. To the terminals T and T' of the condenser C' is connected a coil *p*, usually consisting of a few turns of a conductor of very small resistance, which is the primary of the transformer before referred to, in series with a device *d*, which effects the discharge of the condenser through the coil *p* at predetermined intervals of time. In the present case this device consists of a cylinder made partly of conducting and partly of insulating material *e* and *e'*, respectively, which is rotated at the desired rate of speed by any suitable means. The conducting part *e* is in good electrical connection with shaft S and is provided with tapering segments, as *f*, upon which slides a brush *k*, which should preferably be capable of longitudinal adjustment along the cylinder. Another brush *b'*, which is connected to the condenser-terminal T', being arranged to bear upon the shaft S, it will be seen that whenever the brush *k* comes in contact with a conducting-segment *f* the circuit including the primary *p* will be completed and the condenser, if energized, discharged through the same. By an adjustment of the speed of rotation of the cylinder and a displacement of the brush *k* along the axis of the same the circuit may be made to open and close in as rapid succession and remain open or closed during such intervals of time as may be desired. In inductive relation to the primary *p* is a secondary coil *s*, usually of much thinner wire and of many more turns than the former, to which are connected in a series a receiver R, illustrated as an ordinary magnetic relay, a continuously-adjustable non-inductive resistance *r''*, a battery B' of a properly determined and very constant electro-motive force, and finally a sensitive device *a'* of the same or similar construction as *a*, which is likewise rotated at a uniform speed and which, with its brushes *b' b''* closes the secondary circuit. The electro-motive force of the battery B' is so graduated by means of the adjustable resistance *r''* that the dielectric layers in the sensitive device *a'* are strained very nearly to the point of breaking down and give way upon a slight increase of the electrical pressure on the terminals of the device. It will of course be understood that the resistance *r''* is used mainly because of convenience and that it may be dispensed with, in which case the adjustment may be effected in many other ways, as by determining the proper amount or coarseness of the sensitive powder or by varying the distance apart of the metallic plugs in the ends of the tube. The same may be said of the resistance *r'*, which is in series with the battery B and serves to graduate the force of the latter, so that the dielectric layers of the sensitive device *a* are subjected to a similar strain and maintained in a state of delicate poise.

The various instruments being connected and adjusted in the manner described, it will now be readily seen from the foregoing that under normal conditions, the device *a* being unaffected by the disturbances, or practically so, and there being no or only a very insignificant amount of energy stored in the condenser, the periodical closure of the primary circuit of the transformer through the operation of the device *d* will have no appreciable effect upon the primary coil *p*, and hence no currents will be generated in the secondary coil *s*, at least no such as would disturb the state of delicate balance existing in the secondary circuit including the receiver, and therefore the latter will not be actuated by the battery B'; but when, owing to the disturbances or impulses propagated through the media from a distant source, an additional electro-motive force, however small, is created between the terminals of the device *a* the dielectric layers in the same, unable to support the increased strain, give way and allow the current of the battery B to pass through, thus causing a difference of potential at the terminals T and T' of the condenser. A sufficient amount of energy being now stored in this instrument during the time interval between each two succeeding operations of the device *d*, each closure of the primary circuit by the latter results in the passage of a sudden current-impulse through the coil *p*, which induces a corresponding current of relatively high electro-motive force in the secondary coil *s*. Owing to this the dielectric in the device *a'* gives way, and the current of the battery B' being allowed to pass the receiver R is operated, but only for a moment, since by the rotation of the devices *a*, *a'*, and *d*, which may be all driven from the same shaft, the original conditions are restored, assuming, of course, that the electro-motive force set up by the disturbances at the terminals of the sensitive device *a* is only momentary or of a duration not longer than the time of closure of the primary circuit; otherwise the receiver will be actuated a number of times and so long as the influence of the disturbances upon the device *a* continues. In order to render the discharged energy of the condenser more effective in causing the operation of the receiver, the resistance of the primary circuit should be very small and the secondary coil *s* should have a number of turns many times greater than that of the primary coil *p*. It will be noted that since the condenser under the above assumption is always charged in the same direction the strongest current-impulse in the secondary coil, which is induced at the moment when the brush *k* comes in contact with segment *e*, is also of unchanging direction, and for the attainment of the best results it is necessary to connect the secondary coil so that the electro-motive force of this impulse will be added to that of the battery and will momentarily strengthen the same. However, under certain conditions, which are well understood by those skilled in the art, the devices will operate whichever way the secondary be connected. It is preferable to make the inductive resistance L and L´ relatively large, as they are in a shunt to the device *a* and might, if made too small impart its sensitiveness. On the other hand, the resistance L´´ should not be too large and should be related to the capacity of the condenser and the number of makes and breaks effected by the device *d* in well known ways. Similar considerations apply, of course, to the circuits including the primary *p* and secondary *s*, respectively.

By carefully observing well known rules of scientific design and adjustment of the instruments the apparatus may be made extremely sensitive and capable of responding to the feeblest influences, thus making it possible to utilize impulses or disturbances transmitted from very great distances and too feeble to be detected or utilized in any of the ways heretofore known, and on this account the method here described lends itself to many scientific and practical uses of great value. Obviously the character of the devices and the manner in which they are connected or related may be greatly varied without departing from the spirit of my invention.

What I claim as new, and desire to secure by Letters Patent, is --

1. In an apparatus for utilizing effects or disturbances transmitted through the natural media from a distant source, the combination of an electrical storage device, a charging-circuit connected therewith and including a device sensitive to the action of the effects or disturbances and determining under their control the flow of current in the charging-circuit, a receiving-circuit including a receiver, and means for periodically discharging the storage device through the receiving-circuit, substantially as described.

2. In an apparatus for utilizing effects or disturbances transmitted through the natural media from a distant source, the combination of a condenser, a charging-circuit connected therewith and including a source of electricity and a device sensitive to the action of the effects or disturbances and determining under their control the flow of current in the charging-circuit, a receiving-circuit including a receiver, and means for periodically discharging the condenser through the receiving-circuit, substantially as described.

3. In an apparatus for utilizing effects or disturbances transmitted through the natural media from a distant source, the combination of a circuit including a source of electricity, a storage device adapted to have its resistance reduced when acted upon by the effects or disturbances, with a receiving-circuit connected with the storage device and including a receiver and a device adapted to open and close the receiving-circuit at predetermined intervals of time, substantially as described.

4. In an apparatus for utilizing effects or disturbances transmitted through the natural media from a distant source, the combination of a circuit including a source of electricity, a condenser and a device normally of very high resistance but adapted to have its resistance reduced when acted upon by the effects or disturbances, with a receiving-circuit con-

nected with the condenser and including a receiver and a device adapted to open and close the receiving-circuit at predetermined intervals of time, substantially as described.

5. In an apparatus for utilizing effects or disturbances transmitted through the natural media from a distant source, the combination of a circuit including a source of electricity, a storage device adapted to be charged thereby and a device, normally of very high resistance but adapted to have its resistance reduced when acted upon by the effects or disturbances, with a receiving-circuit connected with the storage device and including the primary of a transformer and a device adapted to open and close such second circuit at predetermined intervals of time, and a receiver included in the secondary of the transformer, substantially as described.

6. In an apparatus for utilizing effects or disturbances transmitted through the natural media from a distant source, the combination of an electrical storage device, a charging-circuit connected therewith and including a device sensitive to the action of the effects or disturbances and determining under their control the flow of the current in the charging-circuit, and a receiving-circuit supplied with energy from the storage device and including a receiver and a device sensitive to electrical variations in the receiving-circuit, substantially as described.

7. In an apparatus for utilizing effects or disturbances transmitted through the natural media from a distant source, the combination of a condenser, a charging-circuit connected therewith and including a device sensitive to the action of the effects or disturbances and determining under their control the flow of the current in the charging-circuit, and a receiving-circuit supplied with energy from the condenser and including a receiver and a device sensitive to electrical variations in the receiving-circuit, substantially as described.

8. In an apparatus for utilizing effects or disturbances transmitted through the natural media from a distant source, the combination of a circuit, an independent local source of electricity included therein, a storage device connected with the said circuit and adapted to receive energy from the said source, a device normally of very high resistance, but adapted to have its resistance reduced when acted upon by the effects or disturbances, a receiving-circuit connected with the storage device, a transformer, the primary of which is included in said receiving-circuit, a device adapted to open and close the receiving-circuit at predetermined intervals of time, a receiver, and a device, normally of very high resistance, but adapted to have its resistance reduced when acted upon by the effects or disturbances, and included in the secondary circuit of the transformer, as set forth.

9. In an apparatus for utilizing effects or disturbances transmitted through the natural media from a distant source, the combination with a storage device and an independent

source of energy for charging the same, of a receiving-circuit connected with the storage device, a device sensitive to the effects or disturbances and determining under their control the flow of current in the receiving-circuit, substantially as set forth.

10. In an apparatus for utilizing effects or disturbances transmitted through the natural media from a distant source, the combination with a storage device and an independent source of energy for charging the same, of a receiving-circuit connected with the storage device, a device sensitive to the effects or disturbances and adapted to have its resistance varied by the action thereon of such effects or disturbances and determining under their control the flow of current in the receiving-circuit, substantially as set forth.

11. In an apparatus for utilizing effects or disturbances transmitted through the natural media from a distant source, the combination of a storage device, a battery or similar independent source of energy for charging the same, a sensitive device adapted to have its resistance varied under the influence of the effects or disturbances, a receiver adapted to be operated by the discharge of the storage device, the sensitive device being in one branch of a Wheatstone bridge, the storage device in one of the cross-connections between two opposite points of the bridge, and the battery in the other cross-connection, and resistances L, L′ and L′′ in the three remaining branches of the bridge, as set forth.

12. In an apparatus for utilizing effects or disturbances transmitted through the natural media from a distant source, the combination of a storage device, a battery or like independent source of energy for charging the same, a sensitive device adapted to have its resistance varied under the influence of the effects or disturbances, a circuit connected with the terminals of the storage device, a transformer having its primary in said circuit and a receiver in the secondary circuit of the transformer, the sensitive device being in one branch of a Wheatstone bridge, the storage device in one of the cross-connections between opposite points of the bridge and the battery in the other cross-connection, and resistances L, L′ and L′′ in the three remaining branches of the bridge, as set forth.

NIKOLA TESLA.

Witnesses:
E. A. SUNDERLIN,
D. D. LORD.

No. 685,012 Patented Oct. 22, 1901

# N. TESLA.

## MEANS FOR INCREASING THE INTENSITY OF ELECTRICAL OSCILLATIONS.

(Application filed Mar. 21, 1900. Renewed July 3, 1901.)

(No Model.)

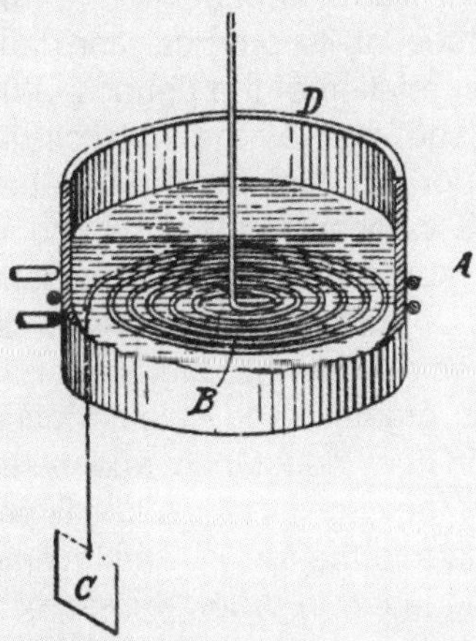


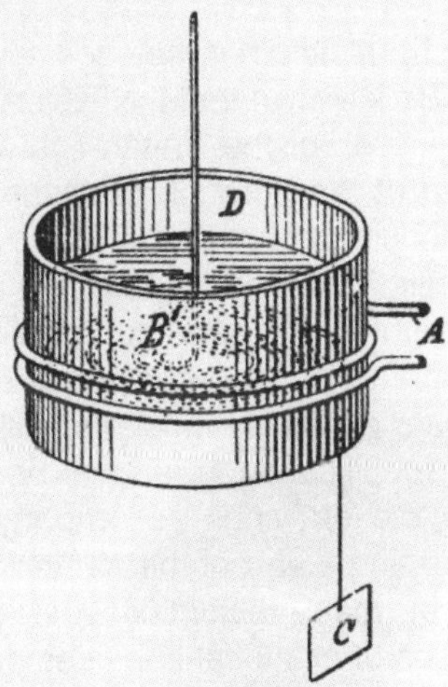


Witnesses:
Raphaël Netter
Benjamin Miller

Nikola Tesla, Inventor
by Kerr, Page & Cooper Att'ys

# UNITED STATES PATENT OFFICE.

NIKOLA TESLA, OF NEW YORK, N. Y.

# MEANS FOR INCREASING THE INTENSITY OF ELECTRICAL OSCILLATIONS.

SPECIFICATION forming part of Letters Patent No. 685,012, dated October 22, 1901.
Application filed March 21, 1900. Serial No. 66,980. (No model.)

*To all whom it may concern:*

Be it known that I, NIKOLA TESLA, a citizen of the United States, residing at the borough of Manhattan, in the city, county, and State of New York, have invented certain new and useful Improvements in Means for Increasing the Intensity of Electrical Oscillations, of which the following is a specification, reference being hand to the drawings accompanying and forming a part of the same.

In many scientific and practical uses of electrical impulses or oscillations -- as, for example, in system of transmitting intelligence to distant points -- it is of great importance to intensify as much as possible the current-impulses or vibrations which are produced in the circuits of the transmitting and receiving-instruments, particularly of the latter.

It is well known that when electrical impulses are impressed upon a circuit adapted to oscillate freely the intensity of the oscillations developed in the same is dependent on the magnitude of its physical constants and the relation of the periods of the impressed and of the free oscillations. For the attainment of the best result it is necessary that the periods of the impressed should be the same as that of the free oscillations, under which conditions the intensity of the latter is greatest and chiefly dependent on the inductance and resistance of the circuit, being directly proportionate to the former and inversely to the latter. In order, therefore, to intensify the impulses or oscillations excited in the circuit -- in other words, to produce the greatest rise of current or electrical pressure in the same -- it is desirable to make its inductance as large and its resistance as small as practicable. Having this end in view I have devised and used conductors of special forms and of relatively very large cross-section; but I have found that limitations exist in regard to the increase of the inductance as well as to the diminution of the resistance. This will be understood when it is borne in mind that the resonant rise of current or pressure in a freely-oscillating circuit is proportionate to the frequency of the impulses and that a large inductance in general involves a slow vibration. On the other hand, an increase of the section of the conductor with the object of reducing its resistance is, beyond a certain limit, of little or no value, principally because electrical oscillations, particularly those of high frequency, pass mainly through the superficial conducting layers, and while it is true that this drawback may be overcome in a measure by the employment of thin ribbons, tubes, or stranded cables, yet in practice other disadvantages arise, which often more than offset the gain.

It is a well-established fact that as the temperature of a metallic conductor rises its electrical resistance increases, and in recognition of this constructors of commercial electrical apparatus have heretofore resorted to many expedients for preventing the coils and other parts of the same from becoming heated when in use, but merely with a view to economizing energy and reducing the cost of construction and operation of the apparatus.

Now I have discovered that when a circuit adapted to vibrate freely is maintained at a low temperature the oscillations excited in the same are to an extraordinary degree magnified and prolonged, and I am thus enabled to produce many valuable results which have heretofore been wholly impracticable.

Briefly stated, then, my invention consists in producing a great increase in the intensity and duration of the oscillations excited in a freely-vibrating or resonating circuit by maintaining the same at a low temperature.

Ordinarily in commercial apparatus such provision is made only with the object of preventing wasteful heating, and in any event its influence upon the intensity of the oscillations is very slight and practically negligible, for as a rule impulses of arbitrary frequency are impressed upon a circuit, irrespective of its own free vibrations, and a resonant rise is expressly avoided.

My invention, it will be understood, does not primarily contemplate the saving of energy, but aims at the attainment of a distinctly novel and valuable result -- that is, the increase to the greatest practicable degree of the intensity and duration of free oscillations. It may be usefully applied in all cases when this special object is sought, but offers exceptional advantages in those instances in which the freely-oscillating discharges of a condenser are utilized.

The best and most convenient manner of carrying out the invention of which I am now aware is to surround the freely-vibrating circuit or conductor, which is to be maintained at a low temperature, with a suitable cooling-medium, which may be any kind of freezing-mixture or agent, such as liquid air, and in order to derive the fullest benefit from the improvement the circuit should be primarily constructed so as to have the greatest possible self-induction and the smallest practical resistance, and other rules of construction which are now recognized should be observed. For example, when in a system of transmission of energy for any purpose through the natural media the transmitting and receiving-conductors are connected to earth and to an insulated terminal, respectively, the lengths of these conductors should be one-quarter of the wave length of the disturbance propagated through them.

In the accompanying drawing I have shown graphically a disposition of apparatus which may be used in applying practically my invention.

The drawing illustrates in perspective two devices, either of which may be the transmitter, while the other is the receiver. In each there is a coil of few turns and low resistance, (designated in one by A and in the other by A'.) The former coil, supposed to be forming part of the transmitter, is to be connected with a suitable source of current, while the latter is to be included in circuit with a receiving-device. In inductive relation to said coils in each instrument is a flat spirally-wound coil B or B', one terminal of which is shown as connected to a ground-plate C, while the other, leading from the center, is adapted to be connected to an insulated terminal, which is generally maintained at an elevation in the air. The coils B B' are placed in insulating-receptacles D, which contain the freezing agent and around which the coils A and A' are wound.

Coils in the form of a flat spiral, such as those described, are eminently suited for the production of free oscillations; but obviously conductors or circuits of any other form may be used, if desired.

From the foregoing the operation of the apparatus will now be readily understood. Assume, first, as the simplest case that upon the coil A of the transmitter impulses or oscillations of an arbitrary frequency and irrespective of its own free vibrations are impressed. Corresponding oscillations will then be induced in the circuit B, which, being constructed and adjusted, as before indicated, so as to vibrate at the same rate, will greatly magnify them, the increase being directly proportionate to the product of the frequency of the oscillations and the inductance of circuit B and inversely to the resistance of the latter. Other conditions remaining the same, the intensity of the oscillations in the resonating-circuit B will be increased in the same proportion as its resistance is reduced. Very often, however, the conditions may be such that the gain sought is not realized directly by diminishing the resistance of the circuit. In such cases the skilled expert who applies the invention will turn to advantage the reduction of resistance by using a correspondingly longer conductor, thus securing a much greater self-induction, and under all circumstances he will determine the dimensions of the circuit, so as to get the greatest value of the ratio of its inductance to its resistance, which determines the intensity of the free oscillations. The vibrations of coil B, greatly strengthened, spread to a distance and on reaching the tuned receiving-conductor B' excite corresponding oscillations in the same, which for similar reasons are intensified, with the result of inducing correspondingly stronger currents or oscillations in circuit A', including the receiving-device. When, as may be the case in the transmission of intelligible signals, the circuit A is periodically closed and opened, the effect upon the receiver is heightened in the manner above described not only because the impulses in the coils B and B' are strengthened, but also on account of their persistence through a longer interval of time. The advantages offered by the invention are still more fully realized when the circuit A of the transmitter instead of having impulses of an arbitrary frequency impressed upon it is itself permitted to vibrate at its own rate, and more particularly so if it be energized by the freely-oscillating high-frequency discharges of a condenser. In such a case the cooling of the conductor A, which may be effected in any suitable manner, results in an extraordinary magnification of the oscillation in the resonating-circuit B, which I attribute to the increased intensity as well as greater number of the high-frequency oscillations obtained in the circuit A. The receiving-coil B' is energized stronger in proportion and induces currents of greater intensity in the circuit A'. It is evident from the above that the greater the number of the freely-vibrating circuits which alternately receive and transmit energy from one to another the greater, relatively, will be the gain secured by applying my Invention.

I do not of course intend to limit myself to the specific manner and means described of artificial cooling, nor to the particular forms and arrangements of the circuits shown. By taking advantage of the facts above pointed out and of the means described I have found it possible to secure a rise of electrical pressure in an excited circuit very many times greater than has heretofore been obtainable, and this result makes it practicable, among other things, to greatly extend the distance of transmission of signals and to exclude much more effectively interference with the same than has been possible heretofore.

Having now described m invention, what I claim is --

1. The combination with a circuit adapted to vibrate freely, of means for artificially cooling the same to a low temperature, as herein set forth.

2. In an apparatus for transmitting or receiving electrical impulses or oscillations, the combination with a primary and a secondary circuit, adapted to vibrate freely in response to the impressed oscillations, of means for artificially cooling the same to a low temperature, as herein set forth.

3. In a system for the transmission of electrical energy, a circuit upon which electrical oscillations are impressed, and which is adapted to vibrate freely, in combination with a receptacle containing an artificial refrigerant in which said circuit is immersed, as herein set forth.

4. The means of increasing the in-

tensity of the electrical impulses or oscillations impressed upon a freely-vibrating circuit, consisting of an artificial refrigerant combined with and applied to such circuit and adapted to maintain the same at a low temperature.

5. The means of intensifying and prolonging, the electrical oscillations produced in a freely-vibrating circuit, consisting of an artificial refrigerant applied to such circuit and adapted to maintain the same at a uniformly low temperature.

6. In a system for the, transmission of energy, a series of transmitting and receiving-circuits adapted to vibrate freely, in combination with means for artificially maintaining the same at a low temperature, as set forth.

NIKOLA TESLA.

Witnesses:
JOHN C. KERR,
M. LAWSON DYER.

No. 787,412. PATENTED APR. 18, 1905.

N. TESLA.

# ART OF TRANSMITTING ELECTRICAL ENERGY THROUGH THE NATURAL MEDIUMS.

APPLICATION FILED MAY 16, 1900. RENEWED JUNE 17, 1902.

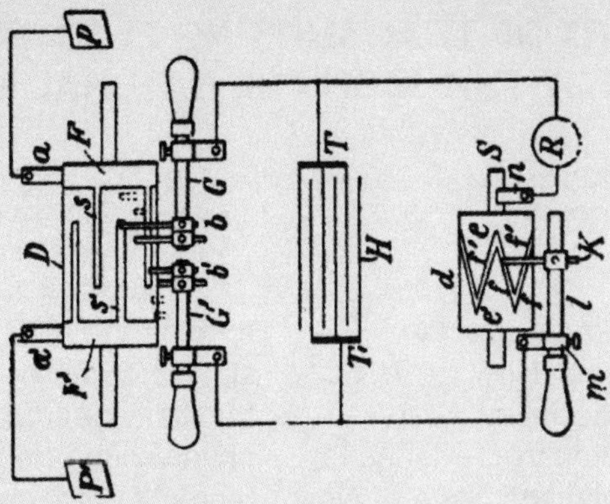


Fig. 2

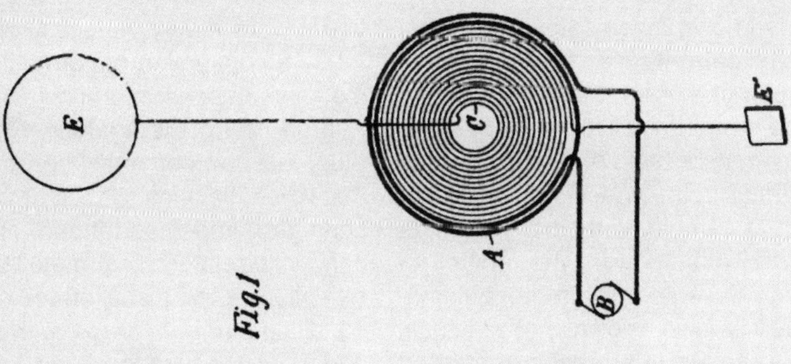


Fig. 1

Witnesses:
Raphaël Netter
M. Lawson Dyer.

Nikola Tesla Inventor
by Ken. Page & Cooper Attys

# UNITED STATES PATENT OFFICE.

NIKOLA TESLA, OF NEW YORK, N. Y.

## ART OF TRANSMITTING ELECTRICAL ENERGY THROUGH THE NATURAL MEDIUM.

SPECIFICATION forming part of Letters Patent No. 787,412, dated April 18, 1905.
Application filed May 16, 1900. Renewed June 17, 1902. Serial No. 112,034.

*To all whom it may concern:*

Be it known that I, NIKOLA TESLA, a citizen of the United States, residing in the borough of Manhattan, in the city, county, and State of New York, have discovered a new and useful Improvement in the Art of Transmitting Electrical Energy Through the Natural Media, of which the following is a specification, reference being had to the drawings, accompanying and forming a part of the same.

It is known since a long time that electric currents may be propagated through the earth, and this knowledge has been utilized in many ways in the transmission of signals and the operation of a variety of receiving-devises remote from the source of energy, mainly with the object of dispensing with a return conducting-wire. It is also known that electrical disturbances may be transmitted through portions of the earth by grounding only one of the poles of the source, and this fact I have made use of in systems which I have devised for the purposes of transmitting through the natural media intelligible signals or power and which are now familiar; but all experiments and observations heretofore made have tended to confirm the opinion held by the majority of scientific men that the earth, owing to its immense extent, although possessing conducting properties, does not behave in the manner of a conductor of limited dimensions with respect to the disturbances produced, but, on the contrary, much like a vast reservoir or ocean, which while it may be locally disturbed by a commotion of some kind remains unresponsive and quiescent in a large part or as a whole. Still another fact now common knowledge is that when electrical waves or oscillations are impressed upon such a conducting-path as a metallic wire reflection takes place under certain conditions from the ends of the wire, and in consequence of the interference of the impressed and reflected oscillations the phenomenon of "stationary waves" with maxima and minima in definite fixed positions is produced. In any case the existence of these waves have reached the boundaries of the conducting-path and have been reflected from the same. Now I have discovered that nonwithstanding its vast dimensions and contrary to all observations heretofore made the terrestrial globe may in a large part or as a whole behave toward disturbances impressed upon it in the same manner as a conductor of limited size, this fact being demonstrated by novel phenomena, which I shall hereinafter describe.

In the course of certain investigations which I carried on for the purpose of studying the effects of lightning discharges upon the electrical condition of the earth I observed that sensitive receiving instruments arranged so as to be capable of responding to electrical disturbances created by the discharge at times failed to respond when they should have done so, upon inquiring into the causes of this unexpected behavior I discovered it to be due to the character of the electrical waves which were produced in the earth by the lightning discharges and which had nodal regions following at definite distances the shifting source of the disturbances. From data obtained in a large number of observations of the maxima and minima of these waves I found their length to vary approximately from twenty-five to seventy-five kilometers, and these results and certain theoretical deductions led me to the conclusion that waves of this kind may be propagated in all directions over the globe and that they may be of still more widely differing length, the extreme limits being imposed by the physical dimensions and properties of the earth. Recognizing in the existence of these waves an unmistakable evidence that the disturbances created had been conducted from their origin to the most remote portions of the globe and had been thence reflected, I conceived the idea of producing such waves in the earth by artificial means with the object of utilizing them for many useful purposes for which they are or might be found applicable. This problem was rendered extremely difficult owing to the immense dimensions of the planet, and consequently enormous movement of electricity or rate at which electrical energy had to be delivered in order to approximate, even in a remote degree, movements or rates which are manifestly attained in the displays of electrical forces in nature and which seemed at first unrealizable by any human agencies; but by gradual and continuous improvements of a generator of electrical oscillations, which I have described in my Patents Nos. 649,576 and 649,621, I finally succeeded in reaching electrical movements or rates of delivery of electrical energy not only approximating, but, as shown in many comparative tests and measurements, actually surpassing those of lightning discharges and by means of this apparatus I have found it possible to reproduce whenever desired phenomena in the earth the same as or similar to those due to such discharges. With the knowledge of the phenomena discovered by me and the means at command for accomplishing these results I am enabled not only to carry out many operations by the use of known instruments, but also to offer a solution for many important problems involving the operation or control of remote devices which for want of this knowledge and the absence of these means have heretofore been entirely impossible. For example, by the use of such a generator of stationary waves and receiving-apparatus properly placed and adjusted in any other locality, however remote, it is practicable to transmit intelligible signals or to control or actuate at will any one or all of such apparatus for many other important and valuable purposes, as for indicating wherever desired the correct time of an observatory, or for ascertaining the relative position of a body or distance of the same with reference to a given point or for determining the course of a moving object, such as a vessel at sea, the distance traversed by the same or its speed, or for producing many other useful effects at a distance dependent on the intensity, wave length, direction or velocity of movement, or other feature or property of disturbances of this character.

I shall typically illustrate the manner of applying my discovery by describing one of the specific uses of the same -- namely, the transmission of intelligible signals or messages between distant points -- and with this object reference is now made to the accompanying drawings, in which --

Figure 1 represents diagrammatically the generator which produces stationary waves in the earth, and Fig. 2 an apparatus situated in a remote locality for recording the effects of these waves.

In Fig. 1, A designates a primary coil forming part of a transformer and consisting generally of a few turns of a stout cable of inappreciable resistance, the ends of which are connected to the terminals of a source of powerful electrical oscillations, diagrammatically represented by B. This source is usually a condenser charged to a high potential and discharged in rapid succession through the primary, as in a type of transformer invented by me and now well known; but when it is desired to produce stationary waves of great lengths an alternating dynamo of suitable construction may be used to energize the primary A. C is a spirally-wound secondary coil within the primary having the end nearer to the latter connected to the ground E' and the other end to an elevated terminal E. The physical constants of coil C, determining its period of vibration, are so chosen and adjusted that the secondary system E' C E is in the closest possible resonance with the oscillations impressed upon it by the primary A. It is, moreover, of the greatest importance in order to still further enhance the rise of pressure and to increase the electrical movement in the secondary system that its resistance be as small as practicable and its self-induction as large as possible under the conditions imposed. The ground should be made with great care, with the object of reducing its resistance. Instead of being directly grounded, as indicated, the coil C may be joined in series or otherwise to the primary A, in which case the latter will be connected to the plate E'; but be it that none or a part or all of the primary or exciting turns are included in the coil C the total length of the conductor from the ground-plate E' to the elevated terminal E should be equal to one-quarter of the wave length of the electrical disturbance in the system E' C E or else equal to that length multiplied by an odd number. This relation being observed, the terminal E will be made to coincide with the points of maximum pressure in the secondary or excited circuit, and the greatest flow of electricity will take place in the same. In order to magnify the electrical movement in the secondary as much as possible, it is essential that its inductive connection with the primary A should not be very intimate, as in ordinary transformers, but loose, so as to permit free oscillation -- that is to say, their mutual induction should be small. The spiral form of coil C secures this advantage, while the turns near the primary A are subjected to a strong inductive action and develop a high initial electromotive force. These adjustments and relations being carefully completed and other constructive features indicated rigorously observed, the electrical movement produced in the secondary system by the inductive action of the primary A will be enormously magnified, the increase being directly proportionate to the inductance and frequency and inversely to the resistance of the secondary system. I have found it practicable to produce in this manner an electrical movement thousands of times greater than the initial -- that is, the one impressed upon the secondary by the primary A -- and I have thus reached activities or rates of flow of electrical energy in the system E' C E measured by many tens of thousands of horsepower. Such immense movements of electricity give rise to a variety of novel and striking phenomena, among which are those already described. The powerful electrical oscillations in the system E´ C E being communicated to the ground cause corresponding vibrations to be propagated to distant parts of the globe, whence they are reflected and by interference with the outgoing vibrations produce stationary waves the crests and hollows of which lie in parallel circles relatively to which the ground-plate E´ may be considered to be the pole. Stated otherwise, the terrestrial conductor is thrown into resonance with the oscillations impressed upon it just like a wire. More than this, a number of facts ascertained by me clearly show that the movement of electricity through it follows certain laws with nearly mathematical rigor. For the present it will be sufficient to state that the planet behaves like a perfectly smooth or polished conductor of inappreciable resistance and capacity and self-induction uniformly distributed along the axis of symmetry of wave propagation and transmitting slow electrical oscillations without sensible distortion and attenuation.

Besides the above three requirements seem to be essential to the establishment of the resonating conditions.

First: The earth's diameter passing through the pole should be an odd multiple of the quarter wave length -- that is, of the ratio between the velocity of light -- and four time the frequency of the currents.

Second: It is necessary to employ oscillations in which the rate of radiation of energy into space in the form of Hertzian or electro-magnetic waves is very small. To give an idea, I would say that the frequency should be smaller than twenty thousand per second, though shorter waves might be practicable. The lowest frequency would appear to be six per second, in which case there will be but one node, at or near the ground-plate, and, paradoxical as it may seem, the effect will increase with the distance and will be greatest in a region diametrically opposite the transmitter. With oscillations still slower the earth, strictly speaking, will not resonate, but simply act as a capacity, and the variation of potential will be more or less uniform over its entire surface.

Third: The most essential requirement is, however, that irrespective of frequency the wave or wave-train, should continue for a certain interval of time, which I have estimated to be not less than one-twelfth or probably 0.08484 of a second and which is taken in passing to and returning from the region diametrically opposite the pole over the earth's surface with a mean-velocity of about four hundred and seventy-one thousand two hundred and forty kilometers per second.

The presence of the stationary waves may be detected in many ways. For instance, a circuit may be connected directly or inductively to the ground and to an elevated terminal and tuned to respond more effectively to the oscillations. Another way is to connect a tuned circuit to the ground a two points lying more or less in a meridian passing through the pole E´ or, generally stated, to any two points of a different potential.

In Fig. 2 I have shown a device for detecting the presence of the waves such as I have used in a novel method of magnifying feeble effects which I have described in my Patents Nos. 685,953 and 685,955. It consists of a cylinder D, of insulating material, which is moved at a uniform rate of speed by clock-work or other suitable motive power and is provided with two metal rings F F´, upon which bear brushes *a* and *a´*, connected, respectively, to the terminal plates P and P´. From the rings F F´ extend narrow metallic segments *s* and *s´*, which by the rotation of the cylinder D are brought alternately into contact with double-brushes *b* and *b´*, carried by and in contact with conducting-holders *h* and *h´*, supported in metallic bearings G and G´, as shown. The latter are connected to the terminals T and T´ of a condenser H, and it should be understood that they are capable of angular displacement as ordinary brush-supports. The object of using two brushes, as *b* and *b´*, in each of the holders *h* and *h´* is to vary at will the duration of the electric contact of the plates P and P′ with the terminals T and T′, to which is connected a receiving-circuit including a receiver R and a device *d*, performing the duty of closing the receiving-circuit at predetermined intervals of time and discharging the stored energy through the receiver. In the present case this device consists of a cylinder made partly of conducting and partly of insulating material *e* and *e*′, respectively, which is rotated at the desired rate of speed by any suitable means. The conducting part *e* is in good electrical connection with the shaft S and is provided with tapering segments *f f*′, upon which slides a brush *k*, supported on a conducting-rod *l*, capable of longitudinal adjustment in a metallic support *m*. Another brush, *n*, is arranged to bear upon the shaft S, and it will be seen that whenever one of the segments *f*′ comes in contact with the brush *k* the circuit including the receiver R is completed and the condenser discharged through the same. By an adjustment of the speed or rotation of the cylinder *d* and a displacement of the brush *k* along the cylinder the circuit may be made to open and close in as rapid succession and remain open or closed during such intervals of time as may be desired. The plates P and P′, through which the electrical energy is conveyed to the brushes *a* and *a*′, may be at a considerable distance from each other in the ground or one in the ground and the other in the air, preferably at some height. If but one plate is connected to earth and the other maintained at an elevation, the location of the apparatus must be determined with reference to the position of the stationary waves established by the generator, the effect evidently being greatest in a maximum and zero in a nodal region. On the other hand, if both plates be connected to earth the points of connection must be selected with reference to the difference of potential which it is desired to secure, the strongest effect being of course obtained when the plates are at a distance equal to half the wave length.

In illustration of the operation of the system let it be assumed that alternating electrical impulses from the generator are caused to produce stationary waves in the earth, as above described, and that the receiving apparatus is properly located with reference to the position of the nodal and ventral regions of the waves. The speed of rotation of the cylinder D is varied until it is made to turn in synchronism with the alternate impulses of the generator, and the position of the brushes *b* and *b*′ is adjusted by angular displacement or otherwise, so that they are in contact with the segments S and S' during the periods when the impulses are at or near the maximum of their intensity. These requirements being fulfilled, electrical charges of the same sign will be conveyed to each of the terminals of the condenser, and with each fresh impulse it will be charged to a higher potential. The speed of rotation of the cylinder *d* being adjustable at will, the energy of any number of separate impulses may thus be accumulated in potential form and discharged through the receiver R upon the brush *k*, coming in contact with one of the segments *f'*. It will be understood that the capacity of the condenser should be such as to allow the storing of a much greater amount of energy than is required for the ordinary operation of the receiver. Since by this method a relatively great amount of energy and in a suitable form may be made available for the operation of a receiver, the latter need not be very sensitive; but when the impulses are very weak or when it is desired to operate a receiver very rapidly any of the well known sensitive devices capable of responding to very feeble influences may be used in the manner indicated or in other ways. Under the conditions described it is evident that during the continuance of the stationary waves the receiver will be acted upon by current-impulses more or less intense, according to its location with reference to the maxima and minima of said waves, but upon interrupting or reducing the flow of the current the stationary waves will disappear or diminish in intensity. Hence a great variety of effects may be produced in a receiver, according to the mode in which the waves are controlled. It is practicable, however, to shift the nodal and ventral regions of the waves at will from the sending-station, as by varying the length of the waves under observance of the above requirements in this manner the regions of maximum and minimum effect may be made to coincide with any receiving-station or stations. By impressing upon the earth two or more oscillations of different wave length a resultant stationary wave may be made to travel slowly over the globe, and thus a great variety of useful effects may be produced. Evidently the course of a vessel may be easily determined without the use of a compass, as by a circuit connected to the earth at two points, for the effect exerted upon the circuit will be greatest when the plates P P are lying on a meridian passing through ground-plate E' and will be *nil* when the plates are located at a parallel circle. If the nodal and ventral regions are maintained in fixed positions, the speed of a vessel carrying a receiving apparatus may be exactly computed from observations of the maxima and minima regions successively traversed. This will be understood when it is stated that the projections of all the nodes and loops on the earth's diameter passing through the pole or axis of symmetry of the wave movement are all equal. Hence in any region at the surface the wave length can be ascertained from simple rules of geometry. Conversely, knowing the wave length, the distance from the source can be readily calculated. In like ways the distance of one point from another, the latitude and longitude, the hour, & c., may be determined from the observation of such stationary waves. If several such generators of stationary waves, preferably of different length, were installed in judiciously-selected localities, the entire globe could be subdivided in definite zones of electric activity, and such and other important data could be at once obtained by simple calculation or readings from suitably-graduated instruments. Many other useful applications of my discovery will suggest themselves, and in this respect I do not wish to limit myself. Thus the specific plan herein described of producing the stationary waves might be departed from. For example, the circuit which impresses the powerful oscillations upon the earth might be connected to the latter at two points. In this application I have advanced various improvements in means and methods of producing and utilizing electrical effects which either in connection with my present discovery or independently of the same may be usefully applied.

I desire it to be understood that such novel features as are not herein specifically claimed will form the subjects of subsequent applications.

What I now claim is --

1. The improvement in the art of transmitting electrical energy to a distance which consists in establishing stationary electrical waves in the earth, as set forth.

2. The improvement in the art of transmitting electrical energy, to a distance which consists in impressing upon the earth electrical oscillations of such character as to produce stationary electrical waves herein, as set forth.

3. The improvement in the art of transmitting and utilizing electrical energy which consists in establishing stationary electrical waves in the natural conducting media, and operating thereby one or more receiving-devices remote from the source of energy, as set forth.

4. The improvement in the art of transmitting and utilizing electrical energy which consists in establishing in the natural conducting media, stationary electrical waves of predetermined length and operating thereby one or more receiving-devices remote from the source of energy and properly located with respect to the position of such waves, as herein set forth.

5. The improvement in the art of transmitting and utilizing electrical energy, which consists in establishing in the natural conducting media, stationary electrical waves, and varying the length of such waves, as herein set forth.

6. The improvement in the art of transmitting and utilizing electrical energy, which consists in establishing in the natural conducting media stationary electrical waves and shifting the nodal and ventral regions of these waves, as described.

NIKOLA TESLA.

Witnesses:
M. LAWSON DYER,
BENJAMIN MILLER.

No. 655,838. Patented Aug. 14, 1900.

N. TESLA.

METHOD OF INSULATING ELECTRIC CONDUCTORS.

(Application filed June 15, 1900.)

(No Model.)

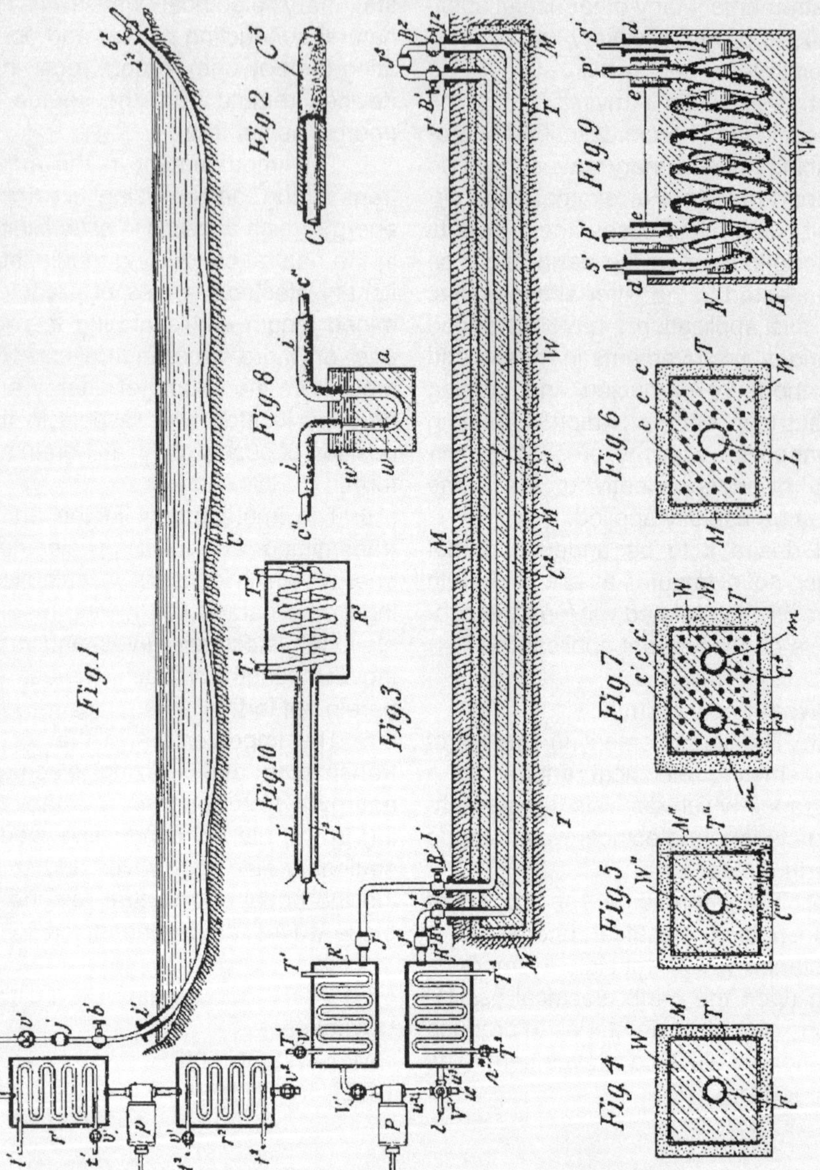


Witnesses:

Raphaël Netter

C. D. Morrill

Nikola Tesla, Inventor

by Kerr, Page & Cooper, Att'ys

# UNITED STATES PATENT OFFICE.

NIKOLA TESLA, OF NEW YORK, N. Y.

## METHOD OF INSULATING ELECTRIC CONDUCTORS.

SPECIFICATION forming part of Letters Patent No. 655,838, dated August 14, 1900,
Application filed June 15, 1900. Serial No. 20,405. (No specimens.)

*To all whom it may concern:*

Be it known that I, NIKOLA TESLA, a citizen of the United States, residing in the borough of Manhattan, in the city, county, and State of New York, have invented certain new and useful Improvements in Methods of Insulating Electric Conductors, of which the following is a specification, reference being had to the accompanying drawings.

It has long been known that many substances which are more or less conducting when in the fluid condition become insulators when solidified. Thus water, which is in a measure conducting, acquires insulating properties when converted into ice. The existing information on this subject, however, has been heretofore of a general nature only and chiefly derived from the original observations of Faraday, who estimated that the substances upon which he experimented, such as water and aqueous solutions, insulate an electrically-charged conductor about one hundred times better when rendered solid by freezing, and no attempt has been made to improve the quality of the insulation obtained by this means or to practically utilize it for such purposes as are contemplated in my present invention. In the course of my own investigations, more especially those of the electric properties of ice, I have discovered some novel and important facts, of which the more prominent are the following: first, that under certain conditions, when the leakage of the electric charge ordinarily taking place is rigorously prevented, ice proves itself to be a much better insulator than has heretofore appeared; second, that its insulating properties may be still further improved by the addition of other bodies to the water; third, that the dielectric strength of ice or other frozen aqueous substance increases with the reduction of temperature and corresponding increase of hardness, and, fourth, that these bodies afford a still more effective insulation for conductors carrying intermittent or alternating currents, particularly of high rates, surprisingly-thin layers of ice being capable of withstanding electro-motive forces of many hundreds and even thousands of volts. These and other observations have led me to the invention of a novel method of insulating conductors, rendered practicable by reason of the above facts and advantageous in the utilization of electrical energy for industrial and commercial purposes. Broadly stated, the method consists in insulating an electric conductor by freezing or solidifying and maintaining in such state, by the circulation of a cooling agent, the material surrounding or contiguous to the conductor.

In the practical carrying out of my method I may employ a hollow conductor and pass the cooling agent through the same, thus freezing the water or other medium in contact with or close to such conductor, or I may use expressly for the circulation of the cooling agent an independent channel and freeze or solidify the adjacent substance, in which any number of conductors may be embedded. The conductors may be bare or covered with some material which is capable of keeping them insulated when it is frozen or solidified. The frozen mass may be in direct touch with the surrounding medium or it may be in a degree protected from contact with the same by an enclosure more or less impervious to heat. The cooling agent may be any kind of liquid, preferably of low freezing-point, as brine, or it may be a gas, as atmospheric air, oxygen, carbonic acid, ammonia, illuminating-gas, or hydrogen. It may be forced through the channel by gravity, pressure, or suction, produced mechanically or otherwise, or by any other kind of force. It may be continually renewed or indefinitely used by being alternately volatilized and condensed or evaporated and absorbed and mechanically driven back and forth or steadily circulated in a closed path under any suitable conditions as regards pressure, density, temperature, and velocity.

To conduce to a better understanding of the invention, reference is now made to the accompanying drawings, in which --

Figures 1, 3, 6, 7, 8, and 9 illustrate in longitudinal section typical ways of carrying out my invention; and Figs. 2, 4, 5, and 10, in section or partly so, constructive details to be described.

In Fig. 1, C is a hollow conductor, such as a steel tube, laid in a body of water and communicating with a reservoir *r'*, but electrically insulated from the same at *j*. A pump or compressor *p* of any suitable construction connects *r'* with another similar tank *r2*, provided with an inlet-valve *v2*. The air or other gas which is used as the cooling agent entering through the valve *v2* is drawn through the tank *r2* and pump *p* into the reservoir *r'*, escaping thence through the conductor C under any desired pressure, which may be regulated by a valve *v'*. Both the reservoirs *r'* and *r2* are kept at a low temperature by suitable means, as by coils or tubes *t' t'* and *t2 t2*, through which any kind of refrigerating fluid may be circulated, some provision being preferably made for adjusting the flow of the same, as by valves *v'*. The gas continuously passing through the tube or conductor C being very cold will freeze and maintain in this state the water in contact with or adjacent to the conductor and so insulate it. Flanged bushings *i' i2* of non-conducting material may be used to prevent the leakage of the current which would otherwise occur, owing to the formation of a superficial film of moisture over the ice projecting out of the water. The tube, being kept insulated by this means, may then be employed in the manner of an ordinary telegraphic or other cable by connecting either or both of the terminals *b′ b2* in a circuit including the earth.

In many cases it will be of advantage to cover the hollow conductor with a thick layer of some cheap material, as felt, this being indicated by C3 in Fig. 2. Such a covering, penetrable by water, would be ordinarily of little or no use; but when embedded in the ice it improves the insulating qualities of the same. In this instance it furthermore serves to greatly reduce the quantity of ice required, its rate of melting, and the influx of heat from the outside, thus diminishing the expenditure of energy necessary for the maintenance of normal working conditions. As regards this energy and other particulars of importance they will vary according to the special demands in each case.

Generally considered, the cooling agent will have to carry away heat at a rate sufficient to keep the conductor at the desired temperature and to maintain a layer of the required thickness of the substance surrounding it in a frozen state, compensating continually for the heat flowing in through the layer and wall of the conductor and that generated by mechanical and electrical friction. To meet these conditions, its cooling capacity, which is dependent on the temperature, density, velocity, and specific heat, will be calculated by the help of data and formulae familiar to engineers. Air will be, as a rule, suitable for the use contemplated; but in exceptional instances some other gas, as hydrogen, may be resorted to, which will permit a much greater rate of cooling and a lower temperature to be reached. Obviously whichever gas be employed it should before entering the hollow conductor or channel be thoroughly dried and separated from all which by condensation and deposition or otherwise might cause an obstruction to its passage. For these purposes apparatus may be employed which is well known and which it is unnecessary to show in detail.

Instead of being wasted at the distant station the cooling agent may be turned to some profitable use. Evidently in the industrial and commercial exploitation of my invention any kind of fluid capable of meeting the requirements may be conveyed from one to another station and there utilized for refrigeration, power, heating, lighting, sanitation, chemical processes, or any other propose to which it may lend itself, and thus the revenue of the plant may be increased.

As to the temperature of the conductor it will be determined by the nature of its use and considerations oft economy. For instance, if it be employed for the transmission of telegraphic messages, when the loss in electrical friction may be of no consequence, a very low temperature may not be required; but if it be used for transmitting large amounts of electrical energy, when the frictional waste may be a serious drawback, it will be desirable to keep it extremely cold. The attainment of this object will be facilitated by any provision for reducing as much as possible the flowing, in of the heat from the surrounding medium. Clearly the lower the temperature of the conductor the smaller will be the loss in electrical friction; but, on the other hand, the colder the conductor the greater will be the influx of heat from the outside and the cost of the cooling agent. From such and similar considerations the temperature securing the highest economy will be ascertained.

Most frequently in the distribution of electricity for industrial purposes, as in my system of power transmission by alternate currents, more than one conductor will be required, and in such cases it may be convenient to circulate the cooling agent in a closed path formed by the conductors. A plan of this kind is illustrated in Fig. 3, in which C' and C2 represent two hollow conductors embedded in a frozen mass underground and communicating, respectively, with the reservoirs R' and R2, which are connected by a reciprocating or other suitable pump P. Cooling coils or tubes T' T' and T2 T2 with regulating-valves *v' v''* are employed, which are similar to and serve the same purpose as those shown In Fig. 1. Other features of similarity, though unnecessary, are illustrated to facilitate an understanding of the plan. A three-way valve V2 is provided, which when placed with its lever *l* as indicated allows the cooling agent to enter through the tubes *u' u2* and pump P, thus filling the reservoirs R' R2 and hollow conductors C' C2, but when turned ninety degrees the valve shuts off the communication to the outside through the tube *u'* and establishes a connection between the reservoir R2 and pump P through the tubes *u2* and *u3*, thus permitting the fluid to be circulated in the closed path C' C2 R2' *u3 u2* P R' by the action of the pump. Another valve V' of suitable construction may be used for regulating the flow of the cooling agent. The conductors C' C2 are insulated from the reservoirs R' R2 and from each other at the joints J' J2 J3, and they are, furthermore, protected at the places where they enter and leave the ground by flanged bushings I' I' I2 I2, of insulating material, which extend into the frozen mass in order to prevent the current from leaking, as above explained. Binding-posts B' B' and B2 B2 are provided for connecting the conductors to the circuit at each station.

In laying the conductors, as C' C2, whatever be their number, a trench will generally be dug and a trough, round or square, as T, of smaller dimensions than the trench placed in the same, the intervening space being packed with some material (designated by M M M) more or less impervious to heat, as sawdust, ashes, or the like. Next, the conductors will be put in position and temporarily supported in any convenient manner, and finally the trough will be filled with water or other substance

W, which will be gradually frozen by circulating the cooling agent in the closed path, as before described. Usually the trench will not be level, but will follow the undulations of the ground, and this will make it necessary to subdivide the trough in sections or to effect the freezing of the substance filling it successively in parts. This being done and the conductors thus insulated and fixed, a layer of the same or similar material M M M will be placed on the top and the whole covered with earth or pavement. The trough may be of metal, as sheet-iron, and in cases where the ground is used as return-circuit it may serve as a main or it may be of any kind of material more or less insulating. Figs. 4 and 5 illustrate in cross-section two such underground troughs T' and T'', of metal sheet, which their adiathermanous enclosures, (designated M' and M'', respectively,) each trough containing a single central hollow conductor, as C' and C'. In the first case the insulation W' is supposed to be ice, obtained by freezing water preferably freed of air in order to exclude the formation of dangerous bubbles or cavities, while in the second case the frozen mass W'' is some aqueous or other substance or mixture highly insulating when in this condition.

It should be stated that in many instances it may be practicable to dispense with a trough by resorting to simple expedients in the placing and insulating of the conductors. In fact, for some purposes it may be sufficient to simply cover the latter with a moist mass, as cement or other plastic material, which so long as it is kept at a very low temperature and frozen hard will afford adequate insulation.

Another typical way of carrying out my invention, to which reference has already been made, is shown in Fig. 6, which represents the cross-section of a trough, the same in other respects as those before shown, but containing instead of a hollow conductor any kind of pipe or conduit L. The cooling agent may be driven in any convenient manner through the pipe for the purpose of freezing the water or other substance filling the trough, thus insulating and fixing a number of conductors *c c c*. Such a plan may be particularly suitable in cities for insulating and fixing telegraph and telephone wires or the like. In such cases an exceedingly-low temperature of the cooling agent may not be required, and the insulation will be obtained at the expense of little power. The conduit L may, however, be used simultaneously for conveying and distributing any kind of fluid for which there is a demand through the district. Obviously two such conduits may be provided and used in a similar manner as the conductors C' C2.

It will often be desirable to place in the same trough a great number of wires or conductors serving for a variety of purposes. In such a case a plan may be adopted which is illustrated in Fig. 7, showing a trough similar to that in Fig. 6, with the conductors in cross-section. The cooling agent may be in this instance circulated, as in Fig. 3 or otherwise, through the two hollow conductors C3 and C4, which, if found advantageous, may be covered with a layer of cheap material *m m*, such as will improve their insulation, but not prevent the freezing or solidification of the surrounding substance W. The tubular conductors C' C2, preferably of iron, may then serve to convey heavy currents for supplying light and power, while the small ones *c´ c' c'*, embedded in the ice or frozen mass, may be used for may other purposes.

While my invention contemplates, chiefly, the insulation of conductors employed in the transmission of electrical energy to a distance, it may be, obviously, otherwise usefully applied. In some instances, for example, it may be desirable to insulate and support a conductor in places as ordinarily done by means of glass or porcelain insulators. This may be effected in many ways by conveying a cooling agent either through the conductor or through an independent channel and freezing or solidifying any kind of substance, thus enabling it to serve the purpose. Such an artificial insulating-support is illustrated in Fig. 8, in which a represents a vessel filled with water or other substance *w*, frozen by the agent circulating through the hollow conductor *C*'', which is thus insulated and supported. To improve the insulation on the top, where it is most liable to give way, a layer of some substance *w'*, as oil, may be used, and the conductor may be covered near the support with insulation *i i*, as shown, the same extending into the oil for reasons well understood.

Another typical application of my invention is shown in Fig 9, in which P' and S' represent, respectively, the primary and secondary conductors, bare or insulated, of a transformers, which are wound on a core N and immersed in water or other substance W, containing a jar H and, as before stated, preferably freed of air by boiling or otherwise. The cooling agent is circulated in any convenient manner, as through the hollow primary P', for the purpose of freezing the substance W. Flanged bushings *d d* and oil-cups *e e*, extending into the frozen mass, illustrate suitable means for insulating the ends of the two conductors and preventing the leakage of the currents. A transformer, as described, is especially fitted for use with currents of high frequency, when a low temperature of the conductors is particularly desirable, and ice affords an exceptionally-effective insulation.

It will be understood that my invention may be applied in many other ways, that the special means here described will be greatly varied according to the necessities, and that in each case many expedients will be adopted which are well known to engineers and electricians and on which it is unnecessary to dwell. However, it may be useful to state that in some instances a special provision will have to be made for effecting a uniform cooling of the substance surrounding the conductor throughout its length. Assuming in Fig. 1 the cooling agent to escape at the distant end freely into the atmosphere or into a reservoir maintained at low pressure, it will in passing through the hollow conductor C move with a velocity steadily increasing toward the end, expanding isothermally, or nearly so, and hence it will cause an approximately-uniform formation of ice along the conductor. In the plan illustrated in Fig. 3 a similar result will be in a measure attained, owing to the compensating effect of the hollow conductors C' and C2, which may be still further enhanced by reversing periodically the direction of the flow in any convenient manner; but in many cases special arrangements will have to be employed to render the cooling more or less uniform. For instance, referring to Figs. 4, 5, and 6, instead of a single channel two concentric channels L' and L2 may be provided and the cooling agent passed through one and returned through the other, as indicated diagrammatically in Fig. 10. In this and any similar arrangement when the flow takes place in opposite directions the object aimed at will be more completely attained by reducing the temperature of the circulating cooling agent at the distant station, which may be done by simply expanding it into a large reservoir, as R3, or cooling it by means of a tube or coil T3, or otherwise; Evidently in the case illustrated the concentric tubes may be used as independent conductors, insulated from each other by the intervening fluid and from the ground by the frozen or solidified substance.

Generally in the transmission of electrical energy in large amounts, when the quantity of heat to be carried off may be considerable, refrigerating apparatus thoroughly protected against the inflow of heat from the outside, as usual, will be employed at both the stations and, when the distance between them is very great, also at intermediate points, the machinery being advantageously operated by the currents transmitted or fluids conveyed. In such cases a fairly-uniform freezing of the insulating substance will be attained without difficulty by the compensating effect of the oppositely-circulating cooling agents. In large plants of this kind, when the saving of electrical energy in the transmission is the most important consideration or when the chief object is to reduce the cost of the mains by the employment of cheap metal, as iron, or otherwise, every effort will be made to maintain the conductors at the lowest possible temperature, and well known refrigeration processes, as those based on the regenerative principle, may be resorted to, and in this and any other case the hollow conductors or channels instead of merely serving the purpose of conveying the cooling agent may themselves form active parts of the refrigerating apparatus.

From the above description it will be readily seen that my invention forms a fundamental departure in principle from the established methods of insulating conductors employed in the industrial and commercial application of electricity. It aims, broadly, at obtaining insulation by the continuous expenditure of a moderate amount of energy instead of securing it only by virtue of an inherent physical property of the material used, as heretofore. More especially its object is to provide, when and wherever required, insulation of high quality, of any desired thickness and exceptionally cheap, and to enable the transmission of electrical energy under conditions of economy heretofore unattainable and at distances until now impracticable by dispensing with the necessity of using costly conductors and insulators.

What I claim as my invention is --

1. The method of insulating electric conductors herein described which consists in imparting insulating properties to a material surrounding or contiguous to the said conductor by the continued action thereon of a cooling agent, as set forth.

2. The method of insulating electric conductors herein described which consists in reducing to and maintaining in a frozen or solidified condition the material surrounding or contiguous to the said conductor by the action thereon of a cooling agent maintained in circulation through one or more channels, as set forth.

3. The method of insulating electric conductors herein described which consists in surrounding or supporting the conductor by material which acquires insulating properties when in a frozen or solidified state, and maintaining the material in such a state by the circulation through one or more channels extending through it of a cooling agent, as set forth.

4. The method of insulating an electric conductor which consists in surrounding or supporting said conductor by a material which acquires insulating properties when frozen or solidified, and maintaining the material in such state by passing a cooling agent continuously through a channel in said conductor, as set forth.

5. The method of insulating electric conductors, which consists in surrounding or supporting the said conductors by a material which acquires insulating properties when in a frozen or solidified state, and maintaining the material in such state by the continued application thereto of a cooling agent, as set forth.

6. The method of insulating conductors herein set forth which consists in surrounding or supporting the conductors by a material which acquires insulating properties when in a frozen or solidified state, and maintaining the material in such state by the circulation of a cooling agent through a circuit of pipes or tubes extending through the said material, as set forth.

7. The method of insulating electric conductors which consists in laying or supporting the conductors in a trough or conduit, filling the trough with a material which acquires insulating properties when frozen or solidified, and then causing a cooling agent to circulate through one or more channels extending through the material in the trough so as to freeze or solidify the material, as set forth.

NIKOLA TESLA.

Witnesses:
PARKER W. PAGE,
M. LAWSON DYER.

No. 723,188. PATENTED MAR. 17, 1903.

N. TESLA.

METHOD OF SIGNALING.

APPLICATION FILED JUNE 14, 1901

NO MODEL.

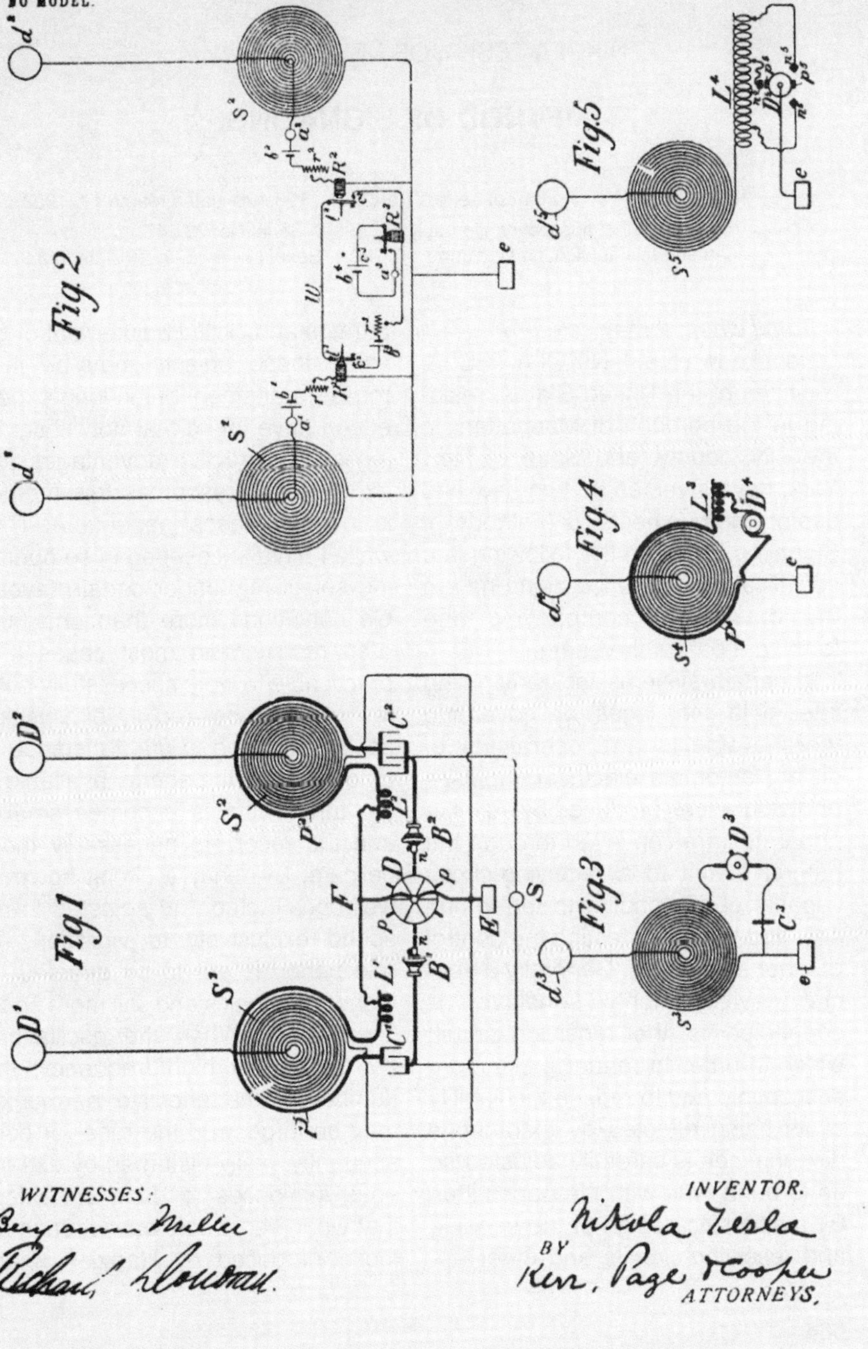


WITNESSES:

Benjamin Miller

Richard Donovan

INVENTOR.

Nikola Tesla

BY

Kerr, Page & Cooper

ATTORNEYS.

# UNITED STATES PATENT OFFICE.

NIKOLA TESLA, OF NEW YORK, N. Y.

# METHOD OF SIGNALING.

SPECIFICATION forming part of Letters Patent No. 723,188, dated March 17, 1903,
Original application filed July 16, 1900. Serial No. 23,847.
Divided and this application filed June 14, 1901. Serial No. 64,522. (No model.)

*To all whom it may concern:*

Be it known that I, NIKOLA TESLA, a citizen of the United States, residing in the borough of Manhattan, in the city, county, and State of New York, have invented certain new and useful Improvements in Methods of Signaling, of which the following is a specification, reference being had to the drawings accompanying and forming a part of the same.

In certain systems for transmitting intelligible messages or governing the movements and operations of distant automata electrical impulses or disturbances produced by suitable apparatus are conveyed through the natural media to a receiving-circuit capable of responding to the impulses, and thereby effecting the control of other appliances. Generally a special device, highly sensitive, is connected to the receiving-circuit, which in order to render it still more susceptible and to reduce the liability of its being affected by extraneous disturbances is carefully adjusted so as to be in tune with the transmitter. By a scientific design of the sending and receiving-circuits and other apparatus and skillful adjustment of the same these objects may be in a measure attained; but in long experience I have found that notwithstanding all constructive advantages and experimental resources this method is in many cases inadequate. Thus while I have succeeded in so operating selectively under certain favorable conditions more than one hundred receivers in most cases it is practicable to work successfully but a few, the number rapidly diminishing as, either owing to great distance or other causes, the energy available in the tuned circuits becomes smaller and the receivers necessarily more delicate. Evidently a circuit however well constructed and adjusted to respond exclusively to vibrations of one period is apt to be affected by higher harmonics and still more so by lower ones. When the oscillations are of a very high frequency, the number of the effective harmonics may be large, and the receiver consequently easily disturbed by extraneous influences to such an extent that when very short waves, such as those produced by Hertzian spark apparatus, are used little advantage in this respect is derived from tuning the circuits. It being an imperative requirement in most practical applications of such systems of signaling or intelligence transmission that the signals or messages should be exclusive or private, it is highly desirable to do away with the above limitations, especially in view of the fact, which I have observed, that the influence of powerful electrical disturbances upon sensitive receivers extends, even on land, to distances of many hundreds of miles, and consequently in accordance with theory still farther on sea. To overcome these drawbacks and to enable a great number of transmitting and receiving-stations to be operated selectively and exclusively and without any danger of the signals or messages being disturbed, intercepted, or interfered with in any way is the object of my present invention.

Broadly stated, this invention consists in generating two or more kinds or classes of disturbances or impulses of distinctive character with respect to their effect upon a receiving-circuit and operating thereby a distant receiver which comprises two or more circuits, each of which is tuned to respond exclusively to the disturbances or impulses of one kind or class and so arranged that the operation of the receiver is dependent upon their conjoint or resultant action.

By employing only two kinds of disturbances or series of impulses instead of one, as has heretofore been done, to operate a receiver of this kind, I have found that safety against the disturbing influences of other sources is increased to such an extent that I believe this number to be amply sufficient in most cases for rendering the exchange of signals or messages reliable and exclusive; but in exceptional instances a greater number may be used and a degree of safety against mutual extraneous interference attained, such as is comparable to that afforded by a combination-lock. The liability of a receiver being affected by disturbances emanating from other sources, as well as that of the signals or messages being received by instruments for which they are not intended, may, however, be reduced not only by an increased number of the cooperative disturbances or series of impulses, but also by a judicious choice of the same and the order in which they are made to act upon the receiver.

Evidently there are a great many ways of generating impulses or disturbances of any wave length, wave form, number or order of succession, or of any special character, such as will be capable of fulfilling the requirements above stated, and there are also many ways in which such impulses or disturbances may be made to cooperate and to cause the receiver to be actuated, and inasmuch as the skill and practical knowledge in these novel fields can only be acquired by long experience the degree of safety and perfection attained will necessarily depend upon the ability and resource of the expert who applies my invention; but in order to enable the same to be successfully practiced by any person possessed only of the more general knowledge and experience in these branches I shall describe the simplest plan of carrying it out which is at present known to me.

For a better understanding of the subject reference is now made to the accompanying drawings, in which --

Figures I and 2 represent diagrammatically the apparatus and circuit-connections employed at the sending and receiving-stations, respectively; and Figs. 3, 4, and 5 modified means which may be employed in the practical application of the invention.

In Fig. 1, S' and S2 are two spirally-wound coils or conductors connected with their inner ends to elevated terminals D' and D2, respectively, and with their outer ends to an earth-plate E. These two coils, conductors, or systems D' S' E and D2 S2 E have different and suitably-chosen periods of vibration, and, as pointed out in other patents relating to my system of energy and intelligence transmission, their lengths should be such that the points of maximum pressure developed therein coincide with the elevated terminals D' D2. The two systems may have electrical oscillations impressed upon them in any desired manner, conveniently by energizing them through primaries P' and P2, placed in proximity to them. Adjustable inductances L' and L2 are preferably included in the primary circuits chiefly for the purpose of regulating the rates of the primary oscillations. In the drawings these primaries P' and P2 surround the coils S' S2 and are joined in series through the inductances L' L2, conductor F, condensers C' and C2, brush-holders B' and B2, and a toothed disk D, which is connected to the conductor F and, if desired, also to the ground-plate E, as shown, two independent primary circuits being thus formed. The condensers C' and C2 are of such capacity and the inductances L' and L2 are so adjusted that each primary is in close resonance with its secondary system, as I have explained in other patents granted to me. The brush holders B' and B2 are capable independently of angular and, if necessary also of lateral adjustment, so that any desired order of succession or any difference of time interval between the discharges occurring in the two primary circuits may be obtained. The condensers being energized from a suitable source S, preferably of high potential, and the disk D being rotated, its projections or teeth *p p*, coming at periodically-recurring intervals in very close proximity to or, as the case may be, in contact with conducting rods or brushes *n n*, cause the condensers to be discharged in rapid succession through their respective circuits. In this matter the two secondary systems D' S' E and D2 S2 E are set in vibration and oscillate freely, each at its proper rate, for a certain period of time at every discharge. The two vibrations are impressed upon the ground through the plate E and spread to a distance reaching the receiving-station, which has two similar circuits or systems *e s' d'* and *e s2 d2* arranged and connected in the same manner and tuned to the systems at the sending-station, so that each responds exclusively to one of the two vibrations produced by the transmitting-apparatus. The same rules of adjustment are observed with respect to the receiving-circuits, care being, furthermore, taken that the tuning is effected when all the apparatus is connected to the circuits and placed in position, as any change may more or less modify the vibration. Each of the receiving coils *s'* and *s2* is shunted by a local circuit containing, respectively, sensitive devices *a' a2*, batteries *b' b2*, adjustable resistances *r' r2*, and sensitive relays R' R2, all joined in series, as shown. The precise connections and arrangements of the various receiving-instruments are largely immaterial and may be varied in many ways. The sensitive devices *a' a2* may be any of the well-known devices of this kind -- as, for example, two conducting-terminals separated by a minute air-gap or a thin film of dielectric which is strained or weakened by a battery or other means to the point of breaking down and gives way to the slightest disturbing influence. Its return to the normal sensitive state may be secured by momentarily interrupting the battery-circuit after each operation or otherwise. The relays R' R2 have armatures *l' l2*, which are connected by a wire *w* and when attracted establish electrical contacts *c'* and *c2*, thus closing a circuit containing a battery *b3*, and adjustable resistance P, and a relay R3. From the above description it will be readily seen that the relay R3 will be operated only when both contacts *c'* and *c2* are closed.

The apparatus at the sending-station may be controlled in any suitable manner -- as, for instance, by momentarily closing the circuit of the source S, two different electric vibrations being emitted simultaneously or in rapid succession, as may be desired, at each closure of the circuit. The two receiving-circuits at the distant station, each tuned to respond to the vibrations produced by one of the elements of the transmitter, affect the sensitive devices *a'* and *a2* and cause the relays R' and R2 to be operated and contacts *c'* and *c2* to be closed, thus actuating the receiver or relay R3, which in turn establishes a contact *c3* and brings into action a device *a3* by means of a battery *d4*, included in a local-circuit, as shown; but evidently if through any extraneous disturbance only one of the circuits at the receiving-station is affected the relay R3 will fail to respond. In this way communication may be carried on with greatly-increased safety against interference and privacy of the messages may be secured. The receiving-station (shown in Fig. 2) is supposed to be one requiring no return message; but if the use of the system is such that this is necessary then the two stations will be similarly equipped and any well known means, which it is not thought necessary to illustrate here, may be resorted to for enabling the apparatus at each station to be used in turn as transmitter and receiver. In like manner the operation of a receiver, as R3, may be made dependent, instead of upon two, upon more than two such transmitting systems or circuits, and thus any desired degree of exclusiveness or privacy and safety against extraneous disturbances may be attained. The apparatus as illustrated in Figs. 1 and 2 permits, however, special results to be secured by the adjustment of the order of succession of the discharge of the primary circuits P' and P2 or of the time interval between such discharges. To illustrated, the action of the relays R' R2 may be regulated either by adjusting the weights of the levers *l' l2*, or the strength of the batteries *b' b2*, or in other well-known ways, so that when a certain order of succession or time interval between the discharges of the primary circuits P' and P2 exists at the sending-station the levers *l'* and *l2* will close the contacts *c'* and *c2* at the same instant, and thus operate the relay R3, but it will fail to produce this result when the order of succession of or the time interval between the discharges in the primary circuits is another one. By these or similar means additional safety against disturbances from other sources may be attained and, on the other hand, the possibility afforded of effecting the operation of signaling by varying the order of succession of the discharges of the two circuits. Instead of closing and opening the circuit of the source S, as before indicated, for the purpose of sending distinct signals it may be convenient to merely alter the period of either of the transmitting-circuits arbitrarily, as by varying the inductance of the primaries.

Obviously there is no necessity for using transmitters with two or more distinct elements or circuits, as S' and S2, since a succession of waves or impulses of different characteristics may be produced by an instrument having but one such circuit. A few of the many ways which will readily suggest themselves to the expert who applies my invention are illustrated in Figs. 3, 4, and 5. In Fig. 3 a transmitting system *e s3 d3* is partly shunted by a rotating wheel or disk D3, which may be similar to that illustrated in Fig. 1 and which cuts out periodically a portion of the coil or conductor s3 or, if desired, bridges it by an adjustable condenser C3, thus altering the vibration of the system *e s3 d3* at suitable intervals and causing two distinct kinds or classes of impulses to be emitted in rapid succession by the sender. In Fig. 4 a similar result is produced in the system *e s4 d4* by periodically short-circuiting, through an induction-coil L3 and a rotating disk D4 with insulating and conducting segments, a circuit *p4* in inductive relation to said system. Again, in Fig. 5 three distinct vibrations are caused to be emitted by a system *e s3 d5*, this result being produced by inserting periodically a suitable number of turns of an induction-coil L4 in series with the oscillating system by means of a rotating disk B5 with two projections *p5 p5* and three rods or brushes *n5*, placed at an angle of one hundred and twenty degrees relatively to each other.

The three transmitting systems or circuits thus produced may be energized in the same manner as those of Fig. 1 or in any other convenient way. Corresponding to each of these cases the receiving-station may be provided with two or three circuits in an analogous manner to that illustrated in Fig. 2, it being understood, of course, that the different vibrations or disturbances emitted by the sender follow in such rapid succession upon each other that they are practically simultaneous, so far as the operation of such relays as R' and R2 is concerned. Evidently, however, it is not necessary to employ two or more receiving-circuits; but a single circuit may be used also at the receiving-station constructed and arranged like the transmitting-circuits or systems illustrated in Figs. 3, 4, and 5, in which case the corresponding disks, as D3 D4 D5, at the sending will be driven in synchronism with those at the receiving-stations as far as may be necessary to secure the desired result; but whatever the nature of the specific devices employed it will be seen that the fundamental idea in my invention is the operation of a receiver by the conjoint or resultant effect of two or more circuits each tuned to respond exclusively to waves, impulses, or vibrations of a certain kind or class produced either simultaneously or successively by a suitable transmitter.

It will be seen from a consideration of the nature of the method hereinbefore described that the invention is applicable not only in the special manner described, in which the transmission of the impulses is effected through natural media, but for the transmission of energy for any purpose and whatever the medium through which the impulses are conveyed.

What I claim is --

1. The method of operating distant receivers which consists in producing and transmitting impulses or disturbances, actuating by the impulses or disturbances of each kind or class one of a plurality of circuits tuned to respond to impulses of such kind or class and operating or controlling the operation of a receiver by the conjoint action of two or more of said circuits, as set forth.

2. The method of signaling, which consists in producing and transmitting a plurality of kinds or classes of electrical impulses or disturbances, developing by the impulses of each class a current in one of a plurality of receiving-circuits tuned to respond exclusively thereto and controlling by means of the conjoint action of such circuits a local-circuit, as set forth.

3. The method of signaling which consists in producing a plurality of series of impulses or disturbances differing from each other in character and order of succession, exciting by the impulses of each series one of a plurality of receiving-circuits tuned to respond exclusively thereto and controlling by the conjoint action of such circuits a local-circuit, as set forth.

4. The method of signaling which consists in producing a plurality of series of electrical impulses of different character, varying the time interval between the emission of such

impulses, exciting by the impulses of each series one of a plurality of receiving-circuits tuned to respond exclusively thereto and controlling by the conjoint action of such circuits a local-circuit, as set forth.

5. The method of transmitting electrical energy for conveying intelligible signals which consists in producing a plurality of electrical impulses of different character, developing by the impulses of each kind a current in one of a plurality of receiving-circuits tuned to respond exclusively thereto, controlling the action or effect of the transmitted impulses upon the receiving-circuits by varying the character of said impulses, and operating or controlling the operation of a receiver by the conjoint action of two or more of said receiving-circuits, as set forth.

6. The method of transmitting electrical energy which consists in producing a plurality of electrical waves or impulses of different periodicities, varying the order of transmission of the waves or impulses forming elements of the signal sent, according as one or another receiving-station is to be communicated with where (proper circuit-closing mechanism being provided at each receiving-station) the transmitted signal will be intelligible at and only at the intended receiving-station.

7. The method of transmitting intelligence, which consists in selecting and associating together in predetermined order of succession two or more electrically-generated impulses of different periodicity, forming elements of signals to be sent, and transmitting such selected impulses with reference to the conjoint action of both or all in the production of a signal at a distant point, substantially as set forth.

8. In a system of telegraphy, wherein signals or messages are sent by the use of a plurality of electrical impulses of different periodicities and in a predetermined order of succession, the method of ascertaining at any particular station the particular signal sent to that station, which consists in the selection, to form a signal, of certain transmitted impulses of different periodicities and of a predetermined order of succession to the exclusion of all others, as set forth.

9. The improvement in the art of transmitting electrical energy which consists in operating or controlling a receiving-mechanism by a series or group of electrical impulses of different periodicities and of a predetermined order of succession.

10. In a system for transmission of electrical energy, for sending signals or messages to any one of two or more receiving-stations, the method of transmitting the message with reference to the intelligible receipt thereof at the desired station, which consists in the transmission of electrical waves or impulses of different periodicities in varying order of transmittal by a separate order or grouping of transmittal for each receiving-station.

NIKOLA TESLA.

Witnesses:
M. LAWSON DYER,
BENJAMIN MILLER.

No. 725,605. PATENTED APR. 14, 1903.

N. TESLA.

SYSTEM OF SIGNALING.

APPLICATION FILED JULY 16, 1900.

NO MODEL.

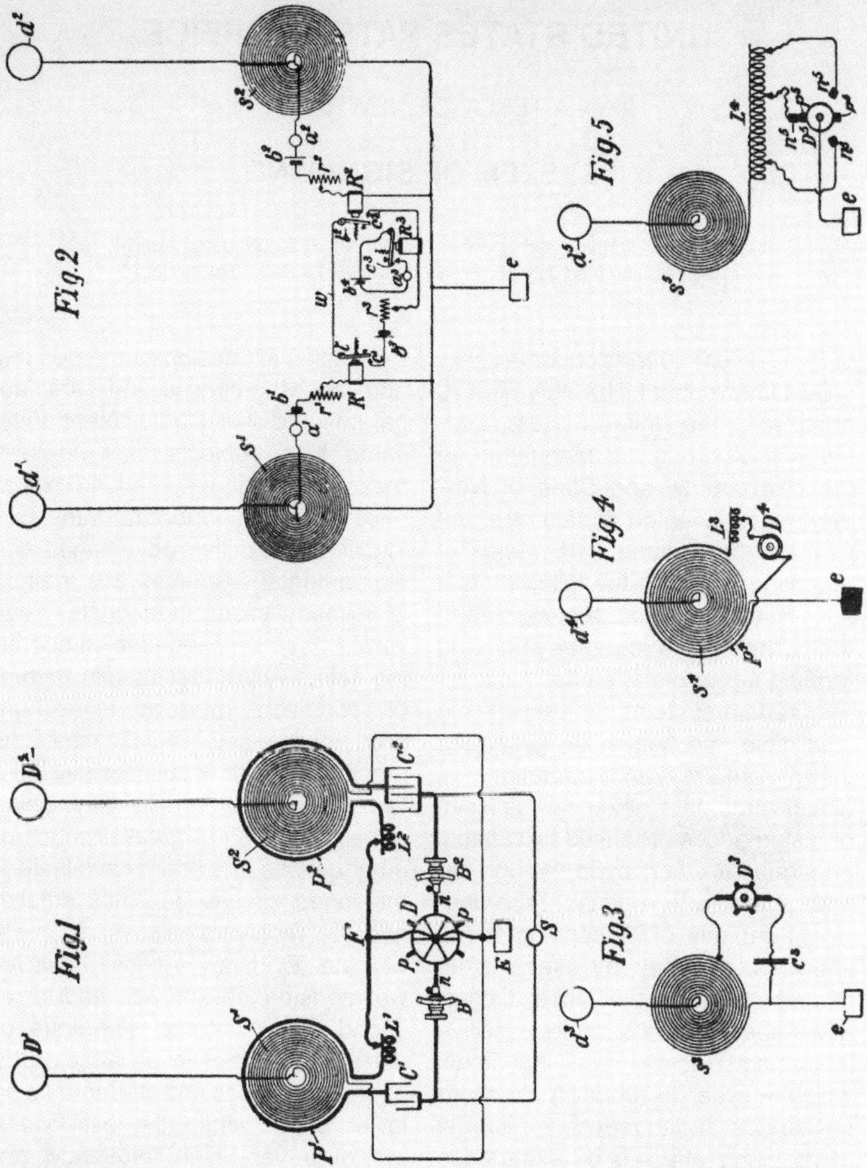


Witnesses:

Raphaël Netter

L. D. Morrill

Nikola Tesla, Inventor

by Kerr, Page & Cooper Attys

# UNITED STATES PATENT OFFICE.

NIKOLA TESLA, OF NEW YORK, N. Y.

## SYSTEM OF SIGNALING.

SPECIFICATION forming part of Letters Patent No. 725,605, dated April14, 1903,
Application filed July 16, 1900. Serial No. 23,847. (No model.)

*To all whom it may concern:*

Be it known that I, NIKOLA TESLA, a citizen of the United States, residing in the borough of Manhattan, in the city, county, and State of New York, have invented certain new and useful Improvements in Systems of Signaling, of which the following is a specification, reference being had to the drawings accompanying and forming a part of the same.

In certain systems for transmitting intelligible messages or governing the movements and operations of distant automata electrical impulses or disturbances produced by suitable apparatus are conveyed through the natural media to a distant receiving-circuit capable of responding to the impulses, and thereby effecting the control of other appliances. Generally a special device highly sensitive is connected to the receiving-circuit, which in order to render it still more susceptible and to reduce the liability of its being affected by extraneous disturbances is carefully adjusted so as to be in tune with the transmitter. By a scientific design of the sending and receiving-circuits and other apparatus and skillful adjustment of the same these objects may be in a measure attained; but in long experience I have found that notwithstanding all constructive advantages and experimental resources this method is in many cases inadequate. Thus while I have succeeded in so operating selectively under certain favorable conditions more than one hundred receivers in most cases it is practicable to work successfully but a few, the number rapidly diminishing as, either owing to great distance or other causes, the energy available in the tuned circuits becomes smaller and the receivers necessarily more delicate. Evidently a circuit however well constructed and adjusted to respond exclusively to vibrations of one period is apt to be affected by higher harmonics and still more so by lower ones. When the oscillations are of a very high frequency, the number of the effective harmonics may be large, and the receiver consequently easily disturbed by extraneous influences to such an extent that when very short waves, such as those produced by Hertzian spark apparatus, are used little advantage in this respect is derived from tuning the circuits. It being an imperative requirement in most practical applications of such systems of signaling or intelligence transmission that the signals or messages should be exclusive or private, it is highly desirable to do away with the above limitations, especially in view of the fact, which I have observed, that the influence of powerful electrical disturbances upon sensitive receivers extends, even on land, to distances of many hundreds of miles, and consequently in accordance with theory still farther on sea. To overcome these drawbacks and to enable a great number of transmitting and receiving-stations to be operated selectively and exclusively and without any danger of the signals or messages being disturbed, intercepted, or interfered with in any way is the object of my present invention.

Broadly stated, this invention consists in the combination of means for generating and transmitting two or more kinds or classes of disturbances or impulses of distinctive character with respect to their effect upon a receiving-circuit and a distant receiver which comprises two or more circuits of different electrical character or severally tuned, so as to be responsive to the different kinds or classes of impulses and which is dependent for operation upon the conjoint or resultant action of the two or more circuits or the several instrumentalities controlled or operated thereby. By employing only two kinds of disturbances or series of impulses instead of one, as has heretofore been done to operate a receiver of this kind, I have found that safety against the disturbing influences of other sources is increased to such an extent that I believe this number to be amply sufficient in most cases for rendering the exchange of signals or messages reliable and exclusive; but in exceptional instances a greater number may be used and a degree of safety against mutual extraneous interference attained, such as is comparable to that afforded by a combination-lock. The liability of a receiver being affected by disturbances emanating from other sources, as well as that of the signals or messages being received by instruments for which they are not intended, may, however, be reduced not only by an increased number of the cooperative disturbances or series of impulses, but also by a judicious choice of the same and the order in which they are made to act upon the receiver.

Evidently there are a great many ways of generating impulses or disturbances of any wave length, wave form, number or order of succession, or of any special character such as will be capable of fulfilling the requirements above stated, and there are also many ways in which such impulses or disturbances may be made to cooperate and to cause the receiver to be actuated, and inasmuch as the skill and practical knowledge in these novel fields can only be acquired by long experience the degree of safety and perfection attained will necessarily depend upon the ability and resource of the expert who applies my invention; but in order to enable the same to be successfully practiced by any person possessed only of the more general knowledge and experience in these branches I shall describe the simplest plan of carrying it out which is at present known to me.

For a better understanding of the subject reference is now made to the accompanying drawings, in which --

Figures 1 and 2 represent diagrammatically the apparatus and circuit connections employed at the sending and receiving-stations, respectively; and Figs. 3, 4, and 5 modified means which may be employed in the practical application of the invention.

In Fig. 1, S' and S2 are two spirally-wound coils or conductors connected with their inner ends to elevated terminals D' and D2, respectively, and with their outer ends to an earth-plate E. These two coils, conductors, or systems D' S' E and D2 S2 E have different and suitably-chosen periods of vibration, and, as pointed out in other patents relating to my system of energy and intelligence transmission, their lengths should be such that the points of maximum pressure developed therein coincide with the elevated terminals D' D2. The two systems may have electrical oscillations impressed upon them in any desired manner, conveniently by energizing them through primaries P' and P2, placed in proximity to them. Adjustable inductances L' and L2 are preferably included in the primary circuits chiefly for the purpose of regulating the rates of the primary oscillations. In the drawings these primaries P' and P2 surround the coils S' S2 and are joined in series through the inductances L' L2, conductor F, condensers C' and C2, brush-holders B' and B2, and a toothed disk D, which is connected to the conductor F and, if desired, also to the ground-plate E, as shown, two independent primary circuits being thus formed. The condensers C' and C2 are of such capacity and the inductances L' and L2 are so adjusted that each primary is in close resonance with its secondary system, as I have explained in other patents granted to me. The brush-holders B' and B2 are capable independently of angular and, if necessary also of lateral adjustment, so that any desired order of succession or any difference of time interval between the discharges occurring in the two primary circuits may be obtained. The condensers being energized from a suitable source S, preferably of high potential, and the disk D being rotated, its projections or teeth *p p*, coming at periodically-recurring intervals in very close proximity to or, as the case may be, in contact with conducting rods or brushes *n n*, cause the condensers to be discharged in rapid succession through their respective circuits. In this matter the two secondary systems D' S' E and D2 S2 E are set in vibration and oscillate freely, each at its proper rate, for a certain period of time at every discharge. The two vibrations are impressed upon the ground through the plate E and spread to a distance reaching the receiving-station, which has two similar circuits or systems *e s' d'* and *e s2 d2* arranged and connected in the same manner and tuned to the systems at the sending-station, so that each responds exclusively to one of the two vibrations produced by the transmitting apparatus. The same rules of adjustment are observed with respect to the receiving-circuits, care being, furthermore, taken that the tuning is effected when all the apparatus is connected to the circuits and placed in position, as any change may more or less modify the vibration. Each of the receiving-coils *s'* and *s2* is shunted by a local-circuit containing, respectively, sensitive devices *a' a2*, batteries *b' b2*, adjustable resistances *r' r2*, and sensitive relays R' R2, all joined in series, as shown. The precise connections and arrangements of the various receiving-instruments are largely immaterial and may be varied in many ways. The sensitive devices *a' a2* may be any of the well known devices of this kind -- as, for example, two conducting-terminals separated by a minute air-gap or a thin film of dielectric which is strained or weakened by a battery or other means to the point of breaking down and gives way to the slightest disturbing influence. Its return to the normal sensitive state may be secured by momentarily interrupting the battery-circuit after each operation or otherwise. The relays R' R2 have armatures L' L2, which are connected by a wire *w* and when attracted establish electrical contacts *c'* and *c2*, thus closing a circuit containing a battery *b3*, and adjustable resistance *r3*, and a relay R3.

From the above description it will be readily seen that the relay R3 will be operated only when both contacts *c'* and *c2* are closed.

The apparatus at the sending-station may be controlled in any suitable manner -- as, for instance, by momentarily closing the circuit of the source S, two different electric vibrations being emitted simultaneously or in rapid succession, as may be desired, at each closure of the circuit. The two receiving-circuits at the distant station, each tuned to respond to the vibrations produced by one of the elements of the transmitter, affect the sensitive devices *a'* and *a2* and cause the relays R' and R2 to be operated and contacts *c'* and *c2* to be closed, thus actuating the receiver or relay R3, which in turn establishes a contact *c3* and brings into action a device *a3* by means of a battery *d4*, included in a local-circuit, as shown; but evidently if through any extraneous disturbance only one of the circuits at the receiving-station is affected the relay R3 will fail to respond. In this way communication may be carried on with greatly-increased safety against interference and privacy of the messages may be secured. The receiving-station (shown in Fig. 2) is supposed to be one requiring no return message; but if the use of the system is such that this is necessary then the two stations will be similarly equipped and any well known means, which it is not thought necessary to illustrate here, may be resorted to for enabling the apparatus at each station to be used in turn as transmitter and receiver.

In like manner the operation of a receiver, as R3, may be made dependent, instead of upon two, upon more than two such transmitting systems or circuits, and thus any desired degree of exclusiveness or privacy and safety against extraneous disturbances may be attained. The apparatus as illustrated in Figs. 1 and 2 permits, however, special results to be secured by the adjustment of the order of succession of the discharge of the primary circuits P' and P2 or of the time interval between such discharges. To illustrated, the action of the relays R' R2 may be regulated either by adjusting the weights of the levers *l' l2*, or the strength of the batteries *b' b2*, or in other well known ways, so that when a certain order of succession or time interval between the discharges of the primary circuits P' and P2 exists at the sending-station the levers *l'* and *l2* will close the contacts *c'* and *c2* at the same instant, and thus operate the relay R3, but it will fail to produce this result when the order of succession of or the time interval between the discharges in the primary circuits is another one. By these or similar means additional safety against disturbances from other sources may be attained and, on the other hand, the possibility afforded of effecting the operation of signaling by varying the order of succession of the discharges of the two circuits. Instead of closing and opening the circuit of the source S, as before indicated, for the purpose of sending distinct signals it may be convenient to merely alter the period of either of the transmitting-circuits arbitrarily, as by varying the inductance of the primaries.

Obviously there is no necessity for using transmitters with two or more distinct elements or circuits, as S' and S2, since a succession of waves or impulses of different characteristics may be produced by an instrument having but one such circuit. A few of the many ways which will readily suggest themselves to the expert who applies my invention are illustrated in Figs. 3, 4, and 5. In Fig. 3 a transmitting system *e s3 d3* is partly shunted by a rotating wheel or disk D3, which may be similar to that illustrated in Fig. 1 and which cuts out periodically a portion of the coil or conductor *s3* or, if desired, bridges it by an adjustable condenser C3, thus altering the vibration of the system *e s3 d3* at suitable intervals and causing two distinct kinds or classes of impulses to be emitted in rapid succession by the sender. In Fig. 4 a similar result is produced in the system e s4 d4 by periodically short-circuiting, through an induction-coil L3 and a rotating disk D4 with insulating and conducting segments, a circuit p4 in inductive relation to said system. Again, in Fig. 5 three distinct vibrations are caused to be emitted by a system *e s5 d5*, this result being produced by inserting periodically a suitable number of turns of an induction-coil L4 in series with the oscillating system by means of a rotating disk B5 with two projections *p5 p5* and three rods or brushes *n5*, placed at an angle of one hundred and twenty degrees relatively to each other. The three transmitting systems or circuits thus produced may be energized in the same manner as those of Fig. 1 or in any other convenient way. Corresponding to each of these cases the receiving-station may be provided with two or three circuits in an analogous manner to that illustrated in Fig. 2, it being understood, of course, that the different vibrations or disturbances emitted by the sender follow in such rapid succession upon each other that they are practically simultaneous, so far as the operation of such relays as R' and R2 is concerned. Evidently, however, it is not necessary to employ two or more receiving-circuits; but a single circuit may be used also at the receiving-station constructed and arranged like the transmitting-circuits or systems illustrated in Figs. 3, 4, and 5, in which case the corresponding disks, as D3 D4 D5, at the sending will be driven in synchronism with those at the receiving-stations as far as may be necessary to secure the desired result; but whatever the nature of the specific devices employed it will be seen that the fundamental idea in my invention is the operation of a receiver by the conjoint or resultant effect of two or more circuits each tuned to respond exclusively to waves, impulses, or vibrations of a certain kind or class produced either simultaneously or successively by a suitable transmitter.

It will be seen from a consideration of the nature of the method hereinbefore described that the invention is applicable not only in the special manner described, in which the transmission of the impulses is effected through natural media, but for the transmission of energy for any purpose and whatever the medium through which the impulses are conveyed.

What I claim is --

1. In a system for the transmission of electrical energy, the combination with means for producing two or more distinctive kinds of disturbances or impulses, of receiving-circuits, each tuned to respond to the waves or impulses of one kind only, and a receiving-device dependent for operation upon the conjoint action of the several receiving-circuits, as set forth.

2. In a system for the transmission of electrical impulses and the operation or control, of signaling or other apparatus thereby, the combination with a transmitter adapted to produce two or more distinctive kinds or classes of disturbances or impulses, of sensitive receiving-circuits, each tuned to respond to the impulses or disturbances of one kind or class only, and a receiving device dependent for operation upon the conjoint action of the sensitive circuits, as set forth.

3. In a system for the transmission of electrical impulses, and the operation or control of signaling, or other apparatus thereby, the combination

with a transmitter adapted to produce two or more distinctive kinds or classes of disturbances or impulses, of sensitive circuits at the receiving point or station, each tuned to respond to the impulses or disturbances of one kind or class only, a local circuit arranged to be completed by the conjoint action of the sensitive circuits and a receiving-device connected therewith, as set forth.

4. In a system for the transmission of electrical impulses, and the operation or control of signaling or other apparatus thereby, the combination with a transmitting apparatus adapted to produce two or more distinctive kinds of disturbances or impulses, of means for varying the time intervals of the emission of the impulses of the several kinds, sensitive circuits each tuned to respond to the impulses or disturbances of one kind only, and a receiving-apparatus dependent for operation upon the conjoint action of the sensitive circuits, as set forth.

5. In a system, such as herein described, the combination with a transmitter adapted to produce a plurality of distinctive kinds of electrical disturbances or impulses, of a receiving-apparatus comprising a plurality of circuits, a sensitive device and a relay included in each circuit, and each said circuit being tuned to respond to the impulses or disturbances of one kind only, and a receiving-apparatus in a local-circuit controlled by the relays and adapted to be completed by the conjoint action of all of said relays, as set forth.

6. In a system of the kind described, the combination with a transmitter adapted to produce two or more series of electrical oscillations or impulses of different frequencies, of a receiving-apparatus comprising a plurality of sensitive circuits each tuned to respond to the impulses of one of the series produced by the transmitter, and a signaling-device dependent for its operation upon the conjoint action of said circuits, as set forth.

7. The combination with a plurality of transmitter elements, each adapted to produce a series of impulses or disturbances of a distinctive character, and means for controlling and adjusting the same, of a receiver having a plurality of sensitive circuits each tuned so as to be affected by one of the series of impulses only, and dependent for operation upon the conjoint action of all of said circuits, as set forth.

8. The combination with a transmitter adapted to produce series of electrical impulses or disturbances of distinctive character and in a given order of succession, of a receiving-apparatus comprising tuned circuits responding to such impulses in a corresponding order, and dependent for operation upon the conjoint action of said elements, as set forth.

9. In a receiving-apparatus, the combination with a plurality of sensitive circuits, severally tuned to respond to waves or impulses of a different kind or class, a receiving-circuit controlled by the sensitive circuits and a device connected with the receiving-circuits adapted to be operated when said circuit is completed by the conjoint action of two or

more of the sensitive circuits, as set forth.

10. A system for the transmission of electrical energy, having in combination means for producing and transmitting two or more impulses of different periodicities to form a signal in a predetermined order of succession, as set forth.

1. In a system for the transmission of electrical energy, the combination with a transmitting-apparatus comprising one or more circuits, means for impressing therein oscillations or impulses of different character and a receiving-apparatus comprising a plurality of circuits each tuned to respond to the impulses of one kind produced by the transmitter, and a receiver dependent for operation upon the conjoint action of the receiving-circuits, as set forth.

12. In a system for the transmission of electrical energy, the combination with a transmitting-apparatus comprising a transformer and means for impressing upon the secondary element of the same oscillations or impulses of different character, of a receiving apparatus comprising a plurality of circuits each tuned to the impulses of one kind emitted by the secondary of the transmitting-transformer, and a receiver dependent for operation upon the conjoint action of the receiving-circuits, as set forth.

13. In a system for the transmission of electrical energy, the combination with a transmitting apparatus comprising a transformer and means for impressing upon the secondary elements of the same oscillations or impulses of different periodicities and in a given order of succession, of a receiving-apparatus comprising a plurality of circuits each tuned to respond to the transmitted impulses of one period, and a receiver dependent for operation upon the conjoint action of the receiving-circuits, as set forth.

14. In a signaling system, the combination of means for generating a series of electrical impulses of different periodicities, receiving-circuits of differing electrical periods of vibration, and an indicating-mechanism operated to give an intelligible indication only when currents are induced in the receiving-circuits a predetermined order, as set forth.

15. In a system for the transmission of energy, the combination of two or more circuits differing with respect of one of their electrical constants, means for energizing said circuits and an indicating mechanism operative only by conjoint action of two or more currents generated by waves from the sending-station, as set forth.

16. In a system for the transmission of electrical energy, the combination with a transmitter adapted to produce electrical waves or oscillations varying in character in a predetermined order, of a receiving-instrument responsive to said oscillations and dependent for operation upon the action thereof in a corresponding order, as set forth.

NIKOLA TESLA.

Witnesses:
JOHNS C. KERR,
RICHARD S. DONOVAN.

No. 11,865. Reissued Oct. 23, 1900.

N. TESLA.

# METHOD OF INSULATING ELECTRIC CONDUCTORS.

(Application filed Sept. 21, 1900.)

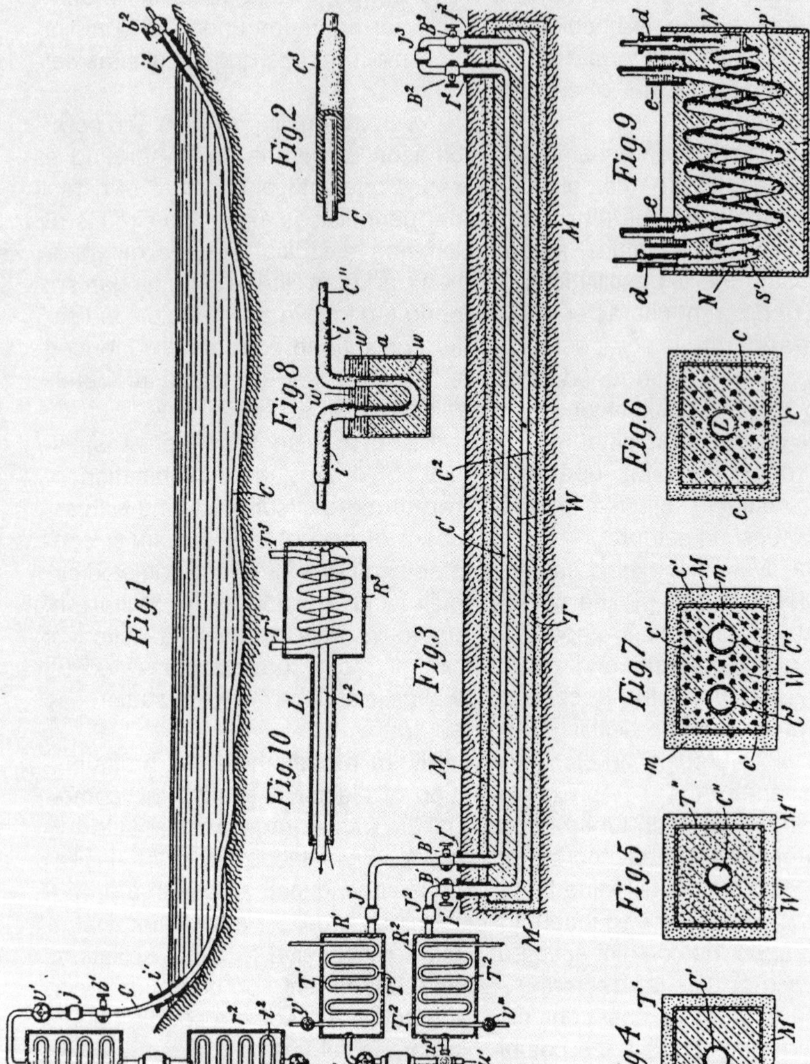


Witnesses:
Raphaël Netter
Benjamin Miller

Nikola Tesla Inventor

by Kerr Page & Cooper Attys.

# UNITED STATES PATENT OFFICE.

NIKOLA TESLA, OF NEW YORK, N. Y.

## METHOD OF INSULATING ELECTRIC CONDUCTORS.

SPECIFICATION forming part of Reissued Letters Patent No. 11,865, dated Oct. 23, 1900.
Original No. 655,838, dated August 14, 1900.
Application for reissue filed September 21, 1900. Serial No. 30,722. (No model.)

*To all whom it may concern:*

Be it known that I, NIKOLA TESLA, a citizen of the United States, residing in the borough of Manhattan, in the city, county, and State of New York, have invented certain new and useful Improvements in Methods of Insulating Electric Conductors, of which the following is a specification, reference being had to the accompanying drawings.

It has long been known that many substances which are more or less conducting when in the fluid condition become insulators when solidified. Thus water, which is in a measure conducting, acquires insulating properties when converted into ice. The existing information on this subject, however, has been heretofore of a general nature only and chiefly derived from the original observations of Faraday, who estimated that the substances upon which he experimented, such as water and aqueous solutions, insulate an electrically-charged conductor about one hundred times better when rendered solid by freezing, and no attempt has been made to improve the quality of the insulation obtained by this means or to practically utilize it for such purposes as are contemplated in my present invention. In the course of my own investigations, more especially those of the electric properties of ice, I have discovered some novel and important facts, of which the more prominent are the following: first, that under certain conditions, when the leakage of the electric charge ordinarily taking place is rigorously prevented, ice proves itself to be a much better insulator than has heretofore appeared; second, that its insulating properties may be still further improved by the addition of other bodies to the water; third, that the dielectric strength of ice or other frozen aqueous substance increases with the reduction of temperature and corresponding increase of hardness, and, fourth, that these bodies afford a still more effective insulation for conductors carrying intermittent or alternating currents, particularly of high rates, surprisingly-thin layers of ice being capable of withstanding electro-motive forces of many hundreds and even thousands of volts. These and other observations have led me to the invention of a novel method of insulating conductors, rendered practicable by reason of the above facts and advantageous in the utilization of electrical energy for industrial and commercial purposes. Broadly stated, the method consists in insulating an electric conductor by freezing or solidifying and maintaining in such state, by the circulation of a cooling agent, the material surrounding or contiguous to the conductor.

In the practical carrying out of my method I may employ a hollow conductor and pass the cooling agent through the same, thus freezing the water or other medium in contact with or close to such conductor, or I may use expressly for the circulation of the cooling agent an independent channel and freeze or solidify the adjacent substance, in which any number of conductors may be embedded. The conductors may be bare or covered with some material which is capable of keeping them insulated when it is frozen or solidified. The frozen mass may be in direct touch with the surrounding medium or it may be in a degree protected from contact with the same by an enclosure more or less impervious to heat. The cooling agent may be any kind of liquid, preferably of low freezing-point, as brine, or it may be a gas, as atmospheric air, oxygen, carbonic acid, ammonia, illuminating-gas, or hydrogen. It may be forced through the channel by gravity, pressure, or suction, produced mechanically or otherwise, or by any other kind of force. It may be continually renewed or indefinitely used by being alternately volatilized and condensed or evaporated and absorbed and mechanically driven back and forth or steadily circulated in a closed path under any suitable conditions as regards pressure, density, temperature, and velocity.

To conduce to a better understanding of the invention, reference is now made to the accompanying drawings, in which --

Figures 1, 3, 6, 7, 8, and 9 illustrate in longitudinal section typical ways of carrying out my invention; and Figs. 2, 4, 5, and 10, in section or partly so, constructive details to be described.

In Fig. 1, C is a hollow conductor, such as a steel tube, laid in a body of water and communicating with a reservoir *r'*, but electrically insulated from the same at *j*. A pump or compressor *p* of any suitable construction connects *r'* with another similar tank *r2*, provided with an inlet-valve *v2*. The air or other gas which is used as the cooling agent entering through the valve *v2* is drawn through the tank *r2* and pump *p* into the reservoir *r'*, escaping thence through the conductor C under any desired pressure, which may be regulated by a valve *v'*. Both the reservoirs *r'* and *r2* are kept at a low temperature by suitable means, as by coils or tubes *t' t'* and *t2 t2*, through which any kind of refrigerating fluid may be circulated, some provision being preferably made for adjusting the flow of the same, as by valves *v'*. The gas continuously passing through the tube or conductor C being very cold will freeze and maintain in this state the water in contact with or adjacent to the conductor and so insulate it. Flanged bushings *i' i2* of non-conducting material may be used to prevent the leakage of the current which would otherwise occur, owing to the formation of a superficial film of moisture over the ice projecting out of the water. The tube, being kept insulated by this means, may then be employed in the manner of an ordinary telegraphic or other cable by connecting either or both of the terminals *b' b2* in a circuit including the earth.

In many cases it will be of advantage to cover the hollow conductor with a thick layer of some cheap material, as felt, this being indicated by C3 in Fig. 2. Such a covering, penetrable by water, would be ordinarily of little or no use; but when embedded in the ice it improves the insulating qualities of the same. In this instance it furthermore serves to greatly reduce the quantity of ice required, its rate of melting, and the influx of heat from the outside, thus diminishing the expenditure of energy necessary for the maintenance of normal working conditions. As regards this energy and other particulars of importance they will vary according to the special demands in each case.

Generally considered, the cooling agent will have to carry away heat at a rate sufficient to keep the conductor at the desired temperature and to maintain a layer of the required thickness of the substance surrounding it in a frozen state, compensating continually for the heat flowing in through the layer and wall of the conductor and that generated by mechanical and electrical friction. To meet these conditions, its cooling capacity, which is dependent on the temperature, density, velocity, and specific heat, will be calculated by the help of data and formulae familiar to engineers. Air will be, as a rule, suitable for the use contemplated; but in exceptional instances some other gas, as hydrogen, may be resorted to, which will permit a much greater rate of cooling and a lower temperature to be reached. Obviously whichever gas be employed it should before entering the hollow conductor or channel be thoroughly dried and separated from all which by condensation and deposition or otherwise might cause an obstruction to its passage. For these purposes apparatus may be employed which is well known and which it is unnecessary to show in detail.

Instead of being wasted at the distant station the cooling agent may be turned to some profitable use. Evidently in the industrial and commercial exploitation of my invention any kind of fluid capable of meeting the requirements may be conveyed from one to another station and there utilized for refrigeration, power, heating, lighting, sanitation, chemical processes, or any other purpose to which it may lend itself, and thus the revenue of the plant may be increased.

As to the temperature of the conductor it will be determined by the nature of its use and considerations oft economy. For instance, if it be employed for the transmission of telegraphic messages, when the loss in electrical friction may be of no consequence, a very low temperature may not be required; but if it be used for transmitting large amounts of electrical energy, when the frictional waste may be a serious drawback, it will be desirable to keep it extremely cold. The attainment of this object will be facilitated by any provision for reducing as much as possible the flowing, in of the heat from the surrounding medium. Clearly the lower the temperature of the conductor the smaller will be the loss in electrical friction; but, on the other hand, the colder the conductor the greater will be the influx of heat from the outside and the cost of the cooling agent. From such and similar considerations the temperature securing the highest economy will be ascertained.

Most frequently in the distribution of electricity for industrial purposes, as in my system of power transmission by alternate currents, more than one conductor will be required, and in such cases it may be convenient to circulate the cooling agent in a closed path formed by the conductors. A plan of this kind is illustrated in Fig. 3, in which C' and C2 represent two hollow conductors embedded in a frozen mass underground and communicating, respectively, with the reservoirs R' and R2, which are connected by a reciprocating or other suitable pump P. Cooling coils or tubes T' T' and T2 T2 with regulating-valves *v' v''* are employed, which are similar to and serve the same purpose as those shown In Fig. 1. Other features of similarity, though unnecessary, are illustrated to facilitate an understanding of the plan. A three-way valve V2 is provided, which when placed with its lever *l* as indicated allows the cooling agent to enter through the tubes *u' u2* and pump P, thus filling the reservoirs R' R2 and hollow conductors C' C2, but when turned ninety degrees the valve shuts off the communication to the outside through the tube *u'* and establishes a connection between the reservoir R2 and pump P through the tubes *u2* and *u3*, thus permitting the fluid to be circulated in the closed path C' C2 R2' *u3 u2* P R' by the action of the pump. Another valve V' of suitable construction may be used for regulating the flow of the cooling agent. The conductors C' C2 are insulated from the reservoirs R' R2 and from each other at the joints J' J2 J3, and they are, furthermore, protected at the places where they enter and leave the ground by flanged bushings I' I' I2 I2, of insulating material, which extend into the frozen mass in order to prevent the current from leaking, as above explained. Binding-posts B' B' and B2 B2 are provided for connecting the conductors to the circuit at each station.

In laying the conductors, as C' C2,

whatever be their number, a trench will generally be dug and a trough, round or square, as T, of smaller dimensions than the trench placed in the same, the intervening space being packed with some material (designated by M M M) more or less impervious to heat, as sawdust, ashes, or the like. Next, the conductors will be put in position and temporarily supported in any convenient manner, and finally the trough will be filled with water or other substance W, which will be gradually frozen by circulating the cooling agent in the closed path, as before described. Usually the trench will not be level, but will follow the undulations of the ground, and this will make it necessary to subdivide the trough in sections or to effect the freezing of the substance filling it successively in parts. This being done and the conductors thus insulated and fixed, a layer of the same or similar material M M M will be placed on the top and the whole covered with earth or pavement. The trough may be of metal, as sheet-iron, and in cases where the ground is used as return-circuit it may serve as a main or it may be of any kind of material more or less insulating. Figs. 4 and 5 illustrate in cross-section two such underground troughs T' and T", of metal sheet, which their adiathermanous enclosures, (designated M' and M", respectively,) each trough containing a single central hollow conductor, as C' and C'. In the first ease the insulation W' is supposed to be ice, obtained by freezing water preferably freed of air in order to exclude the formation of dangerous bubbles or cavities, while in the second case the frozen mass W" is some aqueous or other substance or mixture highly insulating when in this condition.

It should be stated that in many instances it may be practicable to dispense with a trough by resorting to simple expedients in the placing and insulating of the conductors. In fact, for some purposes it may be sufficient to simply cover the latter with a moist mass, as cement or other plastic material, which so long as it is kept at a very low temperature and frozen hard will afford adequate insulation.

Another typical way of carrying out my invention, to which reference has already been made, is shown in Fig. 6, which represents the cross-section of a trough, the same in other respects as those before shown, but containing instead of a hollow conductor any kind of pipe or conduit L. The cooling agent may be driven in any convenient manner through the pipe for the purpose of freezing the water or other substance filling the trough, thus insulating and fixing a number of conductors *c c c*. Such a plan may be particularly suitable in cities for insulating and fixing telegraph and telephone wires or the like. In such cases an exceedingly-low temperature of the cooling agent may not be required, and the insulation will be obtained at the expense of little power. The conduit L may, however, be used simultaneously for conveying and distributing any kind of fluid for which there is a demand through the district. Obviously two such conduits may be provided and used in a similar manner as the conductors C' C2.

It will often be desirable to place in the same trough a great number of wires or conductors serving for a variety of purposes. In such a case a plan may be adopted which is illustrated in Fig. 7, showing a trough similar to that in Fig. 6, with the conductors in cross-section. The cooling agent may be in this instance circulated, as in Fig. 3 or otherwise, through the two hollow conductors C3 and C4, which, if found advantageous, may be covered with a layer of cheap material *m m*, such as will improve their insulation, but not prevent the freezing or solidification of the surrounding substance W. The tubular conductors C' C2, preferably of iron, may then serve to convey heavy currents for supplying light and power, while the small ones *c´ c' c'*, embedded in the ice or frozen mass, may be used for may other purposes.

While my invention contemplates, chiefly, the insulation of conductors employed in the transmission of electrical energy to a distance, it may be, obviously, otherwise usefully applied. In some instances, for example, it may be desirable to insulate and support a conductor in places as ordinarily done by means of glass or porcelain insulators. This may be effected in many ways by conveying a cooling agent either through the conductor or through an independent channel and freezing or solidifying any kind of substance, thus enabling it to serve the purpose. Such an artificial insulating-support is illustrated in Fig. 8, in which a represents a vessel filled with water or other substance *w*, frozen by the agent circulating through the hollow conductor C", which is thus insulated and supported. To improve the insulation on the top, where it is most liable to give way, a layer of some substance *w'*, as oil, may be used, and the conductor may be covered near the support with insulation *i i*, as shown, the same extending into the oil for reasons well understood.

Another typical application of my invention is shown in Fig 9, in which P' and S' represent, respectively, the primary and secondary conductors, bare or insulated, of a transformers, which are wound on a core N and immersed in water or other substance W, containing a jar H and, as before stated, preferably freed of air by boiling or otherwise. The cooling agent is circulated in any convenient manner, as through the hollow primary P', for the purpose of freezing the substance W. Flanged bushings *d d* and oil-cups *e e*, extending into the frozen mass, illustrate suitable means for insulating the ends of the two conductors and preventing the leakage of the currents. A transformer, as described, is especially fitted for use with currents of high frequency, when a low temperature of the conductors is particularly desirable, and ice affords an exceptionally-effective insulation.

It will be understood that my invention may be applied in many other ways, that the special means here described will be greatly varied according to the necessities, and that in each case many expedients will be adopted which are well known to engineers and electricians and on which it is unnecessary to dwell. However, it may be useful to state that in some instances a special provision will have to be made for effecting a uniform cooling of the substance surrounding the conductor throughout its length. Assuming in Fig. 1 the cooling agent to escape at the distant end freely into the atmosphere or into a reservoir maintained at low pressure, it will in passing through the hollow conductor C move with a velocity steadily increasing toward the end, expanding isothermally, or nearly so, and hence it will cause an approximately-uniform formation of ice along the conductor. In the plan illustrated in Fig. 3 a similar result will be in a measure attained, owing to the compensating effect of the hollow conductors C' and C2, which may be still further enhanced by reversing periodically the direction of the flow in any convenient manner; but in many cases special arrangements will have to be employed to render the cooling more or less uniform. For instance, referring to Figs. 4, 5, and 6, instead of a single channel two concentric channels L' and L2 may be provided and the cooling agent passed through one and returned through the other, as indicated diagrammatically in Fig. 10. In this and any similar arrangement when the flow takes place in opposite directions the object aimed at will be more completely attained by reducing the temperature of the circulating cooling agent at the distant station, which may be done by simply expanding it into a large reservoir, as R3, or cooling it by means of a tube or coil T3, or otherwise; Evidently in the case illustrated the concentric tubes may be used as independent conductors, insulated from each other by the intervening fluid and from the ground by the frozen or solidified substance.

Generally in the transmission of electrical energy in large amounts, when the quantity of heat to be carried off may be considerable, refrigerating apparatus thoroughly protected against the inflow of heat from the outside, as usual, will be employed at both the stations and, when the distance between them is very great, also at intermediate points, the machinery being advantageously operated by the currents transmitted or fluids conveyed. In such cases a fairly-uniform freezing of the insulating substance will be attained without difficulty by the compensating effect of the oppositely-circulating cooling agents. In large plants of this kind, when the saving of electrical energy in the transmission is the most important consideration or when the chief object is to reduce the cost of the mains by the employment of cheap metal, as iron, or otherwise, every effort will be made to maintain the conductors at the lowest possible temperature, and well known refrigeration processes, as those based on the regenerative principle, may be resorted to, and in this and any other case the hollow conductors or channels instead of merely serving the purpose of conveying the cooling agent may themselves form active parts of the refrigerating apparatus.

From the above description it will be readily seen that my invention forms a fundamental departure in principle from the established methods of insulating conductors employed in the industrial and commercial application of electricity. It aims, broadly, at obtaining insulation by the continuous expenditure of a moderate amount of energy instead of securing it only by virtue of an inherent physical property of the material used, as heretofore. More especially its object is to provide, when and wherever required, insulation of high quality, of any desired thickness and exceptionally cheap, and to enable the transmission of electrical energy under conditions of economy heretofore unattainable and at distances until now impracticable by dispensing with the necessity of using costly conductors and insulators.

What claim as my invention is --

1. The method of insulating electric conductors herein described which consists in imparting insulating properties to material surrounding or contiguous to the said conductor by the continued action thereon of a gaseous cooling agent, as set forth.

2. The method of insulating electric conductors herein described which consists in reducing to and maintaining in a frozen or solidified condition the material surrounding or contiguous to the said conductor by the action thereon of a gaseous cooling agent maintaining in circulation through one or more channels, as set forth.

3. The method of insulating electric conductors herein described which consists in surrounding or supporting the conductor by material which acquires insulating properties when in a frozen solidified state, and maintaining the material in such a state by the circulation through one or more channels extending through it of a gaseous cooling agent, as set forth.

4. The method of insulating an electric conductor which consists in surrounding or supporting said conductor by a material which acquires insulating properties when frozen or solidified, and maintaining the material in such state by passing a gaseous cooling agent continuously through a channel in said conductor, as set forth.

5. The method of insulating electric conductors, which consists in surrounding or supporting the said conductors by a material which acquires insulating properties when in a frozen or solidified state, and maintaining the material in such state by the continued application thereto of a gaseous cooling agent, as set forth.

6. The method of insulating conductors herein set forth which consists in surrounding or supporting the conductors by a material which acquires insulating properties when in a frozen or solidified state, and maintaining the material in such state by the circulation of a gaseous cooling agent through a circuit of pipes or tubes extending through the said material, as set forth.

7. The method of insulating electric

conductors which consists in laying or supporting the conductors in a trough or conduit filling the trough with a material which acquires insulating properties when frozen or solidified, and then causing a gaseous cooling agent to circulate through one or more channels extending through the material in the trough so as to freeze or solidifying the material, as set forth.

8. The method of insulating electric conductors which consists in embedding the same in a moist or plastic compound which acquires insulating properties when in a frozen or solidified state, and maintaining the compound in such state by circulating a gaseous cooling agent through one or more channels extending through the compound, as set forth.

9. The method of insulating electric conductors which consist in laying or supporting the conductors in a trough or conduit, filling the trough with a material which acquires insulating properties when frozen or solidified, protecting the trough from the surrounding medium in which it is laid by an adiathermanous enclosure, and then freezing or solidifying the material surrounding the conductors and maintaining the same in such state by circulating a gaseous cooling agent through one or more channels extending through the same, as set forth.

NIKOLA TESLA.

Witnesses:
DRURY W. COOPER,
JOHN C. KERR.

No. 685,957 — Patented Nov. 5, 1901.

# N. TESLA.

## APPARATUS FOR THE UTILIZATION OF RADIANT ENERGY.

(Application filed Mar. 21, 1901.)

(No Model.)

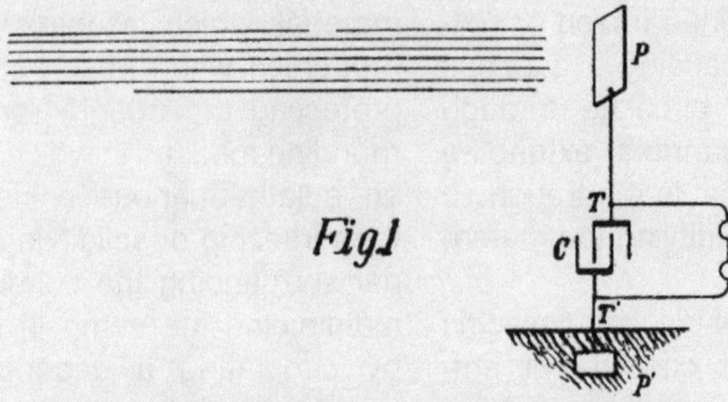


Fig.1

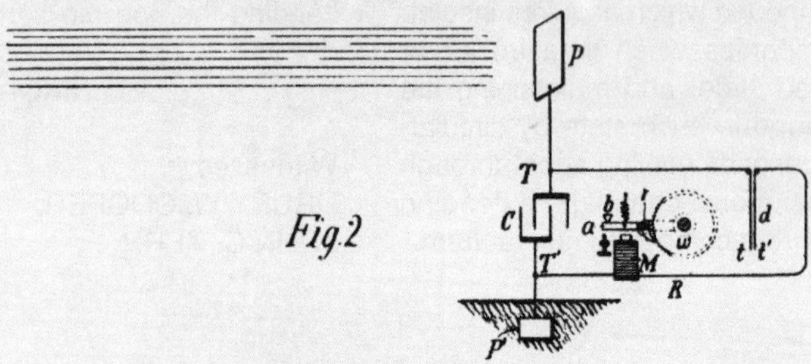


Fig.2

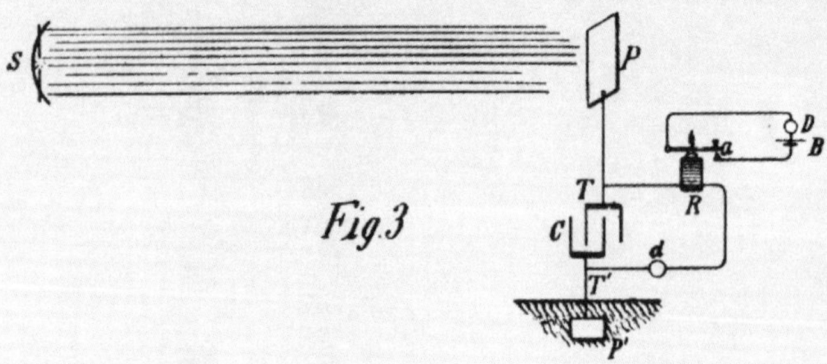


Fig.3

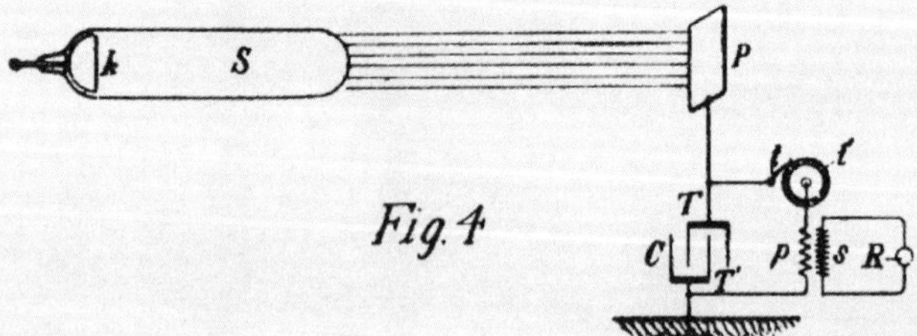


Fig.4

Witnesses:
Raphaël Netter
M. Lawson Dyer

Inventor
Nikola Tesla
by Ken. Page & Cooper Attys.

# UNITED STATES PATENT OFFICE.

NIKOLA TESLA, OF NEW YORK, N. Y.

## APPARATUS FOR THE UTILIZATION OF RADIANT ENERGY.

SPECIFICATION forming part of Letters Patent No. 685,957, dated November 5, 1901,
Application filed March 21, 1901. Serial No. 52,153. (No model.)

*To all whom it may concern:*

Be it known that I, NIKOLA TESLA, a citizen of the United States, residing at the borough of Manhattan, in the city, county, and State of New York, have invented certain new and useful Improvements in Methods of Utilizing Radiant Energy, of which the following is a specification, reference being had to the drawings accompanying and forming a part of the same.

It is well known that certain radiations -- such as those of ultra-violet light, cathodic, Roentgen rays, or the like -- possess the property of charging and discharging conductors of electricity, the discharge being particularly noticeable when the conductor upon which the rays impinge is negatively electrified. These radiations are generally considered to be ether vibrations of extremely small wave lengths, and in explanation of the phenomena noted it has been assumed by some authorities that they ionize or render conducting the atmosphere through which they are propagated. My own experiments and observations, however, lead me to conclusions more in accord with the theory heretofore advanced by me that sources of such radiant energy throw off with great velocity minute particles of matter which are strongly electrified, and therefore capable of charging an electrical conductor, or even if not so may at any rate discharge an electrified conductor either by carrying off bodily its charge or otherwise.

My present application is based upon a discovery which I have made that when rays or radiations of the above kind are permitted to fall upon an insulated conducting body connected to one of the terminals of a condenser, while the other terminal of the same is made by independent means to receive or to carry away electricity, a current flows into the condenser so long as the insulated body is exposed to the rays, and under the conditions hereinafter specified an indefinite accumulation of electrical energy in the condenser takes place. This energy after a suitable time interval, during which the rays are allowed to act, may manifest itself in a powerful discharge, which may be utilized for the operation or control of mechanical or electrical devices or rendered useful in many other ways.

In applying my discovery I provide a condenser, preferably of considerable electrostatic capacity, and connect one of its terminals to an insulated metal plate or other conducting body exposed to the rays or streams of radiant matter. It is very important, particularly in view of the fact that electrical energy is generally supplied at a very slow rate to the condenser, to construct the same with the greatest care. I use by preference the best quality of mica as dielectric, taking every possible precaution in insulating the armatures, so that the instrument may withstand great electrical pressures without leaking and may leave no perceptible electrification when discharging instantaneously. In practice I have found that the best results are obtained with condensers treated in the manner described in a patent granted to me February 23, 1897, No. 577,671. Obviously the above precautions should be the more rigorously observed the slower the rate of charging and the smaller the time interval during which the energy is allowed to accumulate in the condenser. The insulated plate or conducting body should present as large a surface as practicable to the rays or streams of so matter, I having ascertained that the amount of energy conveyed to it per unit of time is under otherwise identical conditions proportionate to the area exposed, or nearly so. Furthermore, the surface should be clean and preferably highly polished or amalgamated. The second terminal or armature of the condenser may be connected to one of the poles of a battery or other source of electricity or to any conducting body or object whatever of such properties or so conditioned that by its means electricity of the required sign will be supplied to the terminal. A simple way of supplying positive or negative electricity to the terminal is to connect the same either to an insulated conductor, supported at some height in the atmosphere, or to a grounded conductor, the former, as is well known, furnishing positive and the latter negative electricity. As the rays or supposed streams of matter generally convey a positive charge to the first condenser-terminal, which is connected to the plate or conductor above mentioned, I usually connect the second terminal of the condenser to the ground, this being the most convenient way of obtaining negative electricity, dispensing with the necessity of providing an artificial source. In order to utilize for any useful purpose the energy accumulated in the condenser, I furthermore connect to the terminals of the same a circuit including an instrument or apparatus which it is desired to operate and another instrument or device for alternately closing and opening the circuit. This latter may be any form of circuit-controller, with fixed or movable parts or electrodes, which may be actuated either by the stored energy or by independent means.

My discovery will be more fully understood from the following detailed description and annexed drawings, to which reference is now made, and in which --

Figure 1 is a diagram showing the general arrangement of apparatus a usually employed. Fig. 2 is a similar diagram illustrating more in detail typical forms of the devices or elements used in practice, and Figs. 3 and 4 are diagrammatical representations of modified arrangements suitable for special purposes.

As illustrative of the manner in which the several parts or elements of the apparatus in one of its simplest forms are to be arranged and connected for useful operation, reference is made to Fig. 1, in which C is the condenser, P the insulated plate or conducting body which is exposed to the rays, and P´ another plate or conductor which is grounded, all being joined in series, as shown. The terminals T T´ of the condenser are also connected to a circuit which includes a device R to be operated and a circuit-controlling device *d* of the character above referred to.

The apparatus being arranged as shown, it will be found that when the radiations of the sun or of any other source capable of producing the effects before described fall upon the plate P an accumulation of electrical energy in the condenser C will result. This phenomenon; I believe, is best explained as follows: The sun, as well another sources of radiant energy, throws off minute particles of matter positively electrified, which, impinging upon the plate P, communicate continuously an electrical charge to the same. The opposite terminal of the condenser being connected to the ground, which may be considered as a vast reservoir of negative electricity, a feeble current flows continuously into the condenser, and inasmuch as these supposed particles are of an inconceivably small radius or curvature, and consequently charged to a relatively very high potential, this charging of the condenser may continue, as I have actually observed, almost indefinitely, even to the point of rupturing the dielectric. If the device *d* be of such character that it will operate to close the circuit in which it is included when the potential in the condenser has reaches a certain magnitude, the accumulated charge will pass through the circuit, which also includes the receiver R, and operate the latter.

In illustration of a particular form of apparatus which may be used in carrying out my discovery I now refer to Fig. 2. In this figure, which in the general arrangement of the elements is identical to Fig. 1, the device *d* is shown as composed of two very thin conducting-plates *t t´*, placed in close proximity and very mobile, either by reason of extreme flexibility or owing to the character of their support. To improve their action, they should be enclosed in a receptacle, from which the air may be exhausted. The plates *t t´* are connected in series with a working-circuit, including a suitable receiver, which in this case is shown as consisting of an electro-magnet M, a movable armature *a*, retractile spring *b*, and a ratchet-wheel *w*, provided with a spring-pawl *r*, which is pivoted to armature *a*, as illustrated. When the radiations of the sun or other radiant source fall upon plate P, a current flows into the condenser, as above explained, until the potential therein rises sufficiently to attract and bring into contact the two plates *t t´*, and thereby close the circuit connected to the two condenser-terminals. This permits a flow of current which energizes the magnet M, causing it to draw down the armature *a* and impart a partial rotation to the ratchet-wheel *w*. As the current ceases the armature is retracted by the spring *b*, without, however, moving the wheel *w*. With the stoppage of the current the plates *t t´* cease to be attracted and separate, thus restoring the circuit to its original condition.

Fig. 3 shows a modified form of apparatus used in connection with an artificial source of radiant energy, which in this instance may be an arc-emitting copiously ultra-violet rays. A suitable reflector may be provided for concentrating and directing the radiations. A magnet R and circuit-controller *d* are arranged as in the previous figures; but in the present case the former instead of performing itself the whole work only serves the purpose of alternately opening and closing a local-circuit, containing a source of current B and a receiving or translating device D. The controller *d*, if desired, may consist of two fixed electrodes separated by a minute air-gap or weak dielectric film, which breaks down more or less suddenly when a definite difference of potential is reached at the terminals of the condenser and returns to its original state upon the passage of the discharge.

Still another modification is shown in Fig. 4, in which the source S of radiant energy is a special form of Roentgen tube devised by be, having one terminal *k*, generally of aluminum, in the form of half a sphere, with a plain polished surface on the front side, from which the streams are thrown off. It may be excited by attaching it to one of the terminals of any generator of sufficiently high electro-motive force; but whatever apparatus be used it is important that the tube be exhausted to a high degree, as otherwise it might prove entirely ineffective. The working or discharge-circuit connected to the terminals T T´ of the condenser includes in this case the primary *p* of a transformer and a circuit-controller comprising a fixed terminal or brush *t* and a movable terminal *t´* in the shape of a wheel, with conducting and insulating segments, which may be rotated at an arbitrary speed by any suitable means. In inductive relation to the primary wire or coil *p* is a secondary *s*, usually of much greater number of turns, to the ends of which is connected a receiver R. The terminals of the condenser being connected, as indicated, one to an insulated plate P and the other to a grounded plate P´, when the tube S is excited rays or streams of matter are emitted from the same, which convey a positive charge to the plate P and condenser-terminal T, while terminal T′ is continuously receiving negative electricity from the plate P′. This, as before explained, results in an accumulation of electrical energy in the condenser, which goes on as long as the circuit including the primary *p* is interrupted. Whenever the circuit is closed owing to the rotation of the terminal *t*′, the stored energy is discharged through the primary *p*, this giving rise in the secondary *s* to induced currents, which operate the receiver R.

It is clear from what has been stated above that if the terminal T′ is connected to a plate supplying positive instead of negative electricity the rays should convey negative electricity to plate P. The source S may be any form of Roentgen or Lenard tube; but it is obvious from the theory of action that in order to be very effective the electrical impulses exciting it should be wholly or at least preponderatingly of one sign. If ordinary symmetrical alternating currents are employed, provision should be made for allowing the rays to fall upon the plate P only during those periods when they are productive of the desired result. Evidently if the radiations of the source be stopped or intercepted or their intensity varied in any manner, as by periodically interrupting or rhythmically varying the current exciting the source, there will be corresponding changes in the action upon the receiver R, and thus signals may be transmitted and many other useful effects produced. Furthermore, it will be understood that any form of circuit-closer which will respond to or be set in operation when a predetermined amount of energy is stored in the condenser may be used in lieu of the device specifically described with reference to Fig. 2 and also that the special details of construction and arrangement of the several parts of the apparatus may be very greatly varied without departure from the invention.

Having described my invention, what I claim is --

1. An apparatus for utilizing radiant energy, comprising in combination a condenser, one armature of which is subject to the action of rays or radiations, independent means for charging the other armature, a local-circuit connected with the condenser-terminals, a circuit-controller therein and means adapted to be operated or controlled by the discharge of the condenser when the local-circuit is closed, as set forth.

2. An apparatus for utilizing radiant energy, comprising in combination a condenser, one armature of which is subject to the action of rays or radiations, independent means for charging the other armature, a local-circuit connected with the condenser-terminals, a circuit-controller therein and means adapted to be operated or controlled by the discharge of the condenser when the local-circuit is closed, as set forth.

3. An apparatus for utilizing radiant energy, comprising in combination a condenser, one terminal of which is subject to the action of rays or radia-

tions, independent means for charging the other armature, a local-circuit connected with the condenser-terminals, a circuit-controller therein dependent for operation on a given rise of potential in the condenser, and devices operated by the discharge of the condenser when the local-circuit is closed, as set forth.

4. An apparatus for utilizing radiant energy, comprising in combination a condenser, one terminal of which is subject to the action of rays or radiations, and the other of which is connected with the ground, a circuit and apparatus therein adapted to be operated by the discharge of the accumulated energy in the condenser, as set forth.

5. An apparatus for utilizing radiant energy, comprising in combination a condenser, one terminal of which is subject to the action of rays or radiations, and the other of which is connected with the ground, a local-circuit connected with the condenser-terminals, a circuit-controller therein and means adapted to be operated by the discharge of the condenser when the local-circuit is closed, as set forth.

6. An apparatus for utilizing radiant energy, comprising in combination a condenser, one terminal of which is subject to the action of rays or radiations, and the other of which is connected with the ground, a local-circuit connected with the condenser-terminals, a circuit-controller therein adapted to be operated by a given rise of potential in the condenser, and devices operated by the discharge of the condenser when the local-circuit is closed, as set forth.

7. An apparatus for utilizing radiant energy, comprising a condenser, having one terminal connected to earth and the other to an elevated conducting-plate, which is adapted to receive the rays from a distant source of radiant energy, a local-circuit connected with the condenser-terminals, a receiver therein, and a circuit-controller therefore which is adapted to be operated by a given rise of potential in the condenser, as set forth.

NIKOLA TESLA.

Witnesses:
M. LAWSON DYER,
RICHARD DONOVAN.

No. 685,958. Patented Nov. 5, 1901.

N. TESLA.

METHOD OF UTILIZING RADIANT ENERGY.

(Application filed Mar. 21, 1901.)

(No Model.)

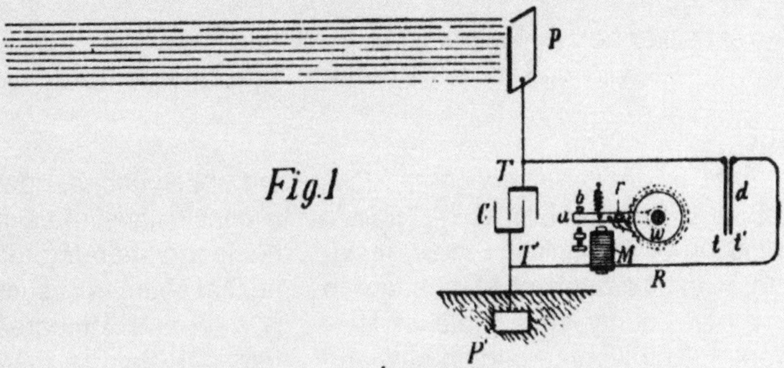


Fig.1

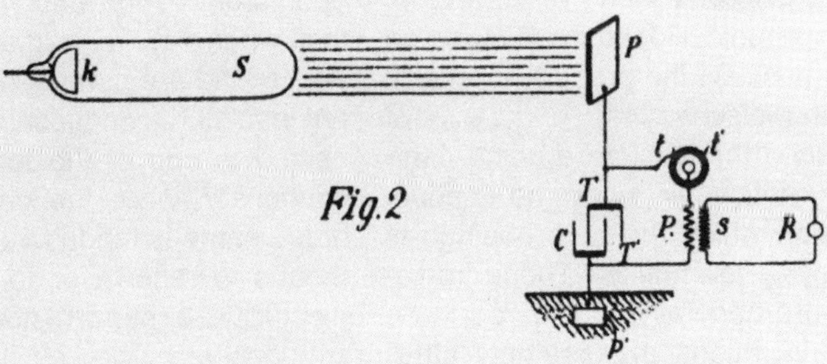


Fig.2

Witnesses:

Raphaël Netter

M. Lawson Dyer

Nikola Tesla, Inventor

by Kerr, Page & Cooper Att'ys

# UNITED STATES PATENT OFFICE.

NIKOLA TESLA, OF NEW YORK, N. Y.

## METHOD OF UTILIZING RADIANT ENERGY.

SPECIFICATION forming part of Letters Patent No. 685,958, dated November 5, 1901,
Application filed March 21, 1901. Serial No. 52,154. (No model.)

*To all whom it may concern:*

Be it known that I, NIKOLA TESLA, a citizen of the United States, residing at the borough of Manhattan, in the city, county, and State of New York, have invented certain new and useful Improvements in Methods Of Utilizing Radiant Energy, of which the following is a specification, reference being had to the drawings accompanying and forming a part of the same.

It is well known that certain radiations -- such as those of ultra-violet light, cathodic, Roentgen rays, or the like -- possess the property of charging and discharging conductors of electricity, the discharge being particularly noticeable when the conductor upon which the rays impinge is negatively electrified. These radiations are generally considered to be ether vibrations of extremely small wave lengths, and in explanation of the phenomena noted it has been assumed by some authorities that they ionize or render conducting the atmosphere through which they are propagated. My own experiments and observations, however, lead me to conclusions more in accord with the theory heretofore advanced by me that sources of such radiant energy throw off with great velocity minute particles of matter which are strongly electrified, and therefore capable of charging an electrical conductor, or even if not so may at any rate discharge an electrified conductor either by carrying off bodily its charge or otherwise.

My present application is based upon a discovery which I have made that when rays or radiations of the above kind are permitted to fall upon an insulated conducting body connected to one of the terminals of a condenser, while the other terminal of the same is made by independent means to receive or to carry away electricity, a current flows into the condenser so long as the insulated body is exposed to the rays, and under the conditions hereinafter specified an indefinite accumulation of electrical energy in the condenser takes place. This energy after a suitable time interval, during which the rays are allowed to act, may manifest itself in a powerful discharge, which may be utilized for the operation or control of mechanical or electrical devices or rendered useful in many other ways.

In applying my discovery I provide a condenser, preferably of considerable electrostatic capacity, and connect one of its terminals to an insulated metal plate or other conducting body exposed to the rays or streams of radiant matter. It is very important, particularly in view of the fact that electrical energy is generally supplied at a very slow rate to the condenser, to construct the same with the greatest care. I use by preference the best quality of mica as dielectric, taking every possible precaution in insulating the armatures, so that the instrument may withstand great electrical pressures without leaking and may leave no perceptible electrification when discharging instantaneously. In practice I have found that the best results are obtained with condensers treated in the manner described in a patent granted to me February 23,1897, No. 577,671. Obviously the above precautions should be the more rigorously observed the slower the rate of charging and the smaller the time interval during which the energy is allowed to accumulate in the condenser. The insulated plate or conducting body should present as large a surface as practicable to the rays or streams of so matter, I having ascertained that the amount of energy conveyed to it per unit of time is under otherwise identical conditions proportionate to the area exposed, or nearly so. Furthermore, the surface should be clean and preferably highly polished or amalgamated. The second terminal or armature of the condenser may be connected to one of the poles of a battery or other source of electricity or to any conducting body or object whatever of such properties or so conditioned that by its means electricity of the required sign will be supplied to the terminal. A simple way of supplying positive or negative electricity to the terminal is to connect the same either to an insulated conductor, supported at some height in the atmosphere, or to a grounded conductor, the former, as is well known, furnishing positive and the latter negative electricity. As the rays or supposed streams of matter generally convey a positive charge to the first condenser-terminal, which is connected to the plate or conductor above mentioned, I usually connect the second terminal of the condenser to the ground, this being the most convenient way of obtaining negative electricity, dispensing with the necessity of providing an artificial source. In order to utilize for any useful purpose the energy accumulated in the condenser, I furthermore connect to the terminals of the same a circuit including an instrument or apparatus which it is desired to operate and another instrument or device for alternately closing and opening the circuit. This latter may be any form of circuit-controller, with fixed or movable parts or electrodes, which may be actuated either by the stored energy or by independent means.

The rays or radiations which are to he utilized for the operation of the apparatus above described in general terms may be derived from a natural source, as the sun, or may be artificially produced by such means, for example, as an arc-lamp, a Roentgen tube, and the like, and they may be employed for a great variety of useful purposes.

My discovery will be more fully understood from the following detailed description and annexed drawings, to which reference is now made, and in which --

Figure 1 is a diagram showing typical forms of the devices or elements as arranged and connected in applying the method for the operation of a mechanical contrivance or instrument solely by the energy stored; and Fig. 2 is a diagrammatical representation of a modified arrangement suitable for special purposes, with a circuit-controller actuated by independent means.

Referring to Fig. 1, C is the condenser, P the insulated plate or conducting body, which is exposed to the rays, and P´ another plate or conductor, all being joined in series, as shown. The terminals T T' of the condenser are also connected to a circuit including a receiver R, which is to be operated, and a circuit-controlling device *d*, which in this case is composed of two very thin conducting-plates *t t'*, placed in close proximity and very mobile, either by reason of extreme flexibility or owing to the character of their support. To improve their action, they should be enclosed in a receptacle from which the air may be exhausted. The receiver R is shown as consisting of an electro-magnet M, a movable armature *a*, a retractile spring *b*, and a ratchet-wheel *w*, provided with a spring-pawl *r*, which is pivoted to armature *a*, as illustrated. The apparatus being arranged as shown, it will be found that when the radiations of the sun or of any other source capable of producing the effects before described fall upon the plate P an accumulation of electrical energy in the condenser C will result. This phenomenon, I believe, is best explained as follows: The sun as well as other sources of radiant energy throw off minute particles of matter positively electrified, which, impinging upon the plate P, communicate an electrical charge to the same. The opposite terminal of the condenser being connected to the ground, which may be considered as a vast reservoir of negative electricity, a feeble current flows continuously into the condenser, and inasmuch as these supposed particles are of an inconceivably small radius or curvature, and consequently charged to a relatively very high potential, this charging of the condenser may continue, as I have found in practice, almost indefinitely, even to the point of rupturing the dielectric. Obviously whatever circuit-controller be employed it should operate to close the circuit in which it is included when the potential in the condenser has reached the desired magnitude. Thus in Fig. 2 when the electrical pressure at the terminals T T' rises to a certain predetermined value the plates *t t′*, attracting each other, close the circuit connected to the terminals. This permits a flow of current which energizes the magnet M, causing it to draw down the armature *a* and impart a partial rotation to the ratchet-wheel *w*. As the current ceases the armature is retracted by the spring *b* without, however, moving the wheel *w*. With the stoppage of the current the plates *t t′* cease to be attracted and separate, thus restoring the circuit to its original condition.

Many useful applications of this method of utilizing the radiations emanating from the sun or other source and many ways of carrying out the same will at once suggest themselves from the above description. By way of illustration a modified arrangement is shown in Fig. 2, in which the source S of radiant energy is a special form of Roentgen tube devised by me having but one terminal *k*, generally of aluminum, in the form of half a sphere with a plain polished surface on the front side, from which the streams are thrown off. It may be excited by attaching it to one of the terminals of any generator of sufficiently high electro-motive force; but whatever apparatus be used it is important that the tube be exhausted to a high degree, as otherwise it might prove entirely ineffective. The working or discharge-circuit connected to the terminals T T' of the condenser includes in this case the primary *p* of a transformer and a circuit-controller comprising a fixed terminal or brush *t* and a movable terminal *t′* in the shape of a wheel with conducting and insulating segments which may be rotated at an arbitrary speed by any suitable means. In inductive relation to the primary wire or coil *p* is a secondary *s*, usually of a much greater number of turns, to the ends of which is connected a receiver R. The terminals of the condenser being connected as indicated, one to an insulated plate P, and the other to a grounded plate P', when the tube S is excited rays or streams of matter are emitted from the same, which convey a positive charge to the plate P and condenser-terminal T, while terminal T' is continuously receiving negative electricity from the plate P'. This, as before explained, results in an accumulation of electrical energy in the condenser, which goes on as long as the circuit including the primary *p* is interrupted.

Whenever the circuit is closed, owing to the rotation of the terminal *t′*, the stored energy is discharged through the primary *p*, this giving rise in the secondary *s* to induced currents which operate the receiver R.

It is clear from what has been stated above that if the terminal T' is connected to a plate supplying positive instead of negative electricity the rays should convey negative electricity to plate P. The source S may be any form of Roentgen or Lenard tube; but it is obvious from the theory of action that in order to be very effective the electrical impulses exciting it should be wholly or at least preponderatingly of one sign. If ordinary symmetrical alternating currents are employed, provision should be made for allowing the rays to fall upon the plate P only during those periods when they are productive of the desired result. Evidently if the radiations of the source be stopped or intercepted or their intensity varied in any manner, as by periodically interrupting or rhythmically varying the current exciting the source, there will be corresponding changes in the action upon the receiver R, and thus signals may be transmitted and many other useful effects produced. Furthermore, it will be understood that any form of circuit-closer which will respond to or be set in operation when a predetermined amount of energy is stored in the condenser may be used in lieu of the device specifically described with reference to Fig. 1, and also that the special details of construction and arrangement of the several parts of the apparatus may be very greatly varied without departure from the invention.

Having described my invention, what I claim is --

1. The method of utilizing radiant energy, which consists in charging one of the armatures of a condenser by rays or radiations, and the other armature by independent means, and discharging the condenser through a suitable receiver, as set forth.

2. The method of utilizing radiant energy, which consists in simultaneously charging a condenser by means of rays or radiations and an independent source of electrical energy, and discharging the condenser through a suitable receiver, as set forth.

3. The method of utilizing radiant energy, which consists in charging one of the armatures of a condenser by rays or radiations, and the other by independent means, controlling the action of effect of said rays or radiations and discharging the condenser through a suitable receiver, as set forth.

4. The method of utilizing radiant energy, which consists in charging one of the armatures of a condenser by rays or radiations and the other by independent means, varying the intensity of the said rays or radiations and periodically discharging the condenser through a suitable receiver, as set forth.

5. The method of utilizing radiant energy, which consists in directing upon an elevated conductor, connected to one of the armatures of a condenser, rays or radiations capable of positively electrifying the same, carrying off electricity from the other armature by connecting the same with the ground, and discharging the accumulated energy through a suitable receiver, as set forth.

6. The method of utilizing radiant energy, which consists in charging one of the armatures of a condenser by rays or radiations, and the other by independent means, and effecting by the automatic discharge of the accumulated energy the operation or control of a suitable receiver, as set forth.

NIKOLA TESLA.

Witnesses:
M. LAWSON DYER,
RICHARD DONOVAN.

N. TESLA.

APPARATUS FOR TRANSMITTING ELECTRICAL ENERGY.

APPLICATION FILED JAN. 18, 1902. RENEWED MAY 4, 1907.

1,119,732. Patented Dec. 1, 1914.

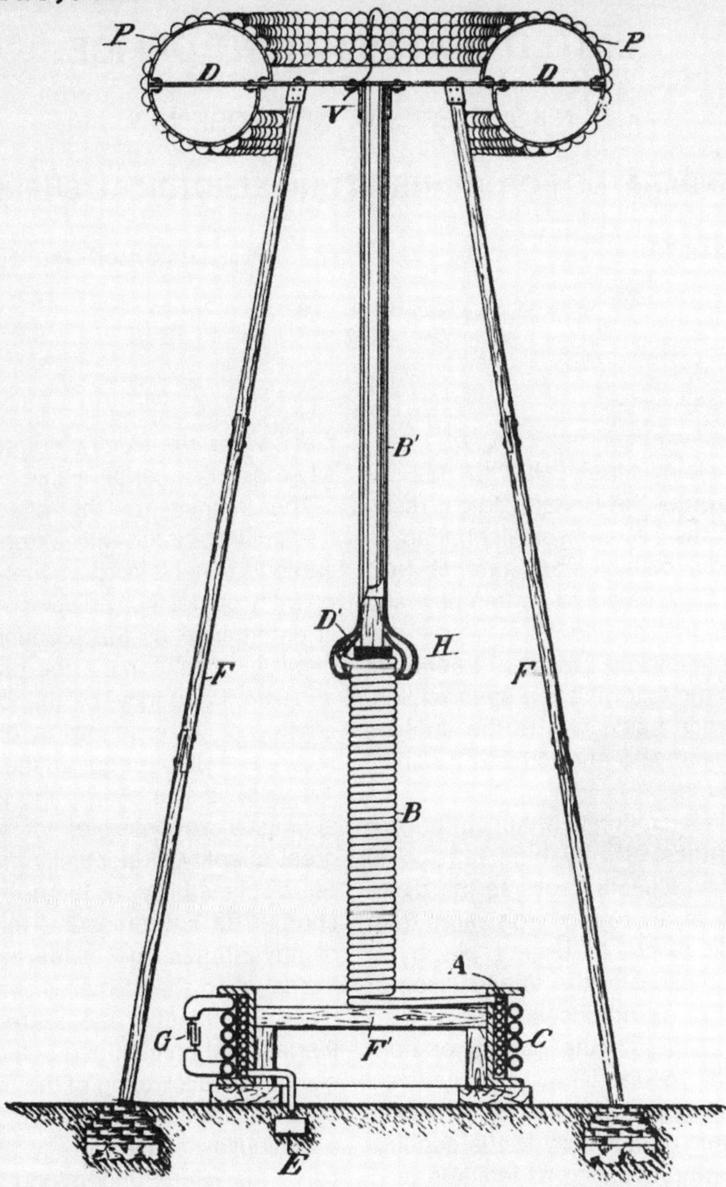


WITNESSES

M. Lawson Dyer

Benjamin Miller

Nikola Tesla, INVENTOR,

BY Kerr, Page & Cooper, his ATTORNEYS.

# UNITED STATES PATENT OFFICE.

NIKOLA TESLA, OF NEW YORK, N. Y.

## APPARATUS FOR TRANSMITTING ELECTRICAL ENERGY.

**1,119,732.** Specification of Letters Patent. **Patented Dec. 1, 1914.**

Application filed January 18, 1902. Serial No. 90,245.
Renewed May 4, 1907. Serial No. 371,817.

*To all whom it may concern:*

Be it known that I, NIKOLA TESLA, a citizen of the United States, residing in the borough of Manhattan, in the city, county and State of New York, have invented certain new and useful Improvements in Apparatus for Transmitting Electrical Energy, of which the following is a specification, reference being had to the drawing accompanying and forming a part of the same.

In endeavoring to adapt currents or discharges of very high tension to various valuable uses, as the distribution of energy through wires from central plants to distant places of consumption, or the transmission of powerful disturbances to great distances, through the natural or non-artificial media. I have encountered difficulties in confining considerable amounts of electricity to the conductors and preventing its leakage over their supports, or its escape into the ambient air, which always takes place when the electric surface density reaches a certain value.

The intensity of the effect of a transmitting-circuit with a free or elevated terminal is proportionate to the quantity of electricity displaced which is determined by the product of the capacity of the circuit, the pressure, and the frequency of the currents employed. To produce an electrical movement of the required magnitude it is desirable to charge the terminal as highly as possible, for while a great quantity of electricity may also be displaced by a large capacity charged to low pressure, there are disadvantages met with in many cases when the former is made too large. The chief of these are due to the fact that an increase of the capacity entails a lowering of the frequency of the impulses or discharges and a diminution of the energy of vibration. This will be understood when it is borne in mind, that a circuit with a large capacity behaves as a slackspring, whereas one with a small capacity acts like a stiff spring, vibrating more vigorously. Therefore, in order to attain the highest possible frequency, which for certain purposes is advantageous and, apart from that, to develop the greatest energy in such a transmitting-circuit, I employ a terminal of relatively small capacity, which I charge to as high a pressure as practicable. To accomplish this result I have found it imperative to so construct the elevated conductor, that its outer surface, on which the electrical charge chiefly accumulates, has itself a large radius of curvature, or is composed of separate elements which, irrespective of their own radius of curvature, are arranged in close proximity to each other and so, that the outside ideal surface enveloping them is of a large radius. Evidently, the smaller the radius of curvature the greater, for a given electric displacement, will be the surface-density and, consequently, the lower the limiting pressure to which the terminal may be charged without electricity escaping into the air. Such a terminal I secure to an insulating support entering more or less into its interior, and I likewise connect the circuit to it inside or, generally, at points where the electric density is small. This plan of constructing and supporting a highly charged conductor I have found to be of great practical importance, and it may be usefully applied in many ways.

Referring to the accompanying drawing, the figure is a view in elevation and part section of an improved free terminal and circuit of large surface with supporting structure and generating apparatus.

The terminal D consists of a suitably shaped metallic frame, in this case a ring of nearly circular cross-section, which is covered with half spherical metal plates P P, thus constituting a very large conducting surface, smooth on all places where the electric charge principally accumulates. The frame is carried by a strong platform expressly provided for safety appliances, instruments of observation, etc., which in turn rests on insulating supports F F. These should penetrate far into the hollow space formed by the terminal, and, if the electric density at the points where they are bolted to the frame is still considerable, they may be specially protected by conducting hoods as H.

A part of the improvements which form the subject of this specification, the transmitting-circuit in its general features, is identical with that described and claimed in my original Patents Nos. 645,576 and 649,621. The circuit comprises a coil A which is in close inductive relation with a primary C, and one end of which is connected to a ground-plate E, while its other end is led through a separate self-induction coil B and a metallic cylinder B' to the terminal D.

The connection to the latter should always be made at, or near the center, in order to secure a symmetrical distribution of the current, as otherwise, when the frequency is very high and the flow of large volume, the performance of the apparatus might be impaired. The primary C may be excited in any desired manner, from a suitable source of currents G, which may be an alternator or condenser, the important requirement being that the resonant condition is established, that is to say, that the terminal D is charged to the maximum pressure developed in the circuit, as I have specified in my original patents before referred to. The adjustments should be made with particular care when the transmitter is one of great power, not only on account of economy, but also in order to avoid danger. I have shown that it is practicable to produce in a resonating circuit as E A B B' D immense electrical activities, measured by tens and even hundreds of thousands of horse-power, and in such a case, if the points of maximum pressure should be shifted below the terminal D, along coil B, a ball of fire might break out and destroy the support F or anything else in the way. For the better appreciation of the nature of this danger it should be stated, that the destructive action may take place with inconceivable violence. This will cease to be surprising when it is borne in mind, that the entire energy accumulated in the excited circuit, instead of requiring, as under normal working conditions, one quarter of the period or more for its transformation from static to kinetic form, may spend itself in an incomparably smaller interval of time, at a rate of many millions of horse power. The accident is apt to occur when, the transmitting circuit being strongly excited, the impressed oscillations upon it are caused, in any manner more or less sudden, to be more rapid than the free oscillations. It is therefore advisable to begin the adjustments with feeble and somewhat slower impressed oscillations, strengthening and quickening them gradually, until the apparatus has been brought under perfect control. To increase the safety, I provide on a convenient place, preferably on terminal D, one or more elements or plates either of somewhat smaller radius of curvature or protruding more or less beyond the others (in which case they may be of larger radius of curvature) so that, should the pressure rise to a value, beyond which it is not desired to go, the powerful discharge may dart out there and lose itself harmlessly in the air. Such a plate, performing a function similar to that of a safety valve on a high pressure reservoir, is indicated at V.

Still further extending the principles underling my invention, special reference is made to coil B and conductor B´. The latter is in the form of a cylinder with smooth or polished surface of a radius much larger than that of the half-spherical elements P P, and widens out at the bottom into a hood H, which should be slotted to avoid loss by eddy currents and the purpose of which will be clear from the foregoing. The coil B is wound on a frame or drum D1 of insulating material, with its turns close together. I have discovered that when so wound the effect of the small radius of curvature of the wire itself is overcome and the coil behaves as a conductor of large radius of curvature, corresponding to that of the drum. This feature is of considerable practical importance and is applicable not only in this special instance, but generally. For example, such plates at P P of terminal D, though preferably of large radius of curvature, need not be necessarily so, for provided only that the individual plates or elements of a high potential conductor or terminal are arranged in proximity to each other and with their outer boundaries along an ideal symmetrical enveloping surface of a large radius of curvature, the advantages of the invention will be more or less fully realized. The lower end of the coil B -- which, if desired, may be extended up to the terminal D -- should be somewhat below the uppermost turn of coil A. This, I find, lessens the tendency of the charge to break out from the wire connecting both and to pass along the support F'.

Having described my invention, I claim:

1. As a means for producing great electrical activities a resonant circuit having its outer conducting boundaries, which are charged to a high potential, arranged in surfaces of large radii of curvature so as to prevent leakage of the oscillating charge, substantially as set forth.

2. In apparatus for the transmission of electrical energy a circuit connected to ground and to an elevated terminal and having its outer conducting boundaries, which are subject to high tension, arranged in surfaces of large radii of curvature substantially as, and for the purpose described.

3. In a plant for the transmission of electrical energy without wires, in combination with a primary or exciting circuit a secondary connected to ground and to an elevated terminal and having its outer conducting boundaries, which are charged to a high potential, arranged in surfaces of large radii of curvature for the purpose of preventing leakage and loss of energy, substantially as set forth.

4. As a means for transmitting electrical energy to a distance through the natural media a grounded resonant circuit, comprising a part upon which oscillations are impressed and another for raising the tension, having its outer conducting boundaries on which a high tension charge accumulates arranged in surfaces of large radii of curvature, substantially as described.

5. The means for producing excessive electric potentials consisting of a primary exciting circuit and a resonant secondary having its outer conducting elements which are subject to high tension arranged in proximity to each other and in surfaces of large radii of curvature so as to prevent leakage of the charge and attendant lowering of potential, substantially as described.

6. A circuit comprising a part upon which oscillations are impressed and another part for raising the tension by resonance, the latter part being supported on places of low electric density and having its outermost conducting boundaries arranged in surfaces of large radii of curvature, as set forth.

7. In apparatus for the transmission

of electrical energy without wires a grounded circuit the outer conducting elements of which have a great aggregate area and are arranged in surfaces of large radii of curvature so as to permit the storing of a high charge at a small electric density and prevent loss through leakage, substantially as described.

8. A wireless transmitter comprising in combination a source of oscillations as a condenser, a primary exciting circuit and a secondary grounded and elevated conductor the outer conducting boundaries of which are in proximity to each other and arranged in surfaces of large radii of curvature, substantially as described.

9. In apparatus for the transmission of electrical energy without wires an elevated conductor or antenna having its outer high potential conducting or capacity elements arranged in proximity to each other and in surfaces of large radii of curvature so as to overcome the effect of the small radius of curvature of the individual elements and leakage of the charge, as set forth.

10. A grounded resonant transmitting-circuit having its outer conducting boundaries arranged in surfaces of large radii of curvature in combination with an elevated terminal of great surface supported at points of low electric density, substantially as described.

NIKOLA TESLA.

Witnesses:
M. LAWSON DYER,
RICHARD DONOVAN.

N. TESLA.

FLUID PROPULSION.

APPLICATION FILED OCT. 21, 1909.

**1,061,142.** Patented May 6, 1913.

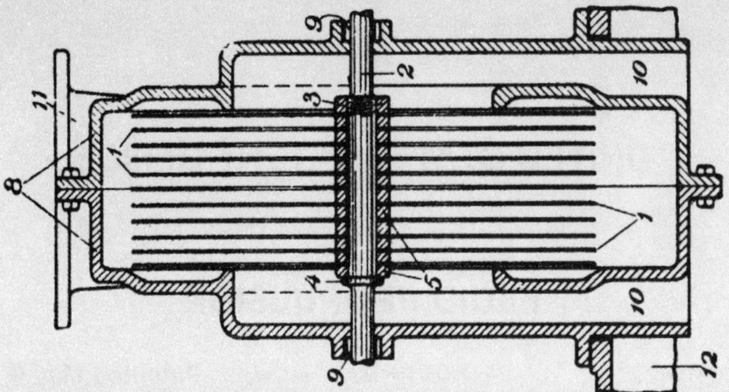


Fig 2

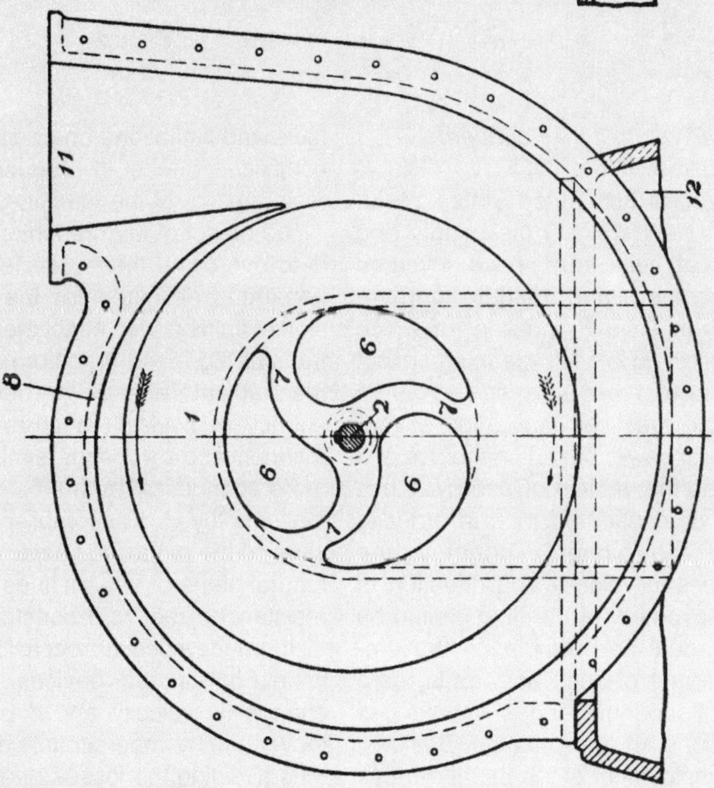


Fig 1

Witnesses.
A. Diaz Buitrago
S. S. Dunham

Nikola Tesla,
Inventor

By his Attorneys
Kerr, Page, Cooper & Hayward

# UNITED STATES PATENT OFFICE.

NIKOLA TESLA, OF NEW YORK, N. Y.

# FLUID PROPULSION.

**1,061,142.** Specification of Letters Patent. **Patented May 6, 1913.**

Application filed October 21, 1909. Serial No. 523,832.

*To all whom it may concern:*

Be it known that I, NIKOLA TESLA, a citizen of the United States, residing at New York, in the county and State of New York, have invented certain new and useful Improvements in Fluid Propulsion, of which the following is a full, clear, and exact description.

In the practical application of mechanical power based on the use of a fluid as the vehicle of energy, it has been demonstrated that, in order to attain the highest economy, the changes in velocity and direction of the movement of the fluid should be as gradual as possible. In the present forms of such apparatus more or less sudden changes, shocks and vibrations are unavoidable. Besides, the employment of the usual devices for imparting energy to a fluid, as pistons, paddles, vanes and blades, necessarily introduces numerous defects and limitations and adds to the complication, cost of production and maintenance of the machine.

The object of my present invention is to overcome these deficiencies in apparatus designed for the propulsion of fluids and to effect thereby the transmission and transformation of mechanical energy through the agency of fluids in a more perfect manner, and by means simpler and more economical than those heretofore employed. I accomplish this by causing the propelled fluid to move in natural paths or stream lines of least resistance, free from constraint and disturbance such as occasioned by vanes or kindred devices, and to change its velocity and direction of movement by imperceptible degrees, thus avoiding the losses due to sudden variations while the fluid is receiving energy.

It is well known that a fluid possesses, among others, two salient properties: adhesion and viscosity. Owing to these a body propelled through such a medium encounters a peculiar impediment known as "lateral" or "skin resistance", which is twofold; one arising from the shock of the fluid against the asperities of the solid substance, the other from internal forces opposing molecular separation. As an inevitable consequence, a certain amount of the fluid is dragged along by the moving body. Conversely, for the same reasons, it is impelled in the direction of movement. These effects, in themselves, are of daily observation, but I believe that I am the first to apply them in a practical and economical manner for imparting energy to or deriving it from a fluid.

The subject of this application is an invention pertaining to the art of imparting energy to fluids, and I shall now proceed to describe its nature and principles of construction of the apparatus which I have devised for carrying it out by reference to the accompanying drawings which illustrate an operative and efficient embodiment of the same.

Figure 1 is a partial end view, and Fig. 2 is a vertical cross-section of a pump or compressor constructed and adapted to be operated in accordance with my invention.

In these drawings the device illustrated contains a runner composed of a plurality of flat rigid disks 1 of a suitable diameter, keyed to a shaft 2, and held in position by threaded nut 3, a shoulder 4 and washers 5, of the requisite thickness. Each disk has a number of central openings 6, the solid portions between which form spokes 7, preferably curved, as shown, for the purpose of reducing the loss of energy due to the impact of the fluid. The runner is mounted in a two-part volute casing 8, having stuffing-boxes 9, and inlets 10 leading to its central portion. In addition a gradually widening and rounding outlet 11 is provided, formed with a flange for connection to a pipe as usual. The casing 8 rests upon a base 12, shown only in part, and supporting the bearings for the shaft 2, which, being of ordinary construction, are omitted from the drawings.

An understanding of the principles embodied in this device will be gained from the following description of its mode of operation. Power being applied to the shaft and the runner set in rotation in the direction of the solid arrow the fluid by reason of this properties of adherence and viscosity, upon entering through the inlets 10 and coming in contact with the disks 1 is taken hold of by the same and subjected to two forces, one acting tangentially in the direction of rotation, and the other radially outward. The combined effect of these tangential and centrifugal forces is to propel the fluid with continuously increasing velocity in a spiral path until it reaches the outlet 11 from which it is ejected. This spiral movement, free and undisturbed and essentially dependent on the properties of the fluid, permitting it to adjust itself to natural paths or stream lines and to changes its velocity and direction by insensible degrees, is characteristic of this method of propulsion and advantageous in its application. While traversing the chamber enclosing the runner, the particles of the fluid may complete one or more turns, or but a part of one turn. In any given case their path can be closely calculated and graphically represented, but fairly accurate estimate of turns can be obtained simply by determining the number of revolutions required to renew the fluid passing through the chamber and multiplying it by the ration between the mean-speed of the fluid and that of the disks. I have found that the quantity of fluid propelled in this manner is, other conditions being equal, approximately proportionate to the active surface of the runner and to its effective speed. For this reason the performance of such machine augments at an exceedingly high rate with the increase of their size and speed of revolution.

The dimension of the device as a whole, and the spacing of the disks in any given machine will be determined by the conditions and requirements of special cases. It may be stated that the intervening distance should be the greater, the larger the diameter of the disks, the longer the spiral path of the fluid and the greater its viscosity. In general, the spacing should be such that the entire mass of the fluid, before leaving the runner, is accelerated to a nearly uniform velocity, not much below that of the periphery of the disks under normal working conditions and almost equal to it when the outlet is closed and the particles move in concentric circles. It may also be pointed out that such a pump can be made without openings and spokes in the runner, as by using one or more solid disks, each in its own casing, in which form the machine will be eminently adapted for sewage, dredging and the like, when the water is charged with foreign bodies and spokes or vanes especially objectionable.

Another application of this principle which I have discovered to be not only feasible, but thoroughly practicable and efficient, is the utilization of machines such as above described for the compression or rarefaction of air, or gases in general. In such cases it will be found that most of the general considerations obtaining in the case of liquids, properly interpreted, hold true. When, irrespective of the character of the fluid, considerable pressures are desired, staging or compounding may be resorted to in the usual way the individual runners being, preferably, mounted on the same shaft. It should be added that the same end may be attained with one single runner by suitable deflection of the fluid through rotative or stationary passages.

The principles underlying the invention are capable of embodiment also in that field of mechanical engineering which is concerned in the use of fluids as motive agents, for while in some respects the actions in the latter case are directly opposite to those met with in the propulsion of fluids, the fundamental laws applicable in the two cases are the same. In other words, the operation above described is reversible, for if water or air under pressure be admitted to the opening 11 the runner is set in rotation in the direction of the dotted arrow by reason of the peculiar properties of the fluid which traveling in a spiral path and with continuously diminishing velocity, reaches the orifices 6 and 10 through which it is discharged.

When apparatus of the general character above described is employed for the transmission of power, however, certain departures from structural similarity between transmitter and receiver may be necessary for securing the best result. I have, therefore, included that part of my invention which is directly applicable to the use of fluid as motive agents in a separate application filed January 17, 1911, Serial No. 603,049. It may be here pointed out, however, as is evident from the above considerations, that when transmitting power from one shaft to another by such machines, any desired ration between the speeds of rotation may be obtained by proper selection of the diameter of the disks, or by suitably staging the transmitter, the receiver, or both. But it may be stated that in one respect, at least, the two machines are essentially different. In the pump, the radial or static pressure, due to centrifugal force, is added to the tangential or dynamic, thus increasing the effective head and assisting in the expulsion of the fluid. In the motor, on the contrary, the first named pressure, being opposed to that of supply, reduces the effective head and velocity of radial flow toward the center. Again, in the propelled machine a great torque is always desirable, this calling for an increased number of disks and smaller distance of separation, while in the propelling machine, for numerous economic reasons, the rotary effort should be the smallest and the speed the greatest practicable. Many other considerations, which will naturally suggest themselves, may affect the design and construction, but the preceding is thought to obtain all necessary information in this regard.

It will be understood that the principles of construction and operation above set forth, are capable of embodiment in machines of the most widely different forms, and adapted for the greatest variety of purposes. In the above, I have sought to describe and explain only the general and typical applications of the principle which I believe I am the first to realize and turn to useful account.

I do not claim in this application the method herein described of imparting energy to a fluid, having made this discovery the subject of a copending application Serial No. 735,914.

What I claim is:

1. A machine for propelling or imparting energy to fluids comprising in combination a plurality of spaced disks rotatably mounted and having plane surfaces, and enclosing casing, ports of inlet at the central portion of said casing and through which the fluid is adapted to be introduced to the axial portions of the disks, and ports of outlet at the periperal portion of the casing through which the fluid,

when the machine is driven by power, is adapted to be expelled, as set forth.

2. A machine for propelling or imparting energy to fluids, comprising in combination a volute casing provided with ports of inlet and outlet at its central and peripheral portions, respectively, and a runner mounted within the casing and composed of spaced disks with plane surfaces having openings adjacent to the axis of rotation.

2. A rotary pump, comprising in combination a plurality of spaced disks with plane surfaces mounted on a rotatably shaft and provided with openings adjacent thereto, a volute casing enclosing the said disks, means for admitting a fluid into that portion of the casing which contains the shaft and an outlet extending tangentially from the peripheral portion of said casing.

In testimony whereof I affix my signature in the presence of two subscribing witnesses.

NIKOLA TESLA.

Witnesses:

M. LAWSON DYER,
DRURY W. COOPER.

N. TESLA.

TURBINE.

APPLICATION FILED JAN. 17, 1911.

**1,061,206.** Patented May 6, 1913.

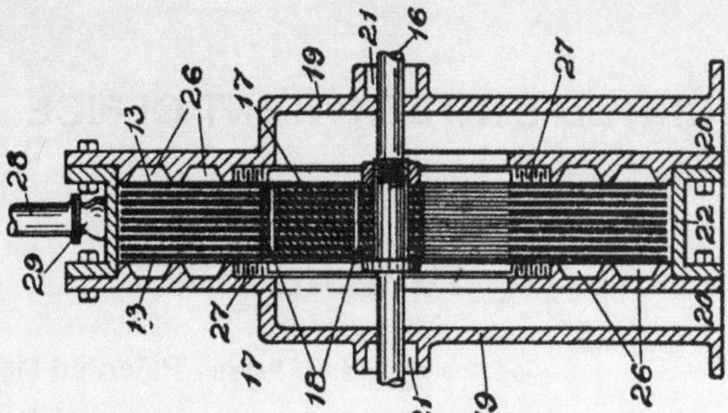


*Fig. 2.*

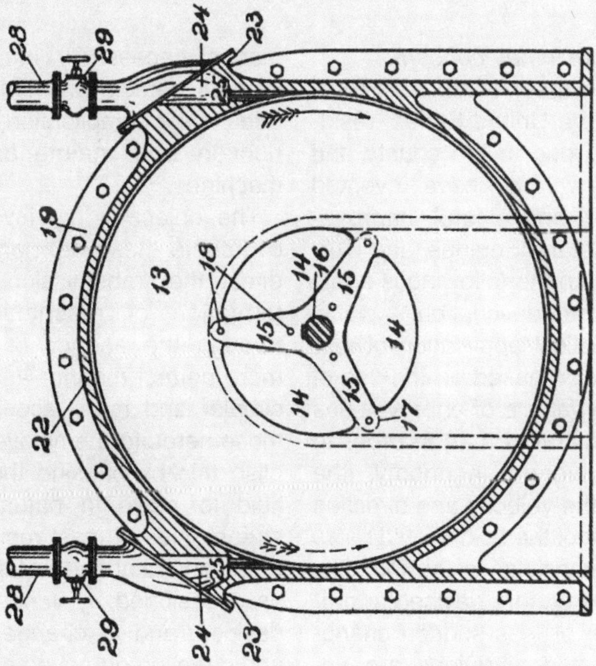


*Fig. 1.*

Witnesses:
R. Diaz Buitrago
Wm Bohleber

Nikola Tesla, Inventor

By his Attorneys
Kerr Page Cooper & Hayward

# UNITED STATES PATENT OFFICE.

NIKOLA TESLA, OF NEW YORK, N. Y.

# TURBINE.

**1,061,206.** Specification of Letters Patent. **Patented May 6, 1913.**

Original Application filed October 21, 1909. Serial No. 523,832.
Divided and this application filed January 17, 1911. Serial No. 603,049.

*To all whom it may concern:*

Be it known that I, NIKOLA TESLA, a citizen of the United States, residing at New York, in the county and State of New York, have invented certain new and useful Improvements in Rotary Engines and Turbines, of which the following is a full, clear, and exact description.

In the practical application of mechanical power, based on the use of fluids as the vehicle of energy, it has been demonstrated that, in order to attain the highest economy, the changes in the velocity and direction of movement of the fluid should be as gradual as possible. In the forms of apparatus heretofore devised or proposed, more or less sudden changes, shocks and vibrations are unavoidable. Besides, the employment of the usual devices for imparting to, or deriving energy from a fluid, such as pistons, paddles, vanes and blades necessarily introduces numerous defects and limitations and adds to the complication, cost of production and maintenance of the machines.

The object of my invention is to overcome these deficiencies and to effect the transmission and transformation of mechanical energy through the agency of fluids in a more perfect manner and by means simpler and more economical than those heretofore employed. I accomplish this by causing the propelling fluid to move in natural paths or stream lines of least resistance, free from constraint and disturbance such as occasioned by vanes or kindred devices, and to change its velocity and direction of movement by imperceptible degrees, thus avoiding the losses due to sudden variations while the fluid is imparting energy.

It is well known that a fluid possesses, among others, two salient properties, adhesion and viscosity. Owing to these a solid body, propelled through such a medium encounters a peculiar impediment known as "lateral" or "skin resistance," which is twofold, one arising from the shock of the fluid against the asperities of the solid substance, the other from internal forces opposing molecular separation. As an inevitable consequence a certain amount of the fluid is dragged along by the moving body. Conversely, if the body be placed in a fluid in motion, for the same reasons, it is impelled in the direction of movement. These effects, in themselves, are of daily observation, but I believe that I am the first to apply them in a practical and economical manner in the propulsion of fluids or in their use as motive agents.

In an application filed by me October 21st, 1909, Serial Number 523,832 of which this case is a division, I have illustrated the principles underlying my discovery as embodied in apparatus designed for the propulsion of fluids. The same principles however, are capable of embodiment also in that field of mechanical engineering which is concerned in the use of fluids as motive agents, for while in certain respects the operations in the latter case are directly opposite to those met with in the propulsion of fluids, and the means employed may differ in some features, the fundamental laws applicable in the two cases are the same. In other words, the operation is reversible, for if water or air under pressure be admitted to the opening constituting the outlet of a pump or blower as described, the runner is set in rotation by reason of the peculiar properties of the fluid which in its movement through the device, imparts its energy thereto.

The present application, which is a division of that referred to, is specially intended to describe and claim my discovery above set forth, so far as it bears on the use of fluids as motive agents, as distinguished from the applications of the same to the propulsion or compression of fluids.

In the drawings, therefore, I have illustrated only the form of apparatus designed for the thermo-dynamic conversion of energy, a field in which the applications of the principle have the greatest practical value.

Figure 1 is a partial end view, and Fig. 2 a vertical cross-section of a rotary engine or turbine, constructed and adapted to be operated in accordance with the principles of my invention.

The apparatus comprises a runner composed of a plurality of flat rigid disks 13 of suitable diameter, keyed to a shaft 16, and held in position thereon by a threaded nut 11, a shoulder 12, and intermediate washers 17. The disks have openings 14 adjacent to the shaft and spokes 15, which may be substantially straight. For the sake of clearness, but a few disks, with comparatively wide intervening spaces, are illustrated.

The runner is mounted in a casing comprising two end castings 19, which contain the bearings for the shaft 16, indicated but not shown in detail, stuffing-boxes 21 and outlets

20. The end castings are united by a central ring 22, which is bored out to a circle of a slightly larger diameter than that of the disks and has flanged extensions 23, and inlets 24, into which finished ports or nozzles 25 are inserted. Circular grooves 26, and labyrinth packing 27 are provided on the sides of the runner. Supply-pipes 28, with valves 29, are connected to the flanged extensions of the central-ring, one of the valves being normally closed.

For a more ready and complete understanding of the principle of operation it is of advantage to consider first the actions that take place when the device is used for the propulsion of fluids for which purpose let it be assumed that power is applied to the shaft and the runner set in rotation, say in a clockwise direction. Neglecting, for the moment, those features of construction that make for or against the efficiency of the device as a pump, as distinguished from a motor, a fluid, by reason of its properties of adherence and viscosity, upon entering through the inlets 20, and coming in contact with the disks 13, is taken hold of by the latter and subjected to two forces, one acting tangentially in the direction of rotation, and the other radially outward. The combined effect of these tangential and centrifugal forces is to propel the fluid with continuously increasing velocity in a spiral path until it reaches a suitable peripheral outlet from which it is ejected. This spiral movement, free and undisturbed and essentially dependent on the properties of the fluid, permitting it to adjust itself to natural paths or stream lines and to change its velocity and direction by insensible degrees, is a characteristic and essential feature of this principle of operation.

While traversing the chamber enclosing the runner, the particles of the fluid may complete one or more turns, or but part of one turn, the path followed being capable of close calculation and graphic representation, but fairly accurate estimates of turns can be obtained simply by determining the number of revolutions required to renew the fluid passing, through the chamber and multiplying it by the ratio between the mean-speed of the fluid and that of the disks. I have found that the quantity of fluid propelled in this manner, is, other conditions being equal, approximately proportionate to the active surface of the runner and to its effective speed. For this reason, the performance of such machines augments at an exceedingly high rate with the increase of their size and speed of revolution.

The dimensions of the device as a whole and the spacing of the disks in any given machine will be determined by the conditions and requirements of special cases. It may be stated that the intervening distance should be the greater, the larger the diameter of the disks, the longer the spiral path of the fluid and the greater its viscosity. In general, the spacing should be such that the entire mass of the fluid, before leaving, the runner, is accelerated to a nearly uniform velocity, not much below that of the periphery of the disks under normal working-conditions, and almost equal to it when the outlet is closed and the particles move in concentric circles.

Considering now the converse of the above-described operation and assuming that fluid under pressure be allowed to pass through the valve at the side of the solid arrow, the runner will be set in rotation in a clockwise direction, the fluid traveling in a spiral path and with continuously diminishing velocity until it reaches the orifices 14 and 20, through which it is discharged. If the runner be allowed to turn freely in nearly frictionless bearings, its rim will attain a speed closely approximating the maximum of that of the adjacent fluid and the spiral path of the particles will be comparatively long, consisting of many almost circular turns. If load is put on and the runner slowed down, the motion of the fluid is retarded, the turns are reduced and the path is shortened.

Owing to a number of causes affecting the performance, it is difficult to frame a precise rule which would be generally applicable, but it may be stated that within certain limits, and other conditions being, the same, the torque is directly proportionate to the square of the velocity of the fluid relatively to the runner and to the effective area of the disks and, inversely to the distance separating them. The machine will, generally, perform its maximum work when the effective speed of the runner is one-half of that of the fluid; but to attain the highest economy, the relative speed or slip, for any given performance should be as small as possible. This condition may be to any desired degree approximated by increasing the active area of and reducing the space between the disks. When apparatus of the kind described is employed for the transmission of power certain departures from similaity between transmitter and receiver are necessary for securing the best results. It is evident that when transmitting power from one shaft to another by such machines, any desired ratio between the speeds of rotation may be obtained by a proper selection of the diameters of the disks, or by suitably staging the transmitter, the receiver or both. But it may be pointed out that in one respect at least, the two machines are essentially different. In the pump, the radial or static pressure, due to centrifugal force, is added to the tangential or dynamic, thus increasing the effective head and assisting in the expulsion of the fluid. In the motor on the contrary, the first named pressure being opposed to that of supply, reduces the effective head and the velocity of radial flow toward the center. Again, in the propelled machine a great torque is always desirable, this calling for an increased number of disks and smaller distance of separation, while in the propelling-machine, for numerous economic reasons, the rotary effort should be the smallest and the speed the greatest practicable. Many other considerations which will naturally suggest themselves may affect the design and construction but the preceding is thought to contain all necessary information in this regard.

In order to bring out a distinctive feature, assume, in the first place, that the motive medium is admitted to the disk-chamber through a port, that is a channel which it traverses with nearly uniform velocity. In this case, the machine will operate as a rotary engine the fluid continuously expanding on its tortuous path to the central-outlet. The expansion takes place chiefly along the spiral path, for the spread inward is opposed by the centrifugal force due to the velocity of whirl and by the great resistance to radial exhaust. It is to be observed that the resistance to the passage of the fluid between the plates is, approximately, proportionate to the square of the relative speed, which is maximum in the direction toward the center and equal to the full tangential velocity of the fluid. The path of least resistance, necessarily taken in obedience to a universal law of motion is, virtually, also that of least relative velocity. Next, assume that the fluid is admitted to the disk-chamber not through a port, but a diverging nozzle, a device converting wholly or in part, the expansive into velocity-energy. The machine will then work rather like a turbine absorbing the energy of kinetic momentum of the particles as they whirl with continuously decreasing speed, to the exhaust.

The above description of the operation, I may add, is suggested by experience and observation and is advanced merely for the purpose of explanation. The undeniable fact is that the machine does operate, both expansively and impulsively. When the expansion in the nozzles is complete, or nearly so, the fluid pressure in the peripheral clearance space is small; as the nozzle is made less divergent and its section enlarged, the pressure rises, finally approximating that of the supply. But the transition from purely impulsive to expansive action may not be continuous throughout, on account of critical states and conditions and comparatively great variations of pressure may be caused by small changes of nozzle velocity.

In the preceding it has been assumed that the pressure of supply is constant or continuous, but it will be understood that the operation will be essentially the same if the pressure be fluctuating or intermittent, as that due to explosions occurring in more or less rapid succession.

A very desirable feature, characteristic of machines constructed and operated in accordance with this invention, is their capability of reversal of rotation. Fig. 1, while illustrative of a special case may be regarded as typical in this respect. If the right-hand valve be shut off and the fluid supplied through the second pipe the runner is rotated in the direction of the dotted arrow, the operation, and also the performance remaining the same as before, the central-ring being bored to a circle with this purpose in view. The same result may he obtained in many other ways by specially designed valves, ports or nozzles for reversing the flow, the description of which is omitted here in the interest of simplicity and clearness. For the same reasons but one operative port or nozzle is illustrated which might be adapted to a volute but does not fit best a circular bore. It will be understood that a number of suitable inlets may be provided around the periphery of the runner to improve the action and that the construction of the machine may be modified in many ways.

Still another valuable and probably unique quality of such motors or prime movers may be described. By proper construction and observance of working conditions the centrifugal pressure, opposing the passage of the fluid, may as already indicated, be made nearly equal to the pressure of supply when the machine is running idle. If the inlet-section be large, small changes in the speed of revolution will produce great differences in flow which are further enhanced by the concomitant variations in the length of the spiral path. A self-regulating machine is thus obtained bearing a striking resemblance to a direct-current electric-motor in this respect that, with great differences of impressed pressure in a wide open channel the flow of the fluid through the same is prevented by virtue of rotation. Since the centrifugal head increases as the square of the revolutions, or even more rapidly and with modern high-grade steel great peripheral velocities are practicable, it is possible to attain that condition in a single-stage machine more readily if the runner be of large diameter. Obviously this problem is facilitated by compounding, as will be understood by those skilled in the art. Irrespective of its bearing on economy, this tendency which is, to a degree, common to motors of the above description, is of special advantage in the operation of large units, as it affords a safeguard against running away and destruction. Besides these, such a prime mover possesses many other advantages, both to constructive and operative. It is simple, light and compact, subject to but little wear, cheap and exceptionally easy to manufacture, as small clearances and accurate milling-work are not essential to good performance. In operation it is reliable there being no valves, sliding-contacts or troublesome vanes. It is almost free of windage, largely independent of nozzle efficiency and suitable for high as well as for low fluid velocities and speeds of revolution.

It will be understood that the principles of construction and operation above generally set forth are capable of embodiment in machines of the most widely different forms, and adapted for the greatest variety of purposes. In my present specification I have sought to describe and explain only the general and typical applications of the principle which I believe I am the first to realize and turn to useful account.

What I claim is:

1. A machine adapted to be propelled by a fluid consisting in the combination with a casing having inlet and outlet-ports at the peripheral and central portions, respectively, of a rotor having plane spaced surfaces between which the fluid

may flow in natural spirals and by adhesive and viscous action impart its energy of movement to the rotor, as described.

2. A machine adapted to be propelled by a fluid, comprising a rotor composed of a plurality of plane spaced disks mounted on a shaft and open at or near the same, an enclosing casing with a peripheral inlet or inlets, in the plane of the disks, and an outlet or outlets in its central portion, as described.

3. A rotary engine adapted to be propelled by adhesive and viscous action of a continuously expanding fluid comprising in combination a casing forming a chamber, an inlet or inlets tangential to the periphery of the same, and an outlet or outlets in its central portion, with a rotor composed of spaced disks mounted on a shaft, and open at or near the same, as described.

4. A machine adapted to be propelled by fluid consisting in the combination of a plurality of disks mounted on a shaft and open at or near the same, and an enclosing casing with ports or passages of inlet and outlet at the peripheral and central portions, respectively, the disks being spaced to form passages through which the fluid may flow, under the combined influence of radial and tangential forces, in a natural spiral path from the periphery toward the axis of the disks, and impart its energy of movement to the same by its adhesive and viscous action thereon, as set forth.

5. A machine adapted to be propelled by a fluid comprising in combination a plurality of spaced disks rotatably mounted and having plane surfaces, an enclosing casing and ports or passages of inlet and outlet adjacent to the periphery and center of the disks, respectively, as set forth.

6. A machine adapted to be propelled by a fluid comprising in combination a runner composed of a plurality of disks having plane surfaces and mounted at intervals on a central shaft, and formed with openings near their centers and means for admitting, the propelling fluid into the spaces between the disks at the periphery and discharging it at the center of the same, as set forth.

7. A thermo-dynamic converter, comprising in combination a series of rotatably mounted spaced disks with plane surfaces, an enclosing, casing, inlet-ports at the peripheral portion and outlet-ports leading from the central portion of the same, as set forth.

8. A thermo-dynamic converter, comprising in combination a series of rotatably mounted spaced disks with plane surfaces and having openings adjacent to their central portions, an enclosing casing, inlet-ports in the peripheral portion, and outlet-ports leading from the central portion of the same, as set forth.

In testimony whereof I affix my signature in the presence of two subscribing witnesses.

NIKOLA TESLA.

Witnesses:
M. LAWSON DYER,
Wm. BOHLEBER.

N. TESLA.

FOUNTAIN.

APPLICATION FILED OCT. 28, 1913.

1,113,716.

Patented Oct. 13, 1914.

2 SHEETS—SHEET 1.

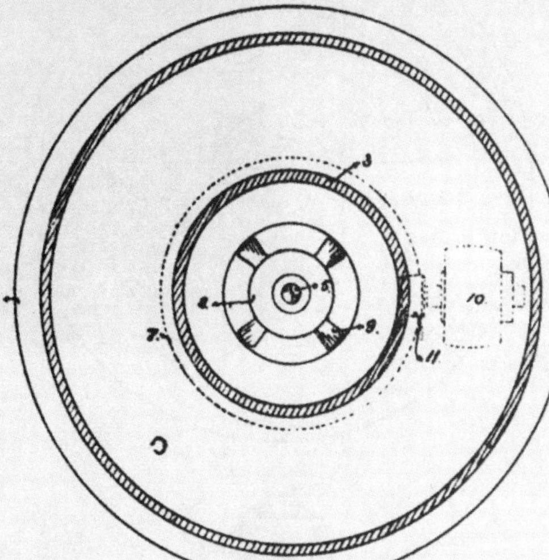


Fig 1

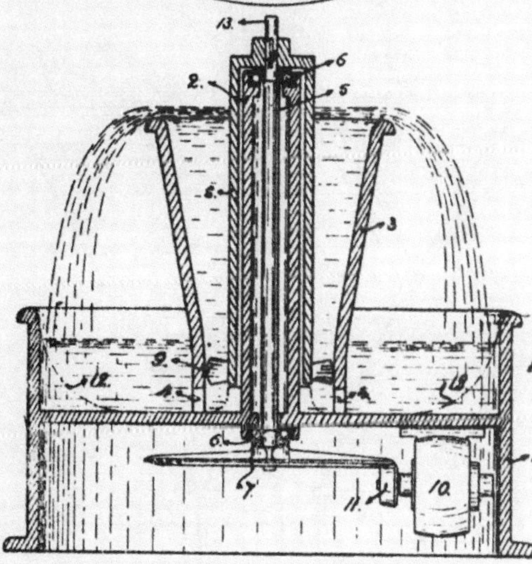


Fig 2

WITNESSES

W. H. Tector

Wm. Bohleber

INVENTOR.

Nikola Tesla

BY

Kerr Page Cooper & Hayward

ATTORNEYS

N. TESLA

FOUNTAIN.

APPLICATION FILED OCT. 28, 1913.

**1,113,716.**

Patented Oct. 13, 1914

2 SHEETS-SHEET 2.

*Fig. 3.*

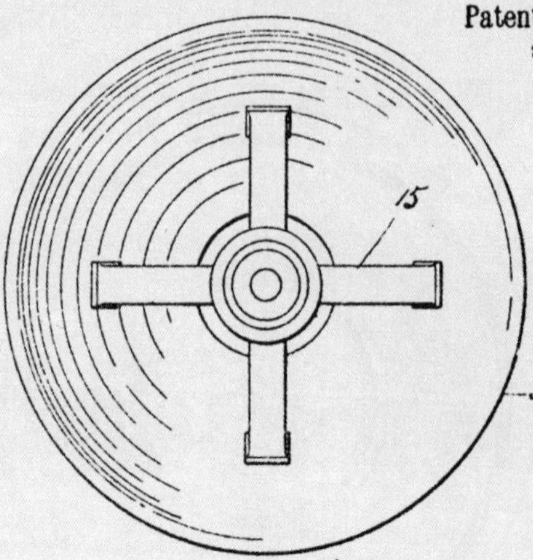


*Fig. 4.*

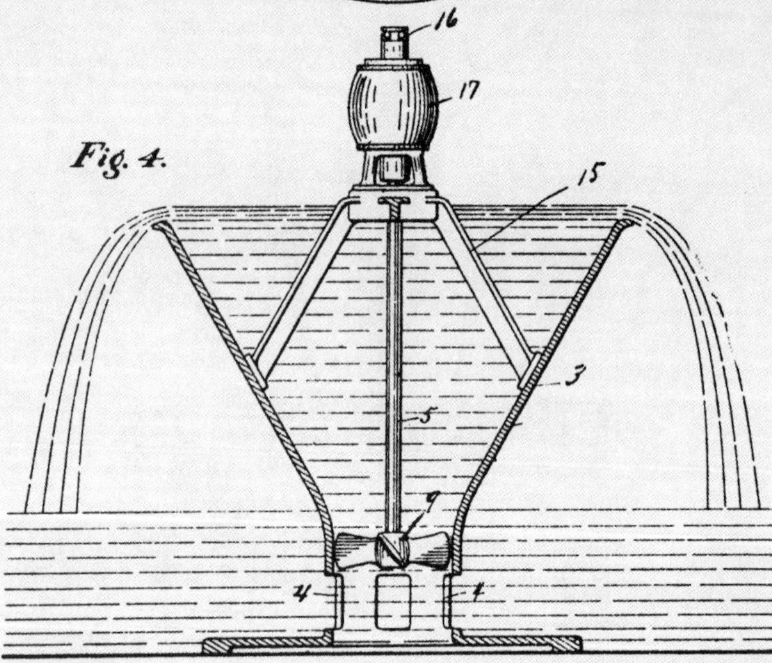


WITNESSES:

R. Diaz Buitrago

Wm Bohleber

INVENTOR.

Nikola Tesla

BY

Kerr Page Cooper & Hayward

ATTORNEYS

# UNITED STATES PATENT OFFICE.

NIKOLA TESLA, OF NEW YORK, N. Y.

# FOUNTAIN.

**1,113,716.** Specification of Letters Patent. **Patented Oct. 13. 1914.**

Application filed October 28, 1913. Serial No. 797,718.

*To all whom it may concern:*

Be it known that I, NIKOLA TESLA, a citizen of the United States, residing at New York, borough of Manhattan, county and State of New York, have invented certain new and useful Improvements in Fountains, of which the following is a full, clear, and exact description.

It has been customary heretofore in fountains and aquarian displays, to project spouts, jets, or sprays of water from suitable fixtures, chiefly for decorative and beautifying purposes. Invariably, the quantity of the issuing fluid was small and the pleasing impression on the eye was solely the result of the more or less artistic arrangement of the streamlets and ornaments employed. The present invention is a departure from such practice in that it relies principally on the fascinating spectacle of a large mass of fluid in motion and the display of similarly great power. Incidentally, it permits the realization of beautiful and striking views through illumination and the disposition of voluminous cascades which, moreover, may be applied to useful purposes in ways not practicable with the old and familiar devices. These objects are accomplished by the displacement of a great volume of fluid with a relatively small expenditure of energy in the production and maintenance of a veritable waterfall as distinguished from a mere spout, jet or spray.

The underlying idea of the invention can be carried out by apparatus of widely varied design but in the present instance the simplest forms, of which I am aware, are shown as embodiments of the principle involved.

In the accompanying drawing, Figure 1 is a top plan and Fig. 2 a vertical central sectional view of an appliance which I have devised for the purpose. Fig. 3 and Fig. 4 illustrate corresponding views of a similar device of much simpler construction.

Referring to the first, 1 represents a receptacle of any suitable material, as metal, glass, porcelain, marble cement or other compound with a central hub 2 and a conical conduit 3, flared out at the top and provided with openings 4 at the bottom. In the hub 2 is inserted a shaft 5 rotatably supported on ball-bearings 6 and carrying at its lower end a friction-pulley or gear-wheel 7. To the upper end of the shaft is fastened a casting 8, preferably of some non-corrosive alloy, with blades 9 constituting a screw which is shown in this instance is the best known propelling device; but it will be understood that other means may be employed. A motor 10 is suitably mounted so as to transmit through wheel 11, by friction or otherwise, power to the pulley or wheel 7. Openings 4 may be covered with removable strainers and receptacles 1 may be provided with convenient connections, respectively, for cleaning and renewing the liquid. It is thought unnecessary to show these attachments in the drawing.

The operation will be readily understood. Receptacle 1 being filled to the proper level with water or other fluid, and the power turned on, the propeller blades 9 are set in rotation and the fluid, drawn through the openings 4, is lifted to the horizontal flared out top of conduit 3 until it overflows in the form of a circular cascade.

In order to prevent the wetting of the bearings of shaft 5, the central hub 2 of receptacle 1 is made to project above conduit 3. The latter is funnel-shaped for reasons of economy, and also for the purpose of reducing the speed and securing a smooth and even overflow. As the lift is inconsiderable, little power is needed to keep in motion a great volume of water and the impression produced on the observer is very striking. With the view of still further economizing energy, the bottom of receptacle 1 may be shaped as indicated by the dotted lines 12, in Fig. 2 so as to increase the velocity at the intake of the propeller.

To convey an idea of the results obtainable with a small apparatus, properly designed, it may be stated that by applying only 1/25 of a horse-power to the shaft and assuming a lift of eighteen inches, more than one hundred gallons per minute may be propelled, the depth of the fluid passing over the flared top of conduit 3, one foot in diameter, being nearly one-half inch. As the circulation is extremely rapid the total quantity of liquid required is comparatively small. About one tenth of that delivered per minute will be, generally, sufficient. Such a cascade presents a singularly attractive appearance and this feature may be still further enhanced by artistic grouping of plants or other objects around it, in which case the whole contrivance may be hidden from view. Particularly beautiful displays, however, are obtainable by illumination which may be carried out in many ways. To heighten the effect, a colored, opalescent or phosphorescent fluid may be employed. Sterilizing, aromatic or radio-active liquids may also he used, when so desired. The usual fountains are objectionable in many places on account of the facility they afford for the breeding of insects. The apparatus described not only makes this impossible but is a very efficient trap. Unlike the old devices in which only a very small volume of water is set in motion, such a waterfall is highly effective in cooling the surrounding atmosphere. To still improve this action the free end 13 of the rotating shaft may be utilized to carry any kind of fan. The water may, of course, be artificially cooled.

The device described may be modified in many ways and also considerably simplified. For example, the propeller may be fixed directly to the shaft of the motor and the latter supported conveniently from above when many of the parts illustrated in Fig. 1 and Fig. 2 may be dispensed with. In fact, receptacle 1 itself may be replaced by an independent tank or basin so that the entire apparatus will only consist of a funnel shaped conduit, motor and propeller as a unit. Such a construction is shown in Fig. 3 and Fig. 4 in which 3 is a conical vessel provided with intake-openings 4 and resting on a substantial base. A motor 14, carrying on a strong shaft 5 a propeller 9, is fixed to supports 15 which extend from the inner side of conduit 3 and may be integral with the same. Obviously, to insure perfect working the weight of the moving parts and axial reaction of the propeller should be taken up or balanced as by a thrust bearing 16, or other means.

Apparatus of this description is especially intended for use in open basins or reservoirs in which it may be placed and put in action at short notice. When it is desired to produce large and permanent waterfalls the conduit 3 may be formed by masonry of appropriate architectural design.

The invention has an unlimited field of use in private dwellings, hotels, theaters, concert halls, hospitals, aquaria and, particularly, in squares, gardens and parks in which it may be carried out on a larger scale so as to afford a magnificent spectacle far more captivating and stimulating to the public than the insignificant displays now in use.

I am well aware that artificial water falls have heretofore been exhibited and that fountains in which the same water is circulated are old and well known. But in all such cases independent pumps of small volumetric capacity were used to raise the water to an appreciable height which involved the expenditure of considerable energy, while the spectacle offered to the eye was uninteresting. In no instance, to my knowledge, has a great mass of fluid been propelled by the use of only such power as is required to lift it from its normal level through a relatively short space to that from which it overflows and descends as a cascade, nor have devices especially adapted for the pur pose been employed.

What I claim is:

I. An artificial fountain consisting of an unobstructed conduit having an elevated overflow and adapted to be set in a body of water, and a propelling-device for maintaining a rapid circulation of the water through the conduit.

2. An artificial fountain comprising

in combination an unobstructed conduit having an elevated overflow and adapted to be set in a body of fluid, a propeller within the conduit for maintaining a rapid circulation of the fluid through the same, and a motor for driving the propeller.

3. The artificial fountain herein described, comprising in combination a receptacle, a central hollow conduit with an elevated overflow placed herein, a propeller within the conduit, and a motor for driving the propeller, so as to maintain a rapid circulation of fluid through the conduit.

4. The artificial fountain herein described, comprising in combination, a receptacle, a conduit with elevated overflow set therein a central hub extending up through the conduit, a rotary shaft extending therethrough, and a propeller carried by the shaft for maintaining a rapid circulation of fluid through the conduit.

5. An artificial fountain comprising in combination with an unobstructed passage from the normal to the elevated fluid levels, of a propeller for maintaining a rapid circulation of the fluid through such passage and producing thereby a cascade with the expenditure of little energy.

6. An artificial fountain comprising a funnel-shaped conduit adapted to be set in a body of fluid, and having openings near the lower end, and a propeller supported within the conduit and adapted when in operation to maintain a rapid circulation of water through the same.

In testimony whereof I affix my signature in the presence of two subscribing witnesses.

NIKOLA TESLA.

Witnesses:
M. LAWSON DYAR,
Wm. BOHLEBER.

N. TESLA.

SPEED INDICATOR.

APPLICATION FILED MAY 29, 1914.

1,209,359. Patented Dec. 19, 1916.

Fig. 1.

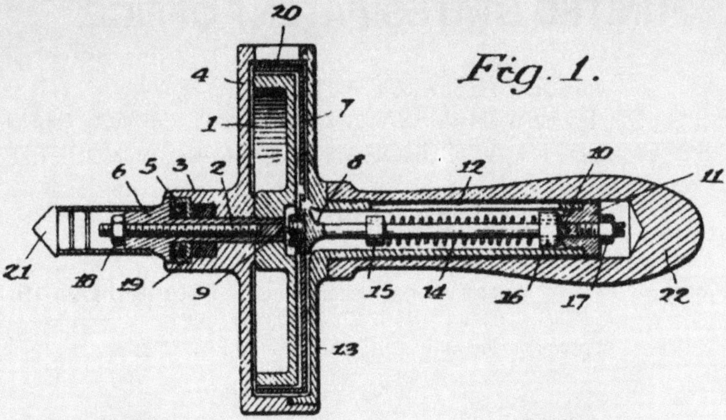


Fig. 3.

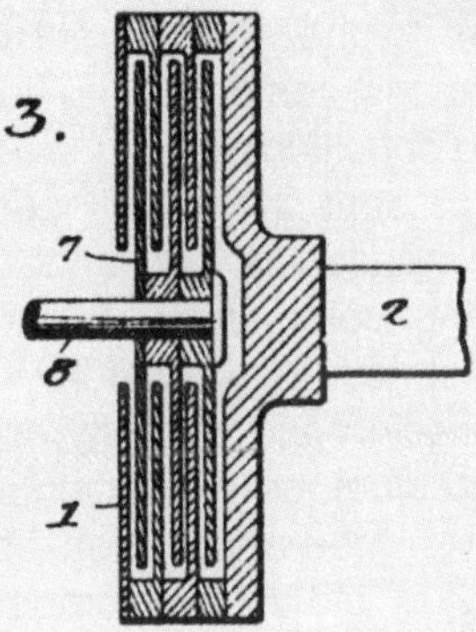


Fig. 4.

Fig. 2.

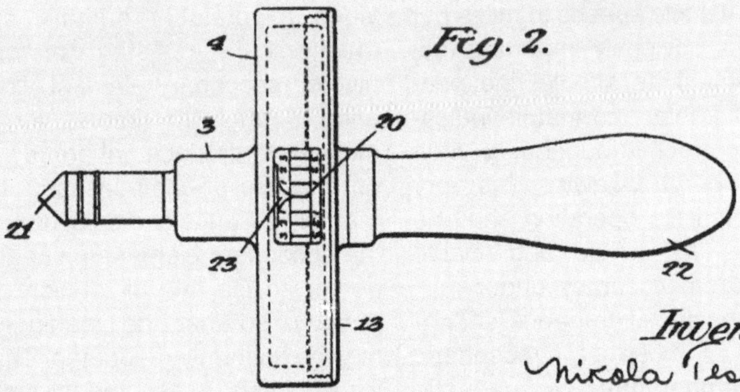


Inventor:

Nikola Tesla

[illegible]

Attorneys

# UNITED STATES PATENT OFFICE.

NIKOLA TESLA, OF NEW YORK, N. Y.,
ASSIGNOR TO WALTHAM WATCH COMPANY, OF WALTHAM,
MASSACHUSETTS, A CORPORATION OF MASSACHUSETTS.

## SPEED-INDICATOR.

**1,209,359.** Specification of Letters Patent. **Patented Dec 19, 1916.**

Application filed May 29, 1914. Serial No. 841,726.

*To all whom it may concern:*

Be it known that I, NIKOLA TESLA, a citizen of the United States, residing at New York, in the county and State of New York, have invented certain new and useful Improvements in Speed-Indicators, of which the following is a full, clear, and exact description.

In the provision of speed indicators, that give direct readings of rate of motion, -- for example shaft-speeds in terms of revolutions per minute or vehicle speeds in miles per hour -- it is obviously important that the instrument be simple, inexpensive and durable, and that its indications be correct throughout a wide range of speed. Likewise it is very desirable that its operation shall be subject to little or no appreciable deviation from accuracy under normal or expected extraneous changes, such as those of atmospheric density, temperature, or magnetic influence, in order that the structure may be free from any complications incident to the employment of specific means compensating for such varying conditions.

My present invention supplies a speed-measuring appliance amply satisfying commercial demands as above stated, in a structure wherein the adhesion and viscosity of a gaseous medium, preferably air, is utilized for torque-transmission between the driving and driven members.

More particularly, my invention provides a rotatable primary and a mechanically resistant or biased pivoted secondary element, cooperating through an intervening fluid medium to produce, inherently, without the use of compensating instrumentalities, angular displacements of the secondary element in linear proportion to the rate of rotation of the primary, so that the reading-scale may be uniformly graduated. This latter advantage is secured through the application of novel principles, discovered by me, which will be presently elucidated.

In investigating the effects of fluids in motion upon rotative systems I have observed that under certain conditions to be hereafter defined, the drag or turning effort exerted by the fluid is exactly proportionate to its velocity relative to the system. This I have found to be true of gaseous and liquid media, with the distinction however, that the limits within which the law holds good are narrower for the latter, especially so when the specific gravity or the viscosity of the liquid is great.

Having determined the conditions under which the law of proportionality of torque to speed (rather than to the square of the speed or to some higher exponential function of the same) holds good, I have applied my discoveries in the production of new devices -- essentially indicators of speed but having wider fields of use -- which are, in many aspects, superior to other forms of speedometers.

Specifically I have devised rate-of-motion indicators which comprise driving and driven members with confronting, closely-adjacent, non-contacting, smooth, annular surfaces of large area, coacting in the transmission of torque through the viscosity and adhesion of interposed thin films of air, -- mechanical structures offering numerous constructive and operative advantages. Furthermore, by properly designing and coordinating the essential elements of such instruments I have secured substantial linear proportionality between the deflections of the indicating or secondary element and the rate of rotation of the driving or primary member.

The conditions more or less indispensable for this most perfect embodiment of my invention -- that is to say, embodiment in a speed indicator approximating rigorous linear proportionality of deflection to speed -- are:

1. The arrangement should be such that the exchange of fluid acting on the system is effectively prevented or minimized. If new fluid were permitted to pass freely between the elements there would be, as in a pump, with the rise and fall of velocity, corresponding changes of quantity and the torque would not vary directly as the speed, but as an exponential function of the same. Broadly speaking, such provision as is commonly made in hydraulic brakes for free circulation of fluid with respect to the rotative system, with the attendant acceleration and retardation of the flow, will generally produce a torque varying as the square of the speed, subject however, in practice, to influences which may cause it to change according to still higher powers. For this reason confinement of the fluid intervening between the primary and secondary elements of the system so that such active, torque-transmitting medium may remain resident, and not be constantly renewed, is vital to complete attainment of the desired linear proportionality.

2. The spaces or channels enclosing the active medium should be as narrow as practicable, although within limits this is relative, the range of

effective separation increasing with the diameter of the juxtaposed rotative surfaces. My observations have established that when the spacing is so wide as to accommodate local spiral circulation in the resident fluid between the confronting areas, marked departures from rigorous proportionality of torque to speed occur. Therefore in small instruments with primary members of but few inches diameter, it is desirable that the channels should be as narrow as is mechanically feasible with due regard to the importance of maintaining the non-contacting relation of the rotative parts.

3. The velocity of the fluid relative to the system should be as small as the circumstances of the case will permit. When a gas such as air is the active medium, it may be 100 feet per second or even more, but with liquids speeds of that order cannot be used without detriment.

4. The bodies exposed to the action of the fluid should be symmetrically shaped and with smooth surfaces, devoid of corners or projections which give rise to destructive eddies that are particularly hurtful.

5. The system should be so shaped and disposed that no part of the moving fluid except that contained in the spaces or channels can effect materially the torque. If this rule is not observed the accuracy of the instrument may be impaired to an appreciable degree, for even though torque-transmission between the confronting surfaces is proportional, there may yet be a component of the rotary effort (through the fluid coacting with the external surfaces) proportional to an exponential function of the speed. Hence it is desirable that by a closely investing casing, or other means, the torque-transmitting effect of fluid outside of the channels between the rotative parts be minimized.

6. In general the flow of the medium should be calm and entirely free from all turbulent action. As soon as there is a break of continuity the law above stated is violated and the indications of the device cease to be rigorously precise.

These requirements can be readily fulfilled and the above discoveries applied to a great many valuable uses, as for indicating the speed of rotation or translation, respectively, of a shaft, or a vehicle, such as an automobile, locomotive, boat or aerial vessel; for determining the velocity of a fluid in motion; for measuring the quantity of flow in steam, air, gas, water or oil supply; for ascertaining the frequency of mechanical and electrical impulses or oscillations; for determining physical constants; and for numerous other purposes of scientific and practical importance.

The nature and object of the invention will be clearly understood from the succeeding description with reference to the accompanying drawings in which:

Figure 1 represents a vertical cross section of a speed-indicator or hand tachometer embodying the above principles; Fig. 2 is a horizontal view of the instrument disclosing part of the scale, and Figs. 3 and 4 are diagrammatic illustrations showing modified constructions of the main parts in a similar device.

Referring to Fig. 1, 1 is a pulley-shaped metal disk from three to four inches in diameter constituting the freely-rotatable primary element. It is fastened to a drive-shaft 2 which is turned to fit a hole in the central hub 3 of the casting 4. A ball-bearing 5 set in a recess of the former, serves to take up the thrust against the shoulder so 6 of the shaft and insures free running of the same. In close proximity to the disk 1 is the thin shell 7 in the form of a cup this being the secondary element of the system. It is made of stiff and light material, as hard aluminum, and is fixed to a spindle 8, supported in nearly frictionless bearings or pivots 9 and 10. As before remarked the spacing between the two elements, (1 and 7), should best be as small as manufacturing conditions may make feasible. By way of example, a separation, -- in an instrument of the diameter suggested, -- of say .015" to .025" will be found effective for working purposes and also within a reasonable range of inexpensive mechanical attainment. Still smaller spacing is, however, theoretically desirable. One of the bearings aforesaid is screwed into the end of the shaft 2 and the other into a plug 11 in a slotted tubular extension 12 of a casting 13. The running bearing in the shaft, though not of perceptible influence on the indications, may be replaced by a stationary support behind and close to shell 7, as at 8. A torsional spring 14 is provided, for biasing the pivoted element 7, having its ends held in collars 15 and 16, which can be clamped, as by the set screws shown, the one to the spindle 8 and the other to the plug 11. The bearings 9 and 10 are capable of longitudinal adjustment and can be locked in any position by check nuts 17, and 18, but this refinement is generally unnecessary. The castings 4 and 13, in the construction specifically shown, when screwed together form a casing that closely invests the rotative system. This casing forms one available means for preventing communication of torque from the primary element 1 to the secondary member 7 through the medium contacting with the external surfaces of both, to any extent sufficient for materially modifying the torque due to the films between the elements, but other means to this end may be substituted. The chamber enclosed within the casting should be air-tight for highest accuracy in order that the density of the contained medium may remain constant, although in the vast majority of cases where air is used as the active agent, the slight effects of ordinary changes of temperature and-density of the external atmosphere can be ignored, as they are in a measure neutralize by the concomitant variations in the resilience of the torsional spring and as they do not seriously affect the proportionality of deflections observed. However, when great precision is essential, a seal 19 of suitable packing, paste or amalgam may be employed. Obviously the working parts may be contained in a separate, perfectly tight reservoir filled with fluid of any desired character, the rotating member or disk 1 being driven by a magnet outside. This expedient has been adopted in numerous instances and is quite familiar. The casting 4 has a window or opening 20, closed by a piece of transparent substance, such as celluloid, for enabling the readings to be made on the scale which is engraved upon or glued to the rim of the indication-controlling element or shell 7. The shaft 2 is armed with a steel or rubber tip 21, and a handle 22 of fiber or other material is fastened to the central hub of casting 13, completing the hand tachometer.

Fig. 2 in which like numbers designate corresponding parts is self-explanatory.

Attention may be called to the pointed index 23 placed in the opening 20 and marking, when the instrument is not in use, zero on the scale. The latter can be readily put in proper position by turning the collar 16 to the desired angle.

As described the device is adapted for use in the manner of an ordinary hand tachometer. In taking the revolutions of a shaft, the tip 21 is placed firmly into the central cavity of the former, as usual, with the result of entraining the disk 1 and bringing it to full speed by friction. The active medium, preferably air, in the narrow channels between the rotating and pivoted members, by virtue of its adhesion and viscosity, is set in circular motion by the primary element, and, giving up the momentum imparted to it on the light secondary shell 7, causes the latter to turn until the torque exerted is balanced by the retractile force of spring 14. Care should be taken to employ a spring the resistance of which increases linearly with displacement, so that the deflections are exactly proportionate to the torsional effect, as otherwise the indications will not be true to scale, even though the instrument be perfect in other respects. In order that the torque should vary rigorously as the speed, the fluid particles in the minute channels between the rotating and pivoted members should move in circles and not in spirals, as necessarily would be the case in a device in which pumping action could take place, and either by making both the primary and secondary elements effectively-imperforate to prevent central admission of air, or otherwise so constructed and conditioned that air may not freely pass from center to periphery between the elements of the moving system unchanging residence of a definite body of the active medium within the system is insured. Where pumping action, -- that is to say, acceleration or retardation of fluid movement other than circularly with the primary element, -- takes place the deflections increase more rapidly than the speed. It follows that centrifugal force, which is the essential active principle in pumping, must be negligible to avoid compression of the air at the periphery which might result in a sensibly increased torque. To appreciate this, it should be borne in mind that the resistance of a circular strip of the active area would, under such conditions, be proportionate to the fourth power of the diameter so that a slight compression and attendant increase of density of the medium in the peripheral portion would cause a noticeable departure from rigorous proportionality. Experience has demonstrated that when the space is very narrow, as is indispensable for the fullest attainment of the desired proportionality, the centrifugal effect of the active fluid, be it gaseous or liquid, is so small as to be unobservable. The inference is that the actions in the narrow space between the rotative members are capillary or molecular and wholly different in principle from those taking place in a pumping device in which the fluid masses are alternately retarded and accelerated. The scale, which, as will be apparent from the preceding, is uniform in an instrument best embodying my invention, may be so graduated that each degree corresponds to a certain number of revolutions per unit of time, and for convenience, (in shaft-speed-indicators as herein shown), the constant is made a round number, as 100. The establishment of this relation through the adjustment of the torsional spring is facilitated by varying the distance between the parts 1 and 7, thus modifying the torque and consequently the deflection, (the torque varying inversely as the distance) while always keeping within the range throughout which linear proportionality is attainable. In calibrating it is necessary to make but one observation comparative with some positive standard and to plot the balance of the scale accordingly. The conditions above set forth being realized, the reading will be accurately proportionate to the speed and the constant will be correct through the whole range contemplated in the design. Therein lies a very important advantage bearing on manufacture and introduction of devices of this character over those now in use which are based on an empirical scale, tedious to prepare, and unreliable. When desired, the instrument may be rendered dead beat through magnetic or mechanical dumping but by making the torque very great, and the inertia of the secondary element very small, such objectionable complication may be avoided. With a given separation the turning-effort is proportionate to the product of the velocity of rotation, the density of the fluid and the aggregate are of the active surfaces, hence by increasing either of these factors the torsion can be augmented at will. It obviously follows that the pull exerted on a circular disk will be as the third power of the diameter and one way of attaining the object is to use a large plate. Other and better ways are illustrated in Figs. 3 and 4 in which the rotating and pivoted elements are composed of interleaved disks or cylinders. The first arrangement permits an indefinite increase of the torque, the second commends itself through the facility of adjustment of the force by varying the active area.

For many reasons it is decidedly advantageous to employ air as the agent in an instrument intended for popular purposes, especially those involving rough use and inexpert handling, since thereby the cost of manufacture may be kept low, the need for ensealing minimized and susceptibility of the parts to easy disassembling and replacement attained. It is, therefore, desirable that the annular confronting surface of the elements, -- whether of disk or cylindrical form, -- be sufficiently extensive for securing ample torque to make the instrument approximately dead beat and to minimize the percentage of error due to mechanical imperfections.

The foregoing description contains, I believe, all the information necessary for enabling an expert to carry my invention into successful practice. When using the indicator in the manner of an ordinary vehicle speedometer, as in an automobile, the shaft 2 is rigidly or flexibly geared to the driving axle or other suitable part and readings are made in miles per hour, as is customary. As will be apparent many other valuable uses may be served, since the primary element may be connected in suitable electrical or mechanical manner with any rotating part, the speed of which may be translated through a linearly proportionate constant into the desired terms of time and quantity, and the reading-scale may be calibrated in such terms. It will also be evident that by accurate workmanship, following the teachings of my invention, instruments at once simple, rugged, and scientifically accurate may be constructed for a very wide range of uses in either huge or tiny sizes; and, since the commercial requirements of accuracy in many fields gives a reasonable range of permissive error, manufacturing considerations may lend to deviations from strict observance of some of the conditions that I have indicated as best attaining a rigorous proportionality of reading. The provision of simple mechanical elements, cooperating primarily only through the viscosity and adhesiveness of the air films intervening therebetween and substantially free from need for ensealing and from error caused by changes of extraneous conditions, especially temperature, affords striking commercial advantages unattainable in any form of speedometer of which I am aware. Therefore while I have described in detail for the purpose of full disclosure a specific and highly advantageous embodiment of my invention, it will be understood that wide variations in the mechanical development thereof may be made without departure from its spirit within the scope of the appended claims.

What I claim is:

1. In combination, fixed supporting means, disconnected alined driving and driven shafts rotatably mounted in said supporting means, relatively thin spaced rigid pieces of material rigidly connected to and arranged coaxially about said driven shaft with broad surfaces opposite each other, and other relatively thin spaced rigid pieces of material rigidly connected to and arranged coaxially with the driving shaft, and being alternated with the first-mentioned pieces between them and having their broad surfaces adjacent to and spaced from the broad surfaces of said other pieces, said pieces all arranged in

air, through which torque is frictionally transmitted from the second-mentioned pieces to those first-mentioned.

2. In combination, in a speedometer, disconnected alined driving and driven shafts, a fixed support, said shafts being mounted in said support, a coiled spring having one end secured to said fixed support and the other end secured to said driven shaft, relatively thin spaced rigid pieces of material rigidly connected to and arranged coaxially about said driven shaft with their broad surfaces opposite each other, other relatively thin spaced rigid pieces of material rigidly connected to and arranged coaxially with the driving shaft, and being alternated between said first-mentioned pieces and spaced therefrom, and an air body filling the spaces between said pieces and constituting the torque-transmitting friction medium therebetween.

3. In combination, in a speedometer, disconnected alined driving and driven shafts, a frame having, bearings for said shafts, a coiled spring whose inner end is secured to said driven shaft and having its outer end secured to said frame, spaced rigid pieces of material rigidly connected to and arranged about said driven shaft, and other spaced rigid pieces of material rigidly connected to and arranged about said driving shaft, the former pieces being alternated between the latter pieces in spaced relation with their broad surfaces in close juxtaposition, and with the interspaces between said spaced pieces forming a convoluted air-containing channel therebetween open to the surrounding air.

4. In combination, disconnected alined driving and driven shafts, a fixed support, bearings therefore in said support, a coiled spring having one end secured to the driven shaft and its other end secured to said fixed support, a cup-shaped body secured to one end of said driving shaft coaxially, spaced rigid relatively thin plates secured to said body in parallel relation to each other, another cup-shaped body secured coaxially to said driven shaft and enclosing said plates at their outer edges in spaced relation thereto, other spaced rigid relatively thin plates secured to the second-mentioned body and extending between the first-mentioned plates in spaced relation thereto, and an air body filling the spaces between said pieces frictionally to transmit torque from the driving structure to the driven structure.

5. The combination with means for support and driving and driven shafts rotatably supported thereby, of means to transmit torque from the driving shaft to the driven shaft comprising opposed material-pieces respectively connected with the driving shaft and the driven shaft and arranged to present toward each other relatively-extensive, non-contacting, closely-adjacent surfaces, and a gaseous medium in which said pieces work, said gaseous medium serving frictionally to connect the said opposed material-pieces for transmission of torque from the driving-shaft to the driven shaft.

6. In combination, driving and driven elements suitably supported and having confronted annuli always presenting to each other relatively-extensive, non-contacting, closely-adjacent surfaces, said surfaces disposed in a gaseous friction medium, whereby the driving member, by its rotation, induces rotary motion of the driven member through the drag of the gaseous medium intervening between said annuli.

7. In combination, driving and driven elements having in opposed, closely adjacent, non-contacting relation, relatively extensive friction surfaces, and an interposed gaseous body, through which the driving member frictionally drags the driven element.

8. In a speedometer, the combination with supporting means, separately-rotatable driving and driven shafts mounted therein, biasing means for the driven shaft, and means to indicate rotary displacement of the biased shaft in terms of speed, of pieces rotatively carried by said respective shafts, having relatively-extensive, non-contacting, closely-adjacent surfaces arranged to confront each other, and a gaseous medium intervening between said confronting surfaces to coact therewith frictionally to transmit torque from the driving shaft to the biased driven shaft.

9. In a speedometer, the combination of a primary element rotatable at varying speeds, having a plurality of spaced annuli, a biased secondary element, arranged for separate rotary movement and adapted and arranged to indicate speed variations by the extent of its displacement, said secondary element having a plurality of spaced, thin, light annuli, the annuli of said two elements interleaved in non-contacting, closely-adjacent relation always to present toward each other extensive friction surfaces, and an air body, through the films of which, intervening between said annuli, rotation of the primary element may induce speed-indicating displacement of the secondary element.

10. A speedometer wherein a primary, variable-speed element, and a biased, speed-indication-controlling secondary element, that are suitably supported for separate movement, have opposed extensive friction surfaces in non-contacting juxtaposition for frictional communication of power from the primary element to the secondary element through a gaseous medium that intervenes between said friction surfaces.

11. An air-drag speedometer, wherein a primary, variable-speed element and a biased speed-indication-controlling secondary element, that are suitably mounted for separate rotary movement in an air-containing casing, have opposed, extensive friction-surfaces in non-contacting juxtaposition, for frictional communication of torque from the primary element to the secondary element through the medium of the casing-contained air.

12. In a speedometer, the combination of an air containing casing, a primary element and a secondary element mounted in said casing for

separate movement, said elements having extensive surfaces exposed toward each other in closely contiguous but non-contacting relation for frictional communication of power to one from the other through the intervening air, means resiliently to resist displacement of the secondary element, and means to indicate displacement of the secondary element in terms of speed.

13. In combination, in a speedometer, disconnected shafts respectively carrying driving and driven elements that have annuli according continuous extensive friction surfaces in always confronting non-contacting closely-spaced relation, the driven element being light and biased by a light spring, for ready response to torque transmitted frictionally by air, and the air film-spaces between the elements constituting an open tortuous channel; and an air-containing casing enclosing the driving and driven elements, its contained air body forming the sole effective means of torque transmission between the elements.

14. In a speedometer, the combination of rotatable driving and driven elements having in opposed, closely-adjacent, non-contacting relation, relatively extensive friction surfaces, means to bias the driven element, means to indicate rotary displacement of said driven element in terms of speed, a casing enclosing said elements and containing air, said contained air body extending in films between the friction surfaces, and forming the sole effective means of torque-transmission between the driving and driven elements.

15. In combination, driving and driven elements having in opposed non-contacting relation, relatively extensive friction surfaces so closely adjacent that through an interposed gaseous body the driving member frictionally drags the driven member with a torque linearly proportionate to the speed of the former.

16. A rate-indicator wherein a freely-rotatable primary and a biased, indication-controlling secondary member, suitably supported for separate movement, have opposed, non-contacting surfaces in such close proximity that through an intervening viscous fluid medium torque is transmitted to the secondary member in linear proportion to the speed of the primary.

17. A rate-indicator wherein a freely rotatable primary and a biased, indication-controlling secondary element, suitable supported for separate movement are operatively linked through an intervening viscous and adhesive air body, said elements having opposed, extensive non contacting surfaces so closely adjacent that the torque transmitted to the secondary element through said air body is substantially in linear proportion to the speed of the primary element.

18. In a speed-indicator the combination of two rotatively movable driving and driven members having opposed non-contacting extensive surfaces confining between them a practically constant body of torque-transmitting fluid medium, said surfaces being so closely proximate that

the torque transmitted from the driving to the driven member is substantially proportional to the rate of rotation of the former.

19. A speed-indicator comprising, in combination, a rotatable body, a second angularly movable body, means to resist displacement of the latter proportionately to the torque applied thereto, and a fluid medium interposed between them, said body having opposed annular surfaces in such close proximity that pumping of the medium therebetween is prevented and the deflections of the second body are made proportionate to the speed of the other.

20. A speed-indicator, comprising, in combination, a rotatable, variable speed primary element, and a light, pivoted, torsionally-resisted, indication-controlling secondary element, suitably mounted for separate movement and operatively linked with the former through an interposed gaseous medium, said elements having opposed, annular non-contacting surfaces so extensive and closely proximate that the whirling medium exerts a strong and steady turning effort upon the secondary element, substantially in linear proportion to the speed of the primary.

21. The combination, in a rate-indicator, of a freely rotatable primary and a torsionally-resisted indication-controlling secondary member mounted for separate movement, with their opposed non-contacting symmetrical surfaces confining therebeween a resident fluid body and arranged in such close proximity that the fluid, entrained in circles by the rotating primary exerts a torque on the secondary member in substantially linear proportion to the speed of the former.

22. In combination, in a speed-indicator, a rotatable primary element, a biased secondary element, a fluid body between and around them, said elements having opposed non-contacting extensive surfaces in such close proximity that the resident fluid body therebetween transmits torque to the secondary in substantially linear proportion to the speed of the primary element, and means for minimizing the rotary effort transmitted through the fluid around the elements.

23. A rate-indicator comprising a structure confining a substantially unchanging body of fluid and including an extensive annular surface of a freely rotatable member, arranged to impart circular motion to the fluid, and a confronting annular surface of an indication-controlling angularly-displaceable member, arranged to take up momentum of the fluid, said surfaces being so closely proximate that the torque transmitted through the fluid is proportional to the speed of the rotatable member.

24. A speed-indicator comprising two elements mounted for separate movement in a fluid medium, one of the elements beingfreely rotatable at varying speeds, and the other pivoted and biased against angular displacement, said elements having opposed non-contacting extensive symmetrical surfaces in such close proximity that torque is transmitted through the intervening fluid body in

substantially linear proportion to the speed of the primary element, and a member surrounding said elements and minimizing the flow of the fluid along the exterior surfaces of said secondary element.

25. In a device of the character descried, the combination of a rotatable primary element, a spring-biased secondary element, a casing surrounding the same and a fluid body filling the casing, said elements having opposed non-conducting annular surfaces in such close proximity that the rotary effort exerted through the fluid body on the secondary element is proportionate to the speed of the primary element, some parts of said casing being so closely proximate to said elements to minimize torque-transmitting flow of the fluid along the exterior surfaces of the secondary element.

26. An air-drag speedometer wherein a rotatable primary variable-speed element and a biased pivoted secondary element, mounted for separate movement in an air-containing casing, have opposed extensive smooth annular surfaces in such close juxtaposition that torque is transmitted through the air intervening between said surfaces in substantially linear proportion to the speed of the rotatable primary element.

27. A speed indicator comprising a closed fluid-filled casing, primary and secondary elements mounted therein, the one for rotation and the other for torsionally resisted angular displacement, said elements having opposed non-conducting extensive annular surfaces forming therebetween a smooth intervening channel wherein confined fluid may move in circles under the influence of the primary member, and between them and the interior surfaces of the casing surrounding channels wherein fluid continuous to the secondary element may receive circular movement from the primary element, said surfaces being so closely proximate that torque-transmission through the fluid is linearly proportionate to the speed of the primary element.

28. The combination, in a speed-indicator, of a closed casing, a fluid body and two rotatively-movable members therein, means for rotating one of the members, means for resisting displacement of the other, and means controlled by the last named member for reading its displacement in terms of speed, said two members having opposed, non-conducting imperforate annular surfaces in such close proximity as to confine therebetween a film of fluid through which torque is transmitted to the resistant member in linear proportionality to the speed of the rotatable member.

29. The combination with a closed fluid-containing casing, of a plurality of symmetrical bodies with smooth surfaces rotatably mounted therein, means for torsionally restraining some of said bodies, and means for rotating the others, said bodies being placed with their surfaces in such close proximity to each other and to the walls of the casing that the rotating bodies will cause an even and undisturbed circular motion of the fluid and transmit torque to the tor-

sionally restrained bodies in proportion to the speed of the others.

30. In a speed-measuring instrument, the combination of driving and driven members having in opposed closely adjacent non-contacting relation relatively extensive smooth friction surfaces, and an interposed gaseous body through which the driving member frictionally drags the driven member.

31. A tachometer comprising, in combination, a rotatably mounted shaft, a smooth annular body fixed thereto, a similar pivoted body, a torsion spring for the latter, indicating means movable with said pivoted body, and an air-containing casing, said bodies having their annular surfaces in such close, non-contacting proximity that the intervening air transmits torque to the pivoted body in substantially linear proportion to the speed of the rotatable body.

32. A tachometer comprising, in combination, a rotatably mounted shaft, a primary element carried thereby, a pivoted secondary element, a torsion spring therefore permitting its angular displacement substantially in proportion to the torque, indicating means operated by the pivoted element and graduated with substantial uniformity, and a fluid-containing casing closely investing part of said rotative system, the opposed surfaces of the elements being so closely proximate to each other and to part of the casing that the fluid-transmitted torque-causing, deflections of the pivoted body is substantially proportionate to the speed of the primary element.

In testimony whereof I affix my signature in the presence of two subscribing witnesses.

NIKOLA TESLA.

Witnesses.

M. LAWSON DYER,
THOMAS BYRNE.

N. TESLA.

VALVULAR CONDUIT.

APPLICATION FILED FEB. 21, 1916. RENEWED JULY 8, 1919.

**1,329,559.** Patented Feb. 3, 1920.

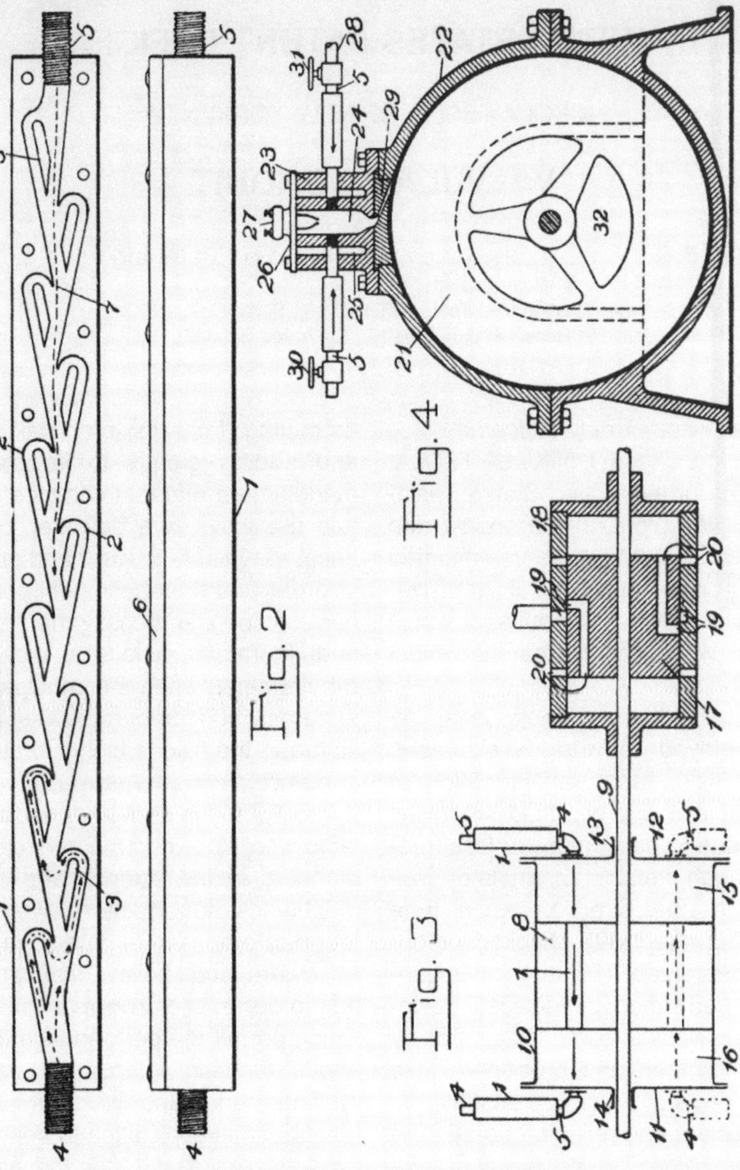


BY Spear, Page, Cooper & Hayward ATTORNEY

INVENTOR Nikola Tesla

# UNITED STATES PATENT OFFICE.

NIKOLA TESLA, OF NEW YORK, N. Y.

# VALVULAR CONDUIT.

**1,329,559.** Specification of Letters Patent. **Patented Febr. 3, 1920.**

Application filed February 21, 1916. Serial No. 79,703. Renewed July 8, 1919. Serial No. 309,482.

*To all whom it may concern:*

Be it known that I, NIKOLA TESLA, a citizen of the United States, residing at New York, in the county and State of New York, have invented certain new and useful Improvements in Valvular Conduits, of which the following is a full, clear, and exact description.

In most of the machinery universally employed for the development, transmission and transformation of mechanical energy, fluid impulses are made to pass, more or less freely, through suitable channels or conduits in one direction while their return is effectively checked or entirely prevented. This function is generally performed by devices designated as valves, comprising carefully fitted members the precise relative movements of which are essential to the efficient and reliable operation of the apparatus. The necessity of, and absolute dependence on these, limits the machine in many respects, detracting from its practical value and adding greatly to its cost of manufacture and maintenance. As a rule the valve is a delicate contrivance, very liable to wear and get out of order and thereby imperil ponderous, complex and costly mechanism and, moreover, it falls to meet the requirements when the impulses are extremely sudden or rapid in succession and the fluid is highly heated or corrosive.

Though these and other correlated facts were known to the very earliest pioneers in the science and art of mechanics, no remedy has yet been found or proposed to date so far as I am aware, and I believe that I am the first to discover or invent any means, which permit the performance of the above function without the use of moving parts, and which it is the object of this application to describe.

Briefly expressed, the advance I have achieved consists in the employment of a peculiar channel or conduit characterized by valvular action.

The invention can be embodied in many constructions greatly varied in detail, but for the explanation of the underlying principle it may be broadly stated that the interior of the conduit is provided with enlargements, recesses, projections, baffles or buckets which, while offering virtually no resistance to the passage of the fluid in one direction, other than surface friction, constitute an almost impassable barrier to its flow in the opposite sense by reason of the more or less sudden expansions, contractions, deflections, reversals of direction, stops and starts and attendant rapidly succeeding transformations of the pressure and velocity energies.

For the full and complete disclosure of the device and of its mode of action reference is made to the accompanying drawings in which

Figure 1 is a horizontal projection of such a valvular conduit with the top plate removed.

Fig. 2 is side view of the same in elevation.

Fig. 3 is a diagram illustrative of the application of the device to a fluid-propelling machine such as, a reciprocating pump or compressor, and

Fig. 4 is a plan showing the manner in which the invention is, or may be used, to operate a fluid-propelled rotary engine or turbine.

Referring to Fig. 1, 1 is a casing of metal or other suitable material which may be cast, milled or pressed from sheet in the desired format. From its side-walls extend alternatively projections terminating in buckets 2 which, to facilitate manufacture are congruent and spaced at equal distances, but need not be. In addition to these there are independent partitions 3 which are deemed of advantage and the purpose of which will be made clean nipples 4 and 5, one at each end, are provided for pipe connection. The bottom is solid and the upper or open side is closed by a fitting plate 6 as shown in Fig. 2. When desired any number of such pieces may be joined in series, thus making up a valvular conduit of such length as the circumstances may require.

In elucidation of the mode of operation let it be assumed that the medium under pressure be admitted at 5. Evidently, its approximate path will be as indicated by the dotted line 7, which is nearly straight, that is to say, if the channel be of adequate cross-section, the fluid will encounter a very small resistance and pass through freely and undisturbed, at least to a degree. Not so if the entrance be at the opposite end 4. In this case the flow will not be smooth and continues, but intermittent, the fluid being quickly deflected and reversed in direction, set in whirling motion, brought to rest and again accelerated, these processes following one another in rapid succession. The partitions 3 serve to direct the stream upon the buckets and to intensify the actions causing violent surges and eddies which interfere very materially with the flow through the conduit. It will be readily observed that the resistance offered to the passage of the medium will be considerable even if it be under constant pressure, but the impediments will be of full effect only when it is supplied in pulses and, more especially, when the same are extremely sudden and of high frequency. In order to bring the fluid masses to rest and to high velocity in short intervals of time energy must be furnished at a rate which is unattainable, the result being that the impulse cannot penetrate very far before it subsides and gives rise to movement in the opposite direction. The device not only acts as a hinderment to the bodily return of particles but also in a measure, as a check to the propagation of a disturbance through the medium. Its efficacy is chiefly determined; first, by the magnitude of the ratio of the two resistances offered to disturbed and to undisturbed flow, respectively, in the directions from 4 to 5 and from 5 to 4, in each individual element of the conduit; second, by the number of complete cycles of action taking place in a given length of the valvular channel and, third, by the character of the impulses themselves. A fair idea may be gained from simple theoretical considerations.

Examining more closely the mode of operation it will be seen that, in passing from one to the next bucket in the direction of disturbed flow, the fluid undergoes two complete reversals or deflections through 180 degrees while it suffers only two small deviations from about 10 to 20 degrees when moving in the opposite sense. In each case the loss of head will be proportionate to a hydraulic coefficient dependent on the angle of deflection from which it follows that, for the same velocity, the ratio of the two resistances will be as that of the two coefficients. The theoretical value of this ratio may be 200 or more, but must be taken as appreciably less although the surface friction too is greater in the direction of disturbed flow. In order to keep it as large as possible, sharp bonds should be avoided. For these will add to both resistance and reduce the efficiency. Whenever practicable, the piece should be straight, the next best is the circular form.

That the peculiar function of such a conduit is enhanced by increasing the number of buckets or elements and, consequently, cyclic processes in a given length is an obvious conclusion, but there is no direct proportionality because the successive actions diminish in intensity. Definite limits, however, are set constructively and otherwise to the number of elements per unit length of the channel, and the most economical design can only benvolved through long experience.

Quite apart from any mechanical features of the device the character of the impulses has a decided influence on its performance and the best results will be secured, when there are produced at 4, sudden variations of pressure in relatively long intervals, while a constant pressure is maintained at 5. Such is the case in one of its most valuable industrial applications which will be specifically described.

In order to conduce to a better

understanding, reference may first be made to Fig. 3 which illustrates another special use and in which 8 is a piston fixed to a shaft 9 and fitting freely in a cylinder 10. The latter is closed at both ends by flanged heads 11 and 12 having sleeves or stuffing boxes 13 and 14 for the shaft. Connection between the two compartments, 15 and 16, of the cylinder is established through a valvular conduit and each of the heads is similarly equipped. For the sake of simplicity these devices are diagrammatically shown, the solid arrows indicating the direction of undisturbed flow. An extension of the shaft 9 carries a second piston 17 accurately ground to and sliding easily in a cylinder 18 closed at the ends by plates and sleeves as usual. Both piston and cylinder are provided with inlet and outlet-ports marked, respectively, 19 and 20. This arrangement is familiar being representative of a prime mover of my invention, termed "mechanical oscillator", with which it is practicable to vibrate a system of considerable weight many thousand times per minute.

Suppose now that such rapid oscillations are imparted by this or other means to the piston 8. Bearing in mind the proceeding, the operation of the apparatus will be understood at a glance. While moving in the direction of the solid arrow, from 12 to 11, the piston 8 will compress the air or other medium in the compartment 16 and expel it from the same, the devices in the piston and head 11 acting, respectively, as closed and open valves. During the movement of the piston in the opposite direction, from 11 to 12, the medium which has meanwhile filled the chamber 15 will be transferred to compartment 16, egress being prevented by the device in head 12 and that in the piston allowing free passage. These processes will be repeated in very quick succession. If the nipples 4 and 5 are put in communication with independent reservoirs, the oscillations of the piston 8 will result in a compression of the air at 4 and rarefaction of the same at 5. Obviously, the valvular channels being turned the other way, as indicated by dotted lines in the lower part of the figure, the opposite will take place. The devices in the piston have been shown merely by way of suggestion and can be dispensed with. Each of the chambers 15 and 16 being connected to two conduits as illustrated, the vibrations of a solid piston as 8 will have the same effect and the machine will then be a double acting pump or compressor. It is likewise unessential that the medium should be admitted to the cylinder through such devices for in certain instances ports, alternately closed and opened by the piston, may serve the purpose. As a matter of course, this novel method of propelling fluids can be extended to multi-stage working in which case a number of pistons will be employed, preferably on the same shaft and of different diameters in conformity with will established principles of mechanical design. In this way any desired ratio of compression or degree of rarefaction may be attained.

Fig. 4 exemplifies a particularly valuable application of the invention to which reference has been made above. The drawing shows in vertical cross-section a turbine which may be of any type but is in this instance one invented and described by me and supposed to be familiar to engineers. Suffice it to state that the rotor 21 of the same is composed of flat plates which are set in motion through the adhesive and viscous action of the working-fluid, entering the system tangentially at the periphery and leaving it at the center. Such a machine is a thermodynamic transformer of an activity surpassing by far that of any other prime mover, it being demonstrated in practice that each single disk of the rotor is capable of performing as much work as a whole bucket-wheel. Besides, a number of other advantages, equally important, make it especially adapted for operation as an internal combustion motor. This may be done in many ways, but the simplest and most direct plan of which I am aware is the one illustrated here. Referring again to the drawing, the upper part of the turbine casing 22 has bolted to it a separate casting 23, the central cavity 24 of which forms the combustion chamber. To prevent injury through excessive heating a jacket 25 may be used, or else water injected, and when these means are objectionable recourse may be had to air-cooling, this all the more readily as very high temperatures are practicable. The top of casting 23 is closed by a plate 26 with a sparking or hot wire plug 27 and in its sides are screwed two valvular conduits communicating with the central chamber 24. One of these is, normally, open to the atmosphere while the other connects to a source of fuel supply as a gas-main 28. The bottom of the combustion chamber terminates in a suitable nozzle 29 which consists of separate piece of heat resisting material. To regulate the influx of the explosion constituents and secure the proper mixture of air and gas conduits are equipped, respectively, with valves 30 and 31. The exhaust openings 32 of the rotor should be in communication with a ventilator, preferably carried on the same shaft and of any suitable construction. Its use, however, while advantageous, is not indispensable the suction produced by the turbine rotor itself being, in some cases at least, sufficient to insure proper working. This detail is omitted from the drawing as unessential to the understanding. But a few words will be needed to make clear the mode of operation. The air-valve 30 being open and sparking established across terminals 27, the gas is turned on slowly until the mixture in the chamber 24 reaches the critical state and is ignited. Both the conduits behaving, with respect to efflux, as closed valves, the products of combustion rush out through the nozzle 29 acquiring still greater velocity by expansion and, imparting their momentum to the rotor 21, start it from rest. Upon the subsidence of the explosion the pressure in the chamber sinks below the atmosphere owing to the pumping action of the rotor or ventilator and new air and gas is permitted to enter, cleaning the cavity and channels and making up a fresh mixture which is detonated as before, and so on, the successive impulses of the working fluid producing an almost continuous rotary effort. After a short lapse of time the chamber becomes heated to such a degree that the ignition device may be shut off without disturbing the established regime. This manner of starting the turbine involves the employment of an unduly large combustion chamber which is not commendable from the economic point of view, for not only does it entail increased heat losses but the explosions cannot be made to follow one another with such rapidity as would be desirable to insure the best valvular action. When the chamber is small an auxiliary means for starting, as compressed air, may be resorted to and a very quick succession of explosions can then be obtained. The frequency will be the greater the stronger the suction, and may, under certain conditions, reach hundreds and even thousands per second. It scarcely need be stated that instead of one several explosion chambers may be used for cooling purposes and also to increase the number of active pulses and the output of the machine.

Apparatus as illustrated in Fig. 4 presents the advantages of extreme simplicity, cheapness and reliability, there being no compressor, buckets or troublesome valve mechanism. It also permits, with the addition of certain well known accessories, the use of any kind of fuel and thus meets the pressing necessity of a self-contained, powerful, light and compact internal combustion motor for general work. When the attainment of the highest efficiency is the chief object, as in machines of large size, the explosive constituents will be supplied under high pressure and provision made for maintaining a vacuum at the exhaust. Such arrangements are quite familiar and lend themselves so easily to this improvement that an enlargement on this subject is deemed unnecessary.

The foregoing description will readily suggest to experts modifications both as regards construction and application of the device and I do not wish to limit myself in these respects. The broad underlying idea of the invention is to permit the free passage of a fluid through a channel in the direction of the flow and to prevent its return through friction and mass resistance, thus enabling the performance of valve functions without any moving parts and thereby extending the scope and usefulness of an immense variety of mechanical appliances.

I do not claim the methods of an apparatus for the propulsion of fluids and thermodynamic transformation of energy herein disclosed, as these will be made subjects of separate applications.

I am aware that asymmetrical conduits have been constructed and their use proposed in connection with engines, but these have no similarity either in their construction or manner of employment with my valvular conduit.

They were incapable of acting as valves proper, for the fluid was merely arrested in pockets and deflected through 90°, this result having at best only 25% of the efficiency attained in the construction herein described. In the conduit I have designed the fluid, as stated above, is deflected in each cycle through 360°, and a co-efficient approximating 200 can be obtained so that the device acts as a slightly leaking valve, and for that reason the term "valvular" has been given to it in contrast to asymmetrical conduits, as heretofore proposed, which were not valvular in action, but merely asymmetrical as to resistance.

Furthermore, the conduits heretofore constructed were intended to be used in connection with slowly reciprocating machines, in which case enormous conduit-length would be necessary, all this rendering them devoid of practical value. By the use of an effective valvular conduit, as herein described, and the employment of pulses of very high frequency, I am able to condense my apparatus and secure such perfect action as to dispense successfully with vaves in numerous forms of reciprocating and rotary engines.

The high efficiency of the device, irrespective of the character of the pulses, is due to two causes: first, rapid reversal of direction of flow and, second, great relative velocity of the colliding fluid columns. As will be readily seen each bucket causes a deviation through an angle of 180°, and another change of 180° occurs in each of the spaces between two adjacent buckets. That is to say, from the time the fluid enters or leaves one of the recesses to its passage into, or exit from, the one following a complete cycle, or deflection through 360°, is effected. Observe now that the velocity is but slightly reduced in the reversal so that the incoming and deflected fluid columns meet with a relative speed, twice that of the flow, and the energy of their impact is four times greater than with a deflection of only 90°, as might be obtained with pockets such as have been employed in asymmetrical conduits for various purposes. The fact is, however, that in these such deflection is not secured the pockets remaining filled with comparatively quiescent fluid and the latter following a winding path of least resistance between the obstacles interposed. In such conduits the action cannot be characterized as "valvular" because some of the fluid can pass almost unimpeded in a direction opposite to the normal flow. In my construction, as above indicated, the resistance in the reverse may be 200 times that in the normal direction. Owing to this a comparatively very small number of buckets or elements is required for checking the fluid. To give a concrete idea, suppose that the lead from the first element is represented by the fraction 1/x, then after the *n*th bucket is traversed, only a quantity $(x)^n$ will escape and it is evident that X need not be a large number to secure a nearly perfect valvular action.

What I claim is:

1. A valvular conduit having interior walls of such conformation as to per-

mit the free passage of fluid through it in the direction of flow but to subject it to rapid reversals of direction when impelled in the opposite sense and thereby to prevent its return by friction and mass resistance.

2. A valvular conduit composed of a closed passage-way having recesses in its walls so formed as to permit a fluid to pass freely through it in the direction of flow, but to subject it to rapid reversals of direction when impelled in an opposite sense and thereby interpose friction and mass resistance to the return passage of the same.

3. A valvular conduit composed of a tube or passage-way with rigid inferior walls formed with a series of recesses or pockets with surfaces that reverse a fluid tending to flow in one direction therein and thereby check or prevent flow of the fluid in that direction.

4. A valvular conduit with rigid inferior walls of such character as to offer substantially no obstacle to the passage through it of fluid impulses in one direction, but to subject the fluid to rapid reversals of direction and thereby oppose and check impulses in the opposite sense.

5. A valvular conduit with rigid inferior walls formed to permit fluid impulses under pressure to pass freely through it in one direction, but to subject them to rapid reversals of direction through 360° and thereby check their progress when impelled in the opposite sense.

6. A valvular conduit with rigid inferior walls which permit fluid impulses to flow through it freely in one direction, formed at a plurality of points to reverse such fluid impulses when impelled in the opposite direction and check their flow.

7. A valvular conduit with rigid inferior walls having pockets or recesses, and transversely inclined intermediate baffles to permit the free passage of fluid impulses in one direction but to deflect and check them when impelled in the opposite direction.

In testimony whereof I affix my signature.

NIKOLA TESLA.

N. TESLA.

LIGHTNING PROTECTOR.

APPLICATION FILED MAY 6, 1916.

**1,266,175.** Patented May 14, 1918.

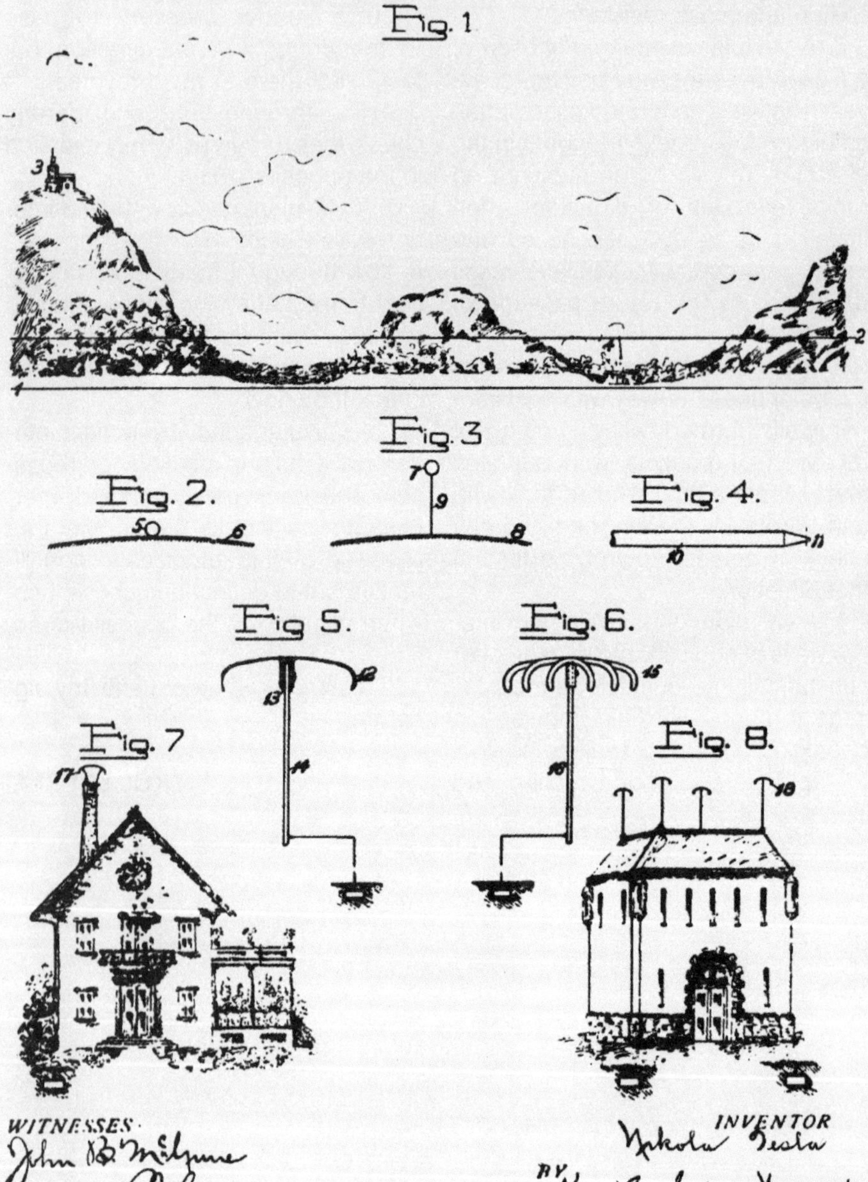


WITNESSES:

John B. McLynne

William P. Johnson

INVENTOR

Nikola Tesla

BY Kerr, Page, Cooper & Hayward

his ATTORNEYS

# UNITED STATES PATENT OFFICE.

NIKOLA TESLA, OF NEW YORK, N. Y.

## LIGHTNING-PROTECTOR.

**1,266,175** Specification of Letters Patent. **Patented May 14, 1918**

Application filed May 6, 1916. Serial Nol 95,830.

*To all whom it may concern:*

Be it known that I, NIKOLA TESLA, a citizen of the United States, residing at New York, in the county and State of New York, have invented certain new and useful Improvements in Lightning-Protectors, of which the following is a full, clear, and exact description.

The object of the present invention is to provide lightning-protectors of a novel and improved design strictly in conformity with the true character of the phenomenon, more efficient in action, and far more dependable in safe-guarding life and property, than those heretofore employed.

To an understanding of the nature of my invention and its basic distinction from the lightning rods of common use, it is necessary briefly to explain the principles upon which my protector is designed as contrasted with those underlying the now-prevailing type of lightning rod.

Since the introduction of the lightning rod by Benjamin Franklin in the latter part of the eighteenth century, its adoption as a means of protection against destructive atmospheric discharges has been practically universal. Its efficiency, to a certain degree, has been unquestionably established through statistical records but there is generally prevalent, nevertheless, a singular theoretical fallacy as to its operation, and its construction is radically defective in one feature, namely its typical pointed terminal. In my lightning-protector I avoid points, and use an entirely different type of terminal.

According to the prevailing opinion, the virtue of the Franklin type of lightning rod is largely based on the property of points or sharp edges to give off electricity into the air. As shown by Coulomb, the quantity of electricity per unit area, designated by him "electrical density" increases as the radius of curvature of the surface is reduced. Subsequently it was proved, by mathematical analysis, that the accumulated charge created an outward normal force equal to to 2 Π times the square of the density, and experiment has demonstrated that when the latter exceeds approximately 20 C. G. S. units, a streamer or corona is formed. From these observations and deductions it is obvious that such may happen at a comparatively low pressure if the conductor is of extremely small radius, or pointed, and it is pursuant to a misapplication of these, and other, truths that the commercial lightning-rod of today is made very slender and pointed. My invention, on the contrary, while taking cognizance of these truths, correctly applies them in the provision of a lightning-protector that distinctively affords an elevated terminal having its outer conducting boundaries arranged on surfaces of large radii of curvature on two dimensions. The principles which underlie my invention and correct application of which dictate the form and manner of installation of my protector, I will now explain in contrast with the conventional pointed lightning-rod.

In permitting leakage into the air, the needle-shaped lightning-rod is popularly believed to perform two functions: one to drain the ground of its negative electricity, the other to neutralize the positive of the clouds. To some degree it does both. But a systematic study of electrical disturbances in the earth has made it palpably evident that the action of Franklin's conductor, as so commonly interpreted, is chiefly illusionary. Actual measurement proves the quantity of electricity escaping even from many points, to be entirely insignificant when compared with that included within a considerable terrestrial area, and of no moment whatever in the process of dissipation. But it is true that the negatively charged air in the vicinity of the rod, rendered conductive through the influence of the same, facilitates the passage of the bolt. Therefore it increases the probability of a lighting discharge in its vicinity. The fundamental facts underlying this type of lightning-rod are: First, it attracts lightning, so that it will be struck oftener than would be the building if it were not present; second, it renders harmless most, but not all, of the discharges which it receives; third, by rendering the air conductive, and for other reasons, it is sometimes the cause of damage to neighboring objects; and fourth, on the whole, its power of preventing injury predominates, more or less, over the hazards it invites.

My protector, by contrast, is founded on principles diametrically opposite. Its terminal has a large surface. It secures a very low density and preserves the insulating qualities of the ambient medium, thereby minimizing leakage, and in thus acting as a quasi-repellent to increase enormously the safety factor.

For the best and most economical installation of protective devices according to my invention, those factors and phenomena that dictate size, number of protectors and physical qualities of the apparatus must be grasped by the installing engineer, and preliminary, for full understanding of the principles of my invention, these should be briefly explained.

Economical installation, of course, demands that the protective capability of any given equipment be not needlessly greater than is required to meet the maximum expectancies under the conditions surrounding the particular building to be protected, and these depend, partially, as I shall show, upon the character of the landscape proximate to the building site.

In the drawings, Figures 1 to 4 inclusive, are diagrams requisite to illustration of the facts and conditions relevant to the determination of specific installations of my invention, and Figs. 5 to 8 illustrate construction and application of the protectors. Specifically:

Fig. 1 is a landscape suited for purpose of explanation; Figs. 2, 3 and 4 are theoretical diagrams; Figs. 5 and 6 illustrate forms of improved protectors; and Figs. 7 and 8 show buildings equipped with the same.

In Fig. 1,1 represents Lord Kelvin's "reduced" area of the region, which is virtually part of the extended unruffled ocean-surface. (See "Papers on Electrostatics and Magnetism" by Sir William Thomson). Under ordinary weather conditions, when the sky is clear, the total amount of electricity distributed over the land is nearly the same as that which would be contained within its horizontal projection. But in times of storm, owing to the inductive action of the clouds, an immense charge may be accumulated in the locality, the density being greatest at the most elevated portions of the ground. Assuming this, under the conditions existing at any moment, let another spherical surface 2, concentric with the earth, be drawn -- which may be called "electrical niveau" -- such that the quantities stored over and under it are equal. In other words their algebraic sum, taken relatively to the imaginary surface, in the positive and negative sense, is *nil.* Objects above the "niveau" are exposed to ever so much more risk than those below. Thus, a building at 3, on a site of excessive density, is apt to be so hit sooner or later, while one in a depression 4, where the charge per unit area is very small, is almost entirely safe. It follows that the one building 3 requires more extensive equipment than does the other. In both instances, however, the probability of being struck is decreased by the presence of my protector whereas it would be increased by the presence of the Franklin rod, for reasons that I will now explain.

An understanding of but part of the truths relative to electrical discharges, and their misapplication due to the want of fuller appreciation has doubtless been responsible for the Franklin lightning-rod taking its conventional pointed form, but theoretical considerations, and the important discoveries that have been made in the course of investigations with a wireless transmitter of great activity by which arcs of a volume and tension comparable to those occurring in nature were obtained ("Problems of Increasing Human Energy", Century Magazine, June 1900, and Patents 645,576, 649,621, 787,412 and 1,119,732) at once establish the fallacy of the hitherto prevailing notion on which the Franklin type of rod is based, show the distinctive novelty of my lightning-protector, and guide the constructor in the use of my invention.

In Fig. 2, 5 is a small sphere in contact so with a large one, 6, partly shown. It can be proved by the theory of electric images that when the two bodies are charged the mean density on the small one will be only $\Pi^2 / 6 = 1.64493$ times greater than that on the other. (See "Electricity and Magnetism" by Clerk Maxwell). In Fig. 3, the two spheres 7 and 8 are placed some distance apart and connected through a thin wire 9. This system having been excited as before, the density on the small sphere is likely to be many time that on the large one. Since both are at the same potential it follows directly that the densities on them will be inversely as their radii of curvature. If the density of 7 be designated as $d$ and the radius $r$, then the charge $q = 4 \Pi r d$, the potential $p = \Pi r d$ and the outward force normal to the surface, $f = 2 \Pi d^2$. As before stated, when $d$ surpasses 20 C. G. S. units, the force $f$ becomes sufficiently intense to break down the dielectric and a streamer or corona appears. In this case $p = 80 \Pi r$. Hence, with a sphere of one centimeter radius disruption would take place at a potential $p = 80 \Pi = 251.328$ E. S. units, or 75,398.4 volts. In reality, the discharge occurs at a lower pressure as a consequence of uneven distribution on the small sphere, the density being greatest on the side turned away from the large one. In this respect the behavior of a pointed conductor is just the reverse. Theoretically, it might erroneously be inferred from the preceding, that sharp projections would permit electricity to escape at the lowest potentials, but this does not follow. The reason will be clear from an inspection of Fig. 4, in which such a needle-shaped conductor 10, is illustrated, a minute portion of its tapering end being marked 11. Were this portion removed from the large part 10 and 5 electrically connected with the same through an infinitely thin wire, the charge would be given off readily. But the presence of 10 has the effect of reducing the capacity of 11, so that a much higher pressure is required to raise the density to the critical value. The larger the body, the more pronounced is this influence, which is also dependent on configuration, and is maximum for a sphere. When the same is of considerable size it takes a much greater electro-motive force than under ordinary circumstances to produce streamers from the point. To explain this apparent anomaly attention is called to Fig. 3. If the radii of the two spheres, 7 and 8, be designated $r$ and R respectively, their charges $q$ and Q and the distance between their centers D, the potential at 7, due to Q is Q/D. But 7, owing to the metallic connection 9, is at the potential $Q/R = q/r$.

When D is comparable to R, the medium surrounding the small sphere will ordinarily be at a potential not much different from that of the latter and millions of volts may have to be applied before streamers issue, even from sharp protruding edges. It is important to bear this in mind, for the earth is but a vast conducting globe. It follows thus a pointed lightning-rod must be run far above ground in order to operate at all, and from the foregoing it will be apparent that the pointing of the end, for supposed emissive effect, is in part neutralized by the increasing size below the extreme end, and the larger the rod, for reduction of electrode resistance, the more pronounced in this counter-influence. For these reasons it is important to bear in mind that sufficient thickness of the rod for very low electrode-resistance is rather incompatible with the high emissive capability sought in the needle-like Franklin-rod, but, as hereinafter set forth, it is wholly desirable in the use of my invention, wherein the terminal construction is intended for suppression of charge-emission rather than to foster it.

The notion that Franklin's device would be effective in dissipating terrestrial charges may be traced to early experiments with static frictional machines when a needle was found capable of quickly draining an insulated electrified body. But the inapplicability of this fact to the conditions of lightning protection will be evident from examination of the simple theoretical principles involved, which at the same time substantiate the desirability of establishing protection by avoiding such drainage. The density at the pointed end *f* should be inversely as the radius of curvature of the surface, but such a condition is unrealizable. Suppose Fig 4 to represent a conductor of radius 100 times that of the needle; then although its surface per unit length is greater in the same radio, the capacity is only double. Thus, while twice the quantity of electricity is stored, the density on the rod is but one-fiftieth of that on the needle, from which it follows that the latter is far more efficient. But the emissive power of any such conductor is circumscribed. Imagine that the "pointed" (in reality blunt or rounded) end be continuously reduced in size so as to approximate the ideal more and more. During the process of reduction the density will be increasing as the radius of curvature acts smaller, but in a proportion distinctly less than linear; on the other hand, the area of the extreme end. that is, the section through which the charge passes out into the air, will be diminishing as the square of the radius. This relation alone imposes a definite limit to the performance of a pointed conductor, and it should be noticed that the electrode resistance would be augmented at the same time. Furthermore, the efficacy of the rod is much impaired through potential due to the charge of the ground, as has been indicated with reference to Fig. 3. Practical estimates of the electrical quantities concerned in natural disturbances show, moreover, how absolutely impossible are the functions attributed to the pointed lightning conductor. A single cloud may contain $2 \times 10^{12}$ C. G. S. units, or more, inducing in the earth an equivalent amount, which a number of lightning rods could not neutralize in many years. Particularly to instance conditions that may have to be met, reference is made to the Electrical World of March 5, 1904, wherein it appears that upon one occasion approximately 12,000 strokes occurred within two hours within a radius of less than 30 kilometers from the place of observation.

But although the pointed lightning-rod is quite ineffective in the one respect noted, it has the property of attracting lightning to a high degree, firstly on account of its shape and secondly because it ionizes and renders conductive the surrounding air. This has been unquestionably established in long continued tests with the wireless transmitter abovementioned, and in this feature lies the chief disadvantage of the Franklin type of apparatus.

All of the foregoing serves to show that since it is utterly impracticable to effect an equalization of charges emissively through pointed lightning-rods under the conditions presented by the vast forces of nature great improvement lies in the attainment of a minimized probability of lightning strokes to the area to be protected coupled with adequate conductivity to render harmless those strokes that may, notwithstanding, occur.

Furthermore, a correct application of the truths that have thus been explained with reference to the familiar pointed type of lightning-rod not only substantiates the theoretical propriety of the form in which I develop my improved lightning protector, but will lead the installing engineer properly to take cognizance of those conditions due to location of the building, with respect to surrounding earth formations and other buildings, probabilities of maximum potential-differences and charge-densities to be expected under the prevailing atmospheric conditions of the site, and desirable electrode resistance and capacities of the protectors installed.

The improved protector, as above stated, behaves in a manner just opposite to the Franklin type and is incomparably safer for this reason. The result is secured by the use of a terminal or conducting surface of large radius of curvature and sufficient area to make the density very small and thereby prevent the leakage of the charge and the ionization of the air. The device may be greatly varied in size and shape but it is essential that all its outer conducting elements should be disposed along an ideal enveloping surface of large radius and that they should have a considerable total area.

In Fig. 3, Fig. 6, Fig. 7 and Fig. 8. different kinds of such terminals and arrangements of same are illustrated. In Fig. 5, 12 is a cast or spun metal shell of ellipsoidal outlines, having on its under side a sleeve with a bushing 13 of porcelain or other insulating material, adapted to be slipped tightly on a rod 14, which may be an ordinary lightning conductor. Fig. 6 shows a terminal 15 made up of rounded or flat metal bars radiating from a central hub, which is supported directly on a similar rod and in electrical contact with the same. The special object of this type is to reduce the wind resistance, but it is essential that the bars have a sufficient area to insure small density, and also that they are close enough to make the aggregate capacity nearly equal to that of a continuous shell of the same outside dimensions. In Fig. 7 a cupola-shaped and, earthed roof is carried by a chimney, serving in this way the twofold practical purpose of hood and protector. Any kind of metal may be used in its construction but it is indispensable that its outer surface should be free of sharp edges and projections from which streamers might emanate. In like manner mufflers, funnels and vents may be transformed into effective lightning protectors if equipped with suitable devices or designed in conformity with this invention. Still another modification is illustrated in Fig. 8 in which, instead of one, four grounded bars are provided with as many spun shells or attachments 18, with the obvious object of reducing the risk.

From the foregoing it will be clear that in all cases the terminal prevents leakage of electricity and attendant ionization of the air. It is immaterial to this end whether it is insulated or not. Should it be struck the current will pass readily to the ground either directly or, as in Fig. 5, through a small air-gap between 12 and 14. But such an accident is rendered extremely improbable owing to the fact that there are everywhere points and projections on which the terrestrial charge attains a high density and where the air is ionized. Thus the action of the improved protector is equivalent to a repellent force. This being so, it is not necessary to support it at a great height, but the ground connection should be made with the usual care and the conductor leading to it must be of as small a self induction and resistance as practicable.

I claim as my invention:

1. A lightning protector consisting of an elevated terminal, having its outer conducting boundaries arranged on surfaces of large radii of curvature in both dimensions, and a grounded conductor of small self-induction, as set forth.

2. A lightning protector composed of a metallic shell of large radius of curvature and a grounded conductor of small self-induction, as described.

3. Apparatus for protection against atmospheric discharges comprising an earth connection of small resistance a conductor of small self-induction and a terminal carried by the same and having a large radius of curvature in two dimensions, as and for the purpose set forth.

4. In apparatus for protection against atmospheric discharges an insulated metallic shell of large radius of curvature supported by a grounded conductor and separated from the same through a small air-gap as, and for the purpose described.

5. A lightning protector comprising, in combination, an elevated terminal of large area and radius of curvature in two dimensions, and a grounded conductor of small self-induction, as set forth.

6. In apparatus for protection against lightning discharges, the combination of an elevated metallic roof of large area and radius of curvature in two dimensions, and a grounded conductor of small self-induction and resistance, as described.

7. As an article of manufacture a metallic shell of large radius of curvature provided with a sleeve adapted for attachment to a lightning rod as, and for the purpose set forth.

8. A lightning protector comprising an ellipsoidal metallic shell and a grounded conductor of small self-induction, as set forth.

9. In an apparatus for protection against atmospheric discharges a cupola-shaped metallic terminal of smooth outer surface, in combination with a grounded conductor, of small self-induction and resistance, as described. In testimony whereof I affix my signature.

NIKOLA TESLA.

N. TESLA.
SPEED INDICATOR.
APPLICATION FILED DEC. 18, 1916.

**1,274,816.** Patented Aug. 6, 1918.

Fig. 1.

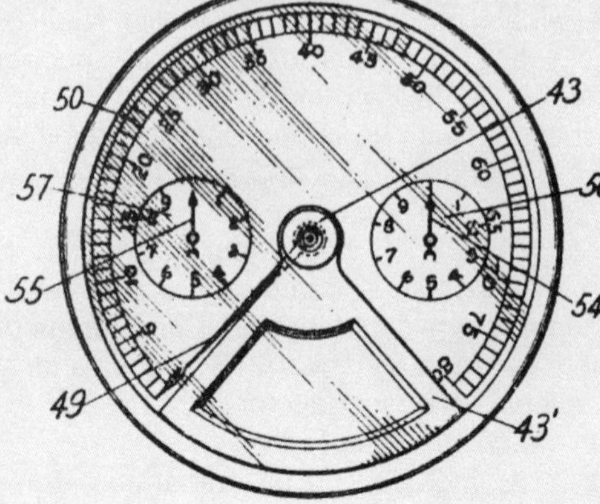


Fig. 3.

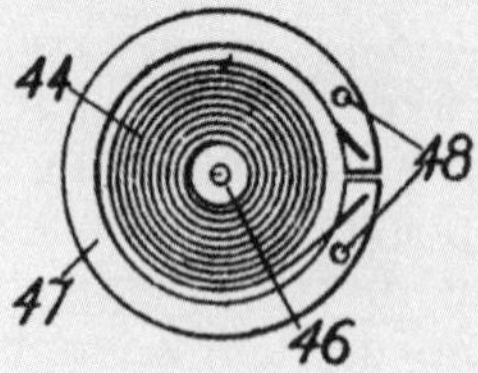


Fig. 2.

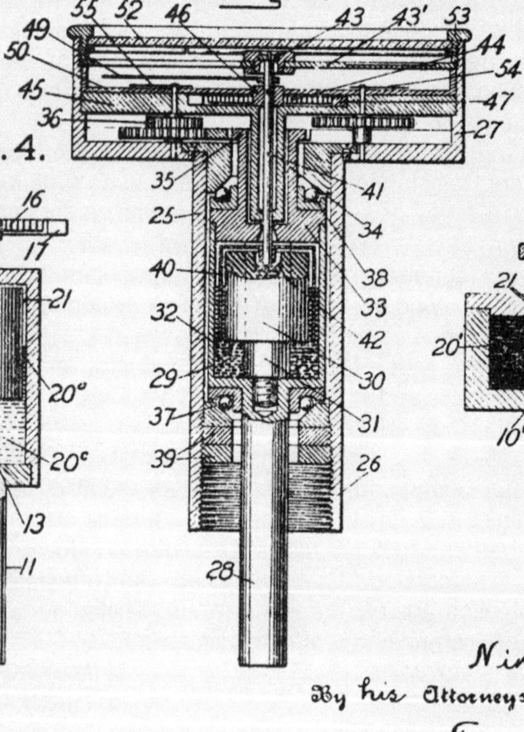


Fig. 4.

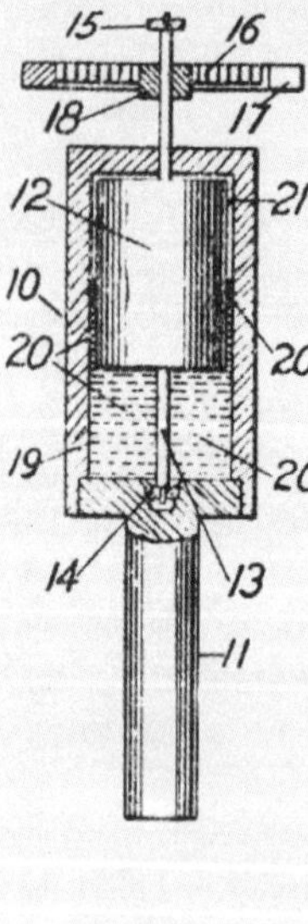


Fig. 5.

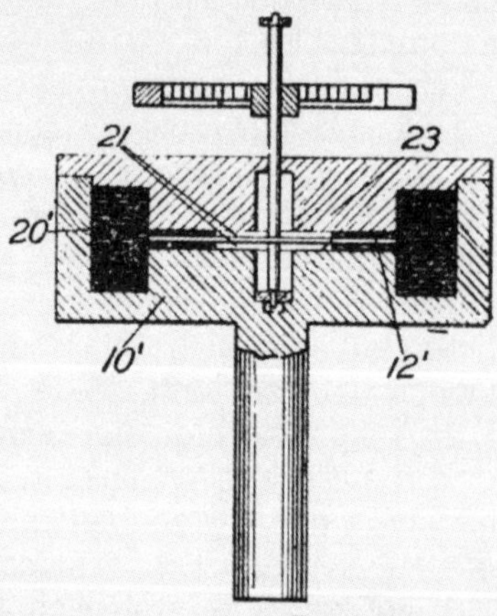


Inventor
Nikola Tesla
By his Attorneys
Force Bain & May.

# UNITED STATES PATENT OFFICE.

NIKOLA TESLA, OF NEW YORK, N. Y.
ASSIGNOR TO WALTHAM WATCH COMPANY, OF WALTHAM, MASSACHUSETTS, A CORPORATION OF MASSACHUSETTS.

## SPEED-INIDCATOR.

**1,274,816.** Specification of Letters Patent. **Patented Aug. 6, 1918.**

Application filed December 18, 1916. Serial No. 137,691.

*To all whom it may concern:*

Be it known that I, NIKOLA TESLA, a citizen of the United States, residing at New York, in the county and State of New York, have invented certain new and useful Improvements in Speed-Indicators, of which the following is a full, clear, and exact description.

Among the desiderata of speedometer construction are these: that the torque exerted upon the secondary, or indication-giving, element shall be linearly proportional to the speed of the primary member rather than to the square of the speed (as instanced in centrifugal speedometers); that the torsional effect at low speeds shall be strong and steady so that particular delicacy of construction may not be necessary and that minute causes of theoretical errors (such as bearing-friction, spring-inequalities and the like) may be negligible in effect; that the torque may be substantially unaffected by changes of extraneous conditions, as of temperature, atmospheric density and magnetic influence; that the instrument be inherently dead-beat and relatively insensible to mechanical vibration; and that ruggedness, simplicity and economy, for attendant durability, manufacturing facility and low cost, be attained. My present speedometer realizes these advantages and provides, also, an appliance that is suitable for great, as well as very small, velocitles, exact in its readings, uniformly graduated as to scale, and unaffected by changes of temperature or pressure within as well as without.

In my Patent No. 1,209,359, dated December 19, 1916, I have described a new type of speed measuring instrument wherein the adhesion and viscosity of a gaseous medium, preferably air, is utilized for torque-transmission from a primary driving to a secondary pivoted and torsionally restrained member under conditions such that the rotary-effort exerted upon the latter is linearly proportional to the rate of rotation of the former. The principles of that invention find place in my present construction. Such "air-drag" speedometers have been found capable of meeting satisfactorily the commercial requirements for both large and small instruments respectively adapted to measure relatively high and low speeds, but nevertheless it is true that although such instruments, when built for high-speed indication, may be of sturdy construction, they must, when designed for low-speed measurement, be built with great precision and delicacy. This because the inertia of the secondary element must be kept extremely small for desirable promptness of response to very slow starting speeds and consequent feebleness of the turning effort. In some instances, therefore, it is highly desirable to employ a transmitting medium giving a much greater torque than air with concomitant extension of the low-range of accurate speed reading, quickness of response, practicable decrease of size of parts and lessening of sensitiveness to disturbances such as vibration of the instrument as a whole.

All of the stated objects I accomplish by employing as the torque-transmitting medium between the driving and driven elements a body of suitable liquid, (e.g., mercury) under conditions (as set forth in my prior application referred to) proper to secure linear proportionality of deflections, and, further, by making provision automatically to compensate for the changes in the viscosity of the liquid that accompany variations of temperature. The latter equipment is unnecessary in my air-drag speedometer, but mercury and other liquids of relatively great density that might be employed for my present purposes have not the quality of approximate self-compensation for temperature changes that inheres in air, owing to the fact that the viscosity of such a liquid decreases rapidly as its temperature rises, and so to a successful "mercury-drag" instrument temperature compensation is requisite.

The underlying ideas of this invention can be carried out in various ways and are capable of many valuable uses, but for purposes of disclosure, specific reference to a form of speed-indicator designed for use on an automobile is adequate.

As in the structure described in my stated prior application, I provide driving and driven members with confronting, closely-adjacent, non-contacting, smooth, annular friction surfaces, co-acting for transmission of torque through the viscosity and adhesion of interposed thin films of a suitable medium -- in this case mercury -- under conditions to prevent free exchange of fluid acting on the system, to prevent its local circulation and eddying, to maintain its flow calm and non-turbulent, and to secure as low velocity of the medium with respect to the system as the circumstances of the case may make desirable. These conditions all aid in the attainment of rigorous linear proportionality of deflection of the secondary to the speed of rotation of the primary element under given temperature conditions. Additionally, by suitable construction I make it possible to obtain a nearly perfect compensation for temperature changes so that the deflections may be rigorously proportionate to speed within limits of temperature variation wider than I believe likely to occur in the practical use of the instrument. I attain this compensatory result by providing thermo-responsive means to vary the effective area of the secondary element upon which the medium acts in approximately inverse proportion to temperature-effected changes of viscosity of the medium, and as a preferred specific means to this end, I dispose a body of the liquid beyond, but communicating with, the active portion of the liquid medium and of such quantity that, in effectively the same measure as viscosity and, consequently, the torque is diminished or increased with temperature changes, the active liquid-contacting area of the secondary member is enlarged or reduced owing to the expansion or contraction of the fluid.

In the drawing Figure 1 is a top view of a speedometer;

Fig. 2 is a central vertical section therethrough;

Fig. 3 shows a spring adjusting arrangement; and

Fig. 4 and Fig. 5 are diagrams explanatory of the compensating principle.

In Fig. 4 the primary or driving member is a cup 10 carried by a freely rotatable vertical shaft 11. Within it the cylinder-formed secondary member 12 is mounted on a spindle 13, journaled in jewels 14 and 15 of negligible friction, for pivotal displacement against the restraint of a spiral spring 16, connected at its ends respectively to fixed support 17 and spindle-collar 18, so that by pivotal displacement of the secondary cylinder against the resisting spring-tension, the torsional effort exerted on the secondary member may be measured. The spring is such that its displacements are linearly proportionate to the force applied. The lower portion 19, of the cup-chamber is a reservoir filled with the liquid, 20, as mercury, and the liquid normally extends part way up the very narrow interspace 21 between the two elements to contact with less than the whole of their confronting friction surfaces. With mercury as the medium, in an instrument with a secondary cup of one inch diameter I find an interspace-width of 0.05 inch to be satisfactory.

It will now be seen that when shaft 11 is rotated the mercury in the cup is entrained and in turn produces a drag upon the pivoted member 12, the torsional effort being directly proportionate to the active area, viscosity of the fluid and the speed of rotation and, inversely, to the width of the interspace 21 or distance between the rotated and pivoted surfaces. If $v$ be coefficient of viscosity, A the active area, $s$ the speed and $d$ the distance between the juxtaposed rotating and pivoted surfaces, all of the quantities being expressed in proper units, then the twisting force

$$F = v A s / d \text{ dynes.}$$

When, through changes in the external conditions or work performed on the fluid, the temperature of the same is raised, two effects, separate and distinct, are produced. In the first place, the viscosity is diminished according to a certain law, reducing correspondingly the torque, on the other hand, the fluid expands thereby enlarging the areas of the active, or liquid-contracting, surfaces of the elements with an attendant 100 increase of rotary effort. Obviously, then, if it is possible so to relate these actions that they mutually annul each other upon any change of temperature, a complete compensation may be obtained. This result, I have ascertained, can be almost perfectly realized with a liquid, as mercury, by properly proportioning the volume of the chamber-contained, or compensating, component $20^c$ of the liquid and the component $20^a$ of the liquid in the interspace 21. With a view to simplifying this explanation, be it supposed that the force F is wholly due to the liquid component $20^a$ (the drag exerted on the bottom face of cylinder 12 being assumed to be negligible and the bearings to be frictionless).

It will be evident that under these conditions the active area will increase as the volume of the fluid. Perfect compensation would require that upon a rise of temperature; the active area, and therefore the torsional effort, be augmented in the same ratio as viscosity is diminished. In other words, the percentage of decrease of viscosity divided by that of increase of area should be the same for all temperatures. Attention is called to the table below showing that, with mercury as the medium, the value of this fraction at ordinary temperatures is about, or not far from, 20.

| Temperature. | Volume of fluid. | Viscosity of fluid. | Percentage of increase of *v*. | Percentage of decrease of v. | Value of ratio. |
|---|---|---|---|---|---|
| T | V | *v* | *a* | *b* | *b/a* |
| -20 | 0.996364 | 0.018406 | -0.3636 | -8.2718 | 22.75 |
| -15 | 0.997273 | 0.018038 | -0.2727 | -6.1029 | 22.38 |
| -10 | 0.998182 | 0.017681 | -0.1818 | -4.0074 | 22.04 |
| -5 | 0.999091 | 0.017335 | -0.0909 | -1.9722 | 21.70 |
| 0 | 1.000000 | 0.017000 | 0 | 0 | 21.35 |
| 5 | 1.000909 | 0.016663 | 0.0909 | 1.9107 | 21.02 |
| 10 | 1.001818 | 0.016361 | 0.1818 | 1.7603 | 20.68 |
| 15 | 1.002727 | 0.016057 | 0.2727 | 5.5505 | 20.35 |
| 20 | 1.003636 | 0.015762 | 0.3636 | 7.2706 | 20.00 |
| 25 | 1.004546 | 0.015477 | 0.4546 | 8.9564 | 19.70 |
| 30 | 1.005455 | 0.015202 | 0.5455 | 10.5750 | 19.38 |
| 35 | 1.006365 | 0.014937 | 0.6365 | 12.1410 | 19.07 |
| 40 | 1.007275 | 0.014680 | 0.7275 | 13.6470 | 18.75 |
| 45 | 1.008185 | 0.014433 | 0.8185 | 15.1031 | 18.45 |
| 50 | 1.009095 | 0.014194 | 0.9095 | 16.5073 | 18.15 |

This means to say that if the total volume of the liquid is twenty times that contained in the interspace between the elements, the two opposite effects, one increasing and the other reducing, the torque, will approximately balance. This fact is borne out by practical tests and measurements, which have demonstrated that by constructing for this volumetric ratio deflections very closely proportionate to the speed are obtained through a range of temperature variations far greater than ordinarily occurring. For commercial purposes it is quite sufficient to employ a ratio of approximately the stated value as the error involved in a small departure therefrom is inconsiderable. When necessary or desirable, greater precision can be obtained by taking into account four secondary effects, due to expansion or contraction of the walls, which slightly modify the torque; first, changes in the volume of the reservoir; second, in the distance between the opposed surfaces; third, inactive area and, fourth, in velocity. Increase in the former two tend to diminish, the latter to augment, the viscous drag. A satisfactory ratio in a cylindrical type of instrument has been found to be about 24.

Fig. 5 illustrates a different arrangement, exemplifying the same principle of employing a reservoir-contained liquid body as the thermo-responsive means to compensate for viscosity changes of the active liquid. In this case a spindle-carried disk 12' serves as a secondary element, while the primary member consists of a hollow shell 10' with annular surfaces 23 confronting the disk surfaces and encompassed by an annular chamber 20', so that under rotation the mercury body fills the chamber and occupies peripheral portions of the interspaces 21 between the flat confronting surfaces. It is hardly necessary to remark that since there are two such interspaces 21, the calculation of capacity of the reservoir or chamber 20', beside considering the form of the device, must take account of the active mercury body in both interspaces.

In Figs. 1 to 3 a complete commercial instrument embodying my invention is shown. Specifically, 25 is a tube threaded at 26 and carrying at the top a casing-head 27 the whole forming a housing for enclosure of the moving parts. The driving shaft 28 carries a cylindrical cup 29 in the bottom of which is screwed a plug 30, turned down as 31 for the purpose of providing the reservoir 32. The cup 29 is closed at its upper end by a tight fitting cover 33, having an upwardly-extending shank 34, carrying a pinion 35 to drive suitable wheelwork 36 of the odometer contained in the lower part of the head 27. This structure, providing the primary element, is rotatable in ball-bearings 37 and 38 fixed in tube 25 and adjustable by means of nuts 39.

The secondary element is made of a very thin metal cup 40, inverted and secured to slender spindle 41 mounted in jeweled bearings 42 and 43 respectively carried in a cavity of plug 30 and by a frame arm 43'. A running bearing 42 can usually be employed without detriment, but a fixed bearing may be used if desired. The weight of the secondary member with its movable attachments should be so determined that the upward thrust against jewel 43 is very slight. The torsional twist of secondary cup 40 is resisted by a spiral spring 44 lodged in a turned recess of a frame plate 45, having one of its ends connected to collar 46 fast on the spindle 41 and the other to a split ring 47 spring-gripping the wall of the recess in plate 45. By inserting pincers in holes 48 (Fig. 5) and contracting the ring it is freed sufficiently for adjustment to bring the spindle-carried indicator 49 to point to zero of the graduated scale 50 that, if all of the principles of my invention are best embodied, may be made uniformly graduated. The scale is carried on plate 45 and, together with the support 43', is held in place by a rim 53 that suitably carries the glass cover 52. The odometer may have any suitable number of indicating elements of different orders suitably geared, the two hands 54 and 55 sweeping over graduated dials 56 and 57, typifying any suitable construction.

It will be apparent that the high torque at low speed developed through the mercurial transmitting medium makes the instrument very effective as one for use on automobiles, and while it is true that with a heavy fluid, as mercury the range of velocity of the medium throughout which proportionality of torque to speed, under the described conditions, is rigorously linear falls below the range available where air is the medium, a construction presenting the friction surfaces of the elements in a cylinder-form as suggested in Figs. 2 and 4 permits of the use of a suitably constructed device with a small-diameter secondary to measure very high speeds without imparting to the medium a linear velocity beyond its stated range. For the successful use of mercury in the present described instrument (or other rotary devices) it is important that the mercury be pure, the surfaces contacting there, with smooth, clean and non-granular (preferably nickel-plated or made of non-corrosive, high grade steel) to minimize abrasion and keep the mercury clean, and that the linear velocity of the mercury be kept low, preferably below six feet per second, in order that it may not break up into minute droplets or apparently-powdered form.

What I claim is:

1. In combination, driving and driven elements, having opposed, closely-adjacent, non-contacting friction surfaces; a liquid body interposed between active areas thereof through which the driving element frictionally drags the driven one and thermo-responsive means for varying the active area of the secondary in approximately inverse proportion to the thermo-effected variations in viscosity of the liquid.

2. In a temperature-compensating speed-indicator, the combination of variable speed primary and movement-restrained secondary elements that are suitably supported for separate movement and have opposed friction surfaces in close but non-contacting juxtaposition; an interposed liquid body contacting normally with active areas of said surfaces less than the whole thereof, and thermo-responsive means for varying the liquid-contacting areas of said elements approximately inversely to the thermo-effected variations of liquid viscosity.

3. In a temperature-compensating speed-indicator, the combination of variable speed primary and movement-restrained secondary elements that are suitably supported for separate movement and have opposed closely-adjacent non-contacting friction surfaces; an interposed liquid

body and thermo-responsive means for varying the active areas of said surfaces in predetermined proportion to thermally-effected changes of liquid viscosity.

4. In a temperature-compensating speed-indicator, the combination of variable speed primary and movement-restrained secondary elements that are suitably supported for separate movement and have opposed closely-adjacent non-contacting friction surfaces; a liquid body partially filling the interspace between said surfaces, and thermo-responsive means for varying the liquid quantity within in said interspace in predetermined inverse ratio to thermo-effected changes of liquid viscosity.

5. The combination with driving and driven elements having opposed, closely-adjacent, non-contacting friction surfaces and an interposed liquid body contacting with active portions thereof, of a compensating liquid body communication with the said interposed or active one, and proportioned to vary the effective contact area of the active liquid approximately inversely to its temperature-effected viscosity changes.

6. The combination with freely movable driving and movement-resisted driven elements, having friction surfaces in opposed, closely-adjacent non-contacting relation, of means providing a reservoir, communicating with the interspace between said elements, and a liquid body having a reservoir-filling component and an active torque-transmitting component that normally, partly occupies said interspace, these components proportioned volumetrically for temperature-effected change of the contact area of the active component in approximately inverse ratio to the attendant changes of liquid viscosity.

7. In a temperature-compensating speed-indicator, the combination of a freely rotatable cylindrical cup; a cylinder-formed member in the upper portion thereof, pivoted and spring-restrained; and a body of mercury filling the reservoir-portion of the cup below the pivoted member and extending partially in the narrow interspace between the cup and cylinder.

In testimony whereof I affix my signature.

NIKOLA TESLA.

N. TESLA.
SHIP'S LOG.
APPLICATION FILED DEC. 18, 1916.

1,314,718. Patented Sept. 2, 1919.

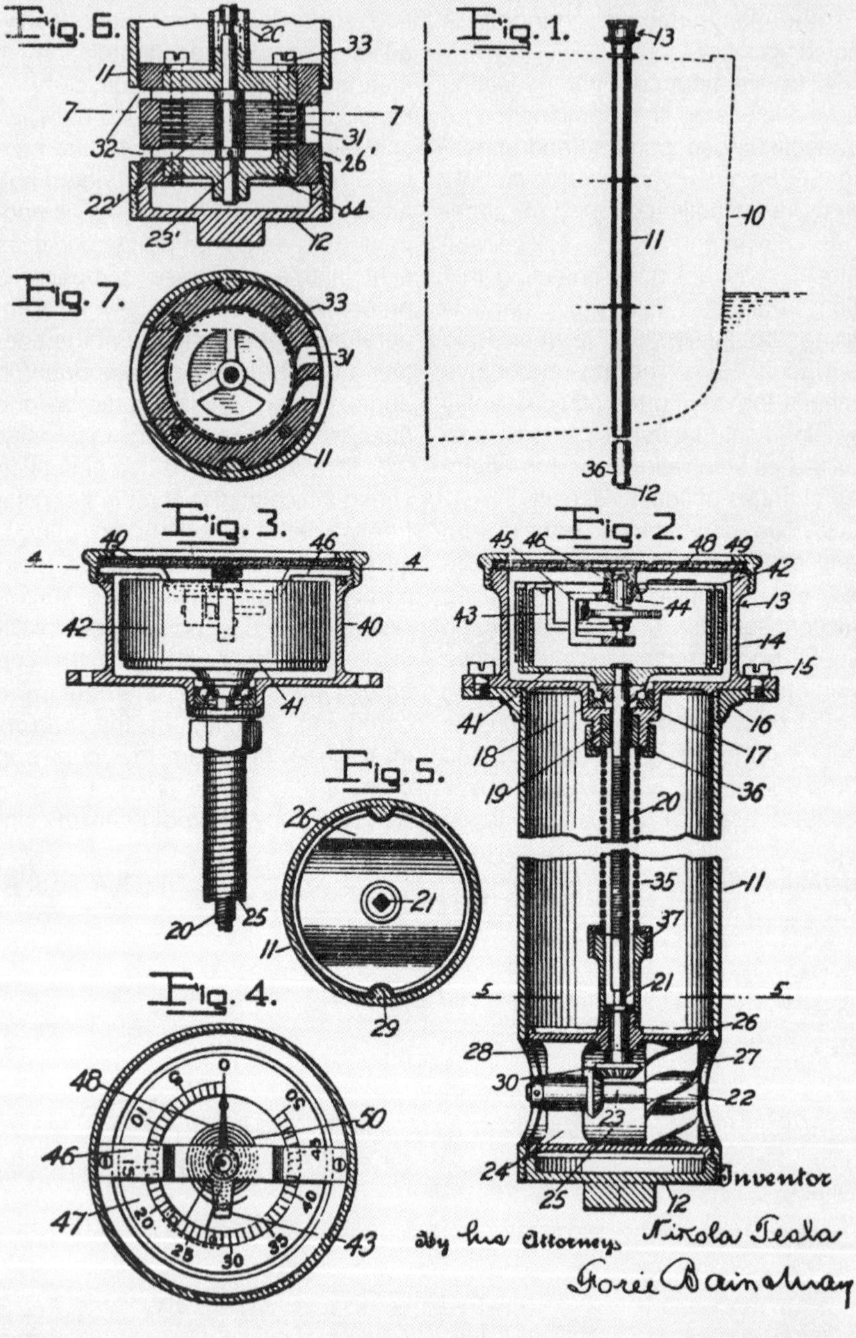

# UNITED STATES PATENT OFFICE.

NIKOLA TESLA, OF NEW YORK, N. Y.
ASSIGNOR TO WALTHAM WATCH COMPANY, OF WALTHAM, MASSACHUSETTS, A CORPORATION OF MASSACHUSETTS.

## SHIP´S LOG.

**1,314,718.** Specification of Letters Patent. **Patented Sept. 2, 1919.**

Application filed December 18, 1916. Serial No. 137,690.

*To all whom it may concern:*

Be it known that I, NIKOLA TESLA, a citizen of the United States, residing at New York, in the county and State of New York, have invented certain new and useful Improvements in Ships´ Logs, of which the following is a full, clear, and exact description.

My invention provides a ship's log of novel and advantageous construction and operation, designed to give instantaneous rate-readings, as in knots, or miles per hour. The customary log is trailed astern, twisting the flexible connector that drives a revolution-counter on the vessel, and many disadvantages of such arrangement are obvious.

In my instrument I combine very advantageously a propeller rotatable proportionately to vessel-speed and a speed-indicator driven by it and reading directly in the desired terms, preferably upon a substantially uniformly-graduated scale.

In the drawings, Figure 1 diagrams the log in use;

Fig. 2 shows it in vertical section;

Fig. 3 illustrates speed-indicator parts with the casing broken away;

Fig. 4 is a section on line 4 -- 4 of Fig. 3;

Fig. 5 is a section on line 5 -- 5 of Fig. 2.

Fig. 6 shows in section a turbine form of propeller, and

Fig. 7 is a section on line 7 -- 7 of Fig. 6.

To the vessel 10, preferably near its bow, is suitably affixed a tube or barrel, 11 with a threaded plug 12 closing its lower end where the tube preferably dips below the level of the boat's keel. At the top -- near the deck or other point of observation -- the speed-indicator 13 is mounted, its casing 14, that carries all of the moving parts being detachable secured, as by screws 15, to the top-flange 16 of the barrel. A boss 17 on the underside of casing 14 supports the ball bearing 18 for the primary clement of the indicator and a seal 19 for its flexible drive-shaft 20 that connects preferably through slip-joint squared union, 21, to a propeller-driven part. The propeller may be of common form as shown in Fig. 2, at 22, with its shaft 23 horizontally mounted in the bracket 24 spanning the tubular passage 25 of a housing 26 that fits neatly in the barrel and is held in register with ports 27 and 28 by guide-ribs 29. Such a propeller drives the shaft 20 through bevel gears 30.

More advantageously in some respects, however, a turbine propeller of simple construction may be employed, as shown in Figs. 6 and 7. The rotor in this instance has a vertical shaft 23´ and the wheel 22´ is formed of thin, parallel, closely-spaced disks each having a central opening. The wheel is arranged in a cylindrical housing 26' that has inlet-nozzles 31 and outlet-ports 32 so disposed that the water enters the interspaces between the disks tangentially to rotate the wheel and finals escape through the ports 32 that communicate with the central orifices of the disks. This type of construction has many advantages due to its reliability and efficiency, but preferable it should be constructed to permit the disks and casing, to be readily cleaned casing 26' being made in two horizontal sections bolted together as at 33, each section having a detachable head 34.

A flexible and longitudinally elastic sleeve, 35, of coiled strip metal is fastened at opposite ends by threaded caps 36 and 37 to the boss 17 and to a threaded part on the propeller casing, so that the propeller mechanism is supported from the indicator casing for removal therewith.

By suitably constructing the submerged parts of bronze, enameling them, or otherwise making them substantially immune to corrosion, adequate durability is attained and the facility of removal for cleaning, oiling, repairs, etc., makes the underwater parts easy to maintain in good order. The pliant shaft slip-connected at one end and its stout protective sleeve strong yet flexible and extensible frees the bearings from strain and makes the connection uniformly efficient under changes of conditions as to temperature etc.

The speed-indicator 13 preferably provides as its primary element 41 a multiple-walled cup, fast on shaft 20, and as a secondary, or indication-giving, member a lightly-constructed pivoted, multiple-walled inverted cup-structure 42, with the annular walls interleaved in closely adjacent non-contacting relation for transmission of turning effort from the one to the other through intervening films of the casing-contained fluid medium, as air, in approximately linear proportion to the speed of the primary. Specifically the secondary cups are dependent from an arm 43 projecting from spindle 44, having jewel bearings in yoke 45 carried by brigadepiece 46, that spans the casing 14, and the dial 47, calibrated according to a suitable constant to read in knots, or miles per hour or other units of rate, is borne by the cup-structure below a fixed hand 48 visible through the sealed cover-glass 49. A coiled spring 50, connected at its ends respectively to the pivoted secondary element and to a fixed support, resists the pivotal displacement of the indication-giving member. The light secondary element, quickly and accurately responsive approximately directly proportionately to the speed of the propeller-driven primary member, and little affected by tremors, temperature changes and other extraneous influences, gives adequately accurate readings in the desired terms, showing instantaneously changes of the vessel´s speed.

What I claim is:

1. In ship´s log, a barrel having water-flow openings near its bottom, a speed-indicator detachably secured to one end of the barrel, a flexible shaft for the speed-indicator, a propeller connected to the shaft-end, a housing for the propeller, registering with the water-flow openings, and a sleeve surrounding the shaft uniting the housing and casing, for extraction of the propeller parts when the speed-indicator is removed from the barrel.

2. In a ship´s log, a barrel, a speed-indicator having a casing secured detachably to the upper or observation end of the barrel, a propeller having a housing and adapted to pass through the barrel, a flexible shaft slip-fitted to connect the propeller and speed-indicator, and a flexible sleeve connecting the propeller-housing and indicator-casing.

3. In a ship´s log, the combination of a barrel having water-flow openings near its bottom, a speed-indicator extending centrally through the barrel, a propeller for the shaft-end, a housing for the propeller, said housing being smaller than the barrel, and a sleeve surrounding the shaft uniting said housing and said indicator-casing for effecting extraction of the propeller parts when the speed-indicator is removed from the barrel.

4. In a ship´s log, a barrel, a speed-indicator having a casing secured detachably to the upper end of the barrel, a propeller having a housing and adapted to pass through the barrel, there being registering openings near the bottom of the barrel and in said housing for water-flow to the propeller, a flexible shaft connecting said propeller and speed-indicator and making axially slidable connection with one thereof, and a flexible and axially expansible sleeve connecting the propeller-housing and the indicator-casing for extraction of the propeller parts when the speed-indicator is removed from the barrel.

In testimony whereof I affix my signature.

NIKOLA TESLA.

N. TESLA.

FLOW METER.

APPLICATION FILED DEC. 18, 1916.

**1,365,547.** **Patented Jan. 11, 1921.**

Fig. 2.

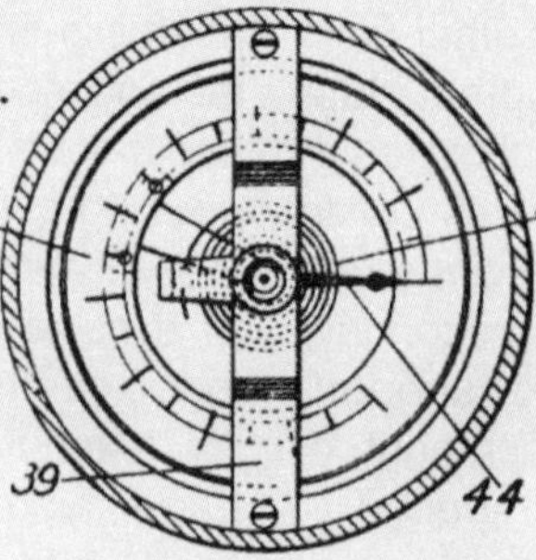


Fig. 3.

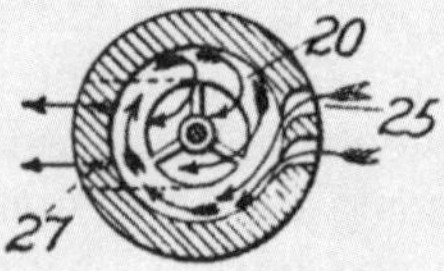


Fig. 4.

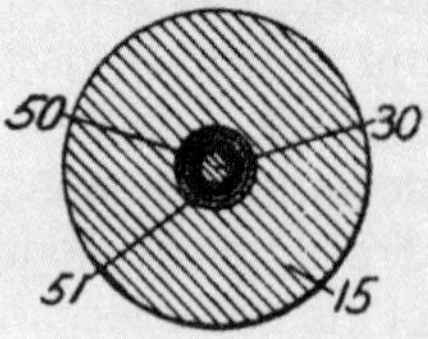


Fig. 1.

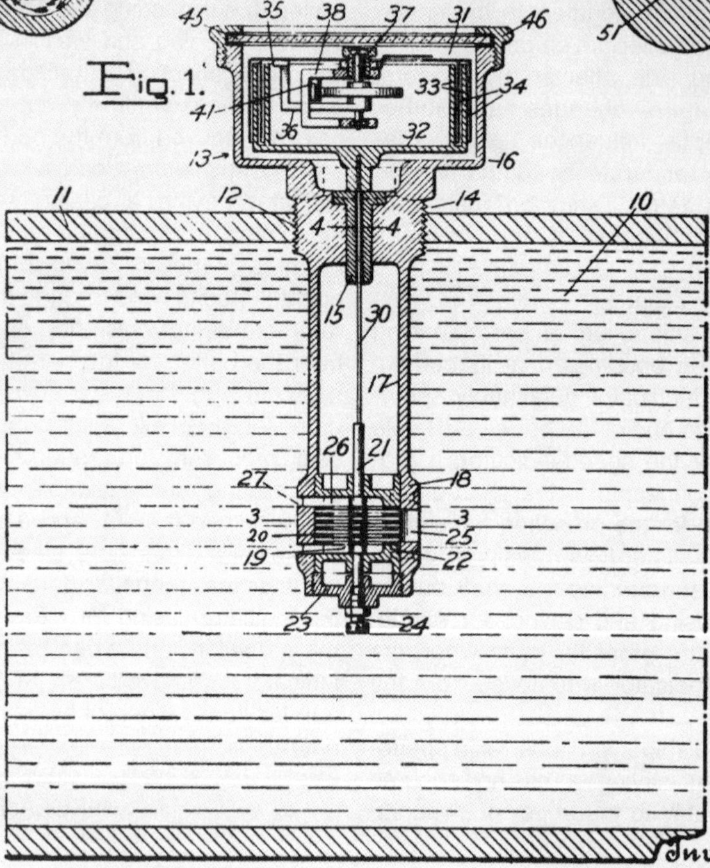


Inventor
Nikola Tesla

By his Attorneys Force Bain & May

# UNITED STATES PATENT OFFICE.

NIKOLA TESLA, OF NEW YORK, N. Y.
ASSIGNOR TO WALTHAM WATCH COMPANY, OF WALTHAM, MASSACHUSETTS, A CORPORATION OF MASSACHUSETTS.

## FLOW-METER.

**1,365,547.** Specification of Letters Patent. **Patented Jan. 11, 1921.**

Application filed December 18, 1916. Serial No. 137,688.

*To all whom it may concern:*

Be it known that I, NIKOLA TESLA, a citizen of the United States, residing at New York, in the county and State of New York, have invented certain new and useful Improvements in Flow-Meters, of which the following is a full, clear, and exact description.

My invention relates to meters for measurement of velocity or quantity of fluid flow. Its chief object is to provide a novel structure, simple, inexpensive and efficient, directly applicable to a conduit through which the fluid flows, and arranged to give instantaneous readings in terms of velocity, or quantity.

In the drawings I have shown a single embodiment of my invention in desirable form and therein --

Figure 1 is a central, vertical section showing the device in use;

Fig. 2 is a plan detail of the indicating instrument with parts in section;

Fig. 3 is a horizontal section on line 3 -- 3 of Fig. 1, and

Fig. 4 is an enlarged section on line 4 -- 4 of Fig. 1.

Assuming that the flow of liquid 10 through a main 11 is to be measured as in gallons per hour, or feet per second, the main is tapped as at 12 and into the threaded orifice is screwed the body-casting of the flow-meter 13. This casting has a threaded waist 14, centrally apertured to receive the bearing bushing 15, the upper portion of the casting being formed as a shell 16 for incasing the indicating mechanism, and its lower portion prolonged as a tube 17, terminating in a head 18 to receive the flow-driven element. The latter, I prefer, shall be a turbine of the type commonly identified by my name. Illustrating simply its essential elements, the rotor, 19, is made up of centrally apertured parallel disks 20, closely spaced and mounted on a shaft, 21, extending through a shell 22 confined within the head 18 above the plug 23 that closes the bottom of the head and carries an adjustable step-bearing screw 24. Inlet nozzles 25 in the wall of head 18, direct the liquid to the disks tangentially to set the latter in rotation and the water finds escape through the outlet passages 26 of the shell 29 and ports 27 of the head 18. Preferably the length of tube 17 should be such as to dispose the turbine rotor approximately at the center of the main, and of course the turbine will rotate at a rate linearly proportional to the velocity of the fluid at that point, according to a practically-determined constant.

Turbine shaft 21 connects with shaft 30 of the indicator, that preferably is of minimal diameter for the work to be done and that passes through the long bushing 15 for direct connection with the indicator 31. The primary element, 32, of this indicator, directly mounted on said shaft 30, preferably comprises a cup having multiple vertical walls 33 in concentric arrangement, these being interleaved with inverted cup walls 34 of a secondary element 35, that is pivoted and torsionally restrained and that bears a movable element of the reading-scale. Specifically, the secondary element may have its inverted cup walls made of very thin aluminum mounted on arm 36, affixed to the spindle 37 that runs in jewel bearings carried by a yoke 38, supported on a bridge-piece 39 spanning the casing 16. A coiled spring 40, at one end fast to the spindle 37 and its other end adjustably secured in split stud 41, on bracket 38, resists displacement of the secondary element which carries on its top a reading-scale 43, graduated in terms of gallons per hour, feet per minute, or other units of measurement. This dial moves below the stationary pointer 44 that is visible through the sight-glass 45, carried by the cover cap 46 and tightly sealed. By constructing the indicator in accordance with principles fully explained in my Patent No. 1,209,359 the primary element, acting through the viscous or adhesive properties of air or other fluid medium filling the casing, is caused to displace the scale-bearing member against the tension of its spring substantially in linear proportion to the speed of rotation of the primary element, and by observing the conditions requisite to make the torque bear a rigorously linear proportion to the speed, and making the spring to permit deflections proportionate directly to the turning effort, the scale may be graduated uniformly without the employment of any compensating mechanism to this end. The pressure or density of the gaseous fluid medium in the casing should not be subject to change under varying conditions of pressure within the main, or the readings might be seriously inaccurate; nor, obviously, should escape of the liquid from the main into the indicator casing, be permitted.

To seal the running bearing of shaft 30 adequately to withstand very considerable pressures, I make what I term a "mercury-lock" by the following provision: the shaft 30 is made of fine steel of great and uniform density and the bushing 15 is preferably of hard copper, these having diameters leaving a clearance of only a few thousands of an inch -- much too small for the capillary admission of mercury. These surfaces are treated for amalgamation with mercury. The bearing-portion of the shaft 30 is thinly copper-plated, and then both bearing-surfaces are coated, in a quickening solution, with mercury, after which the mercury-filmed parts are assembled. In this way, as sought graphically and exaggeratedly to be represented in Fig. 4, the mercury body 50 is introduced into the narrow clearance, and although it is a unitary seals and its resistance to the passage of air or water, it may practically be regarded as forming two mirror-surfaced films between the bushing 15 and the copper plating 51 of shaft 30. I have found such a mercury lock makes a very effective and enduring seal while permitting adequately free rotation of the shaft.

The combination of turbine rotor and air-drag indicating mechanism as above described is especially advantageous in that the small turbine, developing a high shaft-speed under even rather slow fluid flow, insures that the speeds of the primary element will be ample to result in high torque, so that the indicator may be of relatively rugged construction. Furthermore, the practical insensibility of the air-drag instrument to temperature changes, without special compensating mechanism, makes very simple construction available for many and variant uses. And since linear relationships exist between the rate of liquid flow, turbine-rotation and indicator displacement, accurate marking of the scale in uniform graduations depends only upon the establishment of certain easily-ascertainable constants for any given conditions.

What I claim is:

1. A flow-meter comprising a body having a pipe engaging portion, a lower head of smaller diameter and an upper casing, a vertical shaft extending through said body, a disk-turbine in said head directly connected with said shaft, said head having inlet and outlet-openings to the turbine disks, and indicating means comprising a rotatable primary element directly connected with said vertical shaft and a torsionally-restrained secondary element displaceable by the first and equipped to show its displacement in desired terms.

2. In a device of the character described, the combination of a body-fitting having an intermediate part for pipe engagement, a lower head, and an upper shell, a shaft passing vertically from said shell to said head, a pressure-resisting seal for said shaft adjacent said pipe engaging portion of the body, an indicator in said shell comprising a rotatably primary member having a vertical axis and directly connected with the upper end of said shaft, a torsionally-restrained secondary element associated with a scale for showing its deflections in desired terms, and a horizontal disk-turbine rotor in said head, said rotor directly connected with the bottom of said shaft, said head having inlet and outlet-openings to the rotor-disk.

In testimony whereof I affix my signature.

NIKOLA TESLA.

N. TESLA.
FREQUENCY METER.
APPLICATION FILED DEC. 18, 1916.

1,402,025. Patented Jan. 3, 1922.

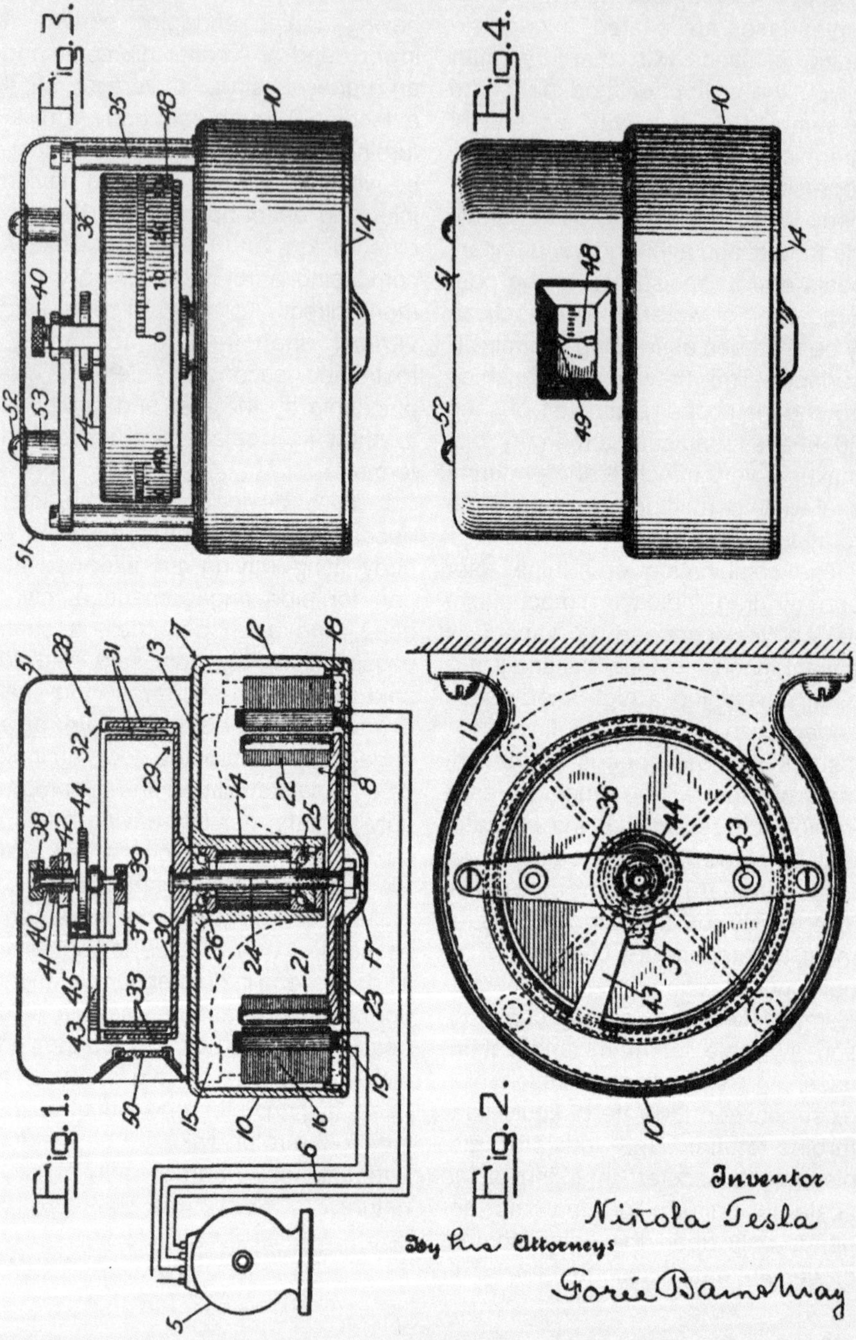


Inventor
Nikola Tesla
By his Attorneys
Foree Bain May

# UNITED STATES PATENT OFFICE.

NIKOLA TESLA, OF NEW YORK, N. Y.
ASSIGNOR TO WALTHAM WATCH COMPANY, OF WALTHAM, MASSACHUSETTS, A CORPORATION OF MASSACHUSETTS.

## FREQUENCY INIDCATOR.

**1,402,025.** Specification of Letters Patent. **Patented Jan. 3, 1922.**

Application filed December 18, 1916. Serial No. 137,689.

*To all whom it may concern:*

Be it known that I, NIKOLA TESLA, a citizen of the United States, residing at New York, in the county and State of New York, have invented certain new and useful Improvements in Frequency Meters, of which the following is a full, clear, and exact description.

In many instances in practice it is very desirable and important to ascertain the frequency of periodic currents or electric oscillations and therefrom the speed of rotation or reciprocation of the generating or controlling apparatus.

The devices commonly used at present for this purpose and designated "frequency meters" generally consist of reeds or bars tuned to respond to impulses of definite periods, or a direct current dynamo coupled to the alternating generator or frequency controller and connected with an instrument, of voltmeter construction, graduated to indicate the instantaneous frequency of the current. Both of these forms are objectionable from many points of view, being subject to various limitations of practical availability and to disturbing influences, all so well known to experts as to dispense with the necessity of enlarging upon them on this occasion.

My invention has for its object to provide a frequency meter of great accuracy, structural simplicity, wide range of use, and low cost, all adequate to meet the pressing demand for a commercial and scientifically satisfactory instrument of improved form.

In the drawings, wherein I have illustrated a single embodiment of my invention for purposes of disclosure, --

Fig. 1 is a central vertical section through the frequency meter, with diagrammatic extension to indicate an available manner of connecting it to a two-phase generator;

Fig. 2 is an end view;

Fig. 3 is a side elevation with the cover in section, and Fig. 4 is a side elevation of the instrument from its reading side.

It will be understood that the specific construction of instruments embodying my invention may be modified in many ways according to the demands of the electrical or mechanical environment in which it is to be used, and while I shall describe in detail a specific construction, illustrated in the drawing, it is without intent to limit my invention in its broader aspects to matters of detail.

5 represents diagrammatically a two-phase generator, typifying the machine controlling the frequency to be measured, and having suitable connection by wires 6 with the synchronous-motor element of the frequency meter, indicated as a whole by 7. The motor, 8, will of course have field-poles and armature-bars appropriate to the character of the current supplied from the generator 5, the motor being of the split-phase, two-phase, or other type, as needed. A frame 10, having lugs 11, or other means of support, provides a cup-formed shell 12 with a top wall 13 furnished with a central bearing tube 14 and with suitable supporting means, as 15, for the stationary field structure 16. A cap 17, screw-threaded at 18, and suitably packed, hermetically seals one side of the motor casing into which the connecting wires are led through any suitable sealing and insulating bushings 19.

For accuracy and promptness of response to frequency-variations, the armature structure 21, as a whole, with its attachments should be of very light weight and so equipped that its work is minimized. Hence it is important both that the construction of the armature element be designed with reference to smallness and consequent lightness of parts, and that its frequency-indicating equipment be of a character imposing the lightest load on the armature. Specifically, the armature laminae 22 are carried on a light disk 23, fixed to the vertical shaft 24, so that is supported by ball bearings 25 and 26, in tube 14, and, above the wall 13, carries the driving member of the indicator device 28. This appliance comprises, as its primary element, 29, a non-magnetic disk 30, of brass, say, having annular spaced, concentric walls 31, and as its secondary element, 32, a pivoted part including very light, annular walls 33 interleaved with the walls 31 and affording extensive smooth friction surfaces, very closely adjacent to, but not contacting with, the kindred surfaces of the primary member so that through the thin films of fluid, preferably air, intervening between them, torque may be transmitted from the primary to the secondary element in substantially linear proportion to the speed of the primary. Posts 35, mounted in the top wall of the frame, support a vision. The small size, low cost and ease of bridge-piece 36 that carries a bearing yoke 37, affording upper and lower jewel bearings 38 and 39, the former contained in a bushing 40 threaded for adjustment in the yoke and set by a nut 41, such bearings receiving the spindle 42 from which extend, rigidly, the arm 43 carrying the annular walls of the secondary element. A spiral spring 44, fixed at one end to the shaft 42 and at its other end clamped adjustably in the split-stud 45 on bracket 37, permits rotary displacement of the secondary element, substantially in linear proportion to the force applied. A scale 48, printed on or otherwise affixed to the outermost wall of the secondary element, is graduated in units of frequency and its indication point is determined by a fixed pointer 49 that is fixed at the edge of a transparent sealed window 50 of the casing-shell 51 of cup formation, that is secured in sealed relation to the wall 13 as by packed screws 52 engaging bosses 53 on the bridge-piece 36 so to complete the hermetic enclosure of the chamber containing the indicating elements. Such hermetic closure is not necessary in many instances but may be desirable.

In my copending application Serial No. 841,726 filed May 29th, 1914, Patent No. 1,209,359 I have set forth in detail certain laws the observance of which results in attainment of rigorous proportionality of deflections to speed in an "air drag" instrument, and all of such conditions may be observed to advantage in constructing the indication-giving element of the frequency meter.

It will be noted that an instrument as herein described has many structural and operative advantages. The translating instrument, giving the frequency-reading, when constructed for use of air as the transmitting medium, may be of size to give ample torque, but if desired the ensealed mechanism may be operated in air or other, preferably inert, gases of more than atmospheric density for increase of the torque. The air-drag instrument is substantially unaffected in accuracy by temperature changes, without special compensating mechanism, and is therefore practically insensible to the heating effect of the subjacent motor, and the double-chamber construction segregating the motor and translating device prevents the latter from being affected by air-currents engendered by the motor-operation. Furthermore, the indicator structure may be made immune to magnetic influence and eddy currents, however intense, by making its secondary element of appropriate non-shrinkable, insulating material, as compressed fiber, although in many instances the partition 13, acting as a shield for the indicator obviates the necessity for such provision. The small size, low cost and ease of maintenance, due to the simplicity of the construction are especially desirable.

What I claim is:

1. In a frequency meter, the combination of a synchronous motor, and a speed-responsive device, having a primary element connected to the armature shaft, and a pivoted torsionally-restrained secondary ele-

ment, deflectable in substantially linear proportion to the speed of the primary and calibrated in terms of electrical frequency.

2. In a frequency meter, the combination of a synchronous motor and a speed-responsive device, said motor having an armature of light construction and said speed-responsive devise comprising a primary element carried in rotation by said armature, and a torsionally-restrained secondary element, these elements having extensive confronting, closely adjacent friction surfaces, cooperating through interposed films of a fluid medium for displacement of said secondary element in substantially linear proportion to the speed of rotation of the primary element.

3. In a frequency meter, the combination of a synchronous-motor and a speed-responsive device, the former having an armature of light construction and the tatter comprising a primary element, carried in rotation by said armature, and a torsionally-restrained secondary element, these elements having extensive confronting, closely adjacent friction surfaces, cooperating through interposed films of air for displacement of said secondary element in substantially linear proportion to the speed of rotation of the primary element, said secondary bearing a scale calibrated in terms of frequency.

4. A frequency meter comprising, in combination, a synchronous induction motor, having a shell carrying the field, and a rotatable armature within the chamber of said shell having its shaft extended through said shell; and a speed-responsive device, comprising a close casing, a non-magnetic primary element mounted upon said armature shaft, a separately mounted secondary element pivoted and torsionally restrained, said elements having opposed, closely adjacent non-contacting surfaces, co-operating through interposed films of a fluid medium through which torque is transmitted to the secondary in approximately linear proportion to the speed of the primary member, and a visible scale uniformly graduated in terms of frequency carried by the secondary member.

5. A frequency meter comprising a sealed, air-containing casing divided into two compartments, a shaft extending into both compartments, a synchronous motor in one compartment adapted to drive said shaft and an indicating device in the other, said device having a primary rotatable element connected with the shaft, a separately mounted, indication-controlling element and a spring restraining the latter, said elements having extensive, confronting, closely adjacent, non-contacting surfaces cooperating through the interposed air films for displacement of the secondary, at all ordinary temperatures, approximately in linear proportion to the speed of the primary element.

6. In a frequency meter, the combination of a synchronous motor having an armature of light construction, a speed-responsive device comprising a primary element carried in rotation by the said armature and a torsionally-restrained secondary ele-

ment, said elements having extensive confronting closely adjacent friction surfaces cooperating, through interposed films of air for displacement of said secondary element in substantially linear proportion to the speed of rotation of the primary element, and a wall interposed between the armature of the motor and the speed-responsive device for shielding the latter from air disturbance caused by rotation of the former.

7. A frequency meter comprising a casing divided into two compartments, a shaft extending into both thereof, a synchronous motor in one compartment adapted to drive said shaft and a speed-responsive device in the other having a primary element connected for rotation with said shaft, a separately mounted, torsionally-restrained indicating element. said elements having extensive confronting, closely adjacent, non-contacting surfaces cooperating through interposed gaseous films for displacement of the secondary, approximately in linear proportion to the speed of the primary element.

8. In a frequency meter, the combination of a synchronous motor and a speed-responsive device, said motor having a light armature and a shaft, and said speed-responsive device comprising a primary element of non-magnetic material carried by the armature shaft and a torsionally-restrained secondary element, these elements having extensive, confronting, closely adjacent, non-contacting surfaces cooperating through interposed films of a fluid medium for displacement of the secondary element in approximately linear proportion to the speed of the primary element, and a containing structure ensealing the speed-responsive device.

9. In a frequency meter, the combination of a synchronous motor having an armature of light construction, a speed-responsive device comprising a primary element carried in rotation by the said armature and a torsionally-restrained secondary element, said elements having extensive confronting, closely adjacent friction surfaces cooperating through interposed films of air for displacement of said secondary element in substantially linear proportion to the speed of rotation of the primary element, and means interposed between the armature of the motor and the speed-responsive device for shielding the latter from air disturbance caused by rotation of the former.

In testimony whereof I affix my signature.

NIKOLA TESLA.

Jan. 3, 1928. 1,655,113

N. TESLA

METHOD OF AERIAL TRANSPORTATION

Filed Sept. 9, 1921

Fig. 1.

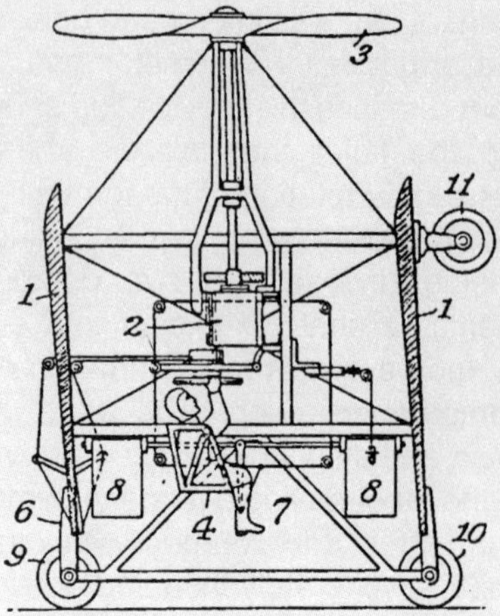


Fig. 2.

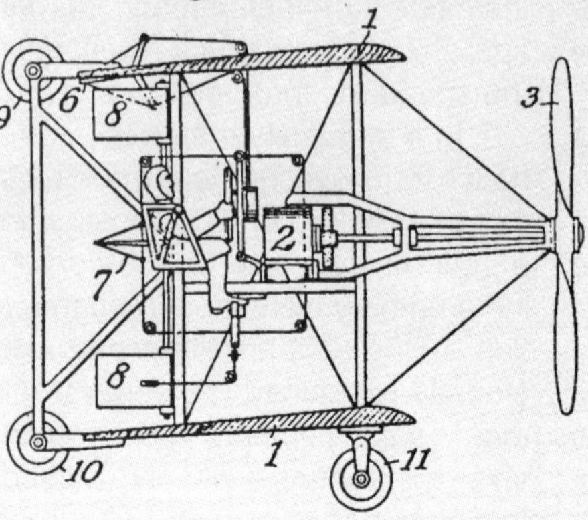


Fig. 3.

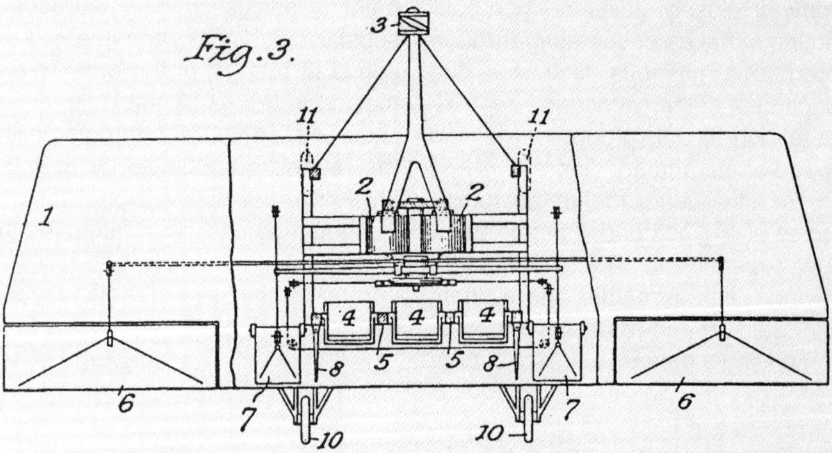


INVENTOR

Nikola Tesla

BY

Kerr, Page, Cooper & Hayward

ATTORNEYS.

Patanted Jan. 3, 1928 1,655,113

# UNITED STATES PATENT OFFICE.

NIKOLA TESLA, OF NEW YORK, N. Y.

# METHOD OF AERIAL TRANSPORTATION.

Application filed September 9, 1921, Serial Nol 499,519, and in Great Britain April 1, 1921.

The utility of the aeroplane as a means of transport is materially lessened and its commercial introduction greatly hampered owing to the inherent inability of the mechanism to readily rise and alight, which is an unavoidable consequence of the fact that the required lifting force can only be produced by a more or less rapid translatory movement of the planes or foils. In actual experience the minimum speed for ascension and landing is a considerable fraction of that in full flight, and the principles of design do not admit of a very great advance in this respect without sacrifice of some desirable feature. For this reason planes of very large area, high lift wing-sections. deflectors of the slip-stream of the propeller, or analogous means, which might be helpful in these operations do not afford the remedy sought. This indispensable high velocity, imperiling life and property, makes it necessary to equip the machine with special appliances and provide suitable facilities at the terminals of the route, all of which entail numerous drawbacks and difficulties of a serious nature. So imperative has it become to devise some plan of doing away with these limitations of the aeroplane that the consensus of expert opinion characterizes the problem as one of the most pressing and important and its practical solution is eagerly awaited by those engaged in the development of the art, as well as the general public.

Many attempts have been made to this end, mostly based on the use of independent devices for the express purpose of facilitating and insuring the start and finish of the aerial journey, but the operativeness of the arrangements proposed is not conclusively demonstrated and, besides, they are objectionable, constructively or otherwise, to such an extent that builders of commercial apparatus have so far not considered them of sufficient value to depart from present practice.

More recently, professional attention has been turned to the helicopter which is devoid of planes as distinct organs of support and presumably, enables both vertical and horizontal propulsion to be satisfactorily accomplished through the instrumentality of the propeller alone. However, although this idea is quite old and not a few experts have endeavored to carry it out in various ways, no success has as yet been achieved. Evidently, this is due to the inadequacy of the engines employed and, perhaps, also to certain heretofore unsuspected characteristics of the device and fallacies in the accepted theory of its operation, an elucidation of which is deemed necessary for the clear understanding of the subject.

The prospects of a flying machine of this kind appear at first attractive, primarily because it makes possible the carrying of great loads with a relatively small expenditure of energy. This follows directly from the fundamental laws of fluid propulsion laid down by W. T. M. Rankine more than fifty years ago, in conformity with which the thrust is equal to the integral sum of the products of the masses and velocities of the projected air particles; symbolically expressed,

$$T = \Sigma(mv^2).$$

On the other hand, the kinetic energy of the air set in motion is

$$E = \Sigma(1/2\ mv^2).$$

From these equations it is evident that a great thrust can be obtained with a comparatively small amount of power simply by increasing the aggregate mass of the particles and reducing their velocities. Taking a special case for illustration, if the thrust under given conditions be ten pounds per horse-power, then a hundredfold increase of the mass of air, accompanied by a reduction of its effective velocity to one-tenth would produce a force of one hundred pounds per horsepower. But the seemingly great gain thus secured is of little significance in aviation, for the reason that a high speed of travel is generally an essential requirement which can not be fulfilled except by propelling the air at high velocity, and that obviously implies a relatively small thrust.

Another quality commonly attributed to the helicopter is great stability, this being, apparently, a logical inference judging from the location of the centers of gravity and pressure. It will be found, though that contrary to this prevailing opinion the device while moving in any direction other than up or down, is in an equilibrium easily disturbed and has, moreover, a pronounced tendency to oscillate. It is true, of course, that when the axis of the propeller is vertical and the ambient air quiescent the machine is stable to a degree, but if it is tilted even slightly, or if the medium becomes agitated, such is no longer the case.

In explanation of this and other peculiarities, assume the helicopter poised in still air at a certain height, the axial thrust T just equaling the weight, and let the axis of the propeller be inclined to form an angle a with the horizontal. The change to the new position will have a twofold effect: The vertical thrust will be diminished to

$$T_v = T \sin \alpha,$$

and at the same time there will be produced a horizontal thrust

$$T_h = T \cos \alpha.$$

Under the action of the unbalanced force of gravity the machine will now fall along a curve to a level below and if the inclination of the propeller as well as its speed of rotation remain unaltered during the descent, the forces T, $T_v$ and $T_h$ will continuously increase in proportion to the density of the air until the vertical component $T_v$ of the aerial thrust T becomes equal to the gravitational attraction. The extent of the drop will be governed by the inclination of the propeller axis and for a given angle it will be, theoretically, the same no matter at what altitude the events take place. To get an idea of its magnitude suppose the elevations of the upper and lower strata measured from sea level be $h_1$ and $h_2$, respectively, $d_1$ and $d_2$ the corresponding air densities and H= 26700 feet the height of the "uniform atmosphere," then as a consequence of Boyle's law the relation will exist

$$h_1 - h_2 = H \log_e (d_2 / d_1)$$

It is evident that

$$T / T_v = T / T \sin \alpha = 1 / \sin \alpha$$

must be equal to $d_2 / d_1$ in order that the vertical component of the axial thrust in the lower stratum should just support the weight. Hence

$$h_1 - h_2 = H \log_e 1 / \sin \alpha$$

Taking, in a special case, the angle $\alpha = 60°$, then

$$1 / \sin \alpha = 1 / 0.866 = 1.1547$$

and

$$h_1 - h_2 = 26700 \times \log_e 1.1547 = 3840 \text{ feet.}$$

In reality the drop will be much greater for the machine, upon reaching the lower layer with a high velocity relative to the medium, will be urged further down along the curved path and the kinetic energy, in the vertical sense, possessed by the moving mass must be annihilated before the fall is arrested in a still denser air stratum. At this point the upward thrust will be far in excess of the opposed pull of the weight and the apparatus will rise with first increasing and then diminishing speed to a height which may approximate the original. From there it will again fall and so on, these operations being repeated during the forward flight, the up and down excursions from the main horizontal line gradually diminishing in magnitude. After a lapse of time, determined by numerous influences, the excursions should cease altogether and the path described become rectilinear. But this is next to impossible as can be readily shown by pointing out another curious feature of the helicopter.

In the foregoing the axis of the propeller is supposed to move always parallel to itself, which result might be accomplished by the use of an adjustable aileron. In this connection it may be pointed out, however, that such a device will not act in the manner of a rudder, coming into full play at intervals only and performing its functions economically, but will steadily absorb energy, thus occasioning a considerable waste of motive power and adding another to the many disadvantages of the helicopter.

Let now the machine be possessed of a certain degree of freedom, as will be the case normally, and observe in the first place that the blades of the propeller themselves constitute planes developing a reaction thrust, the pressure on the lower leading blade being greater than that exerted on the higher one owing to the compression of the air by the body of the machine and increased density in that region. This thrust, tending to diminish the angle $\alpha$, will obviously vary during one revolution, being maximum in a position when the line of symmetry of the two propeller blades and that of flight are in a vertical plane and minimum at right angles to it. Nevertheless, when the horizontal speed is great it may be considerable and sufficient to quickly overcome the inertia and gyroscopic resistances all the more readily as the upper blade, which is situated in a region where the conditions are more nearly normal, operates to the same effect. Moreover, this disturbing effect partakes of the regenerative quality, the force increasing as the angle diminishes up to a maximum for $\alpha = 45°$. As the axis is tilted more and more, the vertical sustaining effort of the propeller will correspondingly diminish and the machine will fall with a rapidly increasing velocity, finally exceeding the horizontal when the reaction of the blades will be directed upward so as to increase the angle $\alpha$ and thereby cause the machine to soar higher. Thus periodic oscillations accompanied by ascents and descents, will be set up which may well be magnified to an extent such as to bring about a complete overturn and plunge to earth.

It is held by some experts that the helicopter, because of its smaller body resistance, would be capable of a higher speed than the aerophane. But this is an erroneous conclusion, contrary to the laws of propulsion. It must be borne in mind that in the former type, the motive power being the same, a greater mass of air must be set in motion with a velocity smaller than in the latter, consequently it must be inferior in speed. But even if the air were propelled in the direction of the axis of the screw with the same speed V in both of them, while the aeroplane can approximate the same, the helicopter could never exceed the horizontal component $V \cos\alpha$. To be explicit, imagine that the air current flowing with the velocity V along the propeller axis inclined to form an angle $\alpha$ with the horizontal, be replaced by two streams one vertical and the other horizontal of velocities respectively equal to $V \sin \alpha$ and $V \cos \alpha$, it will be evident that a helicopter in its forward flight could only approximate and never equal the speed $V \cos \alpha$

of the horizontal air current no matter how much the resistance be reduced for, according to a fundamental law of propulsion, the thrust would be *nil* at that velocity. The highest efficiency should be obtained with the machine proceeding at the rate 1/2 V $\cos\alpha$ but the most economical utilization of power would be effected when $\alpha = 45°$, in which case the speeds of both the horizontal and vertical streams will be 0.7 V. From this it may be inferred that, theoretically, the best performance might be secured in propelling the helicopter forward with a speed more or less approximating 0.35 V but the results attained in practice will be necessarily much inferior because without special provisions such as are herein set forth the device, as pointed out above, would plunge down and shoot up in succession, at the same time executing smaller oscillations, which motions will retard its flight and consume a considerable portion of the motive energy all the more so as the losses incident to the controlling, means will be correspondingly increased.

Another very serious defect of this kind of flying machine, from the practical point of view is found in its inability of supporting itself in the air in case of failure of the motor, the projected area of the propeller blades being inadequate for reducing the speed of the fall sufficiently to avoid disaster, and this is an almost fatal impediment to its commercial use.

From the preceding facts, which are ignored in the technical publications on the subject, it will be clear that the successful solution of the problem is in a different direction.

My invention meets the present necessity in a simple manner without radical departure in construction and sacrifice of valuable features, incidentally securing advantages which should prove very beneficial in the further development of the art. Broadly expressed, it consists in a novel method of transporting bodies through the air according to which the machine is raised and lowered solely by the propeller and sustained in lateral flight by planes. To accomplish this a light and powerful prime mover is necessary and as particularly suited for the purpose I employ, preferably, a turbine of the kind described in my U. S. Patent No. 1.061,206, of May 6, 1913. which not only fulfills these requirements, but is especially adapted to operation at high temperature. I also make arrangements whereby the flying machine may be, automatically or at will of the operator, caused to function either as a helicopter or an aeroplane.

Full knowledge of these improvements will be readily gained by reference to the accompanying drawings in which Fig. 1 illustrates the machine in the starting or landing position and Fig. 2, in horizontal flight. Fig. 3 is a plan view of the same with the upper plane partly broken away.

The structure is composed of two planes or foils 1, 1 rigidly joined. Their length and distance apart may be such as to form a near-square for the sake of smallness and compactness. With the same object the tail is omitted or, if used, it is retractable.

The motors 2, 2 in this case turbines of the kind described in my patent before referred to, and other parts of the motive apparatus are placed with due regard to the centers of gravity and pressure and the usual controlling means are provided. In addition to these any of the known stabilizing devices may be embodied in the machine. At rest the planes are vertical, or nearly so, and likewise the shaft driving the propeller 3, which is constructed of a strength, size and pitch that will enable it to raise the entire weight with the motors running at an even greater rate than when propelling the machine horizontally. Power is transmitted to the shaft from the turbines through suitable gears. The seats 4, 4, 4 for the operator and passengers are suspended on trunnions 5, 5 on which they can turn through an angle of about 90°, springs and cushions (not shown) being employed to insure and limit their motion through this angle. The usual devices for lateral and directional control, 6, 6 7, 7 and 8, 8 are provided with mechanical connections enabling the operator to actuate the devices by hand or foot from his seat in any position. At the start, sufficient power being turned on by suitable means, also within his reach, the machine rises vertically in the air to the desired height when it is gradually tilted by manipulating the elevator devices and proceeds like an aeroplane, the load being transferred from the propeller to the foils as the angle of inclination diminishes and the speed in horizontal direction increases. From the foregoing it will be understood that, simultaneously with the tilting of the machine, the operator will increase the thrust of the propeller in order to compensate for the reduction of sustaining force which follows inevitably from the diminution of angle $\alpha$ and before the reaction of the planes can come into full effect. He will thus prevent a downward plunge and the production of dangerous oscillations which have been dwelt upon above, and by suitable manipulation of the apparatus and gradual cutting down of the power developed by the prime mover, as forward velocity is gained and the planes take up the load, he may cause the machine to advance horizontally along a sensibly straight line, a condition essential to the attainment of the best practical results. In descending, the forward speed is reduced and the machine righted again, acting as a helicopter with the propeller supporting all the load. Obviously, as the device is slowed down and righted causing the planes to lose part or all of their sustaining efforts, the operator will apply more power to the propeller increasing thereby the thrust to the required magnitude and in all such operations of starting and landing as well as tilting for regulating the height, meeting the air conditions or for other purposes. it will be his object to modify the propeller thrust in about the same measure as the varying reaction of the planes may demand in order that the lifting force be sensibly constant. Evidently also, whenever necessary or desirable, power far in excess of that normally required may be applied during the flight and the machine propelled at a greatly increased speed. The type of turbine used is a motor of great lightness and activity and lends itself exceptionally to this kind of work for which ordinary aviation motors are unsuited. It is capable of carrying a great overload and running without danger at excessive speed that during the starting and landing operations the necessary power can be developed by the motors even though less efficiently than under their normal working-conditions. Special means of control may be provided, if necessary, for increasing the power supply in these operations owing to its extreme simplicity the motive apparatus is reliable in operation, but should the power give out accidentally, landing can still be easily effected by volplaning. For this purpose, in addition to wheels 9, 9 and 10, 10 wheels 11,11 are employed, the latter being mounted on the forward end under the lower plane and so that when the machine rests on level ground the propeller shaft will have the desired inclination which is deemed best for rising in the manner of an aeroplane. Such an aeroplane constructed and operated as described, unites the advantages of both types and seems to meet best the requirements of a small, compact, exceedingly speedy and yet very safe machine for commercial use. Especially good practical results are obtainable by the use of my turbine which can be depended upon to develop the necessary energy for lifting, even if it should be considerably greater than that consumed in flight under normal conditions. This end can be conveniently attained by temporarily supplying more of the working-fluid to the rotor and driving it faster, or running it at about the same speed and increasing the effort by adjustment of the pitch of the propeller, or other means known in the art. The latter should be designed to work most economically during the flight, as its efficiency in the starting and landing operations is of relatively small importance. Instead of a single large screw as described a number of smaller ones may be used, in which case gearing can be dispensed with. The biplane seems to be best suited for the chief purpose contemplated but the invention is applicable to monoplanes and other types.

To sum up, the helicopter type of flying machine, especially with large inclination angle of the propeller axis to the horizontal, at which it is generally expected to operate, is quite unsuitable for speedy aerial transport; it is incapable of proceeding horizontally along a straight line under the prevailing air conditions; it is subject to dangerous plunges and oscillations and, what is most important from the commercial and practical point of view, it is almost certainly doomed to destruction in case the motive power gives out. These drawbacks and defects are overcome by the methods and apparatus I have described through which a novel type of flying machine may be realized possessing all the advantages of the helicopter being at the same time safe and capable of a speed equal to or even greatly exceeding that of the present aeroplane.

To my knowledge various forms of aeroplanes have been proposed with the object of attaining similar results but a careful study shows that none of them is capable of the actions as those here contemplated for want of proper methods of operation as well as suitable apparatus. I do not claim herein the apparatus by means of which this method is or may be carried out either in the special form illustrated or in modifications of the same, as this is the subject of a separate application.

What I desire to secure by Letters Patent is:

1. The hereinbefore described method of aeroplane transportation which consists in developing by the propelling device a vertical thrust in excess of the normal, causing thereby the machine to rise in an approximately vertical direction, tilting it and simultaneously increasing the power of the motor and thereby the propeller thrust, then gradually reducing the power and thrust as forward speed is gained and the planes take up the load, thus maintaining the lifting-force sensibly constant during flight, tilting the machine back to its original position and at the same time increasing the power of the motor and thrust of the propeller and effecting a landing under the restraining action of the same.

2. The method of operating a helicopter which consists in varying the power of the motor and thereby the thrust of the propeller according to the changes of inclination of its axis, so as to maintain the lifting force sensibly constant during the forward flight.

3. The above described method of transporting, from place to place a heavier than air flying machine, which consists in applying, power to the propeller while its axis is in a vertical position sufficient to cause the machine to rise, tilting it and at the same time applying more power to increase the thrust, then gradually diminishing the power as the load is transferred from the propeller to the planes, tilting back the machine and so controlling the applied power as to effect a slow descent upon the landing place under the restraining action of the propeller.

4. In the transport of bodies by aeroplane, the method of controlling the propeller thrust and reaction of the planes by varying, the power of the motor correspondingly with the inclination of the machine so as to maintain the lifting-force sensibly constant during the forward flight.

In testimony whereof I hereto affix my signature.

NIKOLA TESLA.

Jan. 3, 1928. 1,655,114

N. TESLA

APPARATUS FOR AERIAL TRANSPORTATION

Filed Oct. 4, 1927 2 Sheets-Sheet 1

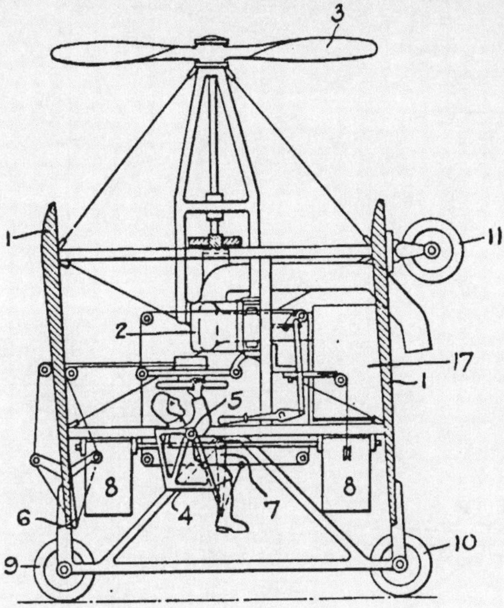


FIG. 1.

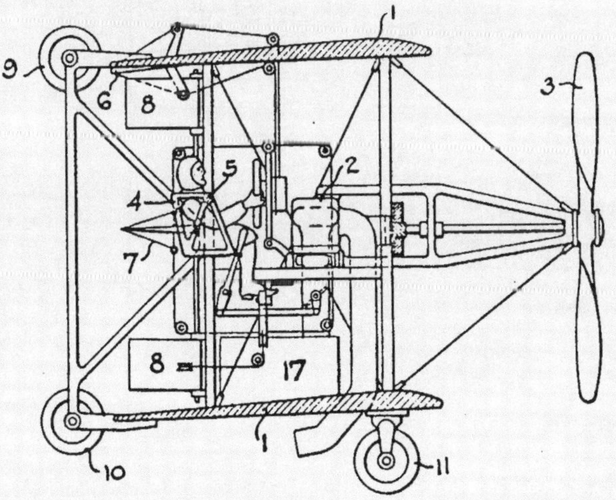


FIG. 2.

INVENTOR.

NIKOLA TESLA.

BY John P. Tarbox

ATTORNEY.

Jan. 3, 1928. 1,655,114

N. TESLA

APPARATUS FOR AERIAL TRANSPORTATION

Filed Oct. 4, 1927 2 Sheets-Sheet 2

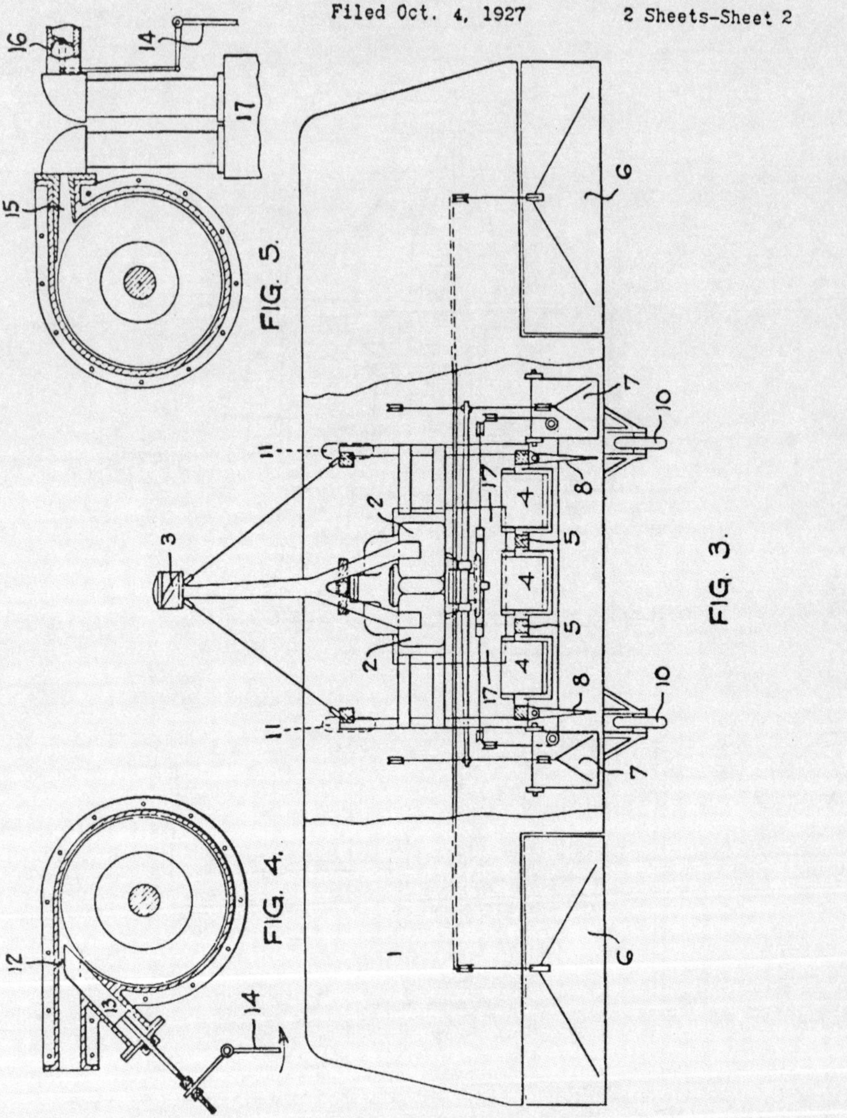


INVENTOR.

NIKOLA TESLA.

BY John P. Tarbox

ATTORNEY.

Patented Jan. 3, 1928 1,655,114

# UNITED STATES PATENT OFFICE.

NIKOLA TESLA, OF NEW YORK, N. Y.

## METHOD OF AERIAL TRANSPORTATION.

Application filed October 4, 1927, Serial No. 223,915.

This application is a continuation in part of my application Serial No. 499,518, filed September 9, 1921, and is made pursuant to the rules of the Patent Office, its purpose being to describe and claim apparatus which I have invented for carrying into practice the method therein disclosed.

The invention consists of a new type of flying machine, designated "helicopter-plane", which may be raised and lowered vertically and driven horizontally by the same propelling devices and comprises: a prime mover of improved design and an air-screw, both especially adapted for the purpose, means for tilting the machine in the air, arrangements for controlling its operation in any position, a novel landing-gear and other constructive details, all of which will be hereinafter fully described.

The utility of the aeroplane as a means of transport is materially lessened and its commercial introduction greatly hampered owing to the inherent inability of the mechanism to readily rise and alight, which is an unavoidable consequence of the fact that the required lifting force can only be produced by a more or less rapid translatory movement of the planes or foils. This indispensable high velocity, imperiling life and property, makes it necessary to equip the machine with special appliances and provide suitable facilities at the terminals of the route, all of which entail numerous drawbacks and difficulties of a serious nature.

More recently, professional attention has been turned to the helicopter which is devoid of planes as distinct organs of support and, presumably, enables both vertical and horizontal propulsion to be satisfactorily accomplished through the instrumentality of the propeller alone.

The prospects of such a flying machine appear at first attractive, primarily because it makes possible the carrying of great weight with a relatively small expenditure of energy. This follows directly from the fundamental laws of fluid propulsion laid down by W. T. M Rankine more than fifty years ago, in conformity with which the thrust is equal to the integral sum of the products of the masses and velocities of the projected air particles; symbolically expressed,

$$T = \Sigma(mv^2).$$

On the other hand, the kinetic energy of the air set in motion is

$$E = \Sigma(1/2\ mv^2).$$

From these equations it is evident that a great thrust can be obtained with a comparatively small amount of power simply by increasing the aggregate mass of the particles and reducing their velocities. But the seemingly great gain thus secured is of small value in aviation for the reason that a high speed of travel is generally an essential requirement which cannot be fulfilled except by propelling the air at high velocity, and that obviously implies a relatively small thrust.

Another quality commonly attributed to the helicopter is great stability, this being apparently a logical inference judging from the location of the centers of gravity and pressure. It will be found, though, that contrary to this prevailing opinion the device, while moving in any direction other than up or down, has an equilibrium easily so disturbed and has, moreover, a pronounced tendency to oscillate.

In explanation of these and other peculiarities, assume the helicopter poised in still air at a certain height the axial thrust T just equaling the weight and let the axis of the propeller be inclined to form an angle a with the horizontal. The change to the new position will have a two-fold effect: the vertical thrust will be diminished to

$$T_v = T \sin \alpha,$$

and at the same time there will be produced a horizontal thrust

$$T_h = T \cos \alpha.$$

Under the action of the unbalanced force of gravity, the machine will now fall along a curve to a level below and if the inclination of the propeller as well as its speed of rotation remain unaltered during the descent, the forces T, T, and $T_b$ will continuously increase in proportion to the density of the air until the vertical component $T_v$ of the axial thrust T becomes equal to the gravitational attraction.

The extent of the drop will be governed by the inclination of the propeller axis and for a given angle it will be theoretically the same no matter at what altitude the events take place. To get an idea of its magnitude suppose the elevations of the upper and lower strata measured from sea level be $h_1$ and $h_2$, respectively, $d_1$ and $d_2$ the corresponding air densities and H = 26,700 feet the height of the "uniform atmosphere"' then is a consequence of Boyle's Law the relation will exist

$$h_1 -- h_2 = H \log_e (d_2 / d_1)$$

It is obvious that

$$T / T_v = T / T \sin\alpha = 1 / \sin\alpha$$

must be equal to $d_2 / d_1$ in order that the vertical component of the axial thrust in the lower stratum should just support the weight. Hence

$$h_1 - h_2 = H \log_e 1 / \sin \alpha$$

Taking, in a special case, the angle $\alpha = 60$ degrees, then

$$1 / \sin \alpha = 1 / 0.866 = 1.1547$$

and

$$h_1 - h_2 = 26700 \times \log_e 1.1547$$

$$= 3840 \text{ feet.}$$

In reality the drop will be much greater for the machine, upon reaching the lower layer with a high velocity relative to the medium, will be urged further down along the curved path and the kinetic energy, in the vertical sense, possessed by the moving mass must be annihilated before the fall is arrested in a still denser air stratum. At this point the upward thrust will be far in excess of the opposed pull of the weight and the apparatus will rise with first increasing, and then diminishing speed to a height which may approximate the original. From there it will again fall and so on, these operations being repeated during the forward flight, the up and down excursions from the main horizontal line gradually diminishing in magnitude. After a lapse of time, determined by numerous influences, these deviations should become insignificant and the path described nearly rectilinear. But this is next to impossible as can be readily shown by pointing out another curious feature of the helicopter.

In the foregoing the axis of the propeller was supposed to move always parallel to itself, which result might be accomplished by the use of an adjustable aileron. In this connection it may be pointed out, however, that such a device will not act in the manner of a rudder, coming into full play at intervals only and performing, its functions economically, but will steadily absorb energy, this occasioning a considerable waste of motive power and adding another to the many disadvantages of the helicopter.

Let now the machine be possessed of a certain degree of freedom, as will be the case normally, and observe in the first place that the blades of the propeller themselves constitute planes developing a reaction-thrust, the pressure on the lower lead-blade being greater than that exerted on the higher one owing to the compression of the air by the body of the machine and increased density in that region. This thrust tending to diminish the angle $\alpha$, will vary during one revolution, being maximum in a position when the line of symmetry of the two propeller blades and that of flight are in the same vertical plane and minimum when the former is at right angles to it. Nevertheless, if the horizontal speed is great, it may be considerable and sufficient to quickly overcome the inertia and gyroscopic resistances all the more readily as the upper blade operates to the same effect. Moreover this intermittent action partakes of the regenerative quality, the force increasing, as the angle diminishes up to a maximum for $\alpha = 45$ degrees, and may also give rise to disturbing resonant vibrations in the structure. As its axis is tilted more and more, the vertical sustaining effort of the propeller correspondingly diminishes and the machine will fall with a rapidly increasing velocity, which may finally exceed the horizontal, when the reaction of the blades is directed upward so as to increase the angle $\alpha$ and thereby cause the machine to soar higher. Thus periodic oscillations, accompanied by ascents and descents, will be set up which may well be magnified to an extent such as to bring about a complete overturn and plunge to earth.

It is held by some experts that the helicopter, because of its smaller body resistance would be capable of a higher speed than the aeroplane. This is an erroneous conclusion, contrary to the laws of propulsion. It must be borne in mind that in the former type, the motive power being the same, a greater mass of air must be set in motion with a velocity smaller than in the latter, consequently it must be inferior in speed. But even if the air were propelled in the direction of the axis of the screw with the same speed V in both of them, while the aeroplane approximates the same, the helicopter can never exceed the horizontal component $V \cos \alpha$ which, under the theoretically most economical conditions of operation, would be only 0,7 V, and this would be true no matter how much its resistance is reduced.

Another very serious defect of this kind of flying machine, from the practical point of view, is found in its inability of supporting itself in the air in case of failure of the motor, the projected area of the propeller blades being inadequate for reducing the speed of the fall sufficiently to avoid disaster, and this is an almost fatal impediment to its commercial use.

From the preceding facts, which are ignored in the technical publications on the subject, it will be clear that the successful solution of the problem is in a different direction.

In an application of even date referred to above, I have disclosed an invention which meets the present necessity in a simple manner and briefly stated, consists in a novel method of transporting bodies through the air according to which the machine is raised and lowered solely by the propeller and sustained in lateral flight by planes.

My present application is based on new and useful features and combinations of apparatus which I have devised for carrying this method into practice.

Full knowledge of these improvements will be readily gained by reference to the accompanying drawings in which Fig 1 illustrates the machine in the starting or landing position and Fig. 2 in horizontal flight;

Fig. 3 is a plan view of the same with the upper plane partly broken away and

Fig. 4 and Fig. 5 sectional views of constructive details.

The structure is composed of two planes or foils 1, 1 rigidly joined. Their length and distance apart may be such as to form a near-square for the sake of smallness and compactness, with the same object the tail is omitted or, if used, it is retractable. In order to raise the machine vertically a very light and powerful prime mover is necessary and as particularly suited for the purpose I employ, preferably, a turbine described in my U. S. Patent 1,061,206 of May 6, 1913, which not only fulfills these requirements but lends itself especially to operation at very high temperatures. Two such turbines, designated 2, 2 together with other parts and accessories of the power plant, are bolted to the frame, being placed with due regard to the centers of gravity and pressure. The usual controlling means are provided and in addition to these, any of the known stabilizing devices may be embodied in the machine. At rest the planes are vertical, or nearly so, and likewise the shaft driving the propeller 3, which is of a strength, size and pitch such as will enable it to lift the entire weight vertically and withstand safely the stresses. Power is transmitted to the shaft from the turbines through gearing which may be of the single reduction type as illustrated, the turbines rotating in the same direction and neutralizing the gyroscopic moment of the screw. If, instead of one, two propellers are used, either coaxially or otherwise disposed, the motors should revolve in opposite directions. The seats 4, 4, 4 for the operator and passengers are suspended on trunnions 5, 5 on which they can turn through an angle of about 90 degrees, springs and cushions (not shown) being employed to insure and limit their motion through this angle. The ordinary devices for lateral and directional control 6, 6, 7, 7 and 8, 8 are provided with mechanical connections enabling the aviator to actuate them by hand or foot from his seat in any position.

Stated in a few words, the operation is as follows: At the start, sufficient power is turned on by suitable means, also within reach, and the machine rises vertically in the air to the desired height when it is gradually tilted through manipulation of the elevator devices and then proceeds more and more like an aeroplane, the sustaining force of the propeller being replaced by vertical reaction of the foils as the angle of inclination diminishes and horizontal velocity increases. In descending, the forward speed is reduced and the machine righted again, acting as a helicopter with the propeller supporting all the load. The turbine used is of great lightness and activity exceptionally qualified to perform such work for which the present aviation motors are unsuited. It is capable of carrying an extraordinarily great overload and running at excessive speed, and during the starting, landing and other relatively short operations not only can the necessary power be easily developed, but this can be accomplished without incurring a serious loss of efficiency. Owing to its extreme simplicity the motive apparatus is very reliable, but should the power give out accidentally, landing, can still be effected by volplaning. For this purpose, in addition to wheels 9, 9 and 10,10, wheels 11,11 are employed, the latter being mounted on the forward end under the lower plane and so that when the machine rests on level around, the propeller-shaft will have the desired inclination which is deemed best for rising in the manner of an aeroplane. Such a "helicopter-plane " constructed and operated as described, unites the advantages of both types and seems to meet well the requirements of a small compact, very speedy and safe craft for commercial use.

The abnormal power requirements are met by supplying more of the working-fluid to the motors and driving them faster, or running them at about the same speed and increasing the thrust by adjustment of the pitch of the propeller. On account of simplicity and much greater range it is preferable to resort to the first method, in which case the screw should be designed to work most economically in horizontal flight, as its efficiency in the starting and landing operation. It is of comparatively small importance. Instead of a single large propeller, as described, a number of small ones can be used, when the turbine units may be connected advantageously in stages and the gearing dispensed with. The biplane seems to be particularly well suited for the chief purpose contemplated, but the invention is equally well applicable to monoplanes and other types.

In order to secure the best results I have found it indispensable to depart in some respects, from the usual design of my turbines and embody in them certain constructive features and means for varying the power developed from the minimum necessary in horizontal flight to an amount exceeding by far their rated performance, as may be required in the operations of ascent and descent, or spurts of speed, or in combatting the fury of the elements. Furthermore, I so proportion and coordinate the fluid pressure generator supplying the primary energy, the propelling and the controlling, means, that for any attitude or working condition of the machine the requisite thrust may be almost instantly produced and accurately adjusted.

The understanding of these improvements will be facilitated by reference to Fig. 4 and Fig. 5. In the first named the turbines are intended to operate as rotary engines, expanding the gases in the rotor as well as the inlet-nozzle or port 12, the depth of which can be varied by shifting a block 13, fitting freely in a milled channel of the casing, through the medium of lever 14 controlled by the aviator. The orifice for the passage of the elastic fluid is straight or slightly converging, so that a much smaller velocity is obtained than with an expanding nozzle, this enabling the best relation between the peripheral speed of the rotor and that of the fluid to be readily attained. The performance of such an engine at constant pressure of supply is, within wide limits, proportionate to the quantity of the working medium passed through the inlet-port and it is practicable to carry, for indefinite intervals of time, an exceedingly great overload, by which I mean up to three or even four times the normal. Exceptional strength and ruggedness of the motors being imperative in view of centrifugal stresses and critical speed, their weight need not be appreciably increased as would be the case in other forms of prime movers in which, as a rule the weight is in nearly direct proportion to the power developed. To accomplish my purpose further provide commensurably larger inlet and outlet openings. No serious disadvantage is thereby incurred because windage and other losses are virtually absent and most of the rotary effort is due to the peripheral parts of the discs. As shown in the figure, block 13 is in the position corresponding to minimum effort, the section of the inlet-channel being about one-fifth of the whole which is obtained when the block is pulled in its extreme position indicated by the dotted line. Owing to the increase of the coefficient of contraction and counter-pressure attendant the enlargement of the inlet, the same should be made of ample section.

Figure 5 shows a different means for attaining the same purpose. In this case the motor operate like true turbines, the working-fluid being fully expanded, or nearly so, through divergent exchangeable nozzles as 15, having a throat of sufficient section for the passage of fluid required during maximum performance. The exhaust opening is also correspondingly enlarged, though not necessarily to the extent indicated in Figure 4. The power is varied by means of a throttle valve 16, as used in automobiles, located in the conduit supplying the air and carbureted fuel in the fluid-pressure generator and mechanically connected to the controlling-lever 14. This apparatus is of a capacity adequate to the maximum demand by which I do not mean that it is necessarily much larger than required for normal performances, but is merely designed to supply the working-fluid or, broadly stated, energy -- whenever desired, at a rate greatly exceeding the normal. In Figure 3 this apparatus is diagrammatically indicated by 17, and may be any one of a number of well known types, producing pressure by internal combustion of a suitable fuel or by external firing of a steam-boiler. In the latter case, with constant pressure, the arrangement shown in Figure 4 is best to employ, while the plan illustrated in Figure 5 can be used to advantage when both pressure and quantity of fluid are varied.

In operation for vertical ascent, the machine being in the attitude of Figure 1, the aviator will push forward lever 14 and supply sufficient primary energy to the motors for lifting the machine with the desired velocity. When the objective elevation is reached rudders 7, 7 are manipulated to incline the machine at a certain angle, the aviator simultaneously applying more pressure to the lever and augmenting the fluid-supply to the motors, thereby increasing the propeller-thrust in the vertical direction so as to prevent the machine from descending. He continues these operations always coordinating the thrust developed with the changes in attitude of the machine until a certain angle of inclination is attained and the machine is supported chiefly by reaction of the planes. At this stage he begins to reduce the pressure on the lever and supply of working fluid simultaneously decreasing the angle of inclination thus finally effecting, by insensible steps, horizontal flight.

# NIKOLA TESLA

## COLLECTED ARTICLES AND LECTURES
### VOLUMEN 1

PAGE 512
ISBN 3-89539-248-0
DM 89,--

# NIKOLA TESLA

## COLLECTED ARTICLES AND LECTURES
### VOLUMEN 2

PAGE 512
ISBN 3-89539-249-9
DM 89,--

# NIKOLA TESLA

## COLLECTED GERMAN AND AMERICAN PATENTS

PAGE 816
ISBN 3-89539-246-4
DM 148,--

**EDITION NIKOLA TESLA – AMMERERGAUER STR. 80 – D – 86971 Peiting**
www.michaelsverlag.de    mvv@michaelsverlag.de
Tel.: (0049)(0)8861 – 59018    Fax: (0049) (0)8861 - 67091

**MVV** Michaels Verlag / Vertrieb GmbH
Ammergauer Straße 80 · 86971 Peiting
Telefon 0 88 61/5 90 18 · Fax 0 88 61/6 70 91

*Nachfolgend stellen wir Ihnen kurz und knapp einen wahren Schatz vor:*

## NIKOLA TESLA – SEINE WERKE

Bisher wurde Nikola Tesla, gewollt oder ungewollt, unterdrückt und fast vergessen. Er war vielleicht der Wissenschaftler, der das Gesicht der Welt am weitesten veränderte. Sei es seine Arbeit mit Thomas Edison, sei es seine Arbeit bei der Erfindung des Radios, seien es seine zahlreichen medizinischen Patente (u. a. Wärmestrombehandlung), seien es seine Erfindungen zum Thema drahtlose Informationsübermittlung, wie auch seine Beteiligung am Philadelphia-Experiment (Zeitexperimente). Das übelste, was die amerikanische Regierung im Namen des Star War Programs gerade praktiziert, das was bei uns unter dem Namen HAARP-Projekt gerade bekannt wird, wäre ohne Tesla nicht denkbar. Die zwölf vorliegenden Grundlagenpatente für das HAARP-Projekt basieren auf Tesla-Erfindungen. Der spektakulärste Bereich seiner Erfindungen wird mit den folgenden Begriffen verbunden: Tachionen-Energie, Freie Energie und natürlich die TESLA-TODESSTRAHLEN. Nach seinem Tod wurden enorm viele Unterlagen vernichtet. Seit einigen Jahren gibt es jedoch mehr und mehr Nachfragen und auch vereinzelte Informationen über Tesla. Bisher gibt es zwar verschiedene Bücher über Tesla, auch einige gute Biographien, ein originales Tesla-Buch ist uns jedoch nicht bekannt. Mit dieser Edition lassen wir den klaren Geist eines begnadeten Wissenschaftlers zu Wort kommen. Jemand, der unverstanden blieb für die Mehrheit der Menschen, der totgeschwiegen wurde von den jeweils Mächtigen in Politik und Wirtschaft, der oft um die Früchte seiner wissenschaftlichen Arbeit beraubt wurde, dessen Ideen und Werke in einem ungeheurem Maße mißbraucht und vergewaltigt wurden (Montauk, HAARP).
Jemand, dessen Schriften und Aufzeichnungen nach seinem Tod teilweise vernichtet wurden, dessen Technologie heute so aktuell ist, daß die weltweit größten Rüstungsunternehmen und die Vereinigten Staaten Milliardenbeträge in Patente investieren, die auf ihn aufbauen (HAARP-Projekt).
Außer im I. Band kommen keine Autoren zu Wort. Das zusammengetragene originale Tesla-Material füllt nun 6 Bücher. Die Edition hat den Anspruch, alle auf seine Originalität geprüften Tesla-Materialien zu veröffentlichen. Hier haben neben einer großen Anzahl von Patenten, Vorträgen, Artikeln und sonstigen Aufzeichnungen auch seine Original-Autobiographie und handgeschriebene Aufzeichnungen (z. B. über die Todesstrahlen und die Vakuumpumpe) Eingang gefunden.

***Gesamtausgabe im Schuber:***
***Alle 6 Bände in Leinen gebunden und mit Lesebändchen nur 240,00 DM***
***ISBN 3-89539-247-2***

**MVV** Michaels Verlag / Vertrieb GmbH
Ammergauer Straße 80 · 86971 Peiting
Telefon 0 88 61/5 90 18 · Fax 0 88 61/6 70 91

*Bruce L. Cathie*

## DIE HARMONIE DES WELTRAUMS

Bruce L. Cathies Forschungen begannen bereits in den 60er Jahren als er für die »New Zealand Air« als Pilot tätig war. Gegenstand seiner wissenschaftlichen Arbeiten war die heilige-harmonische Geometrie der Erde und ihr Energiesystem. In diesem Werk wird das Energiegitternetz in vielen Details beschrieben.
Er ist berühmt für seine Forschungen im Bereich »Lichtschwingung«. Diese Arbeit wird in dem Buch dokumentiert. Es wird aufgezeigt, wie das Licht auf die Erde trifft, ein Lichtgitter, um die Erde erzeugt, was wiederum die Grundlage für die gesamte physische Realität darstellt.
Das Buch nimmt Bezug auf Pythagoras und stellt erstaunliche Zusammenhänge zwischen den verschiedenen »Orten der Kraft« her. In seinem aktuellsten Buch führt er die Leserschaft in Bereiche, wo Wissenschaft und Unerforschtes zusammenkommen.
Die Mathematik des Weltgitternetzes und die Verbindungen zwischen den menschlichen Gehirnwellen, der Erde, der Ionosphäre, der Schwerkraft wie auch die überraschenden Parallelen zwischen Stonehenge, den Pyramiden auf dem Mars und und und, werden anschaulich dargestellt.
Das Buch greift darüber hinaus folgende Themen auf: Nikola Teslas Elektro-Auto, und Robert Adams Pulsed Electric Motor Generator. In dem Werk finden wir Tafeln, die die harmonische Beziehung zwischen dem Erdmagnetfeld, der Lichtgeschwindigkeit und der Antigravitation aufzeigen. Adventures Unlimited: »Das Buch ist ein Muß für alle Schüler der Freien Energie«.

***Seiten ca. 300***
***Preis: 48,00 DM ca.***
***ISBN 3-89539-297-9***

*Bearden*

## SKALAR TECHNOLOGIE

**– Psychotronische Waffen**
**– Elektromagnetische Waffen**
**– Biophysik**

Das Erzeugen von Strahlenwaffen, von Waffen die eine Schwingung erzeugen, die den betroffenen Menschen lähmt, die Adern und Gefäße zum Platzen bringen läßt, die Konzentrationsstörungen herbeiführt, die den Menschen wie ein Steak in der Mikrowelle erhitzen läßt oder jedem lebenden Organismus jegliche Energie/Wärme entziehen läßt, sind inzwischen Realität geworden. Die Biophysik eines T. E. Bearden und seine Aufzeichnungen bezüglich der »Skalar Technologie« sind hier zu nennen. Bearden verdanken wir einen tiefen Einblick über die Entwicklung von elektromagnetischen Strahlenwaffen. Er war einer der Ersten, der bereits in den 80er Jahren, sowjetische Experimente mit dieser Technologie dokumentierte: »Man beachte, daß eine ›kalte Explosion‹ mit über 240 km Durchmesser eine Interferenz-Zone mit etwa der Größe der Zentralregion des westeuropäischen Kriegsschauplatzes repräsentiert. Ein einziger Schuß aus einer solchen Waffe kann in allerkürzester Zeit nahezu alle NATO-Soldaten in diesem Gebiet in einen Eisblock verwandeln. Beachte, daß die Wärmeenergie mit Hilfe der Raum-Zeit aus dem Gebiet abgezogen worden ist. Wärmeisolation oder äußere Wärmequellen bieten keine Abwehr. Die Wärme ist buchstäblich aus dem Inneren der Körper in die umgebende Interferenzzone ›abgesaugt‹ worden. Natürlich kann derselbe Interferometer auch zur ›Energieproduktion‹ eingesetzt werden, wodurch er fast alle elektronischen Einrichtungen im Zielgebiet stören oder zerstören und explosives Material zur Detonation bringen kann.« (Das Fehlen des Hinweises bei Bearden, daß neben den NATO-Soldaten zig Millionen Zivilisten und Millionen und Abermillionen andere Lebewesen in Mitteleuropa in Tiefgefrierfleisch verwandelt werden würden, soll mit diesem Einschub ausgeglichen werden).
»Skalar Elektromagnetische Waffen sind nahezu in allen Phasen eines Krieges anwendbar, sowohl taktisch als auch strategisch und zugleich offensiv und defensiv. Sie können Marschflugkörper, Flugzeuge, Panzer, U-Boote, Munitionslager, etc. zerstören. Mit solchen Waffen können unfaßbar große Gebiete zerstört oder binnen Minuten ›neutralisiert‹ werden. Sie können gleichermaßen zur Wetter- und Klimabeeinflussung im weltweiten Maßstab eingesetzt werden«.
Weil kaum ein anderer Wissenschaftler seine Berechnungen, seine Messungen und seine Beobachtungen so frühzeitig, mutig und schonungslos der Öffentlichkeit vorstellte und sich dabei immer wieder bemühte, seine Berechnungen in Worte zu fassen (daß Mensch sie auch verstehen kann), hat die Edition Neue Energien das Bearden Buch »Gravitobiology – A New Biophysics« ins Deutsche übersetzt.

***Preis: 58,00 DM***
***ISBN 3-89539-250-2***

**MVV** Michaels Verlag / Vertrieb GmbH
Ammergauer Straße 80 · 86971 Peiting
Telefon 0 88 61/5 90 18 · Fax 0 88 61/6 70 91

# DAS HOMOPOLAR HANDBUCH

## Das Grundlagenbuch der Freien Energie

DER DURCHBRUCH IST GELUNGEN »DIE ZUKUNFT HAT BEGONNEN« FREIE ENERGIE

Das Homopolar Handbuch ist der definitive Führer für die Faradayische Scheiben-Generatoren und die N-Maschinen-Technologie. Es ist das neueste Buch von Thomas Vallone, dem Autor des Buches: »Elektro-Gravitation-Systeme«.
Tom Vallone ist einer der bekanntesten Wissenschaftler in dem Bereich Antigravitation und Freier Energie.
Das Homopolar Handbuch stellt einen Meilenstein dar bei der Aufzeichnung über Permanentmagnet-Maschinen und Freie-Energie-Maschinen. Das Buch ist bis zur letzten Seite voll von technischen Informationen, die bis ins letzte Detail gehen.
Es gibt Kapitel über »Faraday Disc Dynamo«, über »Unipolar Induction«, den »field rotation paradox« und der »Stelle Homopolar Machine«, genauso wie über »Trombly-Khan Closed-Path Homopolar Generator« und der »Sunburst Machine«.
Der Wissenschaftler schildert ausführlich die Ergebnisse zahlreicher Experimente mit den diversen Freien Energie Maschinen. Das Werk ist auch für den interessierten Laien zugänglich.

*Hardcover*
*Preis: 78,– DM*
*ISBN 3-89539-295-2*

DER DURCHBRUCH IST GELUNGEN »DIE ZUKUNFT HAT BEGONNEN« FREIE ENERGIE

# DAS FREIE ENERGIE HANDBUCH

## Ein Kompendium von Patenten und Informationen

In diesem bisher wohl einmaligen Werk findet der Leser eine Fülle von Informationen und Patenten zu den Themen: Freie Energie, Magnetmotoren, der Adams Motor, der Hans Coler Generator, Kalte Fusion, die »Superconductors«, »N« Maschinen, Kosmische-Energy-Generatoren, Nikola Tesla, T. Townsend Brown, der Bendi Motor ...
Das Kompendium enthält viele Fotos, technische Diagramme, Patente und eine Vielzahl von faszinierenden Informationen.

*ca. 500 Seiten*
*Hardcover*
*Preis: ca. 78,– DM*
*ISBN 3-89539-291-X*

**MVV** Michaels Verlag / Vertrieb GmbH
Ammergauer Straße 80 · 86971 Peiting
Telefon 0 88 61/5 90 18 · Fax 0 88 61/6 70 91

*Walt & Leigh Richmond*

## DAS VERSCHOLLENE JAHRTAUSEND

Mahner ganz besonderer Art sind das Ehepaar Walt und Leigh Richmond. Sie ist Anthropologin und Journalistin, er ein genialer Physiker und ein Schüler Nikola Teslas. Das Ehepaar schrieb gemeinsam das Buch: »Das verschollene Jahrtausend«.
In diesem faszinierenden Werk beschreibt die Anthropologin den Untergang Atlantis, der Physiker und Teslakenner steuerte sein Wissen bei. Er, der die Patente Teslas sehr wohl kannte, wußte was mit dieser Technologie, so sie pervertiert würde, alles möglich war. Er beschreibt in dem Werk fast prophetisch die technische Entwicklung, die schlußendlich im HAARP-Projekt ihren derzeitigen Höhepunkt findet.
Anschaulich wird der Leser mit äußerst komplizierten wissenschaftlichen Zusammenhängen vertraut gemacht, förmlich spielerisch wird der Leser an ein Thema herangeführt, das zu Begreifen ihm auf der rein wissenschaftlichen Seite äußerst schwer fallen würde. Die Technologie Teslas und ihre Weiterentwicklung führt zu großen Katastrophen – detailliert beschreibt er, was alles möglich ist – Atlantis zerstörte sich aufgrund von Energieexperimenten selber.
Der Verlag schreibt über das Werk: »Mit diesem Buch haben die Autoren ein Mahnmal gegen den Machbarkeitswahn geschaffen. Das Buch beschreibt und entlarvt die militärischen Aspekte des HAARP-Projekts, bevor das Projekt begann. Das düstere Szenario eines hochkarätigen Wissenschaftlers, der seiner moralischen Verantwortung folgte und aufzeigte, wohin eine Technologie führen kann/führt, bevor sie in Form des HAARP-Projektes Wirklichkeit wurde. Heute gehören die Richmonds zu den aktiven HAARP-Kritikern.«

***ca. 200 Seiten***
***Preis: ca. 32,00 DM***
***ISBN 3-89539-292-8***

## DAS BUCH DER ANTIGRAVITATION

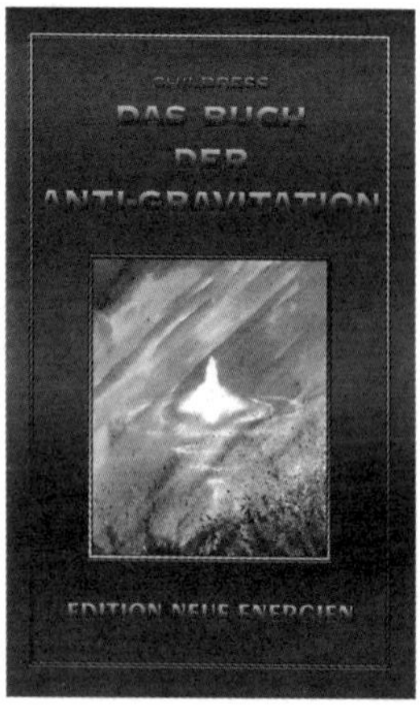


Ist die vereinte Kraftfeldenergie die Antwort auf alle Energieprobleme? In dieser wohl einmaligen Zusammenstellung wird erforscht wie Gravitation, Elektrizität und Magnetismus den Menschen beeinflussen. Weitere Themen: Ist künstliche Gravitation möglich? Welche enormen Energien können wir dadurch nutzbar machen? Der »Anti-Masse-Generator«, die Geheimnisse der Ufoantriebe, Freie Energie, Nikola Tesla und die Antikraft-Flugkörper der 20er und 30er Jahre. Texte, Ideen und Theorien von Albert Einstein, Nikola Tesla und T. Townsend Brown werden leicht verständlich dargestellt. Eingang in dieses Buch haben natürliche Antigravitations-Patente und zahlreiche Zeichnungen und Diagramme gefunden.

***220 Seiten***
***Preis: 38,00 DM***
***ISBN 3-89539-267-7***

*Marc Carlotto*

## FASZINATION MARS

Das faszinierende und wohl aktuellste Werk zum Mars.
Haben Sie jemals das »Gesicht vom Mars« gesehen, dann haben Sie ein Marc Carlotto-Bild gesehen. Marc Carlotto hat ein gewaltiges Archiv von Marsbildern.
Ein sachlich, informatives Werk mit einer Vielzahl neuer und neuester Bilder.
Marsgesicht und Landebahnen und die Pyramiden und und und ... finden Sie in »Faszination Mars«, dazu kommt eine absolut fachgerechte und sachliche Redaktion, die das Buch zu einer informativen, wissenschaftlichen, aber auch spannenden Lektüre macht.

***Preis: 38,00 DM***
***ISBN 3-89539-263-4***

## ARCHÄOLOGIE IM WELTRAUM

NASA-Fotos von Pyramiden und »Domed Cities« auf dem Mond.
NASA- und russische Fotos von Basen auf dem Mars und dem Mond.
Ein britischer Wissenschaftler der einen Tunnel auf dem Mond entdeckt.
Kreisrunde Krater auf dem Mond.
Aussagen über sehr frühe Mars- und Mond-Reisen.
Strukturelle Besonderheiten auf Venus, Saturn, Jupiter, Merkur, Uranus und Neptun.
NASA, der Mond und die Antigravitation.

***ca. 300 Seiten mit zahlreichen Fotos großformatig***
***Preis: 58,00 DM ca.***
***ISBN 3-89539-293-4***

# MVV UNSERE GEHEIMGESELLSCHAFTEN

VIEL GELESEN KONTROVERS DISKUTIERT

## DIE MACHT 1

Wer Interesse an Machtkonzentration und Machtmißbrauch hat, wer wissen will, wie Logen und Geheimdienste und Politiker und Wirtschaft zusammenarbeiten, wie an den gewählten Institutionen vorbeiregiert wird, wer etwas über die Zusammenarbeit von Geheimdiensten und Mafia erfahren will, wer die gemeinsamen Hintermänner beim Namen genannt haben möchte, wer etwas über das »star war program« der US-Regierung erfahren will, über den Mißbrauch neuer Technologien, der braucht diese beiden neuen Bände.

**Aus dem Inhalt:** Wer hat Einfluß, Informationen und Informanten, Der Geheimkult CIA, Das Milliarden $ Unternehmen CIA, Schreibtischtäter, Weltbank des Verbrechens, Bush-die wundervolle Karriere, Wer ist Soros?, Über rasche Selbstmorde, Bundeswehr in deutschen Haftanstalten, Cia eine terroristische Vereinigung, Wer oder was ist die RAF?, Von Terroristen und Staatsschützern, Das Haus Europa und Jalta, Das Sterben geht weiter, ... und wo steh ich?

***Macht 1***
***288 Seiten, Hardcover***
***44,80 DM***
***ISBN 3-89539-069-0***

## DIE MACHT 2

**Aus dem Inhalt:** Sind alle Freimaurer Teil einer Verschwörung?, Namen prominenter Freimaurer, Schwarzer Adel, Komitee 300, Deutsche Bilderberger, Bilderberger 1996, Rotary Club, TAVISTOCK, Informationskontrolle, 56 Jahre Knast für türkischen Schriftsteller, Telefonüberwachung in Deutschland, Risiken beim Faxen und für Handybenutzer, US Geheimdienste hören mit, TKÜV contra FDGO, Bundesverfassungsgericht stärkt Verlegerrechte, Konzernmacht am Beispiel BAYER, Gladio – das blutige Schwert der CIA, Loge P2, HAARP, Stromspielereien, Die Antwort – reines Leben

***Macht 2***
***288 Seiten, Hardcover***
***44,80 DM***
***ISBN 3-89539-492-0***

Beide Bücher verzichten auf Spekulationen. Die Leser finden nur harte Fakten, keine Theorien sondern nur Tatsachen. Das macht die Bücher nicht weniger brisant, dafür aber glaubwürdiger, und sie sind dadurch rechtlich nicht angreifbar.

**MVV**
Michaels Verlag / Vertrieb GmbH
Ammergauer Straße 80 · 86971 Peiting
Telefon 0 88 61/5 90 18 · Fax 0 88 61/6 70 91

TIBET, DIE AUTHENTISCHEN AUFZEICHNUNGEN EINES DEUTSCHEN, DER VOR ÜBER 60 JAHREN ILLEGAL EINREISTE. EIN BUCH, DAS SEINE LESERSCHAFT ERSCHÜTTERN WIRD.

# TIBET

## auf geheimnisvollen Pfaden zu geheimnisvollen Orten

Tibet, das geheimnisvolle Land. Der mythisch umwogene Ort Shambhala wird immer wieder mit Tibet in Verbindung gebracht.
Finden wir hier einen der Eingänge in die »Innere Erde« in die »Hohle Welt«? Das vorliegende Buch ist das Ergebnis der Tibetreise eines Deutschen in das »heilige Land«. Selten wurde dieses geheimnisvolle Land so eindringlich für Leser erfahrbar wie in diesem Buch. Die Erstauflage erschien bereits in den 30er Jahren, es verschwand erst aus dem Handel, dann aus dem Bewußtsein.
Die Erfahrungen, die Abenteuer, die Beobachtungen des Theodor Illion werden uns alle aufrütteln. Ein Buch, das sich spannend liest. Ein Reisebericht? Ein Kulturführer? Ein Abenteuerbuch? Eine spirituelle Einführung? Ein Buch zur »Hohlen Erde«? Ein Buch über den Weg einer Selbstfindung? Ein biographisches Werk? Ein Buch über Tibet – aus dem Herzen Tibets.
Auf jeden Fall ein seltenes, außergewöhnliches Buch über einen Ort der Kraft, über ein Land, das entscheidende Impulse für die Menschheitsentwicklung leistet. Ein Buch über einen Menschen, der Anfang der 30er Jahre illegal einreiste, gerufen von einer Kraft, der er sein Leben lang folgte.
Das vorliegende Buch, »Tibet – auf geheimnisvollen Pfaden zu geheimnisvollen Orten« ist der erste Teil eines zweibändigen Werkes. Der 2. Band, der 1999 erscheinen wird, beinhaltet den ersten authentischen und detaillierten Bericht über den von ihm besuchten Ort »underground city«.
Tibet II – eine Brücke zwischen »Innenwelt und Außenwelt« wird die innere und äußere Fortsetzung dieses faszinierenden Werkes sein.

***Hardcover***
***Preis: 39,80 DM***
***ISBN 3-89539-256-1***

## DAS BÜCHLEIN VOM REINEN LEBEN

Dieses Buch ist anders, anders als so manch anderes esoterisches Werk. Es ist ein Schulungsweg, es ist ein fast kindlich anmutendes Werk, eine Meditation über die Reinheit. Einfach in der Sprache weckt es die »gute Seite« in den Seelen der Leser/innen. Silbernen Prägedruck geben dem in blauen Leinen fein gebundenen Werk etwas von der Form, die dem Inhalt entspricht.
Ein liebenswertes Büchlein über die Einfachheit, die Einheit und die Reinheit. Ein Buch, das die tiefsten Seelenschichten anspricht und von dessen Klarheit sich kein Leser verschließen kann.

***Preis: 20,00 DM***
***ISBN 3-925051-01-5***

*Hrsg. Ulrich Heerd*

## DER ANFANG

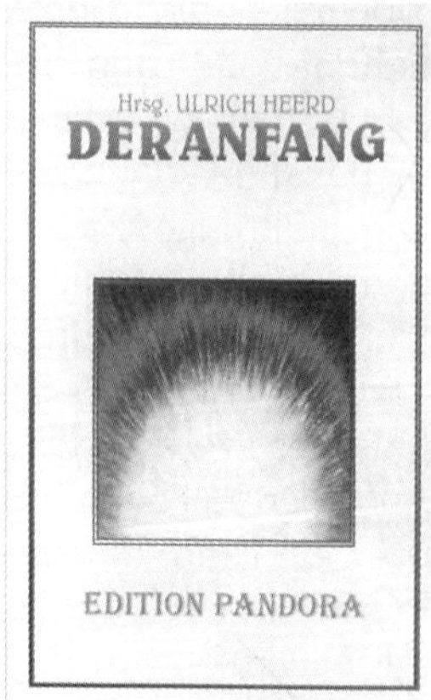


In diesem Buch erzählt uns der Autor von seinen Erlebnissen in der »Mitte der Nacht«.
Er beschreibt in einer Sprache, die noch ganz vom Erlebten geprägt ist, seine persönliche »Einweihung«. Er schildert uns seine Begegnung mit einer Wesenheit, die er »Maria Sophie« nennt, und an ihrer Hand durchschreitet er die Sternensphäre, um am »See ihrer Augen kniend« den Urbeginn der Schöpfung zu sehen, »seine Uroffenbarung« zu erhalten.
Das Buch hat nicht den Anspruch, letzte Wahrheiten zu verkünden, »denn der Welt ist nicht Not an Antworten. Der Welt mangelt es an wirklichen Fragen …«. Der eine oder andere wird dieses Buch weglegen und nichts damit anzufangen wissen. Der Autor hofft aber, daß es auch Leser/innen geben mag, die seine Bilder über den Urbeginn, über die Würde und Freiheit des Menschen und über das Opfer aufnehmen und in sich wachsen lassen.
Geht man solcher Art mit diesem Büchlein um, kann es zu einem ganz persönlichen Buch werden. Dann mögen Bilder und Fragen in der Seele dieser Menschen auftauchen und wachsen, und die sind Voraussetzungen zu einem notwendigen Handeln.
Damit würde das großartige Geschenk, das der Autor von seiner »Reise bis zu seiner Sehnsucht Rand« für sich mitgebracht hat, ein Geschenk auch für diese Leser/innen.

***Preis: 18,00 DM***
***ISBN 3-89539-298-7***